全国高等学校教材
供基础、临床、预防、口腔医学类专业用

干细胞与再生医学

Stem Cell and Regenerative Medicine

主　编　庞希宁　付小兵

副主编　徐国彤　金　颖

主　审　宋今丹　方福德

编　委（以姓氏笔画为序）

田卫东（四川大学）
付小兵（中国人民解放军总医院）
朱同玉（复旦大学）
朱剑虹（复旦大学）
李　刚（香港中文大学）
李连宏（大连医科大学）
余　红（浙江大学）
金　颖（上海交通大学）
周光前（深圳大学）
庞希宁（中国医科大学）
胡　苹（中国科学院上海生命科学研究院）
施　萍（中国医科大学）
姜方旭（西澳大利亚大学）
洪登礼（上海交通大学）
徐国彤（同济大学）
郭维华（四川大学）
蒋建新（中国人民解放军第三军医大学）
程　飚（广州军区广州总医院）

学术秘书　张　涛（中国医科大学）
　　　　　张殿宝（中国医科大学）

基金项目：国家重点基础研究发展计划项目（2012CB518100）

人民卫生出版社

图书在版编目(CIP)数据

干细胞与再生医学/庞希宁,付小兵主编.—北京：人民卫生出版社,2014

ISBN 978-7-117-19242-2

Ⅰ.①干… Ⅱ.①庞…②付… Ⅲ.①干细胞-细胞生物学②再生-生物医学工程 Ⅳ.①Q24②R318

中国版本图书馆 CIP 数据核字(2014)第 130022 号

人卫社官网	www.pmph.com	出版物查询，在线购书
人卫医学网	www.ipmph.com	医学考试辅导，医学数据库服务，医学教育资源，大众健康资讯

干细胞与再生医学

主　　编：庞希宁　付小兵
出版发行：人民卫生出版社（中继线 010-59780011）
地　　址：北京市朝阳区潘家园南里 19 号
邮　　编：100021
E - mail：pmph @ pmph.com
购书热线：010-59787592　010-59787584　010-65264830
印　　刷：北京人卫印刷厂
经　　销：新华书店
开　　本：850×1168　1/16　　印张：25
字　　数：792 千字
版　　次：2014 年 8 月第 1 版　2014 年 8 月第 1 版第 1 次印刷
标准书号：ISBN 978-7-117-19242-2/R · 19243
定　　价：79.00 元
打击盗版举报电话：010-59787491　E -mail：WQ @ pmph.com
（凡属印装质量问题请与本社市场营销中心联系退换）

序

干细胞与再生医学是一门发展迅速的新兴和学术热点学科,也是生命科学、医学工程学、生物材料学、临床医学等前沿技术交叉的学科。其主要内容包括干细胞生物学、克隆技术与细胞重编程技术、组织工程学、组织器官代用品技术、新型生物材料技术、异种器官移植、组织再生相关药物等诸多领域。其研究与应用将为人类面临的大多数医学难题带来新的希望,同时,也将影响和带动基础医学及临床医学等相关学科和领域的发展。因此,干细胞与再生医学的研究和应用具有重要的理论意义和广阔的应用前景。

20 世纪 80 年代后,干细胞研究的快速发展,把干细胞与再生医学提升到一个新的高峰,由此成为国际生物学和医学领域中备受关注的热点。中国工程科技中长期发展战略医学卫生领域报告中强调:"再生医学已成为新一轮竞争的优先发展领域。"中国科学院和中国工程院在制定工作规划时都把再生医学列为重点研究方向,并预期"以干细胞技术为代表的再生医学正成为本世纪人类疾病治疗的支柱医疗技术之一,未来 15 ~20 年将是临床医学器官移植领域干细胞移植研究与应用的黄金阶段"。

针对这一新兴的热点领域,庞希宁教授和付小兵院士共同主编了我国首部全国高等学校教材《干细胞与再生医学》,与国内外 14 个院校的编者们一起,把干细胞与再生医学的理论、方法和技术进行了系统的归纳、分析和总结,突出了理论结合实际、基础结合临床、创新的特点,系统、科学、全面地介绍了干细胞与再生医学的主要理论和相关技术,同时也反映了新兴学科间的相互交叉与融合,为从事干细胞与再生医学领域研究和应用的学生们提供了又一部重要的教科书,这对推动我国干细胞与再生医学及其相关学科的发展将起到积极的作用。

王正国

中国工程院　院士

2013 年 7 月于重庆

前　言

随着我国经济和社会的快速发展，为加强本科生教学的硬件和软件系统的建设，人民卫生出版社出版了我国第一部全国高等学校医学本科创新教材《干细胞与再生医学》用于本科生教学实践，将对我国干细胞与再生医学的发展起到积极推动作用。

干细胞与再生医学是医学院校的前沿学科，在教学和科研中占有非常重要的地位。国内许多高校开设干细胞与再生医学课程已有10余年的历史，在指导本科生和研究生开展干细胞与再生医学的教学中积累了较丰富的经验。基于此，在"十二五"开年之际，我们组织编写了这部本科生创新教材。

本教材强化本科教学的知识框架，着重介绍干细胞与再生医学领域的基础与临床知识、发展趋势和面临的挑战，希望引领本科生以更开阔的视野进行注重基础与临床紧密结合的观察和思考，突出创新，强调启发，在筛选最新研究资料时也充分考虑到编写内容的相对成熟性和相对稳定性。

本教材共设计了十八章。第一、二章介绍了干细胞与再生医学的绪论和干细胞生物学；第三到十八章分别介绍了不同组织干细胞特征与再生医学，阐述了当前干细胞与再生医学的重点问题。为了便于查阅，书后配有中英文名词对照索引。

本教材从一个全新整体和宏观的角度对干细胞与再生医学进行介绍和评述，围绕培养具有科研与临床发展潜力的高素质本科生标准来确定内容的深度与广度，形成了以下显著的特点：特别突出了干细胞与再生医学的紧密联系，不仅阐述基础研究问题，且介绍了临床多种疾病的发病机制和相关药物的研究进展，希望引导本科生知识拓展，避免细胞生物学知识无意义重复，聚焦于干细胞与再生医学这一崭新学科领域的研究前沿，同时，完全摒弃内容灌输的编写方式，在思维启迪和引导上下更大的功夫。

本教材作为创新教材，既要充分考虑教材的创新性，又特别注重本领域基础与临床紧密结合的特色，紧紧围绕五年制医学人才的培养目标，力求教材的整体优化，以独特的思路、崭新的知识、新颖的风格和灵活多样的表达方式，体现多学科的交叉融合是首次编写的重点。首次参加编写单位有国内外的14所院校，遴选17名编委。他们均为基础与临床第一线专家，具有丰富教学和教材编写经验。为了更好地进行国际交流并与国际化医学教育接轨，特邀香港中文大学医学院李刚教授（Dr. Gang Li）、澳大利亚西澳大利亚大学姜方旭教授（Dr. Fang-Xu Jang）参加本版教材的编写工作。

本教材的读者对象为医药卫生各专业五年制的本科生，也可作为重要参考书供研究生、长学制本-博连读生、医师培训班学生和进修生使用。

本教材近80万字，包含插图144幅，除照片外，主要使用自行编绘的彩色插图。在编写过程中，解放军总医院生命科学院黄沙副研究员、第三军医大学李海胜和杨策副研究员、复旦大学上海医学院汤海亮博士，浙江大学医学院曾宪智教授、王建安教授、徐其渊博士，中国医科大学干细胞与再生医学研究室张涛讲师、张殿宝博士等做了许多辅助工作，插图均由中国医科大学医学美术室徐国成、刘丰和李红老师协助绘制完成，在此表示衷心感谢！

本教材编写能按计划完成，各位编委付出了大量的时间和精力，与各位编委的高度责任感、团结协作和精益求精的工作态度，以及编写组在组织联系、编排稿件、打印校对等方面的精心工作密不可分，在此我们对他们为本教材作出的贡献表示诚挚的感谢！

本教材得到了中国医科大学宋今丹教授、中国医学科学院基础医学研究所方福德研究员的关怀和帮助，他们共同主审了本版教材。本教材还得到了中国人民解放军第三军医大学王正国院士的关怀和帮助，为本教材撰写了序言，在此表示衷心感谢！

特别需要指出的是，本教材的编写和出版是在人民卫生出版社和全国高等医药教材建设研究会的热情鼓励和直接指导下完成的，并得到国家重点基础研究发展计划项目（"973"计划项目 2012CB518100）及主编所在院校中国医科大学和解放军总医院的全力支持。本教材是对我国医学生教育和教学的一个尝试，力图使本教材成为适合我国五年制医学专业教学的规划教材。

庞希宁　付小兵

2014 年 3 月

目　录

第一章 绪 论

干细胞与再生医学(stem cells and regenerative medicine)是当今生命科学最前沿的研究领域。基于干细胞修复与再生能力的再生医学有望成为继药物治疗、手术治疗后第三种治疗途径,前景广阔。从当今的发展趋势看,再生医学是现代临床医学的一种崭新的治疗模式,对医学治疗理论和康复的发展有重大影响。从近年来的快速发展和再生医学所展现的前景看,干细胞与再生医学将成为医学研究领域中的一个新的学科。

第一节 干细胞与再生医学概述

一、干细胞与再生医学概念

再生医学(regenerative medicine,RM)是一门研究如何使创伤与疾病引起的组织器官缺损和丧失的功能的生理性修复,使之恢复正常的形态和功能,达到临床治愈的新兴学科。其主要通过研究干细胞增殖、迁移、分化以及机体的正常组织创伤修复与再生等机制,寻找促进机体自我修复与再生的方法,最终达到构建新的组织与器官以维持、修复、再生或改善损伤组织和器官功能之目的。再生医学是一门综合性很强的交叉学科。目前,主要是通过植入干细胞、组织与器官来修复和替代受损、病变与有缺陷的组织与器官,使之功能恢复和结构重建,从而达到再生的目的。

干细胞(stem cell)作为再生的种子细胞涉及再生医学的几乎所有领域。干细胞是一类具有自我更新(self-renewal)和多向分化潜能(multi-directional differentiation)的未分化或低分化的细胞。从胚胎到成体几乎任何组织器官都存在干细胞。干细胞是组织器官再生的来源,是研究和实践再生医学的最重要的先决条件。因此,我们要从细胞和分子水平理解干细胞与再生的机制。干细胞作为再生医学的重要手段与研究核心,涵盖了基础与临床医学多个领域。在基础研究方面,通过对干细胞生长、迁移、分化的分子调控机制的了解,有助于认识器官形成、修复和功能的重建等基本生命规律,研究再生的机制和促进再生的方法。可以在体外扩增和诱导干细胞进行定向分化,从技术上发展符合临床标准的单一种类干细胞的扩增方法,并研究干细胞移植入体内后的生长、迁移和分化,直至组织器官结构和功能的重新构建。在临床应用方面,科学家们已成功地在体外将人胚胎干细胞分化为肝细胞、内皮细胞、心肌细胞、胰腺细胞、造血细胞和神经元等。在组织干细胞方面,科学家们能够成功从皮肤、骨骼、骨髓和脂肪组织器官中分离培养出干细胞,并尝试将这些细胞用于疾病治疗。利用干细胞构建各种组织、器官,并将其作为移植的来源,将成为干细胞应用的方向。干细胞治疗将有可能为解决人类面临的许多医学难题提供保障,如意外损伤、放射损伤等患者的植皮,神经的修复,肌肉、骨及软骨缺损的修补,关节的置换,血管疾病或损伤后的血管替代,糖尿病患者的胰岛植入,癌症患者手术后大剂量化疗后的造血和免疫重建,切除组织或器官的替代,部分遗传缺陷疾病的治疗等。干细胞、组织与器官移植技术的日臻成熟,为再生医学的发展起到了巨大的推动作用。但是,移植治疗面临供体少、临床应用可适应证较少、个体排斥反应大等问题,无法满足实际的需求。通过再生机制的研究,诱导体内干细胞再生修复组织与器官必将给再生医学带来新的发展,也将成为再生医学的最终目标。

二、干细胞与再生医学在生命科学中的地位

干细胞与再生医学代表了现代生命科学发展的前沿,即将成为主流的科学研究领域,对医学的发展具有引领作用。其相关基础与应用研究和现代生物医学技术的结合,将使人类实现修复和制造组织器官的梦想得以实现,也是医学科学发展的必然方向。

三、干细胞与再生医学的关键技术与机制研究

干细胞与再生医学领域的核心任务是:开发出干细胞先进技术;弄清组织与器官的形成规律,建立组织与器官的体内外生产技术平台;完善再生医学基础研究、应用研究和临床研究,实现再生医学的临床应用,运用干细胞与再生医学的创新成果治疗疾病。

干细胞与再生医学的实践,依赖一系列技术与理论的突破。其中干细胞及其相关技术是再生医学的核心。具体的关键技术包括:体细胞重编程技术、体细胞克隆技术、胚胎干细胞技术、成体干细胞技术、组织工程技术、器官发育技术和移植的安全性与有效性评价技术等。

干细胞与再生医学的发展需要分子生物学、细胞生物学、发育生物学、信息科学与系统生物学的推动。再生是在什么地方产生的?什么因素启动了再生?什么因素抑制了再生?再生的干细胞来自哪里?干细胞如何增殖及迁移到指定的位置和分化成熟?这些机制与纤维化作用机制有何不同?再生医学就是探寻这些再生的机制,利用它们去寻求组织细胞损伤的治疗方法,以刺激那些不能自发再生或再生能力低下的组织器官实现功能性的再生修复。上述问题的解决,将会使人类战胜自身的几乎所有与再生相关的疾病。

第二节 干细胞与再生医学发展简史

纤维性修复与组织再生的探索有着悠久的历史。在旧石器时代洞穴墙壁上,关于断指的记载已经成为解释截肢术的范例。然而,在18~19世纪由于显微镜的发明才真正开辟了再生研究的新时代。在18世纪,比较解剖学家约翰-亨特(1728—1793年)在显微镜下发现,皮肤创伤愈合时,肉芽组织在瘢痕组织形成过程中肉芽组织所起的过渡作用。C. F. Wolff 对鸡胚的研究表明,胚胎发育以一种连续的后生步骤进行,其形状建立于无定型的物质,推翻了生物体“先成论”学说。“先成论”坚持认为,生物体发生于卵子中预先存在的微型成体的生长。在19世纪 Scheiden 和 Schwann(1838—1839年)提出了细胞理论,随后 Virchow 和 Remak 等人通过显微镜观察到细胞是执行生命化学反应的基本单位,新的细胞是由已存在的细胞分裂产生。

在18世纪,再生是系统科学研究的热点之一。Abraham Trembly 精心设计的水螅再生实验,给当时的生物学家留下了深刻的印象。与此同时,Reaumer 和 Spallanaii 报道了各自观察到的甲壳纲动物和蝾螈(*salamander*)的肢体再生现象。

在20世纪,抗生素的发现与应用、糖尿病等疾病的分子替代疗法、免疫系统“自我”与“非我”的抗原差异以及极为复杂的医学影像与外科技术、工程科学和材料科学以及免疫抑制药的发展,使得我们能够进行输血,通过组织和器官移植及生物工程装置的植入来替代损伤和功能低下的组织和器官。

20世纪中期,Avery 等发现 DNA 双螺旋结构,解释了遗传物质的复制和突变、蛋白质结构信息的编码和表达,大大推动了细胞生物学、发育生物学和进化生物学的发展,促使非自主再生组织启动再生能力的古老梦想再度浮出水面。特别是1998年成功地培养出人胚胎干细胞,激发了新的再生医学浪潮,成为细胞科学发展水平的重要指标,并且具有十分重大的社会和经济效益。

再生医学的发展主要经历了三个发展阶段。第一个阶段源于1981年小鼠胚胎干细胞系和胚胎生殖

细胞系建系的成功（这项成果直接导致了基因敲除技术的产生），这是再生医学理论的诞生。第二个阶段始于1998年美国科学家Thomson等人成功地培养出世界上第一株人类胚胎干细胞系，从此，在全球范围内，科学家希望将胚胎干细胞定向分化以构建一个丰富的健康组织库用来替代一些被疾病损伤及老化的组织或器官，以达到治疗与康复的效果，这是再生医学的真正的开始。但是，由于获取胚胎干细胞所带来的伦理等问题一直受到来自多方面的制约，因而，干细胞研究进展有限。第三个阶段是2006年底日本京都大学Ymanaka和美国科学家Thomson两个研究组分别在Cell与Science上报道，他们利用4种转录因子联合转染人的体细胞成功地培养出诱导多能干细胞（induced pluripotent stem cells，iPSCs）。这意味着科学家们已克服了因伦理而不能采用胚胎干细胞进行细胞治疗的瓶颈，使得再生医学离临床又近了一步。随着干细胞培养技术的进步，越来越多的成体干细胞能够在体外培养和扩增，而且成体干细胞是组织再生的源泉，对成体干细胞的研究必将更大地推动再生医学的发展。

在健康医疗方面，由于组织损伤，人体再生能力缺损而导致的医疗费用（仅在美国，每年估计已超过400亿美元）和生产力损失、生命质量下降、过早死亡等造成的经济损失是相当巨大的。在美国，仅脊髓损伤一项的医疗费用每年就超过8亿美元；每名患者一生要花去150万美元。还有，其他一些疾病如糖尿病、心脏疾病、肝脏疾病、肾脏疾病、慢性阻塞性肺疾病（如肺气肿）、黄斑变性、视网膜病变、神经系统疾病（包括多发性硬化症、肌萎缩性脊髓侧索硬化、帕金森病、亨廷顿舞蹈病、阿尔茨海默病）、关节炎、烧伤和外伤（包括皮肤创伤，肌肉、骨骼、韧带、肌腱和关节损伤）等都给国家和家庭造成巨大的社会负担和经济负担。因此，医学不仅要预防和治疗这些基本的疾病，而且，要修复因疾病和创伤损伤的组织器官结构和功能，这是再生医学产生的临床需求基础。

我国在再生医学研究某些方面已经跨入国际的先进行列。付小兵在国际上首先发现损伤修复过程中成熟的皮肤角质细胞去分化之后，在许多成体组织损伤修复中陆续观察到了去分化现象，大大推动了再生机制的研究。他获得的人体汗腺再生成果成功应用于临床，并正在推广应用。另外，我国已经通过组织工程技术，生产出与天然人体皮肤类似的组织工程人工皮、肌腱以及韧带等，并已进行临床应用。

第三节 再生的一般机制

物种的延续需要最小限度数量个体的存活，进而繁殖、成熟。但是面对环境的侵扰和自身不断的衰退，个体存活需要一种机制来维持组织功能的完整，这种机制就是再生（regeneration）。通过重演胚胎发育的部分过程，再生可维持和恢复组织的正常结构和功能。某些组织，如血液和上皮，其经过不断更新和持续自我替代的过程，即维持或稳态再生。还有包括血液和上皮在内的许多组织，当它们受损时，可以大量再生，这个过程被称为损伤诱导再生。

除再生外，还有另外一种损伤诱导的修复机制——纤维化（fibrosis）。纤维化是通过结构不同于原来组织的瘢痕组织来修补创口。纤维化修复可以维持器官或组织完整性。但是，这种修复往往以牺牲部分器官或组织的功能为代价。纤维化是损伤处炎症反应的结果。炎症反应促进成纤维细胞形成肉芽组织，最后形成以无细胞的胶原纤维为主的瘢痕组织。在哺乳动物组织中，不具备自发再生能力者都是通过纤维化实现修复；对于那些具备自发再生能力者，当组织受损程度超过自身再生能力时，也需要通过纤维化进行修复。此外，慢性退行性疾病可以促进纤维化的修复，进而掩盖了组织固有的再生能力。当组织受损时，通过瘢痕组织进行创口修复的常见组织包括真皮、半月板、关节软骨、脊髓和大部分脑组织、神经视网膜和晶状体、心肌、肺和肾小球。但是，并不是因为这些组织没有再生能力，大部分的组织（即使不是全部）在受损时均启动了再生应答。而是，这种应答被竞争性的纤维化应答所淹没了。

一、再生发生于机体的水平

尽管不同物种、不同个体以及个体内不同发育水平间的再生能力有所不同，但是，几乎所有生物体都存在再生现象。例如单个胡萝卜细胞可以再生出整棵胡萝卜。还有一些物种,像涡虫和水螅可以利用身体残片再生出整个身体。某些两栖类动物可以像再生许多其他组织一样,再生出肢体和尾部这样复杂的结构。相对于这些生命形态,哺乳动物(包括人类)的再生能力是有限的。这些再生现象发生在从分子水平到组织水平的各个层面。

1. 分子水平　在分子水平,再生是一个普遍存在的现象,再生一定有分子的增减,分子能调控再生。所有细胞都能够根据生物化学或物理负荷刺激调节蛋白质合成和降解之间的平衡。例如,当受到血压持续升高的刺激时,心肌细胞在两周内能替换其大部分分子,增加蛋白质的合成,并逐渐肥大。

2. 细胞水平　单个细胞有能力再生,再生是从单个细胞开始的。自由生活的原生动物在去除身体大部分后,只要残余部位还存有核物质就能再生出完整的细胞。例如,保留阿米巴变形虫的 1/80 就可以重新长出完整的阿米巴变形虫。对于脊椎动物而言,当感觉和运动神经的轴突部分缺失或横断后,如果神经内膜管保持完整和断端能够对齐,轴突是可以再生的。当受损轴突发生再生时,其损伤近侧端轴突末端被封闭,而远端部分却退变。然后,在轴突封闭的近侧端萌芽成生长锥,而后,轴突延伸通过神经内膜管形成新的突触并投射到靶器官皮肤和肌肉。

3. 组织水平　组织水平再生需要三个前提条件。第一,组织必须含有具有丝分裂能力的细胞,细胞存在的受体和信号转导途径能对支持再生的环境反应。第二,组织受损环境必须含有能够促进细胞有序增殖和分化的信号。第三,必须从受损环境中清除、抑制或者中和再生抑制因子。在哺乳动物中,血液、上皮、骨骼、骨骼肌、肝、胰腺、小血管和肾上皮均为含有能有丝分裂细胞。因此,这些组织在受到损伤后都能诱导再生新的组织或器官。

二、组织水平的再生机制

脊椎动物有三种组织再生机制。即代偿性增生(compensatory hyperplasia)、储备成体干细胞(adult stem cell,ASC)的激活和成熟细胞重编程(mature cell reprogramming)(图 1-1)。表 1-1 列举了依据组织再生机制再生的脊椎动物组织。

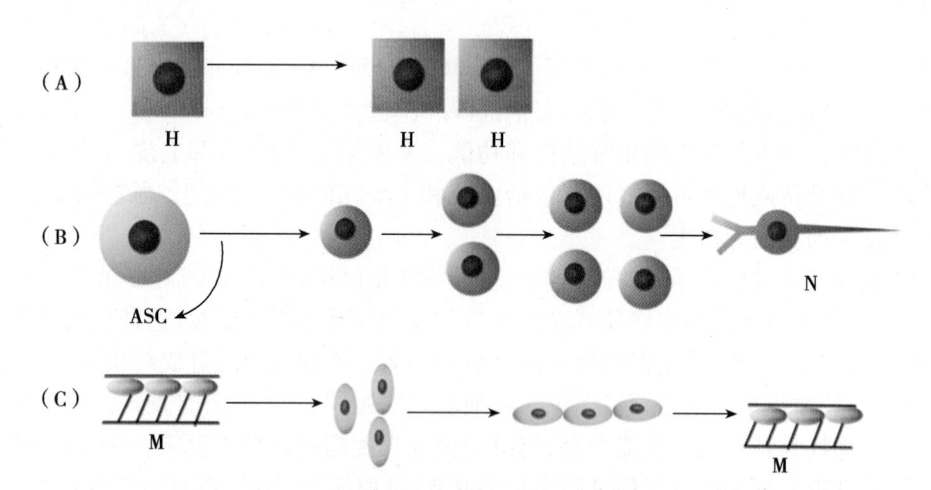

图 1-1　脊椎动物的三种组织再生机制

(A)代偿性增生。此为肝脏再生的特点。新生肝细胞(H)由之前处于分化状态的肝细胞通过有丝分裂产生。(B)体内储备 ASC 的激活。干细胞分裂产生子细胞,其中一个子细胞分化成特定细胞谱系,如神经元(直箭头所示),同时另一子细胞完成干细胞的自我更新过程(弧形箭头所示)。(C)成熟细胞重编程。如图所示的一条肌纤维(M)。肌纤维分离降解它的收缩蛋白,进而产生单个类干细胞,以使之分裂重新分化成新的肌纤维

表 1-1 依据成年野生型脊椎动物不同组织类型的再生机制

代偿性增生	成体干细胞	重编程
肝脏	造血干细胞	晶状体*
胰腺	血管	神经视网膜**
肌腱	上皮	脊髓**
韧带	表皮	心脏**
	爪甲	肢体/鳍**
	胃肠道上皮	尾巴**#
	呼吸道上皮	颌骨*
	肺泡上皮	生殖腺*
	肾小管上皮	血管
	尿道上皮	
	肌肉	
	骨骼	
	听觉毛细胞	
	嗅球	
	嗅觉神经	
	海马神经元	
	牙周韧带	
	前列腺	
	鹿角	
	指尖	
	兔耳瘘?	

*代表两栖类，**代表两栖类和鱼类，#代表蜥蜴

（一）代偿性增生

代偿性增生指的是已分化细胞通过增殖重新生成新的组织。这些已分化细胞存在于细胞外基质之中，分裂增殖时全部或部分保留原有分化功能。典型的代偿性增生是肝脏再生。在肝脏部分切除后，肝细胞和其他非实质型细胞一样（库普弗细胞、Ito 细胞、胆管上皮细胞、孔上皮细胞），在分裂的同时执行糖代谢、血液蛋白的合成、胆汁分泌、药物代谢功能，直到肝脏完成再生修复。这是一种最经济有效的再生，最适合于较小损伤的修复。

（二）储备或循环成体干细胞的激活

在胚胎或胎儿发育晚期，部分干细胞谱系亚群受到限制没有完全分化，这些细胞保留在组织或者进入血液循环，形成储备的 ASC。其中，一部分在出生后参与未成熟个体的生长发育，另一部分参与个体整个生命中的组织再生。ASC 有以下几个特点：ASC 能够进行自我更新；ASC 典型的不对称分裂能够产生一个特定细胞谱系中的细胞和另一个干细胞；ASC 具有不同程度的分化潜能，这取决于其所处的组织环境和（或）其作为特定细胞的发育阶段。通过 ASC 进行再生是多细胞生物组织进行再生的最常见手段，如肠黏膜上皮通过基底部的干细胞分裂向上迁移分化补充上皮组织。

上皮组织构成了人体 60% 的已分化组织类型，其再生由储备在上皮组织内的 ASC 而来，如皮肤、毛囊、大脑室壁、听上皮和呼吸道及消化道上皮。肝脏也是上皮器官，含有干细胞群。当肝脏的破坏程度超出了已分化肝细胞的再生能力时，该类干细胞群将被激活。

中胚层衍生物，如血细胞、骨骼肌和骨骼分别由非上皮的造血干细胞（hematopoietic stem cell，HSC）、间充质干细胞（mesenchymal stem cell，MSC）和肌干细胞，也称为卫星细胞（satellite cell，SC）再生而来，这些干细胞已储备在组织中或储备在骨髓中。

ASC 通常分化成其干细胞谱系内的一类细胞，称为预期命运细胞。如骨髓内的造血干细胞具有多能性，可以产生红细胞、髓细胞和免疫系统中几种细胞；其他，如肝脏干细胞分化为双向的，除产生肝细胞外还能产生胆管细胞；而其他细胞，如表皮干细胞，只有一个方向，只能分化成为一种细胞—角质形成细胞。

所有 ASC 储存在一个具有一定环境的微巢中，维持其干细胞的特性（图 1-2）。对果蝇胚胎细胞和脊椎动物造血及上皮干细胞的研究表明，维持干细胞的静息状态需要通过干细胞之间及干细胞与周围细胞相互作用来完成。这种相互作用依赖微环境中多种可溶与不可溶细胞信号。在果蝇卵巢内，黏连蛋白（cohesin）、DE-钙黏素（DE-cadherin）和 β-整联蛋白（β-integrin）在生殖细胞和帽细胞（cap cell）的边缘聚集。这些分子的突变导致生殖细胞被招募和使形态功能受损。在骨髓内，造血干细胞依赖 N-钙黏素（N-cadherin）和结合纤连蛋白（fibronectin，FN）的整合蛋白（α4β1，α5β1）附着于成骨细胞基质来保持其形态与功能。在长期骨髓培养物中，阻断这种黏着作用，可以抑制造血细胞的生成。

表皮干细胞是否对称分裂取决于干细胞间的黏着力与干细胞和上皮基膜之间的黏着力哪个更强（图

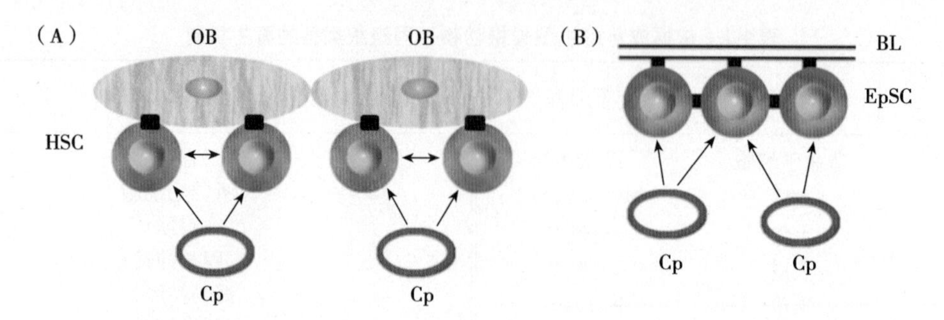

图 1-2 造血干细胞的维持(A)和表皮干细胞(epidermal stem cells,EpSC)巢(B)

造血干细胞巢的维持通过 HSC 间旁分泌信号(双向箭头)、毛细血管(单箭头)及 HSC 与间质细胞如成骨细胞(OB)之间的邻分泌接触(黑色长方块)进行。上皮细胞巢的维持通过它们自身之间以及基膜(BM)之间的邻分泌接触(黑色长方块)和通过上皮干细胞与毛细血管之间的旁分泌信号进行

1-3)。如果干细胞间作用力更强,有丝分裂纺锤体与基膜平行排列,细胞的最终结局将被平均二等分,产生两个相同的干细胞即对称分裂;如果干细胞和上皮基膜接触作用力更强,有丝分裂的纺锤体与基膜垂直排列,细胞的最终结局将被不均匀分配,结果是一个干细胞黏着于上皮基膜,另一细胞分离成为谱系定向的子细胞即不对称分裂。不对称分裂后,自我更新的子细胞到达干细胞微龛(micro niche)内另一位置,促进干细胞增殖与分化。

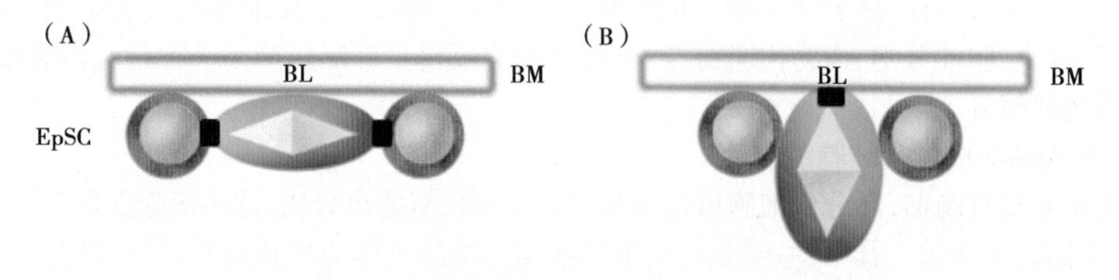

图 1-3 上皮干细胞的对称分裂与不对称分裂

(A)对称分裂,EpSC 之间的作用力(小的黑色长方块)强于 EpSC 与基膜间的作用力,导致纺锤体与基膜平行排列,产生两个干细胞。(B)不对称分裂,EpSC 与基膜间的作用力强于 EpSC 之间的作用力,纺锤体与基膜垂直排列,产生一个干细胞和一个定向分化的子代细胞

干细胞分裂的激活过程在维持性再生与损伤诱导再生中有所不同。在维持性再生中干细胞受环境中的信号分子刺激,发生连续而缓慢的分裂反应应答,提供了一组恒定的子代干细胞并产生一个新的环境,然后诱导其分化。在受损组织中,通常经历缓慢的修复过程,在损伤信号将干细胞激活前,其一直处于相对静息状态。

(三) 成熟细胞重编程与再生发育和再生过程的细胞内部编程是遵照细胞内基因表达规律进行的。每个细胞都有全能的细胞核及相同的分化潜能。在胚胎发育不同阶段,由于细胞所处微环境不同及细胞定向分化内部编程不同,基因表达就存在差异,即开放某些基因,关闭某些基因,以使细胞合成特异性的蛋白质,产生不同的结构、功能及表型。基因组 DNA 在细胞分化过程中不是全部表达,而是基因的差异表达,即基因按一定程序有选择地相继活化表达。调控细胞分化的基因编程是由不同信号分子在特定时间和空间作用于细胞,产生基因表达的内在规律。总之,如能改变基因的表达就能改变细胞的编程,从而改变细胞的分化方向。

细胞重编程(reprogramming)是在一定条件下成体细胞的记忆被擦除,重新程序化产生新的表型和功能,导致细胞的命运发生改变。细胞重编程主要发生在不涉及基因组 DNA 序列改变的基因表达水平。对于细胞重编程的深入研究有助于掌握机体细胞的发生发育机制,解决再生医学种子细胞来源问题。

1. 细胞重编程的种类 细胞重编程主要分为去分化和转分化两大类。

(1) 去分化(dedifferentiation):是指已经分化的细胞在一定条件下失去表型特征逆转为干细胞,可进一步增殖和再分化为成熟细胞替代损伤的组织。去分化是低等脊椎动物较常见的再生机制。鱼类可以通过去分化作用再生出鳍和触须；一些种类的蜥蜴可以通过去分化作用再生出尾。但是，在脊椎动物的世界里，这种去分化作用的主角是无尾目蝌蚪，以及一些有尾目的幼体和成体两栖类动物。这些生物可以像哺乳动物一样通过代偿性增生以及ASC进行再生。然而，通过去分化作用其可以再生出更多哺乳动物无法再生的复杂组织和器官，例如肢体、尾、爪、晶状体、脊髓、神经、视网膜和肠。

付小兵等提出在表皮损伤的条件下表皮角质细胞去分化修复损伤以来，他们不断证实了去分化现象在表皮细胞具有普遍性，如在人的皮肤、包皮、瘢痕皮肤以及角膜上皮等均可以观察到。2007年，日本科学家将皮肤细胞成功去分化成胚胎干细胞的研究结果，进一步证实了成熟的细胞可以去分化逆转为干细胞。这种分化的成体细胞在特定条件下被逆转后恢复到全能性或多能性状态，形成的新的类似于胚胎干细胞的多能性细胞称为诱导多潜能干细胞（iPSC）。同年，付小兵等在BioScience杂志就去分化的概念、机制以及可能的临床意义发表了长篇论述。与此同时，BioScience杂志主编T. M. Beardsley教授就付小兵等人的工作发表了评述。他写到："几年前，哺乳动物分化过程中的逆转还被认为是不可能的，而如今，在机体的多个系统中，人们已经观察到已分化细胞可以通过去分化过程形成干细胞，之后又通过重新程序化产生其他功能细胞。虽然才刚刚起步，但可以断言，深入了解去分化具有重要科学意义，而将去分化用于疾病治疗也将成为可能。"

（2）转分化（transdifferentiation）：是指一种胚层来源的细胞或多能性干细胞向同胚层或不同胚层来源的另一种成体细胞或多能性干细胞转化。近年来，iPSC研究为基因调控去分化和转分化提供了分子实验依据，使人为有目的地调控细胞基因的表达、改变细胞内部编程来改变原来分化方向成为现实。

2. 影响细胞重编程的因素　研究表明，基因表达不但受转录因子的调控，还与其DNA和组蛋白表观遗传学修饰有关，包括DNA甲基化、组蛋白乙酰化、印记基因表达、端粒长度恢复、X染色体失活等。在真核生物基因组的非蛋白质编码区存在大量非编码RNA（non-coding RNA，ncRNA）基因，这些非编码区域担负着基因表达调控等重要功能，其编码产物可在转录后水平调节靶基因的表达，是调控细胞内基因表达的基本机制之一。ncRNA不仅在干细胞的多能性维持过程中有重要作用，在成体细胞重编程中也发挥重要作用，还参与了干细胞分化的调节。

细胞重编程主要针对定向分化的某些关键调节基因，特别是近年发现的某些因子能调控大量基因的表达，对细胞编程起着重要作用。例如：神经元限制性沉默因子（RE1-silencing transcription factor/neuron restrictive silencer factor，REST/NRSF）通过与调控基因启动子的一段21nt的DNA保守序列——神经元限制性沉默元件（neuron restrictive silencer element/repressor element 1，NRSE/RE-1）结合，经一系列反应使组蛋白发生甲基化和去乙酰化修饰，使染色质呈凝缩状态，启动子区域无法和转录因子及RNA聚合酶结合，而抑制其转录活性。这种表观遗传学修饰可批量抑制上千个与神经细胞分化相关的基因，其抑制的解除是神经细胞分化的必要条件。最近研究表明，胰岛β细胞分化基因胰十二指肠同源框1（pancreatic duodenal homeobox 1，Pdx1）、胰岛素（insulin）和神经原质蛋白3（neural precursor protein 3，Ngn3）、神经源性分化蛋白1（neurogenic differentiation protein 1，NeuroD1）和配对盒4（paired box 4，Pax4）均因具有NRSE序列，而受REST/NRSF基因调节。Pdx1基因主要在胰腺前体细胞中表达，是促进早期胰腺发育以及胰岛β细胞成熟的关键基因，是最受关注的具有正向调节作用的转录激活因子，能和众多与胰岛分化有关的靶基因启动子中的TAAT序列结合，从而在启动胰岛内分泌细胞分化过程中发挥重要的作用。

随着发育分子生物学研究的深入，许多组织细胞的发育机制研究不断深入，提供了大量细胞分化的分子生物学信息，为未来改变细胞的内部编程提供了理论依据。通过调控转录因子和DNA、组蛋白表观遗传学修饰和miRNA来抑制或促进不同基因的表达已成为可能。miRNA可在转录后水平调节靶基因的表达，即通过对mRNA特异序列的抑制，批量调节基因的活性而改变细胞的编程。

3. 研究细胞重编程的方法　目前主要通过反转录病毒（主要是慢病毒）、腺病毒、质粒和转座子等介导的方式将转录因子对应的基因或者小分子导入成体细胞，将其进行重编程。

（1）反转录病毒转导：反转录病毒又名反转录病毒，是一组RNA病毒，其病毒科下包括慢病毒在内共7属病毒。病毒感染宿主细胞时，在反转录酶作用下，反转录病毒首先将其RNA反转录为DNA，然后将这段反转录的基因插入细胞基因组中保持整合状态，并传给宿主细胞后代。慢病毒作为目前应用最广泛的反转录病毒，其优点是转入基因可以长期稳定表达，并且对大部分哺乳动物细胞，包括神经元、干细胞等难转染的细胞，特别是体外悬浮生长的细胞，都有很好的转染效率。缺点是反转录病毒整合到宿主细胞基因组的位置是随机的，这也就意味着有引起基因突变、激活癌基因的风险。

（2）腺病毒转导：腺病毒从腺样组织分离出来，其遗传物质为线形双股 DNA，全长 30 000～42 000bp。腺病毒的优点是几乎在所有已知细胞中都不整合到染色体中，因此不会干扰其他宿主基因，并且人类感染野生型腺病毒后仅产生轻微的自限性症状。腺病毒具有嗜上皮细胞性，因此对大多数细胞特别是上皮细胞有几乎 100% 的感染效率。腺病毒系统包装的病毒颗粒滴度高，浓缩后可以达到 1013VP/ml，这一特点使其非常适用于基因治疗。腺病毒的缺点是由于其不能整合到宿主细胞基因组中，因此不能长期稳定表达。

（3）质粒转染转导：采用脂质体转染的方法，将外源性质粒转导进入目的细胞中表达。优点是细胞中不再留存有任何外源的 DNA，不易使基因癌化。缺点是瞬时表达，转染成功细胞的获得率尚待提高。

piggyBac 转座子转导 piggyBac 转座子是一个自主因子，遵循"剪切-粘贴"机制，在生物体染色体中特征性的 TTAA 四核苷酸序列位点准确地切入和转座，并可以在作用一段时间后采用转座酶切除外源性插入序列。piggyBac 转座子受生物体种类的限制较少，适用范围较广，转座频率较高。其作为非病毒体系提高了安全性，不易使基因癌化。缺点是需要多次使用转座酶去除转入序列，但仍然可能会留下一些痕迹。

（4）蛋白直接诱导：可以通过 4 个蛋白（Oct4、Sox2、Klf4 和 c-Myc）诱导成体细胞重编程为 iPSC，优点是诱导过程不存在外源基因，缺点是诱导效率没有病毒载体诱导的效率高。

（5）RNA 干扰：通过 RNA 干扰抑制某个或某几个基因的方法来对细胞基因表达进行重新编程，用十四烷基聚精氨酸肽链［myristoylated polyarginine peptides，Myr-Ala-Arg（7-Cys-$CONH_2$，MPAP）］将小干扰 RNA 导入细胞技术的出现，将有助于推动 RNA 干扰方法对成体细胞的重编程。

4. 重编程细胞的来源及其转化方向

（1）重编程细胞产生去分化细胞：不同胚层发育来源的成体细胞甚至胚外组织均有很多重编程产生 iPSC 的报道，说明分化成熟的细胞都有可能通过重编程擦去原来的记忆去分化为胚胎干细胞（表 1-2）。这些研究证实改变细胞基因表达程序（时空和差异）就能改变细胞的分化方向。

表 1-2 各不同种属不同胚层发育来源的细胞诱导的诱导多潜能干细胞

胚层	细胞类型	种属
外胚层	神经干细胞	小鼠，人，大鼠
	黑色素细胞	小鼠
	角质形成细胞	人
	眼缘上皮细胞前体细胞	大鼠
中胚层	成纤维细胞	小鼠
	成熟 B 淋巴细胞	小鼠
	血细胞	小鼠，人
	脂肪干细胞	小鼠，人
	滑膜细胞	人
	真皮乳头	小鼠
	脑膜细胞	小鼠
	牙齿间质样前体细胞	人
内胚层	胰岛 β 细胞	小鼠
	肝细胞	小鼠，人
	胃细胞	小鼠
	肾小球系膜细胞	人
	脐带静脉内皮细胞	人
	睾丸细胞	人
胚外组织	羊水细胞	人
	滋养层干细胞	人

（2）重编程细胞产生转分化细胞：不但同一器官中发育于同一内胚层的胰腺外分泌腺泡细胞可以通过重编程向胰岛内分泌细胞β细胞转化，不同器官中内胚层来源的肝细胞也可通过重编程向胰岛β细胞转化，而且胰腺外分泌腺泡细胞还可通过重编程向肝细胞转化。此外，内胚层来源的肝细胞可通过重编程向外胚层来源的神经细胞转化，中胚层来源的皮肤成纤维细胞可通过重编程向外胚层来源的神经细胞及内胚层来源的肝样细胞转化，中胚层来源的骨髓间充质干细胞重编程向内胚层来源的胰岛β细胞转化，中胚层来源的成纤维细胞重编程向中胚层来源的心肌细胞转化，外胚层来源的表皮黑色素细胞重编程为外胚层来源神经嵴干细胞样细胞（表1-3）。综上所述，各不同胚层发育来源的成体细胞都有可能通过重编程去除原来的记忆重新转分化为同一胚层或其他胚层发育来源的成体细胞，这同样证实改变细胞基因表达程序（时空和差异）就能改变细胞的分化方向。

表1-3 不同胚层发育来源体细胞的重编程转分化

来源细胞	（胚层来源）	转化后细胞	（胚层来源）	过表达基因
胰腺外分泌细胞	内胚层	胰岛β细胞	内胚	Ngn3，Pdx1，Mafa
肝细胞	内胚层	胰岛β细胞	内胚层	Nkx6.1，Pdx-1
胰腺腺泡细胞	内胚层	肝细胞	内胚层	C/EBPβ
肝细胞	内胚层	神经细胞	外胚层	Brn2，Ascl1，Myt1l
成纤维细胞	中胚层	神经细胞	外胚层	Myt1l，Brn2，miR-124
成纤维细胞	中胚层	肝样细胞	内胚层	Hnf4α，Foxa1，Foxa2或Foxa3
成纤维细胞	中胚层	心肌细胞	中胚层	Gata4，Mef2c，Tbx5
骨髓间充质细胞	中胚层	胰岛β细胞	内胚层	shREST/NRSF，shShh，Pdx1
黑色素细胞	外胚层	神经嵴干细胞样细胞	外胚层	Notch1

总之，目前正在进入一个可以通过人为调节关键基因对细胞进行重新编程的时代，人类未来将由此从许多分化的细胞获得更多所需要的另一些分化细胞，这对细胞分化机制研究和获取干细胞促进组织器官再生具有划时代的意义。

（四）上皮间充质转化与再生

上皮间充质转化（epithelial-mesenchymal transition，EMT）是一种转分化，也是成熟细胞的重编程，由于其特殊性在此进行单独叙述。EMT是指上皮细胞在某些生理或病理条件下失去上皮细胞特征并获得间充质细胞特征的生物学过程，其间涉及复杂的调控网络与分子机制。上皮细胞与间充质细胞是机体两种不同的细胞类型。二者在形态和功能上具有多种显著差异。上皮细胞具有极性，且细胞之间通过紧密连接、黏附连接、桥粒和间隙连接等细胞膜上的特殊结构形成连接，呈集落生长，细胞间保持着完全的细胞间黏着。在正常情况下，细胞不能相互分离离开上皮细胞层。而间充质细胞具有一定可塑性，迁移能力较强，不形成细胞层，无极性，细胞间仅在局部形成连接。体外培养的间充质细胞呈纺锤形，具有成纤维细胞样形态。

EMT发生于动物机体多种生理和病理过程中，上皮细胞失去其上皮特征并获得间充质细胞典型特征，同时伴随细胞结构和细胞行为等的复杂改变，参与组织创伤修复过程，包括正常或纤维化修复。

1. 与再生有关的EMT的分型 上皮间充质转化在不同的生物学过程中起作用。根据其与再生有关的生物学功能将EMT分成两个亚型，即Ⅰ型、Ⅱ型。

Ⅰ型EMT与胚胎形成、器官发育相关，能够形成不同类型的细胞，拥有共同的间充质细胞表型，并且不导致纤维化，形成的间充质样细胞能够经过间充质上皮转化（mesenchymal-epithelial transition，MET）形成上皮细胞。

Ⅱ型EMT与伤口愈合、组织再生和器官纤维化相关。通常会产生成纤维细胞和其他相关细胞来重建损伤组织。同Ⅰ型EMT相比，Ⅱ型EMT与炎症反应有关，当炎症反应减弱时，EMT即停止。创伤修复与组织再生中的情况都是如此。在器官纤维化过程中，Ⅱ型 EMT 能够对炎症持续反应，最终导致器官损坏。组织纤维化实质是持续性炎症反应导致的持续性创伤修复的结果。

虽然，以上亚型 EMT 发生于不同的生物学过程中，但是，它们以共同的遗传学和生物化学事件作为基础，在某些生理或病理条件下，发生不同的细胞表型转变。总之，随着对其研究的进一步深入，两个亚型 EMT 的异同将更加明晰。

2. EMT 的分子机制　某一单独的细胞外信号在 EMT 过程中的作用并不保守，而是依赖于组织微环境。大多数诱导 EMT 的信号和信号通路通常具有几个共同终点，包括 E-钙黏素（E-cadherin）等关键基因表达的变化和细胞骨架、黏附结构的变化。

E-cadherin 作为一种钙依赖型跨膜糖蛋白，能够与 β-连环蛋白（β-catenin）等形成复合物发挥细胞连接和信号转导的作用。在 EMT 发生过程中，关键的步骤是 E-cadherin 的下调、细胞间黏附减弱、上皮结构稳定性破坏。E-cadherin 基因的抑制是由锌指转录因子 SNAI1 起中心作用，该转录因子能够被大多数引发 EMT 的信号通路激活。同时，SNAI1 还能够上调某些间充质基因的表达。糖原合酶-3β（glycogen synthase kinase 3β，GSK-3β）负向调节 SNAI1 的转录及其活性，也是 EMT 过程的决定因子之一。GSK-3β 的持续性激活能够使静止的上皮细胞避免 EMT 的发生。不同的信号转导通路能够引发 EMT，最终都集中到 GSK-3β 的抑制，进而控制影响 SNAI1 的核转运，最终导致 E-cadherin 表达下调。

多种生长因子相关信号与 EMT 的发生通路有关。表皮生长因子（epidermal growth factor，EGF）、成纤维细胞生长因子（fibroblast growth factor，FGF）、血小板源性生长因子（platelet-derived growth factor，PDGF）、肝细胞生长因子（hepatocyte growth factor，HGF）、胰岛素样生长因子（insulin-like growth factor，IGF）等生长因子能够与受体酪氨酸激酶（receptor tyrosine kinase，RTK）相互作用磷酸化酪氨酸残基；能够与存在 SH2 功能域的蛋白如生长因子受体结合蛋白 2（growth factor receptor-bound protein 2，GRB2）和磷脂酰肌醇-3-激酶（phosphatidylinositol 3 kinase，PI3K）及辅激活因子（steroid receptor 85 coactivator，Src）等结合，分别激活各自的下游信号通路，包括无 SH2 功能域 Ras 的激活和 GRB2 介导的募集鸟苷酸交换因子 Sos 及 Sos 将 GDP 转换为 GTP 结合型，接下来激活 Ras-Raf（RAF1）-MEK1（MAP2K1-ERK1/2（MAPK1，MAPK3）通路。最终导致 MAPK 核转运，通过转录因子的磷酸化来调节基因表达。其中，激活的 MAPK 能够将 GSK-3β 磷酸化失活，正向调节 SNAI1 基因。

Wnt/β-catenin 通路是参与 EMT 过程的另外一个重要信号转导通路。该通路能够将细胞核内信号转导至细胞间连接。β-catenin 具有三种功能形式：其一是与 E-cadherin 形成复合物调节细胞间黏附；其二是与轴蛋白、APC 和 GSK-3β 形成多亚基复合物，β-catenin 在其中经历 GSK-3β 依赖性丝/苏氨酸磷酸化，而后被 BTRC 识别并泛素化，被蛋白酶体降解；此外，β-catenin 也同 TCF/LEF 转录因子形成转录复合物，进而调节靶基因转录。

转化生长因子-β（transforming growth factor-β，TGF-β）是 EMT 最有效的诱导物之一。它通过与Ⅰ型和Ⅱ型 TGF-β 相关的丝/苏氨酸激酶受体（包括 TGF-βRⅠ和 TGF-βRⅡ）相互作用，通过 Smad 依赖途径发生 EMT。TGF-β 信号通路也能通过 Smad 非依赖性分子机制激活，包括 MAPK 的激活、PI3K 和整联蛋白结合激酶（integrin-linked kinase，ILK）通路等。

Notch 信号也在发育和 EMT 中起作用。Notch 的激活导致激活 HEY1 等靶基因，HEY1 不仅能够下调 E-cadherin 的表达并促进 EMT 的发生，还能够与 TGF-β-Smad3 信号通路相互作用调节 EMT。

此外，miR-21 能够诱导角质细胞的迁移，促进表皮细胞再生进程。在 EMT 过程中，microRNA-200 家族的 5 个成员 miR-200a、miR-200b、miR-200c、miR-14 和 miR-429 以及 miR-205 均显著下调。miRNA 能够与阻遏物 ZEB1 和 SIP1 结合调节 E-cadherin 表达。

总之，EMT 的发生是细胞旁分泌、自分泌以及相关的微环境共同作用的结果，具体涉及的细胞因子和分子机制是一个复杂的调控网络。

3. EMT 与创伤修复　在皮肤创伤愈合过程中有两种不同的细胞机制直接起作用，即角质细胞迁移能力增强、细胞间黏附减少，使损伤部位表皮细胞再生，以及成纤维细胞驱动结缔组织形成，使伤口愈合。创伤修复中炎症应答产生丰富的细胞因子和生长因子。特别是 EGF 受体的配体，包括表皮生长因子、HB-

EGF 和 TGF-α，它们与 FGF-7 和 TGF-β1 均在 EMT 中起重要作用。这些多肽配体和机械刺激激活基底层和角质细胞使表皮细胞再生。创伤边缘皮肤角质细胞的肌动蛋白细胞骨架和接合结构发生重组，细胞失去极性和细胞间连接，基底膜也部分或全部降解。细胞获得迁移能力，由创伤边缘迁移至重建区。然而，在创伤修复过程中，表皮细胞再生时，这些细胞同时具有黏附能力和迁移能力，因此，此时发生的 EMT 是不完全的。迁移的角质细胞仍保持部分细胞间接合，保留有黏附细胞层；在表皮细胞再生的后期，角质细胞重新获得上皮特性。

研究发现，SNAI2 基因在人和小鼠上皮创伤边缘的角质细胞中表达显著升高，提示其在表皮细胞再生的 EMT 中可能起重要作用；分别将 SNAI2 基因敲除小鼠的皮片和人角质细胞的 SNAI2 过表达，发现细胞迁移能力增强，桥粒结构破坏。但是通过显微切割和免疫定位技术以及随后的 RNA 定量检测证实，该 EMT 与经典的 EMT 和表皮细胞再生过程中 EMT 不同，E-cadherin 的表达并未显著下调。在人角质细胞中，SNAI2 是 EGFR 下游的直接靶点，在表皮细胞再生过程中 EGFR 表达上调。EGF 处理人角质细胞后，SNAI2 的上调依赖于 ERK5 的磷酸化。在生长因子等配体作用下，角质细胞迁移是通过 EGFR、自分泌的 HB-EGF 和糖原合酶 3α 诱导的。此外，TNF-α 也能够通过诱导 BMP 促使 EMT 的发生。

总之，EMT 是机体发育和病理条件下的一个复杂而有序的动态过程，涉及复杂的信号转导通路和分子机制，而其在创伤修复中的研究尚未完善，随着研究的进一步深入，EMT 可能成为再生医学研究的新的增长点。

（五）可再生细胞信号转导途径

在干细胞微巢内，储备的干细胞通过信号转导途径与其他细胞相互作用，进而通过非对称分裂启动自我再生和增殖。图 1-4 描述与胚胎发育及与 ASC 有关的六种主要信号/受体转导途径。

1. Notch 途径　在果蝇胚胎发育过程中，Notch 受体是干细胞自我更新过程中的主要受体。脊椎动物体内存在 4 种 Notch 受体来调控胚胎发育方向。Notch 受体是跨膜蛋白，其被相邻细胞的膜结合配体 Delta、Jagged 和 Serrate 激活，Notch 受体与其配体结合后引起 Notch 构象改变，使 Notch 受体细胞内结合区（notch intracellular domain，NICD）与 Notch 受体解离。而后，NICD 转移至细胞核，与细胞核内的 DNA 结合蛋白 RBP-Jκ、组蛋白乙酰转移酶 p300 和 PCAF（p300/CBP-associated factor，PCAF）相互作用，激活靶基因表达。该靶基因产物是决定分化基因的转录抑制因子。

NICD 活性受细胞内膜相关蛋白 Numb 的抑制。ASC 分裂时 Numb 在一个子代细胞不对称表达导致其分化。而其他的子细胞则进行自我更新。在自我更新的子代细胞中，NICD 活性在 Numb 翻译阶段受一种 RNA 结合蛋白 Nrp-1（在果蝇中为 Musashi-1）的调控。Nrp-1 通过与 Numb 的 mRNA 结合，阻止 Numb 翻译。

2. 经典 Wnt 途径　Tcf/Lcf 家族是维持 ASC 静息状态的一组重要转录因子。它是经典 Wnt 信号转导途径的下游效应因子。该家族有 4 种成员，包括 Tef-1、2、3 和 Lef-1。这些转录因子在胚胎发育期广泛表达。在没有 Wnt 信号时，它们与 Groucho 相关蛋白结合成为转录抑制因子。但是，当有 Wnt 信号出现时，与诱导的 β-整联蛋白稳固结合，Tef/Lef 转录因子成为转录激活因子。

干细胞能够维持静息状态是通过 Wnt 信号抑制 β-整联蛋白降解来实现的。在无 Wnt 信号时，β-整联蛋白在细胞质中被糖原合成酶激酶（glycogen synthase kinase-3，GSK-3）、轴蛋白（axin）和腺瘤性结肠息肉（adenomatous polyposis coli，APC）蛋白组成的蛋白酶复合物持续的分解。复合物中 GSK-3 结合的 β-整联蛋白被 APC 分解。GSK-3 被 Wnt 信号抑制，使 β-整联蛋白从复合物中解离。β-整联蛋白聚集在细胞核内，与核内 Lef/Tcf 转录因子形成转录复合物。目前，已发现 15 种 Wnt 蛋白可以与卷曲蛋白（frizzled，Fz）受体及其联合受体 LRP5/6 结合，其结合的蛋白激酶称为蛋白酶激活受体-1（protease activated receptor 1，PAR-1）。PAR-1 导致蓬松蛋白（disheveled，Dvl）磷酸化；反过来，Dvl 也可以抑制 GSK-3 活性。Wnt 信号可以被类 Fz 拮抗物和 Dickopf-1 蛋白所抑制。因为，二者均可以与 LRP5/6 结合。

3. Hedgehog 途径　Hedgehog（hh）信号分子家族中有三个成员，分别是 sonic hedgehog（Shh，音猬因子）、Indian hedgehog（Ihh）和 desert hedgehog（Dhh）基因，它们都参与多种组织中的干细胞自我更新与增殖过程。与 Notch 配体和 Wnt 系统不同，Hedgehog 传导信号具有抑制其受体 Patched 的活性的作用，Patched

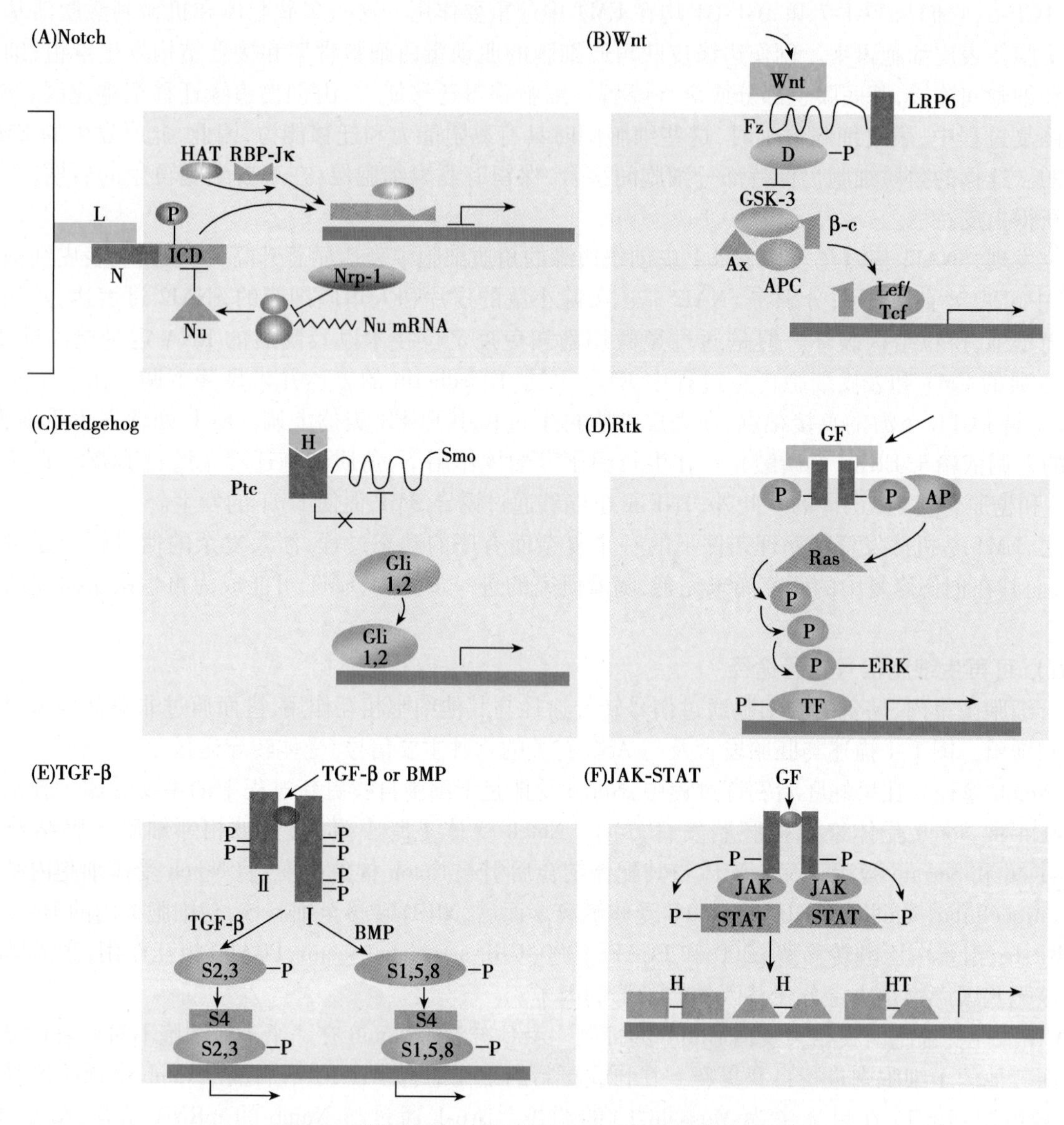

图 1-4 发育和再生过程中主要信号转导途径简略图

在信号激活 Notch 途径后,细胞仍可保持为干细胞,但是在信号激活其他途径后,细胞则开始进行非对称分裂。(A)Notch 途径,L 代表配体,N 代表 Notch 蛋白,ICD 代表 Notch 细胞内结合区,P 代表早衰蛋白,HAT 代表组蛋白乙酰转移酶,RBP-Jκ 代表 DNA 结合蛋白。早衰蛋白切除了 ICD。ICD、HAT 和 RBP-Jκ 组成一个复合物,与分化基因的调控区相结合来抑制它们的转录。这种抑制通过 Nrp-1 蛋白酶进行,可以阻止 Numb(Nu)mRNA 的翻译。如果被翻译出来,Numb 抑制 ICD 从 Notch 的裂解,转录抑制复合物也不会被组成,从而激活细胞。(B)Wnt 途径,Fz 和 LRP5/6 代表 Wnt 的联合受体。PAR-1 代表使 Disheveled 蛋白磷酸化的蛋白激酶,GSK-3 代表糖原合成酶激酶 3,Ax 代表轴蛋白,APC 代表腺瘤性结肠息肉蛋白,β-C 代表整联蛋白,Lef 和 Tcf 代表一些转录因子,在无 Wnt 信号时抑制转录基因激活干细胞。但是,当与 β-整联蛋白结合时却激活这些基因的转录。(C)Hedgehog 途径,Ptc 代表 patched 蛋白,Smo 代表 smoothened 蛋白,Gli 代表转录因子,是果蝇体内前臂阻断蛋白的类似物。(D)RTK 途径,GF 代表生长因子,P 代表磷酸化,AP 代表衔接蛋白,可识别磷酸化的受体并激活 Ras 蛋白,从而形成一个磷酸化的链反应,最终在 ERK 结束,促分裂素原活化蛋白激酶(MAPK)可以使转录因子(TF)磷酸化。(E)TGF-β(Smad)途径,P 代表磷酸化,S 代表 Smad 蛋白。Ⅰ型和Ⅱ型受体都是二聚体。(F)JAK-STAT 途径,P 代表磷酸化。JAK 和 STAT 蛋白结合形成同二聚体(H)或者异二聚体(HT)的转录复合物

结合/抑制 hedgehog 的信号转导分子 Smoothened。当 hedgehog 与 Patched 结合后,Smoothened 被激活。为了激活 Smoothened,hedgehog 基因必须保持形成肽链的氨基末端,并使 C 端酯化成胆固(甾)醇分子。在果蝇体内 Smoothened 被磷酸化,并释放出与微管相连的前臂阻断蛋白(cubitus interruptus protein,Ci)。是一种转录因子,具有抑制和激活的功能,这取决于其是否被解离。当无 hedgehog 信号时,Ci 羟基部分被剪

切,进入细胞核,执行转录抑制子功能;当 hedgehog 信号出现时,整个 Ci 分子被释放,转移至核内,执行转录激活因子功能。不同基因子的激活取决于 Ci 浓度。脊椎动物体内的 Gi1、Gi2 和 Gi3 三种不同蛋白已进化成 hedgehog 信号转导途径中发挥转录抑制作用或激活作用的功能蛋白。无 hedgehog 信号时,Gi2 和 Gi3 通过解离它的羟基区域发挥抑制转录作用;当 hedgehog 信号出现时,Gi1 和 Gi2 同时发挥转录激活子的作用。Hedgehog 与 Wnt 信号转导途径存在某些共同点,提示这两条转导途径可能是协同增强作用于干细胞增殖的姊妹传导途径。

4. RTK 途径　受体酪氨酸激酶(receptor tyrosine kinase,RTK)信号转导途径主要用于多种生长因子中,如成纤维细胞生长因子(fibroblast growth factor,FGF)、血小板源性生长因子(platelet derived growth factor,PDGF)、表皮生长因子(epidermal growth factor,EGF)、血管内皮生长因子(vascular endothelial growth factor,VEGF)和干细胞因子(stem cell factor,SCF)。这些信号的配体通过与特异性 RTK 蛋白结合发挥作用。RTK 是一种跨膜蛋白,与配体结合形成二聚体,然后,RTK 发生构象改变,继而引起细胞内受体区酪氨酸自体磷酸化。酪氨酸残基的一部分被衔接蛋白(adaptin,AP)识别,导致 G 蛋白激活(例如,Ras 蛋白),随后激活磷酸化的级联反应。此反应过程中,最后一级的成员是磷酸化的细胞外信号调节激酶(extracellular signal-regulated kinases,ERK),也被称作有丝分裂原激活蛋白(mitogen-activated protein,MAP),ERK 进入细胞核通过磷酸化激活转录因子。

5. TGF-β 途径　生长因子家族中 TGF-β 超家族中有两个亚族,TGF-β/Activin/Nodal 和骨形态形成蛋白(bone morphogenetic protein,BMP)/生长分化因子(growth and differentiation factor,GDF)/Muellerian 抑制物(Muellerian inhibiting substance,MIS)亚族。这些分子信号均作用于蛋白丝氨酸-苏氨酸激酶受体。该受体为跨膜蛋白,由Ⅰ和Ⅱ型组成。脊椎动物体内有 7 种不同类型的Ⅰ型受体和 5 种Ⅱ型受体。不同种类的Ⅰ型和Ⅱ型受体依据与其相连的配体构成不同二聚体。结合配体后,Ⅱ型受体使Ⅰ型受体磷酸化,激活激酶的结合区。然后,依据配体激活的受体继续使不同类别的 Smad 蛋白磷酸化。Smad 蛋白共有 8 种类型,可以归为三大类。其中,只有受体 Smad 蛋白(R-Smad1、2、3、5、8)可以被受体直接磷酸化。这些蛋白磷酸化后聚集在核内与 Co-Smad(Smad4)形成复合物,激活或抑制转录。Smad6 和 Smad 7 与其他 Smad 蛋白竞争性结合,起抑制作用。在Ⅰ型受体中,有 3 种是通过磷酸化 Smad2 和 Smad3 进而介导 TGF-β 信号转导,其他 4 种通过激活 Smad1、Smad5 和 Smad8 来转导 BMP 信号转导。

6. JAK-STAT 途径　JAK-STAT 信号转导途径(JAK 是细胞质基质蛋白酪氨酸激酶;STAT 是信号转导和转录激活因子)可被多种细胞因子(cytokines)和生长因子(growth factors)通过与缺少固有酪氨酸激酶活性的受体结合而激活。JAK 蛋白通过与胞内受体区结合并磷酸化酪氨酸残基,将受体转变成酪氨酸蛋白激酶。这种结合为 STAT 蛋白提供了结合位点,使其可以通过磷酸化被激活。STAT 蛋白形成同/异源二聚体,并且迅速转移入细胞核内,与其他蛋白形成转录复合物。在哺乳动物体内共有 4 种 JAK 基因和 7 种 STAT 基因,从而实现了激活、转录结合的多样性。

7. 其他信号转导途径　由于转导途径是相互交通的,因此基因活性的调控具有很大的灵活性。一些其他的信号转导途径通过可溶性因子及细胞外基质中的成分也在参与基因调控。其中最重要的转导途径之一是程序性细胞死亡途径(即细胞凋亡)。胚胎发育过程中产生了过量的细胞,这些过量的细胞必须被"修剪"掉来维持组织和器官正常的数量、形态和功能。在成年体内,每天有几十万亿细胞死亡并被新细胞所替代。胚胎及再生成体组织依靠细胞凋亡来调控细胞的数量和失误,控制正在发育或再生器官的形态。一些细胞如红细胞是在信号转导缺失时发生程序性死亡(对于红细胞来说是红细胞生成素),这种信号可以预防死亡,而其他组织细胞死亡则是由信号激活细胞凋亡所导致的。细胞有两套相对应的基因调控细胞凋亡。一组用来保护细胞,另一组通过酶作用破坏细胞。"细胞拯救者"是 Bcl-2 基因家族成员,其中,最重要的是 Bcl-2 和 Bcl-X。"细胞杀手"是细胞凋亡蛋白酶激活因子 1(apoptotic protease activating factor 1,Apaf1)。"细胞杀手"在细胞色素 C 存在时激活半胱天冬酶-9(caspase-9)和半胱天冬酶-3(caspase-3)。这些半胱天冬酶是一种能够消化细胞内容物的蛋白酶。这种"生命-死亡"基因最早在蛔虫 *C. elegans* 中发现,在自然界中广泛存在。

三、变形再生与新建再生

1901 年 Morgan 将再生方式分为变形再生(morphallaxis)与新建再生(epimorphosis)两种模式,是再生细胞进行再生的两种独立类型(图 1-5)。变形再生是把不能继续生长的残余组织变形成为正常组织的缩小版,进而成长为原有大小的再生过程。这是由相对简单的组织构成的多细胞动物再生的常见特点,如水螅。新建再生是通过干细胞增殖或祖细胞分化成缺失组织,来完成机体缺失部位的修复的再生过程。新建再生是扁虫、环节蠕虫,以及两栖类动物附肢和咽喉再生的特点。哺乳动物某些结构也可以进行新建再生,如鹿角、兔耳组织及胎儿趾/指。对新建再生机制研究的突破,将能够仿照其再生出哺乳动物肢体,这是再生医学的最终目标之一。

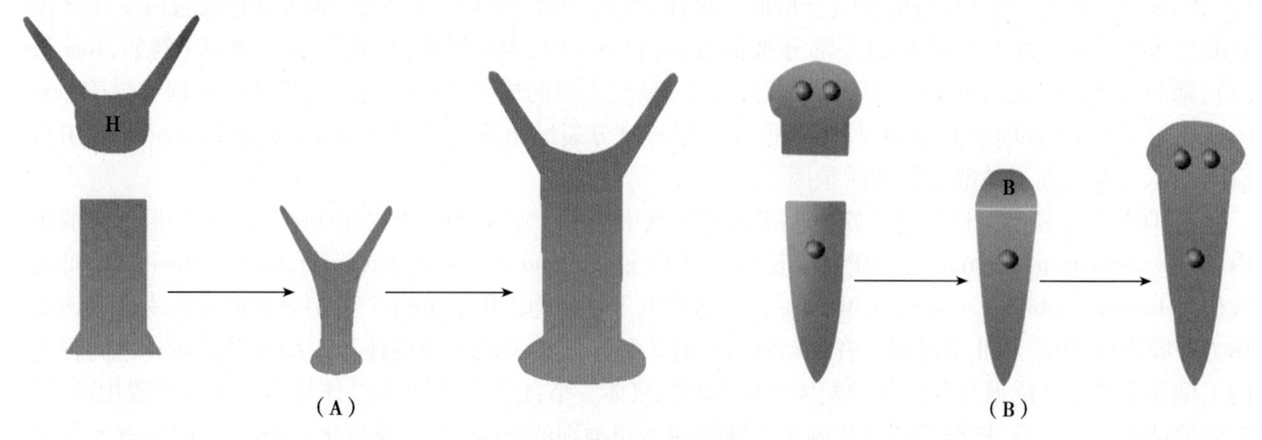

图 1-5 变形再生与新建再生

(A)水螅(hydra)的变形再生,在切除头部后,残留的细胞群重新组织成一个初始水螅的缩小版,随后会生长为原有的大小。(B)真涡虫(planaria)的新建再生,将头部切除后,在切除的表面会形成一个再生的基芽(blastema)而没有任何残余细胞群的重组。芽基生长的同时便形成一个新的头部以恢复蠕虫的结构和大小

四、再生与纤维化的进化意义

创伤修复与组织再生广泛存在于多细胞生物体内,也为多细胞生物体生存所必需,有利于生物赢得自然的选择。然而,新建再生只在每门中相对较少的物种中发生。许多组织内都存在具备再生能力的细胞,当组织受损时,再生应答往往被机体修复伤口倾向的纤维化修复(瘢痕)所抑制。在脊椎动物系中,为什么当成人组织及附属物损伤后纤维化占有优势呢?一种观点认为是即使这些物种具有再生能力,但没有与再生相适应的环境。因为,与纤维化相比,再生需要大量的能量消耗及更长的时间,尤其像肢体这样大而复杂的组织结构的再生。在哺乳动物体内,由于受伤部位的血运丰富,易受到细菌感染并发生脱水。所以,迅速封闭伤口和瘢痕形成就显示出特别的优势。因为,封闭伤口和瘢痕形成可以防止体液流失、抑制细菌增殖而且较为迅速地修复伤口。

因此,再生在大多数成体中受抑制。原因是在它们所处的环境中纤维化可以更高效地发挥作用,并为组织机体提供更多的生存保障。这种再生抑制作用与其免疫系统成熟度有关。

第四节 再生医学的应用策略

再生医学的临床应用主要有三大策略。其包括细胞移植、生物化人工组织移入(组织工程学)和利用损伤部位或摄取体内其他部位的干细胞进行原位化学(药物)诱导再生(图 1-6)。上述策略的选择取决于

对修复受损组织的性质以及受损程度。总体来说,细胞移植与化学诱导通常用于纠正较小组织缺损,而生物化人工组织用于治疗较大组织缺损。再生医学的最终目标是调动人体自己的再生能力修复损伤组织,达到治疗的目的。

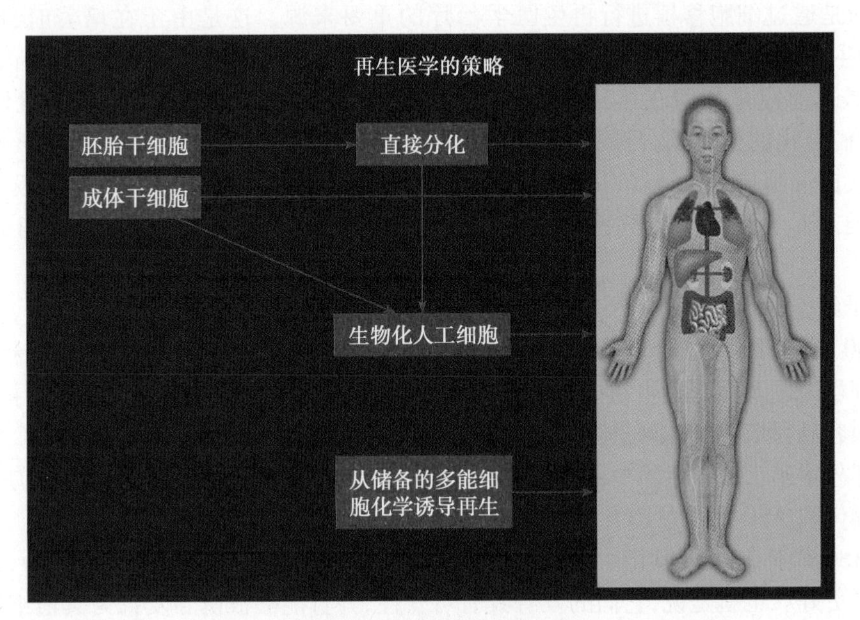

图 1-6 再生医学的策略

在第一个策略中,胚胎干细胞分化成 ASC 或前体细胞,并且被移植到病变部位,可采用悬浮或聚集的方法收集细胞。在第二个策略中,胚胎干细胞衍生物或者成体干细胞被植入一个仿生物的支架来组成一个生物化人工组织,随后再将其植入体内。在第三个策略中,再生支持分子与再生抑制分子中和分子被应用于损伤组织中

一、细胞移植

用于移植的细胞可以是自体、同种异体或异种的已分化细胞、胎儿细胞(fetal cell)、胚胎干细胞(embryonic stem cell,ESC)衍生物或 ASC。这些细胞可以是正常的或经过基因修饰的,可以产生重要的信号和细胞外基质(extracellular matrix,ECM)分子,以及可以中和抑制细胞存活及增殖的分子。同种异体细胞或异种细胞的优点在于它可以在患者没有足够时间增殖自体细胞的情况下,进行增殖和储存。但缺点是当它们被受者免疫系统识别后,容易诱发免疫排斥。已分化细胞可以从患者体内直接获取。但是,它们的分离和体外扩增都很困难。胎儿细胞是从自发性流产的胚胎中获得的,所以,胎儿细胞供应是十分有限的。

迄今为止,细胞移植研究焦点是胚胎干细胞衍生物及 ASC 的移植。近年,已能从脐带、胎盘和胎膜等胎儿废弃的附属物中分离和培养大量的干细胞,其具有增殖能力和分化潜能高、免疫原性低等特点,有望成为异体移植干细胞的潜在来源。

1. 用胚胎干细胞移植的利与弊 成人体内数以千万计的细胞(包括 ASC)都是由 ESC 衍化来的。ESC 来自于囊胚内细胞团。在哺乳动物体内,内细胞团中所有细胞都是多能的。将小鼠的 ESC 注入宿主细胞的囊胚中,可以形成嵌合体胚胎,从而证实其多潜能性。将人 ESC 注入免疫缺陷的小鼠皮下组织内,其可分化出包含内、中、外胚层三个胚层来源组织的畸胎瘤,从而证明了人 ESC 的多能性。

ESC 形成胚胎的外胚层、中胚层、内胚层。所有已分化的机体成体组织都是由这三个胚层分化来的。在个体发育进程中,这些胚层细胞逐渐形成独特腔隙,勾画出器官系统的框架。最后,由前体细胞决定各个组织中每一细胞的最终表型。前体细胞分裂成更多的前体细胞(扩增),然后分化成功能细胞。神经系统主要是外胚层的衍生物,骨骼肌、心血管、泌尿生殖系统主要是中胚层的衍生物,而皮肤、消化、呼吸系统则是由外胚层或内胚层与中胚层共同衍生来的。

ESC 培养已经从鱼、鸟及多种哺乳动物早期胚胎建立起来。人类 ESC 培养建立于辅助生殖体外受精产生的废弃冷冻囊胚或 5 ~9 周胚胎中的原始生殖细胞。ESC 经长期培养,仍可保持多能性,可以产生体内 200 多种分化细胞中任意一种。

ESC 被认为是通过细胞移植进行再生医学治疗的重要来源。这是由于在培养时,ESC 可以被无限增殖,为产生衍生物提供大量的细胞来源,并且保持其潜能,其几乎可以分化人体内所有细胞类型。使用 ESC 的主要技术难点是如何在体外无限扩增并保持其未分化状态,及其分化成机体所有细胞的潜能。事实上,它们分化的衍生物,与同种异体的细胞一样,也会遭遇到免疫排斥反应。不同人胚胎干细胞系有不同的人白细胞抗原(human leucocyte antigen,HLA)图谱,这意味着它们会诱发不同程度的免疫排斥。使用人类 ESC 衍生物进行移植一直是生物伦理学界争论热点,这是由于它们的产生需要破坏胚胎。

2. 用成体干细胞(ASC)移植的利与弊　人 ESC 的研究仅开展了 10 余年,相比之下,动物 ESC 的研究已经进行了近 30 年,动物 ASC 的研究已经进行了几十年。将人 ASC 应用于细胞移植治疗规避了由 ESC 引起的生物伦理学问题及大部分生物技术难题。例如,自身成体 ASC 不会遭到免疫排斥;像骨髓、脐带血和脂肪干细胞很容易获取并在体外进行增殖。然而,ASC 也存在自身问题。大多数 ASC 如神经干细胞很难获取和进行体外增殖。一些组织中的 ASC 数量随着年龄的增长而下降,并且增殖能力和分化潜能也随之降低。同种异体间 ASC 移植可诱发免疫应答,需要使用免疫抑制药。

支持应用 ASC 代替 ESC 或其衍生物进行细胞治疗的主要原因是有大量的报道认为,ASC 的发育潜能比它们的预期要更好。也就是说,它们的发育具有可塑性,并且能够被诱导发育为其他细胞而不仅仅是预期细胞。这种特性也许可以让我们将一种自身干细胞(比如骨髓干细胞)分化成任何一种我们需要的细胞种类。然而,ASC 是否真的具有此种程度的发育潜能一直是争论的热点。另一方面,有证据表明骨髓和构成多种器官的结缔组织中存有多能干细胞。尽管,这些干细胞不同于 ESC,但与 ESC 有许多相同的特性,或者说这些细胞可以通过大量培养和去分化获得。不管怎样,这类细胞可以避免 ESC 所引起的两大主要问题——免疫排斥问题以及生物伦理学问题。

目前,第二个经常被 ESC 研究者(与 ASC 研究者相对)提及的原因是 ASC 已经成功应用到一些疾病的治疗之中。但是,仅仅是针对血细胞生成紊乱问题。成人骨髓细胞或者脐带血干细胞,已被移植在高剂量化疗或放疗后的具有遗传和恶性造血疾病的患者中。此项研究已进行了数十年。ASC 移植用于治疗其他类型的疾病和创伤还仅仅处于动物实验阶段,至今在人身上仍少有成功。

3. 移植细胞所处的理化环境是存活、增殖、分化的关键　移植细胞是悬浮还是聚集取决于它们分化并自我装配成三维原始组织的立体结构及与周围宿主组织融合的需要。这取决于损伤部位细胞信号和黏附分子的出现以及周围健康组织的三维立体结构。我们知道进行维持性再生的组织必须为维持组织重建提供必要的信号。同样,受损组织的自主性再生也需要有必备的信号。同时,受损组织的环境一定有部分信号阻碍再生,这是由于这些组织常在启动再生应答后被纤维化抑制。为了实现这些组织的再生,治疗上应该设法向受损部位提供允许再生的信号并中和纤维化诱导分子。

二、生物化人工组织

生物化人工组织的目的是在移植到体内之前,使用形似受损组织器官的支架构建合适的组织形态和结构替代物。理想状态下,生物化人工组织可以在人体内模拟 ECM 功能,不仅提供几何形状及理化特性,并且释放细胞增殖和分化所必需的生物信号分子,使干细胞能够最大限度地在支架内增殖、迁移、整合入支架。Ⅰ型胶原等天然的生物物质,其本身或者与其他 ECM 分子结合,亦或与去细胞化(decellularized)的结缔组织基质结合,广泛被用作生物化人工组织支架或诱导宿主组织再生的模板。Ⅰ型胶原很容易被提取、塑成多种形态和生物降解。近年来,合成生物模拟材料(例如,合成支架)也颇受关注。这种合成生物材料的优点是它们是依据严密的程序说明书被生产出来,并且可以被无限地大量地生产。目前,应用于生物化人工组织或再生模板的合成较多的生物材料是聚二噁烷酮、聚 ε-已内酯、聚羟乙酸、聚乳酸和陶瓷。尽管一些生物材料(例如,陶瓷)的生物降解速度非常慢,所有的合成生物材料都可以生物降解。

生物化人工组织可以被宿主血管化,即“开放”;也可以是将细胞包裹在生物材料之中,即“封闭”。若“开放”组织中细胞是同种异体的或是异种的,它们将遭受免疫排斥;“封闭”组织中的细胞将免遭免疫排斥。基质支持的“关闭”组织必须能够耐受生物降解。与之相反,作为“开放”组织的支架必须能够进行生物降解,以便几周或几个月后可以被人体自然组织所取代。在“封闭”生物化人工组织内,细胞需要存放在多孔的微球或直径小于0.5mm的微囊内,微囊形似直径为0.5mm~1mm杆状、鞘状或盘状;亦或是血管装置内,那里细胞被放置在直径1mm的管膜包围的细胞外鞘中,其被附着在血管上。微囊是由藻酸盐水凝胶制成的。宏囊与血管装置通常由丙烯腈/乙烯基氯化物异分子聚合物制成。“开放”系统是由附着在可生物降解聚合物(天然或人工)基质的细胞组成的。基质支持细胞增殖、血管化以及分化成组织,使得“开放”系统在基质降解后与天然组织融为一体。

生物化人工组织已经在动物和人类试验中进行了应用。生物化人工皮肤替代物已经广泛应用于烧伤、大面积急性创伤、长期静脉曲张性溃疡和糖尿病溃疡的治疗。它们主要使用同种异体细胞,因此,可以作为临时覆盖伤口上的有生命的敷料,在被排斥的同时被宿主细胞所取代。通过无细胞再生模板再生的尿道组织,已经取得了一定的成功。制造生物化人工骨骼、血管、尿道也取得了一定进展。总而言之,对生物化人工替代物取代受损组织的探索已经取得了很大进展,但仍面临很多的困难。

三、原位再生的诱导

尽管细胞移植的最初目标是使移植细胞分化成新的组织并且加入进宿主组织中,但也有确实证据表明,移植细胞也分泌旁分泌因子,保护宿主细胞,促进细胞存活、增殖、分化并抑制瘢痕形成。因此,再生医学第三种方法就是鉴定这些因子或小分子,并模拟它们的作用或激活它们的信号转导途径,和在损伤部位局部注射它们或应用于再生模板中,诱导原位的或循环中有再生能力的细胞产生新的组织。这种方法的优点是解决了与细胞移植相关的一系列问题(如细胞的培养与移入、免疫排斥及与生物伦理问题),且具有费用较低的优点。

原位再生诱导面临两大问题。其一是必须有再生能力的细胞存在于非再生组织或血液循环中,或通过诱导已分化的细胞去分化或代偿性增生来获得有再生能力的细胞;其二是寻找再生与瘢痕修复形成之间的分子信号转导途径差异。因此,我们需要从实验系统的观察中识别这些转导途径及构建“支持再生”环境所需的不同生长因子。有证据表明,哺乳动物的再生潜能要比其实际所表现的大得多,它们所在的组织环境决定了最终是再生还是瘢痕修复。可以开发一些试验体系来区分再生修复与瘢痕修复分子途径的不同。

1. 非再生组织固有的再生潜能 许多哺乳动物组织内存在ASC。通常情况下,它们不被激活或在组织受损后参与瘢痕组织形成。这就表明哺乳动物有相当大的再生潜能被抑制。表1-4总结了迄今为止在非再生组织内找到的干细胞。脊髓和心脏在启动再生后均受到受损环境中抑制因子的抑制作用,从而导致了瘢痕组织形成。因此,如果能将抑制再生的环境转变成支持再生环境,或许就可以启动并完成再生过程。其次,在动物实验中,再生应答在许多组织内被诱导和增强。虽然结果还远不够完美,可生物降解的无细胞人工化再生模板已经用于诱导皮肤损伤的真皮再生,并且提高了外周神经跨过缺口的能力。大量神经保护剂也可以消除对轴突再生的抑制作用,并降解神经胶质瘢痕。目前,已经被用于提高脊髓再生和治疗帕金森病、肌萎缩性侧索硬化疾病。无细胞的陶瓷模板可以通过较大裂孔诱导骨再生。在缺乏再生能力的成年蛙肢体中已诱导出新建肢体再生或增强了再生反应。第三,通常情况下,哺乳动物的肌细胞对受损部位不产生细胞分化应答。但是,在体外经过蝾螈再生肢体中提取的蛋白诱导后,应答发生了(图1-7)。诱导后的单核细胞在形态学和分子水平去分化。然后,像骨髓间充质干细胞一样,具备向肌肉、软骨、脂肪细胞分化的能力。这一结果提示,哺乳动物细胞中存在与生俱来的去分化能力,但是,在受损伤时,缺少启动去分化过程的信号或受体。

表 1-4 在哺乳动物体内非再生组织中,存在的可增生和分化的干细胞

组织	体内分化
脊髓	神经元、神经胶质细胞
海马体*	神经元、神经胶质细胞
纹状体	神经元、神经胶质细胞
大脑皮层	神经元、神经胶质细胞
神经视网膜	视网膜神经元、神经胶质细胞
真皮	神经元、神经胶质细胞
心肌	心肌细胞、内皮细胞

* 指相对于维持再生功能,在损伤后再生不足

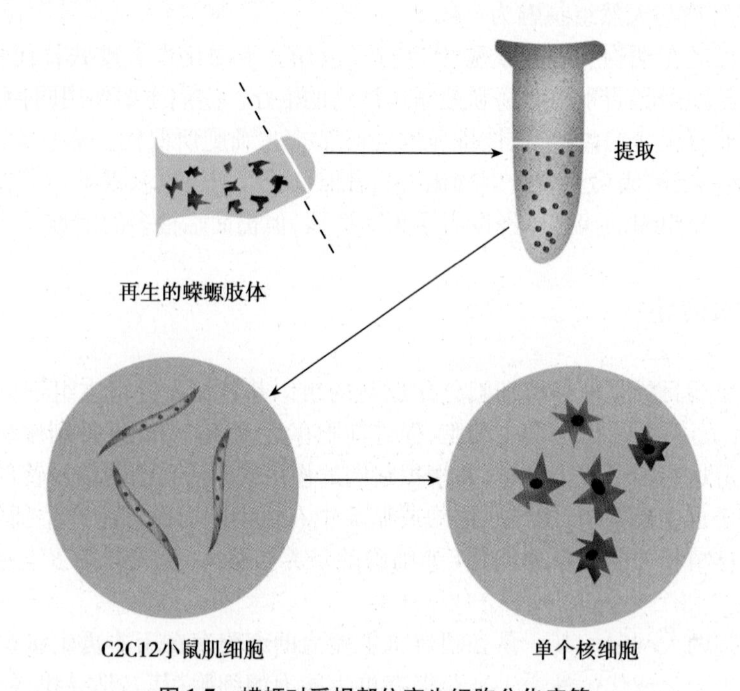

图 1-7 蝾螈对受损部位产生细胞分化应答

通过利用蝾螈再生肢体中提取的蛋白(PE)诱导后,培养的哺乳动物肌肉细胞(C2C12 小鼠肌纤维)的细胞分化和去分化。多核的肌纤维经过细胞化为单核细胞,并失去了其表型的特性

2. 分析再生与纤维化分子差异的模型　像细胞移植与生物化人工组织的移入一样,在自身组织内进行再生的化学诱导需要我们认识纤维化与再生之间的分子差异。我们需要与再生缺乏的环境比较了解哪些信号存在于再生环境,什么抑制因子存在于再生缺乏的环境,以抑制或中和这些抑制因子。

在不能够自主再生的哺乳动物组织中,理解再生失败原因的标准方法是对这些组织造成损伤,尝试鉴定存在于受损环境中的再生抑制分子,并设计出中和这些分子的方案。更加直接的方法是比较非再生组织与再生组织的蛋白质组、转录组、miRNA 和 lncRNA 以及比较其表观遗传学的其他改变,并定义出再生与纤维化不同的激活与抑制分子及其不同修饰的分子。有三种模型可以用于这些比较。第一个模型是比较获得与失去再生能力的野生型组织的基因变化。例如,有一些小鼠可以再生耳组织和心脏组织,而美西螈(幼体)短趾突变可引起肢体再生缺陷。第二个模型是比较同一组织的不同发育阶段(即具备再生能力阶段与不具备再生能力阶段)有何不同。例如,许多哺乳动物的胎儿皮肤可以再生得特别完美,而在胎儿末期对损伤的应答转为典型成年人瘢痕组织修复。第三个模型是比较可以再生和不能再生的两物种同一组织的不同。例如,比较蝾螈和小鼠经培养的肌管对血清因子反应时,重新进入细胞周期能力。

两栖类动物特别适合后两种模型。蛙在蝌蚪早期,可以再生许多组织。但是,在蝌蚪后期或变态完成后,便失去这种再生能力。这样,细胞和分子水平的比较可以在发育过程中的可再生阶段或再生缺陷阶段

的组织之间进行，或可再生的有尾目幼年期或成年动物组织与再生缺陷的无尾目动物组织进行比较。基因组研究已经多次表明，经过漫长的进化过程，重要的发育基因都是非常保守的。我们知道的关于脊椎动物的发育及分子遗传学中的大部分基因是从果蝇和其他非脊椎动物的研究中获得的。因此，尽管与两栖类动物再生有关基因的活性被抑制因子所抑制或抵消，我们没有理由不期待这些基因在我们人类和其他哺乳动物当中同样是保守的。

最近，美国威斯塔研究所的一项研究成果有望解决上述问题，该研究表明 MRL 小鼠可重新长出心脏、脚趾、关节以及尾等“身上几乎所有肢体和器官”，唯一无法再生的器官是大脑。起初发现其耳朵打孔，可全部弥合，无任何瘢痕。接着发现其切除的脚趾不仅全部重新长出，而且有关节；切除它的尾巴也可长出；将其内脏部分冷冻，被冷冻的部分又再次长出；视神经或部分肝脏受损时，同样也可再生。该小鼠伤口没有纤维修复，而是再生。它们的免疫系统存在先天的缺陷。当 MRL 鼠的耳尖被切掉后，伤口在愈合前已长出新的囊泡和软骨，而这种现象以前从未在哺乳类动物中发现过。受伤后在伤口新的肌胞芽生长出前，其体内基质金属蛋白酶上调，这可能与再生有关。因此，哺乳类动物高级免疫系统和愈合过程的进化可能是导致失去再生能力的原因之一。当把来自于该小鼠的胚胎干细胞注射到普通小鼠体内后，它们也获得了再生能力，而且这种能力在注射 6 个月后仍然存在。

如果通过对该鼠的研究，能够确定其“再生基因”，并以此为基础探寻人体内控制再生信息的基因，将会解决人类再生的问题，实现再生医学的最终目标。

小 结

干细胞与再生医学是研究组织或器官受损后修复和再生的一门学科。将成为主流的科学研究领域，对医学的发展具有引领作用。通过研究干细胞增殖、分化以及机体的正常组织创伤修复与再生等机制，寻找促进机体自我修复与再生的方法；制造新的组织与器官以维持、修复、再生或改善损伤组织和器官功能。目前其研究主要有三大策略：①通过移植细胞悬浮体或聚合体来代替受损组织；②实验室生产的能够替代天然组织的生物化人工组织或器官的移入；③通过药物手段，对损伤组织部分进行再生诱导。

干细胞是一类具有自我更新和多向分化潜能的未分化或低分化的细胞。干细胞是再生医学研究的核心。脊椎动物有代偿性增生、储备成体干细胞的激活和成熟细胞重编程三种组织再生机制；EMT 的发生是细胞旁分泌、自分泌以及相关的微环境共同作用的结果。胚胎发育及与 ASC 有关主要信号/受体转导途径有 Notch 途径等六种；变形再生与新建再生是再生细胞进行再生的两种独立类型，许多组织内都存在具备再生能力的细胞。当组织受损时，再生应答往往被机体修复伤口倾向的纤维化修复（瘢痕）所抑制。细胞移植治疗，主要是种子细胞的识别和来源问题。通过向受损部位提供充足的细胞，使这些细胞能够存活下来，或者分化成新细胞，或者分泌旁分泌生存或增殖因子，来支持宿主细胞再生出新组织。其次是防止发生免疫排斥。生物化人工组织的特制支架要求可以生物降解并提供组织在体外发育所必需的理化与信号的环境。化学/药物诱导原位再生似乎是再生医学治疗的最终方案，需要识别能够越过纤维化而促进再生的信号，进行基因与蛋白质分析区分可再生组织与再生能力缺陷组织的异同，再生细胞是否广泛分布于人体内，它们是否可以通过原位去分化而产生。

总之，哺乳动物包括人类的非可再生组织，具有潜在的再生能力。当所处环境有合适的支持信号表达时，这种潜能可能被激发出来。因此，随着再生生物学的不断研究，多种动物模型的使用，同时，将这些研究应用到临床治疗之中，我们应该有能力在 21 世纪的第一个 50 年里实现再生医学的发展目标。

（庞希宁 付小兵）

第二章　干细胞与再生医学

干细胞(stem cell)是具有自我更新及多向分化潜能细胞。干细胞是组织器官再生的种子细胞,是实践再生医学的最重要的先决条件。再生医学的三大临床应用策略都离不开干细胞。第一,细胞移植。它是现阶段人们主要关注的最有活力的、已经应用于临床再生和修复损伤的组织细胞。几乎所有移植细胞均来源于干细胞或经干细胞阶段转化而来。第二,生物化人工组织移入。这是较大组织缺损离不开的再生措施,而干细胞作为种子细胞是人工组织离不开的主要功能成分。第三,干细胞原位诱导再生。这个策略只能在较充分了解干细胞启动再生的机制的条件下才能实现,虽然难度最大,离我们也最远,但却是再生医学的最终目标,始终应是我们努力的方向。因此,干细胞研究促进了再生医学的发展。

第一节　干细胞概述

一、干细胞的定义

干细胞是高等多细胞生物体内具有自我更新及多向分化潜能的未分化或低分化的细胞。自我更新(self renewal)是指干细胞具有“无限”的增殖能力,能够通过对称性分裂(symmetric division)和不对称分裂(asymmetric division)方式产生与父代细胞完全相同的子代细胞,以维持该干细胞种群。多向分化潜能(multi-directional differentiation)是指干细胞能分化生成不同表型的成熟细胞。如胚胎干细胞可以分化为个体的所有成熟细胞类型(包括来源于外胚层、中胚层和内胚层的各种细胞),在成体各组织器官内几乎都存在干细胞,它们在生物体内终身都具有自我更新能力,但是其多向分化能力较胚胎干细胞弱,只能分化为特定谱系的一种或数种成熟细胞。

二、干细胞的分类

(一) 根据分化潜能分类

按分化潜能的不同,干细胞可以分为全能、多能和单能干细胞(图 2-1)。

1. 全能干细胞(totipotent stem cell)是指能够形成整个机体所有的组织细胞和胚外组织的干细胞,如受精卵和早期胚胎细胞,它们可以分化为个体的所有细胞类型(包括外胚层、中胚层和内胚层来源的细胞)及胎儿附属物(胎盘、脐带和胎膜)。

2. 多能干细胞(multipotent stem cell)是能够分化形成多种不同细胞类型的干细胞,具有多谱系分化潜能特征。如造血干细胞能分化为单核巨噬细胞、红细胞、淋巴细胞、血小板等;骨髓间充质干细胞除能分化为骨细胞、软骨细胞、脂肪细胞等中胚层细胞外,还可以分化为表皮细胞、神经干细胞等外胚层及肝细胞、胰岛干细胞等内胚层细胞。

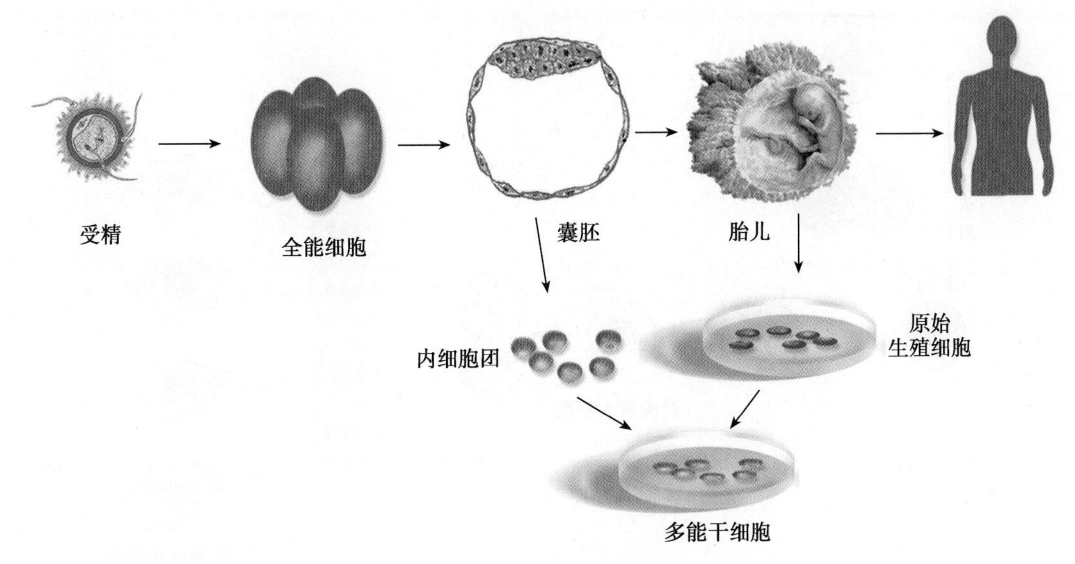

图 2-1 干细胞的来源

3. 单能干细胞(unipotent stem cell)通常指特定谱系的干细胞。它们仅产生一种类型的分化细胞,因此,分化能力较弱。如表皮干细胞只能分化成为皮肤表皮的角质形成细胞,心肌干细胞也只能发育为心肌细胞。

(二)根据组织来源分类

根据所处的发育阶段和发生学来源的不同,可以将干细胞分为胚胎干细胞、诱导多能干细胞、成体干细胞和生殖干细胞(germline stem cell,GSC),最近,有研究者还提出了肿瘤干细胞(cancer stem cell,CSC)的概念。

三、干细胞的生物学特性

干细胞通过细胞增殖完成自我更新,以维持稳定的干细胞数量。有些组织干细胞(如,肝干细胞),虽然长期处于静息状态,但仍然具备强大的自我更新能力。其次,在特定分化信号刺激下,干细胞通过非对称分裂被诱导分化为具备特定功能的组织细胞。在某些组织器官(如,胃和肠上皮或骨髓)干细胞较频繁地进行分裂增殖以替代损伤、衰老和死亡细胞;但是,其他一些器官(如,胰腺或心脏)的干细胞仅在某些特殊条件下,才能进行分裂增殖。

干细胞的分裂有两种方式。其一是与体细胞相同的对称分裂;其二是独特的非对称分裂。非对称分裂产生的两个子代细胞。其中,一个细胞与父代细胞完全相同,并一直保持干细胞稳定状态,同时还产生过渡放大细胞(transient amplifying cell),然后再由过渡放大细胞经过若干次分裂产生较多的分化细胞。

关于干细胞非对称分裂的机制,目前尚不明确。可能是由于干细胞进入分化程序以后,首先要经过一个短暂的增殖期,产生短暂扩增细胞(transient amplifying cell,TAC)。短暂扩增细胞再经过若干次分裂,最终生成分化细胞(图 2-2)。

1. 干细胞具有自我更新能力 胚胎干细胞和某些组织干细胞的增殖能力非常旺盛。尤其是胚胎干细胞的分裂十分活跃。胚胎干细胞能够在体外培养环境中连续增殖一年而仍然保持良好的未分化状态。但是,绝大多数组织干细胞在体外的增殖能力有限,它们在快速增殖以后常进入静止状态,如成人肝干细胞、神经干细胞和心肌干细胞通常处于静息状态,这种独特的增殖方式与组织干细胞保证整个生命周期中组织的稳态平衡与再生密切相关。

干细胞本身的增殖通常很慢,而组织中的过渡放大细胞分裂速度则相对较快。干细胞的上述增殖特点有利于干细胞对特定的外界信号做出反应,以决定干细胞是进入增殖周期,还是进入特定的分化程序。干细胞缓慢增殖特性,还可以减少基因突变的危险,并使干细胞有更多的时间发现和矫正复制错误。因

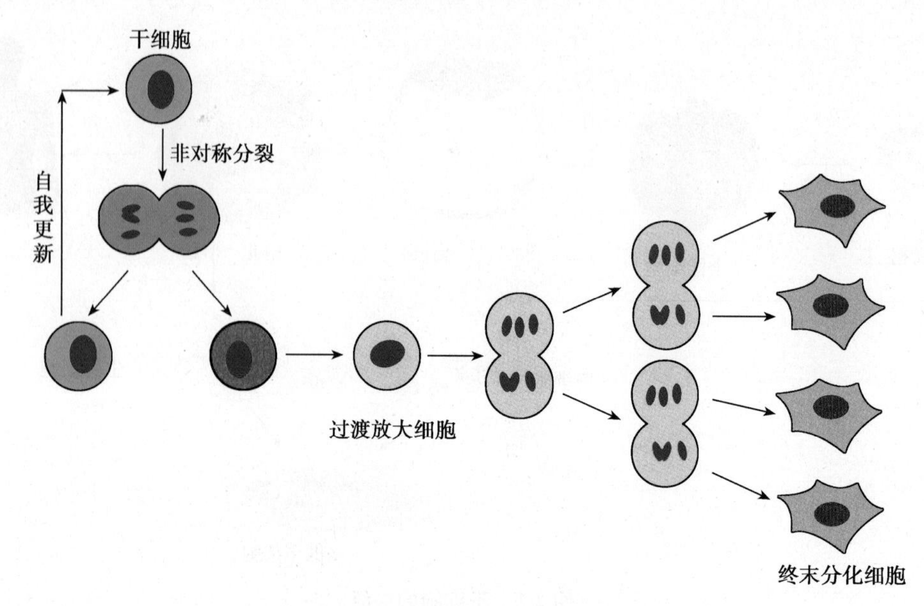

图 2-2 干细胞的非对称分裂

此，干细胞的作用可能不仅仅是补充和修复受损组织细胞，或许还具有防止体细胞发生自发突变的功能。

2. 干细胞具有多向分化潜能　干细胞经过分化进程逐渐变为具有特殊功能的终末分化细胞，与此同时干细胞的多向分化潜能也逐渐丧失。如，囊胚内细胞团的多能胚胎干细胞可以产生多分化潜能的各胚层干细胞，然后胚层干细胞再分化为成熟组织细胞。在上述分化进程中，干细胞的分化谱逐渐"缩窄"，即只能分化成为种类越来越少的功能细胞。目前已经鉴定了一些调控干细胞分化的外源和内源性的信号分子。其中，外源性信号包括其他细胞产生的化学信号以及干细胞微环境中存在的某些分子；内源性信号主要包括某些重要转录因子。这些调控通过干细胞 DNA 的表观遗传修饰，关闭或者开启某些重要基因的表达，最终调控干细胞的分化进程。

3. 干细胞具有未分化或低分化特性　干细胞不具备特殊的形态特征。因此，难以用常规的形态学方法加以鉴别。干细胞也不能执行分化细胞的特定功能，如心肌干细胞不具备心肌细胞的收缩功能，造血干细胞也无法像红细胞一样携带氧分子。但是，干细胞（尤其是组织干细胞）的重要作用是作为成体组织细胞的储备库，在某些特定条件下，它可以进一步分化为成熟细胞或终末分化细胞，执行特定组织细胞的功能。

四、干细胞的应用前景

通过治疗性克隆获得具有目的基因的胚胎干细胞，作为科学研究和治疗应用资源，可广泛应用于再生医学、研究人类疾病的模型及药物筛选等研究领域。

干细胞的生物学特性决定了其广泛的应用价值，另一方面干细胞可以在体外培养环境中，可以增殖，经过 10 余年的研究，已建立了一系列成熟规范的干细胞体外培养体系；另一方面，利用干细胞是一种具有多分化潜能的细胞的特性，在体外培养环境中给予一定的诱导条件，就可以将干细胞定向分化为特定类型细胞，然后，移植到机体相应的病变区域替代原本失去功能的病变组织细胞，以治疗多种疾病，如心血管疾病、糖尿病、恶性肿瘤、骨及软骨缺损、老年性痴呆、帕金森病等。由此可见，干细胞具有巨大的研究价值和应用前景。

1. 成体干细胞分化潜能和局限性　如造血干细胞、神经干细胞、胰腺干细胞等。由于 ASC 的获取及培养体系已经建立，并且，成瘤性等潜在风险较低，因此 ASC 在临床治疗过程中，取得了一定的进展，如造血干细胞移植已成为治疗白血病的主要手段。在 2008 年，Macchiarini 等报道利用患者自体干细胞，在胶原骨架上构建成体气管组织，然后移植到患者因肺结核而被破坏的气管患处，成功地再生了这种患者的气管组织，获得了良好的治疗效果。ASC研究不涉及伦理问题，便于临床应用，但也有其自身局限性。一般ASC在体内含量极微，很难分离和纯化，数量随年龄增长而减少，而且至今未能从人体的全部组织中分离出ASC，所以很多组织器官的损伤或功能障碍不能通过移植ASC来解决，而且ASC分化局限性也限制了其临床应用。

2. 胚胎干细胞（ESC）具有向三个胚层细胞分化的能力 经过适当的诱导方法可以形成多种细胞类型，因此，胚胎干细胞被认为是最有潜力应用于细胞替代治疗的资源之一。1998年，Thomson等率先将人工授精后废弃的胚胎进行体外培养，成功地从囊胚中分离出内细胞团，建立了人胚胎干细胞系，这一突破性进展在全世界范围内引起极大反响。从此，针对胚胎干细胞的研究一直是生命科学的热门研究领域。但由于伦理争议、成瘤性、免疫排斥等问题，胚胎干细胞的研究仍停留在机制研究和动物实验阶段。

3. 利用治疗性克隆（therapeutic cloning）技术获得的胚胎干细胞系 不仅具有正常胚胎干细胞自我更新和多分化潜能两大特性，而且与患者的HLA配型完全一致，因此具有极高的临床应用价值。治疗性克隆是指将来源于患者自身的体细胞，通过核移植技术，获得囊胚发育，进而从中分离内细胞团，建立胚胎干细胞系。这种治疗性克隆的可行性，早在2002年就开始在小鼠模型中被证实，然而在灵长类动物中，治疗性克隆仍然处于初期研究阶段。尽管，2007年Byrne等建立桥猴体细胞核移植干细胞系，2008年French等首次报道获得了人体细胞核移植囊胚，但是，两者获得的效率都比较低，而且在人体细胞核移植研究中，卵子使用、胚胎毁灭等伦理道德争论，也一直限制着这项研究的开展。

为了避免人胚胎干细胞和治疗性克隆研究带来的伦理争议，一直以来人们都在努力寻找新的体细胞重编程方法，寄望于不通过卵子的重编程，而是通过其他一些特异的细胞类型诱导体细胞直接转变成为多能性干细胞。但是，这方面的研究一直或多或少存在某种缺憾，无法获得和胚胎干细胞特性一致的多潜能性细胞。然而，2006年Takahashi等通过从24个转录因子中筛选，最终利用四个转录因子建立了诱导性多能干细胞（induced pluripotent stem cell，iPS cell）。此后，针对iPS细胞的研究可谓日新月异，2007年Takahashi等和Yu等分别建立了人诱导多能干细胞系。截至目前，已建立超过8种与疾病相关的人iPS细胞系，其中包括神经退行性疾病、糖尿病等。同时利用iPS细胞，模拟细胞替代治疗的可行性已在小鼠中获得证明，然而，以病毒作为载体进行的基因操作仍然会带来潜在的治疗安全性问题。2009年Yu等研究表明，利用非整合型附着体载体（episomal vectors）方法获得了人iPS细胞，在去除附着体后，这种iPS细胞就成为了没有外源DNA的细胞，从而解决了潜在的癌变风险性的问题。尽管这项研究成果可以被认为是iPS细胞向临床应用迈出的有力一步，但是iPS细胞仍能形成畸胎瘤，距离iPS最终应用于临床还有很多技术性的问题需要解决。

（庞希宁）

第二节 胚胎干细胞

胚胎干细胞（embryonic stem cell，ESC）是最经典的一种多能性干细胞，特指哺乳类动物着床前囊胚内细胞团（inner cell mass，ICM）在体外特定条件下培养和扩增所获得的永生性细胞。虽然ES细胞与内细胞团的细胞有相似的特征，但ES细胞并不能等同地代表体内内细胞团的细胞。内细胞团的细胞只短暂地存在于胚胎发育的早期，而ES细胞通过适应体外的培养环境可以长久生存。早在20世纪80年代初英国科学家John Martin Evans等人就首先成功地分离培养了小鼠ES细胞。而人的ES细胞是在1998年由美国科学家James Thomson分离培养成功。

一、胚胎干细胞具有两大特征

作为多能性干细胞，ES细胞具有两大特征，即发育的多能性（pluripotency）和无限的自我更新（self-renewal）的潜能。

1. 发育的多能性　是指ES细胞具有自发地分化成为体内任何种类的细胞的能力,通常包括胚胎发育中三个胚层(内、中、外胚层)来源的细胞和生殖系的细胞。

2. 无限的自我更新能力　是指在体外培养中可以长期地自我复制,产生大量的相对均一的多能干细胞。

由于早期翻译的不统一,多能性干细胞常被用于具有分化为多种细胞类型的成体组织干细胞(如骨髓间充质干细胞等)等,而后者更准确地讲,应该与multipotent stem cells做翻译上的对应。这类成体组织干细胞一般可以分化为来源于一个或两个胚层的不同种类的细胞,但是不具有分化为体内所有种类细胞的能力。此外,成体组织干细胞在体外的自我更新能力有限,就目前的培养体系难以在体外获得大量的成体干细胞。

基于以上对多能干细胞的定义,除ES细胞外,胚胎肿瘤细胞(embryonal carcinoma cells,EC cells)、胚胎生殖细胞(embryonic germ cells,EG cells)以及最近报道的诱导多能干细胞(induced pluripotent stem cells,iPSCs)都属于多能性干细胞(图2-3)。追溯干细胞研究历史,多能性干细胞最早是在畸胎瘤(teratoma)中发现的。畸胎瘤含有起源于胚胎发育的外胚层、中胚层和内胚层的多种组织,如软骨、鳞状上皮、神经、肌肉、骨和腺上皮等。这些分化的细胞来自畸胎瘤中的EC细胞,而体外培养的EC细胞系就是从这些肿瘤细胞中分离得到的。EG细胞则是将胎儿原始生殖细胞(primordial germ cells,PGCs)在体外培养时得到的多能性干细胞,人的EG细胞系是由John Gearheart于1998年首先成功获得。在有滋养层细胞存在的培养条件下,PGCs在含有血清和某些生长因子的培养液中会形成形态与ES细胞相似的克隆。近年来,备受关注的iPS细胞是日本Yamanaka博士等人于2006年利用特定的转录因子(Oct-4/Sox2/Klf4/c-Myc)诱导已分化的体细胞发生重编程而产生的与ES细胞在形态和功能上都很相似的多能干细胞。虽然以上这些多能干细胞都具有各自的特点,但它们都具有发育的多能性和无限的自我更新能力。此外,它们都表达一些多能干细胞特有的标记分子,如碱性磷酸酶和转录因子Oct-4,端粒酶活性高,表达发育阶段特异性胚胎抗原(stage-specific embryonic antigen,SSEA)和肿瘤排斥抗原(tumor-rejection antigen)等细胞表面标记分子。当多能干细胞分化时,Oct-4蛋白水平和其他ES细胞特异标记分子的表达明显下降,同时细胞失去分化的多能性并丧失自我更新的能力。

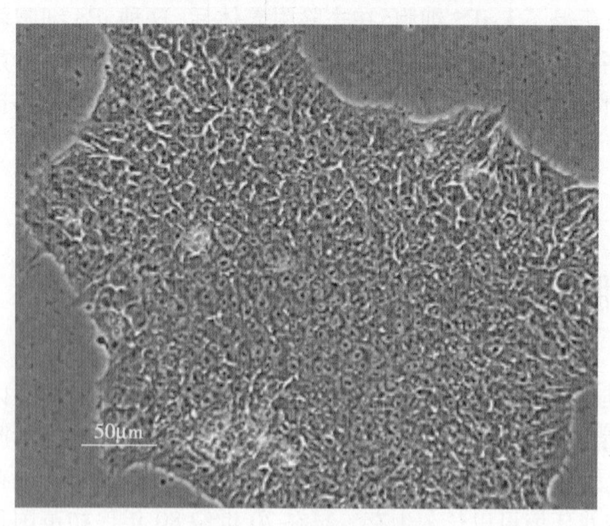

图2-3　人ES细胞克隆

ES细胞在研究哺乳动物的发育调控和基因功能等方面有不可替代的作用,而人ES细胞系的成功建立更使利用ES细胞研究人类发育的早期事件成为可能。人ES细胞定向分化为各种类型的细胞有可能通过细胞替代和组织再生而治疗相应组织器官的疾病。更进一步,由于ES细胞可以在体外大量扩增,可为细胞治疗和组织工程提供无限的供体细胞和种子细胞,我们还可以对有功能基因缺陷的ES细胞进行定点的基因修复和改造,用以治疗遗传性和代谢性疾病。因此,ES细胞不仅是研究胚胎发育、细胞分化和组织形成、基因表达调控的理想细胞模型,在细胞治疗、组织工程和药物筛选等领域也具有巨大的应用前景,对改善人民健康、治疗多种目前无法或难以治疗的疾病具有巨大的潜在价值。

二、胚胎干细胞的类型

ES细胞来自于哺乳类动物发育早期着床前囊胚的胚胎细胞在体外特定条件下培养而获得的多能干细胞系,可根据囊胚来源的不同进一步分为以下4类:

1. 来源于正常受精发育的囊胚 对于动物研究，如最常用的小鼠，可以从动物体内（3.5 天孕鼠）获取囊胚并建立 ES 细胞系。但人 ES 细胞建系（目前在 NIH 注册的人 ES 细胞系）都是从卵母细胞体外受精发育到囊胚期的内细胞团获得，也称为人受精 ES 细胞（human fertilization embryonic stem cells，hfES cells）。这种 ES 细胞表达父本和母本的表面抗原，它们对母卵细胞和精子的提供者及其他人都会引起同种异体免疫排斥。这一技术较成熟，所得到的 ES 细胞系未经任何修饰，最接近自然状态。

2. 来源于体细胞核转移重组胚发育的囊胚 将体细胞的细胞核转移到去核的未受精卵母细胞中，经体外培养也可形成囊胚。分离、培养其内细胞团，可以获得 ES 细胞系。这种重组胚胎产生的 ES 细胞称为核转移 ES 细胞（nuclear transfer ES cells，ntES cells），是卵母细胞的胞质成分激活了移植的体细胞核使其重新编程（reprogram）的结果。从理论上讲，这种 ES 细胞所表达的细胞表面抗原应与核提供者大部分一致，从而解决 ES 细胞分化获得的功能细胞用于细胞移植的免疫排斥问题，这就是治疗性克隆的概念。ntES 细胞与细胞核提供者在基因水平的差异仅存在于线粒体的基因。目前，在小鼠和猴已成功建立这种 ntES 细胞系，但人的 ntES 细胞尚未被培养成功。2004 和 2005 年，韩国黄禹锡曾轰动性地报道他们成功地建立了人 ntES 细胞以及用患者的体细胞核建立的疾病 ntES 细胞系，但后来被证明为造假。核转移重组胚的低成功率和可供核转移的人卵母细胞的缺乏使建立人 ntES 细胞系非常困难，是科学家面临的严峻挑战。ntES 细胞也为研究基因调控和印迹基因表达提供了细胞模型和研究工具。再进一步，可以利用患者疾病的体细胞核建立疾病特异的 ntES 细胞系，作为研究相关疾病的细胞模型。因此，建立人 ntES 细胞系具有重大的理论意义和应用前景。

3. 来源于孤雌发育的囊胚 孤雌发育指用化学或电刺激等方法激活未受精卵母细胞并使其发育为胚胎的过程。从孤雌发育的囊胚的内细胞团分离培养的 ES 细胞称为孤雌 ES 细胞（parthenogenetic or parthenote ES cells，pES cells）。目前，小鼠、猴和人的 pES 细胞建系已获成功，并有报道能够将小鼠 pES 细胞体外诱导分化为神经元，甚至是受到广泛关注的多巴胺神经元。pES 细胞的主要优势有：一是人 pES 细胞表达的表面抗原与卵母细胞提供者基本一致，由此排卵期妇女可望用与自体免疫原性一致的干细胞治疗自身的疾病或组织损伤。二是人 pES 细胞只含有母本染色体，基因型为纯合子。同种异体之间的细胞或器官移植，包括基于异体干细胞的供体细胞治疗，都会因为主要组织相容性复合体（major histocompatibility complex，MHC；人类为 HLA，human leucocyte antigen）基因型的不同而出现免疫排斥，导致移植失败。由于 HLA 基因的高度复杂性和在人群中的高度多态性，一般人群中 HLA 杂合型的干细胞供体所能匹配的受体极其有限。而 pES 细胞的 HLA 基因位点基本为纯合子的优势，使得与其相配的受体群体数量非常明显地增大，可被用于细胞治疗的可能性更加接近现实。尤为重要的是，纯合子干细胞技术使创建一个覆盖人群中多数表型的 ES 细胞库、为治疗各种疾病提供同种异体的供体细胞成为可能。三是孤雌激活的哺乳类胚胎不能发育为个体的特性使建 pES 细胞系的研究避免了克隆人的伦理争议。此外，与 ntES 相比，pES 细胞所涉及的技术难度低、成功率高。还有，pES 细胞表观遗传（epigenetic）的改变可作为研究细胞表观遗传学和基因印迹（genetic imprinting）的极好模型。总之，对人类疾病的细胞替代治疗和基础研究而言，pES 细胞具有其独特的优势。

4. 来源于单倍体囊胚 所有哺乳类动物的体细胞都携带有两套染色体（分别来自父亲和母亲），即二倍体细胞。以上介绍的三种 ES 细胞都是利用正常二倍体细胞组成的胚胎建立的。2011 年，英国和奥地利的科学家分别利用孤雌发育的单倍体胚胎建立了小鼠单倍体 ES 细胞系，并利用这样的细胞系进行了正向或反向遗传筛选（forward or reverse genetic screen），以及基因敲除实验。2012 年，中国科学院周琪和李劲松领导的研究组分别利用孤雄发育的囊胚建立了小鼠单倍体 ES 细胞系。这些单倍体 ES 细胞，与正常二倍体的小鼠 ES 细胞一样，表达多能性标志性分子，具有在体内和体外分化形成三个胚层来源的各种细胞的能力。当把这样的单倍体 ES 细胞注入小鼠囊胚时，它们在嵌合体中参与生殖系细胞的分化。值得一提的是，孤雄单倍体 ES 细胞具一定的精子表观遗传特点。周琪和李劲松研究组的工作都显示，当把孤雄的单倍体 ES 细胞注入成熟的卵母细胞时，可以获得具有生殖能力的小鼠。这两个研究组还分别尝试了利用孤雄单倍体 ES 细胞进行转基因和基因敲除实验。这些研究结果展示了单倍体 ES 细胞在进行基因修饰和遗传筛选，尤其是发现调节隐性遗传特征的基因方面的优势。虽然长期维持这些 ES 细胞的单倍体状态需要反复地进行单倍体细胞的分选，但单倍体ES细胞系的建立对加速我们对哺乳类动物基因功能的认识具有特殊的意义。

三、胚胎干细胞的生物学特性

ES细胞作为细胞的一种，具有所有细胞的共同属性。同时，作为一类特殊的细胞，又有其特有的属性。通过研究了解这些特性并不断加深认识，有助于理解干细胞作为研究对象的重要意义和可能的临床应用，最终达到利用干细胞造福人类的目的。基于已有的研究，现从基本特性、形态学特征、分子标记、细胞周期特征和端粒酶活性几个方面对ES细胞的特殊属性归纳如下：

1. ES细胞的基本特性　ES细胞比其他细胞受到格外的广泛关注，主要是由于ES细胞有其他细胞所不具有的生物学特性。这些特性中，以其无限的自我更新能力和分化的多能性最为重要。

（1）具有无限的自我更新能力：自我更新是指亲代细胞（母细胞）分裂后产生的子代细胞保持了母细胞的所有特征。所有干细胞都具有自我更新的特性，而ES细胞具有无限的自我更新的潜能，换句话说，ES细胞能够在体外合适的培养条件下长久地对称性分裂并保持未分化状态。理论上，这一特性使人们可以得到无限量的ES细胞。处于未分化状态的具有自我更新能力的单个ES细胞能够在贴壁培养时形成鸟巢样克隆，一旦细胞开始分化，就失去了形成克隆的能力。所以，通常通过克隆形成实验来检验ES细胞的自我更新能力。

（2）分化的多能性：在长期维持自我更新的同时，ES细胞保留其多向分化潜能。ES细胞所具有的自发地或被诱导分化为生物体内任何种类细胞（包括生殖细胞）的能力，被称为分化的多能性。正是这一特性使ES细胞可以在特定的条件下分化为不同的细胞，用于治疗特定的组织器官的疾病或修复受损伤的组织器官。验证ES细胞分化多能性的方法有体外和体内两大类方法。体外方法主要用类胚体（embryoid body，EB）形成实验。EB是ES细胞脱离滋养层细胞在悬浮培养中形成的球形细胞聚集体。EB中的ES细胞可自发地分化为胚胎三胚层来源的各种细胞。这些不同胚层来源的细胞可以通过直接对EB切片进行组织化学染色确定，也可以把EB放回细胞培养皿使其贴壁生长，待分化的细胞从EB向外生长时，再根据分化细胞的形态和免疫细胞化学检查鉴定细胞的种类。体内验证方法主要有两种：一种是畸胎瘤（teratoma）形成实验，另一种是嵌合体（chimera）形成实验。在畸胎瘤形成实验室中，通过皮下、肌肉内、肾包膜内及精囊内等途径，将一定数量的ES细胞注入与ES细胞来源小鼠同一品系的小鼠或者免疫缺陷的小鼠体内。当ES细胞在小鼠体内成瘤后，取出瘤体进行组织化学检查。根据瘤组织的形态可以鉴定不同种类的细胞和组织结构。如果ES细胞所形成的畸胎瘤含有胚胎三胚层来源的细胞或组织，就证明了注入的ES细胞具有分化的多能性。嵌合体形成实验是把待检查的ES细胞注入受体小鼠的囊胚，并把接受了供体ES细胞的囊胚移入假孕小鼠的子宫。供体ES细胞会与受体囊胚内细胞团的细胞一起参与胚胎的发育。当供体ES细胞和受体囊胚选自毛色不同的小鼠品系时，如果供体ES细胞参与了受体胚胎发育，就可以获得毛色掺杂的新生小鼠，即形成了嵌合体。也可以对新生小鼠的各组织器官进行组织化学检查，根据供体ES细胞参与胚胎发育的组织器官分布来评估供体ES细胞的发育潜能。最后，把杂毛的嵌合体小鼠与提供受体囊胚的小鼠进行杂交，得到与供体ES细胞来源小鼠同色的纯毛小鼠，说明供体ES细胞在嵌合体中参与了生殖细胞的发育，发生了生殖系传递（germline transmission），这是ES细胞发育多能性的有力证明。当然，对小鼠等动物，检验ES细胞发育能力还有更严谨的方法，即四倍体囊胚互补（tetraploid blastocyst complementary）实验。该方法是将发育到两细胞期的胚胎融合，得到四倍体的两细胞胚胎。继续使后者在体外发育到囊胚期时，将待检验的ES细胞注入其中，并把囊胚植入假孕小鼠的子宫直至生出子代小鼠。由于四倍体的细胞只能发育为胚外组织，新生小鼠体内所有的细胞都是由供体ES细胞而来，从而直接证明了供体ES细胞的分化和发育的多能性。

值得特别强调的是，以上体外方法和体内方法中的畸胎瘤实验可以用于小鼠等动物和人的ES细胞多能性检验。而嵌合体形成实验和四倍体囊胚互补实验，尽管最为有效，由于伦理的限制，不能用于人ES细胞的多能性检验。

(3) 能保持正常的二倍体核型:ES 细胞的这一特征主要可以将其与 EC 细胞区别开来。EC 细胞的一个特征是核型不正常。虽然小鼠 ES 细胞可以在体外长期培养中保持正常核型,但也常能发现核型异常的细胞。此时可挑选核型正常的 ES 细胞克隆建立新的亚细胞系。人 ES 细胞在体外培养中也很容易发生核型异常,尤其在通过酶消化传代扩增时更为常见,如出现 12 号染色体三体或 17 号染色体三体细胞。但如果用机械法传代,人 ES 细胞可以在体外长期保持正常核型。因此,为了保证研究,尤其是细胞治疗中所用的 ES 细胞的质量,应该定期对 ES 细胞进行核型检查。此外,还可以采用更为灵敏的检测手段以便及时发现核型检查所不能确定的遗传变异。

(4) 容易进行基因改造:通过同源重组在 ES 细胞进行基因打靶(knock-out 和 knock-in)实验,也可以在 ES 细胞过表达外源基因。结合 RNA 干扰技术,可以在 ES 细胞特异性地减少某一基因的表达,也可以进行可诱导或条件性减少基因的表达。ES 细胞的这一特性为研究基因的功能提供了理想的细胞模型。当然,对人 ES 进行同源重组基因改造及 RNA 干扰的技术难度要比在小鼠 ES 细胞大很多。但已有利用慢病毒(lentivirus)对人 ES 细胞的有效感染,也可用锌指核酶(zinc finger nuclease,ZFN)及最近发展起来的 TALEN 和 CRISPR/Cas 等技术对人 ES 细胞进行基因修饰。

2. ES 细胞的形态学特征　形态上,哺乳动物的 ES 细胞都具有与早期胚胎细胞相似的形态和结构特征,包括:细胞体积小,细胞核大、核质比高,胞质较少、结构简单,具一个或多个大的核仁,胞质内细胞器成分少但游离核糖体较丰富且有少量线粒体。超微结构上看,ES 细胞显示未分化的外胚层细胞特性。ES 细胞呈克隆状生长,其克隆边缘光滑,细胞致密地聚集在一起,形成类似鸟巢样集落。细胞间界限不清,克隆周围有时可见单个 ES 细胞和分化的扁平状上皮细胞。与人 ES 细胞克隆相比,小鼠 ES 细胞的克隆更为致密(图 2-3,图 2-4)。

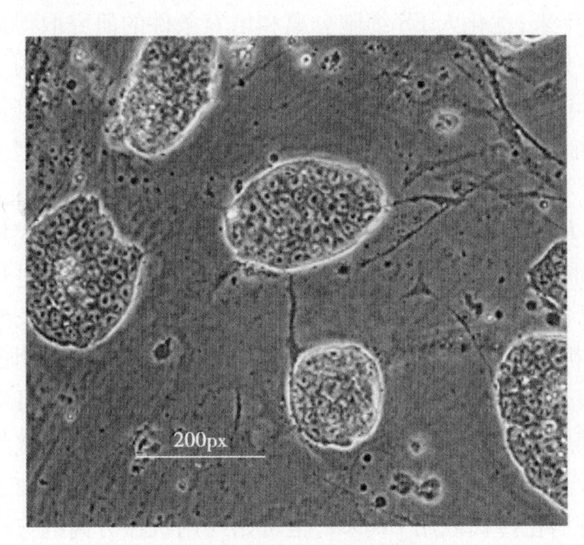

图 2-4　小鼠 ES 细胞克隆

3. ES 细胞的分子标记　人以及不同种属动物来源的 ES 细胞都表达一些未分化细胞特有的标志性基因,如转录因子 Oct-4、Nanog、Sox2、生长因子 FGF-4、锌指蛋白 Rex-1、碱性磷酸酶等。一旦 ES 细胞发生分化,这些标志性基因的表达水平迅速下降或消失。近年来,通过大规模的基因表达谱比较,已经发现更多的在未分化的 ES 细胞中特异表达或高表达的标志性分子。尽管所有 ES 细胞都表达上述核心的标志性分子,不同种属动物来源的 ES 细胞也有不同的分子标记,如小鼠 ES 表达阶段特异性胚胎抗原 1(stage-specific embryonic antigen 1,SSEA-1),而人和猴 ES 细胞的 SSEA-1 为阴性,却表达 SSEA-3 和 SSEA-4。表 2-1 显示人、猴、小鼠 ES 细胞表达的分子标记的异同。

表 2-1　人、猴、小鼠 ES 细胞的分子差异

分子标记	小鼠 ES 细胞	猴 ES 细胞	人 ES 细胞
SSEA-1	+	−	−
SSEA-3	−	+	+
SSEA-4	−	+	+
TRA-1-60	−	+	+
TRA-1-81	−	+	+
碱性磷酸酶	+	+	+
Oct-4	+	+	+

4. ES细胞的细胞周期特征　与分化细胞的细胞周期相比，ES细胞周期的G_1、G_2期很短，细胞大部分时间处于S期。而且，ES细胞生长增殖比分化细胞快。不同种属来源的ES细胞的周期和增殖时间不同。与小鼠ES细胞相比，人ES细胞需要的增殖时间更长。一般说来，人ES细胞周期需要36小时，而小鼠ES细胞周期只需要12小时。

5. ES细胞的端粒酶活性　端粒是染色体端部的一个特化结构，通常由富含鸟嘌呤核苷酸的短的串联重复序列组成，对保持染色体稳定性和细胞活性有重要作用。端粒酶能延长缩短的端粒，从而增强细胞的增殖能力。分化的细胞中没有端粒酶的活性，所以细胞每分裂一次，端粒也就缩短一些。随着细胞的不断分裂，端粒长度越来越短，当达到某个临界长度时，细胞染色体失去稳定性，进而导致细胞死亡。ES细胞具有高的端粒酶活性，使ES细胞在每次分裂后仍能保持端粒长度，维持ES细胞的长期自我更新。

四、胚胎干细胞的分离和扩增

最初小鼠ES细胞的建系条件是模拟早期胚胎中内细胞团细胞生长环境，即在小鼠胚胎成纤维细胞（mouse embryonic fibroblasts，MEF）构成的滋养层细胞上和血清存在的条件下。后来的研究发现，MEF主要是通过分泌白血病抑制因子（leukemia inhibitory factor，LIF）支持ES细胞生长。于是，ES细胞的建系和培养可以在无滋养层细胞，只有LIF和血清的的条件下实现。接下来的研究发现，血清中维持ES细胞处于自我更新状态的主要成分是骨形态发生蛋白（bone morphogenetic protein，BMP）。此发现成为无血清ES细胞建系和培养的基础，在只含有BMP和LIF的培养条件下，小鼠ES细胞既能进行对称性分裂而自我更新、无限增殖，也能够通过不对称性分裂而分化为体内任何种类的细胞。相比之下，人ES细胞的特性虽然相似，但其分离和培养要比小鼠ES细胞困难得多。近年来，优化人ES细胞分离和培养条件的研究取得进展，实现了人ES细胞无滋养层培养，并对人ES细胞在体外培养中的生长特性和基因表达有了更多的认识。此外，人ES细胞与小鼠ES细胞还有其他一些不同之处，如人ES细胞生长缓慢，培养中易出现自发分化；LIF不能支持人ES细胞处于未分化状态；人ES细胞的培养需要在培养液中添加碱性成纤维细胞生长因子（basic fibroblast growth factor，bFGF）。

人ES细胞分离培养的主要步骤和技术包括：早期人胚胎培养、分离内细胞团、人ES细胞连续传代培养、鉴定和保存。由于人早期胚胎极其珍贵，相关的获取和培养等工作必须严格按照伦理和临床规范进行操作。可与有资质的临床单位合作获得胚胎，根据自己实验室的条件确定胚胎的培养方法，在获得生长到第5～6天的囊胚后，可用免疫分离（immunosurgery）或机械分离方法获得内细胞团。免疫分离内细胞团的方法是1975年由Davor和Barbara教授提出的，其原理是囊胚的滋养层细胞对某些外源抗体具有不可穿透性。当囊胚与抗体和补体分步进行反应后，滋养层细胞可被杀死而内细胞团将被保留，从而获得完整的内细胞团。人ES细胞建系初期的细胞扩增需机械法完成。只有当细胞达到一定数量时才能通过酶消化的方法连续传代培养。在此过程中，常用胶原酶Ⅵ进行消化传代或用Dispase，也可始终用机械分离的方法进行传代。进行酶消化的时候，如果将人ES细胞消化成单个细胞，克隆形成率会很低。现在，可以利用Rho相关的卷曲蛋白形成丝氨酸-苏氨酸蛋白激酶（ROCK）家族的小分子特异性抑制剂（Y27632）进行人ES细胞的单细胞消化。这样，对人ES细胞进行基因改造的难度大大降低。此外，传代的密度也很重要，接种的细胞太少不易生长，一般4～6天传代一次。人ES细胞对营养要求很高，因此必须每天换液，细胞一般培养在六孔皿中。培养出的人ES细胞须通过严格鉴定予以确认。除人ES细胞的形态特征如核仁明显、核浆比大等之外，还要根据人ES细胞表面标志物、未分化标志基因表达、传代次数、细胞体内外分化能力、细胞核型、表观遗传稳定性、是否有污染等几方面进行。鉴定过的人ES细胞可直接用于研究或冻存起来。冻存方法除常规的液氮保存外，还可以用玻璃化冻存法，后者对保存建系早期的人ES细胞克隆效果更好，复苏率更高。

五、胚胎干细胞的体外定向分化

根据前面叙及的ES细胞具有无限自我更新和分化多能性的特性，ES细胞不能直接用于人体进行细胞治疗，而必须在体外将其定向分化为受损伤组织所需要的有功能的细胞，通常是特定组织类型的细胞。因此，ES 细胞的定向诱导分化，使其产生安全、有效的供体细胞，是 ES 细胞研究中的重要内容，特别是发现促进形成某种具有特定功能的细胞的重要诱导因子或者是更优化的诱导分化方案。ES 细胞体外定向诱导分化的报道非常多、也很分散，但归纳起来主要还是向三个胚层来源的组成重要组织器官的细胞类型的分化。以下选择几个重要方向的代表性工作加以介绍：

1. 定向分化为内胚层来源的细胞　体内的很多重要器官都发源于内胚层，包括甲状腺、肺、肝、胰腺和肠等。这些器官都具有非常重要的功能，一旦出现病变，都可能威胁到生命。ES 细胞是细胞治疗的很好来源，但需要掌握把 ES 细胞定向诱导分化为治疗所需要的细胞才能实现临床应用。目前初步掌握的 ES 细胞向内胚层组织细胞的分化包括：

（1）向肝细胞的定向分化：肝脏是内胚层来源的重要器官。目前已能在体外条件下诱导 ES 细胞分化成肝样细胞。这些研究中所使用的分化方法分成两种：自发分化和定向分化。两种方法都可以通过先使 ES 细胞形成类胚体，悬浮培养几天后，再贴到铺有特定基质的培养板上进行培养。与自发分化不同的是，定向分化的体系中加入了促使细胞向内胚层方向分化的诱导剂，如激活素（activin A，Act A），同时也可加入抑制细胞向其他胚层分化的诱导剂（如添加 Noggin 抑制向中胚层细胞分化）。此外，还可以利用单层细胞培养和无血清的条件下通过添加不同的生长因子，模拟体内肝细胞的分化过程，将其诱导分化为肝细胞。也有研究组通过在 ES 细胞中持续表达外源性肝细胞的转录因子而获得肝细胞。

虽然，目前各个实验室将 ES 细胞诱导分化为肝样细胞的方法、条件及时间等有所差异，但总体而言，要将 ES 细胞定向诱导分化为肝样细胞一般要经过三个阶段：首先将 ES 细胞诱导分化为定形内胚层（definitive endoderm，DE）细胞，然后将 DE 细胞进一步诱导分化获得肝细胞的前体细胞——肝祖细胞（hepatoblast），最后将肝祖细胞诱导分化为有功能的成熟肝细胞（mature hepatocyte）。不同诱导阶段添加的生长因子不同。在定形内胚层细胞的正常发育中，TGF-β 家族成员发挥了重要作用。因此，在诱导 ES 细胞向肝细胞分化时一般先加入激活素 A 将 ES 细胞先诱导分化为 DE 细胞；在 DE 细胞进一步向肝系细胞分化过程中，FGF 和 BMP4 起着重要作用。添加 bFGF 和 BMP4 可以将 DE 细胞诱导分化为肝祖细胞；在随后的向成熟肝细胞诱导分化过程中，肝细胞生长因子（hepatocyte growth factor，HGF）、制瘤素（oncostatin M，OSM）和地塞米松（dexamethasone）则起着主要的作用。

对 ES 细胞分化得到的肝样细胞还需要鉴定，包括分析其形态特征、不同诱导阶段基因的表达情况、在体内外是否有代谢功能等指标。形态特征可以通过电镜观察肝细胞特有的结构，如细胞间胆管的存在。不同诱导阶段的基因在 RNA 水平的表达情况可以通过反转录 PCR 检测。目前检测的因子有转录因子 Sox17、CXCR4、HEX、FOXA2、HNF1β、HNF4、HNF6、甲胎蛋白（α-fetoprotein，AFP）和血清白蛋白（albumin，ALB）等，后两者还需在蛋白水平上进行测定。与肝功能相关的基因表达的检测包括：色氨酸双加氧酶（tryptophan-2，3-dioxygenase，TDO）、转氨酶（TAT）和细胞色素（cytochrome P450，CYP）。体外肝细胞的功能指标有肝细胞的糖原储存、氨的代谢、对 LDL 的摄取能力；分泌白蛋白的能力；P450 代谢活性等。

目前报道中，由 ES 细胞分化而获得的肝样细胞一般都表达肝细胞的分子标志物，并在体外具有肝细胞特异性的代谢功能，包括分泌白蛋白、合成尿素及细胞色素 P450 活性。同时，亦可参与肝细胞损伤动物模型的肝脏再生和修复。

（2）向胰岛细胞的定向分化：在 ES 细胞向胰岛细胞定向诱导分化研究中，自 2000 年 Soria 实验室首次报道了将小鼠 ES 细胞诱导分化为胰岛素分泌细胞以来，目前已建立多种由 ES 细胞诱导分化而获得胰岛素分泌细胞的诱导体系，一般利用多种生长因子进行联合诱导以获得胰岛素分泌细胞，如激活素 A 和反式维 A 酸（ATRA）、bFGF 和尼克酰胺（nicotinamide）等。体内移植实验也显示这些细胞可以在一定程度上改善糖尿病模型鼠的高血糖症状。

2. 定向分化为中胚层来源的细胞　来源自中胚层的分化细胞，主要参与构建造血-血液系统、血管及心脏、骨、软骨、肌肉、脂肪等。其中研究最多的是造血细胞和心肌细胞的定向诱导分化。

（1）向造血细胞的定向分化：造血干细胞及其分化的研究历史较久。自 1985 年 Doetschman 在类胚体中发现造血细胞开始，以 ES 细胞向造血细胞分化过程为模型，研究造血系统的早期发育就成为研究热点。由于造血和血液细胞相对容易获得、血液系统疾病理论上容易通过输入ES细胞分化得到的造血细胞进行治疗，人们在造血细胞的定向分化研究中积累的经验也比较多。

小鼠ES细胞在诱导分化条件下，可以达到50%以上的细胞表达造血/血管受体酪氨酸激酶受体Flk-1（VEGFR2），5%的细胞为具有克隆形成能力的造血祖细胞。人ES细胞可通过与基质细胞共培养或形成EB并添加BMP4、VEGF及造血相关细胞因子向造血细胞分化。通过基因表达情况、细胞表面特异标志以及克隆形成细胞的扩增与分化等研究，了解ES细胞向造血干细胞分化的过程，并与体内情况相对比，初步了解造血组织的发生与发育。

（2）向血管及心肌细胞的定向分化：在ES细胞形成的类胚体中，可以看到有血管样结构。进一步研究将ES细胞定向分化为血管祖细胞并移植到带有肿瘤的小鼠体内，ES细胞来源的血管祖细胞能整合到肿瘤的新生血管。这些研究证明了ES细胞分化获得的血管细胞在体内具有生物学功能，并提示ES细胞分化系统可作为肿瘤形成中血管发生机制的研究模型。

ES细胞向心肌细胞的分化研究，开始于在类胚体中发现了具有自发性、有节律收缩的心肌样细胞。通过系统的细胞形态学、基因表达和生理学分析，证明了ES细胞向心肌细胞分化的过程与体内心肌发育的相似性。但在ES细胞向心肌分化过程中，往往获得的是参杂有其他类型细胞的混合细胞群。为提高心肌细胞的纯度，研究人员构建了用心肌细胞特异基因的启动子控制的药物筛选抗性基因或荧光蛋白表达的质粒，如α-心肌球蛋白重链（α-cardiac MHC）、*Nkx2.5*基因、α-心肌肌动蛋白（α-cardiac actin）等，并通过转染整合进ES细胞基因组。采用这样的心肌细胞定向分化，进行抗性筛选或分选，可以获得高度纯化（>99%）的心肌细胞。最近，科学家们发现可以通过在诱导分化中添加不同的诱导分子而特异性地将ES细胞分化为心室肌或心房肌细胞。视黄酸信号通路可以调节心房肌和心室肌细胞的分化，在第5天到第8天激活该通路将产生大量心房肌细胞，如果抑制该通路则产生大量心室肌细胞。

经ES细胞诱导分化的心肌细胞，其最大的应用前景是为治疗心脏疾病提供移植细胞的来源。动物实验表明：移植了诱导分化得到的心肌细胞的动物，其心脏功能比对照组疾病动物的功能有明显的改善，组织学检查也证明了诱导分化心肌细胞的存在。最近利用人ES细胞诱导分化获得的心肌细胞移植到猪模型中治疗心动过缓的研究表明，这些细胞能帮助模型猪恢复正常心律。但值得担心的是这些细胞是否会引起心律失常。

到目前为止，除了上面所述的细胞类型外，ES细胞在体外培养中已能被有效地诱导分化为其他中胚层起源的细胞，如：骨骼肌细胞、成骨细胞、软骨细胞和脂肪细胞等。研究表明，ES细胞体外分化过程基本上再现了其在体内的发育过程，表明所获得的分化细胞经过了正常的发育过程，可以作为移植治疗的细胞来源，同时也说明ES细胞的诱导分化能为体内组织发育的研究提供模型。

3. 定向分化为神经外胚层细胞　外胚层组织中最重要的是神经外胚层。这也是干细胞研究领域最热门的领域之一，特别是ES细胞向神经细胞的定向诱导分化，为各种神经退行性疾病的治疗带来了希望。

在ES细胞的神经分化领域，已积累了很多经验并建立了多种定向诱导分化技术，主要有：EB形成方法；与基质细胞共培养方法；单层贴壁方法等。ES细胞的神经诱导分化具有较高的分化效率，再通过转基因技术进行细胞分选或筛选，所获得的细胞中神经细胞往往占有很高的比例。目前已能通过ES细胞的神经定向诱导分化获得中枢神经系统的三种主要神经细胞，即神经元、星形胶质细胞和少突胶质细胞。通过在诱导分化途径中加入相应的分化调节因子，可获得比例较高的特定类型的神经细胞，如神经元和胶质细胞，并进一步获得了如中脑多巴胺能神经元、运动神经元等特定亚型的细胞（图2-5，图2-6）。利用动物模型，已证明小鼠ES细胞分化获得的神经细胞能整合到受体小鼠中枢神经组织，并检查到了供体细胞来源的三种终末分化的神经细胞；ES细胞分化获得的少突胶质细胞移植进入髓鞘缺失的多发性硬化（multiple sclerosis，MS）大鼠模型能有效地恢复受体大鼠神经轴突的髓鞘化。

类胚体形成和共培养方法可以成功地使人ES细胞向神经细胞分化。然而，这两种分化方法中都有许多未知性和复杂性，这些未知因素严重地影响了人ES细胞来源的神经细胞在细胞替代治疗中的应用。于是，2005年Gerrard和同事们第一次报道了单层细胞诱导的神经分化方法。他们利用BMP拮抗剂Noggin和改造过的化学成分明确的培养液N2B27为诱导环境，从单层培养的人ES细胞中高效地诱导分化出了

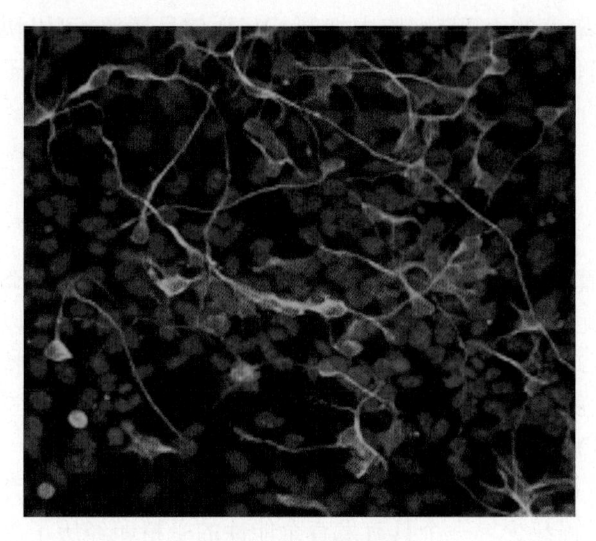

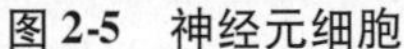

图 2-5 神经元细胞

图 2-6 胶质细胞

神经前体细胞(neural precursor cell,NPC)。与之前小鼠 ES 细胞的研究结果一致,抑制 BMP 信号非常有效地促使了神经外胚层命运的决定,并且抑制了胚外内胚层的分化。单层细胞诱导的神经分化方法的优点之一是分化的整个过程,都可以通过显微镜监测每一个细胞的变化。单层细胞诱导的神经分化过程与体内神经系统的发育非常相似。在整个分化过程中,细胞先会变小,然后逐渐出现极性,细胞和细胞排列变得紧密,直到出现标志性的类似神经管的花环状结构(rosette structure)。非常有趣的是,使用 Noggin 介导的单层细胞诱导的方法得到的 NPC,在撤除 bFGF 和 EGF 进入神经元分化时得到更多的是 γ-氨基丁酸能神经元,而不是像共培养分化方法那样更容易得到多巴胺能神经元,或者是谷氨酸能神经元。当然,在加入特定的形态素后 Noggin 诱导的 NPC 还是可以定向特化成为多巴胺能神经元和谷氨酸能神经元。事实上,几乎所有人 ES 细胞来源的神经前体细胞都有分化成为任意一种特定神经元的潜能,只是使用的早期神经诱导分化方法的不同导致了其分化成某些神经元的潜能大小有所差异。除了 BMP 的拮抗剂之外,在神经诱导培养液中只加入 bFGF 也能够使单层贴壁培养的人 ES 细胞分化为神经细胞。2006 年,Shin 和同事们在没有使用任何外源性神经诱导因子的情况下,在特定的培养环境下将人 ES 细胞分化成为可长期增殖的神经上皮细胞(long-term proliferating neuroepithelial,NEP)。同样的神经分化方法在早期的小鼠 ES 细胞神经分化研究中就有应用。但值得指出的是,这种分化方法并不适用于所有的人 ES 干细胞系。同时,最新的研究进展显示不同人 ES 细胞系有着不同的神经分化潜能。可能对每个人 ES 细胞系都需要找到一种最适合它的高效神经分化方法。

2009 年,Chamber 等建立了两个抑制剂介导的人 ES 细胞单层细胞诱导的神经分化方法。这两个抑制剂都抑制 SMAD 通路,一个是 Noggin,另外一个是 SB431542,后者特异性地抑制 TGF-β 超家族的 I 型受体——ALK4、ALK5 和 ALK7 受体的磷酸化。两个抑制剂相比较,Noggin 单个因子诱导更快更高效。同时,由于使用了 ROCK 抑制剂 Y27632 和单细胞传代,使单层贴壁培养的人 ES 细胞更加地均一,并且更均匀地暴露在抑制剂的培养液中。使用这个方法能够在 3 周的时间得到特定分化的运动神经元,与类胚体形成或者共培养的神经分化(30 ~ 50 天)比较要快很多。因此,双因子介导的单层细胞诱导的神经分化方法被认为是一种更为理想的分化模型。1 年以后,Wang 实验室的研究人员发现了一种 TGF-β 超家族受体的小分子抑制剂 Compound C,可同时替代 Noggin 和 SB431542 来诱导人 ES 细胞向神经分化。Compound C 主要通过抑制 TGF-β 超家族 I 型(ALK2、ALK3 和 ALK6)和 II 型受体(ActR II A 和 ActR II B)来达到同时抑制 Activin 和 BMP 信号通路的功能。以上两个研究表明只要能够抑制 Activin 和 BMP 两个信号通路的激活,那么就可以有效地(90%)使人 ES 细胞向神经细胞分化。最近 Chamber 等人又改进了双因子单层细胞诱导的方法。他们用小分子 LD-193189 替代了 Noggin,降低分化成本,并且同时分化系统中加入 SU5402(FGF 受体特异性酪氨酸激酶抑制剂)、CHIR99021(GSK3β 的抑制剂)和 DAPT(NOTCH 信号通路抑制剂)三个小分子。这样,5 个小分子联合使用可以在 10 天之内得到大于 75% 的人 ES 细胞来源的疼痛感觉神经元(nociceptors)。综上所述,通过在单层贴壁培养的人ES细胞中抑制SMAD信号通路,可以快速而有效地得到较为均一的神经细胞,加上其操作的简便性、过程的可视性,使之成为研究神经分化分子机制及再生医学研究的理想实验模型。

六、胚胎干细胞的应用

干细胞之所以能引起世界范围的关注是因为它有着广泛的基础研究和临床应用前景。简要地讲,ES细胞的应用大致可归纳为三个方面:首先是利用ES细胞的分化作为体外模型,研究人类胚胎发育过程以及由于不正常的细胞分化或增殖所引起的疾病,如发育缺陷或癌症等;其次是利用ES细胞可以分化成特定细胞和组织的特性建立人类疾病模型,用于疾病的发病机制研究、药物筛选和研发、毒理学研究等;第三是利用ES细胞分化出来的供体细胞针对目前难治的疾病开展细胞移植治疗。

1. ES细胞在基础研究中的应用　尽管现在的科学技术已经非常先进,但人类对自身的胚胎早期发育过程、细胞分化机制以及相应基因的时空表达调控还了解甚少。一个具有发育全能性的受精卵经历了怎样的过程最后演变为由众多种类细胞和组织器官组成的具有高度复杂功能和精密调控机制的个体?什么因素决定着机体内部这些不同种类细胞高度有序地时空排列?胚胎发育过程中哪些步骤或环节出了问题才导致那些先天性和遗传性疾病?等等。这些问题的答案大多还不清楚,主要原因是相关研究在很大程度上受到实际可操作性和伦理准则的限制。由于ES细胞可以在体外自发地分化形成包括三个胚层来源的各种细胞的类胚体,在一定程度上模拟体内胚胎发育过程,为研究哺乳类早期胚胎发育提供了很好的模型,特别是为研究人类自身早期胚胎中细胞分化为各种主要细胞系的过程,以及这些细胞系如何进一步发育成熟并构成各种组织和器官,提供了理想的模型。目前,ES细胞系统已经被用于研究胚胎发育过程中的重要事件、特定基因的作用、调节诱导原始胚层分化的关键因子,以及分离和鉴定发育特定阶段的祖细胞群。此外,利用ES细胞进行发育的研究可推动遗传病研究、癌症研究等多个领域的发展。事实上,对ES细胞的研究已经促进了出生缺陷的病因学研究,并将在指导建立有效的预防措施方面发挥重要作用。

2. ES细胞在药物筛选和新药开发中的应用　ES细胞模型已被用于药物筛选和新药开发研究。人ES细胞来源的心肌细胞和肝细胞等可用来模拟细胞和组织在体内对受试药物的反应情况,还能观察到动物实验中无法显示的毒性反应,为毒理学研究和药物筛选提供更安全、方便的模型。利用ES细胞研究药物的其他优势包括:①与体内试验相比,需要的药量很少,并可在新药开发的更早期进行试验;②ES细胞可以提供各种不同遗传背景的模型,从而可对引起特殊遗传药理学反应的药物进行药物反应和毒性试验。

通过改造ES细胞,可以使对药物疗效的定量监测变得更为简便。如将绿色荧光蛋白(GFP)与特定祖细胞群的标记基因或者与细胞功能相关的基因进行融合,可以有效地检测药物是否具有促进某类细胞增殖分化的功能。ES细胞的这一特性是其他细胞所无法替代的。一个典型的例子就是在ES细胞中表达与胰腺发育或胰岛细胞成熟相关的报告基因,筛选这样的细胞可以更容易找到促进特定胰腺祖细胞生长或者促进分泌胰岛素的胰岛细胞成熟的分子。

利用具有不同遗传疾病背景的ES细胞系,能有效地研究这些疾病的发病机制,也为开发用于治疗这些疾病的药物提供了有效的筛选系统。此外,很多人类疾病缺乏动物和细胞模型,许多致病性病毒包括人免疫缺陷病毒(human immunodeficiency virus,HIV)和丙型肝炎病毒(hepatitis C virus,HCV)都只能在人和黑猩猩细胞中生长。ES细胞来源的细胞及组织将为研究这些疾病及其他病毒性疾病提供很好的模型。ES细胞还可以像其他干细胞一样用来作为基因治疗的一种新的基因运载系统。

3. 基于ES细胞的细胞治疗　许多疾病都源于细胞的损伤或身体组织的破坏,需要以组织或器官替换来进行修复。不论是在动物实验还是在临床实践,细胞治疗对这类疾病都显示出较好的治疗效果。比如,利用从新生小鼠视网膜分离的原代视网膜前体细胞(primary retinal progenitor cell,P-RPC)作为供体细胞,移植到视网膜变性小鼠视网膜下腔后,可分化为视网膜的各类细胞,改善模型小鼠的视力,且未观察到肿瘤发生。不过,由于供体细胞的困难,有需求的患者群体远远多于可以获得的捐赠的组织或器官,因此这类治疗很难在临床推广。由于ES细胞可在体外无限增殖并可以被定向诱导分化成几乎所有种类的细胞,所以可解决目前面临的治疗退行性疾病等的供体细胞短缺问题。正因为如此,ES 细胞应用中最引人关注的就是提供细胞移植治疗的细胞来源。Ⅰ型糖尿病、帕金森综合征、心血管疾病、阿尔兹海默病、视网膜变性、脊髓损伤、骨缺损、类风湿性关节炎等疾病都适合于细胞移植治疗。不过,到目前为止,移植 ES 细胞来源的供体细胞并证明其在体内有治疗作用或替代功能的成功例子还非常缺乏。在这方面,研究积累最多的是人 ES 细胞的神经分化研究,其研究进展给基于 ES 细胞的神经退行性疾病的细胞移植治疗带来了希望。从人 ES 细胞分化获得的中脑多巴胺能神经元在移植进帕金森综合征大鼠模型后,能在受体大鼠体内检测到供体细胞,并且移植治疗组大鼠有一定程度的功能恢复。

在人 ES 细胞建系成功后 13 年,基于 ES 细胞的细胞治疗终于走上了临床试验,即最近的 ES 细胞来源的视网膜色素上皮(retinal pigment epithelium,RPE)细胞治疗视网膜变性的研究,标志着干细胞研究发展到一个新的阶段。尽管还存在很多不足,这项里程碑性的工作还是能代表着干细胞研究领域的进步。在这项 FDA 批准的前瞻性临床前期试验中,治疗了一例干性年龄相关性黄斑变性(age-related macular degeneration,AMD)和一例 Stargardt 黄斑营养不良(Stargardt's macular dystrophy)。供体细胞为人 ES 细胞来源的 RPE 细胞,经手术移植到黄斑区周围的视网膜下腔。手术前、后分别进行视力、眼底荧光血管造影、光学相干断层扫描和视野等检查。手术后 4 个月,眼内没有发现移植细胞的过度增殖、异常生长或者免疫排斥,并且这两例晚期患者的视力有了一点儿改善。用早期治疗糖尿病视网膜病变研究(the early treatment diabetic retinopathy study,ETDRS)视力表检查时,AMD 患者的视力从能辨认 21 个字母提高到 28 个字母,Stargardt 黄斑营养不良患者则从 0 个字母提高到 5 个字母。逻辑上推测,如果能在疾病更早阶段进行治疗,有可能更好地改善患者的光感受器细胞的功能以及患者的视力。此外,在临床试验前,该研究组先在动物模型中证实了 ES 细胞来源的 RPE 细胞(99% 纯度)能够整合到宿主 RPE 层中并形成单层结构,视为这项研究的基础之一。

客观地分析,这项研究还有许多缺陷。首先是病例太少,两种疾病各选一个病例,偶然性大,难以得出令人信服的数据。其次是细胞数量少,很多在小动物开展的类似研究都移植几十万至上百万个细胞。如果后面的研究证明再生视觉需要更多的细胞,这个项目的安全性会由于细胞数量少而受到质疑。更何况这个研究不能排除视力改善不佳是由于移植细胞数量少的可能性。第三是术后观察时间太短,4 个月时间往往不足以说明细胞治疗的安全,需要更长时间的随访。但我们可以从正面看待这一工作,就是在这个领域发展中的引领作用。值得关注的是,目前在 www. clinicaltrials. gov 的数据库登记的基于 ES 细胞来源供体细胞的临床前期试验中,还有 26 项申请,使我们有信心期待 ES 细胞在治疗领域的应用会不断取得令人兴奋的进步。

利用 ES 细胞来源供体细胞进行细胞移植治疗的工作,在推广到临床应用之前,我们还面临着几个需要解决的重要问题。

1. 关于移植用的细胞类型和细胞数量　其中最重要的问题是移植 ES 细胞分化到哪个阶段的细胞。不同细胞类型用于移植的要求不同,例如考虑造血细胞移植治疗,需要移植相对分化的、成熟的、但仍具有一定增殖和再生能力的细胞。相反,持续替代造血系统就要求移植增殖分化能力更强的造血干细胞。至于移植细胞的数量则取决于细胞系类型、发育阶段,以及疾病的种类及严重程度。

2. 关于细胞移植治疗过程中的安全性　移植 ES 细胞来源的细胞有可能因为移植物中所含有的未分化细胞而产生畸胎瘤。在这类研究中,我们最近的一项实验很有代表性。将小鼠 ES 细胞定向分化为神经祖细胞(neural progenitor cell,NPC),简称为 ESC-NPC,并在视网膜变性小鼠视网膜下腔进行移植,有约 70% 的受体眼内发现畸胎瘤;如果将 ESC-NPC 通过流式细胞分选仪分选去除残余的未分化 ES 细胞,然后进行单层细胞培养并进一步诱导其向神经视网膜方向分化。收集这些 ES 细胞来源的视网膜前体细胞(retinal progenitor cell,RPC)进行移植,结果在 60% 移植眼内可见神经瘤,但不再有畸胎瘤;比较 ESC-RPC 和从新生小鼠视网膜分离的原代 RPC 的全基因表达谱发现,ESC-RPC 中经典 Wnt 信号通路持续激活,并且应用该通路抑制剂 DKK1 处理的 ESC-RPC 移植后,神经瘤的形成率降低到 3% 左右。因此,一方面我们可以通过改进特定分化细胞的筛选技术而减少移植物中未分化细胞的数量。另一方面通过调控供体细胞的信号传导通路,使用于移植的细胞处于最佳的状态,即最好的治疗效果和最小的成瘤危险。因此,在 ES

细胞向特定供体细胞分化过程中找到一个治疗性和致瘤性的平衡点至关重要。要解决这一问题需要必须理解特定细胞系的发育机制和规律。

3. 必须克服的障碍是伦理限制和移植免疫排斥问题　这是基于ES细胞的细胞治疗目前难以跨越的障碍。由于人ES细胞的建系需要人的早期胚胎,在伦理学上存在很大的争议,尤其在宗教势力强大的国家。下一节将要介绍的诱导多能干细胞,为解决这些障碍提供了新的更理想的途径。利用患者自身体细胞建立诱导多能干细胞,细胞分化而来的细胞进行移植治疗,就自身细胞移植治疗来说,不仅规避了伦理限制,也不会导致免疫排斥反应。有关iPS细胞,后面将详细介绍。随着科技的发展,围绕ES细胞研究的伦理争议将越来越少,因为人多能干细胞不是必须来自早期的人类胚胎。

关于人ES细胞研究的伦理争议,这里值得做一特别说明。这个问题的实质是:建立人ES细胞系所破坏的人类早期胚胎是否具有人的属性。世界各国的文化和宗教不同,对人ES细胞研究所制定的规范也不同。为促进我国人ES细胞研究的健康发展,2003年12月24日科技部和卫生部联合下发了《人胚胎干细胞研究伦理指导原则》,明确了人ES细胞的来源定义、获得方式、研究行为规范等,并申明中国在支持治疗性克隆研究的同时,禁止进行生殖性克隆人的任何研究,禁止买卖人类配子、受精卵、胚胎或胎儿组织。最近,国家卫生部门等又公布了《干细胞临床试验研究管理办法(试行)》、《干细胞临床试验研究基地管理办法(试行)》和《干细胞制剂质量控制和临床前研究指导原则(试行)》单个重要文件的征求意见稿,将进一步规范我国的干细胞研究并促进干细胞制品和治疗技术的临床转化。

4. 基于胚胎干细胞的组织器官再生　ES细胞定向分化为具有特定功能的细胞,只是干细胞临床治疗应用研究的第一步。由于机体的主要功能大多是由组织和器官完成的,再生医学治疗疾病需要把ES细胞诱导分化并产生特定的组织和(或)器官。与细胞定向诱导分化相比,人们在这一领域的积累还很少。但可喜的是,现在已经有了重要突破。

2011年,日本Sasai研究组报道了小鼠ES细胞经过类胚体三维培养形成视杯结构(视原基)的工作。这是首次体外由ES细胞分化的细胞构建近于完整的组织器官,标志着利用ES细胞构建组织器官的开始。这项研究是基于细胞的分化由内在和外界信号共同调控,并且ES细胞在合适的环境中能自发形成神经组织的假设,将ES细胞置于低吸附性培养皿中,添加细胞外基质Matrigel进行无血清悬浮培养。这样,在没有添加细胞外信号干预情况下,利用类胚体内在的机制自发地形成视泡组织。在视泡分化过程中,ES细胞首先增殖分化形成神经上皮样结构,然后沿着远-近端轴从神经上皮泡外翻形成由视网膜上皮组成的初级视泡,远端继续分化形成视网膜色素上皮,而近端则逐渐内折,形成与胚胎期视泡相似的结构。这种视网膜神经上皮细胞表现出典型的区间动态核迁移进而形成复层视网膜组织,与体内胚胎发育过程中上皮泡从间脑的两侧突出形成的视原基相似。在这项研究中,Sasai等还构建了以Rax基因驱动GFP表达的敲入细胞系,通过Rax的表达监测ES细胞向视网膜细胞分化过程的每个细节。最近,该研究组利用人的ES细胞的体外三维培养体系,构建了具有人视网膜组织特征的视杯结构。这项研究成果为在体外研究神经系统发生、视网膜器官发育、视网膜疾病模拟和最终视网膜干细胞移植治疗开辟了一个新途径,搭建了一个强大的平台。

(金　颖)

第三节　诱导多能干细胞

长期以来,分化细胞的细胞核是否仍保持着发育多能性一直是科学界关注的研究热点。1962年,英国Gordon实验室利用核移植技术将非洲爪蛙体细胞的细胞核移植到爪蛙去核卵母细胞中,使之发育成一只爪蛙,证明体细胞的细胞核仍保持发育的多能性;多利羊的诞生证明了哺乳动物的体细胞核同样可以在移植到去核卵母细胞后被重编程;此外,将分化的细胞与ES细胞融合,分化细胞的细胞核可被重编程到ES细胞状态。这些研究表明:分化细胞的细胞核仍保持多能的发育潜力,去核卵母细胞或ES细胞中的成分具有使已经分化的细胞重新回到未分化的状态的能力。但是,这些具有重编程能力的分子是什么却不得而知。研究人员通过各种技术手段,比如小鼠卵母细胞质蛋白质组学、ES 细胞转录组学研究等,希望明确这些具有使分化的细胞核重新逆转到多能状态的分子的身份。

2006 年,日本科学家 Takahashi 和 Yamanaka 发表了使整个科学界为之振奋的研究结果:利用反转录病毒基因表达载体将已知在 ES 细胞中高表达的 4 种转录因子(Oct4、Sox2、Klf4 和 c-Myc,简称 OSKM 因子)导入胎鼠或成年小鼠的皮肤成纤维体细胞,在体外成功地直接将这些分化的细胞诱导成为类似 ES 细胞的多能干细胞。这些细胞被命名为诱导多能干细胞(induced pluripotent stem cells,iPS 细胞),它们能在体外培养中无限自我更新并具有自发分化为各种类型的细胞和在体内形成畸胎瘤的能力。2007 年,美国 Whitehead 研究所 Jaenisch 研究组重复并改进了 Yamanaka 的 iPS 工作。他们建立的小鼠 iPS 细胞不仅在体外培养条件下可以无限扩增和分化为体内的任何种类细胞,并且在注入囊胚后参与嵌合体的发育和生殖细胞的形成。同年,Yamanaka 和美国 Thomson 研究组分别用特定的因子诱导人类成纤维细胞成为 iPS 细胞。随后,Jaenisch 的研究组还利用单核苷酸突变而致的镰刀状贫血小鼠的成纤维细胞建立了疾病 iPS 细胞,通过基因打靶修正疾病基因。然后,将含有正确基因的 iPS 细胞诱导分化为血液干细胞并移植回患病小鼠,使小鼠的贫血症状得到改善。这一成果证明 iPS 细胞具有应用于疾病治疗的潜能。iPS 细胞的分离培养成功首次证明可以用几种已知的因子在体外逆转已经分化的细胞,使之成为具有发育多能性的细胞。这种体细胞的直接重编程使我们有可能建立疾病患者特异的 iPS 细胞,诱导其分化成具有特定功能的细胞用于患者自身疾病的治疗。这些细胞有可能解决异体移植的免疫排斥问题和实现因人而异的药物安全性和毒性检验。疾病患者特异的 iPS 细胞可用于研究疾病的发生机制和治疗途径;此外,建立 iPS 细胞系还避开了建立人 ES 细胞所涉及的伦理争议。因此,这是干细胞研究乃至生命科学领域的重要里程碑。2012 年,Yamanaka 由于这项贡献与 Gordon 共同获得诺贝尔医学生理学奖。iPS 细胞研究领域发展迅猛,新的研究成果层出不穷。本节仅就该领域里的关键环节及代表性研究进行介绍。

一、诱导多能干细胞系的建立及鉴定

为建立 iPS 细胞系,首先需要把重编程因子(一般应用 Oct4/Sox2/Klf4/c-Myc)导入体细胞内。以人的成纤维细胞为例,通常我们用含有编码 4 个重编程因子序列的病毒感染 10^5 成纤维细胞,过夜培养。24 小时后,细胞被消化为单细胞并重新铺到用明胶包被并铺有 MEF 的细胞培养皿。第二天,培养液改为 ES 细胞培养液。在最初的几天内,细胞形态无明显变化。根据供体细胞状态和病毒滴度的不同,细胞形态的变化始于不同的时间。一般来说,在 10 天左右,一些被感染的成纤维细胞开始变短,逐渐由长梭形变为多边形,进而圆形。一些变形的细胞开始靠近,集聚成簇。但是,最初开始形态变化的细胞不一定最终会成为 iPS 细胞。挑选 iPS 细胞的标准是与 ES 细胞克隆相似,即细胞体积小、细胞核大、细胞之间紧密靠近的细胞团。通常,将这些细胞团分别挑出,继续扩增。在评估 iPS 细胞的建立效率时,目前常用的方法是 Oct4 或 Nanog 表达阳性的 iPS 细胞克隆数与起始供体细胞的数目之间的比例。有些研究组用碱性磷酸酶阳性的克隆数与起始供体细胞的数目之间的比例。虽然,这一检测方法很方便,但研究证明表达碱性磷酸酶的细胞并不一定是完全重编程(fully reprogramming)的 iPS 细胞;它们可能停止在部分重编程的阶段(partially reprogramming)或被称为 pre-iPS 细胞;它们还可以又回到起始的分化状态。因此,在诱导 iPS 细胞的培养中含有处于分化或去分化不同阶段的不同形态的细胞。确定挑选什么样的细胞克隆和什么阶段挑选克隆合适是非常具有挑战性的。ES 细胞培养经验和熟悉 ES 细胞形态特征对建立 iPS 细胞系非常有帮助。有些研究组利用 Oct4 或 Nanog 启动子驱动的 EGFP 转基因小鼠的体细胞来建立 iPS 细胞系。这样,当有 EGFP 表达阳性的细胞集落出现时,就可以挑出继续培养。然而,这种策略并不适用于人 iPS 细胞系的建立。

iPS 细胞具有与 ES 细胞相似的特点,包括:无限的自我更新能力、分化的多能性、保持二倍体核型、能承受反复冻融等。这些特性与前面介绍的 ES 细胞基本特性类似。因此,在对新建立的 iPS 细胞系进行鉴定时,需要检查鉴定 ES 细胞系的所有指标。此外,还需要检查 iPS 细胞特有的指标。首先,需要检查外源性重编程因子的表达是否已经被沉默。一般情况下,外源性重编程因子在激活内源性多能性相关因子表达的同时,其自身的表达被抑制,而且在 iPS 细胞后续的分化过程中不再被激活。外源性重编程因子的持续表达或再次被激活将影响 iPS 细胞的分化，也会导致移植后形成肿瘤。另外，由于 iPS 细胞系的建立过程实质上是外源性重编程因子诱导体细胞发生表观遗传的改变，为了确定表观遗传的变化，最常应用的检验是 Oct-4 或 Nanog 基因启动子 CpG 序列中胞嘧啶的甲基化状态。在完全重编程的 iPS 细胞中，这些区域的胞嘧啶由在分化的体细胞的高甲基化状态变为低甲基化状态。对于雌性小鼠 iPS 细胞，还可以检查 X 染色体的灭活。在没有完全重编程的雌性细胞中，有一条 X 染色体处于灭活状态。与小鼠 ES 细胞一样，完全重编程的 iPS 细胞中的两条 X 染色体都是有活性的。然而，有报道指出人 ES 细胞中 X 染色体失活处于一个动态变化的过程。对于人 iPS 细胞中 X 染色体的失活情况尚未有明确结论。

2006 年 Yamanaka 研究组建立的第一代小鼠 iPS 细胞虽然在形态上与小鼠 ES 细胞相似，能在体外培养中长期自我更新，并具有形成畸胎瘤的能力。但是，它们不具有产生成活嵌合体小鼠的能力。2007 年 Jaenisch 研究组改进建立 iPS 细胞的技术，它们建立的第二代小鼠 iPS 细胞不但具有产生嵌合体小鼠的能力，而且具有生殖传递的能力。此外，第二代小鼠 iPS 细胞在基因表达和表观遗传水平与小鼠 ES 细胞几乎无任何差别。尽管如此，这些 iPS 细胞不能像小鼠 ES 细胞一样在四倍体互补实验中产生存活的小鼠。为了确定小鼠 iPS 细胞是否与小鼠 ES 细胞具有相同的发育潜能，我国科学家周琪和高绍荣研究组在进行了大量实验后，于 2009 年分别成功地利用四倍体互补技术产生了完全由 iPS 细胞分化和发育而来的小鼠。至此，关于小鼠 iPS 细胞是否与 ES 细胞相同的争议终于尘埃落地。但是，对于人 iPS 细胞是否与人的 ES 细胞等同却不得而知。虽然最初的研究表明人 iPS 细胞与人 ES 细胞高度相似或没有区别，后来的研究发现在基因表达、DNA 甲基化、体外分化潜能和畸胎瘤形成能力等方面二者之间都存在很大的差异。但是，目前尚不清楚这些差异是反映了两种多能细胞类型之间的本质差异，还是源于不同细胞系之间的区别。iPS 细胞的遗传背景、重编程因子的表达方式、不同实验室的 iPS 细胞建立方法和 iPS 细胞所处的培养代数等都会影响人 iPS 细胞的基因表达谱式和发育潜能。iPS 细胞来源于单个体细胞的重编程，不难想象，供体细胞的不均质、重编程因子导入每个供体细胞效率的不同、基因组插入的位置不同、外源基因表达灭活程度的不同等等都会导致不同 iPS 细胞系之间在基因表达和发育潜能上不同。所以，对应每种供体细胞需要建立和鉴定多株 iPS 细胞系，然后根据鉴定结果选择性地保种和扩增 3 ~ 5 株细胞系用于后续的研究。由此可见，有必要开展尽可能多株人 ES 细胞系和 iPS 细胞系的研究和比较，从而明确是否这两类人多能干细胞之间的微细区别与它们在疾病治疗中的应用相关。

二、诱导多能干细胞的研究方法

如上所述，最初 iPS 细胞的建立是通过反转录或慢转录病毒表达载体将特定的因子导入细胞内。这一方法本身有若干缺点：①重编程因子中的 c-Myc 和 Klf4 是致癌因子，它们在 iPS 细胞来源的分化细胞中的再激活会导致肿瘤发生；②病毒序列插入细胞的基因组会干扰重要基因的表达和诱发肿瘤；③体细胞重编程的效率低，且时程长。因此，为了获得可以在临床上应用的 iPS 细胞系，我们必须优化 iPS 细胞技术体系。这里，将针供体细胞的选择、重编程因子选择和组合、小分子化合物的应用及重编程因子导入载体这 4 个重要因素进行讨论（图 2-7）。

1. 选择合适的体细胞进行重编程　虽然最初的 iPS 细胞是从成纤维细胞获得，目前研究人员已经利用许多不同类型的细胞建立 iPS 细胞系，包括骨髓基质细胞、肝脏细胞、胃来源细胞、上皮细胞、胰腺细胞、神经祖细胞、黑色素细胞和成熟 B 淋巴细胞等。不同的细胞类型重编程的效率不一样。比如，与胚胎成纤维细胞 0.02% 的建系效率比较，应用髓系祖细胞（myeloid progenitors）和造血干细胞获得 iPS 细胞的效率可以分别达到 25% 和 13%。这种差异可能源于干细胞或祖细胞的基因转录和表观调控特征与多能干细胞更接近。在考虑利用哪种类型细胞建立 iPS 细胞系时，除考虑建立 iPS 细胞系的效率外，哪种类型的细胞更方便从患者身体获得也是重要的因素。无痛苦和损伤地获取体细胞更容易被患者接受。目前，已有多个研究组利用外周血来源的细胞建立 iPS 细胞系。此外，还有研究报道利用尿液含有的细胞进行 iPS 细胞的诱导。值得一提的是，研究人员利用临床检查废弃的羊水分离所含有的胎儿细胞可以非常高效、快速地建立人的 iPS 细胞系。这些胎儿细胞来源的 iPS 细胞系有可能应用于他们成年后自体细胞移植，也可以

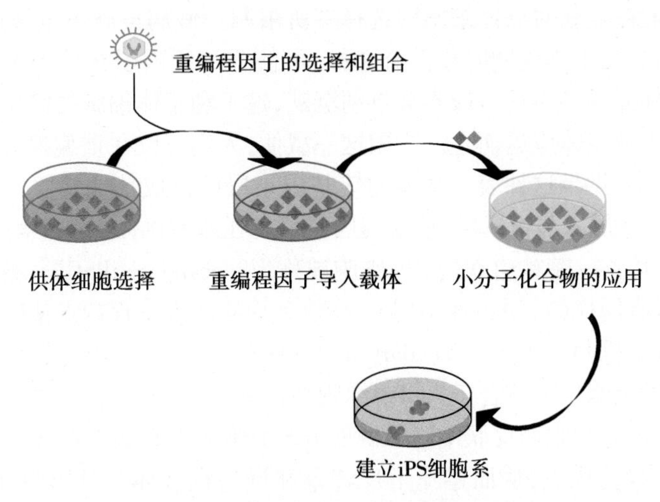

图 2-7 获取 iPS 细胞的几个重要因素示意图

考虑建立涵盖人群不同组织相容性抗原的 iPS 细胞库。

2. 对重编程因子的选择和组合 Oct4/Sox2/Klf4/c-Myc 已经被证明可以使许多细胞类型和多种种属,包括人、小鼠、大鼠、猪和猴等的细胞发生重编程。此外,Oct4/Sox2/Nanog/LIN28 组成的 4 因子配方也被成功地用来建立人 iPS 细胞系。为了防止重编程因子中的致癌因子诱发肿瘤,c-Myc 和 Klf4 首先被舍弃。这导致重编程效率的大幅度下降。在探索体细胞重编程所需要的最少因子配方时,人们又发现 Sox2 不是必需的,而 Oct4 在多数情况下是不可缺少的因子。德国 Scholer 研究组仅用 Oct4 一个因子分别利用小鼠和人的神经祖细胞建立了 iPS 细胞系。但是,建系效率非常低。Yamanaka 研究组用结构与 c-Myc 非常接近的 L-Myc 基因代替 c-Myc 基因,降低了这类 iPS 细胞的成瘤性。在探索体细胞重编程的机制过程中,人们发现除经典的 4 因子外,其他一些转录因子或表观调控因子对 iPS 细胞系的建立也有重要作用。比如,有研究发现在应用经典 4 因子的同时,沉默 p53、DNMT 或增加 UTF1、Nanog 和 Zscan 等因子能明显提高 iPS 细胞建系效率。另外,有研究发现 Sox1 和 Sox3 可以替代 Sox2;Klf2 可以替代 Klf4;甚至 Oct4 可以被 Nr5a2、Essrb 或 E-cadherin 替代。最近的研究表明不需要任何外源性转录因子,只在供体细胞中过表达特定的 microRNA 就可以建立 iPS 细胞系。这些研究结果促进了我们对体细胞重编程分子机制的了解,而随着我们对 iPS 细胞形成过程认识的深入,将会产生更加优化的重编程因子配方。

3. 小分子化合物的应用 最理想的诱导 iPS 细胞系的方法应该是不使用有致癌危险的因子和能插入基因组的载体,实现单纯应用小分子化合物诱导多能性的建立。这一愿望并不是凭空产生的。美国 Melton 研究组利用组蛋白去乙酰化酶抑制剂(valproic acid,VPA)可以提供重编程效率 100 倍,也可以在没有表达外源性 Klf4 和 c-Myc 的条件下建立 iPS 细胞系。进一步的研究表明乙酰化酶抑制剂能够增加组蛋白的乙酰化水平和激活基因转录,模拟了 c-Myc 的作用。目前,VPA 已经被广泛地应用于各种类型细胞的重编程。应用于体细胞重编程的小分子化合物多数在表观遗传调控过程中发挥作用,这也与 iPS 细胞系建立本身就是表观遗传改变的本质相一致。目前报道的参与建立 iPS 细胞系的表观遗传调控小分子还有 5-azacytidine(DNA 甲基化抑制剂)和 BIX01294(组蛋白甲基转移酶 G9a 抑制剂)。此外,一些调控信号通路的小分子化合物也被发现对多能性的诱导有促进作用,比如 BayK8644(L 型钙通道激动剂)、CHIR99021(GSK3 抑制剂)和 PD0325901(MEK/ERK 抑制剂)。此外,中国裴端卿研究组发现维生素 C 能提高 iPS 细胞建系的效率。基于 BIX01294 能替代 Oct4 使神经祖细胞成为 iPS 细胞,TGFβ 抑制剂 616452 能替代 Sox2 诱导体细胞重编程,我们有理由期待完全由小分子化合物诱导的 iPS 细胞系的成功建立。

4. 如何将重编程因子导入体细胞 在过去的几年中,针对这一因素的研究最为集中。这主要是因为最初建立 iPS 细胞时重编程因子是由反转录病毒载体导入体细胞的,这一载体的应用限制了 iPS 细胞的进一步应用。反转录病毒载体介导体细胞重编程的优点是建系效率高于其他方法,而且重编程因子的表达在体细胞转化为多能干细胞后会自动沉默;后一点是体细胞完全重编程的必要条件。但是,反转录病毒载体只感染处于分裂期的细胞,这就对供体细胞的选择有所限制。慢病毒载体也被用于 iPS 细胞系的建立。这种载体对于供体细胞所处的细胞周期时相没有选择,可使重编程因子在处于细胞周期所有时相的细胞中表达。但是,慢病毒载体介导的表达一般不会自动沉默,这不利于体细胞的完全重编程。为了克服这一缺点,药物诱导性慢病毒表达载体应运而生。应用这一载体,人们可以在重编程过程中的任何时间开始或终止外源因子的表达。目前,携带这种表达载体的转基因小鼠已被成功地建立。利用这种转基因小鼠的体细胞建立 iPS 细胞时,一旦加入药物诱导,重编程因子可以在所有供体细胞中均匀表达,使得 iPS 细胞的建系效率提高 100 倍。应用这一策略建立的 iPS 细胞被称为"secondary iPSC"。这样产生的 iPS 细胞系其所有细胞的基因组中都具有同样的病毒整合位点。高效和均质的重编程特点使得这一策略被广泛地应用于研究体细胞重编程的分子机制。虽然"secondary iPSC"具有诸多优点,但是它们的基因组上还是插入了慢病毒表达载体,而且这种策略也不适合于人 iPS 细胞系的建立。2008 年,美国 Hochedlinger 研究组利用腺病毒表达载体建立了小鼠肝细胞和皮肤细胞来源的 iPS 细胞系。腺病毒载体介导的基因表达具有外源基因不插入供体细胞基因组的优点,从而避免了反转录和慢病毒载体与基因组插入相关的缺点。同时,Yamanaka 研究组也报道了他们利用质粒载体建立小鼠 iPS 细胞系的研究结果。至今,已有多种非基因组插入表达载体被用于建立 iPS 细胞系,包括转座子载体、附加载体(episomal vectors)和利用含有多个因子串联在一个 DNA 载体上的多顺反子载体(multicistronic construct)进行同源重组。其中,有些策略是先用 DNA 插入的载体建立 iPS 细胞系,之后再切除外源基因,如 piggyBac 转座子系统。理论上,这些利用非基因组整合载体建立的 iPS 细胞中应该不含有插入的外源基因,但是实际上难以完全排除有外源基因插入基因组的可能性。此外,与基因组插入型载体介导的体细胞重编程相比,非基因组插入型载体介导的重编程效率非常低。鉴于这两种类型介导重编程因子表达载体的缺点,研究人员尝试直接将重编程因子的蛋白质导入体细胞诱导多能性。2009 年,美国丁盛研究组发表了他们利用在体外表达的与具有跨细胞膜功能的 11 个精氨酸多肽融合的重编程因子建立小鼠 iPS 细胞系的工作。同年,美国 Kim 研究组利用相似的策略建立了人的 iPS 细胞系。虽然利用重编程因子蛋白直接重编程体细胞从根本上解决了外源基因插入 iPS 细胞基因组的问题,但是,这一策略需要体外表达和纯化重组蛋白质的技能及反复、长时间在细胞培养中添加这些蛋白。而且,蛋白质诱导重编程的效率极其低(0.001% ~0.006%),而且所需要的时间非常地长(30 ~56 天),这严重限制了该策略的应用。2010 年,Warren 等报道了他们利用体外合成的经过修饰的 mRNA 成功地建立人 iPS 细胞系的实验结果,实现重编程效率 35 倍高于病毒载体介导的重编程。因此,实现了高效和安全地建立诱导多能干细胞系。尽管如此,在实际操作上,这一策略还面临诸多挑战,比如,所需试剂昂贵,需反复向供体细胞中导入合成的 mRNA 等。

总之,自 2006 年 Yamanaka 首次成功地建立 iPS 细胞起,针对建立 iPS 细胞系的技术体系的研究成果如雨后春笋般层出不穷。虽然,已有的研究表明利用体外表达的重编程因子重组蛋白,或合成的修饰过的 mRNA,或附加载体等相对安全的策略可以建立 iPS 细胞系,但每种策略都含有这样或那样的缺陷。因此,目前将 iPS 细胞的衍生细胞应用于临床疾病治疗似乎为时过早。但是,利用疾病患者体细胞建立疾病 iPS 细胞系,进而模拟和研究疾病却有广泛的前景并正在成为现实。

三、利用疾病诱导多能干细胞系模拟和研究重大疾病

由于缺乏足够的样本和合适的动物模型,人类的很多疾病得不到充分的研究,导致有效治疗手段的缺乏。iPS 细胞系的成功建立为我们研究疾病的发生和探索新的治疗方法开辟了新的途径。首先,对于遗传性疾病,获得患者的体细胞后经体外诱导可以得到患者特异的 iPS 细胞系。这样的 iPS 细胞携带了该患者全部的基因组信息。基于 iPS 细胞无限的自我更新能力,通过体外扩增,可以获得无限量的细胞用于疾病发生的研究。同时,iPS 细胞具有分化成为体内任何种类细胞的能力。可以诱导患者特异的 iPS 细胞定向分化为与疾病相关的细胞类型,并与正常人的 iPS 细胞的分化过程进行比较,以发现该遗传性基因突变导致的细胞水平和分子水平的变化,这就是建立疾病细胞模型的概念。利用这样的细胞模型,我们不仅可以研究致病基因是如何引起疾病的,也可以筛选有效改善细胞异常表型的药物,尤其是可以实现个体化的药

物实验。另外,对于已知基因改变的遗传性疾病,可以对患者 iPS 细胞中的异常基因进行定点修正,使疾病 iPS 细胞成为正常 iPS 细胞。这样修正后的 iPS 细胞经过定向诱导分化成为相关的功能细胞,可以为疾病的细胞治疗提供无限的来源。对于非遗传性疾病,患者的体细胞有部分正常细胞和部分异常细胞。异常细胞可供建立疾病 iPS 细胞系,建立疾病模型,发现疾病发生机制和有效的治疗手段;同时,正常的体细胞可供建立正常的 iPS 细胞,这种 iPS 细胞不仅可以定向分化为疾病治疗所需要的细胞类型,也是研究该患者疾病 iPS 细胞的最佳对照细胞。因为,疾病 iPS 细胞和正常 iPS 细胞来自同一个体,具有基本相同的基因组信息(除疾病所造成的基因异常外)。因此,利用疾病患者的细胞建立疾病 iPS 细胞系,建立体外研究模型成为目前干细胞研究领域的一个重要方向。目前,很多疾病 iPS 细胞系已经被成功地建立,比如脊髓-肌肉萎缩症(spinal muscular atrophy,SMA)、肌萎缩侧索硬化(amyotrophic lateral sclerosis,ALS)、1 型糖尿病(type 1 diabetes)、范科尼贫血(Fanconi anemia)、家族性自主神经功能异常(dysautonomia)、雷特综合征(RETT syndrome)、帕金森病(Parkinson's disease,PD)和阿尔茨海默病(Alzheimer's disease,AD)等。以下举几个典型的例子。

1. 脊髓-肌肉萎缩症 是最常见的引起新生儿死亡的遗传性神经系统疾病。该疾病的发生是由于 survival motor neuron(SMN)蛋白质缺失,导致脊髓运动神经元变性及肢体和躯干的肌肉萎缩。SMN 参与 RNA 剪切。为什么这样一个与 RNA 剪切相关的蛋白质的缺失只引起运动神经元的变性,而对其他类型的细胞没有影响? 可供研究的患者样本的缺乏严重限制了对 SMA 的研究和治疗措施的开发。2009 年,Allison 等人利用一位 SMA 患儿的皮肤成纤维细胞建立了 SMA iPS 细胞系,并同时建立了这位患儿母亲的 iPS 细胞系作为正常对照。SMA iPS 细胞具有正常 iPS 细胞的所有特征。但是,与正常 iPS 细胞比较,SMA iPS 细胞产生的运动神经元表现了疾病表型。这是第一次证明人 iPS 细胞可以在体外模拟人类遗传性神经系统疾病。2011 年,Chang 等利用另一位 SMA 患者的成纤维细胞建立了 5 株 Ⅰ 型 SMA iPS 细胞系。他们发现这些 SMA iPS 细胞向运动神经元分化的能力降低,并且伴有神经元突出生长的异常。在 SMA iPS 细胞中表达 SMN 恢复了其向运动神经元的分化能力,且纠正了突出生长延迟的表型。这些结果表明 SMA iPS 细胞所表现出的异常表型的确是由 SMN 蛋白质的缺失所致。深入研究 SMA iPS 细胞来源的运动神经元的异常将极大地丰富我们对 SMA 发生机制的认识。而且,这些细胞可以用来开发对 SMA 的有效治疗策略。

2. 阿尔茨海默病 是最常见的老年神经系统疾病,典型表现为进行性丧失记忆和认知障碍。Presenilin 1(PS1)和 Presenilin 2(PS2)的突变可引起常染色体-显性早发家族性 AD。2011 年 Yagi 等利用携带 PS1(A246E)和 PS2(N141I)突变的家族性 AD 患者的成纤维细胞和反转录病毒载体介导表达 5 因子(Oct4/Sox2/Klf4/Lin28/Nanog)建立了 AD iPS 细胞系。他们发现 AD iPS 细胞来源的神经元分泌 β42 淀粉样物增多,这是 PS 基因突变的典型分子水平病理特征。此外,AD iPS 细胞来源的神经元的 β42 淀粉样物的分泌对 γ-分泌酶抑制剂非常敏感。2012 年,Israel 等建立了携带有 APP(β-淀粉样物的前体)基因复制突变的两位家族性 AD 患者和两位散发性 AD 患者,以及两位年龄相配正常对照人的 iPS 细胞系并将这些 iPS 细胞分化为神经元。iPS 细胞来源的神经元在基因表达水平与胎脑相似,能形成功能性突触,并表现出正常的电生理活性。但是,与正常 iPS 细胞来源的神经元相比,携带 APP 复制的两位家族性 AD 患者的 iPS 细胞来源的神经元和 1 位散发性 AD 患者的 iPS 细胞来源的神经元具有高水平的 β-淀粉样物、磷酸化的 tau,和具有活性的 GSK3β。他们还发现这些 AD iPS 细胞来源的神经元中集聚了大量 Rab5 阳性的早期内涵体。有趣的是,β-分泌酶抑制剂,而不是 β-分泌酶抑制剂,能明显地降低磷酸化 tau 和活性 GSK3β 的水平。此外,一位散发性 AD 患者 iPS 细胞来源的神经元表现出家族性 AD 患者 iPS 细胞来源的神经元的表型,提示常染色体-显性型的家族性 AD 的发生机制也与散发性 AD 的发生相关。最近,Kondo 等利用非基因插入的附加载体表达重编程因子建立携带有 APP 基因突变的家族性 AD(两位患者)和散发性 AD(两位患者)的 iPS 细胞系。他们发现一位家族性 AD 患者和一位散发性 AD 患者的 iPS 细胞来源的神经元和星形胶质细胞内 β-淀粉样物寡聚体增多,导致内质网和氧化应激。而且,二十二碳六烯酸(docosahexaenoic acid,DHA)处理可以减轻这两位 AD 患者来源 iPS 细胞分化得到的神经细胞的应激反应。这些研究都为利用疾病 iPS 细胞作为模型探索重大疾病的发生机制和筛选新的治疗方案的可行性提供了实验证据。

3. Ⅰ 型糖尿病 是由于自身免疫性破坏胰岛 β 细胞所致。导致该疾病的细胞学和分子水平机制尚不清楚。美国哈佛大学 Melton 研究组利用 3 个转录因子（Oct4/Sox2/Klf4）将Ⅰ型糖尿病患者的成纤维细胞诱导成为 iPS 细胞系，并定向诱导这些 iPS 细胞分化为能产生胰岛素的细胞。这一研究为应用 iPS 细胞系建立Ⅰ型糖尿病研究模型和细胞治疗奠定了基础。最近，Kudva 等利用仙台病毒载体（Sendai）建立了Ⅰ型和Ⅱ型糖尿病患者细胞来源的 iPS 细胞系，其中包括一位 85 岁的Ⅱ型糖尿病患者的 iPS 细胞系。这些仙台载体介导建立的 iPS 细胞系无外源性基因的插入。并且在培养至 8 ~ 12 代时，仙台病毒基因组和抗原也从 iPS 细胞中消失。这样，仙台病毒载体为建立非基因组插入的 iPS 细胞提供了新的途径。

4. Klinefelter 综合征 是一种性染色体遗传的常见疾病。在患有该疾病的患者中，一些患者所有细胞的核型都是 47，XXY，而一些患者是 47，XXY 与 46，XY 核型的嵌合体。该综合征在男性不育症患者中占 3.1%，是引起原发性睾丸功能减退最常见的先天性疾病。我国金颖研究组建立了四株 Klinefelter 综合征患者前皮成纤维细胞来源的 iPS 细胞系。这些细胞具有正常人 iPS 细胞的所有特征，并具有向生殖细胞分化的能力。通过转录组的分析和比较，他们发现一些在 Klinefelter 综合征患者 iPS 细胞中异常表达的基因。进一步的分析说明，这些异常表达的基因编码一些与 Klinefelter 综合征临床症状相关的分子。这样，Klinefelter 综合征 iPS 细胞可以作为研究该疾病的细胞模型。

总之，疾病 iPS 细胞在体外培养和分化中表现出相关疾病特异的细胞表型是利用 iPS 细胞建立疾病模型的第一步，发现疾病发生的分子机制和消除异常表型的有效药物是最终目标。此外，不同 iPS 细胞系之间的异质性使利用同一患者的多株 iPS 细胞系建立疾病研究的细胞模型，甚至基因修复等手段确定疾病的表型和药物反应成为必要。

四、诱导多能干细胞研究面临的挑战和应用前景

除应用于模拟疾病和筛选药物外，iPS 细胞的一个重要潜在应用是疾病的细胞治疗，特别是自体细胞移植治疗。2008 年，Jaenisch 研究组将小鼠 iPS 细胞诱导分化为神经前体细胞（neural precursor cell，NPC），并移植到约 14 天的胚胎小鼠侧脑室。9 天后，移植的 iPSC-NPC 整合到受体胎鼠脑不同部位的皮层中。此外，将诱导分化的多巴胺能神经元移植到帕金森病模型大鼠，4 周后可见大鼠的症状得到改善。目前，这方面的研究鲜有报道，并限于动物实验。相信随着 iPS 细胞研究的深入，iPS 细胞衍生细胞体内移植的研究会逐步增加。

理论上，iPS 细胞衍生细胞用于自体移植时应该不发生免疫反应。但这一推论需要实验证据的支持。2011 年，美国 Xu 研究组将 4 株多能干细胞系，B6 和 129/SvJ 小鼠来源的 ES 细胞株及分别由附加载体或反转录病毒载体诱导 B6MEF 产生的 iPS 细胞系（分别命名为 EiPS 细胞和 ViPS 细胞），移植到 B6 小鼠。他们发现 B6 ESC 在 B6 小鼠有效形成畸胎瘤，没有引起任何明显的免疫排斥反应；而 129/SvJ ES 细胞引起快速免疫排斥，没有形成畸胎瘤。令人意外的是，B6 EiPS 细胞在 B6 小鼠体内形成的畸胎瘤含有 T 细胞侵入，提示这些 iPS 细胞具有引起免疫排斥的能力。但是，上述研究中应用的是未分化的 ES 和 iPS 细胞，而在现实中只有 ES 或 iPS 细胞的衍生细胞才会被用于细胞移植。有必要进行更加系统深入的研究以便明确：①是否由 iPS 细胞来源的分化细胞在自体细胞移植时会引起宿主的免疫反应？②建立 iPS 细胞的策略是否会影响 iPS 细胞衍生细胞的免疫原性？③上述小鼠 iPS 细胞在小鼠产生的免疫反应是否同样会发生在人类 iPS 细胞在人体的移植过程？最近，Boyd 和 Abe 领导的研究组分别发现，不论未分化的 iPS 细胞还是 iPS 细胞来源的分化细胞，在同种小鼠移植中不产生明显的免疫反应或产生的微小免疫反应与小鼠 ES 细胞来源的分化细胞没有区别。后两个研究的结果与 Xu 研究组的结果不同，支持应用自体 iPS 细胞的衍生细胞进行自体移植。这些差异可能与不同研究组所应用的 iPS 细胞系是由不同的重编程因子表达载体建立有关。基于目前的研究结果，为了未来人 iPS 细胞的临床应用，应该避免利用反转录病毒载体建立 iPS 细胞系。而且，有必要利用更多的 iPS 细胞系及其分化的细胞，更加系统地研究 iPS 细胞来源细胞进行自体移植的可行性。

除免疫原性外，移植细胞产生肿瘤是实现安全细胞治疗的重大障碍。目前，对于人 ES 细胞或 iPS 细胞衍生细胞的移植治疗是在免疫缺陷或免疫抑制的动物进行，所以我们不清楚当患者接受自身 iPS 细胞

衍生细胞移植时会有更大或更小的可能产生肿瘤。一般来讲,如果在iPS细胞衍生细胞中含有残余的iPS细胞,往往会在移植后产生畸胎瘤;如果iPS细胞衍生细胞中有高比例的干、祖细胞有可能产生某种组织细胞类型特异的肿瘤,如神经瘤或肌肉瘤。因此,高效地诱导iPS细胞向特定细胞类型分化并严格地选择所需细胞类型对于避免细胞移植造成的肿瘤发生是非常重要的。另外一个值得考虑的因素是iPS细胞的重编程程度和基因改变情况。外源性基因灭活不完全或在iPS细胞诱导过程中出现遗传改变会导致更大的成瘤危险。除形成肿瘤的危险外,ES细胞、iPS细胞在体外分化得到的细胞往往不能完全成熟,与胚胎期或新生儿期的细胞更相似。细胞的不成熟可能会影响它们在细胞移植后对疾病的治疗效果。此外,移植后的细胞是否能有效地与宿主细胞整合和发挥正常功能也是不容忽视的问题。目前,常用的细胞移植是单一细胞类型,而多数器官是由多种细胞类型组成的并具有特定组织结构。干细胞移植与组织工程的结合有可能为解决这样的问题提供途径。最近,有三个研究组分别报道,人iPS细胞基因组携带有基因的删除或复制(copy number variations)和点突变。其中一些变化与多能干细胞的体外培养相关,类似的变化也见于人ES细胞;而另一些异常存在于供体细胞;还有一些是在体细胞重编程的过程中产生。在iPS细胞衍生细胞应用于临床之前,需要对iPS细胞进行全基因组的序列、基因表达谱式和表观遗传特性等进行全面的检查,确定哪些遗传和表观遗传的改变会影响iPS细胞衍生细胞在移植治疗中的疗效和安全性,选择安全的iPS细胞的衍生细胞用于临床疾病的治疗。

成功应对以上挑战是基于我们对iPS细胞形成过程的分子基础的了解。至今,大量研究已经对诱导多能性的动态过程和分子调控提供了宝贵的资料。但是,还有许多关键问题有待回答,比如重编程因子是如何启动体细胞内源性与发育多能性相关的分子调控网络?如何避免重编程启动导致的细胞应激反应和基因组不稳定?iPS细胞的衍生细胞进行自体细胞移植是否会引起免疫反应?在解决这些重要问题之前,iPS细胞的衍生细胞还不应该进入临床人类疾病的治疗。但是,利用iPS细胞研究体细胞重编程的分子机制,建立体外疾病研究的细胞模型和研究疾病发生和进行有效药物筛选却是现实可行的。这些研究将会为未来iPS细胞在人类疾病治疗中的应用奠定基础。

(金 颖)

第四节 成体干细胞

成体干细胞(adult stem cell,ASC)是存在于胎儿和成体不同组织内的多潜能干细胞,这些细胞具有自我复制能力,并能产生不同种类的具有特定表型和功能的成熟细胞,能够维持机体功能的稳定,发挥生理性的细胞更新和修复组织损伤作用。一般根据其来源或分化的组织细胞命名,如骨髓间充质干细胞、脐带间充质干细胞、羊膜间充质干细胞、造血干细胞、神经干细胞、心脏干细胞、骨及软骨干细胞、骨骼肌干细胞、表皮干细胞、脂肪干细胞、肝脏干细胞、胰腺干细胞、胃肠干细胞、前列腺干细胞、气管干细胞、角膜干细胞、血管内皮干细胞、牙髓干细胞等。由于ASC一般不存在成瘤和伦理学压力,并且同样具有多潜能性,自体移植不存在免疫排斥,和胚胎干细胞相比,也许在自体细胞替代治疗方面会具有更多的优越性。特别是骨髓间充质干细胞和脂肪间充质干细胞等间充质干细胞,由于其采集容易,并能在体外大量扩增,而且具有较大的可塑性,将为再生医学治疗提供大量的种子细胞。

一、成体干细胞研究与发展

最早于1960年提出ASC的概念。当时,首次发现骨髓中定居着某些特殊的细胞,在特定的环境条件和其他因素作用下,能够诱导分化并重建所有血液细胞的功能,随后逐渐完成了对造血干细胞(hematopoietic stem cell,HSC)的鉴定和分离工作。HSC是目前研究得最为清楚、应用最为成熟的ASC,它移植治疗血液系统及其他系统恶性肿瘤、自身免疫病和遗传性疾病等均取得令人瞩目的进展,极大促进了这些疾病的治疗,同时也为其他类型ASC的研究和应用奠定了坚实的基础。此后,人们陆续发现了多种

ASC,如间充质干细胞(mesenchymal stem cell,MSC)、毛囊干细胞(hair follicle stem cell,HFSC)、心肌干细胞(cardiomyogenic stem cell,CSC)、肝干细胞(liver stem cell,LSC)等。研究发现,成体细胞的生化特性与其所在组织的类型密切相关,可以通过一些特异表达的细胞表面分子鉴定 ASC。如Ⅵ型中间丝蛋白、CD233 和 CD24 是神经干细胞的特异标志物,体外培养的 $ACl33^+/CD24^+$ 细胞可以进一步分化为神经细胞、星形胶质细胞和少突胶质细胞。再如骨髓间充质干细胞高表达 CD29、CD44、CD166 等分子,在体外培养环境中可以分化为骨细胞、脂肪细胞、软骨细胞、肌细胞等。由于技术手段和研究方法的局限,目前,对 ASC 表达特异分子的研究还不够深入,还不能采用各胚层和各种 ASC 的特异标志物完全分离和鉴定不同来源的 ASC(图 2-8)。

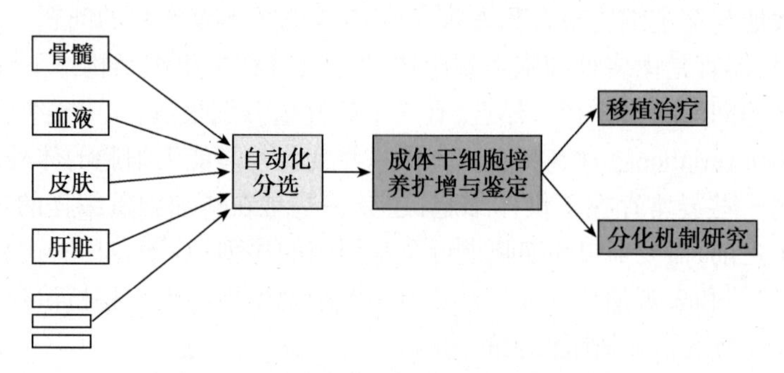

图 2-8 成体干细胞的分离和鉴定及应用

二、成体干细胞的生物学特性

1. ASC 具有组织定向分化能力和特定组织定居能力 ASC 具备以下三个重要的生物学特征:①能够自我更新。ASC 通过分裂增殖,产生与其完全相同的子代细胞,有效地维持了 ASC 群体数量和功能的稳定性。②具有谱系定向分化能力。ASC 可以进一步分化为专能干细胞,最终成为终末分化细胞。组织中细胞分化的过程实际上是 ASC 获得特定组织细胞形态、表型以及功能特征的过程。许多 ASC 具有一定的多向分化特性,能够分化为特定组织中的多种细胞类型。③体内各 ASC 具有在特定组织定居的能力。ASC 可对组织再生的特异刺激和信号分子产生应答,分化为特定类型的组织细胞,替代受损细胞或死亡细胞的功能。

2. ASC 的多分化潜能和可塑性 传统的干细胞发育理论认为,组织干细胞是胚胎发育至原肠胚(gastrula)形成以后出现的,因此,组织干细胞不是分化全能细胞,只具有组织特异的有限的分化能力,只能分化为所在组织的特定细胞类型。但近来的实验研究表明,某些情况下,骨髓间充质干细胞可以跨胚层向肝脏、心脏、胰腺或神经系统的细胞分化,而肌肉、神经干细胞也可以向造血干细胞分化。目前将组织干细胞这种跨谱系甚至跨胚层分化的潜能,称为组织干细胞的可塑性(plasticity)。也就是 ASC 具有向两个和两个以上胚层细胞分化的能力。目前,人们观察和了解 ASC 的可塑性主要来自于两方面,一是体外培养,二是在体诱导。如早期发现骨髓单个核细胞在一定条件下可以分化为成骨细胞、脂肪细胞、成软骨细胞等,如果将这些细胞进行传代培养,可仍保持多向分化潜能。在体移植研究以 MSC 为例,已发现 MSC 经诱导可分化产生骨骼肌、心肌细胞、肺上皮细胞、皮肤以及神经细胞等,提示 MSC 这种可塑性具有一定的广泛性和代表性。更令人惊奇的是,Jiang 等将从骨髓分离纯化的成体多能前体细胞经体外诱导产生出了具有三个胚层来源特性的功能细胞,由于在体研究也有相似的结果,从而在实验上更进一步证实了 ASC 的多向分化潜能。但是,不同 ASC 其可塑性差异很大,而且绝大部分 ASC 很难在体内诱导出其可塑性(图 2-9)。

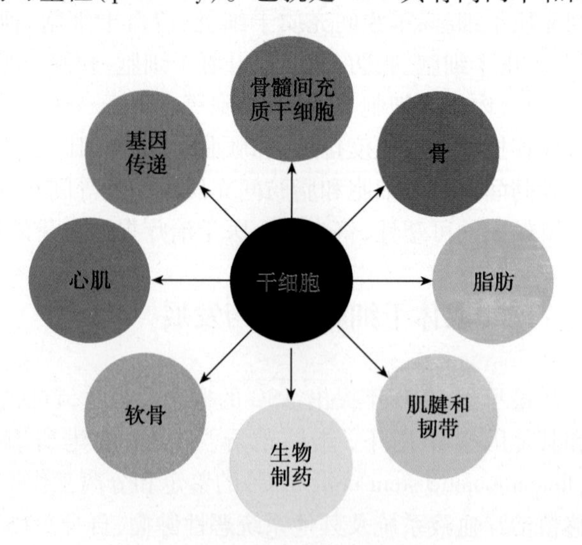

图 2-9 成体干细胞的多分化潜能

三、成体干细胞多分化潜能的机制

ASC 的多分化潜能机制尚不完全清楚,可能与以下几方面有关:

1. ASC 的来源 目前发现,大多数组织中栖息着单向或多向分化潜能的组织干细胞。一般认为,ASC 来源于胚胎发育不同时期的干细胞。在个体的器官和组织发生过程中,某些干细胞可能先后离开所在群体的分化、增殖进程,迁移并定居在特定器官或器官雏形中的某个位置,并保留自己的干细胞特性,形成 ASC。ASC 在微环境的作用下多数时间处于静息状态,一旦所定居的组织需要再生或修复,便在特定微环境下被激活并分化成所需的功能细胞。

2. ASC 的转分化和去分化 转分化(transdifferentiation)是指 ASC 通过活化其他潜在的分化程序改变了 ASC 的特定谱系分化的进程而转分化为其他谱系。造血干细胞向非造血组织细胞分化、神经干细胞向血液系统细胞分化都是 ASC 转分化的例子。转分化是一种已分化细胞关闭原有基因活动程序,同时转向另一种分化细胞基因活动程序,而不需要回复到原始的状态。未分化的 ASC 可能具有足够的可塑性以成为另一谱系细胞,或者 ASC 为了再决定需要去分化到具有可塑性的某个更原始状态,以后重新分化为其他细胞谱系类型。无论这两个过程的哪一个,其重新选择的过程称为转决定(transdetermination)。在这里,作者更愿意用谱系转化(lineage convertion)来命名这样的预期细胞类型的变化,这个术语不涉及变化过程所可能涉及的机制。去分化(dedifferentiation)是分化成熟细胞首先逆转为相对原始分化的细胞,然后再按新的细胞谱系分化通路进行分化的过程。如两栖类生物蝾螈(*Salamander*)肢体切除伤口边缘的分化成熟细胞能够逆分化成原始细胞,再形成新生的 ASC,最后分化为被切除的肢体组织。但是,正常生理状态下,成年哺乳动物的 ASC 转分化或去分化的现象较为少见。其机制也还有待进一步研究。

3. ASC 的多样性 特定组织中有可能存在其他谱系来源的 ASC,如骨髓或肌肉的细胞可能包括了多种组织干细胞,包括造血干细胞、间充质干细胞、内皮祖细胞和肌肉干细胞等。另外,造血干细胞不仅仅定位于骨髓中,它可以随着血液循环被一些组织器官,如肌肉和脾脏等摄取并定居于该区域。一些特定组织中共存的其他组织干细胞能够按照自己的定向需要,分化为与该特定组织不同的其他细胞类型。

4. ASC 的细胞融合 一种细胞可以通过与其他细胞的相互融合而表现出另一种细胞的生物学特性。体外培养条件下,成年哺乳动物细胞存在细胞融合现象,如成肌细胞在破骨细胞作用下,细胞融合后形成多核的骨骼肌纤维;感染 HIV 的 T 细胞与靶细胞的融合能够介导病毒进入靶细胞等;体外培养的胚胎干细胞能够自发地与神经干细胞融合,并且还能将供体细胞的分子标志物移至融合细胞中。因此,如果一种组织中含有其他类型的组织干细胞,那么,不同的组织干细胞可以通过相互融合而表现出与组织类型不同的细胞特性。但体内细胞自然融合的发生率较低,对其在组织干细胞可塑性的影响还需要深入研究。

目前,对组织干细胞可塑性的认识不够深入,尚需建立组织干细胞的分离、纯化和功能鉴定的成熟技术和体外维持组织干细胞未分化状态的模型,成体干细胞可塑性的机制和生物学意义还有待进一步研究。

四、成体干细胞的应用前景

再生医学的细胞移植治疗是基于移植的细胞能够分化成新组织并与周围组织进行整合,或者通过分泌旁分泌因子来促进病变处局部细胞的存活和再生、减少瘢痕。一般将培养扩增的 ASC 作为自体或异体干细胞移植的细胞来源。自体 ASC 移植深受青睐,因为,移植前或移植后都不需要考虑影响细胞存活的免疫抑制问题。然而,获取一些 ASC 必须以破坏它们存在部位的组织结构为代价,如神经干细胞(neural stem cell,NSC)、心肌干细胞(cardiac stem cells,CSC),并且,在离体条件下它们很难扩增,这使得在患者身上应用 ASC,尤其是自体移植,变得非常困难。

在过去的 10 年里,大量的研究报告中指出,ASC 分化潜能远超出人们的想象。当暴露于某种分化信号之下的时候,ASC 能够分化成特殊的细胞类型(而不是常规的分化结局)。可见容易搜集、能够体外高度扩增的某种 ASC 可能为修复任何组织提供足够的移植用细胞来源。来自骨髓、脐带血的干细胞(造血干细胞、间充质干细胞、内皮干细胞）以及脂肪干细胞均符合这一标准，并可以实现体外高度扩增。特别是已经有报道骨髓间充质干细胞能够分化成比预期更为广泛的细胞类型。

关于ASC分化潜能的首要热点问题得到证明，就是关于ASC在体条件下的谱系转化，在体条件下的谱系转化频率很低，不足以再生新的组织，试验表明，大多数的谱系转化是在人为的条件下发生的。然而，一些实验表明，一些细胞的重编程在离体调控条件下能够高效获得，通过重编程成年体细胞使其转变成其他类型细胞或者多能细胞是很热门很令人着迷的课题。

1. ASC可塑性的检测方法　图2-10，列出几种检验ASC分化潜能的方法。一般是利用暴露于细胞外部的可溶的或细胞表面的信号分子标记ASC。可以用β-半乳糖苷酶、GFP作为标记转基因或者通过掺入亲脂染料标记细胞或动物。天然标记物如Y染色体或者种属特异性DNA序列和抗原分子也可被用来作为标记。BrdU经常作为第二标记物示踪已标记细胞的分裂。将ASC暴露于外来信号的方法包括向接受过照射的或免疫缺陷的宿主小鼠注射细胞（骨髓重建法），或者向早期胚胎注射细胞（嵌合胚胎法），在体外与其他类型细胞共培养，使其接触由其他类型细胞制得的条件培养基，或者使其接触一系列成分确定的特定分化途径的因子。如果能找到含有供体标记物，而且，具有其他谱系已分化细胞的形态、分子表型和功能的细胞，那么，可以认为细胞发生了谱系转化（lineage convertion）。

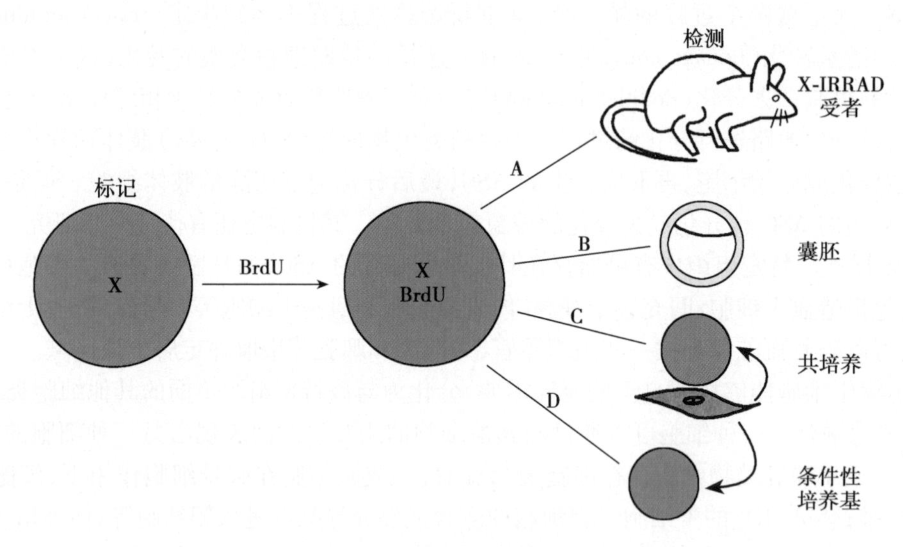

图2-10　ASC的分化潜能检测

性染色体或物种特异的DNA序列可以被用来作为标签，或用染料或转基因（X）标记细胞。有时，标签可以联合使用。例如Y染色体和一个绿色荧光蛋白转基因联合。BrdU标记显示DNA的合成。在体（移植到X射线照射的接受者或囊胚内）或体外（与已分化细胞类型共培养或使用条件培养基培养）检测标记的细胞分化成除正常注定分化的细胞外的各种其他类型细胞的能力。共培养引起的谱系转化可能通过可溶性信号（箭头）或通过细胞接触实现

已经证明，一些ASC具有分化潜能，也有一些ASC还有待于进一步研究。其中，尚未证明具有多向分化潜能的细胞包括表皮和肠上皮干细胞、听觉感觉细胞、肾上皮细胞、肝细胞、视网膜干细胞和心肌干细胞。已证明具有多向分化潜能的干细胞，包括神经干细胞、骨髓间充质干细胞、造血干细胞和肌肉干细胞，来源于长期培养的骨髓和结缔组织的胚胎干细胞样细胞。这些细胞当中，有的是在体条件下验证的，有些是离体条件下验证的，还有一些两种条件下都得到了验证。

2. 各种ASC的可塑性　表2-2和图2-11总结了多种具有多能性的哺乳类动物ASC。

（1）未分选的骨髓与造血干细胞：骨髓干细胞是干细胞多能性报道最多的主题。

1）未分选的骨髓细胞：未分选的标记的骨髓细胞不仅注入X线照射的小鼠、免疫缺陷小鼠或PU.1null小鼠能重建造血系统，也在肌肉损伤后分化成骨骼肌，肝脏损伤后分化成肝细胞，神经损伤后分化成神经元，肾脏损伤后分化成肾脏上皮细胞。但是，其转分化的频率低，肌肉转分化百分比是0.2%～3.5%，肝转分化百分比是0.15%～2%，神经元转分化百分比是0.2%～2.3%。并且，偶然转分化成肾脏上皮细胞。

表 2-2 正常 ASC 的命运和谱系转化

ASC	正常分化	谱系转化	
		在体	离体
间充质干细胞	软骨、骨、成纤维细胞、脂肪细胞	星形胶质细胞、心肌细胞、浦肯野纤维、结缔组织、Ⅰ型肺泡、肾上皮	神经元、神经胶质细胞、心肌细胞、骨骼肌
脂肪干细胞	脂肪细胞	成骨细胞	成骨细胞
椭圆细胞	肝细胞	—	β 细胞
牙髓干细胞	成牙本质细胞	—	神经元
骨髓基质细胞	骨髓、淋巴、软骨、骨、内皮	骨骼肌、肝细胞、神经元、肾上皮、心肌细胞、面颊上皮	
造血干细胞	骨髓、淋巴	骨骼肌、心肌细胞、神经元、肾上皮、表皮、肺上皮、肠上皮	神经元
皮肤神经前体细胞	Merkel 细胞	—	NSC、胶质细胞
SC	肌肉	血液、心肌细胞	NSC
NSC	神经元、胶质细胞	髓系、淋巴、表皮、脊索、中肾、体节、心肌、消化系统上皮、肝细胞	内皮

注：NSC＝神经干细胞，SC＝卫星细胞

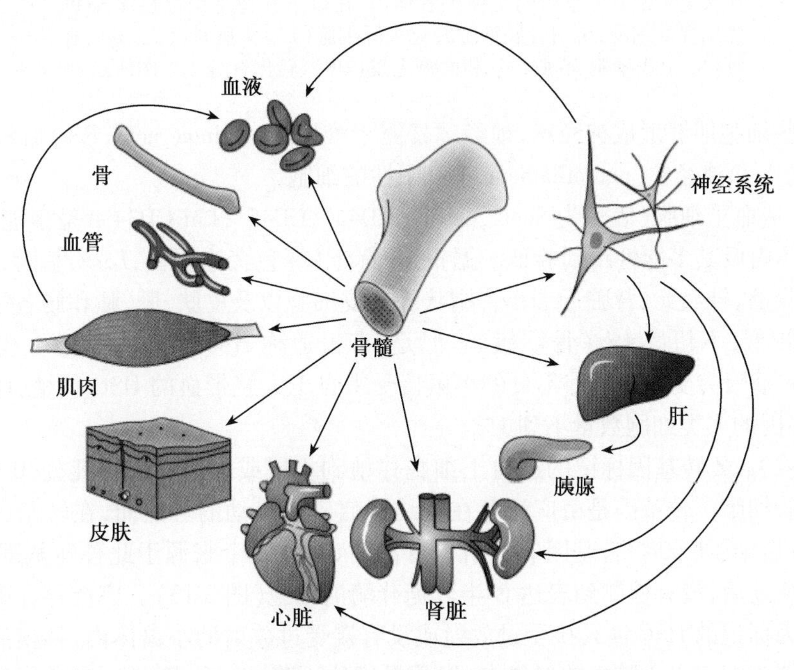

图 2-11 骨髓的干细胞具有相当高程度的分化潜能

观察接受异性器官移植的死亡患者的组织，发现宿主体内的骨髓细胞能被召集并转化为谱系外细胞类型。研究有肝脏损伤并曾经接受过男性移植男性骨髓后死亡的女性患者的大脑，少量具有神经标记物的细胞表现 Y 染色体阳性。在健康且曾接受男性骨髓移植的女性患者中，通过细胞特征性形态和表型特异性蛋白鉴定的面颊细胞具有高百分比（其中一位患者是 12%）的 Y 染色体阳性。分析移植给男性接受者的女性肾脏，发现肾小管上皮中高达 1% 的 Y 染色体阳性细胞。在移植给男性接受者的女性心脏中接近 10% 心肌是 Y 染色体阳性细胞。也有相反的意见，认为募集来的宿主细胞很可能是血液或血管内皮细胞（图 2-12）。

2）造血干细胞：2003 年 Locatelli 等利用免疫磁珠分选方法从骨髓细胞中分离出 $Thy\text{-}1^{+}Scal^{+}$ 细胞群（可能是 HSC）。据报道，在添加有成纤维细胞生长因子（FGF）和表皮生长因子（EGF）的神经细胞培养基

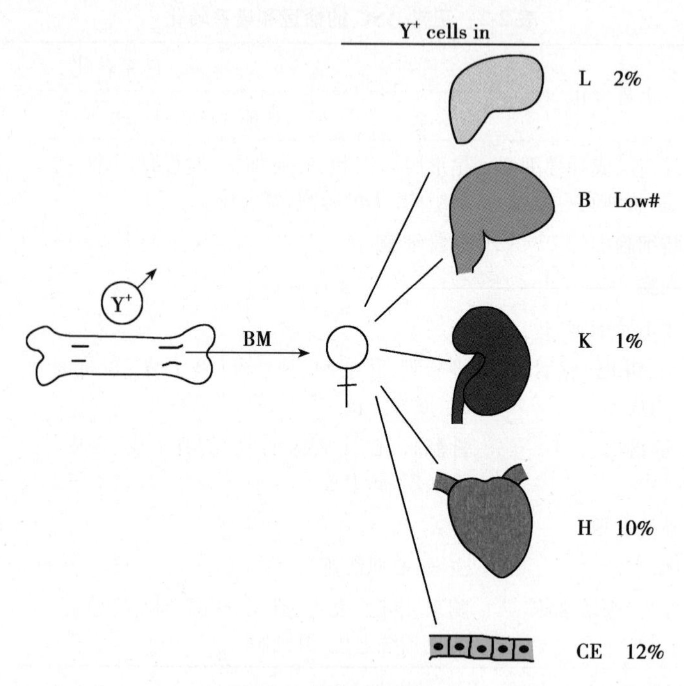

图 2-12 骨髓细胞转化

在接受男性骨髓移植的女性患者体内,在以下几种组织存在 Y 染色体阳性的细胞,说明骨髓细胞转化为肝细胞(L)、大脑神经元(B)、肾脏(K)上皮细胞、心脏(H)和面颊上皮(CE),转化百分比如图所示

中体外进行培养这些细胞能够形成神经球,神经球暴露于维甲酸(retinoic acid,RA)后约 40% 的细胞分化成神经元标记物 Tuj-1 和神经丝(neurofilament,NF)阳性的细胞。

大量研究表明,造血干细胞(表型为 $Scal^+$,$c\text{-}Kit^+$,$CD43^+$,$CD45^+$,Lin $CD34^-$)是多能的,在移植细胞到 X 射线照射的小鼠体内后其多能性得到验证。据报道,标记(绿色荧光蛋白,*LacZ* 基因,Y 染色体)的造血干细胞分化成肌肉骨骼、神经元、肾脏近端小管刷状缘上皮细胞以及皮肤、肝、肺和肠各个部位的上皮。报道的谱系转化频率较低,不超过 4%(骨骼肌)。但是,有报道称 HSC 转化为肺泡上皮细胞的频率达到 20%。应用 dysferlin 基因突变的肌营养不良的小鼠接受来自于人脐带血的 HSC 移植,HSC 分化成正常的肌细胞,表达 *dysf* 基因的人类细胞数量不到 1%。

绿色荧光蛋白或 LacZ 转基因标记的造血干细胞移植到小鼠或大鼠心肌梗死处,0.02% ~0.7% 的造血干细胞转化成心肌细胞。转基因是由广泛存在的结构启动子启动的。然而,在转基因小鼠体内使用心脏特异性的 α-MHC 启动子驱动报告基因 β-半乳糖苷酶时,在将几个来源于此种转基因小鼠的 HSC 注射到宿主小鼠心肌梗死处后,没有检测到表达 β-半乳糖苷酶的细胞(图 2-13)。广泛存在的结构启动子启动的绿色荧光蛋白基因标记的 HSC 注入接受过放射或没有接受过放射的小鼠体内,移植后的第一个星期表达绿色荧光蛋白的细胞在宿主心脏内数量很多,但数量很快下降,此后,只有 0.02% ~0.03% 表达绿色荧光蛋白和心肌球蛋白重链的细胞存在。这些很可能是血细胞。在另一项研究中,从雄性小鼠获得的骨髓细胞注射到 δ-聚糖缺失的雌性小鼠体内后形成骨骼肌和心肌细胞。然而,这两种含外源细胞核的骨骼肌和心肌却不能表达聚糖。这些研究表明,供体细胞可能最初被纳入宿主动物组织,但绝大多数的外来细胞无法长期生存和(或)无法转换到表型正确的宿主组织。

(2) 神经干细胞:神经干细胞(NSC)分化的可塑性已经在离体和在体条件下都得到验证。应用从 ROSA2 小鼠克隆得到的 NSC,以 Balb/c 小鼠作为宿主进行骨髓重建试验。结果表明,NSC 能够转分化成血细胞。应用流式细胞术分别检测到抗 CD3e、CD19 和 CD11b 抗体;分别结合抗 ROSA26 特有细胞表面抗原 $H2k^b$,揭示了衍生自表达 β-半乳糖苷酶的供体细胞的 T 淋巴细胞、B 淋巴细胞和骨髓细胞的存在。在另一研究中,来源于 *LacZ* 基因标记的小鼠神经球的 NSC 也在注入接受放射的小鼠体内后形成了血细胞。

当将来源于 ROSA26 并表达 β-半乳糖苷酶的 NSC 所形成的神经球注射到小鼠囊胚或早期鸡胚胎羊

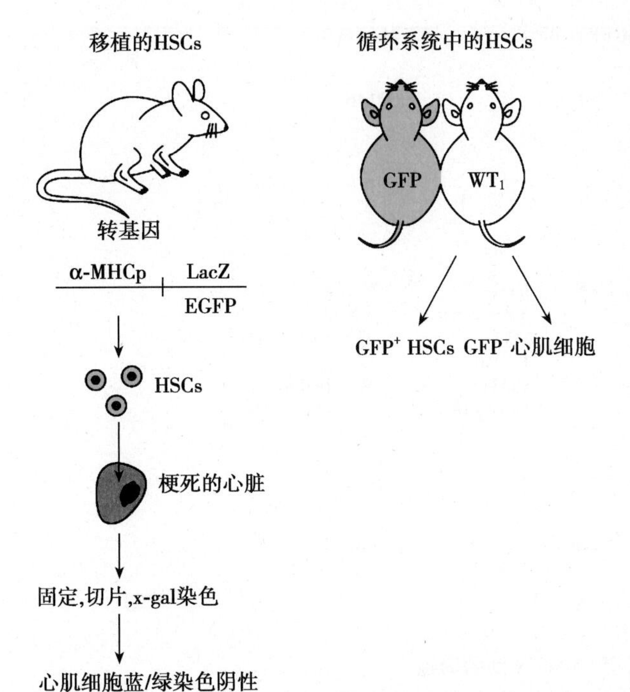

图 2-13 实验显示,造血干细胞没有转化为心肌细胞
左侧:来自 α-重链肌球蛋白(α-MHCp)作为启动子的 LacZ 或 GFP 基因转基因小鼠的造血干细胞,注入未标记小鼠的梗死区。将注射过细胞的心脏固定,切片,并进行为 β-半乳糖苷酶活性染色。在心脏中没有发现带有标记的心肌细胞,表明注射的造血干细胞并没有转化为心肌细胞。右侧:分别为绿色荧光蛋白转基因小鼠与野生型小鼠(WTI),随后制作成心肌梗死模型。虽然,在野生型小鼠循环系统内发现绿色荧光蛋白阳性的造血干细胞,但是,在心肌梗死处没有绿色荧光蛋白阳性的心肌细胞,这表明宿主受伤部位没有积聚造血干细胞修复心肌损害

膜腔,神经球参与形成接受者的所有三个胚层的组织和器官,其中,鸡胚胎的 25%、小鼠胚胎的 12% 是由注射的外源细胞衍生形成的。由供体细胞所形成的非神经组织包括表皮、脊索、中肾、体节、心肌、肺上皮、胃和小肠上皮及胃和小肠壁以及肝脏。供体细胞表达这些组织的典型分子标记。单个胚胎组织嵌合频率从 38%(心肌)到 96%(肠上皮细胞)。这些结果表明,神经干细胞具有多能特性。然而,将注射的细胞换为流式细胞分选得到小鼠胚胎干细胞和带有 Sox2 启动子片段的 Sox2-EGFP 基因(P/Sox2-EGFP)的 NSC 衍生形成的神经球,却得到不同的结果。胚胎干细胞有效地整合进入囊胚并参与了所有组织的形成,而神经干细胞则没有。

NSC 在体外条件下也能改变预期的命运。克隆自 GFP 转基因小鼠的 NSC 与人血管内皮细胞共培养,NSC 以 5% ~6% 的效率分化成为表达血管内皮细胞标志物 CD146 的细胞(图 2-14)。

这些细胞是单核,没有人类的染色体,也没有与人类抗 RNP 抗体发生反应,这表明所得结果不是由于与共培养的血管内皮细胞融合而引起的。经过多次传代后 $GFP^+/CD146^+$ 的细胞克隆株表达各种各样的内皮细胞标记物(VE 钙黏素和血管性血友病因子等)并具有血管内皮细胞的结构和功能,包括存在 Weible-Palade 分泌囊泡和具有能在基底膜基质中形成毛细血管的能力。人内皮细胞的条件培养基无法诱导 GFP^+ 的 NSC 转化成血管内皮细胞,表明 NSC 转变命运需要细胞间连接。这一观点的证据是通过共培养 NSC 和用多聚甲醛固定的血管内皮细胞得到的。共培养上述两种细胞 5 天后,2% ~4% 分化成血管内皮细胞。实验显示小鼠 NSC 来源的血管内皮细胞与凝集素的亲和力远大于人血管内皮细胞与凝集素的亲和力。克隆 NSC 与固定的 COS7 细胞共培养的实验作为对照组,结果没有 NSC 转化为血管内皮细胞。GFP^+ NSC 克隆株注射到小鼠 14 天胚胎端脑内,主要分化成了胶质细胞,但是有 1.6% 分化成了单个细胞核的血管内皮细胞,这表明受脑内的信号因子影响 NSC 在低水平进行转化。

Merkel 细胞是在真皮层发现的神经感受器。在没有神经支配的时候消失而在恢复神经控制时恢复。这表明,皮肤中存在能够分化成神经细胞类型的前体细胞存在。这样的前体细胞已经通过在含有 EGF 和 FGF 的培养基中培养青壮年小鼠真皮分离出来,EGF 和 FGF 能够促进真皮细胞亚群分化成神经球。在有多聚赖氨酸包被和生长因子存在的情况下,该单个神经球能够增殖和分化成神经元样细胞(5% ~7%)和胶质样细胞(7% ~11%),其中神经元样细胞表达神经丝 M、NSE、NeuN、TUJ1,胶质样细胞表达 GFAP(星形胶质细胞)、CNPase(寡突胶质细胞)或两者都表达(施万细胞)。分别在 3% 和 20% 浓度的血清中,其也分化成脂肪细胞,效率为 1% ~25%,这些干细胞有别于 MSC,因为 MSC 在适用于真皮细胞的培养基中并不增殖。

(3)骨髓间充质干细胞和相关间充质干细胞:一个多世纪前德国病理学家 Cohnheim 就提出在骨髓基质中存在有向非造血系统多向分化的干细胞,但直到 20 世纪 60 年代末期才有了直接的证据。Friedenstein 及其同事将整个骨髓标本放于塑料培养皿上,4 小时后倾掉非贴壁细胞,剩下少量贴壁的细胞外观大多为纺锤形,且形成 2 ~4 个细胞聚集的细胞灶,在 2 ~4 天内这些细胞处于休眠状态,随后便迅速

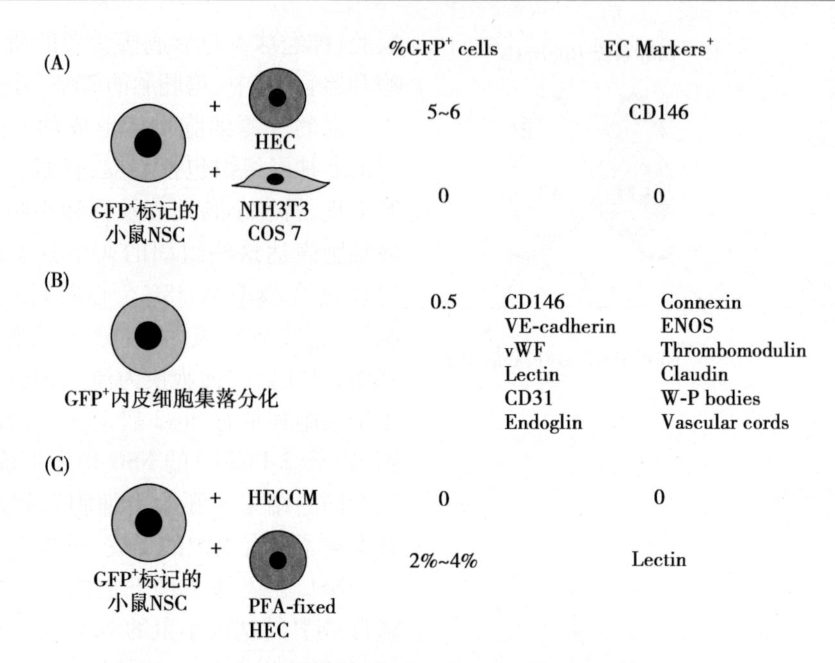

图 2-14 体外条件下,NSC 预期的命运

(A)GFP 标记的小鼠 NSC 与人血管内皮细胞(HEC)或 NIH3T3 细胞或 COS7 细胞共培养。通过染色标记血管内皮细胞标记物 CD146,发现与血管内皮共培养组一小部分(5% ~6%)NSC 转化成血管内皮细胞,而另两组没有发现 NSC 转化为 NIH3T3 细胞或 COS7 细胞。(B)很小比例(0.5)的离体条件分化来的 GFP⁺内皮细胞集落表达广泛的内皮细胞标记物。(C)实验表明人内皮细胞的条件培养基(HECCM)无法诱导 NSC 转化成血管内皮细胞,NSC 转变需要细胞接触。正常表达血管内皮特异性凝集素的培养血管内皮细胞用多聚甲醛固定(PFA-fixed HEC)后,与 GFP 标记的活 NSC 共培养,2% ~4% 的细胞表达血管内皮凝集素,既然血管内皮细胞是死的,那么它们传递给 NSC 的信号只能通过它们的细胞表面(接触)

增殖,几次传代之后仍保持纺锤形,这些细胞最为突出的特征就是能够分化成类似骨和软骨聚集物样的集落,Friedenstein 将这些细胞称作骨髓多能基质干细胞(marrow pluripotent stromal stem cells),又称间充质干细胞(mesenchymal stem cell,MSC)。研究发现 MSC 在特定的培养条件下可分化成多种细胞,如成纤维细胞、成骨细胞、软骨细胞、脂肪细胞、肌肉细胞、内皮细胞和神经元及神经胶质细胞等(详见本章第五节)。

五、衰老对成体干细胞的影响

ASC 能够在实验条件下,改变 ASC 的预期命运以及 ASC 随着年龄增加而降低正常分化能力。2004 年 N. Sharpless 和 R. DePinho 提出了衰老的干细胞理论,即衰老是由于机体各种类型的干细胞不能补充分化的功能细胞以维持组织器官原始的功能。T. A. Rando 提出有三种因素使干细胞衰老:其一是机体固有干细胞的老化,减少了再生潜能和有效修复损伤的能力;其二是干细胞所处微环境的老化;其三是机体全身环境的老化,损害微环境和干细胞。生物体通过纤维化或 ASC 再生修复组织的能力随着年龄的增长而明显下降。随着衰老的发展,在已分化组织的细胞内发生氧化应激,细胞内自由基和细胞抗氧化系统不平衡水平的增长是由于双方的内在变化及环境损伤所导致的结果。这种不平衡反映在细胞、组织和器官系统结构和功能的变化上。在哺乳动物中,这些变化发生在所有器官,但最容易出现在皮肤上,表现为毛发再生和表皮更新率减少,蛋白多糖的变化导致皮肤厚度和弹性、真皮水化都降低,以及脂褐素斑沉积和各种良性病变增加。所有这一切都与过度暴露在太阳的紫外线辐射下有关。再上皮化和伤口修复率随着年龄增长而下降。巨噬细胞浸润数量有所增加,但巨噬细胞的吞噬能力减弱。T 细胞浸润增加,但产生的大多数细胞因子减少,而 MCP-1 数量异常增加。此外,伤口收缩减少,由 MMPs 引起的胶原重塑随年龄而增加。

这都反映了全身环境和局部微环境随年龄增加的恶化以及干细胞的衰老。

那么,组织的再生能力是由于内在的干细胞变化而下降,如能再生的成体干细胞(regeneration-competent cells,RCCs)的数目减少和(或)它们增殖和分化的能力下降,还是由于一个总的组织环境恶化阻止机体对再生需要的反应能力是我们要研究的问题。如果我们发展基于使用自体成体干细胞的再生医学,那么,对这个问题的答案是至关重要的。如果再生能力的下降是由于 RCCs 数量和内在的再生能力下降,除非通过基因改造 RCCs 使其重新焕发活力,否则其治疗的潜在有效性将随着年龄增加而逐渐削弱。相反,如果 RCCs 的再生能力随年龄增长仍能维持,则有可能通过给老年个体细胞提供代表一个更"年轻"的压力较小的外环境的分子鸡尾酒而恢复老年个体的组织结构和功能。在对年轻与年老大鼠、小鼠和人类的实验获得的证据表明,很多情况下,环境恶化是再生能力降低的原因。

1. 衰老环境影响肝干细胞的增殖　年老大鼠肝脏部分切除后,其增殖降低。肝细胞重新进入细胞周期明显延迟以及分裂的细胞数目显著减少。肝脏转录因子 C/EBPα 在年轻大鼠,通过直接抑制细胞周期蛋白依赖性激酶的作用,以及与 Rb、E2F 转录因子、染色质重塑蛋白 Brm 形成复合体,从而介导肝细胞生长阻滞。肝脏部分切除后 C/EBPα 水平减低,允许复合体解离,Cdks 磷酸化 Rb,释放 E2Fs 去激活参与细胞增殖的靶基因。在年老大鼠,C/EBPα 水平没有减低,通过形成与靶基因的启动子持续结合的 C/EBPα-Rb-E2F4-Brm 蛋白复合体,增长途径切换到抑制靶基因的 E2F 的转录。这导致肝细胞的增殖明显下降。

年老小鼠肝再生水平的下降的状态可以通过与年轻的小鼠间生而扭转。年老和年轻异源配对小鼠的未损伤肝脏肝细胞的增殖速度几乎是年老小鼠的两倍,几乎接近于等源匹配的年轻小鼠的水平。同时,年轻小鼠和年老小鼠异源配对后,肝细胞增殖水平几乎下降 1/3。此增强和减少并不是因为来自配对的任何一名成员的循环细胞而引起,正如间生态所示,其中一个配对的成员是绿色荧光蛋白转基因的。表达 GFP 的细胞中事实上不存在于非转基因配对成员的肝脏中。此外,该抑制蛋白复合物的形成在配对的年老小鼠的肝脏中被减少而在青年小鼠肝脏中增加。

2. 衰老环境主要影响肌肉干细胞的增殖　肌肉减少症的病理特征是肌纤维收缩蛋白的缺失,是人类老化一个最明显的现象。伴随肌肉被脂肪取代的倾向,SCs 变得更加脂肪细胞样。年老小鼠和年老大鼠的肌肉再生减少。SCs 的数目没有随着年龄增长而减少,但其增殖能力显著下降,原因是激活的 SCs 数目仅仅是年轻肌肉的 25%。不足之处是由于不能足够上调 Notch 配体 Delta,因而减少了 Notch 的活化。在年轻肌肉内用抑制剂封闭 Notch 活化,结果明显抑制了再生。

然而,老化后肌肉再生下降的状况可以被扭转。将年老大鼠肌肉移植到年轻宿主体内,其再生情况和年轻大鼠肌肉移植到年轻的大鼠体内再生情况相近,而年轻大鼠的肌肉移植到年老大鼠体内情况和年老大鼠肌肉移植到年老大鼠体内再生情况相近。抗体直接激活年老小鼠肌肉 Notch 细胞外域可恢复其再生能力,使之达到年轻小鼠的水平。此外,异源间生年老小鼠的 SCs 激活的数目和大量肌肉再生,其均恢复到接近年轻小鼠的水平,而在配对的年轻小鼠激活的 SCs 数和大部分的年轻小鼠肌肉再生情况只有轻微减少。

这些观测表明,肌肉和肝脏的再生能力随年龄增长而下降是某些全身性的因子缺失的结果。与这一想法一致的是将年老小鼠 SCs 在体外暴露于年轻小鼠血清后,Delta 基因表达升高,Notch 激活增加,年老小鼠 SCs 的增殖加强。此外,据报道,在年老大鼠和人类,胰岛素样生长因子-1(IGF-1)的剪切体-压力生长因子(mechano growth factor,MGH)产生不足。在人类力量训练延缓肌肉减少症发生并显着增加 MGH 产生,尤其是结合生长激素输入,再次表明,全身因素对老化的肌肉 SCs 表达不减少的再生潜力发挥重大的影响。

3. 衰老主要使骨干细胞数量减少和反应能力下降　年老动物的骨骼再生能力也发生减少。在大鼠,骨折后修复的能力随着年龄增长逐渐下降。这与祖细胞数目减少以及其对生物活性因子响应能力减少有关。由于年龄的关系 MSC 数量减少和老年患者骨髓成骨克隆能力下降。骨折后从骨髓动员的成骨细胞数量减少。有报道,非成骨组织对 BMP-2 移植物的骨诱导反应下降与年龄相关。已经从所有年龄小鼠和人体组织分离出中胚层谱系特异性干细胞,它们分化成骨骼平滑肌和心肌细胞、脂肪细胞、各类软骨、骨、肌腱、韧带、真皮、血管内皮细胞及造血细胞的能力不受年龄的影响。然而据报道,第一次从兔髂嵴采取的样品的 MSC 软骨形成潜力呈现与年龄相关的降低。连续取样得到的细胞样本改善了其软骨成骨潜能,这表明重复取样增加了骨髓内 MSC 的动员。有趣的是,从胫骨采取的 MSC 没有表现出与年龄相关的软骨成骨潜能下降。

4. 衰老影响造血和血管干细胞的数量和质量　造血干细胞和心血管系统因老化而再生能力减少。在动物的一生中,LT-HSC 自我更新能力似乎没有下降,但是,临时扩增族群对应激的反应性增殖能力减小,也许这一过程是因为端粒酶活性降低所致。

循环内皮细胞的祖细胞被认为能持续修复血管内层,防止动脉粥样硬化和斑块的形成。人类血液循环中血管内皮干细胞(EnSC)数量随年龄增加而减少。已发现血液循环 EnSC 数量和患心血管疾病的风险之间呈反比关系。血液循环中 EnSC 的数量是比一系列标准的心血管疾病危险因素更好的预测指标。来自高危风险对象血液循环中 EnSC 比来自低风险对象血液循环中 EnSC 在体外呈现更高的衰老比率。事实上,血液循环中 EnSC 随着年龄的减少与 EnSC 避免动脉粥样硬化的保护效应下降具有直接的关系。$ApoE^-$小鼠胆固醇水平很高,并患严重动脉粥样硬化。给年老 $ApoE^-$小鼠注射尚未发展为动脉粥样硬化的年轻的 $ApoE^-$小鼠骨髓,防止了年老小鼠动脉粥样硬化的进一步进展。这种保护效果不与任何胆固醇水平下降有关。作为对照,给年老 $ApoE^-$小鼠注射来自年老 $ApoE^-$小鼠的骨髓细胞无法阻止动脉粥样硬化发展。此外,$ApoE^-$小鼠骨髓中具有成血管潜能的细胞数量随着年龄增加而下降。总之,这些研究结果表明,动脉粥样硬化的发展是一个能分化为血管内皮细胞的骨髓干细胞在数量和质量上随年龄增加而下降的后果。

老化也能降低心脏血管生成的潜能。在衰老小鼠心脏,由心肌细胞与血管内皮细胞之间通讯介导的血管内皮产生 PDGF-BB 被中断,血管内皮生产的 PDGF-BB 有助于年老小鼠受损心脏血管生成。Edeberg 等使用一种独特的模型确定 EnSC 是否可以恢复年老小鼠 PDGF-BB 依赖的血管生成。在此模型中,新生小鼠的心脏移植到衰老的同源小鼠外耳(图 2-15)。由于宿主血管内皮细胞表达 PDGF-BB 障碍造成这些移植物血管生成不良。注射外源性 PDGF-BB 促进了移植物的血管生成。衰老小鼠接受新生小鼠心脏移植之前给予来自年轻的 ROSA26(LacZ 转基因)小鼠的非清除性骨髓移植。移植物有血管生成且来自移植骨髓的血管内皮前体细胞被整合入移植心肌的新血管内。将抗 PDGF 的抗体注入耳能阻断恢复的途径。从年老 ROS26A 小鼠获得的骨髓移植给小鼠不能恢复 PDGF 诱导途径。在对 50 个接受心脏搭桥手术的

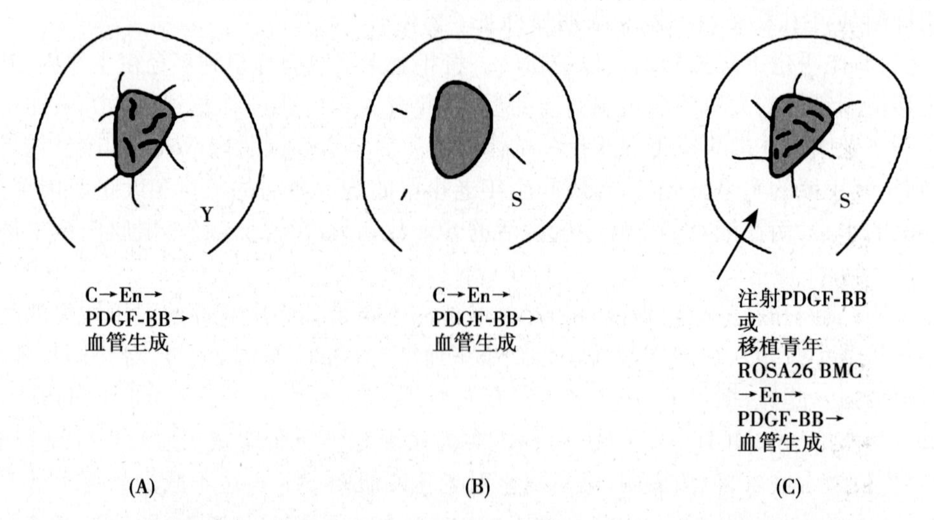

图 2-15　实验模型显示随着年龄的增长,血管内皮细胞通过产生 PDGF-BB 对心脏细胞信号反应的能力和促进小鼠心脏血管生成能力下降

新生小鼠的心脏移植到耳部皮肤下。(A)当心脏移植到一个年轻的小鼠(Y)耳部,血管内皮细胞通过产生 PDGF-BB 对心脏产生的信号(C)做出反应和参与血管生成(图中以线示)。(B)当把心脏移植到一个衰老小鼠(S)耳部后,血管内皮细胞对心脏的信号没有反应(X),心脏血管生成大大减少。(C)心脏移植到一个衰老小鼠耳部后,然后注射 PDGF-BB 或移植青年 ROSA26 小鼠骨髓(BM)细胞。注射的 PDGF-BB 代替自然产生的 PDGF,而骨髓提供的血管内皮前体细胞,其能够应答心脏信号,产生 PDGF 和恢复血管生成

患者的研究发现，术后 6 小时，EnSC 数量、血管内皮生长因子（VEGF）和 IL-6、IL-8、IL-10 等水平大幅度提高，术前 VEGF 浓度和 EnSC 数量均随着年龄的增长而降低，在患者 69 岁以上时持续降低。

因此，年龄是一个限制 EnSC 动员的因素。较高的动脉粥样硬化损伤发生率与动脉粥样硬化时 EnSC 数量预测值具有相关性。基因治疗可能使“老”的 EnSC 重新焕发活力。通过过表达端粒酶活性亚单位，即端粒酶反转录酶（TERT），能抵消端粒长度随着年龄而减少的情况，结果使来自健康志愿者的 EnSC 的血管生成能力增加。

5. 衰老环境使心脏干细胞增殖减少　心脏干细胞（CSC）数量减少和分裂的能力下降与心脏功能随着年龄增长而下降相关。发现野生型小鼠随着年龄增加，涉及生长抑制和衰老的基因产物增加，端粒酶活性降低。心肌细胞死后，被新的来自 CSC 的细胞所取代。随着衰老，CSC 数目因为心肌细胞凋亡而减少，直至损失的心肌细胞数目超过获得的心肌细胞数目，最终导致心脏功能的损害。有趣的是，在同一时间段的 IGF-Ⅰ转基因小鼠中没有看到这些细胞衰老指标。IGF-Ⅰ能激活 pI3K-Akt 途径。虽然，Akt 的蛋白质含量在野生型和转基因动物没有差异，但转基因动物显示 Akt 磷酸化水平增加，且与端粒酶活性增加相关。转染构建的核 Akt 腺病毒后，野生型心肌细胞表现出端粒酶活性显著升高。

6. 衰老环境使神经干细胞增殖减少　神经系统因老化而再生能力减少。人类的额叶皮质衰老的功能细胞基因芯片分析表明，40 岁以后，在突触可塑性、小泡运输、线粒体功能、应激反应、抗氧化和 DNA 修复发挥中心作用的一系列基因均出现下调。这种下调是与这些基因启动子 DNA 损伤相关。在小鼠和大鼠脑，侧脑室室管区和海马区的 NSC 产生新神经元下降，在正常条件下，这两个区域负责维持新的神经元的产生。其减少机制不明，可能是由于增殖减少，或静止与凋亡增加。然而，年轻与年老鼠的神经干细胞在体外形成神经球的能力没有差异，这表明不是 NSC 的内在潜能，而是环境变化，是神经元生成下降的原因。

以上研究对设计实验类型具有指导性。进一步设计实验测试老化的肝脏和肌肉等其他系统再生能力，以更准确鉴定是由于细胞环境还是由于干细胞的内在质量下降而引起年龄相关的再生能力下降。即使证据支持细胞环境恶化是主要原因，也需找到影响环境恶化的系统的功能细胞。

（庞希宁）

第五节　间充质干细胞

间充质干细胞（mesenchymal stem cell，MSC）为一种非造血成体干细胞，组织分布广，具有自我更新和分化能力，为来源于中胚层间充质具有多向分化潜能的成体干细胞，广泛存在于骨髓、脐带组织、脐血、外周血、脂肪等组织中。在体内或体外特定的诱导条件下，MSC 不仅可以分化为成骨细胞、脂肪细胞、肌肉细胞等中胚层间质组织细胞，还可跨越胚层界限，分化为外胚层的神经元、神经胶质细胞及内胚层的肝细胞等。间充质干细胞最早是在人类骨髓中分离出来，并用于做中胚层分化的模型。近年来 MSC 成为基础医学和临床医学组织器官损伤修复以及再生领域研究的热点。

MSC 的可获得性、可扩增性及可多向分化性为我们展示了良好的研究及应用前景。它具有向成骨细胞、成软骨细胞、成肌细胞、脂肪细胞、心肌细胞、神经细胞及神经胶质细胞、肝细胞、胰岛细胞分化的能力，故其能够作为种子细胞应用于修复/替代受伤或病变的多种组织器官。MSC 支持造血作用并具有免疫调控作用，与造血干细胞共同移植能降低移植物抗宿主病（graft vsersus host disease，GVHD）的发生，提高移植存活率，加快造血系统与免疫系统的重建，且可用来防治器官移植后的免疫排斥反应。MSC 具有抑制肿瘤生长的特性也使其成为基因治疗中载体工具的良好选择。随着生物学技术的发展，相信 MSC 所展示出的诱人的临床应用前景，在不久的将来必将给人类一个惊喜。随着干细胞科学和医学技术的发展，间充质干细胞的应用范围将会进一步扩大，这一新的治疗方式将成为人类摆脱重大疾病的希望。

一、间充质干细胞的定义

根据国际细胞治疗协会（international association of cell therapy，ISCT）下属间充质和组织干细胞委员会所提出的定义人 MSC 最低标准：①在标准培养条件下，MSC 必须具有对塑料底物的黏附性；②CD105、CD73、CD90 呈阳性，CD45、CD34、CD24 或 CD11b、CD79a 或 CD19 和 HLA-DR 呈阴性；③在体外标准分化条件下，MSC 能分化为成骨细胞、脂肪细胞和软骨细胞。

二、间充质干细胞的分离培养和分化

MSC 首先从骨髓中分离得到，随后从其他组织和器官也能获得，这些组织和器官包括毛囊、牙齿根、脑骨膜、软骨膜、真皮、脐血、脐带、胎盘、脂肪、肌肉、肺、肝和脾脏。多项研究表明，体外培养的 MSC 特异性表达造血细胞不表达的 113 种转录产物和 17 种蛋白。MSC 在不同的培养条件下，具有向成骨细胞、成软骨细胞、成肌细胞、脂肪细胞、心肌细胞、神经细胞及神经胶质细胞、肝细胞、胰岛细胞等分化的能力。

三、间充质干细胞的分化机制

对 MSC 分化机制的研究和认识有助于对 MSC 分化的精细调控和充分利用。关于 MSC 如何感知时空微环境的变化以及确切的分化机制尚不十分清楚，推测主要与以下因素有关。

（一）内源性调控

1. 信号转导通路　微环境中的特定信号通过信号转导通路传递，引起 MSC 内部转录因子激活或抑制，进一步启动基因表达。研究发现，在骨髓 MSC 分化为多种组织的过程中都有 Wnt 信号传导通路的激活。Wnt3a 和 Wnt5b 的激活使 MseS 向肌肉细胞分化，Wnt1、3a、4、7a 和 7b 激活使 MSC 增殖和向软骨分化，Wnt5a 和 Wnt11 存在于未分化 MSC 中并抑制 MSC 的分化。吡啶咪唑选择性抑制丝裂原活化蛋白激酶（mitogen-activated protein kinases，MAPKs）途径和 p38，抑制成脂分化。丝裂原活化蛋白激酶的激酶 1 抑制剂 PD98059 则促进内源性甲状旁腺激素相关肽（parathyroid hormone related peptide，PTHrP）的过度表达，通过 MAPK 途径，下调 PPAR-r2 表达，抑制成脂分化。Notc/Jagged 信号通路在 MSC 向肝细胞、胆管细胞的分化、成熟过程中起重要作用。

2. 转录因子　MSC 分化过程中，多个转录因子抑制或激活均是随机发生的。激活并不意味该细胞失去了向其他细胞分化的能力。将 cAMP 反应元件结合蛋白和 PPAR-r2 转入成肌细胞，则其分化为脂肪细胞。核心结合因子可能是成软骨细胞的关键启动基因，在转染 PPAR-r2 的成软骨细胞，其 Cbfal 表达受到抑制。干细胞的多能性被认为与单个转录因子——Oct4 有关，它的表达可能明确一个细胞是否具有多能性，它可以激活或逆转多种基因的表达。

3. 关键基因　Nicofa 等运用 micros AGE 法确定了由未分化的人骨髓间充质干细胞形成的单细胞源性克隆表达的 2353 个独立基因，显示骨髓间充质干细胞克隆同时表达多种间充质代表性转录子，包括软骨细胞、成骨细胞、成肌细胞和造血支持基质，因此，表达的转录本反映了细胞的发育潜能。表明即使无外源信号刺激，体外培养的骨髓间充质干细胞也表达分化的间充质系的特征。

（二）外源性调控

指导转录因子及启动基因表达的信号可能存在于 MSC 生存的微环境中，研究表明，微环境中的各种因子表现类型、浓度和应用次序则是影响 MSC 分化的重要因素。细胞局部的微环境包括细胞周围多种细胞因子、激素、基质细胞、细胞外基质（extracellular matrix，ECM）等，细胞因子的作用尤为重要，不同的细胞因子作用下 MSC 可分化为不同的细胞类型。

1. 细胞因子　在微环境中，由于细胞因子影响而激活的细胞分化程序引起细胞的横向分化。体外培养的 MSC 经 TGF-β 诱导分化为成软骨细胞；5-aza 则诱导其分化为心肌细胞，用肝细胞生长因子（HGF）则诱导 MSC 向肝细胞分化。此外文献报道,成纤维细胞生长因子(fibroblast growth factor,FGF)、表皮生长因子(epidermal growth factor,EGF)、抑瘤素 M(oncostatin M,OSM)、白细胞介素-3(interleukin-3,IL-3)、干细胞因子(stem cell factor,SCF)、肿瘤坏死因子-α(tumor necrosis factor,TNF-α)以及胰岛素样生长因子(insulin-like growth factor,IGF)等也参与了 MSC 向肝系的分化,与 HGF 起协同作用。

2. 细胞之间相互作用　RangaPPa 等利用接触培养和条件培养两种方法培养人骨髓间充质干细胞和心肌细胞后,发现混合培养组用 CMFDA 标记的骨髓间充质干细胞表达肌球蛋白重链(myosin heavy chain)、β-actin 和心肌钙蛋白(cTnT),而条件培养组只有 β-actin 表达,表明除了可溶性细胞信号分子外,直接的细胞-细胞相互作用对于干细胞的分化也是必要的。体内外实验均显示,MSC 与其他细胞(蒲肯野细胞、心肌细胞和肝细胞等)共培养时有自发的细胞融合,且 MSC 在没有诱导剂的情况下分化成其他细胞,提示细胞融合也可能是促使 MSC 分化的原因之一。

3. 干细胞归巢　有学者认为,骨髓 MSC 是一种循环的干细胞,具有多器官归巢能力,在机体组织受损伤时,骨髓 MSC 可经骨髓动员自发到达损伤部位,并在局部微环境诱导下分化为特异的组织细胞参与自身修复。Bartholomew 等为观察非人灵长类动物 HLA 不相合异基因 MSC 的植入,用 γ 射线对狒狒进行 10Gy 辐照照射,造成多器官损伤,然后,用绿色荧光蛋白标记 MSC 联合 HSC 输注,发现标记的 MSC 存在于受损的肌肉、皮肤、骨髓和肠黏膜,而受伤组织得到修复。

四、间充质干细胞诱导分化的实验方法

(一) 体内研究

体内局部的组织器官微环境是间充质干细胞定向分化的最适合条件。Brazelton 和 Meze 两个研究小组分别采用不同的方法证实小鼠 MSC 在脑内可转变为神经元。Bayes Genis 等对接受心脏移植术的患者给予 MSC 移植,在体内证实 MSC 可分化成心肌样细胞。

(二) 体外诱导

MSC 的分化与其生长的微环境有密切关系,因此,体外诱导 MSC 分化是通过采取不同的方法模拟体内相应组织细胞生长的真实环境和必要条件。

1. 无需目标细胞参与的诱导方法　最常见的是配制诱导分化液,有两个方面的要求:其一是能够保持间充质干细胞生长的典型环境,包含细胞分化所需的必要因子;其二是诱导液要满足模拟特定间充质干细胞的诱导,简便而高效,能够大批量对间充质干细胞进行诱导分化。

2. 需要目标细胞参与的诱导方法

(1) 直接接触式共培养:利用 MSC 与其他细胞共培养时有自发的细胞融合,或细胞的自分泌与旁分泌必要的细胞因子,MSC 在没有诱导剂的情况下分化成其他细胞。这种诱导方法存在的最大缺点就是两种细胞混合生长,使得两种细胞的分离比较困难,为后续的鉴定或应用带来障碍。李海红等将培养的 MSC 和经 47℃高温处理造成热休克的汗腺细胞直接共培养,发现 MSC 向汗腺细胞表型转化。

(2) 非直接接触式共培养:MSC 与其他细胞不直接接触,在特定的设备或程序下依靠特定细胞生长的微环境影响 MSC 的生长和分化。

1) 上清液:利用特定细胞生长环境的上清培养基影响并诱导 MSC 分化,而上清液中不仅存在 MSC 生长分化所需的细胞因子,也不可避免地也存在大量的代谢废物,有可能影响 MSC 的正常生长。

2) Transwell:Transwell 培养系统支架的通透性底膜常用的是聚碳酸酯膜。近年来,利用 Transwell 技术通过共培养对间充质干细胞进行诱导分化越来越多地得到应用,通常是将间充质干细胞与目的细胞分别接种于 Transwell 上、下室之中,通过目标细胞生长,为间充质干细胞创造适宜分化的微环境,通过旁分泌等方式诱导间充质干细胞发生分化以及表型的转变。而间充质干细胞与目标细胞不直接接触是 Transwell 技术的特点之一,能够使得诱导后的细胞成分相对单一,避免了分选、纯化或标记等繁琐步骤,为方便诱导后细胞的鉴定及应用奠定基础。

随着对间充质干细胞研究的深入进行和材料学的发展,必将有越来越多的分化机制被揭开,也将有更

加新颖、有效的体内外调控诱导分化的方法出现。这必将帮助人们更加清晰、准确地了解、控制 MSC，为临床损伤修复以及干细胞治疗提供支持。

五、几种常见的间充质干细胞

1. 骨髓间充质干细胞　骨髓组织可分为造血和基质两大系统，而基质细胞系统是由许多细胞群体组成，据其形态特征将其分为网状细胞、脂肪细胞、脂肪细胞前体、平滑肌样细胞、成纤维样细胞、内皮样细胞和上皮样细胞等。骨髓间充质干细胞似乎无论在体内和体外实验都能够改变自己的命运。据报道，培养的大鼠骨髓间充质干细胞用 BrdU 标记后移植到心肌后分化成了心肌细胞。用 dsRed 或 GFP 标记人骨髓 MSC 后注射到子宫内的羊胚胎，分析胎儿发育后期心脏表明，人类细胞植入到心脏并分化成浦肯野纤维。在心室随机区域平均超过总浦肯野纤维数量的 43% 是来源于人类细胞，而心肌细胞只有 0.01%。用 5-氮胞苷在体外诱导小鼠 MSC 分化为骨骼肌细胞。无论是经过长期培养自发地或经过 5-氮胞苷诱导处理后，两个 MSC 细胞系可以分化为具有胎儿心室肌收缩蛋白谱的可以搏动的细胞。因为这两种细胞系都表达心脏特异性转录因子 Nkx2.5，所以容易诱导它们向心肌细胞分化。通过共培养小鼠 ESC 与心脏特异的 α-MHC 启动子启动的 LacZ 转基因小鼠的 MSC 创建了嵌合拟胚体。当胚体不再悬浮培养而是贴壁后，大面积出现收缩活动。然而，虽已通过 PCR 鉴定证明带有报告基因细胞的存在，但没有细胞分化为表达 β-半乳糖苷酶的心肌细胞，这表明 MSC 未分化成心肌细胞。MSC 在与通过半透膜分离的新生大鼠心肌细胞共培养后不分化成心肌细胞（通过检测是否表达 α-肌动蛋白）。然而，经过 7 天不经半透膜分离的共培养，与心肌细胞接触的 MSC 成为 CC-肌动蛋白和 GATA-4 阳性，并与原生的心肌细胞形成缝隙连接。结果显示，暴露于心肌细胞分泌的可溶性因子是不足以改变 MSC 的命运，但是，细胞间的接触可以改变 MSC 命运，如同神经干细胞与内皮细胞接触对神经干细胞转化为内皮细胞的作用一样。标记的 MSC 注入接受致死量辐射的小鼠后驻留在骨髓，后来发现有 0.2% ~2.3% MSC 出现在肝、肺、胸腺器官的结缔组织。已有报告 LacZ 转基因骨髓间充质干细胞注射到博来霉素肺损伤小鼠的体内后（或在体外培养）分化为Ⅰ型肺泡细胞。据报道，来自雄性小鼠 MSC 注射到顺铂诱导的肾小管损伤的雌性小鼠体内，MSC 植入到肾小管，并在那里分化为肾小管近端上皮细胞。在将 MSC 注入新生小鼠脑室时，其迁移到整个前脑和小脑，并分化为星形胶质细胞。

2. 脂肪间充质干细胞　脂肪组织与骨骼、肌肉、软骨组织一样来源于中胚层。脂肪细胞（adipocyte）来源于胚胎间质。人们发现人类皮下结缔组织基质或膝垫脂肪组织抽吸物内含有干细胞，表型类似骨髓 MSC。这些细胞，被称为脂肪来源干细胞（adipose-derived stem cells，ADSCs），几乎和骨髓 MSC 表达相同 CD 标记，它们只在其中两个 CD 标记表达上不同，ADSCs 表达 CD49d（α4 整合素），而骨髓 MSC 不表达；骨髓 MSC 表达 CD106（血管细胞黏附分子，VCAM），而 ADSCs 不表达。同骨髓 MSC 一样，一系列促进成人干细胞潜能的因子能够诱导 ADSCs 分化为成熟的脂肪细胞、成骨细胞、软骨细胞、肌肉表型细胞。

在脂肪细胞发育过程中，一般认为：首先间充质干细胞在多种信号通路的参与下定向成前脂肪细胞（定向阶段）；前脂肪细胞经适当的分化诱导，再进一步分化成为成熟的脂肪细胞（终末分化阶段）。在已往 20 年间，关于前脂肪细胞如何分化为成熟的脂肪细胞已经研究得十分透彻。研究表明，在脂肪细胞的终末分化阶段，细胞核过氧化物酶体增殖物激活受体 γ（peroxisome proliferator activated receptor γ，PPARγ）和 CCAAT 增强子结合蛋白 α（CCAAT/enhancer binding protein α，C/EBPα）是调节这个过程的关键转录因子。在脂肪细胞终末分化过程中，几乎所有的脂肪细胞特异基因都受到这两个转录激活因子调控。而参与其上游脂肪细胞发育过程的信号通路，目前认为主要有：转化生长因子-β（transforming growth factor-β，TGF-β）信号通路，成纤维细胞生长因子（fibroblast growth factor，FGF）信号通路，刺猬蛋白（hedgehog，Hh）信号通路，Wnt（wingless-type MMTV integration site family members）信号通路等。

近年来，Hh 信号通路在脂肪细胞发育过程中的作用逐渐成为研究热点。从果蝇到人类，Hh 信号通路广泛存在并高度保守，在多种器官如肺、前列腺、胰腺、睾丸、视网膜、肾、味乳头、牙齿、骨骼等的发育过程中都发挥重要作用。近年来,越来越多的研究表明,Hh 信号通路可以抑制脂肪细胞发育。信号通路是否影响脂肪细胞定向阶段呢? 2008 年 Fontaine 等研究发现,Hh 信号通路只是在脂肪成熟的过程中发挥作用,并不能改变干细胞定向命运。作者使用了人间充质干细胞系 hMADs。hMADs 细胞可以在无血清的培养条件下分化,从而排除了血清中潜在的未知因素对 Hh 信号通路的影响。研究发现,在培养基中加入 Hh 信号通路外源激活剂 purmorphamine 后,脂肪细胞的数量并没有被抑制,而脂肪细胞内脂滴出现减少并导致脂肪细胞的体积变小。对于 hMADs 细胞系,其定向过程发生在培养的 0~3 天,而在这段时间内用 purmorphamine 处理却无法抑制成脂过程,如果 3 天后在其分化阶段仍持续使用该药物处理,purmorphamine 则显示出抑制 hMADs 细胞系成脂的作用。结果提示,Hh 信号通路是在脂肪发育过程后期发挥作用,即参与脂肪细胞分化成熟,而并非命运决定阶段。Fontaine 等认为,Hh 信号通路在人间充质干细胞发育过程中虽然可以抑制成脂,但是抑制 Hh 通路却无法促进成脂,它只是影响脂肪细胞的成熟。Hh 信号通路在成脂定向的过程中无法改变干细胞的命运。

骨髓内脂肪含量随着年龄的增长而上升,而成骨细胞的数量则伴随年龄增长减少,具有发育成骨骼能力的间充质干细胞的数量随着年龄的增长也减少。从细胞水平到体内水平,从果蝇到小鼠,多数的研究结果表明,Hh 信号通路可以抑制脂肪的形成,促进骨骼的形成。如果这一研究结果确实成立,那么 Hh 信号通路将成为治疗老年性骨质疏松症很好的靶点。Hh 信号通路在脂肪细胞发育过程中作用的研究为明确脂肪细胞形成机制提供了理论基础,也将为治疗肥胖症及相关疾病开拓新的途径。

另据报道,暴露在神经细胞分化因子的 ADSCs 分化成未成熟的神经细胞。ADSCs 可能是基因载体很好的候选者。用反转录病毒或慢病毒构建 EGFP 并转染 ADSCs,ADSCs 被诱导分化为脂肪细胞或成骨细胞,分化细胞保持了绿色荧光蛋白的表达。人 ADSCs 在缺血组织可分化成内皮祖细胞并再生新的血管。而且,ADSCs 通过旁分泌作用抑制成纤维细胞增生,减少瘢痕,促进皮肤损伤愈合。利用脂肪组织作为 MSC 来源的想法是吸引人的。因为,脂肪组织几乎可无限量供应和易于收获。

3. 脐带间充质干细胞　成体骨髓来源的 MSC(bone marrow-derived MSC,BM-MSC)是研究最早且较为深入的 MSC,但由于抽取骨髓对供者损伤较大、易受病毒感染、细胞数量和增殖/分化能力随年龄显著下降等原因限制了 BM-MSC 的临床应用。大量研究表明,多种组织均含有 MSC,如脐带(umbilical cord,UC)、脂肪等。脐带作为胎儿娩出后的医疗废弃物,具有易于获取、伦理限制小、来源丰富、易于运输和便于大规模体外扩增等特点被广泛作为 MSC 的种子细胞源。

脐带间充质干细胞与骨髓间充质干细胞以及其他来源的间充质干细胞相似,都易于贴壁,且表达干细胞的标志物,如:CD10、CD13、CD29、CD44、CD90 和 CD105,而不表达与造血相关的标志物。相比较而言,UCMSC 还具有更多在基础研究和临床应用方面的优势:首先,UCMSC 的来源(来自分娩后废弃的脐带)和分离培养相对方便;其次,UCMSCS 的应用几乎不存在伦理学争议;而且,这种具有多向分化潜能的细胞与成人骨髓/脂肪 MSCS 相比更加原始。

4. 羊膜和羊水来源间充质干细胞　羊膜间充质干细胞来源于羊膜组织。因人羊膜组织来源丰富、容易获得、免疫原性低、抗炎效果显著、获取时也不会损伤人胚胎等优势特征,同时,提取羊水无损母亲健康,避免了有关胚胎干细胞的伦理争论,羊膜和羊水均已分离具有不同细胞类型和分化潜能细胞,因此,羊膜和羊水来源的干细胞也被认为是再生医学领域很有应用前景的一种生物材料和新的细胞来源,详见第十八章。

5. 牙髓干细胞　牙髓干细胞(dental pulp stem cell,DPSC)是一种异质细胞群体,其中包括成牙本质祖细胞和两种近似于骨髓 MSC 的干细胞。标有定位于核的染料 bisbenzimide 的人牙髓干细胞在多聚赖氨酸上与神经细胞共培养,分化的细胞具有神经元的形态,频率为 3.6%,并表达了神经元特异性标记 PGP9.5 和 β-微管蛋白Ⅲ。尽管培养物中有干细胞,实际上还不知道是否是这些细胞成为神经细胞。这些结果并不奇怪,因为牙髓来源于神经嵴,而神经嵴也产生感觉神经元,详见第十五章。

6. 来自结缔组织的多能间充质细胞　几乎从包括人在内的哺乳动物的每一个器官的结缔组织以及从皮肤创面肉芽组织分离出外胚层样多能干细胞(pluripotent epiblastic-like stem cell,PPELSCs),它可以分化成所有外胚层、中胚层和内胚层的特定衍生物。PPELSCs 是直径 6~8μm 的小细胞,高核质比例,具有很强的自我更新能力，并在无血清和没有如 LIF 的抑制因素的条件培养基中保持静止。它们分子表型具有一定的胚胎干细胞特点，如端粒酶，表达 SSEA-1、3、4 和 Oct-4。血小板源生长因子 PDGF-BB 可以刺激 PPELSCs 增生，在体外用地塞米松作用后分化为软骨、骨、脂肪细胞、成纤维细胞和骨骼肌肌管，这均在 MSC 的正常谱系范围内。在体内，转染 Lac-Z 基因的 PPELSCs 克隆被整合入心肌、血管和结缔组织，但没有检测到表达心脏分化标记物的 β-半乳糖苷酶细胞。

在促进胚胎胰腺细胞分化成胰岛细胞的培养基中贴壁后，大鼠 PPELSCs 在体外被诱导分化成三维胰岛样结构。据报道，这些细胞表达不同类型胰岛细胞的特异分子，包括胰岛素、胰高血糖素和生长抑素。在葡萄糖刺激下，诱导的 β 细胞分泌的胰岛素是原生胰岛细胞的 49%。通过放射免疫法检测证明，这种胰岛素是大鼠特异性胰岛素，不是培养基中螯合并释放的牛胰岛素。

有关 ASC 与再生医学研究中，特别是 ASC 是否具有可塑性一直备受争议。由于大部分展现 ASC 可塑性结果的实验来自于特定动物（如经辐射处理的动物和基因敲除动物）的移植实验，或种子细胞并非是由一个干细胞产生的细胞群，以及这些细胞在体外特定人工环境经过较长时间培养等，因而，对这种可塑性是否是在体外经培养所获得提出疑问。特别是 2002 年 Nature 杂志发表了 Terada 和 Ying 等有关将标记有绿色荧光蛋白（GFP）的骨髓 MSC 与胚胎干细胞（ESC）进行共培养，观察到形成有 GFP^+ESC 样细胞后，这种争论与质疑便进一步受到人们的关注。

在我们现在掌握的技术条件下，有的 ASC 的可塑性能较容易显现出来，而很多干细胞的可塑性还很难诱导出来。尽管在体内外干细胞与分化细胞存在融合现象，但这并不是干细胞生理功能的主要方面，多数事实证明其可塑性是不可否认的。

对于 ASC 在再生医学上的应用，首先，我们已经能在哺乳动物和人类获得像骨髓间充质干细胞和脂肪间充质干细胞这样足够数量的 ASC，满足在体外扩增和诱导分化并应用于再生医学细胞移植治疗；目前，我们还不能获得大多数的 ASC 和对它们进行原位诱导，但这可能并不是它们不能被诱导增殖和分化，而是我们还没有掌握诱导的方法。否则，蝾螈的肢体也不会再生。

六、间充质干细胞的临床应用

早在 1995 年，Lazarus 等在 Bone Marrow Transplant 上首次报道 MSC 临床研究；2001 年，德国 Stauer 等首次用间充质干细胞移植治疗心肌梗死患者获得成功。意大利 Quarto 等将自体体外扩增的间充质干细胞局部注入治疗骨折中大面积的骨缺损获得成功。2003 年，美国 Whyte 等用间充质干细胞治疗磷酸酶过少症（成骨母细胞碱性磷酸酶遗传缺陷）获得成功；法国科学家应用间充质干细胞移植治疗再生障碍性贫血，患者临床症状明显得到改善。2005 年，美国 Lazarus 等用间充质干细胞与造血干细胞共移植治疗恶性血液病获得成功，提示共移植间充质干细胞会降低移植物抗宿主病的发生。2007 年，我国学者应用间充质干细胞治疗脑出血后中枢神经疼痛获得成功，美国 Neuhuber 等用间充质干细胞治疗脊髓损伤获得成功。

1. 免疫调节　动物体内实验和临床试验结果表明 MSC 能有效治疗多种免疫疾病。MSC 的体外和体内实验均表明，MSC 能抑制 T 细胞、B 细胞、树突状细胞、巨噬细胞和 NK 细胞的过度免疫反应。可能的机制为许多免疫抑制介导分子（immunosuppressive mediator）所发挥的组合效应，而大部分这些免疫介导分子（如一氧化氮、吲哚胺 2,3-双加氧酶、地诺前列酮（前列腺素 E_2）、肿瘤坏死因子诱导蛋白 6、单核细胞趋化因子 1 和程序性死亡因子配体 1）是由炎症刺激所诱导产生的，激活的 MSC 较少表达这些分子，除非它们被多种细胞因子（IFN-γ、TNF-α 和 IL-1）激活。中和上述免疫抑制效应分子或炎症细胞因子能逆转 MSC 所介导的免疫抑制效应。MSC 的免疫调节性能诱导免疫耐受，在临床上具有广泛的应用前景，如移植物抗宿主病（GVHD）的治疗。目前，MSC 治疗 GVHD 已经取得了重要进展。一项 MSC 治疗耐激素、重度急性 GVHD 的Ⅱ期临床研究，55 例患者接受了 MSC 治疗，30 例患者完全反应和 9 例患者有改善，MSC 回输期间或之后无患者出现毒副作用。与部分反应或无反应患者相比，完全反应患者 MSC 输注后 1 年的移植相关死亡率较低（37% vs 72%，$p=0.002$）和造血干细胞移植后的两年生存率更高（53% vs 16%，$p=0.018$），提示输注 MSC 能有效治疗耐激素、重度急性 GVHD。在肾移植方面,开展了一项 MSC 的随机对照临床研究。研究表明,在肾移植患者中,与抗 IL-2 受体抗体诱导治疗对照组相比,MSC 治疗组患者的急性排斥发生率和机会感染风险均降低。

2. 损伤修复 机体损伤部位能招募 MSC 到损伤部位发挥修复功能,提示 MSC 定位到靶组织后,在机体微环境作用下,能定向分化为需的组织细胞,这为 MSC 治疗疾病提供了一个理论基础。在心脏疾病方面,药物治疗和血管成形术等仅能挽救仍存活的心肌细胞,而对已坏死的心肌细胞则无能为力,MSC 治疗将可能实现心肌细胞的再生和有助于改善心肌功能。一项冠脉内注射自体骨髓来源细胞(含 MSC)的随机双盲对照临床研究,60 例心梗后成功实施了经皮冠脉介入治疗患者被随机分配到对照组或细胞治疗组。研究结果表明,6 个月后,接受细胞治疗组患者左心射血分数与对照组相比有明显增加,细胞治疗加强了梗死部位周围心肌的收缩功能。治疗过程中无额外心肌缺血损伤、支架再狭窄及心律失常等并发症。这表明自体骨髓细胞移植是一种治疗急性心梗或慢性缺血性心脏病安全且有效的方法。采用冠脉内注射自体骨髓来源干细胞对 10 例心梗患者进行治疗,与使用标准药物治疗的对照组相比,干细胞治疗组患者的梗死范围明显缩小,左室收缩末期体积、收缩能力和梗死部位的心肌灌注均明显改善。

3. 组织工程 MSC 具有自我更新和多向分化能力,它能借助组织工程方法修复受损组织或器官,已成为组织工程中最常用的种子细胞。在临床上 MSC 广泛用于结缔组织工程研究。早在 1994 年,Wakitani 等将 MSC 种植于Ⅰ型胶原凝胶上构建的组织工程软骨,发现能修复全层膝关节软骨缺损和肌腱愈合。随后,Young 等将骨髓来源的 MSC 与Ⅰ型胶原混合并植入恢复之中的跟腱,发现 MSC 治疗组的力学特性优于对照组,MSC 治疗组的腱内细胞和胶原纤维排列与正常跟腱接近。MSC 除了在结缔组织工程中的应用之外,在骨组织工程方面也有广泛的应用。骨缺损是个临床上亟待解决的问题,因为自体或异体骨移植受制于骨来源问题。2002 年 EI-Amin 等将 MSC 移植于生物可降解的多聚合材料上之后,能形成具有正常功能的组织工程骨,并能修复骨缺损。随后,对动物行微粒骨移植为对照,将富含血小板的血浆作为体外扩增 MSC 同源支架构建组织工程骨并植入动物体内,研究发现以富含血小板的血浆作为体外扩增的 MSC 同源支架组在 2 周、4 周时新形成骨和血管化优于对照组。另外,MSC 也被用于人工肝的研究,以尝试解决因肝硬化等导致的肝功能衰竭问题。

4. 基因治疗 MSC 不仅具有多向分化潜能,还易于外源基因的转染和高效、长期表达,因此可将 MSC 作为一种基因治疗载体用于系统或局部疾病的治疗,综合发挥细胞治疗与基因治疗作用,如 Horwitz 等将野生型Ⅰ型胶原基因导入 MSC 治疗儿童成骨不全症,研究表明在骨小梁中发生了明显的组织变化,提示有新的骨密质形成。另外,还发现骨的生长速度加快且骨折发生率降低,展示出广阔的临床应用前景。

MSC 由于具备免疫调节、多向分化潜能、易于获取、体外增殖快、冻存后活性损失小、低免疫原性和无毒副作用等特点,已经在临床上被广泛用于多种疾病的治疗性研究。目前,有关 MSC 的治疗方法已经研究了数十年,许多临床研究已经完成或正在进行中,到 2012 年,美国 Clinical Trials. GOV 上注册 MSC 临床试验已有 234 项。2011 年 7 月,韩国 FDA 批准全球第一个自体 MSC 产品(hearticellgram-AMI)用于急性心肌梗死的治疗,MSC 治疗已经取得了一定程度突破。

(庞希宁)

小　结

干细胞是具有自我更新及多向分化潜能细胞,是组织器官再生的种子细胞,是实践再生医学的最重要的先决条件。

胚胎干细胞是特指哺乳类动物着床前囊胚内细胞团在体外特定条件下培养和扩增所获得的永生性细胞。它们能在体外培养中无限自我更新并具有分化为各种类型的细胞和在体内形成畸胎瘤的能力。ES 细胞的应用首先是利用 ES 细胞的分化作为体外模型研究人类胚胎发育过程以及由于不正常的细胞分化或增殖所引起的疾病;其次是利用 ES 细胞可以分化成特定细胞和组织的特性建立人类疾病模型,用于疾病的发病机制研究、药物筛选和研发、毒理学研究等;第三是利用 ES 细胞分化出来的供体细胞针对目前难治的疾病开展细胞移植治疗。

诱导多能干细胞是利用反转录病毒基因表达载体将已知在 ES 细胞中高表达的 4 种转录因子（Oct4、Sox2、Klf4 和 c-Myc）导入胎鼠或成年小鼠的皮肤成纤维体细胞，在体外直接将这些分化的细胞诱导成为类似 ES 细胞的多能干细胞。iPS 细胞具有与 ES 细胞相似的无限的自我更新能力、分化的多能性和在体内形成畸胎瘤等特点。由于其来源于成体细胞，不存在破坏胚胎获取干细胞而带来的伦理问题。

成体干细胞具有自我复制能力，并能产生不同种类的具有特定表型和功能的成熟细胞，能够维持机体功能的稳定，发挥生理性的细胞更新和修复组织损伤作用。一般将培养扩增的 ASC 作为自体或异体干细胞移植的细胞来源。ASC 一般不存在成瘤和伦理学问题，并且同样具有很强的多潜能性，自体移植不存在免疫排斥。

间充质干细胞最早是在人类骨髓中分离出来，并用骨髓间充质干细胞做中胚层分化的模型。在体内 MSC 分化成骨骼肌、心肌、肝细胞、神经元和胶质细胞、肾小管上皮细胞、皮肤表皮细胞等。间充质干细胞治疗方法在多种疾病中已经取得了令人鼓舞的临床效果，但仍有很多基础问题仍未得以完全解释。因此，为了改进 MSC 的临床应用，需要进一步阐明 MSC 的组织修复和免疫抑制的作用机制；需要开展更多多中心随机临床研究以研究最佳的治疗时间窗口、细胞剂量和注射途径；对每项临床试验应建立长期随访监测体系。另外，需要对临床研究中的 MSC 分离和培养扩增方法进行标准化，使其早日成为一种临床标准治疗手段。

（庞希宁　金颖）

第三章　皮肤组织干细胞与再生医学

干细胞是皮肤再生医学的基础和研究热点，其中皮肤组织来源的成体干细胞是研究的重点。皮肤组织来源的成体干细胞在疾病治疗中可能突破几个方面，包括烧创伤后皮肤组织修复治疗、慢性难愈合皮肤创面的治疗、瘢痕创面的修复以及皮肤附件再生和退行性疾病治疗等。这领域的研究策略很多，其中一种策略是利用干细胞的可塑性，经体内外诱导或基因修饰等方法使其向治疗目的细胞转分化，从而达到治疗目的。如目前已初步观察到在特定条件下皮肤组织干细胞有可能变成汗腺、皮脂腺以及毛囊等，因此，如果通过干细胞移植治疗Ⅲ度烧伤，一定程度上可以解决康复后的出汗以及美容等问题，但由于难度较大，这方面要走的路还很长。另一种策略是诱导成体细胞逆转为干细胞或干细胞样细胞，从而达到治疗的目的。在这方面主要是利用了细胞的去分化或逆分化的特性来实现。但在这一领域尚有一系列的科学问题与技术难题需要解决，如干细胞的鉴定与分类、体外非分化扩增、定向诱导、排斥反应、基因表达模式调控、安全评价、伦理问题等。还有就是将干细胞与其他再生医学策略如组织工程、基因工程等结合应用，这方面的研究是近年来的热点并取得了较多的研究成果。

总之，干细胞是再生医学的基础，对再生医学领域将起到重大的推动作用。本章节将从皮肤的组织结构、皮肤干细胞以及皮肤干细胞与再生医学等方面进行介绍。

第一节　皮肤的组织结构

皮肤是人体最大的器官，由表皮、真皮、皮下组织及附属器组成。它被覆于身体表面，主要功能是保护、感觉、调节温度、分泌、排泄和吸收。皮肤是人体的最外层，可保护人体免受外界因素的伤害，同时还可防止水分和化学物质的渗透及细菌的入侵。皮层的神经末梢使皮肤可以对冷、热、疼痛、压力和触抚产生反应。受到外部温度影响时，皮肤血管和汗腺会自动调节体温使之保持在37℃左右。另外，还有多种因素可能影响分泌腺的正常活动，如出汗是皮肤的正常排泄作用，出汗时水分、盐分和其他化学物质会被排出体外，而皮脂腺分泌过盛则会形成暗疮。皮肤的吸收作用是有限度的，只有少量成分可以由皮肤吸收而进入体内。皮肤参与整个机体的新陈代谢，是人体内主要贮水库之一，大部分水分贮存在真皮内，其含水量占全身的18%～20%。皮肤还是一个重要的免疫器官，许多传染病的预防接种、变态反应观察以及某些疾病的诊断性皮肤试验、药物过敏试验等，都是通过皮肤进行的。此外皮肤还是一个表情的器官，面部表情肌收缩舒张牵动皮肤产生各种表情。皮肤的再生能力也很强，如手术切口一般在术后数天后即能愈合。

皮肤的结构基本分为三层：表皮、真皮、皮下组织（图3-1）。

表皮以细胞形态可分为五层：角质层、透明层、颗粒层、棘层、基底层。基底层位于表皮最深处，成栅栏状排列，只有一层细胞可以分裂，慢慢演变，1个细胞裂变成两个细胞所需要时间为19天，是表皮中唯一可以分裂复制的细胞。每当表皮破损时，基底层细胞就会增长修复而皮肤不留瘢痕。每10个基底细胞中有1个透明细胞，细胞核很小，是黑色素细胞，它位于表皮与真皮交界处，镶嵌于表皮基底细胞。它的主要作用是产生黑色素颗粒，呈树枝状，深入到10个基底状及棘状细胞中。黑色素颗粒数量的多少，可影响基底层细胞和棘细胞中黑色素含量的多少。细胞繁殖再生及部分新陈代谢均在此层进行。棘层与基底层合称

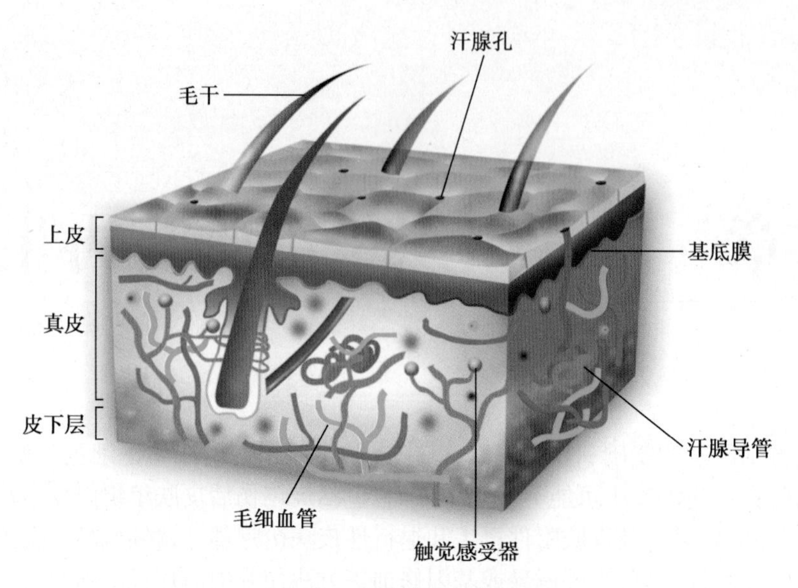

图 3-1 皮肤结构示意图

生长带,也称种子层。由厚度为 4 ~8 层带棘的多角形细胞组成,细胞棘突特别明显,是表皮中最厚的一层,它可以不断地制造出新细胞,从而一层层往上推移,具有细胞分裂增殖的能力。各细胞间有空隙,储存淋巴液,以供给细胞营养。颗粒层由 2 ~4 层菱形细胞组成,细胞核苍白,有角蛋白颗粒,在掌趾等部位分布明显,对光线反射有阻断作用,可防止异物侵入,过滤紫外线,逐渐向角质层演变。透明层由 2 ~3 层扁平无核细胞组成,可控制皮肤的水分,防止水分流失,细胞在这层开始衰老、萎缩,只有手掌、足底等角质层厚的部位才有此层。角质层是表皮最外层,由 4 ~8 层极扁平无核的角化细胞组成,含有角蛋白及角质脂肪,无血管和神经。外层的角化细胞到一定时间会自行脱落,同时会有新形成的角化细胞来补充。角质层是最能表现皮肤是否健美坚韧而富有弹性的一层,并且有抗摩擦、防止体内组织液向外渗透的功能,也可防止体外化学物质和细菌侵入。它的再生能力极强,角质细胞含有保湿因子,可防止表面水分蒸发,同时又有很强的吸水性(图 3-2)。

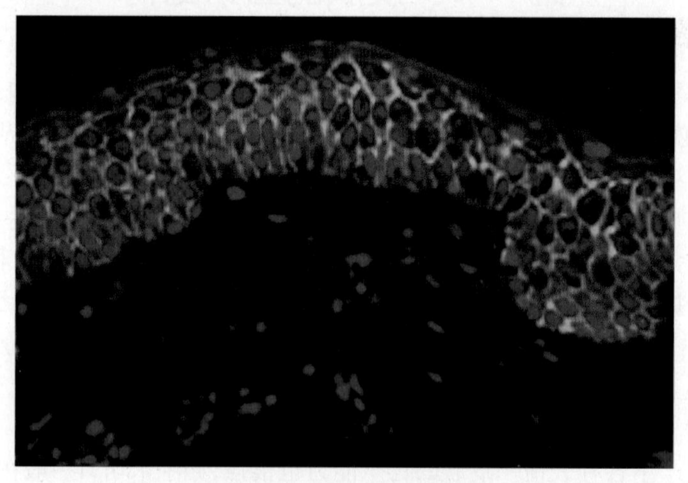

图 3-2 表皮结构病理切片
绿色为细胞边界,蓝色为细胞核

真皮位于表皮深层,向下与皮下组织相连,与后者无明显界限。真皮由致密结缔组织组成。其内分布着各种结缔组织细胞和大量的胶原纤维、弹性纤维,使皮肤既有弹性,又有韧性。结缔组织细胞以成纤维细胞和肥大细胞为多。真皮的厚度不同,手掌、足底的真皮较厚,约 3mm,眼睑等处最薄,约 0.6mm。一般厚度在 1 ~2mm 之间。真皮可分为乳头层和网状层,主要由胶原纤维、弹力纤维、网状纤维和无定型基质等结缔组织构成,其中还有神经和神经末梢、血管、淋巴管、肌肉以及皮肤的附属器。乳头层可分为真皮乳头及乳头下层(两者合称为真皮上部)。网织层也可分为真皮中部和真皮下部,但两者没有明确界限。真皮结缔组织的胶原纤维和弹性纤维互相交织在一起,埋于基质内。正常真皮中细胞成分有成纤维细胞、组织细胞及肥大细胞等。胶原纤维、弹性纤维和基质都是由成纤维细胞分泌产生的。网状纤维是幼稚的胶原纤维,并非一独立成分。真皮组织的厚薄与其纤维组织和基质的多少关系密切,并与皮肤的致密性、饱满度、松弛和起皱现象密切相关。

皮下组织由脂肪组织和疏松结缔组织构成。脂肪层由脂肪小叶及小叶间隔所组成。脂肪小叶中充满着脂肪细胞,细胞质中含有脂肪,核被挤至一边。小叶间隔将脂肪细胞分为小叶、间隔的纤维结缔组织与真皮相连续,除胶原束外,还有大的血管网、淋巴管和神经。组成皮下的疏松结缔组织又叫蜂窝组织,其结构特点是纤维分布比较疏松,而基质相对较多,由于有胶原纤维和弹性纤维交织在一起,既有韧性,又有弹性,故可使器官、组织的形态和位置既有相对的固定性,又具一定的可变性。

皮肤结构的形成是一个复杂的多基因参与、多因素调节的过程。在外界致伤因子(如外科手术、外力、热、电流、化学物质、低温)以及机体内在因素(如局部血液供应障碍)等作用下,皮肤会受到不同程度的损害,常伴有组织结构完整性的破坏以及一定量正常组织缺失,以及皮肤的正常功能受损。任何原因造成皮肤连续性被破坏以及缺失性损伤,必须及时予以闭合,否则会产生创面的急慢性感染及其相应的并发症,尤其对于老年人以及抵抗力低下的人更易导致伤口的延迟愈合,造成水、电解质以及蛋白质的过量丢失,经久可导致机体的营养不良。

皮肤创面愈合,是指由于致伤因子的作用造成组织缺失后,局部组织通过再生、修复、重建,进行修补的一系列病理生理过程。创面愈合容易受到多种因素的影响,如:①细菌污染与创面感染,实验证明,无论何种类型细菌感染,只要组织中微生物数目达到或超过 10^6/g,就会严重影响创面的愈合过程。临床习惯以感染导致的炎症征象(如局部疼痛、发热、红肿、脓性分泌物)来判断是否发生创面感染,其实这并不完全适用于慢性创面的感染,因为慢性创面感染多表现为延迟愈合、创面颜色改变、肉芽组织不良、创面异味、不寻常的疼痛或疼痛增加、创面分泌物增加等。②组织的毁损与异物存留,创面的损伤较重,可能导致部分组织毁损,产生坏死组织及破损残片,甚至有外界异物存留。如果这类较严重的创面损伤早期没有得到及时、合理的初期处理(清创术),毁损的组织和残留于创面的异物必然对局部创面造成不良影响,促进感染,破坏创面的正常愈合过程,拖延愈合时间。③局部血运不良和组织缺氧。创面愈合是以局部良好血液供应为前提。如果因为全身因素(如年老、体弱、营养不良、免疫功能低下等)导致血液循环功能出现程度不同的障碍,或者因为局部因素(如末梢血液供应较差、局部血运不良等)造成的局部血运障碍,直接影响到血液供应,致使局部组织处于缺氧状态,自然会对创面愈合产生负面影响。既往的研究使人们初步了解皮肤发育过程中各种结构发生规律及再生、修复的机制,以及受到各种因素影响下创面愈合的过程和效果,提出相应的调控理论和生物学模式,以及干预治疗策略等,为促进皮肤组织的创伤修复、提高愈合的质量、丰富创伤修复的理论具有重要的意义。

第二节 皮肤干细胞

皮肤不仅在抵御微生物入侵、紫外线辐射以及防止水分的丢失、调节体温和维持人的外貌等方面起着十分重要的作用,而且自身也具有极强的修复和再生能力,这与皮肤干细胞的存在具有直接的关系。虽然目前对皮肤干细胞的位置、种类和数量报道不一,但研究较多的主要有表皮干细胞(epidermal stem cells,EpSC)、真皮干细胞(dermal stem cell,DSC)、毛囊干细胞(hair follicle stem cell,HFSC)以及汗腺干细胞(sweat gland stem cells)。目前科学家更加关注皮肤干细胞的应用前景,因为它更适合于在医学上作为诱导性多功能细胞。通过将这些皮肤细胞暴露在某些化学物质和蛋白质中,它们能潜在地转换成为大脑神经细胞、生成胰岛素的胰腺细胞、骨骼或软骨组织、心肌或其他类型的人体组织。这种方法还意味着培育干细胞无需从其他人体提取细胞进行注射,只需从自己的皮肤细胞中提取即可。

一、表皮干细胞

表皮干细胞是各种表皮细胞的祖细胞，来源于胚胎的外胚层，具有双向分化的能力。一方面可向下迁移分化为表皮基底层，进而生成毛囊；另一方面则可向上迁移，并最终分化为各种表皮细胞。表皮干细胞在胎儿时期主要集中于初级表皮嵴，至成人时呈片状分布在表皮基底层。表皮干细胞在组织结构中位置相对稳定，一般是位于毛囊隆突部皮脂腺开口处与竖毛肌毛囊附着处之间的毛囊外根鞘。表皮干细胞与定向祖细胞在表皮基底层呈片状分布，在没有毛发的部位如手掌、脚掌，表皮干细胞位于与真皮乳头顶部相连的基底层；在有毛发的皮肤，表皮干细胞则位于表皮基部的基底层。其中有1% ~10%的基底细胞为干细胞。不同发育阶段的人皮肤表皮干细胞的含量不同。胎儿期表皮基底层增殖细胞均为表皮干细胞和短暂扩增细胞，而少儿表皮基底层中部分细胞为表皮干细胞和暂时扩增细胞，成人表皮干细胞和暂时扩增细胞所占比例则进一步降低。

表皮干细胞最显著的特性是慢周期性(slow cycling)、自我更新能力以及对基底膜的黏附。慢周期性在体内表现为标记滞留细胞(label retaining cells，LRCs)的存在，即在新生动物细胞分裂活跃时参入氚标的胸苷，由于干细胞分裂缓慢，因而可长期探测到放射活性，如小鼠表皮干细胞的标记滞留可长达两年。表皮干细胞慢周期性的特点足以保证其较强的增殖潜能和减少DNA复制错误；表皮干细胞的自我更新能力表现为在离体培养时细胞呈克隆性生长，如连续传代培养，细胞可进行140次分裂，即可产生1×10^{40}个子代细胞；表皮干细胞对基底膜的黏附是维持其自身特性的基本条件，也是诱导干细胞脱离干细胞群落，进入分化周期的重要调控机制之一。对基底膜的黏附，其主要通过表达整合素来实现黏附过程，而且不同的整合素作为受体分子与基底膜各种成分相应的配体结合。此外，体外分离、纯化表皮干细胞也是利用干细胞对细胞外基质的黏附性来进行的。

表皮干细胞高度表达3种整合素家族的因子，即α2β1、α3β1和α5β1。另外，β1整合素高表达也可作为毛囊干细胞的一个表面标志；角蛋白(keratin)是表皮细胞的结构蛋白，它们构成直径为10nm的微丝，在细胞内形成广泛的网状结构。随着分化程度的不同，表皮细胞表达不同的角蛋白，因而角蛋白也可作为干细胞、定向祖细胞以及分化细胞的鉴别手段。表皮干细胞表达角蛋白19(K19)，定向祖细胞表达角蛋白5和14(K5和K14)，而分化的终末细胞则表达角蛋白1和10(K1和K10)。有实验发现，毛囊隆突部的表皮干细胞表达K15，而在干细胞的分化过程中，K15表达的减少较K19表达的减少更早，K15(-)而K19(+)的细胞可能是"早期"短暂扩充细胞，K15可能较K19在鉴别毛囊隆突部的表皮干细胞更有意义。近来，有实验结合表皮干细胞表面的α6整合素及另一个与增殖有关的表面标志——10G7，可以区分干细胞与定向祖细胞。α6阳性而10G7阴性的细胞处于静息状态，在体外培养中具有很强的增殖潜能，认为是表皮干细胞。而α6与10G7均阳性的细胞是定向祖细胞，体外培养证实其增殖能力有限；p63(一种与p53同源的转录因子)也可区分人类表皮干细胞和暂时扩大细胞。表皮干细胞分化为暂时放大细胞后p63表达量迅速减少，连续培养的表皮干细胞可维持p63分泌。CD71为表皮干细胞表面转铁蛋白受体。从细胞数量、形态、分布部位和所含标记保留细胞比例等多方面看，低水平表达CD71的那部分表皮细胞均符合表皮干细胞特征。虽然目前尚无表皮干细胞的特异性标志物问世，但学术界普遍推崇的是β1整合素、K19与Bcl-2同时表达，可认为是表皮干细胞。

二、真皮干细胞

真皮干细胞又叫真皮多能干细胞或真皮间充质干细胞，具有自我更新和多向分化潜能。真皮干细胞的自我更新性表现为高度增殖能力即克隆性生长。国内外学者研究均发现多次传代后仍能保持很强的增殖活性。同时通过多系诱导分化证实真皮干细胞具有多向分化能力，可以向骨、脂肪、血管、肝脏和神经细胞分化。研究还表明，利用基因芯片方法检测到真皮干细胞表达多种不同细胞类型的特定转录因子，包括骨、神经、肌细胞等，这可能是其多向分化的分子基础。

大量实验已证实真皮干细胞通过诱导可分化为成纤维细胞而参与皮肤组织损伤修复和结构重建，真皮结构主要由成纤维细胞及其分泌的体液因子和细胞外基质组成，共同构成真皮干细胞微环境，以维持皮肤动态平衡。同时，由于真皮干细胞通过表达 VEGF、PDGF、HGF、TGF-β、ICAM-1、VCAM-1 和纤连蛋白等细胞因子，能激活成纤维细胞刺激胶原分泌，促进其增殖，并在一定条件下可从静止期转入细胞周期而增殖分化为成纤维细胞，进而合成胶原和弹力纤维。由此可以推测通过移植或调控真皮干细胞，能激活成纤维细胞，促进新生成纤维细胞增殖，刺激其合成和分泌胶原，增强细胞外基质，促进消除皱纹和增加皮肤弹性，最终使皮肤年轻化。

真皮干细胞与皮肤衰老关系的研究人员最近发现，真皮来源的干细胞在环境改变的情况下将发生细胞衰老（cellular senescence）现象，并且这种现象最终将导致真皮干细胞自我更新能力的丧失。不同年龄的真皮干细胞对这种细胞衰老的过程具有不同的抵抗能力。该研究组的一系列实验表明，真皮干细胞的衰老与 PI3K-Akt 信号通路具有密切的关系：应用 LY294002 及 Akt inhibitor Ⅷ抑制该信号通路，能够迅速促使真皮干细胞进入细胞衰老状态；与之相反，加入 PDGF-AA 以及 bpv（pic）激活该通路则能够有效地抑制真皮干细胞的衰老，促进其自我更新，并且不会影响该细胞的分化能力。该研究不仅为探索人类皮肤衰老的细胞分子机制奠定了基础，并且为今后应用成体皮肤干细胞进行组织工程皮肤的构建以及应用再生医学与转化医学进行皮肤相关疾病的治疗提供了理论依据与技术支持。

三、毛囊干细胞

毛囊是皮肤附属物之一，多位于真皮。由于最初在毛球部发现有显著的细胞分裂，因而早期人们认为毛球是细胞分裂及毛囊生长期起始的重要部位。1990 年，Cotsarelis 等对小鼠皮肤进行 HTdR 掺入实验，4 周后发现毛母质细胞不含有标记而 95% 以上的毛囊隆突部细胞仍保持标记。同时形态学上看，隆突细胞体积小，有卷曲核，透射电镜检查发现其胞质充满核糖体，而且缺乏聚集的角蛋白丝，细胞表面有大量微绒毛，是典型的未分化或“原始状”细胞。因而提出了毛囊干细胞定位于隆突部。随后的多个实验进一步支持了毛囊干细胞定位于隆突部的理论。

毛囊干细胞最重要的特点之一也是慢周期性，而且可以有无限多次细胞周期。一个完整的毛囊周期要经过生长期、退化期和休止期。在毛囊生长期时，位于隆突部的细胞可快速增殖，产生基质细胞，进而分化出髓质、皮质和毛小皮等。而后，毛基质细胞突然停止增殖，进入退化期。最后毛乳头被结缔组织鞘牵拉，定位于毛囊底部，在毛囊处于休止期时，通过毛乳头上移，使毛囊进入下一个循环。CD34 是一种属于Ⅰ型跨膜蛋白的磷酸糖蛋白，主要在造血（祖）细胞上表达。通过实验证实 $CD34^+$ 上皮细胞比 $CD34^-$ 上皮细胞具有更高的增殖潜能。$CD34^+$ 细胞位于毛囊的隆突部，它们处于静止期或在培养条件下有巨大的克隆能力，而且同标记保留细胞一样，用免疫组织化学和放射自显影法可以将 CD34 表达定位于毛囊的同一区域。因此这些细胞在生物学行为上与干（祖）细胞相似，故可以将其作为鉴别具有干细胞或祖细胞特征的毛囊干细胞的标志物。

有报道认为，在毛囊的外根鞘也有黑色素干细胞定居，这些黑色素干细胞逐渐分化成为毛母质黑色素细胞和表皮黑色素细胞，分泌黑色素，构成了表皮和毛发的颜色。另外，SCF 等细胞因子对毛囊和黑色素细胞的生长发育有明显的调控作用。色素细胞的干细胞也存在于毛囊的隆突区域。曾经认为毛囊细胞分化出来的毛母细胞是毛囊的干细胞。在皮肤损伤时，除表皮细胞外，毛囊干细胞也被活化，参与表皮再生。但是，毛囊干细胞也可引起多种上皮性肿瘤和皮肤病，推测皮肤上皮干细胞可能是物理或化学性因子（包括致癌物）作用的重要目标，以至损伤到表皮和毛囊附属器等。毛囊干细胞在皮肤生物学、病理学和未来皮肤病学的治疗中具有潜在的重要意义。

四、汗腺干细胞

2012 年来自洛克菲勒大学、霍德华休斯医学院等处的一组研究人员首次鉴定出汗腺干细胞，相关成果公布在Cell杂志上。研究人员尝试寻找成体汗腺中的干细胞。汗腺是由两层组成,即产生汗水的管腔细胞(luminal cell)内层,和挤压汗管排泄汗水的肌上皮细胞(myoepithelial cell)外层。他们识别出了多种不同类型、用于保持汗腺平衡和损伤的祖细胞,这些细胞即使是在外部微环境中,也能保持其这种能力。而且与乳腺干细胞不同,汗腺干细胞大部分都是保持着休眠状态。而且他们发现成体汗腺干细胞具有一定的内在特征,因此它们能够记住在一些环境中它们的身份,从而当处于其他环境时,就能获得新的身份,这些发现可以用来探索一些影响汗腺的遗传疾病和治疗它们的潜在方法。

Fuchs此前曾在小鼠的皮肤中找到了与真正干细胞所有特性一致的皮肤祖细胞,它们有自我更新的能力,具有分化成各种表皮和毛发的多能性。这是科学家第一次发现,甚至在实验室中完成繁殖过程后,单个的皮肤干细胞还可以发育成表皮和毛发。这些干细胞在实验室的器皿中繁殖得非常好,当研究者将这些细胞移植到秃毛的小鼠背上时,这些细胞长成了一丛带皮肤的毛发。目前,这项研究尚处在初级阶段,有望在未来提出烧伤病患的治疗新方法,以及为出汗太多或者太少的人群和秃发的人群提供一种新的治疗方法。

第三节 皮肤干细胞与再生医学

皮肤是人体面积最大的器官,因为其具有阻挡异物和病原体侵入、防止体液流失等功能,从而起到重要的屏障保护作用。皮肤还具有感觉、保护、调解体温等重要生理功能,以维持机体和外界环境的对立和统一,同时皮肤又是机体免疫系统的重要组成部分。轻度创(烧、战)伤后,皮肤及其附件细胞由于遭到破坏,其修复与再生便常以其未受创伤的部分为模板,经过增殖与分化从而达到完全修复的目的。但在全层大面积创(烧、战)伤时,由于皮肤的完全损毁,皮肤及其附件细胞则不能完全依赖于自身干细胞的分裂、增殖与分化来重建其复杂结构,由此使皮肤及其附件再生发生困难,最终将产生两个方面的愈合问题,即所形成的慢性难愈合创面或过度修复形成的增生性瘢痕和瘢痕疙瘩,不仅给患者的生理与心理带来严重障碍,而且对其后期的生活与工作质量将产生严重影响。

传统的皮肤创面修复通常采用:①自体组织移植;②异体组织移植;③应用人工替代物。自体组织或器官移植虽然具有良好的修复治疗效果,但面临供体来源缺乏、需二次手术等条件的制约;异体、异种移植不仅面临供体来源少的限制,而且存在引起免疫排斥反应、传播病原等风险;人工替代物则仅能起到有限的组织或器官的修复或填充作用。因此上述三种治疗方法均存在一定程度的缺陷,无法满足临床的需要。

近年来,干细胞的研究突飞猛进,取得了许多重大的进展。皮肤干细胞的临床应用主要表现在几个方面:①在细胞替代治疗中的应用。当皮肤受到外伤、疾病等的损伤时,位于皮肤表皮基底层和毛囊隆突的皮肤干细胞就会在内外源因素的调控下,及时增殖分化生成相关细胞,以修复机体受损表皮、毛囊等结构。特别是大面积Ⅲ度烧伤、广泛瘢痕切除、外伤性皮肤缺损以及皮肤溃疡等导致的严重皮肤缺损,仅靠创面自身难以实现皮肤的再生,需要足够的皮肤替代物进行修复。这时可以进行自体皮肤细胞的培养并应用于创面覆盖。培养的皮片在体外及移植于创面后均保持有正常表皮的自我更新能力,即保留了干细胞自我更新与分化潜能的特性。培养的表皮除用于自体移植外,还用于异体移植,如应用于慢性溃疡与Ⅱ度烧伤创面。直接利用皮肤干细胞进行组织原位修复。②在组织工程中的应用。人工真皮是利用组织工程技术形成商品化用于临床的真皮替代物,它可诱发正常的皮肤愈合过程,已用于治疗大面积烧伤患者的暂时性皮肤覆盖及慢性皮肤溃疡的治疗。③在基因治疗中的应用。干细胞因具有高度自我更新和多向分化潜能,因此一直为基因治疗首选的靶细胞。将表皮干细胞作为皮肤遗传性疾病等基因治疗的靶细胞已成为可能。将外源基因通过反转录病毒导入表皮干细胞并植入体内后,机体可长期维持转导基因的表达,这就为表皮干细胞应用于基因治疗提供了可靠的依据。基因治疗除可用于皮肤遗传性疾病治疗外,对于各种原因引起的皮肤肿瘤等也同样适用。如毛囊肿瘤,在了解其发生机制的基础上,通过导入肿瘤抑制基因阻断或抑制肿瘤发生过程,还可将耐药基因或造血生长因子基因导入正常毛囊干细胞或耐药细胞株,提高化疗耐受力。

一、不同来源的干细胞在细胞治疗中的应用

创伤修复和组织再生是一个复杂的生物学过程，涉及许多细胞、胞外基质以及调控因素的参与。就采用成体干细胞替代治疗的策略而言，有以下几个方面可以考虑：一是利用自身皮肤干细胞直接诱导分化为组织细胞来再生皮肤组织。但由于这一条技术路线难度比较大，影响因素众多，加之在大面积严重创伤烧伤时皮肤组织一样会受到严重的破坏，因而利用自身表皮干细胞来再生皮肤也是一条艰难的途径。同样，真皮的多能干细胞也面临着破坏与缺乏的问题。因此，利用异体的干细胞来再生皮肤也是一条重要的策略。这条技术路线的主要优点包括：一是在大面积创伤、烧伤时可以直接利用；二是储存量比较大，容易获取；三是由于皮肤干细胞具有逃避免疫系统和免疫调节的特性，在体外它们抑制 T 细胞对丝裂原和异体抗原的增殖反应，在体内可以减少移植物抗宿主疾病，延长皮肤移植存活时间，加速深度热灼伤创面的再生速度和血管再生。正是由于皮肤干细胞具有这种既能经诱导分化转变为不同修复细胞的潜能，又具有一定程度的免疫逃逸的双重功能，所以深入开展皮肤干细胞的分化调控特性及其对皮肤再生能力的研究具有重要的理论意义和应用价值。

（一）表皮来源干细胞应用

表皮来源的干细胞是近年来皮肤生物学和再生医学研究最有趣、最复杂、也最有吸引力的领域之一。表皮干细胞在胎儿期主要集中于初级表皮嵴处，至成人则在表皮的基底层呈片状分布；在正常成人表皮基底层主要含有三种细胞亚群维持着其新陈代谢：表皮干细胞；表皮干细胞的子代细胞——短暂扩充细胞（类似定向祖细胞）；有丝分裂后分化细胞。在活体，正常表皮基底层约 40% 的细胞为表皮干细胞与短暂扩充细胞。一般认为毛囊隆突部（皮脂腺开口处与立毛肌毛囊附着处之间的毛囊外根鞘）也含有丰富的干细胞。表皮干细胞具有产生皮肤附属器的能力。在环境刺激下，如严重烧伤致皮肤缺损时，这些干细胞又能保留像胚胎细胞一样的多能性。有研究表明，在胚胎真皮的刺激反应下，培养的角膜上皮干细胞能产生不表达任何角蛋白的基底层，然后依赖真皮形成汗腺组织，最后形成表达角蛋白的上层表皮。培养人的乳腺表皮细胞也能形成毛发和毛囊，并且能分化成汗腺组织。这些研究结果说明，在环境刺激下，表皮干细胞具有很大的可塑性，是潜在的多能性细胞。皮肤干细胞是表皮和皮肤附属器再生或修复的主要资源。那么毛囊干细胞在皮肤组织中起着怎样的作用呢？不仅毛囊干细胞能参与表皮损伤的修复，离体和在体研究还显示，成体多种上皮（干）细胞（如角质细胞、角膜细胞）以及骨髓基质干细胞等均有向毛囊、皮脂腺等附属器方向分化的潜能，如同造血干细胞与肌干细胞之间转化的可塑性仰赖于环境刺激一样，成体上皮细胞在合适的真皮间质诱导下可以形成毛囊等皮肤附属器。当然，这些实验结果还有待临床研究证实。表皮干细胞具有产生皮肤附属器的能力。在环境刺激下，如严重烧伤致皮肤缺损时，这些干细胞又能保留像胚胎细胞一样的多能性。有研究表明，在胚胎真皮的刺激反应下，培养的角膜上皮干细胞能产生不表达任何角蛋白的基底层，然后依赖真皮形成汗腺组织，最后形成表达角蛋白的上层表皮。培养人的乳腺表皮细胞也能形成毛发和毛囊，并且能分化成汗腺组织。这些研究结果说明，在环境刺激下，表皮干细胞具有很大的可塑性，是潜在的多能性细胞。

阐明干细胞分化的调控机制一直是科学家们努力的目标，随着对干细胞研究的不断深入，目前认为，干细胞所处的局部微环境是决定干细胞是否退出其群落而进行定向分化的关键性因素，因而提出了干细胞微龛（microniche）的概念。干细胞微龛的组成成分亦相当复杂，但其中细胞外基质及其组成成分间的相互作用最为重要，各种原因所致的细胞外基质变化均对干细胞的生物学行为产生影响。细胞外基质（ECM）是一个功能活性区域，可引导细胞表型的改变。ECM 影响细胞行为的途径主要有两方面。其一是通过隐匿的生长因子（这里所指生长因子广义地包括生长因子、分化与活性因子和细胞因子）或生长因子结合蛋白。目前认为，对这些生长因子，ECM 不是被动地使其失效，而是在它们的活性上起着活化作用。此外，改建酶在游离基质结合生长因子的活性上也起着关键作用，从而影响着细胞分化决定。其二是细胞与 ECM 间的相互作用，它既通过受体-信号通路，又通过调控细胞对生长因子的反应来实现。较典型的例子是将成年兔的角膜置于裸鼠胚胎的真皮，可观察到兔角膜形成鼠表皮，并含有皮肤附属器，由此可见

ECM 对细胞分化方向的影响力。

在表皮干细胞的微龛中，众多的细胞因子以自分泌和(或)旁分泌调控着干细胞的分裂、增殖、分化与迁移，经筛选且较详尽进行了研究的是 FGF 与 EGF 家族。FGF-1、FGF-2、FGF-3(包括 KGF)及它们的受体在皮肤的层状结构发生上起重要作用。EGF 受体在表皮成层期方能检测出来，并随胚龄延展而表达增多。因此，在表皮干细胞的体外培养模型建立上，EGF 是必不可少的培养基添加物。在活体，外源性的 EGF 也可对表皮干细胞产生一定的影响，如付小兵等在以 rhEGF 治疗人慢性皮肤溃疡时发现，在已上皮化创面中的颗粒层与棘层出现了表皮干细胞岛现象，并认为是由成熟的表皮细胞逆分化而来。这一发现深化了细胞因子调控表皮干细胞的理论。

信号网络系统也是调控表皮干细胞分化的重要因素。Moles 认为表皮干细胞相对于其他基层细胞表达高水平的 γ-连环蛋白，而表达低水平的 E-钙黏素与 β-连环蛋白，钙黏素与 β 整合素表达下调是细胞间脱黏附而向终末分化的特征。β-连环蛋白在细胞的黏附上起着信号转导作用，β-连环蛋白信号通路的激活，可在皮肤中出现新的表皮，在表皮中超表达 β-连环蛋白能增加细胞的增殖，对体外培养的表皮形成细胞而言，增加 β-连环蛋白的表达，在不影响细胞间黏附的前提下，尚可激发细胞的增殖能力。在表皮干细胞内，β-连环蛋白作为激活 Tcf/Lef 的转录因子，较短暂扩充细胞更丰富，它的超表达可增加干细胞在体外的比例，在体内可致角化细胞转分化进入多潜能状态。β-连环蛋白与 Tcf/Lef 间的相互作用，可引起 c-Myc 的表达，c-Myc 的功能是促进细胞的增殖，即细胞向终末分化的启动的先决条件就是下调 c-Myc 表达。表皮干细胞脱离干细胞群落进入分化阶段的一个重要表现就是通过 c-Myc 诱导并伴随着表面整合素水平的下降，细胞对基底模脱黏附。当干细胞微环境发生改变，胞外的信息可通过整合素 α5β1、αvβ5 和 αvβ6 传递给干细胞，以触发跨膜信号转导，调控细胞的基因表达。这一过程不仅可以改变干细胞的分裂方式，尚可激活干细胞的多潜能性，使干细胞产生一种或多种定向祖细胞，以适应机体的需要。因此，整合素 α5β1、αvβ5 和 αvβ6 也被称为创伤愈合过程中的应急受体(emergency receptor)。整合素高水平的表达所致干细胞的黏附特性可能是维持干细胞群落所必需的条件。为更加明确这一现象，Watt 将 β1 整合素显性失活突变体 CD8β1 转染到体外培养的人表皮形成细胞，以干扰其 β1 整合素的功能，降低 β1 整合素的黏附特性，结果发现转染成功的干细胞的表面 β1 整合素水平及细胞与Ⅳ型胶原的黏附性明显降低，MAPK 活性减弱，细胞的克隆能力下降，增殖潜能丧失，表现出短暂扩充细胞的特征；而通过超表达野生型 β1 整合素或激活 MAPK 则可上调整合素的表达，恢复其黏附性及增殖潜能，故 MAPK 在 β1 整合素调控表皮干细胞增潜分化的信号转导通路中起着重要作用。

尽管研究成果不断涌现，皮肤干细胞真正走向临床尚面临以下难题：

1. 尚未找到高特异性表面标记物。如表皮干细胞，尽管通过筛选 α6、β1 亚单位，10G7 抗原和 p63 的表达在理论上可以获得较纯的表皮干细胞，但 10G7 抗原和 p63 分别在胞质和胞核内表达，难以应用于活细胞分选。

2. 在治疗烧伤方面，皮肤干细胞拥有无可置疑的潜能，但能否像骨髓基质干细胞那样可以分化为其他类型的组织依旧是研究的热点。若能将皮肤干细胞转化为其他类型的细胞，以其远远超出骨髓基质干细胞的扩增能力，将为皮肤以及其他组织的细胞治疗再生提供丰富的资源。

3. 受创后修复与再生机制及干细胞分化机制尚不完全明确，只有机制明了才能寻找到更有效更安全的生物治疗方法，促进机体自我修复与再生，或构建出新的组织与器官，以改善或恢复损伤组织和器官功能。

(二) 诱导已分化细胞发生去分化

去分化是指已经分化的细胞在特定因素的作用下，重新进入增殖周期，获得增生及分化的能力，是指分化细胞失去特有的结构和功能变为具有未分化细胞特性的过程。多种非哺乳动物通过去分化的方式完成组织缺损后的再生。众所周知，高等哺乳动物的心肌组织以及神经组织是不能再生的，如果可以通过某一手段将其去分化再次获得增殖能力，那么对一些心肌缺血性疾病以及神经损伤性疾病的治疗将具有极大的推动作用。从这一意义上讲，寻找这些不能再生组织细胞的去分化途径显得颇为重要。

早在 2001 年，付小兵等就在慢性创面的表皮组织中发现了已分化的表皮细胞存在去分化的现象，之后这种去分化现象也被不同的学者在创伤修复中的肾以及肺组织中报道。提示已分化细胞的去分化可能是实现组织再生的一种途径。但是,值得注意的是,机体自身去分化的力度是微弱的,特别是创伤修复过程中去分化可能是哺乳动物个别组织类型所特有的。因此,依靠组织自身去分化完成组织再生几乎不可能。那么我们是否可以有意识地通过促使细胞去分化,使其再次进入细胞周期,再次增殖,实现某些组织的再生呢? 如果可以,这一思路将对某些难以再生或不能再生的组织获得完美修复非常有意义。

2004 年,Allan Spradling 和 Toshie Kai 在 Nature 杂志上首次报道了体内成功诱导体细胞去分化为干细胞的案例。遭受热休克打击的幼虫成熟后,实验者导入 Bam 基因,促使干细胞开始分化。但是它们的功能尤其是生育功能仍然正常。这就说明了打击后观察到的干细胞是来源于去分化的细胞。这些去分化的机制是值得我们借鉴的。另外上述提到的重编程的实验研究中,多个研究显示抑制 p53 的表达可以有效地增加体细胞的重编程率,提示控制某些抑癌基因的表达可能促使已分化细胞发生去分化。近期,发表在 Stem Cell 杂志上的一篇论文颇有新意,Pajcini 等将肌肉细胞中抑癌基因 Rb 与 ARF 抑制后,发现哺乳动物肌肉细胞可以进入细胞周期,并获得部分增殖能力。这一研究结果给我们如下启示:通过抑制某些抑癌基因可能促使某些组织类型的细胞,如心肌细胞、神经细胞发生去分化,进而增殖,最终可能促进这些组织的再生。因此,通过我们不断的研究,借鉴其他生物去分化的相关机制,在实现受损组织细胞体外去分化的基础上,最终实现受损组织细胞的体内的去分化,是实现组织再生的最佳途径。

(三) 诱导性多潜能干细胞(iPS)应用

2006 年,日本 Yarnanaka 研究小组通过将反转录病毒介导的 *Oct-4*、*Sox2*、*Klf4* 及 *c-Myc* 四个基因转入鼠成纤维细胞,将成体细胞重编程为具有多分化潜能的干细胞,并将该类干细胞命名为 iPS 细胞。2007 年,美国 Thomson 实验室报道了 *Oct-4*、*Sox2*、*Nanog* 及 *Lin2* 8 四个基因的转染可将人成纤维细胞重编程为 iPS 细胞。随后,国内外多家实验室利用转基因方法完成了多种类型成体细胞向 iPS 细胞的重编程与 iPS 细胞向特定组织类型细胞的再分化研究。iPS 细胞在形态学、表观遗传学、全基因表达谱以及细胞类型特异的分化潜能方面与 ES 细胞极其相似,并且个体特异来源的 iPS 细胞尚不涉及免疫排斥问题,所以 iPS 成为细胞治疗以及组织器官再生最有前景的种子细胞。研究表明,一些遗传缺陷性疾病患者的体细胞也可通过转基因方法重编程为 iPS 细胞,这将对通过体外细胞培养研究某些遗传疾病的发病机制提供了希望。与其他多潜能细胞产生技术不同(如来源于内细胞团的 ES 分离建系、体细胞与 ES 细胞融合以及核移植技术),iPS 细胞的生成技术不涉及胚胎毁损等伦理学问题,因而将成为干细胞研究与再生医学研究领域的热点话题。但目前为止,iPS 的研究可以说才刚刚起步,一些重要的科学问题与关键技术问题还没有完全解决,iPS 走向临床应用为时尚早。

(四) 皮肤干细胞在美容方面的应用

有研究证明皮肤衰老与真皮胶原蛋白的含量和性质有关,真皮结构改变是皮肤衰老的主要原因。真皮结构主要由成纤维细胞及其分泌的体液因子和细胞外基质组成以维持皮肤动态平衡。真皮干细胞的基本特征之一即具有多向分化潜能,能在特定条件下激活或分化为皮肤细胞,进而参与创伤愈合和组织修复。比如在一定条件下可分化为成纤维细胞,进而刺激胶原和弹力蛋白合成和分泌,可用于皮肤衰老,为抗皮肤衰老提供新的方法。同时也有研究认为,通过负调控 BMP 信号,可激活真皮干细胞促进毛囊再生;同时真皮干细胞能通过分泌一些促进毛囊生长的细胞生长因子如肝细胞生长因子、胰岛素样生长因子、血管内皮细胞生长因子等而促进毛囊生长。Shi 等通过一系列实验证实真皮来源干细胞经诱导分化为成纤维细胞而参与损伤修复,并且对创伤微环境的反应性显著强于成纤维细胞和血管内皮细胞等组织修复细胞。同时 Perng 等研究发现真皮干细胞可促进裸鼠的外伤愈合以及参与皮瓣创伤模型的愈合,为皮肤创伤修复打下基础。

(五) 成体干细胞再生汗腺的研究

皮肤作为人体最大的器官,具有调节体温、排汗以及排泄机体代谢废物的重要作用。重度大面积烧伤后的汗腺损伤使皮肤排汗功能缺失,皮肤体温调节能力下降,严重影响患者的生活质量。因此,如何修复与重建幸存患者的损伤汗腺具有重要的临床意义。新近研究发现骨髓间充质干细胞(BM-MSC)经热休克诱导后可具有汗腺细胞的表型结构及特性,并已被用于损伤汗腺的修复与再生,但此项技术目前仅适用于烧伤后期瘢痕增生的患者,不能用于烧伤治疗早期的汗腺细胞修复。为改进汗腺再生干细胞治疗技术,促进干细胞治疗在烧伤救治中的早期应用,付小兵团队在研究中选择具有低免疫原性、高度增殖和分化能力的脐带沃顿胶间充质干细胞(hUCWJ-MSC)作为新的干细胞源用于汗腺样细胞的分化诱导。前期研究发现,hUCWJ-MSC 具有类似骨髓间充质干细胞的特性,能够表达间充质干细胞的表面抗原 CD44 和 CD105,不表达造血细胞系标记物 CD34 以及汗腺细胞的特异性标记物 CEA;同时该细胞还具有成骨及成脂多向分化潜能。付小兵组用配制的汗腺分化诱导培养基诱导 hUCWJ-MSC 向汗腺样细胞分化,3 周后即可见细胞具有类似正常汗腺细胞的形态特征,并且能够表达汗腺细胞的特异性抗原 CEA、CK14、CK19 及汗腺发育基因 EDA。因此认为分化后的 hUCWJ-MSC 具有汗腺样细胞的形态和表型特征。此项研究成功构建了汗腺样细胞体外培养体系,并证实可通过汗腺诱导培养基分化诱导 hUCWJ-MSC 获取汗腺样细胞,为干细胞早期应用于烧伤救治奠定了基础,但尚需对 hUCWJ-MSC 以及汗腺样细胞的生物学特性、安全性等进行更加深入的研究,为其用于损伤汗腺的重建提供可靠的细胞学依据。

二、在组织工程以及基因治疗中的应用

近年来,兴起的以组织工程皮肤为主的修复方式对于皮肤损伤修复领域也有着深远的影响。由于皮肤创面愈合的基本条件是上皮始祖细胞的增生、分化和移行,利用能诱导上皮始祖细胞增生、促进皮肤创面愈合的组织工程相关技术,发展具有生物活性的人工替代物以及培养人体活性细胞再造新组织,用以维持、恢复和提高人体组织的功能,已经成为组织工程技术相关研究方向之一。

目前,组织工程皮肤主要有三类:①自体或异体培养的表皮片;②胶原凝胶、胶原海绵、合成膜、透明质酸膜等构成的真皮替代物;③双层结构的人工复合皮肤。但还没有一种组织工程皮肤可以满足临床上治疗大面积烧伤的需求。这主要是因为:①严重烧伤患者自身的表皮干细胞数量不足,无法满足构建全身皮肤的需要;②异种或异体来源的表皮干细胞存在免疫排斥等问题;③目前的组织工程皮肤尚无法产生皮肤的附属器,如汗腺、皮脂腺等,因而无法重建皮肤的全部生理功能。由于对皮肤附属器发生机制的研究才刚起步,在往后的一段时间内皮肤附属器发生机制的研究将成为皮肤组织工程学的研究焦点。

有研究将表皮干细胞复合的皮肤支架进行体内移植研究,发现复合了表皮干细胞的皮肤支架可促进皮肤缺损修复,并减少瘢痕的形成。也有研究证明胚胎干细胞可在体外分化为角质细胞,并发现复合了胚胎干细胞的皮肤支架能发展出与真正皮肤非常相近的结构。据报道,复合有异种真皮、表皮干细胞和真皮毛乳头细胞的组织工程皮肤经三维培养后发现该组织工程皮肤可得到更厚的表皮,并可以减少瘢痕的产生。最近制备出的一种复合表皮干细胞和成纤维细胞的组织工程皮肤,经移植试验发现,该组织工程皮肤可诱导生成与完整皮肤在形态学上非常相近真皮和表皮。另外,将由胚胎干细胞分化而来的表皮干细胞与组织工程皮肤支架相复合移植于老鼠后,发现此组织工程皮肤可诱导生成类毛囊结构与腺状结构。伴随着生命科学、材料科学以及诸多相关科学的飞速发展,构建出一种理想化的组织工程化皮肤的功能与外形近乎正常的人工皮肤替代物将很快成为现实。

干细胞除应用于外伤性皮肤缺损以及皮肤溃疡等导致的严重皮肤缺损的移植治疗外,还可以用来研究基因的作用以及某些疾病发病的基因机制,同时也可以用来对一些遗传性皮肤病进行基因治疗,包括导入标志性基因或一个异源基因,使细胞内原有基因过度表达(增加功能),或基因打靶(失去功能)以及诱导某个基因的突变等。由于表皮的不断更新,必须对干细胞进行基因转染以确保外源基因在表皮细胞的长期表达。为使外源基因在足够多的干细胞中表达,而不是在短暂增殖细胞中表达,需将表皮干细胞与短暂增殖细胞分离开,这是实现基因治疗的重要环节。

严重创(烧、战)伤后皮肤创伤的愈合主要有两个基本的目标,第一个目标是愈合速度问题,即怎样在最短的时间内使创面发生愈合。创面的迅速愈合不仅有利于后续治疗与康复,而且也是防止感染发生和减少瘢痕形成的主要方法之一。另一个目标是愈合质量问题,即怎么样才能使受损后修复的皮肤组织恢复到与损伤前具有相同的结构,以最大限度恢复患者的生理功能。十余年来,基础研究与临床治疗的紧密结合,以及高新生物技术的发展及其在组织修复与再生领域的应用,已经使皮肤创伤的修复在愈合速度方

面获得了突破。采用重组基因工程生长因子药物等方法，已经使急性创面（包括浅二度、深二度烧伤创面和供皮区）的愈合时间较常规治疗缩短2～5天。与此同时，还可以使过去一些采用常规方法难以治愈的慢性难愈合创面的愈合率由过去的60%上升至90%，显著提高了创面的治愈率。但是，在皮肤创面治疗中另一个没有解决的关键科学问题是如何进一步提高受创皮肤愈合质量的问题，即在皮肤创（烧、战）伤修复中如何减少瘢痕形成以及如何在损伤部位重建毛囊、汗腺及以皮脂腺等皮肤附件，由此显著提高皮肤对环境的适应能力以及恢复患者排汗与美容功能等问题。因此，如何实现大面积严重创（烧、战）伤后皮肤软组织功能修复与重建，不仅是创（烧、战）伤创面修复与组织再生研究的热点，同时也是再生医学、干细胞生物学以及组织工程化皮肤必须攻克的难点，其中如何从干细胞诱导分化角度在损伤部位原位重建汗腺与皮脂腺等皮肤附件又是研究的攻关点，不仅理论意义重大，而且对创（烧、战）伤的临床救治也具有潜在的应用价值，值得高度关注并开展研究。

皮肤干细胞是近年来皮肤再生医学研究的热点领域之一。但目前尚有许多实际问题有待解决，如：表皮干细胞的复制；隐匿于正常环境下，尚未被发现的干细胞增殖与分化方向的开发；通过缩短细胞周期以获得更多的短暂扩充细胞增殖等。作为成熟的干细胞来源用于临床还有一段长长的路要走，然而，这些初步的成就已为应用皮肤干细胞进行皮肤大面积深度创、烧伤创面从解剖修复到生理性修复开辟了新途径，并奠定了一定的基础。

小 结

皮肤被覆于身体表面，可保护人体免受外界因素的伤害，防止水分和化学物质的渗透及细菌的入侵。任何原因造成皮肤连续性被破坏以及缺失性损伤，必须及时予以闭合，否则会产生创面的急慢性感染及其相应的并发症。皮肤创面愈合容易受到多种因素的影响，如：①细菌污染与创面感染。②组织的毁损与异物存留；③局部血运不良和组织缺氧等。表皮干细胞来源于胚胎的外胚层，具有向下迁移分化为表皮基底层，进而生成毛囊；可向上迁移，并最终分化为各种表皮细胞。真皮干细胞通过表达VEGF、PDGF、HGF、TGF-β、ICAM-1、VCAM-1和纤连蛋白等细胞因子，能激活成纤维细胞刺激胶原分泌，促进其增殖，并在一定条件下可从静止期转入细胞周期而增殖分化为成纤维细胞，进而合成胶原和弹力纤维。毛囊干细胞最重要的特点之一也是慢周期性，而且可以有无限多次细胞周期。一个完整的毛囊周期要经过生长期、退化期和休止期。2012年首次鉴定出汗腺干细胞，相关成果公布在Cell杂志上。

随着研究技术手段的进步，相信调控皮肤干细胞直接分化为皮肤附属物组织，或者与组织工程方法以及基因治疗相互结合及应用并实现皮肤烧伤创面从解剖修复到功能修复的飞跃已为时不远。

（付小兵）

第四章　视网膜及角膜组织干细胞与再生医学

眼(eye)作为机体最重要的感觉器官,具有非常精细而复杂的组织结构。以再生医学为基础的角膜修复与再生已获得重要进展,包括基于干细胞的治疗方法和生物材料,或者两者的相互结合,已能部分或全部代替患病的角膜。角膜原位强化治疗方法可以在不进行移植的情况下,修复病变角膜。

本章主要介绍视网膜和角膜的发育和组织结构、视网膜和角膜的组织干细胞以及基于干细胞的视网膜和角膜的再生修复。

第一节　视网膜及角膜的发育和组织结构

眼是由来自不同胚层的组织和细胞巧妙而准确地彼此组合、连接,是完成机体从外界获得视觉信息的组织结构基础。除眼睑、泪器、眼外肌等眼附属器外,眼球本身为直径约22mm的近球形器官,常被形象地比喻为一个类似照相机的精密光学仪器,至少,在由坚韧的纤维组织维持的眼球,从功能上的确包含有屈光传导系统和感光成像系统(图4-1)。其中,屈光传导系统从最前端的角膜开始,向后经过房水、晶状体、玻璃体,一直到达后面感光成像系统的视网膜,一路保持透明。这种结构在机体中独一无二。这种透明结构的形成和保持,要求这些结构排列有序、没有血管、没有色素、很少细胞。实际上,除了角膜,这些组织甚至都没有神经支配。晶状体更为独特,除前面和赤道区的上皮细胞和赤道区的部分细胞外,绝大部分晶体纤维也没有细胞核。鉴于房水和玻璃体中细胞成分很少、房水处于不断产生和排出的动态变化中,并且两者都是可以用人工成分替代,目前认为晶状体中不存在干细胞。

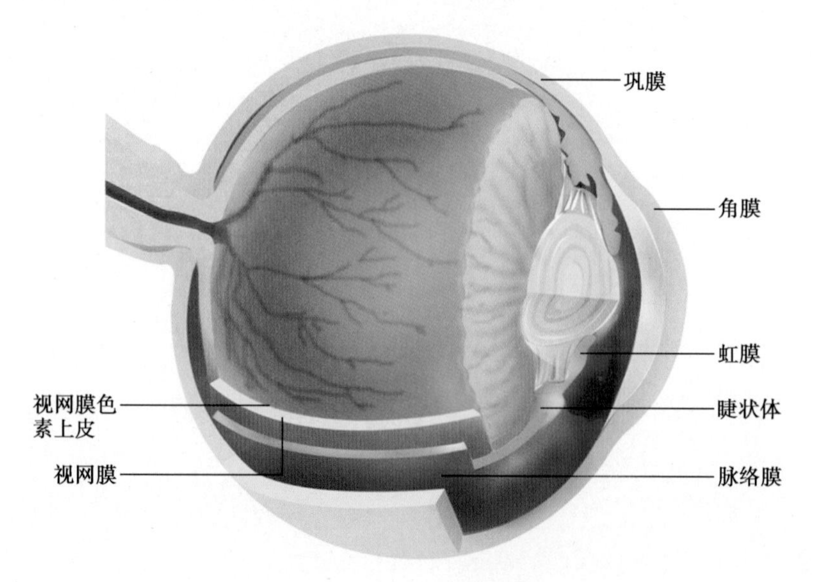

图4-1　眼球剖面示意图

一、视网膜的发生与发育

脊椎动物眼的发生发育起始于胚胎早期的原肠形成期,具体位置在前脑,在神经管前区腹侧的间脑的一个区,称为"生眼区"或"眼发生区"(eye field)。生眼区最初位于中轴的单一区,后来从中间分开形成两个向两侧移、对称分布的生眼区。近来,通过检测一组生眼区和视泡特有的"生眼区转录因子(eye field transcription factors,EFTFs)"的表达对这一区做了进一步确认。

生眼区的神经外胚层组织从间脑两侧向外凸出形成视泡(optic vesicles)。视泡不断向外生长,内侧经视柄(optic stalks)与发育中的大脑相连,外端则向外生长直到与表皮外胚层组织相接触。此时,视泡前端开始内陷,不断向视泡底部靠近,形成由内层和外层组成的视杯(optic cup),并且诱导表皮外胚层组织进入视杯成为晶状体泡(lens vesicle)并进而发育成晶状体。以后几周里,间充质组织伴随视杯发育,并不断分化形成玻璃体和眼球壁三层组织中的大多数组织,如脉络膜、睫状体、虹膜,以及眼球最外面的纤维层巩膜。视杯和视柄的外胚层组织最终分别形成视网膜和视神经,而角膜组织则来自表面外胚层。

在眼的发育过程中,EFTFs 起着非常关键的作用,是它们使生眼区与神经管其他区域有所不同。应该是这些 EFTFs 出现的时程、浓度以及相互作用,诱导生眼区/视泡的细胞不断分化成眼组织的细胞。视泡细胞随视网膜的发育而大量增殖,最终产生神经视网膜的各种细胞以及其他几种非视网膜眼组织,如:睫状上皮、色素上皮及虹膜等。

对视网膜疾病的再生医学治疗来说,眼发育中的视杯结构非常重要。视泡内陷形成视杯的内层,也就是后来的神经视网膜。而视泡外层为内陷的部分形成视杯的外层,后来分化形成视网膜色素上皮(retinal pigment epithelium,RPE)层。两层之间并不是牢固长在一起,而是存在一个潜在的间隙,称为视网膜下腔(subretinal space)(图 4-2)。虽然,这样的结构使视网膜脱离容易发生,但同时也为视网膜疾病的治疗,包括药物治疗、干细胞治疗、基因治疗等提供了一个理想的给药部位。目前研发中的干细胞治疗和基因治疗大多是通过视网膜下腔注射完成的。

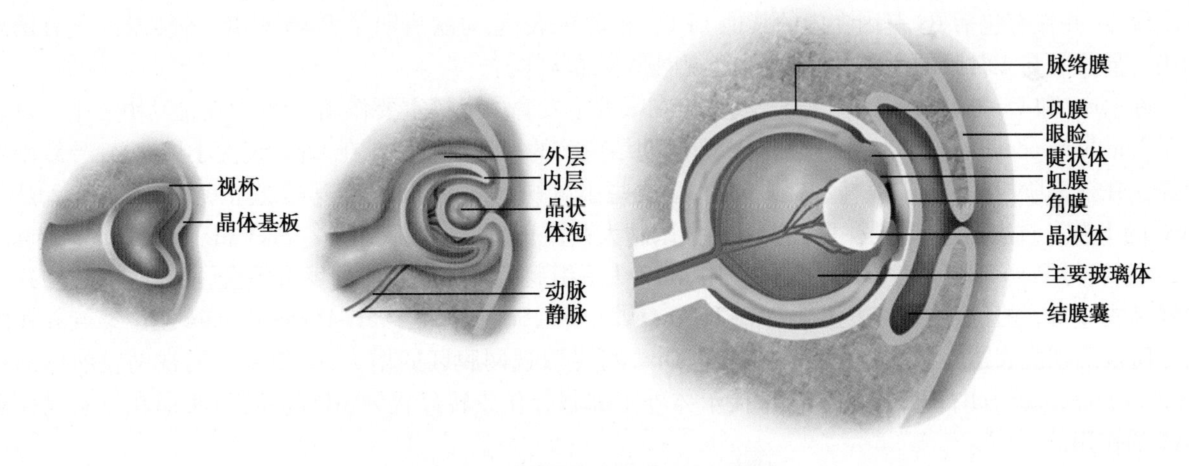

图 4-2 视网膜发生发育过程示意图

二、调控视网膜发生与发育的重要因子

与其他组织细胞一样,视网膜细胞的生存、增殖、分化和衰亡均受多种因子的调控。其中,最重要的是各种转录因子(transcription factor,TF)。转录因子能与基因 5' 端上游特定序列,即转录因子的结合位点(transcription factor binding site,TFBS)专一性结合,通过抑制或增强目的基因的表达以保证目的基因以特定的强度在特定的时间与空间表达蛋白分子,实现对细胞生物学性状的调控。因此,了解视网膜发生与发育过程有哪些转录因子参与、在哪个阶段参与、以什么样的强度参与,以及转录因子间怎样协同作用,不仅

有助于我们掌握视网膜各种细胞的分化和组织形成，而且对利用干细胞治疗视网膜疾病具有重要作用。因为，控制干细胞分化为治疗所需要的供体细胞离不开对这些转录因子的认识。

在生眼区出现之前，胚胎的神经系统的前端与后端已开始分开，转录因子 Otx2（orthodenticle 家族的成员之一）是调控这一区分的关键因子。当另一个相关的转录因子 Rx 开始表达时，生眼区的 Otx2 下调，持续在生眼区周围表达并限制在色素上皮内，直到光感受器细胞（photoreceptor，或称为感光细胞）和双极细胞（bipolar cell）出现时才再次表达。敲除 Otx2 基因的实验动物不能形成生眼区及周围的结构。

在眼的发生发育中，最重要的转录因子就是 EFTFs。前文叙及，生眼区最初位于中轴的单一区，后来向两侧分开形成两个对称分布的生眼区。这一过程也是受转录因子调控的。眼发生区为单一区时，先发生的事件是脊索前中胚层（prechordal mesoderm）中线区释放 Shh（sonic hedgehog），抑制了中线区的 EFTFs，使得生眼区向两侧对称分开。生眼区/视泡表达的 EFTFs 主要包括 ET、Rx、Pax6、Six3、Lhx2、tll 和 Optx2/Six6。这些 EFTFs 对眼的发育是非常重要而且必需的，其中任何一个基因的突变都会使个体出生后伴有小眼（microphthalmia）畸形或无眼（anophthalmia）畸形。

在各种 EFTFs 中，生眼区最先开始表达的转录因子是 Rx/Rax。Rx 表达起始于将要形成视泡的区域。一旦视泡形成，Rx 表达则限制在间脑腹侧和视泡区，并最终限制在发育中的视网膜中。在小鼠中，纯合子 Rx 基因突变导致无眼畸形，眼的发育在视泡阶段停止。由于 Rx 缺乏小鼠的其他 EFTFs，如 Pax6 和 Six3 表达也缺乏，表明 Rx 可能在这些基因的上游并具有诱导这些基因表达的作用。在人类，也已发现了一个无眼畸形和巩膜化角膜（sclerocornea）患者伴有 *Rx* 基因突变。另一方面，过表达 Rx，在爪蛙胚胎可引起神经视网膜和 RPE 的过度增殖以及异位视网膜组织形成。斑马鱼研究也得到类似的结果。

研究最清楚的 EFTFs 是 *Pax6*。*Pax6* 是配对盒同源结构域（paired box homeodomain）基因家族的一员，是眼发育的关键调节基因，并且在不同种属中高度保守。在原肠末期，Pax6 在神经板前部开始表达，并持续在视泡及其后续组织中表达，并最终限定于成年动物的神经节细胞、水平细胞核无长突细胞。*Pax6* 基因突变时，会因基因剂量不同而引起多种不同的表型。在小鼠，纯合子 *Pax6* 基因突变将导致无眼畸形，但小鼠胚胎中 Rx 表达正常，表明 Pax6 是 Rx 的下游基因。在果蝇和爪蛙进行的 *Pax6* 异位表达（mis-expression）研究表明，Pax6 能诱导异位眼组织形成。在爪蛙，过表达 Pax6 导致沿着中枢神经系统背侧有多个异位眼发生，并伴有包括 Rx 基因在内的其他 EFTFs 的异位表达，再次表明了 Pax6 对 Rx 等转录因子有诱导作用。异位眼与正常眼的形态类似，有神经视网膜和晶状体。

除 Pax6 和 Rx 外，其他几个 EFTFs 成员也在眼发生发育中发挥重要作用。Lhx2 就是其中一个。Lhx2 属于 Lim-homeodomain 基因家族的一员，在原肠期结束前的视泡中表达。在 Lhx2 突变小鼠，突变导致眼发育停止在视泡阶段，不形成视杯和晶状体。但这些小鼠视泡中的 Pax6 表达模式正常，所以，Lhx2 是在 Pax6 的下游。过表达 Lhx2 则在爪蛙导致两侧眼睛大并伴有异位视网膜组织。Six3 属于 Six-Homeodomain 基因家族，与 Pax6 基本同时出现。在鳉鱼中，Six3 失活引起无眼畸形和前脑发育不全，而其过表达导致多眼样结构异常，并且这些结构表达其他 EFTFs。Otx2（Six6，Six9）也属于 Six-Homeodomain 基因家族并在眼发育阶段的视泡表达。在爪蛙胚胎中过表达 Otx2 可导致视网膜区的增大，并使培养的视网膜前体细胞（retinal progenitor cell，RPC）过度增殖，提示体外干细胞分化或转分化为 RPC 时可以考虑在体系里检验 Otx2 的作用。

除上述 EFTFs 外，近年来，也注意到其他因子的作用。胰岛素样生长因子（insulin-like growth factor，IGF）信号通路、Ephrin 信号通路和转录因子 Sox2（sex-determining region Y-box 2）在眼发生发育中也发挥重要作用。在爪蛙胚胎早期过度激活 IGF 信号通路可导致明显的异位眼形成和多个 EFTFs 上调。IGF 与受体结合，可激活 MAPK 和 PI3K/Akt 细胞内第二信使通路，且激活程度的差异可能就是导致生眼区与周围脑区不同的原因。最近有报道，Akt 信号通路的过表达 Kermit2 能特异性促进 EFTFs，而阻断 Kermit2 可抑制眼的发育。但阻断的眼发育过程可通过表达 PI3K 而恢复。IGF 激活 Akt 信号通路引起 EFTFs 表达的机制也与 Wnt 信号通路相互作用有相关。经典 Wnt 通路信号是生眼区形成所必需的。在爪蛙外胚层移植体中，过表达 IGF-1 能抑制 Wnt 信号通路，并能恢复由于 Wnt8 过表达引起的受到阻碍的眼发生过程。Wnt/β-catenin 信号激活间脑后部的基因表达并压抑 EFTFs 表达，而激活经典 Wnt 通路可通过 Wnt4、

Wnt11 和 Frizzled-5(Fz5)来促进 EFTFs 表达。所以,Wnt 信号通路也在区分生眼区形成与间脑发育之间起重要调节作用。在这个过程中,经典 Wnt 信号通路受 IGF 信号通路和非经典 Wnt 信号通路的抑制。此外,在鱼类和哺乳类动物,都观察到生眼区的 Wnt 抑制因子 Sfrp1 受到抑制时 EFTFs 表达区减小的现象。在小鼠胚胎生眼区表达的 Fz5 被条件性敲除后,导致小鼠 E10.5 天发生小眼畸形及多种视网膜发育缺陷。

在 Ephrin 信号通路研究中发现,在眼发生过程中,EphrinB1 与 FGF 信号通路之间的相互作用对眼的关键形态形成和迁移有重要协调作用。EphrinB1 增加引起较多细胞迁移到生眼区并导致眼区扩张,而阻断这个通路则减小眼的大小。EphrinB1 信号的作用也与 Wnt 信号通路有关。过表达 Wnt 信号通路能改变 EphrinB1 的组分如 Egl-10 和 pleckstrin,使因 EphrinB1 抑制而发生的发育异常,恢复正常。其他影响 EFTFs 的因子尚不明确,如嘌呤介导的信号通路对 EFTFs 调节作用等。已观察到过表达 E-NTPDase2 能引起爪蛙胚胎异位眼形成,其机制可能涉及嘌呤受体 P2Y1。因为该受体的敲除和过表达,与 E-NTPDase2 一起,引起 Pax6 和 Rx1 的协同丧失或增多。

Fantes 等的研究表明,Sox2 对保证人眼正常发育至关重要。其突变将导致无眼畸形并伴有不同的外眼缺陷。Sox2 持续表达抑制视网膜前体细胞的神经分化,抑制 Sox2 信号导致前体细胞标志物丧失、启动神经分化。在发育中的鸡视网膜,Sox2 激活神经元相关基因表达、抑制 RPE 相关基因表达,并引起 RPE 细胞脱色素。Sox2 表达与 bFGF 表达正相关,与 PEDF(pigment epithelium-derived factor)表达负相关。此外,Sox2 还与 Pax6 和 Otx2 相关,共同调控眼发育,如 Sox2 和 Otx2 共同调控视网膜同源盒基因(retinal homeobox gene)Rx 的表达。Taranova 等的研究证明,在视网膜中,条件性敲除 Sox2,可导致视网膜前体细胞分化能力丧失。Wenxin Ma 等进一步证明,在发育中鸡的眼内过表达 Sox2 可诱导细胞向视网膜神经元分化。有关机制与 Sox2 上调 bFGF 表达有关。

参与调控视网膜发生与发育的还有一大类重要因子,就是在转录后水平的主要调节分子 microRNA(miRNA)。目前对 miRNAs 参与调控视网膜发育的认识多与视网膜细胞分化有关,这部分内容将在本章的第三节中讨论。

三、发育成熟视网膜的组织结构

熟悉视网膜正常的组织结构和细胞组成以及疾病时发生的变化,对研发基于干细胞的各种治疗方法非常重要。首先要知道在特定视网膜疾病情况下哪些细胞发生了病变,要明确把干细胞分化成哪(几)种细胞进行治疗,明确把供体细胞移植到什么部位,明确怎样判断移植后是否实现再生治疗等重要问题。

视网膜位于眼球壁内层,前起锯齿缘,后止于视乳头。构成视网膜内层的神经视网膜和外层的色素上皮层分别来源于胚胎早期视杯的内和外层。视网膜主要由七种(如果把光感受器细胞细分为视锥细胞和视杆细胞,则为八种)细胞组成四层细胞结构,组织学上分为十层(图 4-3)。

根据胚胎发育的来源和细胞成分,视网膜分为两大层:外面的视网膜色素上皮层和内侧的神经视网膜。前者来源于视杯靠近视柄的没有发生内陷的部分,后者则来源于前端内陷的部分。两层之间是一个潜在的间隙。目前研发中的多个干细胞治疗方案以及基因治疗方案都是采用“视网膜下腔”移植,即把供体细胞或目的基因移植到这个潜在间隙中。移植前,通常先人为做一个局部“网脱”。注射细胞或基因后,神经视网膜一般会很快复位。从严格意义上说,视网膜下腔移植或注射并不准确,因为真正的视网膜下应该是在色素上皮层与脉络膜之间,而实际中注射或移植的部位是在视网膜两层之间,称作“神经视网膜下腔”更为准确。

组织学上,视网膜的本质主要是由 7 种细胞组成的 4 个细胞层,从外向内为:视网膜色素上皮层、外核层、内核层和节细胞层。由于神经视网膜的细胞有较长的突起,且突起彼此广泛连接,在显微镜下呈现出十层可见的结构,由外向内分别为:

1. 视网膜色素上皮层(RPE layer) 视网膜色素上皮层由单层含有黑色素的上皮细胞构成。细胞排列有极性,呈多边形。RPE 细胞之间通过连接小带形成紧密连接,阻断了包括水和离子在内的各种物质的自由往来,构成了血-视网膜屏障(blood-retinal barrier,BRB)的外屏障,与由视网膜血管内皮细胞构成的

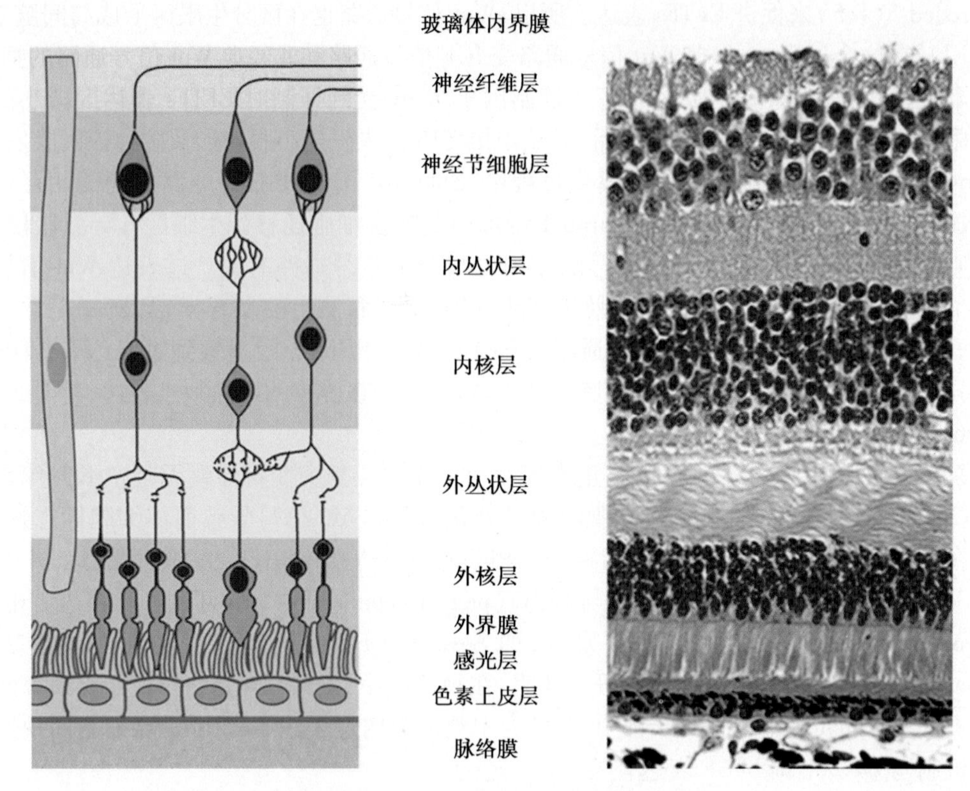

图 4-3 视网膜的组织结构和细胞组分

BRB 内屏障共同完成对视网膜微环境的保护和稳定作用。RPE 细胞的另一个非常重要的功能是维持光感受器细胞的功能。一方面是参与视色素的再生与合成，支持光感受器细胞实现视觉的产生，另一方面，代谢活跃的光感受器细胞外界的膜盘不断脱落更新以保持视觉功能的正常，而脱落的膜盘要靠 RPE 细胞来清除。RPE 细胞吞噬脱落膜盘后，包裹在吞噬泡内，吞噬泡与溶酶体结合后，膜盘被消化。必需脂肪酸被保留下来用于外界合成的再循环，而代谢废物等则通过 RPE 细胞的基底膜被排出进入血液循环。当 RPE 功能下降或受损伤时，一些膜组织会在 RPE 中残留形成脂褐素，严重时会影响甚至损伤光感受器细胞，从而引发老年性黄斑变性（age-related macular degeneration，AMD）等眼病。在 AMD 时，干细胞治疗的主要靶细胞就是 RPE。值得特别提醒的是，RPE 细胞的极性对其完成功能非常重要。因此，在干细胞诱导分化制备 RPE 细胞时，不仅要保证供体细胞在移植后能够存活，还要尽量使细胞的排列符合正常的极性状态。

RPE 细胞还有许多其他功能，如吸收散射光线、合成生长因子、维持视网膜贴附、维持电稳态等。RPE 在视网膜创伤和手术后的再生和修复作用，则在本章后面部分进行讨论。

2. 光感受器细胞层（photoreceptor layer） 光感受器细胞层，也称视锥、视杆细胞层或感光细胞层，实际上不是由光感受器细胞构成，而是由光感受器细胞（视杆细胞和视锥细胞）的细胞突组成，包括这些细胞在靠近 RPE 细胞一侧的内节和外节。光感受器细胞是我们身体中最为独特的一类细胞，是唯一能把载有外界物体大小、性状、颜色等信息的光信号转变为生物电信号从而可以产生视觉的细胞。这种光-电转换过程发生在光感受器细胞外节的膜盘上，其生化基础是视色素分子受光刺激后诱发的电反应，后者以神经冲动的形式经双极细胞传至神经节细胞（ganglion cell），并最终传到视中枢形成视觉。光感受器细胞损伤，能引起视觉的障碍，严重者可导致失明。由于人类视网膜光感受器细胞损伤后很难自身修复或替代，因此是干细胞治疗的另一个重要方向，即用干细胞分化为光感受器细胞进行替代治疗。

整个网膜有 1.1 亿 ~ 1.25 亿个视杆细胞和 6.3 百万 ~ 6.8 百万个视锥细胞，以维持人的视觉功能。在进行细胞移植治疗时，要根据视觉损伤的面积和移植后细胞的生存率推算所需要的供体细胞。同样，需要移植 RPE 细胞时，也可以根据视觉损伤的面积推算相应的供体细胞数量。举例，我们视觉最敏锐的部分黄斑区中心凹直径约为1.5mm，面积则为1.77mm²。该区的视锥细胞密度约38.5万个/mm²，则该区有视锥细胞约68万个，可作为移植光感受器细胞时的计算依据之一。如果是移植RPE细胞，由于RPE细胞较大，每个RPE细胞可支持约45个光感受器细胞，覆盖中心凹视锥细胞则需要15 000多个RPE细胞。当然，具体移植的供体细胞数量还要结合移植后细胞的存活率、细胞迁移到病变区的比率等因素进行综合考虑和测算。

3. 外界膜（outer limiting membrane，OLM） 外界膜为一层网状薄膜，是由视杆细胞和视锥细胞与Müller细胞连接处形成的结构。

4. 外核层（outer nuclear layer，ONL） 由视杆细胞与视锥细胞的胞体组成。显微镜下，可以看到多层细胞核组成的明显的层次结构。光感受器细胞损伤时，由于细胞的凋亡坏死等变化，细胞核消失，形态学上表现为外核层变薄，细胞核数量明显减少。这是检验治疗效果的一个重要的形态学指标。

5. 外丛状层（outer plexiform layer，OPL） 外丛状层为疏松的网状结构，是视杆细胞和视锥细胞的终球与双极细胞的树突及水平细胞的突起相连接的突触部位。

6. 内核层（inner nuclear layer，INL） 内核层主要是由水平细胞（horizontal cell）、双极细胞、Müller细胞和无长突细胞（amacrine cell）的细胞体组成。显微镜检查可见多层细胞核。

7. 内丛状层（inner plexiform layer，IPL） 内丛状层是双极细胞、无长突细胞与神经节细胞的树突相互连接形成突触的部位。

8. 神经节细胞层（ganglion cell layer，GCL） 主要由神经节细胞（ganglion cell）的细胞体组成。显微镜下可见少数几层相对松散分布的神经节细胞核。

9. 神经纤维层（optic nerve fibers，ONF） 主要由神经节细胞的轴突所组成。这些轴突向眼球后部汇集，经视乳头形成视神经并延伸进颅内。此层含有丰富的视网膜血管系统。

10. 内界膜（inner limiting membrane，ILM） 位于视网膜与玻璃体之间的一层薄膜，构成视网膜的内界，由Müller细胞的基底膜组成。

从上述组织学各层的细胞组分可以看出，视网膜各种细胞中，只有Müller细胞贯穿从内界膜到外界膜的各层，并与除RPE细胞外所有视网膜神经细胞及血管密切相互联系。Müller细胞的这种组织学特性应该对视网膜功能有重要支持，并可能在视网膜再生治疗中发挥重要作用。

四、基于发育与结构的视网膜再生的基础

尽管人们对基于干细胞的再生医学寄予巨大希望，但事实上并不是所有难治的疾病都适合用干细胞进行再生治疗，在短期内也很难实现干细胞再生治疗的跨越式进步和全面展开。比较可行的是，先在少数几个组织器官疾病的干细胞治疗中取得突破，积累和总结经验，再拓展到更广泛的领域去应用。一个组织的特殊病变，是否适合干细胞治疗，需要综合考虑很多因素。从发育和组织细胞结构角度看，至少在干细胞治疗开展的最初阶段，应优先考虑符合以下条件的疾病：

1. 需要的目的细胞（治疗用的供体细胞）量较少 很多从干细胞分化而获得的目的细胞，细胞数量都不多。要获得大量的细胞，就需要传代多次以扩增到一定的数量。目前的条件下，反复传代的过程中容易发生基因组的改变，为治疗带来潜在的风险。从这个角度看，视网膜疾病、特别是涉及光感受器细胞和RPE病变的疾病，非常适合于干细胞治疗。视网膜上，决定我们中心视力的黄斑中心凹只有约15 000个视锥细胞，而制备1万~2万个细胞比较容易，不用多次传代，基因组的稳定性容易保持。即使包括中心凹周围区域，几万个细胞就能基本实现替代。而对于矫正较大器官的组织缺陷或替代较大器官的代谢功能，几万个细胞还远远不够。至于经静脉输入后靠归巢效应进行治疗所需要的天文数字的细胞，靠全能性干细胞定向诱导分化及传代来扩增制备则不现实。

2. 病变组织的结构特点有利于供体细胞准确到位 许多病变的组织都深藏在机体深部，目前的技术，即使靠计算机辅助三维定位，也很难准确把供体细胞移植到需要治疗的部分。因为每个人的解剖结构都不同于其他人，即存在个体差异。目前的影像检查还无法精确到细胞水平，对深藏的微小结构的细胞移

植，准确移植还是很大的挑战。当病灶较大时，相对容易，但尽早在病变早期进行干预是最为理想的方案。相比之下，目前的主要视网膜疾病主要涉及光感受器细胞和RPE细胞，发育过程和组织结构所提供的潜在间隙——视网膜下腔，是一个理想的干细胞再生治疗的部位。这两层细胞间很容易通过人工手术造成脱离，便于移植细胞并保证细胞最初只能在这个间隙准确分布，直接接触光感受器细胞和RPE细胞。眼睛的透明结构也使移植可以在手术显微镜下直视进行，定位准确。

3. 病变组织的微环境特点有利于供体细胞存活　干细胞再生治疗的终极目标还是异体供体细胞治疗，这样才有更广泛的科学意义和社会意义。但异体细胞治疗的一个重要障碍就是免疫排斥反应对供体细胞的杀伤。对我们机体绝大多数组织来说，免疫反应无所不在，是异体干细胞治疗难以回避的重要挑战。但对视网膜疾病来说，干细胞移植治疗面临的免疫排斥问题较小，因为眼睛是机体内少有的免疫豁免器官(immune privileged organ)，视网膜以内的组织受到的免疫排斥反应比其他组织小得多，可能与血-眼屏障的作用有关，使免疫细胞难以进入眼内去触发免疫排斥反应。

4. 病变组织器官的功能检查简便且指标明确　准确的治疗效果判定，对把一项治疗方法推上临床至关重要。对很多不能直接、准确检查，而且功能复杂的组织器官来说，准确而客观地判断疗效并不容易，因为我们机体是处于一个动态变化的状态，主观感觉更是受多个因素的影响。血清白蛋白增加了2g/L很难确定是治疗肝脏疾病有了明确效果，血液红细胞增加了200个/μl更不能说是矫正贫血的治疗有效。但在治疗眼病，视力提高两行，能明确表明患者的视功能得到改善，其生活质量也会有很大提高。检查方法既简单、又明确。所以，对眼病，特别是视网膜疾病，干细胞治疗的效果的判断不那么含糊，有说服力。同时，通过视网膜电生理(electroretinogram，ERG)检查也可以客观判定治疗后视网膜功能的恢复情况。

5. 干细胞治疗后出现肿瘤等问题可早期发现并有办法干预　基于干细胞的再生医学治疗的最大风险是其成瘤性。干细胞的自我更新和多向分化潜能，使其在能够提供多种组织细胞以治疗不同疾病的同时，也存在有生长成肿瘤的可能。为叙述方便，姑且称这类肿瘤为“供体细胞来源的肿瘤(donor cell-derived tumor，DCDT)”。目前对肿瘤最有效的治疗是早期发现并及时切除(或其他最合适的治疗)。但体内大多组织器官的代偿能力很强，部分病变时常因患者没有症状而被忽视。深藏的肿瘤更不容易在常规检查中发现，而肿瘤发展到晚期手术也很难实施。相比之下，视网膜的任何微小病变都会在视觉上有所反映，比如患者感到眼前有局部微小的黑点。视网膜这种近乎“零容忍”的性质，使视网膜下腔干细胞移植后发生细胞异常增殖时，患者很早就有症状并及时就医。此外，眼睛眼前后轴向从前到后透明的组织学特性，使视网膜的病变能很容易通过光学仪器被直接观察到。最重要的是，现代眼科手术设备和技术，已经能在发生DCDT时通过激光、视网膜手术等办法及时消除肿瘤。这一优点也是其他组织器官所无法相比的。

6. 局部治疗时对全身的影响较小　眼球是相对与周围组织分离的。因此，不论是进行干细胞治疗或者发生肿瘤时进行干预，都很少影响到患者的全身情况。最坏的情况下，当眼内发生DCDT而现有办法不能治疗时，可以摘除眼球以保患者的生命。相比全身的干细胞治疗可能发生的DCDT，眼内DCDT的影响还是比较小的。

视网膜的发育和组织结构特点，在为干细胞治疗其病变提供了上述有利条件的同时，也带给我们治疗视网膜疾病时特有的困难。已经直接面临的困难是RPE细胞的极性。在其他一些组织，细胞直接注射到病变部位可能都有效果。但RPE的功能只有在其按应有的极性排列才能发挥支持光感受器细胞的作用。目前采取的对策一是在体外把诱导分化来的RPE细胞在介质上生长并保持一致的极性排列，然后剪取一小块进行移植。介质通常采用可降解可吸收的材料，或者在移植前去掉介质、仅植入细胞植片。另一对策是移植前体细胞，使供体细胞在微环境中多种因子的作用下，在分化成RPE细胞的过程中自己按应有的极性排列整齐。目前尚未面对但可以想象的另一弊端，是再生细胞存活下来、分化为光感受器细胞并发挥功能时，治疗眼影像与对侧眼影像的一致性问题。我们视物用两只眼睛，给了我们很好的空间立体感。实现这一功能的一个重要基础，是两眼视网膜上注视同一点的视细胞间有精密的定位和准确的对应。移植的供体细胞即使存活下来，与下一级神经元(双极细胞)的突触连接未必与原来被替代的细胞一样，导致治疗眼单独视物时尚好，但与对侧眼的影像不一致，引起大脑视中枢混乱。在干细胞分化为RPE细胞时，应该不会发生这种情形。

五、角膜的胚胎发育和组织结构与再生医学

角膜是眼前部近圆形的透明区，在人类，其水平直径约为12mm。角膜位于前述眼球屈光传导系统的最前端，是外界光线进入眼内时遇到的第一个界面。角膜和巩膜相连接的部分称为角巩膜缘，宽0.75mm～1.00mm，内含丰富的血管网，通过扩散作用向无血管的角膜组织提供营养。角膜透明的性质和前表面曲率半径(7.8mm)大于后表面曲率半径(6.8mm)的解剖结构特点，使光线得以通过并被聚焦，而且形成眼球最重要的屈光介质，承担整个眼球屈光度的2/3。角膜中央区厚度仅约520μm，而边缘处略厚(约650μm)，主要由三层细胞构成：最外层为多层的上皮细胞层，感觉神经丰富且再生能力强；中间为基质层，主要为水合细胞外基质(extracellular matrix，ECM)和成纤维细胞样细胞(角膜细胞)；最内层为单层角膜内皮细胞。角膜神经分布丰富，但没有血管。所以，其最独一无二之处在于其组织完整性和损伤修复都与角膜细胞与感觉神经之间的相互作用密切相关。

从发育角度，角膜上皮层来源于表皮外胚层，与结膜组织属同一来源并且解剖结构上彼此延续。角膜上皮层向球结膜过度的角巩膜缘区是角膜缘干细胞所在的组织学部位。尽管有研究表明，角膜上皮与角膜缘干细胞及祖细胞并不彼此整合在一起，但这种胚胎来源一致、组织结构上贴近而使分化调控直接而高效，应该是角膜具有强大再生修复能力的基础。角膜基质和内皮细胞则来源于神经嵴细胞(neural crest)，角膜基质更是与同一细胞来源的巩膜组织共同构成纤维膜层是眼球壁的重要支持结构，在保持眼球形状和保护眼内组织方面至关重要。尽管有研究表明房水的生化成分影响着角膜内皮细胞的再生能力，但胚胎来源的差异及相应的干细胞区缺如，不可避免地影响着角膜内皮细胞和角膜基质的再生修复，使得角膜和巩膜损伤后不能修复而是形成瘢痕。

组织结构上，角膜的组织结构高度有序，是其透明性质的组织学基础和保障。来自三叉神经眼支的睫状神经的感觉神经末梢大量、密集地分布在角膜各层，其密度高达皮肤感觉神经末梢分布的300倍，是为我们机体触觉痛觉最为敏感的部位。构成角膜的三层细胞之间，被无细胞的前弹力层和后弹力层隔开，构成了显微镜下的五层组织结构(图4-4)。由外向内分别为：

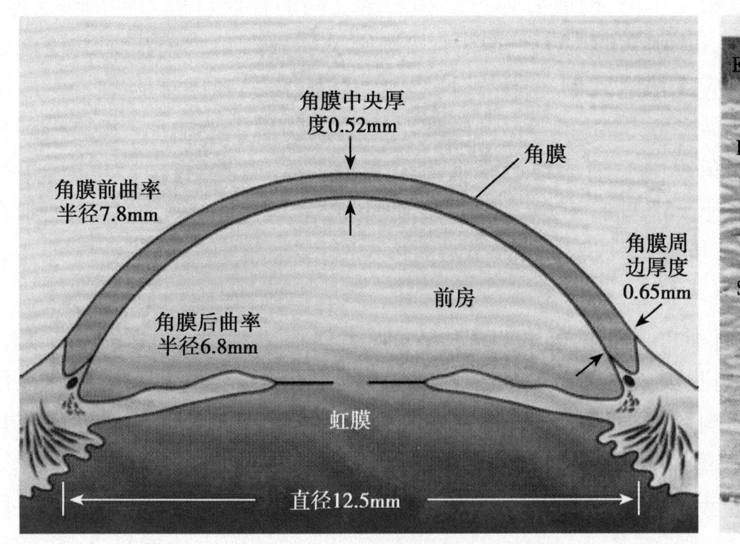

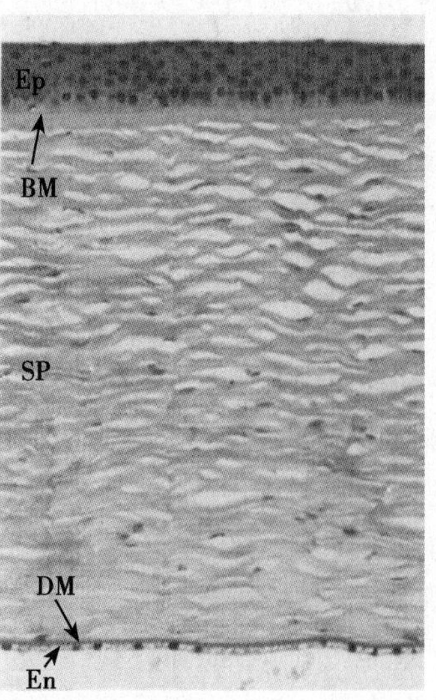

图4-4 角膜的组织结构和细胞组分

1. 上皮细胞层 角膜上皮细胞层厚约50μm，由5～6层非角质化的上皮细胞组成。其基底层细胞为单层柱状上皮细胞，位于基底膜上；其上(外)为多角形的翼状细胞，在角膜的中央区有2～3层，周边部有4～5层；最表面为两层表皮细胞，表面有微绒毛和微褶皱，有利于保持泪膜的覆着和吸收泪膜内的营养。基底层细胞不断增殖以补充其表层不断失去的最外层细胞，而增殖的细胞主要来源于角巩膜缘干细胞。

上皮细胞再生能力强，损伤后24～48小时即可愈合且不留瘢痕。上皮细胞的排列很紧密，可防止角膜水分的丧失，也起到天然屏障作用。同时，上皮细胞还分泌多种抗炎和抗微生物因子，配合上皮细胞间的紧密连接，使角膜对细菌等微生物有较强的抵御作用。上皮细胞还帮助形成不溶性的黏液层，与脂质层、水样层一起组成泪膜，其中富含的电解质、溶菌酶、乳铁蛋白等生物活性物质在湿润角结膜、提供氧和营养物质。

2. 前弹力层　前弹力层是一层透明薄膜，厚度约12μm，对机械损伤的抵抗力较强，但对化学损伤的抵抗力较弱。前弹力层损伤后不能再生，愈合时由瘢痕组织代替，并形成临床上的角膜云翳、斑翳或白斑。前弹力层形成的机制和影响因素尚不清楚。待机制阐明时，通过再生医学手段进行干预治疗则应有可能。

3. 基质层　基质层是角膜的主体部分，厚约500μm，占角膜厚度90%以上。基质层由200～300层排列整齐的胶原纤维板层构成。这些与角膜表面平行、交错但有序排列的板层，间距相等，且具有相同的屈光指数，是角膜透明的重要结构基础，也赋予角膜强大的剪切弹性和拉伸强度。基质层的主要成分是水，占80%，通过对胶原的水化作用（hydration）使基质呈凝胶状。除水以外，胶原是基质的主要成分，占角膜干重的75%，主要是Ⅰ型胶原（64%，形成支架）和Ⅵ型胶原（25%，起连接作用），以及少量Ⅲ、Ⅳ、Ⅴ、Ⅶ和Ⅷ型胶原。基质中的蛋白多糖能够维持胶原纤维的间距，有助于维持角膜基质的有序结构并赋予角膜的溶胀性能，提高角膜的机械性能。基质层中的细胞主要为透明性极好的角膜基质细胞，均匀分布于纤维板层之间。静态的基质细胞中含一种可溶性酶，有利于角膜细胞的透明性；角膜受损后基质细胞被激活，分化和角化为成纤维细胞，则不再表达该酶，使角膜混浊。此层损伤后不能再生，由瘢痕组织代替。目前阶段，角膜基质是利用细胞再生的难点，但有些人工材料已经很接近角膜的结构并替代其生理功能，可望通过组织工程技术再生角膜。

4. 后弹力层　后弹力层是位于基质层和内皮细胞层之间的富有弹性的透明薄膜，由内皮细胞分泌而形成。作为角膜内皮的基底膜，后弹力层可能是影响角膜内皮细胞再生治疗的重要因素之一。后弹力层对细菌毒素等化学性物质的抵抗力较强，损伤后可迅速再生。后弹力层与基质层连接不紧密，在外伤和病理的状态下，可能发生后弹力层脱离。

5. 内皮细胞层　内皮细胞层是角膜与房水之间的界面，由一层扁平、六角形上皮细胞构成，切面呈立方体，高度约5μm。人角膜大约有50万个细胞，彼此连接紧密。这种紧密连接结构与内皮细胞膜上的钠-钾-ATP酶、水通道蛋白-1及离子通道相互作用，构成后弹力层和房水之间的物理屏障，即角膜-房水屏障，将角膜基质层内多余的水分泵入前房，以保持角膜的相对脱水状态及透明性。角膜内皮细胞还能选择性地将房水中的营养成分运送到血液供应无法达到的角膜部分。一般认为，角膜内皮细胞数量生后不会增加，且其密度随年龄增加而减低，每年减少0.3%～0.6%。内皮细胞层损伤后不能再生，其缺损区依靠邻近的内皮细胞扩展和移行来覆盖。当角膜内皮细胞数量降低到临界值400～0个/mm^2以下时，角膜内皮功能失代偿，导致角膜基质层水肿、混浊。严重时出现大疱性角膜病变，甚至失明。角膜内皮细胞在体外培养体系可以增殖，但在体内却失去再生能力。寻找抑制角膜内皮细胞增殖的因子，可能是实现角膜内皮细胞再生的关键步骤。

从角膜疾病的临床和病理看，任何不可逆的角膜和（或）角巩膜缘损伤或衰竭，以及由于外伤、感染、营养不良等引起的神经损伤，都能使角膜失去透明性并导致视力下降或失明。角膜疾病是全球性仅次于白内障的致盲原因。全球的角膜盲影响至少1000万人，其中感染性角膜病约占85%，其他如热或化学药品损伤、紫外线和电离辐射、角膜接触镜、有毒物质侵入等均可导致角膜损伤，进而引起新生血管形成、持久性上皮缺损、角膜溃疡和穿孔，严重者则失明。对于角膜盲，角膜移植是目前唯一有效的治疗手段。由于角膜没有血管，移植片所受到的免疫排斥反应小，因此，是目前组织器官移植中成功率最高、疗效最好的范例。但由于角膜盲患者甚多，而可供移植的角膜相对非常少，靠异体供体角膜进行再生医学治疗对解决这个问题显得杯水车薪。组织工程角膜技术目前基本可以构建角膜基质，而角膜上皮也可以通过干细胞诱导分化或直接从角膜缘干细胞分化而来。目前的障碍是角膜内皮细胞的再生。这不仅涉及通过干细胞定向诱导分化为角膜内皮细胞，还要解决移植到体内后的存活问题。人们对没有血液供应、依赖房水供应营养的组织细胞的认识并不多。

第二节 视网膜干细胞和视网膜前体细胞

人们对视网膜干细胞的认识目前更多还是来源于对低等生物和相对简单的哺乳类动物视网膜的认识,对灵长类视网膜干细胞的认识还很少,争议也很大。这部分研究中,更多的是包括了对视网膜干细胞和视网膜前体细胞(RPC)的研究。从再生医学角度看,两者并不矛盾,不仅可实现异曲同工的目的,甚至可以结合两者特征的优势,针对不同疾病或疾病不同阶段设计合理的治疗策略。因此,熟悉掌握视网膜干细胞、前体细胞的生物学特征,对开展针对视网膜疾病的再生医学研究和治疗非常重要。

一、视网膜干细胞

组织细胞在不断分化的过程中发生死亡。为保证机体中各组织器官能正常执行其功能,机体的很多组织中保留有一些具有自我更新和分化潜能的干细胞,属于成体干细胞。在机体细胞死亡或者受损时,组织中的干细胞会被激活而诱发向受损伤细胞的分化,修复和再生受损的器官,替代受损伤细胞以维持细胞、组织或器官的功能。视网膜干细胞属于成体干细胞中的一种。

目前,对视网膜是否存在组织干细胞仍有争议,主要集中在哺乳类动物视网膜是否有干细胞。普遍认为,从视网膜发生早期阶段分离出来的细胞属于视网膜前体细胞。但也有学者认为,这些细胞可以认为是视网膜干细胞,因为他们可以产生所有类型的视网膜细胞、产生大的克隆并进行对称分裂。在一些成年脊椎动物,视网膜边缘区不断产生新的神经元和胶质细胞,表明在这些种系的动物存在视网膜干细胞。但在哺乳类,视网膜发育过程中的干细胞/前体细胞在整个生命过程中不产生新的视网膜神经元,所以这些视网膜细胞并不具有神经干细胞的特征。

根据干细胞的定义,干细胞与祖细胞或前体细胞的重要区别是:干细胞具有干性,即自我更新(self-renewal)能力。换句话说,干细胞不仅能分化成多种细胞,也能产生与亲代细胞完全一样的子代细胞,而祖细胞和前体细胞没有自我更新能力。因此,发育早期的视网膜细胞中既包含有视网膜干细胞,又包含有视网膜前体细胞,而后者所占的比例应该大大多于前者。尽管两者都能分化为各种视网膜细胞,但视网膜前体细胞已经失去自我更新能力,是视网膜干细胞最终分化为视网膜细胞必经的中间阶段,是比视网膜干细胞更为分化成熟、更接近视网膜细胞的中间状态细胞。并且,目前认识到的符合视网膜前体细胞定义的细胞群体也不是均一的,是由在向不同视网膜细胞分化过程中、处于不同分化阶段的细胞亚群构成的混合细胞群体。目前的困难是尚无有效办法在视网膜发生过程中用明确的、特异的细胞标志物(marker)把视网膜干细胞与视网膜前体细胞分开,把视网膜前体细胞各亚群分开。

按上述视网膜干细胞的定义,经历了半个多世纪的研究,目前在两栖类、鱼类和一些禽类比较明确有视网膜干细胞存在。这些动物的视网膜在胚胎期和新生儿期发育不完全,所以到成年后,视网膜会不断增加新的神经元。这一现象在硬骨鱼(teleost fish)最为明显。硬骨鱼的眼睛在一生中都在不断生长,可达100倍之大。这些有增殖能力的细胞和新产生的视网膜神经元都存在于视网膜周边区,位于与睫状上皮相接的部位,既围绕在视网膜的睫状边缘一个环形区,称之为睫状体边缘区(ciliary marginal zone,CMZ)。在非哺乳类脊椎动物,CMZ 细胞代表眼的早期前体细胞,甚至是视泡中的干细胞。事实上,成熟的蛙和鱼的视网膜的大多数细胞是由 CMZ 细胞产生的。谱系追踪研究表明,CMZ 细胞可以像胚胎视网膜细胞一样产生所有种类的视网膜神经元,很可能包含有一个视网膜干细胞亚群。只是在哺乳类,目前尚未发现这群细胞。

蛙和鸡的 CMZ 细胞表达大多数的 EFTFs,包括 Pax6 和 Chx10,也表达 bHLH 转录因子,如 Ngn2 和 Ascl1。部分 CMZ 细胞对有丝分裂生长因子的刺激有明显反应。在鱼和两栖动物,CMZ 细胞增殖能力很强,但在鸟类则明显降低,在哺乳类则完全缺如。CMZ 中视网膜干细胞与视网膜前体细胞的比例目前尚不清楚。鸟类的视网膜细胞大多在胚胎期已产生,CMZ 产生的神经元则很少。鸡出生后一个月仍有新生视网膜神经元产生,而在鹌鹑这个现象则可持续一年。所以,在蛙和鸡甚至其他禽类,多数人还是倾向于视网膜中存在有干细胞。

在哺乳动物眼,CMZ 进一步显著减少甚至缺失。在正常小鼠、大鼠和猕猴,多年来一直没能在视网膜中发现有丝分裂象的细胞。但 Tropepe 等在 2000 年发表的研究报告表明,成年小鼠视网膜睫状区的色素细胞能在体外不断分裂、增殖并且分化成为各种视网膜细胞的细胞,并认为这些细胞就是视网膜干细胞。同年,Ahmad 和 Tropepe 也从成年哺乳动物 CMZ 提取出了具有自我更新增殖能力的视网膜干细胞,并在一定条件下将其分化成了双极细胞、视杆细胞等视网膜细胞。2002 年,Yang 等更是从 10 ~ 13 周的人胚胎眼中成功分离出视网膜干细胞。进一步,$Ptch^{+/-}$ 小鼠与光感受器细胞变性小鼠交配后,子代小鼠 CMZ 样区的增殖细胞明显增加,类似于低等脊椎动物 CMZ 受到损伤时发生的反应。在新生哺乳动物,用特殊生长因子诱导视网膜前体细胞离开正常细胞周期可刺激视网膜增殖,表明哺乳类视网膜周边区细胞仍保持着增殖能力,或者说 CMZ 区仍然存在,但哺乳类视网膜的再生机制与上述非哺乳类脊椎动物不同。首先,非哺乳类脊椎动物视网膜的再生主要通过 RPE 的转分化机制(详见第三节),所有 RPE 细胞都具有再生能力,而哺乳类视网膜再生的细胞很少并且只是在睫状区;其次,转分化意味着 RPE 细胞无需分裂增殖就可直接转变为神经元的表型,而视网膜干细胞需要经过细胞分裂来产生神经元或胶质细胞后代;最后,一些非哺乳类动物的睫状区干细胞可终身产生神经元,而哺乳类睫状区的干细胞可能在发育到一定阶段时受到微环境中某些因子的抑制而处于静息状态。除去抑制,这些干细胞应该具有再生视网膜细胞的潜力。只要找到这些因子、阐明其调控机制,将极大地推动视网膜疾病再生医学治疗的进步。

二、视网膜前体细胞

从胚胎学和发育学角度看,视网膜,特别是视网膜神经细胞和 RPE 细胞,有着共同的细胞来源,并且其分化潜能已经被限制在向视网膜神经细胞和 RPE 细胞分化的方向,为视网膜前体细胞。这些细胞在视杯发育到视网膜阶段不断增殖、分化,最终形成视网膜多种细胞构成视网膜。在视泡表层内陷和周边延展形成视杯后,视网膜前体细胞大量增殖,占据了视杯结构。EFTFs 突变时影响和抑制了这一阶段以后的眼发育,就是通过影响这些视网膜前体细胞造成的结果。构成视杯的视网膜前体细胞与中枢神经系统其他部位的神经前体细胞类似:具有简单的双极形态、经历有丝分裂及 S 期的核迁移阶段等。曾经有很多年,这些细胞被认为是均一的,但近年来的研究表明它们具有不同的基因表达模式,即这些视网膜前体细胞也可能分别处于向不同细胞分化过程中的不同状态。Sidman 等较早期就报道了神经视网膜的细胞发生模式,即神经节细胞、视锥细胞、无长突细胞和水平细胞在发育早期首先形成,而大多数视杆细胞、双极细胞和 Müller 细胞则在视网膜发生的后半期出现。对这些视网膜前体细胞的后代细胞的克隆分析表明,它们包含有神经元和神经胶质细胞两个谱系的细胞,可以产生各种类型的视网膜神经元。

决定视网膜前体细胞命运的机制一直是广受关注的课题,但目前尚不完全明了。目前有两个主要假说:一是分子钟说,即视网膜前体细胞中有一种分子钟,这个机制帮助细胞确定细胞发育到或处于发育中的哪个阶段,使视网膜前体细胞在发育过程中在被限定的方向上经历各种变化而最终形成神经元或 Müller 细胞。支持这一假说的主要证据是各种不同神经元具有非常保守的发生秩序,可以解释为一些视网膜前体细胞发育到某一特定阶段后由分子钟控制的基因表达等变化使其在有丝分裂后被限定在某个特定的方向进行细胞分化。二是微环境诱导说,即伴随视网膜前体细胞的分化增殖,周围环境不断变化,而变化的微环境可诱导已处于某一阶段的视网膜前体细胞分化为后面一阶段的细胞,而部分较原始的视网膜前体细胞则在整个视网膜发生过程中保持着分化为视网膜所以类型细胞的能力。目前看来,视网膜前体细胞的固有因素和微环境因素都是决定这些细胞最终命运的重要因素。

近年来的研究表明,视网膜前体细胞可能是由不同亚群的细胞组成的。主要依据包括其不同组分细胞的基因表达不同,如碱性螺旋-环-螺旋(basic helix-loop-helix,bHLH)基因表达谱的不同。bHLH 转录因子是真核生物蛋白质中的一个大家族,在发育过程中起着极为重要的调控作用,包括参与调控神经元发生,如 NeuroD 家族主要参与决定视网膜细胞命运,Atonal 家族和 Ngn 家族分别参与内耳发育及大脑皮质祖细胞分化的调控等。研究显示，bHLH 转录因子 Ascl1（achaete-scute homolog 1，也称为 Mash1 或者 Cash1）只在视网膜前体细胞的某一群细胞表达，而转录因子 FoxN4 则在将分化成无长突细胞和水平细胞的视网膜前体细胞中表达，表明不同亚群的存在。另一类证据来自不同组分的视网膜前体细胞对生长因子和细胞内信号通路的不同反应。在同样的 cAMP 刺激下，从晚期胚胎或新生儿视网膜获得的视网膜前体细胞发生分化，而早期胚胎来源的视网膜前体细胞则发生增殖；从晚期胚胎或新生儿视网膜获得的视网膜前体细胞对 EGF 有强烈的反应能力，而早期胚胎来源的视网膜前体细胞对 EGF 或 TGFa 的反应很弱。对视网膜前体细胞存在亚群的异议，主要的依据是到目前为止还没能分离出可产生不同细胞类型的亚群。

简言之，胚胎视网膜中分裂活跃的细胞，主要是多能的视网膜前体细胞。在视网膜发育早期，这些细胞可以产生视网膜所有类型的神经元和胶质细胞，但到发育晚期，他们的后代细胞的分化潜能就被限制在视杆细胞、双极细胞和 Müller 细胞。从细胞标志物的表达来看，脊椎动物眼的发育过程中，神经视网膜前体细胞表达转录因子 Rx，而将分化为 RPE 的前体细胞则表达 Mitf。到神经视网膜分化晚期阶段，光感受器细胞的前体细胞表达同源框（homeobox）基因 *Crx*，而成熟光感受器细胞表达恢复蛋白（recoverin）和视紫红质（rhodopsin）。

第三节 视网膜干细胞与再生医学

一、视网膜干细胞与视网膜再生

理想的再生治疗策略包括：在体外定向诱导具有多能性的干细胞分化或其他细胞转分化以产生所需要的供体细胞，通过移植进行再生治疗；或在体内诱导组织干细胞或前体细胞分化，或组织中其他类型细胞进行转分化，产生受损伤的细胞类型并对损伤的细胞和组织进行修复。关于体外的多能性干细胞分化和转分化研究，将在后面讨论。而体内的组织损伤修复，就视网膜的再生来说，主要依靠视网膜干细胞，特别是通过各种因子激活这些干细胞并诱导其向所需要的视网膜细胞分化。

在人类，尽管目前尚未证明胚胎 13 周以后视网膜组织仍存在有干细胞，但多数学者倾向于 CMZ 样区仍然存在，只要能找到其微环境中的抑制因子或者能激活视网膜干细胞的因子，利用视网膜干细胞进行再生治疗就有可能实现。目前已发现一些能影响视网膜干细胞增殖分化的外源因子，研究较多的是碱性成纤维细胞生长因子（basic fibroblast growth factor，bFGF）、表皮生长因子（epidermal growth factor，EGF）、神经营养因子-3（neurotrophin-3，NT3）和胰岛素。bFGF 是神经干细胞的有丝分裂原。正常情况下，脑、垂体和下丘脑等器官中含有微量 bFGF。Connolly 等的研究表明，视网膜含有大量 bFGF，并证实其对视网膜神经元具有支撑和营养作用。Qiu 等发现，视网膜干细胞能在含有外源生长因子的无血清培养液中良好生长并在多次传代后保持干细胞的增殖能力和去分化状态。EGF 是最早发现的生长因子，通过与表皮细胞生长因子受体（epidermal growth factor receptor，EGFR）结合调控细胞内基因表达，对细胞生长、增殖和分化多有重要影响。Ahmad 等发现，视网膜干细胞在含有 EGF 的情况下可以保持良好的增殖能力和去分化状态，高表达 nestin 蛋白。一旦去除 EGF，细胞开始分化，nestin 表达减弱，各种神经元及神经胶质细胞的标记物开始表达。逻辑上推断，如果提高视网膜组织中 bFGF 和 EGF 的表达，应该能促进视网膜干细胞的增殖、抑制其分化。而在增殖后的某个阶段撤出这些因子，应该会抑制增殖，促进其向视网膜细胞的分化。NT3 是神经营养因子家族中的一员，对神经细胞的生长和分化有重要作用。Das 等的研究发现，在体外培养系统，阻断 NT3 的膜受体酪氨酸蛋白激酶 C（TrkC）可使视网膜干细胞的克隆增殖率下降 70%，并且可减少分化。因此，认为 NT3 与 bFGF 和 EGF 一样，也是早期视网膜发育的重要有丝分裂原之一。体外研究证明，有丝分裂原可以模拟体内环境，维持干细胞的增殖能力和去分化状态，并在一定条件下可以诱导细胞分化成为特定的视网膜细胞。

二、转分化与视网膜再生

转分化(transdifferentiation)是指一种类型的分化细胞转变成另一种类型的分化细胞的现象。转分化可以是同一胚层来源不同类型分化细胞之间,也可以是跨胚层进行。转分化是低等生物再生的方式之一,更是目前干细胞研究的热点领域,将在未来再生医学治疗中占有重要地位。本节将讨论部分生物眼内其他细胞转分化再生视网膜细胞的规律以及人为诱导各种细胞定向分化为目的细胞的研究进展。

1. 色素上皮　就组织再生能力而言,最让人惊奇和感叹的例子应该是蝾螈(*salamander*)和涡虫(*planarian*)了。涡虫属于无脊椎动物扁形动物门(platyhelminthes),再生力极强。横切为多段后,每段均可再生成一条完整的涡虫。其实质组织是分化出新细胞和再生组织的主要来源。而且其再生具有极性。如横切为3段时,前段再生出后端,后段生出头,中段则向前后生出头和后端。涡虫的前端有两个可感光的眼,但目前对其研究很少。蝾螈属于两栖纲有尾目动物(caudata animals),其各种组织包括眼睛的再生能力很强并且研究较多。视网膜完全去除后5周内,就能完全再生出新的视网膜,同时恢复对视觉刺激的反应。在蝾螈和其他多种两栖类动物,视网膜的再生是通过高度立体化的过程完成的:视网膜移去后,邻近的色素上皮组织很快就进入细胞周期。增殖的色素上皮细胞失去色素,并开始表达视网膜前体细胞的特异性标志物。通过色素上皮细胞再生视网膜组织是最早发现的转分化的例子之一。分化的色素上皮细胞继续产生新的视网膜神经元,其过程与正常视网膜组织再生一样。只需要几周,再生过程完成,新的视网膜神经节细胞与脑重新建立连接。对这种现象的另一种解释来自于Reh等的研究。他们在1998年提出,来源于神经上皮的睫状上皮层中,很可能就包含有视网膜干细胞,而视网膜通过色素上皮的再生是色素上皮层中视网膜干细胞的作用。但多数人认为,即使视网膜干细胞存在,也不能排除色素上皮转分化途径的视网膜再生。

用分子标记示踪的办法,已确认色素上皮细胞去分化(dedifferentiation)过程经历了类似视网膜前体细胞阶段,甚至有部分细胞回到干细胞阶段,因为在某些种系其色素上皮细胞可以再生出整个视网膜,并且是多次完全再生。在胚胎鸡和哺乳类,类似的色素上皮细胞去分化同样会引起整个视网膜的再生。不过,色素上皮细胞去分化为视网膜干细胞或前体细胞只能在眼发生的早期阶段实现。这个阶段的色素上皮细胞(或至少其中部分细胞)处于其前体细胞阶段,与视网膜前体细胞更为接近。在两栖类和鸡,刺激RPE再生的关键因子是FGF,不论是aFGF还是bFGF,都能将鸡胚RPE细胞诱导转分化为神经视网膜。体内研究表明,眼内注入FGF,可诱导色素上皮细胞出现视网膜前体细胞的特征,并产生新的分层的视网膜组织。但在体外培养的色素上皮细胞中,这种转分化/重编程只发生在RPE植片或形成细胞层的情况下,而不发生在分散的RPE细胞,其机制尚不清楚。

另一个对色素上皮细胞诱导能力较强的因子是Sox2。Sox2既是神经干细胞的标志物,也是神经视网膜前体细胞的标志物。对体外培养的RPE细胞,Sox2能促进视网膜神经节细胞和无长突细胞标志物的表达并抑制RPE相关基因的表达,并与bFGF互相增强表达。共表达Sox2和bFGF能在发育早期诱导RPE的视网膜神经细胞转分化,类似于在视网膜萎缩和损伤时所见到的情形。Wenxin Ma等更进一步证明,在RPE细胞中过表达Sox2可诱导细胞向视网膜神经元分化。视网膜中也可见到bFGF的表达。这些结果表明,Sox2能启动RPE细胞向视网膜神经细胞的转分化,并且这一过程可能与bFGF的调控有关。如使用Sox2联合神经分化因子,可能会重编程RPE细胞产生视网膜神经元,并实现再生治疗。最新证据表明,Shh在RPE转分化的过程中也起着重要作用。

从临床角度看,成年人眼RPE细胞处于静息状态。但在手术等因素刺激下,RPE细胞的增殖被启动。目前临床上认为这一增殖反应是副作用,因为增多的RPE细胞分化产生的细胞常因收缩而引起视网膜脱离,导致视功能损害。但从再生医学角度看,增殖反应提示了一种可能,即以RPE细胞作为内源性供体细胞,诱导产生视网膜神经元对受损伤的神经元进行原位替代治疗。

2. 睫状上皮　睫状体是另一个可能包含有视网膜干细胞或前体细胞的组织。这一区的组织在发育上来源于神经管(色素性和无色素睫状上皮)和神经嵴。无色素睫状上皮是神经视网膜前部的延伸,而色素性睫状上皮则是视网膜色素上皮层最前端的延伸。研究表明,至少在某些动物,这两层上皮都含有具有产生神经元潜能的细胞。眼内注射生长因子如胰岛素、FGF-2 和 EGF,能刺激睫状上皮的细胞增殖并最终向神经元分化。与 CMZ 细胞类似,这些细胞也表达 EFTFs、Chx10 和 Pax6。生长因子刺激该区诱导发育的神经元类似无长突细胞、神经节细胞和 Müller 细胞,但不表达双极细胞或光感受器细胞的标记物。

哺乳类的睫状上皮可能也具有一定的产生神经元的潜力。在成年猕猴眼的无色素睫状上皮可检测到神经元和细胞增殖的标志物。Crx 是锥-杆同源框包含基因(cone-rod homeobox-containing gene,CRX)编码的一种转录因子,因其选择性地在视网膜感光细胞表达,故可以用来鉴定相关细胞的存在。用 Crx 转染时,眼神经上皮最前端的虹膜的细胞也能表达光感受器细胞的基因。体外培养的睫状上皮(色素性及无色素的)可产生能表达神经元标志物的细胞。其中,色素上皮来源的一个亚群可形成神经球,并传代后形成新的神经球。由于这些特征,这些细胞被认为是视网膜干细胞。人眼中也有这些细胞,并且它们可以较长时间在体外生长、扩增和移植。但严格地讲,形成神经球的潜力并不代表细胞的干性。Dyer 等人报道,这种神经球中的细胞并没失去睫状上皮的特征,而且神经元基因的表达很低。所以,他们认为睫状上皮细胞不是视网膜干细胞,甚至不是视网膜前体细胞。因此,目前还不能确定可以使用这些细胞来重建功能性视网膜。具有成球能力的色素上皮细胞与 CMZ 中真正的视网膜干细胞之间的关系也还不明确,因为后者被认为是没有色素的。

3. Müller 细胞 Müller 细胞是视网膜主要的固有胶质细胞,也是 RPC 分化产生的唯一的胶质细胞。硬骨鱼视网膜损伤后也有强大的再生能力,但不是通过色素上皮而是通过 Müller 细胞实现的:视网膜损伤后,Müller 细胞产生强烈的增殖反应,正常在视网膜前体细胞阶段才表达的基因如编码 Ascl1a、Olig2、Notch1 和 Pax6 的基因上调,表明 Müller 细胞应对损伤时出现去分化,获得视网膜前体细胞的表型和能力,开始了再生程序。鱼视网膜再生中,信号分子和生长因子发挥着重要作用。Midkine-a 和-b、睫状神经营养因子(ciliary neurotrophic factor,CNTF)对鱼视网膜再生很重要。目前,至少发现有四个基因是鱼视网膜再生所必需的,即编码 Ascl1a、PCNA、hspd1 和 mps1 的基因。如把 Ascl1a 基因敲低(knock-down)可导致视网膜无法再生。

在新孵出的雏鸡,视网膜 Müller 细胞对神经毒性损伤的反应是重新进入有丝分裂细胞周期。正常视网膜的 Müller 细胞不增殖,但在受到损伤时会广泛增殖。其中一些增殖的 Müller 细胞表达视网膜前体细胞基因,包括上调 Chx10 和 Pax6,表达 Ascl1a、FoxN4、Notch1、Dll1 和 Hes5。这些结果表明,鸡视网膜 Müller 细胞能去分化进入视网膜前体细胞状态。不过,尽管在 N-甲基-D-天冬氨酸(N-methyl-D-aspartate,NMDA)损伤后大多数 Müller 细胞重返进入细胞周期,其中只有一小部分表达视网膜前体细胞标志物,而更少的部分能分化成表达神经元标志物的细胞。NMDA 处理数周后,Müller 细胞的后代表达无长突细胞(amacrine cell)Calretinin 和 RNA 结合蛋白 HuC/D、双极细胞(bipolar cell)和极少量神经节细胞(Brn3、神经丝)的标志物。大多数 Müller 细胞的后代保持作为 Müller 细胞或前体样细胞(表达 Chx10 和 Pax6),但不进入神经分化。

鸡和鱼的视网膜再生的初始阶段非常类似,视网膜损伤都引起 Müller 细胞增殖和表达神经前体细胞标志物。不过,两者的再生反应还是有很多的不同。其中最关键的差别有两点:第一,损伤后,鱼的 Müller 细胞来源的视网膜前体细胞可多次分裂,而鸡的只分裂一次;第二,鸡的 Müller 细胞的后代只有很小一部分能分化为神经元,而大多数鱼的 Müller 细胞都能分化为神经元。

哺乳类 Müller 细胞对损伤的再生反应比禽类还弱得多。尽管这些 Müller 细胞在损伤后会变得更为活跃、增大,但只有在特别的实验中有很少量的 Müller 细胞重新进入细胞周期。Müller 细胞再生新视网膜神经元的能力与其获得视网膜前体细胞基因表达模式相关。为确定哺乳类 Müller 细胞损伤后是否激活前体细胞的发育程序,Karl 等用 RT-PCR 方法分析了接受 NMDA 损伤和生长因子处理的小鼠视网膜基因表达谱,发现 NMDA 处理后 Müller 细胞的 Pax6 上调,Notch 信号通路的组分 Dll1 和 Notch1 也上调。体外培养的人 Müller 细胞,也会表达至少部分视网膜前体细胞基因。

综上所述,哺乳类 Müller 细胞在视网膜受到损伤后,可以上调前体细胞基因。但这些去分化的 Müller 细胞能再生新的神经元的证据仍不明确。哺乳类视网膜神经元再生的第一份报道来自 Ooto 等的研究,证明在视网膜损伤2～3天后至少存在一些BrdU⁺细胞并在2～3周后分化为双极细胞和光感受器细胞。用表达GAD67-GFP的小鼠进行的研究表明，N-甲基-D-天冬氨酸（N-methyl-D-aspartate，NMDA）和有丝分裂原联合处理可以促进标记细胞增殖、促进部分后代细胞分化并表达无长突细胞标志物，包括Calretinin、NeuN、Pax6和Prox1。同时，BrdU⁺细胞的层次位置及形态与无长突细胞一致，并且这一再生修复仅特异性地针对无长突细胞和神经节细胞。在小鼠和鸡视网膜损伤后，在视网膜发生过程中产生无长突细胞所必需的转录因子FoxN4明显上调。此外，Wnt3a、MNU和α-氨基己二酸也被用于大鼠和小鼠的视网膜损伤后Müller细胞的再生潜能研究。这些因子能促进Müller细胞增殖，一些BrdU⁺细胞能与视网膜某些类型的神经元（特别是视杆细胞）共定位。这些研究总体上表明：啮齿动物视网膜Müller细胞中至少有一个亚群可以再生少量无长突细胞和光感受器细胞。

三、MicroRNAs对视网膜干细胞/前体细胞的调控及对视网膜再生的影响

视网膜的发生发育严格受控于功能性调控网络。除本章第一节介绍过的一些因子外，MicroRNAs（miRNAs）作为转录后调控水平的主要调节分子，也在视网膜发育过程中发挥重要作用。miRNAs是一类进化上保守、大小约22个核苷酸的非编码小分子RNA，通过转录后抑制或促进mRNA降解来调节基因的表达水平。自1993年Victor Ambros发现第一个miRNA——lin-4以来，目前miRBase储存超过1500个人miRNAs和800多小鼠miRNAs的序列。

miRNAs参与视网膜发育和视网膜细胞分化的研究越来越多。在爪蛙（xenopus）研究中，Chow等发现miR-129、miR-155、miR-214和miR-222能特异性影响otxs和vsx1基因的后续翻译。这两个基因是视网膜发育晚期开始分化产生双极细胞所必需的的特异性基因，他们在视网膜前体细胞阶段就开始转录，但直到视网膜发育晚期才开始翻译产生相关蛋白。下调爪蛙眼的miR-24表达能导致小眼畸形并诱导细胞凋亡。而硬骨鱼视网膜损伤后的再生反应则是抑制let-7表达使Müller细胞去分化、通过视网膜祖细胞重新产生视网膜细胞而恢复视功能。Let-7能抑制视网膜再生相关基因，如ascl1a、hspd1、lin-28、Oct4、pax6b和c-Myc的表达，从而阻止Müller细胞发生去分化。miR-7能促进果蝇视网膜前体细胞分化为光感受器细胞。在视网膜前体细胞开始向光感受器细胞分化时，EGFR信号系统中的ERK开始介导转录因子Yan的降解，从而激活miR-7的表达。在未激活的视网膜前体细胞中，Yan抑制miR-7的转录，在感光细胞中，miR-7通过结合在转录因子Yan的mRNA的3'UTR而抑制Yan的蛋白翻译。在视网膜前体细胞中Yan表达而miR-7低表达，在光感受器细胞中miR-7表达而Yan低表达，表明miR-7和Yan之间的平衡状态对视网膜祖细胞的分化有重要影响甚至是决定性作用。Arora等在分析睫状上皮视网膜干细胞（ciliary epithelial retinal stem cells，CE-RSC）的miRNAs表达时发现，不同的miRNAs在新生小鼠（4天）和成年小鼠视网膜细胞中的表达丰度差异显著，并且与其调节的靶mRNA的表达量显著相关。如miR-25在新生小鼠视网膜细胞内表达量最高，而其靶基因的表达水平明显下调；miR-124在CE-RSC中未见表达，但在新生小鼠以及成年小鼠视网膜细胞中高表达。同时发现，miR-34a在CE-RSC和新生小鼠视网膜各层均有表达，而在成年小鼠中仅在视网膜INL中高表达；miR-125b在新生小鼠视网膜的IPL高表达，而在成年小鼠视网膜中只在INL和ONL表达。另一项研究发现，miR-182在胚胎期及刚出生小鼠视网膜不表达，但在新生小鼠表达迅速升高并在成年小鼠视网膜中保持高表达。视网膜中miR-9的表达水平在小鼠胚胎发育10天前很低，以后不断上升并在出生后10天达到峰值，之后再逐渐下降。这一变化规律与小鼠视网膜细胞完成分化的时间一致，提示这些miRNAs可能参与调节视网膜细胞发育、分化以及时序控制相关基因的表达，从而保证成体视网膜发育的最终完成。

miRNAs的调节机制比较复杂。一个miRNA可以有多个调控靶点，而其本身又受多个基因的调控。从再生医学角度看，研发基于miRNAs的治疗方法，可借助不同miRNAs在不同组织细胞中表达的特异性或表达水平有巨大差异的特点来实现。

四、利用其他干细胞实现视网膜再生

利用自体眼内干细胞诱导分化或利用眼组织其他细胞转分化这两种策略实现的临床视网膜再生治疗,即使研发成功,也可能受到应用上的限制。除前面讨论过的哺乳类视网膜再生修复机制比非哺乳类极大地减弱外,另一个主要原因是很多视网膜疾病会同时损伤视网膜干细胞或前体细胞甚至是可用来转分化的其他细胞。遗传性疾病更是使视网膜其他细胞也因与损伤细胞带有同样的基因组而无法分化出健康的细胞进行功能替代。因此,很多研究都聚焦在如何利用异体的细胞进行定向分化产生治疗用的供体细胞,或者利用诱导性多能干细胞(induced pluripotent stem cell,iPSC)技术对自体其他组织细胞进行定向诱导分化和基因矫正后进行治疗。

事实上,在干细胞技术兴起之前,人们已经尝试用异体供体细胞移植进行替代治疗了。使用的细胞主要是取自流产胎儿或者眼库捐赠眼的视网膜光感受器细胞或者是 RPE 细胞。这类细胞移植治疗不仅在动物实验取得成功,而且在不同的视网膜变性病例中移植胎儿视网膜前体细胞的 1 期临床试验也获得一定程度的成功。但由于获得合适的供体细胞非常困难,特别是从流产胎儿获取,还存在伦理上的争议和阻碍。因此,1998 年人胚胎干细胞(hESC)建系成功后,人们的努力开始转向用 ESC 定向诱导分化获得视网膜光感受器细胞或 RPE 等供体细胞。近年来,利用 iPSC 及成体干细胞进行视网膜再生治疗的尝试研究也获得进展,使获得治疗性供体细胞的途径越来越多。主要包括:

1. 胚胎干细胞来源的视网膜细胞　ESC 的无限增殖能力和分化多能性为制备治疗用供体细胞提供了广阔的应用前景,使其成为很有吸引力的内源性视网膜前体细胞的替代物。已有多种方法能将小鼠 ESC 定向诱导分化为视网膜细胞。一些早期的神经分化方法涉及使用维甲酸(retinoic acid,RA)、bFGF 或 ITSFn(insulin、transferrin、selenium 和 bifronectin 联合使用)。这样诱导产生神经上皮的效率高,并可进一步分化为神经元和胶质细胞。将 ESC 与视网膜组织共培养,一些分化的细胞能表达光感受器细胞前体细胞的表面标志物,如 Crx 和 Nrl,但不表达光感受器细胞标志物,如视紫红质(rhodopsin)和光感受器细胞间视黄醇结合蛋白(interphotoreceptor retinoid-binding protein,IRBP)。这些细胞移植到视网膜变性动物模型后,可整合到视网膜组织中并表现出神经元的形态特征,但不表达光感受器细胞标志物。不过,这些细胞能使其周围的宿主光感受器细胞存活得更好。

ESC 的神经系诱导分化会经过类胚胎(embryoid body,EB)形成阶段。EB 与基质细胞系 PA6 共培养,可产生视网膜神经细胞和色素上皮细胞。借助胚眼发育中的因子,如用 Rx 等 EFTFs 来诱导 ESC 的视网膜分化也比较有效。目前比较成功的分化策略是用信号分子的组合刺激。如 Takahashi 研究团队在啮齿类和灵长类 ESC 诱导分化中使用的 Lefty(nodal 拮抗剂)、Dkk1、FCS 和 Activin,能有效地诱导小鼠 ESC 向视网膜细胞分化。Lefty 可抑制 BMP 信号通路而诱导神经分化;Dkk1 则抑制 Wnt 信号通路而诱导向前脑的神经分化;Activin 指导视泡细胞的色素上皮分化,并在视网膜发育晚期促进视网膜前体细胞向光感受器细胞分化。这一分化策略可使约 26% 的细胞表达 Pax6 和 Rx。将这些 $Pax6^+/Rx^+$ 细胞与视网膜神经元共培养,大部分细胞会表达光感受器细胞标志物视紫红质和 recoverin。将包含 $Pax6^+/Rx^+$ 细胞的植片移植后,这些细胞整合能到宿主视网膜中。

组合的信号分子也能有效诱导 hESC 的视网膜细胞分化。已有报道,联合使用 Noggin(BMP 抑制剂)、Dkk1(Wnt 抑制剂)和胰岛素样生长因子(IGF-1)能有效地诱导 hESC 分化为视网膜细胞。分化出来的细胞表达所有的关键 EFTFs 和光感受器细胞的早期标志物,如 Crx、Nrl 和 recoverin。把 hESC 来源的视网膜细胞与成人视网膜植片共培养,分化产生的光感受器细胞仍非常有限。但同时加入小鼠视网膜,能明显增强细胞向光感受器细胞分化的趋势,表明 hESC 和视网膜组合,仍缺乏光感受器细胞完全分化所需要的微环境因素。类似分化策略有使用 Wnt 和 BMP/nodal 信号通路拮抗剂的组合。

这些研究报道提示:在人和小鼠 ESC 的生眼区诱导过程与正常眼发育过程类似。尽管 Wnt 拮抗剂和 BMP 拮抗剂联合作用也可诱导前脑神经细胞的分化,而且生眼区的很多标志物在前脑也有表达,但这个 ESC 生眼区诱导分化体系里,分化产生的细胞不表达 Emx 等大脑皮层标志物,而且可以进一步分化为只能由视网膜前体细胞产生的光感受器细胞。有研究表明，用类似这些信号通路分子的小分子化合物替换上述视网膜分化方案中的一些信号分子能获得类似的成功。Meyer 等人的分化策略中，采取了在 ESC 分化过程中鉴定和挑选出视网膜前体细胞然后再继续诱导分化，更清楚地展示了 hESC 分化为视网膜的过程与体内的视网膜发生各阶段的一致性。

在 hESC 定向诱导分化为视网膜细胞研究中，美国 Reh 实验室和日本 Takahashi 实验室的工作可以代表比较早期和主流的研究。Lamba 和 Reh 等在 2006 年的报道中介绍了用 hESC 细胞系 H1 完成的视网膜神经元分化实验。通过在培养体系中加入 Noggin、Dkk1 和 IGF-1，3 周后，成功地诱导了 80% 的 H1 细胞分化为视网膜前体细胞，其基因表达谱与胎儿视网膜前体细胞的表达谱类似，并能进一步分化为表达功能性谷氨酸受体的视网膜内层的细胞如神经节细胞和无长突细胞，而约 10% 的细胞表达 Crx、Nrl 和 recoverin 等光感受器细胞早期分化标志物。与取自视网膜变性小鼠视网膜组织共培养时，这些 hESC 来源的视网膜前体细胞能整合到小鼠视网膜并表达光感受器细胞的标志物。与上述 Takahashi 实验室的分化策略相比，Lamba 和 Reh 等的诱导系统中增加了 Noggin 并显著提高的分化效率。Ikeda 等人并没报道 Noggin 对小鼠 ESC(mESC)的视网膜细胞诱导作用，可能提示 hESC 与 mESC 对 Noggin 的反应有很大不同。Lamba 和 Reh 这个诱导系统的另一个不同是在 EB 阶段加入了 IGF-1，使培养的细胞有效地分化为视网膜前体细胞，而不向大脑皮层和中脑神经元分化。

Lamba 和 Reh 等进一步在小鼠体内检验这些诱导性视网膜细胞的存活、整合及向光感受器细胞分化的能力。将这些细胞进行绿色荧光标记后，取 1μl 细胞液（含 50 000 ~ 80 000 个细胞）移植到野生型和 Crx 缺陷型小鼠玻璃体腔（新生小鼠）和视网膜下腔（成年小鼠），观察 1 ~ 6 周。在新生小鼠，移植的供体细胞迁移到视网膜各层，并表达相应的标志物；而移植到视网膜下腔细胞，迁移到 ONL 并表达光感受器细胞标志物，形态也变得类似光感受器细胞的外节。特别值得关注的是，$Crx^{-/-}$ 的小鼠（遗传性视网膜缺陷小鼠，与 Leber's congenital amaurosis，LCA 的一种类型一致），经细胞移植治疗后，视网膜对光刺激的反应得到了恢复，表明用 ESC 来源的供体细胞替代光感受器细胞损伤是一个有潜力的治疗方法。

2008 年，Takahashi 实验室在不使用视网膜组织共培养条件下，用明确的因子将小鼠、猴和人的 ESC 诱导分化为视杆和视锥细胞。在 mESC，用 Notch 信号抑制剂处理 Rx^{+} 视网膜前体细胞可获得 Crx^{+} 光感受器细胞前体细胞。进一步用 FGF、SHH、牛磺酸和维 A 酸处理，除自发产生视锥细胞外，可诱导产生大量的 $Rhodopsin^{+}$ 视杆细胞。无滋养层、无血清悬浮培养的猴和人 ESC，可被 Wnt 和 Nodal 抑制剂诱导分化为 Rx^{+} 或 $Mitf^{+}$ 的视网膜前体细胞。前者可被 RA 和牛磺酸诱导产生光感受器细胞，后者则分化为 RPE 细胞。

除光感受器细胞外，另一类引人关注的视网膜细胞是神经节细胞（RGC）。这种有长轴突的多极神经元汇集来自双极细胞和无长突细胞的信息，将视网膜生成的最终的整合视觉信息传入大脑。青光眼等眼病主要导致 RGC 的损伤，因此，RGC 的再生为青光眼等疾病患者带来希望。RGC 视网膜发生过程中出现的第一种细胞类型，其命运决定的关键因子有 Pax6、Math5（在小鼠是 atonal homolog 5，Ath5）和 Notch。2009 年，Jagatha 等首次在体外成功地将 ESC 来源的神经前体细胞诱导分化为 RGC 样细胞。他们以商品化的小鼠 ESC 为起点，经 RA 等诱导分化为神经前体细胞（neural precursor cell，NPC）后，用 FGF-2、Shh 等继续诱导。约 2% 的分化细胞表达 Ath5（RGC 的调节因子）、Brn3b（启动 RGC 分化的关键因子）、RPF-1、Islet1（RGC 的标志物）和 Thy1。同时，Ath5 和 MAP2 双标记显示细胞具有 RGC 的形态特征，表明成功地诱导了 RGC 样细胞分化。这些细胞移植到大鼠玻璃体腔后，能整合到宿主视网膜中并表达 Ath5。

除视网膜神经细胞外，RPE 细胞是另一个重要的 ESC 分化的靶细胞。RPE 细胞对维持视功能方面起着关键作用，其功能损害很可能是年龄相关性黄斑变性（age-related macular degeneration，AMD）等视网膜退行性疾病的重要原因。通过干细胞再生的努力，有望通过干细胞来源的 RPE 细胞替代治疗使这类患者复明。首次将 ESC 分化为 RPE 细胞可追溯到 2002 年。Takahashi 研究小组在用 ESC 与 PA6 细胞共培养（简称 SDIA 法）时，无意中将 ESC 分化成 RPE 样细胞。后来的研究证明，该 RPE 样细胞无论在细胞形态、分子特征和生物学功能方面都与天然 RPE 细胞相同。

2. 诱导性多能干细胞来源的视网膜细胞　iPSC 的诞生具有划时代意义，不仅证实了成熟的分化细胞仍可去分化产生具有类似 ESC 潜能的细胞，同时也避开了使用 ESC 所遇到的伦理障碍，甚至可以利用

iPSC 技术避免移植后的免疫排斥反应，是替代 ESC 的理想选择。所以，山中伸弥（Shinya Yamanaka）博士因这项成果获得诺贝尔奖是实至名归。iPSC 领域的研究和技术进展非常快，本书前面有关章节已有详细论述。本节只讨论利用 iPSC 获得视网膜细胞以及与视网膜再生治疗有关的问题。

已有多个研究证明，目前使用的 ESC 的视网膜分化策略可以用来诱导 iPSC 的视网膜分化。在体外，这些细胞发育出不成熟光感受器细胞的特性，并在植入正常小鼠视网膜后整合到适当的细胞层。虽然不同细胞系和诱导方法的视网膜细胞分化效率不同，但至少有一些研究表明，利用 iPSC 诱导分化获得的视网膜细胞与 ESC 来源的视网膜细胞一样好，甚至更好。Takahashi 实验室用诱导 ESC 的分化策略对一个小鼠 iPSC 细胞系和 3 个人的 iPSC 细胞系进行测试，结果表明，Wnt 和 Nodal 抑制剂处理悬浮培养的 iPSC 可诱导其分化并表达视网膜前体细胞标志物，进而还可产生 RPE 细胞。进一步用维 A 酸（RA）和牛磺酸处理，除一个人的 iPSC 细胞系外，分化获得的细胞都表达光感受器细胞的标志物。在此基础上，该实验室还用小分子化合物（CKI-7、SB-431542 和 Y-27632）成功地诱导了 ESC 和 iPSC 的视网膜细胞（视网膜前体细胞、光感受器细胞和 RPE 细胞）分化。从临床应用角度看，小分子化合物不是生物制品，不引起免疫排斥反应，性状稳定，且价格便宜，比生物因子有明显优势。

将 iPSC 诱导分化为视网膜神经节细胞（retinal ganglion cells，RGC）的研究也有进展。葛坚研究团队通过过表达 Math5 及添加 Dkk1+Noggin（DN）将小鼠 iPSC 直接诱导分化为 RG 样细胞：有长的突触，表达 Math5、Brn3b、Islet-1 和 Thy1.2（成熟 RGC 表面标志物）。Math5 是重要的 RGC 命运决定调节因子，Pax6 直接激活 Math5，Hes1/Hes5 则通过抑制 Math5 维持前体细胞的状态。所以，这一分化策略的核心是调动 Math5：在细胞中过表达 Math5 以激活 iPSC 中的 RGC 分化的调控网络（包括 RGC 特异性转录因子 Brn3b 和 Islet-1），在培养体系中加入 Dkk1 和 Noggin 上调 Pax6 以激活 Math5，用 DAPT 抑制 Hes1 以解除对 Math5 的抑制。结果约 15% 的细胞表达 Math5、10% 的细胞表达 Brn3b、5% 的细胞表达 Thy1.2。但在后续的细胞移植实验中，这些 iPSC 来源的 RG 样细胞移植到玻璃体腔后，虽然能够存活，但不能整合到正常宿主视网膜组织中。可能与正常小鼠视网膜的微环境对供体细胞形成某种屏障，限制其迁移与整合。

iPSC 的另一个优势是可以从成人皮肤成纤维细胞获得，因此可以从遗传疾病患者获得多能干细胞来建立疾病的细胞模型或患者特异性细胞替代治疗的供体细胞。

3. 成体干细胞来源的视网膜细胞　成体干细胞包含了众多组织中的干细胞，包括视网膜组织中的干细胞。关于视网膜干细胞，前面已有讨论。本节只探讨通过其他组织的成体干细胞转分化产生视网膜细胞的问题。目前，研究较多的成体干细胞主要有骨髓间充质干细胞（bone marrow mesenchymal stem cell，BM-MSC）、脐带间充质干细胞（umbilical cord mesenchymal stem cell，UC-MSC）、脂肪干细胞（adipose-derived stem cell，ADSC）等。

（1）骨髓间充质干细胞（BM-MSC）：BM-MSC 是 MSC 中最具代表性的一类，目前关于 MSC 的认识很多是来自 BM-MSC。尽管 BM-MSC 在成年体内增殖不明显，但在体外培养中却表现出活跃的增殖能力。特别是其向不同谱系分化的能力，日益受到重视。已有研究表明，在体外培养体系中，BM-MSC 可被诱导分化为脂肪细胞、成骨细胞、软骨细胞、心肌细胞、肝细胞、血管内皮细胞、皮肤上皮细胞等。BM-MSC 可分化为神经星形胶质细胞、少突胶质细胞与神经元的潜能提示，BM-MSC 可能会被诱导分化为视网膜神经细胞和 RPE 细胞，成为视网膜再生修复的供体细胞。在大鼠间充质干细胞（rat mesenchymal stem cell，rMSC）研究中，用含有 EGF、bFGF 等因子以及细胞培养液的分化液处理，细胞发生形态改变，长梭形的细胞收缩成短梭形或锥形，并伸出多个末端有树状分支的突起，最终形成双极或多极的神经样细胞，并表达 nestin、NeuN、Thy1.1 及 GFAP（glial fibrillary acidic protein）。在另一项 rMSC 研究中，联合使用光感受器细胞外节（photoreceptor outer segments，POS）和 RPE 细胞条件培养液（RPE conditional medium，RPE-CM），促进了 rBM-MSC 的 RPE 分化和成熟。分化的细胞内，色素颗粒显著增加，RPE 标志物 RPE65、CK8（cytokeratin 8）和 CRALBP 高表达，并且具有吞噬 POS 的功能，可以确认为是 RPE 细胞。这两项研究中，由于使用了视网膜细胞培养液，因而无法得知是哪些因子在这个过程中发挥了作用。更进一步，在小鼠视网膜细胞培养体系中，MSC 的条件培养液能延缓光感受器细胞的凋亡，提示 MSC 分泌的因子能促进光感受器细胞的存活。我们早前的研究证明，在 RPE 条件培养液刺激下，rMSC 能在体外分化为 RPE 细胞，我们称之为诱导型视网膜色素上皮细胞(inducible retinal pigment epithelium,iRPE)。这些 iRPE 细胞不仅获得 RPE 细胞表面标志物的表达能力,还能像 RPE 细胞一样吞噬光感受器细胞脱落的外节碎片,表明 MSC 条件培养液中含有某个或某些因子能诱导 MSC 分化为形态、表面标志物和功能上都符合 RPE 细胞特征的 iRPE 细胞(图 4-5)。

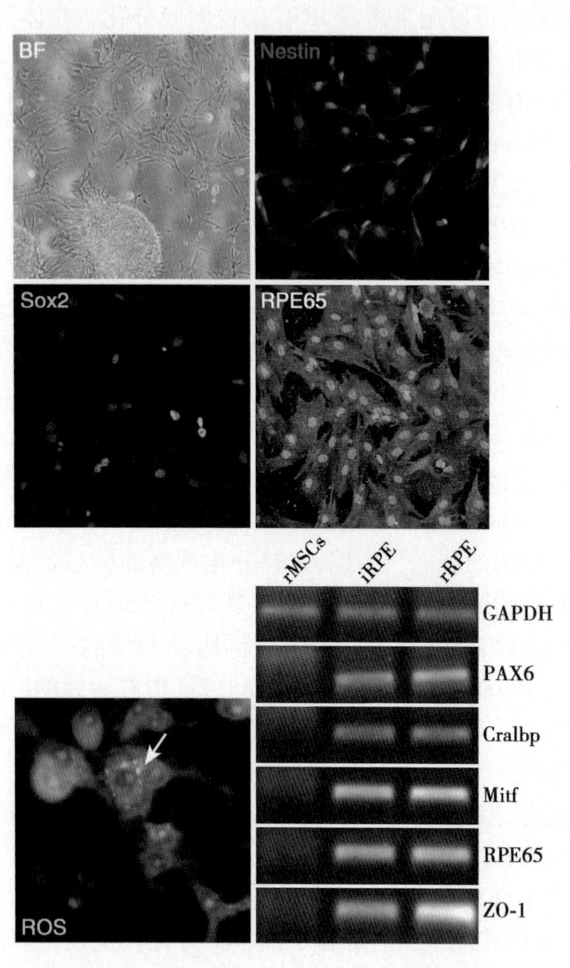

图 4-5 MSC 体外诱导分化的 iRPE 细胞

上图显示大鼠 MSC(rMSC)在体外通过定向诱导而转分化为 RPE 样细胞(iRPE)。光镜显示,在分化一周时,rMSC 来源的神经球贴壁培养;表达神经干细胞的标志物 nestin 和 Sox2;在分化两周后,表达 RPE 的特异性标志物 RPE65。下图显示 rMSC 来源的 iRPE 细胞具有吞噬功能。培养体系中的荧光标记的 ROS(视网膜外节膜盘)进入到细胞内,提示 iRPE 细胞具有正常 RPE 细胞的吞噬功能

体内研究同样表明 MSC 具有诱人的治疗应用前景。最早报道将 MSC 诱导分化为光感受器细胞的应该是澳大利亚的 Kicic 等人。2003 年,他们用 Activin A、EGF 和牛磺酸联合诱导,结果有 20% ~ 32% 的 $CD90^+$ rMSC 分化为表达光感受器细胞标志物 rhodopsin、opsin 和 recoverin 的细胞。进一步,该团队还用 RCS(royal college of surgeons)大鼠检验了这些细胞的治疗效果。RCS 大鼠是由于 merkt 基因突变引起视网膜光感受器细胞变性的模型。细胞移植到 RCS 大鼠视网膜下腔后,覆盖了视网膜的 30%,并在两周后迁移整合进宿主视网膜,形成光感受器细胞类似的结构,也表达相应的标志物。Kicic 等还证明了供体细胞在宿主视网膜内主要是分化而不是增殖,并可能具备信号传递功能。同时,移植后未见畸胎瘤形成。后来,Inoue 等也把 MSC 注射到 RCS 大鼠视网膜下腔以检验 MSC 的治疗效果,观察到 MSC 能从形态上和功能上保护视网膜,延缓视网膜变性的进程。我们用化学诱导模型做过类似研究。使用碘酸钠选择性损伤褐色挪威大鼠的 RPE 细胞,导致其光感受器细胞继发性变性,再通过视网膜下腔移植 rMSC 进行干预并获得满意效果。碘酸钠处理后,RPE 很快死亡后,继而导致光感受器细胞损伤,表现为细胞外节断裂、缩短及核固缩,TUNEL 染色呈阳性,表明光感受器细胞发生凋亡。视网膜电流图(ERG)检查显示大鼠视网膜对光的刺激反应明显下降,提示其视觉功能受到损伤。移植的 rMSC 能扩散分布于视网膜下腔并逐渐分化为 RPE 细胞,并保护治疗区域视网膜,特别是 ONL 细胞。值得注意的是,ERG 检查结果显示,MSC 移植组大鼠的视网膜功能在术后 2 ~ 3 周后才开始逐渐得到改善和恢复,与移植的 MSC 分化为 RPE 细胞的过程类似。因此,MSC 干预的机制应该不是其旁分泌机制,而主要是 MSC 分化成目的细胞,即 iRPE 细胞,而发挥的作用。除治疗作用延迟的现象支持 iRPE 细胞分化所需要的时间外,从细胞的生物学特性也能更好理解这一机制。MSC 本身不具备支持光感受器细胞的作用,也不参与视觉形成过程,但在 MSC 分化为 RPE 后,就能发挥相应的功能。如果说移植的 MSC 的旁分泌作用也对这一干预作用有贡献的话,也只是部分作用,并且包括这些 MSC 分化为 RPE 后的神经营养作用。这一研究提示,MSC 有可能会发展成一种治疗视网膜变性的供体细胞。另外,我们利用慢病毒技术使 MSC 表达神经营养因子促红细胞生成素(erythropoietin,EPO),而这种基于干细胞移植的基因治疗方法对碘酸钠大鼠的视网膜有更好的保护效果(图 4-6)。

目前已证明,MSC 可以跨胚层分化为视网膜细胞。其机制可能是转分化,或者是 MSC 中可能含有能分化为三胚层细胞的多能性成体祖细胞(MAPCs)。按转分化假设,MSC 这类组织干细胞的发育方向是由其所处的微环境所决定。当个体细胞进入到新的组织中时,新的微环境(如视网膜培养液中的因子)提供

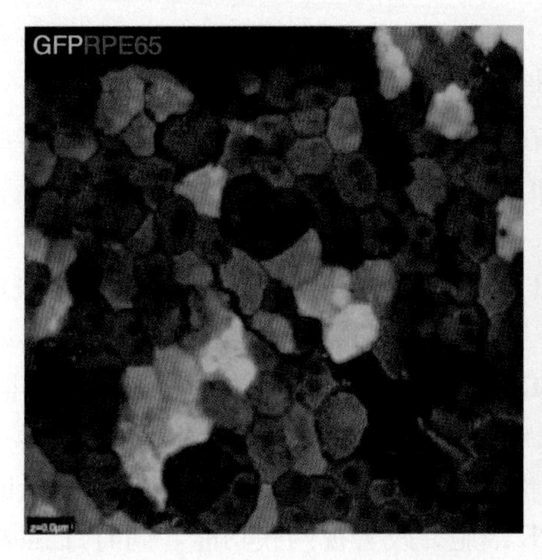

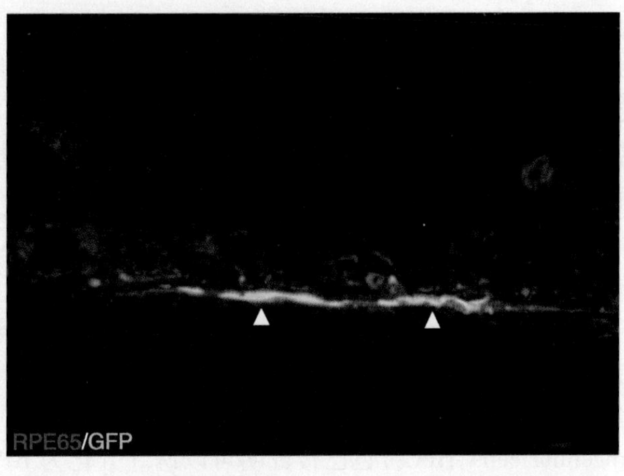

图 4-6 MSC 体内分化为 RPE 细胞

视网膜平铺片(左)观察显示:将 rMSC 移植到受损伤的视网膜下腔,GFP 标记的供体细胞能够迁移并分化为 iRPE 细胞。细胞呈现典型的铺路石样上皮细胞的形态、表达 RPE65 并嵌合在受损伤的 RPE 的部位。视网膜切片(右)表明:iRPE 细胞形成单层排列,类似于正常情况下的 RPE 层

新的信号或解除原有的限制信号,部分细胞可能向其他细胞系(如视网膜细胞)发展,表现为转分化。对 MAPCs 假设,尽管支持者在 MSC 培养中获得一类与 ESC 相似的细胞,甚至可以通过嵌合体实验证明其全能性,但 MAPCs 只能在 MSC 培养一段时间后才出现,因此可能是继发或人工的产物。

从视网膜疾病的临床再生治疗角度看,BM-MSC 比 ESC、iPSC 或其他细胞(如神经前体细胞)更有优势:没有伦理争议、增殖速度快、免疫原性低、移植方法简单、易进行基因修饰等,是一个容易在临床推广的治疗技术。BM-MSC 应用所遇到的问题是,随着传代和老化,细胞数量和增殖/分化能力迅速下降。新近研究表明,MSC 存在不同的亚群,具有不同的生物学性状和特征。选择合适的亚群,将会进一步提高分化效率和治疗效果。

(2) 脐带间充质干细胞(UC-MSC):UC-MSC 是目前临床应用最为广泛的一类 MSC,特别是在中国。尽管大多数干细胞库收集脐带血干细胞数量最多,但近年来,收集脐带以制备 UC-MSC 并提供给医院研究或临床试验等用途似乎成为干细胞库的主要业务了。UC-MSC 取自脐带华氏胶,材料获得方便,对供者无损伤,容易被普遍接受。其基本的间充质干细胞生物学特性与 BM-MSC 类似,因而其相关的应用研究逐年增多。但 UC-MSC 的视网膜分化研究尚不多见。

(3) 脂肪间充质干细胞(ADSC):尽管 BM-MSC 有诸多优点,但采集自体骨髓不仅仍有不小的损伤,能获得的量也有限。因此,人们也在致力于寻找一种可采集的细胞量大、局部麻醉下能实施、对身体造成的伤害和不适更小的自体成体干细胞来替代。2001 年,Zuk 等首先报道了 ADSC 相关的工作。他们通过吸脂术获得人脂肪组织并从中分离获得了一类成纤维细胞样的亚群,可在体外长期维持、具有稳定的群体倍增能力并且老化水平很低。从分化能力看,这些细胞不仅能被诱导分化为成脂细胞、成软骨细胞、成肌细胞和成骨细胞,也能被诱导分化为神经外胚层的各种细胞。虽然 ADSC 表达多个与 MSC 类似的 CD 标志物抗原,但 ADSC 也有不同于 MSC 的特点,包括 CD 标志物表达谱和基因表达谱的差异。

在 ADSC 的视网膜细胞分化领域,也有人对 hADSC 在体内外分化为 RPE、光感受器细胞和血管内皮细胞,以及对视网膜变性大鼠的治疗效果进行了研究。结果表明,用血管内皮生长因子(vascular endothelial growth factor,VEGF)和 FGF 能在体外诱导 hADSCs 分化为表达血管内皮细胞Ⅷ因子(vWF)、视紫红质(rhodopsin)、细胞角蛋白(cytokeratin)的细胞,表明分化的细胞中包括有血管内皮细胞、光感受器细胞和 RPE 细胞。把 hADSC 悬液经尾静脉注射到视网膜变性模型大鼠体内,细胞可整合到宿主 RPE 层和脉络膜毛细血管,并且表达血管内皮细胞、RPE 细胞和光感受器细胞的标志物,视网膜损伤得到明显修复。在一项研究 ADSCs 对糖尿病视网膜病变(diabetic retinopathy,DR)大鼠的血-视网膜屏障(blood-retinal barrier,BRB)影响的研究中,hADSC 同样经尾静脉注射到 STZ 诱导的 DR 模型大鼠体内后,在胰腺、肝、肾、脾、角膜和视网膜中都发现有 ADSCs。视网膜中的移植细胞能够表达视紫红质和胶质细胞特有的 GFAP。视网膜伊凡斯蓝(Evans blue)渗漏减少,表明移植细胞或其分化的细胞有改善或修复 BRB 功能的作用。

ADSC 在视网膜局部应用同样也有很好的疗效。在一项研究 hADSC 移植治疗新西兰白兔视网膜裂孔实验中，移植组的视网膜重建组织在 12 天恢复到正常厚度，而对照组需要 32 天才能恢复。对照组治疗区视网膜中只能检测到胶质细胞的标志物 GFAP，而移植组可见散在的供体细胞来源的 $opsin^{+}$ 光感受器细胞和 PKC^{+} 的双极细胞。表明移植的 hADSCs 能充填视网膜孔并加速损伤修复过程，并且有助于正常结构和功能恢复，而自然恢复主要靠胶质细胞充填（即瘢痕修复）。

（4）其他间充质干细胞：包括脐带血间充质干细胞（cord blood mesenchymal stem cell，CB-MSC）、造血祖细胞（hematopoietic progenitor cells，HPCs）、结膜间充质干细胞（conjunctival mesenchymal stem cell，CJ-MSC）等。UCB-MSC 在 EGF 和牛磺酸刺激下表现出 UCB-MSC 具有多向分化潜能，包括从间充质相关的多向性到神经外胚层再到表皮外胚层的分化能力，如成骨细胞、成脂细胞、神经细胞、肝细胞样细胞等。特别是其神经细胞分化能力，包括向 $RHOS^{+}$ 光感受器细胞分化的能力。以 CD133 富集的造血祖细胞（hematopoietic progenitor cells，HPCs）也已被证明可以诱导分化为 RPE 细胞并改善视网膜功能。同时，已明确调控 CD133HPCs 在视网膜内迁移、整合及 RPE 分化的必需因子是细胞因子 CXCL12（stromal cell-derived factor 1）。一旦整合完成，CD133 HPCs 可获得色素及 RPE 细胞形态，表达 RPE 特异性蛋白，也能使 ERG 反应部分恢复。异种移植情况下，人源 CD133 HPCs 也能整合到非肥胖糖尿病/严重免疫缺陷小鼠视网膜并呈现 RPE 细胞的形态。提示 CD133HPC 能归巢到损伤的 RPE 层，分化为 RPE 细胞，并帮助视网膜重建功能。Nadri 等从组织工程种子细胞角度研究了 CJ-MSC。他们从眼库眼获得球结膜基质组织进行培养，分离获得的 CJ-MSC 接种到聚乳酸（poly-L-lactic acid，PLLA）纳米纤维支架中并用牛磺酸等诱导。两周后，CJ-MSC 分化的细胞表达 Rhodopsin、Recoverin、PKC、nestin、Crx、GFAP 和 Beta Tubulin，CJ-MSC 表明分化为光感受器细胞、双极细胞、神经元和胶质细胞等。在纳米纤维支架上的 CJ-MSC 倾向于分化为光感受器细胞，而在对照材料（polystyrene，聚苯乙烯）上的 CJ-MSC 易于分化为胶质细胞。

五、细胞移植治疗视网膜疾病进展

人们关注光感受器细胞，是因为视觉起源于这些细胞，而且很多重要的视网膜疾病如年龄相关性黄斑变性（age-related macular degeneration，AMD）和视网膜色素变性（retinitis pigmentosa，RP）都是由于光感受器细胞最后发生变性而并导致失明。

对以细胞为基础的治疗方法来说，移植后供体细胞整合到宿主组织中的情况是一个基本而重要的判断指标。首先证明了 ESC 来源的视网膜细胞在移植到眼内后能存活的是 Banin 等人，但他们的分化方法效率不高，并且移植细胞的视网膜细胞标志物的证据很弱。第一次明确证实 hESC 来源光感受器细胞能在功能上重建先天性失明小鼠对光的反应的是前面提到的 Lamba 等的 $Crx^{-/-}$ 小鼠细胞移植研究。在 Crx 缺陷小鼠，光感受器细胞不能表达光-电信号转化所需要的基因。hESC 来源视网膜细胞移植后，整合到变性的环境中，并重建部分对光的反应，表明 hESC 原则上可以用来进行光感受器细胞的替代治疗。

真正意义上的多能性干细胞来源供体细胞治疗的临床试验应该算是从治疗眼病开始，因为第一个开始的干细胞治疗脊髓损伤的临床试验在未完成情况下终止了。2012 年，Lancet 报道了美国 UCLA 的 Schwartz 和 ACT 公司的 Lanza 牵头开展的 ESC 来源 RPE 细胞治疗视网膜变性的研究，是为第一份临床报告。该项前瞻性临床前期试验治疗了 1 例干性 AMD 和 1 例 Stargardt 黄斑营养不良。该治疗方案把约 50 000/眼的 hESC 来源的 RPE 细胞移植到黄斑区周围的视网膜下腔。术后 4 个月，眼内也没有发现移植细胞的过度增殖、异常生长或者免疫排斥，并且这两例晚期患者的视力有了微小改善，ETDRS 视力表检查显示 AMD 患者的视力从辨认 21 个字母提高到 28 个字母，Stargardt 黄斑营养不良患者则从 0 个字母提高到 5 个字母。这两个患者处于疾病的晚期，如能早期干预，相信治疗效果会更好。按通常的评价标准，这项研究包含的病例太少，移植细胞数量太少，术后观察时间太短。两种疾病各选一个病例，偶然性大，难以得出令人信服的数据。尤其是 4 个月时间往往不足以说明细胞治疗的安全，因为一些干细胞移植研究表明，细胞移植后初期往往能改善病情，但较长时间后会发生肿瘤。最后是这项研究后面的企业和受加州资助的研究机构与这项研究有一定的利益纠结，也影响了大家对其结果的客观认可。但这不影响该研究在干细胞领域发展中的引领作用。目前在 www. clinicaltrials. gov 的数据库登记的还有约 30 项基于 ESC 来源供体细胞的临床试验,相信在 ESC 治疗应用领域中会不断传来令人兴奋的进展。

日本 Takahashi 研究小组在 iPSC 技术治疗视网膜变性的领域也有重要贡献。他们先前发明了不使用血清或动物成分的干细胞培养和分化条件,并且进而发明了可以形成 RPE 细胞植片(sheet)以保持 RPE 细胞极性排列的方法。在此基础上,该小组已可以通过 iPSC 诱导分化获得有治疗效果并且安全的 RPE 细胞,在灵长类动物的临床前期试验也获得十分令人鼓舞的结果。2013 年,Takahashi 研究小组向日本政府提出的 iPSC-derived RPE 治疗湿性 AMD 的临床试验申请已获批准,计划在 2013 年 6 月正式开展临床试验。这是 iPS 细胞来源供体细胞的首项临床应用,大家正在期待有关试验结果。

在细胞替代治疗真正实现临床重建视网膜变性过程中,有几个基本问题需要解决。其中最重要的考虑就是安全性,是眼内移植多能性的 ESC(包括 iPSC)来源细胞后导致畸胎瘤的可能性。有研究表明,移植后整合到宿主视网膜最好的细胞是“新生”的光感受器细胞,即由 RPC 分化出来几天之内的视杆细胞和视锥细胞。解决上述两大问题的办法是对新近从 hESC 分化而来的光感受器细胞进行纯化,即有利于光感受器细胞在移植后的视网膜整合,更由于光感受器细胞是有丝分裂后细胞,发生畸胎瘤的危险几乎可以被排除。最近徐国彤实验室研究发现,ESC 来源的神经前体细胞在视网膜下强移植时致瘤性很强(约 70%),并且主要是畸胎瘤。经纯化和进一步分化成熟为视网膜前体细胞时,仍有约 2/3 的致瘤率,但主要是神经性瘤,没有畸胎瘤。进一步用 Dkk1 抑制 Wnt 信号通路,则神经瘤的发生率非常显著地降低到约 3%,移植细胞存活并整合到视网膜中发挥治疗作用的比例则提高到约 90%。同时,他们还揭示了相关机制:Wnt 通路中 Tcf1-Sox2-nestin 是决定 ESC 来源 RPC(ESC-RPC)命运的关键因子(图 4-7)。Wnt 信号促

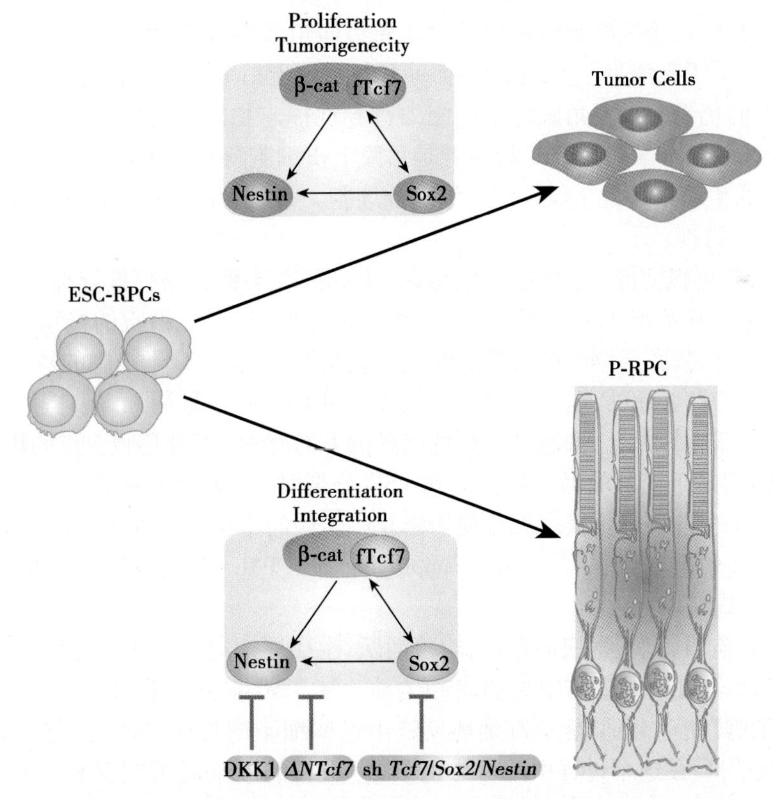

图 4-7 Wnt 信号通路调控 ESC 来源视网膜前体细胞移植后整合或成瘤的命运调控机制

经典 Wnt 信号通路在调控 ESC 来源的视网膜前体细胞(ESC-RPC)移植后的整合或形成肿瘤的选择中起重要作用:经典 Wnt 信号通路的下游因子 Tcf7 通过直接调控 Sox2 和 nestin 的表达,调控细胞发生增殖或向神经分化,从而参与决定移植细胞的治疗效果或形成肿瘤。当 Wnt-Tcf7/β-cat-Sox2/nestin 通路激活时,ESC-RPCs 大量增殖,形成肿瘤;但这个通路的某个环节被抑制时,ESC-RPCs 则不进行增殖而是向视网膜前体细胞(RPC)分化。(β-cat: β-catenin)

进 ESC-RPC 增殖而形成肿瘤,而通过抑制 Tcf1-Sox2-nestin 或其中任一因子、阻断 Wnt 信号通路,ESC-RPC 则向视网膜细胞分化而不形成肿瘤。

第四节 角膜干细胞

根据 WHO 的数据,全球 4500 万双目失明的人群中,约有近 20% 是由各类角膜疾病造成的(角膜盲),对患者、家庭、社会和经济发展都有巨大影响。角膜疾病的治疗也是一个世界性课题。角膜缘区存在有干细胞,可修复一些角膜损伤。但当损伤程度严重、超过角膜缘干细胞修复能力时,角膜的正常结构和功能就无法维持。对严重角膜疾病致盲患者,角膜是一个有效的治疗复明办法,但供体角膜的数量远达不到患者的需要。如能利用患者体内的干细胞直接移植或通过体外培养后移植进行治疗,将为这类角膜盲患者的治疗开辟一条新的复明之路。本节将简要对角膜上皮细胞、基质细胞和内皮细胞中可能的干细胞进行介绍。

一、角膜缘干细胞

角膜上皮有较强的修复能力。但在较长时间里,人们认为角膜上皮的再生能力是来源于其周围的结膜细胞。后来发现,只有当损伤不严重累及角巩膜缘时才能得到修复,才逐渐意识到具有修复能力的细胞是位于角巩膜缘处。1971 年,Davanger 和 Evensen 观察到角膜缘色素样细胞的水平向心迁移等现象,并提出了角膜缘干细胞(limbal stem cells,LSC)的概念。1983 年,Thoft 等人证实了角巩膜缘基底部存在有细胞增殖中心。上皮细胞损伤后,该区细胞快速增殖并从周边向角膜中心迁移进行修复。1986 年,Schemer 等观察到角膜缘基底细胞是所有角膜上皮细胞中唯一不表达角蛋白 K3 的细胞,进一步支持 LSC 在该区的存在。但直到现在,人们仍没有发现角膜缘干细胞的特异性标志物。目前认定的角膜缘干细胞存在于角巩膜缘基底部是基于该区没有 K3 和 K12,后两者是角膜上皮细胞特异性表达的蛋白。

1. 角膜缘干细胞的生物学特性 LSC 作为组织干细胞,只能分化为角膜上皮细胞。根据其特殊的结构和功能,LSC 具有以下特性:

(1) 细胞周期长、分化程度低、应激增殖快:Cotsarelis 等用 ^{3}H-胸腺嘧啶核苷标定技术的研究表明,角巩膜缘基底层的细胞在正常情况下分化程度低、有丝分裂度低,具有干细胞的慢周期性(slow cycling)特点。但在上皮细胞损伤时,基底层细胞则被激活并开始应激增殖,也符合干细胞的特点。而角膜组织其他区的细胞都不具备这些特性。此外,这一区域细胞的 K3 和 K12 染色呈阴性,胞体较小且呈圆形,后者也符合干细胞的形态学特征。临床上,可通过这些特点激活 LSC 增殖,促进角膜上皮的再生修复。

(2) 不对称分裂:这是干细胞的另一特性。在 LSC 分裂时,两个子代细胞中一个通过自我更新机制保持其干细胞特性,另一个进入分化状态进行损伤修复。子代的干细胞有利于维持干细胞总量的稳定,分化的子代细胞则形成"短暂扩增细胞"(transient amplifying cell,TAC)并向角膜损伤方向迁移,并在迁移过程中通过有丝分裂的形式完成分化。

LSC 一旦进入 TAC 阶段,就获得快周期性,增殖活跃,生存周期短。这些细胞有很强的迁移能力,包括从基底向表层的水平运动和从周边向中央的向心运动。从 TAC 的这些特性看,上述 transient amplifying cells 译为"迁移扩增细胞"更为合适,能更准确地反映出这些细胞的特征。这里面的关键词 transient 本身就有候鸟的意思,而且 TAC 在这个过程中的行为也不是"短暂的",而是持续存在。但鉴于目前多本书籍和文章都在使用"短暂扩增细胞",本书中暂时也继续沿用。

(3) 增殖潜能大、迁移扩增同步:LSC 为能在多种情况下修复角膜上皮损伤,进化成有较强增殖能力的储备。体外实验证明了角巩膜缘区细胞的增殖能力比角膜中央区的细胞更强,角膜缘上方和下方的干细胞数量也略多于鼻侧和颞侧。LSC 转化为角膜上皮细胞及修复的特点是扩增与迁移同时进行,有利于快速修复,其过程包括三个阶段:第一阶段,LSC 通过不对称分裂获得的两个子细胞群,同时完成 LSC 的补充储备和扩增出 TAC 向表层和中央区迁移。第二阶段,TAC 经过数次有丝分裂,分化为有丝分裂后细胞(post-mitotic cells,PMC),在向表层迁移过程中逐渐分化成熟,增殖能力明显减低。第三阶段,PMC 继续分化成熟为终末分化细胞(terminal differentiated cells,TDC),是为角膜表浅上皮细胞,完全分化,增殖能力丧失。通过这一增殖及迁移分化过程,使不断脱落丢失的角膜上皮细胞得到补充。三者关系常用Thoft提出的"X-Y-Z"理论来直观表述,即对于正常角膜上皮,应该是:X(角膜上皮基底细胞分裂)+Y(LSC供应)=Z(角膜上皮细胞脱落)。结果是,衰亡细胞被等量补充,角膜表面的稳定得以维持。这一平衡被打破时,将破坏角膜表面稳定,引起眼表疾患。

(4) LSC的特定位置:角膜切片染色的结果表明LSC位于环绕角膜呈放射状平行排列的Vogt栅栏区(palisades of Vogt),存在于众多的小细胞团内,占整个角膜上皮细胞的0.5%~10%。Vogt栅栏的长柱状或乳头状突起使上皮组织与基质产生更好的连接性,避免了干细胞受到物理剪切力的影响。Vogt栅栏区域的结构,既提供了较大的表面积以容纳更多的干细胞,又与角膜缘丰富的血管和淋巴管紧密连接为干细胞提供营养。当这个环境改变时,部分干细胞开始分化TAC,后者迁移到角膜缘过渡区,受到外界生长信号的刺激后开始频繁地进行细胞分裂和迁移。栅栏区的上皮细胞呈典型的立方形,细胞核位于细胞中央,细胞内散在分布色素细胞。栅栏区内没有杯状细胞存在。Dua等用HE或普鲁士染色联合K14和ABCG2转运蛋白检测研究了5位供者的角膜缘片段,发现LSC位于特殊的微结构处,并将其命名为角膜缘上皮隐窝(limbal epithelial crypt,LEC)。后来有文献称之为"微龛"(micro niche)。事实上,micro niche泛指干细胞生存和发挥功能的"微环境",包括结构性的和非结构性(如各种因子等)的全部因素。

(5) LSC的特异性标志物:尽管目前没有发现明确的LSC特异性标志物,但可以通过已知各种标志物表达情况的组合对LSC进行鉴定。比如LSC表达K3和K12等。具体细节见下面LSC鉴定部分。

2. 角膜缘干细胞的鉴定 尽管已经有很多种干细胞可以用明确的表面标志物进行鉴定,但LSC还缺少明确的特异性标志物。目前使用的以下几个标志物也只是可能的直接标志物或者借助其他干细胞标记物来间接确认LSC。

(1) 腺苷三磷酸结合盒转运体G2(ATP-binding cassette protein G2,ABCG2):曾被认为是骨髓干细胞的分子标记物,后来证明是干细胞的通用标记物。ABCG2是ABC转运体家族的一员,能保护LSC免受氧化应激所诱导毒素的伤害,也能通过转运干细胞增殖、分化及凋亡相关的调控因子而间接支持干细胞。Paiva等使用流式细胞仪结合ABCG2单克隆抗体检测角膜缘细胞群,发现约3%的细胞为$ABCG2^+$细胞,并证实有干细胞的特性。体外培养这些$ABCG2^+$细胞,能形成只有干细胞才出现的细胞团。因此,ABCG2是目前比较认可的LSC标记物之一,也可能有一定的特异性。

(2) 转录因子p63:p63对上皮细胞的发育起着至关重要的作用,也是LSC的另一个标志物。p63编码的6种蛋白亚型中,ΔNp63a在、而且只在角膜缘表达。根据p63表达情况,角膜缘基底部细胞可分为两群,$p63^+$细胞的分布与LSC的定位一致,以细胞团形式存在;而$p63^-$细胞在周围分散分布,并经体外培养研究证实是短暂增殖细胞。近来发现,p63在大多数中央角膜的基底细胞中也有表达,并认为p63有可能是LSC和TAC的共同标记物。因此,可以多个标志物一起使用来鉴定LSC。目前看,$p63^+/ABCG2^+$的双阳性细胞与LSC的形态和功能特点相一致。

(3) 细胞角蛋白(cytokeratin):或角蛋白(keratin),是非水溶性骨架蛋白,广泛存在于已完成分化的终末细胞中,尤其是上皮细胞中。免疫染色检查显示,角膜上皮细胞表达特异性地表达角蛋白K3和K12,而角膜缘基底层细胞则不表达这两种蛋白。与此相反,基于Figueira的微矩阵研究,另两种角蛋白K14和K15则只在角膜缘基地层细胞表达,不在角膜上皮细胞表达。K14是具有增殖能力的表皮基底层细胞的标记物,而K15是毛囊干细胞的特异性标记物。

(4) 整合素(interin):整合素介导细胞-细胞外基质的黏附现象,并在多种生命活动中发挥关键作用。整合素的α、β两种亚基构成异二聚体,编码约30个同源蛋白。其中α_9在小鼠眼球发育中存在于上皮、结膜和角膜缘的基底部,可能与角膜缘干细胞相关。Chen等的研究则表明,角膜组织中只有LSC特异性表达整合素α_9。

除上述4个标记物外,还有其他几类非特异性标记物可以佐证角膜缘干细胞。CD34、CD133等源自造血干细胞的标记物,曾经在鉴定其他干细胞中发挥重要作用,但用相应抗体来鉴别LSC未获成功。Chen等的研究表明,LSC可能的标志物是:p63、ABCG2和interin 9阳性,以及巢蛋白(nestin)、E-钙黏素(E-cadherin)、连接蛋白43(Connexin 43)、Involucrin、K3和K12阴性。此外,角膜缘基底层高表达的整合素β1、

EGFR、K19 和烯醇化酶 α(enolase-α)也可以作为协助确认 LSC 的标志物。由于还没发现 LSC 的特异性标记物,实践中常组合使用以上各种标记物,而这种组合使用基本可以对 LSC 做出比较准确的鉴定。除使用标志物以外,也可以借助 LSC 培养的克隆化情况辅助鉴定。有研究表明,单个细胞培养为“全克隆”集落的基本是 LSC,而形成较小的“部分克隆”的细胞和“旁克隆”则是不同阶段的 TAC。

二、角膜基质干细胞

长期以来,角膜基质层内一直被认为不存在干细胞。但近年有研究发现,靠近角膜缘的基质层中有 $ABCG2^+$细胞。这些细胞在体外培养时能形成克隆,并且在不同的培养条件下获得向三个胚层细胞分化的能力。2006 年,Yoshida 等人首次成功地从小鼠角膜分离获得角膜基质干细胞,不仅在体外培养时可以形成细胞簇,而且也表达干细胞特异性标记物 nestin、Notch1、Musashi-1 和 ABCG2。角膜基质干细胞具有多能干细胞的分化能力,可以分化成脂肪细胞、软骨细胞和神经细胞等。角膜基质干细胞基本处于静息状态,不进行有丝分裂,但当角膜受到损伤时,基质干细胞受到 KSPG 以及 CD34 的调控转化为成纤维细胞。

此外,角膜基质本身(包括基质细胞及所含有的多种自分泌和旁分泌细胞因子)也是角膜上皮细胞和 LSC 的微环境,有维持角膜上皮细胞特性的作用。

三、角膜内皮细胞

角膜内皮细胞由位于角膜周围、来源于神经板的间充质干细胞迁移和增殖而来。这些细胞在婴幼儿期可进行有丝分裂,到成年后即停止,并且无法通过再生机制修复角膜内皮细胞的损伤。即使是内皮细胞进行体外培养,一般情况下,其增殖能力也很差。但近年来,日本的几组科学家,如 Yamagami 等人及 Ishino 等人,在研究角膜内皮细胞时发现,这些细胞特定培养条件下仍具有很强的增殖能力,其形态及表达的角膜内皮特异性标记物都表明是角膜内皮干细胞或前体细胞。这些细胞高表达 p75,后者是角膜内皮细胞起源的神经脊标记物。将分离出的角膜内皮干细胞在体外分化培养后,能获得与正常角膜内皮细胞同样形态和表达角膜内皮细胞特异性标记物Ⅷ型胶原蛋白。体内分析表明,这些细胞广泛分布于角膜中央和周边区,在周边区的密度更高,但各处细胞的增殖能力无差异。

对角膜内皮细胞的增殖能力研究还表明,这些细胞本身还是有增殖能力的,只是受不同因子的影响,使角膜内皮细胞的增殖能力在体内的环境下被严重抑制了。卢珞实验室用牛角膜内皮细胞(BCE)体外培养体系进行的研究表明,调控角膜内皮细胞增殖活性的主要是 FGF-2 和 TGF-β_2的平衡,并且阐明了相关的作用机制。FGF-2 是角膜后弹力层的成分,而 TGF-β_2则存在于眼的房水中。单层的角膜内皮细胞恰恰处在两者之间,两者的平衡决定了其增殖活动。FGF-2 能诱导 BCE 的有丝分裂,促进 BCE 的增殖活动。TGF-β_2则通过阻断 PI3K/AKT 信号通路而抑制 FGF-2 诱导的有丝分裂,进而抑制 BCE 的细胞增殖。由此推测,正常情况下,眼内的微环境应该是 TGF-β_2占优势,所以,角膜内皮细胞几乎没有增殖活动。从再生医学角度看,适当诱导 FGF-2 并抑制 TGF-β_2,有可能激活角膜内皮细胞的增殖能力,有助于角膜内皮的修复。

第五节 角膜干细胞与再生医学

器官移植是再生医学的重要组成部分,其中,同种异体(allograft)角膜移植治疗角膜盲是最成功和最被广泛接受的一类治疗,即用透明的供体角膜替代混浊的角膜,重建患者的视力。尽管角膜移植在短期内通常比较成功,但由于排斥反应仍使 10% 的手术失败。在高风险排斥患者、自身免疫病患者、碱烧伤、干细胞缺乏、角膜新生血管及反复角膜移植等情况下,角膜移植的失败率更高,还有如 Stevens-Johnson 综合征等眼病不宜进行角膜移植。此外,供体来源严重短缺和潜在的感染也进一步限制了角膜移植的广泛开展。从发展趋势看,未来的供体角膜会进一步减少,而对角膜的需求可能会增加。一方面,随着人口老龄化，角膜捐赠者年龄会更大，而老年人角膜不适合作为供体。同时，这个人群的人往往会因为患角膜疾病的机会更多而成为角膜的需要者。另一方面，接受以准分子激光原位角膜磨镶术（laser-assisted in situ keratomileusis，LASIK）为代表的角膜激光手术的患者不断增加，也使能用于角膜移植的供体眼进一步减少。

为解决上述角膜供体匮乏等限制角膜移植开展的问题，人们也在努力寻找替代供体角膜的生物材料和基于干细胞的细胞治疗方法，尽管与临床普遍应用仍有距离，但已经取得了令人兴奋的进展。

一、基于自身组织的角膜再生

目前认为，角膜组织中只有上皮细胞层和后弹力层具有再生能力。

角膜上皮的表层终末分化细胞在自然情况下就不断死亡并脱屑丢失。基底层的柱状细胞不断增殖以补充表层细胞。而基底层的柱状细胞则由 LSC 的增殖分化、沿基底膜向心性迁移来补充（图 4-8）。这种正常状态的变化可以用前述的 XYZ 假说加以描述，即 X+Y=Z。从再生医学角度看，可以利用这个机制促进角膜上皮细胞的损伤修复。比如角膜上皮细胞受到损伤时，可以通过以下方法加快修复：诱导 LSC 分裂以产生更多的 TAC、增加 TAC 分裂增殖的次数、缩短 TAC 的细胞周期以增加细胞分裂的效率，以及促进 TAC 向角膜中央区或损伤区的迁移。

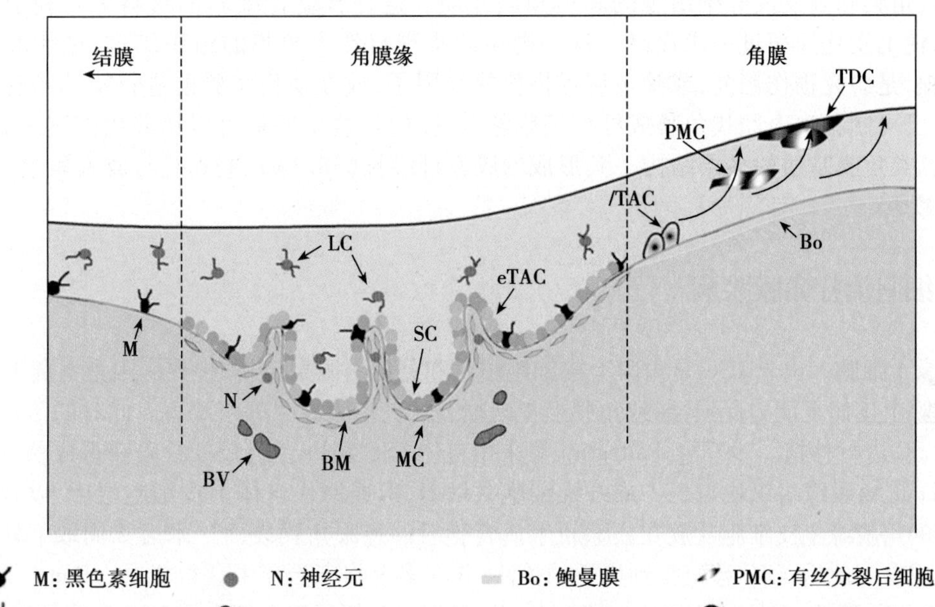

图 4-8 角膜缘干细胞及角膜上皮再生示意图

已发现在神经营养性角膜病、糖尿病性角膜病，以及外伤引起的角膜上皮损伤修复等过程中，纤连蛋白、神经肽 P 物质和 IGF-1 均有促进角膜上皮细胞迁移、促进角膜上皮伤口修复的作用。利用这类因子制成的眼药，可促进角膜损伤的修复。自体血制备的纤连蛋白滴眼液已显示良好的治疗效果。

基于目前的认识，角膜基质层和内皮细胞层尚不能依赖自体细胞修复。但以基质和内皮细胞的再生为目标，相关研究还在进行。正常情况下，角膜基质细胞均匀分布于纤维板层之间，平行排列。当角膜受到外伤或医源性损伤时，角膜上皮细胞产生 $TGF-\beta_1$ 和 PDGF 等细胞因子，诱导角膜基质细胞转变为肌成纤维细胞，通过收缩减少伤口创面、促进愈合，但同时也破坏了角膜基质的正常结构而导致角膜混浊。临床上可采用丝裂霉素 C 诱导肌成纤维细胞凋亡和抑制肌成纤维细胞生成以维持角膜透明，但要选择好时间，以避免减缓修复过程。灵长类角膜内皮细胞在体内基本没有再生能力，各种原因引起的角膜内皮细胞损伤都会导致角膜内皮失代偿、角膜基质水肿，最终形成大疱性角膜病变而致盲。最近研究认为，角膜内皮细胞本身仍保留有增殖活性，但是否增殖取决于后弹力层的 FGF-2 和房水中 TGF-β_2的平衡。FGF-2 能诱导内皮细胞的有丝分裂并促进其增殖。只是由于 TGF-β_2对 FGF-2 诱导作用的抑制才使角膜内皮细胞处于静息状态。从作用机制看，TGF-β_2抑制角膜内皮细胞增殖的作用与促进前列腺素合成有关。前列腺素类生物介质的合成由环氧合酶（cyclooxygenase，COX）催化，而 TGF-β_2能强烈诱导 COX 表达，促进前列腺素的合成。角膜内皮细胞中，花生四烯酸的主要代谢合成产物是前列腺素 E_2（PGE_2）。角膜内皮损伤时，TGF-β_2诱导 COX 表达，刺激 PGE_2合成，房水内的 PGE_2浓度明显升高，达到 50～60ng/ml。PGE_2结合 Gs 受体后，上调 cAMP，促进 p27 磷酸化和抑制 CDK4 蛋白的转定位，进而抑制角膜内皮细胞增殖。从再生医学角度看，适当诱导 FGF-2 表达和（或）阻断上述 TGF-β_2途径某一环节，可望能激活角膜内皮细胞的增殖能力，促进角膜内皮细胞的增殖活动、提高修复能力。

二、基于自然材料联合细胞的角膜再生治疗

另一类很有前景的角膜替代物是使用全自然材料和细胞制备的，即使用基质细胞和适当的营养物质/因子以诱导形成胶原板层和其他细胞外基质（ECM），并用上皮细胞覆盖。最近的改进更是努力促进内皮细胞层衬在胶原板层的另一侧。这类结构在以前的高张力高强度组织工程血管制备中取得了成功，因此，有理由相信制备这种用于再生治疗的生物角膜也应该能获得成功。2008 年，Carrier 等报道了一种含有人角膜和表皮成纤维细胞的新型角膜基质。这种含复合细胞的材料更有利于分化的上皮细胞的形成，使上皮化速率进一步提高。这一模型能重现自然人角膜的组织结构，也能准确地重现损伤的修复过程，是研究损伤修复，或筛选调控损伤修复因子，或在动物实验前进行筛选的有用模型。用类似的方法，已可制备出人原代角膜成纤维细胞整合的材料，数星期就可以培养出高度细胞化、形态学上类似于哺乳类角膜基质的多层结构。其形成的胶原纤维长（38. 1±7. 4）nm，与成人角膜纤维长度（31±0. 8）nm 很接近。

三、干细胞治疗角膜疾病

1. 角膜缘干细胞　由于 LSC 是角膜上皮细胞增殖和分化的源泉，当各种致病因素引起 LSC 缺乏或功能障碍时，角膜上皮修复能力受损，导致角膜上皮缺损、溃疡、角膜混浊等而致盲。此时的治疗需要从自体或异体获取 LSC 进行移植。1997 年 Pellegrini 等采用自体 LSC 移植治疗 LSC 缺陷获得成功。他们从患者自体健眼取 1mm 角膜缘组织块与 3T3 成纤维细胞共培养，形成原代自体上皮细胞层后，以软性接触镜为载体，将培养的角膜缘上皮细胞片放在去除新生血管膜后的患眼角膜表面。术后 2 周取下软性角膜接触镜，移植获得成功。此后，LSC 移植受到广泛的关注，并在多个临床治疗中获得成功。Rama 等对 112 个患者进行了自体 LSC 移植，有效率达到 76. 6%。Baylis 等汇总分析了 583 例自体 LSC 治疗的资料，成功率也是 76%，基本上体现了这一治疗方法的临床效果。随着对适应证、禁忌证的认识，选择的病例会更加适合自体 LSC 移植，成功率也将会显著提高。同样，目前体外培养 LSC 时用的是小鼠成纤维细胞、牛血清等。正在研发中的人成纤维细胞和血清也将会进一步改善这一治疗的效果。

2. 多能干细胞诱导分化产生的角膜干细胞　MSC 诱导分化的角膜细胞或角膜上皮植片研究获得的进展更接近临床应用。研究人员同时取 SD 大鼠 MSC 和角膜基质细胞，分别培养，传两代后置 Transwell 体系中共培养 7 天，之后将 MSC 覆载于新鲜人羊膜上并再培养 7 天。结果表明，MSC 在体外培养条件下贴壁生长，免疫染色显示 $CD29^+$、$CD44^+$、$CK12^-$。经角膜基质细胞诱导后，MSC 变大，呈四边形扁平细胞，细胞间紧密连接结构清晰，CK12 染色转为阳性。诱导后 MSC 接种到羊膜表面迅速贴壁生长，CK12 染色保持阳性，可以确认：经角膜基质细胞诱导的 MSC 表现出角膜上皮细胞特征，在羊膜上生长后保持不变。如果通过这个技术构建一个完整的角膜上皮移植片，将为解决角膜缺损修复的一个关键问题。

3. 其他干细胞　对于单眼角膜缘上皮细胞缺陷患者，取自自体健眼的角膜缘组织（含干细胞）移植是一种简单而有效的重建角膜表面和恢复视力的最好方法。但临床上常常见到双侧眼 LSC 功能障碍患者，因而异体 LSC 移植也有广泛的临床需求。目前，异体 LSC 培养后移植后是否会出现排斥反应、何时出现

排斥反应等一系列问题还在进一步研究中。在这一问题得到明确解决之前，人们也在尝试用自体其他组织来源的干细胞进行角膜损伤的再生修复。用口腔黏膜上皮细胞转分化重建角膜就是其中一种。目前，这一方法已被用于临床治疗多种 LSC 缺陷患者（包括 Stevens-Johnson 综合征、化学/热烧伤、特发性眼表疾病等）并取得成功。移植的口腔黏膜上皮细胞层在角膜表面能够持续存在 27～35 个月。此外，ESC、UC-MSC、BM-MSC、毛囊干细胞、结膜上皮细胞、牙髓干细胞等也在 LSC 缺陷动物模型上显示出一定的疗效。大体上都是先把细胞在羊膜或纤连蛋白表面扩增分化并形成细胞层，然后再将整个植片移植到角膜表面。具体疗效还有待大量临床试验证实。

4. 角膜基质的干细胞直接注射治疗　在角膜直接注射干细胞或其分化的细胞治疗角膜混浊的研究也取得了显著的进展。Du 等用从成人角膜基质中分离出的干细胞进行的研究是一个代表。研究中使用缺乏蛋白多糖 Lumican 的突变小鼠，其角膜混浊类似由于角膜基质结构紊乱引起的瘢痕角膜。Du 等将细胞注射到小鼠角膜基质中，发现在野生型小鼠，注射的人干细胞简单地存活在基质中而不与宿主细胞融合或引起 T 细胞免疫反应。但在突变小鼠的病变角膜，注射人角膜基质干细胞刺激产生人角膜特异性 ECM，包括蛋白多糖 Lumican 和 keratocan。这些蛋白多糖不断积累，重建角膜基质厚度和修补胶原纤维的缺损，并使突变小鼠角膜的透明性得到恢复。这些结果表明，基于直接注射的细胞治疗可能会成为将来治疗人类角膜盲的有效方法。

四、基于生物材料的角膜细胞再生

角膜最表层的上皮细胞最容易受到损伤，损伤修复的干细胞或前体细胞可能同样锐减，因此，研究工作致力于促进角膜再生修复，包括取受损伤角膜周围的角巩膜缘干细胞、对侧健眼的干细胞甚至是异体干细胞。这些供体细胞通常需要细胞载体，便于实施手术。比如，供体细胞种植在人的羊膜或纤维蛋白基质膜上，使细胞扩增形成植片然后移植到受损伤眼表面。这些作为载体的生物材料可以通过多种机制和方式提高细胞和干细胞的再生治疗效果。目前研究和临床应用的主要生物材料包括以下几类，但研究最多和临床应用较广泛的是羊膜。

1. 羊膜　在应用羊膜治疗角膜疾病中，Tseng 和蔡瑞芳等华人的几个团队做出了重要贡献。羊膜作为细胞载体，之所以能收较满意的治疗效果，应该是羊膜不仅提供了细胞载体，而是其本身的诸多优点和特性参与到治疗作用中。羊膜首先有良好的组织相容性，患者眼接受羊膜后不发生排斥反应。羊膜半透明，在移植后细胞贴附和修复生长过程中不完全阻断患者视觉。更为显著的特点是羊膜的抗病原菌和抗新生血管作用，尽管机制不清，但应该与羊膜保护胎儿免受病原菌侵害功能有关。羊膜本身没有血管则提示其本身含有抑制血管的成分。组织结构上看，羊膜含有与角膜基质相同的板层体，并有类似的Ⅶ型胶原、层粘连蛋白、纤维连接蛋白和各种整合蛋白。层粘连蛋白有利于细胞的贴附，给细胞提供了良好的体外生长微环境。此外，羊膜取材容易，制备和保存方法成熟，是细胞或干细胞治疗中很好的细胞载体材料。但羊膜也有缺陷，主要是细胞在羊膜表面培养时间长时，细胞生长不均匀，并操作中容易脱落。此外，移植后吸收较慢，如不移除羊膜，患者在较长时间里视物不清。临床实践中，Tsai 等曾将健眼角膜缘上皮组织种植于羊膜上，培养 2～3 周后再移植到患病眼。术后 15 个月的随访结果显示，6 例患者中，5 例患者的视力得到明显提高。Koizumi 等证实用去除上皮细胞的羊膜以及 3T3 细胞做饲养细胞培养 LSC，移植后可以获得更好的效果。

2. 含细胞的生物支架　除羊膜外，其他生物材料和合成材料也在越来越多地走向应用。脱细胞角膜基质是一类，并且包括了从猪到人的多种生物角膜。其中人角膜组织作为培养 LSC 的支架材料更为受人关注，应用到临床的潜力更大，遇到的免疫排斥、心理障碍也会较小些。Griffith 等最早报告了基于人细胞系在体外重建功能性人角膜替代物。该替代物表达角膜的标志物并具有生理功能，具有所有三层细胞结构。在胶原蛋白-硫酸软骨素 C 水凝胶（collagen-chondroitin sulphate C hydrogel）内部和两侧都有永生性人角膜细胞，具有渗透调节作用，能通过基因表达对化学刺激产生反应，并保持透明。存在的问题是使用了永生化细胞带来的安全性问题和较差的机械性能。纤维蛋白凝胶则以能商业化、标准化、快速吸收、适合 LSC 生长等特点独树一帜，并已被成功应用到临床。最接近角膜基质板层纤维结构的是已在组织工程中广泛应用的Ⅰ型和Ⅲ型胶原。Ⅰ型胶原与核黄素交联后更适合 LSC 的生长，并能形成多层上皮细胞。重组交联的人胶原蛋白材料和丝素蛋白（silk fibroin）可支持前体细胞来源的角膜上皮细胞的增殖与分化。Ambrose 等研发出多种胶原材料，其张力强度在水合状态下达到（6.8±1.5）MPa，脱水时达（28.6±7.0）MPa，可用于移植角膜三层细胞的原代细胞和前体细胞。其他生物材料，如胶蛋白膜、壳聚糖水凝胶等材料也可作为载体支架培养 LSC。

除羊膜外，大多数支架的作用主要还是为供体角膜细胞提供一个载体以便于手术操作。但支架材料往往会影响手术后患者的视觉或恢复过程。因此，研究人员的另一项努力是开发出无载体细胞培养方法。目前，已能将 LSC 培养在 37℃培养扩增形成板层，使用前将温度降到 30℃时可使细胞与培养皿分离，形成适合移植的板层细胞。

3. 无细胞拟生物（biomimetic）支架作为再生模板　很多自然的生物高分子水凝胶（biopolymer hydrogel），如基于藻酸盐（alginate）、纤维蛋白原-纤维蛋白（fibrinogen-fibrin）、脱乙酰壳多糖（chitosan）、琼脂糖（agarose）、白蛋白（albumin）、胶原蛋白（collagens）及其衍生物的水凝胶，都被广泛地用于包被活细胞。Ⅰ型胶原蛋白水凝胶是人角膜中最主要的生物高分子，因为，在低浓度也有较好的强度而特别适合用于制备角膜基质植片。

全合成材料的优点是能够避免使用去细胞动物角膜基质材料所带来的潜在的传染性疾病（特别是重要的病毒性传染病）的传播。EDC 和 NHS 与重组人胶原蛋白角膜替代物交联已在瑞典获准在 10 位患者进行板层角膜移植临床试验。经过两年的临床观察，证明植片稳定，没有不良反应，也不需要长期使用免疫抑制剂。

视网膜是研究再生医学的经典模型，特别是在低等脊椎动物。通过这些研究，我们对哺乳类视网膜再生治疗的方向和机制已部分掌握并在试验中取得成功。虽然临床有效的细胞治疗或干细胞再生治疗才刚起步，但相信以下几个策略终将会取得成功：刺激内源性细胞进行修复；从成体眼获得细胞/干细胞经体外扩增后移植；诱导 ESC、iPSC 或 MSC 分化为视网膜细胞后进行移植。

未来的视网膜再生修复治疗，很可能要依靠移植在体外获得的从前体细胞或干细胞再生出来的视网膜细胞。尽管人 ESC 的研究工作进展迅速，并完成了第一个临床报告，但实现细胞移植治疗前还有一些重要的基础问题需要解决，如移植细胞的存活和与宿主组织的整合这两个变性视网膜功能重建的关键因素，成瘤性这个主要安全性考虑等。在理解和实现视网膜再生和治疗应用方面，我们还有很长的路要走。

小　　结

视网膜变性等疾病是全球性重要致盲眼病，其原因是一种或几种视网膜神经元的损伤和功能丧失，包括这些神经元本身的病变和因 RPE 损伤而继发的变性。

实现视网膜再生修复的目标，需要深入研究一些生物学的关键科学问题。涡虫、蝾螈、鱼、蛙和鸟等生物的视网膜都具有很强的再生能力，而灵长类则失去了这样的能力。是什么原因使我们的视网膜不能再生？是哺乳类视网膜的微环境与鸡、鱼等视网膜有根本不同还是只差了几个因子？它们视网膜再生的重要细胞 RPE 与我们人类的 RPE 有什么不同？是否是它们 RPE 细胞去分化和可塑性在人类已丢失或部分丢失？为什么哺乳类 RPE 细胞在体外可以脱色素并表达神经视网膜蛋白，但却不能再现整个再生过程？在鱼类和鸡，Müller 细胞是新生神经元的来源，人的 Müller 细胞与之有什么差异？是增殖调控因子不同？还是我们基因组中决定视网膜再生的基因缺如？抑或是我们基因组中过多的基因抑制了视网膜再生基因的表达？比较人类 Müller 细胞、RPE 细胞以及神经元中基因表达谱等与鱼、鸡等相应细胞的差异，以及不同阶段视网膜细胞基因表达谱等的差异，也可能会帮助我们更好地理解视网膜再生的秘密，从而用以帮助视网膜疾病患者的视网膜得以再生。

（徐国彤）

第五章　肺组织干/祖细胞与再生医学

肺(lung)是体内一个重要而复杂的器官。不同的解剖部位含有不同的细胞类型,成人肺内共含有40～60种细胞。在生理情况下,成年肺组织的更新非常缓慢,如正常成年大鼠肺细胞更新一次需要4个月。由于肺与外界相通的特性,需要经常暴露于有害颗粒和微生物之中,因此,肺组织自身的修复能力对于维持其结构完整性、发挥其正常功能恢复内环境稳态具有重要意义。

本章将从肺组织的发育、肺组织的干细胞与再生医学等方面进行介绍。

第一节　肺发育与分子调节机制

一、肺的发育

肺的发育,一般分为三期,即胚胎期、胎儿期和出生后期(图5-1)。胚胎期(第3～7周)是肺发育的最初阶段,主要标志是主呼吸道和肺芽(lung bud)的形成。除鼻腔上皮来自外胚层外,呼吸系统其他部分的上皮均由原始消化管内胚层分化而来。胚胎第4周时,原始咽的尾端底壁正中出现一纵行浅沟(喉气管沟)。此沟逐渐加深,并从其尾端开始愈合,愈合过程向头端推移,最后,形成一长形盲囊,即气管憩室,是喉、气管、支气管和肺的原基。气管憩室的末端膨大,并分成左右两支,即肺芽,是支气管和肺的原基。肺芽与食管间的沟加深,肺芽在间叶组织间延伸,并分支形成未来的主支气管。叶支气管、段支气管和次段支气管约分别于胎龄37天、42天和48天形成。

胎儿期又分为假腺期、小管期和终末囊泡期3个阶段。假腺期(胚胎第7～16周)主要是主呼吸道的发育到末端支气管的形成。其特点是形成胎肺(包括15～20级呼吸道分支),再分支形成未来的肺泡管。发育中的呼吸道内布满了含大量糖原的单层立方细胞。胚胎第13周时随着纤毛细胞、杯状细胞和基底细

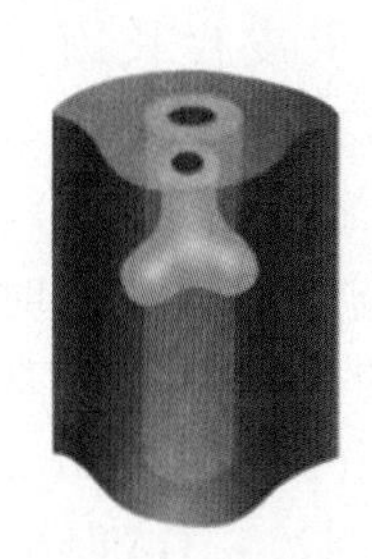
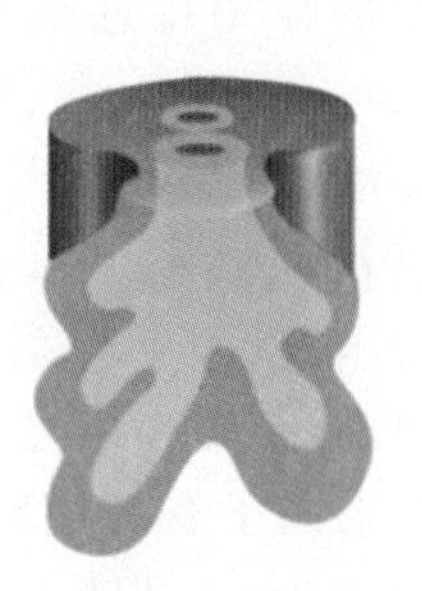
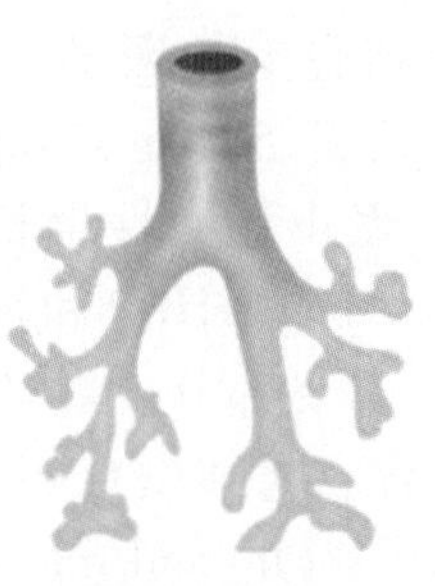

胚胎期(3~7周)　假腺期(7~16周)　小管期(16~25周)　终末囊泡期(25~37w)　出生后期(出生~3岁)

胎儿期(7~37周)

图5-1　肺发育的基本过程

胞的出现，近端呼吸道出现上皮分化。上皮分化呈离心性，未分化的细胞分布于末端小管，而分化中的细胞分布于近端小管。上叶支气管发育早于下叶。早期呼吸道周围是疏松的间叶组织，疏松的毛细血管在这些间叶组织中自由延伸。肺动脉与呼吸道相伴生长，主要的肺动脉管道出现于胚胎第 14 周。肺静脉也同时发育，只是模式不同，肺静脉将肺分成肺段和次段。在假腺期末期，呼吸道、动脉和静脉的发育模式与成人相对应。小管期（胚胎第 16 ~ 25 周）主要为腺泡发育和血管形成。此期是肺组织从不具有气体交换功能到具有潜在交换功能，包括腺泡出现、潜在气血屏障的形成，以及Ⅰ型和Ⅱ型上皮细胞的分化，且 20 周后逐渐开始分泌表面活性物质。腺泡由一簇呼吸道和肺泡组成，源于终末细支气管，包括 2 ~ 4 个呼吸性细支气管，末端带有 6、7 级支芽。其初步发生对未来肺组织气体交换界面发育是至关重要的第一步。最初围绕在呼吸道周围较少血管化的间叶组织进一步血管化，并更接近呼吸道上皮细胞。毛细血管最初形成一种介于未来呼吸道间的双毛细血管网，随后融合成单一毛细血管。随着毛细血管和上皮基底膜的融合，气血屏障结构逐渐形成。在小管期，气血屏障面积呈指数增长，从而使壁的平均厚度减少，气体交换潜力增加。上皮分化的特点是从近端到远端的上皮变薄，从立方细胞转变成薄层细胞，后者分布在较宽的管道中。因此，随着间质变薄，小管长度和宽度都在增加，同时逐步有了血供。小管期的许多细胞被称为中间细胞，因为它们既不是成熟的Ⅰ型上皮细胞，也不是Ⅱ型上皮细胞。在人类胚胎约 20 周后，富含糖原的立方细胞胞质中开始出现更多的板层小体，通常伴有更小的多泡出现，后者是板层小体的初期形式。Ⅱ型上皮细胞中糖原水平随着板层小体内糖原水平增加而减少，糖原为表面活性物质合成提供基质。终末囊泡期（胚胎第 25 周至足月）主要为第二嵴引起的囊管再分化。此期对最终呼吸道分支形成很重要。终末囊泡在肺泡化完成前一直在延长、分支及加宽。随着肺泡隔以及毛细血管、弹力纤维和胶原纤维的出现，终末囊泡进一步发育成原始肺泡。原始肺泡内表面被覆着内胚层来源的上皮细胞，被认为是肺泡上皮的干细胞。起初，细胞为立方形，即称为Ⅱ型肺泡上皮细胞，以后，部分Ⅱ型细胞变成薄的单层扁平上皮，发育为Ⅰ型肺泡上皮细胞。到出生时，肺泡与毛细血管已相当发达。因此，胎儿一出生即具备可独立生存的呼吸功能。

出生后期又称为或肺泡期，是肺泡发育和成熟的时期，也是肺发育的最后一个环节，绝大多数气体交换表面是在该阶段形成的。胎儿出生时肺的发育已基本成熟，但进一步发育完善需到 3 岁。肺泡表面上皮细胞分化，形成很薄的气血屏障是肺发育成熟的形态学标志，从胎儿晚期到新生儿早期肺泡化进展迅速。伴随着肺组织结构的发育成熟，其功能发育亦趋成熟。

二、肺发育的调控机制

肺脏来源于内胚层和中胚层两种不同的组织。肺脏从一个肺芽发育成为一个具有呼吸功能的完整器官，经历了肺原基的出现、气管形成及其与食管的分离、气管分支的形态发生、特定上皮细胞沿近-远端轴分化形成肺脏基础结构、肺泡发生以及远端上皮细胞的分化等极为复杂的发育生物学过程。这些变化既相互交错又有序发生。因此，肺的发育应存在着精细而严格的调控机制。现已研究表明，肺的形态发生与局部微环境内生长因子和形态发生素的作用息息相关（图 5-2）。在肺内，促进肺形态发生的生长因子有成纤维细胞生长因子（fibroblast growth factor，FGF）、上皮生长因子（epidermal growth factor，EGF）、转化生长因子（transforming growth factor，TGF）、骨形态发生蛋白-4（bone morphogenetic protein-4，BMP-4）、血小板源性生长因子（platelet derived growth factor，PDGF）。与肺发育有关的形态发生素有 sonic hedgehog（SHH）和视黄酸。转录因子对系列效应基因表达的时空调节作用是胚胎发育精细调节机制的重要部分。微环境内的形态发生信号通过转录因子对靶基因的调控作用，从而实现胚胎的有序发育。与肺发育相关的转录因子有肝细胞核因子-3（hepatocyte nuclear factor-3，HNF-3）、甲状腺转录因子-1（thyroid transcription factor-1，TTF-1）或 NKX2.1、GATA6、神经胶质核蛋白（glial nuclear protein，GLI）、Hox 簇转录因子、Myc 等。在肺的不同发育阶段，存在着不同的生物活性物质，形成了严格和有条不紊的时空变化规律，共同调控着支气管树的形态发生、肺泡上皮细胞的分化演变和气血屏障的建立。

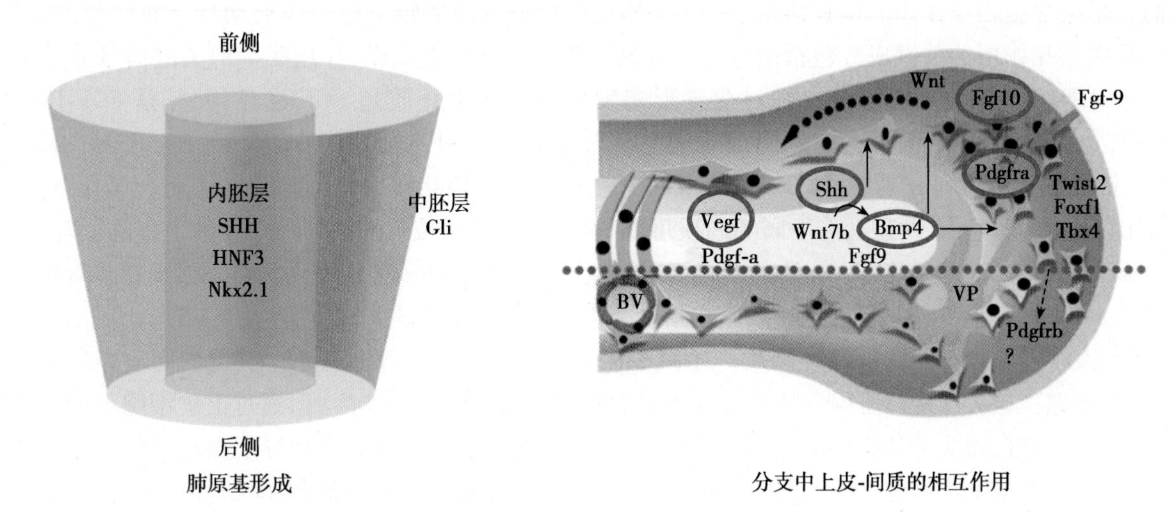

图 5-2 肺发育的调控机制

原基是肺脏形成的基础，它起源于前肠腹侧壁。虽然关于肺原基形成机制的直接资料不多，但愈来愈多的研究表明，系列转录因子参与肺原基模式构成的时空调节作用。HNF-3 是报道较早、作用较为明确的转录因子，它们具有与果蝇内叉头（forkhead，fkh）基因家族成员高度的相似性。肺原基的形成限于 HNF-3β 和 HNF-3α 表达的边界内。早在食管和喉气管槽开始分化时，HNF-3β 和 HNF-3α 就开始表达。在完全分化的成体支气管上皮内还保留有 HNF-3α 和 HNF-3β 的表达。研究显示，它们调节肺特异性基因的表达，如表面活性蛋白 B。HNF-3 家族的另一成员 HNF-3γ 出现在后肠的分化中，与肝、胃的形态发生有关。因此，区域性特异表达的 HNF-3 基因家族可能形成分子轴向信号，特定指导肠内胚层来源的组织结构内的细胞变化。敲除 HNF-3β，胚胎在肺形态发生前死亡。因此，关于 HNF-3 基因家族激活是否是肺原基形成所必需的，尚无直接证据。最近有研究显示，GLI 在肺原基的发生中发挥重要作用。GLI 转录因子以不同的时间和空间模式表达在肺间质内。GLI2 和 GLI3 联合敲除能明显阻断肺组织的发育。形态发生素 SHH 在种系发生上与果蝇内的 hedgehog 相关，果蝇内的 hedgehog 参与果蝇身体多个部位的形成。SHH 在肺上皮内表达，与间质细胞上的细胞受体作用。SHH 信号通过 GLI 家族转录因子激活发挥促进肺形态发生的作用。有研究显示，SHH 敲除小鼠的肺间质虽有异常，但有肺间质结构的形成，提示 SHH 信号在肺间质的形成中仅发挥部分作用。

同源结构域转录因子 NKX2. 1/TTF-1 在肺芽形成的过程中表达在前肠背腹侧边缘，清晰地区分出肺原基和食管原基。目前对于肺原基发育成气管的机制尚了解不多。有研究显示，将 NKX2. 1 基因敲除，出生小鼠的气管明显变短，并与食管融合。同样的气管-食管表型也发生在 $SHH^{-/-}$、$GLI2^{-/-}GLI3^{+/-}$、视黄酸受体 RAR-$\alpha1^{-/-}$RAR-$\beta2^{-/-}$小鼠。NKX2. $1^{-/-}$小鼠肺内有 SHH 表达，同样，$SHH^{-/-}$小鼠肺内也有 NKX2. 1 表达，提示两者在肺形态发生中的作用是相互独立的，但可能存在功能上的平行关系。在脊椎动物，气管包括了系列表型不同的细胞，如纤毛和非纤毛柱状上皮细胞，分泌细胞（浆液细胞、杯状细胞）。这些细胞沿气管分化和空间构成所需要的特定信号和转录因子，尚为完全明确。HNF-3/forkhead homolog-4（HFH-4）表达在支气管上皮内，似乎是肺内纤毛上皮细胞分化所需要的。HFH-4 不是肺特异性的，还表达在胎肾、输卵管和其他胚胎器官内。HFH-$4^{-/-}$的胚胎缺乏整个纤毛发生过程。HFH-4 异位表达可导致远端肺，即富含肺泡上皮细胞的区域出现柱状细胞。说明 HFH-4 是柱状纤毛上皮细胞分化所必需的。

分支是肺形态发生的重要部分。分支的形态发生是依赖于上皮-间质的相互作用，这种相互作用是通过一个复杂的分子网络介导的，包括生长因子、转录因子、细胞外基质蛋白和它们的受体。上皮-间质间相互作用的特性取决于发育信号，后者在单个细胞水平建立了位置信息，基于发育信号，细胞发生行为改变，根据形态发生的位置信息，细胞进行增殖、迁移或分化。形态发生和细胞分化所需要的发育信号通过细胞-细胞相互作用的位置信息，细胞-细胞间作用通过激活转录因子而启动特定效应基因表达。上皮-间质相互作用的关键成分包括信号分子和转录因子。在肺上皮中，作用明确的关键信号分子包括BMP-4、SHH 和 PDGF。在肺间质内，对分支形态发生最重要的介质是 FGF 途径，尤其是 FGF-10。除GLI 家族外，Hox 簇转录因子也在肺间质内表达。转录因子 HNF-3、HFH-4、GATA6、N-myc 和 NKX2. 1在肺上皮内表达。有研究表明，HNF-3 和 GATA6 是上皮-间质相互作用的关键调控分子。

组织重组实验显示，两种功能不同的间质可能指导气管(非分支)和实质(分支)肺上皮的形态发生。认为这两种间质内产生的信号和表达的转录因子可能是不同的。Hox 家族编码的转录因子在肺间质内表达。Hoxa-5 基因靶向实验显示了这一家族在指导肺上皮形态发生中的关键作用。Hoxa-$5^{-/-}$小鼠出生后因气管形态发生异常和肺内表面活性物质产生减少而很快死亡。肺发育的另一个关键的间质介质是 FGF信号转导通路。破坏此通路可导致肺形态发生明显障碍。FGF 由间质产生，但通过上皮细胞上的同源受体发挥作用。靶向敲除 FGF-10 可导致主支气管远端的肺结构缺失。FGF 在指导上皮形态发生中的作用可能与它直接诱导上皮细胞增殖和细胞分化有关。FGF 诱导细胞增殖时，细胞内转录因子 c-fos、c-Myc 激活。它们可能在肺上皮和间质细胞的增殖中发挥相似的作用。肢体形态发生中，异位应用 FGF 导致锌指转录因子 SnR 和 Tbx 家族转录因子的激活。肺上皮内也表达 Tbx 家族转录因子。但这些转录因子与 FGF信号诱导肺形态发生的关系，尚不清楚。

整个肺发育过程中，上皮-间质间的细胞-细胞相互作用是正常形态发生的关键。转录因子介导由细胞-细胞相互作用产生的指导性信号。在肺分支形态发生中，上皮细胞接受间质信号依赖于 N-Myc 的正常活性。N-Myc 在肺上皮内表达。靶向敲除 N-Myc，小鼠肺发育则发生明显异常。FGF-$10^{-/-}$胚胎中，沿近-远轴的肺生长与分化出现明显障碍。阻断 NKX2. 1 也导致近-远端形态发生严重缺陷。NKX2. $1^{-/-}$胚胎中，在二级或三级支气管以后即无肺结构的形成。阻断 SHH 信号转导也影响近-远端的肺形态发生，但可观察到有限的肺发育和细胞分化。因此，近端肺形态发生是不依赖 NKX2. 1、FGF-10 和 SHH 的调控作用的，远端肺形态发生则明显依赖于 NKX2. 1 和 FGF-10 的调控作用，以及一定程度上还依赖于 SHH 的作用。

肺泡形成是指肺囊隔室分割成不同肺泡的过程，从生理角度讲，肺泡形成是呼吸系统成熟和建立有效气体交换的关键步骤。FGF 和 PDGF 信号转导通路参与肺泡形成，但是这些通路下游的转录因子尚不清楚。关于参与肺泡形成的信号机制和转录因子，报道不多。参与早期肺形态发生，并存在于成熟肺的一些因子可能也参与了肺泡的形成。这些因子包括 HNF-3、GATA6 和 NKX2. 1。但尚缺乏直接的证据。

视黄酸和糖皮质激素影响肺泡形成。有研究显示，视黄酸可改变发育肺间质内 Hox 基因簇的转录因子表达模式。这种变化具有改变间质诱导作用或始动作用的可能性，从而影响上皮的形态发生。然而，除Hoxa-5 外，Hox 基因的异位表达或功能缺失突变都不引起肺表型的明显异常。糖皮质激素受体是属于与视黄酸受体相同超家族的转录因子。糖皮质激素受体的功能性缺失导致出生后因呼吸功能障碍死亡。肺表面活性蛋白基因上存在糖皮质激素结合功能性位点。然而，糖皮质激素受体 DNA 结合域上突变(阻断其二聚化，进而阻断其基因激活能力)的胚胎，其肺发育是正常的，提示糖皮质激素对肺发育的影响可能不依赖于 DNA 结合和下游靶基因的反式激活。

第二节 肺组织干/祖细胞

近年来，在肺脏的不同部位发现了不同类型的干细胞(图 5-3，表 5-1)。他们在肺组织修复中可能发挥着关键作用。由于其位于肺组织内，并具有干细胞的特性，因此，也将他们称为内源性肺干/祖细胞(endogenous lung stem/progenitor cells)。

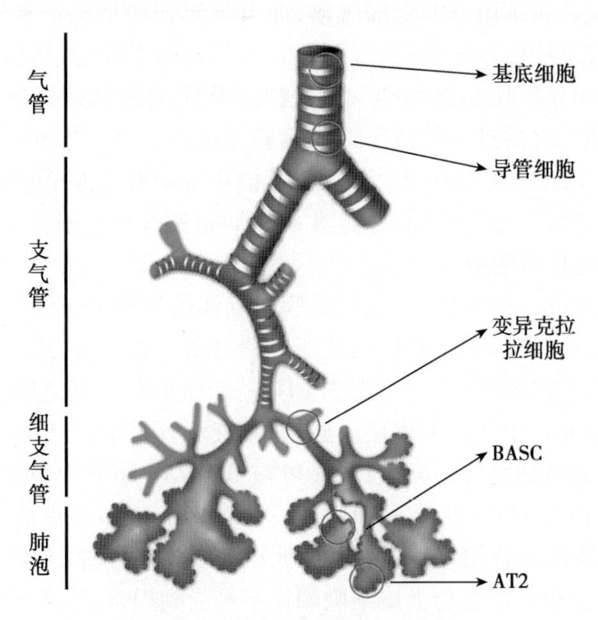

图 5-3 常见的肺组织干/祖细胞

表 5-1 常见的肺组织干/祖细胞

细胞类型	细胞标志	分布	干细胞层次	子细胞
基底细胞	K5、K14、P63	气管、支气管	专能干细胞	杯状细胞、纤毛细胞、黏液细胞、浆液细胞
导管细胞	K5、K14	气管黏膜下腺体	专能干细胞	杯状细胞、纤毛细胞、黏液细胞、浆液细胞、肌上皮细胞
克拉拉细胞	$CCSP^{+}CYP450\text{-}2F2^{+}$	细支气管上皮	短暂扩增细胞	纤毛细胞
变异克拉拉细胞	$CCSP^{+}CYP450\text{-}2F2^{-}$	NEB、BADJ	专能干细胞	克拉拉细胞、纤毛细胞、PNEC
BASC	$CCSP^{+}pro\text{-}SPC^{+}$	BADJ	专能干细胞	克拉拉、AT2、AT1
AT2	$Pro\text{-}SPC^{+}$	肺泡上皮	祖细胞	AT2、AT1
人肺脏干细胞	C-kit、Oct4、Nanog、Klf4、Sox2	细支气管各层、肺泡上皮	多能干细胞	克拉拉细胞、AT2、AT1、血管内皮细胞和平滑肌细胞
SP 细胞	Sca1、CD31、Hoechst33342	尚未定位	未明确	未明确
平滑肌祖细胞	FGF-10	各级气道肌层	祖细胞	平滑肌细胞
成血管细胞	Flk1	各级血管	祖细胞	毛细血管内皮细胞

一、常见的肺组织干细胞

（一）气管-支气管上皮部位干细胞

1. 基底细胞　基底细胞（basal cells，BCs）主要位于气管、支气管等近端气道上皮层的基底膜部。BCs呈三角形，主要表达 K5、K14 和 P63。体外培养的 BCs 具有较强的克隆形成能力，在一定条件下可以分化为纤毛细胞、杯状细胞等各种气管上皮细胞。将体外培养的 BCs 移植到受损的气管基底膜上，并种植到免疫缺陷小鼠皮下，BCs 可分化为杯状细胞和纤毛细胞，并再生出类似于正常气管的上皮组织。因此，BCs 具有自我更新和分化为各种气管上皮细胞的潜能。Hong 等观察了萘损伤后各种类型气管上皮细胞的变化，结果发现，损伤后3天，克拉拉细胞基本全部脱落，而BCs迅速增加至正常的4.5倍，并且是最主要的增殖细胞；损伤后6天克拉拉细胞数目开始增加，而BCs数目开始下降；损伤后9天克拉拉细胞和BCs数目均恢复至正常水平。BCs和克拉拉细胞的动态变化提示基底细胞是萘损伤后气管上皮的主要修复细胞，并可能分化为克拉拉细胞。之后进行的谱系追踪实验则证实了这一推断。研究人员利用基因条件敲除技术选择性标记$K14^+$BCs及其子代细胞，结果发现，萘损伤后4天遗传标记的细胞较少，但均为BCs；萘损伤后12天和20天标记细胞数目明显增加，并且大多数细胞具有纤毛细胞的形态或表达CCSP，证明了BCs可以分化为纤毛细胞和克拉拉细胞。

2. 导管细胞　导管细胞（duct cells）位于气管黏膜下腺体的导管部。导管细胞呈立方形，表达K5和K14。气管黏膜下腺体（submucosal glands，SMGs）位于软骨环和气管上皮层之间，人类SMGs分布于从喉至主支气管的气道内，而小鼠SMGs局限于环状软骨和第一个气管软骨环之间。SMGs由浆液/黏液小管、集合管和纤毛导管构成，最后开口于气管上皮层。浆液/黏液小管被覆多角形的黏液细胞和浆液细胞，周围包裹扁平的肌上皮细胞。黏液细胞分泌黏液，黏液可被AB/PAS染色和DMBT1标记；浆液细胞分泌浆液，主要表达溶霉菌、乳铁蛋白和pIgR；肌上皮细胞表达K5、K14和α-平滑肌肌动蛋白（α-smooth muscle actin，α-SMA）。黏液小管和浆液小管相互连接，并逐渐汇合形成集合管，开口于上皮前又转变成纤毛导管。由于其隐蔽的解剖部位，SMGs细胞与上皮细胞相比不易受到损害，适合干细胞的生存。

BrdU或^{3}H-TdR标记后，间隔一段时间仍带有标记的细胞称为标记滞留细胞（label retaining cells，LRCs），LRCs可能包含有干细胞。Liu等利用BrdU标记发现LRCs主要位于气管和近端支气管的SMGs导管处。将导管细胞种植到去除上皮的气管基底膜上，再一起移植到免疫缺陷小鼠皮下，可以再生出气管上皮组织。Hegab等利用差速消化法和流式分选得到TROP-2阳性导管细胞和TROP-2/ab整合素（integrin）双阳性BCs，并在体内和体外比较了两种干细胞的干性。TROP-2是前列腺基底细胞的标志，表达于所有的上皮细胞和导管细胞，但不表达于肌上皮细胞和黏液/浆液细胞。体外培养发现，BCs的克隆形成能力要高于导管细胞，并且两种细胞均可分化为黏液细胞、浆液细胞、纤毛细胞和肌上皮细胞。研究人员把体外培养的RFP^+导管细胞接种至不带任何标记的小鼠肩胛骨部位的脂肪垫内，发现约50%的小鼠可以形成黏膜下腺小管样结构，20%小管样结构周围存在导管样结构，甚至还包裹有肌上皮细胞。形成的黏膜下腺具有黏液和浆液分泌功能，所有细胞均表达RFP。结果表明移植的RFP^+导管细胞可以形成一个功能和结构完整的黏膜下腺，进一步验证导管细胞的多分化潜能。体内研究发现，小鼠缺血缺氧损伤后气管内仅有$K5^+K14^+$导管细胞和少量的$K5^+K14^-$BCs残留。利用谱系追踪$K14^+$导管细胞发现，缺血缺氧损伤后导管细胞参与修复黏膜下腺、黏膜下腺导管及开口附近的上皮层细胞，但BCs仅能分化为上皮层细胞。需要特别说明的是，仅有1%人BCs和10%小鼠BCs表达K14，而大部分$K14^+$细胞为导管细胞，故Hong等追踪的$K14^+$细胞可能是导管细胞，而不是BCs。总之，导管细胞的干性要强于BCs，应归属于多能干细胞。

（二）细支气管-终末细支气管上皮部位干细胞

1. 克拉拉细胞　克拉拉细胞（Clara cells）主要分布于细支气管上皮内，但其分布和数量在不同物种间略有差异：分布上，人类克拉拉细胞仅分布于细支气管，气管和支气管均无，而小鼠克拉拉细胞则分布于气管以下的所有气管分支中，包括支气管和细支气管；数量上，人类克拉拉细胞在终末细支气管和呼吸性细支气管中分别占11%和22%，小鼠的远端气道几乎全为克拉拉细胞。克拉拉细胞呈立方状或柱状，特异表达Clara细胞分泌蛋白（Clara cell secretory protein，CCSP）和细胞色素P450的2F2单体（CYP450-2F2）。CYP450-2F2可以将香烟中的萘转换成细胞毒物质，使细胞死亡，因此，萘可以造成克拉拉细胞的特异性损伤。

目前认为，克拉拉细胞是细支气管处的主要短暂扩增细胞（transient amplifying cell，TAC），即静止状态时具有终末细胞的功能，但损伤后可快速大量增殖，并向纤毛细胞分化。生理情况下，大小鼠细支气管中仅有0.2%～0.5%的克拉拉细胞发生增殖，细胞周期为30小时，但在人类终末细支气管和呼吸性细支气管中分别有15%和44%的增殖细胞为克拉拉细胞。克拉拉细胞分泌的蛋白CCSP又称为CC10、CC16、Clara细胞抗原、分泌球蛋白、子宫珠蛋白等，是气道表面液体的主要成分。CCSP是一个对蛋白酶有抗性并在高热和强酸环境中稳定存在的10～16Kda大小的蛋白质。人类中编码此蛋白的基因大小约4.1kb，含有3个外显子和两个内含子，可以被亮氨酸拉链因子基本区域CCAAT、增强子结合蛋白α、NKX2.1和甲状腺转录因子1调节。CCSP的主要功能有以下几个：①构成气道表面液体物质的主要成分；②免疫调节，可以增强抗炎介质的释放；③抑制肿瘤形成；④调节气道中干细胞的微龛；⑤增强肺应对氧化应激的能力；⑥血清含量的升高可以作为肺损伤的早期标志。

2. 变异克拉拉细胞 又称为变异表达CCSP细胞(variant CCSP-expressing cells，vCE)，主要位于细支气管分叉处和细支气管肺泡连接处(bronchioalveolar duct junction，BADJ)。如前所述，克拉拉细胞由于CYP450-2F2的作用而被萘特异性损伤。但萘损伤后，在细支气管分叉处的神经内分泌小体(neuro-epithelial body，NEB)和BADJ处仍残留一群表达CCSP的细胞，此群细胞缺乏CYP450-2F2从而对萘耐受，故将之称为变异克拉拉细胞。

Hong等利用^{3}H-TdR标记残留法发现，萘损伤后NEB及其邻近组织存在着LRCs，提示该部位可能存在干细胞。进一步研究发现LRCs包括3种细胞亚群：表达CCSP的vCE；表达降钙素基因相关肽(calcitonin gene-related peptide，CGRP)的神经内分泌细胞；表达CCSP和CGRP的vCE。利用条件敲除小鼠特异性去除表达CCSP的细胞后，发现PNECs并不能完整修复气道上皮，提示NEB处的变异克拉拉细胞可能是细支气管修复的主要细胞。可能的干细胞层次如下：vCE自我更新并分化为克拉拉细胞，克拉拉细胞自我更新并分化为纤毛细胞，而PNECs仅能自我更新，此外vCE还可能分化为PNECs，而PNECs可以调节vCE的增殖和分化并维持其干性状态。因此，NEB处的vCE是细支气管上皮中的干细胞。

Giangreco等发现，萘损伤后BADJ处的vCE是伤后终末细支气管最早、最主要的增殖细胞，约占该处所有增殖细胞的90%。但BADJ处和NEB处的vCE是否为同一群细胞呢？形态定量分析发现，BADJ处的vCE约57%位于距BADJ 40μm的范围内，增殖vCE约75%位于距BADJ 80μm的范围内，因此，从解剖部位上看二者不是一群细胞。CGRP免疫学染色发现，BADJ处的vCE不表达CGRP，且分布与NEB完全无关，而NEB处的vCE有一部分表达CGRP，且分布于NEB及其周围组织。因此，BADJ处的vCE与NEB处的vCE不是同一群细胞。萘损伤早期终末细支气管处大部分克拉拉细胞发生坏死脱落，而BADJ处vCE快速增殖并逐渐向近端迁移，萘损伤晚期克拉拉细胞密度恢复正常，一部分vCE则进入静止期。因此，BADJ处的vCE主要参与终末细支气管上皮的稳态维持和修复。

（三）细支气管肺泡连接处干细胞

细支气管肺泡干细胞(bronchioalveolar stem cells，BASC)是BADJ处一种表达克拉拉细胞标志CCSP和Ⅱ型肺泡上皮细胞标志pro-SPC的干细胞，由Kim等于2005年首次发现并命名。BADJ是传导气道和肺泡的分界处，由于食管、角膜等组织内不同细胞的移行区域已经发现组织特异的干/祖细胞，因此BADJ也是一个潜在的干细胞巢，并且寻找不同组织移行区域内共有的调控机制有助于发现干细胞调控因子。实际上，$CCSP^{+}SPC^{+}$BASC只存在于BADJ处，同时Giangreco等在BADJ处也发现了变异克拉拉细胞。生理情况下，BASC数目极少，约占肺总细胞的0.34%，正常小鼠中仅有35%±9%常小鼠的BADJ含有BASC。由于细胞质标志不能用于活细胞的分离和功能分析，因此，选用了表面标志Sca1、CD34、CD45、CD31作为分选标记，流式分选出的$CD45^{-}CD31^{-}Sca1^{+}CD34^{+}$肺上皮细胞几乎全为$CCSP^{+}$pro-$SPC^{+}$BASC。将其接种至射线照射后的小鼠胚胎成纤维细胞滋养层培养，发现单个BASC就可以形成克隆，克隆形成率明显高于AT2。传至第9代时仍全部表达CCSP和pro-SPC，并保持较强的克隆形成能力。表明BASC具有较强的自我更新和克隆形成能力。基质胶是从小鼠肉瘤细胞提取的细胞外基质蛋白和生长因子等基底膜成分，常用做干细胞诱导分化培养基。BASC在基质胶培养基中培养后可分化为$CCSP^{+}$克拉拉细胞、pro-SPC^{+}Ⅱ型肺泡上皮细胞和$AQP5^{+}$Ⅰ型肺泡上皮细胞，但不能分化为纤毛细胞。表明BASC具有多向分化潜能。小鼠萘损伤、博来霉素损伤和左肺切除术后，BASC数目明显增多，增殖能力显著增强，并开始向肺泡迁移，最终气管上皮、肺泡上皮得到有效修复。但是Rawlins等通过谱系追踪$CCSP^{+}$细胞发现，BASC并未参与细支气管和肺泡上皮的修复。虽然，此研究存在样本量偏少、形态定量分析不严格等问题，但结果仍提示：肺修复的完成需要多种干细胞的参与，并且数目较多的干细胞发挥主要作用。由于BASC也对萘耐受，且表达CCSP，因此BASC与BADJ处的vCE非常类似。那么，二者间有何联系？Kim等发现萘损伤后BADJ残留

的 $CCSP^+$细胞中只有一部分同时表达 pro-SPC，其他则只表达 CCSP，因此 BASC 可能为 BADJ 处 vCE 的一个亚群，但尚未有研究证实。研究发现小鼠胎肺内有一种同时表达 CCSP、CGRP 和 SPC 的上皮细胞，提示克拉拉细胞、神经内分泌细胞和 AT2 都可能发育自一个共同的前体细胞，而 BASC 可能就是这个前体细胞。

BASC 的分离和培养是研究其生物学特性及重要调控分子的前提和基础。目前 BASC 的分离主要参照 Kim 实验室的方法，即通过肺内灌注分散酶、胶原酶等消化酶将远端气道的上皮细胞消化成单细胞悬液，然后，利用流式分选出 $CD45^-CD31^-Sca1^+CD34^+$细胞即为 BASC，然后，接种于小鼠胚胎成纤维细胞滋养层和 DMEM 培养基中培养。对 BASC 的流式分选标记进一步分析发现，$CD34^+$细胞并不存在于气道上皮。免疫荧光染色发现，Sca1 主要表达于气道上皮层之外的细胞，特别高表达于血管的内皮细胞（95% 的 $CD31^+$细胞表达 Sca1）。气道上皮内，Sca1 只表达于肺内近端气道上皮细胞基底及侧边的胞膜上，而远端气道上皮细胞并不表达 Sca1。因此，Sca1 是肺组织中一个广泛表达的标志物，并且不同细胞表达水平不同：内皮细胞最高，近端气道上皮细胞次之，远端气道上皮细胞最弱）。结果表明 Sca1 并不能区分细支气管内的干细胞（BASC）和短暂扩增细胞（克拉拉细胞）。但同时发现克拉拉细胞具有较高的自发荧光（autofluorescence，AF）而 BASC 的自发荧光较低，由此提出新的分选标记 $CD45^-CD31^-CD34\ Sca1^{low}AF^{low}$。产生不同结果的原因可能为细胞分离方法的不同：Kim 使用分散酶、胶原酶消化和分离 AT2 的方法，而后者使用弹性蛋白酶，分离从传导气道至肺泡的所有上皮细胞，这其中就包含 BADJ 和 NEB 处的克拉拉细胞。BASC 纯化方法除流式分选外，还出现全细胞贴壁筛选的方法，主要利用 AT2 细胞培养 1 周后即已完全分化，之后进入凋亡阶段，而 BASC 培养 1 周后才形成克隆集落，因此全细胞悬液培养两周后即可去除大部分的 AT2；培养体系中加入 FIBROOUT 可以去除成纤维细胞。但无论哪种分选和纯化方法，最终都需要利用 CCSP 和 pro-SPC 共染分析其纯度。

（四）肺泡上皮部位干细胞

1. Ⅱ型肺泡上皮细胞　肺泡上皮主要由Ⅰ型肺泡上皮细胞（alveolar type 1 cells，AT1）和Ⅱ型肺泡上皮细胞（alveolar type 2 cells，AT2）组成。AT2 呈立方状，约占肺总细胞的 16%，却仅覆盖肺泡表面积的 5%，主要分布在相邻肺泡壁的连接处。AT2 细胞质内富含板层小体，板层小体内存在大量的表面活性蛋白（Surfactant proteins，SP），包括 SP-A、SP-B、SP-C 和 SP-D，这些蛋白可以维持肺泡表面张力和清除进入肺泡腔的微尘或病原体。AT1 为扁平上皮，占肺脏总细胞的 8%，却覆盖了 95% 的肺泡表面，AT1 主要构成气血屏障完成气体交换，清除肺泡内液体维持肺的干燥状态。干细胞理论认为，在持续更新的组织中，干细胞群可增殖、分化产生过多的子细胞，一部分子细胞替代衰老或损失的细胞，剩余的子细胞最终凋亡。因此，为了维持组织稳态和正常修复，干细胞的增殖、分化和凋亡必须处于平衡状态。

2. AT2 的增殖　成年小鼠^{3}H-TDR 标记发现，AT2 的一个完整细胞周期约为 22 小时，与 NO_2 损伤后大鼠 AT2 的细胞周期相同。AT2 的整个细胞周期以及各期时间与机体所处的发育阶段、有无毒物损伤相关，并且体外培养与体内条件下也有所不同。总体而言，不同物种、不同发育阶段、毒性气体损伤、细胞培养等情况下 AT2 的 S 期均为 7～9 小时，而 G2 期和 M 期持续 1～12 小时不等。原代培养时只有一部分 AT2 可连续增殖并形成克隆，提示 AT2 可能由不同的亚群组成。近年来的研究也证实了这一观点。Reddy 等发现高氧损伤后 AT2 对钙黏素（E-cadherin）的反应不一致，并据此将 AT2 分为 2 个亚型：一种亚型不表达钙黏素，此群细胞端粒酶活性高，增殖活性较高，对损伤比较耐受；一种亚型表达钙黏素，此群细胞端粒酶活性较低，无增殖活性，且容易受到损伤。Liu 等发现金葡菌肺炎后表达干细胞抗原（stem cell antigen，Scal）的 AT2 比例明显升高，体外培养时 $Sca1^+$AT2 比 $Sca1^-$AT2 具有更强的分化为 AT1 的潜能，提示 $Sca1^+$ AT2 可能是 AT2 发挥祖细胞功能的主要亚群。

3. AT2 的分化　Evans 等利用^{3}H-TdR 标记 NO_2 肺损伤大鼠发现，标记后 1 小时肺泡上皮中 88% 标记细胞为 AT2，仅有 1% 为 AT1；标记 24 小时后肺泡上皮中出现 AT1 和 AT2 之间的细胞，并占标记细胞的 40%，而 AT2 下降至 60%；标记后 3 天 AT1 明显增多，中间状态细胞明显减少。结果提示肺泡上皮损伤后，AT2 可以增殖并分化为 AT1，最终修复肺泡上皮。Adamson 等同样利用^{3}H-TdR 标记技术证实肺发育过程中 AT2 也可以分化为 AT1。从此，AT2 被认为是 AT1 的祖细胞。但在含有 10% FBS 的 DMEM 中培养

AT2 时,第 4 天即开始向 AT1 分化,第 7 天则由铺路石样细胞完全分化为扁平 AT1,并且 AT2 传代后立即分化。因此,AT2 也被认为是一种短暂扩增细胞。目前 AT2 向 AT1 的分化研究主要依赖于各种细胞的判断。目前,鉴别 AT2 的金标准仍然是电镜下其超微结构满足以下条件:胞质内有板层小体(lamellar bodies)、顶端微绒毛(apical microvilli)、细胞间连接(cell-cell junction)和立方细胞形态(cuboid shape),通过这几点可明确分辨 AT2 和 AT1。此外,AT2 还有其他鉴别方法,如改良 Papanikolaou 染色、细胞特异凝集素和免疫组化标志。但免疫组化标志的表达依赖于机体所处的发育阶段,并受到病理变化的影响,如肺损伤后会出现 AT2 向 AT1 分化的中间细胞,即同时表达 AT2 和 AT1 标志。

4. AT2 的凋亡　机体清除细胞的一个重要机制就是凋亡。虽然对凋亡诱导物、凋亡途径和效应物的基础研究非常多,但关于肺组织细胞的凋亡研究较少。AT2 细胞膜表达 Fas 受体,而 Fas 受体与 Fas 配体或 Fas 抗体的结合可启动细胞凋亡。AT2 的凋亡是肺形态发生时肺间隔重塑和肺损伤后上皮修复中不可或缺的部分。成人急性肺损伤缓解期,大鼠气管内注射 KGF 导致 AT2 增生后的上皮恢复期,均出现了大量的凋亡细胞,最终被肺内巨噬细胞或邻近细胞清除。

目前认为,AT2 可能是肺泡上皮修复的关键干细胞。Mollar 等将体外培养的雄性大鼠肺泡Ⅱ型上皮细胞经气管移植到博来霉素诱导的肺损伤的雌性鼠肺内,发现移植的肺泡Ⅱ型上皮细胞不仅直接参与肺泡组织的修复,而且可能通过内分泌等效应防止/减轻的肺纤维化,改善肺功能。Nolen-Walston 等发现,左肺切除的小鼠残肺中 AT2 在术后第 7 天数目开始增加,增殖活性最高,第 14 天达到高峰,细胞动力学模型发现 AT2 贡献了 75% 以上的肺泡上皮再生。

(五) 肺间质部位干细胞

1. 平滑肌祖细胞　平滑肌祖细胞分布于各级气道管壁的肌层,表达成纤维生长因子 10(fibroblast growth factor10,FGF-10),属于一种外周间充质细胞。通过 FGF-10 带有遗传标记 Lacz 小鼠的谱系追踪发现,气道平滑肌细胞来源于 FGF-10 阳性细胞。随着气道的不断出芽、伸长,FGF-10$^+$细胞沿着气道长轴逐渐包裹气道外周。研究发现,SHH 和 BMP4 可以调控 FGF-10$^+$平滑肌祖细胞向 α-SMA$^+$平滑肌细胞的分化,同时 SHH 和 BMP4 分布在从近端到远端的整个气道内。

2. 成血管细胞　成血管细胞(hemangioblast)分布于肺内的各级血管内,表达血管内皮生长因子受体(Flk1)。小鼠胚胎第 9~10 天和人胚胎第 4~5 周时,原始咽的尾端底壁正中出现一纵形浅沟,称为喉气管沟(laryngotracheal groove)。喉气管沟内同时出现了毛细血管丛,并且 Flk1(带有 β-gal 标记的小鼠)此时可特异将所有毛细血管丛显像,故 Flk1 是成血管细胞的最早标志。在原始上皮层分泌的 VEGF 刺激下,成血管细胞增殖、分化,最终形成肺内复杂的毛细血管网。毛细血管网的正确形成对于气道分支和组织灌注非常重要,并且毛细血管内皮和肺泡上皮的正确匹配决定肺最终的最大气体弥散能力。其中,间皮-间质-上皮-内皮间的相互作用(mesothelial-mesenchymal-epithelial-endothelial cross-talk)在肺发育的整个过程中是必不可少的:间皮内表达的 FGF-9 可通过上皮内 FGFR2b、SHP2、GRB2、SOS 和 ras 等分子激活和调控外周间质内的 FGF-10,而 sprouty2 是一个重要的诱导调控因子。

(六) 其他类型的肺干/祖细胞

1. 人肺干细胞　美国哈佛医学院的科学家 Kajstura 于 2011 年在人类肺脏中首次发现了一种真正意义上的干细胞,即完全具备自我更新、克隆形成和多向分化等干细胞的三大特性,并将其命名为人肺干细胞(human lung stem cells,HLSC)(图 5-4)。HLSC 细胞膜特异表达 C-kit,细胞核表达 NANOG、Oct3/4、Sox2、KLF4 四种干性转录因子。C-kit 即 CD133,是一种干细胞抗原,C-kit$^+$细胞胚胎时期定居于卵黄囊、肝脏和其他器官中,成年后主要表达于造血干细胞,定居的器官表达 C-kit 的配体干细胞因子。成纤维细胞转入 NANOG、Oct3/4、Sox2、KLF4 四种干性转录因子后可以去分化形成多能干细胞,即诱导多能干细胞(iPS)。故单从干细胞表型可以推测 HLSC 的干性相当高。利用 C-kit 表面标记,研究者从成人和胎儿肺组织中分选出 HLSC,然后单细胞接种到 Terasaki 培养板中培养,发现培养 8 天后培养孔内出现细胞集落,培养 20 天时集落明显增大,并全为 C-kit 阳性细胞,总克隆形成率大约为 1%,表明 HLSC 具有较强的克隆形成能力。实验中还观察到,HLSC 有对称性和非对称性两种分裂方式,可以产生与自身完全相同的子细胞,因此,HLSC 具有自我更新能力。培养基中加入地塞米松后,HLSC 可以分化为 AT2、BCs 等肺上皮细胞,血管内皮细胞和平滑肌细胞,因此 HLSC 具有多向分化潜能。体外实验表明,HLSC 具备干细胞 3 个主要特性,属于一种多能干细胞。

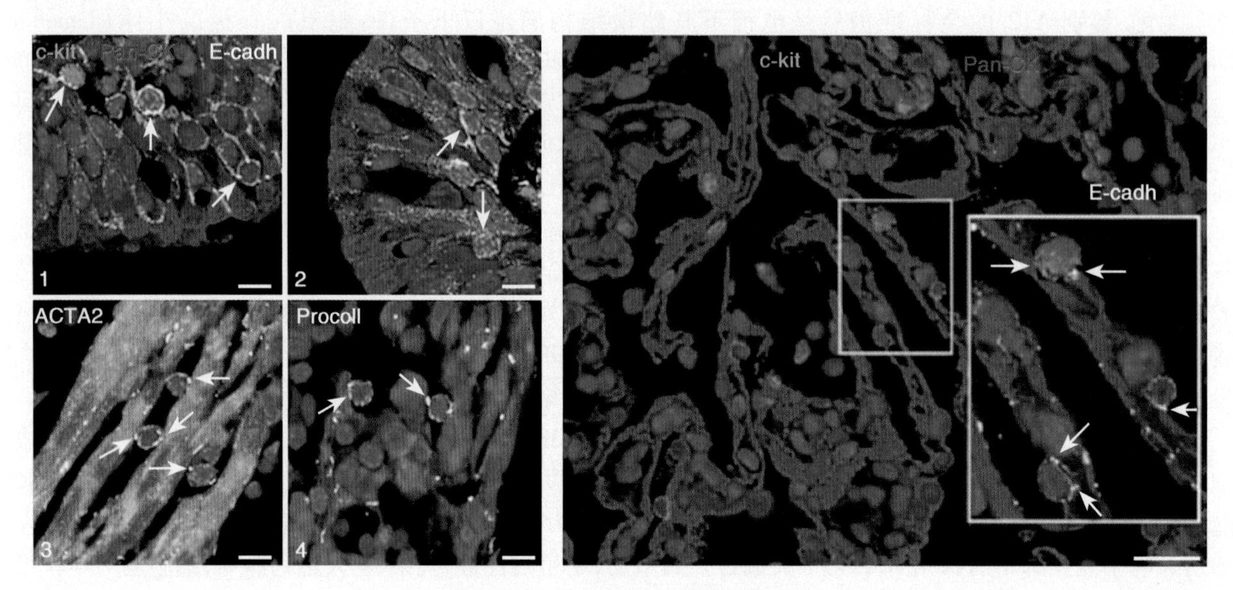

图 5-4 存在于不同部位的 HLSC

为了进一步检验 HLSC 的干细胞特性,研究者制备了局部肺冷冻损伤小鼠模型,将体外扩增培养的带有 EFP 标记的 HLSC 直接注射到损伤区周围肺组织内。结果发现,无论注射的细胞为单克隆还是多克隆,移植后 12 ~48 小时 HLSC 就开始进行对称和非对称分裂,10 ~14 天后 HLSC 完全定居于损伤区及周围肺组织,并分化为克拉拉细胞(CC10)、Ⅰ/Ⅱ型肺泡上皮(AQP5/SPC)、血管内皮细胞(VWF)和平滑肌细胞(ACTA2),证实了 HLSC 的多向分化潜能。利用双光子显像技术,分别进行罗丹明气管和肺动脉灌注,检验肺泡上皮和血管内皮的完整性。结果发现新生的肺泡上皮和血管内皮连接紧密,未发生罗丹明渗漏,表明新生肺组织具备了正常肺泡换气的结构基础。研究者通过造血干细胞常用的连续移植实验验证了 HLSC 的自我更新和克隆形成能力。他们从接受 $EGFP^{+}$HLSC 移植 14 天的小鼠肺组织中分离得到 $EGFP^{+}$ c-kit^{+}细胞,不经培养,直接按照相同的方法注射到另外一只肺冷冻伤小鼠体内,10 天后发现第二只小鼠仍可得到与首次移植相同的效果。

人肺中 HLSC 含量极为稀少,形态定量分析发现 HLSC 主要分布于直径 25 ~1200μm 的无软骨支撑的气管(终末细支气管以下)和肺泡等远端气道中,79% 分布于细支气管,21% 分布于肺泡,在成人全肺、气管、肺泡中的比例分别为 1/24 000、1/6000、1/30 000。虽然 HLSC 的发现受到了各方质疑,但仍为肺疾病的干细胞治疗带来了曙光。

2. SP 细胞 SP(side population)细胞,又称为边缘群细胞,旁路细胞。该细胞表达一种 ATP 结合盒依赖的运输体蛋白 BCRP 1,可对抗染料浓度梯度将已进入细胞内的 hoescht 33342 和 PI 主动流出,从而在流式分选时与 hoechst 33342 或 PI 阳性的主体细胞分开。SP 细胞最早从骨髓中分离提取,因此曾被认为具有造血干细胞的活性。近年研究发现 SP 细胞属非造血干细胞,相继在心脏、肝脏、胰腺、乳腺等组织提取出特异性 SP 细胞,并具有干细胞分化潜能。肺内的 SP 细胞占细胞总数的 0.03% ~0.07%,非骨髓来源的 $CD45^{-}$SP 细胞表达 Sca1、间充质细胞标志波形蛋白和克拉拉上皮细胞标志 CCSP,但不表达 CYP450-2F2。但 SP 细胞的组织定位、参与肺损伤的具体作用和分子机制尚未明确。

二、肺组织干细胞在肺疾病中的作用

由于肺脏与外界环境相通的特性,呼吸道上皮细胞的增殖和分化能力持续受到病原体、粉尘和毒物等因素的影响。呼吸道上皮细胞尤其是干细胞的功能改变直接影响了急性和慢性肺损伤的发生发展,如:气道上皮修复能力不足是慢性肺损伤的最早事件,而肺组织干细胞向终末细胞分化缺陷可以导致上皮细胞比例变化,最终使病情恶化。此外,兼职祖细胞向专能祖细胞的转换可能使气道上皮细胞更容易损伤,从而促进慢性肺疾病的发生和永久存在。以气道损伤后发生急性应答的克拉拉细胞为例:克拉拉细胞一旦开始增殖就会失去细胞功能,如分泌 CCSP;如果克拉拉细胞连续增殖,其分化功能就会受限,但发生分化也会使其丧失增殖潜能;克拉拉细胞发生凋亡和衰老会使上皮功能缺陷。

1. 慢性阻塞性肺疾病　慢性阻塞性肺疾病(chronic obstructive pulmonary disease,COPD)是一种慢性炎症引起的以进行性不可逆气流受限为主要特征的慢性肺疾病。因肺功能进行性减退,严重影响患者的劳动力和生活质量,造成巨大的社会和经济负担,WHO 预计 2030 年 COPD 将成为世界第三大疾病。COPD 主要病理变化是上皮增生和化生。研究发现,基底细胞和 AT2 可能参与了 COPD 的发生发展。黏液细胞增生区及伴发的扁平化生区有明确的分界,在增生区和化生区的基底面均有一层连续的 $P63^+$ 基底细胞。上皮扁平化生区还出现复层的 $P63^+K14^+$ 或 $K5^+K14^+$ 基底细胞。肺气肿患者的 AT2 表达较高的细胞周期蛋白依赖激酶(cyclin dependent kinase,CDKs)抑制子 $p16^{INK4a}$ 和 $p21^{Waf1/CIP1}$,导致凋亡的 AT2 增多;此外 AT2 的端粒较短,提示肺气肿患者 AT2 发生衰老。

2. 肺囊性纤维化　肺囊性纤维化(cystic fibrosis,CF)是一种由反复感染和炎症诱发的以上皮重塑为特征的肺疾病。目前认为,CF 的发病机制是柱状上皮细胞内囊性纤维化跨膜通道调节因子(cystic fibrosistransmembrane conductance regulator,CFTR)基因突变引起离子转运紊乱,最终引起黏液清除受限、慢性细菌感染、促炎因子释放、严重持续的白细胞渗出、上皮损伤和修复。CF 主要病理变化是杯状细胞和基底细胞增生、管壁组织破坏等导致的支气管扩张。CF 患者气道上皮中 $K5^+K14^+$ 基底细胞过度增殖,并表达表皮生长因子受体(epidermal growth factor receptor,EGFR)。Hajj 等分离出了 CF 患者和健康人的上皮细胞,分别接种于去除上皮的气管移植物中,种植到裸鼠皮下,发现来自 CF 患者的上皮细胞再生能力减弱,仅形成了组织结构异常的上皮层。

3. 哮喘　哮喘(asthma)是由气道高反应性引起的以可逆性气流受限为特征的气道慢性炎症性疾病。我国五大城市的资料显示 13~14 岁儿童的哮喘患病率为 3%~5%,是引起学生缺课的主要疾病。哮喘的主要病理变化是杯状细胞增生和黏液分泌过多,其他还包括反复的纤毛细胞脱落、基底膜增厚、上皮下纤维化、平滑肌细胞肥大、血管生成和黏膜下腺增生。杯状细胞增生区域出现基底细胞,提示上皮细胞的脱落和杯状细胞增生可能由于基底细胞分化时的命运选择错误引起。Kicic 等分离了哮喘患者的上皮细胞,体外培养发现传代数次后仍可维持内在的“哮喘上皮细胞表型”,提示哮喘患者的上皮细胞类型可能已发生转化。

4. 闭塞性细支气管炎　闭塞性细支气管炎(bronchiolitis obliterans)是肺移植后一个主要的慢性排斥现象,导致其 5 年生存率(小于 50%)远低于其他器官移植。其主要发病机制是上皮细胞脱落引起黏膜固有层细胞如纤维细胞侵入上皮层,最终导致细支气管堵塞。其中,小气道内上皮脱落早于化生和增生,提示闭塞性细支气管炎中上皮细胞的缺失可能由于干细胞功能缺陷引起。基底细胞的自我更新与产生合适比例的杯状细胞和纤毛细胞之间的平衡是维持正常气道上皮功能的重要基础。这个平衡需要干细胞和潜在的中间祖细胞的调节。基底细胞及其子细胞的变化可以导致气道重塑:过度自我更新而无分化可以导致基底细胞的增生,细胞分化命运的选择错误导致杯状细胞的增生和纤毛细胞的化生,基底细胞产生复层的基底细胞可能导致扁平化生,基底细胞增殖障碍而凋亡增加或不正确的分化导致增生。基底细胞增殖和分化的异常改变都是由于其内在的转录和调控机制引起。

5. 急性肺损伤　急性肺损伤(acute lung injury,ALI)/急性呼吸窘迫综合征(acute respiratory distress syndrome,ARDS)后肺水肿的清除和肺泡上皮的修复是肺损伤修复的关键环节。无论是直接因素还是间接因素导致的 ALI/ARDS,弥漫性肺泡损伤是一个主要标志。死于 ALI/ARDS 的患者病理活检发现:最早的损伤是间质水肿(interstitial oedema),之后是严重的肺泡上皮损伤,表现为 AT1 广泛坏死,残留裸露、完整、覆盖有透明膜(hyaline membranes)的基底膜,同时上皮完整性缺失导致富含蛋白质的水肿液渗入肺泡腔。雄性 Wistar 大鼠气管内注射 5mg/kg 大肠杆菌 O111:B4 内毒素(lipopolysaccharide,LPS)后,24 小时出现中性粒细胞和单核细胞的局灶性浸润,并逐渐加重,48 小时肺泡腔内出现嗜酸性粒细胞和无定形物质,

AT1 无明显变化，AT2 数目较多并含有板层小体，部分 AT2 出现核糖体和粗面内质网等不成熟的表现。AT2 比 AT1 能抵抗损伤，ALI 后残留的 AT2 是肺泡上皮的修复细胞。

正常的肺泡上皮修复过程为：ALI 后 AT2 首先发生快速的黏附和迁移，整个过程需要 8～16 小时，是最早发生的修复事件；之后 AT2 开始沿着肺间隔迅速增殖，从而覆盖裸露的基底膜，重建上皮的连续性，以 ALI 后 1～2 天最为明显，是 ALI/ARDS 增殖期的主要表现，也是目前最明显、最易观察的修复反应；最后 AT2 分化为 AT1，于伤后 10～14 天完成修复。如果黏附、迁移和增殖不足而凋亡过强，则会造成肺泡上皮的脱落，最终导致肺纤维化修复。研究发现细胞黏附位点的丢失可以减缓细胞迁移，诱导细胞凋亡，因此，整合素相关的细胞黏附在 ALI 后的肺泡上皮修复中发挥关键作用。但由于缺乏特异、有效、实时的体内监测技术，目前为止还没有任何关于迁移和黏附的体内证据。此外，创缘处残留上皮细胞还可释放多种促炎因子和生长因子，吸引恢复细胞外基质所需的蛋白和细胞，促进再上皮化的进行。

三、调控肺组织干细胞生物学特性的重要分子

1. CARM1　共激活剂相关的精氨酸甲基转移酶 1（coactivator-associated arginine methyltransferase Ⅰ，CARM1），又称为精氨酸蛋白甲基转移酶 4（protein arginine methyltransferase 4，PRMT4），是精氨酸蛋白甲基转移酶家族中 9 个成员之一。CARM1 属于一种调控因子，可以调控基因转录、mRNA 加工稳定和翻译。CARM1 也是一个转录共活化剂，通过甲基化类固醇受体共活化剂 SRC3（NCOA3）和 CBP/p300（CREBBP）来增加类固醇受体的转录和翻译。此外，CARM1 可以增加其他因子的转录活性，如：cFOS，p53（TRP53），NFκB 和 LEF1/TCF4。正常情况下，CARM1 表达于 AT2、克拉拉细胞、BASC 和血管内皮细胞中，以 AT2 表达量最高。小鼠敲除 CARM1 后肺泡数目减少，肺间隔增厚，肺不能充盈，因此不能进行有效气体交换，导致出生后很快死于呼吸窘迫。进一步研究发现 CARM1 敲除小鼠的 AT2 增殖能力增强，但不能分化为 AT1，从而不能形成有效的气血屏障。小鼠敲除 CARM1 后细胞周期抑制子 Gadd45g 和促凋亡基因 Scn3b 表达下调。体外研究发现，CARM1 能与糖皮质激素受体、P53 形成复合物，共同结合到 Scn3b 基因启动子区，启动 Scn3b 的转录。因此，CARM1 可以提高细胞对糖皮质激素的反应性，而糖皮质激素可以促进 AT2 等肺组织干细胞的分化。综上，CARM1 可以抑制肺组织干细胞的增殖，促进凋亡和分化。

2. HNF3α（Foxa1）　为肝细胞核因子-3（hepatocyte nuclear factor-3，HNF-3）家族的一个亚型。HNF3 家族有 HNF3α、HNF3β 和 HNF3γ 三种类型，其结构特点如下：HNF3 家族共有一个 N 末端保守转录激活区，主要调节 HNF3 蛋白与其他蛋白的相互作用；C 末端的 100 个氨基酸残基是 HNF3 必需的转录激活区域，包括两个重要的保守区域Ⅱ和Ⅲ；N 端和 C 端间有一个同源的翼环状 DNA 结合区域。HNF3α 和 HNF3β 蛋白在翼环状 DNA 结合区域有 93% 的同源性，可结合到相同的 DNA 序列上，均是较强的转录激活因子。在正常情况下，多个特异转录因子协同作用才能激活肺相关基因的启动子。HNF3α 和 HNF3β 蛋白可以共同调控克拉拉细胞特异蛋白 CCSP 和 AT2 特异蛋白 SP 的表达。HNF3α 和 HNF3β 在肺发育中呈现相互交错的表达模式，但 HNF3γ 却不参与肺的发育。成人中 HNF3 肺主要表达于 AT2，ALI 后 24 小时肺组织中 HNF3α 的表达增加，可以通过与抗凋亡基因 BCL2 和 UCP2 启动子区域结合抑制抗凋亡基因的表达，从而促进 ALI 后的 AT2 凋亡，减缓修复。

3. HNF3β（Foxa2）　HNF3β 从近端至远端气道呈现递减的表达模式：高表达于细支气管上皮细胞中，低表达于 AT2 中。HNF3β 可以单独或与其他因子协同调控克拉拉细胞标志物 CCSP 和肺表面活性物质 SP 的表达，参与维持正常的肺发育和修复。Xu 等利用基因芯片、启动子分析和蛋白交互研究发现 HNF3β/SREBP/CEBPA 共同维持 SP 的稳态；Porter 等利用免疫组化技术发现 GATA-6 和 HNF3β 共同调节 AT1、AT2、克拉拉细胞和纤毛细胞烟碱乙酰胆碱受体（nAChR）α 亚单位的表达。ALI 后释放的 IFNγ 促使 IFNγ 调节因子 1 与 HNF3β 启动子结合，刺激 HNF3β 的表达；IFNγ 还可以促进 HNF3β 和 STAT 共同结合到 CCSP 启动子，诱导 CCSP 的表达。ALI 后的急性期 SP 缺乏、CCSP 分泌增多，提示 ALI 后 HNF3β 的活性恢复可能提高 ALI 的修复效率。HNF3β$^{-/-}$基因敲除小鼠在 E9.5 时死亡，发现其不能形成肺节、肺脊、前肠内胚层、内脏内胚层和神经管等，提示 HNF3β 在肺发育中不可或缺的作用。SPC 启动子后插入 HNF3β

序列的转基因小鼠,其肺泡上皮细胞中高表达 HNF3β,同时打乱了 HNF3β 从近端气道向远端气道递减的表达规律。此种转基因小鼠的胎肺主要包含大量的原始管(primitive tubules),管腔覆盖高表达 HNF3β 的立方上皮细胞,但分枝和血管形成受到抑制,E-cadherin 和 VEGF 表达消失,提示 HNF3β 正常的浓度梯度可促进肺泡的形成。

4. TTF-1(Nkx2.1) 即甲状腺特异增强子结合蛋白(thyroid-specific enhancer-binding protein,T/EBP),表达于肺、甲状腺和间脑等器官内胚层来源的上皮细胞中。肺发育早期,TTF1 表达于所有气道上皮细胞,晚期主要表达于肺泡上皮和细支气管上皮,参与调控 SP、T1α 和 CCSP 的表达,而 TTF1 的表达受到 HNF3β 和 GATA6 的共同调节。TTF1 在肺发育中发挥关键作用。$TTF1^{-/-}$基因敲除小鼠存在肺、甲状腺和脑垂体的发育缺陷,肺只有支气管干,而没有肺泡结构,提示 TTF1 可能在假腺管期促进肺分枝的形成;$TTF1^{-/-}$小鼠肺泡上皮细胞不表达 SPB、SPC 和 CCSP,低表达 BMP4,提示 TTF1 促进肺干细胞向肺泡上皮细胞和克拉拉细胞的分化。支气管肺发育不良的早产儿肺中含有丰富的 TGF-β,激活下游的转录因子 SMAD3,SMAD3 和 TTF1 结合抑制 SPB 的表达。因此,TTF1 促进肺组织干细胞的成熟和分化。

5. Hfh4(FOXJ1) 是 FOX 家族中一个有力的转录激活子。胚胎时期 FOXJ1 主要表达于气管、支气管和细支气管的纤毛上皮细胞中,也表达于食管纤毛上皮、鼻旁窦、卵巢、睾丸、肾脏和室管膜细胞中,成年鼠主要表达于肺的纤毛上皮细胞、脉络丛和特定阶段的精子细胞中。$FOXJ1^{-/-}$基因敲除小鼠细支气管和脑室中纤毛细胞缺失,造成肺功能障碍和脑积水,导致死胎。此外,$FOXJ1^{-/-}$小鼠存在内脏器官的随机转位,因此 FOXJ1 可以调控纤毛细胞的分化和内脏器官的左右不对称分布。利用转基因技术使小鼠远端气道异位表达 FOXJ1,发现胎鼠的远端气道含有非典型的立方或柱形上皮细胞,并且高表达 FOXJ1 和 β 微管蛋白Ⅳ,虽然这些细胞仍可以表达 TTF1 和 HNF3β,但不再表达 SPB/SPC/CCSP,因此异位表达 FOXJ1 可以促进向纤毛细胞的分化,抑制非纤毛细胞基因的表达。

6. GATA6 GATA 家族最初被发现可以调控造血干细胞的基因表达,主要包括 GATA4、GATA5、GATA6 三种。GATA4 主要表达于心脏、肠内胚层、间质上皮、肝脏、睾丸和卵巢中,$GATA4^{-/-}$小鼠因前肠内胚层和内脏内胚层发育障碍而早期死亡。GATA5 和 GATA6 在肺发育过程中呈现不交叉的表达模式(non-overlapping expression patterns),GATA5 主要表达于气管支气管的平滑肌细胞,GATA6 仅表达于支气管上皮细胞中。$GATA5^{-/-}$小鼠肺发育正常,而 $GATA6^{-/-}$小鼠因胚外组织缺陷造成死胎。Zhang 等发现敲除小鼠 SPC^{+}细胞的 GATA6 后不能存活,肺内 BASC 数目升高和增殖能力增强,但不能分化为 AT2、AT1 和克拉拉细胞,进一步研究发现敲除小鼠体内非经典 Wnt 通路受体 FZD2 下调,人为升高 FZD2 或下调经典受体 β-catenin 均可逆转敲除 GATA6 后的效应;特异敲除 $CCSP^{+}$细胞的 GATA6 后小鼠可以存活,并且萘损伤后 14 天,BASC 的增殖能力明显强于野生型小鼠。因此,GATA6 可以抑制 BASC 的增殖能力,促进其向 AT2、AT1 和克拉拉细胞的分化。

7. Bmi1 是 polycomb group 家族中一个表观遗传的染色质修饰子,可以抑制基因转录,属于 PRC1 复合体的重要成分。最早发现 Bmi1 与 c-Myc 协同促使 B 细胞淋巴瘤的发生,因此被认为是一个癌基因。Bmi1 主要抑制 $P16^{INK4a}$和 $P19^{ARF}$两种蛋白质的表达,从而促进细胞增殖抑制凋亡。Bim1 对于维持造血干细胞和神经干细胞的自我更新非常重要。敲除 Bmi1 的小鼠肺发育正常,但 BASC 的增殖能力丧失。K-ras 敲除的肺腺癌小鼠模型敲除 Bmi1 后,可以减缓肺癌的数目和进展,可能与 BASC 增殖能力缺陷有关。并且两种敲除小鼠中 $p19^{ARF}$的表达下降。表明 Bmi1 促进 BASC 的增殖。

8. c-Myc Myc 是一个作用广泛的转录因子家族,和配体 Max 一起结合到 10% ~15% 基因组 DNA 的 E-box 元件来调节上千种基因的转录。c-Myc 高表达于许多增殖细胞和肿瘤中,调控细胞生长、增殖、去分化和凋亡。c-Myc 通过两种途径调控基因表达:一种通过 c-Myc/Max 复合体结合到靶基因启动子区的 E-Box 元件,在转录水平调控基因表达;一种是通过 Myc 诱导的 miRNA 在转录后水平调控基因表达。胚胎干细胞和成体组织干细胞可以自我更新和多向分化的能力称为干性(stemness)。目前认为,各类干细胞维持干性所需的转录因子和基因都是一致的。在维持胚胎干细胞干性的 34 个基因和 IPS 细胞干性的 19 个基因中,c-Myc 是 BASC 中上调最显著的转录因子。肺发育早期 c-Myc 在 BASC 中的表达升高,随着肺发育成熟表达逐渐下降。敲除 c-Myc 后 BASC 增殖能力下降。进一步分析发现 c-Myc 可能通过 miRNA 和 E-

Box 元件共同调节 BASC 的生物特性。

四、调控肺组织干细胞生物学特性的重要信号通路

1. Wnt/β-catenin 通路　Wnt/β-catenin 通路共有三种途径:经典 Wnt/β-catenin 途径、Wnt-Ca_2^+途径和 PCP 信号途径。其中 Wnt/β-catenin 信号途径对各种组织干细胞调控作用的研究最为广泛。遗传性破坏 β-catenin 降解复合物后细胞内 β-catenin 水平升高,导致小肠干/移行细胞的失控性增生,并丧失分化和迁移能力。β-catenin 信号增强或抑制分别导致小肠隐窝细胞的增殖能力增强或抑制,并失去向小肠上皮细胞的分化能力。β-catenin 信号的增强或抑制分信号的增强还可以引起其他类型干细胞如造血干细胞和表皮干细胞的增殖能力增强和分化能力降低。E16.5 的小鼠处于肺内胚层发育和 β-catenin 表达的高峰期,增强 β-catenin 后气道上皮发育缺陷,成年后 BASC 数目增多。萘损伤后,增多的 BASC 增殖能力与正常 BASC 大致相等。上皮修复结束后,增殖的 BASC 又回到静止状态。因此,β-catenin 对于维持 BASC 的干性是必需的,增强其表达可以增强其增殖能力,降低分化能力。

2. Rho GTPase 通路　Rho GTPase 家族包括 Rho、Rac、Cdc42、Rnd 等,主要通过调节肌动蛋白的重塑、黏附位点的形成和更新、肌动球蛋白的收缩参与细胞骨架的重塑和细胞的收缩。RhoA 作为 Rho 家族中的一员,参与肌动蛋白聚集成肌束和应力纤维、局部黏附大分子的形成和肌动球蛋白的拉伸。Rac1 刺激片状伪足中局部复合体的形成和肌动蛋白的聚集,而 Cdc42 在丝状伪足中发挥相似的功能。利用细菌毒素 ExoT 使 RhoA 失活后,可以抑制 AT2 细胞系 A549 的伤口愈合,而蛋白激酶 A(protein kinase A,PKA)可以增强 RhoA 活性,从而促进支气管上皮的迁移。大鼠高通量通气损伤后,AT2 内 RhoA 活性增高从而黏附能力增强,而 KGF 可以抑制活性增高的 RhoA 从而降低 AT2 的黏附能力。研究表明,RhoA 和 Rac1 的组成性激活形式(constitutively active,CA)和显性失活形式(dominant negative,DN)的过表达均可抑制人支气管上皮细胞系 16HBE14 细胞的伤口愈合,表明 CA 和 DN 的活性平衡对正常上皮修复是必需的。此外,细胞的不同部位 Rho GTP 酶活性也不同。正在迁移细胞的创缘侧 Rac1 活性增高,而细胞的中心有较高活性的 RhoA,来产生细胞收缩的黏附位点和张力。因此,Rho GTP 酶主要调控肺组织干细胞的迁移和黏附能力。

3. MAPK 通路　丝裂原活化蛋白激酶(mitogen-activated protein kinases,MAPKs)是哺乳动物细胞内广泛存在的一类丝氨酸/苏氨酸蛋白激酶,主要参与细胞的增殖、分化和迁移。MAPK 通路以高度保守的激酶级联反应传递信号,按激活顺序依次为丝裂原活化激酶激酶激酶、丝裂原活化激酶激酶及丝裂原活化激酶。MAPK 家族包括:P38 MAPK、细胞外信号调节蛋白激酶(extracellular signal-regulated kinase,ERK)、c-jun N 末端激酶(Jun N-terminal kinase,JNK)、大丝裂原活化蛋白激酶-1(ERKS/BMK1)、ERK3、ERK7、NLK 和 ERK8 等八个亚家族,这些亚家族可组成多条通路,其中 ERK1/2 途径、JNK/SAPK 途径和 P38 途径最为主要。P38 和 JNK 在创缘处细胞中被快速激活,并且抑制 P38 MAPK、JNK、ERK1/2 的活性可以减缓原代培养的人气道上皮细胞的迁移;炎性因子氮氧化物水平升高可以降低 ERK1/2 的活性,进而抑制支气管上皮细胞的迁移。Ventura 等发现小鼠敲除 p38α(又称为 MAPK14)后 BASC 数目增多、增殖能力增强,但丧失分化能力。体外培养 P38α 敲除小鼠的 BASC 发现,BASC 不能分化为 AT2 和克拉拉细胞,野生型小鼠的 BASC 中加入 P38α 抑制剂 SB203580 后也不能分化为 AT2 和克拉拉细胞。因此,虽然 MAPK 通路的主要作用是促进细胞增殖、迁移,但是不同的组织和不同的刺激因子 MAPK 通路的生物学效应也有所不同。

4. PI3K/PTEN 通路　PI3K 和 PTEN 是一对可以相互抑制的信号通路。PI3K 激活后诱导 PIP3 的合成,进而激活 AKT 和 PKB,发挥抗凋亡、增殖和促癌作用,而 PTEN 是一种磷酸酶,可以降解 PI3K 从而抑制 PI3K 的作用。PTEN 活性的抑制、失活形式 PTEN 的过表达,或 PTEN 特异 siRNA 的导入都可加速原代培养的人气道上皮细胞伤口愈合,而 PI3K 活性的抑制和失活形式 PI3K 的表达均可减缓肺损伤后的细胞迁移。Yang 等发现 K-ras 敲除的小鼠肺腺癌模型中,增多的 BASC 内表达 PI3K 的一个亚单位 P110 和下游靶点 AKT。给予 PI3K 抑制剂 PX-866 处理后 BASC 数目减少,敲除 $CCSP^+$细胞内 PTEN 后 K-$ras^{-/-}$小鼠的 BASC 数目增多。PX-866 可以抑制 BASC 的克隆形成率。以上结果表明,激活 PI3K 或抑制 PTEN 可以促进 BASC 的增殖。Shigehisa 等特异性敲除 SPC^+细胞的 PTEN 基因,发现 PTEN 敲除新生鼠的肺泡腔不能膨

胀、肺间隔增厚、存活率明显下降。流式分析发现 BASC 和 SP 细胞比例明显增高,但向 AT2 和 AT1 分化缺陷。表明 PTEN 的失活会促进 BASC 和 SP 细胞的增殖,抑制其分化。

5. TGF 通路 TGF-β 是哺乳动物体内最主要的形态发生素。根据其生物学功能,TGF 动家族可分为以下几类:激活素类、抑制素类、骨形态发生蛋白(bone morphogenetic proteins,BMP)和缪勒管抑制物质(Müllerian-inhibiting substance,MIS)。各类 TGF 类与Ⅰ类和Ⅱ类受体结合后,通过各种 Smad 分子发挥作用。TGF 是一个免疫抑制因子和促炎因子,可以诱导许多基因的表达,包括:结缔组织生长因子(connective tissue growth factor,CTGF)、α-平滑肌动蛋白(α-smooth muscle actin,α-SMA)、Ⅱ型胶原和Ⅱ型纤溶酶激活物抑制物。TGF 酶可以通过 Smad3 和 transgelin 依赖途径促进 A549 细胞和大、小鼠原代 AT2 细胞的迁移,但可抑制胎牛支气管上皮细胞的成片迁移。Manoj 等发现大鼠 SPC^+ AT2 表达 TGF 和 Smad4。体外培养 AT2 过程中发现,增殖期 TGF、Smad2、Samd3、细胞周期抑制因子 $p15^{Ink4b}$ 和 $p21^{Cip1}$ 表达下降,AT2 向 AT1 分化高峰期时以上分子表达升高,且培养基中含有较多的 TGF 峰。分化期时培养基内加入 TGF 抗体或 Smad4 siRNA 后可以抑制 AT2 向 AT1 的分化。因此,TGF 通路可以促进肺组织干细胞的迁移和分化。

第三节 肺组织修复与再生

一、肺外干/祖细胞参与修复肺组织损伤

(一)骨髓干/祖细胞动员参与修复损伤肺组织

骨髓是机体最大的干细胞库,肺外干/祖细胞的主要来源是骨髓池。潜在参与肺损伤修复的细胞主要包括骨髓间充质干细胞(bone marrow mesenchymal stem cell,BM-MSC)、内皮祖细胞(endothelial progenitor cell,EPC)和造血干/祖细胞(hematopoietic progenitor/stem cell)。在肺部感染或急性肺损伤或骨髓动员剂(如 G-CSF、HGF 或肾上腺髓质蛋白)作用下,以上细胞从骨髓池外流并发生定向迁移,以特定的分化形式参与损伤肺组织的修复过程。既往研究证实,在小鼠肺气肿模型肺泡再生过程中,骨髓动员剂 G-CSF、HGF 或肾上腺髓质蛋白可诱导肺毛细血管腔骨髓源性内皮祖细胞的增加。然而,骨髓源性细胞究竟是分化为肺泡细胞还是与定居细胞融合有待进一步证实。在细菌性肺炎和急性肺损伤患者中,循环内皮祖细胞数量显著增加,而且增加的数量与疾病预后相关,提示骨髓源性祖细胞在炎性刺激作用下释放到循环中,并且这些细胞促进炎症过程的消退和损伤肺组织修复。骨髓源性间充质细胞对肺泡再生促进作用在弹性蛋白酶诱导的肺气肿模型上得到很好的验证。

(二)骨髓干/祖细胞移植对肺组织损伤修复作用

目前,在临床干细胞治疗中,间充质干细胞(mesenchymal stem cell,MSC)是细胞治疗的重要候选细胞。MSC 易于从骨髓和组织中分离。同种异体 MSC 由于其低表达主要组织相容性复合物(major histocompatibility complex,MHC)Ⅰ和Ⅱ型蛋白且缺乏 T 细胞的共刺激分子而易于为受体耐受。因此,同种异体 MSC 应用在理论上可行,MSC 可以储存到治疗时使用,且无伦理学争议。近年在美国,已有超过 100 例 MSC 临床试验注册并开展。如上所述,MSC 能够减轻肺组织损伤并促进修复过程。这些有益的效应是基于 MSC 调节免疫系统以及产生生长因子和细胞因子(如表皮细胞生长因子、HGF 和前列腺素 E_2)的能力。鉴于以上抗炎效应,MSC 治疗严重肺疾病(急性肺损伤、COPD、肺动脉高压、哮喘和肺纤维化)的潜力已有广泛研究。同时,在实验模型中,MSC 通过静脉或气管注射到损伤的肺脏。静脉或气管注射骨髓细胞或骨髓源性 MSC 可减轻 LPS 诱导的小鼠肺损伤,博来霉素诱导的炎症、胶原沉积和纤维化也在气管或静脉输注 MSC 后减轻。其作用机制主要涉及以增加抗炎介质、减少促炎介质分泌为导向的免疫调节效应、以分泌生长因子为导向的气血屏障修复效应、肺泡水肿液清除效应和肺泡上皮细胞凋亡抑制效应,因此,MSC 在急性肺损伤修复与再生中具有重要临床价值。

在内毒素所致急性肺损伤模型中,肺组织损伤包括细胞凋亡和坏死。这就需要正常的修复细胞替代并维持器官内环境稳定。因此,既往有研究证实骨髓 MSC 在肺损伤微环境可塑性很强,能够分化为肺泡Ⅰ型和Ⅱ型上皮细胞、成纤维细胞、内皮细胞、支气管上皮细胞等多种类型的肺组织细胞。而且,对于骨髓重建的绿色荧光蛋白嵌合小鼠在 LPS 注射后 7 天,扁平的 GFP 阳性 BDMCs 出现在肺泡壁。这些细胞分子标志角蛋白(上皮细胞标记)或 CD34(内皮细胞标记)呈阳性染色。这就提示骨髓 BDMCs 可分化或与肺泡上皮、血管内皮细胞融合,显示移植的 BDMCs 可能参与了肺损伤的修复过程。然而,随着观察时间的延长,BMDCs 逐渐并且显著减少。此外,骨髓源性单个核细胞(bone marrow-derived mononuclear cell, BMDMC)治疗能够改善急性肺损伤的炎症损伤和纤维化进程。尽管目前对肺内定植的骨髓源性细胞数目、停留时间以及旁分泌调节尚有诸多争议,但根据以上结果提示,BMDCs 最初迁移到损伤的器官并分化或与器官实质细胞融合,随着 BMDCs 定植于损伤器官,便难以或不能分化或发育成新的细胞,此时主要作用应该是对损伤局部微环境的调节,刺激内源性修复反应。

另一方面,新近研究认为,静脉输注的骨髓间充质干细胞(bone marrow mesenchymal stem cell, BM-MSC)能够显著改善新生小鼠高氧所致的肺损伤,逆转肺泡表面积病理性减少和呼吸功能减弱。进一步研究发现,用 MSC 条件培养基同样具有类似的治疗效果。其作用机制研究进一步证实,在此过程中,支气管肺泡结合部的支气管肺泡干细胞(bronchioalveolar stem cell, BASC)——一群具有分泌功能的克拉拉细胞显著增加,而且,体外克隆形成实验发现,BASC 的增殖可能并非由生长因子类成分所致,谱系追踪技术发现 BASC 有助于肺损伤后上皮结构重建。因此,MSC 对急性肺损伤的修复效应可能是通过刺激 BASC 的增殖所致。

二、肺内干/祖细胞参与修复肺组织损伤

近年干细胞治疗各种肺脏疾病研究显示,肺组织自身的干细胞和肺外组织来源的干细胞均可参与肺损伤组织修复。然而,基于呼吸道上皮本身极低的生长更新率和有限的再生能力的认识,既往应用外源性干细胞并取得一定的治疗效果,但外源性干细胞在肺组织内的修复与再生作用有限,难以产生足量气管上皮或肺泡上皮细胞,因而目前尚难以通过其促进损伤肺组织的修复与再生作用达到治疗肺脏疾病的目的。事实上,哺乳动物体内许多器官组织内都存留少量的内源性成体干细胞/祖细胞,他们分布于特定的微环境——微龛内。后者可能是维持正常器官组织稳定和修复损伤组织的重要细胞来源。关于肺脏内源性干细胞,研究结果表明,成年小鼠的气管、支气管、细支气管和肺泡内都分布有具有一定分化能力的干/祖细胞。人、大鼠、家兔等哺乳动物肺组织也证实存在类似的干/祖细胞的分布。尽管目前尚缺乏严格的内源性肺干/祖细胞标记,且分离培养尚较为困难,且这种干/祖细胞的分类方法尚有一定争论,但对其在维持肺结构稳定和肺组织修复方面的作用已获得较广泛认可。

(一) 肺泡干/祖细胞参与损伤肺组织再生

在肺损伤修复过程中,肺内干/祖细胞(如气管和支气管干细胞、细支气管干细胞、细支气管肺泡干细胞和肺泡干细胞、肺泡Ⅱ型上皮细胞等)对于恢复肺内环境稳定、参与损伤区组织修复扮演了重要角色。在执行气体交换的主体区域——肺泡壁的组成细胞中,肺泡Ⅰ型和Ⅱ型上皮细胞覆盖肺泡腔的大部分区域。在肺损伤发生时,表面积较大的Ⅰ型肺泡上皮细胞损伤、坏死,数目占有绝对优势的Ⅱ型肺泡上皮细胞能够分化并替代Ⅰ型肺泡上皮。研究证实,在肺内炎性刺激(LPS 和博来霉素)条件下,可导致Ⅰ型肺泡上皮损伤,Ⅱ型肺泡上皮可能分化并替代受损的Ⅰ型肺泡上皮。一部分Ⅱ型肺泡上皮群形态可变得肥大。这些现象经常见于各种受损伤的肺脏。目前有研究进一步认为,在Ⅱ型肺泡上皮中存在形态结构不二的干细胞亚群,在终末细支气管、肺泡管连接处、肺泡壁均有分布。因此,在肺损伤结构重塑过程中,如何有效调动Ⅱ型上皮细胞的修复潜能,从数量、分布和细胞转化路径分析无疑具有绝对的权重优势。

应用 GFP 嵌合小鼠实验发现,肺损伤后再生的肺泡由骨髓源性(GFP 阳性)和非骨髓源性(GFP 阴性)细胞组成。这就表明,定居的肺细胞,包括内源性干细胞,有助于肺泡发生。业已明确,Ⅱ型肺泡上皮细胞能够修复损伤的肺泡上皮。然而,肺内源性干细胞替代损伤的Ⅱ型肺泡上皮的潜能尚不清楚。最近认为,小鼠干细胞抗原(Sca1)阳性细胞可能是肺内源性干细胞。Hegab 等报道弹性蛋白酶诱导的肺损伤可增加

具有干细胞标记(如 Sca1,CD34 和 c-kit)的细胞数目,在 HGF 或弹性蛋白酶作用下,$Sca1^+/SPC^+$细胞数量显著增加,两者合用效果最强。多数 $Sca1^+$细胞是肺内源性干细胞,然而,多数 c-kit^+细胞是骨髓源性。因此,如何有效增加肺内源性干细胞的数目可能是有效修复损伤肺组织的关键环节之一。可喜的是,近年美国学者 Edward Morrisey 等发现,激活 Wnt 信号通路显著增加 BASC 的数量,而锂等药理学调控物可使肺组织中的关键干细胞群进行强制性扩增和分化,毫无疑问,这将为以肺干细胞为切入点修复损伤肺脏的设想提供了新的可能。

与此同时,Nolen-Walston 等观察在肺切除小鼠代偿性肺生长过程中肺内源性干细胞($Sca1^+/SP\text{-}C^+/CCSP^+/CD45^-$)的和Ⅱ型肺泡上皮细胞的反应。结果发现,$Sca1^+$细胞和Ⅱ型肺泡上皮细胞数量在代偿性肺生长中增加并分别到达基础值的 220% 和 124%。Sca1 细胞在代偿性肺生长的作用占到 0% ~25%,然而,依照细胞动力学模型,在数目上占有绝对优势的Ⅱ型肺泡上皮细胞对肺组织再生仍是必需的。

目前,与小鼠肺内源性干细胞增加的报道相比,虽然 2011 年新英格兰医学杂志报道了人肺干细胞的证据,但对人肺干细胞的认识仍非常有限。主要原因有两方面:①缺乏人肺内源性干细胞的特异性标记;②人肺标本获得有限。尽管如此,这个关于肺干细胞的研究已证明了 c-kit 阳性细胞的体外干细胞特性,并在体内试验模型中证明了这种细胞的干细胞特性,同时为肺干细胞今后的临床应用前景提供了一些实验准备。但从肺干细胞的发现到最终真正应用到临床的干细胞移植还需要很多后续实验的补充。首先,肺干细胞移植的有效性如何?即由肺干细胞分化而成的新生肺组织是否具有正常肺组织的生理功能?其次,肺干细胞移植的可行性又有多少?而对于有肺部疾患的患者,他们的肺干细胞是否会因为肺部不良的微环境而失去自我增殖和多潜能分化的能力?第三,异体肺干细胞的移植又能否有自体移植相似的疗效?第四,从肺干细胞分离、培养到最终移植一系列过程的技术问题。

鉴于此,近年研究开发出组织干细胞的 StemSurvive 储存液。应用这种溶液,人肺组织可以储存 7 天,并且组织干细胞和微龛细胞不会受到任何影响。随后,研究从 StemSurvive 溶液储存的人肺内分离了肺泡祖细胞(alveolar progenitor cell,AEPC)。AEPC 是具有间充质干细胞特点的内皮细胞表型。通过芯片分析,AEPC 与间充质干细胞和Ⅱ型肺泡上皮细胞共享许多基因,提示肺泡上皮及其间质细胞在表型上的交叠。事实上,已有研究发现 AEPC 在纤维化肺和一些类型腺癌数量增加。AEPC 存在间质和上皮表型的转化提示这些细胞在组织修复和癌症发生中扮演了肺组织干细胞的角色。对于肺泡修复,间充质特性如抗凋亡活性和活动性可能对于功能性上皮祖细胞有益。需要进一步的实验探究以阐明 AEPC 在肺疾病中的病理生理作用。

(二)肺内间充质干细胞参与损伤肺组织再生

对于肺内 MSC 这一内源性干细胞亚群,具有自我更新能力和分化为间充质细胞系的能力。鉴于来自不同器官的 MSC 特性不尽一致,并无特定的细胞表面标记。目前基本的 MSC 判别标准为:能够黏附于塑料培养皿,体外具有成骨、成脂和成间充质细胞分化潜能,且阳性分子标记通常选择 CD73/CD90/CD105,阴性分子标记通常选择 CD34/CD45/CD14 或 CD11b/CD79a 或 CD19/HLA-DR。

肺脏 MSC 可从新生的肺脏和支气管肺泡灌洗液分离获得。Karoubi 等从外科手术人肺组织分离出 MSC 并将其成功分化为表达水通道蛋白 5 和 CCSP 的Ⅱ型肺泡上皮细胞。尽管肺再生中 MSC 的作用不明,但 MSC 对肺损伤的有益的作用已有广泛研究。MSC 能够产生多种细胞因子和生长因子。此外,LPS 刺激的肺细胞与 MSC 共培养可产生促炎细胞因子分泌减少,提示 MSC 分泌的可溶性因子可抑制炎症反应,并且(或者)肺细胞与 MSC 的直接作用产生抗炎效应。MSC 对免疫细胞(T 细胞、B 细胞和 NK 细胞)有免疫调节效应。此外,新近研究发现,小鼠肺脏在弹性蛋白酶损伤后,应用具有 MSC 表型的肺内源性干细胞,气管内给予干细胞可减轻弹性蛋白酶诱导的肺损伤并改善存活率。移植的干细胞能够到达肺泡腔,仅有一些细胞保留在肺泡壁。以上结果并不支持细胞的分化,而是提示干细胞在肺损伤中的免疫调节效应。此外,Spees 等报道线粒体 DNA 能够从 MSC 传递到其他细胞,其能够调节受体细胞的线粒体功能。因此,我们推测 MSC 对肺损伤的抑制效应可能是由于 MSC 的抗炎效应而非分化为肺细胞的作用。

三、药物对损伤肺组织修复与再生的影响

（一）视黄酸 A（retinoic acid，RA）

RA 属于维生素 A 的活性代谢产物，而气道上皮是维生素 A 作用的特定靶细胞。RA 参与肺脏发育，特别是肺泡的发生及损伤后肺脏修复过程。RA 调节胚胎肺脏的形态分支以及参与肺发育的基因并促进肺泡分隔。敲除小鼠 RA 受体导致肺泡发生障碍，即正常肺泡和肺泡弹性纤维形成异常。肺脏成纤维细胞在 RA 处理后弹性蛋白合成增加（与脂成纤维细胞 lipofibroblasts 即类视色素储备细胞有关）。以上结果提示，RA 在肺脏发育形态上扮演了重要角色。自从 Massaro 等发现全反式视黄酸（all-trans retinoic acid，ATRA）可逆转大鼠肺气肿模型解剖和功能病变以来，在该领域内开展了一系列研究。特别是 RA 可诱导Ⅱ型肺泡上皮细胞增殖，其作用机制在于干扰 G_1 晚期细胞周期蛋白依赖性复合物的活性，抑制细胞有丝分裂中调节细胞周期的 Cdk 抑制蛋白 CKI p21CIP1 表达，导致细胞分裂周期抑制因素减弱，促进细胞进入增殖循环，因而促进肺切除后的残余肺脏的增长，发挥促进肺组织修复的作用；Massaro 曾经发现，大鼠出生后应用 RA 能够增加肺泡数目，此外，RA 能够抑制地塞米松对肺泡形成的抑制效应。目前认为，RA 促进肺泡再生可能是治疗气体交换表面积减少类肺脏疾患的重要成分。迄今共有 14 项研究使用 RA 防治肺气肿模型。有趣的是，其中有 8 项显示 RA 促进肺组织再生，而另外 6 项显示阴性结果，这种前后不一的可能原因包括：①动物模型种属差异；②RA 剂量域值差异。在代偿性肺生长过程中，如啮齿类的小动物显示良好的再生过程，这是因为其体细胞在整个生命过程都具有增殖潜能，这一特性可以影响 RA 的治疗结果。另外的因素就是促进肺再生的 RA 剂量。Stinchcombe 和 Maden 曾经评价过 RA 对 3 种品系小鼠（TO，ICR，NIHS）的肺再生效应，发现 RA 剂量域值对于不同品系小鼠各不相同。相比较，RA 对大鼠损伤肺功能改善作用较小鼠为弱。

除过外源性 RA，肺组织内脂类间质细胞储存有内源性视黄酸的底物——视黄醇，而脂类间质细胞聚集在肺泡生发部位，视黄醇在肺泡组织形成过程中起着关键作用，提示这些细胞中的视黄醇是形成肺泡组织的内源性视黄醇。研究发现，大鼠脂类间质细胞能合成和分泌 ATRA，后者能够增加Ⅰ型上皮细胞视黄醇结合蛋白 CRBP-I mRNA 的表达。视黄醇结合蛋白-视黄醇复合物是体内合成视黄酸的底物。全反式视黄酸通过核受体 RARs 和 RXRs 介导相关基因的表达。外源性全反式视黄酸能够增加视黄醇存储颗粒的数量，并进而增加内源性视黄酸的分泌，从而诱导或增加了肺泡组织的形成。因此，在外源性 RA 促进损伤肺组织过程中，内源性视黄酸也参与其中。

腹腔注射外源性 RA 的药代动力学结果显示，小鼠在注射 RA（2.0mg/kg）后，迅速进入外周血，5 分钟时肺脏已有 RA。在 15 分钟达到峰值 4178pg/mg，随后减少，在 4 小时血浆内已经检测不出。但肺内视黄酸在观察时间内始终存在，并以全反式视黄酸形式存在。既往研究证实 RA 能够引起肺内有相关基因迅速表达：RA 反应元件如 RA 受体和 RA 结合蛋白以及再生信号通路基因（tropoelastin）表达。因此，外源性 RA 应用在肺脏组织局部具有很好的靶向性，是修复损伤肺组织的有效成分之一。

（二）肝细胞生长因子（hepatocyte growth facto，HGF）

最初 HGF 作为一种肝细胞原代培养的有丝分裂剂使用。HGF 是一种由间质细胞分泌的多能性生长因子，具有促细胞分裂、增殖、迁移、分化等作用，在肺损伤后或肺发育过程中，通过其受体 c-Met 的酪氨酸磷酸化发挥促有丝分裂，对于发育肺脏的形态发生也有一定作用。特别是，HGF 是肺泡Ⅱ型上皮的促分裂剂。在小鼠肺切除术后的肺代偿性生长中，HGF 刺激呼吸道上皮细胞增殖。此外，HGF 还可以激活内皮细胞的迁移和增殖，诱导血管发生。在肺泡隔形成中，HGF 以三种常见分泌方式，主要通过四种细胞（成纤维细胞、巨噬细胞、平滑肌细胞、活化上皮细胞）对肺脏上皮和内皮细胞发挥促进增殖、迁移、微管形成作用。鉴于以上效应，HGF 在肺再生中的作用已有广泛研究。腹腔内注射 HGF 能够显著增加小鼠外周血单个核细胞 $Sca1^+/Flk1^+$ 比例。HGF 还能够诱导骨髓源性和肺泡壁内定居内皮细胞的增殖，逆转弹性蛋白酶诱导的小鼠肺气肿，减少肺纤维化小鼠胶原沉积并诱导肺代偿性生长。对大鼠肺气肿模型而言，转染编码人 HGF 的 cDNA 能够促进肺泡内皮和上皮有效表达人 HGF，引起更为广泛的肺血管化，并抑制肺泡壁细

胞的凋亡。静脉注射分泌 HGF 的脂肪源性间质细胞,能够改善大鼠肺气肿。Hegab 等报道每周两次吸入 HGF,连续两周能够显著减轻弹性蛋白酶诱导的肺泡腔的扩张和肺泡壁的破坏,而且静态肺顺应性增加并恢复到正常水平。HGF 促进上皮细胞株 A549 的趋化反应,HGF 受体阻断后,抑制 A549 趋化,相同浓度的 KGF 却没有此效应。在特定培养条件下,HGF 诱导非贴壁肺干细胞向肺泡样细胞分化。

(三)粒细胞集落刺激因子(granulocyte colony-stimulating factor,G-CSF)

G-GSF 通过动员骨髓干细胞进入外周血,缓解急性肺损伤病理过程。在小鼠肺气肿模型,G-CSF 能够减轻肺气肿病变。对于 G-CSF 治疗小鼠,肺泡平均线性间距(mean linear intercept,Lm)与损伤组比较明显缩短。这一现象与 RA 诱导的小鼠肺气肿病变减轻程度一致。G-CSF 能够增加血循环中骨髓源性内皮祖细胞的数量。G-CSF 复合 RA 治疗具有显著的叠加效应,表现为 Lm 进一步缩短。骨髓源性细胞在 G-CSF 诱导的肺再生中发挥了重要作用。以上结果提示,老年 COPD 患者缺少循环干细胞可能是影响疗效的限制因素。

(四)角质细胞生长因子(keratinocyte growth factor,KGF)

KGF 即成纤维细胞生长因子-7,属于 FGF 家族,主要由间充质细胞产生,作于表达 KGF 受体的肺泡Ⅱ型上皮细胞,在肺脏发育过程中具有重要作用。KGF 受体在肺泡Ⅱ型上皮细胞表达。KGF 能够促进肺泡Ⅱ型上皮细胞存活、增殖和迁移及细胞与细胞外基质的黏附。气管内注射 KGF 诱导肺泡Ⅱ型上皮细胞增殖。对于肺切除术的大鼠,KGF 诱导发育成熟的肺脏代偿性形成新的肺泡。此外,体外实验证实,KGF 在 AT2 向 AT1 表型转化过程具有显著的逆转效应,可能是保持 AT2 表型或 AT1 去分化的重要调节分子。尽管 KGF 预处理可以预防弹性蛋白酶诱导的肺气肿,KGF 治疗后(弹性蛋白酶作用后 3 周)并不能逆转肺泡病理性扩张。但 rhKGF 预处理可能并不能减轻肺泡炎性渗出,不能减轻上皮细胞损伤,研究认为 KGF 可能并未直接肺泡上皮修复和完整性。血气和肺顺应性检测结果提示,KGF 对气体交换功能改善可能主要是 AT2 增殖所分泌的表面活性蛋白增加所致。KGF 基因治疗(鼠伤寒沙门菌减毒疫苗+重组人 KGF 基因治疗)能减轻放射性损伤大鼠肺炎性损伤。这些结果提示,KGF 可能主要发挥抗炎效应,并不能有效促进肺泡修复。

(五)肾上腺髓质蛋白(adrenomedullin)

肾上腺髓质蛋白是从人肾上腺嗜铬细胞瘤内分离的多功能性调节多肽。肾上腺髓质蛋白能够诱导 cAMP 产生、支气管扩张、细胞生长调节调节、抑制凋亡、血管发生并有拮抗微生物活性。肾上腺髓质蛋白受体在气道上皮基细胞和肺泡Ⅱ型上皮高表达,而两种细胞均参与肺上皮再生。对小鼠肺气肿模型而言,经皮下渗透泵持续性输注肾上腺髓质蛋白可增加外周血 $Sca1^+$细胞数量并肺泡再生和肺血管化。

(六)辛伐他汀(simvastatin)

除过降低胆固醇的作用外,羟甲基戊二酸单酰辅酶 A 还原酶抑制剂即 HMG-CoA 还原酶抑制剂(他汀类药物)之一的辛伐他汀还有其他药理学效应,如抗炎效应(调节核因子-原酶、减轻白细胞浸润),改善内皮细胞功能,并可通过上调磷酸化 Akt 表达水平,从而抑制肺泡Ⅱ型细胞凋亡,促进肺泡Ⅱ型细胞的增殖。他汀类药物对组织再生效应研究证实,腹腔内注射辛伐他汀能缩短弹性蛋白酶诱导的肺气肿 Lm 并增加肺泡 $PCNA^+$细胞数量。以健康成人吸入 50μg 内毒素模型发现,辛伐他汀拮抗过度炎症反应包括:①通过减少局部细胞因子和趋化因子(如 TNF-α、MMP7)产生,减少中性粒细胞聚集;②直接增加中性粒细胞凋亡,减少募集等机制,减少中性粒细胞数量和活化;③抑制巨噬细胞释放 MMP7、MMP9,减少巨噬细胞活化;④降低血浆中 CRP 浓度。此外,对于放射性肺损伤(RILI)小鼠,辛伐他汀能够作为抗炎分子和肺屏障保护成分,减轻血管渗漏、白细胞浸润、氧化应激,逆转 RILI 相关性基因表达失调控:包括 p53、核因子-红细胞 2-相关因子(nuclear factor 成分,减轻血管渗漏、白细胞浸润、氧化应激,逆转转化应激)和鞘脂代谢通路基因。为确认辛伐他汀保护效应关键调控分子,通过辛伐他汀治疗的损伤小鼠蛋白-蛋白相互作用网络(single-network analysis of proteins)分析获取全肺基因表达数据,经基因产物相互作用的拓扑学分析证实 8 个优先基因(ccna2a,cdc2,fcer1,syk,vav3,MMP9,ITGAM,CD44)是引起 RILI 网络的关键节点。这就从信号通路角度进一步证实他汀类药物对急性肺损伤的保护作用机制。目前有研究提出,在临床实践中,术前 3~7 天开始予 5mg/(kg·d)辛伐他汀可能利于缓解肺缺血再灌注损伤,从而利于术后肺功能恢复。

四、生物人工肺替代治疗修复肺功能

由于肺脏是40多种细胞组成的具有三维结构的复杂脏器,人工构建肺脏目前很困难。最近,几种人工肺模型已有报道。主流研究应用生物兼容性较好的脱细胞肺脏支架材料,辅以新的内皮和上皮细胞移植到支架的研究策略,另外,人工肺细胞来源还涉及胎肺细胞、人脐带内皮细胞等。

美国哈佛医学院研究人员曾将老鼠肺脏实质细胞以SDS溶液灌洗法洗脱,仅留下细胞外间质作为新肺生长的"支架"。该"支架"仍保留有血管、气道和肺泡等基本形态结构。随后,研究在"支架"中植入血管内皮细胞和肺泡上皮细胞,并将其放入模拟生物体内环境的培养器中进行培养。结果发现,干细胞在残肺支架上迅速生长、分化,并在7天后开始执行氧气交换,模拟正常肺脏呼吸功能,大约两周就可以完成肺的再生。再将其植入老鼠体内后,人工肺仍能继续工作,并使老鼠存活了6小时。相信随着研究的进展和技术的改进,肺水肿等并发症状会逐渐得到克服,再生肺的生存时间会逐渐延长。另一方面,随着干细胞研究的不断深入,研究有可能在获得足量成体干细胞(如骨髓间充质干细胞)、胚胎干细胞甚至诱导性多能干细胞即iPS细胞,在特定分化阶段调控相关因子的作用下,产生能够促进肺脏再生的细胞类型(肺泡上皮细胞、血管内皮细胞等),从而实现基于肺基本支架结构的肺脏再生和功能恢复。此外,令人意外的是,人工肺研究者又将人类肺泡细胞与真空芯片结合,制造出能够自由呼吸的芯片肺脏。该微型装置模拟肺脏最活跃的肺泡部分,将肺脏气血屏障的两层组织。内层为肺泡层,外层为血液循环层结合起来,利用真空原理让空气在整个系统中能够以高度还原的方式运作,能够有效实现空气中的氧气混合至血液中的过程。尽管这些细胞尚不适用于临床应用,但生物人工肺以其很低的排异反应和可控的肺脏器官来源,将来可能是肺脏疾患治疗的潜在候选方法,可能会为全球约5000万的晚期肺脏疾病患者带来新的希望。

小　　结

肺脏是由胚胎的中胚层和内胚层发育而成的。肺原基是肺脏形成的基础,肺脏发育经历胚胎期、胎儿期和出生后期3个阶段。成熟的肺组织大约由40多种细胞组成。生理情况下,成年肺脏的更新非常缓慢。由于肺与外界相通,并且其结构十分脆弱,极易受到损伤,因此,肺组织自身的修复能力对于维持其结构完整性,发挥其正常功能具有重要意义。

近年来,在肺组织内发现多种具有一定自我更新和分化潜能的组织细胞,统称为内源性肺干/祖细胞(endogenous lung stem/progenitor cells),如位于气管内的基底细胞(basal cells,BCs)和导管细胞,支气管和细支气管上皮内的克拉拉细胞、变异克拉拉细胞,以及位于细支气管肺泡连接部的细支气管肺泡干细胞和Ⅱ型肺泡上皮细胞,此外,肺组织内的平滑肌祖细胞、成血管细胞、边缘群细胞等也具有一定的干性。也已研究表明,这些内源性干细胞在慢性阻塞性肺疾病、肺囊性纤维化、急性肺损伤等疾病中可能发挥一定的修复与再生作用。

(蒋建新)

第六章　肠管和肝脏及胰腺干细胞与再生医学

消化系统来源于胚胎中胚层和内胚层，由咽、食管、胃、小肠、大肠、胆囊、肝和胰腺等组成。这些组织管状部分的上皮都具有相对较高的更新能力，能够进行再生以及损伤诱导再生。实体上皮器官肝脏和胰腺更新能力低，相对而言再生能力较差。但是，肝脏和胰腺具有很强的损伤诱导再生能力。本章将主要介绍消化系统的肠上皮、肝脏和胰腺干细胞与再生。

第一节　肠干细胞

一、肠管的组织结构

肠管，实际上指整个胃肠道，从内到外由4层组成(图6-1)。第一层是黏膜层，它由自内向外的单层柱状上皮层、固有层和黏膜肌层3个亚层组成。呈绒毛状的上皮细胞可分化成上皮柱状细胞、杯状细胞和肠内分泌细胞；固有层与其上覆的柱状上皮层在肠道管腔内形成许多绒毛，从而极大地增加了肠道的吸收面积；黏膜肌层又由两层薄平滑肌纤维组成，其内层纤维呈环向排列，外层纤维呈纵向排列。第二层是黏膜

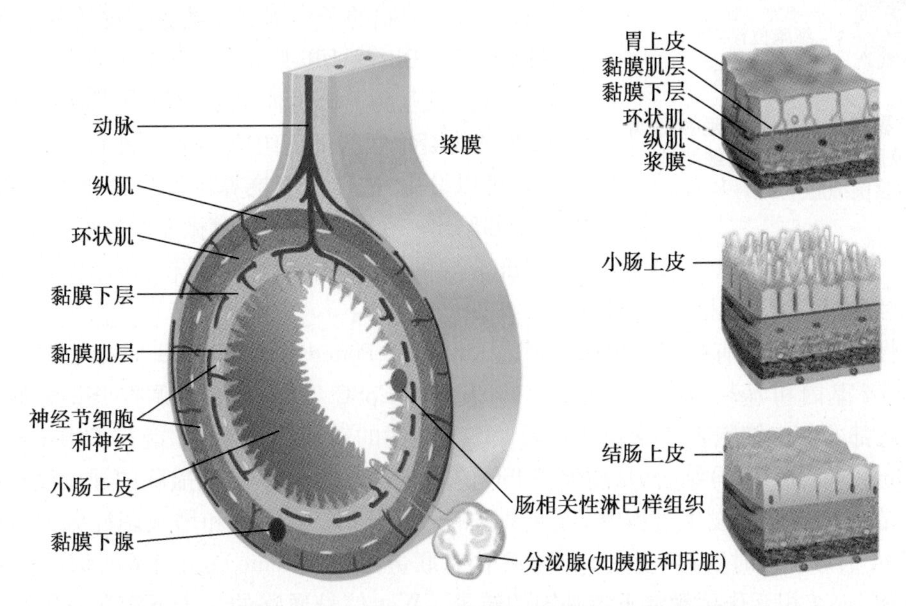

图6-1　消化道的基本结构及不同部位消化道上皮细胞的差别

左：消化道的基本结构示意图。上皮细胞，黏膜肌层，黏膜下层，环向和纵向平滑肌层，浆膜。小肠的上皮细胞形成绒毛，肝脏和胰腺的外分泌产物经胆管和胰管排入十二指肠。右：不同部位的消化道上皮细胞的差别

下层，由疏松胶原结缔组织组成，其中含有丰富的血管和神经纤维丛。第三层由内侧环向纤维和外侧纵向纤维两个平滑肌亚层组成，负责肠道蠕动和收缩。最后一层是浆膜层，它是一层覆盖着扁平间皮细胞的结缔组织层。

二、肠绒毛的再生

通过肠干细胞（intestinal stem cells，ISC）迁移和分化，肠绒毛状上皮细胞进行维持性再生。ISC 来源于利氏肠腺窝，存在于绒毛褶皱底部的微龛（micro niche），每个微龛大约含有 250 个细胞。实验证明，这些细胞中有起再生作用的干细胞存在。例如，把腺窝内细胞注射到受照射的小鼠体内后，在受体小鼠的小肠部位可发现由移植细胞形成肠绒毛细胞。进一步实验发现，这些细胞位于肠腺窝底层。当已分化的上层腺窝内的细胞凋亡后，位于下层的肠干细胞可一步分化补充。肠干细胞可分化为吸收细胞、杯状细胞、嗜酸细胞和肠内分泌细胞。图 6-2 显示了肠上皮的再生过程，由于腺窝的数量多于绒毛，因此，每个绒毛上皮细胞都有多个腺窝。在化学或放射性损伤后，腺窝干细胞也能生成上皮细胞。

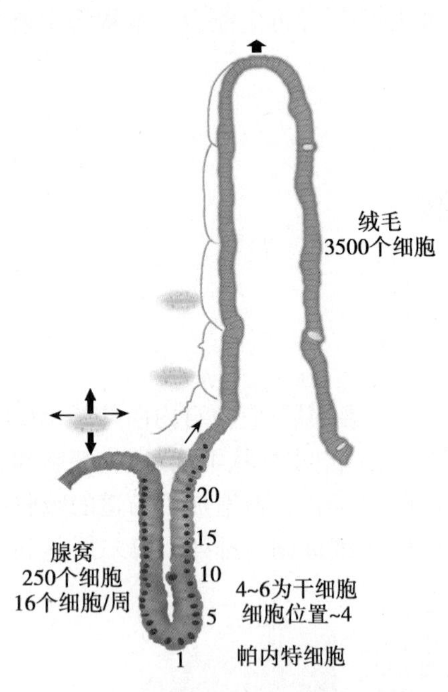

图 6-2 小肠黏膜上皮细胞绒毛和腺窝的结构图解及腺窝各个位置的细胞数

箭头所示为腺窝细胞生出的多个绒毛

肠干细胞的位置已明确，但肠干细胞在体外培养至今尚未成功。比较好的体外培养方法不能使 ISCs 生长和分化。但是，有一种体内皮下培养方法则能够使 ISCs 生长和分化。通过小鼠的体内 DNA 标记实验，已经获得 ISCs 的定位、数量和增殖动力学等方面的数据。这些数据显示，小肠的 ISCs 是位于腺窝的基底部上面的 3 ~ 5 个细胞，平均是 4 个细胞。而大肠的 ISCs 似乎定位在腺窝的底部。干细胞区域的上面是一个由中间过渡细胞组成的较大的区域，这些中间过渡细胞在向腺窝边缘迁移的过程中逐渐分化成熟，每个细胞大约能分裂 6 次。每天每个腺窝能产生 200 ~ 300 个细胞。

通过对体内腺窝干细胞的辐射杀伤和再生的克隆分析表明，当干细胞数在 4 ~ 6 个细胞时，腺窝能够保持一个稳定的状态。通过对体内的 ISCs 化学突变标记研究表明，每个腺窝的干细胞中仅有一个干细胞的子代细胞与绒毛上皮的发生有关。$Dlb\text{-}1^b$ 等位基因突变的 $Dlb\text{-}1^b/Dlb\text{-}1^a$ 杂合子小鼠小肠上皮植物凝集素与双花豌豆结合能力丧失。这种突变导致单克隆腺窝完全由不能结合 DLB 植物凝集素的细胞组成。来自绒毛上每个腺窝的单克隆细胞带可以量化，这样可以推算出产生每个条带的干细胞/腺窝的数量并给出一个数值。在腺窝微龛中，ISCs 的数量是通过细胞凋亡来调控的。光镜和电镜以及末端标记法（Tdt 介导的 dUTP-生物素尼克末端标记）对凋亡细胞分析显示，腺窝中的干细胞自发凋亡占 5% ~10%。

ISCs 特异性标志物尚没有被鉴定出来。但是 Kayahara、Potten 和 Nishimura 等发现像神经干细胞一样，ISCs 也表达 *Nrp-1* 基因和 *Hes-1* 基因（图 6-3）。与表皮的 EpSC 一样，整合素调控 ISC 对基底膜的黏附作用。小肠腺窝底部的上皮细胞表达 $\alpha_2\beta_1$ 整合素。ISCs 表达的转化因子 Tcf-4 能与 TLE-1 或 CREB 结合蛋白（CREB-binding protein，CBP）结合，从而保持 ISC 的静息状态。*Tcf-4* 基因敲除的裸鼠没有小肠 ISC，结果表明 ASC 的存在需要在胚胎发生过程中 *Tcf-4* 基因的表达。ISC 的活化和增殖调控方式与表皮和毛囊的 EpSC 相似。Wnt 信号缺乏时，APC 蛋白不断降解 β-整联蛋白（β-catenin）；而当 Wnt 信号存在时，β-整联蛋白是稳定的并和 *Tcf-4* 相互作用激活下游基因的转录。Wnt 信号通路的一个下游靶基因是透明质酸受体 CD44；与 *Tcf-4* 基因表达模式类似，CD44 的 mRNA 在整个腺窝中都有表达。

绒毛状上皮与其下固有层间质细胞之间的正向和负向纤维相互作用调节着腺窝细胞增殖与分化的转换。固有层间质细胞产生的信号，包括 Wnt，导致 ISC 活化、迁移出腺窝和增殖。已经克隆许多固有层成

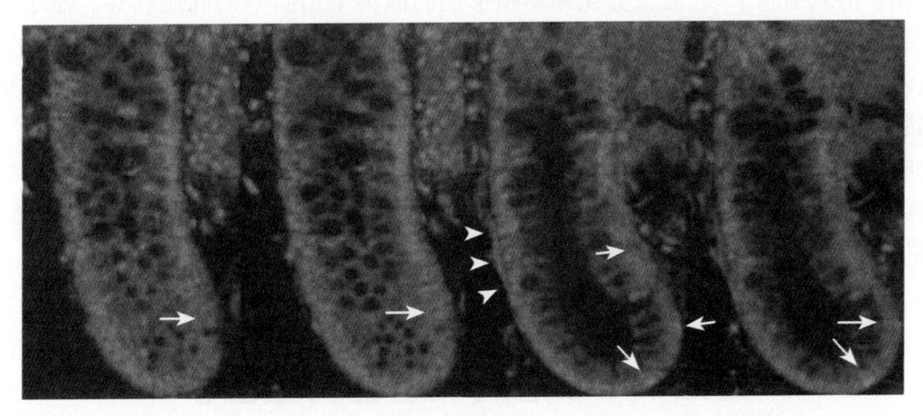

图 6-3 Nrp-1 在人大肠腺窝上皮细胞表达的共聚焦显微镜图像

红色:碘化丙啶染色;绿色:Nrp-1 表达,Nrp-1 细胞主要定位在腺窝的底部(箭头所示),但是,在腺窝周围的成纤维细胞也可见其表达

纤维细胞的异质亚系,这些亚系在诱导孕 14 天胎大鼠肠的内胚层增殖和分化能力是不同的,这表明不同类型的成纤维细胞发出不同的信号。

有几个生长因子与 ISC 的生长和分化有关。通过人和小鼠的体内和体外实验已证实,IGF-Ⅰ和 IGF-Ⅱ在小肠上皮细胞表达,它们能增加 ISCs 的增殖。IL-4 在体外能促进 ISCs 的增殖,而 TGF-β、IL-6 和 IL-11 则在体内、体外皆能抑制 ISCs 的增殖。TGF-β 在体外能诱导 IL-6 和 IL-11 的产生,这表明在调控 ISCs 增殖上上述因子之间存在着相互作用。FGFR-3 作为受体能结合 FGF-Ⅰ、Ⅱ和Ⅸ,它在受损的小肠上皮表达明显上调,表明这些生长因子参与调节上皮的再生。在放射损伤后,FGF-2 和 FGF-7 都显示了能促进 ISCs 的存活,而 FGF-10 能促进实验诱导的大鼠小肠溃疡的愈合。总之,这些因子可能参与调节腺窝干细胞的移出,同时调控它们脱离细胞周期而进行终末分化。ISCs 向内分泌前体细胞的转化需要转录因子 β_2。因为,转录因子 β_2 突变裸小鼠缺乏内分泌细胞表达的肠促胰液素和肠促胰酶肽。转录因子同源框基因 *Cdx-2* 与柱状上皮细胞的终末分化成熟有关。

在调节腺窝龛干细胞分化和迁移比率方面,细胞黏附分子和 ECM 发挥作用。小肠上皮基膜含有许多黏附分子,包括钙黏素(E-cadherin)、纤连蛋白(fibronectin,FN)、腱生蛋白(tenascin,Tn)、层粘连蛋白(laminin,Ln)和胶原蛋白Ⅳ,它们调控 ISCs 的迁移。纤连蛋白(黏合剂)在腺窝的表达更丰富,而腱生蛋白(抗黏合剂)在绒毛的表达更丰富,这与细胞迁移的速率加快以及离干细胞所在位置距离增加是相一致的。钙黏素似乎在调节小肠上皮分化方面发挥着重要的作用,在由启动子调节的仅在肠细胞表达突变钙黏素的转基因小鼠中,沿着腺窝-绒毛轴迁移的速率增加且分化消失。当这种突变的改变沿着腺窝-绒毛轴表达时,转基因小鼠被转染的细胞发生类似于克隆病样的损害。

目前,对肠干细胞的认识更多是对肠道肿瘤的研究。家族性肠息肉腺癌(familial adenomatous polyposis coil)是由于肠息肉腺癌基因(adenomatous polyposis coil gene,APC)缺陷所致。APC 可与 β-catenin 作用,并可加速其降解,这导致肠特异性 Lef/Tcf 家族成员 Tcf4 的发现。随后的对 Tcf4 功能研究表明,Tcf4 缺失小鼠腺窝干细胞发育有缺陷。腺窝干细胞也表达中间纤维(tFs)和上皮角蛋白 K8、K18 和 K19。角蛋白 K8 缺乏的小鼠可观察到大肠增生现象,这表明角蛋白表达水平的改变可影响肠干细胞的增殖和迁移功能。细胞间黏附也涉及对腺窝自身稳定的调控。在小鼠肠细胞中,E-钙黏素(E-cadherin)高表达,其可抑制腺窝细胞的增殖并诱导凋亡。此外,整联蛋白及其 ECM 配体对腺窝干细胞数目的维持也十分重要。研究还发现,参与肠干细胞和皮肤干细胞调控的机制有许多相似之处。但是,细胞凋亡对肠干细胞似乎有更为重要的调控作用。

三、横断肠的再生

青蛙、蝾螈和大鼠肠在完全横断后能够再生。组织化学和 ^{3}H-胸腺嘧啶标记显示,在被横断的青蛙和蝾螈的肠浆膜和平滑肌细胞末端，有去分化和增殖形成的能再生出肠壁的间质胚芽。而小肠上皮则没有观察到与再生有关的胚芽。两个胚芽通过增殖融合而缩短相互间的距离，类似于脊髓缺损的再生。然后，肠上皮向间质内延伸、连接在一起并内陷形成肠腔，类似于两栖类动物肠发育时副肠腔的形成过程。间质细胞分化成黏膜下层、平滑肌和浆膜细胞层进而重构原肠结构。

大鼠的小肠和大肠在横断后均能再生。结肠甚至在完全横断后仅剩下 2～3cm 也能再生。这些结果表明，由于疾病切除结肠后，人类结肠也有可能再生。大鼠小肠的再生与蝾螈类似，也是通过胚芽再生。目前，对于大鼠的肠再生组织学研究并没有能揭示其再生的机制。

第二节 食管与肠管的再生医学

一、食管再生

尝试通过移植人造支架使全周长缺损的食管再生。但是，总是由于常见的狭窄结局而失败。Fukushiwa 等用包裹了聚酯纤维的硅橡胶管使 16 只犬的 5～7cm 的食管再生。其中 7 只犬生存了 12 个月以上，4 只犬生存了达 6 年之久。食管上皮从邻近上皮末端再生并进入导管。但是，其导管中心仅覆盖了纤维结缔组织并引起了狭窄。导管没有骨骼肌，不具备运动性。所以，它们就像是一个管道。也有报道称用可生物降解的聚乳酸和聚乙醇酸共聚物或 SIS(surgisis™，SIS)为有 5cm 食管缺损的犬架桥，也得到了相似的结果。内皮和结缔组织长满了支架并再结合食管断端，但缺损处周长减少了 50%。可能是由于支架不够坚硬而且管腔内缺少压力引起了支架塌陷造成的狭窄。

在制造犬食管壁非周围缺损后，使用 SIS 和 Alloderm™ 支架再生了食管组织，取得了巨大的成功。鳞状上皮和骨骼肌从缺损边缘再生并覆盖了支架，没有产生狭窄。支架退化后仅留下再生组织填充缺损处。

二、肠管再生

短肠综合征、肠内局部缺血、肿瘤、炎性肠病都能导致肠面积不足，因此需要适当的电解质平衡和营养。目前，有很多病例唯一可行的治疗方法就是全肠的同种异体移植。但是，这种方法受到供体器官短缺和需要长期免疫抑制的限制。在实验动物模型，小肠或大肠壁缺损修复可通过移植自体的其他肠道的浆膜、腹膜或自体腹壁的肌瓣成功完成。具有原始特性的新生黏膜再生并覆盖了移植物。然而，因为要求避免由于从供区组织集聚而引起相关的疾病，这些方法很难用于人类患者。因此，研究者转向了拟生态的模板诱导肠组织再生越过缺损处形成肠壁，或种入细胞使其产生完整的新生肠道。图 6-4 解释了这些策略。

不可吸收性材料如聚酯纤维和聚四氟乙烯不能有效地促进肠壁组织再生以填补缺损。然而，可降解的生物材料如 SIS 和聚乳酸或聚乙醇酸网目成功地诱导了缺损处再生，构建了全长的肠道。Chen 等在犬的小肠壁制造了一个 7cm×3cm 的缺损(小肠全长的 50%～60%)并用多层的 SIS(surgisis™)修补。直到 1 年后实验结束时，在 15 只犬中，有 13 只犬是健康的且无肠道功能障碍。1 年中，低于 80% 的移植出现感染，但没出现肠道狭窄。组织学检测显示由黏膜上皮、大量平滑肌、胶原和一层浆膜覆盖的正常肠壁已经再生成功。

Ori 等将 5cm 的犬空肠段切除并用一包绕了猪胶原蛋白海绵的硅树脂管来代替。1 个月后，硅树脂管通过内窥镜摘除。4 个月后，肠壁再生并覆盖了海绵的腔面而海绵本身被吸收。

通常胆总管从肝和胆囊排空进入小肠的十二指肠。外科手术过程中由于损伤经常出现胆管狭窄且很难通过外科手段修复。自体移植空肠片、动脉、静脉、输尿管、阑尾筋膜或断层皮，或移植大量的合成材料都因瘢痕形成和再发性狭窄而失败。然而 SIS(surgisis™)成功地用于置换犬的前 2/3 的胆管。SIS 通过包

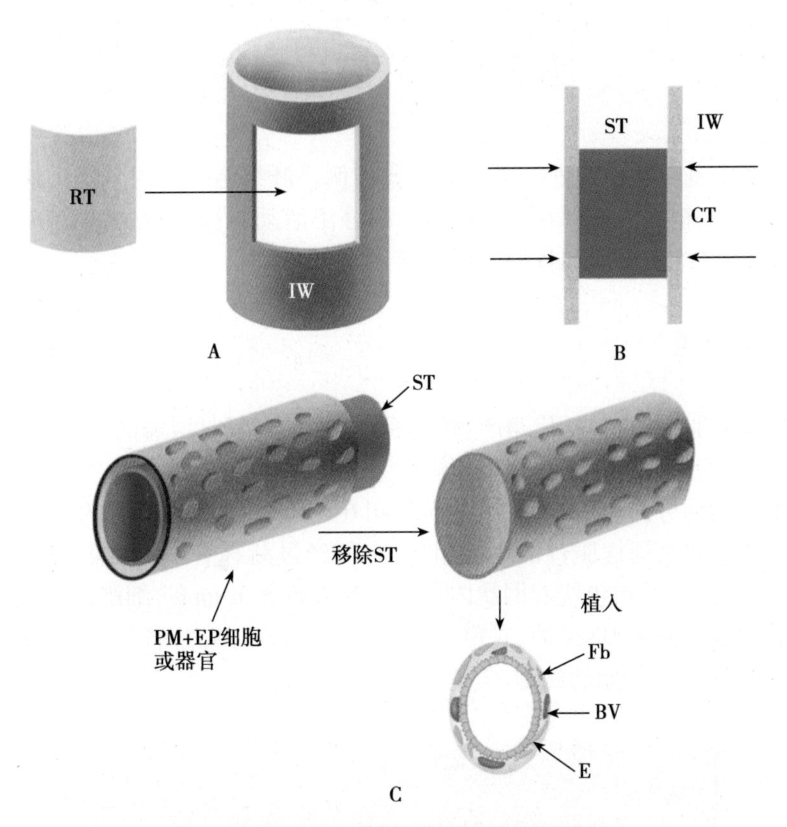

图 6-4 拟生态的模板诱导肠组织再生策略

(A)再生模板(RT)移植到肠壁(IW)部分圆周缺损处。(B)用胶原蛋白管状(CT)再生模板移植肠壁的全圆周。支持管(ST)用于稳固胶原蛋白管。(C)一节生物人工肠道的构建。接种了肠道上皮细胞(EP)的聚合网(PM)或肠道类器官包裹在支持管(ST)外,体外短暂培养。去除支持管将已接种了的聚合网植入到缺损肠节,类器官重建肠壁。Fb = 纤维原细胞,BV = 血管,E = 上皮细胞

围在其周围的支架并将边缘压合到一起而形成了管状结构。移植 3 个月后胆管造影术显示出开放的导管。两周后对移植物的组织学评估发现有预期的炎性浸润但也有血管、胆道上皮和成纤维细胞侵入到移植物末端。5 个月后,SIS 完全被衬有胆道上皮的天然胶原蛋白纤维壁置换。

新生物化人工肠道的全部节段已经构建完成,其由肠道上皮细胞、肠道类器官及聚合管构成。Organ 等接种大鼠的肠道上皮细胞到可降解的聚乙醇酸网上。将经过接种的网包裹在硅橡胶管外面作为结构支持并植入到肠系膜,1 周后去除硅橡胶管。伴有血管的纤维组织长入多聚网形成管状结构与具有 5 ~ 7 层细胞厚度的多层肠上皮相连。然而,4 周后仍未观察到杯状细胞分化或绒毛形成。

Kirn 等将酶消化大鼠小肠碎片制备的同源肠类器官接种到到聚乳酸/聚乙醇酸管并植入网膜使其形成血管。3 周后,进行 75% 的小肠切除术并将剩余的肠的末端吻合连续。3 周后此结构与本体小肠完全吻合。10 周后组织学检测显示管腔开放,血管形成及平滑肌支持下新黏膜的生成。新生黏膜内陷类似隐窝绒毛结构。有趣的是借助与肠不吻合的植入结构发育的新生组织其分化程度不如借助吻合组织发育的新生组织,这说明切除的小肠提供了利于肠壁再生的因子。在另一项研究中,观察到吻合的结构其长度和直径的生长明显超过了 36 周的周期。用结肠类器官构成的生物人工结肠结构进行了类似实验,显示大鼠回肠末端吻合的结构能重现自身结肠的一些主要的生理功能。

虽然,动物实验已经提供了证据无细胞或有细胞接种的拟生态的模板能促进胃肠道组织再生,但其在人类患者是否能很好地进行还未可知。在进行临床试验前需要从动物实验获得更多关于由这样的结构再生的组织的长期结构和功能方面的详细信息。

第三节 肝脏干细胞

肝脏(liver)代偿增生是哺乳动物进行再生的经典实例。肝细胞既有内分泌功能也有外分泌功能,反映在其具有大量的线粒体、粗面内质网和高尔基体。内分泌活动与糖原转化以及许多血清因子的分泌有关,包括白蛋白、凝血素、纤维蛋白原和各种脂蛋白组分。

一、肝脏结构与功能

肝细胞的外分泌液是胆汁,它包括代谢产物(如胆红素)和肠吸收所需的胆盐。肝细胞的主要作用是碳水化合物、氨和甘油三酯的代谢,同时,也能降解代谢产物和毒性物质。

肝脏的结构反映它们内分泌和代谢功能(图 6-5、图 6-6)。肝细胞占肝脏的 80%,排列成两层细胞的肝小梁。肝细胞之间的空隙由运送胆汁的小管组成,它们经过赫林管(由肝细胞和胆管细胞组成的混合体)运送胆汁到胆小管。肝小梁被包绕着网状内皮细胞和被称作 Kuppfer 细胞的巨噬细胞的血窦隔离开。肝小梁和血窦的网状内皮之间是 Disse 腔,它增大了吸收血液分子的表面积。在肝细胞和 Disse 腔中也散布着伊藤细胞和储存维生素 A 的脂肪细胞。

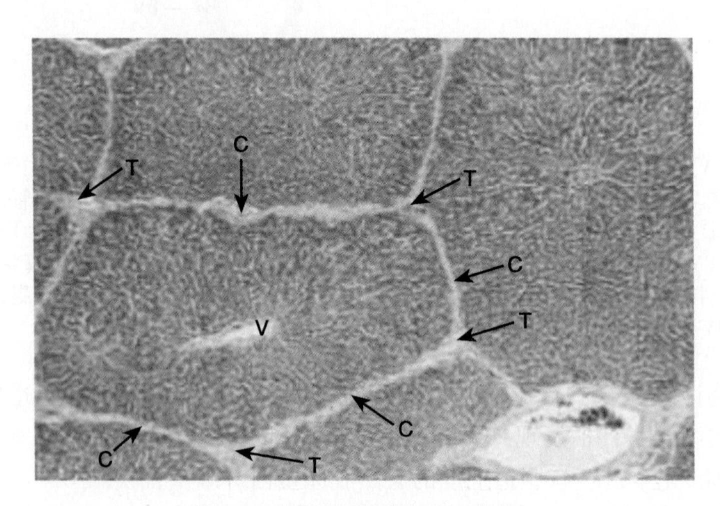

图 6-5 猪肝脏剖面图(HE 染色)

猪肝脏被结缔组织膈膜(C)大致分割成六边形小叶。V:小叶中心静脉;T:具有肝脏末梢动脉和静脉的汇管区,血液从肝脏末梢动脉通过血窦(狭窄的浅色区域)进入小叶中心静脉并从肝脏末梢静脉流出。人肝脏小叶也是六边形,但没有小叶间膈膜

在大鼠和猪等哺乳动物中,肝小梁被组织形成肝小叶。肝小叶被定义为通过小叶间隔连接“门管区”而形成的六边形结构。肝小梁从肝小叶周围向中央静脉发出。在人类肝脏中,不存在小叶间隔,但门管区的排列与大鼠和猪等哺乳动物是一样的。而且,门管区之间的肝小管也能清晰可见。门管区由门静脉、肝动脉和胆管以及淋巴管组成。

肝脏的 ECM 主要包括结缔组织、血管和胆管。仅有非常少量 ECM 接触肝细胞。胶原Ⅰ、Ⅱ、Ⅴ、Ⅵ、Ⅶ、纤连蛋白和腱生蛋白等存在于结缔组织和血管外。血管和胆管都有基膜,基膜含有层粘连蛋白、巢蛋白、胶原Ⅳ和基底膜蛋白多糖。但是,血窦缺乏基膜。Disse 腔的层粘连蛋白含量丰富,但缺乏胶原Ⅳ。

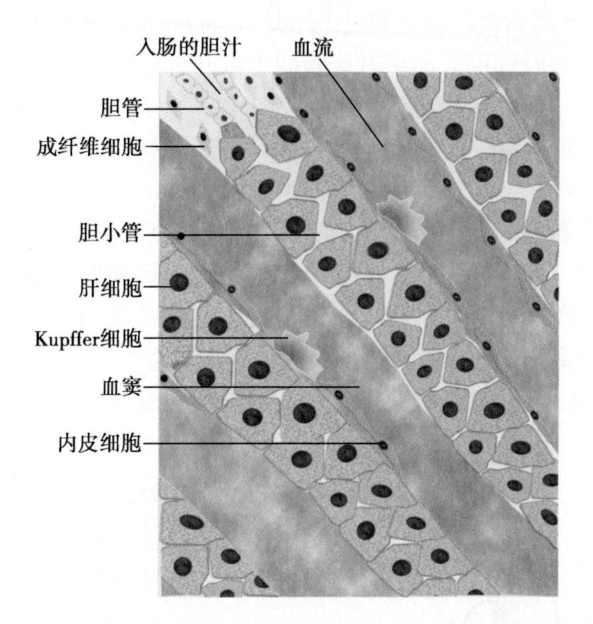

图6-6 沿网状内皮排列的双层肝小梁、胆小管和血窦的图解

二、肝脏通过代偿性增生进行再生

肝脏是一个十分独特的器官,在正常情况下细胞的新旧更替十分缓慢。肝细胞的平均寿命是200~300天。而且与造血、小肠和皮肤等器官不同,肝脏细胞的新旧更替是由成熟的肝细胞和胆管细胞的增殖实现的。通过细胞标记研究显示,在正常肝脏细胞更替过程中,肝细胞是通过肝细胞代偿性增生进行替换,而不是通过干细胞。在创伤、化学损伤和病毒感染的情况下,所有的脊椎动物都有肝脏再生的能力。

大鼠局部肝脏切除术(partial hepatectomy,PH)是应用最广和最好的肝脏再生模型。成体肝脏细胞具有很强的增殖能力,尤其是成熟的肝细胞,这种增殖能力在肝脏2/3切除模型中得到直接体现。1931年G. M. Higgins和R-M. Anderson建立了肝脏再生的经典实验模型:即通过简单的手术方式切除大鼠2/3的肝脏。大鼠肝脏有4个叶,大小各两个叶。切除两个大叶正好是整个肝脏的2/3。切除的肝叶不能再长出,但剩下的两个小叶会迅速生长,在切除术14天后,能够恢复正常肝脏的大小。大鼠的肝脏可进行再生并在两周内恢复至原来大小。与肝脏生理性更新相同,2/3肝切除后,剩余的肝细胞首先进入DNA合成,然后胆管上皮细胞、枯否细胞和肝脏星形细胞、窦内皮细胞依次进行DNA合成,最终通过这些细胞的分裂增殖实现肝脏的再生。肝叶的切除并不损害剩下肝叶的肝细胞,因而在没有细胞死亡和炎症发生情况下,肝细胞进行增殖。其他各种损害却与炎症有关,但再生结果是相同的。然而,炎症应答是如何选择避免肝脏纤维化并允许其不断再生是一个很重要的课题,但目前仍不清楚。目前还没有发现肝干细胞在2/3切除后的肝再生过程中起作用,也没有证据表明肝干细胞在肝脏的生理性更新中起作用。

在胚胎发育过程中,肝细胞核转录因子(hepatocyte nuclear transcription factors,HNFs)控制肝脏和胰腺的发育。其在成体肝细胞和胰腺细胞中也有表达。HNF-1α、HNF-4α和HNF-6处于肝细胞和胰岛细胞转录网络的中心,它们是肝细胞和胰岛细胞正常功能所必需的。基因定位实验显示HNF-1α和HNF-6分别与含有人类13 000个基因的启动子的基因芯片中的1.6%~1.7%个基因的启动子结合,而HNF-4α作为一个含量丰富且具有基本活性的转录因子与之结合的比率达到12%。肝脏再生时这些因子调控的转录网络很大程度上与肝脏发育过程是一致的。局部肝脏切除术引起的一系列的调控事件与增殖与肝细胞特异性转录模式是叠加的。

1. 肝细胞的激活和增殖

(1) 肝细胞的增殖动力学和增殖能力:肝细胞具有强大的增殖潜能。有研究通过将1×10^5~2×10^5转染LacZ小鼠的肝细胞植入肝功能缺陷的小鼠体内,结果移植肝细胞的数量至少增殖12倍。Ⅰ型遗传性酪氨酸血症是一种由于缺乏延胡索酰乙酰乙酸水解酶(fumarylacetoacetate hydrolase,FAH)导致肝毒素酪氨酸代谢产物蓄积所形成的致命性肝病,向患有该病的小鼠肝脏注射至少1000个正常肝细胞就能挽救小鼠生命。进一步的研究显示,这些被拯救小鼠能够存活4代,表明一个肝细胞能分裂至少70次。考虑到绝大多数成熟的肝细胞都是四倍体的事实,甚至有一些有更高的整倍体数的事实,说明这种增殖能力是相当惊人的。

PH后所有类型的肝细胞都会增殖。但每种类型细胞DNA合成的动力学是不同的(图6-7)。肝细胞的DNA合成发生在PH后10~12小时,并且,在24小时达到高峰,而胆管细胞、肝巨噬细胞和伊藤细胞的DNA合成起始时间和出现峰值时间都要靠后。血窦上皮细胞最后增殖,并在4天后达到DNA合成的峰值。在年轻的成年大鼠中,有超过95%的肝细胞在恢复肝脏的原始大小前至少会分裂一次。但是,在年老动物中,肝脏再生是缓慢的、不完全的,而且参与增殖的肝细胞也更少。

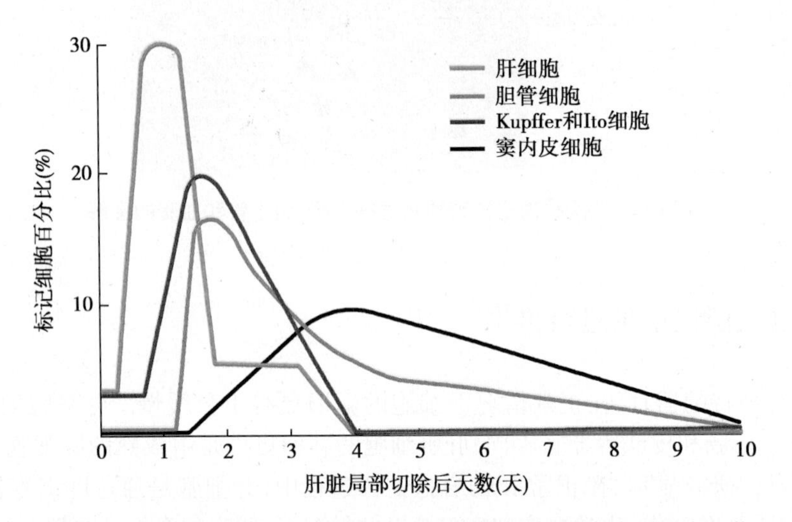

图6-7 肝脏局部切除术后各种类型肝脏细胞DNA合成的组织动力学

(2)进入细胞周期的启动阶段:转录因子CAAT/启动子结合蛋白α(CAAT/enhancer binding protein alpha,C/EBPα)在肝细胞中高表达,并能与细胞周期蛋白依赖激酶(cyclin dependent kinases,CDKs)相互作用进而阻止肝细胞进入细胞周期。因此,可以通过C/EBPα使肝细胞保持有丝分裂的静息状态。PH后,肝脏细胞"被启动"或者是获得使其由细胞周期G_0进入G_1的能力(图6-8)。C/EBPα的水平降低同时,超过70个"快速"基因在30分钟至3小时内开始表达。这些快速基因的诱导不依赖于新蛋白的合成,例如,它们仅需要通过转录后修饰的方式激活已存在的转录因子。这些转录因子中最重要的是STAT3、局部肝切除术因子PHF/NF-κB(肝脏特异的NF-κB)、AP-1(原癌基因蛋白c-Jun和c-Fos活性复合体)和C/EBPα。许多快速基因的启动子中含有这些转录因子的结合序列,它们编码与启动细胞周期G_1的有关的蛋白,如原癌基因c-Myc和肝脏再生因子1(liver regeneration factor-1,LRF-1),后者也能和AP-1形成DNA结合复合体,这些复合体在肝细胞由G_0期进入G_1期的几个小时以内表达显著。

肝脏特异性蛋白合成模式在启动过程中有些许改变。作为立早基因(immediate early genes)激活的结果,许多与胎儿肝脏产生的蛋白一样的蛋白在成体肝脏再生中出现。包括甲胎蛋白(α-fetoprotein)、己糖激酶(hexokinase)、胎儿醛缩酶的同工酶(fetal isozymes of aldolase)和丙酮酸激酶(pyruvate kinase)。此外,几个肝脏功能蛋白的表达也上调,以补偿组织蛋白的丢失,包括白蛋白和几个编码与糖代谢和调控有关的蛋白,比如葡萄糖-6-磷酸酶(glucose-6-phosphatase,G-6-P)、胰岛素样生长因子结合蛋白1(insulin-like growth factor binding protein-1)和磷酸烯醇式丙酮酸羧激酶(phosphoenolpyruvate carboxykinase)。

立早基因应答是如何开始的是一个主要的问题。PH后有丝分裂信号可在血液中发现,因为有实验显示,宿主局部肝脏切除术后进行异位移植的肝细胞能复制DNA,而且两只连体大鼠中的一个肝脏切除术能诱导另一个的肝脏生长。

有丝分裂的信号是生长因子。它们由肝内其他细胞产生,而不是肝细胞,也可由体内其他部位的细胞

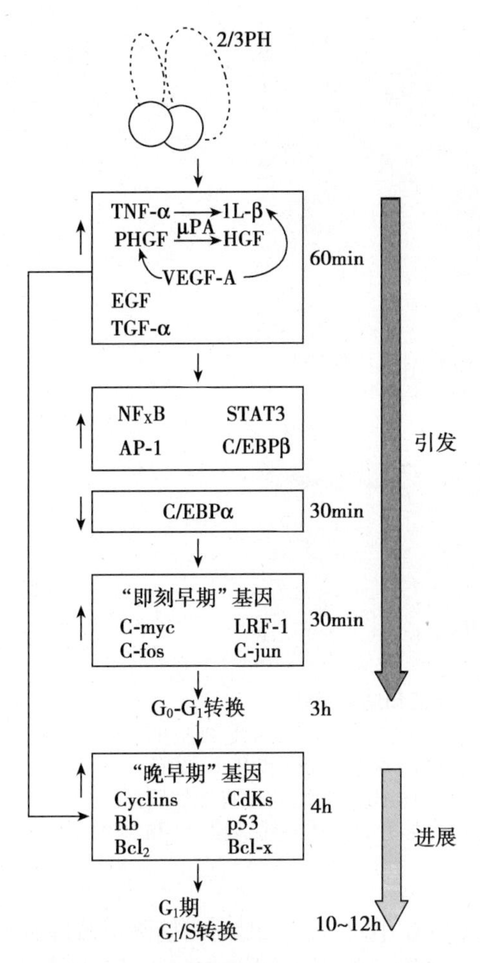

图6-8 局部肝脏切除术后引发并促使肝细胞通过细胞周期的相关分子机制图解

左边的短箭头显示的是框内分子活性的上调或下调

产生。如肝细胞生长因子(hepatocyte growth factor,HGF)、EGF、TGF-α 和 IL-6 在肝脏细胞从 G_0 向 G_1 转换过程中发挥重要作用一样,TNF/TNFR1 信号通路对肝脏再生的启动也非常重要。TNF-α 通过与它的受体 TNFR1 结合发挥作用。TNFR1 或 IL-6 敲除的小鼠缺乏肝脏的再生能力;TNF-α 受体缺陷小鼠和用 TNF-α 抗体处理的正常小鼠 DNA 合成严重受损。在上述两种情况下,无法激活 STAT3 和 NF-κB,也无法增加 c-jun 和 AP1 的产物。

通过注射 IL-6 能够纠正上述 TNF-α 受体的缺陷。IL-6 由库普弗细胞分泌,在 PH 进行 24 小时后血浆浓度达到高水平。在敲除 IL-6 基因的纯合子小鼠中,STAT3、AP1、Myc 和细胞周期蛋白 D1 的活性显著降低,并且 DNA 合成被抑制。TNF-α 刺激 IL-6 的分泌。结果表明,受 TNF-α 调控的 IL-6 是启动再生必要的有丝分裂原。在 PH 后,信号通路激活 NF-κB 诱导 TNF-α 的表达,后者再诱导 IL-6 表达进而导致 STAT3 的激活。STAT3 和 NF-κB 的激活启动快速基因的表达。然而,IL-6 缺陷小鼠仍能进行肝脏的再生,表明有其他的通路能补偿 IL-6 的缺失。因此,尽管 TNF-α 和 IL-6 是正常肝脏再生所需要的,但它们并不是启动肝脏再生所必不可少的。

HGF 和 EGF/TGF-α 也能启动肝脏的再生。未激活的 HGF 的前体(precursor of HGF,pro-HGF)被发现存在于包括肝脏的许多组织中。在肝脏,它们主要由内皮细胞产生。pro-HGF 被尿激酶纤溶酶原激活物(urokinase plasminogen activator,uPA)激活,被激活的 Pro-HGF 形成异二聚体并与其受体 c-Met 结合。HGF 是血清缺乏时(如缺乏其他生长因子)肝细胞培养的一个有效的有丝分裂原,而且它是一个"完全有丝分裂原"。PH 后一个小时血浆中活性 HGF 的浓度会升高超过 20 倍。这种升高可能与来自 ECM 的基质降解产生的 pro-HGF 的释放有关。肝脏 ECM 中的 pro-HGF 的数量非常大。注射 HGF 到未受损害的肝脏会导致微弱的增殖应答,但在注射 HGF 之前向肝脏中注入胶原酶则会显著地增加这种应答,这表明肝细胞和其他细胞周围基质的降解在通过 pro-HGF 释放启动再生方面发挥作用。而且,在 PH 进行 1 ~5 分钟后,由于尿激酶受体转运到肝细胞质膜使得其活性升高,这导致 uPA 活性升高,它能附带激活 pro-HGF,并使纤溶酶原变为纤溶酶,进而激活 MMPs。因此,通过基质降解使 pro-HGF 释放以及 uPA 使 pro-HGF 裂解就可以解释 PH 后基质 HGF 的快速升高。

血管生长因子 VEGF-A 能增加 HGF 和 IL-6 的表达。VEGF-A 体内注射能促进肝细胞的分裂,而在体外只有内皮细胞存在时才能促进肝细胞的有丝分裂(图 6-9)。在肝脏内皮细胞中,通过上调 VEGF-A 产物水平,损伤能激活两个不同的通路,使得 HGF 和 IL-6 的表达水平升高。VEGF-A 既能与 VEGFR-1 结合也能与 VEGFR-2 结合;通过与 VEGFR-1 结合使得 HGF 和 IL-6 分泌增加;而通过与 VEGFR-2 结合能促进内皮细胞的增殖,细胞数量的增加使得生长因子的水平更高。

EGF 也是肝细胞体外增殖的有丝分裂剂。在发生 PH 事件 15 分钟之后,肝脏中 EGF 的 mRNA 表达增加 10 倍,并在肝细胞、库普弗细胞和伊藤细胞中都有表达。PH 后血浆 EGF 的水平升高晚于 HGF,且升高不超过 30%,EGF 受体在最初的 3 小时倍增。EGF 蛋白即在肝细胞内累积也在唾液腺中合成并释放入血液,这表明它能通过内分泌和自分泌发挥作用,而且后者的作用可能更重要。在 PH 两周前,摘除唾液腺能减少血浆 EGF 约 50%,且在 PH 后同样影响 EGF 的增加。此外,在 PH 时或 PH 后 3 个小时内,摘除唾

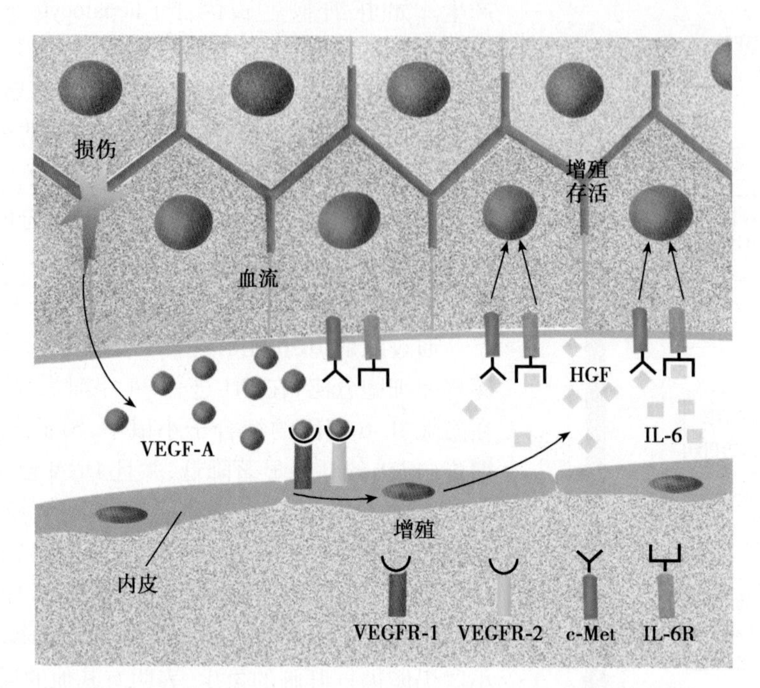

图 6-9 肝脏损伤后 VEGF-A 如何促进肝细胞存活和增殖图解

损伤诱导肝细胞和非肝细胞分泌 VEGF-A（红点）。如果 VEGF-A 和血窦内皮细胞的 VEGFR-1（红色长方形）结合，则能诱导内皮细胞产生更多的 HGF（绿色方块）和 IL-6（黄色方块）。如果 VEGF-A 与 VEGFR-2（紫色方块）结合，它将促进内皮细胞增殖，这也将增加肝细胞可利用的 HGF 和 IL-6 的数量。HGF 和 IL-6 是通过与肝细胞上的受体 c-Met（橙色）和 IL-6R（蓝色）而发挥作用的

液腺时 DNA 的合成和有丝分裂也减少 50%，而在局部肝脏切除术后 6 小时或更长时间后摘除唾液腺则没有影响。外源性的 EGF 能使唾液腺摘除大鼠肝脏恢复正常的再生能力。总之，减少 EGF 的水平能延缓再生应答 24 小时，但肝脏到 7 天内仍能完全再生。这些观察结果表明，EGF 紧随 HGF 之后发挥作用促进肝细胞进入 G1 期，胰岛素和去甲肾上腺素通过与 α1-肾上腺素能受体结合放大了 HGF 和 EGF 的促有丝分裂信号。

PH 后 2~3 小时内，肝细胞内的 TGF-α 也与 EGF 受体结合并诱导肝细胞，在 12~24 小时达到峰值。尽管 TGF-α 的 mRNA 大量增加，但是，血浆中 TGF-α 仅有少量增加。而且，TGF-α 基因突变小鼠能进行正常肝脏的再生。如此说来，TGF-α 是否在肝脏再生中发挥重要作用以及它对肝细胞增殖的影响程度就不得而知了。但是，与诱导肝脏再生的其他生长因子（如 FGF-1、VEGF-1）一样，TGF-α 对于促进其他类型肝脏细胞的增殖可能是重要的。

在不同组织表达的多效蛋白也是细胞因子。其与立早基因的应答有关。大鼠肝细胞和 Swiss 3T3 滋养层细胞体外共培养或在其条件培养基中能持续的增殖。这些条件培养基中的活性分子是多效蛋白，与对照肝脏相比，它的表达在再生肝脏中增加了两倍。

（3）增殖的持续阶段：第二类基因被称作“延迟早期”基因。它们起始于 PH 后 4 小时，与新转录因子的合成无关。几个与肝细胞启动有关的转录因子，如 HGF、EGF 和 TGF-α 等，也参与调控其由 G_1 期进入 S 期。在白蛋白启动子的调控下，TGF-α 在肝细胞中的过表达导致 DNA 合成增高并形成肿瘤，表明它在肝细胞的 G_1/S 期过渡和异常中发挥作用。延迟早期基因的编码蛋白使得细胞通过 G_1 期和 G_1/S 期转化。合成的重要蛋白是：①细胞周期蛋白和细胞周期蛋白激酶（cdks），它的磷酸化蛋白如 Rb 蛋白促使细胞从 G_1 期进入 S 期；②转录因子 p53，它能激活 p21，其编码蛋白能抑制细胞周期蛋白和 cdk 的活性；③Bcl-X 和 Bcl-2 能和 Rb 一起使细胞免于凋亡并完成细胞周期。

Rb 在 PH 后 12、30 和 72 小时达到峰值，且在 30 小时的表达是未再生肝脏的 100 倍。在 p21 过表达的转基因小鼠中，肝脏的 DNA 合成与正常的 PH 小鼠相比降低 15%，相应的小鼠的肝脏体积也减少。Bcl-

X 和 Bcl-2 在 PH 的 6 个小时后表达,Bcl-2 在非肝细胞中表达,其表达量是正常肝脏的两倍;而 Bcl-X 在肝细胞中表达,其升高是正常肝细胞的 20 倍;它们在再生过程中表达并没有明显的波动。

现在所展现的大体的轮廓是不同的信号是正常肝脏再生所必需的。TNF-α、IL-6、HGF 和 EGF 等在启动再生过程中发挥着决定性的作用,而其他的生长因子则扮演兼性作用。是什么事件使得 uPA 活性在短短 5 分钟内、立早基因在 30 分钟内迅速增加? 目前仍不清楚。

(4) 增殖的终止:再生大鼠肝脏的 DNA 合成到 72 小时完成,然而,对增殖终止的机制却知之甚少。$TGF\text{-}\beta_1$ 通常由伊藤细胞产生,它可能在阻止和终止增殖过程中发挥一定的作用。在体外,$TGF\text{-}\beta_1$ 能阻止肝细胞的有丝分裂。然而,在 $TGF\text{-}\beta_1$ 过表达转基因小鼠中,尽管肝脏再生缓慢,但也能完成,这表明有其他因素与 $TGF\text{-}\beta_1$ 协同作用以终止肝细胞再生。

2. 重塑　增殖终止时,肝细胞以 10～14 个细胞形成的细胞簇存在于缺乏血窦和 ECM 的地方中。通过凋亡、细胞运动和 ECM 合成调控细胞数量进而重建正常的肝脏组织。凋亡前体蛋白 Bax 在再生肝脏中是非常丰富的,它可能与调控细胞的数量有关。三种类型的肝脏细胞(肝细胞、内皮细胞和伊藤细胞)合成并分泌 ECM 分子。伊藤细胞侵入肝细胞簇并合成层粘连蛋白,可能由于缺乏巢蛋白,层粘连蛋白并不参与构成基膜。它可能是作为一种刺激物促进内皮细胞的持续侵入肝细胞使之形成小梁。这样,血窦腔和 Disse 腔得以重建。同样的,构成正常肝脏的其他 ECM 分子也被合成并置于相应的位置。

三、肝干细胞

1. 肝干细胞的起源和定位　胚胎发育过程中,肝原基(liver bud)起源于前肠内胚层(foregut endoderm),肝脏的器官形成发生在内胚层来源的成肝细胞索侵入原始横膈间充质过程中。胚胎期和新生儿期肝干细胞位于导管板(ductal plate)内,可以定向分化为肝细胞和胆管上皮细胞。成体肝组织也存在肝干细胞,其位于 Hering 管区域内。除了肝组织来源以外,一些组织干细胞在体外培养条件下也可以向肝细胞分化,包括造血 T 细胞、脐带血多能干细胞、骨髓干细胞和间充质干细胞等。

2. 肝干细胞的特征性标志物　人肝干细胞的特征标志物主要包括角蛋白 19(cytokeratin 19,CK19)、神经元黏附分子(neural cell adhesion molecule NCAM)、上皮细胞黏附分子(epithelial cell adhesion molecule,EpCAM)和 claudin-3(CLDN-3)。此外,Liv2、DIk-2、PunCEll、Thyl(CD90)等也被认为是重要的肝干/祖细胞标志物。但是,目前对肝干细胞的鉴定方法比较单一,对肝干细胞特征性标志物的认识仍不全面。

肝脏起源于前肠内胚层,与胚胎心脏相接触的前肠部分受到来自心脏间充质细胞分泌的 FGF 家族细胞因子的作用而形成肝脏的原基。如果阻断这些来自心脏的信号分子,本应该发育成肝脏的前肠部分将发育为胰腺。

在肝的原基中,存在肝脏的前体细胞也被称为肝母细胞(hepatoblast),肝母细胞表达肝细胞特异性的蛋白如:甲胎蛋白和白蛋白。随着发育的进行,侵入间质组织的肝母细胞形成肝内胆管并开始表达胆管细胞特征性的分子标志:γ-谷氨酰转肽酶(γ-glutamyl transpeptidase,γ-GT);在肝内胆管形成的初期,原始胆管细胞只表达细胞角蛋白 8 和 18;随着管样结构的形成,开始表达胆管特征性的细胞角蛋白 7 和 19,但是仍然有一部分细胞持续表达甲胎蛋白和白蛋白直至个体出生后。另一方面不与间质组织接触的肝索细胞分化为肝细胞并形成肝板;但是一部分肝细胞可持续表达 γ-GT 直至个体出生;肝细胞中表达的中间纤维类型限于细胞角蛋白 8 和 18,而不会表达细胞角蛋白 7 和 19。因此肝索细胞是个体发育过程中的肝干细胞(liver stem cell),在不同的微环境中可向胆管细胞和肝细胞两个方向分化。

对于正常成体肝脏中是否存在肝干细胞却一直存在争论。目前普遍倾向于接受肝干细胞存在的论断。在成体肝脏中,肝干细胞可能存在于 Hering 管位置。即终末胆管向细胞间胆管过渡的区域,或者组成 Hering 管的胆管细胞就是肝干细胞(图 6-10)。这些细胞通过不对称分裂一方面向胆管方向分化为胆管细胞,另一方面向中央静脉方向分化为肝细胞。有证据表明从门管区到中央静脉,肝细胞的分化程度由低到高。也就是说,从门管区到中央静脉存在肝细胞的分化梯度,这间接地支持了肝干细胞存在于 Hering 管的推断。如果肝干细胞的确存在于 Hering 管位置,则其在肝脏生理性更新中的作用还有待阐明。但是目前

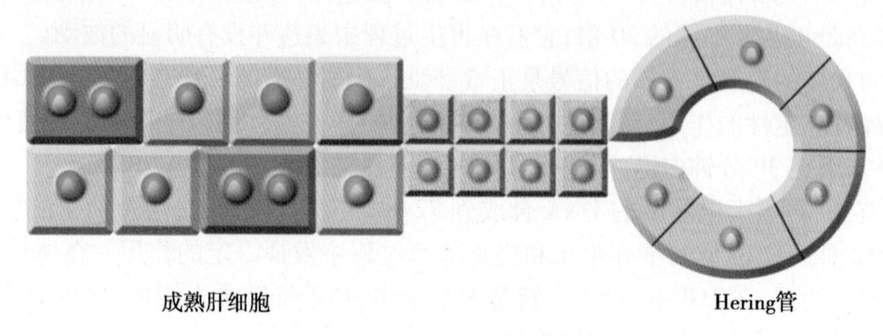

图 6-10　肝板模式图

成熟肝细胞和 Hering 管,肝干细胞被认为存在于 Hering 管

这种分化梯度的观点并没有得到普遍的接受,有人认为肝小叶中肝细胞的异质性仅仅是由于所处微环境的不同造成的。

四、干细胞与损伤诱导的再生

大鼠肝脏损伤模型显示,其肝脏拥有一定数量的干细胞。在肝细胞增殖能力不足时能够通过其再生。一些化合物能损伤肝细胞的再生能力。如 D-氨基半乳糖(D-galactosamine,D-galN)能诱导肝细胞的广泛坏死;2-乙酰氟胺(2-acetylaminofluorene,2-AAF)能使得肝细胞 DNA 损伤;惹卓碱(retrorsine)是一种 DNA 烷化剂,它能抑制肝细胞增殖。2-AAF 和惹卓碱这两种化合物,在局部肝脏切除术后能诱导再生的启动环境。反之,D-galN 则能自动终止该过程。在这些环境下,具有椭圆形核的小细胞增殖和分化来完成肝脏再生,它们能不受这些处理因素的影响(图 6-11)。这些小的椭圆形细胞在终末细胆管上皮干细胞的微环境中形成。终末细胆管被基膜包绕,而这些椭圆形细胞被认为能消化基膜并通过它进入门静脉周围组织,随

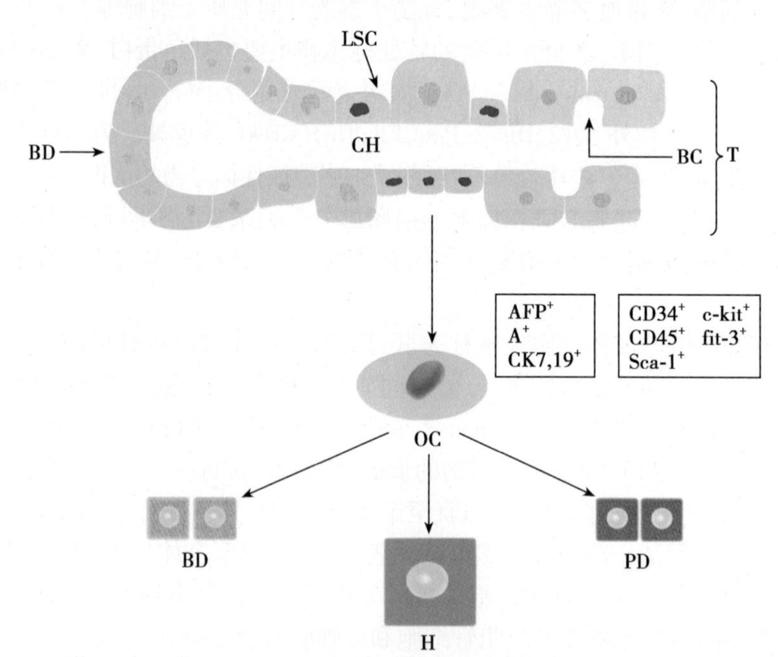

图 6-11　肝脏再生的椭圆细胞的来源

T:肝小梁;胆小管(Bile canaliculi,BC)通过短的赫林管(canal of Hering,CH)与胆管(bile ductules,BD)相连,赫林管壁由肝细胞和导管样上皮细胞(它们中的一些或者全部都是肝脏干细胞(liver stem cells,LSC))组成。肝脏损伤的条件下,肝细胞不能增殖,而肝脏干细胞能增殖并变成椭圆细胞(oval cells,OC),后者表达甲胎蛋白(α-fetoprotein,AFP)、白蛋白(A)、细胞角蛋白 7 和 19(CK7、19)和一些造血干细胞表达的细胞表面抗原。椭圆细胞能分化为胆管细胞、肝细胞(H)和胰导管(pancreatic duct,PD)细胞

后它们增殖并分化。

并不是所有肝再生过程都是由成熟肝细胞的增殖而实现的。当广泛而慢性的损伤导致大量肝细胞死亡或者肝细胞的增殖能力被抑制时(如化学毒物、病毒导致的肝损伤),在再生肝中可观察到所谓的胆管反应(ductular reaction),即在肝脏门管区出现一种小细胞,这种细胞因胞质少核呈卵圆形而被统称为椭圆细胞(oval cell)。

椭圆细胞(oval cells)具有多能性,能分化成肝细胞、胆管上皮细胞或胰腺导管上皮细胞。它们既表达胚胎肝母细胞标志物,如甲胎蛋白(α-fetoprotein,AFP)和白蛋白等,也表达胆管细胞的标志物细胞角蛋白 7 和 19 及 γ-谷氨酰转移酶(γ-glutamyl transpeptidase,γ-GT)等。这表明它们类似于胚胎发育时期肝细胞的分化。除了肝母细胞和胆管的标志物,它们也表达 CD34、CD45、Sca1、Thy-1、c-Kit 和 flt-3 受体,这表明椭圆细胞和造血干细胞表型有潜在的重合。用 2-AAF 处理或 CCl_4 损伤或 PH 后,用 Thy-1 抗体通过 FACS 能从肝细胞中分离得到纯度为 95% ~97% 的椭圆细胞。基于这些以及其他数据,Sell 提出产生椭圆细胞的干细胞来自骨髓。如果是这样,则有望通过骨髓移植来治疗肝脏损伤。然而,在各种肝脏的损伤模型中,被标记的骨髓细胞并不能使椭圆细胞增殖进而建构肝脏(图 6-12)。

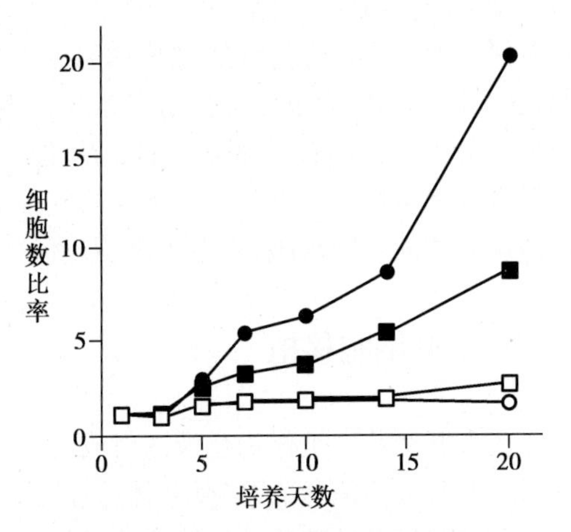

图 6-12 肝细胞培养的增殖动力学

有(实心圆)或没有(空心圆)非实质细胞的小肝细胞培养以及有(实方块)或没有(空方块)非实质细胞的实质肝细胞培养的增殖动力学。计算每天培养的肝细胞数和第一天培养的肝细胞数的比率,小肝细胞和实质肝细胞在非实质肝细胞存在时增殖,但小肝细胞增殖得更快一些

目前,一般用椭圆细胞统指那些在严重损伤肝脏中产生的肝原始细胞。椭圆细胞增殖和分化在肝脏损伤后的修复中起作用,具有肝干细胞的特征,具备分化为肝细胞和胆管上皮细胞的双向潜能。由于椭圆细胞不存在于正常肝脏中,因此对椭圆细胞的来源尚不明确。这类细胞很可能是由于正常肝脏中静止的肝干细胞被激活产生的。

五、肝细胞大小与再生潜力的异质性

肝细胞的大小和再生潜能是有差异的。Tateno 通过 FACS 分离了大小两个肝细胞群,小的有低的颗粒度和自发荧光,而大的则相反。这两个细胞群的增殖都需要肝脏非实质细胞,但小肝细胞群有更大的生长潜能。小肝细胞是多分化潜能的,能分化为肝细胞或胆管细胞,这表明它们处于椭圆细胞分化的早期阶段。与这个观点一致的是,在化学损害抑制了肝细胞的补偿性再生并引起椭圆细胞增殖过程中,可以观察到小肝细胞。然而,Tateno 等获得的小肝细胞来源于未损伤的肝脏,考虑到肝脏再生的维持或 PH 后它的再生仅仅是由于已完全分化的肝细胞的增殖。因而,它们似乎不大可能代表来自损伤或 PH 后肝脏椭圆细胞的一个分化阶段。另一种可能是小肝细胞代表着一个不是来自椭圆细胞的特定的细胞群。与这种观点一致的是,在肝脏再生的惹卓碱的 PH 模型中,椭圆细胞的增殖是温和的;但表达胎儿肝母细胞、椭圆细胞和完全分化的肝细胞的表型特征的小肝细胞能迅速扩增,进而使得肝脏完全再生。

第四节 肝脏的再生医学

目前,急慢性肝损伤及基因缺陷性肝脏疾病仅可通过异体移植整个或部分肝脏进行治疗。为了解决供体器官缺乏问题,注入肝细胞悬液是治疗肝损伤的一种方法。体外的肝脏辅助装置(liver assist devices,LAD)可作为一部分肝脏,维持肝脏功能,直到数月后肝脏能够再生,使肝脏疾病患者可以接受移植或更好的治疗。成人体重约为 70kg,估计有 2.8×10^{11} 个肝细胞,在人类,90% 肝脏切除术后能够存活,因此,进行

细胞移植或 LAD 时，至少需要提供正常肝脏重量的10%的组织即120g，或2. 5×10^9 个细胞。

如果患者肝脏存在的问题其性质允许收集少量健康组织标本，那么，用患者自身肝脏组织的自体细胞移植是最理想的。在有免疫抑制方案时，异体肝细胞可以用于移植。异种猪肝脏细胞可用于LAD，但仍存在对猪细胞可能带有异种病毒传播风险的争议。其主要的障碍是恢复肝脏功能所需的充足细胞供应问题，这个问题可以通过体外扩增自体或异体肝细胞来解决或通过收集所需数量的来源于猪的新鲜异种肝细胞来解决。原代的肝细胞很难培养，但有报道称添加了能促进增殖的 HGF、EGF 和 TGF-α 等的培养基能促进细胞迅速地克隆生长。培养的肝脏细胞会发生去分化，但添加了基底胶后可被诱导发生再分化，也可使用异体的人肝细胞系，但对其功效仍存在争议。

一、肝细胞移植

成人肝细胞已被作为悬液注射或混合到多聚物支架中用于动物移植实验。有报道称，将异体肝细胞注射到肝脏或门静脉，或经微载体珠在腹腔传递可降低 Gunn 大鼠的胆红素水平。Gunn 大鼠是尿苷二磷酸葡萄糖醛酸基转移酶功能缺陷造成的胆红素增高型鼠。异体肝细胞封包在藻酸盐微囊体中，在移植入 Gunn 鼠时用以保护其免受免疫系统攻击，其在体内表达白蛋白等特征性分子标记并且清除胆红素、尿素的分解代谢产物。

为了保证移植的肝细胞具备充足的血管形成和肝营养因子，将中空聚乙烯海绵首先植入免疫抑制的 Gunn 大鼠皮下或肠系膜皱襞进行预血管形成。然后，切除大鼠的部分肝脏启动肝营养因子产生和肝再生，采用门静脉分流术使这些营养因子到达植入部位，数日后将与肝脏等量的异体肝细胞(5×10^8 个细胞)注入聚乙烯海绵中，这些肝细胞合成 DNA 并形成细胞板，大鼠血清胆红素水平与正常对照相比下降30%。

Kobagashi 等通过 LoxP 重组的永生化的 SV40T 基因转染细胞在体外获得了大量的部分去分化的人肝细胞(NKNT-3 细胞系)。当用 *Cre* 转染时细胞重新回到完全分化的状态。5×10^7 个(成年大鼠肝细胞总数的5%)永生化和可逆转的人肝细胞异种移植到脾脏以救治经90%肝切除术后经免疫抑制的宿主大鼠。宿主大鼠若未经治疗会在36小时内死亡。移植后第1周，胆红素、凝血时间、血氨明显下降，组织学实验可见位于脾脏的肝细胞岛及剩余的进行再生的宿主肝脏(图6-13、图6-14)。

肝细胞移植治疗方法存在的最严重问题是要确保移植后有足够的肝细胞存活，存活的时间长度足以弥补肝功能以保证移植的进行。很多实验报道称，移植后肝功能仅暂时恢复，这表明移植后的肝细胞存活率很低。事实上，将肝细胞注入植入的预形成血管的聚乙烯海绵中1周后，剩下的细胞数仅是最初的11%～18%。其问题并不在于移植后原有的生存和增殖能力的丢失。因为，经 Lac-Z 标记的野生型肝细胞注入 Alb-uPA 转基因小鼠的脾脏，其表现为缓慢地刺激肝脏生长，并重复注入了12次才迁移到肝脏。

注入的细胞缺乏空间可能是限制其生存的因素。一次灌注能被正常肝脏容纳的细胞数仅是等量肝脏的1%～2%。然而，这1%～2%的细胞能长期存活。野生型肝细胞注入 $DPPIV^-$ 大鼠的脾脏后迁移至肝窦并嵌入到宿主肝细胞板中，8个月后还能被找到。供体细胞嵌入到宿主肝细胞板说明了进行连续的肝细胞注入能达到恢复肝脏功能所需的接种水平。

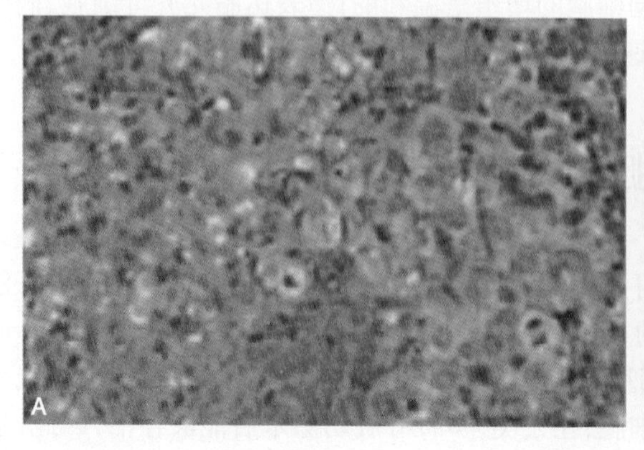

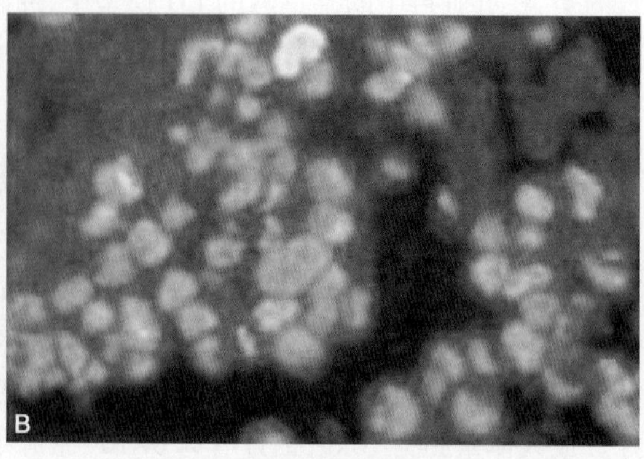

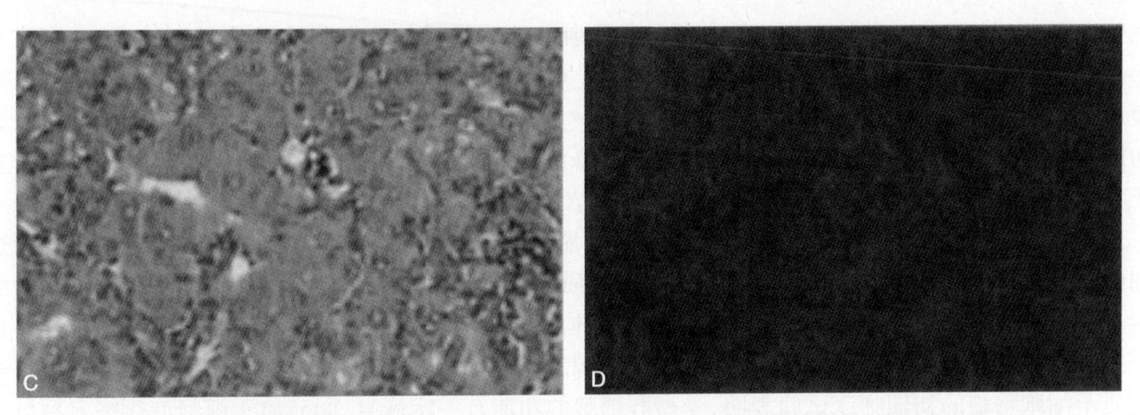

图 6-13 90%肝切除术后，脾内移植人永生化转化的 NKNT-3 细胞 4 天后的大鼠脾脏连续切片

(A)和(C)苏木素伊红染色，(B)和(D)SV40T 单克隆抗体染色。(A)和(B)未逆转的 NKNT-3 细胞。(C)Cre 逆转的 NKNT-3 细胞具有肝细胞的形态，索状组织(D)逆转的细胞未见 SV40T 染色说明永生化基因被去除

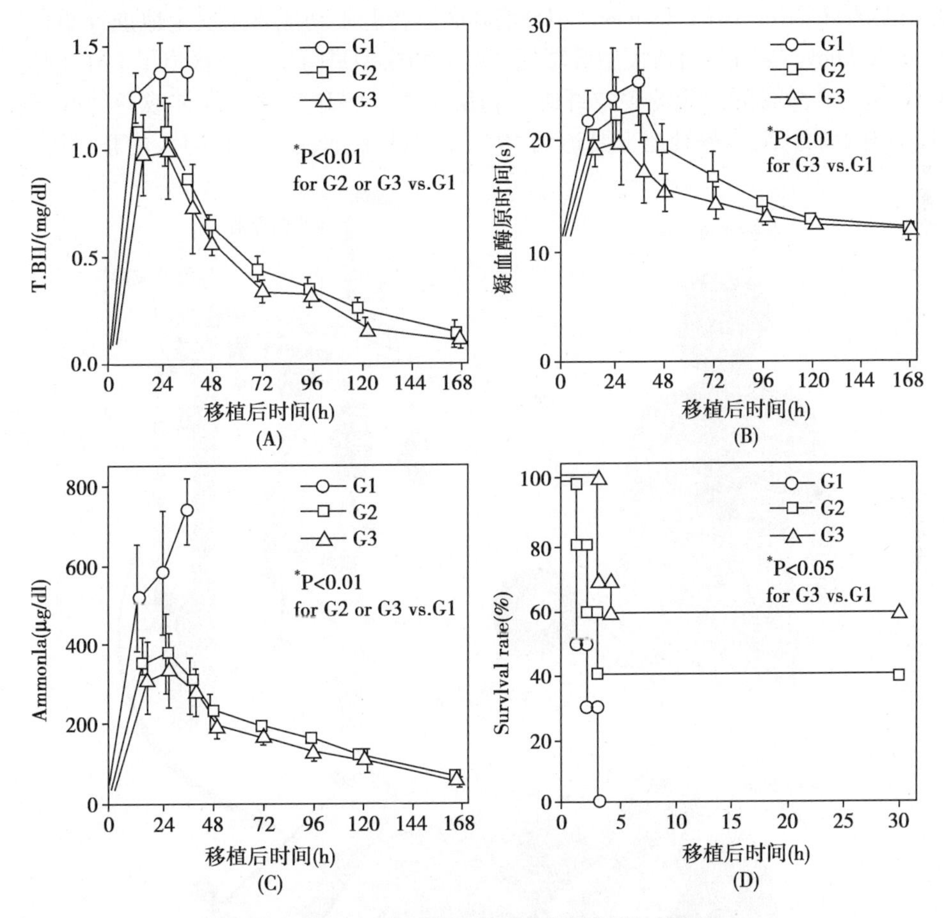

图 6-14 90%肝切除术大鼠的功能及活性的测量

第一组(G1)= 无 NKNT-3 细胞移植，(G2)= 腹腔移植未逆转的 NKNT-3 细胞，(G3)= 腹腔移植分化的 NKNT-3 细胞。星号 = 统计学意义。未逆转及逆转的细胞均明显改善了肝脏功能及活性，但逆转的细胞组活性更高

肝细胞移植治疗人遗传性肝功能紊乱或非遗传性肝功能衰竭具有很好的疗效。将 LDL 受体基因转染的自体肝细胞移植到家族性高胆固醇症患者体内，在移植后的 18 个月内可降低胆固醇水平，但不能长期维持。先天性高胆红素综合征是由肝脏尿苷三磷酸葡萄糖醛酸基转移酶缺乏引起的一种隐性遗传病，其结合胆红素水平增高。通过向 1 名 11 岁的女性患者肝脏注入 5×10^9 个肝细胞来治疗这种遗传病，这些

肝细胞来源于1名5岁的移植配型失败的男孩的肝脏。这一数量的肝细胞承担了50%的灌注,完成了肝脏2.5%的重建。11个月后,尽管患者每天需要接受6~7小时的辅助光照治疗,但是,其总血清胆红素已降至最初26mg/dl的50%。在另一个实验中,用数量为7.5×10^6~1.9×10^8的冷冻的异体肝细胞注入5名肝功能衰竭的患者脾脏,移植的肝细胞很快改善了肝脏功能,使患者能够进行肝脏移植。后来,有2名患者死亡,其中,1名患者的脾脏连续切片显示肝细胞结节结构正常。

肝干细胞是终末期肝病细胞移植的重要种子细胞。肝干细胞移植治疗的"种子细胞"包括骨髓造血干细胞、间充质干细胞、脐带血干细胞等。采用间充质T细胞移植治疗肝衰竭小鼠,可以促进小鼠肝细胞再生;用自体来源的$CD133^+$骨髓细胞移植可在患者体内刺激肝细胞再生,恢复受损肝脏的部分功能。但造血干细胞移植治疗肝衰竭的机制尚不明确,骨髓来源细胞是否真正分化为成熟肝细胞还存在争议。采用间充质干细胞移植的初期临床试验表明,受损肝细胞的功能有一定恢复,间充质干细胞治疗终末期肝病是一种具有应用前景的治疗尝试。

二、体外肝脏辅助装置

体外肝脏辅助装置(liver assist devices,LAD)能临时维持肝脏功能直至安全地进行器官移植或患者肝脏再生。Van de Kerkhove等用不同的大型肝功能衰竭动物模型进行实验并报道了LAD的优点和不足。

典型的LAD是一个包含肝细胞的中空纤维生物反应器。LAD可使用异体或异种肝细胞。为达到最好效果,生物反应器中的肝细胞数量至少要达到10^{10},最理想的细胞数量是与人的整个肝脏等量的2.8×

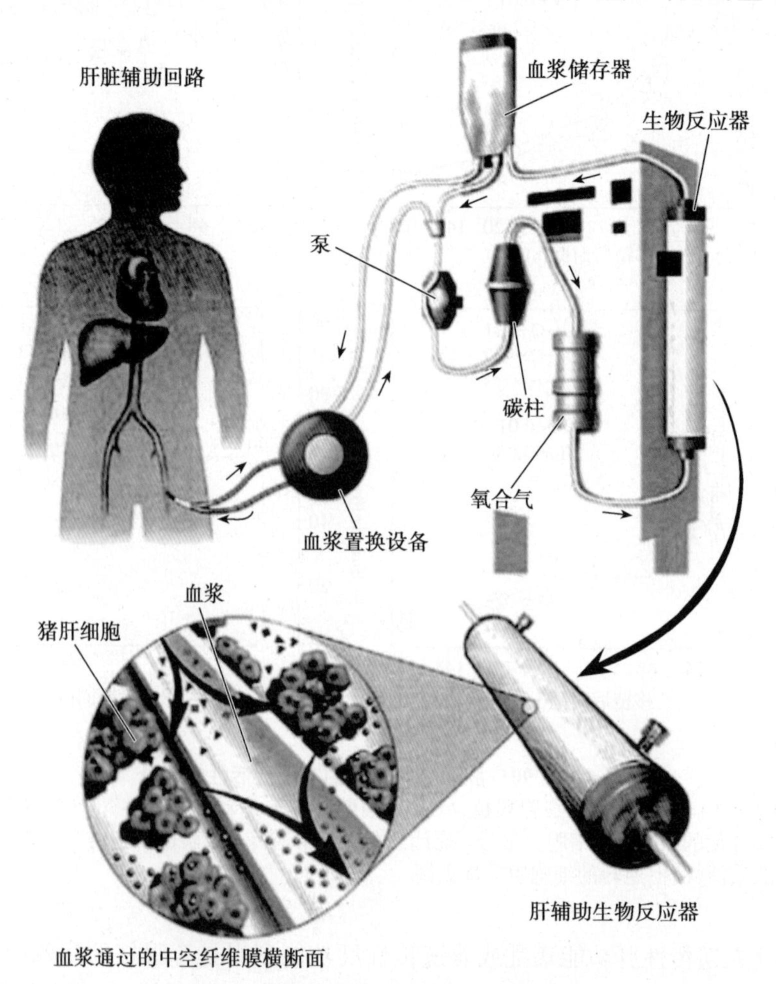

图6-15 Hepatassist 生物人工肝脏的图解

血浆流经血浆置换设备,然后经过由猪肝细胞环绕的中空纤维膜构成的生物反应器,最后由血浆置换设备重回血流

10^{11}个细胞。这个数量目前还达不到，但可以通过培养冷冻的人或猪的肝细胞来实现。

图6-15解释了一个LAD的例子，肝脏辅助系统。这个系统中的生物反应器由带有0.5μm孔径的聚丙烯中空纤维组成，纤维间的空隙包含7×10^9个猪肝细胞并附着在包被了胶原的葡聚糖珠上。首先来自于股动脉的血液经过血浆置换，血浆经过两个碳柱后再经过生物反应器的中空纤维，通过纤维上的孔隙充分接触肝细胞，然后通过股静脉返回循环。

应用肝脏辅助系统对39名患者的Ⅰ期、Ⅱ期临床研究发现，患者和生物反应器在整个过程中状态都很好，6名未经过移植患者都存活了下来，这说明他们的肝脏已经再生，剩余33名患者接受了移植。全部患者包括那些接受肝脏移植但失败了的患者，30天存活率均达到了90%，急性肝功能衰竭患者达到50%～60%。

生物反应器中肝细胞的功能取决于肝细胞的形态，球形肝细胞的形态好于单层肝细胞的形态。当集合成球形时，肝细胞再次实现正常的二极分化（表面蛋白的不对称定位授予细胞不同部分以不同功能）。与肝细胞分散在胶原蛋白中相比，将生物反应器聚丙烯管腔中大鼠肝细胞球嵌入胶原蛋白中，其白蛋白合成和P450酶活性比前者增加了4倍。成熟的生物反应器带有少量的由多个肝细胞类型组成的类器官，甚至会实现更多功能上的改善。球形类器官是由肝细胞和纤维原细胞组成，显示了肝脏的组织功能特点，其结构类似胆小管和白蛋白分泌物。

第五节 胰腺干细胞与再生医学

胰腺（pancreas）是一个重要的兼有内分泌和外分泌功能的器官。成人的胰腺包括位于胰岛分泌激素的内分泌组织，分泌消化酶的外分泌泡状腺组织，以及输送消化酶的胰腺导管组织。胰腺内分泌组织由成千上万的胰岛集合而成。胰腺干细胞和再生医学因为胰岛内分泌混乱（如糖尿病）等而受到高度重视。

一、胰腺的形态和结构

胰腺表面覆盖有薄层疏松结缔组织，这些结缔组织深入腺实质形成网状隔膜，将实质分隔成许多小叶。人类的胰腺是一个长度为12～15cm逐渐拉长变细的组织，它位于左上腹部，背侧贴于后腹壁。胰腺可分为胰头、胰体和胰尾。其外分泌部负责释放各种消化酶和盐类，二者经由导管系统运输至肠道，共同参与消化作用。其腺泡产生排空作用将内容物排入腺泡中心的腺管中并逐步排放至较大的小叶内导管、小叶间导管，最终进入主胰管。主胰管横贯整个胰腺，沿途收集各胰腺小叶的分支胰管，再与胆总管汇合后开口于十二指肠上段。胰管的分布并不是一成不变的，经常有变异的存在，最常见的是副胰管，它时常开口于主胰管远端几厘米处的十二指肠副乳头或开口于胆总管。

胰岛内富含由有孔毛细血管构成的网格系统。这种毛细血管网的形成可以使小叶内动脉首先供应毛细血管网并营养其周围的腺泡组织来产生一定程度的自我调节，进而维持胰腺分泌的自我调节作用。此外，血管交感神经的刺激和分泌单位对胰腺的内分泌也具有一定的调节作用。人体的胰腺中包含了约一百万个胰岛，它们是由几十到几千个细胞组成的体积不等的小的球形细胞簇。胰岛散布于胰腺各处，以尾部最为常见。胰岛中至少包含5种类型的内分泌细胞，其中各个类型细胞的大小及相对位置均由种族及发育顺序决定。

α细胞占人体胰岛细胞总数的20%～30%，它们包绕胰岛，位于胰岛的外周，其分泌的胰高血糖素有助于提高血糖水平。胰高血糖素的分泌受胃肠道激素、自主神经功能及旁分泌机制（如生长抑素释放等）的调节。

β细胞占人体胰岛细胞总数的60%～75%，他们一般分布于胰岛的中心部位，其分泌的胰岛素和胰岛淀粉样多肽分别具有降低血糖水平及调节胰岛素释放的作用。胰岛β细胞的分泌受胰高血糖素、胃肠道激素、血糖水平和植物神经功能的调节。

δ 细胞占人体胰岛细胞总数的5%,它们是包绕胰岛,位于胰岛外周的神经分泌细胞。δ 细胞可以释放生长抑素,这是一种抑制胰岛素分泌的旁分泌抑制剂。

此外,胰岛内还存在几类所占比例较小的细胞,包括 PP 细胞和 ghrelin(生长素释放肽)细胞。PP 细胞是一种神经内分泌细胞,它占人体胰岛细胞总数的1%。PP 细胞可以分泌胰多肽,这是一种抑制腺泡细胞分泌的旁分泌抑制剂。生长素释放肽细胞常在发育的胰腺中被发现。

二、胰腺发育

胰腺是由内胚层发育而成的器官。内胚层是人体内能够顺序发育成所有组织和器官的三个原始胚层之一。人类胰腺的发育有一个显著特征,是由两个独特的彼此分离的原始器官相遇并融合,最终发育成的一个独立的器官。在胚胎发育第 26 天左右,发育中的肝管对侧形成背侧胰芽,它是由前肠末端大约 300 个细胞形成的细胞簇构成的内胚层外突,背侧胰芽生长并进入背侧肠系膜。在发育过程的第 5 周,由于前肠壁生长速度的差异致使胃旋转至左侧腹部,肝管及相应的腹侧胰芽则绕着前肠迁移并将与背侧胰芽汇合。至第 6 周开始,两个胰芽融为一体,管道系统也相互吻合,成为一个统一的单位。同时,发育中的肝和胃在腹腔内继续扩大,肝脏转移至右侧,胃翻转并转移至左侧,这使得发育中的十二指肠、胰腺及相连的肠系膜均转移至右侧腹部。随后,胰腺侧躺于后侧腹部并定位于腹膜后。最终,背侧和腹侧的主胰管相互连接。尽管背侧胰芽大于腹侧胰芽,但是,腹侧胰管最终发育成为主胰管。背侧胰管的残余部分退化或保留至成人期衍化成为副胰管。

背侧和腹侧胰芽生长时其周围中胚层发育包绕主胰管上皮。随着主胰管的延伸,次级胰管形成并分支,它们交替延伸并形成更细微的分支。直至第 9 周开始时,末端小管终止于初始腺泡中的细胞簇。初始胰岛细胞团块从小管处迁移至发育的腺体基质中,这样,新的细胞簇继续形成并且出芽。通过胰岛前体细胞的增殖、分化并与细胞簇融合形成胰岛。

直至第 12 周,小叶间导管形成,它的形成决定了胰腺小叶结构未来的发展模式。小叶间导管的远端通过小叶内导管与发育中腺泡延伸出的终末导管网连接。由发育中的脉管系统包绕着原始小管和由均一的细胞间质组成的(间质)结构。随着腺泡扩张,锥体细胞出现在终末端细胞团块中,逐渐生长并包围原始的泡心细胞。外分泌系统的上皮细胞随着其分化过程表达糖原,因此腺泡细胞中糖原的浓度较高,而上皮细胞中糖原的浓度较低。在基质中则出现了大量的结缔组织和由间充质细胞分化产生的成纤维细胞。

在第 14 ~ 20 周,腺泡发育导致体积不断扩大,而基质成分逐渐减少,因此,小叶的外形也逐渐清晰起来。随着腺泡的成熟,细胞内糖原不断减少并伴有相应数量酶原颗粒的增加。直至第 16 周,第一个成熟腺泡形成。至第 21 周,导管和大部分腺泡细胞中不再分泌糖原,而腺泡中酶原颗粒的数量和体积不断增加,直至出生。

胰腺继续成长并发育,在出生时发育成熟。实验证明,上皮与间质的相互作用在分支的形态发生和细胞分化过程中起着一定的作用,并决定了胰腺中各类细胞的相对比例。

三、胰腺发育调节

在胰腺正常发育各阶段中,至少受 3 个主要的调节器控制,即转录因子,非编码小分子 RNA 和表观遗传修饰分子。转录因子在胰腺特化、谱系发育、细胞功能的维护方面起关键的决定作用(图 6-16)。

局部区域的前肠内胚层祖细胞表达 TCF2[T cell factor 2,T 细胞因子 2,也称为 HNF1B(hepatocyte nuclear factor 1b,肝细胞核因子 1b)]、HNF6(也称为 Onecut 1)、Sox9(Sry-related HMG box transcription factor 9,Sry 基因相关的 HMG 盒转录因子 9)和 Rfx6(regulatory factor X-box binding 6,调控因子 X 盒 6)。抑制刺猬(sonic hedgehog,Shh)信号通路引起胰腺祖细胞的发育。这些祖细胞表达几个转录因子,特别是 Pdx1(pancreas and duodenum transcription factor 1,胰脏和十二指肠转录因子 1,也称为 IPF1),胰腺转录因子 1a(pancreas transcription factor 1a,Ptf1a)、Nkx2. 2(NK 家族同源盒因子 2. 2)、Nkx61 和 HB9[也称为运动神

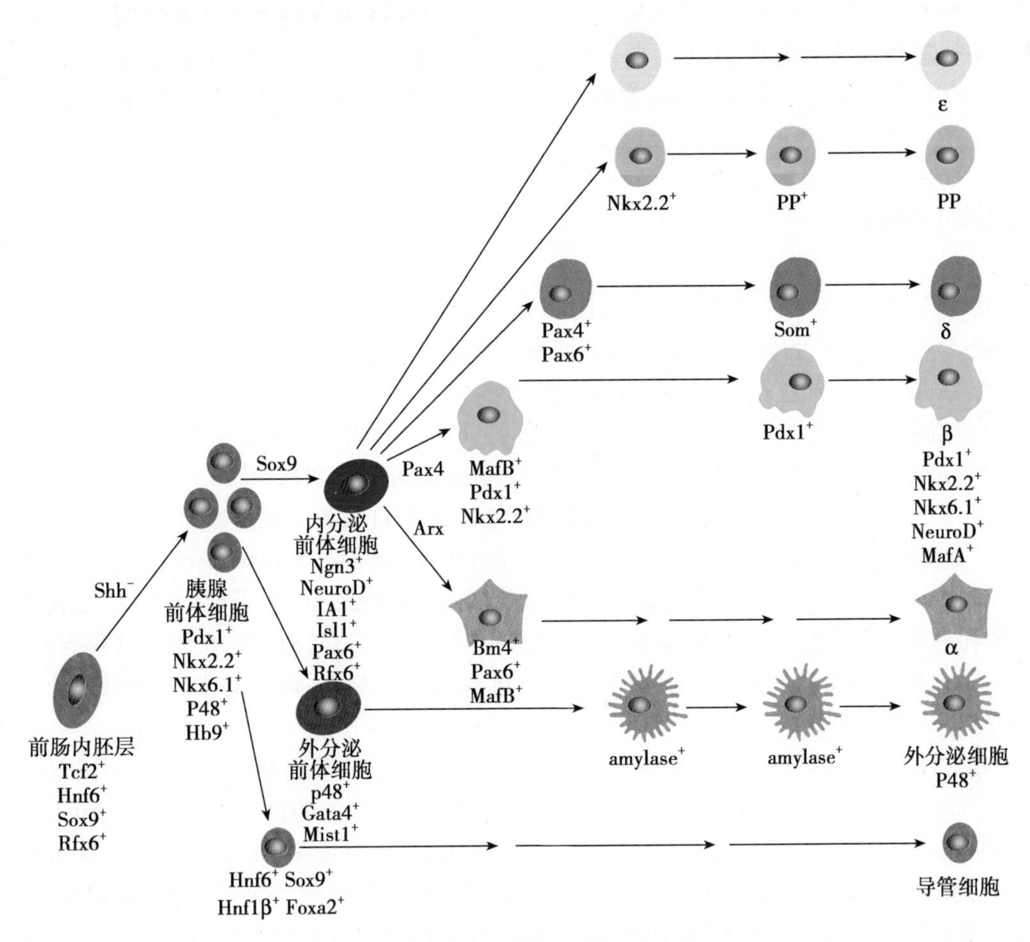

图 6-16 胰腺的谱系发育与转录因子的作用

经元和胰腺同源盒 1(motor neuron and pancreas homeobox 1,Mnx1)]的表达。Sox9 基因的表达抑制 Notch 信号通路,激活螺旋-环-螺旋转录因子神经元素 3(helix-loop-helix transcription factor neurogenin 3,Ngn3),这些胰腺祖细胞分化为内分泌胰岛细胞谱系的前体。这些内分泌祖细胞也表达 NeuroD(neuronal differentiation 1,神经细胞分化 1)、IA1(insulinoma associated 1,胰岛素瘤相关 1)、ISL1(胰岛 1)、PAX6(paired box factor 6,配对合因子 6)和 Rfx6。然后内分泌祖细胞可以分化成五类胰岛细胞(α,β,δ,PP 和 ε)。例如,MAFB(musculoaponeurotic fibrosarcoma oncogene family protein B,肌肉腱膜纤维肉瘤癌基因家族蛋白 B)、Pdx1、PAX4 和 Nkx2. 2 等表达的祖细胞会成熟为分泌胰岛素的 β 细胞,而细胞表达 Brn4(brain-specific POU-box factor,大脑特定的 POU 盒因子)和 Pax6 分化成为胰高血糖素分泌细胞。

微小 RNA(microRNA)是新近发现的重要的发育调节监管机制之一。当 PDX1 驱动有条件删除 DICER1(编码 RNase Ⅲ酶为生成成熟 miRNA 所必需)后,所有三个胰腺谱系均出现缺陷,即包括外分泌、导管和内分泌的组织。特别是 α、β、γ 细胞和胰多肽细胞的数量分别减少了 79%、94%、95% 和 86%。另外,缺乏 miR-375 的小鼠表现出胰腺 α 细胞数目的增加,同时 β 细胞数量减少,并发现新生高血糖症。

表观遗传修饰(epigenetic modifies)主要是调节转录因子的活生。例如,胰腺 β 细胞的功能特性是通过 DNA 甲基化来抑制 aristaless 相关同源异型框转录因子(aristaless-related homeobox,ARX)。

尽管各物种之间胰腺发育调节过程相似,但也存在着许多不同之处。例如,在人类胚胎的发育过程中,背侧胰芽在受孕后第 26 天即可被发现(这个阶段相当于小鼠胚胎期第 9. 5 天)。到受孕后第 52 天即能检测出胰岛素阳性细胞,比与之对应的小鼠胚胎发育早两星期。且人胰岛素阳性细胞在 8 ~ 10 周时出现,先于胰高血糖素阳性细胞。所有的人胰岛细胞均可在人类胚胎发育的前 3 个月内检测出来。而在小鼠,直到胚胎第 17. 5 天才能检测出这些胰岛细胞的存在,较人类胚胎发育要晚。虽小鼠的 Ngn3 的 mRNA 的表达峰在胚胎第 15. 5 周(相当于人胚的 7 ~ 8 周),人的 NGN3 表达峰较晚,在 11 ~ 19 周之间。此外,人类胰岛发育中 NGN3 的关键作用尚不是太确定，两个纯合子 NGN3 突变的患者在 8 岁时才出现糖尿病，而 Ngn3 基因敲除小鼠没有胰岛细胞，出生后即死亡。这些资料表明，在人类和鼠的胚胎发育过程中，关键发育事件的发生顺序是不同的。这两个物种系的发育和疾病发展过程中，基因表达的模式也不同，进一步验证了上述观点。

四、胰腺干细胞

不同于其他的组织特异性干细胞，胰腺干细胞(pancreatic stem cells，PSC)是近期才被提出的。尽管针对胰腺干细胞已经有了深入的研究，但是自从 β 细胞可以进行自我复制的功能被证实以来，有关胰腺干细胞的存在与否及其起源的争论又变得日趋激烈起来。

1. 胰腺祖细胞是干细胞？ 遗传谱系追踪实验表明，PDX1 表达($PDX1^+$)细胞分化为所有的胰腺外分泌、内分泌和管道组织。这些祖细胞位于胰腺分支管道的末端并呈 $PDX1^+Ptf1a^+CPA1^+$(carboxypeptidase 1，羧肽酶 1)。令人惊讶的是，现在还没有这些祖细胞能增殖和自我更新的直接证据。然而，间接证据表明，这些 $Pdx1^+$细胞可以增殖，因为他们可以被溴脱氧尿苷(bromodeoxyuridine，BrdU)所标记，胸苷类似物(thymidine analogue)，可掺入细胞周期 S 期间的 DNA。然而，由于缺乏可用于纯化 $Pdx1^+$细胞的特异性标记物，其增殖和自我更新的能力尚未在体外进行研究。因为能让 $PDX1^+$祖细胞在体外自我更新，并分化为所有胰腺谱系(包括分泌激素的胰岛细胞)，不仅对于胰腺发育生物学，而且对未来由 ESC 分化的 1 型糖尿病的细胞治疗是至关重要的。

在 8～21 周人胚的胰腺中有大量的 $PDX1^+$细胞。这些细胞的数量逐渐增加，在此期间也表达胰岛素和生长抑素。但这些研究尚不能回答 $PDX1^+$细胞是否由他们的祖细胞的自我更新和分化而来。

2. 胰岛祖细胞是干细胞吗？ 大约在胚胎第 9.5 天的小鼠，部分增厚 DE 上皮细胞开始表达神经元素 3(Ngn3)。先前的研究表明，这些 Ngn3 表达($Ngn3^+$)细胞是胰岛祖细胞，因为 Ngn3 基因敲除小鼠没有胰岛细胞；基因谱系跟踪显示，$Ngn3^+$细胞形成所有胰腺内分泌细胞；$Ngn3^+$细胞从部分导管结扎的小鼠胰腺纯化后，注入一个 Ngn3 基因敲除胎胰中，$Ngn3^+$细胞可分化成所有的胰岛细胞。虽然一些研究似乎表明 $Ngn3^+$细胞可以增殖，但"马赛克分析与双标记"(mosaic analysis with double markers，MADM)遗传学克隆分析表明，$Ngn3^+$细胞不能增殖，并仅分化为单一类型的胰岛细胞。与此相一致，最近的一个重要发现表明，$Ngn3^+$细胞通过表达诱导细胞周期蛋白依赖性激酶抑制素 1A(cyclin-dependent kinase inhibitor 1a，CDKN1A)来抑制细胞增殖。因此，胰腺干细胞现尚无定论。

尽管如此，很可能成年 β 细胞主要以自我复制再生辅以胰腺干细胞(pancreatic stem cells，PSC)的自我更新和分化来维持胰岛的功能。最近一年内，有一个重要的科学发现，在 β 细胞发育阶段，胰岛素基因表达持续上调(图 6-17)。

五、生理和病理生理过程中 β 细胞的再生

研究发现，在妊娠期女性、部分胰腺切除术患者和肥胖人群中，β 细胞可再生，β 细胞再生的发现也支持胰腺干细胞的概念。

1. 妊娠期 β 细胞的再生 为了适应生理需求，在人和实验动物的妊娠期，胰腺 β 细胞可进行再生。例如，在妊娠期大鼠的胰腺中，第 10 天时 BrdU 的吸收值增加了 3 倍，至 14 天时则增加了 10 倍，这间接证明了胰岛细胞增殖显著促进胰岛体积的增加。然而，在妊娠期实验小鼠的胰腺中，直至胚胎第 15.5 天，胰岛体积仅增加了两倍，BrdU 标记也仅增加了 3 倍。这也许是由不同物种之间再生能力不同或者不同检测方法的灵敏度不同造成的。实验证明，在人类的妊娠期，无论是孕妇胰岛的体积还是胰岛 β 细胞的数量均有所增加。在啮齿类动物和人的妊娠期，β 细胞数量的增加可能是由于催乳激素和胎盘催乳素的刺激引起的。

多发性内分泌腺瘤蛋白是一种转录辅助激活因子，由多发性内分泌腺瘤 1 型基因(multiple endocrine

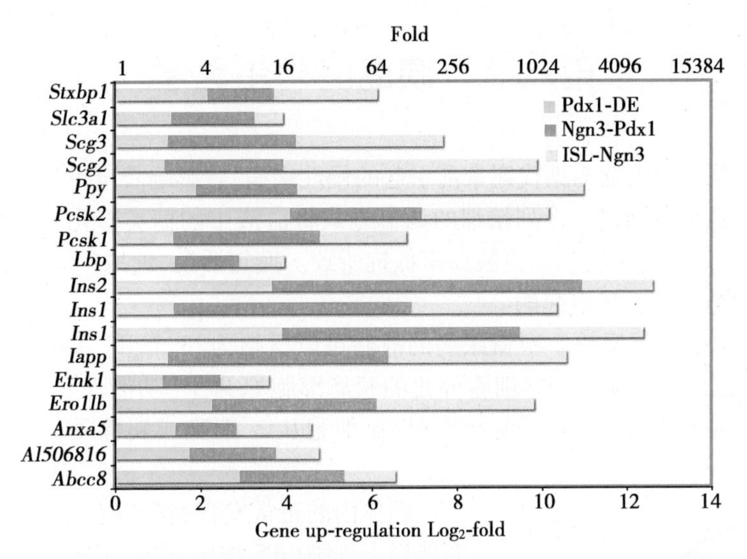

图 6-17 胰岛素基因从胰腺祖细胞到成熟的胰岛细胞持续上调

从分析分离的确定内胚层细胞(DE),纯化 $PDX1^+$ 胰腺祖细胞,$Ngn3^+$ 胰岛祖细胞和成熟的胰岛细胞(ISL)构建的微阵列数据资料。生物信息学算法计算出各个阶段,胰岛素基因和参与翻译后修饰胰岛素的其他基因的表达水平

neoplasia type 1,MEN1)编码。催乳素可以充分降低多发性内分泌腺瘤蛋白的表达并刺激小鼠胰岛细胞数量增加,因此,我们通过短期注射催乳素来证实以上这些激素的作用。最近,在妊娠过程中,遗传学的研究为阐明 β 细胞增殖的原理提供了更多分子学水平上的新见解。除此以外,抑制多发性内分泌腺瘤蛋白、催乳激素和胎盘催乳素均可诱导色氨酸羟化酶1(TPH1)的表达。色氨酸羟化酶1是产生血清素过程中必不可少的酶,而血清素则具有诱导 BrdU 进入离体胰岛细胞的作用。

尽管已经取得了上述研究进展,但 β 细胞的再生究竟是来源于功能性 β 细胞还是来源于胰岛中的胰腺干细胞这一问题仍未明确。进一步的研究应从体外分离纯化受孕及未受孕啮齿类动物胰岛的各类细胞亚群入手,检测新的刺激以及分子学传导通路。确立这些传导通路可以为研发治愈Ⅰ型糖尿病的新途径建立良好的平台。

2. 肥胖患者 β 细胞的再生 某些病理过程,诸如肥胖可以引起 β 细胞再生。例如,对于患有肥胖症的啮齿类动物,由于对胰岛素产生了抵抗作用,β 细胞数量增加了 9 倍。在肥胖的小鼠和人类胰腺组织中进行双染,可以检测到胰岛素分泌细胞表达 Ki-67(一个与细胞增殖严格相关的指标),表明在肥胖的条件下,胰岛细胞可进行再生。如前所述,小鼠的再生能力要远强于人类。有关一个被命名为 A^y 的肥胖突变小鼠家族的研究表明,降低多发性内分泌腺瘤蛋白有助于适应性 β 细胞增殖。

综上所述,实验说明由 β 细胞的增殖引起的相关机制在小鼠生理妊娠和病理肥胖过程中起着重要作用。在人类妊娠或肥胖的情况下,确立这种机制是否起作用同样是一件非常有趣的工作。

3. 部分胰腺切除后 β 细胞再生 像体内许多其他器官一样,胰腺的损伤可引起胰岛再生,胰腺切除术就属于胰腺损伤的一种。例如,将鼠的胰腺切除 90% 后第 4 周,胰腺组织增生至未切除胰腺的 27%,胰岛数量也恢复至未切除时的 45%。然而,不同物种之间再生能力也是不同的。对一头成年犬类即使是进行 50% 的胰腺切除也会导致短期内空腹血糖浓度迅速升高,在一段时间之后衍变为糖尿病。同样,切除成人体内 50% 的胰腺也可以导致切除后引发的肥胖症和糖尿病。这些研究再次表明,不同物种之间胰岛的再生能力存在差异:啮齿类动物胰岛的再生能力要远强于大型哺乳类动物。这种不同物种之间控制再生能力机制的差异有待于进一步研究。

在胰岛再生过程中,究竟哪些成分利用了现存的胰岛细胞以维持成人 β 细胞的数量?其他组织细胞对维持 β 细胞数量做了多大贡献?这些问题尚未完全阐明。这方面的知识,对制定一个可行的促进 β 细胞在体内和体外再生的方案起着重大的作用。

第六节 胰岛的再生医学

糖尿病(diabetes)是一种由葡萄糖代谢紊乱引起的慢性疾病,它影响着全世界数以亿计的人群。胰岛素是人体的生命激素,它可以通过一系列精细的调节方式将血液中的糖类转化成能量。糖尿病的本质是人体内胰岛素的产生不足或周围组织产生胰岛素抵抗所致。换句话说,糖尿病是由于胰岛素的绝对(1 型糖尿病)或相对(2 型糖尿病)不足引起的。

治疗 1 型糖尿病和某些类型的 2 型糖尿病的战略可以概括为"3 个 R",即更换(移植捐赠的胰岛细胞或由来自胚胎干细胞的干细胞或 iPS 细胞分化的胰岛细胞)、再生[功能性 β 细胞的和(或)直接诱导内源性干细胞或 β 细胞分化的复制]和重新编程(β 细胞从 α 细胞或胰腺外分泌细胞重新编组而来)(图 6-18)。

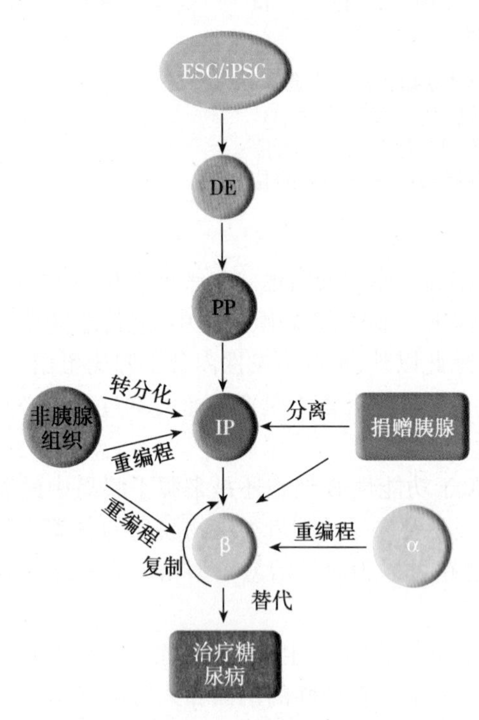

图 6-18 未来糖尿病的再生疗法的总结

循体内的正常发育途径,将胚胎干细胞(ESC)或诱导式多能性干细胞(iPS 细胞)分化成确定的内胚层(DE),通过前肠后端的内胚层阶段(PP)到胰腺祖细胞、胰岛祖细胞(IP)和 β 细胞。从供体胰腺分离胰岛后,剩余组织已被用来富集胰岛胰腺祖细胞进一步分化。研究还延伸到非胰腺组织或非 β 细胞重新编程以产生可供移植的 β 细胞。发现增强仅存 β 细胞的功能及其复制的研究现也备受追捧。

1. 更换(replacement) Shapira 等采用了一种温和的胰岛分解方法,按每千克受体体重 4000 个胰岛的剂量制备好悬液(<10ml),通过门静脉移植到患者肝脏,全部过程是在局部麻醉状态下进行的,耗时仅 20 分钟,后用无糖皮质激素的免疫抑制,大大增强了供体细胞的存活率。距离最后 1 次注射 6 个月后,61% 的移植者无胰岛素依赖性,1 年后 58% 的移植者无胰岛素依赖性,移植了两次和 3 次胰岛的患者对血糖的控制有更好的改善。这就是所谓埃德蒙顿方案。这个方法最主要的缺点是缺少供体胰岛细胞的来源,这个问题有望通过能增加移植效率和寻找新的胰岛来源得到部分解决。

异体或异种的胰岛可通过在移植前将其包裹装入微囊体或灌注的血管设备中而受到免疫保护。将包有异体胰岛的藻酸盐微囊体注入自发型Ⅰ型糖尿病狗的腹腔中,这些狗的血糖水平降至正常并在无胰岛素的情况下存活 6 个月(实验跨度)。藻酸盐胶囊必须具有足够的洛糖醛酸含量,才能满足大型动物模型的需要,具有高甘露糖醛酸的藻酸盐能通过生长因子的释放诱导胶囊纤维化。

这个系统的临床试验是在一名 38 岁的患Ⅰ型糖尿病 30 年的患者体内进行的。该患者已发生外周神经病变、脚部溃疡及终末期肾功能衰竭,需要进行肾移植。这名患者接受的初次剂量是每千克体重包裹 10 000 个胰岛在藻酸盐微囊体中并通过一个 2cm 的腹部切口将其送入腹腔,这些胰岛来自于经胶原酶消化并梯度分离纯化的供体。6 个月后他接受了又一次移植,移植胰岛剂量为每千克体重 5000 个胰岛。初次移植 9 个月后,中断外源性胰岛素,外周神经病变减轻,足部溃疡速度愈合,新陈代谢指数也明显改善。然而,对于胰岛素原水平的测量显示总剂量为每千克体重 15 000 个胰岛是次临界点水平,很难维持其不依赖胰岛素状态。关于糖尿病狗的研究显示,20 000 个被包裹的胰岛能达到延长胰岛素不依赖性的效果,人类理想的腹腔内剂量尚不清楚。2004 年,美国国家消化和肾脏疾病中心的胰岛移植合作登记处报道了埃德蒙顿计划的结果,在对 13 个埃德蒙顿中心进行移植的 86 名患者(平均患糖尿病 30 年)中,28 名患者接受 1 次胰岛注射(每千克体重 8665 个胰岛的剂量,是无糖尿病者胰腺数量的 30% ~50%),44 名患者接受了两次胰岛注射(总剂量每千克体重 14 012 个胰岛的剂量),14 名患者接受了 3 次胰岛注射(总剂量每千克体重 22 922 个胰岛的剂量)。

通过腹腔移植包裹了猪胰岛的海藻酸钠-多聚赖氨酸-海藻酸钠微囊体治疗猴糖尿病,使其实现了 120 天的胰岛素不依赖性及超过两年的正常空腹血糖浓度和葡萄糖清除率。我们发现接受微囊体移植的两名患者,其移植了 3 个月的微囊体形态完整。微囊体内的胰岛能分泌胰岛素以应对高血糖的挑战。数周后,两名接受移植者血糖恢复到正常水平,β 细胞数为$(65\sim200)\times10^6$ 个。患者恢复了对血糖波动的控制,没有出现明显移植排斥的临床症状,免疫抑制方案有效地阻止了糖尿病的自身免疫复发。据 Ryan 等报道,在 12 名患者中有 11 名实现了不依赖外源胰岛素。尽管全球科学家不懈努力,β 细胞功能尚不能从胚胎干细胞或 iPS 细胞分化而或得恢复。因此,对 1 型糖尿病患者来说,胰岛移植可能成为一种理想的治疗手段。

2. 再生(regeneration) 胰岛再生包括 β 细胞的精确自我复制和由内源性干/祖细胞的诱导分化而来的胰岛素分泌细胞(β 细胞新生)以弥补失去的 β 细胞功能。这可能是最有前途的对各种形式的糖尿病的可再生疗法。肠降血糖素激素 GLP-1 和其受体激动剂,如 exenatide 和 liraglutide 能刺激 β 细胞增殖和减少凋亡。目前正在临床试验中用于治疗 2 型糖尿病。

3. 重新编程(reprogram) 传统上,糖尿病确认为 insulinocentric 性疾病。然而,这种观点最近已被逐渐改变:即糖尿病至少是一种双激素(α 和 β 两种细胞)功能障碍的疾病:①在糖尿病控制较差的患者中,α 细胞数目总是增加的(hyperglucagonia,胰高血糖素症);②胰高血糖素刺激肝生产葡萄糖和酮,是胰岛素缺乏的代谢特征;③在全胰高血糖素受体敲除的小鼠 β 细胞的全部破坏不会引起糖尿病;④用抗胰岛素抗体灌注正常胰腺,引起显著的胰高血糖素症;⑤不像在啮齿类动物,人类 α 细胞占 33% ~46% 的所有胰岛细胞,表明胰高血糖素在葡萄糖动态平衡(glucose homeostasis)中起着重要作用;⑥β 细胞去分化和转分化成 α 细胞最近被认为是 2 型糖尿病的主要发病机制。

因此,将 α 细胞重新编程为 β 细胞用于糖尿病治疗可能是一个有吸引力的策略。在小鼠中,过表达转录因子 PAX4 可以分化祖细胞为 α 细胞,然后重新编程为 β 细胞。此外,作为胰腺中的主要成分,外分泌细胞经暂时表达三种转录因子基因,即 Pdx1、NGN3 和 MafA 已被直接重新编为 β 样细胞。未来的研究可能集中在发现细胞渗透性的小分子。这些分子能直接重编 α 细胞、腺泡细胞或其他类型的细胞成葡萄糖响应的 β 样细胞。

小 结

小肠的绒毛上皮通过位于 Lieberkuhn 腺窝底部的干细胞再生。离断的两栖类动物小肠是通过浆膜和平滑肌细胞的去分化形成的两个胚芽进行再生的,且伴随着从小肠上皮索向间充质的迁移。小肠上皮索异形后变为肠腔,而间充质细胞分化为小肠的其他层。修补犬食管缺损可应用由聚乳酸和聚乙醇酸共聚物、SIS 和 Alloderm™ 构成的再生模板。聚乳酸或聚乙醇酸网和 SIS 都能促进正常的三层肠道组织穿过犬的肠道修补缺损处再生。大鼠全肠道可通过接种酶消化肠壁获得的肠道类器官到聚乳酸/聚乙醇酸管上构建。

哺乳动物的肝脏是通过补偿性增大进行再生的一个典型的例子。肝细胞具有强大的复制能力,至少能达到 70 倍。当肝细胞的增殖能力受到化学损害而受到影响时,肝脏也能通过干细胞增殖进行再生。目前,普遍认为这些干细胞位于胆管末端,能产生过渡性的小椭圆细胞进而分化为肝细胞。

细胞移植和生物化人工组织已用于肝脏和胰腺的再生治疗。对 1 型糖尿病患者来说,胰岛移植可能成为一种理想的治疗手段。胰岛再生包括 β 细胞的精确自我复制和由内源性干/祖细胞的诱导分化而来的胰岛素分泌细胞(β 细胞新生)以弥补失去的 β 细胞功能。将 α 细胞重新编程为 β 细胞用于糖尿病治疗可能是一个有吸引力的策略。

(庞希宁 姜方旭)

第七章　中枢神经组织干细胞与再生医学

中枢神经系统(central nervous system,CNS)是神经反射活动的中枢部位,包括位于颅腔内的大脑(brain)以及位于椎管内的脊髓(spinal cord)。在中枢神经系统内大量神经细胞聚集在一起,有机地构成网络或回路。中枢神经系统可以接受全身各处的传入信息,经整合加工后成为协调的运动性传出信息,或者储存在中枢神经系统内成为学习、记忆的神经基础。此外,人类的意识、心理、思维等高级神经活动也是中枢神经系统的功能。

中枢神经系统在其胚胎发育时期和出生后期都与神经干细胞(neural stem cell,NSC)有着密切的关系。神经干细胞是一种具有自我更新能力和多向分化潜能的细胞群体,它不仅不断自我增殖,而且能产生神经元、星形胶质细胞和少突胶质细胞等,它的发现为发育生物学、再生医学等领域带来革命性的变化。在大脑发育的过程中,神经干细胞在特定的时间和空间下,按照既定程序分化为神经细胞并迁移,完成大脑皮质的构筑,并维系脑组织的结构重塑等。在出生后期和成体期大脑内仍存在神经再生现象,位于成年脑内的神经干细胞进行增殖和迁移,在生理和病理状态下维持脑内神经修复和再生。在本章节中,我们首先介绍中枢神经系统各个部位的发育来源,然后重点讲述神经干细胞在大脑发育期中的作用,最后介绍神经干细胞和再生医学的内容,这是目前神经科学的研究热点。

第一节　中枢神经发育与组织结构

中枢神经系统的结构是与其高度复杂的功能相一致的,具有高度的复杂性和精确性,它在胚胎发育期间经历了极其复杂和精密的构筑过程。神经系统的发育是特定的基因在特定的时空(spatio-temporal)顺序下表达的结果。起初是起源于神经干细胞的神经细胞的发生和增殖过程,然后这些细胞从发生的地点迁移到它们最后定居位置,最后成熟神经元之间精密回路的形成以及神经元与靶组织间的精密连接,包括神经元轴突和突触的形成。另外,在神经系统的发育过程中,有些神经细胞发生凋亡以及发生突触的重组等,这是机体适应环境变化而具有的可塑性(plasticity)。本节主要介绍中枢神经系统各部位的发育、分化来源。

一、中枢神经系统的发育来源

中枢神经系统来源于胚胎原肠胚时期(gastrula stage)的背侧表面的一层上皮样细胞,即由外胚层形成的神经板(neural plate);而周围神经系统则来源于神经板外侧边缘隆起的一些外胚层细胞,即神经嵴(neural crest)。神经板两侧逐渐向中线卷起合拢形成管状结构,即神经管(neural tube)(图 7-1)。神经管的前部最初分化为三个稍膨大、分界明显的脑泡:前脑泡(forebrain 或 prosencephalon)、中脑泡(midbrain 或 mesencephalon)和后脑泡(hindbrain 或 rhombencephalon),神经管的后部最终发育成为脊髓

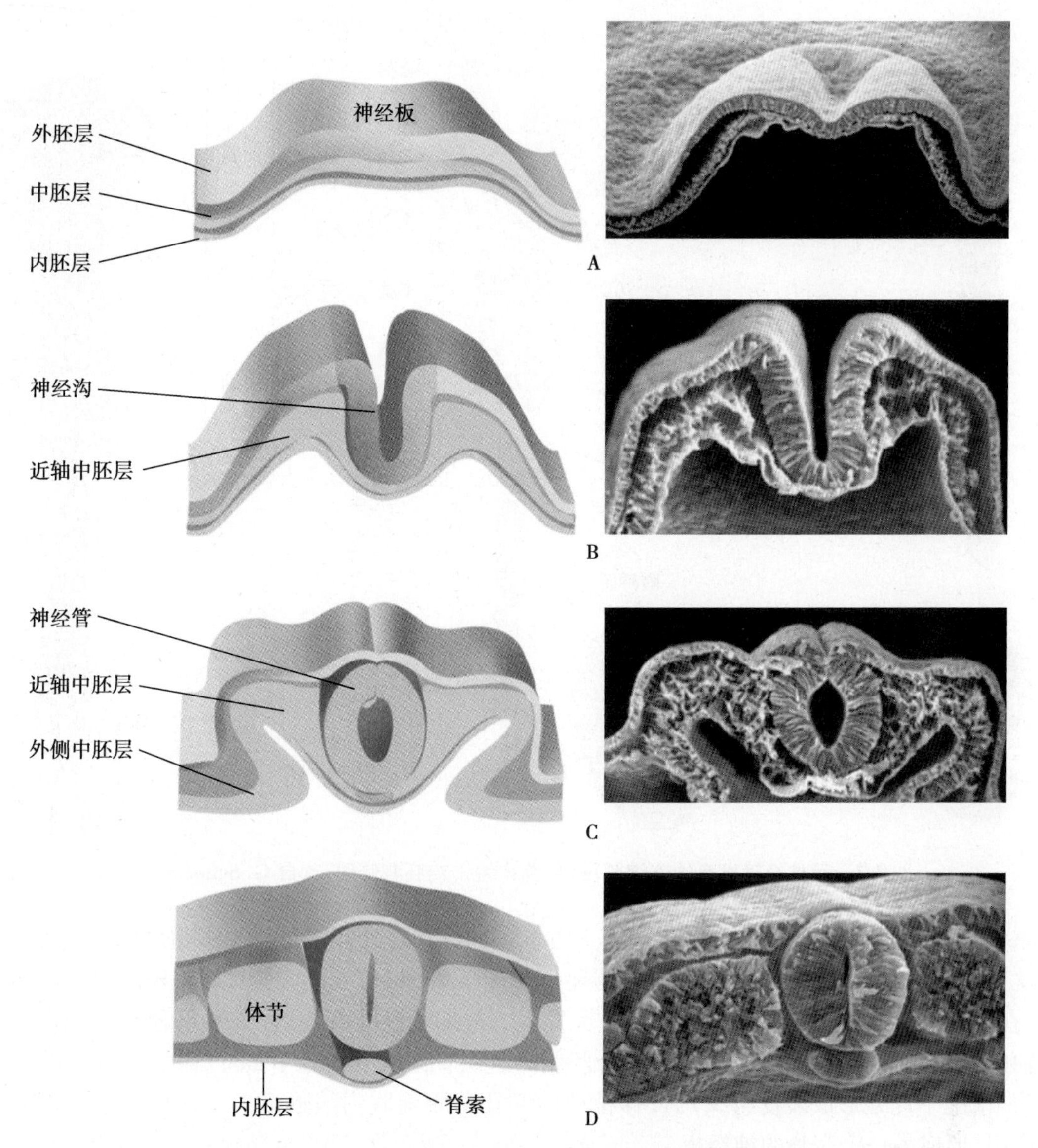

图 7-1 示神经板分期折叠形成神经管(右侧为鸡胚的电镜扫描图,改自 G. Schoenwolf)
(A)示各胚层的位置关系;(B)神经板折叠形成神经沟;(C)神经沟背侧闭合形成神经管;(D)神经管分化成熟及其与体节、脊索的位置关系

(图 7-2)。此后,在脊髓和后脑泡、中脑泡和后脑泡连接处发生颈曲(cervical flexure)和头曲(cephalic flexure),及后脑泡内的脑桥曲(pontine flexure)。随后,前脑泡进一步发育为端脑和间脑,端脑发育膨大后形成两大脑半球,内侧增厚的部分为基底节;间脑最后发育为丘脑和丘脑下部等结构。中脑泡发育为中脑结构,后脑泡则发育为脑桥、延髓和小脑。神经管的后部较为狭窄的部分形成脊髓。这样即完成了整个神经系统结构的发育和分化。

二、中胚层对神经系统发育和分化的影响

神经系统的分化同其他器官一样,是一系列复杂因素控制细胞内基因表达的结果。概括起来讲有两类因素,一类是诱导信号,即由其他细胞产生的能自由扩散的分子,可在局部及远距离发挥作用;另一类是神经细胞的反应能力。神经细胞受诱导信号激活后产生许多分子,如细胞表面的受体等。诱导分子与神经细胞表面的受体结合后,通过一系列细胞内信号传递,调节神经细胞特定基因表达,使之获得特殊的神经元功能。

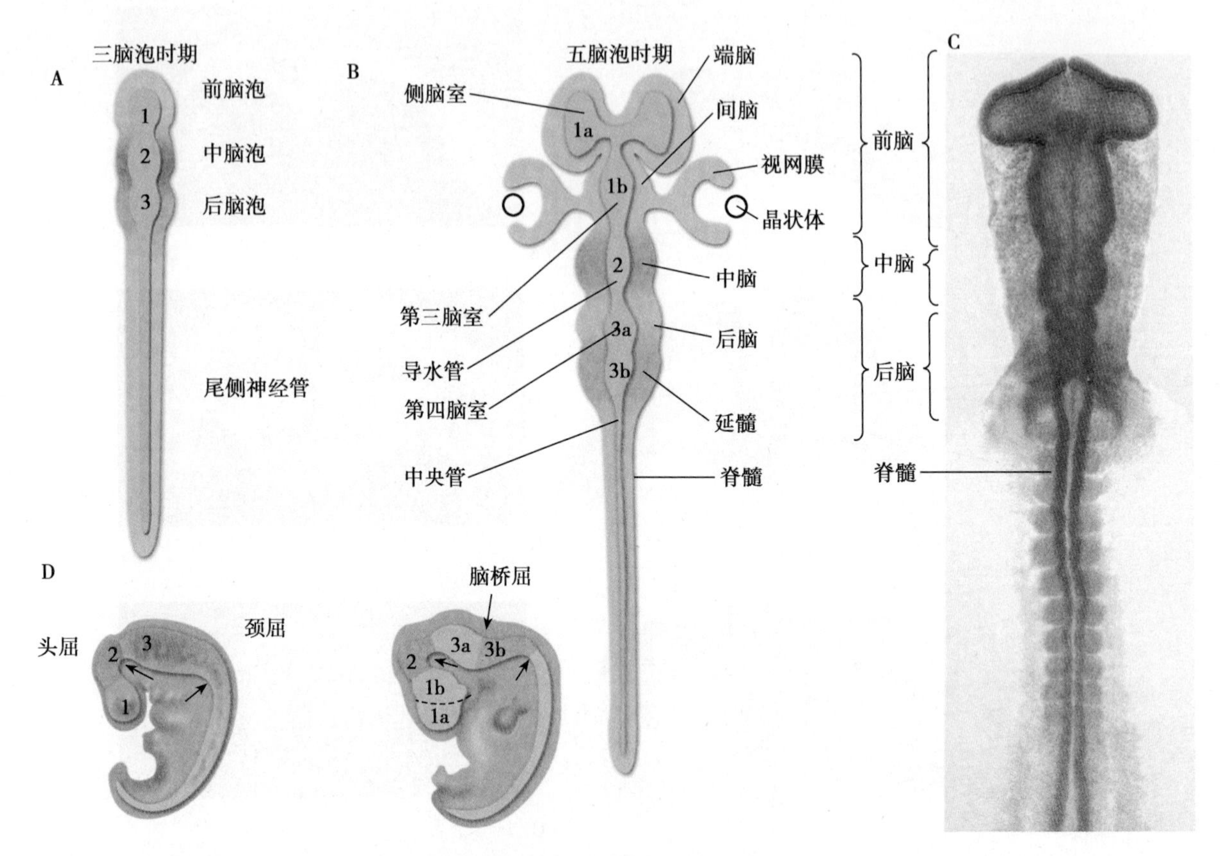

图 7-2 示神经管发育的连续阶段(C 为电镜下鸡胚背侧图,改自 G. Schoenwolf)

在原肠胚时期,原肠背部中央的脊索与其上方覆盖的向神经外胚层分化的细胞之间发生相互作用,使外胚层发育为神经系统,这一过程称为神经诱导(neural induction)。早在 1924 年 Hans Spemann 和 Hilde Mangold 在研究两栖类动物胚胎发育时取得重大发现。早期的胚孔背侧唇(属中胚层组织)能诱导出完整的神经轴(神经系统)。在实验中,他们将一个胚胎的组织者区(organizer region)移植到另一胚胎的腹侧外胚层(正常情况下此处形成表皮组织)后,移植后的胚孔背唇细胞内陷形成一个次级胚孔,并与受体的组织相互作用,形成另一个完整的神经板。

后来,科学家们发现了骨形态发生蛋白(bone morphogenic protein,BMP)抑制信号。实验发现把囊胚期(blastula-stage)的外胚层细胞分散成单个细胞后,可加速细胞的神经归宿(neural fate)趋势,这提示外胚层细胞之间存在着某些抑制信号。目前认为该抑制信号是转化生长因子-β(transforming growth factor-β,TGF-β)大家族的成员 BMP4,其依据是 BMP4 广泛分布于发育早期的外胚层,在外胚层细胞向神经细胞分化过程中,BMP4 在神经板细胞上的表达消失。其次,给予 BMP4 能抑制神经细胞标志物的表达,并且抑制分散的外胚层细胞向神经细胞分化,而促进其向表皮细胞分化。

现已知组织者区的细胞表达 3 种分泌性蛋白,即卵泡抑素(follistatin)、脊索素(chordin)和头素(noggin),它们能诱导原始外胚层表达神经板前部特有的蛋白。这三种蛋白都能直接与 BMP 家族的信号分子结合并拮抗其抑制作用,从而诱导外胚层细胞向神经上皮分化,因此这些蛋白因子被称为“活化信号”。

三、神经管前-后轴的模式化

在每个特定的发育阶段,机体的细胞表型、分布以及细胞之间、细胞与环境之间的排列和相互作用形式有其特定的模式(pattern),而模式的形成过程称为模式化(patterning)。在胚胎发育中,一个早期的基本步骤是在神经轴的特定区域产生特异的神经元种类。在此过程中,两类信号系统参与了对细胞归宿的决定:一类信号系统调节神经板中间-外侧(即神经胚形成后的神经管背-腹轴)模式化,从而诱导出繁多的神经元种类;

另一类信号系统控制神经板前-后轴模式化，确定神经管上前脑、中脑、后脑和脊髓等的位置及分化。

如前所述，中胚层的组织者区细胞表达活化信号，即卵泡素、脊索素和头素，诱导原始外胚层表达神经板前部特有的蛋白。然后，在活化信号作用的基础上，由中胚层继续提供“转化信号”，诱导神经管后部的模式化。转化信号包括成纤维细胞生长因子（fibroblast growth factor，FGF）家族和维生素A类物质维甲酸（retinoic acid）等，在一系列因素的联合作用下最终形成了神经管上前脑、中脑、后脑和脊髓等结构。

（一）前脑的发育

与中枢神经系统其他部位相比，目前对于早期前脑的分化了解较少。现有的研究发现，某些机制与神经管后部（见后面）的分化相似。

最初前脑泡沿其前后轴分成6个横断区（prosomeres），1～3区分化为间脑后部，4～6区分化为间脑前部及端脑（图7-3）。间脑前部腹侧分化为下丘脑和基底节。与后脑相似，诱导信号和转录因子由各横断区连接部表达，如2、3区毗邻部表达SHH（sonic hedgehog）等，其作用机制可能与中脑峡部信号区相似。但每一横断区并不独立分化为某一特定部分，在端脑的发育早期，新皮质的某些细胞来源于纹状体，这些纹状体祖细胞表达两种同源蛋白DLX-1和DLX-2。在缺少这些蛋白的小鼠体内，纹状体祖细胞无法迁入新皮质，使新皮质内表达γ-氨基丁酸（γ-aminobutyric acid，GABA）的神经元明显减少。说明端脑的分化并不是独立的，而且，在前脑中也保留了诱导信号控制同源盒基因表达的特点。

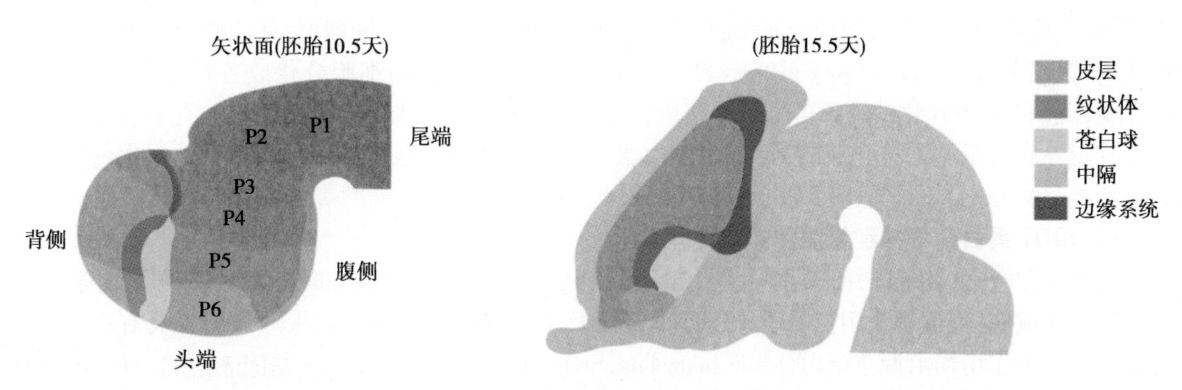

图7-3 示前脑的发育分区，胚鼠脑10.5和15.5天的矢状位图，示其6个分区（改自Fishell，1997）

（二）中脑的发育

中脑不表达*Hox*基因，也不像后脑那样形成分节。而是在中脑和后脑连接峡部（isthmus region）产生的远程信号的作用下发生分化，此信号为峡部细胞分泌的Wnt-1和FGF-8，二者参与调节*Engrailed*（En）基因的表达。将表达FGF-8的峡部细胞移植到间脑尾侧时可以诱导出中脑的结构，FGF-8通过同源蛋白机制指导中脑的前-后轴模式化。正常情况下，*En*基因的表达（生成同源域蛋白Engrailed-1、Engrailed-2）沿前-后轴形成浓度梯度。实验发现，改变中脑发育后期轴向时，*En-1*、*En-2*的浓度分布随之颠倒，同时中脑内的细胞构筑以及视神经的模式化亦变化。

（三）Hox基因与后脑分化

目前，对于后脑泡的发育分化研究得较为清楚。后脑泡是研究神经管如何分化为亚单元的理想模式。研究发现神经管周期性膨胀在后脑区形成菱脑原节（rhombomere），这有重要的发育学意义。每一菱脑原节内都有感觉神经元和运动神经元（可支配相应的鳃弓），运动神经元有明显的以菱脑原节为单位发育的特点，即每一原节的运动神经元与相应的鳃弓节段的发育密切相关；感觉神经元在发育的早期也有分节进行的现象。每一菱脑原节具有相对独立发育的特性，即隔室样的特点。在发育早期各菱脑原节的外观形态并无区别，但它们表达的基因不同，导致了各原节以后发育的差异。

*Hox*基因参与了菱脑原节内各种神经元的发生，其表达的蛋白质含一高度保守的DNA结合域，称为同源域蛋白（homeodomain）。在哺乳动物体内，Hox基因家族由分散在不同染色体上的一簇同源盒基因组成。Hox基因在后脑和脊髓发育中沿前-后轴重叠表达。*Hox*基因串的5’端的一些基因表达于神经管后

部,而靠近3’端的基因则在神经管稍前部表达。而且,表达边际正好与菱脑原节之间的界限一致。通常*Hoxb-1*基因高水平表达于第4菱脑原节(以后发育为面部运动神经元),将小鼠的*Hoxb-1*基因去除后,第4菱脑原节的细胞分化为三叉神经元,而不是面部运动神经元。其他研究也表明菱脑原节内神经元的分化由特异的*Hox*基因联合控制。

各菱脑原节内不同Hox基因的表达受其他转录因子的控制。如锌指蛋白Krox20控制第3、第5菱脑原节内*Hox*基因表达;组织者区附近的中胚层细胞分泌的维A酸也能调节*Hox*基因的表达,给予维A酸干预的胚胎*Hox*基因表达部位比正常情况更靠近后脑前端,结果这些前面的菱脑原节表现出后面的原节的形式。因此,*Hox*基因的巢式表达可能受控于由后向前递减的维生素A类物质(维A酸)的浓度梯度。

四、神经板背-腹轴模式化

神经轴每个区域形态特征的形成,以及发育相关基因在神经轴特定部位表达分化成特异的神经元类型,这展示了神经系统发育的蓝图,亦预示了各区域的特征(如细胞类型、轴突投射、突触形式和递质类型等)。本部分以脊髓为主来描述神经板背-腹轴是如何模式化形成特定的神经元类型的。

脊髓的主要功能是感觉传入及运动输出,分别由位于背侧的感觉神经元和腹侧的运动神经元完成。脊髓发育早期,在神经管腹侧半中线部位形成一群特殊的胶质细胞,即底板(floor plate),运动神经元形成于其外侧,在背侧的是一些中间神经元;在神经管背侧半,最初形成两类细胞群:神经嵴细胞及特殊的胶质细胞,后者形成中线部位顶板(roof plate)(图7-4)。此后,顶板外侧的细胞分化成各种感觉中间神经元。控制神经管背-腹轴模式化的诱导信号来自两组特异的非神经细胞,神经板中线下方的脊索(notochord)产生的信号指导腹侧细胞的分化;而神经板两侧边缘的表皮性外胚层(epidermal ectoderm)产生的信号诱导背侧细胞类型的分化。

(一)SHH蛋白介导神经管腹侧的模式化

组织者区和脊索(均属于中胚层组织)中的细胞产生两类诱导信号:局部作用信号诱导神经板中线部位下细胞分化成底板;远程作用信号诱导运动神经元及中间神经元形成。底板形成后也具有产生诱导信号的能力。上述作用均由调节蛋白(sonic hedgehog,SHH)介导,它是*Hedgehog*基因表达的一种分泌蛋白。

SHH与靶细胞上的受体结合发挥作用。SHH与靶细胞上的跨膜蛋白patched一亚基结合后,解除了patched对另一亚基(即跨膜蛋白smoothened)的抑制,smoothened将信号传至细胞内及相应的蛋白酶,激活转录因子(如Gli蛋白)调节基因表达。

SHH的早期活性表现为抑制神经板中线部位细胞的转录因子。尾侧神经板形成时,神经板中间和外侧部位的细胞表达含有同源域的转录因子,如Pax3、Pax7、Msx1和Msx2。SHH信号系统的第一相作用通过神经板细胞内一系列信号传递抑制这些基因表达。神经管闭合后,这些基因的表达被限制在神经管背侧的增殖细胞中。*Pax7*等基因表达的抑制是腹侧细胞分化的先决条件。早期未暴露于SHH的神经板外侧细胞持续表达*Pax7*,以后,一旦接触到SHH,便失去向底板细胞和运动神经元分化的潜能。

SHH信号系统的第二相作用是先诱导神经管腹侧中线部位细胞表达翼旋族的转录因子HNF(hepatocyte nuclear factor)3β而分化为底板细胞,而后,诱导神经管腹外侧的祖细胞分化为运动神经元。如果,在此阶段阻抑SHH信号,祖细胞则分化为腹侧中间神经元。

早期神经管腹侧细胞分化为腹侧中间神经元、运动神经元及底板等过程对SHH的浓度要求不同。其机制何在?SHH蛋白刚合成时是一前体分子,易被酶解为有生物活性的N端片段。此片段的C端可被共价修饰而加上胆固醇分子,导致此片段亲水性下降而易附着于脊索和底板细胞膜,限制了它的扩散能力。因此,这些疏水性的片段绝大部分被限制在中线附近,而未经胆固醇修饰的片段则易扩散。不同潜能的细胞在各基因的作用下对不同浓度的SHH作出不同的反应,从而产生丰富的神经元种类。

(二)BMPs介导神经管背侧的模式化

背侧神经管细胞的分化由邻近的表皮性外胚层通过接触的方式传递信号来诱导,BMPs介导这种外胚层的信号。神经板外侧的表皮性外胚层表达具有活性的BMPs,诱导神经嵴细胞和顶板分化。神经板外侧暴露

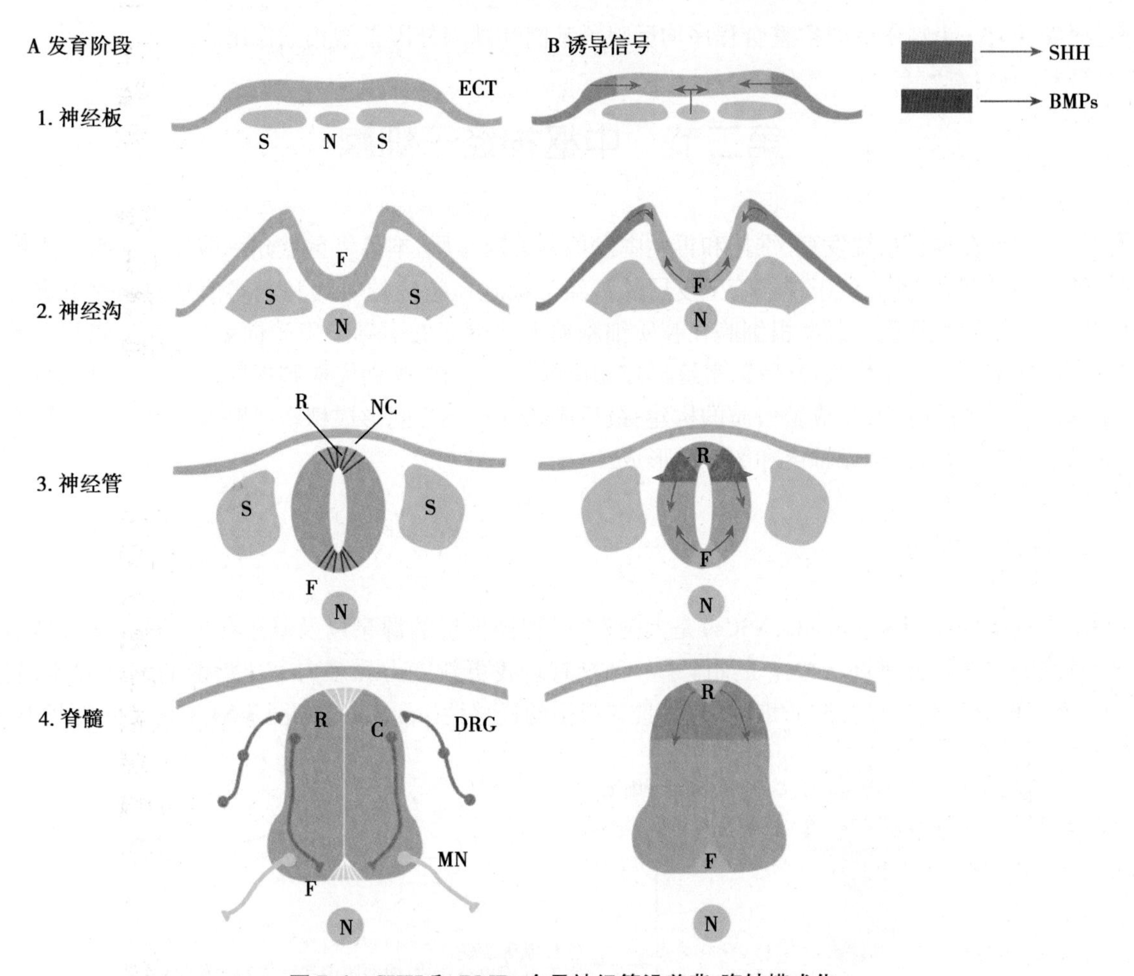

图 7-4 SHH 和 BMPs 介导神经管沿着背-腹轴模式化

A:脊髓胚胎发育的 4 个阶段:1. 脊索(N)形成于神经板下方,近轴中胚层形成体节(S),表皮性外胚层(ECT)位于神经板两侧;2. 在神经沟腹侧中线形成底板(F);3. 顶板(R)形成于神经管背侧中线,神经嵴细胞(NC)开始从神经管背侧区迁移,神经管背-腹轴不同位置上的细胞开始增殖和分化;4. 随着脊髓发育成熟,一部分对侧投射连接神经元(C)在靠近顶板的背侧分化,而运动神经元(MN)在腹侧分化靠近底板。NC 分化为背根神经节(DRG)B:SHH 介导神经管腹侧模式化,BMPs 介导神经管背侧模式化。图示脊髓发育各阶段两个信号的位置来源(改自 Tanabe 和 Jessell,1996)

于 BMPs 能导致 Pax 和 Msx 基因表达增加,这与 SHH 信号的作用相反,*Pax* 基因表达可能是神经嵴细胞分化所需的。神经管闭合后顶板也能表达 BMPs(如 BMP4 等),指导背侧神经管细胞分化为感觉中间神经元。

BMPs 作为配基与细胞上跨膜蛋白一个亚基结合,其余亚基将信号传至细胞内,使转录因子 SMADs 进入核内,调节有关基因表达而发挥生物学作用。其诱导信号作用也依赖于 BMPs 不同浓度的触发机制。在腹侧模式化诱导中,SHH 利用其扩散调节产生近-远程作用,而 BMPs 控制背侧的模式化只是通过局部接触起作用,其远程作用是通过细胞之间接力式的接触传递,扩大 BMPs 诱导信息。

(三) 神经板背-腹侧模式化的特征

尽管神经管背、腹侧模式化的分子机制有所不同,但两者分化是有共性的:第一,诱导信号均来自于非神经细胞(表皮性外胚层和脊索);第二,通过"同源发生"过程传导信号至中线部位的特殊胶质细胞(底板和顶板),保证了胚胎后期发育信号的位置来源。

神经管背-腹轴模式化也贯穿于其他部位(如前脑大部分、中脑、后脑等),其机制与脊髓相似。如底板分泌的 SHH 蛋白指导中脑的祖细胞分化,生成黑质多巴胺能神经元;在前脑,SHH 和 BMPs 则联合作用决定中线部位细胞的归宿等。

总之,神经系统的发育是一个非常复杂的过程,它有三个基本的特点:第一,中枢神经系统源自排列紧密,缺少细胞间质的神经上皮;第二,在发育过程中,由于细胞相互作用导致细胞及突起的重新分布;第三,发育过程中任何一个精密的时空整合程序均反映了基因和基因外因素的相互作用。

第二节 中枢神经干细胞

神经干细胞在神经系统发育、维持和再生中发挥着关键作用,本节将重点介绍神经干细胞在大脑发育过程中的作用。在胚胎期,位于神经管上皮层的神经干细胞在精确的时间和空间信号的调控下进行不对称分裂产生限制性祖细胞。这些祖细胞在胶质细胞放射状突起的引导下发生向心性迁移,同时在局部环境信号的诱导下分化并作切线位迁移,最终形成相应的神经细胞,从而完成脑皮层(cortex)的构建;稍后神经干细胞向胶质细胞分化,完成脑白质的构建;最后成熟神经元之间形成精密回路以及神经元与靶组织之间形成精密连接,包括神经元轴突和突触的形成。

一、神经干细胞

神经干细胞(neural stem cells,NSCs)是大脑发育、神经再生的源泉以及脑进化的细胞基础,是当前神经科学领域的一个研究热点。神经干细胞是一种具有自我更新能力和多向分化潜能的细胞群体,能产生神经元、星形胶质细胞和少突胶质细胞等,并具有很强的迁移性(migration)(图 7-5)。它又分为两类:胚胎

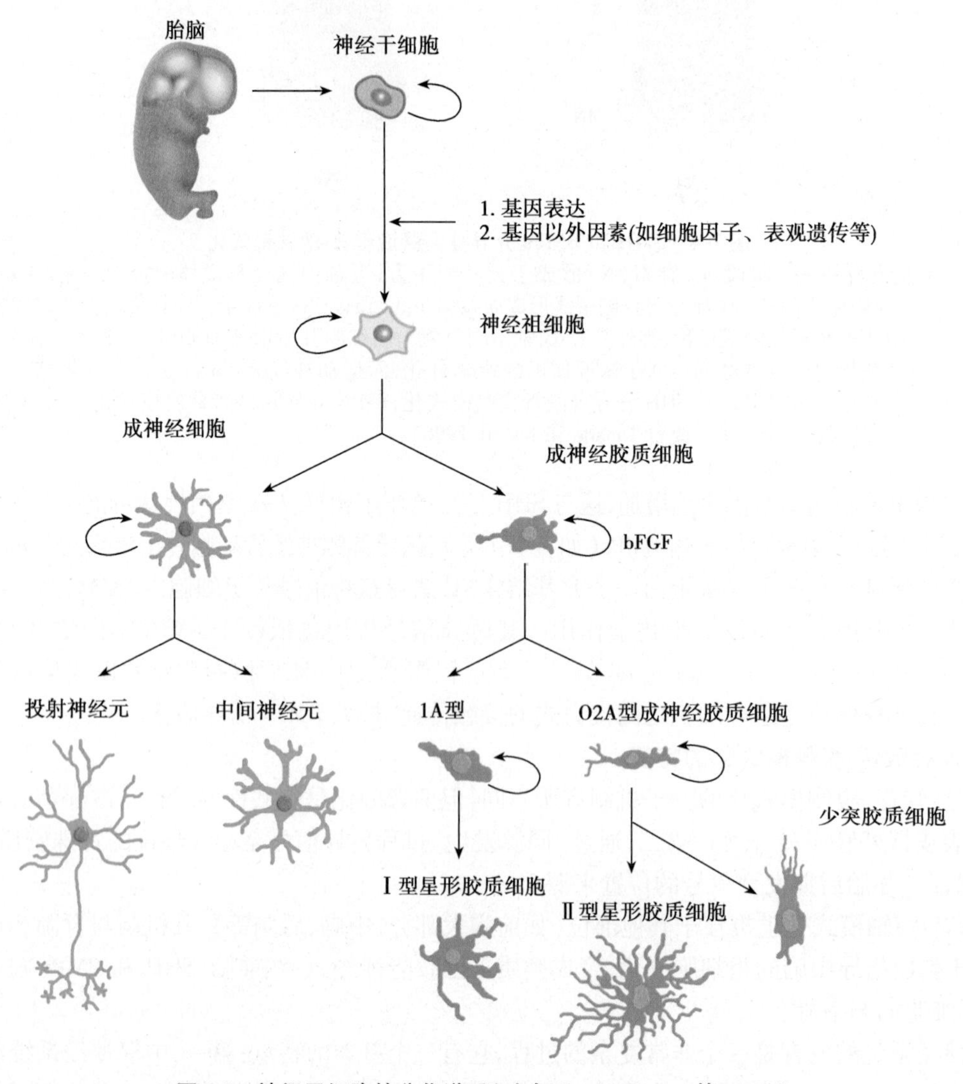

图 7-5 神经干细胞的分化谱系(改自 Tanja Zigova 等,1998)

神经干细胞和成年神经干细胞。本节主要介绍胚胎神经干细胞的作用，关于成体神经干细胞将在第三节中叙述。神经干细胞在内在基因因素和多种外在环境信号调控下通过分化限制机制发育为神经限制性前体细胞和胶质限制性前体细胞。神经限制性前体细胞最终分化为各种神经元，而胶质限制性细胞不仅能直接分化为Ⅰ型星形细胞，还能分化产生双潜能的O2A祖细胞，这种祖细胞最终分化为少突胶质细胞和Ⅱ型星形细胞。

与神经干细胞相比，神经祖细胞（neural progenitor cell，NPC）是有限定潜能的、具有明确分化方向的一种细胞，也能自我更新并分化为神经元、星形胶质细胞或少突胶质细胞；而神经前体细胞（neural precursor cell，NPC）则是一个并不严格的概念，泛指那些处于发育更早期的细胞。

（一）神经干细胞的特征

神经干细胞有以下特点：第一，它通过分裂产生相同的神经干细胞来维持自身的存在，即自我更新（self-renewal）能力；第二，神经干细胞可以分化，它能产生子代细胞并进一步分化成各种成熟细胞，即多向分化潜能（pluripotency）。干细胞可连续分裂几代，也可在较长时间内处于静止状态。

神经干细胞通过两种方式生长，一种是对称分裂，形成两个相同的神经干细胞；另一种是非对称分裂，由于细胞质中的调节分化蛋白（numb蛋白）不均匀的分配，使得一子细胞不可逆地走向分化的终端而成为功能专一的分化细胞，另一个子细胞则保持亲代的特征，仍作为神经干细胞保留下来（图7-6）。分化细胞的数目受分化前神经干细胞的数目以及分裂的次数控制。

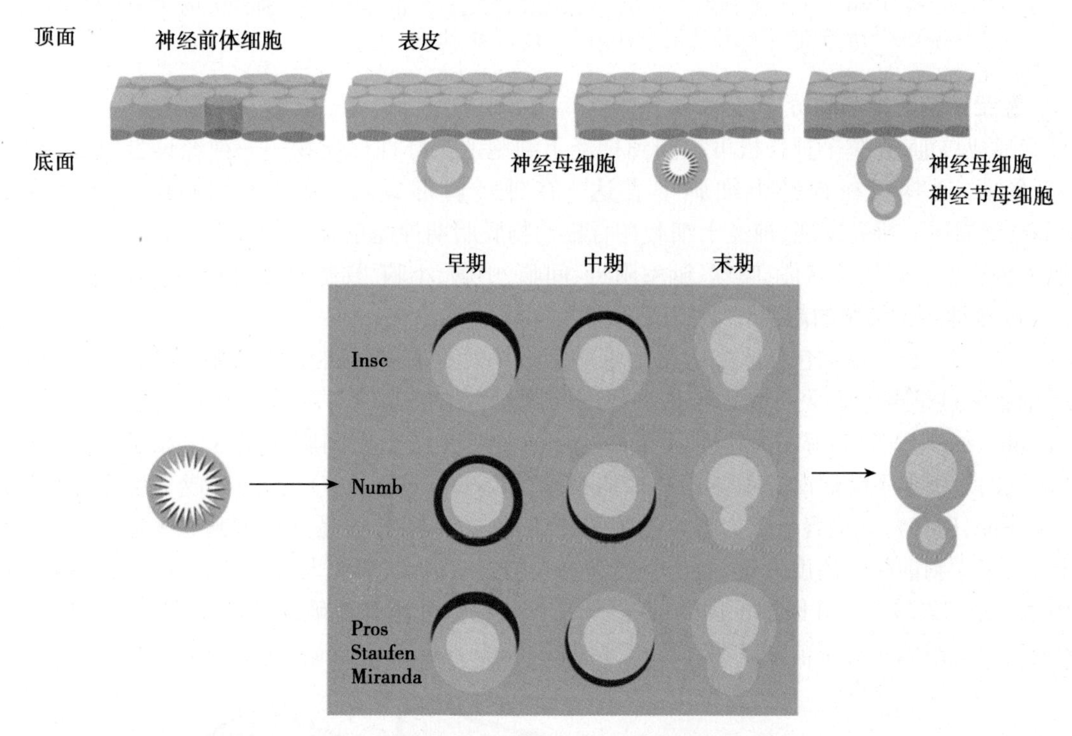

图7-6 果蝇神经母细胞有丝分裂中numb蛋白在子细胞上的分布

果蝇神经母细胞起源于顶部的上皮层向底部分离，然后果蝇神经母细胞沿着其顶-底轴进行不对称分裂，产生一个大的顶侧细胞（仍保留神经母细胞特征）和小的底侧神经节母细胞。在此过程中，numb等蛋白在神经节母细胞上隔开。下图示Insc，numb，Pros，staufen和miranda蛋白的不对称分布（改自Knoblich，1997）

除了自我更新和多向分化能力外，迁移性也是神经干细胞的突出特征。在胚胎发育过程中，神经干细胞不断迁移至特定区域，形成新皮质等结构功能单位，构建出复杂的中枢神经系统（图7-7）。神经干细胞的迁移方式有两种，辐射式和切线式。辐射式是指多个神经干细胞从一个中心区域向各个方向迁移；切线式则指神经干细胞沿一条切线，前后相继迁徙。研究发现细胞外基质Reelin及胶质细胞等参与神经干细胞的迁移机制。

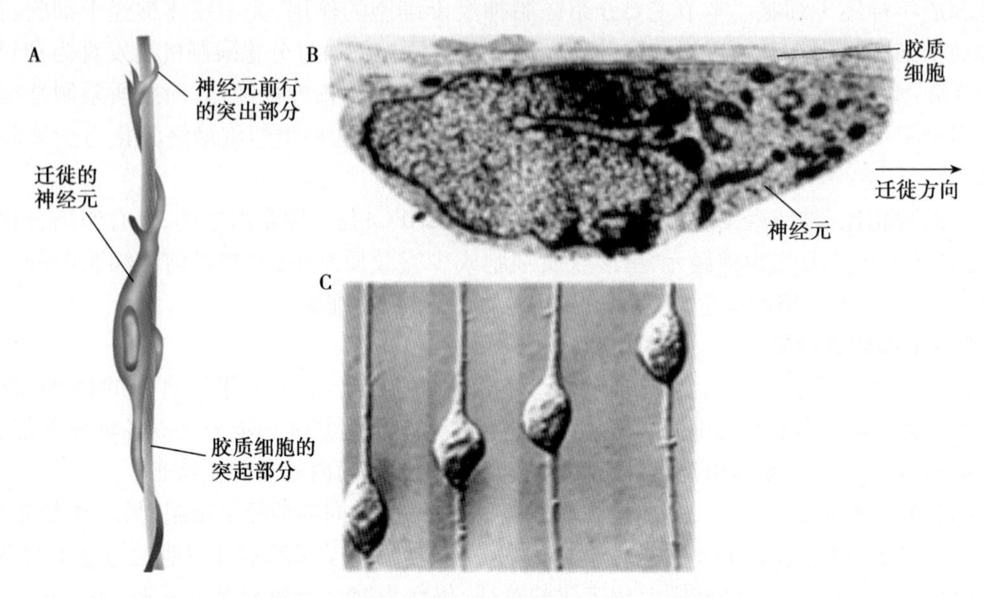

图 7-7 神经元沿胶质细胞的突起向皮层迁移

A 皮质神经元沿着胶质细胞的突起进行迁移（改自 Rakic，1995）。B 为电镜照片（改自 Gregory 等，1988）。C 皮质神经元沿着胶质细胞的突起迁移的连续照片，神经元的前行突起部分有很多伪足突起，其迁移速度为 40μm/h（改自 M. Hatten，1990）

（二）胚胎神经干细胞的分布

神经管形成以前，在整个神经板可检测到神经干细胞的选择性标记物——神经巢蛋白（nestin），它是细胞骨架蛋白，通常只在神经干细胞中表达。在神经管形成后，神经干细胞位于神经管的脑室（ventricular）壁周边。研究发现，神经干细胞在脊椎动物胚胎期神经系统中的分布有较大的广泛性。目前已在胚胎大脑皮质、海马、纹状体、嗅球、脑室附近、间脑、中脑、小脑、脊髓、视网膜中分离出神经干细胞。

（三）成年神经干细胞的起源

那么，在成年灵长类动物包括人类大脑的哪些区域中存在着神经再生现象呢？是否可从中分离出成年神经干细胞？这是再生医学领域比较感兴趣的问题。目前已知成年啮齿类动物大脑的前脑脑室下区（subventricular zone，SVZ）和海马齿状回（dentate gyrus，DG）是两个干细胞聚集区。在啮齿类动物的研究中，SVZ 区域的干细胞不断地沿着嘴侧延长区向嗅球（olfactory bulb，OB）迁移，构成了嘴侧迁移流（rostral migratory stream，RMS），并最终分化为嗅球的中间神经元（图 7-8）。但是人类大脑和啮齿类动物的大脑有明显不同，人类大脑前额叶高度发达，而啮齿类动物嗅脑相对很大，研究发现在成人脑内没有明显的 RMS。

2001 年，朱剑虹等在遵守医学伦理的前提下，从开放性脑外伤患者破碎的脑组织中分离出神经细胞，其中，数例破碎脑组织来源于前额叶深部腹侧区域（inferior prefrontal subcortex，IPS），从这一区域分离克隆

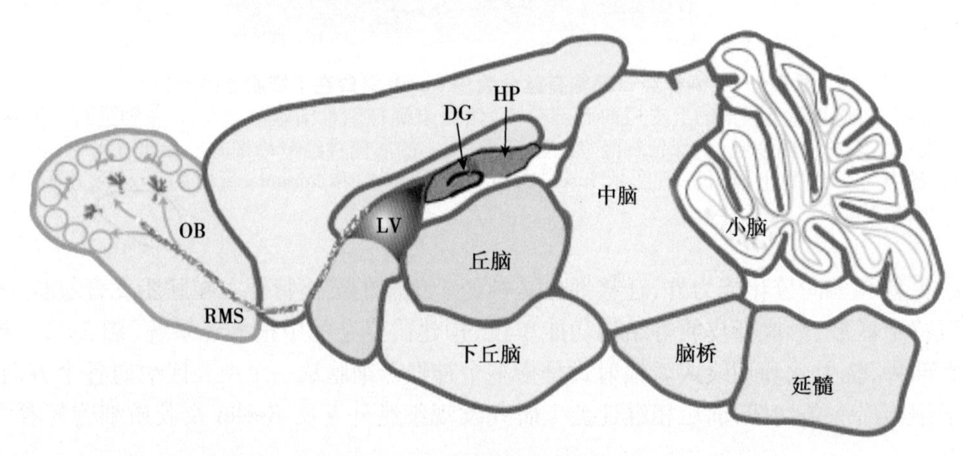

图 7-8 啮齿类动物成年脑内神经干细胞的迁移流（改自 Guo-li Ming 等，2011）

出的细胞更具有神经干细胞特征。进行单克隆分析和群体克隆和分化后发现是全能的神经干细胞。因此,推测可能在人类大脑中除了海马和脑室下区,还存在着其他干细胞聚集区,部位之一可能就位于前额叶深部腹侧区。

在其他 CNS 区域也能够分离到神经干细胞,如小脑、脑干、脊髓等。成年大脑内不同部位的干细胞之间有什么样的关系呢? 有研究将人胚胎神经干细胞注射到胎猴脑室中,观察了胚胎发育过程中神经干细胞的迁移和分化过程。发现 4 周后这些外源性神经干细胞分成两群细胞,一群细胞参与形成大脑皮层,而另一群则在脑室下区保持静止的未分化状态。处于静止未分化状态的干细胞可能分为数个干细胞储备池,参与出生后大脑的神经再生。因此,从成年大脑不同部位中分离出的神经干细胞很可能是起源早期干细胞群的储备池。

二、神经干细胞自我更新和分化的调控机制

在神经生物学中,对神经干细胞自我更新和分化调控机制的研究具有重要意义。目前,有多种分子机制参与神经干细胞的自我更新和分化调控,包括转录因子、表观遗传、miRNA 调控子、细胞外环境等。这些细胞内在基因表达和外界环境因素构成复杂的调控网络,共同调节神经干细胞的自我更新和分化。

(一) 转录因子

神经干细胞内在的一系列转录因子参与神经干细胞的自我更新和分化调控,研究表明,众多转录因子共同协调发挥作用来调控神经干细胞。

1. Sox　高度可移动(high-mobility-group,HMG)DNA 结合蛋白的 Sox 家族在维持神经干细胞的未分化状态中起重要作用。在脊椎动物中,SoxB1 因子(Sox1、Sox2 和 Sox3)在增殖的神经干细胞或祖细胞中广泛表达,贯穿于发育期和成体时期。研究表明 SoxB1 因子在维持胚胎神经祖细胞的未分化状态中起作用。Sox2 和/或 Sox3 的过度表达将抑制神经祖细胞向神经细胞分化,而将其保持在未分化状态。相反,Sox2 和/或 Sox3 的阴性表达将使神经祖细胞过早地开始细胞周期而向神经细胞分化。Sox2 不仅在早期脑发育过程中起作用,它对成体神经发生区的神经干细胞维系也是必需的。Sox2 的调控突变将产生神经性退化,并使成体神经再生受损。

2. bHLH　多种 *basic helix-loop-helix*(*bHLH*)基因在调控神经干细胞的自我更新和分化中也起着关键作用。*Hes* 基因(homologs of *Drosophila* hairy and enhancer of split)是 *bHLH* 基因中的抑制基因。在 *Hes* 基因家族里,Hes1 和 Hes5 是 Notch 信号的重要效应子。神经干细胞高度表达 Hes1 和 Hes5。在胚胎大脑内,Hes1 和 Hes5 的高表达将抑制神经细胞分化,而维系神经干细胞的多能性。相反的,在 Hes1 和 Hes5 双敲除小鼠中,神经祖细胞进行不成熟的神经细胞分化。这些表明,Hes1 和 Hes5 在神经干细胞的维持和自我更新中非常重要。*Hes* 基因通过抑制 *bHLH* 中的激活基因 Mash1、Math 和 Neurogenin 来实现调控神经干细胞自我更新。*Hes* 相关的 *bHLH* 基因 Hesr1 和 Hesr2 在胚胎大脑神经干细胞中也表达,也作为 Notch 信号的效应子。*Hesr* 可能通过与 *Hes* 协作来调控神经干细胞的自我更新和分化。

3. TLX　孤核受体 TLX 是成年脑内神经干细胞自我更新的重要转录因子。在胚胎期,TLX 对于胚胎期大脑的皮质表层的形成、含锌的皮质环路的形成、控制皮质神经发生的时间、调控外侧端脑祖细胞区域的模式化是必需的。成熟期 TLX 缺失小鼠的大脑半球明显缩小,伴有严重的视网膜疾病。在行为学上,成年 TLX 突变株表现出攻击行为增加,性活动减少,进展为暴力行为,晚期癫痫发作和学习能力下降。

TLX 是神经干细胞自我更新的一个重要转录因子。它将神经干细胞维持在未分化状态。从成体 TLX 杂合子脑内分离出的表达 TLX 的细胞,其在体外能增殖,自我更新,并分化为所有的神经细胞类型。与之相反,来自成年 TLX 突变小鼠大脑的 TLX 缺失细胞则不能增殖。而在 TLX 缺失细胞内加入 TLX 后,这些细胞能增生和自我更新。在活体水平,在成年大脑的神经发生区,TLX 突变小鼠的细胞增生消失,神经前体细胞减少。TLX 能抑制星形胶质细胞标记物 GFAP 等表达,抑制神经干细胞内肿瘤抑制基因 pten 的表达,这表明转录抑制在维持神经干细胞处于未分化状态中至关重要。TLX 可能作为一种关键调控子,通过控制一系列靶基因的表达将神经干细胞维持在未分化状态。了解这些由 TLX 调控的基因网络将有助于

进一步阐明神经干细胞自我更新和神经发生的机制。

近年来研究发现,其他核转录子,如雌激素受体(ER)、甲状腺激素受体(TR)、过氧化物酶体增殖物激活受体γ(PPAR-γ)以及核受体共抑制子 N-CoR 等也可调控神经干细胞的增殖和分化。

4. Bmi1　Bmi1 是一种 polycomb 家族转录抑制子,它对中枢和外周神经系统中神经干细胞出生后的维持是必需的。Bmi1 缺乏将导致出生后发育延迟以及神经功能缺失。Bmi1 缺失小鼠表现为生后自我更新能力缺乏,这导致神经干细胞在成体早期即数量不足。Bmi1 通过表达细胞周期蛋白依赖激酶抑制因子 $p16^{Ink4a}$ 和 $p19^{Arf}$ 来维持神经干细胞。

(二) 表观遗传(epigenetic)

神经干细胞自我更新和分化的调控是转录调节和染色体重组、表观修饰的共同作用完成的。在脊椎动物的中枢神经系统发育中,神经干细胞的命运是受空间和时间的严格控制的,同时伴有精确的表观遗传调控,包括组蛋白修饰和 DNA 甲基化等。

组蛋白修饰包括组蛋白乙酰化、甲基化、磷酸化、泛素化和 ADP 核糖基化。组蛋白乙酰化由组蛋白乙酰化酶(histone acetylases,HATs)和组蛋白去乙酰化酶(histone deacetylases,HDACs)调控。HDACs 可将组蛋白尾部保守的乙酰化的赖氨酸残基去乙酰化,导致局部染色质凝缩,阻止转录因子进入靶基因。研究发现,HDAC 介导的转录抑制对于维持神经干细胞的自我更新和分化至关重要。用 HDAC 抑制剂处理神经干细胞可诱导神经细胞分化,这是由于 REST(RE1 silencing transcription factor)或称为 NRSF(regulated neuronal-specific genes)表达上调引起的。REST 是许多神经元基因的关键转录子,它通过与一个保守的 21bp RE1 结合位点结合发挥作用。在非神经元细胞中,REST 与其共因子相互作用,包括 Co-REST、N-CoR 和 mSin3A,然后,它们"募集"HDAC 复合物,通过表观遗传的方式抑制神经元基因表达(图 7-9)。

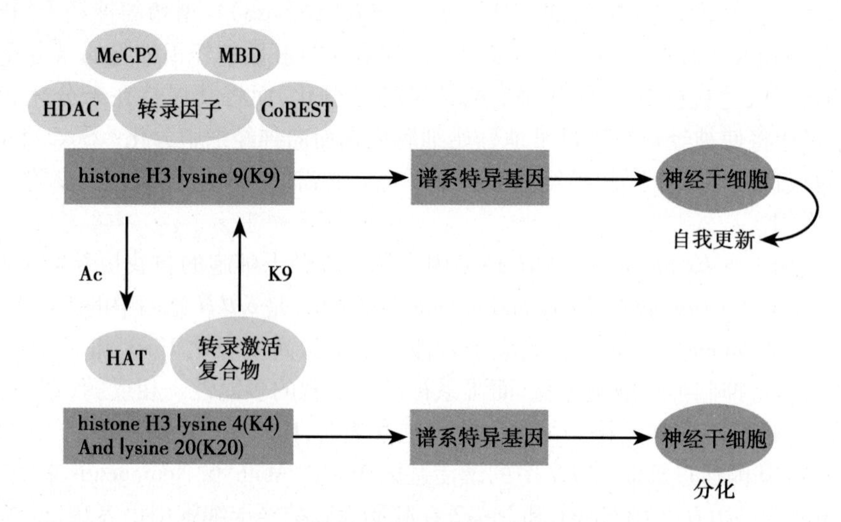

图 7-9　神经干细胞自我更新的表观遗传调控

正常情况下,神经干细胞的维持与染色质的抑制状态有关,转录抑制由组蛋白去乙酰化和组蛋白 H3 赖氨酸 9(K9)甲基化完成。转录共抑制子复合物 HDACs、MeCP2、MBD 和 CoREST 被"招募"到谱系特异基因的启动子区从而阻止了基因表达,而使神经干细胞维持自我更新。相反的,组蛋白乙酰化和组蛋白 H3 赖氨酸 4(K4)、赖氨酸 20(K20)甲基化参与转录激活而使靶基因表达,这导致神经干细胞向子代细胞分化(改自 Yanhong Shi 等,2008)

近年来,组蛋白甲基化引起人们的极大兴趣。如前所述,组蛋白乙酰化只发生在赖氨酸残基,并且一般与转录激活有关。而组蛋白甲基化可发生在赖氨酸和精氨酸残基,并且与转录激活和抑制都相关。如组蛋白 H3K9 甲基化与转录沉默相关,而组蛋白 H3K4 和 H3、H4 精氨酸残基甲基化可产生转录激活。研究发现,与组蛋白乙酰化一样,组蛋白甲基化也受甲基化酶和去甲基化酶共同调节。赖氨酸甲基化的程度(单甲基化、双甲基化或三甲基化)以及残基的修饰方式与神经细胞分化紧密相关。比如,组蛋白 H3 三甲基化 K9、组蛋白 H4 单甲基化 K20 在增生的神经干细胞中被检测到,而组蛋白 H4 三甲基化 K20 在分化的神经元中含量丰富。

DNA 甲基化也是表观遗传的一种方式,哺乳动物体内最显著的 DNA 甲基化形式就是胞嘧啶在 5'端的 CpG 二核苷酸成对性。DNA 甲基化及其相关的染色体重组在调控神经元活动的基因表达中起重要作用。如 DNA 甲基化可通过在大脑发育早期阻止转录因子 STAT3(signal transducer and activator of transcription 3)与 GFAP 基因启动子的结合来抑制星形胶质细胞的 GFAP 表达。DNA 甲基化的这种基因沉默效应是由甲基化胞嘧啶结合蛋白家族介导的,其中包括 MeCP2,MeCP2 在中枢神经系统内大量表达。MeCP2 是甲基化 CpG 结合蛋白中的一员,在出生后大脑内处于高表达水平。MeCP2 基因突变与神经发育疾病 Rett 综合征相关,这表明 MeCP2 在调节神经元功能中起作用。研究发现,MeCP2 对果蝇胚胎期神经发生非常重要。MeCP2 参与神经元分化后期的神经元的成熟和维持,但对哺乳类动物大脑的神经发生不是关键的,这与 Rett 综合征在出生后发病是相一致的。甲基化 CpG 结合蛋白 MBD1 也是神经干细胞和脑功能所必需的。$MBD1^{-/-}$ 神经干细胞表现为神经元分化减少,基因不稳性增加。DNA 甲基化转化酶在中枢神经系统中也有表达,并在神经发生中起作用。DNA 甲基化转化酶 1(Dnmt1)缺乏的小鼠表现为神经发生减少。将神经祖细胞中的 Dnmt1 敲除导致 DNA 低甲基化,以及过早地向星形胶质细胞分化。

(三) 微小核糖核酸(miRNA)

脑内存在许多不同种类的小的非编码 RNAs(small non-coding RNAs),它们具有多种功能,包括 RNA 修饰、染色质重组。研究发现,小的双链调节 RNAs 通过与 REST 结合来调节成体神经干细胞产生神经元。miRNA 是小的非编码 RNAs 中的一类,它是干细胞自我更新和分化的关键转录后调节子。miRNAs 是短的、20~22 核苷酸 RNA 分子,它在特定组织中表达,并受发育调控。在真核生物中,它作为基因表达的负性调控子。miRNAs 参与多种细胞进程,包括发育、增生和分化等。

miRNAs 通过同时调节多种靶基因来调控干细胞自我更新和细胞分化命运。在分化过程中,祖细胞表达一系列 miRNAs,这导致谱系特异性基因进行表达。miR-124 和 miR-128 是成体脑内表达量最大的 miRNAs,它们主要在神经元中表达;而 miR-23 仅在星形胶质细胞中表达;miR-26 和 miR-29 在星形胶质细胞中的表达比神经元多;miR-9 和 miR-125 的表达则较为平均。神经前体细胞中 miR-124、miR-128 和 miR-9 的表达过度将导致星形胶质细胞分化减少。相反的,抑制 miR-9 表达或同时抑制 miR-124 表达将使神经发生减少。miR-9 和 miR-124 可能是通过调控 STAT3 信号通路来实现调控干细胞的。

(四) 细胞外环境

干细胞的自我更新和分化还依赖于其所处的特定外界微环境,即微龛(microniche)。干细胞与其微龛的直接接触对维持干细胞的特征至关重要。发生龛中的信号分子包括可溶性分子,膜结合分子以及细胞外基质如 Wnt、Notch 和 SHH 等。另外,受体酪氨酸激酶(receptor tyrosine kinase,RTK)信号也参与神经干细胞的自我更新和分化调控。这些细胞外因素通过多种信号通路与内在调控子相互作用,包括 Wnt/β-catenin-cyclin D_1、Notch-Hes1/5 和 Shh-Gli 等。

遗传学研究表明,Wnt/β-catenin 通路参与神经干细胞的自我更新和分化调控。在表达稳定型 β-catenin 的小鼠中,中枢神经系统明显增大;脑内祖细胞很少离开细胞周期,并持续增生。相反的,β-catenin 缺失导致神经系统的整体体积明显减少。这些数据表明,Wnt/β-catenin 信号在神经前体细胞的增生和自我更新中起重要作用,其机制可能是通过其下游的靶基因周期蛋白 D_1 来完成的。另外,Wnt 蛋白可促进培养中的神经干细胞和成体海马向神经元分化。Wnt3a 和 Wnt5a 可同时促进来自出生后鼠脑神经祖细胞的细胞增生和向神经元分化。

SHH 也是发育中的重要成分,有关 SHH 的作用机制请参见第一节。

Notch 信号通路也可维持神经干细胞的自我更新状态,其效应子为 Hes 家族,关于 Notch 信号通路的组成和作用机制将在本节第三部分介绍。

表皮生长因子(epidermal growth factor,EGF)、转化生长因子 α(transforming growth factor α,TGF-α)、成纤维细胞生长因子(fibroblast growth factor,FGF)都是 RTKs 的细胞外配基,在神经干细胞的增殖中起重要作用。EGF 和 TGF-α 优先与 EGFR(RTK 家族中一员)结合。EGFR 在神经发生区表达,如成体脑室下区(SVZ)。EGFR 表达受阻将导致胚胎晚期和出生后前脑皮层的神经发生紊乱。TGF-α 缺失小鼠表现为

SVZ 的细胞增生减少。脑室内注射 EGF 和 TGF-α 可增加成体脑内神经干细胞增生。体外实验也证实，来自 SVZ 的神经祖细胞加入 EGF 和 FGF 后可扩增。FGF 主要通过与其受体 FGFR（也属于 RTK 家族）结合发挥作用。剔除 FGFR1 将导致细胞增生缺乏和胚胎死亡。FGF-2 是 FGF 家族中最早的分子，它主要在前脑的背、外侧皮质的神经上皮中表达，其主要是通过 FGFR1 发挥作用的。FGF-2 缺失小鼠表现为在神经发生开始前即出现明显的皮层祖细胞增生减少。脑室内注射 FGF-2 可增加成体 SVZ 的细胞增生。周期蛋白 D_2 是 FGF 信号的效应子，它可促进早 G_1 细胞周期进程，使神经干细胞增生。

三、神经元的分化和成熟

胚胎期，位于神经管上皮层的神经干细胞在精确的时间和空间信号的调控下进行不对称分裂产生限制性祖细胞。这些祖细胞在胶质细胞放射状突起的引导下发生向心性迁移，同时在局部环境信号的诱导下分化并作切线位迁移，最终形成相应的神经细胞，从而完成脑皮层的构建，稍后神经干细胞向胶质细胞分化，完成脑白质的构建。

（一）神经管中神经细胞的增殖、迁移和分化

如第一节所述，随着神经管的形成，神经管由原来的柱状上皮变为假复层上皮，称神经上皮（neuroepithelium），其以基底面附着于神经管的管腔。研究发现，神经上皮伴随其分裂周期呈现一种在神经管内、外壁间往返迁移的过程（图 7-10）。

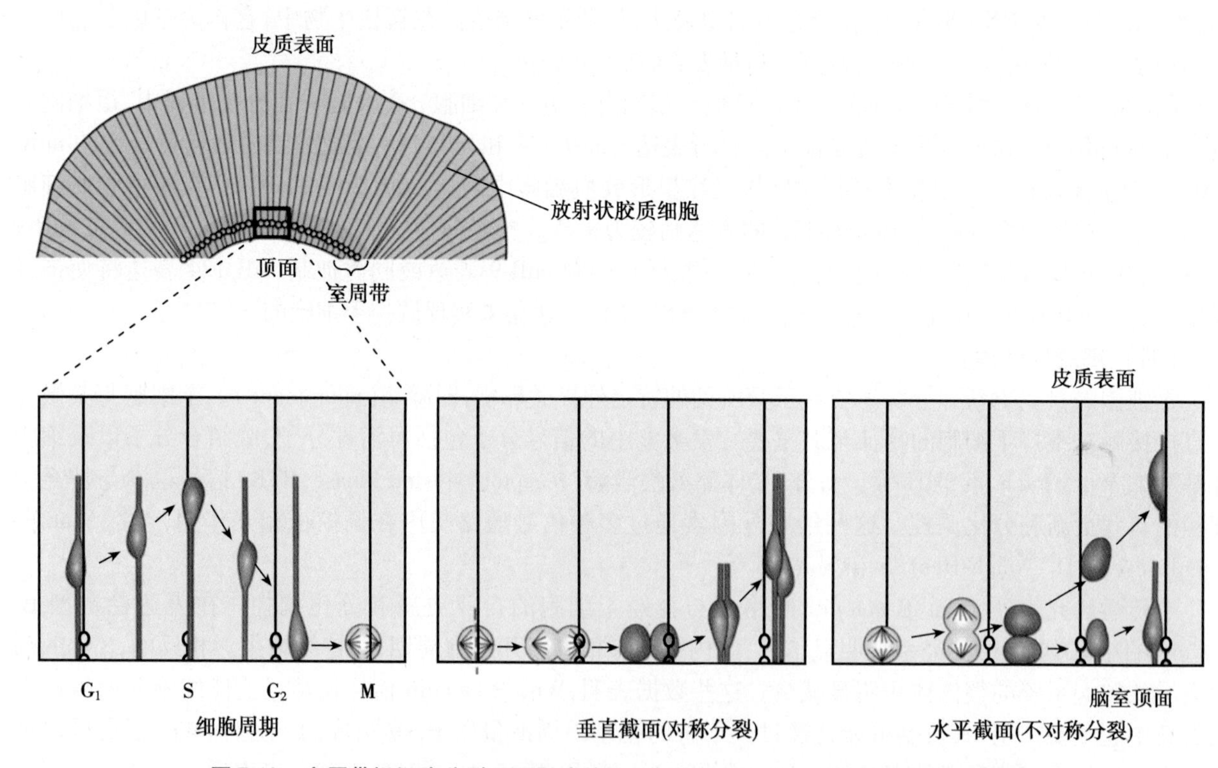

图 7-10　室周带祖细胞分裂平面影响其分化归宿（改自 Chen 和 McConnell，1995）

有丝分裂后的细胞不断向神经管外壁迁移，它是沿着神经胶质细胞伸出的、辐射状排列的突起进行的。由于细胞的聚集形成外套层（mantle layer）并逐渐增厚，此时增殖的神经上皮称为室管膜（ependyma），在外套层和神经管外壁之间为边缘层（marginal zone）。外套层的细胞分化、向外迁移又形成一个中间层（intermediate layer）。

在神经管的发育中，作为神经管衬里的神经上皮分化为神经细胞和胶质细胞的前体，这是基因表达的特异时空模式的结果。神经元的发生开始于 numb 等细胞成分在神经祖细胞不对称分裂时的分布以及神经前体细胞迁移到皮质板，见图 7-10。

（二）神经元发生的分子机制

现在来讨论神经管中各个区域（前脑、中脑、后脑等）的神经祖细胞是如何分化发育成神经细胞的。目前，关于神经元发生的分子机制主要来自于对果蝇的研究，本部分将对这方面的进展作一介绍，但在种系发生中神经元的发生是高度保守的分子机制相似。

1. Notch 信号机制 果蝇神经元分化的早期产生一个原神经区（proneural region），该区内含有获得了产生神经前体细胞的小簇细胞。在每一个原神经区，并不是所有的细胞都向神经元分化。在此过程中，原神经基因（proneural genes）表达的 bHLH（basic helix-loop-helix）类转录因子起了重要作用。

原神经区内细胞分化为神经元需要一系列细胞间的相互作用，即 Notch 信号机制，此与神经元发生基因（neurogenic gene）表达的两种细胞表面蛋白 delta 和 notch 有关。起初，原神经区内所有细胞均等水平表达两种蛋白。delta 作为 notch 的配基，两者结合后在相邻细胞之间产生一局部反馈信号循环。具体为，notch 激活后其胞质区从细胞膜上脱落，并向细胞核转移，激活 bHLH 类转录因子 suppressor of hairless，suppressor of hairless 激活抑制性 bHLH 蛋白 enhancer of split 的表达，enhancer of split 能抑制 *Achaete-scute* 基因（属于 bHLH 基因）的表达，同时，Achaete-scut 复合体导致邻近细胞的 delta 表达减少。此信号循环放大了相邻细胞间 notch 信号水平的差异，最终高 notch 信号的细胞分化为支持细胞，而那些 notch 信号相对较弱的细胞发育为原始神经元。

用实验方法抑制 notch 蛋白的表达会产生更多的神经元，但只表现为局部神经元密度增高而不扩散到神经板的其他非神经细胞区，原神经区也未见扩展。这一现象说明存在着一个早期调控机制，它规划着神经板内神经细胞发生的区域程序。就脊椎动物而言，这种早期调控机制的关键是一种 bHLH 蛋白 neurogenin。neurogenin 过表达导致神经细胞不仅数目增加，而且分布区域也扩大。因此原神经基因被认为是早期神经元发生的活化因子。

2. Numb 蛋白 notch 信号介导的神经发生过程还受到胞质蛋白 numb 的调节。numb 蛋白与 notch 的细胞内部分相结合，抑制 notch 信号的作用。

有些神经祖细胞二分裂时，只有一半的子细胞获得 numb 蛋白，这些细胞以后发育为神经元。如图 7-6 所示，inscuteable 是细胞骨架蛋白，暂时位于神经母细胞的顶侧，上调 miranda，miranda 作为调节蛋白固定 prospero、numb 和 staufen 于母细胞的底部皮质面。有丝分裂之前，inscuteable 和 staufen 复合物与母细胞顶侧区的 prospero RNA 结合。有丝分裂早期，inscuteable-staufen-prospero 复合物通过微丝依赖机制转位至皮质面，此机制还取决于 miranda 的活性。然后，numb、miranda、staufen 和 prospero 分隔在神经节母细胞上。蛋白分布的分子机制和细胞周期的关系保证了子细胞蛋白质不对称继承，而决定分化归宿。

前面讲述的原神经区内细胞分化为神经元的概率是随机的，而这里则不同，祖细胞有丝分裂后子细胞获得的特定蛋白决定其归宿，这是 numb 蛋白调节子细胞 notch 信号的结果。因此，神经发生的过程既是决定性的也是非决定性的，这取决于 notch 信号是自发作用还是受 numb 蛋白调控。

（三）细胞周期影响皮质神经元归宿

大脑皮质神经元产生于室周带的祖细胞，即侧脑室内的一层上皮细胞。一旦脱离细胞周期，未成熟的神经元就迁出室周带形成皮质板（以后发育为大脑皮质灰质部）。神经元沿着一类特殊的放射状胶质细胞（radical glia）迁移到皮质板，这类胶质细胞与脑室顶面及脑膜表面均相连。在皮质板内，神经元形成明确的分层，因此皮质神经元的最终位置及最后层面与神经元发生的精确性相关。从室周带来的、早期即脱离细胞周期的祖细胞分化的神经元位于皮质的最底层；相反，从室周带来的、稍晚才脱离细胞周期的祖细胞，迁移较远、越过已产生的神经元，在皮质的浅表层分化。因此，皮质神经元层次的建立是由内向外形成的（图 7-11）。

有实验将幼年动物室周带来的祖细胞移植到年老动物体内，正常情况下，这些细胞应定居于皮质深层，但实验发现这些细胞与其他细胞相混迁移到皮质表层。更显著的是移植细胞的分化位置与移植时其所处细胞周期有关（图 7-12）。如移植时处于 S 期的祖细胞在皮质浅层分化，而移植时处于 S 后期的祖细胞与正常时一样在皮质深层（第 5、6 层）分化为神经元。因此，年幼皮质祖细胞对与细胞周期相关的环境信号仍敏感。与上述实验相反，将处于稍晚阶段的祖细胞移植到幼年动物室周带时，却不发生上述现象，

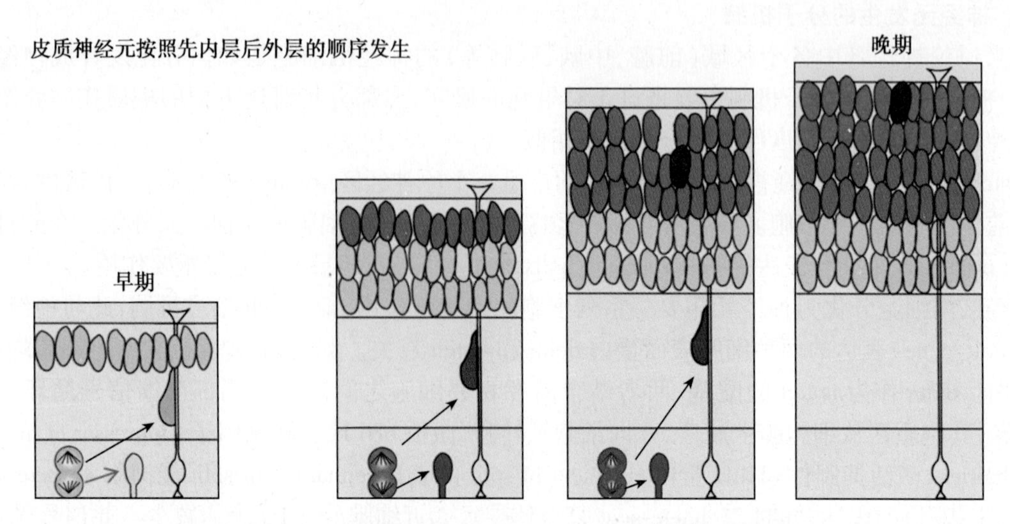

图 7-11　皮层神经元按照先内层后外层的顺序发生

在室周带早期产生的神经元迁移到皮层的最底层,而较晚发生的神经元则越过早期发生的神经元构筑成皮层的表层部分(改自 Chen 等,1997)

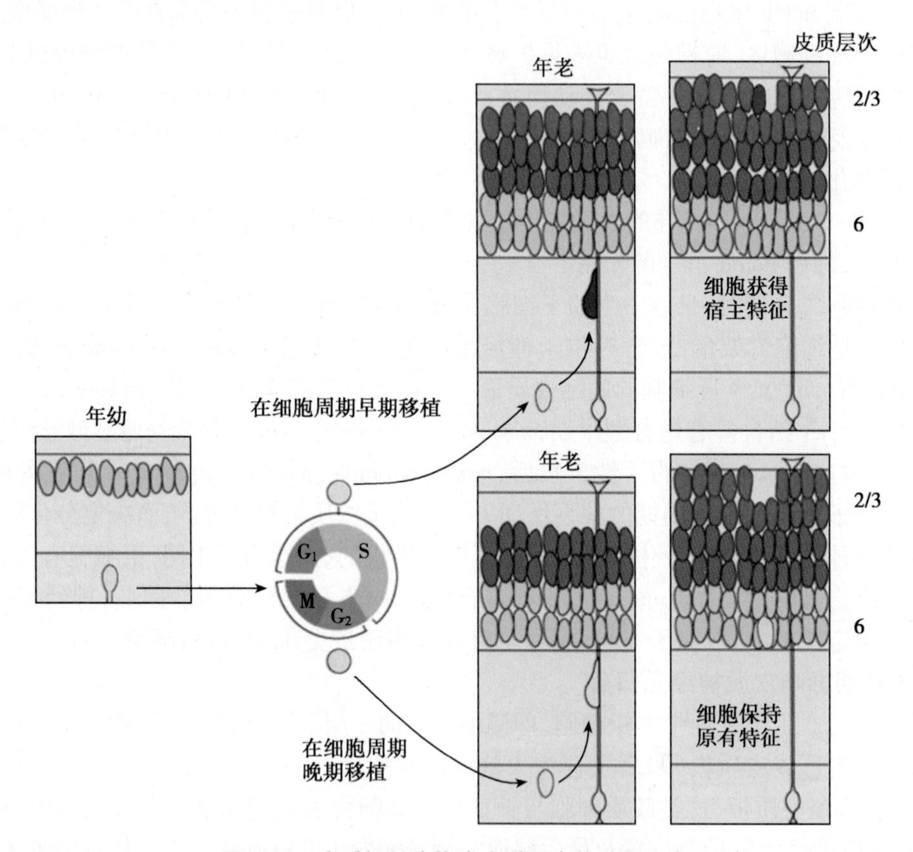

图 7-12　皮质祖细胞构成皮质层次的重新分布

将来自年幼动物的祖细胞移植到年老动物体内将会改变皮质神经元的分化命运。在细胞周期 S 期的早期移植时,这些祖细胞产生的子代细胞将迁移到皮质的 2/3 层,这正如宿主体内分化一样;而在 S 期的晚期或 G_2 或 M 期移植时,这些祖细胞则保持其原来的发生特性,迁移到皮质的深层(5/6 层)(改自 Chen 等,1997)

说明在发育过程中,不仅诱导信号发生了变化,而且神经元对信号反应能力亦改变。

在神经发育早期,祖细胞增生迅速,能产生很多祖细胞;而稍晚阶段,祖细胞分裂程序改变,分化成神经元和祖细胞;在发育的晚期,祖细胞只分化形成神经元。

通过对室周带发育的连续观察发现,大脑皮质的祖细胞以不对称的方式分裂。祖细胞所处的截面(不论细胞分裂方式是否对称)与细胞归宿有关。祖细胞以垂直平面进行对称分裂,产生的两个相似的子细胞仍位于室周带。然后,这些细胞再进行分裂,产生更多的祖细胞。而祖细胞以水平方位分裂则为不对称性的,产生的两个子细胞形态及迁移特性不同。位于软脑膜面的子细胞失去了与脑室面的联系,移出室周带,产生新的神经元;而位于脑室面的子细胞则留在室周带,再进行细胞分裂(见图 7-11)。祖细胞以不同层面进行分化,有助于控制大脑皮质神经元发生的时间。

numb 蛋白在子细胞上不均等分布及相关的 notch 信号,决定了不对称分裂后子细胞的不同归宿(见图 7-6)。在脊椎动物室周带亦已发现祖细胞有丝分裂时,一种 numb 样蛋白不均等分布且 notch 一致表达,但目前具体机制还不明确。

四、轴突生长与突触的形成

中枢神经系统的发育还需要成熟神经元之间精密回路的形成以及神经元与靶组织间的精密连接,包括神经元轴突和突触的形成。

整个 20 世纪,关于轴突是如何生长的一直有两种争论。生理学家 J. N. Langley 在 20 世纪初首次阐明轴突生长的特异分子机制,而以 Paul Weiss 为代表的发育生物学家则认为轴突倾向于沿着一定的表面生长,机械因子可以为轴突模式化提供引导线索,他们提出轴突生长的触向性(stereotropism)机制。

低等脊椎动物的视觉中枢主要在顶盖,来自鼻侧视网膜的视神经轴突大部分投射至顶盖后部,而颞侧缘的视神经轴突投射至顶盖前缘。而且,视网膜前腹侧的视神经轴突对应投射至顶盖中间-外侧轴。1940 年,Weiss 的学生 Roger Sperry 研究发现,将青蛙的视神经切断并旋转其眼球 180°后,视神经轴突能再生而重新与视中枢建立联系,但青蛙却表现出影像颠倒的行为且无法纠正。这一实验表明,轴突的模式化主要依赖于信号分子的作用而非功能活动加强,从而确立了分子机制的地位,Sperry 的理论亦称为“化学特异性(chemospecificity)假说”。现在认为,分子机制在胚胎发育中起主导作用,而神经电活动参与轴突环路的建立。关于轴突的形成及分子机制较为复杂,具体可参考“医学神经生物学”。

神经元与其靶细胞间的功能连接点称为突触。此概念是著名的生理学家 CS Sherrington 于 1897 年提出的。突触组成了神经系统复杂的环路,使神经细胞间进行信号传递。另外,突触的活动还可引起突触形态和功能的修饰,即突触可塑性(synaptic plasticity)。突触的形成包含 3 个重要过程:轴突与其靶位有选择性地建立联系、生长锥分化为神经末梢以及突触后细胞结构的完善,这些主要依赖于细胞间信号的相互作用。目前关于突触形成的理论主要来源于对神经-肌肉接头处的研究,这部分内容相当复杂,具体可参考“医学神经生物学”。

第三节 中枢神经干细胞与再生医学

在前面的章节中,我们主要讲述了在中枢神经系统发育、分化过程中神经干细胞的作用,这主要是由胚胎期神经干细胞完成的。那么,在个体发育成熟后,脑内是否仍然存在神经干细胞,它的作用是怎样的? 这是科学家们一直在探索的问题。近年来研究发现,神经再生(neurogenesis)是成年哺乳动物大脑中的普遍现象,这与成体神经干细胞(adult neural stem cells)有着密切的关系。这些发现极大地推动了现代医学的发展。现在已知,由成体神经干细胞生成的神经元不论是体外培养还是在体内都具有相应的电生理功能,成体神经干细胞还表达外源性的神经递质和神经营养因子,这些都有助于脑损伤后的神经再生和修复;而且,基因修饰神经干细胞还可用于脑肿瘤的基因干预治疗。对成年脑内神经再生和成体神经干细胞的研究,也为许多难治的神经系统退行性疾病(如帕金森病等)提供了新的治疗途径。

一、成体神经干细胞的起源

一直以来，传统的观点认为成体脑内是没有神经再生的。1992 年，Reynodls 等从成年小鼠脑纹状体中分离出能在体外不断分裂增殖，且具有多种分化潜能的细胞群，并正式提出了神经干细胞的概念，从而打破了认为神经细胞不能再生的传统理论。Mckay 于 1997 年在 Science 杂志上将神经干细胞的概念总结为：具有分化为神经元、星形胶质细胞及少突胶质细胞的能力，能自我更新并足以提供大量脑组织细胞的细胞。

那么，在成年灵长类动物包括人类大脑的哪些区域中存在着神经再生现象？是否可从中分离出成年神经干细胞？这是干细胞研究者和神经科学家极为关注的问题。成年脑室的脑室下区（subventricular zone，SVZ）和海马齿状回的颗粒下区（subgranular zone，SGZ）是神经干细胞聚集区（见图 7-8）。正常情况下中枢神经系统的神经再生伴随于成年动物的一生中，但随年龄增长其神经再生水平有下降趋势。在啮齿类动物的研究中，SVZ 区域的干细胞不断地沿着嘴侧延长区向嗅球（OB）迁移，构成了嘴侧迁移流（rostral migratory stream，RMS），并最终分化为嗅球的中间神经元。但是人类大脑和啮齿类动物的大脑有明显不同，人类大脑前额叶高度发达，而啮齿类动物嗅脑相对很大。Zhu 等在 2001 年从开放性脑外伤破碎的脑组织中分离出神经祖细胞，包括前额叶深部腹侧区域（inferior prefrontal subcortex，IPS），从这一区域分离克隆出的细胞更具有神经干细胞特征。进行单克隆分析和群体克隆和分化后发现是全能的神经干细胞，因此，推测可能在人类大脑中除了海马和脑室下区，还存在着其他干细胞聚集区，部位之一可能就位于前额叶深部腹侧区。在其他 CNS 区域也能够分离到神经干细胞，如小脑、脑干、脊髓等。

二、成体神经干细胞与神经再生

胶质细胞是人脑中数量最多的细胞。在脑发育过程中，放射状胶质细胞（radial glial cells，RGCs）在脑室区与皮层内形成脚手架样结构，发育时引导脑室区神经元向皮层迁移（见图 7-7）。那么在成年大脑脑室区的神经发生是怎样的呢？在成体大脑的 SVZ 存在着一群特殊的胶质细胞，它们不仅表达胶质纤维酸性蛋白（glial fibrillary acidic protein，GFAP），而且具有糖原颗粒、粗束中间纤维等星形细胞样形态结构。这些放射状胶质细胞可以持续产生神经元，因此放射状胶质细胞可能是成年神经干细胞的一种特殊类型（图 7-13）。

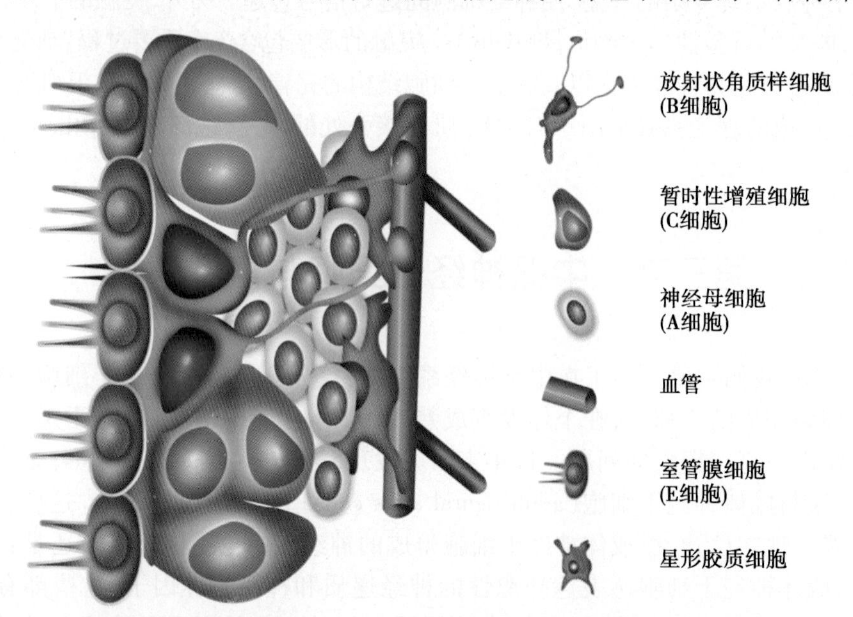

图 7-13　成年啮齿类动物脑室下区 SVZ 的神经干细胞发生龛及各类细胞间的分化关系

神经前体细胞（A 细胞）沿着放射状胶质细胞（B 细胞）向嗅球迁移形成迁移链，C 细胞散在分布于整个迁移链中，具有高度增殖性，它不被胶质细胞包绕，但与 A 和 B 细胞紧密接触。室管膜细胞（E 细胞）并不分裂，它构成侧脑室的内层结构（改自 Guo-li Ming 等，2011）

Sanai 等研究了 110 例人脑组织,发现成人"胶质前体细胞"能分化为神经元、星形细胞以及少突胶质细胞,并且这些胶质前体细胞在侧脑室下形成类似彩带状(ribbon)的特殊结构。同时,他们还证明在啮齿类动物中存在的嘴侧徙移流(RMS)在人类是不存在的。另一方面,星形胶质细胞、室管膜细胞和血管内皮细胞形成胶质血管网络不仅参与脑结构和功能的构建,而且为神经祖细胞提供了"发生龛"(图 7-13)。星形胶质细胞和血管内皮细胞通过旁分泌各种细胞因子来决定发生龛内神经干细胞的分化方向。

三、新皮层的扩增和外层脑室下区

近年来,研究发现新皮层(neocortex)的扩增是哺乳动物脑发育中的重要特征,这是由大量的神经干细胞和祖细胞以及它们分化的细胞构筑而成的。这些细胞根据其分裂的位置可分为两类:顶层祖细胞(apical progenitors,APs)在室周带(ventricular zone,VZ)的管腔表面进行有丝分裂;基底祖细胞(basal progenitors,BPs)在脑室下区(subventricular zone,SVZ)进行分裂。这两类细胞分化的神经元呈放射状迁移,最后定居于发育中皮层的表面形成皮质板(cortical plate,CP)。最近的研究发现,SVZ 在结构上还分为内层 SVZ(inner SVZ,iSVZ)和外层 SVZ(outer SVZ,oSVZ)。

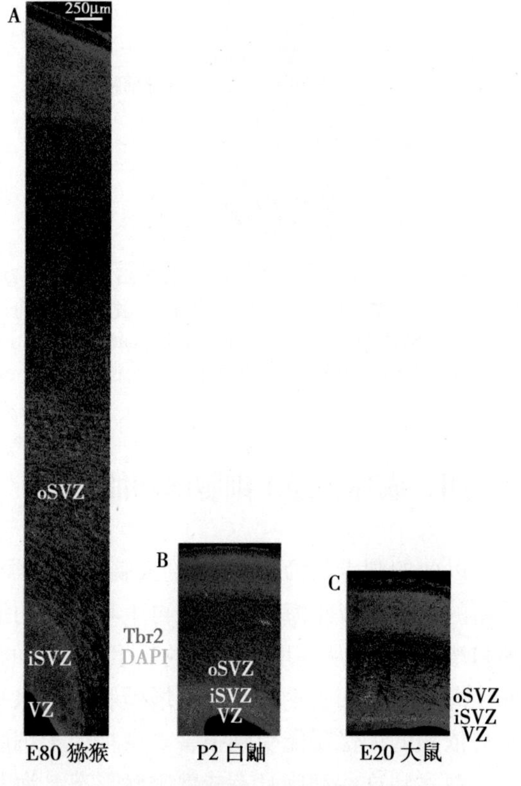

图 7-14 猕猴、白鼬和大鼠脑皮质发育中 VZ、iSVZ 和 oSVZ 的差异

A~C 为 E80 猕猴、P2 白鼬和 E20 大鼠脑皮质冠状位免疫组化切片对比图,显示 $Tbr2^+$ 细胞在发育脑皮质中的分布差异。其在白鼬和大鼠中分布相似,而在猕猴中则不同。E80:胚胎第 80 天;P2:生后第 2 天;E20:胚胎第 20 天。Tbr2:a T-domain transcription factor,主要在 IPCs 中表达

顶层祖细胞包括神经上皮细胞,这些细胞在神经发生的早期分化为顶层放射状胶质细胞(apical RGCs),和短的神经前体细胞(short neural precursors,SNP)。基底祖细胞包括基底放射状胶质细胞(basal RGCs)、暂时扩增祖细胞(TAPs)和中间祖细胞(intermediate progenitor cells,IPCs)。RGCs 为双极细胞,它有一个脑室接触面和一个长的突起沿着皮质板与皮层表面相接触。RGCs 在脑室表面分裂,在分裂时保持其与皮层接触的突起。IPCs 为多极细胞,它在分裂时所有的突起均收缩,在远离脑室表面分裂。SNP 为介于 RGCs 和 IPCs 之间的一种短暂性细胞。

最近有研究发现,在猕猴、白鼬和大鼠脑皮层发育过程中,细胞有丝分裂的分布具有明显差异,在白鼬和大鼠中类似,而在猕猴中则不同。另外,这些研究还发现 $Tbr2^+$ 细胞、$Pax6^+$ 细胞在猕猴、白鼬和大鼠 VZ、iSVZ 和 oSVZ 的分布也不同,特别在猕猴中与其他两个物种有明显差异(图 7-14)。Tbr2 是一种 T 域转录因子(T-domain transcription factor),它主要在 IPCs 中表达;而 Pax6 是一种同源域转录因子(homeodomain transcription factor),在 RGCs 中表达。

最近的研究表明,新皮层的发育进化与 SVZ 的扩增、体积增厚有关,在猕猴和人类大脑中主要与 oSVZ 扩增相关。SVZ 的扩增与 BPs 的子细胞类型的不同组成比例相关。例如,在小鼠 SVZ 中 90% BPs 是 IPCs,它们只进行一次终末细胞分裂,而 bRGCs 和 TAPs 则占很少一部分,这些细胞可进行多次细胞分裂。而在人类大脑中与此截然不同,大约一半的 BPs 是 bRGCs,而 TAPs 的数目比 IPCs 多(图 7-15)。

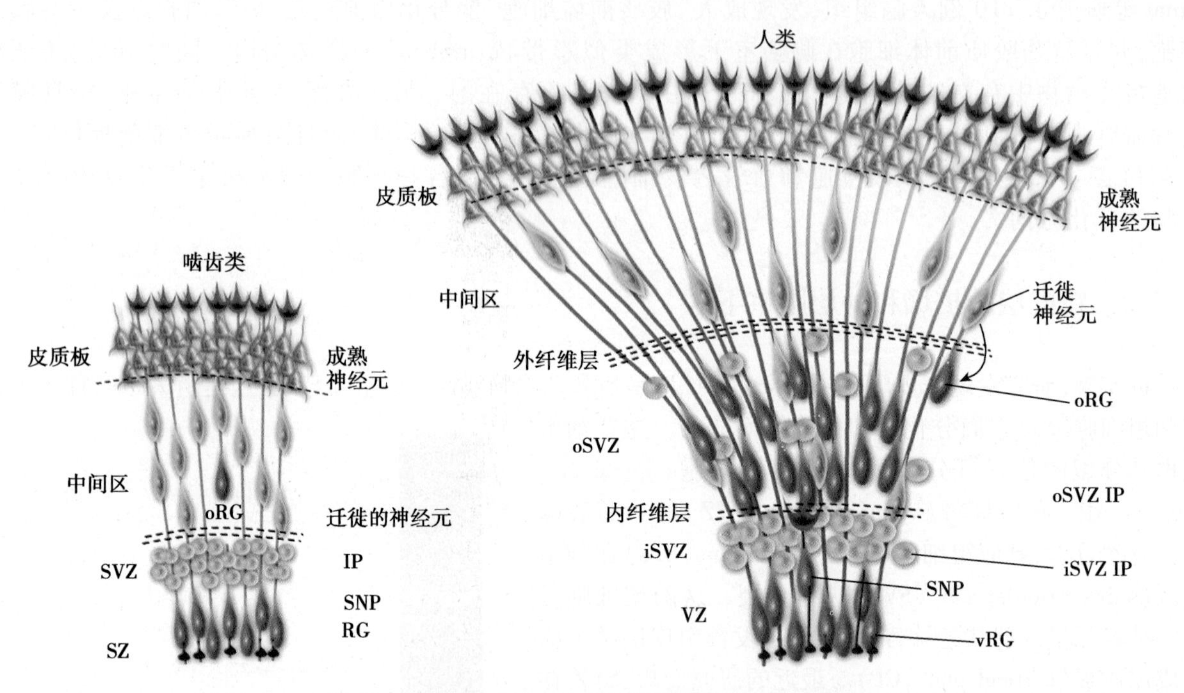

图 7-15 啮齿类动物和人类新皮层发育的对比示意图

(A)RG 细胞分化为 IP 细胞,IP 分化为多种神经元,这些神经元利用 RG 的纤维轴突向皮质板迁移。另外,还发现 oSVZ 中还存在少量 RG 细胞(outer subventricular zone radial glia-like cells,oRG)。(B)人类 oSVZ 中 oRG 细胞、IP 细胞和迁移的神经元之间的谱系关系(改自 Jan H Lui 等,2011)

四、成体神经干细胞的功能

以前的观点认为,成年动物大脑中的神经元数量是稳定不变的。目前对成体神经干细胞的研究增加了新的认识。成年海马的神经再生与海马功能有着密切关系。学习或奔跑可以改变动物海马细胞存活或细胞增殖水平,从而增加海马的新生神经元的数目。紧张、滥用鸦片和癫痫发作(seizure)等都可以影响到成年海马齿状回新生神经元的增殖和分化水平。用实验方法人为减少动物海马颗粒样神经元的数目,其海马依赖的记忆功能受到损害。由神经干细胞产生的新生神经元参与其所在海马区域的正常功能。显微镜下观察到这些细胞具有成熟突触形态。海马脑片电生理分析表明,绿色荧光蛋白(green fluorescent protein,GFP)标记的成年神经干细胞产生的新生颗粒细胞具有与成熟神经元相似的电生理特征,包括可重复的动作电位和自发性突触后电流,并且也可以接收突触传入信号。将新生神经元与成熟海马神经元一起共同培养,结果发现新生神经元在离体实验研究中同样具有电生理特性,在新生神经细胞上可以记录到兴奋性和抑制性突触电流,而且这些突触电流可以被谷氨酸或 γ-氨基丁酸(GABA)受体抑制剂阻断,甚至刺激成熟海马神经元可以立即引起新生神经元的突触动作电位。这证明了由成年海马神经干细胞产生的新生神经元不仅在形态上与成熟海马神经元相同,而且对突触刺激有动作电位反应,并且可以有效地整合到神经环路中去。

五、神经干细胞在神经系统疾病治疗中的应用

神经系统疾病包括脑、脊髓损伤,脑缺血,脑肿瘤以及神经退行性疾病(如帕金森病)等。研究显示,一旦疾病发生,病灶附近的神经干细胞将会迅速扩增并迁移以实现自我修复。其机制包括神经干细胞在损伤局部分化为有功能的神经细胞,并与周围组织形成突触联系,同时神经干细胞可以分泌营养因子改善局部神经细胞代谢,以帮助损伤的神经组织进行修复或再生。针对这一特点,科学家们开始尝试从外部去

促进或启动该进程。外源性神经干细胞移植即是近年来兴起的一种通过外部手段扭转因脑损伤或其他神经系统疾病的细胞替代(cellular replacement)治疗方式。到目前为止,研究人员已在人体开展了多项有关该法治疗神经系统疾病的研究。干细胞来源包括胚胎神经干细胞、成体神经干细胞,以及其他组织来源的干细胞或诱导而来的神经干细胞。本部分仅介绍胚胎神经干细胞以及成体神经干细胞在中枢神经系统疾病中的应用。

(一)颅脑创伤

脑外伤和脊髓损伤是严重影响人类生命和生活质量的疾病,其带来的社会问题和经济损失也极为显著。可是到目前为止,医学界对于严重颅脑损伤所致的永久性神经功能障碍仍然缺乏有效的治疗手段。Zhu 等在遵守医学伦理的情况下,利用自体神经干细胞移植治疗开放性脑外伤患者。方法是从开放性脑外伤(traumatic brain injury,TBI)破碎的脑组织中分离出神经干细胞,在体外培养扩增至满足移植所需数量,然后移将神经干细胞植回脑损伤区域,为神经干细胞替代治疗提供新的干细胞来源,移植方案见图 7-16。

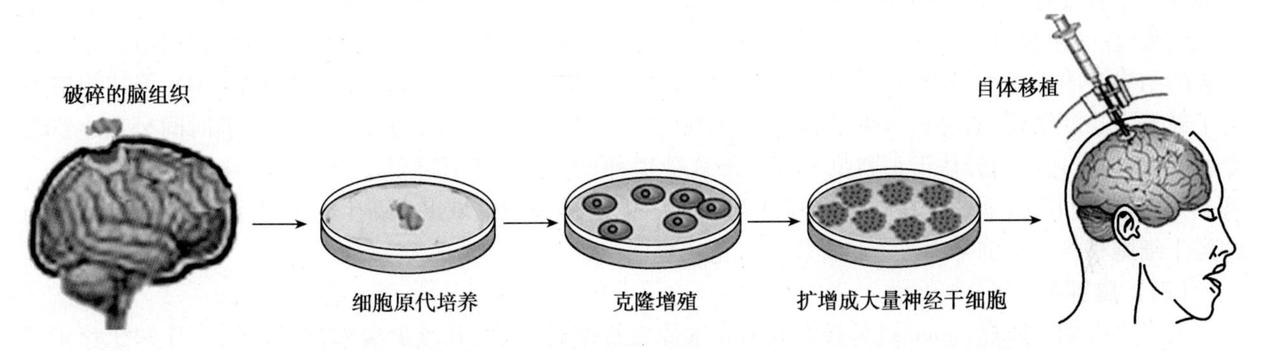

图 7-16 自体神经干细胞脑内移植治疗开放性脑外伤的示意图(改自 Zhu 等,2005)

另外,在临床移植前,还需要做大量的前期工作,以评估神经干细胞移植的安全性和有效性。通过对猕猴脑外伤模型的临床前期研究发现,颅脑创伤后 1 个月内移植的神经干细胞在损伤区存活的概率最大,据此提出了神经干细胞移植的时间窗理论,为临床神经干细胞移植提供治疗时机的选择。为了研究成人神经干细胞脑内移植后新产生的神经元是否具有电生理功能,使用绿色荧光蛋白(GFP)基因标记成体神经干细胞,在移植体内 4 个月后进行移植区脑片的膜片钳检测,从而记录到 GFP 阳性神经细胞的动作电位和 Na^+、K^+电流,并利用免疫电镜观察到外源性神经干细胞和宿主细胞间形成突触的情况。在安全性方面,没有观察到神经干细胞产生肿瘤的情况,证明这项技术是安全的,这是神经干细胞临床移植非常慎重的问题。

采用自体神经干细胞移植可以避免由免疫系统引起的排斥反应,且移植的干细胞来源于同一个体,细胞相容性好、存活时间长,且更易迁移并产生细胞间联系。Zhu 等经过完善的体内外安全性观察后,对开放性脑外伤患者进行了自体神经干细胞移植治疗,同时以损伤情况相似的患者作为对照,进行了对照研究。在移植两年后的随访过程中,通过正电子发射计算机断层扫描(positron emission computed tomography,PET)、功能磁共振(fMRI)、运动诱发电位(MEP)等客观方法评价发现自体移植神经干细胞可促进患者损伤区代谢和功能恢复。

总之,干细胞应用于临床须确保安全、可靠、有效,这就要求将干细胞用于临床移植治疗时,最好能够无创性示踪移植干细胞在脑内的行为和功能。为了在体内示踪干细胞,在动物实验可通过体外标记的荧光染料,胸腺嘧啶类似物(BrdU)、转基因(如 *LacZ* 基因、*Luc* 基因、绿色荧光蛋白 GFP)或免疫组织化学等方法来评估干细胞在动物体内的命运,但这些方法显然无法使用在临床活体研究中。

近年来,纳米材料技术和分子影像技术的发展为在体内观察干细胞的行为提供了可能,通过磁微粒、放射性核素、量子点等非侵袭性分子成像技术观察干细胞在体内的生存、迁移、分化和功能已先后被人们所研究和应用。Zhu 等在上述自体神经干细胞移植治疗脑外伤患者的基础上,率先开展了纳米磁粒子标记神经干细胞脑内移植后的临床示踪研究，通过磁共振（MRI）检测结果说明，实体观察神经干细胞在人脑内的迁移运动是可能的，首次实现干细胞临床移植后的无创性观察，为开展移植后疗效评价提供了依据。磁共振分子影像标记示踪研究的一个关键问题就是要找到一种具有高度弛豫时间（relaxation time）的且对磁共振信号有很大影响的 MRI 对比剂。最常使用的是超顺磁性的氧化铁粒子（super paramagnetic iron oxid，SPIO），并可在比自身大得多的范围内改变磁场的均匀性，故能获得良好的示踪结果。研究发现，利用磁性纳米粒子标记人神经干细胞并不影响细胞本身的生存、迁移和分化能力或改变神经元电生理特征，移植的人神经干细胞对周围环境信号有反应，并会按部位特异性进行定向分化。简言之，无创性神经干细胞示踪技术的应用将指引今后临床干细胞移植策略。

（二）脑卒中

在现代社会，脑卒中（stroke）是全球范围内致死和致残的主因之一。尽管科学家已对其进行了长达半个世纪的调查和研究，但是，直到现在也还没有一种真正有效的疗法可对抗由脑卒中引起的脑损伤和神经功能障碍。正因为如此，人们较早地就将干细胞疗法运用于脑卒中患者。Kondziolka 等通过对 12 名缺血性脑卒中患者进行 NT2N 细胞移植的临床Ⅰ期试验，未发现有任何副作用。紧接着，该课题组又开展临床Ⅱ期试验，在一组包含 18 名脑卒中患者的试验中，研究者再次证实了细胞移植的安全性，但遗憾的是没有显著的结果表明患者神经功能在接受细胞移植后得到了恢复。不过，Savitz SI 等和 Bang OY 等却相继报道了鼓舞人心的结果，通过长达 4 年的随访，不仅发现接受过细胞移植的患者神经功能随时间呈现逐步恢复的趋势，而且还证明异体干细胞也可用于修复受损神经。基于上述结果，“干细胞移植是安全的”这一观点开始被人们所接受。现在越来越多的研究还证明，在脑卒中区域出现新生的神经元，这一研究结果为神经干细胞移植治疗脑卒中进一步提供了理论依据。

（三）脑肿瘤

人类高级别胶质瘤（glioma）是最常见的大脑原发性恶性肿瘤，其预后极差，经手术、放疗和化疗正规治疗的患者 5 年存活率仍不足 10%，治疗比较棘手。目前，这种疾病是神经系统疾病中的治疗难点，一直困扰着临床医生。

在过去的十几年里，干细胞作为一种治疗手段在人类高级别胶质瘤的治疗中引起人们极大兴趣。其原理是因为干细胞在体内可以不受血脑屏障（blood brain barrier，BBB）的限制迁移或定向于脑肿瘤，并被基因修饰而表达各种治疗介质。而且，干细胞具有内在的免疫抑制特性。正是这些特点使得干细胞目前被用于胶质瘤的细胞载体治疗策略。目前有三类干细胞可作为胶质瘤治疗的载体，即胚胎干细胞、神经干细胞和间充质干细胞。

神经干细胞作为胶质瘤治疗的细胞载体具有以下优势：神经干细胞在体内可趋向脑肿瘤，可穿过血脑屏障，基因修饰后在体内存活时间长，而最大的优势是它与脑组织具有很好的相容性。目前，应用神经干细胞治疗脑肿瘤 4 个方面的治疗策略是细胞因子、代谢酶、病毒粒子和基质金属蛋白酶。

（四）神经退行性疾病

帕金森病（Parkinson's disease，PD）是临床最常见的中枢神经系统退行性疾病（neurodegenerative diseases），神经干细胞的发现及其临床应用为帕金森病患者的治疗带来崭新阶段。有研究者将 8～9 周人胚分离出的多巴胺能前体细胞植入 PD 患者的一侧纹状体中，发现这些神经元不仅能在人脑中存活下来而且使患者脑内的多巴胺水平明显提高，进而缓解了患者的震颤症状。

目前在阿尔茨海默病（Alzheimer's disease，AD）中神经再生的水平是有争议的。动物实验发现，在 APP 蛋白（amyloid precursor protein）突变的 AD 小鼠模型中，神经再生的水平是下降的；而在转基因小鼠模型（含有不同突变的 presenilin）中，神经再生有增加也有减少。野生型 presenilin 和可溶性 APP 蛋白都与神经再生相关，但它们的表达下调可能与 AD 中神经再生变化部分相关。

研究发现，在死后 AD 患者中 SGZ 区的细胞增殖是增加的；PD 患者的 SGZ 和 SVZ 区的细胞增殖是减少的；而在 HD（Huntington's disease）患者的 SVZ 区的细胞增殖是增加的。在上述这些神经系统退行性疾病中神经再生的变化，可能由于特定神经细胞选择性死亡和炎症造成。因此，神经再生在这些疾病中应用仍有待进一步的深入研究。

六、问题与展望

在啮齿类和灵长类动物模型研究中，用胚胎干细胞(embryonic stem cell，ESC)来源的神经细胞移植治疗帕金森病等中枢神经系统疾病取得一定疗效，但面临着胚胎干细胞所带来的免疫排斥反应问题。另外，早期曾有研究采用胚胎神经干细胞悬液作为神经替代治疗用于治疗帕金森病。移植后能部分改善年龄在60岁以下患者的临床症状，但60岁以上患者症状未见显著改善。然而，胚胎神经干细胞移植不可避免地面临着伦理学、供体组织缺乏、移植组织存活率低等问题，从而限制了其临床应用。而自体神经干细胞在一定程度上克服了这些缺点，成为治疗研究的主要细胞来源，是今后临床干细胞移植的主要研究方向。

目前成体神经干细胞临床应用越来越受到重视，但是，成人神经干细胞应用于临床时应谨慎。采用自体神经干细胞移植可以避免由免疫系统引起的排斥反应，而且移植的细胞来源于同一个体，移植后细胞与宿主(host)相容性好，干细胞可以长期存活，更易进行迁移和产生细胞间的联系。上海复旦大学附属华山医院神经外科朱剑虹课题组在进行了大量的体外细胞研究和体内动物模型移植实验后，经医院医学伦理委员会批准和患者知情同意，自2001年开始，开展了自体神经干细胞移植治疗开放性颅脑外伤的临床研究，移植后经过两年的随访观察发现，正电子发射断层扫描(PET)显示移植区脑细胞代谢有显著增加，诱发电位明显恢复，患者的神经功能显著恢复。为了研究移植神经干细胞在体内的迁移和存活情况，用纳米粒子-超顺磁氧化铁(SPIO)标记神经干细胞，成功地示踪了神经干细胞在患者脑内的迁移，为客观评价神经干细胞移植治疗颅脑损伤患者的有效性及安全性提供了新的研究途径。

目前神经干细胞的临床研究还处于起步阶段，因此，其广泛应用于临床前仍有许多问题亟待解决，比如移植神经干细胞还是移植干细胞诱导分化后的神经元，何者更为有效？神经干细胞迁移以及与宿主细胞融合的细胞内、外环境调节控制机制尚不清楚，神经干细胞移植是否有产生肿瘤的风险等，这些都是在移植前必须回答的问题。但是神经干细胞的研究和应用已经为人脑再生医学开辟了新的路径，这些研究的进展将推动人类对自身大脑的生物学特征认识的深入和临床神经科学的发展。

中枢神经系统具有复杂的结构和功能，其在胚胎发育时期和成体期都与神经干细胞有着密切的关系。神经干细胞是近年来神经科学领域的研究热点，在国内外学者的共同努力下，相关领域取得了迅速进展，其主要标志在于：①明确了与胚胎期大脑发育相关联的神经干细胞的演化特性；②了解了成体神经干细胞静息与激活的机制；③了解了脑、脊髓损伤和神经退行性疾病中神经干细胞的自身调节和修复机制；④验证了使用神经干细胞的干预措施的临床效果；⑤证明了实体示踪观察神经干细胞在人脑内迁移运动的可能性。

在神经生物学中，对神经干细胞自我更新和分化调控机制的研究具有重要意义。目前，有多种分子机制参与神经干细胞的自我更新和分化调控，包括转录因子、表观遗传(包括组蛋白修饰和DNA甲基化等)、miRNA调控子、细胞外环境信号等。这些细胞内在基因表达和外界环境因素构成复杂的调控网络，共同调节神经干细胞的自我更新和分化。

最新的研究表明，在人类大脑中新皮层的发生主要由于oSVZ的扩增完成的。现在已知，由成体神经干细胞生成的神经元不论是体外培养还是在体内都具有相应的电生理功能，成体神经干细胞还表达外源性的神经递质和神经营养因子，这些都有助于脑损伤后的神经再生和修复；而且，基因修饰神经干细胞还可用于脑肿瘤的基因干预治疗。对成年脑内神经再生和成体神经干细胞的研究也为许多难治的神经系统退行性疾病(如帕金森病等)提供了新的治疗途径。

小 结

中枢神经系统来源于胚胎原肠胚时期外胚层形成的神经板，神经板两侧逐渐向中线卷起合拢形成神经管。在胚胎期，位于神经管上皮层的神经干细胞在精确的时间和空间信号调控下进行不对称分裂产生限制性祖细胞。这些祖细胞在胶质细胞放射状突起的引导下发生向心性迁移，同时在局部环境信号的诱导下分化并作切线位迁移，最终形成相应的神经细胞，从而完成脑皮层的构建；稍后，神经干细胞向胶质细胞分化，完成脑白质的构建。最后，成熟神经元之间形成精密回路以及神经元与靶组织之间形成精密连接，包括神经元轴突和突触的形成。

近年来研究发现，神经再生是成年哺乳动物大脑中的普遍现象，这与成年神经干细胞有着密切的关系。成年大脑的脑室下区（SVZ）和海马齿状回的颗粒下区（SGZ）是神经干细胞聚集区。SVZ 在结构上分为内层 SVZ（iSVZ）和外层 SVZ（oSVZ），其在细胞构筑上有不同，在啮齿类动物和人类大脑中具有显著差异。在猕猴和人类大脑中，新皮层的发育进化主要与 oSVZ 的扩增、体积增厚有关。在自体神经干细胞移植治疗开放性颅脑外伤方面，上海复旦大学附属华山医院神经外科成功地开展了开放性脑外伤患者自体神经干细胞脑内移植治疗的临床研究，并用 MRI 示踪到神经干细胞在患者脑内的迁徙情况，这为客观评价神经干细胞移植治疗颅脑损伤患者的有效性及安全性提供了新的研究途径。

目前，神经干细胞的临床研究仍然处于起步阶段，但其研究和应用已经为人脑再生医学开辟了新的路径，这些研究的深入必将推动临床干细胞应用科学的进一步发展。

（朱剑虹）

第八章　周围神经组织干细胞与再生医学

神经组织由神经元(即神经细胞)和神经胶质所组成。神经元是神经组织中的主要成分,具有接受刺激和传导兴奋的功能,也是神经活动的基本功能单位。神经胶质在神经组织中起着支持、保护和营养作用。神经组织在结构和功能上都是一个高度复杂的系统,对其发育和分化的研究,从 Gray 简陋的家庭实验室开始,直至目前应用分子生物学手段,经历了近百年的历史。

第一节　周围神经发育及组织结构

研究周围神经组织的再生应首先了解其发育学相关知识。神经系统来源于胚胎的外胚层背部,由神经嵴翻转成上皮神经管发育而来。神经系统主要分为中枢神经系统、周围神经系统和自主神经系统三种类型。中枢神经系统起源于原肠胚时期的背侧表面的一层上皮样的细胞,即由外胚层形成的神经板(neural plate);而周围神经系统来源于神经板外侧边缘隆起的一些外胚层细胞,即神经嵴。神经板两侧逐渐向中线卷起合拢形成管——神经管。中枢神经系统(central nervous system,CNS)源于神经管,包括脑和脊髓。CNS 控制着个体的自主行为和部分非自主行为,如反射作用。视网膜和视神经(第Ⅱ颅神经)是从间脑中生长出来并且投射向间脑,因此,视网膜和视神经是中枢神经系统的一部分。周围神经系统包括脊神经、颅神经Ⅰ(嗅觉相关)和Ⅲ～Ⅻ。脊神经的运动部分是由神经管发育而来,感觉部分是由神经嵴发育而来。颅神经Ⅰ和Ⅲ～Ⅻ由外胚层基板和神经嵴发育而来。自主神经系统的发育源于神经嵴,它是周围神经系统的复杂亚类,控制非自主行为,如心率、体温、血管和消化系统的平滑肌活动。

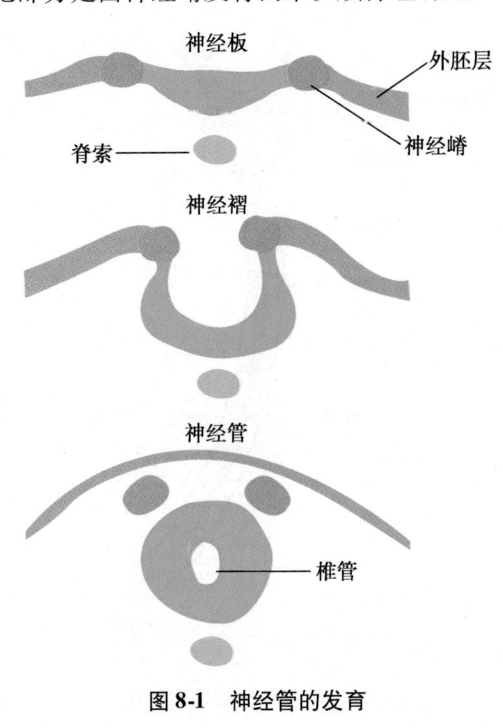

图 8-1　神经管的发育

神经嵴是脊椎动物胚胎发育中的一种过渡性结构,是在神经管建成时位于神经管和表皮之间的一条纵向的细胞带。脊椎动物胚胎发育中的一种过渡性结构,是在神经管建成时位于神经管和表皮之间的一条纵向的细胞带。1868 年瑞士胚胎学家 Wilheim His 首次在鸡胚描述了这一构造,当时他称之为中间带,后来的学者陆续在鱼类、两栖类和哺乳类描述了这一特殊构造,并用实验方法揭示了神经嵴细胞的预定位置和发育的命运。神经嵴的细胞具有很强的迁移能力,它们逐渐地迁移到胚胎一定部位,分化为各种特定的细胞和组织。神经嵴的预定部位可以追溯到早期原肠胚阶段。在有尾两栖类用活体染色法追踪观察证明它位于预定的神经板和预定表皮的交界处。在神经板形成的时候,神经嵴细胞位于神经板的边沿,继而隆起为神经褶的主要部分(图 8-1)。随着两侧神经褶进一步隆起,相互接近,并自前而后逐渐融合,原来板状的神经板形成管状。神经嵴细胞从神经管背壁分离出来,形成一长条略有起伏的细胞带,同神经管及覆盖它的表皮细胞有明显的区别。

脑、脊髓以外的神经结构统称为周围神经(peripheral nerve,PN)系统,它将中枢神经系统即脑和脊髓与机体众多感受器和效应器连接起来,并在二者之间传导冲动。

一、周围神经组织解剖

周围神经的基本结构单位是神经纤维,并由之组成神经干及神经终末装置。周围神经系统依其功能不同而分为躯体神经与自主神经。

(一)神经纤维(nerve fiber)的解剖结构

神经纤维由神经元(neuron)轴突和髓鞘组成,长短不一,粗细不等,一般运动纤维较粗,接近神经元胞体处较远端粗。粗大的神经轴突(neural axon,neurite)外均被神经膜细胞(neurolemmal cell,Schwann cell)翻卷呈同心圆样包绕形成的髓鞘以及神经膜细胞胞体部分形成的神经鞘膜所包绕。众多神经膜细胞依次排列,分段形成鞘膜,包裹同一根神经轴突。神经膜细胞之间交界处鞘膜缩窄或消失形成郎飞结(Ranvier node),此节间距依神经纤维粗细而长短不一。髓鞘(myelin sheath)与神经膜细胞对轴突有绝缘及保护作用,在神经轴突损伤后的再生过程中,神经膜细胞具有重要作用,可以诱导神经轴突再生,同时,为再生轴突提供支架与通道(图8-2)。与粗的轴突相比,直径≤1μm的细小神经轴突没有髓鞘,而仅由神经膜细胞胞膜不完全包绕。因此,周围神经纤维根据有无髓鞘又可分为有髓纤维及无髓纤维。神经膜细胞,又称施万细胞(Schwann cells,SCs)存在于周围神经组织中,由Schwann于1939年首先发现并命名。在周围神经系统,它以两种形式存在:包绕轴突并形成髓鞘或包绕轴突不形成髓鞘。SCs来源于胚胎时期的神经嵴细胞,并且先后经历SCs前体和不成熟的SCs两个阶段,最终形成成熟的SCs。近年来研究证实,神经轴突损伤后,神经膜细胞活跃增殖,参与神经坏死组织的裂解、吸收,同时按一定方式排列,引导新生神经轴突沿一定方向向远端生长;更为重要的是,神经膜细胞可以分泌多种神经营养因子,诱发、促进神经轴突的修复和生长,并精确地引导不同功能(运动或感觉)的神经轴突分别长入功能相同的神经终末装置中,从而在细胞水平保证受损伤神经的结构和功能恢复。

(二)神经干组成

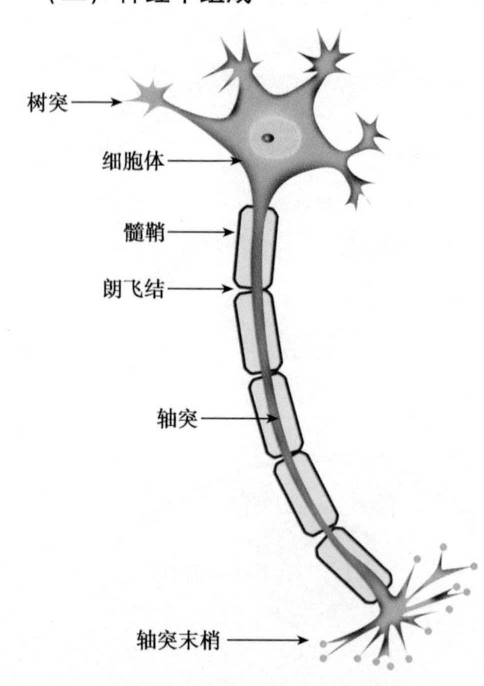

图8-2 周围神经结构模式图

疏松结缔组织构成神经内膜(endoneurium)对神经纤维进行包绕。由神经内膜包绕的众多神经纤维由结缔组织束膜即神经束膜(perineurium)包绕形成神经束(nerve tract),数量不等的神经束集合成神经干(nerve trunk),即临床含义上的周围神经。神经干外层尚有疏松结缔组织膜包裹,称为神经外膜(epineurium)。通过神经内膜、神经束膜、神经外膜互相移行包绕,众多神经纤维集合成神经干。由结缔组织形成的神经系膜(mesoneurium)将神经干固定于机体某一部位,并有一定活动度。神经供应血管经神经系膜进入神经外膜层,神经外膜层内包含神经营养血管(vasa nervorum)及淋巴管(图8-3)。

(三)神经终末装置

周围神经末梢抵达各种组织、器官后,形成各种不同结构的终末小体即神经终末装置(nerve terminal),这些神经终末装置按其生理功能可分为效应器(运动神经末梢)和感受器(感觉神经末梢)。效应器是由中枢向末梢发出的运动神经终止于骨骼肌、平滑肌及腺体,以支配这些器官的运动。

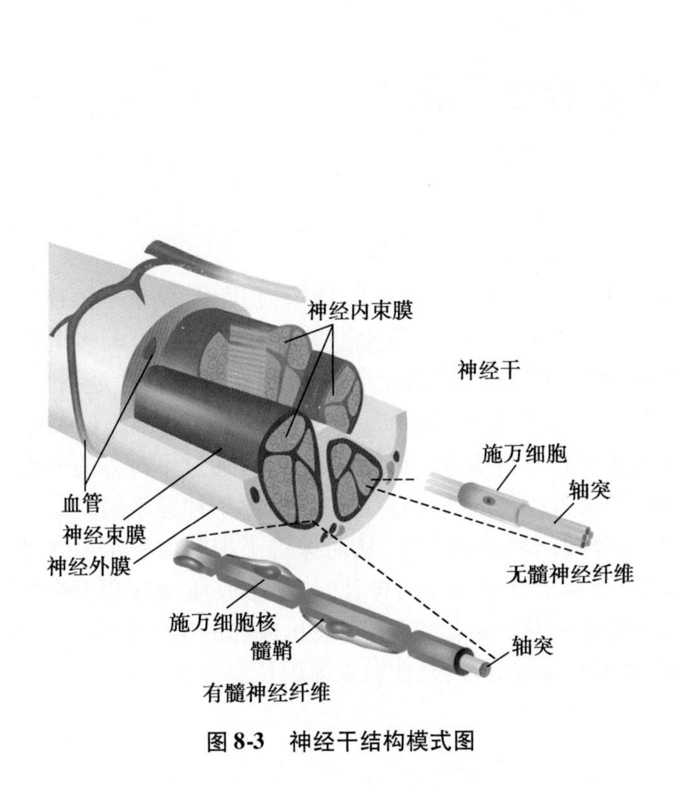

图 8-3 神经干结构模式图

图 8-4 神经冲动传递模式图

感受器则为机体内特化结构，将感应到的各种外周刺激转化为神经冲动（nerve impulse），通过感觉神经纤维向中枢传导（图 8-4）。

二、周围神经的生理

周围神经的血液供应由神经干外与神经干内两组紧密相关的血管系统组成。因此，周围神经和血液供应丰富，侧支循环发达，对缺血具有较强耐受性。这种结构特点对保证正常的神经生理功能具有重要意义。

（一）神经干外血管

神经干外血管系统包括神经伴行血管与神经节段血管。前者多由一根动脉与两根静脉组成血管束，于神经干某一节段与神经伴行，沿途发出神经节段血管进入神经干；神经节段血管则部分来自神经伴行血管，部分来自邻近的其他血管干，于神经干全长范围内相隔一段距离即在节段经过神经系膜到达神经干，并于神经外膜表面分为升降支，移行为神经外膜血管且相互沟通吻合。

（二）神经干内血管

神经干内血管系统由神经外膜血管、神经束间血管网与神经束内微血管网互相移行、吻合组成。神经外膜血管由各神经节段性血管在神经外膜表面分出的升降支纵行吻合而成，并延续神经干全长，由其发出分支互相吻合深入神经束之间，形成神经束间血管网。神经束间血管网大多数为毛细血管网，走行于神经束间结缔组织内并形成众多毛细血管，斜行穿越神经束膜形成神经束内毛细血管网。神经束内毛细血管网负责神经纤维营养供应及物质交换。

神经纤维的营养供给来源于神经元胞体合成的物质沿轴突进行的轴浆运输（axoplasmic transport）和局部的神经营养血管。前者向神经末梢供应营养，转运代谢产物，维持轴突生存、生长；后者对于神经纤维的功能维持以及损伤后的再生、修复具有重要意义。

第二节 周围神经干细胞

一、神经干细胞的概念

神经干细胞(neural stem cell,NSC)概念最初由 Reynolds 和 Richards 在 1992 年提出,是指中枢神经系统中具有自我更新能力并且能够分化成脑细胞(包括神经元、星形胶质细胞和少突胶质细胞)的多潜能细胞。2000 年,Gage 在 Science 杂志上提出的定义为:神经干细胞是指能产生神经组织或来自神经系统,具有一定自我更新能力,能通过不对称分裂产生一个与自己相同的细胞和一个与自身不同的细胞(神经元、星形胶质细胞、少突胶质细胞),是一类具有分裂潜能和自更新能力的母细胞,它可以通过不对等的分裂方式产生神经组织的各类细胞。Gage 将 NSC 的特性概括为:①可生成神经组织或来源于神经系统。②具有自我更新能力。神经干细胞具有对称分裂及不对称分裂两种分裂方式,从而保持干细胞库稳定。③可通过不对称细胞分裂产生新的细胞,即多向分化潜能:神经干细胞可以向神经元、星形胶质细胞和少突胶质细胞分化。另外,应具有:低免疫源性:神经干细胞是未分化的原始细胞,不表达成熟的细胞抗原,不被免疫系统识别;较好的组织融合性:可以与宿主的神经组织良好融合,并在宿主体内长期存活。

二、神经干细胞的分类

1. 根据分化潜能及产生子细胞种类不同神经干细胞分类

(1) 神经管上皮细胞:分裂能力最强,只存在胚胎时期,可以产生放射状胶质神经元和神经母细胞。

(2) 放射状胶质神经元:可以分裂产生本身并同时产生神经元前体细胞或是胶质细胞,主要作用是幼年时期神经发育过程中产生投射神经元完成大脑中皮质及神经核等的基本神经组织细胞。

(3) 神经母细胞:成年人体中主要存在的神经干细胞,分裂能力可以产生神经前体细胞和神经元和各类神经胶质细胞。

(4) 神经前体细胞:各类神经细胞的前体细胞,比如小胶质细胞是由神经胶质细胞前体产生的。

2. 根据部位神经干细胞分类

(1) 中枢神经干细胞(CNS-SC):一般是指存在于脑部的中枢神经干细胞(CNS-SC),其子代细胞能分化成为神经系统的大部分细胞。将在其他章节讨论。

(2) 神经嵴干细胞(neural crest stem cell,NCSC):NCSC 也称为外周神经干细胞(peripheral neural stem cell,PNSC),既可发育为外周神经细胞、神经内分泌细胞和 Schwann 细胞,也能分化为色素细胞(pigmented cell)和平滑肌细胞等。神经嵴细胞是脊椎动物进化过程中出现的一类特有的具有迁移能力的细胞。在胚胎及成体发育过程中,它们能够分化为诸如骨、软骨、结缔组织、色素细胞、内分泌细胞及神经细胞和神经胶质细胞等多种类型的细胞和组织。神经嵴细胞具有惊人的多系分化潜能和一定程度的自我更新能力,这种能力甚至持续到成年期,且说明神经嵴细胞具有干细胞和祖细胞的重要特征。神经嵴干细胞的特定属性使其在组织修复和疾病的细胞治疗方面表现出巨大的应用潜能。

三、神经嵴与神经嵴干细胞

(一) 神经嵴细胞

1. 概念及结构 神经嵴(neural crest,NC)是一个细胞群。1868 年瑞士胚胎学家 Wilheim His 首次描述了这一结构,因其定位于在脊椎动物胚胎中背部外胚层和神经管之间,称之为"Zwischenstrang",即中间带。后来根据其准确地解剖位置这一结构被 Arthur Milnes Marshall 最终命名为神经嵴。脊椎动物胚胎形成过程中神经褶融合形成神经管时从背壁产生神经嵴细胞。最初它们构成神经上皮一部分,因而在形态学上不易与其他神经上皮细胞区分。之后在神经板和表面外胚层组织接触介导的相互作用产生的信号引导下,经过上皮-间充质转化,神经嵴细胞开始逐渐分节并广泛迁移定位到胚胎的不同部位,并最终参与形成从周围神经系统到颅骨等许多不同类型的组织成分。

在脊椎动物胚胎早期发育过程中,神经嵴是出现的暂时性结构,从低等动物鱼类到高等动物人类具有极大的相似性。人胚发育第 14 天时,胚盘中轴区的外胚层局部增厚形成神经板,人胚 18 天左右时,神经板两侧缘增厚、隆起形成神经褶,神经褶进一步隆起、靠近与融合形成神经管。在神经褶闭合形成神经管的过程中,神经沟边缘与表面外胚层相延续处的神经外胚层细胞游离出来,形成左右两条与神经管平行排列的索状细胞,即神经嵴,位于神经管的背外侧和表面外胚层的下方,自中脑阶段延伸至尾部。神经嵴细胞具有多潜能性,可增殖并分化为不同类型的成熟组织和细胞。外胚层与神经沟边缘之间的神经外胚层细胞在神经管的背外侧构成与神经管平行排列的两条带状的细胞索,从中脑平面一直延伸至尾部。由此迁出的神经嵴干细胞分布广泛。由于神经嵴干细胞具有活跃的增殖能力和分化潜能,所以备受国内外学者的关注。

2. 神经嵴细胞的多潜能性 最关键问题在于是否单个神经嵴细胞具有多潜能性,或者在迁移之前是否每个神经嵴细胞的命运就已注定。鹌鹑-鸡胚移植实验体系的建立让人们第一次证明迁移前神经嵴细胞的可塑性。该实验将鸡胚预定肾上腺素能神经元区段切除后,将同胎龄鹌鹑胚神经管预定胆碱能神经元经典区段移植到该缺损部位。这一异位移植实验显示,在适当的环境下预定肾上腺素能神经嵴细胞前体细胞也能够发育成为胆碱能神经元。这表明在迁移之前神经嵴细胞的命运并非完全已经注定。随后,鸡胚躯干神经嵴细胞体外多层培养分化实验证明成黑色素细胞分化和成肾上腺素能细胞分化能够同时发生。这进一步证明神经嵴细胞作为多潜能细胞的可能性。但考虑到细胞培养过程中的异质性,该结论的说服力尚有限。随后有学者通过一系列体内和体外实验再次提供证据表明单个神经嵴细胞具有多潜能性。体外研究中,迁移前鹌鹑胚单一躯干神经嵴细胞发育潜能实验显示,这些细胞在体外培养环境中能够分化为至少两种细胞:黑色素细胞和神经元细胞。当将迁移前鹌鹑胚单一躯干神经嵴细胞克隆形成的细胞集落移植到鸡胚胎时,科学家们发现这些细胞与鸡胚宿主神经嵴细胞一样迁移并具有参与组织和器官发育的能力。由这些单一细胞克隆形成的细胞群衍生出了不同类型的神经元细胞,构成了交感神经节、肾上腺及大动脉丛组成成分。这些实验获得的一个重大发现就是单个神经嵴细胞可以增殖为两个不同类型的姐妹细胞,比如一个是黑色素细胞,另一个则是肾上腺素能细胞,从而最终确定了神经嵴是一类多潜能细胞群。

在体染色和谱系示踪技术的发展使得在体内追踪单个神经嵴细胞整个活动过程成为可能,即从迁移前、到迁移、定位及最终分化。体内鸡胚追踪实验显示,单个躯干神经嵴细胞既能衍生出神经结构,也能衍生出非神经结构。这说明多潜能性不仅存在于迁移前躯干神经嵴细胞,还存在于迁移的躯干神经嵴细胞。同样,人们观察到颅神经嵴细胞能够衍生出多种不同类型细胞,包括神经元系、神经胶质细胞系及黑色素细胞系。此外颅神经嵴细胞还能够衍生为中外胚层前体细胞,进而发育为骨、软骨及结缔组织,这是神经嵴索上其他神经嵴细胞所不具备的。此外,体外克隆分析实验提示,迁移中的单个颅神经嵴细胞能够同时向神经细胞、神经胶质细胞、软骨及色素细胞分化的几乎没有,而大多数单个颅神经嵴细胞源性克隆集落只由一到两种不同类型的细胞组成。鸡胚体内实验显示,单个迁移前躯干神经嵴细胞分化潜能同样有限。另有实验发现,从鹌鹑胚胎鳃弓分离获得的神经嵴细胞能够分化成多达 4 种不同类型的细胞。近期,单个颅神经细胞和躯干神经嵴细胞的多潜能属性同样在鸡和小鼠实验中得到证实。事实上,体外实验证明 sonic hedgehog(SHH)蛋白能够促进神经嵴细胞向神经细胞、神经胶质细胞、黑色素细胞、肌成纤维细胞、软骨细胞及骨细胞等多种类型细胞分化。人们曾经认为,kit^+躯干神经嵴细胞只发育为黑色素细胞,而 kit^-躯干神经嵴细胞之分化为神经细胞和神经胶质细胞。然而随后 Motohashi 等用基因学方法证明,利用胚胎干细胞诱导的神经嵴细胞和直接从胚胎获取的神经嵴细胞,$sox10^+/kit^+$和 $sox10^+/kit^-$细胞均具有分化成为神经细胞、神经胶质细胞和黑色素细胞的能力。

以上实验说明神经嵴细胞具有多潜能性。然而,大多情况下神经嵴细胞是在体外培养及存在外源性诱导因子(比如SHH蛋白)的条件下呈现多向分化潜能,这些分化潜能未必能在胚胎环境下再现。结合神经嵴细胞作为过渡性结构这一事实,认为神经嵴细胞是一群祖细胞而非严格意义上的干细胞群的观点可能更准确。真正的干细胞很可能是神经干细胞,他们构成了神经外胚层。而根据单一神经上皮细胞体内标记实验所得结果显示,神经嵴细胞最终由神经外胚层细胞衍生而来。人们从神经嵴细胞受到诱导后从原始神经上皮开始迁移这特性想到,神经嵴前体细胞不可能在神经上皮成熟和中枢神经系统发育的大部分时期内持续存在。

有实验证明,E14.5胚胎皮质层细胞仍然能够诱导成神经嵴细胞,而这一过程主要依赖Sox2的失活以及Sox9的激活。诱导的皮质神经干源性神经嵴细胞随后被移植到鸡胚后脑。该实验观察到移植的神经嵴细胞重现了鸡胚内源性神经嵴细胞的迁移路径,即由近端到远端广泛分布到鳃弓并分化构成脑神经节内的感觉神经元。这一结果强有力提示,中枢神经系统发育与神经嵴发生及分化间的发育隔膜可以解除,即神经干细胞与神经嵴细胞之间在胚胎发育的很长一段时间内能够相互转化。

(二)神经嵴祖细胞的概念及自我更新能力

在早期迁移的颅神经嵴细胞中已经鉴定出一类具备高度分化潜能的祖细胞,这类细胞能够衍生出神经嵴源性的所有细胞类型,包括神经细胞、胶质细胞、黑色素细胞、肌成纤维细胞、软骨细胞及骨细胞,但是其长期自我更新能力还有待观察。当存在SHH蛋白作用时,这类组细胞更容易出现,提示SHH通路与多潜能颅神经嵴干细胞的活力及增殖相关。如果将这类具有高度分化潜能的组细胞移植到神经嵴的四个不同部位,即颅神经嵴、心脏神经嵴、躯干神经嵴和迷走神经嵴的迁移过程中,并检测其体内分化情况,则这一实验将确定这类细胞是否在四种不同的环境中均具有多潜能性。而正如上面所提到的,这类细胞的自我更新能力尚不符合严格意义上的干细胞定义。自第一次分离成功至今,人们已经不仅在其他妊娠晚期胚胎组织,甚至在成体身上发现并成功分离获得多潜能神经嵴组细胞。这一发现为神经嵴细胞的临床应用开启了大门,比如组织工程领域和创伤修复领域。

在胚胎和成体动物肠内均发现了多潜能肠的祖细胞。两种来源肠的祖细胞研究发现,他们都具有自我更新能力,且在体外培养条件下都能够分化成神经细胞、胶质细胞及肌成纤维细胞,尽管成体动物肠源性的祖细胞这两种能力均相对较弱。有趣的是将大鼠胚胎来源新鲜神经嵴祖细胞不经过体外培养而直接移植到鸡胚宿主内,发现这些移植的祖细胞将主要衍生为神经细胞;而如果以同样的条件移植的是成体大鼠肠源性的神经嵴祖细胞,则移植的祖细胞将主要衍生为胶质细胞。需要进一步说明的是,移植的胚胎来源祖细胞能够迁移出移植位置,分化为神经细胞并最终定位到更末梢的位置如Remak神经节和肠;而成体来源祖细胞只迁移到它们移植的后肢芽体节(交感神经链、周围神经)的邻近结构中。因此,肠的祖细胞发育潜能似乎随着年龄的增长而减弱,这与真正意义上的干细胞的特性相悖。胚胎坐骨神经源与胚胎肠源神经嵴干细胞分化潜能的比较实验中发现,前者主要分化成胶质细胞,而后者主要往神经细胞分化,即这两种来源神经嵴干细胞群存在内在差异。这一现象提示,从同一动物不同部位分离得到的迁移后神经嵴细胞祖细胞存在内在差异。

肠源迁移后神经嵴祖细胞被移植到先天性巨结肠疾病大鼠模型内无神经节细胞的末端肠内。这些移植的细胞存活下来并分化出表达神经细胞标记物的细胞。先天性巨结肠病是发生在人类的一种先天性疾病,主要特征是远端结肠神经节细胞缺失导致局部肠蠕动障碍,如果得不到治疗最终将致命。已经发现多个与该病发生相关的基因,内皮素受体B(endothelin receptor B,EDNRB)是其中之一。在一个重要实验中,从EDNRB缺陷大鼠胚胎内分离获得肠源神经嵴祖细胞,经体外培养后将其移植到另一EDNRB缺陷大鼠缺乏神经节细胞的肠段,可观察到这些外源祖细胞能够移植成活并参与神经再生。因此,似乎寻找到一个或许非常有效的治疗方法,即从先天性巨细胞患者自身正常肠段分离获得多潜能肠源神经嵴细胞,并最终将自身来源祖细胞移植到病变肠段,该方法还避免了一般移植手术所面临的组织相容性难题及免疫抑制问题。从胚胎和成体动物背根神经节(dorsal root ganglion,DRG)中也能够分离得到多能迁移后神经嵴祖细胞。在标准培养基中,大鼠胚胎源神经嵴祖细胞的分化潜能非常有限,其主要衍生出神经细胞和胶质细胞,而加入外源性诱导因子还能促进其向表达平滑肌肌动蛋白的非神经细胞分化。这一实验未涉及自我更新能力的分析。在另一实验中分离获得了形成小细胞团的细胞克隆,这些细胞来自培养的背根进入区胚胎边界帽(boundary caps,BC)细胞。BC 细胞源于晚期迁移的躯干神经嵴细胞,体内实验证明其能够分化为感觉神经细胞和神经胶质细胞。BC 细胞能够克隆增殖长达 6 个月,并表达特征性的神经嵴干细胞标记物,包括 nestin 和 P75。另外 BC 细胞的基因表达谱与干细胞非常相似。相对于从神经节中心部分分离得到的细胞,BC 细胞明显呈现出更像干细胞,形成克隆的细胞。BC 神经嵴干细胞也能够在体外自我更新和分化成神经细胞、胶质细胞和平滑肌样细胞。BC 神经嵴干细胞与迁移前神经嵴干细胞重要的不同点在于,前者在缺乏诱发因素情况下不能分化为感觉神经细胞,提示 BC 神经嵴干细胞的分化潜能受到更多的限制,且受到环境影响。利用成体动物背根神经节祖细胞的实验中观察到了类似的结果,不同的是这些祖细胞的自我更新能力比胚胎源性祖细胞更弱。有观点认为神经嵴细胞衍生出胚胎 BC 细胞,后者进一步衍生为卫星胶质细胞,最终卫星胶质细胞构成了成体背根神经节祖细胞的来源。而要证明这些祖细胞是否是真正的干细胞尚需要大量的体内实验。

一个能够更精确地获取哺乳动物神经嵴源性祖细胞的方法是应用 P0 和 Wnt1 启动子的 Cre/Floxed-EGFP 基因小鼠模型。尽管 P0 蛋白主要在施万细胞表达,但研究表明,其也在胚胎神经嵴细胞中短暂激活表达。因此,可以认为在这一模型中只有神经嵴源性细胞才会表达增强绿色荧光蛋白,这使得鉴别成体背根神经节、触须垫(whisker pad,WP)及骨髓(bone marrow,BM)内神经嵴源性细胞更加容易。骨髓内 EGFP 阳性细胞同时还表达 P75 和 Sox10,后两者在神经嵴细胞典型表达。流式分选技术从成年小鼠骨髓、背根神经节及触须垫内分离得到的 $EGFP^+$ 细胞在体外培养条件下能够形成神经球,这是神经嵴源性细胞增殖期的特征。当处于含血清诱导分化培养基中时,这些神经球显示出三系分化潜能,即分化为神经细胞、胶质细胞和肌成纤维细胞。有意思的是,三种不同来源细胞形成的神经球的三系分化率却不尽相同,其中背根神经节源性细胞最高(74.6%),而触须垫源(7.3%)和骨髓源(3.3%)细胞很低。这些组织来源的祖细胞大多数只能分化为 1~2 类细胞,比如触须垫源祖细胞主要分化为神经细胞和肌成纤维细胞,骨髓源祖细胞主要分化为肌成纤维细胞。当然,这些结论仅基于每一细胞系检测单个标记物表达所得结果,且尚没有通过体内实验验证。三种不同组织来源的细胞的自我更新能力反映了他们的分化潜能,其中背根神经节源性细胞二级神经球形成率最高,提示其分化潜能最强。

骨髓内神经嵴源性祖细胞的发现意义重大,更加肯定了在间充质干细胞和神经嵴细胞之间存在某种关系。尽管间充质干细胞被认为产生于骨和骨髓,但究竟由何种细胞衍生而来却依然不清楚。通过研究转 P0 启动的 Cre/Floxed-EGFP 基因小鼠和转 Wnt1 启动的 Cre/Floxed-EGFP 基因小鼠的躯干神经嵴源细胞,发现这些细胞具备间充质干细胞样特征,即自我更新能力和分化为骨细胞、软骨细胞及脂肪细胞的间质细胞系分化能力。需要指出的是,该实验只取材神经嵴躯干段而非头段,因为后者含有能够自发衍生出骨细胞和结缔组织。这或许有助于解释为何骨髓间充质干细胞能够分化为神经细胞相关结构。尽管人们都认为骨髓细胞能够转分化成神经细胞,但是骨髓神经嵴祖细胞的发现进一步表明发生这一转分化的骨髓细胞很可能是存在于骨髓内的神经嵴源性间充质干细胞。当然,需要指出的是,上面的实验结论认为或许神经嵴并非间充质干细胞的唯一来源。最近利用 fate mapping 研究法在骨髓内发现了一类少量但意义重大的间充质干细胞样特征的细胞,即 $Mesp1^+$ 细胞,Mesp1 蛋白是一种碱性螺旋-环-螺旋蛋白(bHLH 蛋白),该蛋白表达于轴旁中胚层。而除了已知的神经嵴和轴旁中胚层外,是否存在尚未发现的其他间充质干细胞来源还有待研究。

在这里有必要提及上述实验所用两种转基因小鼠模型的差异性。P0-Cre/Floxed-EGFP 双杂合基因敲入小鼠骨髓内 $EGFP^+$ 细胞同时表达内皮细胞标记物 PECAM-1 和平滑肌细胞标记物 SMA-1;而 Wnt1-Cre/Floxed-EGFP 双杂合基因敲入小鼠骨髓内 $EGFP^+$ 细胞则不表达这两种标记分子。因为 Wnt1 基因能够在成年啮齿动物骨髓内表达,所以 EGFP 基因的表达可能依赖于 Wnt1 基因的表达活性。当 P0 基因启动时,需考虑到 P0 是施万细胞的标记蛋白。因此研究者在作相关结论时必须考虑到诸如此类的差异和问题。

(三) 神经嵴干细胞

1. 神经嵴干细胞的分离　神经嵴干细胞(neural crest stem cell,NCSC)这一概念是 1992 年由 Stemple 和 Anderson 两位科学家创造的,他们通过体外实验证实,哺乳动物神经嵴细胞的多潜能和自我更新能力。尽管类似工作早就在鸡胚上开展,但是 Stemple 和 Anderson 最先利用非破坏性抗神经嵴细胞上表达的低亲和力生长因子受体 P75 抗体，以荧光激活细胞分选术（fluorescence-activated cell sorter，FACS）从啮齿动物躯干段神经管分离获得了纯化的/富集了的神经嵴干细胞。分离获得的神经嵴细胞主要分化为周围神经细胞，部分还可分化为不成熟的施万细胞。分离的神经嵴细胞二次克隆既有神经细胞也有非特异性非神经细胞，他们中的许多又形成多潜能的干细胞亚克隆。P75 分选技术后来又被用来从迁移后神经嵴细胞群中分离神经嵴干细胞，比如从大鼠幼胎坐骨神经分离神经嵴干细胞。因为在胎鼠内 P75 还在周围神经系统胶质细胞上表达，为获得纯化的神经嵴干细胞，在这一实验中作者使用抗 P0 抗体（P0 是一种在胶质细胞上表达的外周髓鞘蛋白）。体外培养情况下，分离获得的已定位神经嵴干细胞能够分化为神经细胞、施万细胞及平滑肌样肌成纤维细胞；不经过任何体外培养等中间过程而将分离获得的神经嵴干细胞直接移植到鸡胚躯干，移植的神经嵴细胞广泛迁移到周围神经系统的各个位置并分化为神经细胞和胶质细胞。这一直接移植实验强有力地说明，神经嵴干细胞分化能力与体外培养方法无关。当然这个问题还需要神经嵴干细胞领域更加细致的研究。

从胚龄 10.5 天小鼠胚胎第一鳃弓分离获得迁移后颅神经嵴细胞。这一时期第一鳃弓内神经嵴细胞尚未分化，因为其尚不表达神经细胞、胶质细胞和平滑肌细胞的特征性细胞标记物。不表达这些细胞标记物提示神经嵴细胞处于未分化状态，但同时这一结果不排除这些标记物不表达仅仅是因为尚处于分化早期，尤其是当每种细胞类型只选择了相应的一种细胞标记物的时候。人们观察到，这些分离得到的迁移后颅神经嵴细胞在某些条件下保持未分化状态，而在体外又能够衍生出表达有神经细胞、胶质细胞、骨细胞和肌成纤维细胞特异性标记物的细胞。值得注意的是，在同一实验中还观察到，在允许分化的情况下这些分离得到的颅神经嵴组细胞能够同时表达平滑肌标记物平滑肌收缩蛋白（smooth muscle albumen，SMA）和成骨细胞标记物碱性磷酸酶（alkaline phosphatase，ALP）。因为这些分化需要特殊培养基诱导，所以有可能是培养基内的生长因子启动了细胞内决定细胞类型的遗传标记物的表达，而并不能够反映该细胞的真实命运。此外，单个标记物的表达并不意味着该细胞就分化成了神经细胞、胶质细胞或是任何其他类型的细胞。因此分析结果作结论的时候必须考虑到这一点。随后进一步的实验证明迁移后颅神经嵴细胞在体内也具有自我更新能力和成骨细胞分化能力。在该实验中，移植到宿主颅顶缺损部位的迁移后颅神经嵴细胞成功地分化为骨细胞并参与修复该缺损。

2. 神经嵴干细胞的生物学特性　神经嵴干细胞是脊椎动物早期胚胎发育过程中的阶段性干细胞，它并不是由处于单一分化状态的均一细胞组成，即神经嵴干细胞可由不同的细胞亚群组成，但并不意味着各个不同的亚群只有一种分化潜能，而是可分为不同时期的各种分化状态的细胞，包括完全未分化的干细胞和具有向不同方向分化的定向前体细胞，具有极强的可塑性。神经嵴干细胞与其他细胞、细胞外基质、生长因子或激素相互作用从而进行分化。这些分化信号存在于神经嵴干细胞迁移前、迁移中或迁移后的任何时期，并且不同区域的神经嵴干细胞的分化方向是相互交叉的。研究表明，每一种亚群细胞都至少有两种分化潜能。体内实验证实，神经嵴干细胞的衍生物遍及了外、中、内三个胚层，包括周围神经系统和肠神经系统的神经胶质、神经元、大部分的初级感觉神经元；内分泌细胞、心脏流出道和大血管的平滑肌细胞；皮肤和内脏器官的色素细胞，以及头面部的骨、软骨、结缔组织等。神经嵴干细胞的主要生物学特性包括：①具有多向分化潜能。体内实验证实，神经嵴干细胞的衍生物遍及了外、中、内三个胚层，包括周围神经系统和肠神经系统的神经元、胶质细胞，内分泌细胞、心脏流出道和大血管的平滑肌细胞，皮肤和内脏的色素细胞，以及头面部的骨、软骨、结缔组织等。②具有自我更新的能力，可通过不对称分裂和对称分裂两种方式来维持细胞数量的稳定。③迁移性。区别于其他干细胞，神经嵴干细胞可进入特定的迁移路径，到达远离发生部位的靶器官或靶组织后分化为相应的子代细胞。迁移路径通常可分为背外侧和腹侧两种，前者沿体节与外胚层之间的空隙迁移，后者沿神经管与体节之间的空隙迁移。

神经嵴细胞源性结构最初产生于神经嵴索的四个不同部分：颅神经嵴、心脏神经嵴、迷走神经嵴及躯干神经嵴。颅神经嵴是神经嵴细胞多潜能性的最佳代表，它们发育构成头面部大多数骨和软骨结构，以及神经节、平滑肌、结缔组织和色素细胞。心脏神经嵴参与构成主动脉膈和心脏锥干部，因而与心脏发育相关。迷走神经嵴发育构成肠迷走神经节。颅神经嵴干细胞除参与形成头颈部腹侧皮肤的真皮、平滑肌及腺体中结缔组织基质等软组织外，尚可特征性分化为颅面部骨架硬组织。与颅神经嵴干细胞不同，躯干神经嵴干细胞主要分化为周围神经系统的神经元和神经胶质细胞、内分泌细胞及色素细胞，并参与背根神经节、交感神经节和脊索的形成，在周围神经系统、内分泌系统及皮肤的形成的发育过程中起主要的作用。区别于其他细胞，神经嵴干细胞具有在发育过程中迁移的特性。神经嵴干细胞可进入特定的迁移路径，到达远离发生部位的靶器官或靶组织后分化为相应的子代细胞。迁移路径通常可分为背外侧和腹侧两种，前者沿着体节与外胚层之间的空隙迁移，后者沿着神经管与体节之间的空隙迁移。颅神经嵴以背外侧为主，躯干神经嵴以腹外侧路径迁移为主。

由于显著的神经及间充质结构分化发育能力，神经外胚层源性神经嵴细胞被看作为第四胚层。而关于神经嵴细胞的“干性”却存在争议，因为严格意义上的干细胞是指那些增殖后能够产生一个完全相同的姐妹细胞（即自我复制）和另一个分化潜能降低了的细胞（即分化）的细胞。在过去的 15 年间人们开展了大量的体内外实验检测和证明神经嵴干细胞的多潜能性和自我复制能力，但仍然有许多疑点。例如，神经嵴细胞在胚胎内只短暂地出现，因此与其说是干细胞，不如将大多数神经嵴细胞看作祖细胞更合适。与干细胞一样，祖细胞也具有自我更新和分化的能力，而不同点在于相对于前者，后者的这两种能力受限。尽管有语义上的差异，神经嵴细胞却仍因其在脊椎动物生长发育、进化及疾病发生方面的重要性而备受科学家们关注。

3. 神经嵴干细胞的定位分布　近期的研究结果表明，神经嵴干细胞广泛存在于不同年龄神经组织的不同部位。早期胎是神经系统快速增长发育的阶段，在这个时期神经嵴干细胞主要存在于神经管两侧。以往曾认为成年动物体内不存在神经干细胞，但研究发现，在成体哺乳动物的毛囊、肠神经系统及背根神经节等部位也可分离出此类具有增殖分化能力的神经嵴干细胞。此外，通过诱导分化胚胎干细胞也可获得神经嵴干细胞。

4. 神经嵴干细胞的标志物　鉴定神经嵴干细胞的方法通常是采用单克隆抗体（nestin 和 p75，）进行免疫细胞化学双重染色。巢蛋白（nestin）是神经干细胞标记物，属于第Ⅳ类中间丝蛋白，仅在胚胎早期神经上皮表达，出生后便停止表达，它的表达与神经干细胞的自我复制和分化成其他类型细胞的多潜能性有关，神经嵴干细胞也表达此种蛋白。低亲和力神经生长因子受体（low affinity nerve growth factor receptor，LNGFR，p75）是神经细胞表面标记物，可表达于神经嵴干细胞和施万细胞前体细胞，但是神经干细胞不表达。

5. 胚胎和成体其他组织内的神经嵴干细胞

（1）小鼠和人胚胎源性神经嵴干细胞：目前，人们投入了相当多的精力以探讨神经嵴干细胞究竟由何种胚胎干细胞衍生而来。科学家们已经成功利用小鼠和人胚胎干细胞获取能够发育为神经嵴派生细胞的神经嵴样组细胞。这种方法避开了从人胚胎内直接分离获取神经嵴干细胞这一无法实现的难题，将大大有利于人类神经嵴干细胞的研究。尽管已经能够从成年人分离得到人神经嵴源多潜能祖细胞，但不仅其含量甚少，且相对胚胎来源的同一种细胞它们的自我更新能力和多向分化潜能要弱得多。此外，尽管在人体开展人神经嵴源祖细胞研究不太可能，但是利用人神经嵴干细胞开展的模式动物实验和体外实验能够起到互补的作用。

首先证明小鼠和灵长类胚胎细胞能够被诱导形成神经嵴衍生物的是一项用基质层扩增体系培养胚胎干细胞的实验，在这一实验中胚胎干细胞受到神经外胚层的诱导衍生出感觉神经细胞、自主神经细胞、平滑肌细胞及神经胶质细胞。小鼠胚胎干细胞分化成表达神经嵴标记物——如 Snail、dHand 及 Slug 的神经嵴样细胞，后者继续分化为周围神经系统细胞。后来又有研究揭示了人胚胎细胞源神经嵴样细胞的起源，并发现后者能够分化成周围神经系统细胞。因此这两个实验首先证实了多潜能神经嵴细胞前体能够由小鼠和人胚胎干细胞衍生而来。最新研究显示，胚胎干细胞尚能够衍生出能够分化为黑色素细胞、神经细胞和神经胶质细胞的神经嵴样细胞。但由于用于鉴定神经细胞发育命运的或是神经元特异性标记物（Tuj1），或是中枢神经系统特异性标记物（GFAP），因此，上述实验中观察到的所谓分化后的细胞也可能不是神经嵴来源而是神经干细胞来源的。但是实验发现，将人胚胎来源阳性表达成黑素细胞标记物 c-kit 的细胞移植到鸡胚神经嵴前，可观察到这些细胞迁移到外周神经嵴细胞迁移定位的靶点。但因为只有极少数移植的细胞呈现 Tuj1 染色阳性，所以，认为移植的细胞没有全部分化发育为神经嵴衍生结构。

研究基质层扩增体系培养胚胎干细胞分化而来的神经嵴细胞特性的实验存在两个重要问题:一个是作为饲养层细胞的基质细胞的“污染”问题;另一个是培养基血清中的不明成分对胚胎干细胞的影响。胚胎干细胞与基质细胞可能存在相互作用,但目前仍不清楚。血清培养基内许多未鉴定的生长因子能够促进胚胎干细胞增殖分化,这会在无意中影响实验结果。已经有人尝试新的培养体系,以排除基质细胞的“污染”和培养基内未知生长因子的影响。例如,用流式细胞分选术纯化转 GFP 基因胚胎干细胞就可以消除混杂的基质细胞。但这种方法仍然不能排除分选之前基质细胞和胚胎干细胞的相互作用,这种长时间的作用有可能影响胚胎干细胞的基因表达。目前有研究者使用 P75 或联合使用 HNK-1 来鉴定从人类胚胎干细胞丛(hESC rosettes)分化而来的神经嵴样细胞。分离纯化的 $P75^+$/$HNK\text{-}1^+$ 细胞能够形成神经球结构,并进而分化出神经嵴派生结构。向培养基中加入诱导成神经细胞分化或成间质细胞分化的因子,$P75^+$/$HNK\text{-}1^+$ 细胞形成的神经球能相应派生出表达神经细胞标记物或间质细胞标记物的细胞。但因尚未有证据证实单个神经嵴组细胞克隆增殖后能呈间质细胞系分化和神经细胞系分化,这提示人胚胎干细胞衍生的神经嵴细胞群是由许多亚群组成的,而非真正的干细胞。另外有人观察到某些 $P75^-$ 细胞表达 TH 但却不表达外周蛋白,后两者系常用的周围神经系统细胞标记物。这就是为什么需要同时检测多个细胞标记物以鉴定待测细胞类型,而目前惯用的只鉴定单一标记物的方法应该避免。

用同样的方法已获得用诱导性多能干细胞(iPS Cells)分化而来的神经嵴细胞。用 iPS 细胞生成神经嵴干细胞的方法在再生医学领域有非常大的应用前景,因为可以利用患者自身细胞获得 iPS 细胞,进而生成神经嵴干细胞,从而避免了异体移植所要克服的组织相容性难题。将人胚胎干细胞源神经嵴细胞移植到鸡胚躯干部的实验显示,移植的人源细胞能沿着典型的内源性神经嵴细胞迁移路径发生迁移,并最终分化成周围神经细胞和平滑肌细胞。该实验只将细胞移植到躯干神经嵴区,今后或许能够将其移植到颅神经嵴区以观察其分化潜能,因为颅神经嵴细胞能衍生出更多类型的细胞,除了神经细胞外,还包括骨及软骨细胞。有研究人员已能够利用 iPS 细胞生成黑色素细胞,并进一步证实这些黑色素细胞是神经嵴细胞衍生而来。但是,有研究人员警告说,因其制作过程中通过病毒载体将转录因子基因的组合导入的方式,iPS 细胞目前不适合用作治疗。当然他们潜在的治疗应用价值相当可观。

以基质细胞为饲养层细胞培养人胚胎干细胞衍生的 $P75^+$ 细胞,可见 $P75^+$ 细胞能够形成神经球结构,并表达神经嵴祖细胞标记物,如 HNK-1、Snail 和 Sox9/10。而后加合成培养基培养后,这些神经球结构能衍生出神经细胞、神经胶质细胞及肌成纤维细胞。纯化的 $P75^+$ 细胞单独培养时不能增殖,提示上述实验一开始使用的就是由异质性亚群细胞组成的细胞群。况且细胞的多系分化能力也不能充分说明其“干性”。尽管如此,人胚胎细胞衍生 $P75^+$ 细胞鸡胚躯干神经嵴移区移植实验显示外源 $P75^+$ 细胞能够沿适当的神经嵴迁移路径迁移,部分细胞还表达 SMA 及 Tuj1。

另一项实验中,研究人员认为他们从人胚胎细胞形成的拟胚体(embryoid body,EB)中分离到了一种能够分化为颅神经嵴衍生结构的多潜能祖细胞。在实验中,研究者从拟胚体中分选出 $Frizzled\text{-}3^+$/$Cadherin\text{-}11^+$ 细胞以获得可能含大量迁移阶段颅神经嵴细胞的细胞群,因为体内实验证实 Frizzled-3 和 Cadherin-11 都与颅神经嵴迁移相关。上述实验发现,“富集”后的细胞能够自主衍生出表达与软骨细胞、神经胶质细胞、神经细胞、成骨细胞及平滑肌细胞相关的表面标记物的细胞。但是也发现:$Frizzled\text{-}3^+$/$Cadherin\text{-}11^+$ 细胞自我更新能力非常弱;自主分化发生在第三代细胞,并只用了相应的一种标记物检测分化后细胞类型,且这种分化能力没有体内实验证明因而不可信。Cadherin-11 在非洲爪蟾蜍神经嵴细胞分化过程中持续表达,而在小鼠表达于多种间充质结构。Frizzled-3 在小鼠整个中枢神经系统都表达。因而很有可能分选出来的 $Frizzled\text{-}3^+$/Cadherin-11 细胞群是由祖细胞和分化细胞组成的异质细胞群。

目前,研究人员已创造出一种能够促进小鼠胚胎干细胞在无血清单层培养体系中分化为神经嵴细胞的技术。这一技术避免了未知生长因子和分化因子的影响,也避免了饲养层细胞的“污染”。将胚胎干细胞接种到层粘连蛋白上培养,加入 BMP-4 和 FGF-2 诱导分化后,检测分化细胞表达神经嵴细胞标记物,包括 Snail、Slug、Twist、Sox9/10 及 Pax3,结果显示胚胎干细胞分化为神经嵴细胞。另外,加入特殊诱导培养基时,还能发现表达神经细胞、施万细胞、平滑肌细胞、软骨细胞、成骨细胞及脂肪细胞标记物的细胞。然而,该结论也是建立在每系细胞仅仅检测单个标记物的基础上,因而需要谨慎解释这些实验结果。另一个需要谨慎的原因在于,分化诱导培养基中可能存在某种能够诱导任何细胞内特定基因表达的因子,而不仅仅是诱导胚胎干细胞和神经嵴细胞。因而,如果可行的话一定要检测多个标记物,且在对这些细胞命运下结论之前务必进行功能实验。

要解决的主要是检测未分化的胚胎源神经嵴干细胞。已有研究者通过特定生长因子组合实现既大量扩增神经嵴干细胞,又使其保持未分化状态。体外培养 Sox10-GFP 转基因小鼠胚胎干细胞,人们发现其中带绿色荧光的细胞能表达神经嵴细胞标记物。经过筛选,研究人员最终通过向培养基加入 noggin、Wnt3a、LIF 和 endothelin-3 达到延长神经嵴干细胞未分化状态的时间。有趣的是当把这些细胞移植到胎肠时,它们能够迁移并分化为神经细胞。这是一项非凡的研究,因为它提供了一种在维持神经嵴细胞未分化状态的前提下使其大量扩增的方法,从而克服了细胞数量不足的限制,为开展更广泛的研究提供了便利。但是因为分离细胞时使用了 Sox10 作为标记物,因而得到的细胞有可能不是神经嵴干细胞,况且作者只分析了其神经细胞分化能力,而没有分析这些细胞向其他神经嵴衍生细胞系分化的能力。然而这依然体现了胚胎源性神经嵴细胞和神经嵴干细胞研究领域正在发生迅速和令人兴奋的进步。

(2) 成体其他组织内的神经嵴干细胞:啮齿动物胚胎和成体心脏中也能够分离出神经嵴源性祖细胞。心脏神经嵴细胞参与心脏流出道主动脉肺动脉隔的形成发育,切除心脏神经嵴将导致心脏流出道缺损畸形,比如共同动脉干病。从离体培养的初级神经管组织中分离获得预定心脏神经嵴细胞,制成单细胞悬液后体外培养,可以观察到这些细胞具备分化为平滑肌细胞、神经细胞、施万细胞、色素细胞及软骨细胞的多潜能性。该实验中所用细胞为第几代细胞没有描述,因而该细胞的长期自我更新能力问题悬而未决。另外该实验中还发现其他两类心脏神经嵴细胞,其中一类细胞能够分化为平滑肌肌动蛋白(smooth muscle actin,SMA)包括 SMA^+ 细胞和 SMA^- 细胞,而另一类则专能分化为平滑肌细胞系细胞。这些体外实验尚需要体内实验进一步证实。

在新生和成年小鼠心脏 SP 细胞群中鉴定出多潜能神经嵴细胞。SP 细胞是一类存在于多种组织内的组织特异性祖细胞,它们通常处于休眠状态。体外培养心脏 SP 细胞能够发育形成与神经球(neurospheres)类似的多细胞球形结构——心肌球(cardiospheres)。这些结构表达干/祖细胞标记蛋白,nestin 和 musashi-1。游离的心肌球能够分化出神经细胞、胶质细胞、黑色素细胞、软骨细胞和肌成纤维细胞。研究观察到,移植到鸡胚内的 DiI 标记心肌球衍生细胞(cardiosphere-derived cells,CDC)能够沿着内源性神经嵴细胞迁移路径发生迁移,并最终定位于周围神经系统参与背根神经节、交感神经节、腹侧脊神经的形成,也能够迁移到心脏参与心脏流出道和锥干部形成和发育。值得注意的是,根据移植部位组织类型的不同,这些心肌球衍生细胞相应地分化。有趣的是,从成年大鼠心脏和人类正常或发生梗死的心肌中分离出的一类 $nestin^+$ 细胞也可能是 SP 细胞。当从成年大鼠心脏梗死部位分离得到这种能够形成球状结构的 $nestin^+$ 细胞,并将其移植到另外一只大鼠心脏梗死区后,可以看到它们参与形成新的小血管,考虑到其阳性表达平滑肌肌动蛋白,推测这可能与其分化为血管平滑肌细胞有关。这一能够参与心脏损伤修复的心肌祖细胞具有意义非凡的治疗应用前景。

幼年和成年小鼠角膜中也存在多潜能神经嵴祖细胞。角膜是位于眼球前壁的一层透明组织,起传播和折射光线作用,以使光线正常投射到视网膜。角膜基质层是角膜各层中最厚的一层,由颅神经嵴衍生的角膜基质细胞分泌的细胞外基质组成。角膜基质细胞终身具有修复角膜的能力,这种终身修复能力或许与它们的来源细胞——神经嵴细胞的干细胞样特性有关。利用鸡胚/鹌鹑胚移植实验第一次验证了角膜基质细胞的多潜能性。从鹌鹑晚期胚胎中分离获得角膜基质细胞,然后将其移植到早期鸡胚预定颅神经嵴部位,结果显示移植的鹌鹑角膜基质细胞按照颅神经嵴细胞的迁移途径迁移,并定位于后者富集定位的多个地方,且参与宿主角膜、平滑肌及眼眶骨骼肌的形成和发育。随后从成年小鼠角膜内成功分离出多潜能角膜基质前体细胞,证实神经嵴源角膜基质细胞修复能力与其多潜能性有关。

多潜能角膜基质前体细胞因其角膜来源而被称为 COPs(cornea-derived precursors),并利用 $P0^-$ 和 Wnt1-Cre/Floxed-EGFP 转基因小鼠模型证实了其神经嵴来源。与已知其他多潜能神经嵴祖细胞一样,单个 COPs 在体外培养条件下能够形成球形结构,且能够反复传代(18 次以上),提示其具备自我更新能力。另外,COPs 能够自分化为角膜基质细胞、成纤维细胞及肌成纤维细胞,且尚能够被诱导分化为脂肪细胞、软骨细胞及神经细胞，体现了其多潜能性。从幼鼠角膜内也分离得到了一种与神经嵴源祖细胞类似的具备自我更新和多向分化能力的细胞。然而在随后实验中，研究人员却从成年小鼠角膜内分离不到神经嵴源祖细胞。合理的解释或许是，随着小鼠发育在眼睑睁开前后（即幼鼠期和成年期）小鼠角膜内存在不同类型的祖细胞；当然也或许只是分离过程采用的技术差异所致。

在成年小鼠颈动脉体（carotid body，CB）内也发现了一种神经嵴源干细胞样细胞，且发现这类细胞具备神经样功能。颈动脉体位于颈总动脉分叉处，是由神经嵴源交感神经系细胞构成的一种氧分压感受器。颈动脉体具有高度适应性，缺氧时能够增大其体积，而待到恢复正常氧分压时又恢复到原来大小。Pardal 等从颈动脉体内分离到一种能在体外培养条件下形成神经球的细胞。体内外实验均证明这种细胞能够自我更新，且能够分化为神经细胞（如多巴胺能神经细胞）和 SMA^+ 细胞。利用小鼠 Wnt1-Cre-驱动重组技术进行运命图谱分析所得结果显示，Pardal 等分离的细胞确实起源于神经嵴。颈动脉体内存在两种主要的细胞，即成熟的脉络球细胞（TH^+）和Ⅱ型支持细胞（$GFAP^+$，$nestin^-$）。Ⅱ型支持细胞很快转化为中间祖细胞，后者进一步衍生出成熟的 TH^+ 脉络球细胞。尽管说与神经嵴祖细胞具有同样的多向分化潜能，然而实际上颈动脉体来源祖细胞的分化能力相对更弱些，比如说其能够分化为神经细胞和 SMA^+ 细胞，但并非意味着这些 SMA^+ 细胞就一定是平滑肌细胞。相反，神经嵴祖细胞却能够分化为神经细胞、胶质细胞及肌成纤维细胞。尽管如此，这项研究的结论却提示颈动脉体祖细胞具备在组织工程和组织修复领域的应用及治疗潜力。脉络球细胞能够释放大量多巴胺，已被用于移植试验以治疗帕金森病，并取得了令人满意的结果。该方法的缺陷在于用以分离脉络球细胞的组织来源有限。因此，通过体外培养使颈动脉体祖细胞分化成脉络球细胞的方法或许能够解决这一组织来源不足的问题。

在成年大鼠腭部也分离到具备干细胞特征的神经嵴细胞，并将其称为腭神经嵴相关干细胞（Palatal neural crest stem cells，pNC-SC）。pNC-SC 既表达神经干细胞标记物如 nestin 和 Sox2，也表达神经嵴细胞标记物如 P75、Slug、Twist 及 Sox9。视黄酸能够诱导 pNC-SC 分化成 $Tuj1^+$ 神经细胞，而胎牛血清能够诱导其分化为具有典型胶质细胞形态的 $GFAP^+$ 细胞。该作者没有提及是否观察到 pNC-SC 分化为除上述细胞以外的其他类型的细胞。在该实验中，研究人员还从人腭中分离出了表达干细胞标记物 nestin 和 Oct3/4 的细胞，却并没有证实其自我更新能力和多潜能性。尽管这一发现令人兴奋，但是还需开展进一步实验以证实其神经嵴来源，以及是否具备干细胞/祖细胞特征的任意一种，比如自我更新能力和多向分化能力。

（3）皮肤神经嵴干细胞：Toma 等首先从幼鼠和成年鼠真皮内分离并鉴定出一类多潜能细胞，并命名为皮肤衍生前体细胞（skin derived precursor cells，SKPs）。当时对于皮肤前体细胞的来源并不清楚，实际上作者甚至排除了神经嵴来源的可能性，因为他们发现这种细胞不表达两种常见的神经嵴干细胞标记物——PSA-NCAM 和 P75。但是，该研究小组随后利用转 Wnt-Cre 重组酶报告基因小鼠证实了小鼠面部皮肤内的 SKPs 最初起源于神经嵴。SKPs 定位于毛囊基底部真皮乳头（dermal papilla，DP）层，具备自我更新能力和多向分化能力，在体外培养条件下分化为神经细胞、平滑肌细胞、施万细胞和黑色素细胞。从小鼠背部分离得到皮肤前体细胞并培养形成 SKP 源神经球结构，将 SKP 神经球移植到鸡胚中，可观察到 SKP 神经球衍生细胞迁移并定位到神经嵴发育而来的组织结构中，比如背根神经节和脊神经。

因为躯干部皮肤由生皮节中胚层体节发育而来，因而认为躯干皮肤前体细胞并非神经嵴来源。事实也确实如此，Wong 等使用绘制命运图谱的研究方法证实，与面部皮肤不同，小鼠躯干皮肤真皮乳头层和真皮鞘并非由神经嵴发育而来。但同时他们指出，背部皮肤内能够形成神经球结构的 SKPs 与神经胶质细胞及黑色素细胞系存在某种关系，而后两者均由神经嵴细胞发育而来。最近，Biernaskie 等研究证实小鼠躯干 SKPs 由起源于毛囊真皮乳头区和真皮鞘区的 $Sox2^+$ 细胞发育而来。他们观察到这些细胞能够衍生出皮肤干细胞，起到维持真皮正常结构并修复其损伤和参与毛囊形成的作用。在进一步实验中，采用分别绘制 Wnt1-Cre/Floxed-EGFP 小鼠神经嵴发育命运图谱和 myf5-Cre/Floxed-EYFP 小鼠体节发育命运图谱的方法，该研究小组取得了有力的证据说明躯干皮肤 SKPs 由体节而非神经嵴发育而来。然而有趣的是，面部 SKPs 和躯干 SKPs 具备类似的转录图谱、分化潜能及功能属性。更加意外的是，躯干 SKPs 尚能够分化为正常的施万细胞，而后者被认为仅由神经嵴发育而来。这意味着，要么施万细胞存在神经嵴细胞以外的其他祖细胞来源，要么就是实验中从 myf5-Cre/Floxed-EYFP 小鼠分离的细胞中含有黑色素细胞系细胞，后者存在于毛囊球部。因此考虑到转基因技术的有限性,命运图谱法得到的结果需要仔细分析。在新生儿包皮和成年人躯干皮肤中也分离到了多潜能祖细胞。为鉴定其是否系神经嵴发育而来,由于人类实验的局限性,只检测了 P75 和 Sox10 的表达情况。

在成年小鼠胡须毛囊球部可以分离到一种非 SKPs 的神经嵴源多潜能细胞。与 SKPs 一样,这种被称为表皮神经嵴干细胞(epidermal neural crest stem cells,EPI-NCSC)的细胞在体外能够分化成神经细胞、神经胶质细胞、平滑肌细胞和黑色素细胞。令人惊讶的是,尽管 SKPs 和 EPI-NCSC 差异很大,但是初步结果显示这两种细胞都能够应用于脊髓损伤的治疗。从幼鼠和人类新生儿分离的 SKPs 能够被施万细胞诱导因子在体内外成功诱导分化为成髓鞘施万细胞。在将 SKPs 及其衍生细胞移植到一种碱性磷脂蛋白基因缺陷小鼠——Shiverer 小鼠的实验中可以观察到,两类细胞均呈现髓鞘形成表型并与外周神经纤维及中枢神经纤维产生联系。只是这种表型和联系是否具有功能还有待证实。况且尚不知移植到 Shiverer 小鼠内的所有未分化 SKPs 中没有与神经纤维产生联系的其他细胞如何发育。

从小鼠胡须毛囊分离表皮神经嵴干细胞(EPI-NCSC),经无血清培养基(也就是不含诱导因子)体外扩增培养后,将其移植到另一只小鼠受损的脊髓。与之皮肤衍生前体细胞(SKPs)移植试验结果不同,移植的 EPI-NCSC 衍生出中枢神经系统细胞如 GABA 能神经细胞和少突胶质细胞,而不分化为施万细胞。Fernandes 及其同事进行的一项实验也获得了与该 EPI-NCSC 移植实验不同的结果。在 Fernandes 的实验中,研究人员发现移植到中枢神经系统环境中(大鼠海马体组织培养)的未分化 SKPs 细胞未能发生迁移也不呈中枢神经系统或周围神经系统神经细胞样改变;而如果移植的是 SKPs 衍生细胞,则观察到细胞迁移并呈现周围神经系统神经细胞样表型。这一差异可能是由于 SKPs 和 EPI-NCSC 来源不同,抑或仅仅是因为培养基中缺乏施万细胞分化诱导因子。但考虑到有移植实验证实未分化 SKPs 细胞能够分化出施万细胞,第二种可能性不高。有研究证实,将从胡须毛囊分离的 EPI-NCSC 移植到脊髓受损部位可促进脊髓感觉传导通路连接和触觉的恢复。在这项实验中,尽管只有一侧接受了干细胞移植,且没有观察到干细胞迁移到对侧,然而两侧都出现了上述阳性结果。或许这是因为移植的 EPI-NCSC 合成并分泌的神经生长因子、血管生成因子及金属基质蛋白酶,扩散到没有移植干细胞的一侧,这些因子能够减少瘢痕形成。移植到大鼠脊髓受损部位的 SKPs 衍生施万细胞能够促进内源性髓鞘施万细胞的迁移和募集,该实验证实了上述理论。当然要证明受损脊髓内存在 SKPs 和 EPI-NCSC 或者它们的衍生结构且确定它们在体内的功能,尚还有许多的工作要做。实际上,电生理检测显示 SKPs 衍生的神经样细胞无电生理功能。令人欣慰的是,移植的 EPI-NCSC 没有在脊髓内不受控制地增殖,形成肿瘤。

最近,Li 等从人包皮中分离到一种新的真皮干细胞(dermal stem cell,DSC),并发现其除了能够衍生出表达神经细胞、软骨细胞、脂肪细胞及平滑肌细胞标记物的细胞外,还能够分化出黑色素细胞。当未分化的真皮干细胞被接种到三维重建人工皮肤内时,DSC 迁移到表皮层-真皮层表面之间位置,并分化为黑色素细胞定位于表皮层内,正常皮肤内黑色素细胞也定位于该处。这一点不同于从人包皮中分离的皮肤衍生前体细胞(SKPs),后者不能具有黑色素细胞系分化能力,因而,尽管都是从真皮内分离得到的,这两种祖细胞很可能并非属于同一类。但也或许的确是同一类祖细胞,出现差异只是研究者所用培养条件有利于或不利于黑色素细胞分化所致。事实上也确实如此,Li 等所用培养条件被认为有利于人类胚胎干细胞衍生出黑色素细胞,而上述另一个实验却没有使用这类培养条件。

小鼠皮肤成黑素细胞(神经嵴源黑色素细胞前体)在体外培养时自我更新能力有限,但仍被看作多能干细胞,因为它们能够衍生出 $Tuj1^+$细胞、SMA^+细胞以及 $GFAP^+$细胞。许多科学家为证实他们分离的这种细胞确实是成黑素细胞而进行了大量实验:首先用流式分选出 $kit^+/CD45^-$细胞,kit 是成黑素细胞标记物,CD45 是造血细胞标记物;反转录聚合酶链反应(RT-PCR)的方法定量检测 $kit^+/CD45^-$细胞基因表达情况,得到成黑素细胞特定基因扩增产物,而没有检测到神经细胞特定基因扩增产物;谱系示踪分析法也证实了这些细胞是成黑素细胞。尽管如此,还有大约 26% 的细胞不表达另一种成黑素细胞标记物 mitf,这部分细胞可能由 $kit^+/CD45^-$细胞分化而来的细胞组成。最近一项研究证实鸡胚和小鼠胚胎中 $mitf^+/Sox10^+$细胞与支配皮肤的神经存在联系。切除法和施万细胞前体(Schwann cell precursors,SCP)谱系示踪实验证实许多施万细胞前体获得了发育为成黑素细胞的命运,后者将发育为皮肤中的黑色素细胞。施万细胞前体到底发育为成熟施万细胞还是成黑素细胞,取决于其与神经纤维的联系状态,并由神经调节蛋白信号介导:SCP始终与神经纤维保持接触,则将发育成熟为髓鞘施万细胞;而如果脱离这种接触,则SCP将衍生为成黑素细胞。坐骨神经部分切除实验很好地证实了这一观点,研究者观察到神经损伤区皮肤内黑色素细胞大量增加。施万细胞前体向成黑素细胞分化的机制尚不明确,但是这或许能够解释为何在之前所述的实验中发现包皮成黑素细胞呈现多向分化潜能。也可能是在分离的成黑素细胞中混杂有施万细胞前体,这些施万细胞前体可能与皮肤神经纤维存在或不存在联系,并保持了分化为神经细胞和非神经细胞的能力。施万细胞前体向非神经细胞分化的潜能意味着可能存在多种类型细胞衍生于这一前体细胞。更重要的是,它将皮肤色素改变与神经功能障碍联系了起来,这将有助于我们理解和诊断皮肤色素沉着病。另外,上述证实成黑素细胞是由施万细胞前体衍生而来的实验,强调了神经嵴细胞发育过程的多阶段性,这是以前的实验所没有重视的。但或许正是这些阶段的可塑性使研究者过早地肯定神经嵴细胞的"干性",尤其是从成年个体分离的神经嵴细胞。

6. 影响神经嵴干细胞分化的主要因素 目前的研究发现,影响神经嵴干细胞分化的主要因素可能包括以下几方面:

(1)影响其分化的基因:影响神经嵴干细胞分化的基因很多,体内的研究方法主要是通过敲除小鼠的某个特定基因或使某个特定基因发生突变来实现的。目前认为,有两种核转录因子参与神经嵴干细胞的分化,这两种转录因子分别为HAND和MASH1,均属于螺旋-折叠-螺旋结构的蛋白,在神经嵴干细胞的发育和分化中发挥了重要作用。MASH1是神经嵴干细胞向自律神经元分化所必需的。从大鼠胚胎的肠中分离获得肠神经嵴干细胞,这些细胞表达MASH1并分化为自律神经元,随着时间的推移,MASH1的表达逐渐降低,细胞分化能力也随之减弱。内皮素受体(endothelin acceptor,ETAr)也可以影响神经嵴干细胞的发育,内皮素受体基因缺陷型小鼠具有起源于颅神经嵴干细胞的颅面部和心脏神经嵴干细胞来源的心血管流出道的畸形,而在正常的有ETAr mRNA表达小鼠中,没有这种现象。ETAr可能通过其下游靶分子Goosecoid来发挥作用的。

(2)影响其分化的细胞因子:近年来,神经嵴干细胞生物学的研究证实,神经嵴干细胞随着局部微环境的改变向不同的方向分化,成体局部微环境对神经嵴干细胞定向分化为特定细胞具有诱导作用。其中,特定组织专一性基因表达产物是关键性活性调节分子。神经调节蛋白1(neuregulin,NRG1),如glia growth factor(GGF),主要通过抑制其向神经元方向分化,从而促进干细胞向神经胶质细胞的分化,并且可调节髓鞘的厚度;骨形成蛋白(bone morphogenetic proteins 2/4,BMP2/4)、脑源性生长因子(brain derived growth factor,BDGF)可促进神经嵴干细胞向神经元方向分化;转化生长因子-β(transforming growth factor-β,TGF-β)可促进神经嵴干细胞向平滑肌细胞的分化;而神经营养因子-3(neurotrophin-3,NT-3)则可充当分裂原的作用,影响神经嵴前体细胞的存活和分化。因此,神经营养因子不仅仅是神经元的存活因子,在未分化的神经嵴干细胞中,它还可以是细胞生长和分化的诱导剂。另外,一些造血因子,如白血病抑制因子(leukemia inhibitory factor,LIF),具有诱导其向神经元细胞分化的活性,同时也是神经元的一种长效存活因子。在神经嵴干细胞的体外培养中,外源性的成纤维细胞生长因子(fibroblast growth factors,FGF)和表皮生长因子(epidermal growth factor,EGF)可刺激多潜能的神经嵴前体细胞增殖并且维持其细胞特性。胶质源性神经营养因子(glia-derived neurotrophic factor,GDNF)及受体对于迷走神经神经嵴来源的肠神经系统的发育起决定性的作用,其作用通路中任何一个发生突变都可造成肠神经的缺失,在人类被称为Hirschsprung病。

神经管是在体情况下从啮齿类或禽类胚胎神经嵴细胞分层之前发育阶段分离。将神经管基平板接种到包被过的塑料皿上,NCSC从神经管背侧迁移形成所谓的神经嵴外植体。随后,这些细胞被胰蛋白酶消化并在加有特异性生长因子在培养基以单细胞克隆密度铺平。在离体系统中,加有胎牛血清和(或)鸡胚提取物导致几种神经嵴来源的细胞系形成混合克隆。相反,加有诱导性生长因子则导致特异性的细胞系的产生。例如,TGF-β促进非神经类细胞生长,BMP2通过上调碱性helix-loop-helix(bHLH)转录因子mash-1的表达促进自主类神经发生。NRG亚型促进胶质细胞再生,Wnt信号能诱导感觉神经的发生。但决定黑色素细胞和软骨细胞的特异性生长因子仍然没有确定(图8-5)。

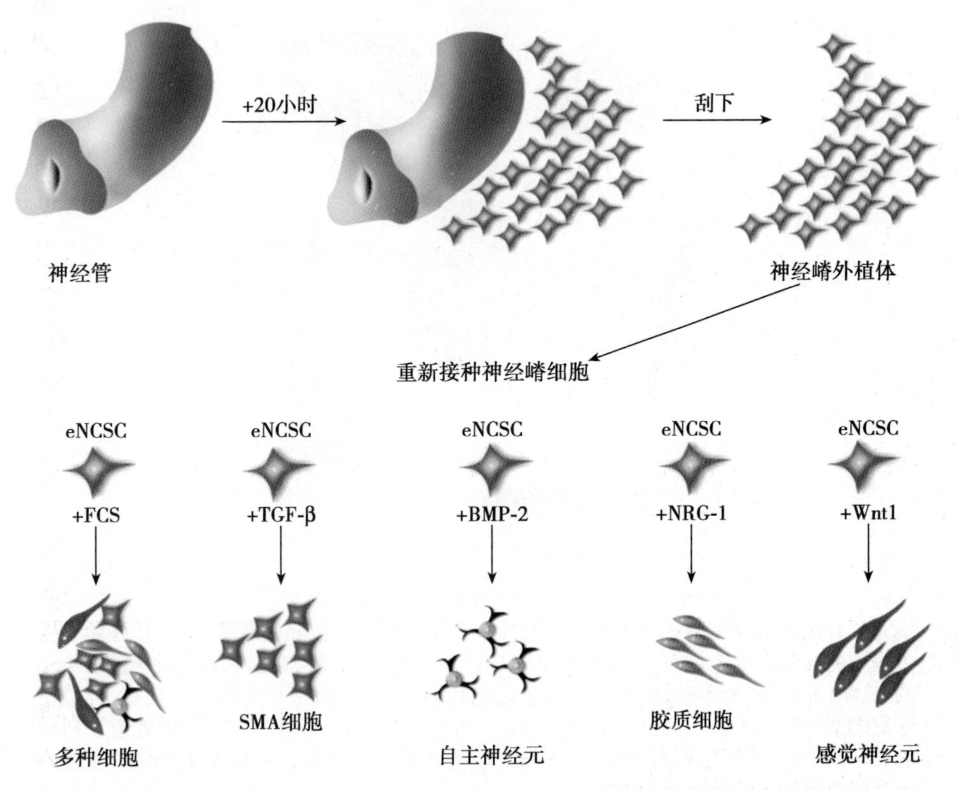

图 8-5 指导性生长因子调节胚胎神经嵴干细胞命运，体外培养系统中用于分离胚胎神经嵴干细胞(neural crest stem cell，NCSC)示意图

(3) 细胞外基质：细胞外基质是分布于机体细胞间由多种蛋白质和多糖分子组成的网络结构，也是细胞生存和发挥功能的基本场所。组成细胞外基质的大分子主要有胶原、弹性蛋白、蛋白多糖和非胶原类糖蛋白四大类，其成分随发育过程而发生变化。细胞外基质在引导神经嵴细胞的迁移和定位中发挥作用。研究最多的是纤连蛋白(fibronectin，FN)和层粘连蛋白(laminin，LN)。在神经嵴干细胞迁移出神经管后，FN 表达增强，细胞会以整合蛋白依赖性方式黏附于 FN 上，从而便于细胞的定向迁移。采用整合素反义寡核苷酸阻断其表达，导致颅神经嵴干细胞出现迁移障碍。研究方法一般是通过将神经管组织块或神经嵴干细胞种植到预先用细胞外基质包被的器皿甚至直接接种到三维的胶原凝胶中进行的，细胞外基质分子可将神经嵴干细胞从神经嵴中释放出来并引导其迁移。

7. 神经嵴干细胞的可塑性与移植

(1) 神经嵴干细胞的可塑性：神经嵴干细胞生物学的研究证实，神经嵴干细胞随着局部微环境的改变向不同的方向分化，成体局部微环境对神经嵴干细胞定向分化为特定细胞具有诱导作用。已证实的有 EGF、bFGF 能促进神经嵴干细胞增殖，LIF 能够维持其干细胞状态，脑源性神经生长因子(brain derived nerve growth factor，BDNF)、骨形态发生蛋白(bone morphogenetic protein2/4，BMP2/4)能促使其向神经元方向发展，而神经调节蛋白 1(neuregulin，NRG1)主要通过抑制其向神经元方向分化，进而促进干细胞向神经胶质细胞分化，且可调节髓鞘的厚度。这些分化信号存在于神经嵴干细胞迁移前、迁移中或迁移后的任何时期，并且不同区域的神经嵴干细胞的分化方向是相互交叉的。研究表明，每一种亚群的细胞都至少有两种分化潜能。

(2) 迁移后的神经嵴干细胞：既然神经嵴代表一个暂时的胚胎细胞群，我们假定 NCSC 代表“体外干细胞”，类似于从分裂球中分离出的胚胎干细胞，在培养时显示干细胞特性，但它只在生物体中短暂出现。在胚胎神经嵴迁移后的靶器官中发现 NCSC 样细胞，如坐骨神经、背根神经节(dorsal root ganglion，DRG)、肠道和皮肤(图 8-6)。

(3) 神经嵴干细胞的移植：周围神经损伤后，如果再生轴突没有及时到达靶器官，可引起运动终板、感

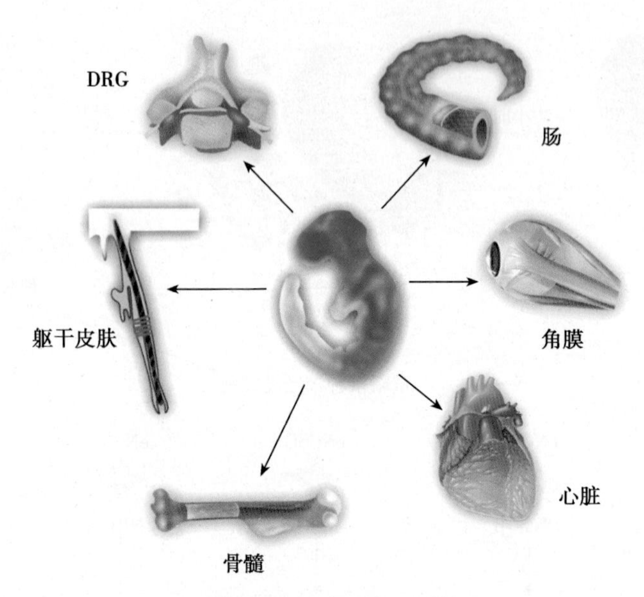

图 8-6 迁移后的 NCSC

成人的有机体包含几种不同的组织细胞具有自我更新能力和分化潜能，类似在胚胎发育过程中的神经嵴细胞。在背根神经节（DRG）、肠、角膜、心脏、骨髓和皮肤中已有 NCSC 的描述。在肠道，NCSC 与黏膜下神经丛、肠肌丛和外侧的肌层相关联。在角膜，神经嵴来源的细胞特点是位于角膜的基质与上皮。在心脏，NCSC 集中出现在流出管道和肌肉内，以及心室外膜下层和前房壁。在骨髓，紧密联系在骨髓表面。在皮肤，NCSC 主要在毛囊隆突部和毛囊神经末梢周围

觉器的退变和肌肉萎缩。对损伤神经进行端侧吻合，当受损神经近端的再生纤维未到达远端时，正常神经干再生纤维的先期支配有利于防止肌肉萎缩及终板退变。将边界帽（boundary cap）来源的神经嵴干细胞移植入离断的坐骨神经共培养时，发现神经嵴干细胞可形成大量成熟的 SC，进而改善神经再生的微环境，促进周围神经再生和功能恢复，并能够进一步分化并发出轴突支配受损神经靶器官防止靶器官萎缩。

第三节 周围神经干细胞与再生医学

一、神经嵴干细胞的治疗应用

神经干细胞用于治疗的机制可能包括：①患病部位组织损伤后释放各种趋化因子，可以吸引神经干细胞聚集到损伤部位，并在局部微环境的作用下分化为不同种类的细胞，修复及补充损伤的神经细胞。由于缺血、缺氧导致的血管内皮细胞、胶质细胞的损伤，使局部通透性增加，另外在多种黏附分子的作用下，神经干细胞可以透过血脑屏障，高浓度地聚集在损伤部位。②神经干细胞可以分泌多种神经营养因子，促进损伤细胞的修复。③神经干细胞可以增强神经突触之间的联系，建立新的神经环路。

由于神经嵴干细胞广泛的潜能性，从适当组织中分离 NCSC 的可能性，以及最近由人胚胎干细胞和诱导多能干细胞（iPS 细胞）中获取类 NCSC 细胞的成功，都使得 NCSC 成为研究干细胞生物学的发展及疾病的一个理想的模型系统。

彻底治疗脑病等神经系统疾病，借助外界移植神经干细胞是唯一有效的方法。科学研究证明了神经干细胞的定向分化性，使修复和替代死亡的神经细胞成为现实。为了减少神经损伤的后遗症，延缓或抑制疾病的进一步发展，取得更好的恢复效果，从根本上修复和激活死亡神经细胞是十分必要的。

成体干细胞的发现促使研究人员着手研究这些细胞在再生医学领域的应用潜能。间充质干细胞成为

该领域的焦点，因为体外实验证实它们具备自我更新能力，且能分化为多种间质细胞，包括骨细胞、软骨细胞和脂肪细胞。间充质干细胞最初被发现存在于骨髓，随后被发现尚存在于其他组织中，包括脂肪细胞、脐带血和牙组织。这些非骨髓组织MSC源或许比骨髓源更有前景，因为从这些组织获取MSC无需侵袭性操作。迄今为止，研究者已从人类牙组织分离得到五种不同的MSC样细胞，即牙髓干细胞(DPSC)、乳牙牙髓干细胞(SHED)、牙周膜干细胞(PDLSC)、根尖牙乳头干细胞(SCAP)和牙囊前体细胞(DFPCs)，并证实了这些细胞具有自我更新能力和多系分化潜能，只是其更倾向于分化为牙源性细胞。上述五种MSC样细胞都来源于牙间充质，而后者被认为由颅神经嵴发育而来。虽然特有的预定命运图谱分析实验迄今尚未完成，但众所周知，牙间充质组织以及外胚层口腔上皮细胞和颅神经嵴源间充质细胞之间的相互作用对确保牙齿正常的发育很重要。因此，牙间充质干细胞可能具有与神经嵴细胞源祖细胞类似的特性。

除了再生牙组织的能力，有研究显示人牙源间充质干细胞尚具备再生神经细胞的功能。经适当诱导，牙髓干细胞能在体外分化成功能性神经元细胞，然而移植到鸡胚胎时，可引起受体自身牙髓干细胞分化成神经元样细胞。在另一项以鸡为受体的研究中，研究者观察到移植的人牙髓干细胞能够诱导三叉神经节神经元轴突向移植部位生长。然而，作者并没有提到移植的牙髓干细胞是否能也分化成了神经元样细胞。在一项将人乳牙牙髓干细胞移植到大鼠帕金森病模型的实验中，研究人员观察到部分行为缺陷有所改善。研究人员将这种行为改善归因于人乳牙牙髓干细胞分化成了多巴胺能神经元细胞，因为他们观察到移植后受体多巴胺水平升高。虽然尚不成熟，但这些结果表明牙齿间充质干细胞或许能用于神经系统疾病的干细胞治疗。这些细胞的优点在于它们的分离过程侵入性操作以及在整个成年期都能够获得。然而，因为乳牙牙髓干细胞存在于脱落的乳牙内，所以自体移植将需要从幼年时期就开始将这些细胞分离和储存。这一策略的问题在于，长期存储对这些细胞的影响尚未被研究。然而，牙间充质干细胞易于分离和多向分化潜能的优势，吸引了很多的研究者关注，且极有可能在不久的将来取得可喜的成果。

自体细胞在再生药物的研制中具有较大的潜力，这些用来治疗的细胞必须有适当的细胞来源。通过内窥镜收集嗅球的多能干细胞，该操作难度和风险下降，明显优越于通过外科手术采集小脑神经干细胞。收集糖尿病鼠海马回和嗅球的神经干细胞，在体外置于含有重组Wnt3蛋白和抗IGFBP-4的抗体成分的培养基中培养，待神经干细胞的胰岛素表达能力增强后移植回糖尿病小鼠，发现移植细胞开始表现出胰腺β细胞的一些主要特点，这表明移植的神经干细胞对胰腺环境信号产生应答，发动其表达胰岛素产物调节器的内在能力。移植的神经干细胞可以存活很长时间，甚至，在移植后10周仍持续产生胰岛素，并且产生的胰岛素是具有降低血糖水平的生物活性的。移植后15～19周后移除移植细胞，则发现血糖水平再次升高。以上说明将神经干细胞移植到胰腺是治疗糖尿病的有效手段。

在脊柱肌萎缩、家族性自主神经功能异常、Rett综合征和精神分裂症的研究中已经证实，无论是否是先前动物基础研究明确的特殊致病基因，实际上都会推动多能干神经元的功能障碍。当培养的患者特异iPSC转化成为神经元细胞后，衍生的神经元同正常神经元之间几乎没有链接和突触。将治疗精神分裂症的临床试剂加入培养皿，可观察到多能干细胞衍生的神经元功能障碍得到减轻和修复。在今后的研究中，应该比较患者和正常人的多能干细胞的反应差异，这样可以观察到正常机体和疾病状态的变异性。

同神经干细胞再生药物的研究类似，iPSC保留了许多神经干细胞的特性。如果没有将这些细胞置于"成熟"的环境，它们可能存在异常生长的风险，甚至将来发展为致癌作用。根据干细胞再生药物的特性，安全又自然地活化患者体内的干细胞是非常重要的。可见，采用易获得组织来源的神经干细胞，在再生药物研制和药物实验研究中具有良好的发展前景。

二、影响神经干细胞在再生医学中应用的相关因素

细胞因子与神经干细胞的增殖和分化密切相关。不同的细胞因子在神经干细胞的诱导分化中起重要作用，但尚没有一种细胞因子能在体外将神经干细胞全部诱导分化为所需的功能神经细胞，参与神经干细胞诱导分化的细胞因子有白细胞介素类，如IL-1、IL-7、IL-9及IL-11等。神经营养因子对神经干细胞分化到终末细胞的整个过程均有影响，如果将培养的神经干细胞置于脑源性神经营养因子作用下，大量的神经

干细胞可以表现出分化神经元的特性。生长因子类,如表皮生长因子、神经生长因子及碱性成纤维细胞生长因子等也影响神经干细胞的分化。神经干细胞对不同种类、不同浓度的因子,以及多种因子联合应用作用各不相同,在神经干细胞发育分化的不同阶段,相同因子的作用也不同。如在表皮生长因子及碱性成纤维细胞生长因子存在的条件下,胚胎神经干细胞主要向神经元、星形胶质细胞和少突胶质细胞分化,而出生后及成年的脑神经干细胞,则无论是否有上皮生长因子及碱性成纤维细胞生长因子,都主要分化为星形胶质细胞。这些研究提示,上皮生长因子及碱性成纤维细胞生长因子对神经干细胞向功能细胞的诱导分化是复杂的。

信号转导在神经干细胞分化中十分重要。作为一种信号传导途径,notch 信号传导系统尚未完全阐明。认为 notch 受体是一种整合型膜蛋白,是一个保守的细胞表面受体,它通过与周围配体接触而被激活,其信号传导途径开始于 notch 受体与配体结合后其胞质区从细胞膜上脱落,并向细胞核转移,将信号传递给下游信号分子。该途径的信号传递主要是通过蛋白质相互作用,引起转录调节因子的改变或将转录调节因子结合到靶基因上,实现对特定基因转录的调控。当激活 notch 途径时,干细胞进行增殖;当抑制 notch 活性时,干细胞进入分化程序。这些研究结果表明找到调节 Notch 信号途径的方式,就可能通过改变 notch 信号来精确调控神经干细胞向神经功能细胞分化的过程和比例。此外,Janus 激酶信号转导递质与转录激活剂(JAK-STAT)信号传导系统也参与干细胞的调控。

神经干细胞应用中存在的问题:建立的神经干细胞系绝大多数来源于鼠,而鼠与人之间存在着明显的种属神经干细胞差异;神经干细胞的来源不足;部分移植的神经干细胞发展成脑瘤;神经干细胞转染范围的非选择性表达及转染基因表达的原位调节;利用胚胎干细胞代替神经干细胞存在着社会学及伦理学方面的问题等。(神经干细胞系的建立可以无限地提供神经元和胶质细胞,解决了胎脑移植数量不足的问题,同时避免了伦理学方面的争论,为损伤后进行代替治疗提供了充足的种子细胞。)

神经干细胞的来源、分离、培养及鉴定还有许多工作要做,神经干细胞诱导、分化及迁移机制有待进一步研究。通过细胞培养技术及基因组的研究,如 DNA 微列阵技术,进一步明确成体神经干细胞的确切位置,可以设计药物特异性地激活这些细胞。进一步认识神经干细胞的本质和控制分化基因,通过调控靶基因,可以从神经干细胞诱导产生特定的分化细胞来满足各种需要。横向分化的发现对神经干细胞的研究和应用具有重要意义,人们可望从自体中分离诱导出神经干细胞,有可能解决神经干细胞的来源问题,神经干细胞的应用将有广阔的前景。

三、神经嵴干细胞与组织工程

近年来随着组织工程的迅速发展,使其在周围神经修复方面有了广阔的空间。采用组织工程技术修复周围神经缺损主要涉及外源神经营养因子、种子细胞及神经支架材料等方面。种子细胞包括施万细胞和骨髓间充质干细胞、骨骼肌干细胞、神经干细胞、胚胎干细胞等。其中对于施万细胞的研究较多。施万细胞存在于周围神经系统,其分泌物能够显著支持人类神经干细胞生长并诱导大多数干细胞分化成神经元,对促进周围神经的生长发育、再生和修复起到重要作用。常用的神经支架有自体移植物和生物工程材料。

因为从一个胚胎只能获得有限数量的 NCSC 细胞,大多数生化和相关研究是困难的,如果可能,可以直接开展 NCSC 分离工作。因此,尽管最近的成就还集中在 NCSC 的扩增培养,但寻找神经嵴的替代来源已经成为许多实验室的研究焦点。尤其是,越来越多的报道证明从老鼠和人类胚胎干细胞中可得到神经嵴诱导物和(或)神经嵴衍生物。这些研究中大多数都失败了,然而,获得长期限的细胞培养类似于内源性神经嵴细胞。

通过使用有效的神经莲座状的培养法可由人类胚胎干细胞得到多能神经嵴干细胞衍生物,其中是通过与 MS5 间质细胞系共培养获得的神经细胞方向诱导。本研究实现了预期的基于 p75NTR 的表达来识别神经嵴样细胞,接下来可进行克隆分析。用 FGF2 和 BMP2 生长因子诱导,人类胚胎干细胞可生成大量的 p75NTR 阳性表达的神经嵴多能干细胞细胞,并可继续分化为神经细胞、神经胶细胞和肌纤维细胞。这些细胞也能分化为脂肪细胞、软骨细胞和成骨细胞谱系。通过添加 FGF-2 和 EGF 可延长 p75NTR 阳性细胞的培养增殖期限。从人类胚胎干细胞也可得到类神经嵴样多能干细胞衍生物。这些与 PA6 细胞系共培养的胚胎干细胞具有 p75NTR 阳性表达,并可生成神经元、神经胶质和表达平滑肌肌动蛋白(SMA)的细胞。这些原则是否可以应用到老鼠的胚胎干细胞还有待进一步研究证实。培养具有 NCSC 特性的人类细胞为构建人类疾病模型提供了一个令人兴奋的新途径。事实上,有学者已将此原则应用到取自人类家族性自主神经异常患者的 iPS 细胞上,该疾病的特征是自主和感觉神经元的递减。使用该系统,神经发生和迁移缺陷患者的前期神经嵴表现可被查知,并可采用适当的药物进行治疗。因此,"诱导多能性"细胞技术可以为人类神经嵴病的发病机制研究和治疗提供新的视角。

将体外培养的干/祖细胞应用与细胞治疗,也需要谨慎对待。有研究显示,小鼠神经嵴源角膜前体细胞经过多代增殖后会发生染色体畸变和抑癌基因(如 p16 和 p21)表达下调。奇怪的是,少有报道研究神经嵴干细胞永生化问题。神经嵴干细胞的生长发育对任何潜在的细胞疗法是相当关键的一个步骤,因而严格地判定这些细胞的长期安全性和稳定性至关重要。很明显,对移植后神经嵴干细胞的长期影响、分化及功能的研究对于圆满地证实其在再生医学领域的实用性至关重要。

严格地讲,大部分神经嵴细胞其实是祖细胞而非真正的干细胞。然而,很明显一些神经嵴细胞显示出典型干细胞特征:自我更新和多潜能性。虽然神经嵴祖细胞在胚胎中存在时间短暂,但是许多神经嵴细胞在整个胚胎形成发育期间,甚至到成年,始终保持上述两种能力。忽略关于神经嵴细胞是干细胞还是祖细胞的语义之争,重要的是神经嵴细胞及其衍生物在再生医学领域具有重要的临床应用潜能。因此,未来的研究需要深入地探讨明确的功能性分化,避免仅检测一个或几个有限的标记物就匆忙地下结论判定分化结果。另外,对于任何体外实验获得的结果都应在动物模型上进行体内实验以进一步证实。

近年来,越来越多不同的阶段和位置的多潜能 NCSC 被报道。这些研究结果令人振奋,如鉴定骨髓中的 NCSC,有关"间充质干细胞的"表现出神经再生潜力为人们带来一线曙光。另外,这些相似之处究竟是反映了原位细胞的内在特性还是他们在培养过程中获得的相似性尚有待证明。无论如何,最近的发现引发了这样一个问题:这些不同起源的多能干细胞是如何获得类似潜能;动态的渐进性修饰使得细胞在发展演化过程中通过重编程获得干细胞的性质。成人 NCSC 在内环境稳态和组织再生方面的作用,类似于其他干细胞类型。此外,对成体 NCSC 的异常调控可能与神经嵴源性肿瘤的发生有关,如黑色素瘤。解决这些问题似乎是当前 NCSC 研究中最紧迫的任务之一。

小 结

从胚胎时期分离获得具有多能性和自我更新能力的神经嵴细胞,是细胞生物学领域的一项开拓性发现。极为重要的是,发现在成年个体皮肤中也存在具有高度多能性和自我更新潜力的神经嵴祖细胞。

胚胎干细胞衍生的神经嵴干细胞需要进一步实验以验证其衍生为分化成熟并有功能的细胞的能力,尤其需要体内实验。然而证实分化后细胞类型时仅使用一个或几个有限的标记物检测得到的结果需要谨慎对待。此外,尽管开展了许多神经嵴祖细胞活体动物移植实验,但几乎所有的这些研究都是在躯干区移植。在其他区域进行这些细胞的移植也尤为重要,如头区移植也可以分化为多种类型颅神经嵴源性细胞。

最后,神经嵴细胞是脊椎动物进化过程中出现的特有的结构。大量的研究者致力于研究它们的发育来源以及如何获得如此惊人的能力。毫无疑问这些能力是随着时间的推移逐渐获得的。因此,前文所述探讨神经嵴细胞自我更新和多向分化能力的研究,不仅有利于组织生物工程和修复领域的治疗应用,最终还可能帮助我们揭示神经嵴细胞是如何产生并获得其各项特性的。

(程 飚)

第九章　骨和软骨干细胞与再生医学

骨(bone)和软骨(cartilage)是骨骼系统的基本组成。骨是一种特殊的结缔组织,主要发挥对人体的支持和保护作用,也参与维持体内钙磷平衡。骨包括脊椎中轴和两对肢体的骨骼,分为长骨、短骨、扁平骨和不规则骨。软骨由软骨组织及其周围的软骨膜构成,在胚胎发生时期,作为临时性骨骼,成为身体的支架;随着胎儿发育,软骨逐渐被骨所代替。成人体内的软骨,除具有支持、保护功能外,更具有缓冲负载和冲撞的作用。骨骼系统由胚胎的中胚层分化而来,在发育上具有高度共源性。

骨骼系统的损伤和疾病是人类最常见的一类病症。损伤或疾病发生后,骨骼会进行相应的再生修复,但较大的骨折或软骨部位的损伤则很难自然修复。骨骼系统的再生修复基本过程与其正常生长发育的生理过程非常相似,因而研发骨骼系统各组织再生医学技术,有赖于对其正常生理过程及其相关的再生修复生物学的充分理解。

本章将在介绍骨与软骨组织基本结构和组成的基础上,对其生长发育及其相关的再生医学原理,针对骨、软骨和关节疾病及损伤的主要再生医学策略(包括组织工程)进行阐述。

第一节　骨和软骨组织的构成及功能

一、骨组织的结构

骨分为密质骨组织与松质骨组织。其中,密质骨(compact bone)组织主要位于长骨的骨干和扁平骨的表面。密质骨有外膜面和内膜面,在密质骨的外膜面覆盖着一层骨膜,其内有未分化的细胞,是骨折愈合过程中最重要的细胞。在生长发育过程中,密质骨的增粗通过内膜面的吸收和外膜面新骨的存积而完成。松质骨(cancellous bone)组织位于长骨的骨端和扁平骨的内部,是由不规则的棒状或片状骨小梁相互连接而构成的网状结构,其内是骨髓、血管等组织。

(一)骨基质

骨组织由骨细胞、有机基质和沉积其中的无机矿物质组成。骨基质(bone matrix)指的是骨组织的细胞间质,由有机成分和无机成分构成。有机成分由成骨细胞产生,其中90%～95%为Ⅰ型胶原,5%～10%为中性或弱碱性蛋白多糖(以糖胺多糖为主)和其他蛋白成分。无机矿物质主要是钙磷酸盐和钙碳酸盐,以及少量钠、镁和氟化物等,多以羟基磷灰石晶体$[3Ca_3(PO_4)_2]\cdot(OH)_2$的形式存在。晶体一般长5.0～10.0nm,有序分布于胶原网络中。有机基质赋予骨组织一定的柔韧性,而高度矿化使骨组织变得非常坚硬。

有机成分中的无定形基质为凝胶,其所含的糖胺多糖起黏着胶原纤维的作用。基质中还含有两种钙结合蛋白,即骨钙素(osteocalcin)和骨磷蛋白(phosphophoryn)。骨钙素是成骨细胞的特征性产物,为骨组织最丰富的非胶原蛋白,有两个高亲和力的钙结合位点,参与维持钙化速率,抑制羟磷灰石过度形成和软骨钙化。骨磷蛋白含有多个钙结合部位,只有一部分呈可溶性,其余的骨磷蛋白均与胶原纤维结合。成骨细胞还产生骨连接素(osteonectin,OTN)、骨桥素(osteopontin,OPN),以及骨延蛋白(bone sialoprotein,BSP)等。其中OPN参与细胞增殖与矿化,BSP形成羟磷灰石的晶核。

在显微镜下,骨组织可根据胶原排列方向分为编织骨和板层骨两类。其中,前者为非成熟骨组织,出现于骨发育期和骨折后的骨痂形成阶段,其特征为胶原蛋白和矿物质的排列无方向性,细胞成分较多,力学性能也表现为各向同性,即在不同方向的力学性能非常相似。在板层骨中,胶原纤维沿应力方向成层排列,与骨的其他成分紧密结合,共同形成骨板,其力学性能是各向异性的。

皮质骨的基质结构呈板层状,称为骨板(bone lamella),成层排列的骨板犹如多层木质胶合板,同一骨板内的纤维相互平行,相邻骨板的纤维则相互垂直,从而有效地增强了骨的支持力。骨基质内由4~20层沿同心圆排列、顺长骨方向形成的、长3~5mm的内环形长柱状结构,称为哈弗斯(Haversian)系统或骨单位(osteon),它是长骨中起支持作用的主要结构,其中心为哈弗斯管,与福克曼(Volkmann)穿通管相通,穿透这些小管的是血管、神经等(图9-1)。

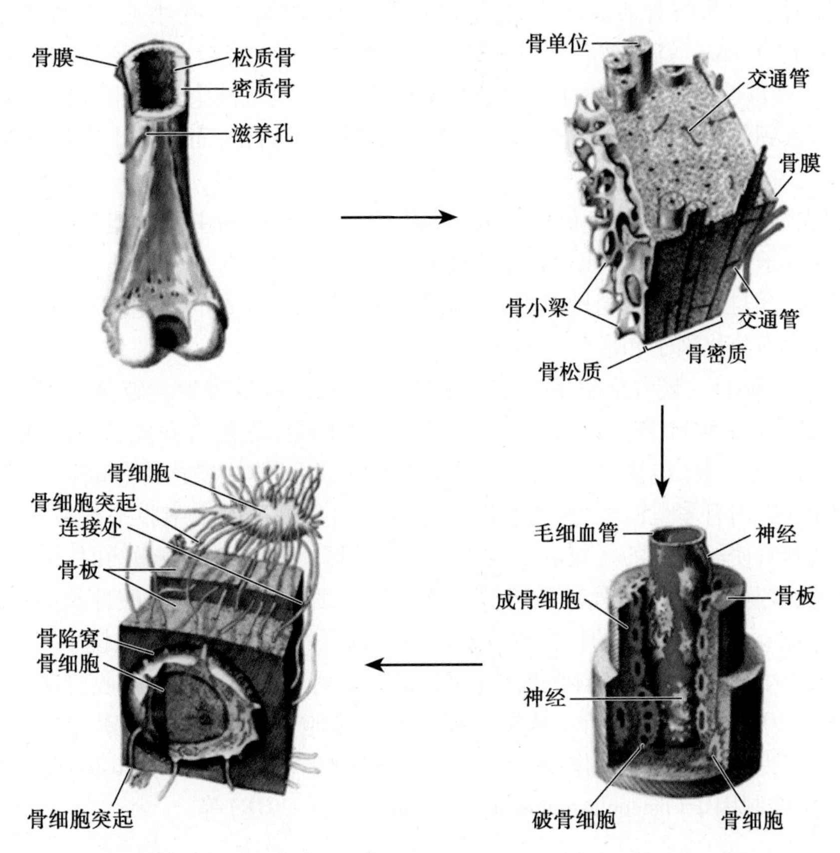

图9-1 骨的总体和显微结构模型图(改绘自中国百科网:http://www.chinabaike.com)

(二)骨组织的主要细胞类型及功能

骨组织的细胞主要为骨细胞、成骨细胞、破骨细胞,以及血循环来源的各种细胞(如免疫细胞)等。许多长骨还含有骨髓腔,其间也有多种细胞成分。这些细胞成分都可能参与维持骨组织平衡和再生修复。

1. 骨细胞(osteocytes) 骨细胞由成骨细胞分化而来。单个骨细胞被埋在骨单位内环状板层之间的矿化骨陷窝(bone lacuna)内。陷窝之间有直径1~2nm的骨小管(bone canaliculi)相互连通,这些小管使骨细胞之间可以通过长突起相互联系,并最终与骨内外膜细胞联系,在骨基质形成分支微管网络。年轻的骨细胞位于骨样基质中,尚可合成分泌并不断添加基质到骨陷窝壁上。随着基质的不断钙化,骨细胞失去分泌基质的能力,变为相对静息的成熟骨细胞。典型的骨细胞胞体较小,呈扁椭圆形,有许多细长突起。突起中没有细胞器,但有很多刷状微丝。相邻骨细胞的突起通过骨小管以缝隙连接方式相连。骨陷窝和骨小管内含小管液,可营养骨细胞和输送代谢产物。同时,作用于骨组织的应力可使骨小管液体流动,而作用于骨细胞突起,骨细胞再将机械能转化为化学信号,作用于其他骨细胞以及骨表面的衬里细胞,并可激活后者，启动成骨过程。

骨陷窝周围的薄层骨基质钙化程度较低，可不断更新。在甲状旁腺激素（parathyroid hormone，PTH）的作用下，骨细胞将溶酶体内的水解酶释放出来，溶解骨陷窝壁的基质，溶解的 Ca^{2+} 可被释放后进入血液。在降钙素的作用下，骨细胞又可恢复部分的蛋白合成功能，在陷窝壁形成部分新的骨基质。因此，骨细胞在维持矿物代谢和调节血钙水平方面发挥重要作用。

2. 成骨细胞（osteoblast） 骨髓腔衬有骨内膜结缔组织，由骨髓及其基质填充，含有间充质干细胞（mesenchymal stromal cell，MSC）、成纤维细胞、脂肪细胞、巨噬细胞和内皮细胞等；MSC、成纤维细胞、成骨细胞前体，以及成骨细胞等共同组成骨内膜。骨的外层由另一层结缔组织覆盖，称作骨（外）膜。骨膜和哈弗斯管衬里也含有一些 MSC、前成骨细胞和成骨细胞。成骨细胞由 MSC、成骨细胞前体（osteo-progenitor cells）分化而来，这三种细胞处于骨分化的不同阶段，在组织形态学上无法清楚区分。

成骨细胞常见于生长期或修复中的骨组织，多呈不规则的矮柱状或立方形，有细长的胞突。成骨细胞分泌骨基质的有机成分，称为类骨质（osteoid），同时向类骨质中释放一些小泡，称基质小泡（matrix vesicle）。基质小泡直径约 0.1μm，其包被膜上含有碱性磷酸酶、焦磷酸酶和 ATP 酶等，泡内含钙和细小的羟基磷灰石结晶。碱性磷酸酶作用于有机磷酸复合物和焦磷酸后，与血液中渗透出来的钙离子结合，达到一定阈值（即每毫升血液钙与磷之积（$Ca \times P < 0.4mg$）时，促进类骨质钙化，而基质小泡的破裂，也加速类骨质的钙化。

成熟骨表面的成骨细胞称为骨衬细胞（bone lining cells），其特有的主要功能包括：①维持骨表面相对静止状态，阻断各种因子对矿化骨质的影响，并使骨小管内的液体自成一个微环境；②协同成骨细胞和骨细胞参与骨质的钙化；③与骨细胞共同构成力学感受器和微损伤感受器的功能装置，把机械能转化为化学信号，合成分泌破骨细胞分化因子和形成抑制因子等。

3. 破骨细胞（osteoclast） 破骨细胞主要分布在骨组织表面，数量较少。破骨细胞是一种多核的大细胞，直径约 100μm，含有 2～50 个核。目前认为，它们由多个单核细胞融合而成，无分裂能力。破骨细胞贴近骨基质的一侧胞质呈泡沫状，电镜下可见许多不规则的微绒毛，称为皱褶缘（ruffled border）。在皱褶缘的周边有一环形胞质区，内有多量微丝，称为亮区（clear zone）。亮区的细胞膜平整并紧贴于骨基质表面，形成一道环形胞质围墙，使所包围的区域成为封闭的微环境区。破骨细胞被激活时，向此区释放多种蛋白酶、碳酸酐酶、乳酸及柠檬酸等，使得骨基质溶解。其中破骨细胞含有酒石酸酸性磷酸酶（tartrate resistant acid phosphatase，TRAP），为破骨细胞的特异性标志。皱褶缘可增大吸收面积，电镜下可见皱褶缘基部有吞饮泡和吞噬泡，泡内含小骨盐晶体及解体的有机成分，表明破骨细胞有溶解和吸收骨基质的作用。一个破骨细胞可以溶解大约 100 个成骨细胞所形成的骨质。破骨细胞受 PTH 和降钙素影响。PTH 增加破骨细胞的活力和数量，而降钙素抑制骨吸收作用，参与其中的有破骨细胞分化因子（osteoclast differentiation factor，ODF）和破骨细胞抑制因子（osteoclastogenesis inhibitor factor，OCIF）等。

二、软骨的组织学结构、细胞和基质成分

（一）软骨组织的结构特点

软骨的结构精细而科学，软骨组织由高度有序的软骨细胞、基质和埋于其间的纤维构成，各种类型的软骨，包括透明软骨、弹性软骨和纤维软骨，其基质中所含的胶原纤维的成分和排列各有不同。

年轻和健康的关节软骨属透明软骨，表面光滑，呈淡蓝色，厚 1～5mm。关节软骨在关节活动中负责传导生物负载、吸收震荡，以及抗磨损和润滑作用。在压力的作用下，软骨被压缩；解除压力后，又可伸展，类似于弹性垫的效果。青年人软骨的这种弹性作用较强，缓冲效果亦佳。30 岁以后，人的关节软骨趋于纤维变性，弹性减弱，延伸能力弱化，再加上关节液减少，使关节软骨变得干燥，容易受到损伤和磨损。

（二）软骨基质

新鲜的软骨基质（cartilage matrix）是高度含水的凝胶，呈均质状，主要由水、蛋白多糖及其聚合体大分子框架构成。

1. 胶原 胶原占关节软骨湿重的10%～30%，是关节软骨内主要的纤维蛋白成分，其中90%～95%为Ⅱ型胶原，其他还有Ⅵ、Ⅸ、Ⅹ、Ⅺ和ⅩⅣ型胶原。其中Ⅵ胶原位于软骨陷窝周围，包绕着软骨细胞；Ⅸ型与Ⅱ型胶原表面结合，维持Ⅱ型胶原的结构和稳定性，从而参与维持关节的稳定性；多条Ⅱ型胶原纤维以Ⅺ型胶原为核心缠绕，故Ⅺ型胶原决定了胶原纤维的直径，并在调节纤维与纤维、纤维与蛋白多糖之间的相互作用中起重要作用；Ⅹ型胶原可能与特定区域软骨的钙化有关。

从软骨的浅层到深层，软骨基质的胶原纤维逐渐减少。且在自深向浅走行过程中，其排列方向有所变化而交织，形成独特的拱形结构，能更好地承受施加于它们的特定应力，更好地抵抗压缩力的破坏（图9-2）。

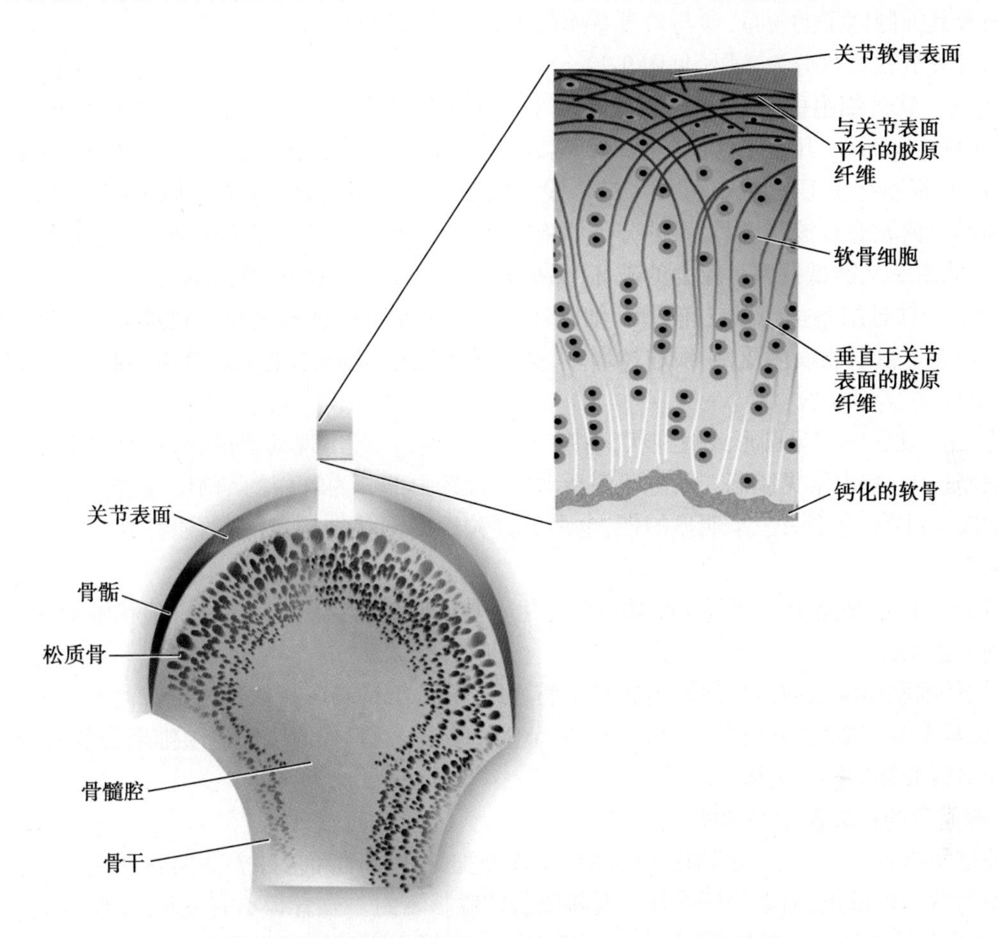

图9-2 关节软骨的总体和显微结构模型及组织形态学特点

2. 蛋白多糖 蛋白多糖是一大类蛋白多肽分子，由核心蛋白和氨基聚糖构成，占软骨干重的一半。蛋白多糖的分布与胶原相反，软骨浅层胶原密度高，蛋白多糖浓度很低，反之则异。蛋白多糖呈大分子聚集状态，由蛋白多糖亚单位、透明质酸（hyaluronan）及连接蛋白组成。蛋白多糖亚单位的基本单位是氨基葡萄聚糖（glycosaminoglycans，GAGs），包括4-硫酸软骨素、6-硫酸乙酰肝素，以及硫酸角质素等。约30个GAGs与一个核心蛋白组成可聚蛋白多糖（aggrecan）单体。约150个蛋白多糖单体附着于透明质酸分子上，并由连接蛋白进一步加固两者的结合，构成蛋白多糖聚合体。可聚蛋白多糖单体带有大量负电荷，可吸收超过其本身重量50倍的水分。蛋白多糖的分布随年龄及软骨部位不同而变化，儿童软骨的蛋白多糖就比成人分布广。

3. 结构糖蛋白 这类蛋白指的是非胶原、非蛋白多糖类糖蛋白，主要包括纤维连接蛋白和层粘连蛋白，属于大分子黏附分子，或作为基底膜分子作用于细胞受体，参与调控软骨细胞的黏附、迁移、增生和分化。

（三）软骨细胞（chondrocyte）

软骨细胞来源于成软骨细胞（chondroblast），是关节软骨的主要细胞类型，有巨大的细胞核和高度发达的细胞器系统，合成基质的功能非常活跃。成软骨细胞的有丝分裂活动也很活跃，尤其是位于软骨表层下部的成软骨细胞。

软骨细胞约占软骨总容积的1%，位于软骨基质的软骨陷窝内，其周围是富含硫酸软骨素和水的蛋白多糖基质。软骨细胞生存于一个相对缺氧的微环境中，细胞内沉积大量糖原作为能量储备。软骨细胞根据局部微环境而改变其自身的新陈代谢活动，虽然也能进行有氧代谢，但主要依靠无氧糖酵解的形式获得能量。

近软骨膜表面的细胞较幼稚，体积较小呈扁圆形，单个分布；越靠近深层软骨细胞越成熟，逐渐形成2～4个细胞聚集在一起的细胞群。软骨细胞可分泌胶原纤维、蛋白多糖等软骨基质成分，同时也能精确调节蛋白酶及其抑制因子的含量，参与软骨基质的正常代谢和转化。

典型的骨关节软骨可分为4层（见图9-2）。

1. 浅表层　软骨细胞呈梭形或扁平，其长轴平行于关节表面。软骨细胞几乎没有突起，胞质仅有少量内质网，线粒体小而少，几乎不合成硫酸软骨素，细胞核呈卵圆形，有典型的核仁。基质中的纤维为纤细的原纤维，4～6根原纤维汇集成束，纤维束沿切线方向交叉排列呈网状，与软骨表面平行。关节滑液中的某些离子和葡萄糖能通过该层，但较大的分子如蛋白多糖、透明质酸盐分子无法通过。该层纤维束构成的薄壳状结构，既耐磨又能抵抗多种应力的破坏，保护软骨不易于发生拉断、撕裂等。

2. 移行层　软骨细胞呈圆形或椭圆形，细胞表面有较长而不规则的突起，细胞核呈卵圆形，有不规则的凹陷。胞质有丰富的粗面内质网，线粒体增多，高尔基体发达，有较多滤泡。基质的胶原纤维增粗，相互交错，弯曲斜行。

3. 辐射层　软骨细胞呈圆形或短柱状，垂直于软骨表面，也可出现其他形状，常有数个同源的细胞聚集一处。细胞较大，胞内常见脂滴。新陈代谢活动较少，其中部分为蜕变的细胞。基质中有60nm左右的规则排列的胶原纤维，常带有三个明显的带，也多见颗粒性的网状结构、纤细的原纤维结构网和粗大的胶原纤维网混杂。

4. 钙化层　此层细胞很少，部分细胞蜕变、钙化。基质胶原纤维粗大，形成拱顶状轴向深层带。胶原纤维间充满钙盐结晶。

总之，软骨细胞由浅层向深层逐渐由扁平至椭圆或圆形，维持着关节软骨的正常代谢。关节软骨没有神经支配，也基本没有血管，其营养成分必须从关节液中取得，而其代谢废物也须排至关节液中，因此软骨组织受伤后自行修补的能力有限。

（四）椎间盘的构成及组织学特点

人脊柱椎间盘共23个，以颈部和腰部最厚，发挥增加脊柱活动和缓冲震荡的弹性作用。椎体骨的上下面由透明的软骨板覆盖，后者与纤维环一起将胶状的髓核密封。软骨板不完整时，髓核可突入椎体后形成Schmol结节。纤维环位于髓核周围，成年后纤维环与髓核相互延续而无明显界线。纤维环由纤维软骨构成，横切面可见多层纤维软骨呈同心排列，相邻的板层纤维束排列呈相反的斜度交叉，限制扭转活动和缓冲震荡。纤维环周边部的纤维穿入椎体骺环的骨质并在较深处固定于透明软骨板。纤维环中心部的纤维与髓核的纤维互相融合。健康髓核是一种富有弹性的胶冻状物质，在纤维环和软骨板中滚动，将所承受的压力均匀地传递到纤维环和椎体软骨板。椎间盘在受压状态下，水分可通过软骨板外渗，含水量减少；压力解除后，水分使得椎间盘体积增大，弹性和张力也增高。

第二节　骨与软骨的生长发育及其细胞与分子机制

一、骨生长和发育与重建

（一）骨组织的发生、发育、生长与重建过程

人体在胚胎发生、发育阶段、幼年生长期、成年后骨组织平衡的维持以及损伤与缺损后再生修复过程

中,骨组织一直处于形成与吸收交替的重建(remodeling)状态中。这些过程的分子和细胞生物学机制很相似,对这些基本过程和原理的充分理解,是理解骨、软骨疾病机制以及骨、软骨再生生物学的必要前提。

骨形成包括膜内成骨与软骨内成骨两种方式。膜内成骨是指间充质细胞在原始结缔组织内分化,而软骨内成骨是指长骨间充质雏形内的间充质细胞先分化为软骨细胞,形成软骨雏形,而后软骨组织逐渐由骨组织所替代。两种成骨方式都包含成骨细胞生成与破骨细胞生成之间的耦合,亦即骨重建。

1. 膜内成骨(intramembranous ossification) 膜内成骨主要发生在颅骨、下颌骨、面颅、部分锁骨等部位,也参与中轴骨和四肢骨的形成和改建过程。首先,起源于中胚层的间充质细胞连同胞外基质形成富有血管的胚胎性结缔组织膜,其中的间充质细胞在接受了诱导信号刺激后,细胞变圆,体积增大,胞质内含丰富的内质网、核糖体和高尔基复合体,呈合成分泌旺盛相,成为典型的成骨细胞。成骨细胞在结缔组织的膜内成骨部位聚集,称为骨化中心。骨化中心及其周边积聚越来越多的成骨细胞,形成成骨细胞群。成骨细胞分泌的细胞外基质增多,成骨细胞被逐渐包埋其中,形成类骨质。继而,成骨胞内出现高浓度碱性磷酸酶(alkaline phosphatase,ALP),类骨质内出现基质小泡,标志着类骨质开始骨化。最后部分成骨细胞会发生凋亡,更多成骨细胞被矿化的骨质完全包埋,处于相对静息状态,演变为骨细胞。

新生骨为不规则的针状或片状,由骨化中心向四周扩展,相互连续成网,成为骨小梁结构,即为原始松质骨。松质骨表面覆有成骨细胞,能合成分泌新的基质,并在原有骨支架上沉积。该过程反复进行,骨质层层堆积,骨小梁不断增粗、合并,形成密质骨板。当新骨在某些表面形成时,在另外一些表面的过量骨被破骨细胞吸收,发生骨的改建。同一位置持续的生长与骨小梁重建,使得骨的尺寸增加,骨的形状重塑。密质骨板内部改建形成哈弗斯系统,骨小梁内外骨板之间仍保留为松质骨,其中的间充质成分分化为骨髓组织。骨小梁表面的间充质细胞分化为骨膜。

2. 软骨内成骨(endochondral ossification) 软骨内成骨为长骨、短骨和一些不规则骨形成的主要方式。首先,在长骨的发生部位,间充质细胞增殖并高密度聚集,形成具备骨轮廓的间充质雏形,其间细胞分化为软骨细胞,并合成分泌基质,逐渐形成具备未来骨形状的软骨雏形。软骨雏形周围的间充质组织分化为一层膜,即软骨膜。软骨雏形内的软骨细胞随胚体的发育、生长而分裂、增殖并形成细胞外基质,使软骨雏形在纵轴方向增长,而在软骨雏形的中段(即未来的骨干部位)的软骨膜开始以膜内成骨的方式生成骨组织,环绕软骨的中段,形成骨领(bone collar)。开始时的骨领较薄较短,以后又继续以膜内成骨方式形成原始的松质骨,代替软骨起支撑作用。骨领形成后,其周围的软骨膜即成为骨膜。

骨领出现的同时,软骨雏形内的软骨细胞增殖并发生肥大,其周围沉积有大量的胞外基质。软骨细胞分泌碱性磷酸酶进入胞外基质后,发生软骨基质的钙化。钙化限制了营养物质的供应,肥大的细胞进一步退化、消亡,软骨雏形中心的钙化基质部分被分解、吸收后,形成小的空腔。这些区域首先成为软骨内成骨的部位,称为初级骨化中心(primary ossification center)。几乎在同时,骨外膜的血管连同未分化的间充质细胞、成骨细胞、破骨细胞等穿过骨领,侵入已破碎的软骨雏形内,其中成骨细胞贴附在残留的钙化软骨基质表面,分化并分泌类骨质,钙化后成为骨质,而后形成原始骨小梁。侵入的破骨细胞在初级骨化中心开始溶解、吸收原始骨小梁,形成骨髓腔,其间为大量血管、间充质细胞等充填,其中的细胞可转化为造血干细胞、内皮干细胞和基质干细胞等。骨领外以膜内成骨的方式形成新骨,使骨干不断加粗,而骨领内的骨组织则不断被吸收,从而使得骨髓腔不断扩大。同时,骨干两端的软骨生长和初级骨化中心向两端推移,使长骨不断增长,其间的骨髓腔也不断延展。

出生前后,在长骨两端的软骨内出现新的骨化中心,即次级骨化中心(secondary ossification center)。以相似过程成骨,但最后增殖的软骨细胞不会纵向地呈柱状排列。次级骨化中心向外扩展,以致骺端软骨大部被原始的骨松质所取代。原始骨松质经不断吸收与重建后,形成板层骨构成的骨松质,而在骨端近关节处形成一层透明软骨,成为终身存在的关节软骨。在骨骺与骨干交界面,暂时保留一层不骨化的软骨组织,即为软骨骺板,允许长骨不断增长。当人的生长发育趋于停滞时,骺板为骨组织所代替,成为成年长骨的骺线,长骨骨干随即停止向两端增长(图 9-3)。

3. 骨重建(bone remodeling) 骨为高度动态的组织,一生都在不断降解和再生。在成年脊椎动物中,每年更新 10% 的骨骼;在任何一个时点,这一过程都在全身骨骼内大约 200 万个点发生。

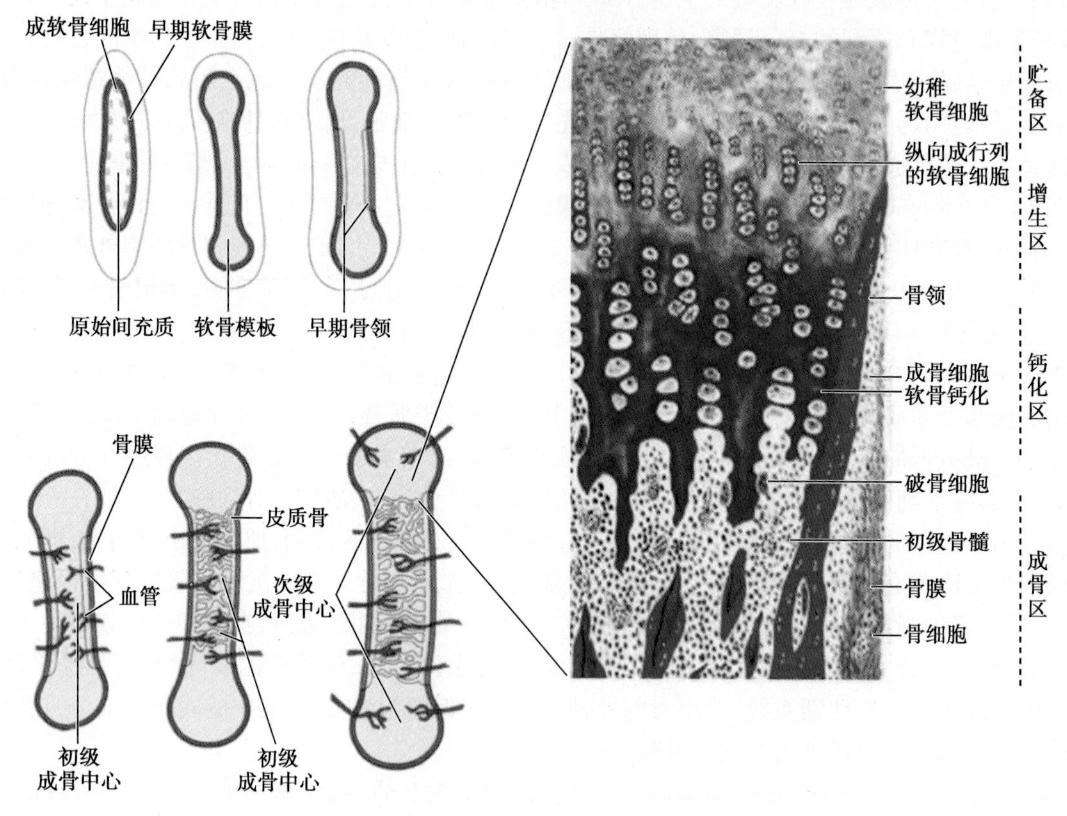

图 9-3 长骨的发生发育过程模型及显微结构图

成熟骨的层状结构就是骨重建的结果。在该过程中,破骨细胞沿着微小管道溶解和吸收骨组织,从而形成相对较大的管腔,而成骨细胞会紧随其后,沿着该管腔移行并环绕该管腔形成哈弗斯层状新骨。骨溶解和吸收的边缘会形成一条钙化线,亦即新形成的层状骨的边界。经过无数次重复后,其陈旧层状结构的哈弗斯碎片就变成新的哈弗斯之间的层状结构。

骨重建是在骨组织内临时形成的、相对封闭的蓬状(canopy)结构内的通过多个成骨细胞和破骨细胞实现的,该结构称为"基础性多细胞单位(basic multicellular units,BMUs)"。在 BMU 内,骨重建是一个连续的过程,通常包含以下阶段:

(1) 激活期:骨组织出现微小裂纹、机械负荷改变,以及骨组织微环境内的 IGF-I、TNFα、IL-1β、PTH 和 IL-6 等因子,都可激活相对静态的成骨细胞,后者反过来会分泌一些因子招募破骨细胞前体。其中,成骨细胞表面表达配体核因子-κB 受体活化因子配体(receptor activator of NF-kB ligand,RANKL),与破骨细胞的 RANK 相互作用后,刺激破骨细胞的分化和成熟。PTH 或炎性细胞因子 TNFα、IL-1β 作用成骨细胞后,还可分泌单核细胞趋化蛋白 1(MCP-1),参与破骨细胞前体的募集。

(2) 骨吸收期:在人体骨组织,此期为 2 ~ 3 周。破骨细胞一旦分化成熟,即会极化、黏附在骨表面,开始溶解、吸收骨组织。

(3) 反转期:此期在人骨组织可持续 9 天,然后破骨细胞发生凋亡而失活。可出现少数所谓的"反转"细胞,即单核的巨噬细胞样细胞,行使清除基质降解碎片的作用,同时也可释放抑制破骨细胞和刺激成骨细胞的一些因子。

(4) 骨形成期:此期在人骨组织可续持 4 ~ 6 个月。骨基质吸收导致沉积其中的一些细胞因子得以释放,包括 BMPs、FGF、TGF-β、IGF-Ⅱ等,从而将成骨细胞募集到骨吸收发生的部位。破骨细胞还分泌鞘氨醇-1-磷酸盐(sphingosine 1 phosphate,S1P)、血小板源性生长因子(platelet derived growth factor,PDGF)、肝细胞生长因子(hepatocyte growth factor,HGF)和 Myb 诱导性髓蛋白-1 (Myb-induced myeloid protein 1,Mim-1)等,也参与募集成骨细胞。成骨细胞积聚到骨吸收部位后,产生骨基质,继而基质矿化,从而完成一个周期的骨重建的全过程。骨质的矿化机制迄今尚未完全阐明,但非组织特异性碱性磷酸酶、核苷酸焦磷酸酶、磷酸二酯酶等可能都与矿化过程相关。

(二)调控骨生长与重建的主要因子及其作用机制

骨组织的生长与重建受全身和局部多重因素的调控,包括激素、营养、生长因子、免疫因素、疾病状态,以及局部机械因素等等(图 9-4)。

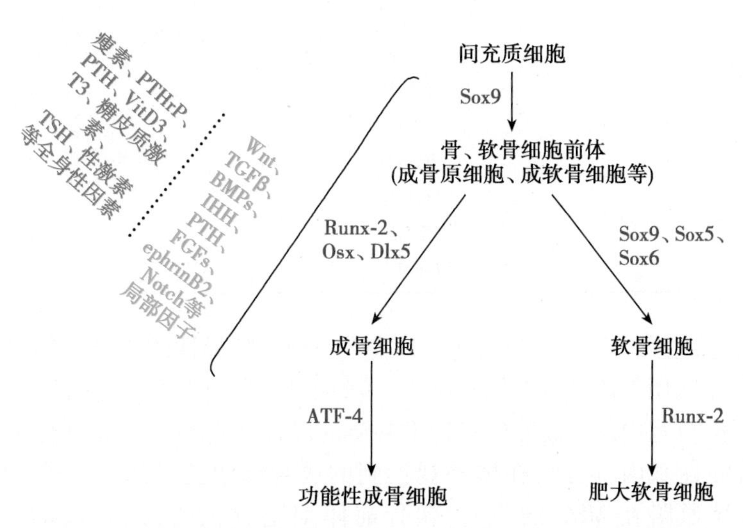

图 9-4 调控间充质干细胞向成骨和成软骨分化的主要因子示意图

1. 调控骨生长和重建的全身性因素 一些全身性随血液循环输送的激素类因子对成骨细胞和破骨细胞均有调节作用。PTH、甲状旁腺激素相关蛋白(parathyroid hormonerelated protein,PTHrP)和 1,25-二羟基维生素 D_3(1,25-$(OH)_2$-Vit D_3)等,可激活 MSC 和成骨细胞,后者又表达 M-CSF 和 RANKL,促进破骨细胞的分化。此外,甲状腺激素 T_3 通过甲状腺激素受体作用于成骨细胞,上调 RANKL 的表达,而糖皮质激素抑制肠道钙的吸收,刺激 PTH 产生。促甲状腺激素(thyroid stimulating hormone,TSH)很少直接作用于破骨细胞,而主要是通过降低成骨细胞表面 LRP-5 的表达并抑制其分化,进而负向调控破骨细胞的分化。TSH 受体缺陷的小鼠成骨细胞的 RANKL、TNF-α 和 LRP-5 的表达量均有增加,可导致成骨细胞和破骨细胞都过度分化,但破骨细胞的分化和骨吸收速率超过成骨细胞活性,致使 TSHR 缺陷小鼠有严重的骨质疏松症。

一些性腺激素,包括雌二醇和睾酮,可减少 RANKL 的表达,或者提高成骨细胞骨保护素(osteoprotegerin,OPG)的表达,从而减少骨吸收。老年人的骨质疏松症就主要是因为性激素减少造成的。女性因为停经易较早而出现骨质疏松,停经最初几年的骨质流失较严重,之后逐渐与同龄的男性骨质减少程度相似。

维生素 D_3 在高浓度时也可增加成骨前体细胞的数量。胰岛素通过刺激氨基酸转运和 RNA 合成,增加胶原及非胶原蛋白质和蛋白聚糖的合成,从而强化成骨细胞的作用。

瘦素(leptin)是全身性骨代谢重要调控因子,由脂肪细胞产生,可通过下丘脑受体抑制食欲和骨形成。缺乏瘦素或下丘脑瘦素受体的人或小鼠都易变得肥胖,同时骨密度过高,而在瘦素基因缺陷小鼠脑室内注射瘦素,可逆转肥胖并恢复正常的骨密度。下丘脑对骨的主要作用途径是交感神经系统,交感神经与骨细胞直接接触,通过特异性受体产生调控作用。交感神经也产生去甲肾上腺素,可与成骨细胞的 β_2 肾上腺素能受体(β_2-AR)结合。β_2-AR 缺陷的小鼠,其骨密度也增加,但对瘦素没有反应。另外,卵巢切除可引起野生型鼠骨质疏松,且其交感神经控制也减弱,但不会引起 β_2-AR 缺陷小鼠的骨密度降低。因此,交感神经系统对骨的调控可能需要雌激素的参与(见图 9-4)。

除了上述全身性因子外,部分存在于血液循环中的生长因子/细胞因子,也可通过成骨和(或)破骨细胞的特异受体,从而在骨生长、重建或再生中发挥作用。

2. 局部调控因子及其作用机制 在局部参与骨生长或骨重建的主要是各种细胞因子和生长因子。目前研究比较充分的各种因子可用表 9-1 总结。

表 9-1 调控骨生长与重建的主要生长因子/细胞因子及其主要功能

刺激 MSC 化为成骨细胞	刺激 MSC 增殖及分化 刺激成骨细胞前体分化为成骨细胞	上调 M-CSF 及 RANK 促进破骨细胞分化
BMPs	IL-6、11	IL-1
	LIF	TNF-α
	Oncostatin-M	
	CNTF	
	BDNF	
	EGF	
	IGF-I	
	TGF-β	
	PDGF	
	FGF-1、2	

（1）调控成骨细胞的主要因子及其分子机制：成骨细胞是特异性的骨形成细胞，由多能 MSC 分化而来，后者在特定转录因子作用下还具备向软骨细胞、脂肪细胞、肌细胞等分化的潜能。通常成骨细胞泛指未成熟的成骨细胞前体，分化中以及成熟的能产生基质的成骨细胞等。MSC 分化为成骨细胞的过程中，可依序表达一系列特异性基因，因此，在体外观察到的成骨细胞表型的异质性，多与细胞分化阶段有关。Wnt 和 BMPs 信号通路在 MSC 向成骨/软骨前体细胞分化的第一步起着重要的作用。其中，Wnt10b 不仅可促进 MSC 向成骨/软骨前体细胞分化，而且也能抑制促进成脂细胞分化的转录因子 C/EBP α和 PPAR γ，从而阻止 MSC 向脂肪细胞方向的分化。Wnt 辅助受体 LRP-5 基因的激活型和缺失型突变可分别引起骨质疏松-假性神经胶质瘤综合征和高骨量综合征。当 Wnt 与 Frizzled 和 LRP5/6 受体结合时，可抑制 GSK3β 活性，阻断 β-catenin 的磷酸化并抑制其泛素化降解，从而稳定 β-catenin 蛋白，使其在细胞质内累积，并在达到阈值时，转移至细胞核内调节下游靶基因的表达。反之，在没有 Wnt 时，GSK3β 可磷酸化 β-catenin，加速后者的泛素化降解，从而抑制其下游基因的表达。骨形成蛋白（bone morphogenetic proteins，BMPs）是 TGF-β 超家族的蛋白成员，为调控成骨分化初期的另一组分子，其在成骨过程中的关键作用已由 BMP 基因修饰动物的出现的表型得以证实。MSC 向成骨细胞分化的主要特征是表达骨转录因子 Runx-2（也称作 Cbfa-1）、Dlx5，以及 Runx-2 下游的 Osterix（Osx）基因。其中 Dlx5 受 BMPs 介导的蛋白激酶 A 依赖性机制调控，在肢体骨骼系统发育过程中表达较为广泛，在骨折愈合过程中呈高表达。Runx-2 是成骨分化的最主要基因，Runx-2 缺失小鼠成骨细胞分化障碍而不能形成骨，且伴有软骨模板内肥大软骨细胞分化障碍。单个 Runx-2 等位基因缺失就足以引起头颅发育不良症（cleido cranial dysplasia，CCD）。许多因子诸如 BMPs、TGF-β、PTH 和 FGF 等，都可激活 Runx-2 的表达。Osx 则可被 BMPs、IGF-1 通过激活上游的 Runx-2 而激活，其中 BMP-2 也可通过非 Runx-2 依赖性途径激活 Osx。最新研究发现，成骨细胞分化相关的另一转录因子 Sox4，也可通过非 Runx-2 依赖性途径激活 Osx。Wnt 的激活和 Runx-2 的表达进一步促进了前体细胞向成骨细胞分化，同时减少其向成软骨细胞分化。一旦分化方向确定，成骨前体细胞经过一个短暂的增殖阶段后，很快表达 ALP，为成骨细胞分化最早的标志之一。

机械应力信号及内分泌因子 PTH 信号可通过作用于成熟的骨细胞而刺激骨形成。在静息状态下，骨细胞表达可溶性骨硬化蛋白（sclerostin），后者能与 LRP5/6 结合从而直接阻断 Wnt 信号通路的激活。机械刺激信号可降低骨细胞表达硬化蛋白的能力，从而解除其对 Wnt 信号通路的抑制作用，因而促进骨形成。但是，目前机械应力及 PTH 信号如何在骨形成的早期和晚期发挥完全相反作用的机制尚不清楚。

当成骨前体细胞停止增殖时，同时经历一个形态转化过程，不再呈纺锤状构象，而是呈较大的、立方状的成骨细胞，富含 ALP，分泌骨基质蛋白 Ⅰ 型胶原、OPN、BSP 等。成骨细胞在持续成熟过程中，还表达一系列与骨基质矿化相关的基因，以及骨钙素（osteocalcin，OCN）等。后者是较成熟的、有一定激素功能活性的成骨细胞的标志之一。

间充质细胞在骨吸收部位的分化成熟中,分泌产生一系列骨基质有机分子,包括Ⅰ型胶原蛋白、非胶原蛋白、蛋白聚糖、糖蛋白、脂质等,其中糖蛋白包括非组织特异性碱性磷酸酶、小整合素结合配体蛋白质、基质Gla蛋白(matrix Gla protein,MGP)和OCN等。同时,成骨细胞还产生一些参与羟基磷灰石形成的沉积因子。

(2)调控破骨细胞生成(osteoclastogenesis)的主要因子及其分子机制:破骨细胞起源于CFU-M(巨噬细胞集落形成单位)谱系。最初调控破骨细胞分化的是识别5'-GGAA-3'的ETS家族转录因子PU.1。PU.1能促进骨髓巨噬细胞分化成破骨细胞,PU.1缺陷型小鼠缺乏破骨细胞和巨噬细胞。PU.1启动c-fms基因的表达,而c-fms编码M-CSF受体及RANK。受M-CSF及RANKL激活后,募集肿瘤坏死因子受体活化因子6(tumor necrosis factor receptor activation factor,TRAF-6),可进一步激活MAPK和NF-kB的抑制蛋白IkB,导致细胞内c-fos、c-Jun、ATF2及NF-κB的核内转移,从而全面启动破骨细胞特异性基因的表达。

转录因子MITF也对破骨细胞分化起重要作用。破骨细胞表达两种MITF亚型,MITF-A和MITF-E。MITF-A在巨噬细胞和破骨细胞中的表达水平相似,而破骨细胞分化过程中MITF-E表达增加。MITF与PU.1可相互作用,协同促进破骨细胞特定基因的表达,增加组织蛋白酶K(cathepsin K)和酒石酸酸性磷酸酶(tartrate resistant acid phosphatase,TRAP)的转录。还有一个能与PU.1和MITF相互作用进而促进破骨细胞特异基因表达的是转录因子NFATc1,后者又受NFATc2和NF-κB所激活。在破骨细胞相关基因表达调控的自身扩增环路中,还需要依赖于钙/钙调蛋白的钙调性磷酸酶的活化。

(3)成骨-破骨细胞功能活性耦合的分子机制:在骨生长及重建过程中,成骨细胞与破骨细胞相互影响、相互调控。目前,成骨细胞-破骨细胞之间的耦合信号及其机制尚不十分清楚。起初仅认为耦合分子已储存在骨基质中,包括胰岛素样生长因子(IGF)Ⅰ、Ⅱ和TGF-β等,在破骨细胞介导的骨溶解和吸收时被释放出来,从而募集MSC。但是,在破骨细胞有功能缺陷的小鼠和患者中补充相关的耦合分子,成骨细胞所参与的骨形成过程仍会出现障碍,因此应该还有其他因子参与耦合。其中,可溶性分子S1P和细胞锚定EphB4-ephrin-B2双向信号复合物是目前所知的重要因子。S1P由破骨细胞分泌产生,具有募集成骨细胞前体,增加成骨细胞存活的作用。EphB4受体在成骨细胞表面表达,而破骨细胞则表达配体ephrin-B2,EphB4信号通路激活后增强成骨细胞分化。同时,ephrin-B2也介导逆转信号,通过抑制c-Fos/NFATc1级联反应而抑制破骨细胞的分化。因此,EphB4-ephrin-B2复合物在骨改建时骨吸收期向骨形成期的转换中发挥重要的调控作用。

骨特有的组织学结构使得破骨细胞并不总是与成骨细胞直接接触,在破骨细胞溶解吸收骨组织后空出的空隙部位处,基质降解后发生的成骨细胞的募集会持续较长的时间。因此,可能存在多种机制调控成骨细胞与破骨细胞的耦合,包括直接接触和可溶性信号。

最初发现RANK和RANKL分别是T细胞和树突细胞所表达的分子,其相互作用增加了树突细胞对T细胞增殖的刺激能力和树突细胞本身的存活率。在骨组织中,RANK和RANKL的相互作用也起着重要的调控作用。成骨细胞表面表达RANKL,与破骨细胞前体直接接触后,RANKL激活破骨细胞表面的RANK。成骨细胞表面的RANKL蛋白能在基质金属蛋白酶(matrix metalloproteinases,MMPs)的作用下从膜表面释放出来,如MMP14、解整合素样金属蛋白酶(a disintegrin and metalloproteinase(ADAM)-10,以及1型膜基质金属蛋白酶(membrane type 1 matrix metalloproteinase,MT1-MMP)等。相反,成骨细胞也分泌产生TNF家族可溶性因子OPG,OPG具有与RANK相同的胞外结构,竞争性地与RANKL结合后,能够抑制RANKL/RANK相互作用,从而抑制破骨细胞活性,起着保护骨组织的作用。因此,OPG、RANK与RANKL彼此之间的平衡是调控破骨细胞活性的一个关键环节(图9-5)。

成骨细胞还分泌其他多种细胞因子,参与刺激破骨细胞的分化成熟和功能,包括IL-1β、IL-6、PTHrP和TNF-α等,均是目前正在深入研究的因素,但限于本章篇幅,不再详述。

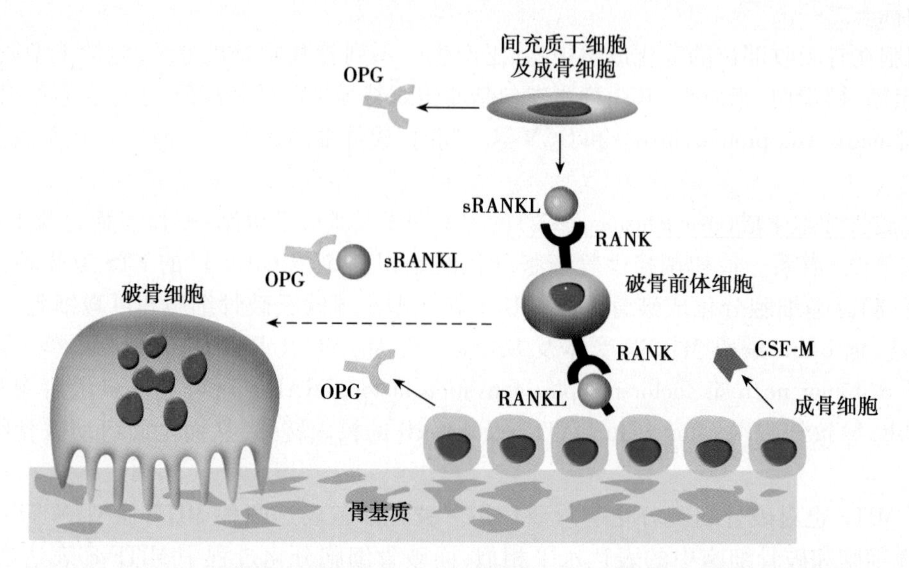

图 9-5 OPG、RANKL 和 RANK 参与成骨细胞-破骨细胞耦合的机制示意图

二、软骨细胞分化及其分子调控机制

软骨细胞在分化早期通常体积较小，在软骨基质的末端区域，称为软骨储备区或软骨静止区。紧挨着静止区下方的是增殖区，这个区域的细胞稍大，呈扁平状，处在快速增殖相。增殖后的软骨细胞表达Ⅱ型胶原和蛋白聚糖。过分化的软骨细胞（前肥大软骨细胞）除表达一定量的Ⅱ型胶原外，还表达 Ihh、PTH 和 PTHrP 受体等。生长软板近中央区域含有肥大的软骨细胞，表达Ⅹ型胶原，这些软骨细胞趋向于发生凋亡。

在分子水平，转录因子 Sox9 属于 HMG 家族成员，是研究最充分的调控软骨细胞形成的最重要的分子。在软骨细胞内，Sox9 可以激活Ⅱ型、Ⅸ型和Ⅺ型胶原基因的表达。Sox9 异常会导致显性遗传疾病短指发育不良（campomelic dysplasia，CD）。Sox9 杂合突变小鼠的表型与人类 CD 患者很相似，而双等位基因的缺失则带来更明显的表型，胚胎由于骨骼不融合，四肢发育异常，在出生前即死亡。Sox9 基因突变的动物软骨肥厚区扩大，骨早熟矿化。因此，Sox9 除决定软骨细胞最初的大小和细胞聚集后的存活外，还能抑制软骨细胞肥大。

另外，两个 HMG 家族成员 Sox5 和 Sox6，也在软骨成熟过程中扮演着重要角色。这两个基因伴随着 Sox9 在软骨前体细胞聚集过程中同时表达，在肥大的软骨细胞里还继续表达。Sox5 和 Sox6 在体内的作用有所重叠，单个突变时对小鼠外形几乎没有影响，但同时敲除 Sox5 和 Sox6 时将导致全身性软骨发育异常，并引起后期胚胎死亡。

与上述激活性因子作用相反的是 NFAT1。NFAT1 属于激活 T 细胞的细胞核因子家族的一员，可抑制软骨分化。在软骨细胞中过表达 NFAT1 会抑制软骨细胞标志性分子的表达，而 NFAT1 基因缺失小鼠在关节中会有异位软骨形成，新形成的软骨中含有大量柱形的软骨细胞，且最终为骨细胞所替代，导致软骨内骨化。

成纤维细胞生长因子（fibroblast growth factor，FGF）基因家族成员是一类分泌性因子，负向调控软骨细胞的增殖与分化。在骨骼形成的几乎每一过程都有 FGF 类分子的大量表达，对其受体 FGFR 的研究也比较充分。小鼠 FGFR3 的失活会引起软骨增殖的增加，人 FGFR3 突变后导致其活性增强，造成软骨发育异常，患者生长板软骨增生区缩短。FGF-18 为软骨细胞 FGFR3 的配体，其基因缺失的小鼠也有相似的表型。因此，至少一个或多个 FGF 通过作用于 FGFR3 来抑制软骨细胞的增殖。

在软骨细胞成熟的最后阶段，其增殖与肥大的相对比例受 PTHrP 和 Ihh 相关的负反馈环路调控。PTHrP 由近软骨膜的软骨细胞分泌，与增殖区软骨细胞的 PTHrP 受体（parathyroid hormone related protein receptor,PPR)结合,从而刺激它们的增殖。当细胞位于PTHrP所不及的区域,在与PTHrP起拮抗作用的Ihh的作用下,细胞停止增殖,并分化为肥大的软骨细胞。因此,在小鼠软骨细胞过表达PPR,可引起增殖性软骨细胞向肥大软骨细胞转换的延迟。人PPR基因活化型突变会引起遗传性短肢侏儒症,为干骺端软骨发育异常。相反,含有$PPR^{-/-}$胚胎干细胞的嵌合体小鼠出现软骨细胞过早肥大现象。另一方面,肥大软骨细胞前体分泌印度刺猬因子(Indian hedgehog protein,Ihh),促使软骨膜的细胞增加PTHrP的合成,从而间接减缓软骨细胞肥大的进程。Ihh缺失小鼠的肥大性软骨细胞增加,进一步证实了PTHrP的作用。

此外,成骨细胞的关键转录因子Runx-2对肥大细胞分化也起关键调控作用。Runx-2缺陷小鼠除缺失成骨细胞之外,其近端软骨充满静止和增生期软骨细胞,虽部分有肥大趋势,但没有肥大性软骨细胞出现,这些细胞也无X型胶原表达。相反,如果在野生型小鼠或Runx-2缺失小鼠的软骨细胞中针对性地过表达Runx-2时,可分别引起异位性软骨内骨化和恢复软骨细胞的肥大。

肥大软骨细胞也调控血管的侵入,其间发挥作用的主要因子是肥大软骨细胞分泌的MMP9和VEGF等因子。

三、骨和软骨损伤及疾病的再生生物学

1. 骨折愈合与修复的再生生物学　扁平骨的骨折修复是通过骨膜内的MSC直接分化为成骨细胞,即膜内成骨来完成的。长骨的骨折后修复愈合则通常包含了膜内成骨和软骨内成骨的特点。

(1) 骨折修复的膜内和软骨内成骨机制:骨折使得骨内外的血管损伤,导致在损伤处和周围形成纤维凝块(血肿),缺血缺氧导致在损伤两侧一定距离内的骨细胞死亡。而凝块内的血小板可释放PDGF和TGF-β,引发炎性反应并有中性粒细胞和巨噬细胞侵入血肿。骨髓中的巨噬细胞可分化成为破骨细胞,并降解坏死的骨基质(图9-6,①)。骨折数天内,骨的修复过程首先由骨膜内的MSC激活开始,少量来源于骨内膜和骨髓基质的MSC也参与,通过膜内成骨方式在骨折两端分化为成骨细胞(硬痂)。成骨细胞分泌富含Ⅰ型胶原的骨基质,包括OCN及其他矿化相关蛋白。而在骨折处骨质缺失的空隙内的修复过程与胚胎期软骨内成骨类似。MSC在骨膜、骨内膜和骨髓中增生、聚集,形成软痂(图9-6,②)。聚集的细胞分化为软骨细胞并分泌各种软骨特异性基质。软骨细胞接着增生肥大,合成和表达X型胶原并下调其他类型胶原。随后,软骨基质被钙化,软骨细胞肥大、凋亡。破骨细胞逐渐清空位于钙化基质板的旧基质,成骨细胞又在远离钙化基质板处分泌更多基质,并加以矿化,形成新骨(图9-6,③、④)。肥大的软骨细胞也产生各种血管源性因子,诱导骨膜血管生成,逐渐侵入基质。实际上,在MSC向成骨细胞分化过程就已伴随着血管侵入。

(2) 骨折修复过程中调控细胞分化的分子机制:骨折修复过程中基质吸收和合成过程,受与骨及软骨组织的生长及改建过程相类似的全身和局部信号所调控。

软痂的形成和软骨细胞的分化所需的转录因子和信号分子与软骨内成骨和维持分化时所需的分子是一致的,Sox9在MSC中适时表达,诱导其他软骨相关基因的表达,包括Ⅱ、Ⅹ、Ⅸ和Ⅺ型胶原蛋白和蛋白聚糖等。随着软骨细胞痂的成熟,Ihh在软骨细胞中出现,Gli1在形成骨膜的周围骨痂细胞中表达。软骨模板内由骨替换软骨的过程中,也可检测到编码骨相关信号蛋白和转录因子基因的转录活化,如BMPs、Runx-2及OCN等。

其他一些局部出现的生长因子对于骨折修复同样很关键。一部分生长因子由软骨细胞、MSC和成骨细胞所合成,其他的如TGF-β、IGF-Ⅰ和Ⅱ等则可通过破骨细胞的骨质溶解作用从骨基质中释放出来。

TGF-β超家族成员对骨折后的软骨和骨形成都特别重要。BMPs可从降解的骨基质中释放,BMPs及其受体在软痂细胞中高表达,可诱导MSC定向分化至软骨和成骨细胞谱系。BMP-2、4和7在硬痂形成区的骨膜间充质细胞、增生的早期软痂细胞和成软骨细胞内都高表达,而在成熟和肥大的软骨细胞中表达降低,但在骨替代软骨时的成骨细胞中其表达又明显增强。BMP-5基因缺陷的小鼠对骨缺失和损伤的修复能力降低,表明BMP-5在骨再生中也发挥重要作用。在非骨折区域的细胞中,BMPs不表达,但其受体BMPR-IA和IB在骨膜细胞中表达,这些受体在骨折区表达水平也增高,且与BMPs上调的时间点一致。

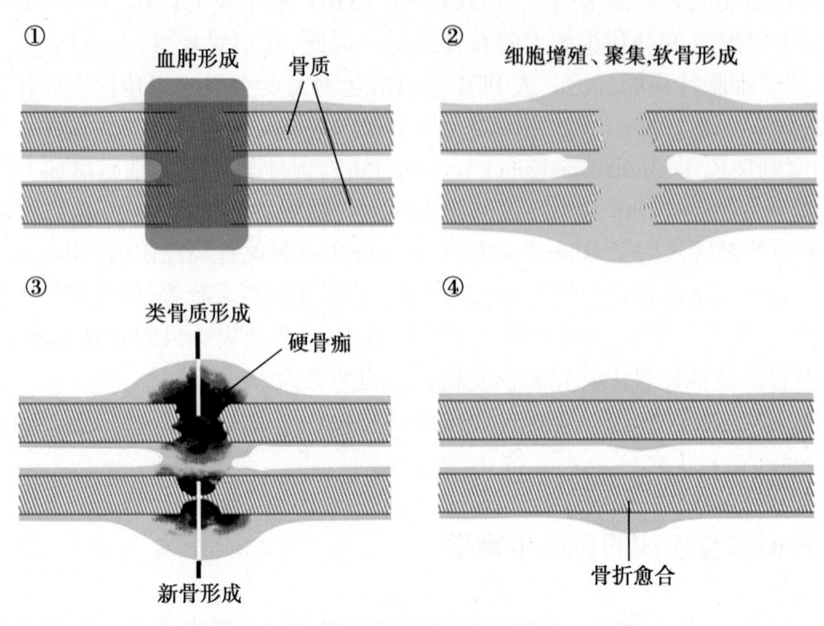

图 9-6　长骨骨折的正常修复愈合过程示意图

激活素(activin)受体在骨折部位的增生和成熟软骨细胞中均有表达,但激活素本身表达较弱,提示激活素受体也可充当 BMPs 受体而发挥作用。

TGF-β 在骨折早期就高水平出现于血肿和骨膜中。TGF-β、FGF-1 和 FGF-2 在软痂的软骨细胞部位表达,而不在硬痂形成区表达。骨折早期的 TGF-β(以及 PDGF)则可能主要来源于血小板和降解的骨基质。

2. 软骨损伤的再生生物学　因为基质中的水分含量高,所以关节软骨虽然没有血管,但是可通过弥散作用从关节囊内的滑液中获得氧气和营养。成年表面软骨细胞已停止有丝分裂,因此成年关节软骨必须通过产生新的基质而非新的细胞以弥补磨损。软骨的修复能力很低。仅仅影响软骨浅层的损伤不会自动修复,因为损伤范围限于无血管的浅层,没有血管,就没有纤维蛋白凝血块,没有炎性反应,损伤处的软骨细胞一般也不会再次进入细胞周期。而深透到骨质的损伤(全层缺损)往往反而表现出更好的修复。从骨血管进入损伤部位的血液可形成纤维蛋白凝血块并产生炎性反应,损伤处由来源于骨的 MSC 及成纤维细胞修复,形成纤维软骨,类似于皮肤损伤的结痂(图 9-7)。同时,关节修复过程中如接受一定程度的被动运动和力学刺激,则修复效果更好,可能是因为运动促使关节滑液接触,便于提供营养和排出废物。

上述知识最近得到一定的修正。研究发现关节软骨细胞也具有一定的增生和分化能力。羊幼仔关节软骨半穿透切口的修复,就主要是由受损区域软骨细胞的增生分化所完成的。成年关节软骨细胞的微环

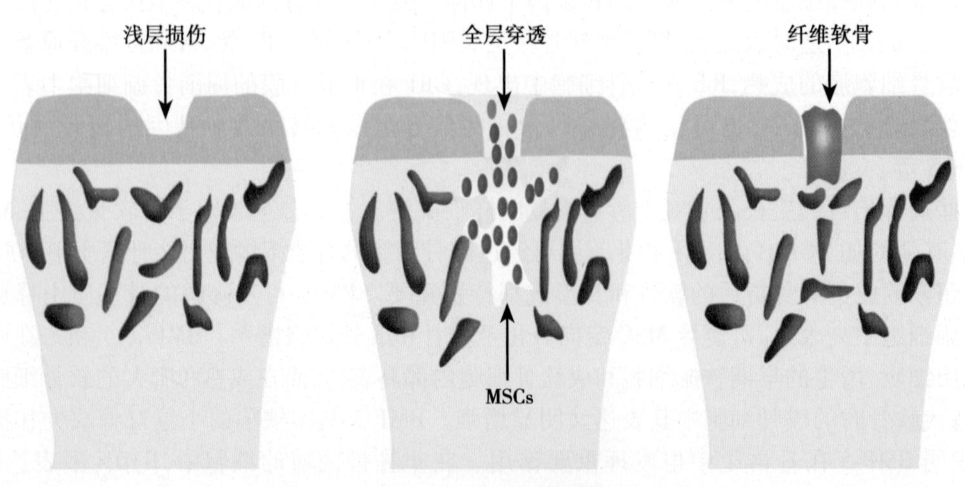

图 9-7　关节软骨损伤的自然修复过程示意图

境可能存在某些抑制软骨细胞有丝分裂和分化的因素，如果这些抑制因素能被鉴定并剔出，则可改善浅表关节软骨损伤。

正常软骨的合成和分解代谢受一系列因子调控而达成平衡，关节受损和再生不良大部分可归因于该平衡的失调。BMPs 和软骨源性形态发生蛋白（cartilage derived morphogenetic proteins，CDMPs）在促进合成代谢方面发挥着重要作用。其中，CDMP-1（也称 GDF-5）和 CDMP-2 在正常和损伤软骨中均有表达，已有实验证明其具有刺激体内和离体软骨形成的作用。相反，IL-17 及其相关分子则对 BMPs 和 CDMPs 的促软骨生成作用起负向调控作用。其中，IL-17B 在关节软骨的中区和深区表达。此外，IL-17、IL-1 和 TNF-α 也参与关节疾病中软骨基质的降解。

3. 退行性骨关节炎相关再生生物学问题　骨关节炎（osteoarthritis，OA）是与年龄和损伤相关的关节软骨的一类慢性疾病，在老年人群中发病率可高达 40% 以上。在骨关节炎的发生和发展中有两种主要的退行性病变。第一种是钙化，减少了对软骨细胞的营养和氧气的弥散，因而关节软骨细胞更易发生变形和退化，导致细胞数量减少，基质被重吸收。第二种是软骨表面沿着胶原纤维走向裂开，使胶原纤维暴露，产生绒毛样的表面。这种情况首先成片出现，然后扩大。当发展到一定程度，各种软骨丢失并暴露其下面的骨，从而伴有不断增加的疼痛。当细胞活性持续减低，出现细胞外基质胶原纤维化，关节软骨变粗糙，继而变薄，溃疡与裂隙形成，最后可能脱落。

OA 的整个病理过程实际上是一种破坏与重建并存的过程。在疾病发展的特定阶段，在裂缝基部关节浸润增加，营养环境良好，细胞分裂、增殖活跃，基质合成旺盛，呈现出退变过程中软骨代偿性反应的组织学标志，即基质大分子合成增加、细胞增殖的组织修复反应，企图代偿性地修复关节软骨，对抗蛋白酶的降解反应。其间，聚蛋白多糖酶 ADAMTS-5 存在于正常或炎症的关节软骨组织中，软骨损坏是由于 ADAMTS-5 降解聚蛋白多糖，而 ADAMTS-5 基因敲除小鼠对骨关节炎具有较好的抵抗力。修复反应可以持续数年，在某些患者可以减慢甚至逆转退行性病程的发展。如有合适的治疗干预措施，可在此发病阶段促进上述修复作用。

另一方面，OA 的很多病理变化也与“错误”的反应性增生修复相关。由于软骨在不适当的机械应力作用下，骨髓和骨膜的干细胞反应性地增殖、迁移、形成新骨，而导致软骨下骨增生。骨量增加的同时，若关节软骨裂隙深至软骨下骨，关节面部位将出现有骨髓 MSC 等细胞参与形成的肉芽组织，进而演变成纤维软骨。这种过渡性短期修复最后被致密的、“象牙”样的骨质所替代。此外，负重部位关节下骨重建活跃，发生增生，可导致软骨-骨交界部及韧带附着部的骨软骨骨赘形成。

4. 骨质疏松症相关再生生物学问题　在成年期，骨的新生和改建在持续不断地进行着，破骨细胞的骨吸收与成骨细胞的骨形成处于动态平衡。进入老年期后，破骨细胞活性增加，骨小梁吸收加快，吸收陷窝加深，而成骨细胞活性相对减弱，骨形成速度减慢，骨质为非耦联的骨重建，从而出现不可逆的骨丢失，骨密度降低，导致骨质多孔、疏松，骨的脆性增加，容易发生骨折，此即骨质疏松症。根据世界卫生组织标准，当骨密度（BMD）低于整体成年女性的骨峰值平均值以下 2.5 个标准差（$T \leq -2.5$）时，为骨质疏松，T 在 $-2.5 \sim -1$ 之间时，为骨量减少。

一般认为骨质疏松与全身性内分泌紊乱、钙吸收或利用不良有关。一些加速骨重建和减少骨形成的复杂因素，尤其是与机体雌激素水平下降、下丘脑及垂体负反馈机制减弱等相关的因素，可引起 1,25-二羟基维生素 D_3 生成减弱、PTH 敏感性增高，从而导致骨吸收增加；而降钙素水平降低，导致骨形成减弱、骨吸收增加。一些主要在局部发生作用的因子，包括 TGF-β、BMPs、FGF、白细胞介素、前列腺素、TNF-β，以及维生素 D 受体变异等，可对成骨细胞分化和功能活性进行调控，还有其他一些影响破骨细胞的分化成熟的因子，都可参与骨质疏松的发生发展和转归。同理，新型的、理想的抗骨质疏松制剂，也应在基于抑制破骨细胞分化成熟与功能活性的同时，从提升 MSC 和（或）成骨细胞分化活性的角度入手。

5. 椎间盘退行性病变相关再生生物学问题　遗传因素、老化、炎症和外伤等因素，综合作用后会诱发椎间盘退变，导致正常椎间盘内髓核细胞数量下降，细胞外基质含量减少，椎间盘逐渐纤维化或钙化，椎间盘力学性能丧失，成为临床上最常见的颈椎病和腰背痛的主要病因。目前椎间盘退变的细胞及分子生物学过程仍未完全阐明，但椎间盘内细胞合成和分解基质的平衡失调，椎间盘基质和水平含量减少是其主要表现,这些表现都可以最终归因于椎间盘细胞数量的减少或功能活性的减弱。

近年来,随着生物治疗概念的提出和发展,及时干预退变的各个环节,促进细胞外基质的合成代谢而抑制其分解代谢,促进髓核组织再生,可能是椎间盘的修复和再生最有希望的途径。另一方面,最近的研究表明,无论健康还是退行性变的椎间盘组织,都表现出一定的再生性能,椎间盘组织中能够分离出类似于 MSC 的具有多向分化能力的干细胞,这一方面可以解释椎间盘组织对施用的生长因子(如 BMP-2、BMP-7 等)有一定再生反应的生物学基础,另一方面也意味着椎间盘环境仍具备包容干细胞的微环境,而改善该微环境并促进椎间盘干细胞的增殖分化,可能成为防治椎间盘退变的新思路和新策略。

第三节 骨与软骨组织的再生医学

一、骨与软骨损伤及再生修复的动物模型

实验动物和动物模型在研究骨与软骨组织的损伤、疾病的发生发展机制方面,起着十分重要的作用,同时也是研发再生修复新技术所必不可少的工具。目前针对大多数骨关节疾病都已建立有相应的动物模型。针对各种损伤和疾病的具体情况和研究目的,在选择动物种属、年龄、性别,以及造模的方式和途径,会各有不同。以下仅简要介绍一些最常用的模型。

1. 骨折愈合动物模型 通过手术造成动物长骨骨折或骨缺损,在术后不同时间,或经过各种处理后,检测骨折断端间骨痂的生成过程及演化规律。常用的骨缺损模型包括:

(1) 成年长骨干骨折需固定法:常用兔、犬、羊等实验动物造模,用骨锉或锯在股骨横断截骨,在骨内安置固定装置,或术后用小夹板固定骨折处的骨组织。适用于研究不同固定方法对骨折愈合的影响、骨折端的生物力学特性、骨折微环境改变对骨折修复的影响等。

(2) 成年长骨骨折,无需固定法:常用兔造模,在桡骨中下 1/3 处用锯横断骨折,术后不固定而直接闭合。可用于研究骨折愈合过程中的细胞演化、骨痂形成及其超微结构的变化,或用于研究电磁场、氧分压、自体骨髓、药物,以及各种诱导因子对骨折愈合的影响。

(3) 微动促进骨折法:常用成年羊,在胫骨中段造成 0.3cm 的骨缺损,用装有微动装置的固定架固定骨折。适用于进行微动实施的最佳时间、最适生物力学参数的测定,以及微动促进骨折愈合作用机制的研究。

2. 骨缺损和骨不连动物模型 常用兔造模,选用桡骨,在中间 1/3 处切除 1cm 长的骨段。本模型在术后 4 周骨断端无骨组织生长,适用于研究各种成骨因子、骨膜、骨基质、自体骨髓以及不同植骨术等修复骨缺损的实验研究。

3. 骨质疏松模型

(1) 卵巢切除法:选用 3 ~ 10 个月龄雌性大鼠,切除双侧卵巢,术后 6 ~ 12 周造成骨质疏松。适用于模拟成年妇女绝经期骨质疏松发病机制、治疗等方面的实验研究。

(2) 维 A 酸法:均用同性别大鼠,每天用维 A 酸 70mg/kg 灌胃,2 ~ 3 周即可诱发骨质疏松。适用于研究骨质疏松发病机制和防治药物效能的观察等。

(3) 糖皮质激素法:选用 3 ~ 12 个月龄的雄性或雌性大鼠,按 1 ~ 2.5mg/kg 肌内注射地塞米松,每周注射两次,6 ~ 8 周后即可造成骨质疏松。适用于糖皮质激素引起骨质疏松的发病机制、病理及预防措施,但并不适用于骨吸收相关因素所致骨质疏松的研究。

4. 软骨缺损模型 动物模型在模拟临床软骨损伤情况,在比较各种修复方法的优势及潜在的问题等方面有极大的价值。但是,应用动物模型模拟软骨缺损时,需要考虑各种实验动物关节软骨组织结构之间的差异。人类股骨髁透明软骨层的厚度为 2 ~ 3mm,而成年兔约为 400μm,仅为人类软骨厚度的 1/7 ~ 1/5。即使在较大的实验动物,如羊,内侧股骨髁关节软骨层的厚度也仅为兔的 1.5 ~ 2.0 倍。人

的单个软骨细胞所拥有的基质的量为兔的 8～10 倍。此外，人与实验动物的软骨基质在蛋白多糖的分布，胶原含量、交联程度及排列方式方面有不同程度的差异，导致人与实验动物软骨的力学特性也有明显区别。

对软骨缺损模型，最常选用成年兔。打开膝关节，在股骨踝的髌骨相对的面用电钻造成 0.5～0.8cm 的关节软骨缺损，深大骨髓腔。一般在术后 8 周缺损中仅有软组织填充而无软骨组织，适用于软骨组织工程及软骨小钻孔手术对软骨缺损修复基质的研究。

5. 骨关节炎动物模型　骨关节炎(OA)分继发性和原发性，其动物模型制作方法上也可分为两大类：一类为诱发模型，即通过各种操作方法如关节制动、手术、关节内注射物质等诱导 OA 产生；另一类为自发模型，即不用任何外界干预，动物自发产生 OA，如 C57 黑鼠、STR/ort 小鼠等。其中自发性 OA 模型较少受外界因素干扰，在研究原发性 OA 的发病机制、关节软骨生化改变和防治效果的比较等方面具有极大优势，以 STR/ort 小鼠和 Hartley 豚鼠模型应用较多。

关节内手术方法所造模型诱导成功率高，稳定性好。但由于手术创伤对关节内的影响，一般适于研究药物疗效及药物对关节软骨成分、炎症介质、蛋白酶等表达的影响和治疗药物的筛选，以及生物机械因素所致骨关节炎，不适宜观察 OA 生化代谢的变化。

关节腔内注射化学药物建模所需时间短，可模拟软骨破坏的终末环节，适于软骨病理、药物防治的研究。

各种动物模型各有特点。用药物防治软骨退变的研究，鼠模型能满足要求。小鼠等小型动物在需要使用大量动物时具有优势。鼠模型关节软骨退变的组织学特征与人类 OA 相似，但其关节几何形状与人类不同且软骨不含硫酸角质素。狗、兔膝关节组织结构与人类接近，其 OA 模型的软骨生化指标与人类 OA 一致，故而在研究 OA 的病理进程、组织病理特征或软骨生化代谢的变化，选用狗、兔模型较适宜。

二、骨和软骨疾病与损伤修复的主要再生医学策略和技术

因创伤、感染、肿瘤切除或者先天性疾病等可造成骨或软骨的缺损。在适当的复位、固定等外科处理后，也采用一系列物理和生物学手段刺激再生修复功能。其中物理方法包括微动、电刺激或电磁刺激、激光、超声、体外冲击波等，这些方法的治疗机制并不完全清楚，其效果也待优化和提升。较严重的骨和软骨缺损可采用骨移植、组织工程技术、膜引导性组织再生技术、基因疗法、细胞与生长因子等等，其中细胞疗法与组织工程技术是目前的研究热点。

（一）骨移植

对临界性骨缺损(critical bone defect)，目前，需要采用骨移植方法治疗。骨移植是指将 ·种移植材料，在单独或与其他材料并用植入体内时，可向受体部位提供骨生成、骨传导或骨诱导活性，从而启动骨愈合反应。其中，骨生成材料是指含有可分化为骨的活细胞的材料，骨传导材料可充当支架，促进新骨质形成并使其沉积于材料表面，而骨诱导材料可提供生物性刺激，诱导受体本身和移植材料上的细胞分化为成熟的成骨细胞。

1. 自体骨移植　可分为带血管游离自体骨和不带血管自体骨。游离自体骨有少量成活细胞，在骨愈合早期起重要作用；松质骨有骨基质和基质蛋白存在，可发挥骨传导和诱导作用。其中，带血管自体骨植入受体后可同时发挥骨生成、骨传导，以及骨诱导的作用。但是，自体骨来源有非常有限，取骨会加重患者创伤。

2. 异体骨或异种骨　可分为皮质骨、松质骨以及骨软骨移植物，包括新鲜的、冷冻的、冻干的、脱钙的骨，可以为粉末、糊状、颗粒、凝胶、片状、条状或大块状等形式，也可为骨钉。异体骨通常已去除细胞以减弱免疫性，没有骨生成功能，但保有一定骨诱导和骨传导功能，机械强度也较为减弱。异种骨与异体骨很类似，但可能有更多问题存在，包括免疫排斥反应和传播疾病的可能性。

3. 人工骨　鉴于上述骨移植材料的局限性，迄今已开发出，并正在开发多种基于各种生物医用材料的人工骨。用于开发人工骨的一些常见生物医用材料将在下文介绍。

（二）基于细胞移植的软骨损伤再生修复技术

关节软骨主要是由少量的软骨细胞和细胞外基质组成的无血管组织，软骨损伤后，自我修复能力很弱，当关节软骨缺损超过一定面积（>2cm^2）、大于4mm深的全层软骨缺损通常不能自行修复，持续发展会导致骨关节炎，给患者带来很大痛苦。传统的治疗方式，如关节磨削成形术、钻孔、微骨折、开放性自体骨膜移植术及关节镜灌洗术，在移除关节内碎片及抗炎等方面确实能发挥作用，但不能将损坏的部位修复成正常组织结构。自体骨软骨移植术和自体软骨细胞移植（autonomous chondrocyte implantation，ACI）是目前可选的治疗方法。其中ACI自1994年首次应用于临床至今，全世界近20 000例患者接受了这一治疗方法。以此为基础，近年开发出的“基质诱导的自体软骨细胞移植（MACI）”技术，将自体软骨细胞提取后先种植到胶原基质膜上，然后再移植到软骨缺损处，大大改善了效果，已成功地用于治疗肩关节、肘关节、掌指关节、股骨头、膝关节和踝关节的软骨损伤，尤以膝关节、髁关节面软骨损伤治疗数最多。MACI的优点突出表现在：①软骨细胞预先种植在生物膜上，细胞位置固定，不会发生术后软骨细胞流失；②以胶原膜为软骨细胞载体，不需切取骨膜，避免了骨膜移植到关节表面所带来的各种并发症；③用生物相容性更好的纤维胶替代缝线来封闭移植位点；④生成的软骨与原来的软骨几乎完全一样，修复完全；⑤手术切口小（2～4cm），操作时间短（0.5～1小时），创伤小，术后康复快，1年左右就能完全恢复所有功能。

（三）用于骨与软骨修复的主要生物材料

生物医学材料是指和生物系统相互作用，用于生物疾病的诊断、治疗、修复或替换生物体组织和器官，从而增进或恢复其功能的材料。

1. 骨与软骨材料的基本性能要求　与用于其他系统的生物材料的功能原理类似，理想的用作骨软骨修复的生物医用材料须满足以下要求：①具有良好的生物相容性和物理相容性，保证材料移植后不出现有损生物学性能的现象；②具有良好的生化稳定性、耐蚀性，材料的结构不易因体液作用而有变化，同时降解的材料组分不引起生物体的生物反应；③具有适当的机械强度和韧性，能够承受人体的机械作用力，所用材料与骨组织的弹性模量、硬度、耐磨性能相适应，如果是增强材料还须具有高的刚度、弹性模量和抗冲击性能；④具有良好的灭菌性能，使得生物材料能在临床上得以顺利应用；⑤容易加工制造、容易操作，且价格合理。

2. 骨与软骨修复生物材料主要类型　迄今已在研发、实验或临床应用的材料多种多样，可分为各种类型。首先可根据其与活体组织的相互作用方式分为：①生物惰性材料：在体内能保持稳定，主要形成物理嵌合而不发生化学反应的材料，只在组织-材料界面间形成包被材料的薄层纤维组织膜，包括氧化物陶瓷、大多数金属和某些高分子材料等。其中金属材料强度高、抗压和抗疲劳性能高，易于加工，包括不锈钢、钛及钛合金、钴铬钼合金等。金属材料在人体内长期存留，因此相对稳定的化学性能及较好的生物相容性，尤为重要。②生物活性材料：能在材料-组织界面产生特殊生物或化学反应，从而导致材料与组织形成直接的化学键合，包括生物活性陶瓷、生物玻璃和羟基磷灰石等。③生物可吸收材料：在体内经过一定时间后能够分解或降解，在生物体内经过水解、酶解等过程，逐渐降解成低分子量化合物或单体，降解产物能被排出体外或参加体内正常新陈代谢。此类材料包括磷酸三钙（β-TCP）等。

也可根据材料的化学成分和性质，将生物材料分为以下几种：①无机材料：主要指一些生物陶瓷类材料和生物活性玻璃类材料，包括羟基磷灰石、磷酸三钙、生物活性玻璃等，一般具有良好的生物相容性、骨传导性和较好的力学性能，但不易完全降解，质脆易断裂。②有机合成高分子材料：包括聚乳酸（PLA）、聚羟基乙酸（PGA）、PGA-PLA共聚物、聚原酸酯（POE）、聚己内酯（PCL）、聚甲丙酸甲酯（PMMA）、聚反丁烯二酸酯等，这些原材料来源丰富，结构和性能可人为修饰和调控，易加工、可塑性强，还可构建高空隙率三维支架。它们的缺点是机械强度低，降解速度通常较快，降解产物可引起炎症反应等。③天然生物衍生材料：包括胶原、藻酸盐、甲壳素及其衍生物、纤维蛋白支架、煅烧骨、脱钙骨基质等，其优点是生物相容性好，具有天然的多孔隙结构，缺点是其一致性和可修饰性较低。

3. 复合生物材料　通过对上述基本材料的研发，目前在人工骨生物材料方面的认识已相当充分，在人工材料设计与制备技术方面，进展也很快，大大促进了生物材料在骨、软骨再生修复方面的进展。

复合生物材料是指将不同的物质材料进行复合，使其兼具多种材料的优势，从而具备较好的移植治疗性能。例如,一种磷酸钙复合人工骨是将β-TCP、羟基磷灰石(HA)与胶原、骨生长因子等复合而成。有报道将胶原与羟基磷灰石复合物植入后,胶原对间充质干细胞具有趋化作用和促分化作用,HA 参与基质矿化、促进新骨形成;可降解多孔 β-TCP 与 rhBMp-2 复合物植入人体后可诱导产生大量新生软骨和骨组织。聚合物复合人工骨是将有机合成聚合物与骨诱导因子复合而成,如将 3mg 的 rhBMP-2 加入聚乳酸-羟基乙酸聚合物(PLGA)胶囊后植入大鼠 5mm 股骨缺损,8 周内就可形成骨愈合。用脱抗原自身骨组织(AAA 骨)与 PLA/PGA 复合物修复猴 24mm 的颅骨缺损,6 周形成骨愈合,并出现内外骨板和发育良好的骨髓腔。此外,还可用两种以上材料如陶瓷、胶原等与生长因子或相关细胞组成复合人工骨,也可将一种人工骨材料与多种生长因子复合形成人工骨。如将 rhBMP-2、胶原、珊瑚复合骨预制成具有一定形状和结构的骨组织瓣植入犬髂骨,3 个月后即转为骨组织,4.5 个月后新生骨改建成成熟骨。

4. 可注射人工材料　一些复合型材料,还被开发出多种可注射性人工支架,从而可以微创、高效地植入人体以修复骨缺损。目前已有可注射型硫酸钙、可注射磷酸钙及其复合制剂、可注射有机材料等。人工合成高分子聚合物,包括 PLA、PGA、聚原酸酯(POE)、PCL、聚偶磷氮、聚酯尿烷和聚酸酐亚胺等均可制成可注射型人工骨。而天然高分子聚合物中,可注射的有几丁质、藻酸盐等,在水凝胶状态下将其与干细胞、钙离子等混合或以微胶囊形式包裹,注射于缺损部位,固化后形成多孔性支架。在人工骨材料中加入 PLGA-聚乙烯二醇(PEG)包裹生长因子的微胶囊后,可在体内持久地释放生长因子,促进骨、软骨再生。

5. 新型纳米材料　纳米材料是指在 0.1～100nm 尺度空间的材料。当物质的结构单元降至纳米级,材料的性质就会发生重大改变,不仅改变了原来的性能,还具备新的性能或效应,包括增加了表面粗糙度、减少表面大小及空隙的直径,从而提高材料溶解性和生物降解性等。通常,纳米材料的亲水性增加,可以吸附更多的细胞在材料表面,也提高蛋白质的吸附作用,进而使细胞与材料之间发生交联,提高材料的生物相容性。纳米材料更具备有效诱导细胞生长和组织再生的功能,也可使血液、骨髓和营养成分更易进入到植入部位,因此纳米材料非常适合作为骨、软骨替代物。

目前纳米纤维的制备方法包括静电纺丝技术、自组装技术和相分离技术,已有多种材料可以制备成纳米级,包括纳米陶瓷、纳米高分子材料、纳米碳材料、纳米复合材料和纳米仿生骨等。

6. 支架材料的三维成型技术　具备合理的空隙率、空隙连通率、适当的孔径和良好的三维结构的支架材料是骨组织工程取得成功的关键之一,涉及支架材料的三维成型和加工技术。其中,快速成型技术(rapid prototyping)是集材料科学、计算机辅助技术、数控技术为一体的综合技术,以 CT 或 MRI 影像资料为基础,应用离散/堆积成型理论原理,把三维模型变成系列的二维成片,再根据各个片层的轮廓信息进行工艺规划,选择合适的加工参数,自动生成数控代码,最后由成型机接受指令制造出支架材料。相关技术包括三维打印技术、立体光造型法、分层实体制造法等。其中三维打印法具有设备要求简单、材料来源广泛、成本低、工艺简便、形成速度快等优点。运用这些技术可以制备完全通孔、高度规则、形状和微观结构都具有可重复性的支架,设计出与缺损组织几乎完全相同的三维结构。

7. 基质生物材料性能的修饰　合成材料通常无生物活性,故常需对材料表面或整体进行改性,赋予材料生物信息,使之更能与细胞附着,更能促进增殖和分化。有报道将整合素结合区段的 RGD 短肽与 PMMA、PLGA、PEG 进行耦联,可显著提高细胞黏附能力。鉴于耦联整个生长因子分子技术的复杂性,目前也在探索在材料表面进行小分子或功能性化学基团修饰的可行性。另外一种方式是在复合材料中加入 BMP 和血管生成因子 VEGF 等,植入体内后可促进细胞增殖与分化,或促进血管生成。考虑到外源性因子的作用时间和分布常不够理想,也有人提出在支架材料中输送编码某生长因子基因的载体,制成所谓"基因激活基质"。植入细胞或由周围组织募集的细胞与这种基质接触后会摄入其所携带的质粒 DNA,从而表达质粒编码的该生长因子蛋白。与直接将相关生长因子融入基质的技术相比,"基因激活基质"具备独特的优点,所携带的分子作用稳定,成本较低,而且还可根据具体生长因子的情况设计特定基因启动子以控制相关因子的表达水平和时空分布。

(四) 用于骨和软骨修复再生的生长因子

多种与骨和软骨生长和重建相关的生长因子参与调控细胞增殖、分化过程,调控细胞的合成/分解代谢,因而也作用于骨、软骨的修复再生过程。这些因子中,相当部分已证明有较广泛的应用前景,包括 FGF、TGF-β、IGF、PDGF、各种 BMPs 等,但它们的时空分布和功能活性的协同或拮抗,并不十分清楚,且多数因子的价格不菲,限制了这些因子在临床上的直接使用。此外,这些因子不仅可单独作用,相互之间也存在着协同关系,多数时候需要复合使用。含有生长因子的复合人工骨具有良好的骨诱导性和骨传导性,可在修复早期与宿主骨结合,并促进宿主骨长大及新骨形成。例如,前已述及的一种 rhBMP2-胶原-珊瑚羟基磷灰石复合产品,就可制出具有骨诱导性、传导性的修复支架,可完全修复模型动物颅骨缺损。

(五)骨与软骨组织工程学

组织工程(tissue engineering)是近年兴起的一门新兴学科,由美国国家科学基金会于 1987 年首次提出,是应用生命科学和工程学的原理与技术,在正确理解生物体正常及病理状态下结构与功能关系的基础上,研究和开发用于修复、维护和促进人体各种组织器官的结构和功能替代物的科学。

组织工程的核心是建立细胞与生物材料的三维空间复合体,即具有生命力的活体组织。其基本原理和方法是将体外培养扩增的正常组织细胞,吸附于一种生物相容性良好并可被机体吸收的生物材料上形成复合物,将细胞-生物材料复合物植入机体组织、器官的病损部位,在生物材料逐渐降解吸收的过程中,细胞形成新的在形态和功能上与原有器官、组织相对应或一致的组织,从而达到修复创伤和重建功能的目的。为了促进和保持所附着的细胞的功能活性,常以某种方式施加适当的生长因子。故生物材料、种子细胞和生长因子为组织工程的三大要素(图 9-8)。

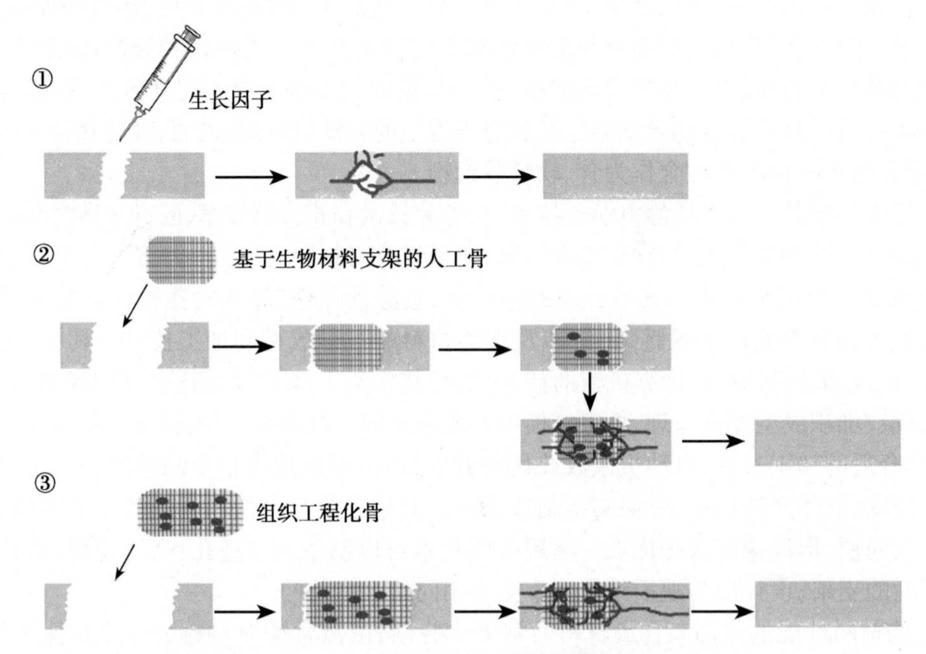

图 9-8 骨损伤组织缺损修复的再医学策略和技术示意图

①当损伤较小时,可施加生长因子及相关小分子,促进损伤的修复愈合。②当损伤造成的组织缺失较大时,无法仅仅依靠自身的组织再生来完成修复,需要借助生物材料支架促进再生,尤其是融入关键生长因子的复合材料。③在生物材料支架的基础上研制的组织工程化组织,可有效地替代缺失的组织,达到良好的修复再生修复效果

用于骨、软骨组织工程的生物支架材料及其改进、修饰和制备技术,以及重要生长因子的作用,已在上文中作了简要介绍。近年来,对骨、软骨组织工程种子细胞的研究和开发进展也非常迅速,反过来促进了生物材料的研发,包括纳米材料、仿生材料和复合型智能性材料等。目前受到国内外最多关注的复合材料,亦即计算机辅助设计三维形状、复合各种生长因子的支架材料,可以直接用于制备仿生修复支架等更成熟的组织工程产品。其中有些材料,不但可以支持复合的种子细胞的功能,而且可以提供适宜于宿主细胞增殖分化的微环境,诱导"原位再生"。

骨是高度动态的组织，通过破骨细胞对骨基质的吸收和成骨细胞的新骨形成过程，不断地进行重建。成骨细胞由源于骨膜和骨髓的 MSC 增殖分化而来，其间有多种因子和信号转导通路的参与。BMPs 诱导 MSC 的成骨决定和分化，其中起关键作用的转录因子是 Runx2 和 Osx。破骨细胞是在间充质细胞（包括成骨细胞）产生的一些因子刺激下由巨噬细胞分化而来的多核细胞。M-CSF 是由间充质细胞产生的可溶性的信号分子，而 RANKL 是间充质细胞表面分子，分别通过破骨细胞的 c-Fms 和 RANK 受体发挥作用。成骨细胞也生成可溶性因子 OPG，竞争性地与 RANKL 结合而降低 RANK 对破骨细胞的刺激作用，从而参与维持成骨细胞与破骨细胞功能活性的平衡。其他多种全身性和局部因子也对成骨和破骨细胞的活性进行调控。针对骨质疏松的治疗策略，除了着眼于抑制骨吸收外，最好也能促进 MSC 和成骨细胞的分化再生。

在种子细胞方面，目前最常用的是骨髓或脂肪组织 MSC，其特点是容易诱导分化为成骨和成软骨细胞。也可以采用其他相关细胞，包括骨膜来源成骨细胞、成纤维细胞，甚至软骨细胞。由于胚胎干细胞具有全能性，可以分化成一个组织所需的多种细胞，目前在大鼠、小鼠等模型中也在尝试。此外，近年发展起来的诱导性多能干细胞（iPS），除了能保留胚胎干细胞的全能性外，还可规避采集胚胎组织的伦理问题，同时可以自患者本人采集，有望发展成“患者特异性干细胞”，因而也引起了相当的关注。最后，根据某些疾病的具体情况，可先将干细胞进行特异性基因修饰，以满足特定需求，目前在基因载体和转入技术方面，也发展较快。

长骨发生骨折时，纤维蛋白血凝块首先填充骨折区，骨再生愈合过程类似软骨内成骨过程，骨膜和骨髓中 MSC 增生并分化为软骨，其紧接着被骨替代。其中，参与调控骨折局部病灶修复的分子与软骨内成骨和骨重建的调控因子及其作用机制基本一致。其中，BMPs 决定 MSC 变成软骨细胞，TGF-β、FGF-1 和 FGF-2、PDF 和 IGF-1 都在软痂中表达，并诱导软骨细胞分化；FGF-2 刺激 Sox-9 的表达，Sox-9 激活 Ⅰ、Ⅸ型和胶原蛋白基因以及聚集蛋白聚糖基因；Ihh 信号分子在软痂周围的细胞群中表达并发挥功能。如果损伤没有穿透软骨至骨层，由于缺乏对 MSC 的刺激，软骨很难再生修复。损伤穿透至骨后则可刺激 MSC 迁移到损伤部位，产生纤维软骨修复反应。BMPs 和 CDMPs 在正常和骨关节炎的软骨中表达，可刺激软骨生成，但其作用可被 IL-17 家族成员所阻止，后者可能也参与骨关节炎时软骨基质的降解。

迄今为止，已逐渐有多种组织工程化骨进入了研发后期或临床应用阶段。在组织工程化软骨方面，虽然整体上还未应用到组织构建领域，但近年来体外软骨构建技术逐渐发展，以 MSC 为种子细胞，以 PGA 等为主要支架材料，通过多种生长因子的联合诱导，在体外已能成功构建出具有一定体积和形态的软骨组织，包括人耳廓形态的均质三维软骨，显示出组织工程化软骨临床应用的未来前景。在组织工程化关节软骨方面的挑战仍然较大，如何构建软骨的天然层状结构和基质成分，以能支持各层软骨细胞的分化和功能等问题，目前是相关研究的难点和热点。

小 结

骨与软骨是特殊的结缔组织，在个体发生和发育中，骨形成的两种方式是膜内成骨和软骨内成骨。前者是指骨膜附近 MSC 或骨原细胞直接分化为骨细胞，后者是指长骨生长过程中，MSC 先分化成软骨细胞，形成软骨板，然后由骨细胞和骨质替代。软骨分化的关键因子是 Sox9，而骨分化的关键因子是 Runx-2，上述两个过程均受到一系列的全身和局部来源的生长因子，包括 PTH、Wnt、TGF-β 等的精细调控。

骨和软骨的机械性损伤以及退行性变化在临床上很常见，所导致的问题是矫形外科学所面临的主要问题。多年来，在相关疾病和损伤的动物建模方面，已积累了相当的经验，模拟各种主要骨、软骨损伤和疾病的动物模型都有报道。除了较为经典的自体组织/细胞移植外，各种骨、软骨移植人工替代品的生物医用材料的研发已成为再生医学领域最活跃、最成熟的分支。在对一些基本的无机和有机材料、天然和合成的聚合材料等充分认识的基础上，多种新型复合材料、纳米材料、表面或整体修饰的材料、仿生材料也逐渐应运而生。已有多种生长因子应用在复合人工材料和人工移植产品上面。

通过自体软骨细胞移植以修复人关节软骨缺损已取得了良好的效果。骨髓或脂肪组织来源的 MSC 是目前用于骨、软骨修复再生的主要细胞类型,但随着干细胞领域的研究进展,目前已在尝试利用多种其他类型的干细胞,包括胚胎干细胞和诱导性多能干细胞等用于骨、软骨的修复再生。

一些基于生物医用材料、生长因子和干细胞的组织工程化骨目前已进入临床应用,更多的尚在后期研发之中。组织工程化软骨更具挑战性,但也有征兆显示出巨大的应用前景。

(周光前)

第十章 肌和肌腱组织干细胞与再生医学

肌(muscle)和肌腱(tendon)组织是重要的运动和代谢器官。肌和肌腱的病变包括肌肉萎缩、肌营养不良等疾病会造成患者丧失部分或全部运动能力,影响机体的整体代谢,严重影响人口健康。

目前,这些肌和肌腱组织退行性疾病还没有有效的治疗方法,无法彻底治愈。对于肌和肌腱干细胞的研究,为利用再生医学方法治疗这类疾病带来了新的希望。

第一节 肌、肌腱的结构和功能

一、肌肉分类和功能

肌肉(muscle)指身体肌肉组织和皮下脂肪组织的总称。肌肉主要由肌细胞构成。肌细胞的形状细长,呈纤维状,故肌细胞通常称为肌纤维(muscle fiber)。肌肉是能收缩的人体组织,由胚胎的中胚层发育而来。

人体的肌肉按结构和功能的不同可分为三种,即平滑肌(smooth muscle)、心肌(cardiac muscle)和骨骼肌(skeletal muscle),按形态又可分为长肌、短肌、阔肌和轮匝肌。其功能均为产生力并导致运动。

平滑肌主要构成内脏和血管,存在于食管、胃、肠、支气管、子宫、尿道、膀胱、血管的内壁上,甚至也出现在皮肤上(用来控制毛发的直立),具有收缩缓慢、持久、不易疲劳等特点。心肌构成心壁,结构上和骨骼肌较相近。平滑肌和心肌都不随人的意志收缩,故称不随意肌,其收缩为生存所必需,例如肠胃道的蠕动或是心脏的收缩等。

骨骼肌分布于头部、颈部、躯干、面部和四肢,通常附着于骨。骨骼肌收缩迅速、有力、容易疲劳,可随人的意志舒缩,故称随意肌。骨骼肌和心肌在显微镜下观察呈横纹状,故又称横纹肌。

心肌和骨骼肌是条纹状的,它们的基本组成单位是肌小节(sarcomere),由肌小节规则排列成束状。但平滑肌没有肌小节,也不排成束状。骨骼肌的排列为规则且相互平行的束状,而心肌则是以交错、不规则的角度相连接(称之为心肌闰盘)。条纹状的肌肉有爆发力,而平滑肌一般来说持续性较好。

二、骨骼肌的结构与功能

骨骼肌是运动系统的动力部分,在神经系统的支配下,骨骼肌通过收缩,牵引骨骼产生运动。人体的骨骼肌共有600多块,分布十分广泛。平均而言,骨骼肌最多可达到成年男性体重的42%,成年女性体重的36%。每块骨骼肌不论大小如何,都具有一定的形态、结构、位置和辅助装置,并有丰富的血管和淋巴管分布,受一定的神经支配。因此,每块骨骼肌都可以看作是一个器官。

骨骼肌可以被进一步划分为两种类型:慢肌和快肌。

慢肌(Ⅰ型)是一类富含微血管、肌红蛋白和线粒体的肌肉类型,因而呈红色。慢肌可以运载较多的氧气,通过有氧呼吸产生腺苷三磷酸(adenosine triphosphate,ATP)。其收缩的速度较慢,需要大概 100 毫秒才能达到最大收缩,但是具有很强的耐久力,可以持续收缩较长的时间。通常与长期维持一定的姿势有关的肌肉多为慢肌,例如颈部和脊柱肌肉。此外,长跑运动员等需要较强耐久力项目的运动员的肌肉中慢肌占主导地位。

快肌可分为两种主要类型,Ⅱa 型和Ⅱb 型(有氧快肌和无氧快肌)。收缩速度依次由慢而快。Ⅱa 型快肌和慢肌一样,通过有氧呼吸产生 ATP,因而富含线粒体和微血管,颜色也呈现红色,其收缩速度较慢肌快,比Ⅱb 型快肌慢,需要约 50 毫秒达到最大收缩,持续时间较慢肌短。Ⅱb 型(亦称为Ⅱd 型)快肌是人体内收缩速度最快的肌肉类型,仅需 25 毫秒即可达到最大收缩,但只能维持较短的时间。Ⅱb 型肌肉主要通过无氧呼吸(糖酵解)产生 ATP,因而,含有较少的线粒体和肌红蛋白,颜色呈白色。

骨骼肌是由含有多个细胞核、具有收缩能力的肌肉细胞组成的,并且由结缔组织(connective tissue)覆盖和连接在一起(图 10-1)。每一条肌纤维均由一层称为肌内膜(endomysium)的结缔组织所覆盖,多条肌纤维组合在一起便构成了一个肌束(muscle bundle 或 fasciculus),并由一层称为肌束膜(perimysium)的结缔组织覆盖和维系。每条肌肉可以由不同数量的肌束组成,再由一层称为肌外膜(epimysium)的结缔组织覆盖和维系。多条肌肉由结缔组织所形成的网络最后联合起来,并连接到肌肉两端的由致密结缔组织(dense connective tissue)构成的肌腱上,再由肌腱把肌肉间接地连接到骨骼上(图 10-2)。肌肉内有大量的血管和微血管,动脉和静脉沿着结缔组织进入肌肉之后,在肌内膜之间及周围不断分支成更细小的血管和微血管,形成非常庞大的网络,以确保每条肌纤维都能够得到充足的养分,并把有害的废物如二氧化碳等排出肌肉细胞外。

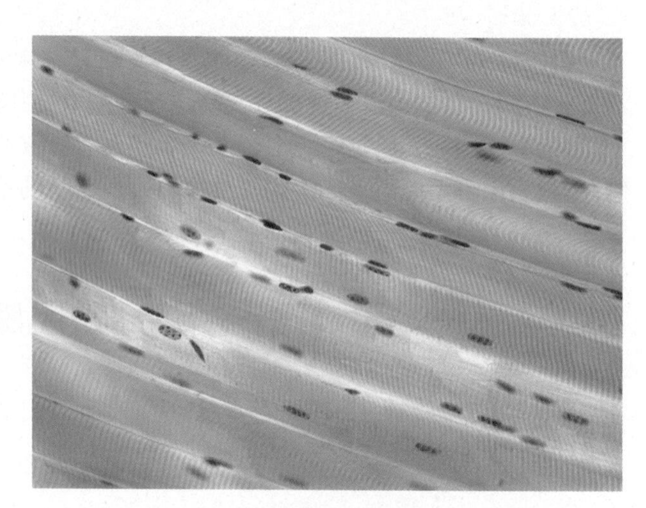

图 10-1　骨骼肌是由多核的肌肉细胞组成的

在光学及电子显微镜下,骨骼肌纤维(即骨骼肌细胞)呈深浅相间的横纹,所以骨骼肌又称作横纹肌(striated muscle)。肌纤维膜(sarcolemma)之内是红色黏稠的液体,称为肌浆(sarcoplasm),其中,悬浮着细胞核、线粒体等细胞器和肌红蛋白、脂肪、糖原、磷酰胆碱(phosphorylcholine,PC)、ATP 及数以千计线状的称作肌原纤维(myofibrils)的蛋白丝。肌原纤维内的肌节(sarcomere)是肌肉收缩的单位。肌节主要由两种肌原纤维微丝(myofilaments)所组成,较细的一种称作肌动蛋白微丝(actin filament),而较粗的一种则称作肌球蛋白微丝(myosin filament)。肌动蛋白和肌球蛋白以一种特别的结构排列在一起——每条肌球蛋白微丝由 6 条或更多的肌动蛋白微丝围绕着,形成肌节(图 10-3)。肌原纤维呈现深浅相间的横纹,这也是骨骼肌具有横纹的原因。浅色的区域称为 I 带(isotropic band),深色的区域称为 A 带(anisotropic band)。I 带中央有一条较为深色的线,称作 Z 线(z-line),Z 线与 Z 线之间的一段就是一个肌节,也就是肌肉收缩的基本单位(图 10-3)。

肌原纤维被包围在一个称作肌浆网(sarcoplasmic reticulum)和 T 小管(transverse tubules)的网络结构之中,这个结构与肌肉收缩时神经信息的传导有关(图 10-2)。肌浆网与 T 小管共占肌纤维体积的 5% 左右,经过长期的体育锻炼后,这一比例可增加至 12%。

骨骼肌的主要作用是进行自主收缩,从而产生各种不同的动作和力量,并精细控制身体的移动。在体育运动中,动作的质量是非常重要的,所以肌肉如何控制力量的轻重和是否所有肌纤维都具有同等的运动功能等,都是运动生物学所非常关注的问题。人体肌纤维的数量超过 2500 万根,但运动神经元的数量却只有 420 000 个左右。因此每一个运动神经元必须不断分支下去,才能达到每一个运动神经纤维支配一至多条肌纤维的比例。由于所有受同一运动神经元支配的肌纤维都会同时收缩或放松,作为一个整体运动,

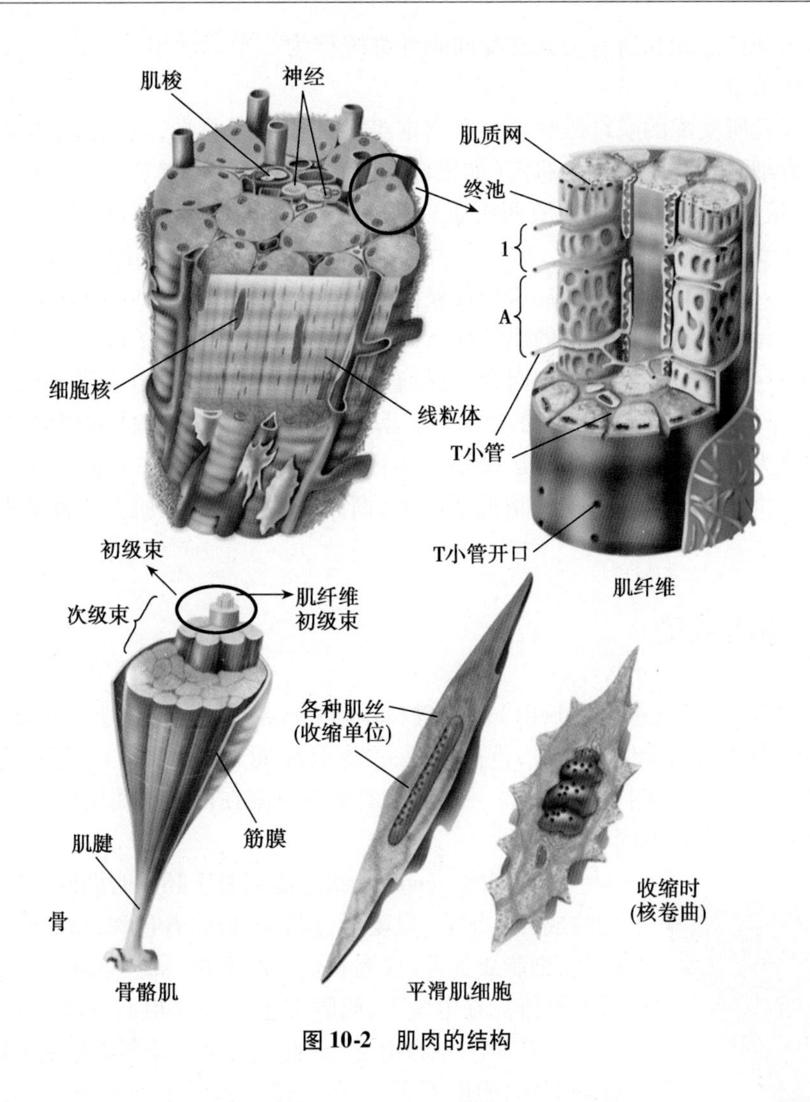

图 10-2　肌肉的结构

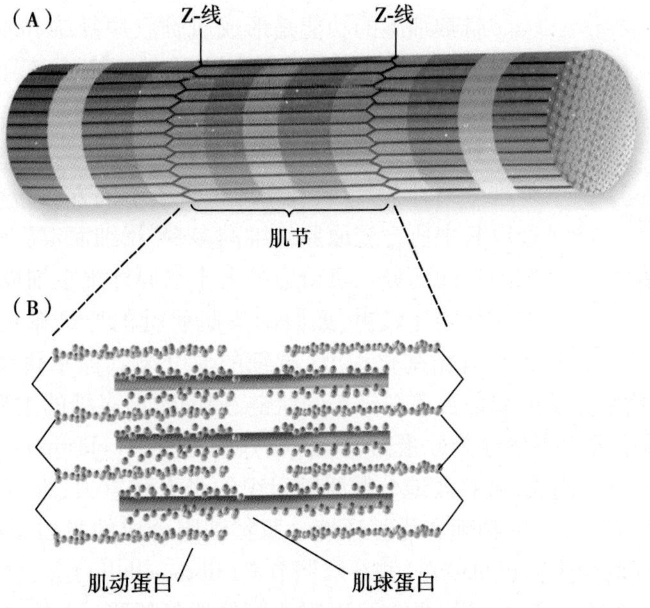

(A)
Z-线
Z-线
肌节
(B)
肌动蛋白
肌球蛋白

图 10-3　肌动蛋白微丝和肌球蛋白微丝有机组织在一起形成肌节

所以每一个独立的运动神经元和所有受其支配的肌纤维统称为一个运动单位(motor unit),而运动单位也是骨骼肌的基本运作单位。

每一个运动神经元所支配的肌纤维数量与肌肉本身的大小并无关系,与肌肉动作时要达到的精确度和协调性有关。负责细致和精密工作的肌肉(如眼部肌肉),每一个运动单位内可能只有一条至数条肌纤维。反过来说,专责粗重工作的肌肉(如股四头肌),每一个运动单位内就可以有数百以至数千条的肌纤维。当肌肉或神经元受到足够强的刺激,就会产生肌肉收缩或把神经信息传导下去;如果刺激的强度不足,肌肉或神经元便不会作出类似的反应,这个现象称为全或无定律(all-or-none law)。由于每一个运动单位是由一个运动神经元和所有受其支配的肌纤维组成的,所以运动单位亦会按照全或无定律运作。不过,就整块肌肉而言,则不受制于全或无定律,因为在任何一瞬间,肌肉内都可以有部分运动单位处于收缩状态,部分运动单位处于放松状态。虽然骨骼肌的所有运动单位的运作方式都大致相同,但是并非所有运动单位的代谢和收缩能力都一样。虽然所有运动单位均可在有氧或无氧条件下收缩,但其中慢肌或Ⅱa型快肌含量高的运动单位较适宜于在有氧的情况下收缩,而另一些Ⅱb型快肌含量高的肌肉则较适宜于在无氧条件下收缩。

三、肌腱的结构与功能

每一块骨骼肌都分成肌腹(muscle belly)和肌腱(muscle tendon)两部分,肌腹由肌纤维构成,色红质软,有收缩能力,肌腱由致密结缔组织构成,色白较硬,没有收缩能力(图10-4)。肌腱是肌腹两端的索状或膜状致密结缔组织,便于肌肉附着和固定。一块肌肉的肌腱分附在两块或两块以上的骨上,由于肌腱的牵引作用使肌肉收缩从而带动不同骨的运动。

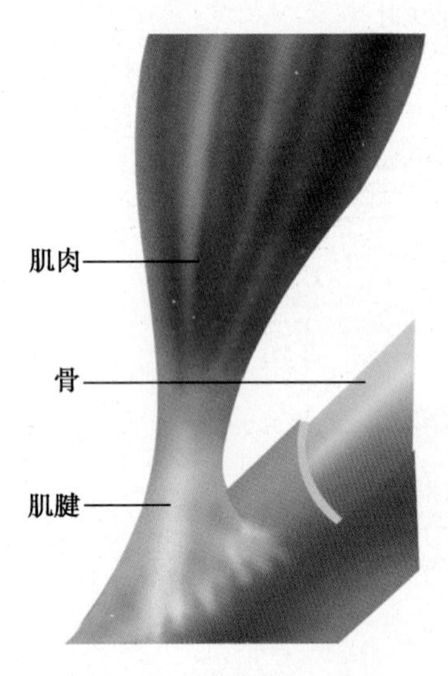

图10-4 肌腱结构示意图

肌腱细胞(tendon cells)是起源于胚胎时期间充质细胞,形态发生改变的成纤维细胞,呈菱形,细胞核长而着色深,沿着胶原纤维的长轴成行排列,细胞质甚薄,成翼状包着纤维束,翼突也伸入纤维束内分隔包裹着胶原纤维。在电镜下,肌腱细胞胞质内粗面内质网较丰富,较少线粒体和高尔基体。与此相反,一般的皮肤成纤维细胞胞体较大,扁平,细胞核呈卵圆形,胞质不明显,在电镜下成纤维细胞胞质内细胞器较肌腱细胞密集。

肌腱细胞的功能是形成肌腱胶原纤维和基质。胶原纤维是构成肌腱组织的主要成分,呈束状排列,在新鲜状态下呈银白色。肌腱胶原纤维的抗拉性能极强,可承受$6kg/mm^2$的拉力。一般认为,肌腱胶原纤维的排列与受力方向平行,但还有部分纤维束呈扭转或交错排列,以防止纤维分离,同时也有利于对来自于不同方向的力的缓冲。胶原纤维的直径以其中所含胶原原纤维的多少、粗细而定。原纤维的直径随其所在组织的不同而异。负荷力的大小与原纤维粗细成正相关,高负荷力的组织中原纤维比较粗,如股四头肌肌腱的原纤维可比角膜中的原纤维粗约20倍。此外,影响原纤维粗细的因素还有糖基化程度(越细的原纤维其糖基化程度越高)、原纤维表面是否存在较小的胶原分子、胶原分子末端是否存在较长的肽链、周围蛋白多糖的类型和浓度等。

肌腱细胞的胞外基质主要由不溶性胶原蛋白(collagen)、弹性蛋白(elastin)、原纤维(fibrilla)和可溶性蛋白聚糖(soluble proteoglycan)构成,可有效地分散肌腱组织的张力和重力,维持肌腱结构的正常形态,为包埋在基质中的肌腱细胞提供适宜的物理和化学环境。肌腱细胞合成的蛋白聚糖有透明质酸(hyaluronic acid)、装饰蛋白(decorin)、黏胶蛋白(tenascin)和纤维调节素(fibromodulin)等,并可形成多孔的分子筛,使营养物质和代谢产物自由通过。其中,装饰蛋白可以阻止胶原原纤维形成,通过下调装饰蛋白的表达,可在兔韧带瘢痕组织中重建粗大纤维;黏胶蛋白-C(tenascin-C)能使肌腱细胞适应压力;纤维调节素起稳定纤维中成熟的原纤维的作用。

第二节 肌和肌腱干细胞

一、肌和肌腱干细胞的发现

早在19世纪,人们就已经观察到骨骼肌具有很强的再生能力,但是在肌肉再生过程中,肌纤维细胞不进行分裂,因而人们推断在体内一定存在能够支持骨骼肌再生的可分裂的细胞。1961年,美国Rockefeller大学的Alexander Mauro博士在电镜下观察蟾蜍骨骼肌时发现在肌膜和基底膜之间存在一些单核细胞,并根据其围绕肌纤维而生的定位特点,将这些细胞命名为卫星细胞(satellite cell,SC)。随后,同位素标记的胸腺嘧啶示踪实验等检测结果表明卫星细胞可以在肌肉损伤之后分裂,并融合形成新的肌纤维,从而证实了卫星细胞参与肌肉再生。细胞移植实验进一步表明卫星细胞不仅能够参与肌肉损伤的修复,而且能够在体内进行自我更新,证实卫星细胞是负责肌肉再生的成体干细胞。迄今为止,在几乎所有的脊椎动物的骨骼肌中都发现了卫星细胞的存在,这些成体干细胞负责出生之后骨骼肌的质量增加和损伤后的再生(图10-5)。

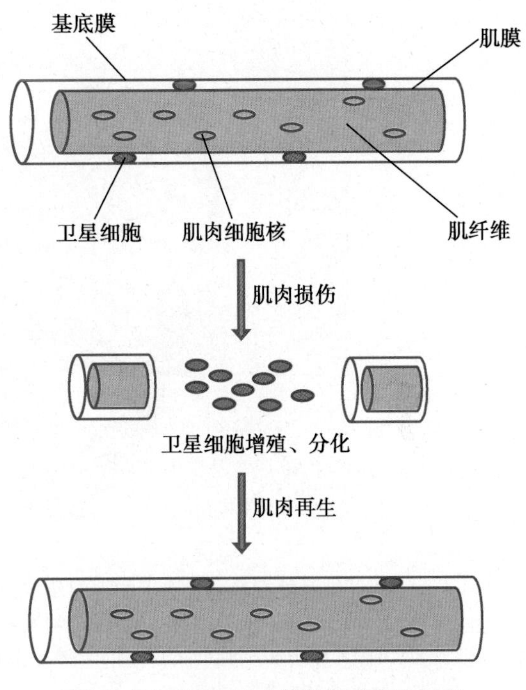

图10-5 卫星细胞支持的肌肉再生过程

二、卫星细胞

卫星细胞在体内通常处于静息状态,在损伤等外界条件刺激下,卫星细胞可以被激活,由静息状态重回细胞周期,开始增殖。增殖后的卫星细胞,小部分又回到静息状态,成为新的成体干细胞;大部分则进一步分化为新的肌肉细胞,完成对损伤的修复(图10-6)。在哺乳动物中,出生时卫星细胞核占新生肌纤维细胞核的30%~35%,这个比例随着年龄的增长而降低,在成年哺乳动物肌肉组织中卫星细胞核仅占肌纤维细胞核的1%~5%。能够进行分裂的卫星细胞的数量也随着年龄的增长而逐渐减少,提示衰老能够严重降低肌肉的再生能力。

三、卫星细胞增殖和分化

(一)卫星细胞细胞系

在确定了卫星细胞在肌肉再生过程中的功能后,一些能够部分模拟卫星细胞增殖和分化性质的细胞系相继建立,包括David Yaffe建立的大鼠L6和L8细胞系,David Yaffe与Ora Saxel共同建立的小鼠C2细胞系,以及Helen Blau等在C2细胞系基础上进一步克隆得到的C2C12细胞系。这些细胞系都能在体外培养系统中增殖,并能够在特定的诱导条件下分化,成为广泛使用的研究肌肉分化的重要工具细胞系。

(二)卫星细胞分离和鉴定

根据卫星细胞在肌纤维旁的特殊定位,Rechard Bischoff等经过多年的努力最终建立了通过酶解消化肌肉组织,获得单根肌纤维,进而分离得到卫星细胞的方法。这一方法至今仍然在肌肉再生研究中广泛使用。随着免疫组化技术和哺乳动物遗传操作技术的发展,Robert G. Kelly等建立了myosin启动子驱动的

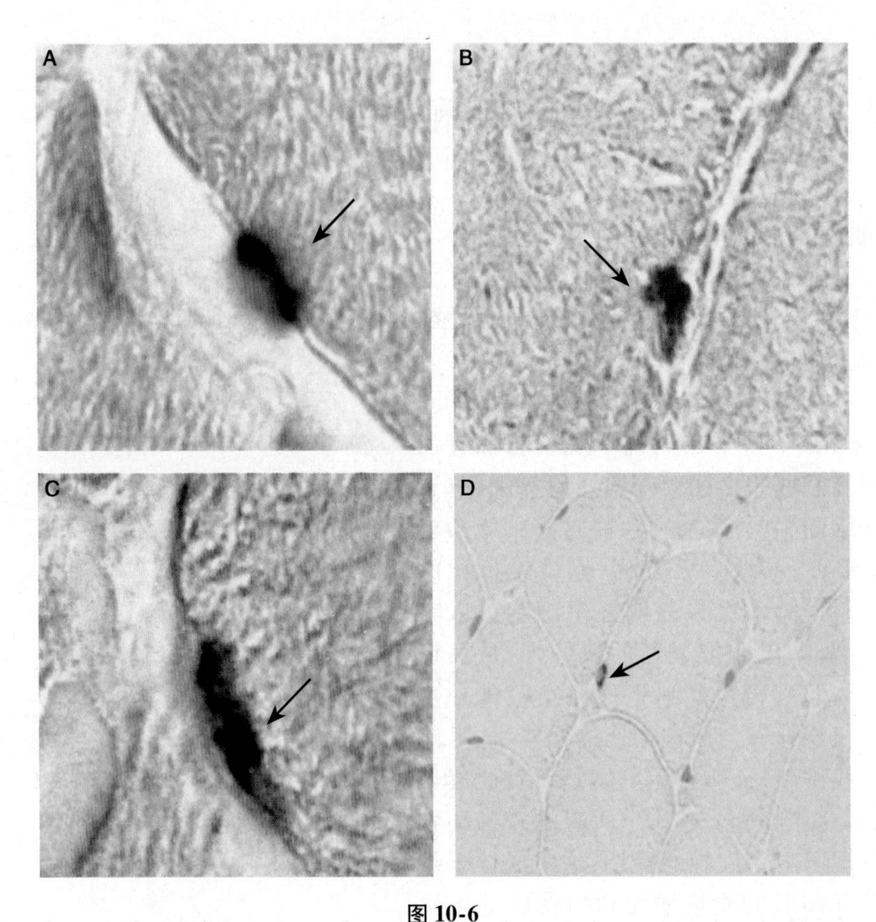

图 10-6

A. 肌纤维旁处在静息状态下的卫星细胞。箭头表示卫星细胞。B. 损伤刺激后正在增殖的卫星细胞。箭头标示卫星细胞。C. 损伤刺激后正在分化的卫星细胞。箭头标示卫星细胞。D. 肌肉损伤修复后卫星细胞的定位。箭头标示卫星细胞

LacZ 转基因小鼠，利用 Bischoff 建立的卫星细胞分离方法，在排除表达 LacZ 的分化肌肉细胞后，获得了纯度较高的卫星细胞，并鉴定出一些卫星细胞的分子标记。迄今为止，应用类似的方法已经鉴定出了一系列卫星细胞的分子标记。这些分子标记包括核内的转录因子，如 Pax3、Pax7、Tshz3 等；细胞受体，如 c-Met、CXCR4 等；胞外基质黏附蛋白，如 M-cadherin 等；细胞表面分子标记，如 CD34、integrin α_7 等。虽然这些分子标记中的每一个都不是卫星细胞特异性表达的，但是联合使用多个分子标记可以比较准确地鉴定卫星细胞。目前可以综合使用多种细胞表面分子标记，利用 FACS 技术从肌肉酶解液中分离得到卫星细胞。

四、卫星细胞的调控

（一）多种转录因子对卫星细胞的产生、增殖和分化进行调控

Pax7 是卫星细胞的重要的分子标记，在胚胎发育过程中决定卫星细胞的形成。从小鼠胚胎发育的第 7.5 天起，Pax7 阳性细胞开始出现在来源于中胚层的生皮肌节区，这些 Pax7 阳性细胞最终将分化为肌肉细胞和卫星细胞。到胚胎发育的第 17.5 天，在小鼠胚胎内已经可以检测到表达 c-Met、M-cadherin 标记的卫星细胞。*Pax7* 基因敲除小鼠虽然肌肉发育正常，但是，由于缺失卫星细胞而表现出严重的肌肉再生缺陷，表明 Pax7 是卫星细胞形成过程中必不可少的调控因子。在卫星细胞开始增殖后，会形成两组子代细胞。一组高表达 Pax7，一组低表达 Pax7。Pax7 低表达卫星细胞更容易进入分化途径，形成新的肌肉细胞；而 Pax7 高表达卫星细胞则倾向于成为新的干细胞储备。遗传学实验结果表明，Pax7 和 Pax3 可以激活 MyoD 和 Myf5 的表达。MyoD 和 Myf5 能够激活 myogenin、myosin 等一系列与肌肉分化相关的

基因的表达,从而促使卫星细胞分化为有功能的肌肉细胞。随着卫星细胞的分化,Pax3 和 Pax7 的表达量逐渐降低。

(二) 卫星细胞的激活和增殖受到多种因素的调节

胰岛素样生长因子(insulin-like growth factor,IGF)能够促进卫星细胞增殖。随着年龄的增长,卫星细胞的增殖能力逐渐降低,最终导致与衰老相伴生的肌肉萎缩。向萎缩的肌肉中注射人 IGF 后,可以促进衰老卫星细胞的增殖,从而最终缓解肌肉萎缩的症状。Notch 信号分子可以促进卫星细胞的增殖,而 Wnt 信号分子则可以促进卫星细胞的分化。Notch 与 Wnt 两个信号通路的此消彼长,部分决定了卫星细胞是进入增殖状态,还是进入分化状态。c-Met 受体可以介导 HGF 信号,促进卫星细胞的激活和增殖,而膜蛋白 calveolin-1 则可以抑制 HGF 诱导的卫星细胞增殖。在卫星细胞中过表达 FGF 能够抑制卫星细胞的分化,反之,在卫星细胞中表达 FGF mRNA 的反义链则能够诱导卫星细胞的分化,提示 FGF 能够抑制卫星细胞的分化。Ang1/Tie2 信号通路的激活能够促使增殖后的卫星细胞回到静息状态,也是成体肌肉干细胞自我更新过程中必不可少的信号通路。TGF-β 能够抑制卫星细胞的激活和分化,促使损伤的肌肉细胞向成纤维细胞转化。TGF-β 家族的另一成员肌肉生长抑制素(myostatin)能够抑制卫星细胞的激活、自我更新和分化,从而严重抑制肌肉的再生,造成损伤部位肌肉细胞的纤维化。myostatin 基因敲除小鼠的卫星细胞增殖和分化能力增强,肌肉质量明显增加,肌肉的再生能力显著提高。

(三) 在卫星细胞的自我更新、增殖和分化过程中,表观遗传调控也发挥重要的作用

Pax7 能够与组蛋白甲基转移酶复合物 Wdr5-Ash2L-MLL2 相互作用,甲基化 Myf5 基因启动子区域的组蛋白 H3K4 位点,造成 H3K4 三甲基化修饰,激活 Myf5 基因的表达。MicroRNA 也在卫星细胞的增殖和分化过程中起重要的调控作用。miR-1 能够通过负调控 HDAC4 这一卫星细胞分化的抑制因子而促进卫星细胞的分化。miR133 能够通过抑制负向调控细胞增殖的血清反应因子而促使卫星细胞停留在增殖状态。miR-206 能够通过抑制 Pax3 的转录而促进卫星细胞的分化。miR-489 能够负向调控细胞周期调控蛋白 Dek 的表达,抑制处于静息状态的卫星细胞进入细胞周期,避免过度激活造成的干细胞损耗,从而维持卫星细胞的数量。

五、具有肌肉分化潜能的其他成体干细胞

除了卫星细胞之外,哺乳动物体内还存在一些具有肌肉分化潜能的其他成体干细胞,包括在骨骼肌中存在的几种具有肌肉分化能力的成体干细胞。从人的骨骼肌酶解液中可分离到一组同时表达 CD34、CD117、VCAM、VEGFR-2、CD56 和 CXCR4 分子标记的干细胞,这些细胞具有分化为肌肉细胞的能力。在肌肉细胞中还存在另外一组干细胞,表达 CD133、CD105、vimentin 和 desmin,但是不表达 CD34、CD45、CD31、Flk、von Willebrand 因子、Bcl-2 和 Ve-cadherin,这些细胞也具有很强的肌肉分化能力。在肌肉组织中还存在一些分布于肌纤维之间空隙中的、表达 PW1/paternally expressed gene 3(Peg3)的干细胞,称为 PICs(PW1+interstitial cells)。谱系分析的结果表明,PICs 细胞与卫星细胞在胚胎发育过程中的来源不同,但其具体来源目前还不清楚。最近从肌纤维间隙中还分离出一组表达 β4-integrin 的具有肌肉分化能力的干细胞。迄今为止,这些存在于骨骼肌中的具有肌肉分化能力的非卫星细胞与卫星细胞之间的谱系关系还不清楚。

间充质干细胞是一类具有多种分化潜能的成体干细胞,能够分化为骨、肌肉、软骨、脂肪等多种细胞类型。这类细胞起源于中胚层,在哺乳动物成体中主要分布于骨髓中,在脑、脂肪、肌肉、外周血、肝脏等组织器官中也有分布。从骨髓和关节膜分离出的间充质干细胞都能够在移植后分化为肌肉细胞。

除了骨髓间充质干细胞外,骨髓中还存在一组被称为“边缘细胞群”的干细胞,这些细胞能够将具有细胞毒性的染料 Hoechst 33342 排出体外,因而在 FACS 染色时形成一个“边缘细胞群”(side population)。细胞表面分子标记分析表明,边缘细胞群表达 CD45 和 Sca1 标记。边缘细胞群在小鼠体内既能够分化为血细胞,也能够分化为肌肉细胞,并能够参与肌肉损伤的修复。

六、血管内具有肌肉分化潜能的成体干细胞

血管是另一个富含具有肌肉分化潜能的成体干细胞的组织。从血管壁可以分离出两类具有肌肉分化潜能的干细胞:成肌上皮细胞和毛细管周细胞。这两类细胞的分化潜能和其他生理性质在人体中研究得最为深入。成肌上皮细胞表达 CD56、CD34、CD144,不表达 CD45,在人骨骼肌血管生成过程中可以检测到这类细胞的存在。成肌上皮细胞在血管生成过程中所产生的新生细胞中所占的比例小于 0.5%。这类细胞可以在体外长期扩增,植入体内后不会成瘤,具有较强的肌肉细胞分化能力,因而具有很大的应用潜能。毛细管周细胞的特征分子标记是 $CD146^+NG2^+PDGFR^-$ $CD34^-$ $CD45^-$ $CD56^-$,能够分化为肌肉细胞。成肌上皮细胞和毛细管周细胞位于血管壁,与卫星细胞和其他具有肌肉分化能力的成体干细胞相比,比较易于获得,因而具有很高的再生医学应用潜能。从胚胎或成体哺乳动物的血管中还可分离出另一类具有肌肉分化能力的干细胞,命名为中间成血管细胞(mesoangioblasts,Mab)。在小鼠和狗体内都已经观察到中间成血管细胞参与肌肉损伤的修复。中间成血管细胞表达 CD34、c-kit 和 Flk1,具有较强的肌肉分化能力,具有较大的应用潜力。卫星细胞与上述各种具有肌肉分化能力的成体干细胞之间的谱系关系,目前尚不清楚。

第三节 肌和肌腱组织干细胞与再生医学

许多遗传性疾病和损伤等原因导致的骨骼肌病变会造成运动功能受损,患者丧失部分或全部运动能力。衰老也可使得肌肉、韧带、肌腱等外伤性损伤和退行性疾病发病率逐渐增加。目前对于这些疾病都无法预防和根治,再生医学的发展为这些疾病的治疗提供了新的可能。

一、肌肉病变模型

骨骼肌疾病与损伤的再生医学治疗策略的建立要求有良好的肌肉病变模型,以应用这些模型对新的治疗方法进行验证和改进。骨骼肌的再生依赖于身体承重和锻炼。在航天飞行过程中,宇航员会因为失重而造成肌肉丧失承重能力,从而发生肌肉萎缩。在失重情况下,肌肉无法进行跨间隙再生及切除后再生。因此模拟失重是建立肌肉萎缩模型的有效的方法之一。注射肌肉毒素可以诱导肌肉纤维损伤,而血管和神经纤维则不受影响。去神经是另一种常用的诱导肌肉萎缩的方法。

二、肌肉退行性疾病——肌营养不良

肌营养不良(muscular dystrophy)是指一大类包含很多亚型的肌肉退行性疾病,其中有些亚型是由于遗传因素造成的;有些亚型则是后天发生的,其发病原因目前还不完全清楚。这类肌肉退行性疾病的特点是进行性肌无力、肌肉萎缩、肌纤维逐渐由脂肪和瘢痕组织所代替。肌营养不良最常见的原因是肌营养不良蛋白-糖蛋白复合物(dystrophin-glycoprotein complex,DGC)的成分突变。DGC 能将肌肉细胞连接到基膜上。组成 DGC 复合物的蛋白有肌营养不良蛋白、互养蛋白、肌浆蛋白、肌营养不良蛋白聚糖、肌聚糖和肌伸展蛋白等(图 10-7)。DGC 异常会引起肌浆不稳定和肌纤维结构的破坏,进而导致钙流入增加以及肌纤维的死亡和坏死,成为肌营养不良的主要病理表现。

常见的肌营养不良小鼠模型有以下 3 种:肌营养不良蛋白缺陷 *mdx* 小鼠、β 或 δ 肌聚糖缺陷(sarcoglycan-deecient,SGD)*sgd* 小鼠和肌肉肌酸激酶-肌营养不良蛋白聚糖(muscle creatine kinase-dystroglycan,MCK-DG)基因敲除小鼠。其中后者为小鼠肌营养不良蛋白聚糖基因由 MCK 启动子驱动的 *Cre-lox* 结构失活。在这些疾病的早期阶段,由于肌营养不良蛋白突变引发的肌肉损伤不断诱导卫星细胞介导的持续再

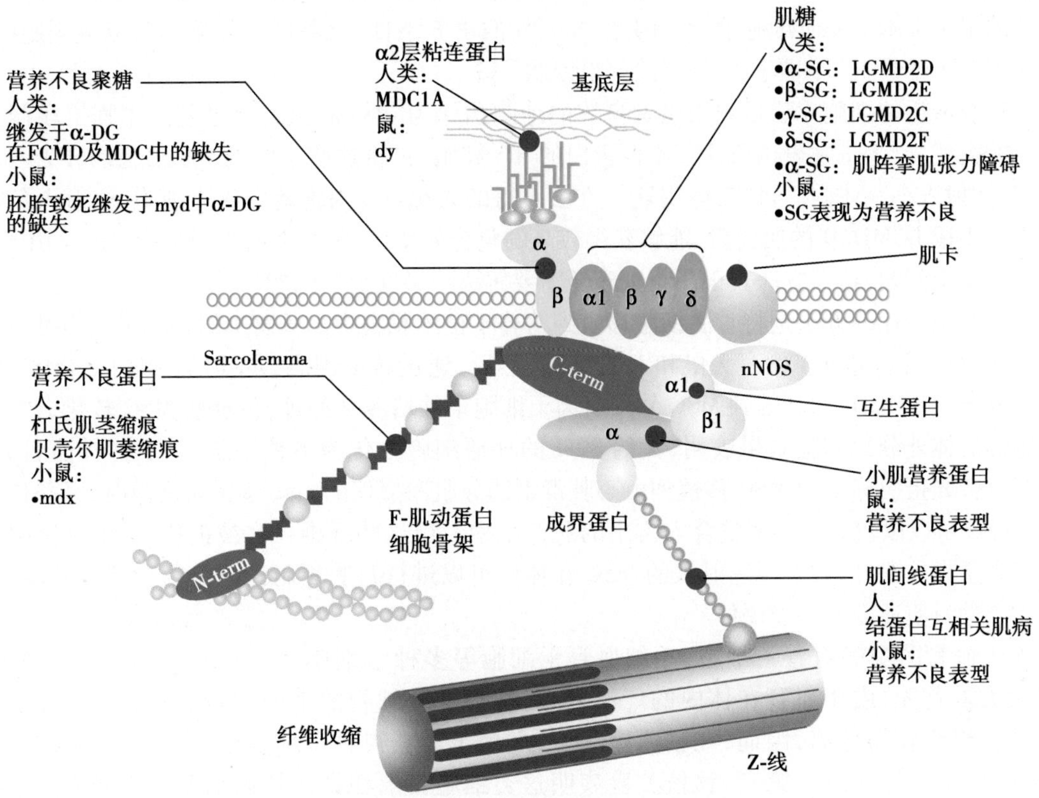

图 10-7 肌营养不良蛋白相关复合物

与肌营养不良蛋白相关的蛋白是肌营养不良蛋白聚糖、肌聚糖、肌伸展蛋白和小肌营养蛋白。复合物作用是保护基膜免于受肌肉收缩时产生的局部压力(Reproduced with permission from Burton and Davies, Muscular dystrophy-reason for optimism? Cell 108:5-8. Copyright 2002, Elsevier.)

生,在小鼠体内可以观察到大量的处于激活状态的卫星细胞和新生的肌纤维。随后,由于用于再生的卫星细胞也具有遗传缺陷,再生出的肌纤维无法保持稳态,继续发生损伤,导致卫星细胞不断激活,最终卫星细胞的分化潜能耗尽,损伤的肌肉无法再生,并逐渐被脂肪和纤维化组织所代替。如果只在肌纤维中特异性敲除 MCK-DG 基因,由于卫星细胞能够正常表达肌营养不良蛋白,小鼠的再生能力能够终生保持,因此其肌营养不良的症状一般比较轻微。这些观察提示肌营养不良可以通过引入正常的卫星细胞而得到治疗。

在过去的 20 多年里,人们不断尝试通过肌肉注射等多种方法引入卫星细胞治疗肌营养不良。将同源的或异源的卫星细胞或 C2C12 细胞注射到营养不良小鼠的四肢肌肉中,可以改善这些肌营养不良小鼠肌肉的结构和功能。野生型卫星细胞可以整合到肌营养不良的肌纤维中,使肌营养蛋白的表达量有所提高,肌肉的组织学结构得到一定程度的改善,总的纤维数量增加,膜电位提高,单收缩和强直性收缩张力增加。在临床实验中,将异源性的成肌细胞辅以免疫抑制药物,注射到杜氏肌营养不良患者体内,可以使肌营养不良蛋白的表达得到暂时性的恢复,并使肌肉力量得到改善。但是由于成肌细胞不是干细胞,无法自我更新,不能在体内维持正常细胞的库存,因而当注射的成肌细胞耗尽之后,这些症状的改善即随后消失。

虽然注射卫星细胞和成肌细胞治疗肌营养不良具有一定的疗效,但是这一方法具有很多的局限性。首先,注射的成肌细胞表现出较低的扩散和整合率;其次,在体外培养的卫星细胞注射入体内后,其自我更新和分化为新的肌纤维的能力都大大减弱,整合率非常低;第三,由于注射的是异源卫星细胞或成肌细胞,因而会发生严重的免疫排斥反应,使得注射入体内的卫星细胞和新分化出的肌纤维很快被免疫系统所清除,而大量使用免疫抑制剂则会带来很多后遗症。因次使用来源于自体的卫星细胞是克服免疫排斥的最佳选择。但是,这一方法受限于卫星细胞的来源,哺乳动物体内的卫星细胞数量较少。而相较于新分离出的卫星细胞,在体外培养后的卫星细胞对肌肉损伤的修复能力大大降低,造成在临床上难以获得足够数量的有活性的卫星细胞应用于细胞治疗。因此,探索新的培养条件,改善经体外培养后卫星细胞的活性,使之保留更多的干性是卫星细胞研究领域的前沿课题。

另一很有希望的细胞疗法是利用患者自体的细胞诱导为 iPS 细胞后,通过基因工程手段修正肌营养不良蛋白的突变,产生正常表达肌营养不良蛋白的 iPS 细胞,再将这些正常的 iPS 细胞诱导为卫星细胞或成肌细胞,注射入小鼠体内。目前,运用这一方法获得的人源 iPS 细胞诱导成肌细胞,注射入免疫缺陷型肌营养不良小鼠 LGMD2D 的肌肉后,能够获得较高的整合效率,改善肌肉的组织结构。但是由于 iPS 细胞的致瘤性等安全问题,这一方法真正用于临床还需要解决很多安全性问题。

另一种细胞治疗的方法是将骨髓细胞移植到营养不良的肌肉中。骨髓中的多种干细胞都具有肌肉分化能力。Dezawa 等在体外扩增了大鼠和人的 MSC,然后,通过转染编码 Notch1 细胞内结合区(notch1 intracellular domain,NICD)的基因到 MSC 并用肌肉干细胞条件培养基处理,将这些 MSC 转化为类似卫星细胞的细胞群。体外分化实验结果表明,大约 89% 的存活细胞分化为多核细胞,并表达骨骼肌分子标记。当把用绿色荧光蛋白标记的 MSC 移植到由心脏毒素诱导肌肉损伤的 *mdx* 小鼠肌肉内时,经条件培养基处理后,人 MSC 可以以较高的比例整合入再生的肌纤维中。当这些纤维再次被损伤时,可以再次再生出表达绿色荧光蛋白的肌纤维,表明注射入的 MSC 在体内可以进行自我更新。但是由于涉及基因操作,这种方法的安全性目前还需进一步评估。

来源于血管的中间血管干细胞、毛细血管干细胞等多种干细胞在治疗肌营养不良方面具有很大的应用潜力。首先,由于血管在体内的广泛分布,使得这类细胞的来源比较有保证。其次,由于血管相较于其他组织较易分离,因而,在临床应用上,避免了为获得种子细胞必须进行较为复杂手术的问题,大大降低了医疗成本。第三,移植实验表明这类细胞目前在植入体内后都没有致瘤性,因而具有较高的安全性。第四,这些来源于血管的干细胞在体外都可以大量培养。如何提高这些细胞在注射入体内之后的整合效率,寻找合适的能够让这些细胞保持干性的培养条件是再生医学研究领域的重要课题。

三、生物化人工肌肉

肌肉和肌腱再生医学领域的另一重要方向是生物化人工肌肉。从理论上讲,生物化人工肌肉可以用于代替整个肌肉。具有一定肌肉特性的肌样体可以通过在条状 SYLGARD 底物上共培养大鼠卫星细胞和成纤维细胞而制成,这种底物含有层粘连蛋白包裹的锚在相隔 12mm 基质的两端的缝合锚。随着卫星细胞和成纤维细胞增殖形成连续的单层,卫星细胞融合成肌管后与缝合锚结合并开始自发地缩短。这一收缩将 SYLGARD 分成单层,并自发形成由成纤维细胞包裹的圆筒状的肌源性组织。随着肌样体的进一步发育,由成纤维细胞和细胞外基质(ECM)组成的三角区形成由肌束膜包围的簇。这样产生的人工肌肉具有一定的收缩能力,电刺激后肌样体产生的等距强直力大约是成人肌肉的 1%。

以这种方式生长出的肌样体直径都很小(0.3mm~0.4mm),因为它们必须要依靠扩散来实现气体和营养物质的交换。正常的肌肉具有丰富的血管,以提供充足的血液供应来满足其巨大的能量需求。因此,要生长出较大的人工合成肌肉就需要在体外制造出血管化的结构,为人工肌肉提供足够的气体和营养物质。Levenberg 等人将成肌细胞、胚胎成纤维细胞和内皮细胞在含有 50% 的聚 L-乳酸和 50% 聚羟基的高度多孔三维海绵上组合生长在一起。在培养基上培养 1 个月后,细胞形成了有稳定内皮血管的肌肉。培养的肌肉被注入 SCID 小鼠皮下或股四头肌,或者移植到前腹肌区域,可以继续分化并被宿主血管浸润(图 10-8)。当没有内皮细胞时,移植的人工肌肉的分化效果较差。这些结果表明,在移植之前的预血管化大大改善了生物人工合成肌肉的成活和分化。

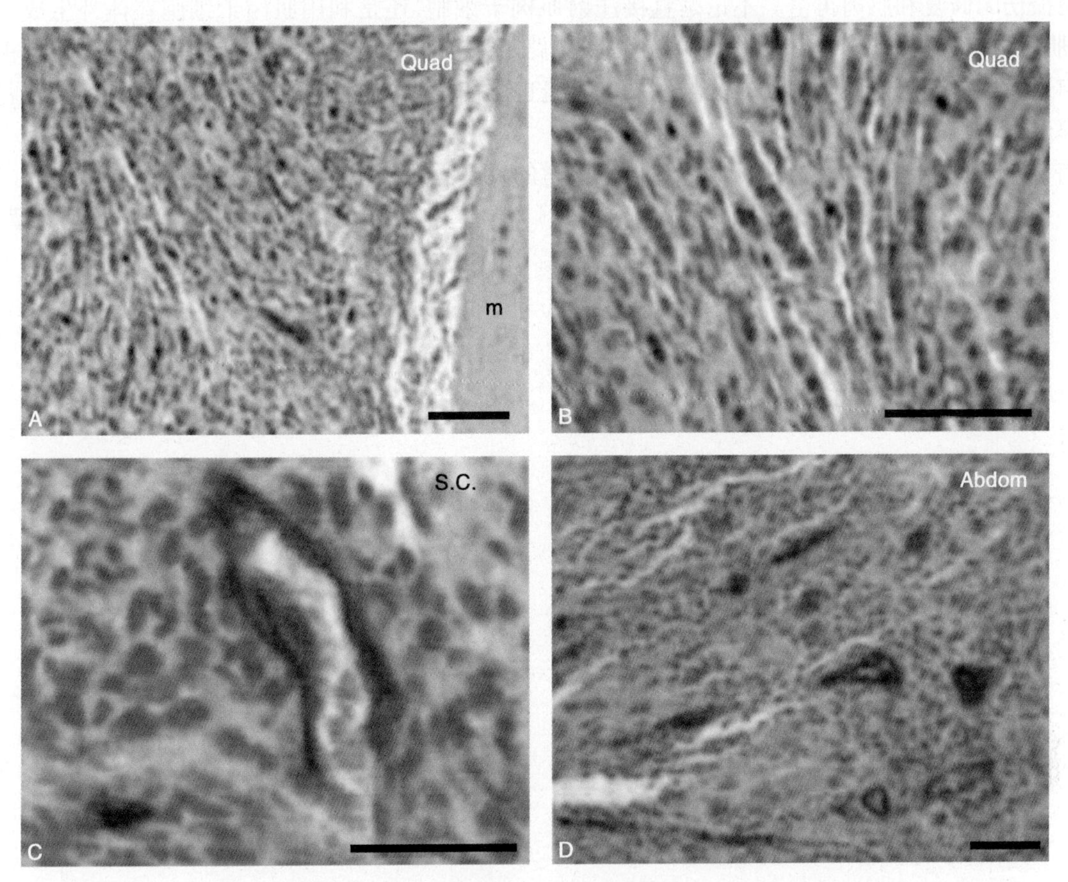

图 10-8 注入免疫缺陷宿主体内的由成肌细胞、成纤维细胞和内皮细胞构建的生物人工肌肉的结构分析

A 和 B. 将构建的生物人工肌肉注入股四头肌,并进行肌形成蛋白染色,表示其分化成线性的多核肌管。C 是被注入皮下并用人 CD31 抗体染色来检测内皮细胞(棕色)。D 是注入腹部皮下并用 CD31 抗体染色后来检测内皮细胞(棕色)。C 和 D 的肌肉明显是血管化了(Reproduced with permission from Levenberg et al, Engineering vascularized skeletal muscle tissue. Nature Biotech 23: 879-884. Copyright 2005, Nature Publishing Group.)

小　结

肌肉是能收缩的人体组织,由胚胎的中胚层发育而来。人体的肌肉按结构和功能的不同可分为三种,即平滑肌、心肌和骨骼肌。骨骼肌是由含有多个细胞核、具有收缩能力的肌肉细胞组成的,并且由结缔组织所覆盖和连接在一起。骨骼肌的主要作用是进行自主收缩,从而产生各种不同的动作和力量,并精细控制身体的移动。在体育运动中,动作的质量是非常重要的,所以肌肉如何控制力量的轻重和是否所有肌纤维都具有同等的运动功能等,都是运动生物学所非常关注的问题。

肌腱细胞是起源于胚胎时期间充质细胞。其功能是形成肌腱胶原纤维和基质;其胞外基质主要由不溶性胶原蛋白(collagen)、弹性蛋白(elastin)、原纤维(fibrilla)和可溶性蛋白聚糖(soluble proteoglycan)构成,可有效地分散肌腱组织的张力和重力,维持肌腱结构的正常形态,为包埋在基质中的肌腱细胞提供适宜的物理和化学环境。在电镜下观察蟾蜍骨骼肌时发现在肌膜和基底膜之间存在一些单核细胞,并根据其围绕肌纤维而生的定位特点,将这些细胞命名为卫星细胞(satellite cell, SC)。随后,同位素标记的胸腺嘧啶示踪实验等检测结果表明卫星细胞可以在肌肉损伤之后分裂,并融合形成新的肌纤维,从而证实了卫星细胞参与肌肉再生。

卫星细胞和其他一些成体干细胞均具有肌肉分化潜能,它们都可在肌肉损伤动物模型中不同程度地参与肌肉损伤的修复和肌肉再生。不论是直接注射肌肉干细胞，还是利用肌肉干细胞在体外生成人工肌肉，都为肌肉退行性疾病的治疗提供了新的方法和思路。对于肌肉干细胞全方位的深入研究将会极大地促进肌肉退行性疾病再生医学治疗方法的发展。衰老也可使得肌肉、韧带、肌腱等外伤性损伤和退行性疾病发病率逐渐增加。

目前，对于这些疾病都无法预防和根治，再生医学的发展为这些疾病的治疗提供了新的可能。

（胡　苹）

第十一章　造血干细胞与再生医学

造血干细胞是最早被鉴定的干细胞，也是研究最深入的干细胞，更是再生医学临床应用最成熟最广泛的干细胞。尽管如此，造血干细胞研究领域仍然是热门研究领域，不断有重大发现和突破，包括基础研究和转化医学研究，值得继续关注和投身其中。

在本章中将重点介绍：造血组织结构和功能，包括骨髓造血组织和髓外造血组织；造血干细胞的鉴定历史、发生和转移定位，造血干细胞的特性（自我更新和多系分化潜能）、命运决定和功能调控；造血干细胞与再生医学，包括造血干细胞移植的历史，移植用造血干细胞来源，造血干细胞移植的骨髓微环境结构基础，造血干细胞移植的主要步骤和造血干细胞移植的临床应用。

第一节　造血组织结构与功能

造血组织是指为造血干细胞（hemapoietic stem cell，HSC）的自我更新、分化和血细胞成熟提供场所的组织，主要包括骨髓、脾脏、胸腺、淋巴结、肝脏等造血组织。胚胎发育早中期，造血主要在胚胎肝脏中完成。胚胎发育晚期和出生后，造血转移至骨髓腔。骨髓造血延续终身，因此本章重点介绍骨髓结构和功能。由于受人造血组织来源的限制，因此本节介绍的骨髓造血组织结构和功能主要是从小鼠的研究中获得。

一、骨髓造血组织结构与功能

（一）骨的结构和发生

造血和造骨密切相关，成体造血主要是在骨髓腔的骨髓中，不同阶段的造骨细胞都参与造血调控，因此先简单介绍骨的结构和发生。

骨（bone）是一个动态更新的组织，随着年龄增长或伤损发生，骨不断发生新陈代谢。骨的主要功能是为机体提供支撑作用。从组织学角度，骨分为密质骨（compact bone）和松质骨（cancellous bone）。密质骨主要分布于长骨骨干、扁骨和不规则骨的表层。密质骨由于钙的沉积，形成致密的结构，对于骨的形态维持至关重要。尽管其结构致密，但其中含有许多相互连通的小管腔，内有血管及神经穿过，血管可供应骨组织和骨髓营养及排出代谢产物，神经的功能则是感知骨髓环境的变化，调控造血过程。松质骨分布于长骨的两端、短骨、扁骨及不规则骨的内部。松质骨呈海绵状，由相互交织的骨小梁排列而成，配布于骨的内部，为造血提供场所。

骨的发育过程由一系列不同分化阶段细胞参与：骨髓间充质干细胞（bone marrow mesenchymal stem cell，BM-MSC）、成骨祖细胞（osteoprogenitor）、前成骨细胞（pre-osteoblast）、成骨细胞（osteoblast）和骨细胞（osteocyte）（图 11-1）。骨髓间充质干细胞定位于骨髓腔中，是一群异质性多潜能干细胞，可分化为软骨细胞（chondrocyte）、成骨细胞、成纤维细胞（fibroblast）、脂肪细胞（adipocyte）、内皮细胞（endothelial cell）和肌细胞（myocyte）等。在骨的生理性生长或病理性损伤等信号刺激下，骨髓间充质干细胞向成骨祖细胞分

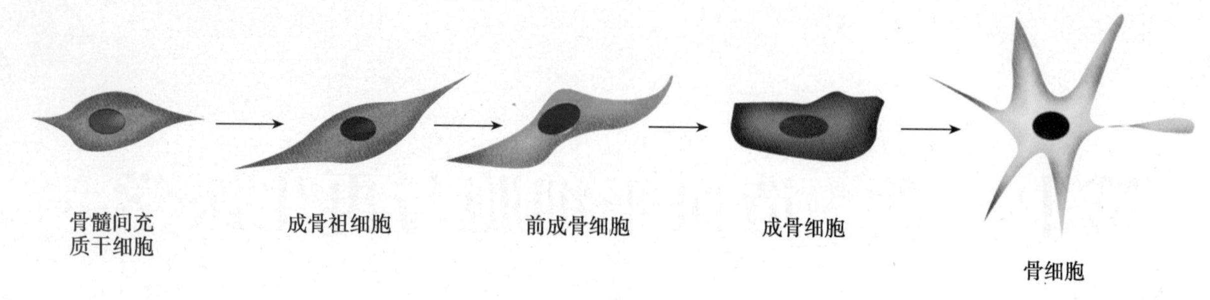

图 11-1 骨细胞发育模式图

化，成骨祖细胞进一步分化为成骨细胞，最终形成骨细胞，骨细胞通过矿化作用(mineralization)沉积钙等无机矿物质，从而形成骨组织。骨形成的不同发育阶段的细胞均参与造血调控。

（二）骨髓

骨髓(bone marrow)位于骨髓腔内，是出生后最主要的造血组织。骨髓由许多的造血单位组成，这种造血单位现在被称作骨髓造血微环境或骨髓造血龛(bone marrow microenvironment or niche)。造血干细胞位于彼此交联、动态调控的骨髓造血龛中，源源不断地生成有功能的成熟血细胞，提供生理更新和应激补充需要。

1. 骨髓造血龛　骨髓造血龛根据生理功能不同，可分为静息 HSC 储存龛、维稳态 HSC 分裂龛、动态 HSC 增殖龛和祖细胞发育龛。这些骨髓造血龛由不同的细胞组分组成，包括成骨细胞(osteoblasts)、血窦内皮细胞(endotheliums)、网状细胞(CXCL12-abundant reticular cells，CAR cells)、成纤维细胞(fibroblasts)、破骨细胞(osteoclasts)、nestin 阳性间充质干细胞($nestin^+$ MSC)、CD169 阳性巨噬细胞($CD169^+$ macrophages)、Schwann 神经纤维细胞(Schwann glial cells)和 α-SMA 阳性单核巨噬细胞(α-smooth muscle $actin^+$ monocytes-macrophages)等。造血干细胞则置身于这些细胞组分构成的三维空间结构中，与这些细胞直接接触或通过这些细胞分泌的细胞因子或基质间接地建立复杂但有序的信号传递网络，从而保证造血有序和有效地进行(图 11-2)。

2. 骨髓造血龛细胞组分

(1) 成骨细胞：成骨细胞是骨重塑的主要参与者，也是体内最早发现参与造血调控的骨细胞组分，通常位于骨和骨髓交界处，呈线性排列于骨内表面。成骨细胞参与造血调控，造血干细胞通过 N-cadherin 和 β-catenin 等分子与成骨细胞连接并共定位于骨内膜区。成骨细胞作为骨髓造血龛组分通过不同的信号途径调节造血干细胞功能。

(2) 血窦内皮细胞：骨髓中，血窦内皮细胞在造血细胞和血液之间形成一道屏障，它们是外周循环血液进入骨髓的第一道关卡以及造血细胞离开骨髓的最后一道门。多数的造血干细胞(80%以上)定位于骨髓微血管周区域，这个区域的细胞表达趋化因子配体 12 或称基质细胞衍生因子-1[chemokine(C-X-C motif)ligand 12，CXCL12 或 stromal cell-derived factor-1，SDF-1]。血窦内皮细胞是骨髓造血龛组分，参与造血调节。

(3) 网状细胞：造血干细胞具有迁移(mobilization)和归巢(homing)能力，其主要原因是造血干细胞高表达趋化因子受体 4[chemokine(C-X-C motif)receptor 4，CXCR4]，其发挥功能是通过目前发现的唯一配体 CXCL12 起作用。CXCL12 富集的网状细胞(CXCL12-abundant reticular cells，CAR cells)既位于微血管周，又位于骨内膜区。骨髓内大多数造血干细胞与 CAR 细胞共定位，CAR 细胞主要通过分泌 CXCL12 和干细胞因子(stem cell factor，SCF)维持造血干细胞的功能特征。因此，CAR 细胞作为重要的造血干细胞龛的组分，通过 CXCL12-CXCR4 和 SCF-KIT 信号通路参与造血干细胞调节。

(4) 破骨细胞：破骨细胞来源于单核细胞，其功能主要是骨吸收，参与骨形成的动态平衡。破骨细胞定位于骨内膜区，其成熟需要成骨细胞的诱导。激活的破骨细胞直接参与造血干细胞从骨髓造血区向外周循环迁移的过程，这种迁移在正常生理和应急状态均发生。大量失血等应急状况下，激活的 TRAP(tartrate-resistant acid phosphatase)阳性破骨细胞大量增加，并且沿骨内膜分布，其直接效应是导致造血干细胞

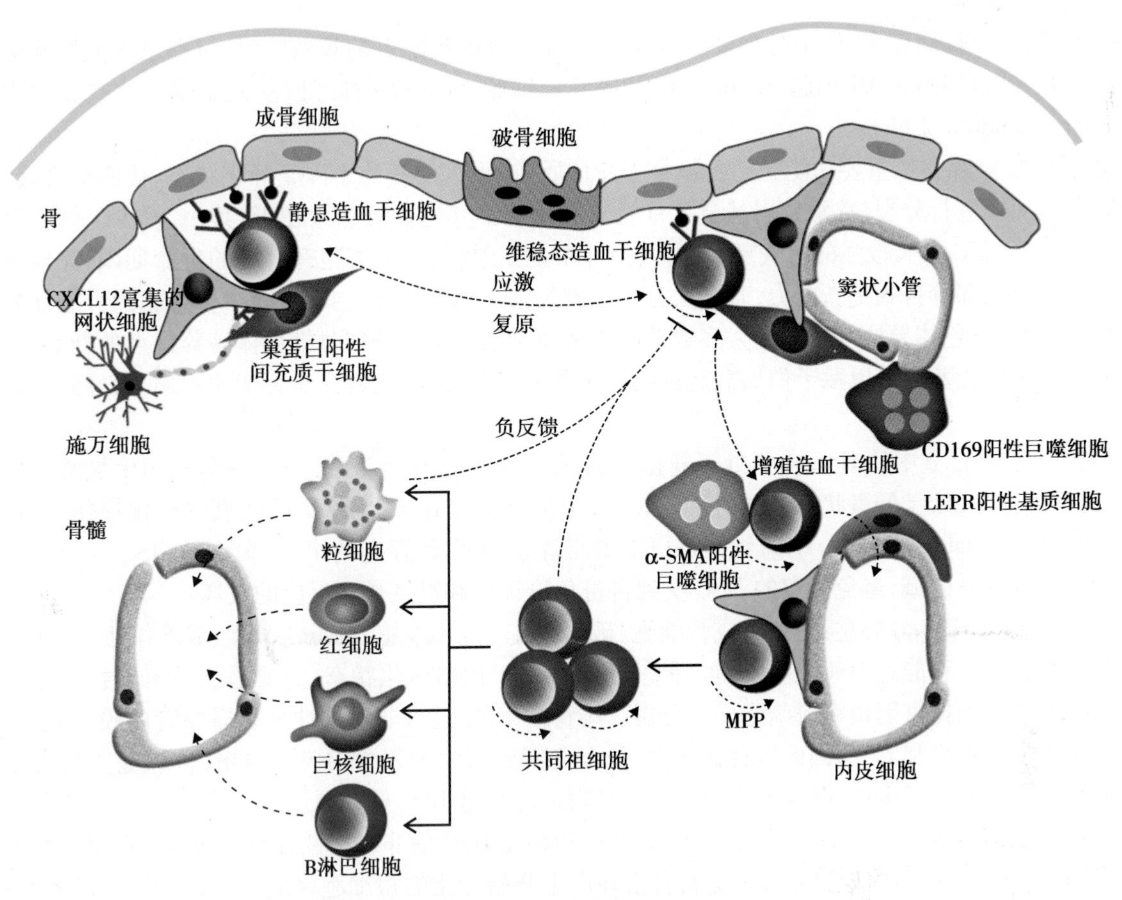

图 11-2 骨髓造血龛的结构示意图

大量迁移至外周循环中。这说明破骨细胞不仅通过参与骨吸收而影响骨内膜微环境，而且直接作为造血干细胞锚定位点发挥调控功能。

（5）间充质干细胞：间充质干细胞是骨髓中研究较早的细胞群，其特征是可以在体外贴壁黏附生长并形成单细胞克隆。间充质干细胞具有向多系分化的潜能，如分化为成骨细胞、软骨细胞、神经细胞、内皮细胞和平滑肌细胞等。另外，间充质干细胞与造血干细胞体外共培养时可以维持造血干细胞自我更新和分化潜能，而且共同移植给辐照小鼠，可促进小鼠造血干细胞造血功能。表达巢蛋白（nestin）的骨髓间充质干细胞（$nestin^+$ MSC）在骨髓中的定位与 CAR 细胞相似：主要定位于微血管周，有少量细胞定位于骨内膜，定位于骨内膜的 $nestin^+$ MSC 可能和骨修复功能有关。而且 $nestin^+$ MSC 与交感神经系统（sympathetic nervous system，SNS）紧密相连，这种定位可能与造血干细胞迁移和循环造血干细胞数量的生物钟调节有关。$nestin^+$ MSC 是造血干细胞龛的重要组成部分。

（6）单核巨噬细胞：在骨髓中单核巨噬细胞主要分布于微血管周，通过直接吞噬或分泌多种细胞因子参与免疫调节。同样，单核巨噬细胞作为重要的骨髓微环境组分参与造血干细胞功能维持和滞留。一群稀少的处于激活状态的骨髓单核巨噬细胞表达 α-平滑肌肌动蛋白（α-smooth muscle actin，α-SMA），这群细胞与造血干细胞紧密联系，可以抵抗化疗诱导的干细胞死亡，从而保护造血干细胞免受耗竭。

（7）Schwann 神经胶质细胞：神经系统作为最高级的调控网络通过神经信号动态调节骨重建、造血干细胞和微环境结构。交感神经系统通过直接或间接的方式调控造血干细胞的行为。交感神经系统可通过作用于成骨细胞和破骨细胞等间接的方式调节造血干细胞的增殖、迁移和归巢。Schwann 神经胶质细胞通过活化潜伏状态的转化生长因子-β（transforming growth factor-β，TGF-β）激活造血干细胞表面的 TGF-β 受体 2，进而激活干细胞内的 Smad 信号通路，从而维持造血干细胞长期重建活性。这种神经胶质细胞可以表达多种造血干细胞维持因子，与大多数的造血干细胞共定位。神经胶质细胞是骨髓微环境的重要组成部分，通过活化 TGF-β 信号通路维持造血干细胞静息状态。

3. 骨髓造血龛类型

（1）静息 HSC 储存龛：位于骨小梁（trabecular bone）骨内膜附近的骨髓腔中，目前已知的细胞组分包括成骨细胞、破骨细胞、CAR 细胞、$nestin^+$ MSC、成纤维细胞、Schwann 神经胶质细胞等。这些龛常常被称为骨内膜龛（endosteal niche）。

静息 HSC 储存龛最重要功能是储备整个生命期所需 HSC，使其处于深度静止状态，代谢活动缓慢，极少进入细胞周期进行分裂，常常数周甚至数月处于静止期。其生物学意义在于：其一，减少干细胞分裂次数。因为尽管 HSC 具有很强的自我更新能力，但并不是无限制的，干细胞有自己的生命期限，完成每次细胞分裂都会损失部分自我更新能力，若干次分裂后就失去干细胞功能。其二，减少干细胞因分裂而发生的基因异常突变、染色体异位等。突变大多数是因为造血干细胞增殖分裂时染色体易碎位点的断裂而形成，突变后形成的融合基因可以赋予白血病起源细胞生长和竞争优势，随着更多突变的积累，而导致白血病的发生。

静息 HSC 储存龛中的 HSC 由于处于静止状态，很少需要消耗能量和氧气，一般利用无氧酵解提供能量，因此远离血窦，处于低氧状态。同时，低氧环境也能保护储存 HSC 免受活性氧的氧化损伤。另外，调节性 T 细胞（regulatory T cells，Treg）细胞也可能参与静息 HSC 储存龛的组成，提供给 HSC 一个免疫豁免（immune-privilege）区域，避免储存的 HSC 受到自身免疫反应和过度炎症反应的破坏。

（2）维稳态 HSC 分裂龛：主要由成骨细胞、破骨细胞、CAR 细胞、$nestin^+$ MSC、成纤维细胞、血窦内皮细胞等细胞组成。和静息 HSC 不同的是，维稳态 HSC 处于代谢活化状态，需要适当的营养物质和氧气供应完成有氧酵解和提供能量完成细胞增殖分裂。维稳态 HSC 进行非对称性分裂需要骨内膜细胞的调控，并从血窦中吸取营养和氧气，因此维稳态 HSC 分裂龛需要同时紧邻骨内膜和血窦，称该龛为骨内膜血管龛（endosteal-vascular niche），得以区分同在骨内膜附近的静息 HSC 储存龛。

维稳态 HSC 分裂龛行使两项重要功能：①维持和调控 HSC 的非对称性分裂。很早以前就有学者推测维稳态 HSC 通过非对称性分裂方式来更新自己并产生开始分化的祖细胞完成造血，并推测骨髓干细胞龛调控这一非对称性分裂。与其他的组织干细胞（如神经干细胞）相比，HSC 进行非对称性分裂的机制还不清楚，可能是由于造血组织的特征（柔软的骨髓藏于坚硬的骨组织中）不利于这方面的研究，并且研究 HSC 的生物学特征都是通过分离单个细胞进行研究的，不利于观察其分裂方式。非对称性分裂可能通过不同的机制来完成，即内源性机制、外源性环境机制或内外源联合机制。②介导 HSC 在骨内膜龛和中央髓区血管龛之间的移动。生理情况下，每天有 1% 的 HSC 进入血液循环中，并且是处于分裂期的 HSC。HSC 需要从骨内膜转移到骨髓中央血管龛才能进入血液循环，维稳态 HSC 分裂龛的结构特点提示其可能介导这一运动过程。

（3）动态 HSC 增殖龛：在大量失血等造血应激情况下，HSC 会离开骨内膜血管区而进入骨髓中央的血窦周围即血管龛（vascular niche）进行增殖。该龛由表达 SCF 的血窦内皮细胞、LEPR 阳性血管周基质细胞（leptin receptor-expressing perivascular stromal cells，$LEPR^+$ stomal cells）、CAR 细胞、单核巨噬细胞等组成。血管龛内增殖活跃的 HSC 进行对称性分裂，其寿命是有限的，随着分裂次数的增加，自我更新能力逐渐减弱。这一特性有很重要的生物学意义：快速增殖分裂的细胞，其 DNA 复制很易发生突变，当突变积累到一定程度，细胞会发生恶变，HSC 有限的生命可以避免恶变的发生。

（4）祖细胞发育龛：骨髓中央的细胞龛除了支持细胞周期活化的 HSC（cycling HSC）进行扩增外，还提供特定的环境支持和调控造血祖细胞的定向分化和成熟。目前研究比较清楚的有 B 系细胞发育龛和巨核细胞发育龛。

1）B 细胞发育包括定向分化和成熟，是一系列连续过程，但从表型特征上可以区分为几个时期，不同时期需要特异的因子如 CXCL12、FLT3L、IL7、SCF 和 RANKL 等。因此表达这些因子的细胞就成为了 B 细胞发育龛的组成细胞，包括 CAR 细胞、IL-7 表达细胞、成骨祖细胞和树突状细胞（dendritic cell，DC）等。①pre-pro-B 细胞龛。pre-pro-B 细胞有 $B220^+FLT3^+$ 的表型特征，需要与 CAR 细胞直接接触才能完成该阶段的发育。②pro-B 细胞龛。pro-B 细胞的表型特征是 $B220^+KIT^+$，该阶段的发育需要离开 CAR 细胞，并与 IL-7 表达细胞接触才能完成发育。③pre-B 细胞龛。pre-B 细胞表型为 $B220^+IL\text{-}7R\alpha^+$，该时期细胞离开

IL-7表达细胞，与 Galectin$^+$基质细胞接触（也不与 CAR 细胞接触）。④未成熟 B 细胞。未成熟 B 细胞表型为 B220$^+$IgM$^+$，迁移到血循环中到达脾脏发育为成熟 B 细胞，当成熟 B 细胞遇到抗原变成浆细胞后，重新返回骨髓并与 CAR 细胞接触。

2）巨核细胞发育龛：巨核细胞祖细胞在血管龛中发育成熟，需要与血窦内皮细胞互相作用才能完成，细胞间的相互作用是由巨核细胞活化因子介导的，包括 SDF-1 和碱性成纤维生长因子-4（fibroblast growth factor-4，FGF-4），能增强 VCAM-1 和极迟抗原-4（very late antigen-4，VLA-4）的功能，介导 CXCR4$^+$巨核细胞定位在血管龛，促进巨核祖细胞的生存成熟和血小板释放。

4. 造血干细胞-龛突触　造血干细胞与龛之间建立了一个稳定的调节单位，如同神经末梢的突触，因此称为造血干细胞-龛突触（HSC-niche synapse）。在这一突触中，细胞黏附分子起重要的调节作用，许多黏着分子构成一个网络，连同细胞外基质（extracellular matrix，ECM），趋使 HSC 固定到不同的龛组成细胞（特别是成骨细胞和 CAR 细胞）附近，HSC 与龛组成细胞的紧密黏附和并排关系有利于建立有效的细胞间配体和受体互相作用和信号通路，主要有：①stem cell factor（SCF）-kit 信号通路，SCF 和受体 c-kit 是最早发现的造血调节系统之一，对于长期维持骨髓造血干细胞的自我更新功能发挥重要作用。②thrombopoietin（TPO）-MPL 信号通路，是调节造血干细胞静止状态所必需的。③angiopoietin 1（Ang1）-Tie2 信号通路也在维持造血干细胞的静止状态起重要作用。④CXCL12（SDF-1）-CXCR4 信号通路调控造血干细胞的归巢、定位和动员。⑤其他，如 N-cadherin 参与 HSC-osteoblast 的相互作用，三磷酸水解酶 Rho 家族中的亚家族（Rho family of GTPases）Rac 调节造血干细胞的移动和黏附。Hedgehog（Hh）信号促进造血干细胞的增殖，Wnt 和 Notch 信号也可能参与调节造血干细胞功能。

二、髓外造血组织结构与功能

髓外造血是指生理或病理情况下的骨髓外造血，生理性髓外造血主要发生在胚胎时期和正常的免疫应答，造血器官包括卵黄囊、肝脏和脾脏等；病理性髓外造血主要由于骨髓因为纤维化或大量失血等情况下发生的造血，造血器官包括肝脏、脾脏、胸腺和淋巴结等。

（一）肝脏

肝脏是胚胎时期造血和病理性条件下髓外造血的主要器官。肝脏的功能单位是肝小叶，每个肝小叶的中心为中央静脉，肝小叶由围绕中央静脉呈辐射状的细胞板组成。细胞板由两个肝细胞组成，肝细胞之间有胆小管连接至终末导管。肝脏有丰富的血管，主要有肝门静脉和肝动脉供血。肝血窦流出的血液进入肝门小静脉，然后汇集到肝门静脉。肝静脉血窦由两类细胞组成，内皮细胞和库普弗细胞（Kupffer cells，一种网状内皮细胞），分别执行不同功能。肝脏的主要功能为分解代谢，包括碳水化合物代谢、氨基酸代谢、激素代谢、脂肪代谢和药物代谢等。另外，肝脏可以分泌许多因子参与造血或是凝血等功能。

肝血窦内皮细胞（liver sinusoid endothelial cells，LECs）分两类：LEC-1 和 LEC-2。肝脏髓外造血发生位点主要在 LEC-1 组成的血窦龛中，在病理性条件下，前炎症因子刺激 LEC-1 高表达 SDF-1 趋化因子，趋化表达 CXCR4 的造血干细胞迁移和滞留至 LEC-1 组成的血窦龛中，这个过程的发生需要整合素和 CD44 等黏附分子的参与。造血干细胞跨越 LEC-1 以后，寄住在血窦龛中，在肝细胞和 LEC-1 分泌的造血因子刺激下，完成髓外造血。

（二）脾脏

由结构相邻的白髓、红髓和边缘区三部分组成。白髓是散布在红髓中的许多灰白色的小结节，由密集的淋巴细胞构成，是机体对抗外来微生物及感染的主要场所。红髓主要由脾血窦和脾索组成，其主要功能是过滤和储存血液。红髓内血流缓慢，使抗原与吞噬细胞的充分接触成为可能，是免疫细胞发生吞噬作用的主要场所。边缘区（Marginal zone，MZ）位于红髓和白髓的交界处，此区淋巴细胞较少，以 B 细胞为主，但含较多的巨噬细胞，是脾内捕获抗原、识别抗原和诱发免疫应答的重要部位。在胚胎时期脾脏是重要的造血器官，在骨髓造血发生障碍时，脾脏也是机体临时造血的器官。

（三）胸腺

胸腺是T淋巴细胞发育场所，由不完全分隔的小叶组成，小叶周边为皮质，内部为髓质。皮质主要由不同分化阶段的T淋巴细胞和上皮性网状细胞构成。来源于胚胎早期的卵黄囊和胚胎后半期与出生后的骨髓的淋巴系祖细胞，在胸腺素与淋巴细胞刺激因子的作用下，在皮层增殖分化成为依赖胸腺的前T淋巴细胞和成熟的T淋巴细胞。网状细胞间有密集的淋巴细胞。髓质中含较少的淋巴细胞，但上皮性网状细胞密集。

（四）淋巴结

淋巴结分为皮质区和髓质区两部分，皮质区由淋巴小结、弥散淋巴组织和皮质淋巴窦（简称皮窦）构成。淋巴小结内富含密集的B细胞，其间有少量T细胞和巨噬细胞。淋巴小结中心部称生发中心，在抗原作用下，B细胞在此转变为分裂活跃的大、中型淋巴细胞，并分化为能产生抗体的浆细胞。髓质区由致密淋巴组织构成的髓索和髓质淋巴窦（简称髓窦）组成。髓索内主要有B细胞、浆细胞及巨噬细胞，数量和比例可因免疫状态的不同而有很大的变化。淋巴窦接受从皮质区的淋巴窦来的淋巴液，并使淋巴循环通过输出淋巴管而离开淋巴结。淋巴结是产生淋巴细胞及储存淋巴细胞的场所。

第二节 造血干细胞

造血干细胞是造血组织的多能干细胞，在整个生命周期中，通过造血调控能生成所有类型的成熟血细胞，包括红细胞、白细胞和血小板。造血干细胞具有自我更新和多系分化潜能两个生物学特征。成体造血干细胞在骨髓中以静止的状态存储，激活后进行自我更新或分化、衰老后发生凋亡。

一、造血干细胞的鉴定

早在20世纪初，已经有学者通过光学显微技术提出造血系统存在一个共同干细胞的观点，同时更为流行的另外一个观点认为各系造血细胞源自各系的干细胞。直至20世纪60年代，随着一系列技术的发展，包括移植技术和定量功能实验等，使造血干细胞研究从一种描述性研究变成一种定量研究后，造血干细胞研究才得以突飞猛进。

1. 脾集落形成单位实验（colony forming unit-spleen assay，CFU-S assay） 将骨髓移植给致死剂量辐照的小鼠，在脾脏可形成“再生结节”（regeneration nodules），每个再生结节源自于一个克隆（基于谱系追踪实验）并存在多系造血细胞。尽管CFU-S实验得到广泛的应用，但是，CFU-S细胞具有异质性，即每个CFU-S中的多系造血细胞不同，而且多系造血细胞中不含淋巴系。再者，CFU-S细胞可被5-氟尿嘧啶清除，剩下的一小群细胞可以再生CFU-S。充分说明存在一群更为原始的干细胞。

2. 体外克隆祖细胞实验（in vitro clonal progenitor assays） 在体外培养条件下，添加造血细胞因子，观察造血干/祖细胞的自我更新和分化潜能。借助体外克隆祖细胞实验，造血干/祖细胞的谱系关系得以精确的阐述。随着反转录病毒转染系统的发展，克隆追踪实验证实造血干细胞是一种长时程-多能性的干细胞。随后，干细胞的概念由造血系统延伸到其他相关领域。

3. 重症联合免疫缺陷小鼠异种移植重建实验［severe combined immunodeficiency（SCID）repopulating cell（SRC）xenotransplantion assay，SRC xenotransplantion assay］ 将骨髓造血干细胞移植给半致死剂量辐照的免疫缺陷小鼠，在骨髓中重建整个造血系统。流式细胞分选技术（flow cytometry cell sorting，FACS）结合异种移植重建实验目前是鉴定造血干细胞（干细胞）的金标准。通过细胞表面标志物的鉴定，可以将造血干细胞分选成不同分化能力的细胞群（$Lin^-CD34^+CD38^-$和$Lin^-CD34^+CD38^+$），将这些细胞群移植给免疫缺陷小鼠，只有$Lin^-CD34^+CD38^-$造血干细胞群有长期重建造血系统的能力。

二、造血干细胞的发生和转移

个体发育过程中,造血活动最早出现在胚胎发育第3周的卵黄囊(yolk sac)血岛,它能够进行短暂的造血,为迅速生长发育的胚胎提供需要。卵黄囊造血的功能实验证明在胚胎发育的4.5周,卵黄囊存在多种类型的造血祖细胞。对于卵黄囊能否原位产生造血干细胞尚存在争议。在胚胎发育的第27天,胚胎背主动脉和卵黄囊动脉的腹壁上有成簇造血干细胞的出现,这些造血干细胞移植至免疫缺陷小鼠体内后可长期维持造血,被认为是个体发育过程中最早出现的造血干细胞。对于造血干细胞的起源目前存在两种观点,一种观点认为造血干细胞直接来自血源性内皮祖细胞,另一种观点认为造血干细胞由成血管祖细胞(hemangioblast)定向分化而来,这种成血管祖细胞还可分化产生内皮细胞。

伴随心脏的跳动,循环系统建立,造血干祖细胞随着血液流动发生迁移,定位到不同的组织进行增殖和分化,因此在个体发育过程中出现一系列的造血组织,主要的造血组织有卵黄囊、主动脉-性腺-中肾(AGM)区域、胎盘、肝脏和骨髓。

造血活动最早发生在胚外卵黄囊,循环系统建立以后,卵黄囊的造血祖细胞随血液流动经卵黄囊静脉迁移至肝脏进行短暂的造血。造血干细胞在AGM区域发生以后,AGM成为主要的造血组织,卵黄囊造血逐渐减弱至消失。AGM区域的造血干祖细胞经脐动脉至胎盘,然后由胎盘经脐静脉迁移至肝脏,从此肝脏开始造血,造血干细胞在肝脏大量增殖和分化使肝脏成为胚胎时期主要的造血器官。AGM区域的造血干祖细胞还可经过卵黄囊动脉迁移至卵黄囊造血。肝脏的造血干祖细胞迁移至骨髓后,骨髓开始造血。出生后,骨髓成为主要的造血器官。近年来研究发现,胎盘是介于AGM造血和肝脏造血之间的一个造血组织,在胎盘中可检测到能够重建造血系统的造血干细胞,但胎盘的造血干细胞由AGM区域迁移而来还是原位产生尚不清楚。造血干细胞的迁移如图11-3。

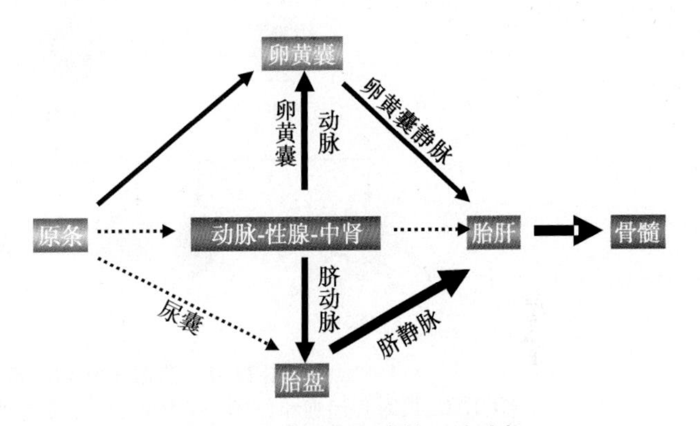

图11-3 造血干细胞的迁移路径

虚线箭头表示可能但尚未证实的迁移路径,实线箭头表示已经被证实的迁移路径,粗实线箭头表示最主要的迁移路径

三、造血干细胞自我更新能力和多系分化潜能

造血干细胞具有自我更新和向多系分化潜能两个特性,一方面使血液系统的各系血细胞能够得到不断地更新和补充,另一方面可以维持造血干细胞库的稳定,以保证长期的造血供应。

造血干细胞的自我更新是指细胞完成一次分裂,子代细胞(一个或两个)保留母细胞(即干细胞)的生物学特性,叫自我更新。目前还比较难从单细胞水平评估干细胞的自我更新。造血干细胞的自我更新能力主要通过造血干细胞系列移植(同基因、异基因或异种间)实验来证实和评估,具有自我更新能力的造血干细胞能够在致死剂量或半致死剂量辐照的受体骨髓中重建造血和再次重建造血。重建造血维持时间的长短可反映造血干细胞自我更新能力的大小。根据重建造血时间的长短可将造血干细胞分为长时程造血干细胞(long-term HSC,LT-HSC)和短时程造血干细胞(short-term HSC,ST-HSC)。ST-HSC继续发育为祖细胞(如LMPP、CMP),就失去自我更新能力,同时失去部分分化潜能,如LMPP失去红系和巨核系分化潜能,CMP失去淋巴系分化潜能(图11-4)。

CMP和LMPP继续发育,分化为各级多系、双系或单系的祖细胞,最后分化成熟为各系血细胞(图11-4)。

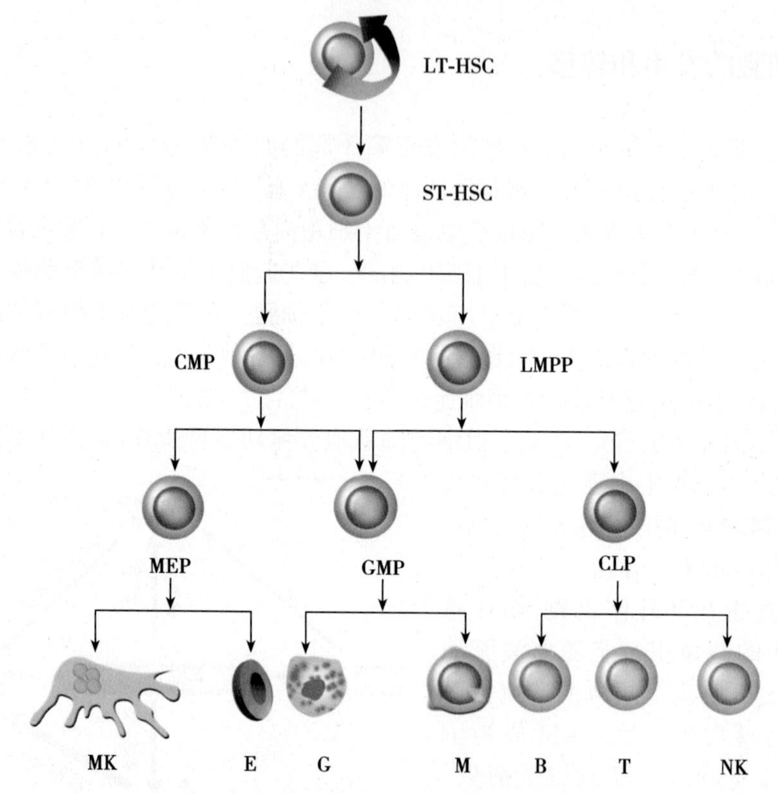

图 11-4 造血干细胞的自我更新和分化发育

LT-HSC,长时程造血干细胞;ST-HSC,短时程造血干细胞;CMP,髓系共同祖细胞;LMPP,多潜能淋巴祖细胞;MEP,巨核-红系祖细胞;GMP,粒-单核系祖细胞;CLP,淋巴系共同祖细胞;MK,巨核细胞;E,红细胞;G,粒细胞;M,单核细胞;B,B淋巴细胞;T,T淋巴细胞;NK,自然杀伤细胞

四、造血干细胞的命运决定

对于单个造血干细胞,有四种可能的命运:静止(quiescent)或休眠(dormant)、自我更新、分化(differentiation)和凋亡(apoptosis)(图 11-5)。

(一) 造血干细胞的静止和分裂增殖

单个 HSC 有多种命运选择,这意味着骨髓 HSC 池包含功能状态不同的干细胞群,如静止或休眠的干细胞群和活化的处于分裂增殖状态的干细胞群。

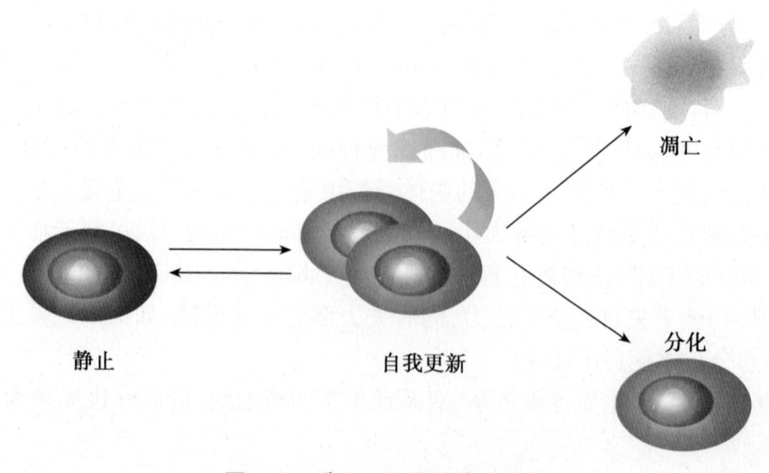

图 11-5 造血干细胞的命运决定

骨髓要维持人体长达百年的血液供应，需要有一套完备的机制来储存和维持 HSC 池的稳定。其中一个重要的机制是大部分 HSC 处于静止状态，静止的 HSC 定位在骨髓微环境的骨内膜区，功能实验研究证实这些细胞具有长期重建造血的能力，即为长时程造血干细胞（LT-HSC）。静止的 HSC 随机缓慢地被诱导进入细胞周期，平均周期 145 天，许多 HSC 实际上处于休眠状态，但是生理情况下每天都需要数以亿计的新的血细胞补充，因此机体还有另外一群被激活处于分裂增殖的 HSC 群，能不断地产生大量的血细胞，满足机体生理需要。分裂增殖的 HSC 多分布于骨髓中央区域的血管微环境，功能上这群细胞相当于短时程造血干细胞（ST-HSC），经过若干次细胞分裂后，这群干细胞会逐渐失去自我更新能力，因此分裂增殖的 HSC 的数目会逐渐减少，需要得到不断补充。静止 HSC 群的功能就是补充分裂增殖的 HSC 群，但是这一生理过程的机制还不清楚。分析静止 HSC 群和增殖 HSC 群的不同生物学特性和行为，将有利于阐明造血异常性疾病的发病学机制和治疗学原理。

（二）造血干细胞的自我更新和分化

造血干细胞自我更新或分化是通过细胞分裂完成的，完成一次分裂形成的两个子代细胞中，一个或二者都具有母细胞的生物学特性叫自我更新。因此，HSC 的自我更新性分裂既可以是非对称性分裂（asymmetrical division），也可以是对称性分裂（symmetric division）。在生理条件下，HSC 主要以非对称分裂方式进行自我更新并分化，一个子细胞仍然是干细胞，另一个子细胞却分化为祖细胞，并发育为成熟血细胞，以满足生理需要（图 11-6A）。非对称性分裂对干细胞有很重要的保护作用，通过非对称分裂，干细胞除了非对称性地把细胞命运决定因子（cell fate determinants）分给子代细胞，还会非对称性地把异常的蛋白质和损伤的 DNA 传给失去自我更新能力的子代细胞，以保证有干细胞功能的子细胞的基因组稳定。在应急的情况下如失血，作为代偿，机体在短时间内需要补充大量的血细胞，HSC 会采取对称性分裂方式，干细胞池得到快速扩增（图 11-6B）。但是，由于失去非对称性分裂的保护，很容易发生基因突变并在干细胞中聚集，引起干细胞的恶性转化，这可能是造血异常性疾病发病学的重要机制。在某些情况下（可能大多是病理条件），造血干细胞在进行分裂后两个子细胞都失去干细胞功能，使干细胞耗竭，发生造血功能障碍。

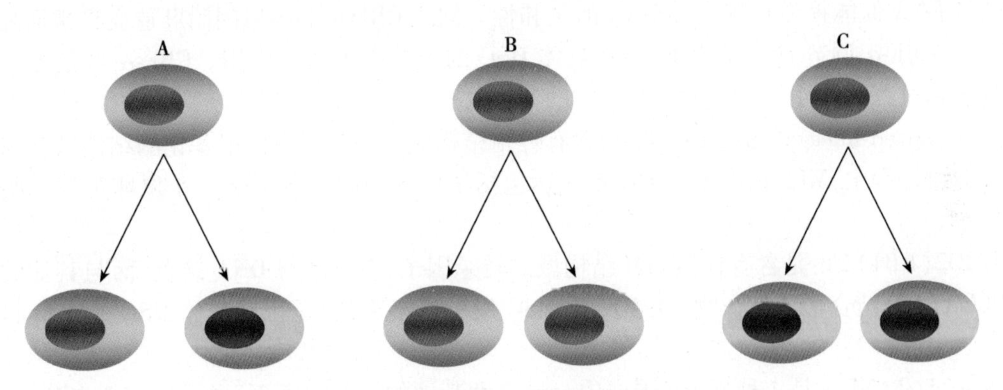

图 11-6 造血干细胞分裂与自我更新或分化

（三）造血干细胞的衰老死亡

生存或死亡也是 HSC 所要经历的命运选择，是机体维持造血稳定的机制之一，也与骨髓衰竭性疾病密切相关。快速增殖的造血干/祖细胞，很容易发生突变，不断有基因突变的积累，如果没有衰老死亡，聚集有基因突变的造血干/祖细胞会发生恶性转化。作为生物的保护机制，造血干/祖细胞每经过一次细胞分裂，染色体端粒会有缩短，细胞逐渐衰老，最终发生凋亡。当然，如果端粒缩短过快，细胞衰老凋亡过快，造血干/祖细胞会发生衰竭，形成骨髓衰竭性疾病。

五、造血干细胞的调控

造血干细胞的自我更新和分化发育过程受到严格的调控，调控因素主要有干细胞微环境（niche）、转录因子、细胞因子等。微环境的调控在本章的第一节已经述及，此处重点介绍转录因子和细胞因子对造血干祖细胞的调控。

（一）转录因子对造血的调控

造血干细胞/祖细胞发育的整个过程的基因表达都受转录因子调控，因此不难理解为什么造血功能异常性疾病（特别是恶性疾病）常常有转录因子的调控异常，如白血病和淋巴瘤中染色体移位和点突变常常累及转录因子。转录因子有两个必需的结构域：DNA 结合域和转录调节域，前者决定靶基因的特异性，后者抑制或激活靶基因的转录。在 DNA 结合域有相似氨基酸序列的转录因子归为一个家族，目前发现，有 5 个基因家族的转录因子常常参与造血干祖细胞的调控：①碱性螺旋-环-螺旋（basic helix-loop-helix，bHLH）家族；②Ets 家族，包括 PU1、Ets-1 和 TEL 等；③亮氨酸拉链（leucine zipper）家族，包括 c-Jun、C/EBPα 和 epsiv 等；④Hox 家族，包括 Meis1 和 HoxA9 等；⑤锌指结构（zinc finger）家族，如 RARα。

这些转录因子在造血系统发育的各个时期都起关键作用：①调节胚胎时期造血干细胞的发生，包括 SCL（TAL1）、CBF、MLL、LMO2 和 Notch1（TAN1）等；②维持成体造血干细胞功能，包括 Meis1、HoxA9、TEL（Etv6）、Bmi-1、Gfi-1 和 MOZ 等，这些因子调节造血干细胞的自我更新或分化；③调节红细胞/巨核细胞系定向分化，如 GATA1、FOG1 和 Gfi-1b 等；④决定髓系细胞定向分化，如 PU. 1 和 C/EBPα 等；⑤调节髓系细胞成熟，如 C/EBPε、Gfi-1、Egr-1，2 和 RARAα 等；⑥调节淋巴系成熟，如 PU. 1、Ikaros、E2A、EBF、PAX5、Notch1 和 GATA3 等。

1. 调节胚胎时期造血干细胞发生的转录因子　中胚层中 HSC 发生所需要的转录因子有 SCL、CBF、MLL、LMO2 等，这些转录因子在白血病相关染色体移位中常受累。

（1）SCL（stem cell leukemia factor 或 TAL1）：最早在 T 细胞白血病中被鉴定，属 HLH 家族。缺乏 SCL 的小鼠在胚胎发育约 9. 5 天时死亡，因为在卵黄囊完全没有造血发生。用 $SCL^{-/-}$ ES 细胞的嵌合小鼠研究发现 SCL 也是 definitive hematopoiesis 所必需。进一步研究发现 SCL 只调控 HSC 的发生，却不调控其维持。另外 SCL 是红系生成和巨核系生成所必需的转录因子。

（2）CBFs（CBF-α 和 CBF-β）：是 HSC 发生所需要的。CBF-α 和 CBF-β 结合形成功能性异二聚体。CBF-β 不结合 DNA 但能提高 CBF-α 和 DNA 的亲和性。缺乏 CBF-α 的小鼠因胎肝造血异常而死于胚胎发育第 12. 5 天。CBF-α 调节 HSC 的发生，但在成体 HSC 的维持中不发挥作用。CBF-α 也是在巨核细胞和淋巴细胞的成熟过程起作用。

（3）MLL（mixed-lineage leukemia）蛋白：含有锌指结构域和一个组蛋白甲基化酶结构域参与染色质的塑造。正常造血过程中，MLL 在各系细胞中都表达包括早期祖细胞。在 $MLL^{-/-}$ 小鼠卵黄囊和胎肝的造血都会发生异常。

（4）LMO2（RBTN2）：是含有锌指 LIM 结构域的转录因子，自身不与 DNA 结合，而与其他的转录因子（如 SCL 和 GATA1）结合形成复合物。LMO2 是 HSC 发生所必需的，是否对成体 HSC 的维持起作用还不清楚。

（5）Notch1（TAN1）：是 4 种 Notch 蛋白中一员。和其他的转录因子不一样，Notch1 先分布在细胞膜，与配体结合后发生系列酶切反应，释放细胞内部分 ICN1 移到细胞核配合 DNA 结合因子 RBJ-κ 从而调节转录。Notch1 是 definitive hematopoiesis 所必需的，但在成体 HSC 的维持中不起作用。

2. 维持成体 HSC 所需的转录因子　HSC 一旦从中胚层中发生，就必须能够自我更新并分化为各系成熟的细胞，二者之间的平衡连同 HSC 池的储存都受到转录因子的严格调控，包括 homeobox 家族（Meis1、Pbx1 和 HoxA9）、TEL、Gfi-1、Bmi1 和 MOZ。

（1）Homeobox 蛋白作为转录激活子或抑制子参与造血的多个步骤：其中一个成员，Meis1 在胎肝 HSC 中表达，和另外一个成员 Pbx1 协同调节转录。Pbx1 与 E2A 在白血病染色体移位中形成 E2A-Pbx 融合。$Meis1^{-/-}$ 小鼠表现多个造血缺陷，13. 5dpc 的胎肝中造血祖细胞减少并有功能异常。$Pbx1^{-/-}$ 小鼠有同样的表型。*HoxA9* 是另外一个 homeobox 蛋白，与 Meis 1 形成异二聚体，激活基因表达，在成体 HSC 维持中发挥作用。但 $HoxA9^{-/-}$ 小鼠只表现出部分的 HSC 功能异常，可能被其他 HoxA 弥补。

（2）Bmi-1 是 polycomb 家族的锌指蛋白：因与 myc 癌基因相同，可诱导鼠淋巴白血病而被鉴定。Bmi-1通过表观遗传途径调节基因表达，使染色质开放，调节 DNA 更容易接近转录因子。$Bmi\text{-}1^{-/-}$ 小鼠出生时有严重的再生障碍性贫血，一周内死于多发性感染。HSC 和各系祖细胞明显减少，尽管 HSC 在中胚层发生不受影响，但胎肝和骨髓中 HSC 和祖细胞的扩增能力严重受影响。

（3）Gfi-1 是一种锌指转录抑制子，与 Bmi-1 的作用正好相反。在 HSC 和各级祖细胞中表达。Gfi-1 对于 HSC 发挥正常功能至关重要。Gfi-1 突变导致 HSC 异常增殖并消耗干细胞池。

（4）MOZ 蛋白：是其他转录因子（如 PU.1 和 AML1）的共同转录激活因子，在急性单核细胞白血病相关 8 号和 16 号染色体融合基因［t(8;16)］中被鉴定。它有组蛋白乙酰转移酶活性，打开染色质使 DNA 易于接近转录复合物。$MOZ^{-/-}$ 和 $MOZ^{\Delta/\Delta}$ 小鼠有相同表型，出生时死亡，造血干祖细胞减少，在移植受体中不能重建造血。

3. 红/巨核细胞系发生相关转录因子

（1）GATA1 是红系生成关键调节因子，有两个锌指，近 C 末端锌指是高亲和地与 DNA 结合所必需的，近 N 末端锌指与 NDA 建立相互作用。GATA1 在红细胞、巨核细胞、嗜酸细胞和早期造血祖细胞中表达。GATA1 是红细胞发育所必需的。$GATA1^{-/-}$ 小鼠在 10.5 dpc 死于严重贫血，红系发育停滞在早幼粒阶段。巨核细胞发育也受阻滞。

（2）Fog1 是在筛选 GATA1 相互作用蛋白时发现的，自身不与 DNA 结合，而是通过 GATA1 发挥作用。FOG1 主要是转录抑制子，但它可以增强 GATA1 的转录激活作用。和 GATA1 缺陷小鼠相似，$FOG1^{-/-}$ 小鼠在胚胎发育第 10.5～11.5 天之间死于严重贫血，红系发育停滞在早幼粒阶段，并且完全没有巨核细胞发育。

（3）Gfi-1b 因与 Gfi-1 类似而被鉴定，是另一个参与早期红系和巨核系发育的转录因子。有与 Gfi-1 几乎一样的 C 末端锌指和一个抑制域，另有一个不同抑制域和 6 个 C 末端锌指。$Gfi\text{-}1b^{-/-}$ 小鼠在胚胎发育第 15 天死于严重贫血。

4. 髓系定向分化所需转录因子　PU.1 和 C/EBP-α 是 HSC 向单核细胞和粒细胞定向分化必需的两个主要转录因子。

（1）PU.1 属于 Ets 转录因子家族，在早期造血祖细胞中低表达，随着细胞分化，在红细胞、巨核细胞和 T 细胞的表达消失，在单核细胞、粒细胞和 B 细胞的表达升高。缺乏 PU.1 的小鼠不产生巨噬细胞、粒细胞和淋巴细胞。条件性敲除骨髓中 HSC 的 PU-1，不能检测到 CLPs 和 CMPs。条件性敲除 GMP 细胞中的 PU-1 表现粒细胞定向分化不受影响，却不能成熟。

（2）C/EBP-α 是具有碱性亮氨酸拉链的转录因子。以二聚体形式发挥功能，或自身结合形成同源二聚体，或与家族的其他成员 C/EBP-β、γ、ε构成异二聚体。在造血系统，C/EBP-α 主要表达在单核细胞、粒细胞和它们的祖细胞。在 GMP 细胞中过表达 C/EBP-α 促进粒细胞分化。缺乏 C/EBP-α 的小鼠，能形成 CMP 却不能形成 GMP，说明 C/EBP-α 和 PU.1 相比在更晚期起作用。

5. 髓系成熟所需转录因子　有一些转录因子虽然不影响粒细胞和单核细胞的定向分化，却调节其成熟。如调节单核细胞的 Egr1、2，调节粒细胞的 C/EBP-ε、Gfi-1 和维甲酸受体 α（retinoic acid receptor α，RAR-α）。

（1）C/EBP-ε是与 C/EBP-α 相关的具有碱性亮氨酸拉链的转录因子。在粒细胞及其祖细胞中表达，却不在单核细胞中表达。$CEBPE^{-/-}$ 小鼠不能产生正常嗜中性和嗜酸性粒细胞，提示 C/EBP-ε在粒细胞成熟中起重要作用。由于粒细胞缺乏，小鼠在出生后几个月内死于条件性感染。

（2）Gfi-1 除了在维持成体 HSC 中发挥作用外还是粒细胞成熟时所必需的。$Gfi\text{-}1^{-/-}$ 小鼠表现嗜中性粒细胞减少，粒系祖细胞形成正常但不能成熟。小鼠出生几个月内死于系统性感染。Gfi-1 在粒系祖细胞发挥功能，下调单核细胞特异性基因确保向粒细胞分化。

（3）Egr-1 和 Egr-2 是有锌指结构的转录因子，其功能与 Gfi-1 相反，在 GMP 细胞中关闭粒细胞特异性基因，促进祖细胞向单核细胞分化。

（4）RAR-α 属于大的核激素受体家族，与 RXR 蛋白结合成异二聚体发挥功能，与维生素 A 类的结合受到维甲酸（retinoic acid，RA）的调节。在缺乏 RA 时，二聚体与抑制复合物结合而抑制转录；在 RA 存在时，二聚体被激活复合物取代而诱导转录。RAR-α 主要在髓细胞表达。$RAR\text{-}\alpha^{-/-}$ 小鼠髓系发育并没有异常，但是因染色体移位与 PML 发生融合，阻滞早幼粒细胞的分化。

6. 淋巴系发育所需转录因子　许多转录因子调节淋巴细胞成熟,包括 PU.1、Ikaros、E2A、EBF、PAX5、Notch1 和 GATA3。

(1) PU.1 是淋巴发育所必需的。PU.1$^{-/-}$小鼠的 B 细胞和 T 细胞形成都减少。调节性敲除成体骨髓的 PU.1,导致 CLP 细胞丢失。PU.1 在正常 T 细胞发育的早期表达,PU.1$^{-/-}$小鼠 T 细胞发育延迟。PU.1 也是 B 细胞成熟的重要调节因子。许多 B 细胞特异性基因都是 PU.1 的靶分子,包括 EBF、interleukin(IL)-7 受体、Mb1、CD45 和免疫球蛋白轻链 κ 和 λ。

(2) Ikaros 是锌指 DNA 结合蛋白,既可以是转录抑制子又是转录激活子,与染色质调节蛋白和转录抑制复合物相互作用。在造血系统广泛表达,与 PU.1 一起参与早期淋巴发育。一个最早的 Ikaros 缺失小鼠模型,形成 Ikaros 的显性阴性突变体(dominant negative form),干扰 Ikaros 和其相关家族成员 Helios and Aiolos。这些小鼠不能发育 T、B 和 NK 细胞。一个等位 Ikaros 基因突变,小鼠发育成 T 细胞白血病和淋巴瘤,而两个等位 Ikaros 基因突变,小鼠缺乏胎儿 B 细胞和 T 细胞,在成年鼠有 T 细胞生成但没有 B 细胞发育。

(3) E2A 通过剪切 E12-和 E47-特异的 bHLH 外显子形成两个异构体 E12 和 E47。E2A 与 EBF 组成二聚体调节许多基因参与 B 细胞受体基因重排和受体信号的表达。E2A 或 EBF 的缺失使 B 细胞的发育阻滞在 pro-B 时期。

(4) PAX5 是 E2A 和 EBF 的下游调节因子,EBF 激活 PAX5 启动子。PAX5$^{-/-}$ B 细胞虽然表达 EBF 和 E2A,但 B 细胞受体重排后的发育受阻滞。PAX5$^{-/-}$ pro-B 细胞表达多个髓系抗原,包括 M-CSFR、G-CSFR 和 GM-CSFR-α,这些细胞能够发育成巨噬细胞、红细胞和 T 细胞,提示 PAX5 的关键功能是关闭 B 细胞内不适当的髓系基因,有利 B 细胞的发育。

(5) Notch1 除了前文所述参与胚胎发育过程中 HSC 的发育外,也是 T 细胞分化所必需的。Notch1 通过表达转录活性形式 ICN1 诱导鼠骨髓中 T 细胞的发育。类似的,骨髓基质细胞表达 Notch 配体 Delta-like 1诱导胎肝造血祖细胞向 T 细胞分化并阻止向 B 细胞分化。Notch1 缺陷小鼠是胚胎致死的,Notch1$^{-/-}$骨髓移植给受体不能产生 T 细胞。

(6) GATA3 是 GATA 家族中的一员,具有锌指结构,调节 TCR-α 基因增强子,也参与调节其他 T 细胞基因,包括 TCR-β、TCR-δ 和 CD8。在造血系统中 T 细胞和 NK 细胞上表达。GATA3$^{-/-}$小鼠在 11.5 和 13.5 dpc 期间死亡,表现为多种缺陷,包括生长迟缓、严重出血和神经缺陷。GATA3$^{-/-}$ ES 在嵌合小鼠中不能发育成 T 细胞。条件性缺失 GATA3 显示 GATA3 是在 T 细胞发育的 β 选择点发挥功能。在 T 细胞发育的晚期,GATA3 是 T 细胞分化为 TH2 辅助 T 细胞所必需的细胞因子。

(二) 细胞因子及其受体对造血干细胞的调控

1. 细胞因子对造血干细胞的调控　细胞因子/生长因子(后文统称细胞因子,cytokine)对造血的调控作用研究得比较深入,很多细胞因子已通过人工合成应用于临床。表 11-1 汇总了所有调控造血干祖细胞的细胞因子。细胞因子对造血细胞的作用可以是刺激、协同刺激、抑制或多种活性。

细胞因子对造血干细胞的调控主要位于干细胞龛中,通过造血干细胞-龛突触间的信号传导来完成。细胞因子对造血祖细胞克隆形成的调控作用包括诱导谱系抉择(lineage commitment)、增殖/扩增(proliferation/expansion)、生存(survival)和归巢/动员(homing/mobilization)。

(1) 干细胞的谱系抉择:细胞因子可以诱导不同集落的形成,SCF 等可以支持造血干/祖细胞形成原始细胞集落(blast colony),同时添加 GM-CSF 和 M-CSF 可诱导巨噬和粒系细胞集落的形成;添加 TPO 诱导巨核系祖细胞集落形成;添加 EPO 才有红系集落形成。

(2) 干细胞的增殖/扩增:一旦造血祖细胞完成命运抉择,促进造血细胞增殖将是体外形成集落、体内完成造血的重要过程。一些细胞因子在使造血细胞完成命运抉择后还会刺激细胞增殖,如 M-CSF、IL-5、G-CSF 和 EPO 等。刺激较原始的祖细胞增殖可能需要多种细胞因子的配合,如 IL-6、IL-11、IL-12、G-CSF 和 LIF 刺激静止期细胞进入细胞周期,IL-3、GM-CSF 和 IL-4 才能刺激细胞增殖,同时 SCF 和 FL 参与协同作用。

造血干/祖细胞在增殖的同时常伴有分化并逐渐失去自我更新能力。适当的细胞因子组合,有可能刺

表 11-1　调控造血干祖细胞的细胞因子

分类		细胞因子
协同刺激细胞因子	集落刺激因子	granulocyte colony-stimulating factor(G-CSF)
		granulocyte-macrophage colony-stimulating factor(GM-CSF)
		macrophage colony-stimulating factor(M-CSF)
		interleukin-3(IL-3)
		erythropoietin(EPO)
		thrombopoietin(TPO)
		interleukin-5(IL-5)
	具有造血活性的经典的生长因子	stem cell factor(SCF)
		Flt3 ligand(FL)
		interleukin-6(IL-6) Family
		IL-6
		IL-11
		leukemia inhibitory factor(LIF)
		oncostatin-M(OSM)
	具有造血活性的白介素类	IL-1,IL-2,IL-4,IL-7,IL-9,IL-10,IL-12,IL-17,IL-20,IL-31
	干细胞调节因子	Wnt family
		notch ligands
		sonic hedgehog
		bone morphogenic protein-4
		vascular endothelial growth factor(VEGF) family
		insulin-like growth factor-1(IGF-1),IGF-11
		bsic fabroblast growth factor(bFGF)
		hepatocyte growth factor(HGF)
		platelet derived growth factor(PTGF)
		angiopoietin-like proteins(AngPtl)
	抑制性细胞因子	chemokines
		interferons(IFNs)
		tumor necrosis factor α(TNF-α)
		transforming growth factor β(TGF-β)
		lactoferrin(LF)
		H-ferritin(HF)

激造血干/祖细胞增殖的同时维持自我更新能力，如利用 SCF、FL、Tpo、IL-6、G-CSF 和 IL-3 的不同组合来扩增造血干/祖细胞，可以解决临床干细胞移植遇到的干细胞源短缺问题。

（3）干细胞的生存：造血细胞因子的另一个重要作用是维持造血细胞的生存，避免凋亡的发生。如在造血细胞培养过程中缺少细胞因子，造血细胞就会发生凋亡。在骨髓衰竭性疾病中，由于细胞对细胞因子的反应差，发生过度凋亡；相反，恶变细胞（如白血病细胞）常对细胞因子有异常反应，通过启动抗凋亡机制，使细胞过度聚集。

（4）干细胞的归巢/动员：生理状态下，造血干/祖细胞通过 SDF-1/CXCR4 等黏附分子或信号系统从外周血归巢至骨髓微环境中。某些细胞因子（如 G-CSF）可以动员（mobilize）造血干/祖细胞离开骨髓微环境，进入外周血。G-CSF 的动员作用主要通过降低骨髓中 SDF-1 的水平来实现。这一过程在临床上已被普遍应用于自体干细胞移植。

2. 细胞因子受体　细胞因子发挥生物学作用常常通过特异的受体介导，受体与细胞因子结合，发生寡聚化(oligomerization)或二聚体化(dimerization)后被激活并进行跨膜信号转导。根据受体的保守结构和相似的活性可以把各种受体归类到不同家族:①Ⅰ型细胞因子受体家族,又称血细胞生成素(hematopoietin)受体家族,大多数造血细胞因子通过这一受体家族发挥作用;②Ⅱ型细胞因子受体家族,有与Ⅰ型细胞因子受体家族相似的结构和激活机制,如IFN、IL-10、IL-28、IL-29和TF等通过这一受体家族起作用;③受体酪氨酸激酶家族,在造血系统中包括:c-kit(stem cell factor receptor)、flt-3和c-fms(M-CSF R);④TGF-β受体家族,TGF-β、活化素(activins)和骨形态发生蛋白(bone morphogenic protein,BMP)通过这一受体家族发挥功能。有关细胞因子受体的激活和信号转导请参阅其他有关章节。细胞因子受体家族在调节造血过程中发挥重要作用,在造血系统疾病特别是恶性疾病中,常常有受体基因的突变和受体介导的信息传递异常。

第三节　造血干细胞与再生医学

造血干细胞在再生医学的应用是通过造血干细胞移植(hematopoietic stem cell transplantation,HSCT)来完成的。HSCT是通过大剂量放化疗预处理,清除或摧毁自身(正常或异常)的造血系统和免疫系统后,再将自体或异体多能造血干细胞移植给受者,使受者重建正常造血及免疫系统。目前广泛应用于恶性血液病、非恶性难治性血液病、遗传性疾病和某些实体瘤治疗,并获得了较好的疗效。

一、造血干细胞移植历史

由于骨髓为主要的造血器官,含丰富的造血干细胞,早期进行的均为骨髓移植。1958年法国肿瘤学家Mathe首先对5位放射性意外伤者进行了骨髓移植,随后他率先给白血病患者进行了骨髓移植治疗。最早(从20世纪50~70年代)从骨髓分离干细胞进行移植的是E. Donnall Thomas,他发现静脉输注从骨髓分离的细胞可以重建造血并减轻移植物抗宿主病(graft versus host disease,GVHD)。因此,Thomas获得了1990年度的诺贝尔医学奖。

20世纪70年代后,人类白细胞抗原(human leucocyte antigen,HLA)的发现,以及血液制品、抗生素、全环境保护性治疗措施以及造血生长因子的广泛应用,促使HSCT技术快速发展。HSCT在应用于治疗白血病、再生障碍性贫血及其他严重血液病、急性放射病及部分恶性肿瘤等方面取得巨大成功。骨髓移植技术使众多白血病患者得到治愈,长期生存率提高至50%~70%。

20世纪70年代发现脐带血富含造血干细胞,1988年法国血液学专家Gluckman首先采用HLA相合的脐带血移植治疗1例范可尼贫血患者,开始了人类脐带血干细胞移植。1989年发现G-CSF能将造血干细胞动员出骨髓进入外周血,采集动员后外周血的干细胞可以用于造血干细胞移植。1994年国际上报道第1例异基因外周血造血干细胞移植。

在中国,陆道培于1964年在亚洲首先成功开展了同基因骨髓移植,又于1981年首先在国内成功实施了异基因骨髓移植。之后HSCT在全国范围广泛开展,一些类型的移植技术在国际上处于领先地位。

近20年来,随着对HSCT的基础理论,包括造血的发生与调控、造血干细胞的特性及移植免疫学等方面的深入研究,临床应用的各个方面,包括移植适应证选择、各种并发症的有效预防等也有了很大发展。HSCT的疗效不断提高,被普遍认可和广泛开展,因此陆续建立了一些国际性协作研究机构,如国际骨髓移植登记处、欧洲血液及骨髓移植协作组、国际脐血移植登记处等,还建立了地区或国际性骨髓库,如美国国家骨髓供者库和中国造血干细胞捐献者资料库等。迄今全球进行骨髓和外周血HSCT的患者已超过10万例,其中非血缘关系移植数万例,无病生存最长的已超过30年。在中国,造血干细胞资料库登记志愿捐献者140万人,已为2000余患者捐献了造血干细胞进行移植。北京、上海、济南、天津、广州和四川等地也相继成立了脐带血库,库存脐血数量超过50 000单位,全国进行脐血移植近1000例。

二、移植用造血干细胞来源

(一) 骨髓是临床移植用造血干细胞的最早来源

在局部或全身麻醉下,可以从供者髂骨(常常是后嵴)反复穿刺,抽取骨髓血(实际是骨髓和外周血的混合),获得移植用干细胞。

(二) 干细胞动员后外周血

骨髓中的一些造血干细胞(1% ~10%)不断地离开骨髓微环境,进入血液循环,因此外周血是一个采集更为方便的造血干细胞来源。外周血干细胞的数目常用细胞表面分子 CD34 作为标记进行估计。应用粒细胞集落刺激因子(G-CSF)可以动员干细胞离开骨髓,增加外周血 $CD34^+$细胞的数目。

1979 年 Goldman 等为一组慢性粒细胞白血病患者成功移植初诊时采集的外周血细胞,开始了外周血造血干细胞移植(PB-HSCT)的临床应用。由于 20 世纪 80 年代中期以后细胞分离机性能提高,1990 年以后,G-CSF 应用于外周血干细胞动员获得成功,PB-HSCT 得到迅速发展,已经取代骨髓用于自体移植和大部分异基因移植。和骨髓移植相比,用现代技术收集的外周血干细胞移植,能更快地重建造血。但是收集的外周血细胞含有比较多的 T 细胞,因此更多发生移植物抗宿主病(GVHD),特别是慢性 GVHD。

(三) 新生儿脐带血

切尔诺贝利核灾难发生后对 HSCT 的大量需求,刺激了对新干细胞源的寻找,特别是从胚胎组织和新生儿脐带血中寻找。脐带血是胎儿娩出、脐带结扎并离断后残留在胎盘和脐带中的血液。EA Boyse 和 HE Broxmeyer 对脐带血细胞的特性、重建造血的能力、采集、运输和冻存等进行了重要的基础研究,发现脐带血中含有可以重建人体造血和免疫系统的造血干细胞,可用于 HSCT。1988 年 E. Gluckman 成功指导了第一例脐带血移植治疗范可尼(Fanconi)贫血。之后脐带血作为干细胞来源进行干细胞移植在世界范围内迅速开展,并建立脐血库和进行国际合作。与骨髓和外周血干细胞相比,脐带血干细胞有很多的优点,由于脐带血细胞具有新生不成熟性,因此 GVHD 的发生率和严重程度都比较低;对 HLA 的相合性要求较低。但是脐带血干细胞移植后,造血恢复相对较慢。

脐血也是非造血干细胞的重要来源,如间充质干细胞(mesenchymal stem cells,MSC),在其他章节有介绍,这里不作重复。

三、造血干细胞移植的骨髓微环境结构基础

造血干细胞移植后,要重建造血需完成两个事件:其一是造血干细胞归巢(homing);其二是造血干细胞植入/再生(engraftment/repopulation)。二者是相辅相成而又不同的过程,都是通过相似的迁移和黏附机制进行。归巢是一个迅速完成的过程,不涉及细胞增殖,不同分化阶段的细胞均可完成这个过程,但植入/再生需要发生细胞自我更新和增殖,只有干细胞才具有这个特性(图 11-7)。

(一) 造血干细胞归巢

归巢是一个快速完成的过程,通常在数小时或 1 ~2 天内完成。归巢由两个步骤组成,其一是跨越血管/骨髓内皮屏障,其二是短暂定位于骨髓造血区。整个过程包括迁移、黏附、滚动、跨越和定位等过程,大量的黏附分子和细胞因子参与这个过程。

在受体接受移植前,需接受全身大剂量放疗/化疗(见后文),其目的之一是清除骨髓或脾脏等脏器中大量增殖的造血细胞以及破坏生理性骨髓内皮屏障。同时,组织/细胞的损伤可以动员机体的再生和修复机制,促使损伤的细胞分泌大量的细胞趋化因子、细胞因子和蛋白水解酶,这些因子对于移植的造血干细胞迁移、黏附、滚动、跨越和定位等过程至关重要。造血干细胞经静脉移植后,细胞随着血液循环迁移至骨髓窦状血管内皮区,并通过选择素(selectin)和整合素(integrin)与血管内皮上的受体结合,使造血干细胞黏附在血管内皮上。由于血流的应切力,黏附不紧密的造血干细胞可以在内皮细胞上滚动,直到与内皮细胞锚定紧密。锚定过程主要依赖造血干细胞表达的 CD44 分子,CD44 可以与内皮细胞上的透明质烷(hya-

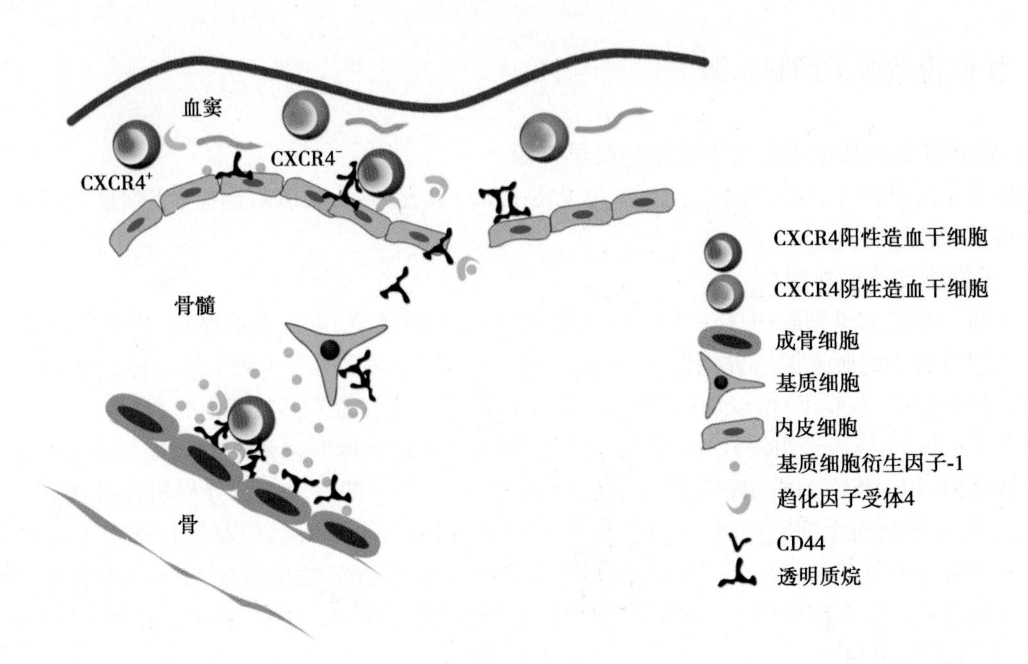

图 11-7　归巢与植入/再生示意图

luronan)和骨桥蛋白(osteopontin)结合,其作用是使造血干细胞伸展和黏附至内皮细胞上。SDF-1 是广泛表达于骨髓血管内皮细胞和骨髓基质细胞的趋化因子,与黏附于血管内皮细胞的造血干细胞表面的 CXCR4 结合,介导造血干细胞的跨越内皮细胞进入骨髓造血龛中,暂时定位于动态 HSC 增殖龛中。

(二) 造血干细胞植入/再生

归巢的造血干细胞与骨髓造血龛形成突触结构(见本章第一节)。突触结构的形成有利于造血干细胞的滞留(retention)。在这一突触中,细胞黏着分子起重要的调节作用,许多黏着分子构成一个网络连同细胞外基质(extracellular matrix,ECM)趋使 HSC 固定到不同的龛组成细胞(特别是成骨细胞和 CAR 细胞)附近,HSC 与微龛组成细胞的紧密黏附和并排关系有利于建立有效的细胞间配体和受体互相作用和信号通路。归巢的造血干细胞被这些信号通路激活,发生自我更新和增殖分化,重建正常造血及免疫系统。正常造血重建完毕后,部分造血干细胞通过维稳态 HSC 分裂龛进入静息 HSC 储存龛,维持静息状态,以备生理平衡或应激时动员。

四、造血干细胞移植的主要步骤

HSCT 是人为的造血系统和免疫系统的再生过程,通过预处理(大剂量放疗和化疗)清除或摧毁自身(正常或异常)的造血系统和免疫系统后,立即输注外源造血细胞(含有造血干细胞),新的干细胞植入骨髓微环境进行造血,形成血细胞,重新建立造血系统和免疫系统。HSCT 有如下基本步骤:

(一) 造血干细胞移植的预处理

在造血干细胞移植前,受者须接受大剂量化疗或联合大剂量的放疗,这种处理称为预处理(conditioning),这是造血干细胞移植的重要环节之一。预处理的主要目的为:①清空骨髓微环境中原有的血细胞,为新的造血干细胞的植入腾出空间;②抑制或摧毁体内免疫系统,以免移植物被排斥;③尽可能清除基础疾病(如白血病细胞),减少复发。

根据预处理强度的不同,可分为清髓性预处理和减低剂量的预处理方案。清髓性方案主要通过联合应用多种化疗药物进行超大剂量的化疗,或配合放疗来达到预处理的目的。该预处理方案能够最大限度地清除体内的残留病灶以减少基础疾病的复发,缺点是毒性作用较大而增加移植相关死亡概率。因此对于耐受性较好,特别是年轻的恶性疾病患者多采用清髓性预处理方案进行 HSCT。目前环磷酰胺+全身照射(Cy/TBI)、白消安+环磷酰胺(Bu/Cy)是临床中最为经典的清髓性预处理方案,二者在长期生存率方面没有明显的差别。

减低剂量预处理方案所应用的化疗和放疗剂量都比较小，其主要目的是抑制受者的免疫反应，便于供者的细胞植入，以形成供受者嵌合体，并通过供者淋巴细胞发挥移植物抗肿瘤作用。此种预处理方案的毒性作用较小，主要适用于疾病进展缓慢、肿瘤负荷相对较小、年龄大或重要脏器功能异常的患者。减低剂量的预处理方案中的药物主要是免疫抑制作用较强药物，如氟达拉滨及抗胸腺细胞免疫球蛋白，放疗剂量可低至2Gy。由于减低剂量预处理后残存的肿瘤细胞较多，免疫抑制作用较弱，可能影响供者干细胞的植入，同时增加了移植后基础疾病复发的机会。

（二）造血干细胞的采集、保存与输注

1. 骨髓采集　采集骨髓前先进行供者自体循环采血。先抽400ml血于4℃保存，1周后，将血液回输，同时再抽600ml血液保存。如此重复，最后抽血1000ml保存，供采集骨髓时补充血容量之用。采集骨髓时要做硬膜外麻醉或全身麻醉，在髂前和髂后上棘多点穿刺，在输血的同时，抽取骨髓血1000ml左右。所采的单个核细胞（MNC）要求达到3×10^8/kg（受者体重）。

2. 外周血干细胞采集　由于外周血中造血干细胞含量较少，仅为骨髓的1%～10%，所以采集前需进行干细胞动员处理。异基因供者接受皮下注射G-CSF 5～10μg/kg×（4～5）天，然后用血细胞分离机采集。要求采集的MNC达到3×10^8/kg（受者体重），$CD34^+$细胞达到3×10^6/kg（受者体重）。自体外周血HSCT的供者就是患者自己，可用化学治疗加G-CSF的方法进行动员。化学治疗可以进一步减少肿瘤的负荷，同时能加强G-CSF的动员作用。外周干细胞采集物体积较小（50～200ml），供者一般不需要输血。

3. 脐带血采集　脐血应在分娩时，于结扎脐带移去胎儿后娩出胎盘前，在无菌条件下，直接从脐静脉采集，每份脐血量60～100ml。

4. 保存　骨髓液、外周造血干细胞或脐血可以在4℃条件下保存72小时。如加入冷冻保护剂（10%二甲基亚砜）以每分钟降1℃的速率程控降温，降到-60℃后放在液氮（-196℃）中超低温长期保存。骨髓液容量高达1000ml以上时，可以仅保存有核细胞，其体积可减少85%。

5. 输注　上述采集的血或细胞均由外周静脉或中心静脉输入。冻存的血或细胞应在40℃水浴快速解冻后尽快输注。由于骨髓中的脂肪可能引起肺栓塞，所以每袋的最后10ml应留在输液袋内弃去。用肝素抗凝的血输注时要输以相当量的鱼精蛋白，每100单位肝素需1mg鱼精蛋白。

（三）成功植入标准和移植物鉴定

1. 成功植入标准　回输造血干细胞后，血细胞持续下降随后再回升，当中性粒细胞连续3天超过0.5×10^9/L，为白细胞植活；在不进行血小板输注的情况下，血小板计数连续7天大于20×10^9/L为血小板植活。

2. 移植物鉴定　可根据供受者之间差别进行鉴定，如性别、红细胞血型和HLA的不同。通过细胞和分子遗传学方法（如FISH技术）、红细胞及白细胞抗原转化的实验方法获得植活的实验室证据。对于上述三项均相合者，则可采用短串联重复序列（STR）、单核苷酸序列多态性（SNP）结合PCR技术分析鉴定。

五、造血干细胞移植的医学应用

HSCT目前主要用于恶性血液疾病的治疗，也试用于非恶性疾病和非血液系统疾病。

（一）血液系统恶性肿瘤

慢性粒细胞白血病、急性髓细胞白血病、急性淋巴细胞白血病、非霍奇金淋巴瘤、霍奇金淋巴瘤、多发性骨髓瘤、骨髓增生异常综合征等。

（二）血液系统非恶性肿瘤

再生障碍性贫血、范可尼贫血、地中海贫血、镰状细胞贫血、骨髓纤维化、重型阵发性睡眠性血红蛋白尿症、无巨核细胞性血小板减少症等。

（三）实体肿瘤

乳腺癌、卵巢癌、睾丸癌、神经母细胞瘤、小细胞肺癌等。

（四）免疫系统疾病

重症联合免疫缺陷症、严重自身免疫性疾病。

小 结

由于骨髓为主要的造血器官，含丰富的造血干细胞，早期进行的均为骨髓移植。出生后骨髓是主要的造血场所，骨髓微环境中不同的细胞龛支持造血干细胞完成各项功能。造血干细胞是造血组织多能干细胞，具有自我更新和多系分化潜能，通过对造血干细胞不同命运决定的准确调控和平衡，保证个体在整个生命周期有合适的血细胞更新和补充。造血干细胞移植是造血干细胞再生医学的主要途径，移植用造血干细胞可以来源于骨髓、干细胞动员后外周血、新生儿脐带血。

造血干细胞的自我更新和分化发育过程受到严格的调控，调控因素主要有干细胞微环境（niche）、转录因子、细胞因子等。造血干细胞在再生医学的应用是通过造血干细胞移植（hematopoietic stem cell transplantation，HSCT）来完成的。HSCT 是通过大剂量放化疗预处理，清除或摧毁自身（正常或异常）的造血系统和免疫系统后，再将自体或异体多能造血干细胞移植给受者，使受者重建正常造血及免疫系统。目前造血干细胞移植已经广泛用于血液系统疾病和非血液系统疾病如恶性血液病、非恶性难治性血液病、遗传性疾病和某些实体瘤治疗。

（洪登礼）

第十二章　血管和心脏组织干细胞与再生医学

血管和心脏相关疾病是目前导致死亡和残疾的首要因素。调查研究显示，血管和心脏相关疾病的大规模流行正开始对中国及其他许多亚洲国家造成严重影响。我国高血压、脑卒中、冠心病和心力衰竭等患者预计近2.5亿，每年死于血管和心脏相关疾病的病例约占总死亡病例的1/3，而且由于人口老龄化与人口增长，我国血管和心脏相关疾病形势日趋严重。

目前，血管和心脏相关疾病的预防和治疗已成为迫切需要解决的问题。其疾病的预防主要是通过合理饮食和体格锻炼以及包括中医中药方法在内的治疗手段阻止疾病的发生发展。当血管和心脏相关疾病发生后，器官移植是临床上除药物、介入或手术等方法外最有效的治疗方法。但是，器官移植存在着很多目前难以解决的问题，如：①由手术过程、免疫排斥、免疫抑制剂等导致的死亡率很高；②器官来源非常有限，仅有少数人能得到治疗；③仅器官中一部分结构功能的受损而采取整个器官的移植似乎存在过度治疗。因此，细胞治疗尤其是干细胞治疗及以干细胞为基础的再生医学，对于治疗血管和心脏相关疾病导致的器官结构功能受损可能是一种更为有效的方法。

通过细胞移植，干细胞可以分化成受损组织的细胞，和（或）通过改善导致组织受损的微环境而激发组织内潜在的再生能力来修复受损组织。另外，细胞治疗操作简单，损伤程度小，几乎不发生免疫排斥反应，细胞来源也丰富方便，费用较低，易于为患者接受而有更高的依从性，有利于其临床应用。

本章将介绍血管和心脏的发育与组织结构、血管和心脏干细胞及血管和心脏的再生医学。

第一节　血管和心脏发育与组织结构

一、血管发育与组织结构

胚胎的血管系统发育经由两个过程，即血管发生（vasculogenesis）和血管生成（angiogenesis）（图12-1）。血管发生指来自间充质细胞的胚胎血管的原始形成。血管生成指已存血管经芽生形成新生血管，其参与原始循环系统的加工，这也是损伤后新血管再生的机制。

（一）血管发育

1. 原始心血管系统形成　胚胎第3周，卵黄囊、体蒂和绒毛膜等处的胚外中胚层细胞聚合成团成为血岛（blood island）。血岛细胞在成纤维细胞生长因子-2（fibroblast growth factor-2，FGF-2）的诱导下形成造血成血管细胞（hemangioblasts）是形成血细胞和血管细胞的前体细胞；而血岛周边的细胞分化为成血管细胞，是造血干细胞的前体。前者在其周围中胚层分泌的血管内皮生长因子（vascular endothelial growth factor，VEGF）诱导下增殖形成内皮细胞。相邻的血岛内皮细胞在VEGF、血小板源性生长因子（platelet-derived growth factor，PDGF）和转化生长因子β（transforming growth factor-β，TGF-β）的共同调节下相互连接，形成胚外毛细血管网。人胚第18～20天，胚体内间充质中出现许多裂隙，裂隙周围的细胞分化为内皮细胞

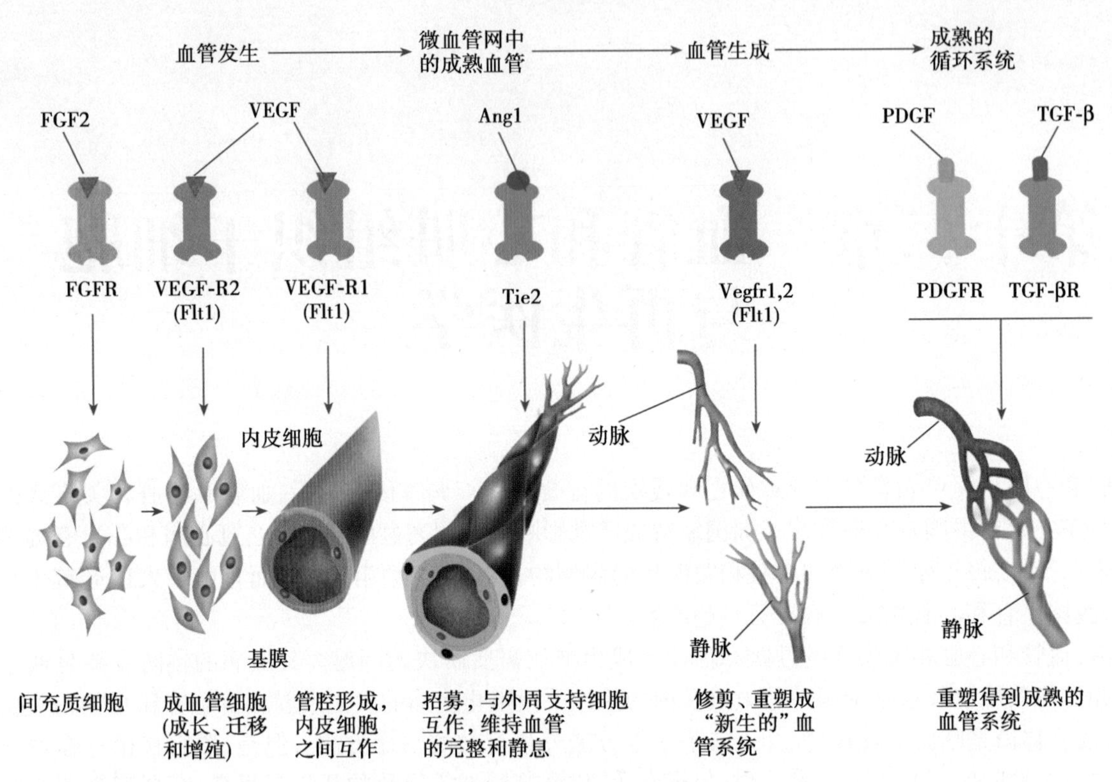

图 12-1　血管发生的步骤

上排显示了毛细血管、动脉、静脉的形成。下排显示了一些在促进各步上起重要作用的信号分子及其受体[Reproduced with permission from Gilbert，Developmental Biology(7th ed) Copyright 2003，Sinauer Associates]

(endothelial cells)，之后形成毛细血管，相邻血管相互连通后便形成了胚体内原始血管网。胚体第 3 周末，胚内和胚外血管彼此连接，逐渐形成卵黄囊与胚体、绒毛膜与胚体以及胚体本身的原始血管通路，即原始心血管系统，包括胚体循环、卵黄囊循环和脐循环。

2. 血管重塑　血管发生的初期完成后，胚胎脉管系统进一步发育，即血管重塑。血管重塑过程包括塑形和血管增大，并通过融合以形成成熟血管网。此外，在原非血管组织上，新血管通过血管生成而形成。间充质细胞分化成为平滑肌并围绕内皮，通过内皮细胞表面表达 Ephrin 家族的两个不同细胞表面分子区别动、静脉。动脉内皮细胞表达 Ephrin B2(EphB2)配体，静脉内皮细胞表达 Ephrin B4(EphB4)，为 EphB2 的酪氨酸激酶受体。血管发生可发生于 EphB2 敲除的小鼠，血管形成则不然。Eph 配体-受体相互作用是为了确保动脉毛细血管仅与静脉毛细血管首尾相连以及仅在同型毛细血管间左右融合以扩大血管。

(二) 血管结构

成熟的脉管系统由动静脉网组成，其直径从心脏到小动静脉逐渐缩小，小动静脉通过广大的毛细血管系统相连接。毛细血管(capillary)由一层内皮细胞组成，在外表面合成基底膜，并有周细胞嵌入。毛细血管的内皮与动脉和静脉系统的内皮相连续。动脉、小动脉、静脉和小静脉内皮细胞外管壁结构分为三层，即内膜、中膜和外膜。内膜和外膜是弹性层，中膜为平滑肌层(图 12-2)。静脉和小静脉中膜的肌层比同等动脉和小动脉更薄。随着与心脏相距变远，血管壁的三层结构逐渐变薄至不甚明显。而小静脉与毛细血管更为相似，且与周细胞相关联。

1. 血管再生的两个起源　血管再生最初由损伤处内皮细胞开始。在未损伤的血管内皮，内壁通过外周血管表面 Ang-1 和内皮细胞表面的 Tie-2 相互作用，清除胶原蛋白 XⅧ产物和内皮素来保持稳定。内皮素通过拮抗 VEGF 结合到其受体 VEGFR2 使内皮细胞停留在 G1 期。在受损血管内皮，损伤激活内皮细胞通过下调内皮素和凝血酶清除细胞外 PAR-1 区域，这些短区域通过激活 G 蛋白导致自增殖 Ang-2 生成素。Ang-2 是 Ang-1 的拮抗剂，能阻断 Ang-1 与 Tie-2 的相互作用，破坏血管壁的稳定性。其他生长因子如

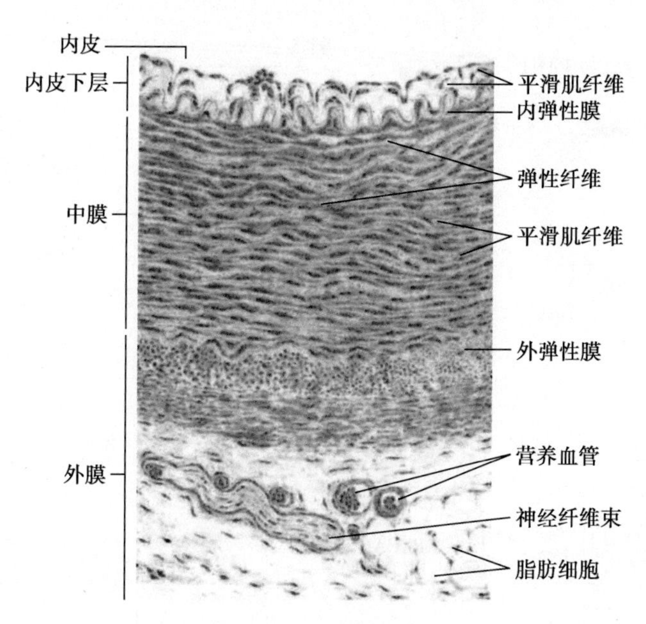

图 12-2 中动脉横切面

FGF-2、TGF-β_1、IL-8 和 TNF-α 也激活内皮细胞。

新生血管的再生有两个来源，主要来源是受损内皮细胞本身，其次是骨髓中的内皮祖细胞（endothelial progenitor cell，EPC），其分化成循环系统的内皮细胞混合入新生血管。在一个切割伤中，内皮细胞对血管生成刺激作出了迁移出血管进入纤维机制形成增殖细胞索带的反应，并随着索带成长到其远端，近端血管变平变薄，构成空腔样结构，并形成紧密连接和基底膜，这些毛细血管融合成动脉和静脉直到形成合适的血管构型，血管平滑肌的外膜细胞和内、中、外膜的成纤维细胞、外膜细胞（pericytes）包被毛细血管，同时小静脉从周边组织分离连接到芽生小静脉（图 12-3）。

现有研究发现，血管内皮并非传统认为的对血管发生刺激产生迁移和增殖的均质分化细胞：如人体脐静脉内皮细胞（human umbilical vein endothelial cells，HUVECS）和动脉内皮细胞（human aortic endothelial cells，HAECS）具有不同的增殖能力，展示了其异质性。大约 28% 的内皮细胞具有较其他内皮细胞更高的增殖能力。研究表明，脐索和小动脉包含少量与 EPC 类似的细胞，这些细胞可能参与血管新生。

2. 内皮细胞的激活、迁移和增殖　成人受伤后机体生成一些可溶性血管调节物质。受伤激活内皮细胞的初始过程可能由凝血酶的蛋白酶激活受体 1（protease activated receptor 1，PAR-1）启动。PARs 通过 G 蛋白进行跨膜信号转导，激活一系列受生长因子调节的级联反应，这些生长因子由肥大细胞、成纤维细胞、内皮细胞和外膜细胞合成，并由血小板和细胞外基质片段释放，包括血小板源内皮细胞生长因子（platelet-derived endothelial cell growth factor，PD-ECGF）、肿瘤生长因子 α（tumor growth factor-α，TGF-α）、肿瘤坏死因子 α（tumor necrosis factor-α，TNF-α）、血小板源生长因子（platelet-derived growth factor，PDGF）、成纤维细胞生长因子（fibroblast growth factor-1/2，FGF-1/2）、VEGF、血管紧张素（angiotensin-1/2，Ang1/2）。

健康内皮由 Ang1 链接到 Tie2 通过促进内皮细胞和外膜细胞的链接保持稳定，处于休眠状态。内皮细胞受损后，外膜细胞 Ang2 增殖，拮抗 Ang1 与 Tie2 的结合能力，从而破坏内皮细胞与血管壁链接的稳定性。受伤后，表皮和已修复的皮肤合成大量 VEGF，通过激活内皮细胞表达基质膜金属蛋白酶（membrane tethered 1-matrix metalloproteinase，MT1-MMP）、黏附分子（endothelial cell adhesion molecule，ECAM）等并伴随血管生成抑制因子 RECK 蛋白、下调内皮素，诱导内皮细胞迁移，从而促进血管芽生，无 VEGF 表达的血管则发生退化。

在内皮细胞激活迁移增殖中其他生长因子同样扮演重要的角色：在体内，内皮细胞可以被 FGF-2、TGF-β1、IL8、TNF-α 所激活，而 PDEGCF、FGF-1/2、TGF-α、TNF-α、TGF-β、VEGF、PDGF、PD-ECGF 和 TNF-α 等大量生长因子对体内内皮细胞的迁移和增殖具有一定的调节作用。TGF-α 可与内皮细胞表面的 EGF 受体结合刺激内皮细胞增殖；TGF-β 和 FGF1/2 可介导其他细胞（如成纤维细胞）生成蛋白酶、生长因子或

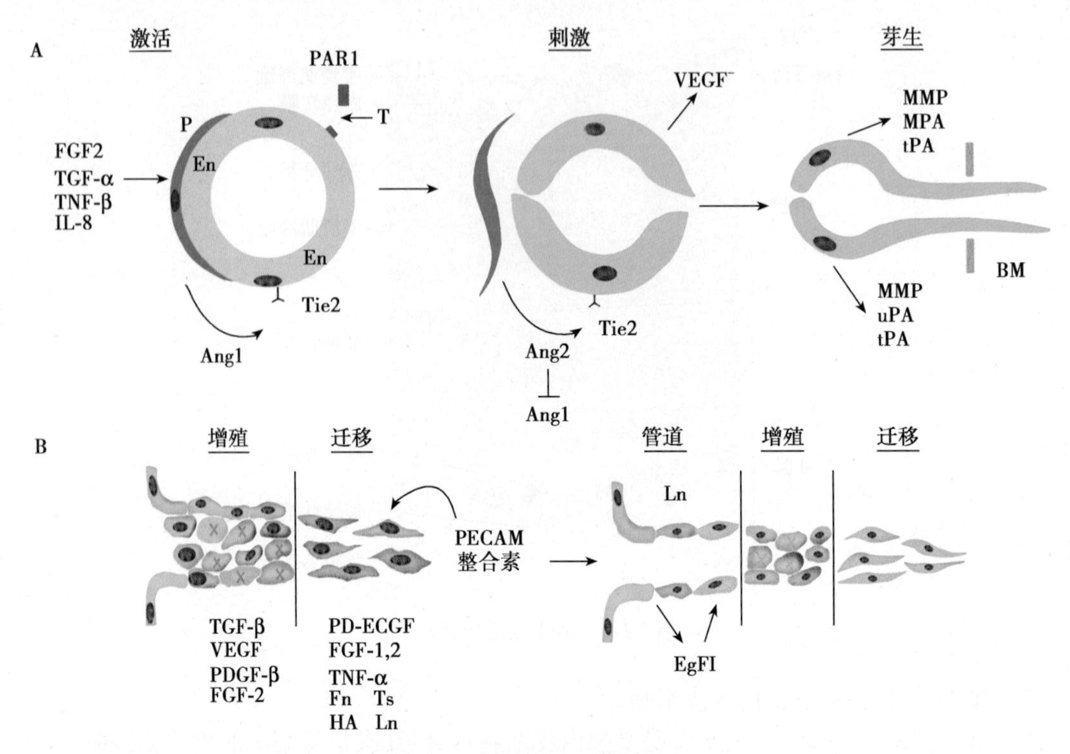

图 12-3 分子因子调节血管发生

(A)发芽初始,内皮细胞(endothelial cells,En)被它们与外膜细胞(pericytes,P)间的内在作用力固定,由Ang1/Tie2介导。凝血酶(thrombin,T)穿过蛋白酶激活因子(protease-activated receptor,PAR-1)以激活内皮细胞,内皮细胞对血小板和细胞外基质产生的,肥大细胞、成纤维细胞、内皮细胞和外膜细胞合成的生长因子和细胞因子做出反应,外膜细胞增殖与Ang1相竞争连接Tie2的Ang2,允许外膜细胞从毛细血管中分离并破坏内皮的稳定性。在缺少VEGF时,内皮细胞分泌蛋白酶(MMP,uPA,tPA)去降解基底膜(basement membrane,BM)使内皮的芽生离开受伤的血管。(B)芽生内皮细胞分离,形成在表面表达PECAM和整联蛋白的远区的扁平迁移细胞之后形成索带。细胞分离和迁移的发生被各种不同的生长因子促进。细胞迁移同时也需要各种类似于FN(fibronectin)、Ts(thrombospondin)、HA(hyaluronic acid)、LN(laminin)的基质分子。随着索带的生长,距离原有血管最近的细胞变平并把自己融入管道当中,需要层粘连蛋白和增殖蛋白EgFI

细胞内基质直接刺激血管生成;PD-GFB具有内皮周围细胞连接功能,并可刺激内皮细胞分裂;IL-8则是强烈的促血管生成因子。在体外,包含VEGF、FGF-2和单核细胞趋化蛋白1(monocyte chemoattractant protein-1,MCP-1)在内的生长因子,能促进小鼠间充质干细胞、内皮细胞和平滑肌细胞的增殖。

3. 血管形成 许多体外和体内研究表明,成纤维细胞合成的细胞外基质(extracellular matrix,ECM)分子对内皮细胞的增殖非常重要。纤维连接蛋白、血小板凝血酶敏感蛋白、血凝抗体、层粘连蛋白对细胞迁移、正常内皮管腔的形成过程起着特殊的作用。层粘连蛋白促进新生血管的稳定性,其他ECM分子可能参与内皮细胞迁移及血管形成,肌钙蛋白和骨黏蛋白促进动脉内皮细胞的重组。

在血管形成中,30kd大小的连接蛋白Egfl7可能起着决定性的作用。Egfl7在人类和斑马鱼的胚胎以及小鼠的所有成血管细胞和内皮细胞都呈高水平表达。Egfl7的表达在成人血管内检测不到,但在成人肿瘤、感染等增殖组织内明显上调,同时伴有血管组织的成长和重塑。*Egfl7*基因敲除后,所有主动脉和静脉还能以正确的方式形成,内皮细胞标记物正常表达,然而血管的细胞带仍无法生成血管。

真皮受伤后,肉芽组织形成晚期,血管停止生成,毛细血管网通过内皮细胞的凋亡逐渐退化而逐渐恢复正常密度。这一过程可能由Ang2上调和VEGF水平下调以及上皮再生等调节。

4. 内皮祖细胞在血管重建中发挥辅助作用 骨髓中的EPC具有抗原型[CD133、VEGFR2]$^+$,当其经动员至血液并入驻病变组织,且分化为成熟内皮细胞时会失去这些标记物的表达。动物研究证明,肢体缺血导致外周血中的EPC水平提高,并在再生毛细血管内皮上检测到有经特殊标记后的EPC整合,说明其参与了血管重建。

EPC 在血管重建中的作用可分为直接的内皮细胞分化和间接的旁分泌作用(paracrine effect)。用 DiI 标记的少量的循环内皮祖细胞,或骨髓移植包含非结构性表达的 β-*gal* 基因的骨髓细胞,被显示出整合到再生中的毛细血管内皮上,具有内皮细胞特征,证明内皮祖细胞可以直接分化成内皮细胞。骨髓来源或人为注入的干细胞也可通过分泌各种细胞因子直接促进已存的内皮细胞生长,或募集内在及周边的祖细胞,促其分化整合,参与血管新生(图 12-4)。

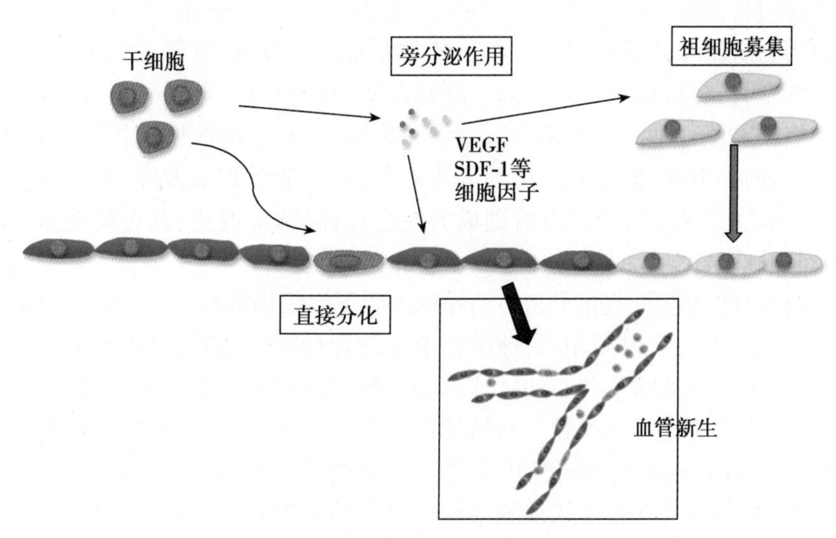

图 12-4 骨髓源内皮祖细胞在血管新生中的作用

EPC 在血管新生中的作用可分为直接的内皮细胞分化和间接的旁分泌作用

二、心脏发育与组织结构

(一)心脏发育

心脏来源于中胚层的一个新月形区,它位于发育中消化系统、呼吸系统的上方,形成管状结构并可折回成袢状,房部在室部前方。哺乳动物袢形管的房部和室部进一步各自分成两个腔室。室管的两个腔室再行延展分别成为主动脉和肺动脉。房管的两个腔室的延展则分别成为上、下腔静脉。

人胚胎发育第 18 ~ 19 天,中胚层生心区内出现一腔隙,称围心腔(pericardiac coelom)。围心腔脏层细胞增殖分化出前心内膜细胞并聚集成群,形成左、右两条纵行细胞条索,称生心索(cardiogenic cord)。生心索逐渐出现中空腔隙,变成薄壁的内皮性管腔,称心内膜心管(endocardial heart tube)。同时随着胚体的卷曲、侧褶,心内膜心管和围心腔发生转位,一对并列的心内膜心管逐渐向中线靠拢,并在第 22 天从头端向尾端逐渐融合。同时,心内膜心管周围的脏壁中胚层增殖变厚,形成肌外膜套(myoepicardial mantle)。内层的心内膜心管与外层的肌外套膜之间隔以透明胶冻样细胞外基质,称心胶质(cardial jelly)。此后,心内膜心管分化成为心内膜;肌外膜套分化成为成肌细胞和间皮细胞,前者发育为心肌膜,后者发育为心外膜(心包脏层);而心胶质中的间充质细胞则分化为心内膜下组织,最终形成心内膜垫、心球嵴、膜性室间隔、心瓣膜等重要结构。随后,心管因其各段生长速度不同及周围组织的限制,逐渐发展出心房、心室、动脉干及静脉窦等结构并发生弯曲、移位,从而初具成体心脏的外形。

胚胎发育第 4 周中期,心脏内部开始出现分隔:连通心房与心室间的房室管背侧壁和腹侧壁的心内膜下发生组织增生,各形成一个隆起,分别称为背、腹侧心内膜垫(endocardiac cushion),两个心内膜垫彼此对向生长,互相融合,终将房室管分隔成左、右房室管。而围绕左右房室管的间充质局部增生并分别向腔内形成两个和三个隆起,即房室瓣膜最初的雏形,并通过肌束连于心室壁,随着瓣膜内的心内膜下组织分化为纤维组织,房室瓣逐渐形成,肌束由致密结缔组织代替,成为腱索,连于瓣膜和乳状肌之间。大约在心内膜垫发生的同时,在原始心房内先后发育出原发隔(septum primum)和继发隔(septum secundum)将原始心房被分成左、右两部分,但两者之间仍有卵圆孔(foramen ovale)交通,待出生后 1 年内卵圆孔关闭,左、右心房完全分隔。第4周末，随着原始心室向两侧扩张，心室底壁近心尖处组织向上凸起形成一个较厚的半月形肌性嵴，称室间隔肌部（muscular part of interventricular septum）。此隔不断向心内膜垫方向伸展，上缘凹陷，它与心内膜垫之间留有一孔，称室间孔（interventricular foramen），使左心室、右心室相通。胚胎发育第7周末，由于心动脉球内部形成左、右球嵴，对向生长融合，同时向下延伸，分别与肌性隔的前缘和后缘融合，如此关闭了室间孔上部的大部分；室间孔其余部分则由心内膜垫的组织所封闭。这样便形成了室间隔性膜部。室间孔封闭后，肺动脉干与右心室相通，主动脉与左心室相通。

静脉窦位于原始心房尾端的背面，其左、右角各与左右总主静脉、脐静脉和卵黄静脉通连。右角随着大量血液的流入逐渐变大，窦房孔渐移向右侧。原始左心房最初只有单独一条肺静脉在原发隔左侧通入并分出左、右属支，各支再分为两支。胚胎发育第7～8周，原始心房的快速扩展致右角被吸收并入右心房，成为永久性右心房的光滑部，原始右心房则成为右心耳；肺静脉根部及左、右属支被吸收并入左心房，成为为永久性左心房的光滑部，原始左心房则成为左心耳；静脉窦退化，其近端变为冠状窦，开口于右心房，远端变为左房斜静脉。

胚胎发育第5周，心球远段的动脉干和心动脉球内膜下组织局部增厚，形成一对向下延伸的螺旋状纵嵴，称左、右球嵴（bulbar ridge）。以后左、右球嵴在中线融合，便形成螺旋状走行的隔，称主动脉肺动脉隔（aorticopulmonary septum），将动脉干和心动脉球分隔成肺动脉干和升主动脉。因为主动脉肺动脉隔呈螺旋状，故肺动脉干成扭曲状围绕升主动脉。动脉导管出生后逐渐闭锁，否则引起动脉导管未闭。

心脏传导系统的发生：起初心房和心室的肌层是连续的，原始心房是心脏的起搏点，以后迅速由静脉窦取代。静脉窦并入右心房后，它右壁的细胞移到上腔静脉入口处，发育成窦房结（sinuatrial node）；其左壁的一些细胞移行于房间隔基部、冠状窦口之前，并与房室管区的一些细胞一起形成房室结（atrioventricular node）和房室束（又称希氏束）。心腔分隔后，纤维环将心房肌与心室肌分开，于是传导系统成为连续心房和心室的唯一通道。窦房结、房室结和浦肯野纤维都由局部心肌细胞分化而成。

研究小鼠胚胎的发育也对心脏干细胞的研究起到了推动作用。最近，有两项研究表明，鼠胚胎心外膜前体细胞表达WT1或TbX18，能够分化成为心肌细胞系细胞。随着对心肌发育过程研究的不断深入，我们将更细致地了解心肌发育的生物学特征，并鉴别出成体心脏中所存在的干细胞，这对将来实现心脏的再生修复至关重要。

（二）心脏组织结构

经过胚胎期的发生发育，心脏最终形成略呈倒置的圆锥形，分为一尖一底两面三缘，位于胸腔的中纵隔内，约2/3在前正中线的左侧，1/3位于前正中线的右侧。心尖钝圆，朝向左前下方，在胸壁左侧第5肋间和左锁骨中线交点内侧1～2cm处可触及心尖搏动。心底朝右后上方，与出入心的大血管相连。心的前面与胸骨和肋软骨相邻又称胸肋面，下面与膈相邻称膈面。心的三缘即左缘、右缘和下缘。

1. 心脏各心腔的形态结构　经过上述发育，心脏内腔分为左右心房和左右心室四部分。左右心房之间借由房间隔相隔，左右心室之间借由室间隔相隔。室间隔又分为上部的膜性部（膜部）和下部的肌性部（肌部）两部分。心房和心室之间又以房室口相通。

（1）右心房（atrium dextrum）构成心的右上部，腔大壁薄。向左前上方突出的部分称右心耳，内面有梳状肌，具有三个入口：上腔静脉口、下腔静脉口和冠状窦口，和一个出口：右房室口。房间隔右心房面下部有一浅窝称为卵圆窝，该处为房间隔缺损好发部位。

（2）右心室（ventriculus dexter）位于右心房的前下方，其入口为右房室口，周缘附有房室瓣（又称三尖瓣），各瓣游离缘借腱索连于心室壁的乳头肌上，防止右心室的血液倒流入右心房。右心室的出口为肺动脉口，连结肺动脉，周缘附有肺动脉瓣，防止肺动脉血倒流入右心室。右心室腔可分为流入道和流出道两部分，两者之间以室上嵴为界，流入道构成右心室的右后下部，内壁有肉柱和乳头肌；流出道位于流入道的左前上方，内壁光滑，形似倒置的漏斗，称为动脉圆锥。

（3）左心房（left atrium）构成心底的大部分，其向右前方的突出部分称为左心耳，内面有梳状肌。左心房壁薄，两侧部各有两个肺静脉口。其出口位于左心房的前下部，通入左心室，称左房室口。

（4）左心室（left ventricular）位于右心室的左后方，其下部构成心尖；入口为左房室口，周缘有二尖瓣附着，二尖瓣的游离缘突向左室腔并借腱索连于左室的乳头肌上；出口为主动脉口，连于主动脉，主动脉口处附有主动脉瓣，防止主动脉血倒流入左心室（图 12-5）。

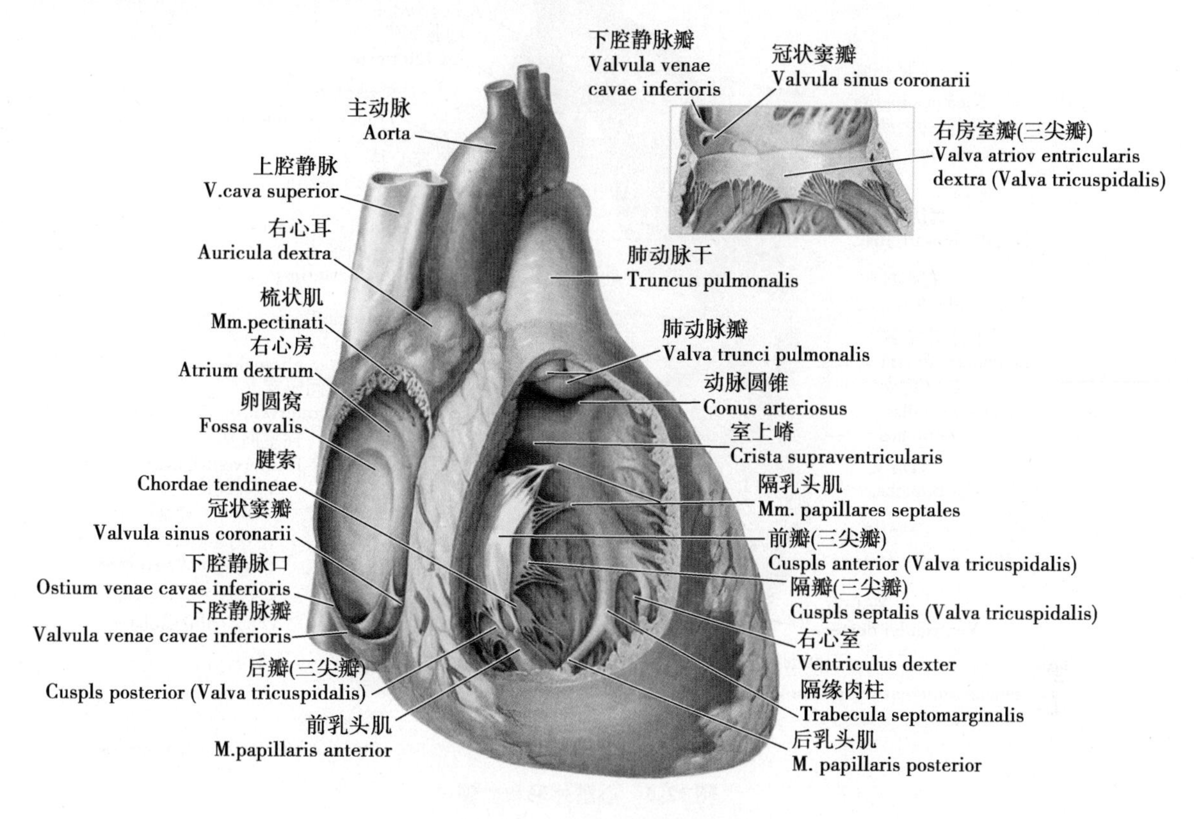

图 12-5 心腔内部结构模式图

2. 心脏的血管 心脏的动脉主要为左、右冠状动脉（coronary），两者均发自主动脉的起始部。左冠状动脉经左心耳和肺动脉干之间左行，并即分为前室间支和旋支。前室间支行于前室间沟内，分支发布于右室前壁一部分，左室前壁和室间隔前 2/3 部分；旋支沿冠状沟后行至膈面，分支分布于左心房和左室后壁一部分。右冠状动脉经右心耳和肺动脉之间穿出，沿冠状沟向右后行至膈面，主要分支为后室间支。右冠状动脉的分支分布于右心房、右心室、左心室后壁一部分、室间隔后 1/3 部分及窦房结和房室结等。

心脏的静脉主要经心大静脉、心中静脉和心小静脉汇入冠状窦后，经冠状窦口入右心房（图 12-6）。

3. 心壁组织结构 心壁由心内膜、心肌和心外膜构成。心内膜是衬贴在心腔内面的一层光滑薄膜，与血管的内膜相续。心的瓣膜由心内膜折叠而成，两层内膜间夹有致密结缔组织。心肌是心壁的主要组成部分，心房肌较薄，心室肌较厚，左心室肌最为发达。心房肌与心室肌分别附着在环绕房室口的纤维环上，两者并不连续，所以，心房肌和心室肌不同时收缩。心外膜是被覆在心肌表面的一层浆膜，即心包脏层。

4. 心的传导系统 心的传导系统由一些功能特化的心肌纤维构成，包括窦房结、房室结、房室束及浦肯野纤维，具有产生并传导冲动，维持心的节律性收缩和舒张的作用。

窦房结（sinuatrial node）位于上腔静脉与右心房交界处前壁的心外膜下，呈长梭形，能自律性产生冲动，是心的正常起搏点。房室结位于房间隔下部冠状窦口前上方的心内膜深面，呈扁椭圆形，正常情况下仅起传导冲动的功能，但也有产生自律性兴奋的功能。房室束起于房室结，向前下至室间隔肌部上缘分为左右束支，分别经室间隔两侧心内膜深面下降，最终分支形成蒲肯野纤维网，分布于乳头肌和心室壁肌。窦房结可产生冲动经上述途径至心室肌，还可经窦房结至心房肌的分支将冲动传至心房，引起心房肌收缩。

5. 心包组织结构 心包（pericardium）是指包被于心及其大血管根部的囊状结构，具有保护和防止心过度扩大的作用，可分为外层的纤维心包和内层的浆膜心包。

纤维心包（fibrous pericardium）是一层坚韧的结缔组织膜，位于浆膜心包的外面，缺乏弹性。浆膜心包

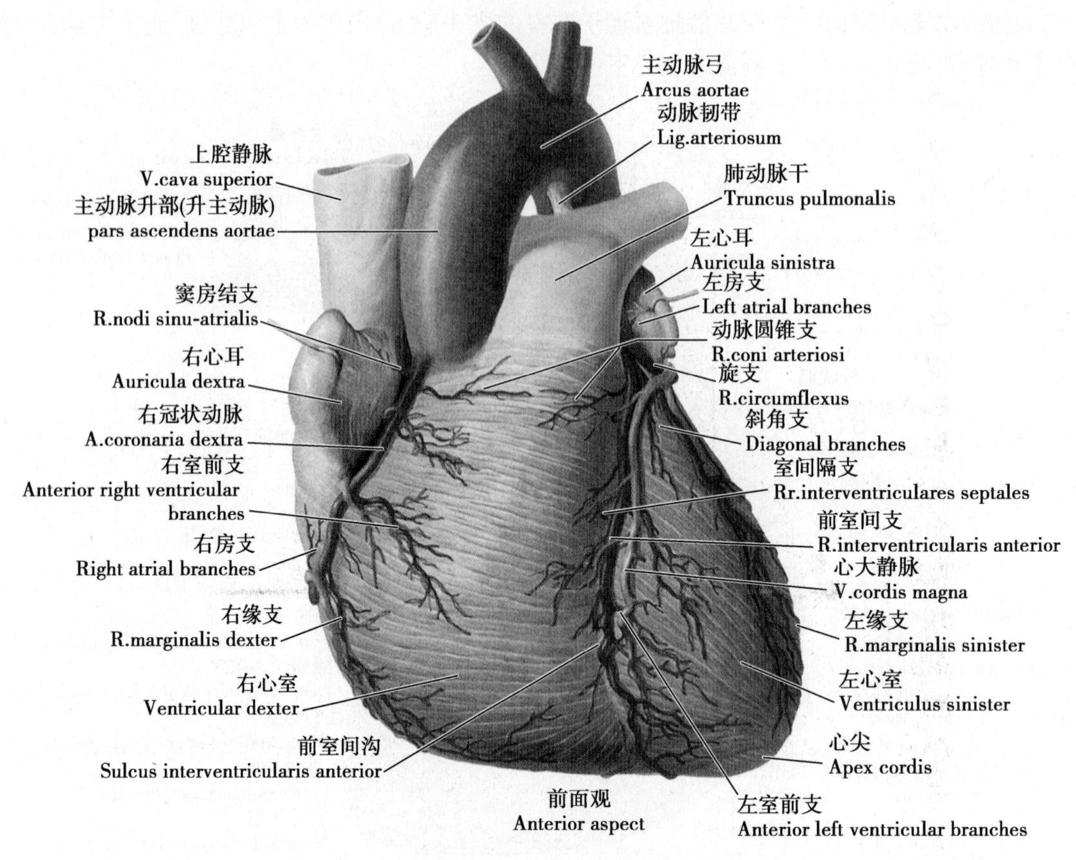

图 12-6 心脏外形和血管

(serous pericardium)可依据其衬贴部位分为脏层和壁层两部分。脏层贴于心的外面,构成心外膜;壁层衬于纤维心包的内面。心包腔(pericardium cavity)是由脏、壁两部分浆膜心包在出入心的大血管根部相互移行所围成的密闭的腔隙,包含心包横窦和心包斜窦等,内含少量浆液。

第二节 血管和心脏干细胞

一、血管干细胞

心脏、血管来源于胚胎中胚层。在胚胎形成时,脉管系统的血细胞和内皮细胞,由共同的前体细胞,即成血管细胞生成。在小鼠胚,成血管细胞在原条中部后区已经存在。随后,成血管细胞不断进入卵黄囊中胚层中,表达血管内皮生长因子(vascular endothelial growth factor,VEGF)及其 Flk-1 受体和鼠短尾突变体表型(T)基因,并聚集成簇形成血岛。血管发育的最早位点是卵黄囊,后期转移到主动脉-性腺-中肾区(aorta-gonad-mesonephros,AGM)的中胚层。外周成血管细胞变为内皮干细胞(endothelial stem cell,EnSC),进一步再分化为毛细血管内皮细胞,而血岛中央的成血管细胞成为造血干细胞(hematopoietic stem cell,HSC)(图 12-7)。

(一) 内皮祖细胞

内皮祖细胞(endothelial progenitor cell,EPC)最早由 Asahara 等在 1997 年发现。他们从外周血的单核细胞中分离出了一群能够在体外合适的条件下分化成为内皮细胞的细胞群,其表面特异性表达造血干细胞标记 CD133、CD34 以及内皮细胞标记 VEGFR-2。该细胞能够进入损伤区域,促进血管新生并分化成内皮细胞。

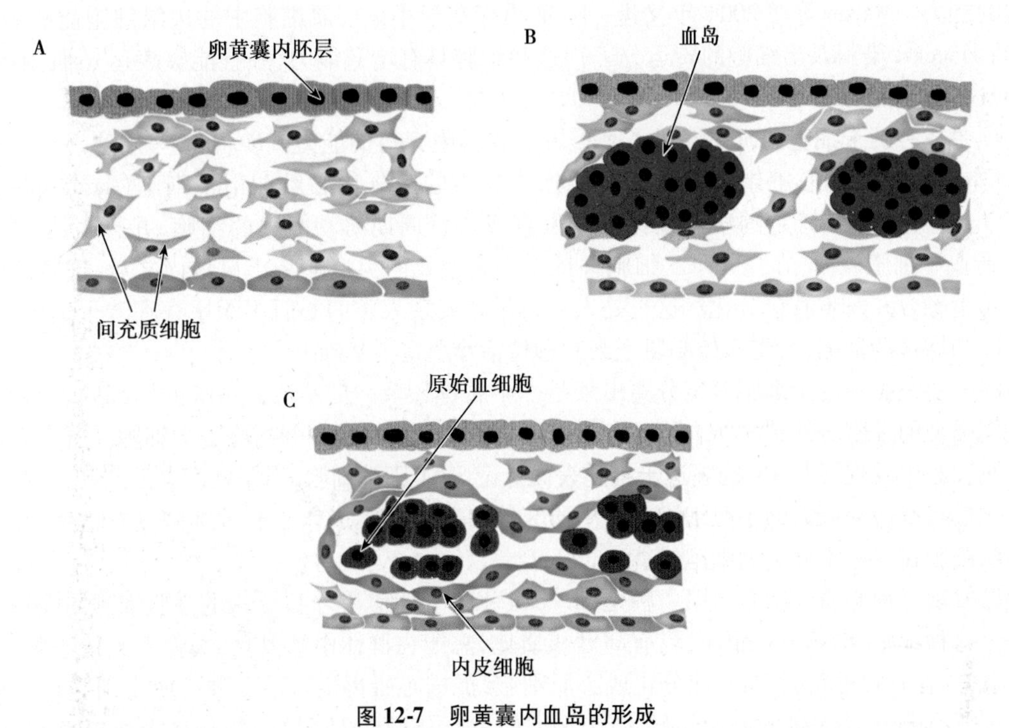

图 12-7 卵黄囊内血岛的形成

卵黄囊中胚层的间充质细胞(A)形成细胞簇(血岛)(B)。(C)细胞簇的外周细胞分化成内皮细胞,内部细胞分化成造血干细胞

目前,有研究证明存在着两类不同的内皮祖细胞:一类起源于造血细胞系,也被认为是早期 EPC(EOG-EPC);另一类起源于内皮细胞系,被认为是晚期 EPC(LOG-EPC)。EOG-EPC 一般在培养 5 天后获得,呈纺锤形,同时带有内皮细胞和单核细胞的特性。EOG-EPC 并不直接形成新生血管,通常分泌许多关键的促血管新生的因子,如 VEGF-α、CXCL-12 等,很可能通过旁分泌途径参与促血管新生作用。LOG-EPC 一般在培养 21 天后得到,呈卵石状,表现出成熟内皮细胞的特性,带有内皮细胞的表面标记:VEGFR2、血管性血友病因子(von Willebrand factor,vWF)、CD34、CD31。与 EOG-EPC 不同的是,LOG-EPC 无论在体内还是体外都直接参与新生血管的形成。我国的一项研究曾使用 EPC 对先天性肺动脉高压患者进行细胞治疗,发现与对照组相比,患者症状得到明显改善。这些临床研究为将来开展细胞治疗奠定了良好的基础。但内皮祖细胞的缺点在于心肌梗死后其数量和促血管新生能力下降,这可能限制其在细胞治疗中的应用。

(二) CD133$^+$细胞

CD133 表达于早期造血干细胞和内皮祖细胞,这两种细胞都可以促进缺血组织的血管新生。CD133$^+$细胞能够进入损伤区促进血管新生并分化成为成熟的内皮细胞。2011 年发表在 Journal of Cardiovascular Medicine 的一篇文章中,Alessandro Colombo 等从患者外周血和骨髓中分离出 CD133$^+$细胞并通过冠状动脉内注射的方法移植入患者体内,1 年后随访发现移植组患者心肌梗死区血流量明显升高,提示该细胞可能在心肌梗死中发挥治疗作用。但 CD133$^+$细胞在骨髓单个核细胞细胞中的比例仅占不到 1%,且不能在体外扩增,因此限制了其在临床上的应用。

二、心脏干细胞

传统观念认为心脏是一个终末分化的器官,所以其损伤后修复的能力非常有限。但最近的研究显示,心脏中存在着心脏干细胞(cardiac stem cell,CSC),能进行自我更新和修复。目前,越来越多的研究正深入探讨 CSC 的存在证据、作用机制及临床应用的可能性。

最早关于心脏干细胞的报道中,研究人员用既往发现骨髓干细胞的方法发现了在心脏中有一群能将 Hoechst 33342 染料快速泵出细胞外的边缘细胞,并证明大约 1% 的心肌细胞具有这种特性且具有自我更新和分化的能力。Martin 等在 2004 年又进一步证明存在于小鼠心肌细胞中的边缘细胞能够表达 Abcg2(一种能将 Hoechst 染料泵出细胞的转运分子),这些细胞具有增殖能力,并且能够表达 α-肌动蛋白,提示了其可能具有分化能力。

另一项寻找心脏干细胞的研究探讨了其形成自我黏附集落的能力。Messina 等用这一方法从人的心房、心室标本以及小鼠的心脏组织中分离出能形成集落的未分化心肌球衍生细胞(cardiosphere-derived cells,CDC)。这些细胞在特定的培养条件下能发育成具有周期搏动能力的细胞,并且表达 CD34、c-kit、Sca1 这些造血干细胞表面标记。将 CS 细胞移植入心肌梗死的免疫缺陷小鼠体内之后,这些细胞能够与心肌细胞发生融合并发生直接分化。这也是人们较早地发现人类的心肌组织中存在着干细胞,并能在体外大量获取和增殖的证据,为将来的心肌干细胞移植治疗奠定了基础。

如何将心肌组织中的干细胞鉴别分离出来是一个关键环节。借鉴造血系统的干细胞表面标记,研究人员尝试用类似的细胞分选技术结合体外和体内的培养技术从心脏中分离心脏干细胞。研究人员在成年小鼠的心肌细胞中发现了 0.3% 的表达干细胞表面标记 Sca1 阳性细胞,当用催产素处理后,这些细胞能够在体外分化成具有搏动能力的心肌细胞。这一研究第一次揭示了成体心肌干细胞具有增殖,并且分化成为包括心肌细胞在内的不同类型细胞的能力。

目前已发现三种心肌干细胞。第一种是 lin^- $ckit^+$ $Sca1^+$细胞,在小鼠受损的心肌细胞周围每 4 万个细胞中有一个这种细胞,细胞直径很小,具有高度核质比,总能在群体中被发现,类似于人体心脏内的$[c\text{-}kit\ Sca1]^+$细胞,具有自我更新能力,并能分化成心肌细胞,促进心肌再生。第二种心肌干细胞是 $Sca1^+$ $c\text{-}kit^-$ Lin^-细胞,这些细胞表达大量的心源性转录因子(GATA4,MEF2C,TEF1)。当暴露于 5-羟色胺时,这些细胞会在体内会分化成心肌细胞表达心肌结构蛋白,这些蛋白在腔内注射的时候主要作用于坏死心脏和分化成心肌细胞。第三种心肌干细胞来自于构成胚胎第二心区的一组胚胎干细胞,除了其他心肌转录因子外还表达转录调节因子 islet-1,是$[Sca1,c\text{-}kit]^-$细胞。在发育过程中,这些细胞(islet-1 细胞)迁移到咽部前方进入心脏管道的顶部和底部,当它们停止表达 islet-1 时,开始分化成心肌细胞并构成心房、右心室,也可能构成左心室。islet-1 细胞在小鼠、大鼠和人类的心脏流出道、心房和右心室也有存在,可以分化成心肌细胞。上述三种亚型的心肌干细胞的相互关系还不清楚。

目前已经有许多研究成果能够证明心脏中存在着前体细胞,并能够分化成有功能的心肌细胞。但是这些研究并没有证明那些我们假定的心肌前体细胞能够修复组织并且在移植进入其他个体之后能帮助其修复组织。与骨髓造血干细胞的研究不同,实质器官中干细胞的研究更为复杂,制定一个明确自我更新能力的金标准也相当困难,但相信在不久的将来,随着研究技术的不断进步,我们能用更先进的方法来证明心脏干细胞的自我更新和修复能力,从而为心脏的再生修复寻找到更合适的方法。

三、可用于细胞治疗的种子细胞

根据细胞来源,可用于治疗心脏血管疾病的种子细胞可以分为胚胎干细胞和成体干细胞两个大类。

(一) 胚胎干细胞(embryonic stem cell,ESC)

人类胚胎干细胞具有多能性,可以从发育 5 天左右的人囊胚中分离出来。胚胎干细胞能分化成三胚层的所有细胞,但作为再生医学的候选细胞存在着最大的争议。争议之一就是胚胎干细胞的应用存在着严重的伦理学问题。胚胎干细胞来源于囊胚的内细胞团。在基础实验研究中,胚胎干细胞已被大量应用,并被证明在合适的条件下能够分化成机体的任何组织类型的细胞。已经有人在体外培养条件下发现胚胎干细胞能够分化成完整心肌细胞并且具有其全部功能。在小鼠模型中,由胚胎干细胞分化而来的心肌细胞注入小鼠缺血心肌部位后,能稳定地移植入小鼠心脏,并且能和周围的心肌细胞同步收缩舒张。但是,移植胚胎干细胞有可能形成畸胎瘤,使其应用受到了限制。因此,先将胚胎干细胞诱导分化再进行移植可能是一种有效的方法,事实上,已经有学者在动物实验中进行了这方面的研究。

由于胚胎干细胞可以无限增殖,并能分化成为任何细胞类型,人类胚胎干细胞为研究人体组织提供了一个前所未有的研究方式,也为研究细胞分化机制和人体组织功能提供了基础资料,并可用于药物测试从而提高药物疗效和安全性。例如,新的药物通常不会直接在人体心脏上进行测试,研究人员主要依靠动物模型进行药物测试。但由于动物和人类心脏的种属差异,某些对人体心脏有毒性的药物偶尔也会加入临床试验,有时甚至导致死亡事件发生。人类胚胎干细胞衍生出的心脏细胞系对临床试验前期确定这类药物的毒副作用是极其重要的,能加速药物开发过程,从而推出更安全有效的治疗方案。类似的测试并不局限于心脏细胞,对较难获得的任何类型的人体细胞都适用。

(二)成体干细胞(adult stem cell,ASC)

成体干细胞是一类专能干细胞,是存在于已分化组织中的未分化的细胞,它可以不断自我更新,分化产生其所属组织中所有专有细胞类型。在不同年龄段的人体中都存在着成体干细胞,可以进一步根据组织来源的不同对成体干细胞进行分类,如:存在于骨髓的成体干细胞、存在于心脏的成体干细胞以及存在于脑中的成体干细胞等。

1. 骨髓来源干细胞(bone marrow-derived stem cell,BMSC) 骨髓中存在着许许多多功能各异的前体细胞,除造血干细胞之外还包括内皮干细胞、间充质干细胞、上皮干细胞以及纤维干细胞等。研究人员证实,在自我平衡的条件下,这些细胞从骨髓中释放出来进入血液循环并在组织器官常规老化的过程中起着修复的作用。而在炎症情况下,它们会被动员并激活,促进组织重塑和纤维化,从而刺激组织的修复。内皮干细胞能促进血管新生,间充质干细胞具有免疫抑制作用及对组织修复的直接作用,纤维干细胞则可以促进组织的纤维化。

(1)间充质干细胞(mesenchymal stem cell,MSC):间充质干细胞是一类专能性的基质干细胞,能从许多类型的组织中通过贴壁分离出来,包括骨髓、骨骼肌、羊水以及脂肪组织。在合适的条件下间充质干细胞能分化成三系细胞,包括脂肪细胞、成骨细胞以及成软骨细胞。但是一些研究也表明,间充质干细胞除了分化成上述三种细胞外,还可以分化成神经、心肌和骨骼肌细胞。一种比较简单的MSC获取方法是通过全骨髓细胞贴壁培养来获得,这些间充质干细胞会表达一些间叶细胞的表面标记:CD105、CD90、CD13、CD166、CD44、CD29、PDGFR等。人间充质干细胞表达CD73和CD13但不表达Sca1。间充质干细胞相较于其他干细胞的特点在于其具有免疫抑制作用。这可能与它们能够分泌一系列免疫调节因子(TGF-β、PG-E_2、IL-10等)有关。间充质干细胞的另一个特点是能够迁移到损伤或炎症区发挥治疗作用,可根据这一特点应用基因工程的方法改造间充质干细胞,通过间充质干细胞迁移到损伤或炎症区来提高治疗效果。

间充质干细胞能够提高移植区心脏的室壁运动,抑制心梗区和非梗死区心脏重塑,还能分泌促血管新生的细胞因子,改善受损区功能。由于间充质干细胞能够在体外大量扩增,且其免疫原性较低,临床应用的前景非常广阔。关于间充质干细胞的临床研究开展较早,但是比起骨髓单个核细胞其研究数量仍然不多。2004年中国的陈绍良等最早在国内进行了间充质干细胞治疗心肌梗死的临床随机对照研究。他们在69名PCI术后的急性心梗患者中,随机选择了34名经冠脉移植骨髓间充质干细胞。经过3个月的随访,他们发现移植组患者心功能的损伤程度较对照组明显下降。其梗死区室壁运动速率提高,左室射血分数提高,舒张末容积和收缩末容积下降,而两者比值则显著上升。2009年迈阿密大学的Hare等发表的临床研究结果同样表明了间充质干细胞治疗急性心梗是安全的,不会出现明显副作用,而且相较于对照组,其室性心动过速减少,心脏射血分数增加,且能够逆转心室重构。

间充质干细胞经不同的途径(静脉、动脉、颅内),于不同时间点如脑梗死后1天或1月移植均能促进MCAO大鼠神经功能恢复。Ⅰ期临床试验入选了30名MCA区脑梗死伴有严重神经功能障碍的患者,其中5名患者接受骨髓穿刺并体外扩增1×10^8骨髓间充质干细胞,然后经静脉自体回输,移植后并未观察到任何细胞相关的不良反应。Bang等认为移植组患者功能改善可能更好,但巴氏指数评分和改良Rankin评分较对照组无显著性差异,梗死体积也无明显差异。最近,Honmou等报道的临床试验发现自体骨髓间充质干细胞移植1周后可以缩小约20%的病灶体积,移植组患者不同程度神经功能恢复,但由于该临床试验并非双盲设计,缺乏安慰剂对照,可能存在较多偏倚。

到目前为止,关于间充质干细胞治疗心肌梗死的临床研究数量仍然较少,病例数也不多,所以对于其治疗心肌梗死的效果仍不很明确。而且间充质干细胞在移植前需要在体外培养7~10天,限制了其临床应用。希望在不久的将来能有新的方法和技术来解决其中存在的问题。

（2）脐血干细胞（cord blood-derived stem cells）：当胎儿娩出而胎盘还没有娩出之前，我们可以从子宫中收集脐带血样本。或者在自然分娩或剖宫产后，也可以在子宫外采用不损伤母体和胎儿的方式获得脐带血标本。

1974 年 Knudtzon 第一次在体外证明了脐血中存在造血干细胞。现在大量研究证明其具有干细胞的自我更新及分化能力。除造血干细胞外，脐带血中还有其他不同类型的，具有不同表面分子标记的干细胞。Buzanska 等们通过免疫磁珠细胞分选的方法发现了 CD34 和 CD45 阴性的非造血干细胞。在 Buzanska 之后，许许多多其他的工作团队都在致力于利用 FACS 和免疫磁珠的方法从脐带血单核细胞群中分离出干细胞，并研究他们各自的特性。2005 年 McGuckin 等根据其类似胚胎干细胞的特性将这些脐带血来源的细胞定义为胚胎样干细胞（embryonic-like stem cells，CBEs）。另外的一些研究人员从脐带血中分离出了形状相似的更小的细胞群，并将之命名为极小胚胎样干细胞（very small embryonic-like stem cells，VSEL）。这些未成熟干细胞能够表达细胞多能标记如 Oct-4、Soc-2 和 Nanog，且 SSEA-3/SSEA-4 也呈阳性（都属于胚胎干细胞的标记）。同样的，这些细胞也能够像其他多能干细胞一样分化成多种不同类型的组织细胞。脐带血中还含有间充质干细胞。这些间充质干细胞在细胞学和形态学上都和骨髓中的间充质干细胞类似。脐血中的间充质干细胞具有较强的分化成为神经细胞的潜能。除此之外，它还能够分化成肝细胞、成骨细胞、脂肪细胞、软骨细胞等。

总之，脐带血中含有丰富的非造血干细胞，具有很强的分化潜能。它们很少表达 HLA Ⅱ型抗原且免疫源性很低，大大减少了其移植注射风险，使之在细胞治疗中有很好的潜力。在动物实验中，急性心肌梗死动物心肌内注射人脐血干细胞能显著地减少其心肌梗死面积。现在已有临床实验开始研究人脐血干细胞治疗扩张性心肌病和难治性心绞痛的效果。脐带血易于获取，这就使其成为一个良好的干细胞来源仓库，在临床应用中前景广阔。

（3）诱导多功能干细胞（induced pluripotent stem cells，iPSCs）：2006 年，日本京都大学 Yamanaka 团队在 Cell 杂志上发表了诱导多功能干细胞（iPS 细胞）的论文，即通过将 4 个特定基因（Oct3/4、Sox2、c-Myc 和 Klf4）转入小鼠成纤维细胞，使之具有与胚胎干细胞相似的自我更新和分化能力，此项技术被称为 iPS 技术，获得的多能性细胞称为 iPS 细胞。

iPS 的成功意味着可以不用卵子或胚胎就能得到与胚胎干细胞系具有相似分化潜能，同时又与患者具有相同免疫配型的多能干细胞系。毫无疑问，这是生物技术史上的一个里程碑式的成就，Yamanaka 教授也因此获得了 2012 年诺贝尔生理或医学奖。

最近的研究中，Kim 等就发现，仅需要两个因子（Oct4 和 Klf4）就足以诱导成年小鼠神经干细胞获得 iPS 细胞。他们认为，这是因为神经干细胞本身即可高水平表达 Sox2 和 c-Myc。另外也有研究表明，导入 Oct4 因子即可诱导小鼠表皮干细胞的重编程。因此利用 iPS 细胞，也可以协助人们更深入地对细胞重编程的机制进行研究。

iPS 细胞的出现在干细胞、表观遗传学以及生物医学研究领域都引起了强烈的反响。在基础研究领域，iPS 技术的建立使得人们有机会全面了解细胞多能性的调控机制和细胞重编程的分子机制。在实际应用方面，iPS 细胞的诱导不需要依赖卵细胞或者胚胎，摆脱了材料来源和伦理学的诸多限制，在技术上和伦理上均具有优势。不过这一方法还处于极早期阶段，iPS 技术存在基因组 DNA、线粒体 DNA 突变，其致瘤性安全性等尚待进一步研究，但是我们能够从患者体细胞获取组织相容性的干细胞，达到修复和再生组织的目的。目前科学家们正在研究和开发各种不同的重编技术来诱导更有效和更安全的 iPS 细胞。所以即使依然存在着种种问题，iPS 细胞也可能成为干细胞治疗心脑血管疾病的一类候选细胞。

2. 其他来源干细胞

（1）脂肪干细胞：最近研究表明，由于脂肪组织非常容易取得，而且存在着干细胞，所以脂肪组织相较于机体其他组织是一个更具优势的干细胞库。在体外，脂肪干细胞具有稳定的生长速度和扩增能力并且能够分化成成骨细胞、成软骨细胞、脂肪细胞、肌细胞、神经细胞等等，而且在单细胞水平，脂肪干细胞具有多向分化能力。由于有着这些优势，最近的研究开始探索脂肪干细胞在多种动物模型中的移植治疗效果以及安全性，一些地方已经开始进行脂肪干细胞的临床实验。Bai 等人首次在临床上用脂肪干细胞治疗心血管疾病并证明其没有心脏方面的副作用。2009 年 Sanz-Ruiz 等人开展的临床随机对照实验将脂肪干细胞用于治疗急性心肌梗死，并且在另一项临床随机对照实验中用于治疗慢性心肌缺血，都收到了一定的成效。

（2）骨骼肌干细胞：骨骼肌干细胞因其具有易于从患者体内获取并加以培养，避免了伦理学问题和免疫排斥问题等特性，已被广泛研究。动物研究表明，心梗后骨骼肌干细胞的移植能够帮助心脏血管的形成并改善心功能。另有人体研究表明在冠脉搭桥手术后移植骨骼肌干细胞能够对心脏起到保护作用。骨骼肌干细胞移植的主要问题是其骨骼肌细胞源性和致心律失常作用，这些机制方面的问题还有待进一步研究。各种干细胞在心脏和血管应用的种类总结，见表 12-1。

表 12-1 干细胞在心脏和血管应用的种类

干细胞类型	来源	优势	在心脏和血管中的应用	存在问题
人类胚胎干细胞	5 天左右的人囊胚内细胞团	能稳定地移植入小鼠心脏，并且能和周围的心肌细胞同步收缩舒张	衍生出的心脏细胞系对在临床试验前期确定药物的毒副作用	可能形成畸胎瘤；伦理学问题
间充质干细胞	骨髓、骨骼肌、羊水以及脂肪组织	具有免疫抑制作用。应用基因工程的一些方法改造间充质干细胞，通过间充质干细胞迁移到损伤/炎症区来提高治疗效果	间充质干细胞能够提高移植区心脏的室壁运动，抑制心梗区和非梗死区心脏重塑，还能分泌促血管新生的细胞因子，改善受损区功能	间充质干细胞在移植前需要在体外培养 7～10 天，这也大大限制了其临床应用
内皮祖细胞	血液	分泌许多关键的促血管新生的因子	能够进入损伤区域，促进血管新生并分化成内皮细胞	骨髓单个核细胞细胞中的比例仅占不到 1%，且不能在体外扩增
心脏干细胞	心肌	能在体外大量获取和增殖	将细胞移植入被诱导心肌梗死的免疫缺陷小鼠体内之后，这些细胞能够与心肌细胞发生融合并发生直接分化	实质器官中干细胞的研究更加麻烦
脐血干细胞	脐带血	脐带血易于获取，这就使其成为一个良好的干细胞来源仓库	急性心肌梗死动物心肌内注射人脐血干细胞能显著的减少其心肌梗死面积；临床实验开始研究人脐血干细胞治疗扩张性心肌病和难治性心绞痛的效果	
诱导多功能干细胞	各种细胞	iPS 细胞的诱导不需要依赖卵细胞或者胚胎，摆脱了材料来源和伦理学的诸多限制，在技术上和伦理上均具有优势	iPS 细胞也可能成为干细胞治疗心脑血管疾病的一类候选细胞	诱导多能干细胞存在基因组 DNA、线粒体 DNA 突变，其致瘤性安全性等尚待进一步研究
脂肪干细胞	脂肪组织	非常容易取得	没有心脏方面的副作用；用于治疗急性心肌梗死，慢性心肌缺血，都收到了一定的成效	
骨骼肌干细胞	骨骼肌	骨骼肌干细胞易于从患者体内获取并加以培养，避免了伦理学问题和免疫排斥问题	心梗后骨骼肌干细胞的移植能够帮助心脏血管的形成并改善心功能；在冠脉搭桥手术后移植骨骼肌干细胞能够起到保护作用	骨骼肌细胞源性和致心律失常作用

第三节　血管和心脏的再生医学

目前，整体器官移植（血管或心脏移植）是心血管疾病替代治疗唯一成熟的方法，与其他器官移植同样存在供体匮乏及移植后排斥等主要问题。心室辅助装置作为替代治疗也在心血管疾病终末被使用，但其生存率较低，常有出血、血栓形成以及感染等并发症，因此也限制了其临床的应用。因此细胞移植和人造组织作为新的治疗策略越来越受到临床及科研工作者的重视，成为心血管疾病治疗的新希望。

一、血管疾病的再生治疗

每年有超过60万例人工和生物血管移植物植入患者体内，以取代动脉粥样硬化患者的血管。在20世纪50年代，Debakey发明了用Dacron管替代损伤血管的治疗方法。目前，Dacron和Teflon是大血流量血管如主动脉和髂动脉的替代物。这一类生物血管替代物的主要缺点是4年后内膜增生导致管腔狭窄达50%和血栓形成的危险，且因Dacron和Teflon有形成血栓的风险，不适用于小管径和低血流量血管替代。一般情况下，外科医生使用小管径同源动静脉来取代如冠状动脉等的小血管，这些移植物也存在随着时间推移出现管腔狭窄问题，而且合适的移植物并不是那么容易获得的。因此，亟须研制出更好的血管移植物。

组织工程化血管　理想的血管移植物应该有典型的三层结构：即内膜、血管中膜和外膜，并有足够的机械强度稳定性且可以轻松缝合。它应该有生化组成并分布有胶原弹性蛋白和其他几个分子以提供伸展性，能比原来的血管更有力地搏血。实现这个目标最常用的方法是在自然生物材料的基础上，诱导血管重建或在体内构建可植入的生物人工血管。

血管损伤、阻塞、动脉瘤等疾病都需要合适的血管移植物，全球每年有超过60万人需要进行各种血管外科手术。随着多种血管移植手术在外科中的应用，血管移植材料的研究就成为人们关注的重要课题。因人体自身非必需血管的长度和直径极为有限，异体血管移植又存在严重的排斥反应和其他术后并发症，同时将种植有内皮细胞的人造血管进行移植虽然可以增加管腔长期畅通率，但它仅能部分模拟人体血管，与人体自身血管相比较，弹性系数小，顺应性低，作为异物，组织相容性稍差，可引起机体不同程度的免疫排斥及感染，随着移植周期延长，管腔畅通率呈下降趋势，用于长期抗凝治疗又有一定的副作用，因此至今未能找到理想的血管移植物。

20世纪80年代末美国研究人员提出的组织工程，因其高度的生物相容性、可生长性、可塑性、无异物反应、无致血栓形成、无感染等潜在优势日益受到科学工作者的瞩目。1986年Weinberg和Bell用牛血管内皮细胞、平滑肌细胞、成纤维细胞混合接种于表面包裹有胶原蛋白的涤纶管道内，首次构建了组织工程血管。

组织工程化血管是一种用组织工程学方法构建的具有良好的生物相容性和力学特性的血管替代物。组织工程血管的构建有许多模型。已研究和正在研究的模型有降解材料上种植内皮细胞；降解材料上种植内皮细胞和平滑肌细胞；降解材料上种植、平滑肌细胞和成纤维细胞；天然降解材料上种植内皮细胞；天然降解材料上种植内皮细胞和平滑肌细胞；不用支架材料，直接用内皮细胞、平滑肌细胞和成纤维细胞等。但无论哪种构建模型，组织工程血管都应具备如下条件：①具有或模拟体内血管壁三层结构，即外膜、中膜和内膜。②具有生物相容性，不易产生血栓，不易发生免疫排斥反应。③具有生物力学特性，如对药物刺激有舒缓反应；具有血管的力学特性，即有黏弹性并能承受一定的压力。

血管由内皮细胞、平滑肌细胞、细胞外基质（extracellular cell matrix，ECM）组成。内皮细胞、平滑肌细胞具有分泌ECM的功能，而ECM又具有维持组织器官结构，连接细胞及其基质，调节细胞生长、分化增殖的功能。因此组织工程化血管研究主要包括以下三个方面：细胞外基质替代物的研究；种子细胞制取、培养、种植的研究；组织工程化血管应用的研究。其中种子细胞制取、培养、种植的研究是血管组织工程的关键环节。

构建组织工程血管的种子细胞应具备以下特性：容易培养，黏附力强；其分子结构和功能与正常的血管相似；临床上易获得，具有实用性。目前最常用于人工血管内皮化的内皮细胞是自体浅表静脉内皮细胞，如大隐静脉内皮细胞。但内皮细胞属于成熟细胞，其分裂增殖能力不强，获得的细胞数量有限，且细胞还存在去分化的倾向，因此必须寻找新的种子细胞。

胚胎干细胞具有持续增殖而不分化的能力，经诱导后可分化形成为一个成熟个体中所有类型的细胞。目前已成功将ESC诱导分化为内皮细胞，然而应用ESC作为内皮细胞的种子细胞，将伴随着一系列实践、法律、社会和伦理道德问题。

血液系统中存在内皮细胞的前体细胞——血管内皮前期细胞。作为血管内皮细胞的前体细胞，它具有迟发性高增殖潜能，15～20天后形成迅速生长的鹅卵石样内皮细胞层，并能稳定传代30次以上，其增殖能力是脐静脉内皮细胞的10倍，这对于组织工程血管的内皮化显然具有重要意义。

间充质干细胞比胚胎干细胞取材容易且健康无害，体外可大量培养扩增，无伦理及移植排斥等问题，已成为血管组织工程中重要的种子细胞。通过一定的诱导方法，可以使MSC分化为内皮细胞。这就为血管组织工程的发展提供了一种新的手段，它最终将取代自体血管细胞，成为组织工程血管最理想的种子细胞。

血管组织工程有良好的应用前景，但目前尚有许多问题等待解决，主要包括体外实验结果与体内自然现象的差异、各类细胞正确排列以形成有生物活性的有效结构、组织工程的血管是否能耐受血流应力等。随着新技术和新方法的出现，将为这方面研究注入新的活力和希望。构建组织工程化血管需要能快速扩增、分裂能力强、能无限传代、细胞功能旺盛的种子细胞、干细胞，特别是间充质干细胞为这一技术提供了新的契机。

二、心肌梗死的细胞移植治疗

20世纪90年代兴起干细胞生物学后，细胞疗法便成为心力衰竭患者心脏结构与功能重建的一个新的探索方向，而心肌梗死作为心力衰竭的首要病因也成为研究的重中之重。细胞可经不同种的方法注入梗死心肌内（图12-8）。

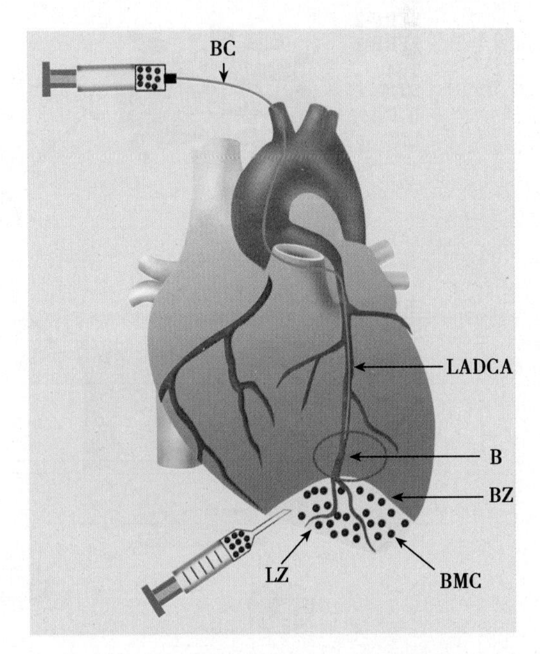

图12-8 将细胞注入梗死心肌的方法

上部所示：将骨髓细胞通过一个球囊导管经冠状动脉注入梗死区（这个病例中是冠状动脉左前降支，LADCA）。B=球囊在梗死区边缘带膨胀。下部所示：直接将骨髓细胞注入梗死区的边缘带

心肌梗死细胞移植治疗的移植细胞来源包括：胎儿心肌细胞、心脏干细胞、人脐血干细胞、骨骼肌干细胞和骨髓来源的干细胞。

在动物实验中，通过结扎冠状动脉诱导实验动物发生急性心肌梗死后移植骨髓单个核细胞，9天后就发现这些细胞能够分化成心肌细胞形成新的心肌，减少了心肌梗死面积并提高了左心室功能。目前，关于骨髓单个核细胞治疗心肌梗死的机制还在深入研究中，很有可能是通过其促进血管新生作用、旁分泌作用以及细胞融合作用实现保护受损后心脏的疗效的。到目前为止，在临床上关于骨髓来源单个核细胞治疗心肌梗死的临床研究已大量开展。早在2002年Assmus B等已经在临床上进行了关于骨髓来源干细胞治疗急性心肌梗死的随机对照研究。他们随机选取了20名急性心肌梗死的患者通过冠脉内注射的方法将骨髓来源或外周血来源的干细胞移植进入心梗区域。通过4个月的跟踪随访，与对照组比较接受干细胞移植的患者其心肌梗死得到了

明显的改善,因此,骨髓干细胞可能对于治疗急性心肌梗死有作用。此后,又有大量的临床随机对照研究在不同层面对骨髓单个核细胞治疗心肌梗死的作用及其安全性进行了评估。2009 年 Trzos E 发现骨髓单个核细胞移植后不会引起室性心动过速;2010 年 Silcia Charwat 通过临床研究发现在心肌内注射骨髓单个核细胞的部位心肌灌流明显提高,并且心脏的机械和电生理功能也明显改善。但并不是所有的结果都支持骨髓干细胞的保护功能:Stefan Grajek 等选取了 45 名心肌梗死患者进行随机对照研究,发现经冠脉内移植骨髓单个核细胞的患者心脏射血分数并没有显著的提高,而心肌灌流量相较于对照组也只是有微小的改善;Beitnes 等在 100 名前壁心肌梗死的患者中进行长期随机对照研究发现经冠脉内干细胞移植的患者其左室收缩功能并没有明显的改善,只是在运动耐量测试中发现移植组较对照组有较大的提高。总的来说,关于骨髓干细胞移植的临床研究依然存在着样本数太少、治疗组和对照组分配不平衡等种种问题。所以对于其是否真正具有治疗效果以及治疗效果的大小和伴随的风险等问题仍然没有完全得到回答,仍需进一步研究。

干细胞治疗心梗的机制相当复杂(图 12-9)。首先细胞必须进入受损的心肌组织,然后通过不同机制发挥治疗作用。可简要概括为以下几个方面:①干细胞可能直接分化成为心肌细胞起到改善心功能的作用。②干细胞与成体细胞,包括心肌细胞融合被认为可能是其治疗的一个机制。③干细胞可以分化成血管细胞(包括内皮细胞和血管平滑肌细胞),从而促进毛细血管网和大血管的形成,为缺血的心肌提供更多的氧和营养物质,从而起到保护心肌的作用。④最近的许多研究都表明移植干细胞能够分泌多种细胞因子,从而起到保护心肌细胞、促进心功能恢复的作用。这种旁分泌作用可能是细胞治疗的主要作用。外源移植入的干细胞能够通过旁分泌作用募集心脏自身的干细胞,并通过多水平的细胞-细胞间接触作用激活心脏固有的干细胞来达到修复心肌的目的。最近也有研究证明,干细胞移植能够调节炎症因子表达,从而促进受损心肌的存活,起到保护心脏的作用。干细胞还可能通过改善心脏重构来发挥作用。同时越来越多的证据表明心梗后干细胞移植能够改善心肌收缩功能,而且移植入心脏的干细胞能够对受损心肌的代谢能起调节作用。

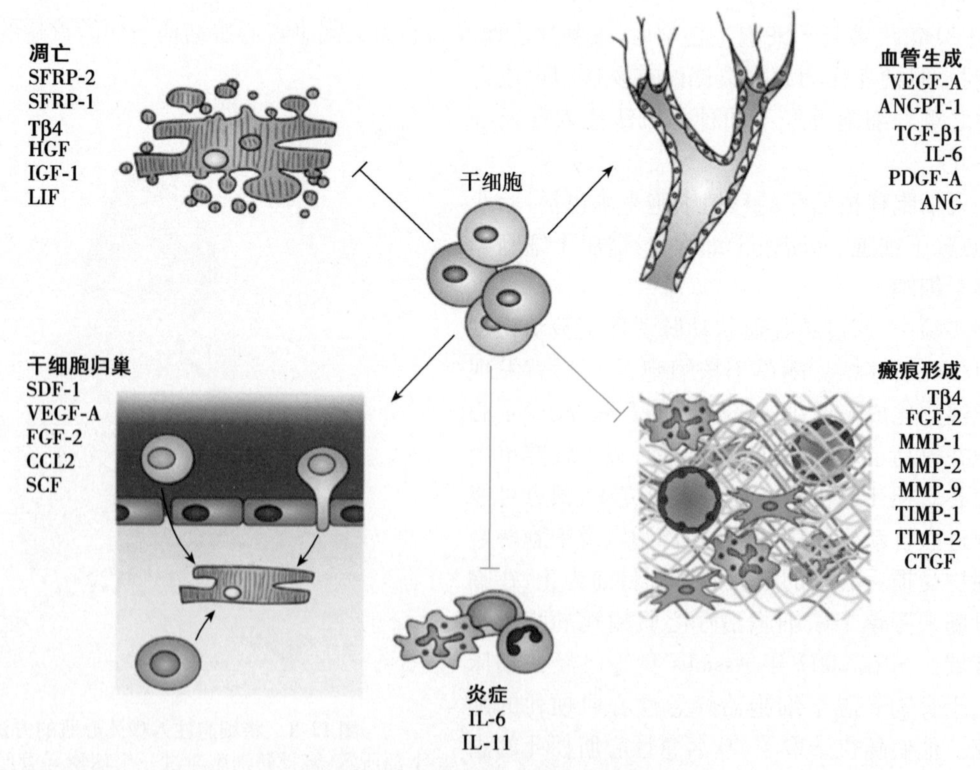

图 12-9 干细胞治疗心肌梗死的机制

抑制心肌凋亡(apoptosis)、促进血管生成(angiogenesis)、促进干细胞植入(stem cell homing)、抑制炎症(inflammation)和抑制瘢痕形成(scar formation)

三、慢性心功能衰竭的细胞移植治疗

慢性心功能衰竭常继发于心肌梗死和扩张性心肌病等心脏疾病，引起心肌收缩能力减弱，从而使心脏的血液输出量减少，不足以满足机体的需要，并由此产生一系列症状和体征。

成肌细胞(skeletal myoblasts)和骨髓间充质干细胞是临床上用于治疗慢性心功能衰竭的两类主要干细胞。成肌细胞最早是用于治疗开胸手术的患者，在2005发表的一篇临床研究文章中，研究人员选取了30名患有缺血性心衰并接受冠脉搭桥的患者，在手术的同时进行自体成肌细胞的移植。所有患者都成功进行了细胞移植且并未出现近期或远期的副作用，而且通过PET观察发现移植患者心功能得到了提高。1年之后，心脏超声显示，患者的左心室射血分数(ejection fraction，EF)从28%提高到35%，两年后则提高到36%。然而此后的一项临床随机对照研究同样是开胸手术后注射成肌细胞，却发现左心室功能并未提高反而心律失常的情况增多。

最近，一项临床实验通过心肌内注射将成肌细胞移植进入严重缺血性心力衰竭患者心肌内，发现与对照组相比其NYHA纽约心脏协会(New York Heart Association)心功能等级改善，生活质量提高，且心室重构减轻。同时，一项类似的临床实验对心肌内注射移植成肌细胞的安全性和可行性进行了研究，结果发现患者的症状有一定程度的减轻，但其左心室射血分数并无提高。因此，关于成肌细胞治疗慢性心功能衰竭还存在很大的争议，也不断有越来越多的临床研究开展起来。近来，一项大型临床随机对照研究(MARVEL Trial-ClinicalTrials. gov Identifier：NCT00526253)正在进行，这项研究从2007年10月开始，涉及330名北美和欧洲心功能Ⅱ或Ⅲ级的患者，并将进一步探究心肌内注射移植成肌细胞的安全性及其有效性。

骨髓间充质干细胞同样也在临床上被用来治疗慢性心功能衰竭。最初的一项临床研究在冠脉搭桥手术时直接将从胸骨取得的骨髓移植进入心肌，并发现接受移植的患者移植区心肌收缩功能得到了提高。但是，随后的一项随机对照研究选取了63名患者进行骨髓间充质干细胞移植，并未发现移植组心功能有所改善。最近，德国的一项临床双盲随机对照研究(NCT00950274)正在进行，并计划入选142名患者进行骨髓间充质干细胞的移植并对其移植效果进行研究。

迄今为止，关于骨髓间充质干细胞治疗心功能衰竭的临床研究仍然较少。TOPCARE-CHD研究发现，冠脉移植骨髓间充质干细胞能够提高左心室射血分数(2.9%)且无其他副作用。在一项大型的临床研究中，391名患者入选(其中191名接受冠脉内间充质干细胞移植)，通过5年的随访发现，移植组患者左室射血分数和运动能力都得到显著的提高，而且移植组的死亡率也较对照组降低。

综上所述，干细胞治疗慢性心力衰竭的方法前景非常广阔，但基于临床研究的数量和患者样本量的不足，其疗效和安全性还很难有一个明确的评价，仍然需要进一步探究。

四、扩张型心肌病的细胞移植治疗

扩张型心肌病大多有遗传因素或继发于心肌炎。目前部分学者认为扩张型心肌病的主要发病原因是与心肌收缩、细胞骨架、核蛋白以及调节心脏离子平衡的基因发生了变异。扩张型心肌病与缺血性心衰的治疗方法类似，基本以长期药物治疗改善心功能为主，辅以植入性器械治疗，如心脏同步化治疗(cardiac resynchronization therapy，CRT)、左心辅助装置等，但有很大一部分的年轻患者需要接受心脏移植。然而心脏移植的死亡率很高，且供体严重不足，所以临床上就设想应用干细胞来治疗扩张型心肌病从而延缓甚至阻止患者心功能不全的发生，改善患者预后和生活质量。

2006年发表的一篇文章中，Seth S等人首次在临床上应用骨髓干细胞治疗扩张型心肌病。他们选取了24名患者，经冠状动脉将干细胞移植进入心脏内，通过6个月随访观察发现移植组患者的左室射血分数提高了5.4%，且NYHA心功能分级得到了改善。另一项大型临床研究的结果在2009年由Fischer-Rasokat发表在Circulation Heart Failure上：研究选取了33名扩张型心肌病患者，通过气囊导管将骨髓干细胞移植进入患者心脏,经3个月随访后同样发现患者左室射血分数提高,心功能得到改善。这些开拓性的干细胞临床试验为接下来的临床随机对照试验奠定基础。

2011年,迈阿密大学的Hare等开始了一项大型干细胞治疗扩张型心肌病的临床随机对照试验,他们预计选取36名21~94岁的扩张型心肌病患者,通过心内膜内注射的方法,将自体或异体的骨髓间充质干细胞移植进入患者心脏,研究其治疗扩张型心肌病的效果及差异。

目前,干细胞治疗扩张型心肌病的临床实验仍然较少,而且开展得比较晚,很难系统评价其治疗的效果和安全性。

五、瓣膜性心脏病的再生治疗

心脏瓣膜病是危及人类健康的一种严重疾病,目前对于心脏瓣膜病的治疗手段以采用人工心脏瓣膜置换为主。自1960年Starr-Edwards球笼瓣应用于临床以来,人工心脏瓣膜置换术作为一种治疗瓣膜病的有效手段已经使用了44年。历经了40余年的发展,人工心脏瓣膜的质量不断完善,极大改善了广大瓣膜病患者的生存质量,延长了患者的生存寿命。但是,目前的人工瓣膜都存在一定的缺陷,如机械瓣有血栓形成风险,患者需要终身抗凝治疗;生物瓣耐久性差,容易退变;同源瓣来源有限,并且也容易退变、衰败。另外,现存的人工瓣均无生物活性,无法随机体的发育而生长,对于广大的儿童患者来说是非常不利的。因此,可以这样认为,目前市场上尚无一种瓣膜能够满足理想的瓣膜标准。

1995年Shin'oka成功在体外培养出组织工程心脏瓣膜并应用于羊体内,给心脏瓣膜的研究带来了新的思路。组织工程心脏瓣膜(tissue engineering heart valve,TEHV)是指在生物支架或高分子合成(如聚羟基乙酸,PGA)支架上种植患者自体种子细胞,进行体外培养后,植入患者体内,最终为患者自体组织所代替,成为完全自体瓣膜。理想的TEHV具有良好的自主相容性,可避免血栓形成、凝血和钙化的产生,同时具有自我修复能力,具有良好的发展前景,因此,具有生长能力和修复能力的TEHV成为研究的方向和热点。

构建TEHV是十分复杂的工程,涉及医学、材料学、生物学及力学等,现在尚未研制成功可以临床应用的TEHV。TEHV的两个基本要素包括具有相应功能的自体活性细胞和生物支架。研究人员先后尝试了多种细胞后作为种子细胞,考察这些细胞在PGA支架形成的组织特性,但未获得理想效果。近年来,干细胞研究已经成为细胞生物学和生物医学工程研究的新亮点,通过体外模拟血流脉动环境,Prockop等、Mark等和Jiang等利用各种细胞生长因子可诱导分化增殖出TEHV需要的内皮样细胞核肌纤维母细胞等,并具有类似的功能,为成功构建TEHV打下了坚实的基础。

组织工程心脏瓣膜研究的另一重点是瓣膜支架材料的选择和应用。支架材料的主要作用是提供细胞生长的三维空间,并易于细胞附着和生长,为最终所要构建的瓣膜提供一个最初的形态。理想的支架材料应具备以下优点:多孔性;良好的生物相容性和可控制的生物可降解性;材料表面适合细胞黏附、增殖和分化;良好的机械特性。目前组织工程瓣膜研究主要采用的支架材料有两大类:一是可降解型高分子材料;二是同种或异种去细胞成分的生物瓣膜材料。

目前,对组织工程心脏瓣膜的研究研究有了很大的进步,但是还需要对理想的细胞源、支架装置和体外条件作进一步研究,解决诸如人工合成支架的弹性与生物降解性之间的矛盾、去细胞的生物瓣膜与人类机体的异种性反应等问题,最终的目标是研制出能够耐受循环中的血流动力学应力、能随机体发育而生长、可塑形的人工心脏瓣膜。

六、周围血管疾病的细胞移植治疗

周围血管疾病(peripheral vascular disease)主要包括下肢缺血、动脉瘤等,尤其是严重肢体缺血(critical limb ischemia,CLI),其临床表现包括静息痛、缺血性溃疡、伴或不伴坏疽。临床上现采用全骨髓细胞、骨髓单个核细胞及外周血单个核细胞移植来治疗CLI。

近年,国内进行了一个外周血干细胞(PBSC))移植治疗下肢缺血的研究,对150例下肢缺血患者随机分成外周血干细胞移植组(治疗组76例)和骨髓干细胞移植组(对照组74例),并完成3个月的治疗观察期。结果发现两组对临床指标均有显著改善,且无移植相关的异常症状体征出现。外周血干细胞移植组的踝肱指数(ankle/brachial index,ABI)增加值、患肢疼痛评分减少值均显著高于骨髓干细胞移植组。研究得出结论认为,自体PBSC移植治疗严重下肢缺血是方便、安全、有效的,考虑其作用机制可能是PBSC移植的细胞中不仅包括$CD34^+$的干细胞及EPC,而且包括$CD34^-$的基质细胞,相关的基础与临床研究提示可能与以下机制有关:一是在移植局部提供EPC以达到血管新生和血管生成;二是移植细胞中的基质细胞在移植局部释放多种血管活性因子(如VEGF、bFGF、angiopoietin-1等),这些血管活性因子促进EPC血管新生和血管生成。国内另一项研究进行了53例(83条下肢)采用外周血单个核细胞移植治疗下肢严重缺血,也取得了相似的治疗效果。

鉴于干细胞移植在严重肢体缺血治疗中的潜在应用价值,大量的初步研究及病例报道正开展并且显示干细胞治疗后患者在ABI、溃疡修复、肢体存活方面的改善。但外周血干细胞移植在严重肢体缺血治疗也存在着许多问题,如移植的数量多少是合适的,干细胞经体外培养扩增后能否用于移植,经流体剪切应力等机械因素和(或)细胞因子刺激后能否提高疗效,其作用机制和毒副作用如何等等。这些问题都应经国际国内合作研究后统一规范,统一认识其安全性和有效性,最终确定下肢缺血的常规治疗方法,甚至成为一线的治疗方法。

小 结

血管发生与血管生成过程都是在一系列信号分子的诱导下完成的,有相似之处,但环境有很大的差异。成人损伤后血管生成的来源有两个:主要来源是受损组织本身的内皮细胞,其次是骨髓中的内皮祖细胞。内皮细胞通过激活、迁移和增殖,最后形成血管。而内皮祖细胞在血管重建中发挥辅助作用,分化成少量的血管内皮细胞,或通过旁分泌作用促进血管生成。本节介绍了血管的组织结构后,接着介绍了心脏的发生过程及其组织结构。了解心脏的发生有助于理解先天性心脏病发生的的原因以及心脏组织结构,而掌握心脏的组织结构有助于理解心脏的功能及后天性心脏病。

血管干细胞主要介绍了内皮祖细胞,一类起源于造血细胞系的早期EPC,另一类起源于内皮细胞系的是晚期EPC。心脏中存在着心脏干细胞,但其存在证据、作用机制及临床应用的可能性还处于研究阶段。接着介绍和总结了可用于细胞治疗的种子细胞的种类、来源、优势、应用和存在的问题。

在血管疾病的再生治疗中,虽然目前临床正在开展心肌梗死的细胞移植治疗并取得一定的疗效,但由于尚未明确其治疗机制,疗效一直不能取得突破性进展。我国在周围血管疾病的细胞治疗临床开展目前处于国际领先水平。

由于干细胞研究在近年取得了巨大的进展,给心血管相关疾病的干细胞治疗带来了前所未有的希望,以至于关于干细胞在心血管病治疗中的应用研究热情空前高涨。未来心血管病的防治将不再是单一药物,针对单一因素的局部防治,而是进行有针对性的、防治结合、标本兼治、多途径、多靶点、有顺序的整合治疗。

随着医学信息科学、远程医疗和E-Health的发展,心血管疾病的预防、治疗和康复将进入一个社会防治网络的新模式,它将使医学科学人文化、社会化、群众化,极大地提高心血管疾病防治效率和效果,提高人民的生活健康水平。

(余 红)

第十三章　肾脏干细胞与再生医学

肾脏(kidney)是泌尿系统中最重要的脏器,主要功能是排泄代谢产物,调节水、电解质和酸碱平衡。肾脏还具有内分泌功能,分泌肾素(renin)、促红细胞生成素(erythropoietin)、前列腺素(prostaglandin)和1,25-二羟基胆骨化醇(1,25-dihydroxy cholecalciferol)等。

目前,全球由各种原因导致的急性肾损伤人数约为1.46亿人,我国每年新增急性肾损伤患者超过400万人。2025年全球急性肾损伤患者人数预计将增长到2.8亿人,相关医疗费用数千亿美元。有30%急性肾损伤患者肾功能不能恢复而发展成为慢性肾功能衰竭,必须接受肾移植或透析治疗,为患者、家庭和社会带来巨大的经济负担。

近年来,国内外学者围绕肾脏再生的基因调控、细胞来源以及微环境对再生的调控机制等问题进行了大量研究。这些工作取得的进展不仅为肾脏再生机制研究的突破创造了良好条件,也为发展促进肾脏再生的新策略、提高肾病和肾移植治疗效果奠定了坚实基础。人们发现了大量非造血干细胞来源的干细胞(或者祖细胞),其中包括内皮干细胞和神经干细胞。这些研究发现提示了器官再生潜能及干细胞的临床应用前景。世界范围内的肾脏供体短缺使人们极度关注肾脏再生这一领域。

本章节中,将介绍肾脏干细胞及在肾脏疾病中的治疗应用,以及再生医学在肾脏领域的最新研究。

第一节　肾脏中的肾脏干细胞

一、肾脏的结构

肾脏复杂的结构是完成其多方面功能的基础。

肾单位(nephron)是肾脏基本的结构和功能单位。人体的两侧肾脏共有约200万个肾单位。肾脏的代偿功能很强,部分肾单位损伤引起的功能丧失可由其他肾单位予以代偿。肾单位由肾小球(glomerulus)和与之相连的肾小管两部分构成。

肾小球直径150μm~250μm,由血管球和肾球囊组成。血管球由盘曲的毛细血管袢(capillary tuft)组成。入球动脉在血管极进入血管球,分成4~5个初级分支。每个分支再分出数个网状吻合的毛细血管袢。初级分支及其所属分支构成血管球的小叶或节段(segment)。小叶的毛细血管汇集成数支微动脉,后者汇合成出球动脉,从血管极离开肾小球。肾小球毛细血管壁为滤过膜(filtering membrane),由毛细血管内皮细胞、基膜和脏层上皮细胞构成。

1. 内皮细胞(endothelial cell)为胞体布满直径70~100nm的窗孔(fenstra)的扁平细胞,构成滤过膜的内层。细胞表面由薄层带负电荷的唾液酸糖蛋白被覆。

2. 肾小球基膜(glomerular basement membrane,GBM)为滤过膜的中层,厚约300nm,中间为致密层(lamina densa),内外两侧分别为内疏松层(lamina rara interna)和外疏松层(lamina rara externa)。肾小球基膜是肾小球滤过的主要机械屏障。基膜的主要成分是Ⅳ型胶原、层粘连蛋白(laminin)、硫酸肝素等阴离子蛋白多糖、纤连蛋白(fibronectin,FN)和内动蛋白(entactin)等。Ⅳ型胶原形成网状结构,连接其他糖蛋白。Ⅳ型胶原的单体为由三股 α 肽链构成的螺旋状结构。每一单体分子由氨基端的 7S 区域、中间的三股螺旋状结构区域和羧基端的球状非胶原区(noncollagenous domain,NCl)构成。

3. 脏层上皮细胞(visceral endothelial cell)为高度分化的足细胞(podocvte),构成滤过膜的外层。足细胞自胞体伸出几支大的初级突起,继而分出许多指状的次级突起,即足突(foot process,pedicels)。足细胞表面由一层带负电荷的物质覆盖,其主要成分为唾液酸糖蛋白。足细胞紧贴于基膜外疏松层,相邻的足突间为 20 ~ 30nm 宽的滤过隙(filtration slit)。滤过隙近基膜侧足突间由拉链样膜状电子致密结构连接,该结构称为滤过隙膜(slit diaphragm)。有三种重要的蛋白质参与滤过隙膜的构成。其中,nephrin 属细胞黏附分子中免疫球蛋白超家族成员,特异性表达于肾小球。nephrin 为跨膜蛋白,其分子自相邻的足突向滤过隙内延伸,并相交形成二聚体。nephrin 胞质内部分在足突内与 podocin 和 CD_2 相关蛋白(CD_2-associated protein,CD_2AP)分子结合,并通过 CD_2AP 与细胞骨架中的肌动蛋白连接。脏层上皮细胞对于维持肾小球屏障功能具有关键性的作用。基膜成分主要由脏层上皮细胞合成。滤过隙膜是对滤过物质的最后一道防线。

毛细血管间的肾小球系膜(mesangium)构成小叶的中轴。系膜由系膜细胞(mesangial cell)和基膜样的系膜基质(mesangial matrix)构成。系膜细胞具有收缩、吞噬、增殖、合成系膜基质和胶原等功能,并能分泌多种生物活性介质。

肾球囊又称鲍曼囊(Bowman's capsule),内层为脏层上皮细胞,外层为壁层上皮细胞。脏、壁两层细胞构成球状囊,尿极与近曲小管相连。

正常情况下,水和小分子溶质可通过肾小球滤过膜,但蛋白质等分子则几乎完全不能通过。滤过膜具有体积依赖性和电荷依赖性屏障作用。分子体积越大,通透性越小;分子携带阳离子越多,通透性越强。

二、骨髓干细胞与肾脏干细胞

2005 年 Fang 等报道,雄性小鼠骨髓细胞输注入叶酸诱导的雌性肾损伤小鼠后,约 10% 的再生肾小管细胞具有 Y 染色体。骨髓干细胞可以形成肾细胞,包括系膜细胞、肾小管上皮细胞、肾小囊脏层细胞。这产生一个假设,骨髓存在并可动员一些肾脏干细胞。研究人员最初试图从肾外源找出肾脏干细胞。Lin 等发现将表达半乳糖苷酶(LacZ)的雄性 ROSA26 小鼠获得的骨髓干细胞($Rh^{low}Lin^{-}$ $Sca1^{+}$ c-kit^{+}细胞)移植给雌性肾缺血再灌注损伤的小鼠时,可分化为肾小管上皮细胞,促进肾小管再生。Kale 等随后提出了骨髓干细胞输注治疗急性肾功能衰竭(acute renal failure,ARF)的治疗潜力,为发展 ARF 外源性肾脏干细胞治疗策略提供了理论基础。

许多研究利用不同骨髓片段或实验模型来研究骨髓中肾脏干细胞的治疗潜能。这些研究一般涉及 LacZ 标记或使用一个遗传标记(Y 染色体)的骨髓细胞移植,LacZ 是增强型绿色荧光蛋白(enhanced green fluorescent protein,EGFP),在诱导肾损伤后进行检测。这些供体细胞的后代用半乳糖苷 (X-gal)染色,或者荧光原位杂交 Y 染色体,用荧光显微镜分别检测。研究发现再生的肾小管细胞带有这些标记,表明一部分移植的骨髓细胞[即大块碎片、造血干细胞、和(或)间充质基质]有助于 ARF 肾脏修复。干细胞含量变化很大,但它在一个器官中所占的比例通常低于 1%;而所选择的疾病模型是影响干细胞数量的重要因素。事实上,Kunter 等人提出在灌注微量细胞后肾脏修复的加速与旁分泌生长因子有关。包括内皮细胞生长因子和转化生长因子-β_1(transforming growth factor-β_1,TGF-β_1)。最近,Duffield 等人提出虽然目前已经建立了很好的检测系统,但所有早期研究中的检测系统可能产生假阳性结果,导致过高地评价了骨髓来源干细胞对肾脏修复再生的贡献。

目前,基于其他实体器官的工作,有三种方式可以分离组织干细胞。最常规使用的方法是细胞表面标记,它可以在组织干细胞中表达。CD133 的表达最初在造血干细胞和祖细胞中显示,但此标志物也在干细胞和其他组织如血管和神经中表达。最近,在成人肾脏皮质中也发现了表达 CD133 阳性细胞。这些 CD133 阳性的人肾细胞注入免疫功能低下的 SCID 小鼠后,可在小鼠体内分化成肾组织。这些数据提示

CD133 阳性细胞可作为固有肾脏干细胞的标志物。

另一个被提出的肾脏干细胞标志物是巢蛋白,它是一个在神经上皮干细胞中表达的多谱系干细胞标志物。巢蛋白阳性细胞在乳突处大量聚集,其次在小鼠肾小球和肾小球旁动脉也有表达。在缺血性损伤后,巢蛋白阳性细胞在最初的 3 小时迁移到皮层的速度为 40μm/30min,这表明他们参与了肾脏缺血损伤修复。目前尚不清楚这些巢蛋白阳性细胞是分化为成熟的原位细胞,还是直接在损伤处分泌促肾生长因子。

Dekel 等发现肾间质中存在一种非管状的 $Sca1^+$ Lin^- 细胞,它具有分化成肌肉、骨骼、脂肪等的潜能。将这些细胞直接注入肾实质后再给予缺血损伤的刺激,这些细胞表型改变可变为管型;该研究提示了这种细胞呈现组织干细胞的表现和特性,可促进损伤肾脏的再生。

胚肾间充质细胞的基因表达分析被用于识别其他潜在的肾脏干细胞的细胞表面标志物。Challen 等人发现最终分化成肾组织的细胞中普遍上调表达 21 个基因,其中 CD24 和 cadherin-11 作为表面蛋白,可用于在从成人肾脏中分离活性的祖细胞。Sagrinati 等人使用 CD133 和 CD24,在一个成年人类肾脏的肾小球囊中分离了多能祖细胞,分离的依据是根据多能祖细胞体外分化为近端和远端小管、成骨细胞、脂肪细胞、神经元细胞以及壁层上皮细胞(parietal epithelial cells,PEC)的能力。在丙三醇诱导 ARF 的 SCID 小鼠上静脉注射 $CD24^+$ $CD133^+$ PEC 可在肾单位的不同部分再生管状结构,从而减轻肾脏形态和功能的损害。

还有一种方法不使用细胞表面标志物分离肾脏干细胞。Kitamura 等人通过显微切割分离肾祖细胞。将肾片段进行单独培养,经过简单的稀释,将最具有生长潜力的细胞进行分选培养。rKS56 细胞系在体外有潜力分化成成熟的肾小管上皮细胞,植入体内后取代损伤的小管,改善肾功能。

另一种常见的识别干细胞的方法是检测侧群细胞(side-population,SP)。这种技术首先是从成年小鼠骨髓中用 Hoechst 33342 染料和荧光激活细胞分选技术(fluorescence-activated cell sorting,FACS)进行分选获得丰富的造血细胞,实验中将染色阴性的细胞视为 SP 细胞。SP 细胞表达编码流出泵的基因,而这种流出泵多在膜转运体 ATP 结合基因盒超家族中存在,此特性赋予了 SP 细胞生存优势。因此,SP 表型可以用来纯化干细胞富集片段。

识别组织干细胞的另一种方法是使用溴脱氧尿苷 DNA 标记(bromodeoxyuridine,BrdU),由于组织干细胞只分化组织循环所要求的,分化周期非常缓慢。这种技术已经被用于识别包括皮肤、肠和肺中的慢循环干细胞。Maeshima 等给予缺血/再灌注损伤成年大鼠模型腹腔注射 BrdU 每日 1 次,连续 7 天,观察到肾小管中存在 BrdU 阳性细胞。定量分析结果表明再灌注后,BrdU 阳性细胞的数量增加两倍,这表明在肾缺血损伤修复的肾脏中大部分增殖细胞来自 BrdU 阳性的肾祖细胞。

第二节 肾脏干细胞微龛

在干细胞研究进展中,近年来虽然已证实肾脏干细胞的确存在于成人机体中,并且具有分化为成熟肾脏细胞的功能,但是关于干细胞微龛的争议仍然不断,目前所提出的微龛主要包括表皮间质、乳头和小管等。

近来的研究结果提示可以转变分化成肝实质细胞或胆管上皮细胞的肝脏原始细胞,即卵圆细胞,可能不仅仅起源于终末胆管与门静脉交叉处的肝实质细胞,也可能起源于骨髓。同样,其他的干细胞,包括肾脏,通常不会只局限于一个固定的位置,而是根据损伤的严重程度、位置及持续时间的不同可以存在于体内不同的位置。当然,存在于组织器官中的特异性干细胞仅仅只占整个细胞结构中的极小一部分,提示在组织损伤时机体能够利用的特异性干细胞的数量是远远不足的,因此干细胞就需要在体内进行自我扩增或者从机体循环中摄取其他干细胞来达到损伤后再生所需的干细胞量。Lin 等的最新研究对这些情况有了一个完美的总结。他们建立了一批在亲代和子代的肾小管上皮细胞中永久标记 EGFP 的嵌合体小鼠。在缺血损伤后,EGFP 阳性的细胞在表达 BrdU 的同时,也表达了缺失的标记物波形蛋白(vimentin)和配对盒基因 2 抗体(paired box 2,Pax2)。另外,这些细胞也同时在基底膜上表达水通道蛋白-3(aquaporin-3,

AQP-3),在细胞间质中表达紧密连接蛋白(zonula occludens-1,ZO-1),这表明原先的小管细胞重新分化成了成熟的肾小管细胞。这些数据有力地证实了再生的小管细胞是来源于肾小管上皮细胞。

为明确在缺血损伤修复中究竟是内源性细胞重要还是外源性细胞重要,研究者们对再生的 BrdU 阳性的细胞以及骨髓来源的 Y 阳性细胞进行了定量分析。结果显示 89% 的再生上皮细胞来自于宿主本身,而剩下的仅 11% 的细胞来源于供者的骨髓细胞。这个发现与 Duffield 等的研究一致。这些结果证实在缺血损伤后骨髓来源的细胞可以被整合入肾小管中,但是肾内的细胞仍然是肾小管再生的主力军。今后若想让肾脏干细胞应用于人类疾病的治疗,还需更好地在病理生理学范畴上了解肾脏干细胞。

第三节 肾脏再生的其他干细胞来源

在肾脏再生过程中,成体肾脏干细胞并不是唯一的来源,以下介绍的就是利用其他来源的干细胞修复肾脏的可能性。

一、胚胎干细胞

胚胎干细胞是起源于囊胚内部细胞的一种未分化的多能性干细胞。胚胎干细胞根据培养环境的不同,可以分化为多种类型的内胚层、中胚层、外胚层细胞,是组织再生工程中具有重大潜能的一类细胞。胚胎干细胞作为再生的医疗手段已经被应用于多种疾病模型中,包括帕金森病、糖尿病等。自从发现人的胚胎干细胞在移植入免疫功能被抑制的小鼠体内仍具有分化为肾脏结构的功能后,越来越多的研究开始专注于寻找体外培育胚胎干细胞向肾脏细胞分化的合适环境。Schuldiner 等人的研究发现在人胚胎干细胞的培养过程中加入 8 种生长因子包括 HGF 和活化素 A(activin A),可以使其分化为表达 WT1(Wilms' tumor gene 1,WT-1)和肾素的细胞。

最近有报道指出,小鼠稳转录 Wnt4 基因的胚胎干细胞在 HGF 和活化素 A 存在的情况下,可以分化为具有小管样结构的表达 AQP-2 的细胞。尽管在体外要建立起一套完整有效的可应用于临床的体系仍然任重而道远,但是,利用这些体外的技术,可以先寻找到决定胚胎干细胞分化的重要分子从而为今后的研究打下基础。一个在离体后肾中培育胚胎干细胞的体系正在被研究是否具有使胚胎干细胞分化为具有肾组织结构的肾脏细胞的功能。ROSA26 胚胎干细胞被注入离体后肾,加以各种在发育微环境中所需的因子刺激后,最终在起源于胚胎干细胞,β 半乳糖苷酶基因(LacZ)阳性的细胞中发现具有类似于肾小管上皮结构的细胞接近 50%。在这些研究的基础上,Kim 和 Dressler 期望可以进一步找到使胚胎干细胞分化为肾上皮细胞所需的肾源性的生长因子。胚胎干细胞在被移植入发育中的后肾后,又加以视黄素、活化素 A 和 BMP7,这些因子的加入使得最终分化为肾小管上皮细胞的成功率接近 100%。另外,Vignearu 等人指出胚胎干细胞表达中胚叶的特定标志基因——*brachyury* 基因,这提示在活化素 A 存在的情况下或许胚胎干细胞可以成为肾脏原始祖细胞,这些细胞再被移植入发育中的后肾后,或许会被整合入生肾带中。另外,这些细胞在一次性注入新生的活的小鼠的肾脏后,稳定地被整合进了近端小管,并且一直保持着正常的形态和极性长达 7 个月之久,并且从未发现有畸胎瘤的形成。总之,这些研究结果表明胚胎干细胞或许可以在损伤修复中作为肾脏干细胞的来源。

二、诱导性多能干细胞

目前,胚胎干细胞的应用遇到的障碍,主要包括所捐献的受精卵的合理使用及异体移植可能带来的排异反应。因此,理想的细胞来源应是在具备胚胎干细胞所有性能的同时来源于成体细胞,比如皮肤。第一个制造患者特异性干细胞的尝试应用了体细胞核移植技术,即把成体细胞植入未受精卵的胞质中使其 DNA 得以重新编码,或者近期的技术手段是移植入新鲜的受精卵。尽管研究已证实通过细胞核移植技术可以在小鼠体内得到胚胎干细胞,但是细胞比例却不容乐观。Hwang 等报道了第一例在人体中的成功克隆,极有可能就是使用了来源于囊胚的单性生殖的胚胎干细胞,当然,之后这个研究小组的研究结果被认定是一种欺骗。理论上说,在成人机体内制造多能干细胞是有可行性的,事实也表明在非人类的灵长类动物中,已有成功运用成体皮肤成纤维细胞培育出多能干细胞的先例。但是,迄今为止,仍然没有任何报道声称可以利用细胞核移植技术成功培育出人胚胎干细胞系。Takahashi 和 Yamanaka 报道了在成体细胞中通过反转录与细胞多能性有关的转录因子如 Ocr3/4、Sox2、c-Myc 和 Klf4,可以成功培育出类似于多能胚胎干细胞的一类细胞。这些细胞被称为诱导性多能干细胞(iPS)。重新编码的 iPS 可以从被再次激活的 Fbx15、Oct4 或 Nanog 基因中筛选而得,这些基因通过同源重组或转基因时加入 Nanog 启动子从而在各自的内源性基因中嵌入了耐药标记。此外,iPS 可以通过他们类似于胚胎干细胞的形态得以分离而无须利用转基因的供体细胞。自体移植的 iPS 的治疗作用已在小鼠的遗传性疾病中有所报道。近来,利用这四种因子已经可以成功地把成体皮肤成纤维细胞诱导成为人 iPS。iPS 在遗传学和生物学功能上与正常的胚胎干细胞无异,因此或许也可以作为在损伤修复中的肾脏干细胞的来源。

三、间充质干细胞

研究表明,通过静脉或腹膜移植入小鼠体内的间充质干细胞(mesenchymal stem cell,MSC)或是类似于间充质干细胞的细胞群可以在骨髓、脾脏、骨和软骨及肺中持续存在长达 5 个月之久。近来,Liechty 等报道了把人间充质干细胞通过腹膜异体移植入绵羊胚胎中同样也可以在异体分化成为多种组织,包括软骨细胞、脂肪细胞、肌细胞、心肌细胞、骨髓和胸腺基质细胞。这些发现表明骨髓间充质干细胞具有位点专一的分化为不同组织类型的能力。有研究者将间充质干细胞移植入多种不同的肾衰竭模型,结果均显示 MSC 可以保留肾脏功能。但是,Kunter 等近来的研究也发现在肾小球内移植 MSC,MSC 将会在体内不当地分化成脂肪细胞,使得早期 MSC 在保护损伤的肾小球及维持肾脏功能中所起的有益效果被削弱。因此,若想将 MSC 进一步推广应用于急性肾损伤的细胞治疗,其在肾小球内的分化条件仍需进一步被探索。

Zhu 等在对肾脏再生的研究中,使用了健康志愿者骨髓中原始的骨髓间充质干细胞。因为,人 MSC 近来被认为保留了可塑性并且具有分化成为不同细胞类型的能力。但胚胎干细胞仍被认定为是肾脏再生最理想的细胞来源。不同于胚胎干细胞,当人 MSC 被移植入后肾后,人 MSC 在培育过程中不会被整合进肾脏结构,为人 MSC 对于形成有效的肾脏结构的可行性提出了质疑。研究结果显示人 MSC 并不表达 WT1 和 Pax2 基因,提示人 MSC 并不具备肾源性的分子特性。但是,与胚胎干细胞相比较,人 MSC 的优势在于成体 MSC 可以在自体骨髓中分离得到,因此,在临床应用中不存在伦理问题,也不需要使用免疫抑制剂。

第四节 由干细胞培育出的全新肾脏

目前,世界上有几个研究小组正在致力于建立一个全新的肾脏,将其作为一个整体的器官,用于肾脏疾病的治疗。Woolf 等报道显示,如果将中肾管移植到宿主小鼠的肾皮质,中肾管可能会继续生长。移植物包含肾血管球和成熟的近端小管,并可能具有肾小球的滤过能力。集尿管状结构出现并从移植物向宿主肾乳头延伸。虽然没有直接的证据证明这些集尿管状结构与宿主集尿系统相连,也没有证据证明移植物功能与原始肾脏有相似之处,但这些结果为早期胚胎来源的中肾管作为潜在的再生肾来源,用以解决肾脏移植的器官短缺的问题提供了依据。因为肾包膜存在空间限制,可能会阻碍移植物生长,所以透析患者肾包膜是否适合作为移植部位,是这一研究领域的重大瓶颈。由 Rogers 等人建立的系统,可以克服这些问题,他们也用中肾管作为可移植的人工肾来源,但是将移植物移植到宿主网膜,这一位置不会受过紧的器官包膜的限制,也不会被透析干扰。大鼠、小鼠和猪的中肾管移植入大鼠或小鼠大网膜,并对异种移植成功和分化成功能性肾单位进行了评估。结果显示,在早期妊娠阶段收获的组织,包括中肾管,具有最低的免疫原性。同种异体移植(大鼠中肾管移植到大鼠大网膜)的情况下,原位移植物呈肾脏外形,大小接近原始肾脏直径的1/3。

组织学结构上，移植物具有分化良好的肾脏结构。重要的是，这种移植技术无需进行免疫抑制。随着异种器官移植，猪中肾管在大鼠网膜生长分化成肾组织，拥有肾小球、近端小管和集合管；然而，必须使用免疫抑制剂，因为如果没有这些药物，移植后的移植物将迅速消失。有意思的是，猪中肾管移植物比正常大鼠肾脏的体积（直径和重量）稍大。此外，移植的组织可以产生尿液，而且令人惊讶的是，完整的输尿管吻合术后，将肾脏输尿管移除后，无肾大鼠开始排泄，寿命也会延长。这一成功提供了一种新的慢性肾功能衰竭的治疗策略。

Chan 等人对整个肾脏功能进行研究后，首次尝试通过开发非洲爪蟾可移植的前肾建立一个功能性全肾单位。非洲爪蟾的表皮和神经组织可以正常发育，其外胚层包含多能性干细胞，在特定的培养条件下，可以分化成多向组织细胞。基于此他们将这一前肾结构移植到双侧肾切除的蝌蚪用于检验前肾的功能是否完整。双侧前肾切除导致蝌蚪发生严重水肿，并在 9 天内死亡；移植前肾单位后可减轻水肿程度，并且，蝌蚪存活长达 1 个月之久。虽然，前肾结构的形成对于任何人类的医学应用过于原始，但是，就目前研究进展而言，该研究是迄今为止唯一一个实现体外移植物功能的全肾单位。

Lanza 等试图建立自体肾单位来避免免疫抑制剂导致的不良影响。应用了核移植技术培育具有组织相容性的肾脏用于人工器官移植，该技术将成年母牛分离的皮肤成纤维细胞转移到去核的牛卵母细胞，并用非手术的方式移植到同步受孕的受者。6～7 周后，分离胚胎中的后肾，用胶原蛋白酶消化，进行体外培养和扩增，获得理想的细胞数量。然后将这些细胞接种在专用管内，移植入这些克隆细胞来源的同一头牛体内。令人惊讶的是，通过这种方法接种后肾细胞产生的肾可以形成尿液样的液体，而那些没有细胞或者移植同种异源细胞的没有形成类似液体。移植物的组织学分析发现新生的肾组织具有分化良好的肾结构，由肾小球、小管和血管等结构有条理地组成。这些肾组织向单一方向分化发育，与肾盂相连，尿能够排泄入集尿管系统。虽然目前对于培养细胞如何从后肾管脱落，获得极性并发育成肾小球和肾小管的机制尚不清楚，但是该研究成功之处在于在肾脏再生中应用核移植技术，从而避免长期使用免疫抑制剂所导致的副作用。

最近，Osafune 等人对体外培养系统进行了研究，在这一系统中，后肾间充质中的高表达 Sal 类似基因（sal-like 1，SALL1）的细胞可形成包含肾小球和肾小管的三维肾结构。这一发现提示从单个细胞建立整个肾脏具有一定可行性。

第五节 建立自体间充质干细胞来源的自体肾脏

一、应用间充质干细胞和后续培养系统建立肾单位

肾脏解剖结构非常复杂，需要所有细胞共同组成功能单位才能够产生尿液。人工肾脏的结构必须包括肾小球、肾小管间质和血管。但是，人工肾脏无需达到与自身肾脏相同的大小，只要肾小球滤过率超过 10ml/min，过滤体积至少达到原肾 10% 即可。理想的情况下，人工肾只需使用低剂量的免疫抑制剂就能够存活和生长。并且人工肾脏具有多种重要的功能，包括控制血压、维持钙磷平衡以及产生促红细胞生成素（erythropoietin，EPO）。

根据这些要求，科学家们试图建立理想的人工肾。首先，尝试使用发育中的异种动物的胚胎作为“器官工厂”，用于重建兼具结构和功能的肾脏。在胚胎发育阶段，单个人类受精卵细胞发育成为一个个体需要 266 天，啮齿类动物只需要 20 天。这说明单个受精卵都有内在的发育图谱，每一个器官包括肾脏的发育都有精准的调控。因此，人们试图破解这张发育编程的蓝图，保证干细胞最终在正确的位置上发育成需要的器官。

在后肾（永久性肾）发育过程中，后肾间质最初来源于生肾索尾端部分，并分泌神经胶质细胞源性神

经营养因子(glial cell line-derived neurotrophic factor,GDNF),该因子诱导邻近的 Wolffian 管生成输尿管芽。后肾间充质细胞因此形成肾小球、近曲小管、亨利袢、远端小管以及肾间质,这是上皮-间充质在输尿管芽和后肾间充质相互作用的结果。这种上皮-间质诱导的发生,必须有 GDNF 与其受体,表达在 Wolffian 管的 c-RET 的相互作用。我们假设,如果定位在芽生位点并由多种因子的空间刺激,GDNF 表达的骨髓间充质干细胞可以分化成肾脏结构。

为了验证这种假设,首先将人骨髓间充质干细胞(human bone marrow mesenchymal stem cell,hBMSC)体外注入发育的后肾中。这样并未建立肾脏结构,也没有任何肾脏特异性基因表达,说明 hBMSC 必须在后肾发育开始前植入,才能发生特异性分化。将 hBMSC 种植到发育中的胚胎的肾发生位点可以实现肾脏的再生。然而,一个被用于细胞移植的胚胎不能再移植回子宫进一步发育。因此,我们建立了结合单个胚胎培养系统的后肾器官培养系统。在这一系统中,胚胎在出芽前从母体分离,在培养瓶中继续生长,直到原始肾形成,胚胎可以通过器官体外培养进一步发育。应用这一联合方法,通过对小管形成和输尿管芽分支的观察,发现即使事先将胚胎解剖并取出输尿管芽,后肾仍能够在子宫外继续发育。

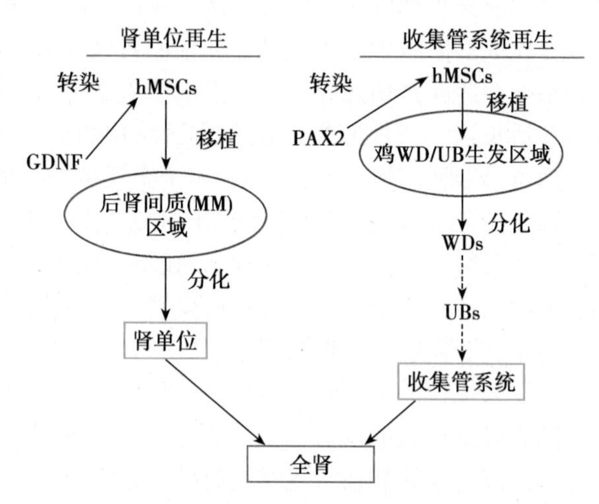

图 13-1 应用 hMSC 和后续培养系统建立全肾的两步法

基于这些结果,将表达转录因子 Pax2 的 hMSC 显微注射到出芽位置并进行“后续培养”。在注射之前,使 hMSC 高表达 GDNF,同时用 *LacZ* 基因和 DiI(1,1’-dioctadecyl-3,3,3’,3’-tetramethylindocarbocyanine perchlorate,DiI)进行标记。注射后不久,胚胎和胎盘一起被转移到孵化器例如鸡的输尿管芽生发区域培养(图 13-1)。培养结束后,观察到整个后肾分布着 X-gal 标记阳性细胞,从形态学上也可鉴定出肾小管上皮细胞、间质细胞和肾小球上皮细胞。此外,反转录-聚合酶链反应还显示出一些足细胞和肾小管特异性基因的表达。

二、人造肾产尿功能

评价一个人造肾脏是否成功的重要指标是其是否具有产尿功能。肾脏的产尿功能需要依赖受体肾脏周围的血管动脉系统。人工肾周围需要有血管丛的支持,使其成为一个有功能的肾。利用 Rogers 等的前期研究方法,将胚胎期后肾与受体血管共植入大网膜中,可以分化成有功能的肾单位。在此过程中,科学家需要知道哪个阶段的胚胎后肾可以在大网膜中发育成功。他们选取了大鼠胚胎不同阶段的后肾移植入大网膜中,观察胚胎的生长情况,发现两周后,只有大于 13.5 天的后肾才能发育成功。

为了探讨人造肾周围的血管是来源于受体还是供体,将受体标记上 β-半乳糖苷酶(*LacZ*)基因,这样就可以通过 X-gal 测定(X-gal assay)来观察人工肾周围血管的来源。前期实验已经证实利用转基因标志来观察器官再生是非常有用的,如 GFP 标志。研究发现大网膜中有几组血管出现并整合在人造肾中,大部分的肾小管周围毛细血管都是 β-半乳糖苷酶阳性的,结果提示它们大部分来源于受体。进一步的电镜分析提示在肾小球脉管中存在血红细胞。这些数据暗示大网膜中的人造肾脉管系统来源于受体本身且可与受体微环境进行交流并且有能力收集和过滤受体血液,从而产生尿液。为了证实这个观点,有研究将人造肾置于大网膜中 4 周后继续看它的发育状态。结果发现,人造肾结构患有肾盂积水,这进一步证实了人造肾可以产尿的观点。因为如果将输尿管埋藏在大网膜的脂肪组织下,尿液就没有可以流出的出口,因此,比较容易积聚变成肾盂积水。同样通过分析膨胀输尿管中的液体成分,发现在大网膜中发育的人造肾可以通过过滤受体血液,产生尿液。

三、其他肾脏功能的获得

一个理想的再生肾还应该具有其他重要功能。肾脏清除尿毒症毒素,将多余液体以尿的形式排出,参与调控造血功能、血压、钙磷平衡从而维持机体的体内平衡。因此,有研究用小鼠模型探讨人造肾在遗传性肾脏疾病法布瑞症中具有生物学可行性。法布瑞症是一种 X 性染色体相关的遗传性疾病,主要是由于 A 型 α-半乳糖苷酶缺陷导致的溶小体储积症,从而导致非正常鞘糖脂的积聚,使末端 α-半乳糖苷酶沉积在包括肾脏在内的不同器官中,导致慢性肾功能衰竭。α-半乳糖苷酶在肾脏中的沉积主要表现在足突状细胞和肾小管上皮细胞中,导致肾小管硬化症、肾小管上皮细胞萎缩和间质慢性纤维化。法布瑞症小鼠虽然缺乏 A 型 α-半乳糖苷酶,但表现型却与正常的小鼠相像,且在过碘酸雪夫染色(periodic acid-schiff stain)、Masson 三色染色和苏丹Ⅳ病理学染色方面都与正常小鼠一样。这是由于它积聚不正常脂质的过程非常缓慢,通常老鼠在表现肾功能缺陷前就已经死亡。研究评估了再生肾脏在恢复 A 型 α-半乳糖苷酶活力和清除法布瑞症小鼠体内不正常鞘糖脂积聚的可行性。Yokoo T 等将 hMSC 与脑源性神经生长因子共同移植入 9.5 天的法布瑞症小鼠胚胎内,然后将其放在培养系统中让它形成一个肾脏。与正常野生型小鼠相比,患有法布瑞症的小鼠肾脏中 A 型 α-半乳糖苷酶的生物学活性非常低,而移植入 hMSC 的再生肾脏表达显著高水平的 A 型 α-半乳糖苷酶。与患有法布瑞症的小鼠相比,移植入 hMSC 的再生肾脏中输尿管芽和后肾 S 形部分鞘糖脂的积聚显著性下降。这些事实提示人造肾脏具有维持机体内环境的功能。研究进一步证明人造肾脏可以产生人体某些蛋白质并且参与人体内稳态调节。比如,从人造肾脏中提取核糖核酸检验了 1α-羟化酶,甲状旁腺素受体-1 和 EPO 发现其都是人体特异性的产物,这表明人工肾很好地参与了受体的内分泌调节。综上所述,在大网膜中发育的人造肾脏拥有除了产尿以外的其他重要肾脏功能。

肾脏的另一重要功能是生成 EPO 维持红细胞的平衡。EPO 主要由肾脏产生,可以刺激产生血液细胞。虽然目前已广泛应用重组人 EPO 来改善慢性肾功能衰竭患者的肾脏性贫血,从而降低其发生率和死亡率,但是由于其价格昂贵(每人每年超过 9000 美元),通常不能负担。

目前,关于 hMSC 形成的肾脏在大鼠体内有三大发现:

1. 依赖由自体骨髓细胞分化形成的类器官可在大鼠体内生成人红细胞生成素。

2. 人红细胞生成素可通过贫血刺激生成,这提示红细胞生成系统可以自发调节性地保证红细胞生成素水平。

3. 贫血因素刺激下的大鼠模型中,人造肾脏可分泌红细胞生成素,从而促进红细胞的生成增多甚至可达到正常大鼠相同水平。

这些实验提示 hMSC 分化成的人造肾脏可能拥有正常肾脏全部的功能,而不仅仅只是产尿功能。这些研究为治疗慢性肾功能衰竭提供了新的方法。

第六节 肾脏再生中微环境的特征及调控机制

组织微环境对再生修复有重要影响。组织受损部位会产生大量趋化因子和炎症因子,诱导巨噬细胞、T 细胞和树突状细胞等各种免疫细胞趋化集聚。不同种类和亚型的免疫细胞对组织再生修复发挥不同作用,有的加剧炎症,有的促进再生。因此,免疫微环境的影响是再生机制研究的前沿和热点。目前对肾脏损伤再生时免疫微环境的变化特征及作用机制仍缺乏系统深入的了解,研究这些问题不仅会丰富我们对再生组织微环境调控的认识,而且会为肾小管再生修复的临床干预提供科学依据。

巨噬细胞是肾损伤部位最主要的炎症细胞。正常肾脏中巨噬细胞含量较少。缺血再灌注等肾脏损伤两小时内,大量巨噬细胞募集到受损部位,成为局部数量最多的免疫细胞。损伤初期浸润的巨噬细胞主要为 M1 型。这种细胞分泌 IL-12 和 IL-23 等促炎性细胞因子,可以诱导细胞凋亡并加剧炎症。肾再生修复时局部的巨噬细胞主要为 M2 型。这种细胞分泌 IGF-1、FN-1 等滋养因子和 Arg-1、IL-1Ra 等抗炎因子,促进受损组织再生修复。但是,肾脏损伤修复过程中巨噬细胞亚型变化如何调控,M2 型细胞如何促进肾小管再生等具体分子机制仍不明确。有研究显示,肺损伤时产生的炎症因子通过诱导巨噬细胞发生自噬而促进巨噬细胞亚型改变,转变为 M2 型的巨噬细胞一方面分泌 IL-10 等细胞因子抑制炎症反应、缓解损伤,另一方面高表达 TGF-β,促进损伤修复。这些成果是进一步研究巨噬细胞及其亚群在肾小管再生中的作用机制的宝贵参考。

T 细胞在组织损伤和修复中亦发挥重要作用。$CD4^+$T 细胞可以控制损伤程度。这种细胞在肾脏缺血再灌注损伤早期即发生浸润,用 CTLA-4 抗体阻断 $CD4^+$ T 细胞活化的共刺激通路 B7-CD28,可缓解肾损伤并降低单核细胞的肾内浸润。$CD4^+$T 细胞两个亚群 Th1 和 Th2 细胞的平衡可能是调控肾脏损伤的关键。Th1 细胞促进炎症,而 Th2 细胞则可抑制损伤,Th2 细胞分化的关键转录因子 STAT6 敲除可导致急性肾损伤小鼠模型肾小管损伤显著加剧。调节性 T 细胞(Treg)在肾小管再生修复中发挥重要作用。Maria 等研究表明,肾脏缺血再灌注损伤后 3 ~ 10 天局部出现大量 Treg,输注 Treg 也可降低 $CD4^+$T 产生的炎性细胞因子,改善修复。T 细胞依表面抗原不同分为多种亚型,各种亚型 T 细胞是否参与损伤再生修复还不明确。阻断 $CXCR3^+$T 细胞趋化至受损器官可显著改善器官的受损程度,为发现影响肾小管损伤和再生的其他 T 细胞亚型准备了切入点。

树突状细胞在组织损伤和修复中的作用日益受到关注。树突状细胞按照功能分为刺激性树突状细胞和耐受性树突状细胞。有研究发现小鼠肝脏损伤后趋化因子 MIP-1α 吸引刺激性树突状细胞进入肝脏而加剧损伤,用 MIP-1α 抗体则可有效抑制损伤程度。这些前期研究基础对进一步研究肾脏损伤再生微环境中树突状细胞不同亚群的产生及其作用机制提供了重要线索。

干细胞领域的最新进展发现肾脏干细胞可以在成人体内分化成成熟肾脏细胞,从而使如何利用这些细胞去治疗急性肾功能衰竭成为现在的热点问题。与之相反,如何建立一个结构和功能兼具的人造肾脏去治疗慢性肾功能衰竭的研究目前甚少。因为这一领域需要克服组织器官自然生长所面临的巨大挑战。基于前期的研究,提示我们利用肾脏再生技术治疗急性和慢性肾功能衰竭是可行的。下面描述了一个再生医学治疗慢性肾功能损伤的方案(图 13-2)。首先从慢性肾功能衰竭患者的骨髓和皮肤中提取细胞,建立肾脏干细胞;然后将肾脏干细胞注入生长中的胚胎并且移植入患者的自体大网膜中,使其具有足够的时间发育成肾脏原基;最后使肾脏原基变成一个独立的器官,产生患者尿液,使患者能免于透析的困扰,甚至完全变成一个正常人。

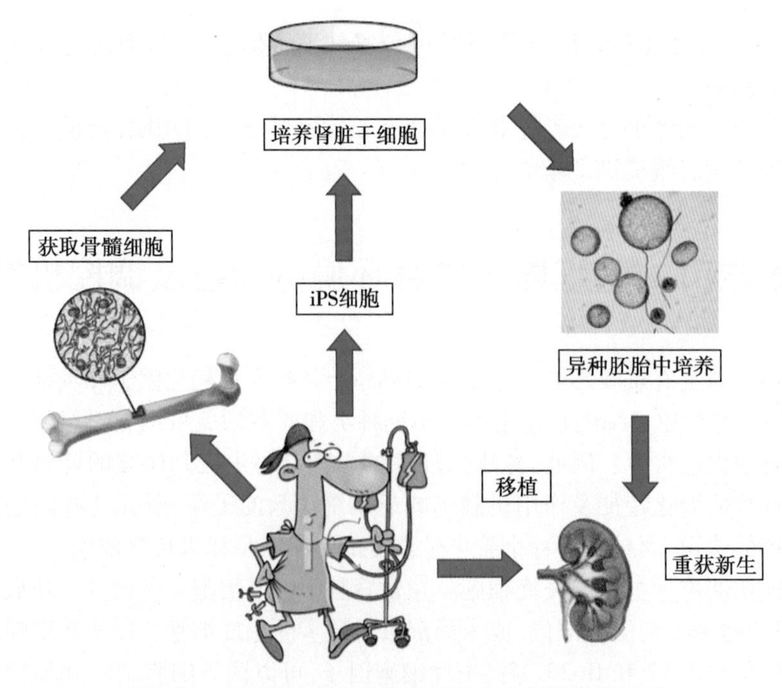

图 13-2 干细胞生物学在肾脏再生中应用的前景设想

虽然再生医学在治疗肾脏疾病中的应用前景非常光明，是终末期肾脏疾病患者的希望，但其目前尚处于发展阶段，还有许多问题需要克服。我们相信，随着肾脏医学知识的发展和肾脏干细胞生物学的深入研究，最终能够建立肾脏再生临床干预新策略。

小　结

组织发育和再生涉及基因、细胞和微环境的复杂相互作用，研究肾脏再生对了解这些过程的分子机制，促进发育生物学和再生医学发展具有重要价值。肾脏再生涉及上皮细胞去分化和再分化、前体细胞与辅助细胞的相互作用、再生细胞极性形成等过程，许多具体的细胞和分子机制还不清楚。研究肾脏再生可以充实我们对器官再生过程细胞命运调控的认识，并有望发现新的细胞作用机制。免疫微环境对细胞和组织再生的调控是近年研究的热点。肾脏再生时位于损伤部位介导炎症反应的一些免疫细胞可从促炎发生转变为抗炎，诱导并促进组织的再生与修复。对再生过程肾脏局部微环境的研究不仅可以发现促进免疫细胞功能转变（免疫功能本身不会转变）和组织再生的关键细胞和分子，而且可以了解免疫微环境对再生的调控机制。此外，对肾脏再生机制的深入认识还将大大拓展临床应用研究的思路，对临床肾损伤防治具有决定性意义。因此，肾脏发育再生机制的研究不仅将丰富发育生物学的研究内涵，还将促进再生医学的发展，为临床应用服务。

综上所述，再生医学在肾脏领域的研究提示，利用肾脏再生技术治疗急性和慢性肾功能衰竭是可行的。

（朱同玉）

第十四章　生殖腺组织干细胞与再生医学

生殖腺(genital gland)是产生生殖细胞的器官。生殖细胞的功能是由父代向子代传递遗传物质并构建新的生命。生殖腺由睾丸和卵巢组成,分别产生精子和卵子。在整个正常成年男性的生命中,睾丸都能够产生和提供精子。卵子是由卵巢中的卵泡产生的,成年女性的卵巢位于子宫两侧,并在女性的一生中只产生有限的卵子。本章将介绍生殖腺的发育、生殖干细胞和生殖再生医学。

第一节　生殖腺的发育与生殖细胞的发生

一、生殖腺的发育

生殖腺由生殖嵴演化而来。第4周人胚,在胚胎背壁中线的两侧,即背系膜的两侧,各出现一条纵嵴,向腹膜腔突出,即尿生殖嵴(urogenital ridge)。在第5周,两内侧嵴的体腔上皮细胞增生加厚,上皮层下的间质也不断增殖,向腹膜腔突出,形成生殖嵴(genital ridge),外侧则分化成中肾。生殖嵴由体细胞聚集形成,即生殖上皮(germinal epithelium)。直到第6周生殖嵴内才出现生殖细胞,生殖嵴迅速长大,与中肾分开形成原始生殖腺,具有分化为卵巢或睾丸的双重潜能(bipotential)。两性的生殖细胞并不来自生殖上皮,而是来自原始生殖细胞(primordial germ cells,PGCs)(图14-1)。在哺乳类和人类胚胎中,PGCs于受精后第4周出现在靠近尿囊的卵黄囊壁内,体积较大呈圆形。从这里PGCs借着变形虫样的运动,沿着后肠的背系膜,向着生殖嵴的部位迁移。在发育的第6周,PGCs就迁入生殖嵴,如果它们没有达到生殖嵴,则生殖腺就不发育。PGCs对生殖腺发育成卵巢或睾丸具有诱导作用。

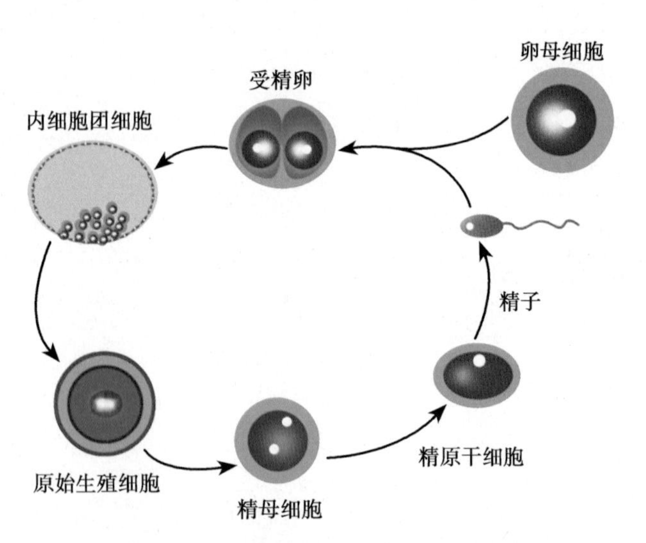

图14-1　(男性)生殖细胞的生命周期

一个精子受精一个卵母细胞并开始形成一个新的个体叫合子。合子通过卵裂和桑椹胚期,在早期胚胎囊胚形成后,其内细胞团将产生所有的体细胞系和生殖细胞系。原始生殖细胞(PGCs)是最初始生殖细胞。后者形成于胚胎生殖腺外的体细胞,随后迁移到生殖腺内并增殖。当PGCs停止增殖后转化为gonocytes。在啮齿类动物出生后不久,gonocytes重新开始增殖,并迁移到生精索基底部,在那里发展成生精干细胞。生精干细胞终身维持自我更新并通过增殖、减数分裂和精子形成并产生精子以维持生殖功能

人胚第7周时,约有1000个PGCs。PGCs的糖原含量高,并有较强的碱性磷酸酶活性,能做变形运动。在PGCs到达生殖嵴前后,生殖嵴的体腔上皮增生,穿入到深部的间质中,在间质内

形成若干形状不规则的索,即原始性索(primitive sex cord),这些索状结构渐渐把迁入的 PGCs 包围起来。在男性和女性胚胎内,这些索都与表面上皮相连,此时不可能区别男性或女性生殖腺。

原始生殖索主要来自生化上皮,也有部分来自中肾小泡。中肾小泡的细胞不断迁移至原始生殖腺内,以后分化为男女生殖腺中的除生殖上皮外的各种其他细胞成分。此时原始生殖腺分成外周的皮质及中央的髓质。

(一) 睾丸

如果胚胎在遗传上是男性,即在 SRY 基因和 H-Y 抗原作用下原始生殖腺的髓质分化、皮质退化,在妊娠 40 ~50 天时胚胎睾丸形成。原始生殖索在胚胎发育的第 7 ~8 周期间继续增生,并穿入生殖腺髓质,形成许多界限清楚的、互相吻合的细胞索,这些细胞索叫做睾丸索(testis cord),朝着生殖腺的门处形成袢状。睾丸索随后变成一个纤细的细胞索构成的睾丸网,逐渐形成睾丸的曲细精管。在进一步发育中,睾丸失去和表面上皮的联系。而到第 7 周末,这些睾丸索就通过一层致密纤维性结缔组织(即白膜)与表面上皮分隔开。生殖腺表面的上皮变扁形成间皮,白膜就成为位于间皮深部的被膜。在第 16 周时,睾丸索变成马蹄形,其末端与睾网的细胞索相连。

睾丸索是由 PGCs 和上皮细胞构成的。上皮细胞起源于生殖腺的表面,最后发育成滋养细胞。青春期时,实心睾丸索才出现管腔。这样就成为曲细精管,曲细精管很快就和睾网小管相连,并借睾网小管与输出小管相通,输出小管有 5 ~12 条,是中肾系统排泄小管的残余部分。输出小管的作用,是作为睾网小管和中肾导管(在男性称为输精管)之间的连接环节。Leydig 间质细胞是从位于曲细精管之间的间充质发育而来,并且在发育的第 16 ~24 周特别多。

生殖嵴的尾侧以后逐渐变成一条纵索,它与阴囊或卵巢相连。以后胚体逐渐长大,而纵索在性激素的影响下逐步缩短,导致睾丸下移。到第 18 周时,睾丸已降至骨盆边缘而继续下移。到第 24 周时,睾丸已到达腹股沟管上口,第 8 个月时进入阴囊。当睾丸通过腹股沟时,腹膜形成鞘突,包裹在睾丸的外面,一同进入阴囊,形成鞘膜腔。睾丸降入阴囊后,鞘膜腔与腹股沟之间的通道逐渐封闭(图 14-2)。

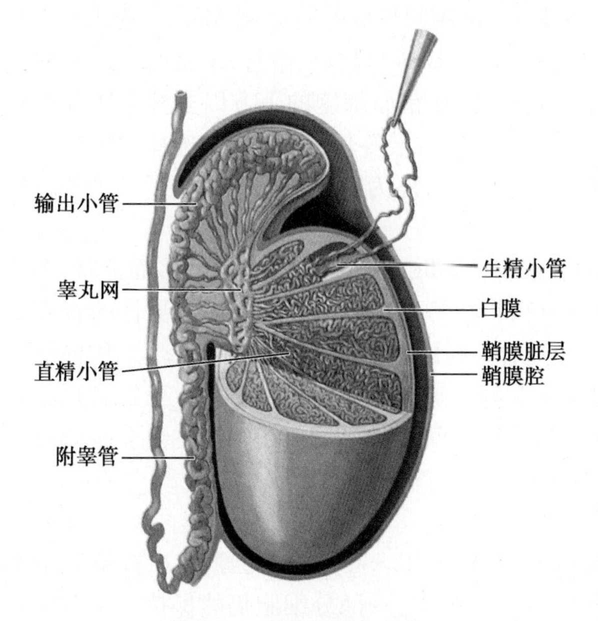

图 14-2 睾丸组织结构图

(二) 卵巢

卵巢分化较晚,变化较小,主要是未分化发育型的继续。女性原始生殖索则被侵入的间质分隔成若干不规则的细胞团,每个细胞团内含有一些 PGCs,一般位于原始卵巢的髓质部,以后消失,被基质所取代,构成卵巢髓质。卵巢表面上皮细胞不断增殖,形成皮质。到第 7 周时,皮质产生第二代生殖索,侵入间叶细胞之间,但仍保持与上皮层的联系。到第 16 周时,皮质生殖索也分隔为独立的细胞群,各包围一个或几个 PGCs,这些原始细胞随后发育成卵原细胞(oogonium),周围的上皮细胞则形成卵泡细胞。到第 15 ~20 周,大多数卵原细胞已发展成为卵母细胞,充满了皮质层,使皮质增厚,同时中肾区血管垂直地长入含有卵母细胞的皮质之中,把皮质分隔成小叶(即所谓次级性索),并把皮质和髓质分隔开来。从第 20 周到出生,皮质里血管周围间叶细胞包围卵母细胞,形成单层扁平细胞,与原始卵细胞和卵母细胞一起形成原始卵泡。其余间叶细胞继续增殖,形成卵巢基质(ovarian stroma),围绕原始卵泡的基质细胞则组成卵泡膜(theca)。到第 10 ~20 周,髓质中含有数以百计的生殖细胞,但未参加到皮质中去,一般在晚期退化。残余髓质以后构成卵巢门。卵原细胞在第 8 周时约有 60 万个。此后一方面继续进行有丝分裂以增加其数量,另一方面许多卵原细胞分化为初级卵母细胞(primary oocyte),表现为细胞体积增大,细胞核进入第一次成熟分裂的前期的核网期(dictyotene stage),细胞核为泡状,称为生发泡(germinal vesicle)。初级卵母细胞周围是一至数层立方形或矮柱状的卵泡细胞,这样就构成了初级卵泡,即 Graafian 卵泡。胎儿发育到第 20 周时,卵巢中约有 200 万个卵原细胞和 500 万个初级卵母细胞,此时是生殖细胞最多的时期。胎儿到第 24～28 周时,卵母细胞数目急剧减少。到足月时,卵巢内只含有 100 万个初级卵泡。尽管在母体促性腺素的刺激下,有部分卵泡可生长发育,绝大多数初级卵母细胞一直停滞在出生时的状态,直至青春期后才继续发育。

二、精子的发生

精子发生(spermatogenesis)是指从精原干细胞(spermatogonia stem cell,SSC)形成高度特异性精子的细胞增殖和分化过程,一般由 SSC 的增殖分化、精母细胞的减数分裂和精子形成 3 个主要阶段组成。

(一) 睾丸的结构

睾丸中的曲精细管(seminiferous tubule)是精子发生的场所,而附睾则是精子成熟的主要场所。睾丸表面有一层白色坚韧的纤维组织,称为白膜。白膜自睾丸的表层放射状地发出许多结缔组织小隔深入到睾丸的内部,将睾丸分成许多小叶。每个小叶有 2～3 条小管,弯曲盘绕于小叶内,故名曲细精管。各小叶的曲细精管汇成较短的直细精管,然后进入睾丸后缘,形成睾丸网,经输出小管与附睾相连。

曲细精管是由基底膜围成的管道,基底膜由胶原纤维以及位于其间的类肌细胞和成纤维细胞组成。基底膜的内侧,由生精上皮(seminiferous epithelium 或 spermatogenic epithelium)构成的管壁的主要部分,由此形成的精子将位于管腔中。生精上皮有两类细胞组成,一类称为支持细胞(sertoli cell),另一类称为生精细胞(spermatogenic cell)。其中,成年男性的生精细胞包括精原细胞(spermatogonium)、初级精母细胞(primary spermatocyte)、次级精母细胞(secondary spermatocyte)、圆形精子细胞(round spermatid)和长形精子细胞(elongated spermatid)5 类。在管壁中,这些细胞根据它们发生的不同阶段,依次从基底膜向管腔有规律地排列成多层。

成年男子的曲细精管中,支持细胞约占生精上皮细胞的 1/4。支持细胞体积较大,呈锥体形,底部较宽,有规律地排列在基底膜上,细胞的上端向管腔的中心部伸展,细胞间形成的间隙和凹陷里,镶嵌着生精细胞。支持细胞内含有丰富的细胞质和各种细胞器,如发达的高尔基体和微丝、微管,丰富的内质网和线粒体,大量的溶酶体和脂质体等。相邻的支持细胞基部形成侧突,在精原细胞的上方以多种形式彼此连接,构成成了血-睾屏障(blood-testis barrier),使血浆内的物质(包括激素等信号分子)有选择性地进入管腔。所以,支持细胞除了为生精细胞的发育提供支持、营养和保护外,还为精子的发生提供了一个合适的环境。

另外,在曲细精管之间散布着零星的细胞群,称为间质细胞(leydig cell)。间质细胞呈多面体状,多集中分布在毛细血管周围,细胞内含有大量的线粒体、内质网和脂滴等。这种细胞主要是在男性的青春期后,由睾丸间质内的成纤维细胞逐渐演变而成的,其数量会随着年龄的增加而逐渐降低。间质细胞能够产生和分泌雄性激素,包括睾酮、双氢睾酮、雄烯二酮和脱氢雄酮等。这些激素对促进男性生殖器官正常发育、促进精子的形成和男性第二性征出现等具有不可缺少的作用。间质细胞的分泌功能主要受垂体分泌的黄体生成素(LH)的调节,并易受温度、射线和药物等的影响。

(二) 精子发生的过程

1. 精原干细胞的有丝分裂　精原干细胞(spermatogonia stem cell,SSC)又称为原始 A 型精原细胞(primitive type A spermatogonium),它们经过有丝分裂所产生的细胞中,一部分细胞仍然保持干细胞的特性,可以继续进行周而复始的有丝分裂形成新的 SSC;另一部分细胞进入分化途径,形成 A 型精原细胞。

大鼠的曲细精管中,A 型精原细胞包括 A1、A2、A3 和 A4 型精原细胞,其中,A1 型精原细胞紧邻基膜,经有丝分裂形成两个子细胞中,一个仍具有 A1 型精原细胞的特征,另一个则分化成 A2 型。所以,A1 型精原细胞也可被认为是另一类 SSC,在生精过程中起储备作用。A2～A4 型精原细胞是更新的 SSC,经数次有丝分裂形成同源的姐妹细胞群以维持生育能力,分裂的次数以及能产生的子代细胞群数目因动物的种属而定。A4 型精原细胞的分裂形成中间型精原细胞(intermediate spermatogonium),中间型精原细胞进行最后的有丝分裂,形成 B 型精原细胞(type B spermatogonium)。B 型精原细胞是精原细胞的最后阶段,已经进入了形成精子的分化之路，这些细胞分裂分化的程序不再可逆，它们分裂和分化形成初级精母细胞，进入生精过程中的减数分裂期（图 14-3）。

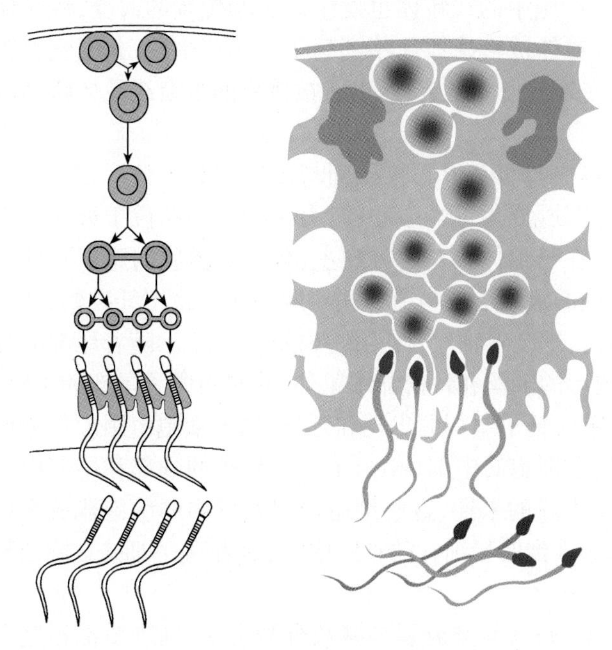

图 14-3 精子发生的过程

根据精原细胞核的形态、大小、染色质的致密程度等，可将人类的精原细胞分为暗型精原细胞（dark type A spermatogonium，Ad 型精原细胞）、亮型精原细胞（pale type A spermatogonium，Ap 型精原细胞）、长型的精原细胞（long type A spermatogonium，A1 型精原细胞）和 B 型精原细胞 4 种类型，其中，Ad 和 Ap 精原细胞较为丰富，并以同样的频率出现，A1 精原细胞为人类特有，在曲细精管中很少出现。精原细胞各型间的相互关系尚不清楚，有人提出 Ad 精原细胞是干细胞，它可以通过有丝分裂增殖自己，也可以分裂分化成 Ap 精原细胞，再由 Ap 精原细胞分裂分化成 B 型精原细胞等。而有人则认为，Ad 细胞是一种储存的干细胞，正常情况下并不参与精子发生。

2. 精母细胞的减数分裂 男性青春期以后的正常生精过程中，由最后的 B 型精原细胞经有丝分裂产生子代细胞，经分化成为细线前期的初级精母细胞，并开始进入到减数分裂前短暂的（历时约两天）静止期。在接近这一时相的末期，细线前期的初级精母细胞进行最后一次染色体复制，之后进入长时间的第一次减数分裂前期，在这期间，细胞的体积也不断增加，到粗线期时，初级精母细胞的体积可为细线期以前细胞体积的两倍以上。最后，初级精母细胞经减数分裂前期的终变期进入减数分裂的中期和末期，每一个初级精母细胞分成为两个次级精母细胞。而且，第一次减数分裂的历时较长，在人类约为 22 天。

第一次减数分裂所形成的两个次级精母细胞体积较小，染色体不再进行复制就进入第二次减数分裂。由于次级精母细胞存在的时间较短，所以在睾丸组织的切片上很少观察到次级精母细胞。经过第二次减数分裂，次级精母细胞即分裂成为只含有单倍染色体的早期的精子细胞。

3. 精子的形成 由精子细胞分化成为精子的过程叫精子形成（spermiogenesis），也称为精子变态。这一过程极为复杂，主要是细胞核和细胞器发生急剧变化，使精子的结构、组成和形态朝着有利于精子执行其功能的方向改变（图 14-4）。

（1）顶体的形成：在精子细胞形成的早期，胞质内含有大量的高尔基复合体，由它们产生许多圆形小囊泡，这些小囊泡逐渐融合变大，形成的大囊泡称之为顶体囊泡，囊泡内含有致密的颗粒，称之顶体颗粒（acrosomal granule）。随后，随着精子细胞核的浓缩变长以及囊泡内液体的减少，顶体囊泡成为扁平状，覆盖在精子核的前表面，并由顶部向尾部逐渐包绕精子细胞核的大半部，形成顶体。

（2）DNA 结合蛋白的置换：细胞核内的染色质浓缩，原先与 DNA 结合的组蛋白（histone）被高碱性的过渡蛋白替代，进一步又被富含精氨酸的鱼精蛋白（protamine）替代，鱼精蛋白为碱性蛋白，带有大量的正电荷，能降低 DNA 分子间的负电荷以及由负电荷产生的静电排斥作用，使 DNA 发生集聚，并通过二硫键的交联形成致密的细胞核。经过高度浓缩的精子核在化学性质上是惰性的，不能进行复制和转录。精子核的浓缩

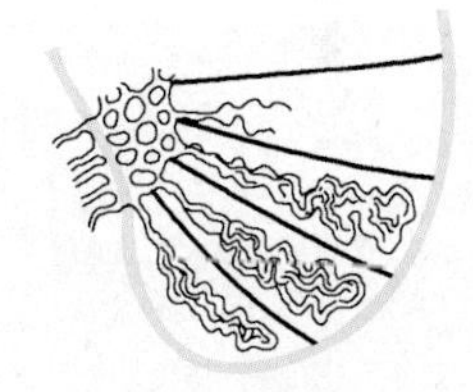

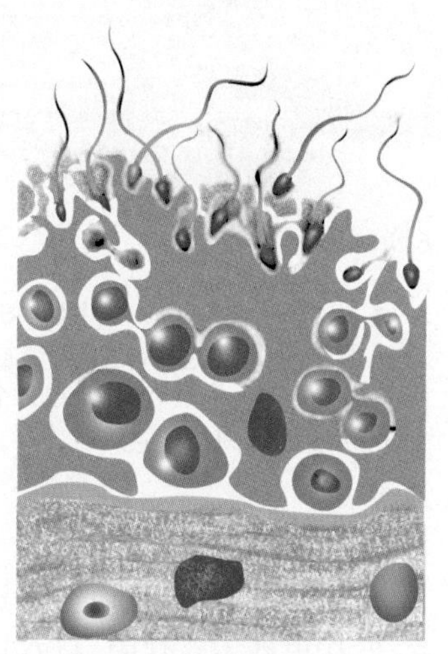

图 14-4 精子的形成

使核内遗传物质不变的前提下,体积大大减小。有利于降低精子运动过程中的能量消耗,另外,还可以保护核内的遗传物质免受化学和物理因素的影响。

(3) 线粒体鞘的形成:在精子的形成过程中,精子细胞中的线粒体也发生形态和位置的改变,线粒体的体积变小、长度增加。随着精子细胞形态的变化,线粒体被精确地迁移到精子的尾部中段,并围绕着轴丝螺旋状密集排列成线粒体鞘,在有限的空间里尽量多地储备能量装置,没有被排列的多余线粒体将随着胞质一起被遗弃。

(4) 精子外部的形成:顶体形成的同时,精子细胞中的两个中心粒移到与顶体相对的核后方。当核后方内陷形成植入窝时,其中的一个中心粒正好位于此处,成为近端中心粒,另一个中心粒位于近端中心粒的后方,成为远端中心粒。远端中心粒组装出轴丝,在与顶体相对的方向上,包被着质膜向胞外延伸形成尾部。在远端中心粒周围产生 9 条纵行的节柱,节柱的远端形成与节柱相对应的 9 条致密纤维鞘,并伴随着轴丝延长。此后,远端中心粒变为致密的环状结构,围绕着轴丝,称为终环(end ring)。随着尾部的延伸,线粒体聚集到终环与近端中心粒之间,围绕在已成形的轴丝和致密纤维鞘外,共同构成了尾部的中段。而延伸出的远端尾部,成为精子尾部的主段和末段。随着精子尾部的出现和延长,精子细胞由圆形逐渐伸长成长形精子细胞,这时,大部分细胞质聚集到长形精子细胞的中部(相当于将来精子的颈部和尾部中段区域),仅通过一细柄与精子的主体部分相连。在精子生成的末期,这些细胞质以及其中的细胞器成为残体(residual body);当细柄断开时,精子即与残体脱离进入到曲精细管的管腔中,而后者则立即被支持细胞吞噬。

(5) 合胞体现象:这是精子发生过程中的独特现象,每次有丝分裂和减数分裂之后,细胞质都不完全分开,细胞之间有间桥相连,形似合胞体(图 14-5)。由间桥彼此相连的精子细胞可达几百个,在精子形成末期的残体中,间桥还一直存在。这种合胞体的结构可能有利于细胞之间维持严格的同步发育,有利同时产生大量的精子。

精子细胞完成变态过程成为精子后,被 Sertoli 细胞释放到曲细精管的管腔中,管腔充填着睾丸液,释放到管腔的精子会随睾丸液的流动,通过睾丸的输出小管,注入并储存在附睾(epididymis)中。在人类中,从干细胞精原细胞开始,经过有丝分裂、减数分裂和变态三个过程,最终分化成精子,一般需要约 53 天的时间。

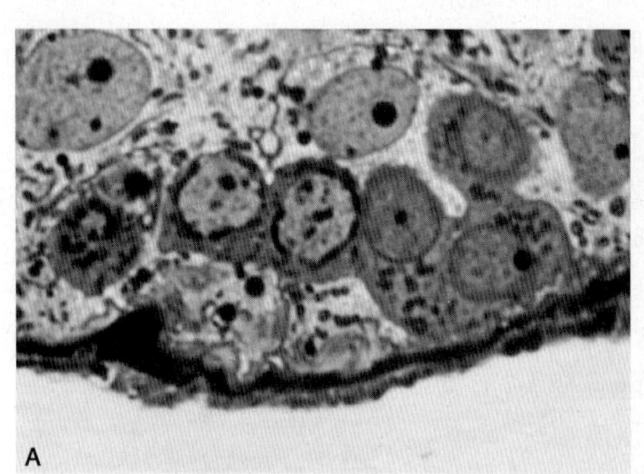

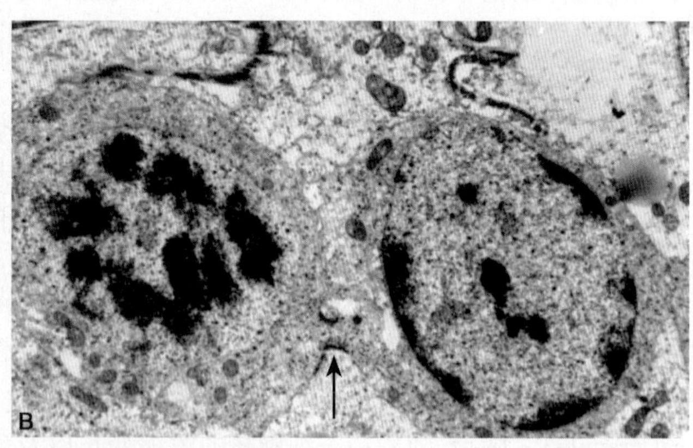

图 14-5 自我更新和分化过程中的精原细胞合胞体和细胞间桥

在正常情况下,这些结构不可能被看到。以上图片来自精子形成受损恢复期间的睾丸。(A)5 个精原细胞组成的细胞群,其中 3 个是 A 型细胞和 2 个 B 型;半薄切片(1μm)由 1% 甲苯胺蓝染色。(B)在电子显微镜下观察两个精原细胞通过细胞间桥连接

(三) 精子发生的调控

精子发生的调控是通过信号因子的异常表达和信号路径的受损来认识的。有数千个基因与精子发生有关,但在男性不育症中,只有其中很少的基因被筛选和鉴定。遗传学研究显示,抑制 GDNF 表达阻碍精子发育并导致生殖细胞缺失。小鼠 BMP4 缺失导致生殖细胞退化、精子数量减少、精子活动力降低,进而

导致不育症。与正常精子发生和男性生育力密切相关的 FGFR1 信号缺失将导致精子无法产生和精子活力丧失。而 c-kit 介导的 PI3K 通路激活对男性的生育力是非常重要的,因为 c-kit 突变后不能与 PI3K 结合能使精原细胞增殖和早期分化完全受阻进而导致不育。不育突变小鼠睾丸支持细胞坚固因子(Strong factor,SF)表达缺乏能阻碍精原细胞的分化,进而导致无精子症。在雄性小鼠不育模型中,有许多基因的表达上调。小鼠 SIRT1 基因敲出导致雄性不育。而且,小鼠减数分裂重组蛋白 Dmc1 缺失能导致不育,因为它使得减数分裂的同源染色体配对障碍,使精母细胞停滞在偶线期。

小鼠 Jmjd1a 阶段特异性地表达于减数分裂和减数分裂后的圆形精子中。由于不完全的染色体聚合、顶体形成障碍和异染色质分布缺陷等后减数分裂缺陷,Jmjd1a 突变的裸鼠是不育的。小鼠睾丸表达基因 11(Tex11)缺失能导致染色体不联会、交换减少、精母细胞消失和不育。显然,由于联会复合体的退化使得精母细胞分化停滞。kit 基因功能缺失将导致严重的精子发生缺陷,因为它不能与其配体 KITL 结合以刺激精原细胞的增殖和分化。睾丸表达基因 AURKC 在小鼠的减数分裂中发挥作用,与雄性不育有关。精子发生特异性基因 SPATA16 缺陷能导致圆头精子症。

三、卵子的发生

卵子的发生(oogensis)需要特定的细胞经过一系列的有丝分裂和减数分裂后才得以实现。卵子的发生过程包括卵原细胞(oogonium)的形成、增殖,卵母细胞(oocyte)的生长、发育和成熟等。

(一) 卵巢的结构和功能

成年卵巢是一对卵圆形的器官,平均大小约为 2.5cm×2.0cm×1.5cm。卵巢表面被覆一层立方或扁平上皮细胞,称为生殖上皮,它们为卵子和卵泡的来源。上皮的下方有一薄层结缔组织,称为白膜。卵巢的内部又可分为皮质和髓质两部分,其中皮质位于卵巢的周围部分。在发育成熟的卵巢中,皮质部分的结构和组成极为复杂,其主要的结构有:①处于不同发育时期的卵泡;②排卵后卵泡的残留部分,在腺垂体分泌的黄体生成素(luteinizing hormone,LH)的作用下,迅速繁殖增大,形成大量的多角形的黄体细胞,组成黄体;③排出的卵未受精,黄体即退化变成白色的结缔组织瘢痕,称为白体。髓质部分位于卵巢中央,由疏松结缔组织构成,其中含有许多血管、淋巴管和神经,可为卵巢提供营养物质、信息分子等。

卵巢除产生卵细胞以外,还可合成和分泌多种雌激素和孕激素。雌激素主要包括雌二醇(estradiol)、雌三醇(estriol)和雌酮(estrone),其中雌二醇的含量最高,生物学作用也最显著。雌性激素的主要作用是刺激和维持女性生殖器官正常的生长发育以及女性第二性征的出现;在月经周期中还能刺激子宫内膜增生。孕激素包括孕酮(或称为黄体酮、黄体素 progesterone)和 17 羟孕酮。孕激素可以促进子宫内膜的继续增长,刺激子宫内膜中的腺组织进行分泌,为受精卵子宫里着床和发育做好准备,并且抑制排卵和产生月经。此外,卵巢还可以分泌少量的雄激素、松弛素(relaxin)和卵泡抑制素(folliculostatin)等。

(二) 卵泡的生长和发育过程

卵泡的发育包括原始卵泡(primordial follicle)经过生长和发育,依次经历初级卵泡(primary follicle)、次级卵泡(secondary follicle)、三级卵泡(tertiary follicle)直至成熟卵泡(mature follicle)的整个生理过程。其中,初级卵泡、次级卵泡、三级卵泡又称为生长卵泡(growing follicle)。在人类,这一过程几乎需要一年的时间才能完成。

1. 原始卵泡　初级卵母细胞被卵巢中的许多原始颗粒细胞(granular cells)包被而形成原始卵泡。人类的原始卵泡只有约 13 个颗粒细胞将初级卵母细胞包围在其中,颗粒细胞外为一层很薄的基膜,整个原始卵泡的直径为 20～35μm。原始卵泡形成后,逐渐向卵巢的皮质部分聚集,形成原始卵泡库。卵泡库中的原始卵泡处于休眠和储备状态,数量不再增加。此后,将有一些卵泡陆续地离开卵泡库,摆脱休眠状态而开始它们的继续生长过程,称为卵泡的募集(recruitment)。

而卵泡库中原始卵泡的储备量将逐渐减少,女婴出生时,每个卵巢中约含 75 万个原始卵泡。

随着年龄的增长,这些储存的原始卵泡有一部分被募集,而绝大部分逐渐解体消失。在 20～40 岁,每个卵巢中的原始卵泡数减至约 7 万个,40 岁以后减至 1 万个,直至最终枯竭。

2. 初级卵泡 被募集的原始卵泡启动生长后，原始颗粒细胞将由扁平状变为立方或柱状的颗粒细胞。随着卵泡的继续生长，在卵母细胞和颗粒细胞上出现一些重要的变化。

（1）初级卵母细胞体积显著增大：直径由原始卵泡 20～35μm 增加到 120μm 左右。除了体积增大外，卵母细胞和颗粒细胞中一些基因的表达也对卵泡的发育产生重要的影响。如在卵母细胞中，编码透明带蛋白的基因，此时开始表达和产生透明带蛋白 ZP1、ZP2 和 ZP3，后者被分泌到卵母细胞的膜外，在卵母细胞与颗粒细胞的间隙内发生多聚化，最后，与颗粒细胞分泌的界限物质一起形成透明带。又如，颗粒细胞表达的 Kit 配基可以促进卵母细胞的生长，而卵母细胞表达的生长分化因子-9（growth and differentiation factor-9，GDF-9）可以促进颗粒细胞的增殖和发育等。

（2）颗粒细胞开始表达卵泡刺激素（follicle-stimulating hormone，FSH）的受体：在大鼠的原始卵泡中，每个颗粒细胞的膜上可表达出 1000 个以上特异性的、具有高亲和力的 FSH 受体，并且在整个卵泡的发育过程中基本保持恒定。尽管有实验证据证明，在初级卵泡的发育阶段，FSH 并不是必需的，但 FSH 受体的出现，为后期的颗粒细胞能接受来自中枢的控制信息、发挥 FSH 的发育调控作用奠定功能上的基础。

（3）在颗粒细胞之间以及颗粒细胞与卵母细胞之间形成缝隙连接（gap junction）：构成缝隙连接的主要结构是连接子（connexon），在形成缝隙连接时，相邻两细胞的质膜相互紧密贴近，两细胞各提供一个连接子，并对接形成圆柱形的通道，通道中还有一个闸门，可以调节通道的开放或关闭。当通道开放时，可以允许小分子物质（相对分子质量小于 1200）直接双向通过该通道而在细胞间流动。缝隙连接构筑了卵泡内细胞之间的物质和信息交流的通道，颗粒细胞中的一些小分子营养物质（如单糖、小分子多糖、氨基酸、小分子多肽等）可以借助缝隙连接而被转运至卵母细胞中，供卵母细胞生长之用。一些激素、离子和信号分子（如 cAMP、Ca^{2+}、三磷酸肌醇等）可以在细胞间进行交流，并引起重要的生物学效应。如从颗粒细胞传递到卵母细胞中的一些物质和信号分子，可能在促进卵母细胞的减数分裂中起重要作用，而卵母细胞产生的信号分子可以转运到颗粒细胞中去，以维持颗粒细胞的继续增殖和发育，防止颗粒细胞的过早分化。

女性从青春期开始，在激素的作用下，卵泡的募集、生长和成熟呈周期性变化，每个周期（一般为 28 天）内，有 10～20 个初级卵泡发育。

3. 次级卵泡 随着卵泡的发育，颗粒细胞不断增殖并在卵母细胞外形成第二层细胞，此时为次级卵泡阶段开始的表现，到次级卵泡阶段结束时，卵泡中已经有多层颗粒细胞。

次级卵泡的另一个结构上的变化，是膜细胞的发生、发育以及卵泡膜的形成。在初级卵泡向次级卵泡的转化过程中，在基膜外出现膜细胞。随着卵泡的发育，膜细胞也会增殖和分化，最终形成具有内膜和外膜两层结构的卵泡膜。内膜由结缔组织、毛细血管和内膜细胞等组成，内膜的形成使卵泡与血液循环系统之间建立起联系，血液中的营养物质、激素和其他信息分子可以被运送到正在发育的卵泡中，使卵泡的发育置于激素的调控之中。同时，卵泡发育中产生的代谢废物、分泌物等，也可通过循环系统转运出去。外膜细胞将分化成平滑肌细胞，在成熟卵泡的释放和排卵中发挥作用。

在功能变化方面，次级卵泡中的颗粒细胞和内膜细胞密切配合，在垂体分泌的黄体素和 FSH 的共同作用下，完成雌激素的合成和分泌过程，称为“双激素和双细胞调节”。

（1）在这两类细胞中存在有不同的合成酶系统，而且，酶系统的活性受不同激素的调节。其中，内膜细胞中富有合成雄烯二酮的酶系，该酶系主要受 LH 的调节，所合成的雄烯二酮将成为颗粒细胞合成雌激素的原料，颗粒细胞中有较高的雌激素合成酶系（如细胞色素 P450 芳香化酶），此酶系的合成和活性受 FSH 的调节，通过该酶系，可将雄烯二酮转化成雌激素。所以，雌激素的合成是分步骤的、在两类细胞中分别进行的过程。

（2）这种合成过程和途径与颗粒细胞和内膜细胞在卵泡中的位置以及它们分别所处的微环境有关。在正常情况下，颗粒细胞位于由基底膜围成的环境中，由于毛细血管不能穿透基底膜与颗粒细胞接触，颗粒细胞无法得到合成雌激素的初级原料——胆固醇；而内膜中有丰富的毛细血管分布，其中的内膜细胞可以很容易地从血液中获取胆固醇。

（3）激素对颗粒细胞和内膜细胞内酶系统的调节是通过受体系统的作用实现的。在次级卵泡阶段，内膜细胞上已表达出了 LH 受体。颗粒细胞上的 FSH 受体在初级卵泡阶段已经形成，在 FSH 的诱导下，颗粒细胞上也随后形成LH受体。FSH和LH受体的数量随卵泡的逐渐成熟而增加,受体的敏感性也会逐渐增强。这样,在血液中的FSH的作用下,颗粒细胞可通过cAMP信号传导途径,使细胞内细胞色素P450芳香化酶的合成增加、活性增强;LH可作用于内膜细胞,促进内膜细胞利用胆固醇合成和分泌雄激素(包括睾酮和雄烯二酮)。分泌出的雄激素经过扩散进入颗粒细胞后,会被颗粒细胞中的芳香化酶转化成雌激素(雌二醇)。在颗粒细胞的胞质和细胞核内,存在雌二醇的受体,合成出的雌二醇对颗粒细胞自身有正反馈作用,可以刺激颗粒细胞的增殖以及加速颗粒细胞对雄激素的转化,这一连锁反应除了引起卵泡的生长外,还导致了生殖周期的中期雌激素峰的出现。

4. 三级卵泡 次级卵泡发育到一定程度后,颗粒细胞在FSH的作用下,合成和分泌黏多糖,使血浆的渗出液进入到卵泡中,形成一个充满液体成分的腔,称为卵泡腔(follicular cavity),其中的液体称为卵泡液(follicular fluid)。随着卵泡液量的增多,卵泡腔逐渐扩大,导致卵母细胞及其周围的颗粒细胞被挤到卵泡的一侧,形成一个突向卵泡腔的半岛状卵丘(cumulus),其中的颗粒细胞称为卵丘细胞,其余的颗粒细胞位于卵泡腔的周围,构成卵泡壁。

5. 成熟卵泡 卵泡经过充分的生长后,体积和卵泡液的量达到最大,并向卵巢的表面隆起,此时的卵泡成为成熟卵泡或称为排卵前卵泡(preovulatory follicle)。人类成熟卵泡的直径可达25mm,卵母细胞的直径可达100~130μm。女性的两侧卵巢中,每一月经周期中虽然有10~20个初级卵泡发育,但一般只有一个卵泡能够生长到成熟卵泡阶段,称为优势卵泡(dominant follicle)。在两侧卵巢中,优势卵泡随机地从其中的一侧卵巢被选择和发育成熟,而其他未能被选择的生长卵泡将逐渐退化、闭锁。优势卵泡的选择是个复杂的过程,其详细的机制还不清楚,现有的证据证明,FSH在卵泡的选择和优势卵泡的发育过程中可能起着关键的作用。

成熟卵泡中的初级卵母细胞在排卵前完成第一次减数分裂。在LH的作用下,初级卵母细胞获得了恢复减数分裂的信号,此后,一些松散的染色体再次凝聚,核膜破裂(又称为生发泡破裂,germinal vesicle breakdown,GVBD),纺锤体重新形成并将同源染色体分置于细胞两侧,随后细胞质不平衡分裂而形成一个大的次级卵母细胞一个小的第一极体。第一极体位于次级卵母细胞与透明带的间隙中,一般不再生长和分裂,而次级卵母细胞随即进行第二次减数分裂,但停滞于分裂中期。

第二节 生殖干细胞

精子发生和卵子发生的共同之处是其最终产物精子和卵子均是单倍体细胞,但精子和卵子形成细胞的分化过程是不同的,其主要区别在于出生后睾丸内存在有SSC。SSC可以在男性生命期间不断增殖并分化形成精子。而传统的观点认为,哺乳动物卵子发生主要在胎儿期,由PGCs分化为卵原细胞,在出生前终止于减数分裂前Ⅰ期。因此雌性动物出生时即具有全部数量有限的卵母细胞,出生后并不存在不断生成卵子的生殖干细胞(germline stem cell,GSC)。但近年来对GSCs的研究获得很大进展,如非生殖系成体干细胞体外分化为生殖细胞以及成体生殖腺外也存在GSCs以及睾丸内多潜能GSCs的提取等,使传统的GSCs观念不断更新。

一、精原干细胞

(一)精原干细胞的特性

精原干细胞(SSC)是生长于睾丸曲细精管基底膜区域的男性GSCs,既能通过自我更新维持GSCs库的稳定,又能通过严格而有序的调控,最终分化形成精子,维持男性正常的生殖能力。形态学上,SSC紧贴曲细精管基膜,圆形或椭圆形,直径12μm,核大,呈圆形或卵圆形,染色质细小,核仁明显,胞质除核糖体外,细胞器不发达(见图14-3)。SSC可以在体外扩增,还可以对其进行基因操作、富集和冻存而不失其特性。目前用于SSC鉴定的表面标记物有α_6-2整合素、β_1-2整合素、酪氨酸蛋白激酶(c-kit)、碱性磷酸酶

(alkaline phosphatase,AKP)和阶段特异性胚胎抗原-1(stage specific embryonic antigen-1,SSEA-1)等。SSC具有很强的可塑性,能在体外重编程为胚胎干细胞样的多能干细胞,使其在干细胞治疗和再生医学领域具有独特的优势。

青春期前生殖细胞开始分化后,SSC源源不绝地提供正在分化的精原细胞使得精子发生得以维持。SSC能够自我更新并能产生用于分化的干细胞。为了维持这种能力,就像其他成体干细胞一样,SSC需要驻留在一个为其生存并保持其潜能提供相关因子的独特环境,也称之为巢(niche)。从出生到性成熟,SSC的数量增加,这个过程中曲细精管提供了巢形成的环境支持。SSC巢最有可能位于曲细精管的基底膜,它是由支持细胞造就的微环境。支持细胞专门为成体生殖细胞发育提供所需的营养和架构支持。以前一直认为一个支持细胞因子——TGF-β超家族的神经胶质细胞源性的神经营养因子(GDNF)是最可能负责干细胞巢的形成。而现在有资料表明,正如从围生期到青春期睾丸的发育一样,SSC的调控也是变化的;在围生期它受GDNF的调控,而在青春期则依赖Ets相关分子(ERM)。支持细胞是生精上皮唯一的体细胞,ERM就定位其中;已经确定它在成人睾丸支持细胞中维持SSC巢。对发育期和成人睾丸中,ERM对干细胞的更新是必不可少的。有人认为在精子发生启动的过程中,SSC能发育新的干细胞巢。在睾丸中,SSC停留在干细胞巢中,即使毒素损伤也能再生并生成精子。反之,巢或支持细胞微环境的损伤则可能限制或阻止SSC的精子发生。

(二)精原干细胞的多能性

SSC一直被认为单能的,只能分化为精子细胞。但最近的研究显示,体外培养能使SSC去分化而具有类似于ESC的多能性,这些去分化的SSC细胞被称为多能性成体生殖干细胞(multipotent adult germline stem cells,maGSCs)。与ESC相似,SSC能在滋养层细胞呈岛状或簇状生长,同时也表达Oct3/4和碱性磷酸酶。而且发现maGSCs表达GPR125,这表明其是生殖细胞来源。进一步研究ESC样细胞的生物学特性,发现可表达ESC的相关基因和表面标记物如SSEA1、Oct4、Nanog、Rex-1等,体外培养可形成拟胚体,这证明ESC样细胞不仅具有ESC的形态,而且具有ESC的多能性质。ESC样细胞移植小鼠后能产生肿瘤,并能在体外分化为所有三个胚层的组织,如外胚层(神经、上皮)、中胚层(成骨细胞、肌细胞、心肌细胞)和内胚层(胰腺细胞)等。

人睾丸组织能在培养条件下也能产生ESC样细胞。现已从成人睾丸中分离了可更新的多潜能干细胞群,它具有间充质干细胞(mesenchymal stem cells,MSC)的特征,被命名为生殖腺干细胞(gonadal stem cells,GSCs)。GSCs容易分离,与MSC有相似的生长动力学、扩增速率、克隆形成能力和分化能力。从小鼠睾丸细胞中亦能成功地培养出多潜能GSCs。以成年Stra8-EGFP转基因小鼠为对象,分选GFP阳性的睾丸细胞在含GDNF的培养液中可培养出SSC,继续在含有LIF和小鼠胚胎成纤维细胞(mouse embryonic fibroblast,MEF)饲养细胞的条件下培养,有多潜能GSCs出现。睾丸内多潜能GSCs培养成功的关键是培养条件的筛选,GDNF和胎牛血清是诱导高纯化SSC生成ESC样细胞的必要条件,LIF则促进其增殖。与ESC培养分化的心肌细胞相似,从新生小鼠和成年小鼠提取的多潜能GSCs也能成功地培养分化为有功能的心肌细胞。与ESC相比,睾丸内多潜能GSCs不涉及ESC相关的伦理和免疫排斥问题,因而其用于再生医学更有优势。

二、卵巢生殖腺干细胞

(一)卵巢中的生殖腺干细胞

传统生殖医学观点认为,哺乳动物的卵母细胞在胎儿发育期就已形成,出生后就失去产生新卵母细胞的能力,不含有能自我更新的干细胞,只具备卵母细胞的有限储备池。在人类,随着卵母细胞的数量减少,原始卵泡池逐渐衰竭,并最终导致绝经。

目前,动物实验证明,除ESC外,皮肤干细胞、骨髓和外周血干细胞等非生殖系干细胞都能分化为生殖细胞。幼鼠及成年鼠卵巢中含有具有有丝分裂活性的GSCs,并可持续更新卵泡池。对出生前C57BL/6小鼠正常(未闭锁)和退化(闭锁)的原始卵泡数计数发现,单个卵巢中,未闭锁的休眠卵泡数(原始)和早期生长(初级)卵泡数比预期的要多,并且在这种不成熟卵巢中的衰减率比预期的要低。酪氨酸激酶受体(c-kit)是成体干细胞的特征性标记物,干细胞因子(stem cell factor,SCF)通过 c-kit 对干细胞进行调控和迁移。通过免疫组化技术证实,在山羊卵巢表面上皮(ovarian surface epithelium,OSE)层存在 c-kit 的表达;端粒酶是染色体末端不断合成端粒序列的酶,其可以维持端粒的长度,维持细胞的增殖潜能,在生殖细胞和干细胞中均能检测到高水平的端粒酶活性。

正常人 OSE 中 c-kit 受体和 c-kit 配体/SCF 蛋白高表达,OSE 培养中 SCF 基因表达明显上升,这为卵巢中可能存在干细胞提供了重要证据。在人胎儿、新生儿及成人卵巢 OSE 中均检测到端粒酶活性。虽然正常卵巢中端粒酶活性随年龄增加而下降,但是成人卵巢中存在 GSCs 和新形成的原始卵泡。取成人卵巢表面上皮(OSE)细胞培养 5 ~6 天后观察发现,这些细胞直接分化为具有卵母细胞表型的细胞,可出现胚泡破裂、排出极体、表达透明带蛋白等次级卵泡具有的特征。此外,绝经后及卵巢早衰的卵巢表面组织角蛋白免疫染色切片中可见可能的干细胞,为直径 2 ~4μm 的小圆形细胞,具有典型的气泡样结构,离心培养后检测到 c-kit、Oct 4、Oct 4A、Oct 4B、Sox 2、Nanog、VASA、ZP2 和 SCP3 等胚胎发育标记物的表达;体外培养第 5 天出现卵母样细胞,培养到第 20 天,细胞逐渐长大,部分发育出透明带样结构。这些体外研究提示,卵巢上皮是成人卵巢卵子生成的重要来源,而不是卵巢皮质可能含有 GSCs。从人体卵巢中分离获得的 GSCs,能成功诱导为不同分化阶段的生殖细胞。这些资料表明成年人卵巢中的原始卵泡储备池可能并不是一成不变的,而是一个分化和退化保持动态平衡的细胞群。这些研究表明,哺乳动物产生后的卵巢存在着能维持卵母细胞和卵泡产生的增殖性 GSCs,并且成年后卵母细胞的形成是持续的。然而,后续的研究工作并没有证明产生的子代是来自供体来源的卵母细胞。这些“卵母细胞”的功能还有待研究。

(二) 卵巢生殖腺干细胞的起源

21 世纪初,已证实小鼠胚胎干细胞能培养形成有功能的精子和卵母细胞。小鼠胚胎干细胞发育成的卵原细胞能进行减数分裂并招募邻近的细胞形成卵泡样结构并随后发育成胚泡。

如前所述,新的原始卵泡由 OSE 分化而来,而 OSE 来自于卵巢白膜的细胞角蛋白阳性的间充质前体细胞。人卵巢中的 OSE 是卵母细胞和颗粒细胞的共同来源,而且 OSE 细胞的体外培养也证实了体内观察的结果。而通过对不能产生卵母细胞的基因突变或基因缺陷小鼠进行骨髓移植,在周边血液中观察到卵母细胞,尽管发育能力以及受精率有待观察,但是从卵泡的形态学以及生殖细胞和卵母细胞特异性标志物都可证实这些细胞确实是卵母细胞。这表明骨髓是生殖细胞的潜在来源。但是通过骨髓移植建立的同种异体的卵母细胞并没有从根本上解决雌性哺乳动物卵巢不孕的问题,并且没有证据表明骨髓细胞或任何其他循环系统中的细胞与成熟的排卵后卵母细胞的形成有关。

第三节 生殖腺干细胞与再生医学

一、生殖腺的再生能力

包括哺乳动物在内的很多种系的生殖腺都能在局部生殖腺切除术后代偿性肥大。但是,其组织结构不能再生。鲑鱼、鲤鱼和蓝丝足鱼残存的生殖腺能够完全再生。但这种再生是通过体细胞和生殖细胞的增殖还是干细胞的分化亦或是体细胞和生殖细胞的去分化而实现却不得而知。果蝇的精原细胞能去分化重新进入 GSCs 巢。GSCs 通过 JAK-STAT 信号通路分化为精原细胞而不进行自我更新,这个通路的温度敏感突变体果蝇通常是关闭 JAK-STAT 信号并破坏果蝇体内的 GSCs,然后恢复信号。开始分化的精原细胞能去分化变成有功能的 GSCs。

对雌性虹鳟鱼的激素诱导性别改变作用以及雌二醇疗法对成体雄性生殖腺再生的作用的研究显示,雌二醇对雄性生殖腺的再生并没有作用,它只再生睾丸,并且使雄性化雌性睾丸也只作为睾丸再生。这表明再生的睾丸不能改变性别,并且胚胎形成时的性别改变在成体鱼的生殖腺的再生过程中依然存在。

两栖动物的生殖腺也能再生。雄性蝾螈、东美螈的睾丸在被切除后能够恢复正常大小。这是由于再生而不是代偿性肥大所致。因为,恢复的睾丸与未处理对照组的组织学结构是一样的。然而,没有资料显示,这种再生是由于干细胞,还是去分化或是代偿性增生所致。在局部生殖腺切除后,蝾螈的卵巢不能再生或代偿性肥大。蟾蜍的睾丸在全部切除后能再生,但由什么再生的并不清楚。

二、精原干细胞移植和不育症的治疗

(一) 精原干细胞与不育症的基础性研究

在成体干细胞中,SSC是唯一能自我更新并完成产生下一代的细胞群。因此,对于生育能力的保存而言,SSC的存储和移植是非常有吸引力的方法。由于血-睾屏障以及屏障外间质的存在,睾丸似乎更易容纳外来细胞。血-睾屏障能选择性地滤过细胞腔液、间质液和血浆,从而为生殖细胞营造了一个低免疫的环境,这对SSC的异体移植是有利的。在啮齿类动物中,SSC移植后生殖力能得以恢复,这也预示了该技术在人类治疗中的潜力。但还需要进一步的研究,特别是在灵长类动物模型中的不育治疗。如今大约有500个与生殖异常有关的小鼠突变模型被构建,同时也有许多与人类相关的研究。然而,这些基础研究与临床实践还有很大的距离。

在两种不育突变小鼠间进行精原细胞移植证实,来自不育S1/S1d突变小鼠的生殖细胞移植到不育的W/Wv或Wv/W54突变小鼠能使后者的生殖力恢复。除了小鼠外,在大鼠、猪和牛等物种中也有进行SSC移植的尝试。牛的A型精原细胞移植能产生精子。小鼠的曲细精管为来自其他物种的生殖细胞与其干细胞巢的相互作用提供了一个适宜的环境。将仓鼠的生殖细胞移植到小鼠的睾丸后能观察到精子发生。此外,也有将人的SSC移植到大鼠或小鼠能成功地进行精子发生的报道。人的精原细胞在小鼠的体内能存活超过6个月,但是并没有观察到精原细胞的减数分裂。当然,睾丸支持细胞的缺陷也会影响精子发生并导致男性不育。睾丸支持细胞移植能挽救宿主微环境存在的缺陷,使SSC的精子发生得以恢复并能使不育动物生产子代。细胞周期蛋白依赖激酶抑制剂p21和p27在SSC的自我更新和分化中发挥着关键性的作用;而且认为这可以用来检测精子发生的小缺陷,这有别于传统的精原细胞移植。此外,纯化的小鼠精原细胞前体细胞能够分化产生有功能的SSC,后者移植到小鼠的睾丸后能够恢复小鼠的生精能力。进一步的研究发现,GDNF和FGF-2与SSC的去分化有关,并认为在成体中,干细胞性不是被限定在一个自我更新的细胞池中,而是在整个生命过程中,当组织损伤时,能够通过前体细胞的分化获得。

SSC和睾丸组织的冷冻保存是保存男性的生殖力的必要环节。现已证实,SSC能长期冻存并被成功移植。牛的SSC冻融后,与滋养层细胞系共培养后能存活。狗和兔子的睾丸冻融后也能在小鼠的睾丸中存活。此外,灵长类动物的不成熟睾丸组织的深低温冷冻也能用来作为保存SSC的方法。这些研究不仅为濒危物种的保护带来希望,也为SSC移植治疗男性不育症带来新的突破。

(二) 精原干细胞移植在不育症治疗中的应用前景

来自临床和流行病学的研究表明,男性的生育问题日益突出。全球有约15%的育龄夫妇受到不孕症的困扰,而这其中有约一半是由于男性因素导致的。据估计,全球大约有8千万人不能生育。男性不育的原因包括生殖细胞增殖和分化障碍,精子产生和功能异常,精子运输障碍,卫生和生活方式问题以及遗传和环境因素等。少精症、畸精症、弱精子症和无精子症是男性不育的主要病因,占到20%~25%。生殖生物学的进步对不孕症的诊断和治疗是非常关键的。

对于那些需要抗癌治疗而又因此而导致SSC完全丢失的患者,生殖细胞移植和睾丸移植也许能为生育力的保护带来希望。男性癌症患者的睾丸经一定剂量的辐射和化疗药物作用后导致精原细胞无法分化进而导致不孕症。放、化疗由于有细胞毒性,因而能导致生殖细胞缺失,曲细精管内只有支持细胞。这可能是由于SSC被杀死,或者是支持细胞失去了对SSC分化支持能力,或两者兼而有之。

青春期前的男孩由于没有完成精子发生,他们的生精上皮只有足细胞和不同类型的精原细胞,其中包括SSC。需要放化疗的青少年患者在癌症治疗之后,移植SSC和睾丸间质细胞的祖细胞,使其生育力得以保存也是可能的。在保存年幼男性癌症患者生育力的一个必要的步骤是在他们进行放化疗之前进行睾丸活检,然后通过培养扩增 SSC 并将这些细胞冷冻保存,待他们完全康复和成年之后再将这些细胞移植回到他们体内。在自体或异体移植时,不成熟的睾丸组织有惊人的存活和分化潜能。尽管睾丸活检和组织冷冻保存能为这些年轻患者带来希望,但这仍然需要从动物研究到人类的临床实践方面都取得实质性的进步。同时也应该考虑到,从癌症患者睾丸活检得到的组织中有可能含有肿瘤细胞。这些细胞应该从细胞悬液中去除,因为即使一个恶性肿瘤细胞存在也有可能使疾病复发。因此,在移植前需要应用 SSC 的生物标志物去除活检睾丸中可能存在的肿瘤细胞,以防止肿瘤复发。

SSC 移植能恢复生育力,许多被鉴定的标志物也有助于观察 SSC 移植对生殖力恢复的结果如何。通过将来自有生育力的供者睾丸的细胞移植到无生育力的受者睾丸中,SSC 的再生潜能和 SSC 移植技术的研究已经取得了很大的进展。现在的培养条件也完全可以支持小鼠的精子发生。同时仍还不清楚的是,它们的后代尤其是那些来自冻存组织的后代,是否总体上是健康的,但是这些后代的生育能力也许是判断这些配子"正常"与否的一个粗略的指标。

此外,SSC 也存在于在非梗阻性无精患者的睾丸中;通过睾丸穿刺术和诊断性睾丸精子获取术能够获取 SSC,分离纯化后通过高效的培养系统也能进行体外扩增,并能定向分化成精子细胞。通过体外受精(in vitro fertilization,IVF)或胞质内精子注射(intracytoplasmic sperm injection,ICSI)等辅助生殖技术(assisted reproductive techniques,ART),可以达到解决此类原发性无精子症患者生育难题的目的。除了 SSC 移植外,睾丸移植、自体和异体未成熟睾丸组织移植、精子冷冻等方法也能使男性生殖力恢复。

总之,SSC 移植在精子再生和男性生殖力恢复上有很大的临床潜力。尽管现阶段 SSC 移植研究主要停留在动物实验的基础研究上,而且还有很多问题有待解决,但随着科学的进步,为年幼的患者保存的睾丸组织将使他们有机会恢复其生殖力,这将给他们希望自己能够成为遗传学上的父亲带来希望。

三、卵巢生殖腺干细胞和卵巢组织移植

部分卵巢早衰患者卵巢内存在 GSCs,经过合适的体外培养后也可以发育成为卵母细胞,并具备受精能力,这为卵巢早衰患者的临床治疗提供了新方法。但由于卵巢 GSCs 与其他细胞相比有很多不同的特性,如细胞周期长、需经过减数分裂等,而且生殖细胞启动分化的分子机制、微环境对生殖细胞分化增殖的影响、GSCs 转化为卵原细胞或卵母细胞需要的诱导机制等尚不清楚,限制了其在卵巢性不孕症中的应用。随着生命科学和干细胞研究技术的发展,相信干细胞体外培养可能获得生殖细胞,这将给人类生殖和生命带来重大影响。诸如为保留卵巢恶性肿瘤患者的生育功能及对卵巢性不孕症的治疗提供新思路。

女性肿瘤患者特别是年轻女性由于接受各种抗肿瘤治疗如手术、放疗、化疗,有可能会导致卵巢早衰甚至会切除卵巢从而导致终身不孕,丧失生育力。目前保存女性生育力的方法主要有胚胎冷冻保存、卵母细胞冷冻保存和卵巢组织冷冻保存。相对于前两种方法卵巢组织冷冻保存有其优越性。对于那些因疾病必须切除卵巢,或必须行放疗、化疗可能损伤卵巢功能的女性患者,卵巢组织冷冻保存是保存生育力和内分泌功能的有效的方法,同时也是青春期前女孩保存生育力唯一的方法。对于那些需要立即进行癌症治疗的患者,卵巢组织冷冻可以不耽误治疗,也不需要激素刺激卵巢超排卵以进行 IVF,因此在保存女性生育力方面具有巨大潜力。

卵巢组织冷冻保存可以保存女性生育力,但要使由癌症治疗导致的卵巢早衰的妇女和儿童的生育能力得以恢复还需要进行卵巢移植。卵巢组织移植后,卵母细胞的存活能力和受精后正常胚胎的发育能力是评价该技术应用于人类的先决条件。动物实验已清楚地表明,移植效果取决于移植部位,从移植的卵巢组织中收集到的卵母细胞较正常卵巢组织的卵母细胞具有较低的胚胎发育潜能。来自原位移植卵巢的体外成熟卵母细胞比异位移植卵巢的体外成熟卵母细胞具有较高的卵裂率,而胚胎的植入率与移植部位关系不大。但原位和异位(肾被膜下)的卵巢移植都产生了正常的活体动物。

考虑到肿瘤患者的身体状况和移植过程中肿瘤细胞转移的危险性,卵巢移植技术并不适用于所有肿瘤患者。为了避免移植卵巢组织引起肿瘤细胞的复发和播散,可以考虑把卵巢组织中的卵泡体外培养成熟。原始卵泡占整个卵巢储备的 90% 并且其对于冻融过程具有很好的耐受性,因此从原始卵泡期体外培

养卵泡至成熟卵母细胞阶段相当具有潜力。已有人用机械分离和酶解的方法从新鲜和冷冻的卵巢组织中分离出原始卵泡,但目前还存在许多技术难题,完整分离人卵巢组织中的原始卵泡仍然很困难。但从冷冻的卵巢组织中机械分离出的窦前卵泡,经体外培养可以得到成熟的卵母细胞;经体外受精后,卵母细胞能成功受精并能发育至囊胚阶段。而新生鼠的冷冻卵巢组织移植进受体鼠的肾包膜下,将从移植卵巢组织中分离的窦前卵泡体外培养至成熟卵母细胞,经体外受精后胚胎发育至囊胚期,移植进鼠体内后可以成功妊娠并分娩。证明在鼠体内移植冻融卵巢组织然后体外培养移植物中的卵泡可以得到完全成熟的卵母细胞。这预示着这种方法未来也完全有可能应用于人类。

从目前发展状况看,卵巢移植还有许多问题待解决。因此发展一些卵巢移植技术的补充技术,如卵巢中卵泡的分离、体外卵泡的培养或卵母细胞冷冻保存等技术也是十分必要的。卵巢移植面临的最主要的问题是选择最佳移植时间和移植部位,尽快恢复移植物血供以减少缺血缺氧对卵巢组织的损伤,提高移植卵巢的存活率。随着该技术不断发展,相信将为许多面临提前闭经及丧失生育能力的妇女提供生殖能力保障,因此卵巢移植技术有广阔的发展前景。

小 结

GSCs 的研究有助于更好地理解配子发生机制,为不育的治疗提供了一条有效途径;同时还可用于经济动物、濒危物种的保存及繁育。另外,GSCs 的冷冻保存、基因修饰和移植技术将为生殖细胞功能研究、干细胞生物学、物种基因组保存以及转基因或基因剔除动物的生产提供一种有效的生物学工具。

目前,虽然在 GSCs 的研究上取得了很大的进步,但是仍有许多问题尚未解决。GSCs 与微生态小环境间的相互作用,以及决定 GSCs 自我复制和分化机制等,都是亟待展开研究的内容。虽然 GSCs 移植在治疗不育症上有很大的发展潜力,但仍存在伦理、排斥反应和遗传学等问题。而且,放化疗后青少年肿瘤患者 GSCs 移植虽然能给其恢复生育力带来希望,但同时也要考虑如何避免可能导致的肿瘤复发。目前取得的成果只是给进一步深入研究指明了方向,带来了希望,相信随着 GSCs 和生殖生物学研究的不断深入,GSCs 移植在再生医学中将会有更加宽广的应用前景。

(姜方旭)

第十五章　牙源性干细胞与再生医学

牙齿(tooth)是人类重要的组织器官之一。牙病是人类常见病及多发病。它对患者咀嚼、言语、美观和心理等有显著影响。根据WHO统计,牙病是人类发病率最高的三大非传染性疾病之一,由各种牙病造成牙缺失的病例非常普遍。牙齿修复方法有很多,借助再生医学实现牙再生或部分牙齿再生已成为国际口腔医学研究的热点,将有望成为一种理想的牙齿缺失的新的修复方法,有着广阔的应用前景。再生一颗完整的牙齿,需要突破很多瓶颈,解决再生医学共同的难题,如种子细胞来源、器官胚胎培养及移植等。

牙齿与人体其他器官,如心、肝、肺等器官一样具有独立的发育模式。传统观点认为,口腔上皮(oral epithelium,OE)与来源于神经嵴的外胚间充质相互作用导致牙发生、发育及形成。牙发育大致经历三个时期,即蕾状期、帽状期、钟状期及牙萌出期,也可分为起始阶段、形态发生阶段、细胞分化阶段及牙萌出阶段。牙发育过程中,无论是胚胎阶段还是成体阶段,牙发育形态发生、细胞分化乃至牙萌出等所有发育分化事件均存在严密的调控网络。

在蕾状期,来自于外胚层的口腔上皮与神经嵴来源的间充质相互作用形成牙板,牙板上皮迅速增生形成圆形或卵圆形蕾状突起,称为牙蕾(tooth bud,TB)。牙蕾的形成标志着成牙潜能从上皮转移至间充质。蕾状期的上皮细胞主要分为两类,一类为与基底膜接触的柱状细胞,另一类为基底膜内侧的立方状细胞。蕾状期细胞继续增殖导致成釉器(enamel organ,EO)生长。由于成釉器各区域细胞增殖速度差异导致成釉器基底部向内凹陷,而两边向间充质伸长形成球形覆盖于下方凝聚的外胚间充质(牙乳头,dental papilla)上,形如帽,因此称为帽状期。此期细胞分化为四类,位于周边的一层单层立方状细胞称为外釉上皮,通过牙板与口腔上皮相连。与牙乳头直接相邻,两侧与外釉上皮相接,呈矮柱状的上皮为内釉上皮。内外釉之间呈网状星形多层的间充质细胞,称为星网状层。与内釉上皮相邻的牙乳头区细胞为间充质细胞,将来分化为成牙本质细胞及牙髓细胞,进而形成牙本质及牙髓。包绕牙乳头及成釉器的外胚间充质细胞呈现为密集的结缔组织层,称为牙囊组织。牙囊组织将来发育为牙齿支持组织,即牙槽骨、牙周膜及牙骨质。牙囊与牙乳头及成釉器共同形成牙胚。从牙胚形成直至牙齿萌出,牙囊组织持续存在,被认为不仅与牙齿发育形成密切相关,而且是牙齿萌出所必需的组织。内外釉上皮向根方继续发育,融合形成颈环(cervical loop)。颈环上皮的出现被认为是牙根开始发育的标志。颈环上皮持续发育,相继形成Hertwig上皮根鞘(Hertwig's epithelial root sheath,HERS),最终以条索状的Malassez上皮剩余(epithelial rests of Malassez,ERM)存在于发育完成的牙根周围的牙周组织中。上皮根鞘发育分化正常与否直接决定牙根发育是否能正常完成。成釉器继续发育,从帽状发展为钟状,形成成釉器的钟状期。此期成釉器上皮细胞进一步分化,从外向内分化为外釉上皮、星网状细胞、中间层细胞及内釉上皮细胞。在钟状期,成釉器已分化成熟,细胞出现分化。此期牙齿形状被确定。

在内外釉上皮与周围间充质相互作用形成牙釉质、牙本质同时,上皮根鞘继续发育与周围牙囊组织细胞相互作用形成牙根组织,同时伴随上皮根鞘断裂,牙囊通过断裂的上皮向正在发育的牙根迁移分化形成包括牙槽骨、牙周膜及牙骨质在内的牙周组织。在牙根发育的同时,牙齿开始萌出。研究发现牙齿萌出不仅与牙根发育形成直接相关,而且也与牙冠部牙囊组织及成釉器与口腔上皮相连接的条索结构相关。调控破骨与成骨之间动态平衡直接决定了牙根形成与牙齿萌出。牙齿发育完成及牙齿萌出并未意味着牙形成与改建的终止。牙发育完成后,作为生理性改建或病理性反应,牙髓细胞、牙周细胞乃至来自于全身循环系统的骨髓间充质细胞均积极参与牙髓-牙本质复合体及牙周膜-牙骨质复合体修复(图 15-1)。

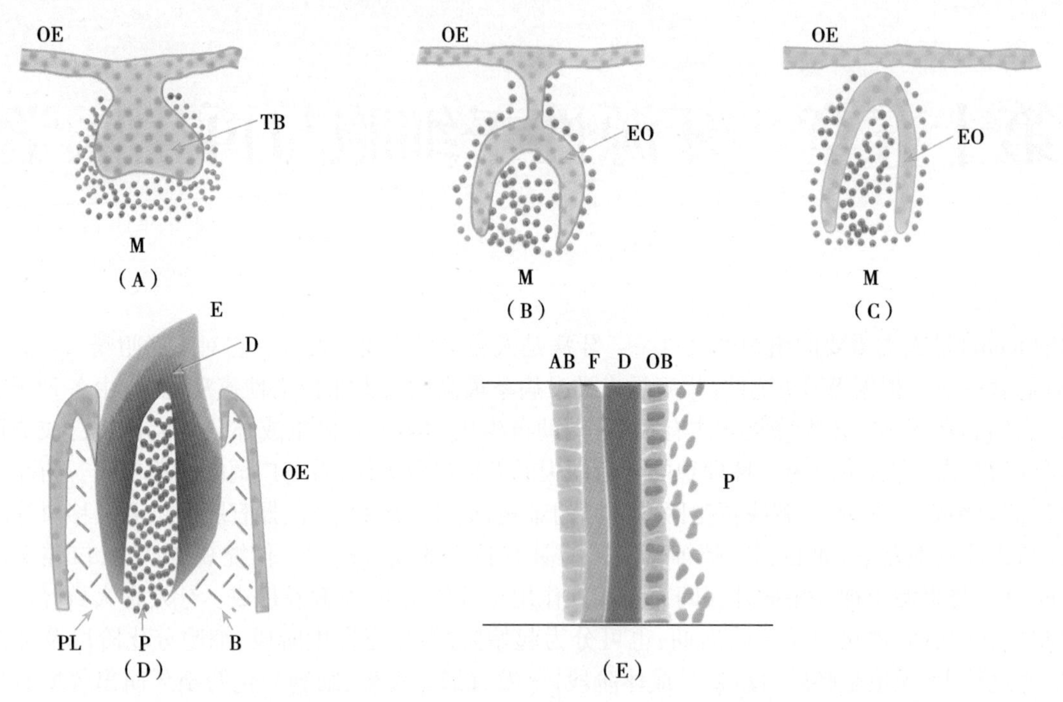

图 15-1 牙齿发育

(A)口腔上皮(oral epthelium,OE)变厚,形成牙板,由底层的间充质细胞(mesenchyme,M)诱导牙板内陷形成蕾状牙胚,称为牙蕾(tooth bud,TB),此期称为蕾状期。(B)牙胚形成后一个钟形牙釉质器官并封闭诱导的间质细胞和(C)从口腔上皮分离,此期称为钟状期。(D)牙釉质器官在牙齿发育中形成牙本质(dentin,D)和牙釉质(enamel,E),由牙周韧带(peridental ligament,PL,红色)附着到牙槽骨(bone,B)。(E)牙本质和牙釉质形成。牙釉质器官外层上皮细胞包含向内分泌牙釉质的成釉细胞(ameloblasts,AB)。内层是向外分泌牙本质的成牙本质细胞(odontoblasts,OB)。因此,牙本质和牙釉质彼此接触

因此,胚胎性口腔上皮细胞、外胚间充质细胞、牙胚细胞、牙乳头细胞、牙囊细胞、成釉细胞、颈环上皮细胞、上皮根鞘细胞、牙髓细胞、牙周膜细胞、骨髓基质细胞、成骨细胞、破骨细胞等牙源性及非牙源性细胞与其存在的微环境相互作用直接决定了牙发育、牙萌出及牙修复改建。

牙再生医学是机体再生医学的重要组成部分。模拟牙发育过程,可利用牙源性细胞及非牙源性细胞进行牙再生。同时,利用牙源性细胞还可以进行除牙再生外其他组织再生,如神经组织再生等。

本章从牙组织发育及可能的调控机制、牙源性干细胞在牙及其他非牙组织再生中作用,促进牙组织或器官缺损或缺陷相关疾病治疗。

第一节 牙齿的发育

牙齿发育主要包括牙釉质发育、牙本质牙髓组织发育和牙骨质牙周发育。牙骨质牙周发育的完成标志着牙根发育完成。

一、牙釉质发育

牙发育过程受到牙源性上皮细胞和神经嵴来源的间充质细胞间相互作用的调控。其中,间充质细胞最终分化成牙髓细胞以及成牙本质细胞,上皮细胞最终分化为成釉细胞进而形成牙釉质。成釉细胞的作用表现在釉质发育的两个阶段——分泌期和成熟期。成釉细胞分泌出多种牙釉质发育生长相关的蛋白,

通常主要包括釉原蛋白、釉鞘蛋白以及釉蛋白等,调控牙釉质的发生、生长以及形态结构。

牙釉质的发育是一个复杂而又精细的过程,釉质的形成以及矿化都始于钟状期。在这期,成釉细胞分化成为分泌型的成釉细胞,能分泌出多种特异性细胞外基质,包括釉原蛋白和非釉原蛋白。这些特异性蛋白在羟磷灰石晶体的成核作用、晶体排列、组织、空间构象等方面起着重要作用。钟状后期,在原来两个次级釉结的位置开始形成矿化的牙釉质,然后突破牙龈萌出,继续生长形成成熟的牙釉质结构。扫描电镜观察到釉柱结构是相互交织,从而保证了釉质结构的完整性和坚固性。在牙齿突破牙龈萌出之前,牙釉质已经完成矿化,这时釉质层包括大约95%的矿物质和不多于2%的有机物残留。釉质萌出以后将不能再生,因为成釉细胞层包括内釉上皮、中间层、星网状和外釉上皮细胞形成缩余釉上皮(reduced enamel epithelium,REE),REE开始部分降解直至牙齿萌出,REE移位至牙颈部,形成牙龈组织并与口腔黏膜上皮延续,而真正意义上的成釉细胞层已不复存在,这给组织再生工程与釉质发育不全的生物治疗途径带来了困难。

(一)釉质发育过程中的核心蛋白

牙釉质的分泌期主要产生多种釉质发育相关的调控蛋白分泌到釉质基质中,同时伴随着矿化和蛋白的加工过程。在这个时期,成釉细胞首先分化形成高分泌型细胞并且细胞发生延长伸展,伴随极化形成一个托姆斯突(Tomes' process)和一个大的基底核,成釉细胞由托姆斯突分泌釉基质并决定晶体排列方向。分泌的无定型磷酸钙带状物延长生长过程中转化为羟磷灰石晶体,在此转化过程中,釉原蛋白参与了此调控过程,形成釉质的基本结构单元——釉柱(enamel rod),釉柱与邻近釉柱之间发生交错耦联,对釉质结构的坚固性起到了很大作用。釉柱从釉牙本质界发出,延伸到牙齿表面,贯穿釉质全层。进入成熟期时,成釉细胞体积缩短变小,成熟时期的成釉细胞停止分泌釉质基质蛋白。此时釉质的厚度基本上固定下来,但仍然存在少量蛋白的分泌,如KLK4(kallikrein-related peptidase 4),其主要作用是加工与移除剩余的有机基质。

釉质蛋白在牙釉质发育过程中兼具双重作用,既是釉质的结构性物质,同时又在矿化组织的形成和吸收过程中扮演信号调节分子的作用。例如,釉原蛋白自组装形成一个个纳米球和卷状体,为釉质结构提供支架。同时,这些自组装体贯穿整个釉质层并且指导晶体结构的形成和生长。研究表明,釉原蛋白基因突变的小鼠表现出明显的釉质厚度的减小以及晶体结构的变化。另外两种釉质蛋白——釉蛋白和釉鞘蛋白在整个釉质发育过程中起到辅助调控的作用。

釉原蛋白是由位于X染色体上的基因*Amelx*和位于Y染色体上的基因*Amely*编码可进行自组装的蛋白(自组装成为球形结构),对于牙釉质的结构有着至关重要的作用,其可变剪切形成的各种亚型产物在釉质蛋白中占90%。釉原蛋白能组装形成釉柱,并且在釉质矿化过程中调节羟磷灰石晶体的形成与发展。釉原蛋白与釉质晶体结构的大小以及生长定向有关,在釉原蛋白基因敲除的小鼠(AKO)中观察到变小的晶体以及无组织规则的排列方式,而在AKO与TgM180-87(目前已知最大比例的釉原蛋白的亚型)小鼠杂交的后代KOM180-87的小鼠中观察到接近正常的晶体大小结构与定向的排布方式,这初步证明釉原蛋白在这两方面的重要作用。

釉鞘蛋白是釉质基质中含量最高的一种非釉原蛋白,主要分布在釉柱周围,其主要作用是控制晶体的生长速度,维持晶体生长以及决定釉柱的结构,从分泌早期一直持续到成熟晚期,被普遍认为在牙发育过程中调控釉质晶体的延长生长以及指导釉质矿化。釉鞘蛋白mRNA在成釉细胞增殖分化期表达为阴性,分泌初期细胞内及新生釉基质中开始出现弱阳性表达;至分泌期细胞内及新生釉基质中均呈强阳性表达。成熟釉质中无釉鞘蛋白mRNA的阳性表达。通过对釉鞘蛋白的时空表达进行分析可以推测釉鞘蛋白可能介导了釉质的发育矿化,它与牙齿发育、釉基质矿化反应等过程密切相关。有研究认为,在分泌期釉鞘蛋白协助晶体生长,保护晶体表面不被晶体生长抑制剂吸收;在成熟期为釉质深层蛋白的溢出保留通道。

釉蛋白属于非釉原蛋白,是含量少但相对分子质量最大的釉基质蛋白,具有复杂的生物学功能。釉蛋白被普遍认为在晶体的成核和延伸、调整釉质晶体形成的速率和形状等有关。釉蛋白的基因转录表达于牙胚中的前成釉细胞至成熟期成釉细胞的整个分化过程,直至牙冠形成、釉质发育完全。有关研究表明釉蛋白的基因突变可造成常染色体显性釉质发育不全,提示其在釉质发育过程的重要作用。

除了主要的釉质基质蛋白，釉质发育过程中还受到很多重要的蛋白酶的调控。釉质基质金属蛋白酶-20（matrix metalloproteinase-20，MMP-20）是一种牙齿特异表达的基质金属蛋白酶，与釉质发育密切相关，表达于分泌早期。MMP20 的主要作用是剪切釉质蛋白，MMP20 还被检测到能加工切割分泌时期的釉鞘蛋白。MMP20 能切割上皮钙黏素（E-cadherin），提示 MMP20 在釉质发育过程中水解钙黏素从而促进相关转录因子的释放。激肽释放酶 4（kallikrein-4，KLK4）分泌于成熟期，其作用是进一步加工残留的部分有机基质。主要降解釉原蛋白的两种剪切产物 LRAP 和 TRAP，因为分泌期的 MMP20 无法降解这两种蛋白亚型。

（二）多种转录调控因子在釉质发育过程中的作用

釉质发育是一个多因子调控的复杂过程。其中，转录因子如 Dlx3、Msx2、Tbx1、Pitx2、FoxJ1、Bcl11b 等起到了重要的调控作用。首先，基于釉质的结构发生特点（规律性重复分布的釉柱横纹）——以外加生长的方式形成釉质，科学家预测并发现生理周期相关的节律基因在釉质发育过程中起到了一定作用。哺乳动物的生理周期节律主要是受存在于视交叉上核（suprachi-asmatic nucleus，SCN）的主时钟基因的调控，同时又受到组织特异性时钟基因（circadian locomotor output cycles kaput clock）的调节作用。研究表明，大脑区域 SCN 的损伤会导致牙本质周期性增量的消失，而时钟基因则是分布于分化中的成釉细胞和成牙本质细胞中，通过编码转录因子来实现周期性调节功能。这些分子如何调控生物学过程有待研究（图 15-2）。

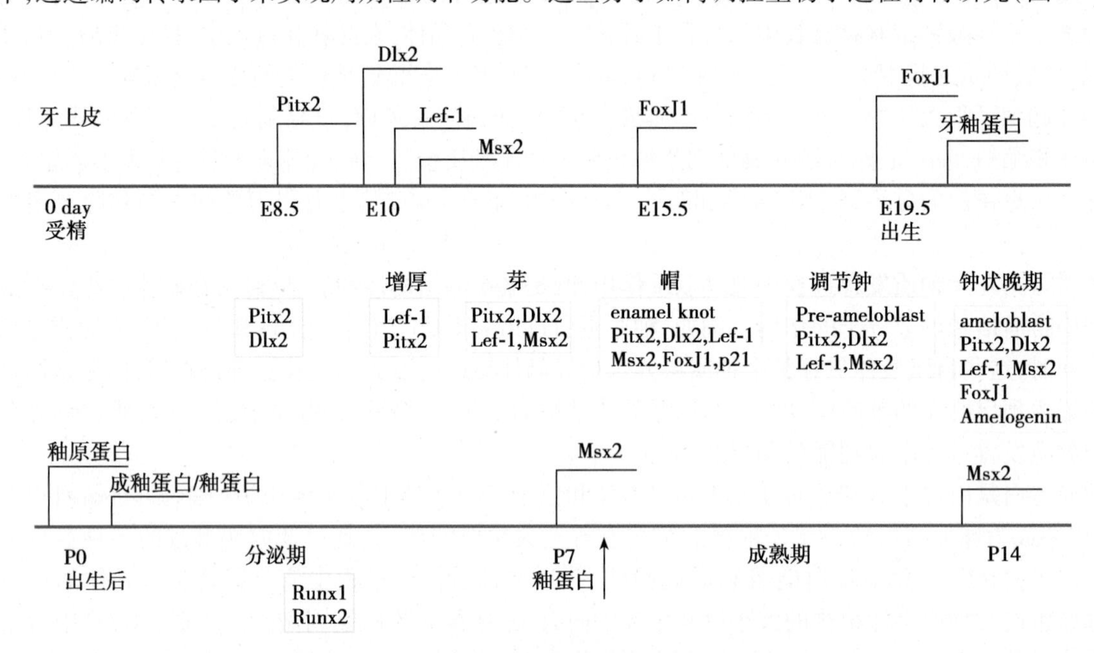

图 15-2 转录因子以及釉质蛋白的表达时间轴

为了进一步研究时钟基因与成釉细胞的分化以及釉质成熟之间的联系，科学家在 HAT-7 成釉细胞系中进行了实验，以时期特异性表达的蛋白 amelogenin（*Amelx*）、enamelin（*Enam*）和 kallikrein-related peptidase 4（*Klk*4）作为表达标记，结果显示：在转录因子 *Runx2*（runt-related transcription factor 2）过量表达的细胞中，*Amelx* 和 *Enam* 的 mRNA 水平的表达呈现下调趋势，而在 *Dlx3*（distal-less homeobox 3）过表达的细胞中呈现上调趋势。相反，*Klk4* 的 mRNA 表达水平在两种细胞中都呈现上调的趋势。该研究同时发现时钟基因不仅影响成釉细胞特异性基因的周期性表达，还影响 *Runx2* 的表达。由此，建立了节律基因与成釉细胞基因相关的转录因子之间的关系，说明节律基因可能通过间接地影响转录因子的表达而起作用或者直接地通过影响转录效率而起作用。*Runx2* 在成釉细胞分化过程中抑制分泌期的相关基因如 *Amelx* 和 *Enam*，促进成熟期基因如 *Klk4* 的表达。而其具体的作用靶点以及机制有待研究。

釉原蛋白基因不同时期的表达量受来自不同家族的多种转录因子调控，目前已确定的与釉质发育过程相关的转录因子家族主要包括同源异型基因家族、叉头转录因子家族和 T 盒基因家族。

同源异型基因（homeobox，*Hox*）是一类含有同源框的基因，在胚胎发育中的表达水平对于组织和器官的形成具有重要的调控作用。目前已发现的 *Hox* 基因产物都是转录因子，能识别所控制的基因启动子的特异序列，从而在转录水平调控基因表达。其中，目前已知的在釉质发育过程中起重要调控作用的有 *Msx1*、*Msx2*、*Pitx2*、*Dlx2* 和 *Dlx3*。

Msx1（muscle segment homeobox 1）与 *Msx2* 来自于同一个同源异型基因家族，具有高度同源的保守序列，其转录产物在发育过程中的作用也极其相似。*Msx2* 基因对于釉基质蛋白的表达和釉质结构的形成有重要的影响作用。在釉质发育过程的各个阶段中，*Msx2* 的表达量也不一样。在分泌时期前、成熟期以及分泌期后的成釉细胞中，*Msx2* 的表达量明显高于分泌期的成釉细胞，提示 *Msx2* 的表达下调可能是釉质沉积的一个前提条件。定量分析成釉细胞中 *Msx2* 的转录产物发现，突变的小鼠中没有转录产物的形成，杂合型的小鼠中较之野生型的小鼠，转录产物减少了 50%，揭示了在杂合小鼠中存在一个单倍剂量不足的现象。杂合的小鼠中，釉原蛋白的表达量与野生型的相比增加了两倍。然而，在突变型的小鼠体内，釉原蛋白、釉蛋白的表达量都显著地减少，说明 *Msx2* 在釉质的分泌与形成过程中是必需的，但是其究竟是如何发挥调控作用？*Msx2* 对釉原蛋白基因的启动子起着抑制作用，因此，杂合小鼠中釉原蛋白表达量的升高可以解释为起抑制作用的 *Msx2* 的表达量减少，而其他蛋白如釉鞘蛋白、釉蛋白、细胞黏附蛋白等在杂合型和野生型小鼠中无明显的表达量变化也恰好证明了这一点。总之，转录因子 *Msx2* 在釉质发育过程中起到了双重作用，一是对釉质结构形态的影响，二是对釉质蛋白所起到的信号分子的调控。

Pitx2 是牙发育过程中出现最早的转录调节因子，*Dlx2* 的表达紧随 *Pitx2* 之后，从启动期到分泌期，并且 *Dlx2* 是 *Pitx2* 的一个靶基因，共同调节牙齿发育与形态形成过程。叉头框（forkhead box，FOX）转录因子家族在细胞的生长、增殖和分化过程中扮演着重要的基因调控作用。在牙发育过程中，FoxJ1 作为细胞核转录因子，主要表达于 E14.5、E18.5 和出生后第 1 天的成釉细胞和成牙本质细胞中，在牙齿发生发育过程中起到一定的调节作用。而在釉原蛋白基因的启动子区域，发现几处 FoxJ1 和 Dlx2 的结合位点，因此推测 FoxJ1 和 Dlx2 共同调节釉原蛋白基因的表达，从而影响釉质的形态学发展。在 FoxJ1 突变的小鼠体内表现为成釉细胞分化的缺失以及釉原蛋白表达量的减少，进一步证明 FoxJ1 在釉质发育过程中的重要调节作用。

因此，FoxJ1 与同源异型基因 Pitx2、Dlx2、Dlx3 等转录因子相互作用，构成了一个逐级调节的机制：Pitx2 激活 *Dlx2* 的启动子表达，而反过来 Dlx2 与 Pitx2 竞争性结合于 *Pitx2* 的启动子结合区，从而抑制 *Pitx2* 的转录活性，同时 Dlx2 又包含自身的启动子区域结合位点（图 15-3）。Dlx2 激活 *FoxJ1* 的转录表达，有研究提出 Amelx 启动子区域既包含 Dlx2 的结合位点又包含 FoxJ1 的结合位点，通过 ChIP（chromatin immunoprecipitation）分析表明，Dlx2 和 FoxJ1 均可独立地激活 *Amelx* 的启动子，但是当两者同时作用时，*Amelx* 的表达效率显著提高，提示 Dlx2 与 FoxJ1 的协同作用在釉质形态学发生过程中有重要作用。

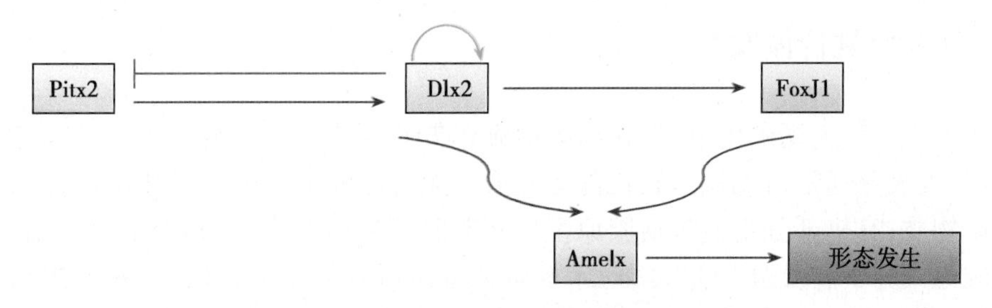

图 15-3 Pitx2、Dlx2 和 FoxJ1 的相互作用关系

TBX1 是由基因 *TBX1*（*T-box 1*）编码的转录因子，*Tbx1* 基因被认为是一个与先天性胸腺发育不全综合征（DiGeorge syndrome）相关的关键基因，可引起心脏、胸腺、甲状旁腺、颌面部以及牙齿的异常发育。在 *Tbx1* 基因敲除的小鼠切牙中，表现出牙釉质缺陷。并且 *Tbx1* 基因在小鼠磨牙的表达集中于前体成釉细胞中，强表达的 *Tbx1* 能激活釉原蛋白基因。比较 *Tbx1* 基因敲除小鼠与野生型小鼠的切牙釉质形态发育，发现敲除 *Tbx1* 基因的小鼠釉质较野生型的小鼠釉质更少，矿化程度不足，而且分泌釉质的上皮细胞层更薄，矿物质的沉积量显著减少，说明 *Tbx1* 参与到了釉质生长和矿化两个过程中。在牙发育过程中，存在着一个细胞增殖与凋亡的过程,也正是这两个过程的平衡协调控制着其形态学的发展。然而,在釉质发育过程中,不论是野生型的小鼠还是突变的小鼠中,上皮组织中都存在极少的细胞凋亡。相反的,野生型的小鼠颈环中存在大量的细胞增殖而突变型的小鼠中却未曾发现,其中也包括前体成釉细胞。对于釉原蛋白基因的表达的检测结果与釉质的形成结果一致,在突变的小鼠切牙中表达量极其微弱。因此,*Tbx1* 影响上皮细胞的增殖以及成釉细胞的分化,进而激活釉原蛋白的表达。而 Tbx1 的表达同时也受到 Fox 转录因子家族 *Foxa2*、*Foxc1* 以及 *Foxc2* 的调控。至此,各个转录因子家族构成了一个综合的调控网络系统。

此外,其他因子如上皮素-颗粒蛋白前体(granulin epithelin precursor,GEP),是被发现在出生后的釉质发生过程成釉细胞中表达的一种自分泌生长因子。重组的 GEP 刺激成釉细胞的增殖,提高了釉质基质蛋白的表达,说明其参与了出生后的釉质发育调控。但 GEP 在此过程中的具体受体因子以及参与的信号通路还有待研究。Bcl11b(又称 Ctip2)是对釉质蛋白有明显调控作用的一个蛋白分子,同时还扮演着转录因子的作用。在 Bcl11b 缺失的小鼠 E16.5 时期唇侧及舌侧颈环上皮细胞中观察到,与野生型相比 Shh、Amelx 的表达类型具有显著差异;而在 Bcl11b 缺失的小鼠中,Msx2 的表达量出现了下降,并且 ChIP 相关研究进一步证明 Msx2 很可能是 Bcl11b 的直接靶点;Msx2 在釉质形成过程中调节包括 Amelogenin 及 Enamelin 在内的釉质蛋白的表达。此外,Msx1 和 Msx2 具有高度同源序列,Shh 的表达量在 Msx1 缺失型的小鼠中也出现了下调。而 Shh 调控成釉细胞产生,可以作为成釉细胞前体细胞的一个标志蛋白。由此推测,Bcl11b 对牙发育经典通路——Shh 通路可能存在重要的调控作用,并且可能参与了釉质蛋白表达与分泌,在切牙以及磨牙的釉质形成过程中具有重要作用,但在两种牙组织中的具体作用尚不清楚,具体分子机制有待阐明。

应用蛋白质芯片等技术可以筛选出 74 种与 ODAM 蛋白相互作用的蛋白,并且鉴定出 BMP-2-BMPR-IB-ODAM-MAPKs 这一信号级联在成釉细胞分化以及釉质的矿化过程中的重要作用。ODAM(odontogenic ameloblast-associated protein)与成釉细胞分化及釉质的成熟密切相关。此外,细胞核中的 ODAM 通过 MMP20 调控釉质矿化。BMPR-IB 是经典的 BMP-2 的一个受体,在成釉细胞的胞质区,BMPR-IB 通过作用于 ODAM 的 C 末端区域而直接作用于 ODAM 蛋白,使 ODAM 发生磷酸化,活化的 ODAM 促进 ERK、JNK 以及 p38/MAPK 的磷酸化,从而激活 MAPK 信号通路,促进成釉细胞的分化以及矿化成熟。

虽然大量的小鼠遗传学模型研究证明多种转录因子在釉质发育过程中具有重要调节作用,但是,这些转录因子以及基因之间在整个调控网络中的具体相互作用尚不清楚。对于成釉细胞分化、釉基质蛋白分泌以及釉质成熟过程中各个蛋白、基因或者调控因子具体作用有待探究。未来治疗途径越来越多集中于生物疗法,通过对釉质发育的分子机制研究探寻釉质发育不全的合理治疗对基于干细胞的牙再生可以提供重要的参考。

二、牙髓-牙本质复合体发育

牙本质是牙齿的一种主要矿化组织,牙本质构成牙齿的主体及其特殊形态。牙本质的组成成分与牙骨质和骨相似,其成分通常由无机与有机部分组成。无机部分主要包括羟基磷灰石(hydroxyapatite)、水及其他少量矿物质;有机部分主要包括胶原蛋白和非胶原蛋白两大类,包绕着羟基磷灰石晶体,形成有机基质。非胶原大分子物质分为几大类:牙本质磷蛋白(dentin phosphoprotein,DPP)、牙本质涎蛋白(dentin sialoprotein,DSP)、含 γ 羧基谷氨酸蛋白(Gla)、混合性酸性糖蛋白、生长因子、血清源性蛋白及脂类等。

牙本质主要由牙本质小管、成牙本质细胞突起和细胞间质组成,细胞间质分为管周牙本质和管间牙本质。管周牙本质(peritubular dentin)是围绕成牙本质细胞突起的间质,构成成牙本质小管的管壁,矿化程度高,含胶原纤维极少。管间牙本质(intertubular dentin)位于管周牙本质之间,其内胶原纤维较多,基本上为Ⅰ型胶原,围绕小管成网状交织排列,并与小管垂直,其矿化程度较管周牙本质低。

牙本质的形成是一个连续的过程:其始动信号来源于牙源性上皮,在牙源性上皮细胞分泌相关细胞因子诱导下,牙源性外胚间充质细胞迁移到特定的牙齿发育部位,与牙板上皮相互作用,分化为牙乳头细胞,进而在牙齿发育钟状期末期，外层的牙乳头细胞进一步分化为成牙本质细胞，待牙乳头外侧周围的牙本质发育成熟后，此时牙本质内侧的组织即称为牙髓，其内的细胞称为牙髓细胞，牙髓所在腔隙称为牙髓腔。有时成熟的牙髓细胞在受到外界刺激（例如牙本质损伤、外力刺激等）的特殊情况下，也会分化为成牙本质样细胞。许多细胞生长因子、细胞外基质分子已经被确认与成牙本质细胞分化相关，这些因子相互作用形成网络，共同调控牙本质发育，如BMP家族成员、FGF家族成员及mTOR通路等。

在牙齿发育过程中，成牙本质与牙髓在结构上紧密结合，功能上密切相关，于是往往被统称为牙髓-牙本质复合体（pulp-dentin complex）。从器官发生来看，牙髓及牙本质均来自于胚胎发育期的牙乳头的分化，具有相同的起源。从功能上来看，牙髓为牙本质提供滋养，在牙本质受损时还能分化成为成牙本质样细胞，修复受损的牙本质；而牙本质围绕在柔软的牙髓外层，对牙髓提供保护和支持。二者相辅相成，共同完成一系列生命活动。

成熟的成牙本质细胞，一边合成和分泌细胞外基质，一边向着基底膜方向伸出细胞胞质突起，同时胞体随着细胞外基质的分泌，向着牙髓方向缓慢迁移。随着牙本质的不断分泌形成，胞质细胞突被埋在了牙本质基质中，形成成牙本质细胞突及成牙本质小管。成牙本质细胞分泌的细胞外基质蛋白包括非胶原蛋白和胶原蛋白两大类，其中胶原纤维蛋白为牙本质的矿化提供了所需的支架以及三维空间，继而非胶原蛋白作为某种调节因子，与胶原蛋白支架的特定位点结合，启动了矿化的成核作用。当细胞外基质分泌到一定量的时候，成牙本质细胞开始合成基质分泌小泡到细胞外。当小泡破裂，泡内的钙离子以羟基磷灰石的形式沉积于胶原间隙，形成晶体，晶体逐渐成长，彼此互相融合，最后矿化而形成成熟的牙本质。碱性磷酸酶对于牙本质的矿化起着重要的作用，如果组织非特异性碱性磷酸酶功能遭到破坏，则牙冠与牙根的牙本质都不能正常矿化。

原发性牙本质形成于钟状期晚期，牙本质首先在邻近内釉上皮内凹面（切缘和牙尖部位）的牙乳头中形成，合成胶原纤维，继而合成非胶原蛋白并钙化形成牙本质。然后沿着牙尖斜面向牙颈部扩展，直至整个牙冠部牙本质完全形成。在多尖牙中，牙本质独立地在牙尖部呈圆锥状一层一层有节律沉积，最后互相融合，形成后牙冠部牙本质。

当牙发育至根尖孔形成时，牙齿发育便完成，但成牙本质细胞仍可以在其后继续分泌细胞外基质，基质矿化形成牙本质，但速度很慢，这种后来形成的牙本质为继发性牙本质。继发性牙本质是一种增龄性变化，形成于牙本质的整个髓腔内侧表面，但在各个部位的分布并不均匀，受到刺激的区域继发性牙本质形成相对较多。继发性牙本质不断形成使髓腔逐渐变小。继发性牙本质中牙本质小管的走行方向较原发性者有较大变异，小管更不规则。继发性牙本质小管方向稍呈水平，与原发性牙本质之间有一明显的分界线。

修复性牙本质是在外源性刺激（酸碱腐蚀及机械力刺激等）下，由牙髓组织内的成牙本质细胞及间充质细胞分化形成的组织。修复性牙本质与原发性牙本质在结构上有明显的区别，前者牙本质小管不均匀，数目大大减少，有些区域仅有少数小管或不含小管，同时小管明显弯曲，它与外源性刺激的强度及速度等因素密切相关。

成牙本质细胞与牙本质的形成直接相关，因此成牙本质细胞对于牙齿的正常发育至关重要。成牙本质细胞是一种来源于神经嵴分化的间充质细胞。在牙齿发育过程中，成牙本质细胞一直受到细胞-细胞或者细胞-基质相互作用的调控，许多分子（包括细胞外基质的成分、生长因子等）都参与其中。

成牙本质细胞终末分化包括退出细胞周期、胞体伸长、细胞极性分化，最终形成一种长形柱状细胞，然后在牙髓与牙本质的交界处形成一种类似于栅栏状的细胞层。在牙本质形成过程中，成牙本质细胞的胞体会伸长并极性分化，分泌的一端延伸进入钙化的基质，形成牙本质小管，而细胞主体则埋在柔软的牙髓组织中。之后，成牙本质细胞继续在牙髓周围缓慢的分泌牙本质（分泌速度受咬合的磨损程度的影响），而这一动态过程使得成牙本质细胞处于一种特殊的空间状态中。牙本质小管从牙釉质与牙本质的边界延伸到成牙本质细胞层，并一直处于牙本质层的包围之中。总体来说，成牙本质细胞作为一种选择性的屏障，根据不同的物理与病理状况，调控着牙本质与牙髓之间的关系。因此，在正常或病理条件下对于牙本质沉积的调控不仅仅来自于对牙本质或者牙髓释放的因子的感应，也同时是一种力传导的过程。

成牙本质细胞这种处于牙本质与牙髓之间的特殊的空间位置可能是它能够感受到来源于机械刺激的影响,因此可能是一种特殊的感觉细胞。在成牙本质细胞的细胞膜上,已经检测出受电信号调控的钠离子和钾离子通道以及氯选择性通道等。此外,钙离子通道也在生理和病理层面上对成牙本质细胞结构和功能的调控方面发挥作用。在体外培养的人成牙本质细胞中,高电导钙激活钾离子通道在细胞膜拉伸时被激活,显示出对外力刺激的敏感性,并且能够将机械刺激转化为电信号。在体内,这些通道往往集中于成牙本质细胞的顶端,而细胞则从此处将钙运送至正在矿化中的牙本质。因此,这些力敏感性离子通道可能直接参与了成牙本质细胞的代谢活动及牙本质的形成。

三、牙周膜-牙骨质复合体发育

在牙齿发育的钟状期以后,牙根开始发育。牙根发育较牙冠发育更为复杂。牙根开始发育时,内釉上皮和外釉上皮细胞在颈环处增生,向未来的根尖孔方向生长,这些增生的上皮呈双层,为 Hertwig 上皮根鞘(HERS)。HERS 细胞在颈环处向下延伸至不断生长的牙根部位,在牙根发育完成分化为 ERM。目前普遍认为 HERS 细胞在牙根的发育过程中起着重要的作用,然而 HERS 细胞引导的牙根发育机制仍不清楚。

(一) 牙周膜发育

经典发育学观点认为牙周膜的发育始于上皮根鞘的断裂,此时牙囊在邻近发育牙根侧聚集不成熟伸长的成纤维样细胞和细胞外基质所形成的疏松结缔组织。在牙根形成时,成纤维细胞在已形成骨与牙骨质的表面形成细小而排列杂乱无章的纤维束,并逐渐进入牙周间隙。随着牙根发育延长,根尖部增殖的成纤维细胞逐渐向牙颈部移行,从而分化为形成第一组胶原纤维的细胞。同时其外侧的牙囊细胞(dental follicle cells,DFCs)增殖活跃,在根部牙本质的诱导下分化出成牙骨质细胞形成牙骨质,而在牙槽窝内壁分化为成骨细胞形成牙槽骨,两者将中间大量的 DFCs 分化而来的成纤维细胞所产生的胶原纤维包埋固定,形成 Sharpey 纤维。而 Sharpey 纤维的排列走形与牙萌出运动以及咬合建立密切相关。由开始的斜行的排列发育为水平的走向直至最后形成咬合时再次形成斜行排列。在达到功能性咬合时,牙周膜内细胞增殖明显,形成致密的主纤维束并形成与咬合力相适应的功能性排列。而牙周膜能够在发育期和整个生活期都保持功能稳定,是通过成纤维细胞的快速合成和原有胶原吸收而完成。

(二) 牙周膜形成的可能机制

牙周膜内成纤维细胞由 DFCs 分化而来,通过对 DFCs 进行单克隆扩增后获得具有不同功能的三种亚型细胞:DF1、DF2 及 DF3。DF1 有较强增殖但缺乏矿化能力,可能与牙周膜形成有关;DF2 具有较强的碱性磷酸酶活性,可能与未分化细胞密切相关;DF3 表达较强的矿化基因及蛋白,可能与成骨或成牙骨质前体细胞密切相关。就其可能分化差异而言,细胞内 Ca^{2+} 可以激活钙信号通道而调控间充质干细胞不同的分化潜能。对 DFCs 的 Ca^{2+} 离子所依赖的离子通道研究发现,TRPM4(transient receptor potential melastatin 4)可以抑制 DFCs 的成骨分化能力,但是可以促进其成脂向分化作用,然而 DFCs 是如何调控分化为各个亚型细胞的机制尚不清楚。

目前,在牙周组织内发现 DFCs 以及牙周膜干细胞(periodontal ligament stem cells,PDLSCs)。DFCs 可以通过与 HERS 的上皮与间充质之间的信号调控向各种成纤维细胞的祖细胞、成牙骨质祖细胞等细胞分化,从而形成牙周组织的各种结构。其中所涉及的信号通路包括 TGF-β、Wnt、FGF、Lrp4、Hedgehog 等。敲除 Smad4 的小鼠牙根出现明显的发育障碍,推测 HERS 细胞介导的 TGF-b/Smad4-Shh-Nfic 调控了牙根形成。就其纤维方向分化而言,研究发现猪的 DFCs 可以在 Ⅰ 型胶原基质的诱导下其基因表达模式跟 PDLSCs 相似。同时,对牙周祖细胞与不同支架材料复合体内移植后形成组织进行分析发现,成纤维向分化可能与其所接触的细胞外基质以及黏附于牙根表面形态等微环境有关。就 DFCs 分化的基因水平而言,各种信号刺激通路通过关键基因 DLX3、转录因子 ZBTB16 及 NR4A3 等差异性激活从而调控 DFCs 向 PDLSCs 分化,但是 DFCs 如何被调控形成牙周纤维的具体机制不清楚。对于 PDLSCs 的牙周纤维分化,血管内皮生长因子(vascular endothelial growth factor,VEGF)促进人 PDLSCs 的成骨分化,而外源性 FGF-2 促进 PDLSCs 的增殖,但抑制其成骨分化能力。

（三）牙骨质发育

对于牙骨质发育，到目前为止依然存在较大分歧。多数研究认为是HERS来源的成牙骨质细胞形成无细胞牙骨质与由神经嵴来源DFCs分化成牙骨质细胞形成细胞性牙骨质。

1. 牙囊细胞分化形成的细胞性牙骨质

（1）牙囊细胞分化形成牙骨质：经典观点认为成牙骨质细胞由DFCs分化而来。将低分化DFCs植入重度免疫缺陷小鼠后，发现DFCs可分化出成纤维组织和牙骨质样组织，从而提示DFCs内存在前期成牙骨质细胞或者成牙骨质祖细胞等。通过体外培养诱导以及体内的复合移植后发现牙本质非胶原蛋白（dentin non-collagenous proteins，dNCPs）可以促进DFCs成牙骨质分化以及牙骨质样组织形成。这为在HERS细胞断裂后DFCs与内层牙本质接触后形成牙骨质提出了一种可能解释。同时，通过HERS细胞与DFCs共培养发现，HERS细胞明显诱导DFCs的ALP、OCN、FN、COL-1等成牙骨质、成纤维相关的蛋白、mRNA表达，并且体外诱导后可见明显的钙化结节。从而提示HERS细胞可能通过分泌信号因子诱导DFCs成牙骨质及成纤维发育。

（2）DFCs分化形成牙骨质可能机制：DFCs分化形成牙骨质的可能细胞信号机制研究多集中于BMP信号家族。BMP-2可以促进牙周纤维形成，同时BMP-2可能通过影响胶原蛋白黏合素相互作用而介导细胞分化。在牙根发育阶段，HERS细胞表达BMP2、BMP7及BMP4，可能通过激活BMP-smad1-MAPK失活Erk-1/2调控DFCs分化为牙骨质细胞及骨细胞，形成骨样或者牙骨质样结构。Wnt/β-Catenin信号通路介导的T细胞因子荧光素酶与碱性磷酸酶同样可以调节其在DFCs成牙骨质及成骨分化能力。此外，Wnt/β-catenin信号通路同样调控了BMP2介导的DFCs向成牙骨质及成骨方向分化。

2. HERS细胞分化形成牙骨质

（1）HERS细胞分化形成牙骨质：HERS通过上皮间充质转化（epithelial-mesenchymal transitions，EMT）参与牙骨质形成尚存争议。通过对Malassez上皮剩余（epithelial rests of Malassez，ERM）在维持牙周微环境的稳定作用提示HERS细胞可能分化形成牙骨质。通过对牙骨质修复阶段的研究发现，靠近牙根吸收的ERM表达与牙骨质发育相关的BMP-2，并且在新形成牙骨质样结构阳性表达OPN及成釉蛋白。在此期间，其增殖细胞核抗原（proliferating cell nuclear antigen，PCNA）表达强阳性，但未见ERM细胞数量增加，提示增殖的ERM可能在BMP-2等作用下发生EMT形成骨或牙骨质相关蛋白参与牙骨质的修复。

HERS细胞成牙骨质。通过对骨表达相关的Dlx-2基因检测，发现部分成牙骨质细胞以及HERS细胞表达Dlx-2，而邻近的牙乳头和牙囊中却阴性表达Dlx-2，说明成牙骨质细胞可能一部分来自HERS细胞；通过对“H-2Kb-tsA58”转基因鼠的永生化HERS细胞进行蛋白印记及RT-PCR来研究不同培养天数的HERS成牙釉质、成牙骨质等相关蛋白以及mRNA的表达情况，结果发现HERS细胞表达与EMT发生相关的vimentin及OB-cadherin等蛋白，同时HERS细胞沉积一种矿化胞外基质。通过形态学以及抗核增殖抗原染色等观察HERS细胞增殖凋亡，发现抗角蛋白抗体阳性的HERS细胞在凋亡后部分细胞埋入新形成的牙骨质细胞而形成类似于细胞样牙骨质结构，提示HERS细胞参与形成牙骨质样结构。

由于在体内很难具体定位HERS发生EMT后成牙骨质现象，有研究通过对HERS结构的内外层细胞数目研究并未发现HERS细胞在发育中发生迁移。同样，通过对出生后第21天大鼠第一磨牙进行keratin与vimentin检测，并未发现EMT现象。但通过组织切片的免疫荧光双标法则证实在体内的HERS组织发生EMT，并发现了发生EMT的HERS细胞群（HERS01a），不仅表达与EMT相关蛋白，而且表达ameloblastin等成牙釉质相关蛋白。同时发现肝细胞生长因子可以调控这种涉及EMT的HERS细胞参与牙根发育。此外，通过对K14-Cre、Wnt1-Cre R26R小鼠的Mollary-H、β-gal检测，发现部分HERS细胞在牙本质表面以及细胞之间分泌了细胞外基质从而参与形成无细胞性牙骨质，证明HERS细胞通过EMT分化形成牙骨质。

（2）HERS细胞分化形成牙骨质可能机制：通过对结合矿化诱导信号Ca^{2+}的钙联素D28k的检测定位其在牙根发育中的表达，发现其不在HERS结构内表达而在HERS细胞开始断裂时才开始表达，直到形成同样阳性表达的ERM，在细胞性牙骨质与牙本质之间的无细胞性牙骨质内阳性表达，而在细胞性牙骨质内表达较少。同时，D28k在牙周纤维内阳性表达。通过共焦免疫荧光、定量免疫组织化学技术检测HERS

细胞及分化产物 ERM 的三种 Ca^{2+}的结合蛋白的表达,发现血清蛋白、钙结合蛋白、钙网膜蛋白三者都可以调节 HERS 细胞 Ca^{2+}的表达。提高细胞外钙离子激活 cAMP/PKA 信号通路而非 PLC/PKC 信号通路促进成牙骨质细胞表达 bFGF。bFGF 是诱导细胞发生 EMT 重要细胞因子,在成牙骨质及成骨分化中具有重要作用。bFGF 可以调节牙釉质以及牙本质发生,调控小鼠切牙颈环上皮区域干细胞的增殖,同时调控颈环干细胞的成釉分化。在牙根发育时期,bFGF 高表达于 DFCs 以及 DPC,但形成牙根后其表达量降低。而正常牙周组织同样表达 bFGF,在受到外力移动的牙根新形成的牙骨质以及牙槽骨均高表达 bFGF。但具有成牙骨质诱导作用的 bFGF 是否参与 HERS 细胞发生 EMT 形成牙骨质尚需研究。

第二节　牙组织再生

一、牙釉质再生

牙釉质是牙冠表层坚硬、透明组织,保护着牙齿内部的牙本质和牙髓组织。牙釉质位于牙齿最外层,是脊椎动物钙化程度最高的组织,不同于牙本质或骨等其他矿化组织。成熟的牙釉质中没有活细胞,当它受到损伤时不能像其他的组织一样,通过细胞分裂进行修复和再生。它的主要化学成分(体积 95% 以上)是磷灰石纳米棒和少量的有机基质。这些纳米棒高度有序地紧密排列在一起形成釉质所特有的釉柱结构,赋予釉质优异的力学性能和抗磨损能力。“制造”牙釉质的成釉细胞在一定年龄后就无法生成,所以牙釉质遭破坏后无法再生。釉质受损,由于缺乏活细胞修复,如何再生一直是科学难题。因此,应用非细胞方法模拟釉质的结构可能是釉质再生的有效策略。但这些方法或反应条件要求过于苛刻,或所得釉质与天然组织相差太远,难以应用于临床。

(一) 化学法再生

目前,由于缺乏活细胞修复,临床多采用化学法修复釉质。它是利用表面活性分子或微型乳剂来合成釉质,这种方法能够模拟釉蛋白的生物学功能。生物活性纳米纤维可以指导釉质再生时细胞的增殖和分化。利用含“Arg-Gly-Asp”多分支肽亲水亲脂分子可以在生理环境下自我装配形成纳米纤维,通过与釉蛋白整合参与细胞结合基质复合物以及传递釉质形成的指导信号。除了纳米纤维技术再生外,有研究还开发了一种可以在人牙釉质表面形成高密度氟磷灰石层,利用钙离子在富含丙三醇明胶凝胶溶液(同时包含磷酸盐和氟离子)37 度的扩散性,以及在牙齿表面的覆盖,这些含离子的凝胶覆盖另一层不含磷酸盐离子凝胶,诱导牙齿表面氟磷灰石的矿化发生,上述装置被置于中性的钙离子溶液中,通过定期的交换凝胶和钙离子溶液,可以形成均一的牙釉质样层。在人体近生理条件下实现人牙表面牙釉质的直接化学再生已得以实现。以磷酸腐蚀釉质,表层的羟基磷灰石晶体被部分分解,产生有活性的成核位点。该活性位点被浸入含有钙离子、磷酸根离子和氟离子的溶液,在螯合剂羟乙基乙二胺三乙酸(HEDTA)的作用下,溶液中的各种离子在成核位点反应,不断成核及生长,形成与原组织相同的晶体结构,构成新的釉质层。重新构建的釉质层与天然釉质在化学组成、微观结构、纳米性能上都非常相似,再生的人工牙釉质具有天然牙釉质的微结构和类似的力学性能,为该成果真正走向临床应用提供了可能。

虽然这种化学法再生能够修复釉质的缺损和磨损,也为依赖于细胞性再生牙釉质提供了指标。但就目前而言,没有一种材料能够完全模拟天然釉质的物理的、机械的及美学的能力。

(二) 组织工程法再生

直接化学化学方法操作简便、成本低廉,在生理条件下即可进行,便于有效用于加固已有的牙釉质、修补受损的牙釉质。但所用的 HEDTA 与口腔直接接触,对人体的危害不可避免。因此,利用牙源性上皮与间充质相互作用再生牙釉质层样结构的方法,即利用改良的支架材料和设计,必须得以发展。

1. 成釉细胞再生　成釉细胞是上皮来源的唯一能产生硬组织的细胞。该细胞既能合成和分泌牙釉质基质,又对这些基质有重吸收和降解作用,同时也与钙盐的活跃转运有关,是牙釉质形成的关键细胞。

当釉质形成时，内釉上皮不同部位的细胞处于釉质形成的不同阶段。但在釉质发育过程中，每个成釉细胞都经历不同时期。

牙釉质的成釉细胞在一定年龄后就无法生成，所以牙釉质遭破坏后无法再生。因此，成釉细胞的再生是牙釉质再生的关键，要想构建组织工程牙髓，就必须首先实现成釉细胞的再生。利用小鼠胚胎的牙源性上皮细胞和诱导多能干细胞进行培养，发现约95%的诱导多能干细胞分化成了成釉细胞。这些细胞中含有作为牙釉质成分的成釉蛋白。这一通过诱导成釉细胞发生方法使得利用成釉细胞进行釉质再生成为可能。

2. 相关因子调控釉质再生　除了成釉细胞再生外，相关因子也控制着成釉细胞的分化和增殖，从而决定着釉质再生。研究发现一种控制牙釉质生成的转录因子 Ctip2，从而使人们需要时重新长出新牙成为可能。Ctip2 基因敲除的成釉细胞合成少量或不合成釉质形成所必需的成釉相关特异蛋白，从而影响釉质形成和发育。当小鼠牙齿发育缺乏同源盒基因 Msx2 时，牙尖的形态发生和釉质形成都出现了明显的缺陷，进一步研究发现 Msx2 是细胞外基质基因 Laminin 5α-3 的表达的关键，而 Laminin 5α-3 是釉质发生的关键调控基因。Enamelin 基因敲除导致釉质形成时釉基质组织和矿化的发生异常，证明 Enamelin 也是釉质发育及再生的关键基因。

对于牙齿再生，釉质再生将是一个巨大的挑战，归因于在牙齿萌出时，缺乏牙源性上皮祖细胞的存在以及相关信号分子及蛋白的有序及空间表达。基于此，指导出生后牙源性干细胞性的上皮与间充质相互作用再生牙釉质层样结构的方法，以及利用改良的支架材料和信号通路设计将亟待解决。与其他组织的再生相似，重建釉质所面临的挑战是如何控制好组织的再生程度，以及新生组织的形状。如果这些问题能够解决，釉质再生的临床应用将指日可待。

二、牙髓-牙本质复合体再生

牙髓和牙本质均来源于牙胚的牙乳头结构；牙髓为牙本质提供营养并能不断形成牙本质，同时牙本质将牙髓与外界有害刺激隔离。由于两者胚胎发生和功能互相关系密切，所以合称牙髓-牙本质复合体。临床上牙髓本身病变或龋病外伤等引起牙本质完整性受到破坏及牙髓暴露时常需将牙髓去除，进而对根管进行严密充填，即根管治疗。根管治疗是目前临床上常用的保存牙髓病变牙齿的方法，但其仍然存在诸多术后并发症。生命前沿科学及再生医学的发展使传统物理根管充填的牙髓治疗向生物学治疗转变成为可能。因此，牙髓-牙本质复合体再生成为牙髓治疗学的新目标。

由于解剖局限性和成牙本质细胞的自身特点，牙髓组织作为高度分化的组织一旦受到较严重的损伤很难自行修复，根管治疗成为临床首选的治疗方式。尽管根冠治疗的成功率很高(78%～98%)，但是传统的根管治疗利用充填材料代替牙髓组织严密充填根管，虽然能保存牙齿的完整性，延长牙齿在口腔内的存留时间，但由于操作过程中失去大量正常牙本质结构，同时牙本质缺乏牙髓组织的营养作用，而导致牙本质抗折性能降低，较健康牙容易缺失。此外传统的充填和密封材料易使牙冠变色而影响患者的容貌美观。牙髓-牙本质复合体再生是为替代损伤的牙髓-牙本质组织以生物学组织工程为基础的一种治疗手段。在再生牙髓-牙本质复合体过程中首先必须要获得一种具有高度增殖能力和定向分化为牙髓细胞并能移植到根管系统中形成牙髓-牙本质复合体组织的细胞，因此种子细胞的选择是牙髓-牙本质复合体再生首要考虑的问题。

胚胎干细胞由于受到伦理学的限制临床应用有一定难度，因此，成体干细胞成为组织工程种子细胞的重要来源。与其他非牙源性干细胞相比较，牙源性干细胞是一类相对理想的种子细胞，细胞来源广泛且具有较强的自我更新和多向分化能力。主要包括牙髓干细胞(dental pulp stem cell，DPSC)、脱落乳牙干细胞(stem cells from human exfoliated deciduous teeth，SHED)、牙乳头细胞(dental papillar cell，DPC)和牙囊细胞(dental follicle cells，DFCs)等。

(一) 牙髓干细胞

当牙本质受损后牙髓深部的细胞能迁移到受损部位并分化成成牙本质样细胞形成修复性牙本质。将人第三磨牙牙髓进行体外培养，细胞可自我更新和高度增殖，可被诱导分化为脂肪细胞、神经细胞和成骨细胞等多种细胞，这种具有自我更新能力并有多向分化潜能的细胞被定义为DPSC。DPSC有较高的克隆形成和钙化结节形成能力，可以在经过处理牙本质表面分化为成牙本质样细胞，将DPSC移植于裸鼠体内可以形成牙齿样结构，将牙髓细胞接种于牙髓腔内移植或是复合羟磷灰石-磷酸三钙、牙本质基质等材料复合裸鼠体内移植可以形成牙髓样结构。牙髓细胞复合胶原及DMP-1填充牙髓腔移植于裸鼠皮下可见牙髓组织样组织形成。

（二）脱落乳牙干细胞

SHED是从脱落的乳牙牙髓组织中分离得到的，SHED具有比DPSC更强的增殖和克隆形成力，在体外也具有分化成为脂肪细胞、神经细胞和成牙本质细胞等多种细胞的潜能，复合羟磷灰石-磷酸三钙后进行的体内试验同样形成牙本质样结构。将SHED与牙片复合移植后生成牙髓样组织，尤其生成前期牙本质和丰富血管。更重要的是体内试验观察到在揭顶的第一磨牙根管内移植SHED复合Ⅰ型胶原支架材料后形成了牙髓组织。

（三）牙乳头细胞

牙乳头是牙髓组织的胚胎期来源，位于未成熟牙齿的牙乳头部位的细胞与DPSC及SHED相似具有分化为脂肪细胞、神经样细胞和成牙本质样细胞等的潜能，体内移植试验也有牙本质样结构形成，被定义为DPC。DPC可以分化为DPSC。与DPSC相比，DPC特异表达CD24，被认为是一类早期未分化完全的干细胞。将DPC复合PLG支架填充空的牙髓腔移植于裸鼠皮下，表明髓腔侧有表达DSP、BSP及ALP的成牙本质样细胞且髓腔内生成血管组织丰富的牙髓组织。

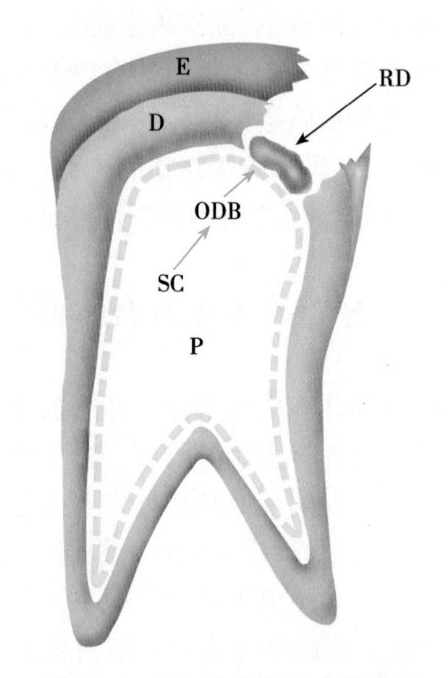

图15-4 干细胞修复牙齿的模型
牙釉质(E)和牙本质(D)被细菌侵袭，暴露牙髓(P)，摧毁下面的成牙质细胞(ODB)。牙髓干细胞(SC)被注射到损害部位，它们将变成成牙质细胞，分泌修复性牙本质(RD)和修复需要的矿物质

（四）牙囊细胞

从埋伏阻生人牙冠形成期第三磨牙中获取牙囊组织，进而培养扩增获得DFCs。所获取的DFCs在牙本质基质作用下能表达成牙本质细胞分化相关蛋白。利用DFCs和牙本质基质支架复合并移植入免疫缺陷小鼠皮下1个月，结果显示在支架表面形成了完整的牙本质结构，即包括牙本质小管的成熟牙本质、前期牙本质层、球型矿化小节和分泌丰富细胞外基质的成牙本质细胞层等牙本质的特异性结构。进而利用DFCs细胞构建细胞膜片进行体内移植，可以成功再生牙髓-牙本质复合体样结构，该结构包含有丰富的神经血管等组织。利用新生大鼠DFCs与发育期及成体牙本质基质支架复合进行体外培养并经大鼠体内移植均再生出完整的牙本质结构。

总之，种子细胞是牙髓-牙本质复合体再生必须解决的首要问题，正确选择合适的种子细胞是牙髓-牙本质复合体再生的关键（图15-4）。运用生物学治疗手段再生牙髓-牙本质复合体组织维持牙齿结构的完整性和正常的生理功能成为人们关注的热点，然而理想的牙髓-牙本质复合体再生仍未实现，需要进一步探索。

三、牙周膜-牙骨质复合体再生

牙周组织再生是指伴有穿通纤维的牙骨质及牙槽骨的再生，包括形成新的牙骨质、功能性牙周膜及牙槽骨。三者空间排列复杂有序，需要成骨细胞、成牙骨质细胞和成纤维细胞等多种细胞共同参与，其中牙周膜干细胞是新组织再生的基础。但在牙周病损区，由于长期的炎性破坏，残余的内源性牙周膜干细胞自身修复能力非常有限，以致牙周组织很难达到有效的组织再生和功能重建，因此，将种子细胞移植至牙周病损区以促进牙周组织再生成为目前的研究热点。

（一）种子细胞

理想的种子细胞应具备以下特点：第一，取材方便，植入机体后性能稳定；第二，具有自我更新能力，在体外可克隆性生长，在体内可增殖形成组织并维持自身的数量；第三，较强的增殖分化能力，产生组织中具有特定功能的细胞，如成纤维细胞、成骨细胞和成牙骨质细胞等；第四，具有低免疫原性及免疫调节功能。

目前牙周组织工程种子细胞的选择主要包括牙源性间充质干细胞和非牙源性间充质干细胞两大类。前者有 PDLSCs 及 DFCs 等；后者有骨髓间充质干细胞（bone marrow mesenchymal stem cell，BMSC）、脂肪干细胞（adipose tissue-derived stem cells，ADSC）等。

1. 牙源性间充质干细胞

（1）牙周膜干细胞：PDLSC 是来源于牙周膜的成体干细胞，具有自我复制更新能力，能分化形成不同种类的具有特定表型和功能的成熟细胞，在维持正常的牙周组织更新和牙周炎症组织损伤修复再生中起到重要的作用。对牙周膜细胞的体外培养发现，经诱导可分化形成成骨细胞，并可出现矿化结节，证实牙周膜中存在着能分化为成牙骨质/成骨细胞的前体细胞。牙周膜干细胞不仅能分化为成牙骨质细胞样细胞和成骨细胞样细胞，形成牙骨质样和骨样组织，而且还可分化为成纤维样细胞，形成类似天然牙周膜样的结缔组织，形成组织形态、空间排列上类似于天然牙周膜-牙骨质复合体的结构。利用酶消化法、克隆筛选和磁珠分离方法从人牙周膜中培养得到具有高度增殖能力的细胞，并表达 STRO-1 和 CD146，将其命名为 PDLSC。将 PDLSC 与 HA-TCP 复合移植在免疫缺陷小鼠磨牙牙周缺损处，8 周后牙周缺损修复，形成牙骨质-牙周膜复合结构。同时，从拔牙后牙槽窝内残留的牙周组织和牙周炎患牙培养出 PDLSC 同样被证明是牙周组织工程的理想种子细胞。此外，PDLSC 具有低免疫原性的特性，主要组织相容性复合体Ⅱ型抗原表达呈阴性，有异体移植的潜能。

（2）牙囊细胞：DFCs 来源于牙齿发育期构成牙胚的重要结构之一牙囊，是包被于未萌出牙齿的疏松结缔组织囊性结构。DFCs 作为牙周组织分化发育的前体细胞，能分化形成牙周膜、牙骨质和固有牙槽骨。较强的增殖分化能力使其成为一种值得考虑的牙周组织工程的种子细胞来源。采用酶消化联合组织块法从埋伏阻生下颌第三磨牙中分离出牙囊并培养获得人 DFCs，体外经矿化诱导后的 DFCs 可形成矿化结节，细胞中Ⅰ型胶原、Ⅲ型胶原、骨桥蛋白、骨粘连蛋白、骨涎蛋白、骨钙素及碱性磷酸酶呈不同程度的阳性表达，这说明 DFCs 具有成骨细胞、成牙骨质细胞的特性，体外培养的人 DFCs 具有分泌合成矿化组织的能力。将 DFCs 接种在支架材料上，移植在免疫缺陷小鼠皮下 6 周，均生成牙周膜和牙骨质样的复合结构。此外，依据上皮-间充质相互作用原理经 HERS 细胞诱导的 DFCs 细胞膜片具有分化形成牙周组织结构的能力。因此，DFCs 作为一种可塑性更强的牙周组织前体细胞，具有向牙周膜和牙骨质分化的潜能，是目前研究较热的牙周组织再生的种子细胞。

2. 非牙源性间充质干细胞

（1）骨髓间充质干细胞：牙周组织修复过程中，局部血管周围会出现牙周前体细胞聚集，表明血液或骨髓来源的干细胞很可能是这种前体细胞的来源。因此，推测 BMSC 可能参与这一修复过程。将 BMSC 移植到犬牙周缺损后，观察到牙骨质、牙槽骨以及牙周膜再生。BMSC 分化具有“微环境依赖性”，即在何种微环境中培养，就具有向这种环境中的细胞分化的潜能。把人的牙周膜细胞和 BMSC 共培养 7 天之后，BMSC 即具有牙周膜细胞的生物学特性。同样有学者发现牙周膜成纤维细胞通过旁分泌机制可以诱导 BMSC 向其分化。

然而，BMSC 的应用面临着一系列问题，如：细胞获得具有创伤性，有并发供区坏死的风险；干细胞的提取率低；年龄的限制等。

（2）脂肪干细胞：将 ADSCs 移植到鼠牙周缺损，8 周后观察到牙周韧带样组织及牙槽骨样组织形成。ADSCs 取材方便，来源充足，以及其成骨能力在牙周组织和骨组织工程中具有重要的应用潜能。但是恢复正常的牙周组织与其他部位的骨组织不同，牙周再生，包括牙周膜韧带、牙骨质和牙槽骨的再生。如何利用合适的蛋白和基因对 ADSCs 进行修饰，进而控制其分化为牙周细胞，实现牙周组织的再生，仍有待研究。

（二）种子细胞促进牙周组织再生

目前，干细胞体内移植方法主要有干细胞悬液直接注射法、牙周组织工程技术及细胞膜片技术等方法。

1. 干细胞悬液直接注射 细胞移植最简便、传统的方法是将细胞悬液直接注射到组织病损区。细胞悬液注射法操作简便、创伤小，能在一定程度上促进牙周软组织的再生。但这种方法存在很大缺陷：由于液体的流动性，注射后细胞悬液的大小、形状和在组织中的分布难以控制，细胞成活率低，其促进牙周组织再生的能力有限，不能达到牙周组织的完全再生。

2. 牙周组织工程技术 将体外培养的具有高度增殖能力和多向分化潜能的活性种子细胞种植于具有良好生物相容性和生物降解性的细胞外基质支架材料上，在生长因子的作用下，经过一段时间的培养，将这种细胞与生物材料复合体植入机体牙周病损部位，以获得牙周组织再生，达到修复创伤、恢复生理结构和重建功能的目的。其中种子细胞、支架材料及生长因子是该项技术的核心要素。牙周组织工程技术已被证明可实现有效的牙周组织再生，包括牙骨质、牙槽骨和功能性牙周膜的形成。牙周组织工程对于临床促进牙周组织再生有很好的应用前景，但由于目前支架材料以及细胞生长因子所面临的难题尚未解决，大大限制了该技术的临床应用。

3. 细胞膜片技术 牙周细胞膜片技术是针对上述传统牙周组织工程的不足而提出的一种新技术，是应用特殊培养技术培养而成的，由细胞和其分泌形成的细胞外基质共同构成，无需借助任何支架材料可直接移植到宿主牙周缺损区进而实现促进牙周组织再生及恢复生理功能的目标。

细胞膜片技术与传统组织工程相比具有以下特点：首先，细胞膜片由紧密相连的内源性细胞和其分泌的细胞外基质共同构成的整体，无需支架材料来充当细胞外基质，进而降低免疫炎症反应的发生率，解决组织相容性问题。其次，细胞膜片与培养基的分离无需酶消化，其细胞表面蛋白如离子通道、生长因子受体等以及细胞与细胞、细胞与基质之间的连接蛋白均未被破坏，进而很好地局部模拟了自然体内细胞增殖、分化及组织形成的微环境，更利于促进牙周组织的再生。

细胞膜片技术的研究关键：一是如何利用各种技术将牙周组织再生种子细胞在体外成功培养为细胞膜片；二是如何在无需支架材料的情况下，采用复层膜片或多种细胞共培养等技术来构建三维立体组织结构，进而提高其机械性能和临床可操作性。成功培养的牙周膜细胞膜片经动物体内移植实验表明其具有较强的促进牙周组织再生的能力，有牙骨质、牙槽骨及功能性牙周膜的形成。从最初单层细胞膜片到随后发展起来的复层膜片的培养，细胞膜片技术已取得一定的进展。如何增强膜片的机械性能及临床可操作性，以及多种细胞共同培养复合膜片来实现牙周组织的三维立体结构体外构建仍需进一步研究。

在促进牙周组织再生方面，干细胞具有广阔应用前景：首先，体外组织工程牙周膜的构建促进了牙周组织缺损的修复，进而大大提高了患牙的保留率。其次，可应用于牙种植体-骨组织界面，实现牙周结缔组织附着的结合方式，克服种植体因缺乏天然牙的牙周韧带结构而引起骨吸收的缺点，进而使种植体发挥功能时更接近于天然牙。第三，与 DPSC 相联合构建组织工程活性牙根甚至完整的牙齿结构，最终实现牙齿的完全再生。

四、生物牙根再生

牙根是牙齿承受生理功能的基础，牙齿是通过牙根的牙周组织与颌骨进行连接从而发挥功能，同时人体也是依赖于牙根通过牙周组织来感知并条件性调控咬合力以达到非破坏性的咬合目的。种植牙的种植钉虽然可以与牙槽骨结合较好，在部分功能上可以替代牙根功能，但其缺乏天然牙根的重要结构，即牙周及牙髓组织，与天然牙根存在一定差距。因此，如果能再生一个具有牙髓-牙本质复合体及牙周膜-牙骨质复合体的生物牙根，则将极大提高修复牙齿的咬合功能。

牙根构建是全牙构建和再生的关键科学问题，而牙根构建的实现对于临床应用具有十分重要的意义，可为牙冠构建或全牙构建提供新的思路和研究策略。单纯的牙根构建不涉及牙冠形态和大小的调控，因而在牙齿组织工程研究中仍具有独特的优势，这种有生物活性的生物牙根完全可以取代目前广泛开展的种植义齿修复技术。

生物牙根的构建主要以组织工程的方法为主，并且已经取得了相对满意的结果。组织工程生物牙根是指以天然或人工合成的可降解的、有一定空间结构的生物材料为载体，将从成牙组织中分离、培养的一定量的生物活性细胞“种植”到载体支架上，并提供细胞增殖和分化的生长因子微环境，通过细胞的黏附、增殖和分化，在体外或植入体内形成有活性的牙根样结构和牙根。既具有牙骨质及牙周膜的牙周组织结构，又具有牙髓及牙本质或牙髓-牙本质复合体结构；既能发挥牙周组织的支持及改建等功能，又能发挥牙髓组织的温度敏感效应及提供营养供应等功能，在解剖结构与生理功能上接近于天然牙根。支架材料、种子细胞和诱导微环境是构建组织工程生物牙根的核心考虑要素。目前使用的支架材料多为骨诱导性生物活性材料，构建出的组织大多为骨样组织，这与天然牙根的结构构成相差较大，并且也没能构建出具有形状可调控的生物牙根，尚没有一种理想的支架材料被广泛应用于牙组织工程研究。在牙齿的不同部分可以分离得到很多具有干细胞性能的牙源性干细胞，主要包括有牙髓干细胞（DPSC）、牙乳头细胞（DPC）、人脱落乳牙干细胞（SHED）、牙周膜干细胞（PDLSCs）和牙囊细胞（DFCs）等。这些干细胞对于牙齿的发育、再生和修复等具有重要的意义，但对这些干细胞如何与生物支架材料结合进而应用于生物牙根构建等诸多难题尚待阐明。通过对牙源性干细胞成牙能力比较，寻找在生物牙根构建中最可能的种子细胞，为生物牙根构建提供组织学基础及可能存在的机制，向生物牙根的临床应用迈进一步。牙根构建的另一个难题是体外再生环境的构建，生物牙根在一定环境中才能持续发育，依赖环境提供生长所需的各种养分、氧气并排出二氧化碳等废物，而牙根构建究竟需要什么样的微环境尚有待进一步研究。

（一）生物牙根支架

构建生物牙根支架常用的有胶原、壳聚糖、水凝胶、羟基磷灰石（HA）与磷酸三钙（TCP）复合物（HA/TCP）、聚乳酸、聚羟基乙酸、聚乳酸-聚羟基乙酸（PLGA）及聚羟基乙酸-左旋聚乳酸等。不同支架有不同特征，其组织相容性、空间结构、降解速度、力学性质等多因素都会影响种子细胞生物学特性。按其降解情况可分为降解类（主要为有机物质）和不可降解类（主要为无机物质）。降解类通过体内酶和自由基作用能变成小分子进入体内并可被排出体外，而组织再生与材料降解相一致，是构建生物牙根的理想支架。但目前的生物降解材料费用昂贵、可塑性差、降解后的酸性代谢产物不利于细胞和组织生长，还可引起局部组织纤维化以及免疫反应。不可降解支架如 HA 等虽然生物相容性较好，但细胞与材料不易黏附，植入体内难吸收，长期滞留体内妨碍组织改建和修复。同时，这类支架具有很强的矿化诱导，会导致新形成组织过度矿化。基于牙根本身是无机和有机两种物质的有效结合体，因此有机与无机复合支架可能是构建生物牙根的理想支架。

（二）成牙诱导微环境

细胞、生长因子与细胞外基质共处于动态环境中，三者之间相互作用构成了牙齿发育、萌出、发挥功能的生物学基础。细胞对 ECM 微环境的弹性非常敏感，可随 ECM 弹性指数变化而向某一谱系专向分化并产生相应的细胞表型。因此，挖掘 ECM 微环境对种子细胞的诱导，通过细胞自身分泌 ECM 形成内源性支架，有利于细胞与细胞间、细胞与 ECM 间交互作用和信息传递，有利于维持细胞三维有序的发育空间，有利于 ECM 分泌和局部微环境建立，进而有利于牙根形态发生，这是生物牙根构建的重要内容。

经过处理的牙本质基质（treated dentin matrix，TDM）不但可以为细胞黏附、增殖提供支架环境，同时持续释放牙根发生发育所必需的关键蛋白和因子，为细胞分化和增殖提供微环境，使种子细胞分化为成牙本质细胞，进而有助于牙髓-牙本质复合体构建。这提示 TDM 同时具有支架及成牙诱导微环境功能，是一种具有生物活性的、新型的、较为理想的生物支架。

牙槽骨是牙齿发育和生长的唯一环境，牙根在自然条件下始终生长在牙槽骨内，我们推测牙槽骨是牙根构建中不可缺少的微环境，在牙槽骨中含有的细胞外基质以及诱导微环境是牙根构建中的必要条件。有学者利用牙槽骨微环境，在大鼠体内成功构建出具备牙周组织样结构的生物牙根，但其对牙髓-牙本质方向的构建还不十分令人满意。充分利用牙槽骨微环境的特殊结构，为支架-种子细胞复合体提供一个向牙周组织分化的微环境，同时使其与牙本质基质微环境相互作用，即形成复合微环境的诱导，使种子细胞向牙本质-牙髓、牙周膜和牙骨质方向分化，预期在体内构建出完整的牙根结构。

（三）种子细胞

在牙组织工程中应用的种子细胞可以分为牙源性细胞和非牙源性细胞。非牙源性细胞虽然获取相对容易，但在使用前需要经过其他方法处理使其具备一定的成牙潜能，如牙胚条件培养液的诱导或基因转染等方法，使用起来相对不便。目前方法使用的可应用于牙组织工程的种子细胞大部分源自牙齿本身。其中包括：牙髓干细胞（DPSC）、牙乳头细胞（DPC）、人脱落乳牙干细胞（SHED）、牙周膜干细胞（PDLSCs）、牙囊细胞（DFCs）等。

1. 牙髓干细胞　DPSC 具有较高的克隆形成率和增生率，并且经体外诱导后能形成分散而高密度的钙化小结，与 HA/TCP 支架共培养后回植到小鼠背侧，能观察到类似牙本质-牙髓复合体样的结构。DPSC 可以从人的第三磨牙或正畸牙等获取，一些体内体外实验也证实其能形成一定的牙髓-牙本质结构，有可能成为牙构建的种子细胞，但是目前 DPSC 仍有在牙髓中的确切定位不明、在体外难以大量扩增、定向分化和增殖的条件不明确等缺点，有待进一步研究。

2. 牙乳头细胞　来源于牙胚的细胞，其在发育的过程中分化为牙本质细胞和牙髓成纤维细胞。根尖牙乳头间充质细胞的牙再生能力强于 DPC，因为牙乳头中所含的干细胞数量高于成熟的牙髓。移植于肾被膜下发现有牙本质样结构形成。也是能够通过人体未萌出的第三磨牙获取，但是也存在定向分化和增殖的条件不明确等问题，经定向诱导后形成的牙本质样结构与正常牙根仍有一定的差距。

3. 牙周膜干细胞　牙周组织中存在的一些具有分化能力的细胞。牙周膜包含较多的单克隆干细胞，这些干细胞具有分化为牙髓细胞、脂肪细胞和成纤维细胞的能力。PDLSCs 和根尖牙乳头细胞植入小型猪模型中，可以构建牙根-牙周复合结构以支持烤瓷冠行使正常的牙功能。PDLSCs 可以从人的第三磨牙或拔除的正畸牙等获取，其定向分化的条件不明，诱导分化后是否能够形成牙髓还不明确。

4. 牙囊细胞　具有较强的体外增殖能力，具有分化为成骨细胞、成纤维细胞和成牙骨质细胞的多向分化能力，被认为是成牙本质细胞的前体细胞。有研究采用 DFCs 与牙本质基质复合移植，形成了牙髓组织、成牙本质细胞、前期牙本质和牙本质结构。DFCs 在体内通过移植可以重新形成牙周膜组织。DFCs 也能够通过人体未萌出的第三磨牙获取，体外增殖能力较强，有研究发现 DFCs 不仅可以分化为牙周细胞形成较完整的牙周组织，同时也可以分化为成牙本质细胞，形成正常的牙本质牙髓结构。当牙齿发育完成时，颅神经嵴来源的细胞就分化成了成牙本质细胞、牙髓组织细胞和成牙骨质细胞。传统观点认为牙本质来源于 DPC 分化，但最近有实验表明牙囊细胞也具备分化为牙本质的能力。这些研究提示同一来源的细胞，即都来源于颅神经嵴细胞的各种细胞，具备分化为其他组织的能力。这将为牙齿再生的种子细胞来源问题提供一个新的思路。

（四）生物牙根再生

目前，对于牙齿构建的研究主要集中在以下几个方面：①器官培养：通过提取老鼠牙胚后分离为单细胞液，再将两种单细胞液混合培养后构建为人工牙胚，植入老鼠牙槽窝中，成功地形成了具有良好外形和咬合关系的牙齿。但是，器官培养存在一定的不足。如器官培养过程中器官生长、增殖常受到限制；培养过程中有丝分裂只出现在外缘，非随机分布，植入块中心经常出现坏死；器官培养的样本间可重复性较差；器官培养实验需要原始供体的组织器官，取材工作繁琐；器官培养毕竟是非生理条件下获得的结果，不能完全代替正常生理条件下的细胞反应等。②胚层重组试验：胚层重组试验是将发育期的牙胚组织或细胞经机械分离成两组分，即上皮成分、间充质成分，二者在体外重新组合后再进行体内或体外培养的一种实验方法。该方法利用牙齿发育的天然规律来实现牙齿的构建，这种研究手段是一种比较有前途的方法。但由于在人体内牙源性上皮是无法获取的，所以该方法受到细胞来源限制。③组织工程化生物牙根，利用支架材料复合种子细胞，在生物牙根的构建中取得了可喜的成果。在羟磷灰石和磷酸三钙形成的牙根形状生物支架上植入 PDLSCs 和 DPC，再植入到生物体内，以期构建出具有牙周膜结构的生物牙根，经过反复尝试，在小鼠及小型猪上均获得成功。但遗憾的是，得到的是牙周膜纤维样结构，与天然牙周膜存在较大差距。利用大鼠 DFCs 和牙本质基质支架复合后植入大鼠牙槽窝 4 周，结果发现生物牙根得以再生。在远离牙槽窝一侧，有包括成牙本质样细胞的牙髓-牙本质复合体样结构形成；而在近牙槽窝壁一侧，有牙骨质样结构在支架材料上形成。同时，走行良好的纤维束紧密连接牙骨质与牙槽骨而类似正常牙周膜把整个组织悬吊在牙槽窝。同时，再生的牙周膜-牙骨质复合体及牙髓-牙本质复合体样结构与正常牙周组织及牙髓组织具有同样的牙髓及牙周相关蛋白表达。利用 Brdu 对细胞进行标记通过示踪发现，植入的 DFCs 积极参与了牙髓-牙本质复合体、牙骨质样组织、牙周膜样结构及牙槽骨的形成。

传统的组织工程方式获取种子细胞需要使用胰蛋白酶进行消化，而经过处理后的细胞失去了原有的细胞外基质成分，天然的细胞外基质在细胞的黏附、增殖和分化过程中起着重要的作用。此外，胰蛋白酶分解了细胞膜表面的多糖-蛋白复合物，导致细胞活性的下降和生物学行为的改变，不利于种子细胞增殖和分化功能的发挥。此外，传统的组织工程技术其种子细胞的收集方式较为繁琐，接种效率低下并且很难达到在材料表面均一的分布，这将导致组织构建结果的不稳定。细胞膜片技术有助于解决这些难题。其原理是通过在培养基中加入适当浓度的抗坏血酸促进细胞分泌细胞外基质，连续培养数日后，细胞复层生长连同其周围的细胞外基质，形成肉眼可见的膜状结构，具有一定的弹性和韧性，不需要使用胰蛋白酶，直接通过温度控制或者直接用机械的方式剥离。这样不但将种子细胞完好地保留，还将连同对细胞的增殖和分化起着重要作用的细胞外基质一同保留，同时增加了种子细胞的接种效率，简化了操作步骤。

利用细胞膜片技术，心、肝、膀胱等组织工程器官再生均已获得成功。有研究利用人埋伏第三磨牙牙冠形成期牙囊组织分离获得 DFCs，并进一步获取 DFCs 膜片。利用矿化材料及牙本质基质材料构成联合支架分别模拟牙周-牙骨质复合体及牙髓-牙本质复合体微环境，同时复合 DFCs 膜片进行裸鼠皮下移植。结果发现，牙囊细胞膜片在牙本质基质支架材料诱导下，能够新生牙本质并可见成牙本质细胞样结构呈极性排列于新生牙本质周围，其内侧为大量纤维组织以及丰富血管的形成，新生组织阳性表达牙本质-牙髓复合体相关蛋白 DSP、ⅧFactors、COL1 和 nestin，提示新生组织可能为牙本质-牙髓复合体。在牙本质基质支架与矿化材料支架之间观察到牙周膜-牙骨质复合体再生，再生组织阳性表达 COL1 及 CAP 等牙周相关蛋白。

尽管生物牙根再生已取得了巨大成功，但仍面临众多难题。再生机制尚不完全清楚，再生生物牙根能否有效发挥咬合功能，临床前期及临床试验有待开展以对现有生物牙根再生策略进行验证。

第三节 牙源性干细胞与神经再生

随着科技的发展，在高节奏、现代化的生活里，脊髓损伤（spinal cord injury，SCI）的发病率愈趋升高。目前干细胞技术治疗 SCI 所选取的种子细胞有神经干细胞（neural stem cell，NSC）、骨髓间充质干细胞（BMSC）、嗅鞘细胞（olfactory ensheathing cell，OEC）等。其中牙源性干细胞具有成神经分化效果良好、相对易于取材等优点。目前已从人类多种牙组织中成功分离出牙源性干细胞，并在实验条件下对疾病模型的治疗已取得初步成功。

一、牙源性干细胞与神经分化

（一）牙髓干细胞与脱落乳牙牙髓干细胞

DPSC 经诱导后能出现神经相关标志的表达，并且能够促进神经组织的生长和修复。有研究对 DPSC 体外诱导也出现神经特异性蛋白 NSE、GFAP 和 GFAP mRNA 的表达，表明 DPSC 向神经方向的横向分化潜能可能与组织发生有关。DPSC 可为多巴胺能的神经元提供营养支持。未经诱导的 DPSC 表达 vimentin、nestin、N-tubulin、neurogenin-2、neurofilament-M，这些蛋白是神经前体细胞和神经胶质细胞的特异标志蛋白，表明体外培养的 DPSC 可以向神经样细胞方向分化；而诱导后细胞的 vimentin、nestin、N-tubulin 表达则减少，neurogenin-2、neurofilament-M、NSE 和 GFAP 表达则增强；最后诱导成熟的细胞除了 vimentin 和 nestin 外，其余神经元标志基因的表达均高于未诱导分化组。膜片钳技术检测发现，分化后的细胞表现出电压依赖性钠-钾通道功能活动，进一步证明了 DPSC 的神经分化潜能。

SHED 也是神经嵴来源的干细胞，在用神经诱导液诱导后可形成神经球，神经细胞表面标志：β-Ⅲ-tubulin、GAD（glutamic acid decarboxylase）、NeuN（neuronal nuclei）表达上调，而神经胶质细胞表面标志：

nestin、GFAP(glial fibrillary acidic protein)、NFM(neurofilament M)和 CNPase(2',3'-cyclic nucleotide-3'-phosphodiesterase)的表达保持不变,表明 SHED 可在诱导后向神经细胞分化而非胶质细胞。

将 SHED 向多巴胺神经元诱导分化后进行移植,发现 SHED 细胞对帕金森病(Parkinson's disease,PD)大鼠模型具有一定的治疗作用。Kiyoshi 等通过直接将细胞植入到横断损伤脊髓的动物模型中,证明 SHED 和 DPSC 在 SCI 条件下能通过细胞自身的作用和旁分泌/营养作用,在损伤部位发生再生活动及功能性恢复。

比较 SHED 和 DPSC 的神经分化能力,发现 SHED 比 DPSC 表达更强的未分化细胞特异蛋白(如 Oct4、Sox2、Nanog 和 Rex1);但 DPSC 表达更强的神经外胚层特异标志蛋白,如 Pax6、GBX2 和 nestin,在神经分化是有更多的神经球形成,并表达更强神经分化标志蛋白,提示 DPSC 的神经分化能力更强。

(二) 牙周膜干细胞

PDLSCs 成神经分化的意义重大。用神经球培养系统从成年大鼠牙周膜组织中成功分离出 PDLSCs,结果显示 PDLSCs 在悬浮培养中形成了类似于神经球的干细胞球,并表达神经嵴来源细胞分化特异基因 Twist、Slug、Sox2 和 Sox9,而且可以分化为 NFM 阳性神经元样、GFAP 阳性星形胶质细胞样及 CNPase 阳性少突胶质细胞样细胞。

用含 10μg/L 的 bFGF 培养液预诱导 24 小时,再用含 5mmol/L 的 β-ME 培养液诱导培养 6 小时,成功实现了 PDLSCs 向神经元样细胞的定向诱导分化。在加入诱导液后细胞形态急速向神经元特点的细胞转化,表现为胞体呈锥形、三角形或不规则形,折光性强,细胞伸出细长突起,部分细胞突起与突起间互相连接,呈现出神经元样细胞形态。在诱导 6 小时后细胞 NSE、NF 表达阳性,GFAP 表达阴性,表明诱导后分化为神经元样细胞而非星形胶质细胞。

(三) 牙囊细胞

将 DFCs 经过神经诱导培养 24 小时后细胞出现了多极神经元样改变,并表达神经细胞晚期分化蛋白神经丝 200(neurofilament 200,NF 200)。DFCs 能分化为 β-Ⅲ-tubulin 阳性表达的神经球样细胞群。在血清替代培养液(serum-replacement medium,SRM)中培养,DFCs 分化为小胞体长突起的形态,nestin、β-Ⅲ-tubulin、NSE 及 NF 200 的表达上调。小神经元分化特异蛋白如神经肽甘丙肽(neuropeptides galanin,GAL)和速激肽(tachykinin,TAC1)的表达在 poly-L-lysine 中培养后也上调。

DFCs 和 SHED 神经分化比较研究显示,两者有相似的神经相关基因表达,但只有 SHED 表达干细胞相关基因 Pax6。神经诱导分化后两者神经相关基因表达有所不同,如 DFCs 的晚期神经细胞表面相关基因微管相关蛋白 2 表达上调,而 SHED 表达减弱;SHED 表达神经胶质细胞标志酸性神经胶原纤维蛋白,而 DFCs 弱表达或不表达。二者在相同的培养条件下有不同的神经分化相关基因会表达。

(四) 根尖牙乳头干细胞(root dental papilla cells,SCAP)

SCAP 发生神经分化的潜能可能是其来源于神经嵴细胞,这与 DPSC 类似。目前报道 SCAP 在成神经分化方向的文献目前甚少。SCAP 表达神经细胞相关蛋白如 tubulin 及 nestin 等。在根尖孔未闭合的人类阻生第三磨牙中发现根尖牙髓细胞(apical pulp-derived cells,APDCs)比冠髓细胞(coronal pulp cells,CPCs)具有更强的神经嵴干细胞(neural crest-derived stem cell,NCSC)分化潜能,APDC 在神经球的培养条件下能形成更多的球体,并且能表达神经嵴相关转录因子 p75、snail、slug 及神经干细胞分化特异基因及蛋白 nestin、musashi。提示在神经嵴系的组织工程再生中,未成熟的牙髓组织比成熟的牙髓组织更有可能作为种子细胞来源。

综合近年来众多牙源性干细胞神经分化研究,DPSC 及 APDC 可能在脊髓损伤修复的应用中更有优势,理由如下:①其成神经方向分化潜能相较 BMSC 及其他牙源性干细胞更为有优势;②其取材更为容易,可通过开髓取材,或者从拔除的第三磨牙中取材。

二、牙源性干细胞与骨髓间充质干细胞

BMSC 是一类具有多向分化潜能的干细胞,其在体外不同条件下可分化成为成骨细胞、软骨细胞、脂

肪细胞、肌肉细胞和神经元细胞等。BMSC 是较早发现的一类成体干细胞，也是目前研究最为深入的干细胞之一，在组织工程研究中相对较为成熟。BMSC 在一定条件下可以向神经元以及神经胶质细胞分化。

DPSC 与 BMSC 都是间充质来源的、分化形成机体不同硬组织成体细胞的前体细胞。用 DMSO、BHA、β-ME 等作为主要诱导剂，可诱导成年大鼠和人的 BMSC 分化为神经元和神经胶质细胞，诱导后细胞在形态上出现类似于神经元样突起，表达 NSE（neuron-specific enolase）、nestin 等神经细胞特异性蛋白。将 BMSC 注入新生鼠侧脑室，发现 BMSC 可分化为神经元和神经胶质细胞，并具有一定的迁徙能力；而将 BMSC 注入大鼠纹状体后，部分 BMSC 逐渐丢失其抗原性而具有星形胶质细胞的特点。

与 BMSC 相比，牙源性干细胞是一群分化程度更高的细胞。但不同牙源性干细胞的分化潜能有所不同：DPSC 的成软骨分化能力较弱，DPSC 和 SCAP 的成脂分化能力都不如 MSC，而这些牙源性干细胞都比 MSC 更趋于神经分化。

三、牙源性干细胞成神经分化及修复损伤神经组织机制

干细胞修复损伤神经组织的作用机制目前尚未得以阐明。普遍认为可能是移植细胞本身或受刺激宿主细胞分泌的神经营养因子（neurotrophic factors，NTFs）的营养作用而促使神经功能的恢复。如神经营养因子（neurotrophic factor，NF）、神经妥乐平（neurotropin，NT）-3/-4/-5、BDNF、GDNF 以及一些已知的生长因子或细胞因子，如 FGF、胰岛素样生长因子（insulin-like growth factors，IGFs）等。

β-巯基乙醇（β-mercaptoethanol）等抗氧化剂有利于神经元在体外的存活，其定向诱导的作用机制可能与其能将细胞从氧化状态释放出来有关，但具体的机制不详。在 SCI 模型实验中分析 SHED 修复神经组织的机制可能为：SHED 能抑制 SCI 导致的神经细胞、星形胶质细胞、少突胶质细胞的凋亡，并促进神经纤维和髓鞘的保留；直接抑制轴突生长抑制剂（axon growth inhibitor，AGI）信号，如 CSPG、MAG，使截断轴突再生（旁分泌机制）；在 SCI 条件下能特异地分化为少突胶质细胞，替代损伤的细胞。这可能是神经节苷脂（ganglioside）在体外神经分化培养条件下的 DPSC 的神经分化过程中起作用。损伤神经组织的修复或许还与炎性反应的抑制和神经外膜内血管网的修复有关，在干细胞神经分化或修复领域尚有待更广泛及深入研究。

脊髓损伤就目前来说无法治愈，但随着近年来组织工程技术与干细胞技术的应用，临床上的一些患者已能够恢复少许功能。目前组织工程研究与再生医学在神经疾患治疗上的研究是最受瞩目的研究热点之一。有关牙源性干细胞成纤维，成骨/牙骨质的研究是牙源性干细胞的诸多研究中一大热点，但是牙源性干细胞多向分化潜能远不止成纤维和成骨/牙骨质，而在牙源性干细胞的成血管和成神经（或修复损伤神经组织）方向的研究相对较少。但在这两个方向上的其研究意义也不容忽视：恢复了组织的神经和血供，才能更完整地修复缺损组织，更有效地恢复其功能。

牙源性干细胞的应用尚处于起步阶段，还有许多技术难点需要克服。在牙源性干细胞成神经分化（或修复损伤神经组织）的研究中，其分化和修复的机制还不甚明了。随着问题的深入探讨和逐个解决，干细胞的研究将日益完善，应用也将更为成熟，造福于健康。

小　结

细胞分化是组织或器官发育的核心，而组织或器管发育则是组织或器管再生策略构建的来源。正确了解组织或器官发育过程中的细胞分化相关调控机制有利于组织或器官再生及再生方向及组织量平衡调控。以往研究发现 TGF-β/BMP、Wnt、FGF、EGF 及 Shh/Hhh 等信号通路参与牙发育过程中细胞分化调控。这些不同信号通路之间同时形成强大的网络调控牙发育。因此，如何有效利用不同信号通路以及如何协调通路之间相互影响将是利用牙源性干细胞进行组织再生首要考虑的问题。

牙源性干细胞广泛存在于成体牙齿组织中，容易获得、扩增且易于建立细胞库，这是利用干细胞进行组织再生的前提。对于牙齿相关组织修复与再生而言，牙源性干细胞是首选的种子细胞。目前利用化学

法及组织工程法再生出了牙釉质，利用牙源性干细胞成功再生牙髓-牙本质复合体、牙周膜-牙骨质复合体及生物牙根结构，但这些组织生理功能尚待验证。在保证细胞生物安全、组织稳定及可控性再生前提下，利用牙源性干细胞进行牙组织或全牙再生将会得到突破，有望在临床得到有效应用。另外，利用牙源性干细胞再生非牙源性组织也得到广泛研究。如利用牙源性干细胞进行骨、神经等组织再生。但从组织发育过程中细胞来源考虑，利用牙源细胞干细胞进行组织再生最有可能实现突破组织为牙及神经组织。

（田卫东　郭维华）

第十六章　肢体再生的生物学基础和再生医学

有些脊椎动物,通过一种芽基细胞的增殖,能够在一些切割伤的附肢部分组织或整个附肢进行再生,这种再生过程是通过芽基完成的。芽基是通过伤口处一种成熟细胞去分化形成的,在低等动物可以完成有限的肢体再生。高等动物的肢体再生能力有限,一般无法自发再生。牵拉成组织的 Ilizarov 生物学理论——张力-应力法则(law of tension-stress),即给生长中的组织缓慢牵张产生一定张力,可刺激某些组织的再生和活跃生长,其生长方式同胎儿组织一致,有细胞的快速分裂和“返祖”现象。Ilizarov 技术和张力-应力法则被认为是 20 世纪矫形外科的里程碑之一,特别是牵拉成骨技术已成功应用到了骨科、小儿外科、口腔颌面外科、整形美容外科和神经外科等领域,并在临床上成功治愈了许多骨缺损、骨畸形及骨不连等。肢体延长技术的核心是牵拉成组织技术(distraction histogenesis)。基础系列研究和临床实践观察已证明生物力学的缓慢刺激是促进组织再生的最主要的因素,在生理限度内持续性的牵张应力能够激活并保持组织的再生能力。生物力学的刺激可以激活基因表达和调动组织内干细胞的活性,从而引导组织的再生过程。

本章主要介绍肢体再生的生物学基础和再生医学。

第一节　两栖动物的肢体再生

许多物种的幼虫、成体蝾螈(*salamander*)以及早期青蛙、蟾蜍、蝌蚪等的肢体可以再生。成体蝾螈肢体的截肢表面会在几个小时内就被迁移的表皮覆盖。在受伤的表皮下,去分化的细胞聚集形成再生芽基。与此同时,受伤表皮增厚形成尖端表皮帽样组织(apical epidermal cap,AEC)。AEC 的外层形成保护层,而其基底层的解剖和功能结构则与脊椎动物胚胎肢芽外胚层嵴尖(apical ectodermal ridgc,AER)相似。在截肢后的几天里,毛细血管和神经的再生开始形成,并进入芽基细胞中。在芽基细胞的生长和增殖中,无论是 AEC 还是再生神经提供的生长和营养因子都起到至关重要的作用。

90% 的成体蝾螈通过再生可以精确地复制原来的断肢。但是,如果连续多次截肢,再生的结果就会影响其形态学上的精确性。成体蝾螈的上臂在 4 次的截肢再生后,有 81% 的再生肢体显示出结构的异常,如趾尖蹼、骨骼元素数量减少,甚至会出现完全再生抑制。芽基是由位于截肢表面的细胞外基质降解形成,结果造成组织溶解和个体细胞的游离,进而导致显性表型的丢失和细胞的增殖。不管其亲代细胞表型如何,芽基细胞呈现出肢芽间充质细胞的形态学表现。芽基干细胞的存活和增殖需要受一些内分泌激素代谢影响,主要是胰岛素、生长激素、氢化可的松和甲状腺素等,但是其也高度依赖一些 AEC 尖端表皮帽产生的特殊因子和芽基的神经物质。

如果截肢肢体同时伴有切断脊神经Ⅲ、Ⅳ和Ⅴ而完全失去神经支配,不能阻止受伤表皮迁移、组织溶解或者去分化。但是,去分化细胞不发生有丝分裂,芽基也不能够形成。去神经支配不改变蛋白质合成模式,但是,其抑制了 RNA 和蛋白质的合成。再生神经纤维和芽基细胞的关系是相辅相成的。再生的神经纤维进入芽基需要依赖几种芽基细胞产生的因子,如脑源性神经营养因子(brain derived neuro-trophic factor,BDNF)、神经营养因子 3 和 4(neurotrophin 3,4,NT 3,4)、胶质细胞衍生的神经营养因子(glial cell derived neurotrophic factor，GDNF）、肝细胞生长因子/离散因子（heaptocyte growth factor/scatter factor，HGF/SF）可以代替部分芽基组织在促进轴突再生的过程中作用。这些因子均由施万细胞产生，可以在哺乳动物再生末梢神经的过程中，促进神经存活和轴突生长。轴突比芽基组织生长能力更强，提示其他不明来源的因子可能是由芽基细胞产生并促进神经存活和轴突生长。

再生能力与免疫系统的成熟相关。这可能是导致再生能力丢失的最主要的原因。在再生能力强的早期的青蛙、蝌蚪和幼虫中，炎症免疫应答是不存在的或者是极微弱的。然而在成虫爪蟾中，它的炎症免疫应答同哺乳动物类似。免疫系统的差别主要表现在它们对皮肤移植的反应。蝌蚪可以接受微小的组织相容性错配的皮肤移植，然而，成年青蛙却不能。很有可能，成年青蛙的炎症反应通过早期基膜和成纤维组织的免疫沉淀阻止青蛙肢体再生组织的相互作用。

第二节　哺乳动物的附肢再生

有几种哺乳动物的附肢也能够在切割处再生。这些有趣的情况是在兔子的耳朵、雄鹿的鹿茸再生、胎鼠和人的指尖再生等事例中发现的。成年鼠和人的指尖能够再生，但这个再生不是通过芽基形成得到的。

一、兔耳的再生

兔耳是由一片僵硬的纤维软骨覆盖皮肤组成。当其耳上被击穿一个1～3cm的缺损孔洞时，它们能够再生组织。与其他野生型哺乳动物比较，兔耳在受伤后，兔耳的再生组织从缺陷边缘向内向心性地生长。软骨形成发生在再生组织形成3周左右，把孔洞完全愈合则需6～8周。兔耳组织的再生需要耳部皮肤和软骨。皮肤可以维持部分的再生，但不能完全再生，软骨是再生必需的原材料。这可能意味着软骨和真皮是芽基形成的主要细胞来源，软骨还起着一个诱发皮肤细胞形成芽基的作用，或者是两种细胞的协同作用。

二、雄鹿的鹿茸再生

鹿角是双生的，从雄鹿的前额延伸出骨呈枝状生长。在温带气候中，鹿角的作用是在秋天交配季节用来显示雄性力量和作为争夺雌鹿的武器。鹿角会在春天脱落。这是由于破骨细胞的作用，鹿角的基底部骨生长的区域变狭窄，受到侵蚀而致。在夏季4个月的时间里，新鹿角重新再生成。在哺乳动物中，鹿角是一种自然地反复发生地在割处完整地再生附件的唯一例子。因此，它是帮助人们理解哺乳动物的附件如何再生的一个有价值的研究模型。

雄鹿的第一对鹿角的发育类似于芽肢，在幼鹿成熟过程中升高的睾酮水平影响下其在蒂上形成一对芽基。这些蒂是由骨膜覆盖在前额上突起下面的大量小梁骨，骨突起来自于颅骨的额骨。芽基形成与蒂骨膜底层的纺锤形间充质细胞。实验中已经证实在手术割除骨膜后导致鹿角形成缺失，移植蒂骨膜到前额或者前脚上，其结果是在异位形成鹿角。鹿茸再生通常发生在第一对鹿茸退掉以后。鹿茸纵向生长的速率随着成年鹿的大小而增长，如大麋鹿的鹿茸长的速度每天超过2cm。脱鹿茸后会有一个开放性的伤口曝露蒂，间充质细胞来源形成的芽基再生鹿茸并不像第一对鹿茸的发育那么清楚。组织学研究表明，新鹿茸芽基细胞可能来源于蒂骨、骨膜和伤口周围的真皮。不像两栖动物的肢体再生，鹿茸再生不需要神经支配。过度肥大的软骨细胞基质的钙化，随后由破骨细胞降解并且由成骨细胞分泌的骨基质代替。正常骨组织再生通过血管侵入无血管的软骨模型中进行骨化，血管周围的间充质细胞开始转化成成骨细胞和骨髓细胞分泌骨基质。相比之下，鹿茸的软骨模板从开始就有许多血管及周围的成骨细胞。成骨细胞使骨基质形成从开始就是一个完整的模板的组成部分。这种骨化的机制与鹿茸骨不含有骨髓组织有关。

三、胎鼠和人的指尖再生

多项研究表明,大鼠和小鼠胚胎肢芽能够在其早期发育中再生。但是,它们会在肢芽分化时失去这种能力。在子宫内,大鼠和小鼠的前肢被截肢后呈现各种水平的再生发育。在截肢表面那些未分化的细胞形成一个结节。Deuchar 从子宫取出胚胎 11.5 天的小鼠,在基底部截去前肢,然后,在旋转管培养胚胎 44 小时,其中,29/32 截肢胚胎能够再生成性状和大小都类似的肢芽,他们会有 AER,并可持续分化。体外研究中发现,未分化的再生大鼠和小鼠肢芽也被 Chan 等人证实。小鼠肢芽的再生在远端的区域芽肢分化的过程中变得很严格。在 7/8 阶段(胚胎 12.5 天),小鼠子宫内截肢后的一个或两个肢体末梢再生是通过指骨或趾骨再生形成胚胎脚板,但是不能通过近端来再生。小鼠的 11 阶段(胚胎 14.5 天)时,肢体末梢的再生能力非常有限。

成年哺乳动物末梢指骨的再生能力首次在人类身上得到验证。有一些儿童的指尖断指后再生的病例报道。手指和脚趾末端的指骨再生也能在成年人身上发生。值得注意的是,再生仅仅发生在伤口暴露的情况下,而不在截肢表面皮肤闭合的情况下。由于开放性伤口的表皮明显愈合,说明上皮间充质的相互作用是成人和其他哺乳动物指尖再生的必要条件,就如同两栖动物肢体再生。

胎鼠的再生末梢肢体的能力可以保持到成年。Borgens 将 4 周小鼠的中趾近端截断,截趾的中趾在 4 周内再生并且其外观和形态学结构均正常。如果截肢水平面是近侧端的关节,则趾再生不会发生,人类的指尖再生也是如此。尽管胎鼠的指尖再生末梢指骨是由软骨完成的,成人指尖则是由骨沉积到剩余骨后直接再生的。成纤维细胞在截肢部位参与再生指骨,他们可能促进真皮、骨膜、结缔组织、骨和脂肪的形成。甲母质、甲床和甲板则从表皮再生而来。小鼠指尖的血管供应较丰富而利于再生,甲上皮和其他一些上皮间充质为再生提供细胞来源。

第三节 力学刺激与肢体再生的关系

近年来大量研究证实,肢体组织在适当的张应力的刺激下有再生能力。Ilizarov 通过大量的动物实验证明,牵拉速度和频率直接影响新骨形成的质量。在犬的肢体延长实验研究中,利用 Ilizarov 环形延长器,Ilizarov 证实,牵拉速度 1mm/d,以 4 次/天的牵拉频率所形成的骨质量最好。大量的小动物实验证实了 Ilizarov 的发现,如在家兔肢体延长模型中,0.7mm/d,分 2 次完成的效果最好(图 16-1)。

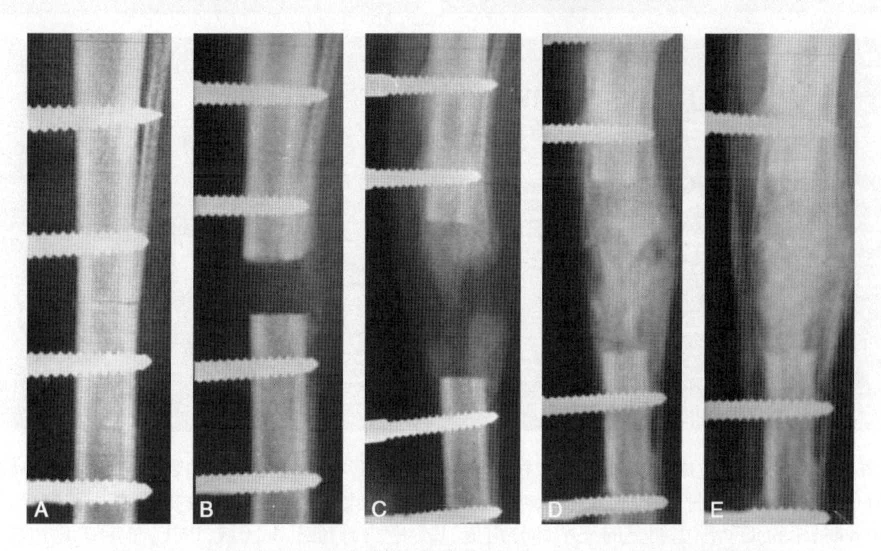

图 16-1 X 线片评估家兔牵拉成骨的过程。0.7mm/d,分两次完成
A. 手术当天;B. 延长 7 天;C. 延长 14 天;D. 延长 21 天;延长停止;E. 延长停止后两周

在牵拉过程中，新生骨组织形成典型的X线结构，即中央为透光区，两侧为密度较高的矿化边缘带和矿化带。延长结束时，牵拉间隙由明显的三个部分组成，如图16-2所示定义这3个区域：①中央纤维组织区域（FZ），在牵拉间隙中间，X线显示为低密度区域（FZ）；②早期矿化边缘带（PMF），X线显示为高密度的硬组织带（PMF），包含了正在经历矿化纵行排列、高度血管化的胶原纤维；③周围新生骨区域（NBZ），在早期矿化边缘带和截骨末端正常骨之间。在偏振光下观察这个区域主要由矿化的编织骨和板层骨组成，X线下比早期矿化边缘密度低。

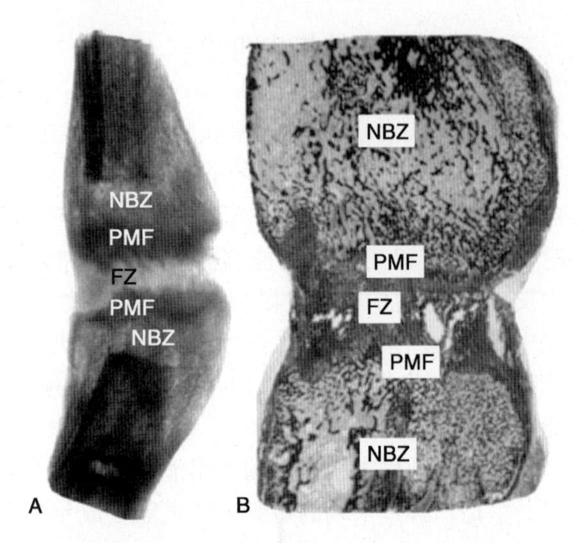

图16-2 牵拉间隙由明显的三个部分组成

A. X线片评估再生骨组织；B. 组织形态学评估再生骨组织。FZ. 中央纤维组织区域；PMF. 早期矿化边缘带；NBZ. 周围新生骨区域

牵拉速度太慢会导致新生骨过早钙化，无法延长；牵拉速度过快则导致组织内缺少血液供应，引起局部的组织坏死（图16-3）。牵拉速度在0.7～1.0mm/d之间被认为是比较合理的，但牵拉速度不应该一成不变，可以在临床应用过程中随时调整。如当新生骨的钙化减慢时，可适当减慢牵拉速度；反之则可增加牵拉速度。

家兔实验模型在0.7mm/d牵拉速度下，在牵拉的间隙，尤其是在早期矿化边缘带内有大量骨形

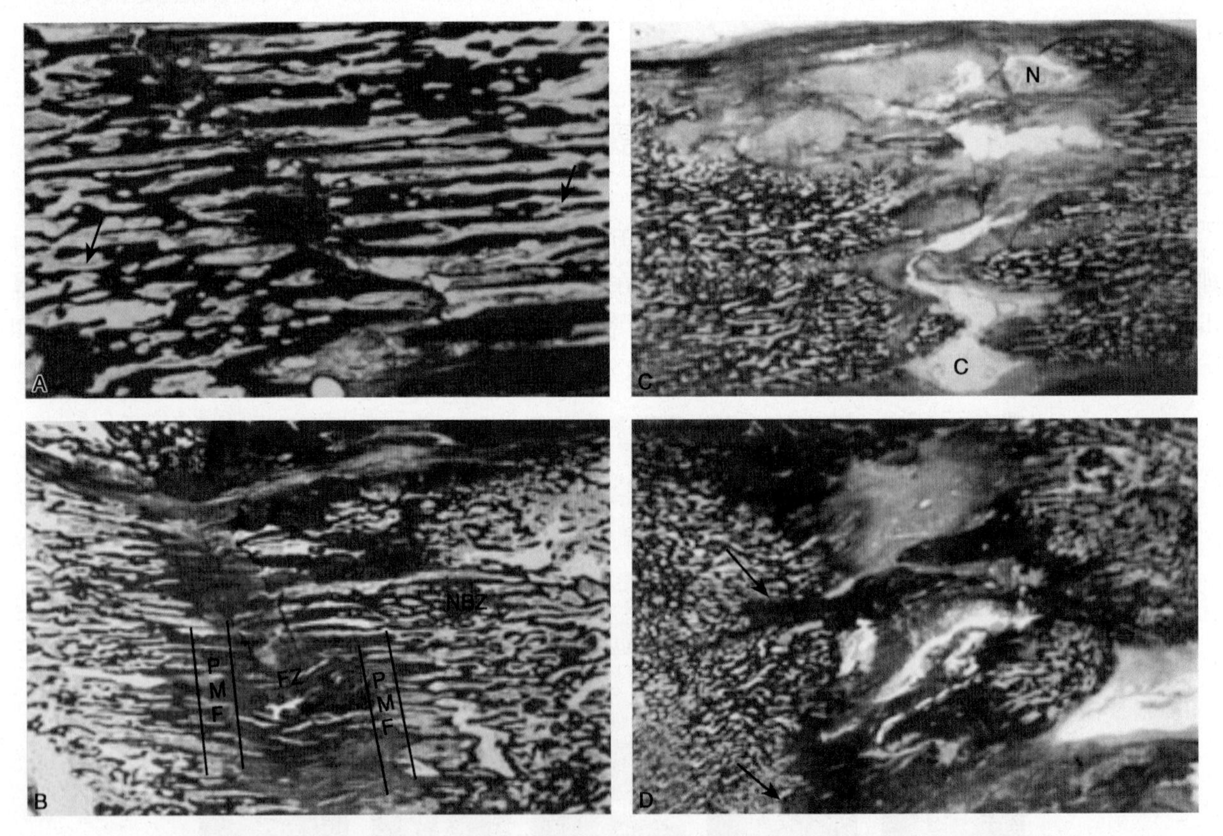

图16-3 家兔牵拉成骨实验证实牵拉速度0.7mm/d，在牵拉停止时的骨形成的质量最好

A. 牵拉速度为0.3mm/d时，新骨的形成速度快，牵拉间隙已被钙化的骨占满，导致提前愈合和牵拉困难。B. 牵拉速度为0.7mm/d时，牵拉的间隙由明显的三个部分组成，FZ：中央纤维组织区域；PMF：早期矿化边缘带；NBZ：周围新生骨区域，有明显的膜内成骨现象，提示骨形成的质量好。C-D. 牵拉速度为1.4mm/d（C）和2.7mm/d（D）时，牵拉的间隙内出现明显的坏死区域，提示牵拉速度过快，导致组织内供血不足，骨形成质量差

成细胞在增生，其细胞增生的速度明显高于其他牵拉速度组，提示0.7mm/d的牵拉速度为最佳的速度（图16-4）。在牵拉成骨过程中的另一个重要的生物学现象是大量的新生血管的再生，这在Ilizarov的研究和大量的动物试验中均得到充分的验证。新生血管的再生是从截骨平面的上下两端髓内血管同时向骨延长区域生长的，也有一些血管从截骨区域附近的骨膜长入，提示了保护髓内血管和骨膜的重要性。如髓内血管和骨膜同时遭到严重的破坏，则新生骨的形成和钙化将会受到抑制。另外，牵拉的速度对血管的生成也有影响，太快的速度将抑制血管的生成，在家兔实验模型中0.7mm/d的牵拉速度对血管生成最为有利，可以显著刺激新生血管的增生，新生血管的数量在新生骨内为最多（图16-5）。

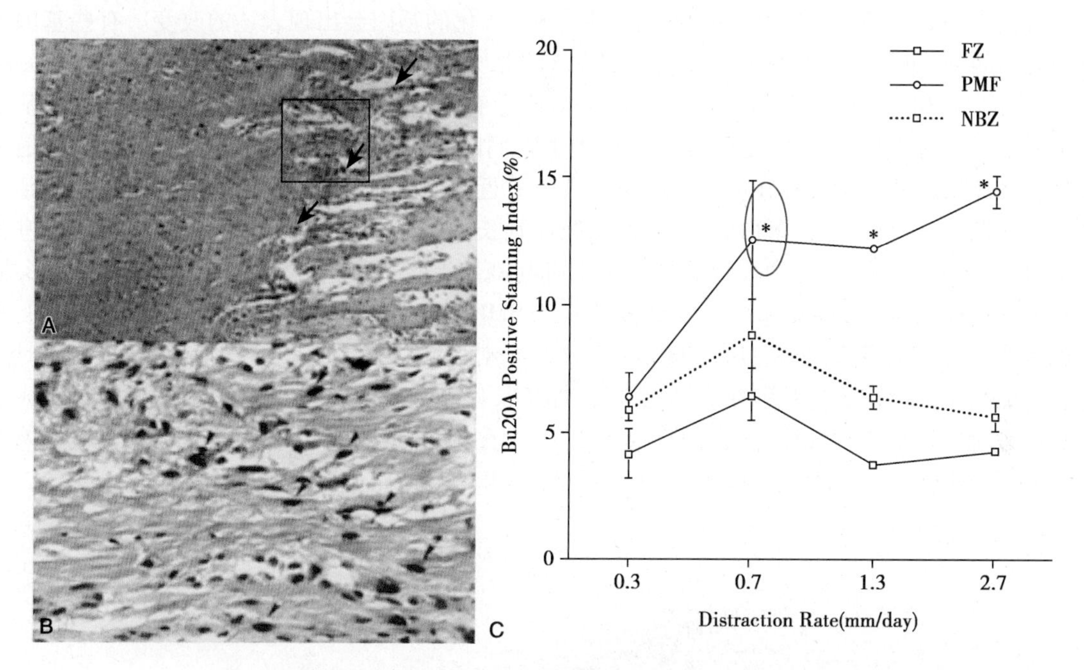

图16-4　牵拉成骨的速度对细胞增生速度的影响

A-B. 家兔在0.7mm/d的牵拉速度下，在矿化边缘带内有大量骨形成细胞在增生（箭头所示）。C. 细胞增生的半定量研究证实，牵拉速度在0.7mm/d时，在矿化边缘带内的细胞增生速度显著高于其他牵拉速度组，在中央纤维组织区和周围新生骨区域内的细胞增生速度也是0.7mm/d组高于其他组

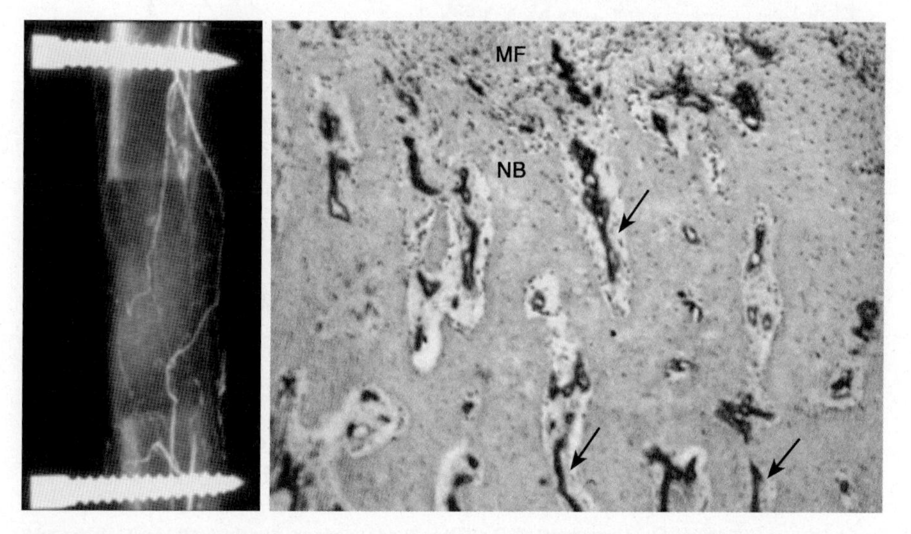

图16-5　家兔胫骨延长**2cm**，延长结束时的血管造影发现新生的血管从截骨平面的上下两端生长而来，组织学的免疫组化染色证实在延长区域的新生组织内有大量的新生血管形成（箭头所示），**MF.** 钙化前区；**NB.** 新生骨区

综上所述,牵拉的速度是影响骨形成质量的一个重要因素。大量的动物和临床实践证明,牵拉速度在0.5～1mm/d、分2～4次/天完成是最佳的牵拉速度和频率。牵拉速度可以根据临床的需要随时调整,不是一成不变的。

第四节　牵拉张力对细胞和组织内基因表达变化的调控

细胞接受生物力学的刺激以后,许多调控细胞增殖、分化的基因会出现表达的改变。有些基因表达的变化可以是短暂的,也可以是持续的。比如,在持续的张力刺激下,细胞内的与肿瘤和发育有关的基因(oncogene)如 *c-fos* 和 *c-jun* 基因在肢体延长的早期阶段会有很高的表达,而 *c-fos* 和 *c-jun* 相关的基因与胚胎的骨骼系统发育有直接的关系,在肢体延长过程中它们的高表达则支持 Ilizarov 的假说,也就是牵拉张力可以诱导胚胎发育的某些过程在成人组织中再现。最近有研究证明,神经组织在缓慢的牵拉延长过程中,神经髓壳细胞可以分泌髓核蛋白而再生,说明肢体延长本身不仅能促进骨生长,而且也能促进神经等软组织的再生。扁骨如下颌骨,和长骨的延长再生机制基本上是一样的。在骨延长过程中,骨形成蛋白-2、3、4、5、6、7(bone morphogenetic protein 2、3、4、5、6、7,BMP-2、3、4、5、6、7)在骨组织内是高表达的,直到延长停止的两周后还发现有持续的表达。BMP-3 主要是控制和抑制其他的骨生长因子,在适当的时间和部位来停止骨的再生。BMP-3 的基因在骨钙化阶段,如延长停止后2～3周有高的表达,说明骨形成蛋白在牵拉成骨的过程中调节骨形成和骨改建的平衡。BMP-4 在钙化前区和骨膜区域有高表达,在成熟骨的区域则表达降低(图16-6)。说明张力刺激骨的过程中,BMP 信号通路起到关键的作用。

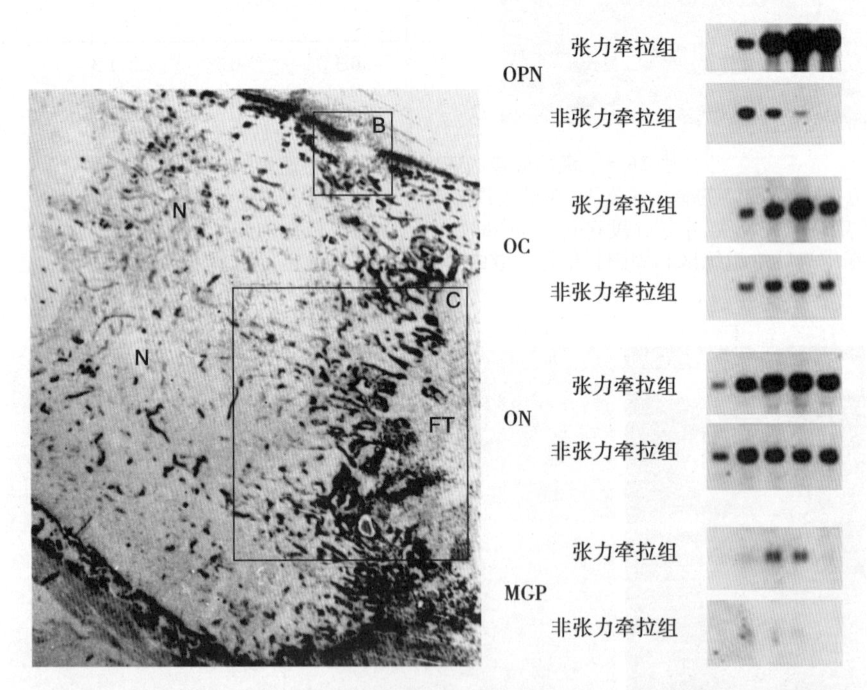

图16-6　左图显示在家兔牵拉成骨的模型中,BMP-4 的表达主要集中在骨膜周围(B)和钙化前区(C),而其表达在新生骨区则显著下调。右图显示在大鼠的牵拉成骨过程中与对照骨相比,同骨形成相关的基因如 *OPN*、*OC*、*ON* 和 *MGP* 的表达明显上调,说明适当的牵张力的刺激是促进成骨的先决条件

在牵拉成骨的过程中,缓慢牵拉的直接刺激在保持骨的形态学和结构稳定方面起到了举足轻重的作用。研究发现低张应力(2%～8%组织变性力)对组织有抗炎症的作用,能够抑制很多促进炎症基因的表达,如白细胞介素-8(interleukin-8,IL-8)和环氧化酶-2(cyclooxygenase 2,COX2);但是,高频率的张力

(15%组织变性力)作用在组织上就会快速促进很多与炎症相关基因的表达,如COX2等,同时前列腺素的分泌也会增加。最近一些研究提示在机械力学刺激转换成生物信息的过程中,生长因子的信号表达起很重要的作用。例如上皮组织生长因子受体的表达在成骨细胞受到流体力作用下就会有过高的表达。

综上所述,这些观察提示了一个重要的机制,骨在高频张力牵拉的状态下,出现吸收和改建现象;而在低频和生理频率的张应力下,骨的形成增加。这些理论可以解释为什么负重练习就可以刺激骨的再生和骨的矿化。在牵拉成骨的过程中,同时应用电磁场、超声波的刺激或超短波的刺激也能够促进骨的生成。因为,这些治疗都可以对组织产生一些生理范围内或低频的一些张力刺激。

牵拉成骨是一个与血管生成密不可分的过程。牵拉成骨能够刺激机体产生血管生成因子,如血管内皮生长因子(vascular endothelial growth factor,VEGF)和碱性成纤维生长因子(basic fibroblast growth factor,bFGF)在新生骨中有高的表达。牵拉成骨不但能够在新生的骨组织中增强局部VEGF和血管内皮生长因子受体(vascular endothelial growth factor receptor,VEGFR)的表达,同时,VEGF和VEGFR的表达在远处的肌肉系统也出现高表达。这些发现提示,肢体延长能够引起全身的反应。如促进机体释放大量的生长因子和炎性介质、激素、干细胞等来促进愈合。

在牵拉成骨的过程中,关于骨形成细胞的来源很多学者的研究认为,骨膜和骨髓是骨形成细胞的主要来源。最近一个临床观察证实,保持骨膜的完整性对肢体延长的成功是至关重要的。在大多数的情况下,骨膜就像一个弹性的导管一样,把新生的骨紧紧地包裹着,骨膜与新生骨的骨皮质在肢体延长的早期就紧紧地粘连在一起,在肢体延长的中、晚期基本上不再改变位置。在手术过程中,如果发现骨膜的质量不好或没有可能保持完整的骨膜结构,那么,术者就可以预计该患者骨形成的速度可能会减慢。由此可见,如果能够保持合适的软组织条件和进行一定的物理治疗,那么,在牵拉成骨过程中保证骨形成质量不是一个临床上的主要的难题。有研究报道,在接受牵拉成骨的治疗之前接受大量化疗的患者,其肢体延长骨形成的质量也未受影响,提示牵拉成骨是非常独特的临床手段,能够调动和促进机体自身修复和再生的潜能。

第五节 牵拉成骨过程中新骨的快速塑形与细胞凋亡的关系

在牵拉成骨的过程中新骨的形成是迅速的,同时伴随着相对快速的骨改建以去除多余的骨痂。细胞凋亡可能是调控去除多余骨痂的机制之一。因为,在延长成骨的新生骨的不同部位都能看到凋亡细胞,同时,也能看到破骨细胞的活性,提示骨细胞凋亡与骨形成和骨改变是紧密相连的。在牵拉成骨过程中,如果按照最佳速率完成牵拉并且不伴有周围软组织并发症,新生骨组织可迅速形成并经历重塑。然而,在此过程中去除多余新生骨痂促进骨重塑的调控机制却鲜为人知。细胞凋亡,又名程序性细胞死亡,是细胞的一种基本生物学现象,用于去除不需要的细胞,在生物体的进化、内环境的稳定以及多个系统的发育中起着重要的作用。组织的动态平衡取决于细胞死亡和增殖之间的平衡。越来越多的研究表明,各种生理或病理条件下的凋亡都涉及各种硬组织细胞型。有研究证实,成骨细胞、软骨细胞和破骨细胞在体内和体外均存在凋亡过程。在正常或病理骨组织的骨细胞中同样存在着凋亡变化,说明骨细胞在成骨和凋亡之间存在功能性相关。而且,骨内骨细胞的凋亡能削弱这些细胞的机械和(或)创伤感受器功能,进而延迟损伤骨的去除并增加骨折的风险。虽然,凋亡在调节成骨细胞活性中的角色仍不明确,但有研究认为,作为衰老的结果——成骨细胞凋亡的增加能导致基质沉积减少和骨小梁变细,这些都是衰老相关骨丢失的特征表现。

通过透射电镜对凋亡变化进行定性观察是一种非常有用的方法。正常细胞染色体结构清晰,细胞核与细胞器的分布合理(图16-7A)。凋亡细胞显示出细胞间接触减少,从邻近细胞退缩,导致细胞体周围色圈的形成。核和细胞质凝结引起凋亡细胞获得更多的球状体和圆形形态,经历凋亡过程的细胞在透射电镜下的特征包括凝聚染色质分离和细胞裂解成致密的凋亡小体(图16-7B,C)。在上述三个再生区域内的成骨细胞上可观察到各阶段的凋亡变化，并且在早期矿化边缘带和周围新生骨与早期矿化边缘带毗连的区域凋亡细胞的数量尤其高。

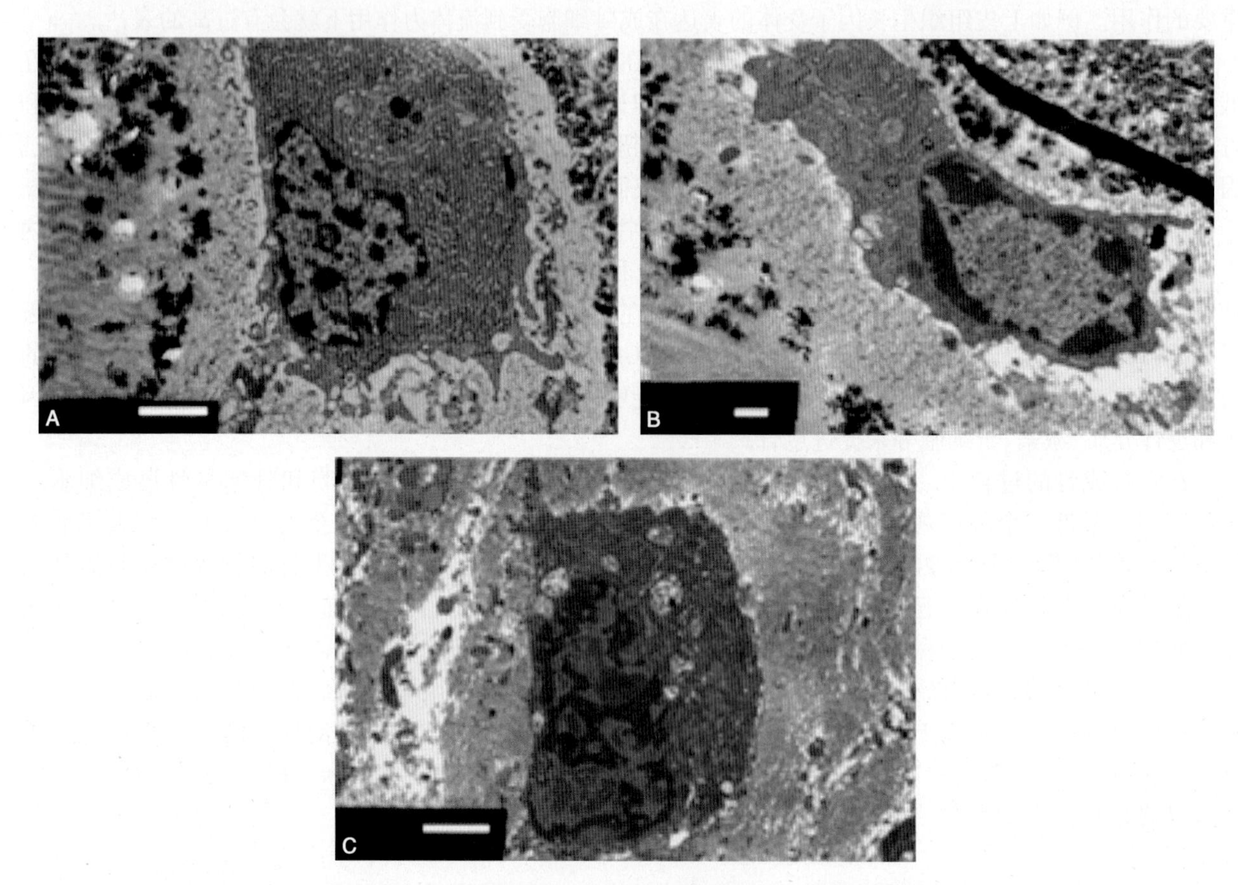

图 16-7 在家兔胫骨的延长新生骨内，透射电镜照片显示，成骨细胞存在于周围新生骨区域，显示不同阶段细胞核正常和凋亡的特征

A. 新生骨区域内成骨细胞的正常表现；Bar 1μm。B. 新生骨区域内成骨细胞的凋亡变化，显示细胞核周围的染色质冷凝和聚集；Bar 1μm。C. 新生骨区域内成骨细胞进一步凋亡变化，染色质聚集，细胞开始裂解；Bar 1μm

TUNEL 标记是常用的一种检测 DNA 断裂片段的方法，用来检测凋亡细胞的存在。在胫骨延长结束时的家兔再生骨组织的三个区域（FZ、PMF 和 NBZ）内均可见 TUNEL 阳性细胞，其中大部分的集中在中央纤维组织区域（FZ）和早期矿化边缘带（PMF）（图 16-8A，B）。再生骨组织的软骨区域同样也能见到一些 TUNEL 阳性细胞，以及在长入的血管附近也有致密标记的软骨细胞。在新生骨组织区域靠近早期矿化边缘带的位置，可见 TUNEL 阳性细胞接近骨表面，一些新生骨小梁内的新生骨细胞也呈阳性（图 16-8C）。然而，在新生骨组织区域靠近截骨处正常骨组织的地方，TUNEL 标记明显减少，该区域的 TUNEL 阳性细胞数量也仅为早期矿化边缘带附近的 1/3，大部分 TUNEL 阳性细胞为骨细胞（图 16-8D）。在截骨处末端正常皮质骨及附近的骨膜组织均未见 TUNEL 阳性标记。在早期矿化边缘带和新生骨区域的新生骨痂处可见 TRAP 阳性破骨细胞分布（图 16-8E，F）。在中央纤维组织区可见相当多数量的 TRAP 阳性细胞。新生骨区域靠近早期矿化边缘带处的 TRAP 阳性细胞明显多于新生骨区域靠近截骨处。

在牵拉间隙新生骨组织中 TUNEL 标记凋亡最显著的区域是中央纤维组织区域（FZ）、早期矿化边缘带（PMF）和新生骨靠近矿化边缘带一侧。TUNEL 标记可检测到这些区域存在 DNA 碎片，并被透射电镜证实。牵拉成骨是一个需要迅速细胞增殖、分化和组织更新（骨重塑）的过程。有可能在新生骨再生的过程中，有潜力的成骨类细胞数量超过了成骨所需要的细胞数，那么这些多余的细胞就要靠细胞凋亡来去除。总的来说，有三种可能的途径导致凋亡：

（1）DNA 或蛋白被不合适的物理和（或）化学条件破坏。

（2）配体结合质膜受体，例如 Fas 诱导阳性结果。

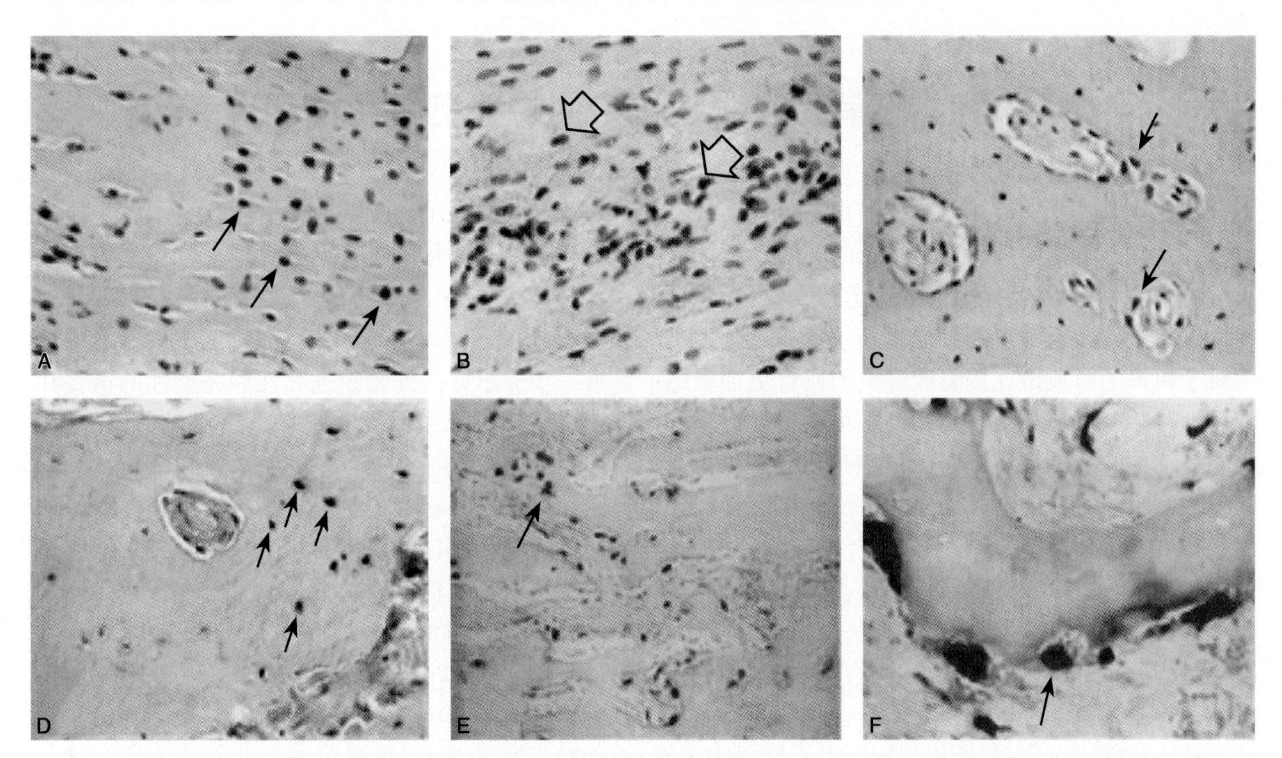

图16-8 家兔骨延长动物模型,0.7mm/d 延长2cm后,再生骨组织 TUNEL 和 TRAP 染色代表性图片

A. 纤维组织区域 TUNEL 阳性标记(箭头所示);B. 早期矿化边缘带 TUNEL 染色,大部分 TUNEL 阳性细胞(箭头所示)出现在早期矿化带和新生骨区域的过渡区域;C. 在新生骨组织区域靠近早期矿化边缘带的位置,可见 TUNEL 阳性细胞接近骨表面(箭头所示);D. 在新生骨组织区域靠近截骨处正常骨组织的地方,大部分 TUNEL 阳性细胞为骨细胞(箭头所示);E. 新生骨区域再生组织的 TRAP 染色,显示在靠近早期矿化边缘带的新生骨区域有许多 TRAP 阳性细胞(红色,箭头所示);F. TRAP 染色显示新生骨区域破骨细胞骨吸收活动;放大倍数:A-E,×100;F,×400

(3)抑制信号的丢失例如生长因子诱导阴性反应。

关于牵拉成骨过程中凋亡的原因有众多的解释。首先,组织血管化不足可能是原因之一。Gottlieb 等报道心肌的缺血和再灌注可诱发凋亡。类似的情况有可能存在于牵拉成骨再生骨组织的中心部分,迅速的骨组织形成和细胞数量的增加,有可能导致局部严重的缺氧和酸中毒。随后再生骨中心出现新生血管化,取而代之再生组织的缺血(新生组织迅速形成)和再灌注(新生或再血管化),可能导致氧自由基形成,继而诱导 DNA 裂解和凋亡。早期研究报道,再生组织中不同区域 TUNEL 阳性细胞的数量变化和分布与血管化的变化一致。而且,正常皮质骨区域的再血管化活动却很低,TUNEL 阳性标记很少。牵拉成骨过程中出现凋亡的另一种可能解释是缺少活性生长因子或启动凋亡的细胞因子或生长因子的增加。许多细胞的存在依赖于生长因子和细胞因子的不断供应,细胞凋亡则依赖于这些因子的缺乏。牵拉成骨再生组织中细胞群迅速变化,导致有可能缺乏适应某些细胞生存的条件。因此,未来将深入研究牵拉成骨再生组织中几种介导凋亡过程的蛋白的表达和分布,例如 Bcl-2、Fas 和 p53。

在组织发育和修复过程中,凋亡与组织的重塑紧密相关。Gibson 等研究鸡胚的软骨内骨化后报道,凋亡有可能是骨组织重塑和再血管化的始动因素。骨的重塑和骨细胞的凋亡存在功能性联系,早期体外成骨的研究已显示细胞凋亡参与了钙化过程,骨的矿化伴随着成骨细胞的坏死,以及后者数量显著增加伴随着长骨皮质骨的骨化。在类似的兔牵拉成骨模型中,再生组织存在着高水平的磷、锌和铜。另外,骨折愈合的研究已证实骨折修复过程中同时存在着细胞的增殖和凋亡,在早期细胞增殖活跃,骨痂重塑时细胞凋亡活跃。这些确凿的证据进一步强调了高更新率的状态下细胞增殖和凋亡有可能共同存在,其数量变化有赖于周围微环境的变化。生长因子的存在和局部力学环境可促进细胞向不同的方向发展。矿化带附近新生骨区域 TUNEL 阳性标记的增加伴随着 TRAP 阳性染色的增加,显示该区域存在活跃的破骨细胞骨吸收活动,说明牵拉成骨过程中新生骨迅速重塑有可能是通过成骨细胞凋亡引起骨吸收细胞的活动来完成的。

第六节 在牵拉成骨过程中促进骨的钙化的研究

牵拉成骨技术的应用使骨科的很多难治疾病在治疗方法上取得了创新，但是牵拉成骨技术的主要问题之一就是常常需要患者等待很长时间使新生的骨钙化，才能安全地去除外固定架。这个较长的等待过程会给患者带来很多并发症，如针道感染、延迟骨钙化，及因为外固定架导致的不舒适感等。

有控制地负重锻炼能够促进新生骨的钙化，主要是通过刺激血管再生，而骨外膜部位的新生血管的增生对于机械力学刺激比内骨膜部位的血管更加敏感。这进一步提示保持外骨膜连续性和完整性的重要和术后理疗治疗的必要性。脉冲电磁场刺激是一个安全和有效的方法，能够促进骨的钙化，虽然，电磁场刺激能够增加骨痂的形成，但并不影响骨痂的改建。已有报道说电磁场刺激能够减少手术后到牵拉开始的等待时间，从 7 ~ 10 天可以降到 1 天，而不会影响到牵拉成骨所形成的新骨的质量。

还有一些研究提示，较早地把外固定变成内固定可能有利于减少牵拉成骨导致的一些并发症，即应用外固定架进行一个快速的肢体延长，然后使用内固定，同时使用生物材料和骨髓细胞或用自体骨及异体骨来填充延长的间隙。当然，这种方法与 Ilizarov 所提倡的牵拉成骨技术的基本原则是相违反的，Ilizarov 指出稳定的固定和精确的截骨术（保存髓内血管），以及牵拉速率在 1mm/d，分 4 次或更多次来完成，一般会保证有一个满意的临床效果。但是，在临床应用过程中，Ilizarov 这些基本原理并不是很容易都能做到，有时候是不可能完全实现，所以临床医生不能墨守成规，要保持开放的头脑，准备尝试一些新的方法来进一步地完善牵拉成骨的技术。

全身系统使用促进成骨的药物和激素来促进骨再生也是临床策略之一。有实验证明，生长激素（growth hormone，GH）能够促进早期的骨钙化，在家兔肢体延长模型中皮下注射生长激素 1IU/kg · d，会促进新生骨的骨钙化，使其机械强度较对照组增加 3 倍。体外证明，前列腺素 E（prostaglandin E，PGE）有促进成骨的作用，但它们有消化道的副作用，故不能在体内直接应用。最近，通过对前列腺素 E 受体（prostaglandin E receptor，PGER）的研究发现，前列腺素 E 受体分四类，其中，二类受体和四类受体主要作用在骨骼上。科研人员现在已经合成了小分子化合物与前列腺素 E 的二类受体作用，这些小分子化合物就是一类新的促进骨生成的药品，能够以局部给药和全身给药的方式来促进骨形成和骨折愈合。抗骨吸收的药物如骨二磷酸盐（bone diphosphonate）也被报道有促进骨折愈合的作用。最近一项研究发现，在接受快速肢体延长的动物模型中，全身给新的制剂骨二磷酸盐（zoledronic acid）0. 1mg/kg 1 ~ 2 次会增加新生骨量及骨密度和强度。提示骨二磷酸盐类制剂除了有抗骨吸收的作用外也可能有促进骨形成的作用。但是大量和长期应用骨二磷酸盐可抑制长骨的生长，尤其是在未成熟的家兔上这一点就被观察到了。所以，给儿童骨二磷酸盐类制剂应极为慎重。另有报道指出在肢体延长过程中，给家兔全身注射沙蒙降钙素（salmon calcitonin）10IU/d，没有发现能够增加骨钙化的速度，提示单独全身使用抗骨吸收的药物如降钙素可能对骨的钙化并无帮助。

局部应用骨形成蛋白来促进骨折愈合和脊柱的融合，在临床上已经应用。在家兔肢体延长的模型中，作者有意使肢体延长速度提高到 2mm/d，导致骨形成不佳，而单纯地使用一剂重组 75μg BMP-2 注射或种植在新生骨痂间隙内，就显著地增加了骨的成熟和骨的钙化。与此相反，当家兔延长在正常速度 1mm/d 的时候，注射重组的 BMP-7 从 800 ~ 2000μg 并没有显示对骨形成和骨钙化有显著的作用，提示在一般正常情况下，牵拉成骨本身并不需要外来的生长因子来干涉。因为，肢体延长的本身与血管生成有密切的关系，而血管生成因子 VEGF 也促进骨形成，最近有项研究报道在家兔的肢延长过程中，局部使用血管生成因子 VEGF 和血管生成因子的抑制物，并没有发现对血流和血管生成有显著的影响，尤其是新生骨痂内血管的形成和骨形成的质量并没有受到显著的影响。综上所述，外源性的生长因子如骨形成蛋白和血管生成因子，在正常条件下，并不一定能够进一步促进牵拉成骨的骨的再生。因为，骨的正常再生过程可能已达较完美的速度，因此，外源性的骨形成蛋白和生长因子可能并不会再进一步促进正常条件下骨的再生过程。但是，如果骨形成的条件不佳，如软组织损伤、局部血供缺乏等，那么，外源性生长因子如 BMP 就能够通过促进局部成骨和成血管细胞的增生与分化而促进骨的再生，所以BMP和其他生长因子的使用要根据患者的条件由临床医师综合判断和决定。

材料科学的发展为我们提供了新的骨修复材料——羟基磷灰石(hydroxyapatite)骨修复生物材料。这种材料已成功应用于脊柱融合、填充骨缺损及口腔颌面外科等众多领域，并且取得了良好的疗效。HA/TCP骨修复生物材料不仅有利于引导骨组织爬行修复，而且材料的磷灰石晶体还与骨磷灰石晶体在组成、结构和结晶等方面相似，具有良好的生物相容性和生物活性。所以HA/TCP能引导组织细胞生长，促进细胞生成类骨质进而矿化，加速骨的愈合。Wang等研究证实，羟基磷灰石结合牵拉成骨技术的联合疗法在治疗兔胫骨1cm缺损时的疗效比单独应用HA/TCP材料或牵拉成骨技术好，能缩短修复骨缺损所需的时间，促进新生骨的矿化过程。在临床上，对于1~2cm的小段骨缺损，通常采用自体骨或人工骨移植结合内固定或外固定的方法，但是，对于大于患肢长度30%的大段骨缺损，牵拉成骨技术比自体骨或人工骨移植结合内固定或外固定更加有效。牵拉成骨技术主要是通过缓慢的牵拉张应力刺激新骨形成，此方法已在临床应用多年，并在治疗因创伤、感染等方面造成的骨缺损取得了不错的疗效。然而，长期的外固定给患者带来了许多不便，延长时的疼痛也使部分患者难以承受，加上新生骨的矿化是一个缓慢过程，因此牵拉成骨技术也存在一些并发症，例如钉道感染、延迟愈合、骨不连或再骨折等。国内外许多学者曾报道过一些促进牵拉成骨矿化的方法，例如超声波刺激、负重锻炼、生长因子或干细胞等，但这些方法价格昂贵，步骤繁琐，且疗效并不十分肯定。另一方面，人工骨修复材料已成功应用于脊柱融合、填充骨缺损及口腔颌面外科等众多领域，并且取得了良好的疗效。例如HA/TCP骨修复生物材料，它不仅有利于引导骨组织爬行修复，而且材料的磷灰石晶体还与骨磷灰石晶体在组成、结构、结晶等方面相似，具有良好的生物相容性和生物活性。因此，利用HA/TCP材料填充部分骨缺损，剩下部分骨缺损利用牵拉成骨技术来完成，这样可以减少利用牵张成骨修复骨缺损所需的长度，同时减少了延长所需的治疗时间，理论上该联合疗法是可行的。

小 结

两栖动物能够通过切割处再生来代替它们的肢体和下颚。鹿、麋鹿和驼鹿可再生鹿茸，兔可再生其耳组织。小鼠、兔和人均能再生指尖。这些现象提供了研究附肢再生能力的模型。很多两栖动物肢体再生需要截断面真皮、软骨和肌肉细胞去分化的芽基形成。无尾动物的两栖动物随着从蝌蚪到青蛙的转变过程，失去再生的能力。在幼蛙和成年蛙中诱导芽基形成很困难。有证据表明，组织环境改变，特别是免疫系统，是再生能力改变的主要原因。

近年来有报道牵张力的刺激可以激活并维持肢体的再生能力。在骨细胞的代谢过程中，骨细胞内的很多基因是被机械力学刺激来调控表达的。在牵拉成骨的过程中，骨形成蛋白基因的表达的变化以及细胞增生与凋亡的变化可能是调节骨形成的因素之一。高频率的张力能够促进骨的改建，而低频度的张力能够促进骨的形成。牵拉成骨技术不但能够增加新生骨组织内的局部血管生成，同时也能够激发全身骨骼系统内增加血管生成因子和受体的表达。因此，其是一项非常有效的外科肢体再生技术，在组织修复和再建方面有着广泛的临床应用前景。牵拉成骨技术的临床应用，正被延伸到组织工程学，治疗软组织损伤、血管疾病和与修复有关的其他疑难杂症。

（李 刚）

第十七章　乳腺组织干细胞与再生医学

乳腺(breast)位于皮下浅筋膜的浅层与深层之间。浅筋膜伸向乳腺组织内形成条索状的小叶间隔,一端连于胸肌筋膜,另一端连于皮肤,将乳腺腺体固定在胸部的皮下组织之中。女性乳腺是女性性成熟的重要标志,也是分泌乳汁、哺育后代的器官。

本章主要介绍乳腺组织发育和结构特点;重点介绍乳腺干细胞及其有关理论知识;有关乳腺干细胞与再生医学的关系研究尚少,故仅做简要介绍。

第一节　乳腺组织发育与结构

一、乳腺组织发育特点

乳腺组织的发生与发育,自出生前的胚胎期至出生后的青春期前,男女两性基本相同。随着青春期到来,女性在妊娠期、授乳期和绝经期阶段,乳腺的形状、大小、结构及功能均发生很大的变化(图17-1,图17-2)。

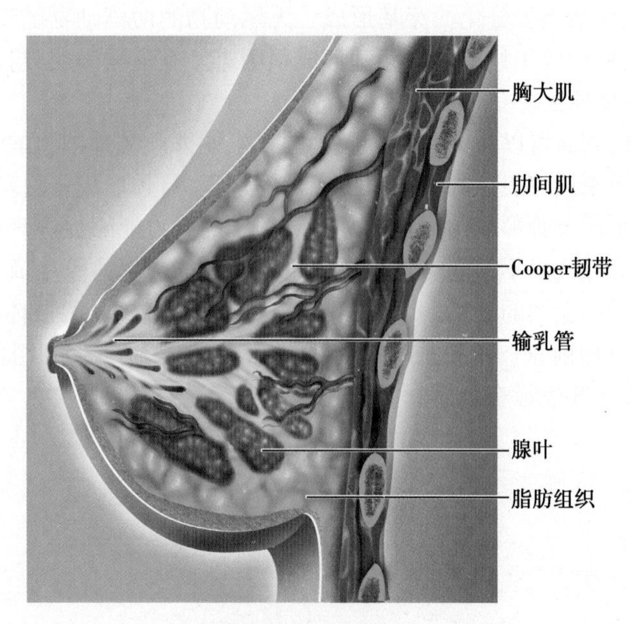

图17-1　女性成熟期乳腺组织结构图示
乳腺位于真皮深面的浅筋膜中,靠Cooper韧带与皮肤连接,Cooper韧带为间质中的纤维间隔,对乳腺实质起支撑作用

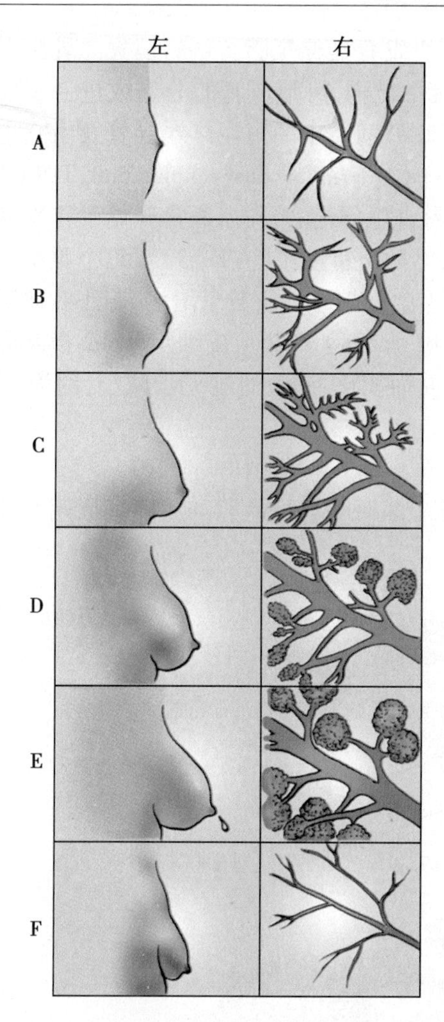

图 17-2 乳腺发育图解

纵列:左列图示乳房侧面观;中列和右列分别图示导管和小叶的立体与显微镜下观。横列:A. 青春期前(儿童期);B. 青春期;C. 性成熟(生殖)期;D. 妊娠期;E. 哺乳期;F. 绝经期(老年)状态

(一)产前与围生期的乳腺发育

乳腺实质起源于外胚层上皮芽。人类胚胎和胎儿期原始乳腺的发育经历多个阶段,依发育顺序包括乳嵴、乳丘、乳盘、小球、圆锥、发芽、凹入、分支、成管、端-泡等期。

对于各期出现的准确时间看法并不一致。例如,关于乳嵴发生的胎龄有 4 周、5 周、6 周的不同记载。差别的缘由主要是判断胎龄的标准不同。有的按孕妇最后一次月经计算其怀胎时间,有的根据测量胚胎或胎儿的体长。

1. 乳嵴期(胚胎龄 4 周,27 ~ 28 天,胚体长 4mm ~ 5mm) 在人类,在胚体胸部乳腺芽形成处的表皮出现上皮细胞聚集,产生一对乳嵴。

2. 乳丘期(胚胎龄 4 ~ 5 周,28 ~ 30 天,胚胎长 6mm ~ 7mm) 乳嵴处外胚层上皮增厚形成的原基继续增生呈丘状。

3. 乳盘期(胚胎龄 5 周,29 ~ 35 天,胚胎长 5mm ~ 12mm) 原基向胸壁间叶内陷。胚胎长 10mm 时,原基邻近有单层间叶;11mm ~ 14mm 时,间叶变为 4 层。

4. 小球期(胚胎龄 6 周,36 ~ 42 天,胚胎长 14mm ~ 22mm) 原基呈三维生长,形成结节。

5. 圆锥期(胚胎龄 7 周,43 ~ 47 天,胚胎长 28mm ~ 30mm) 原基进一步向间叶内长入。

6. 发芽期(胚胎龄 8 周,50 ~ 56 天,胚胎长 31mm ~ 42mm) 原基出现多个芽蕾。

7. 凹入期(胎儿龄 10 ~ 13 周,64 ~ 91 天,胎儿长 60mm ~ 98mm) 原基内陷。

8. 分支期(胎儿龄 14 周,92 ~ 98 天,胎儿长 105mm ~ 120mm) 原始乳腺分出 15 ~ 25 个上皮索,进入次级乳腺原基阶段。

9. 成管期(胎儿龄 20 ~ 32 周,134 ~ 224 天,胎儿长 185mm ~ 300mm) 次级原基的上皮索变成空心导管。15 ~ 25 个原始导管汇合为 10 个左右原始输乳管。输乳管在出生时经皮肤表面的凹陷开口于乳头。

发育至胎龄 28 周的乳腺已经可以区别出两种不同的上皮细胞群体,即内层的腔细胞及其外层与基底膜相邻的基底细胞或肌上皮细胞。

10. 端-泡期(胎儿龄 40 周,274 ~ 280 天,新生儿体长超过 360mm) 新生儿乳腺体积为 20 ~ 32 周胎儿的 4 倍。乳腺结构原始,导管终端为短的小导管。乳头、乳晕开始形成。

(二)出生后乳腺发育

女性出生后乳腺的主要变化始于青春期。在女性其出现的平均年龄为:黑人 8.9 岁,白人 10 岁。中国女性乳房开始发育平均年龄为 10.7 岁。

青春期前的不成熟乳腺发育至成年女性的成熟乳腺是一个顺序性演变过程。首先是导管生长期中上皮和间质同时生长。间质的纤维和脂肪组织量增加,在成年非哺乳乳腺可达 80% 或更多。实际上,结缔组织的增生先于导管的延伸,延长的导管及其尖端被紧密的成纤维细胞包绕。导管生长和分支有两种方式,一是一分为二分叉(分叉分支);二是从主支先后发出侧支(侧分支,又称合轴分支)。乳头部位的初级导管长出次级导管,依次形成节段导管和较小的亚节段导管。腺管实质不断增大;亚节段导管分支终止于上皮增生活跃的杵状球形结构,即终端芽(terminal buds,TEBs)。TEBs 细胞包括体细胞(body cells)和帽细胞(cap cells)。帽细胞位于芽的尖端,是一种具有旺盛细胞分裂及向腔上皮与肌上皮双向分化的多能性细胞。体细胞位于终端芽的内侧，随着导管发育后消失。TEBs 在导管发育延伸至脂肪垫后消失。乳腺发育进入小叶腺泡期时，TEBs 长出两个小的腺泡芽。腺泡芽是个过渡性结构，可形成新的分支或进一步发芽成小导管。小导管是一种小的终端结构，成簇围绕着 TEBs。埋于小叶间质中的短距终端导管及由它生出的 4～11 个小导管构成乳腺的结构与功能单位，称终末导管小叶单位（terminal dust-lobular unit，TDLU）或处女型腺小叶，或称为Ⅰ型小叶（lobule 1，Lob1）。女性乳腺小叶形成是分化的标志，通常开始于首次月经来潮后 1～2 年（图 17-3）。Lob1 进一步分化成Ⅱ型小叶（Lob2），然后至Ⅲ型小叶（Lob3）。每个腺小叶的小导管数在 Lob1 为 4～11 个，Lob2 平均为 47 个，Lob3 平均为 81 个。随着小导管数量增多，腺小叶体积增大，小导管管径变小。小叶内每一小导管的横断面上皮组成在 Lob1 大约是 32 个上皮细胞；Lob2 横断面约为 13 个上皮细胞，平均面积为 Lob1 的 1/2。Lob3 的小导管横断面面积比 Lob2 的进一步减小，约为 11 个上皮细胞。

（三）月经周期乳腺

性类固醇水平在月经周期的改变对乳腺形态有显著影响。临床上表现为乳房体积和质度呈周期性变

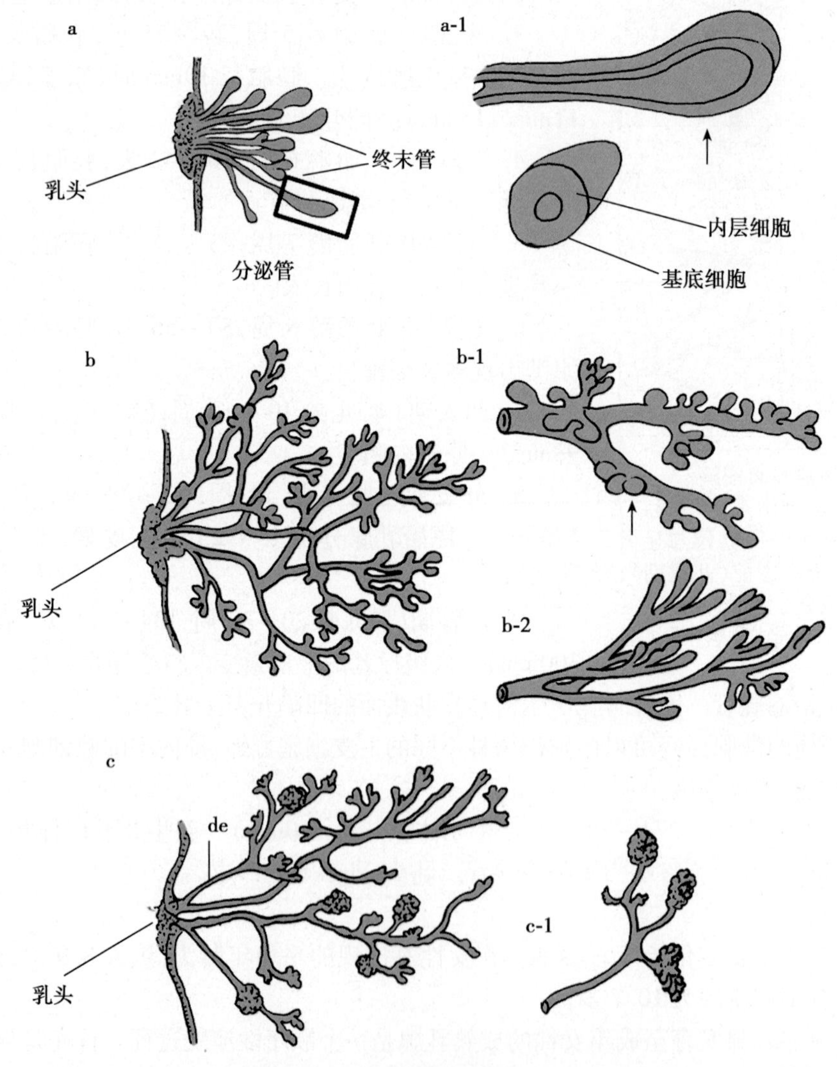

图 17-3　出生后至青春期乳腺导管的发育

a. 出生时乳房由数个终止于终末管的分泌性导管组成。a-1：杵状的终末芽延长并进一步分出处女型导管；图中箭头所指处横切面，增生主要见于外层的基底细胞。b. 青春期开始前，导管生长并呈分叉或合轴分支（箭头示）。b-1：球形侧芽自导管外凸；b-2：自终末芽和侧芽形成新分支。c. 青春期乳腺，随年龄增长小叶数目增多。腺体有些部分仍保持为未分化的终末导管或腺泡芽。如未经历妊娠，则不再进一步发育。c-1：处女型小叶（Ⅰ型小叶）

动。通常在卵泡期后期,乳房触诊结节感最少,是临床上乳房检查的最佳时刻。成年乳腺在月经周期中的显微镜下形态分为五个时相,即:增生期,卵泡期,黄体期,分泌期与月经期。

1. 增生期(第3~7天) 腔上皮单层拥挤排列,极向不整,无或仅有细小管腔形成,细胞质伊红淡染;核圆,核仁明显,核分裂平均4个/10高倍镜;肌上皮不明显。本期特点为具有上皮核分裂与最高比例的凋亡,小叶间质相对致密,少血管,胖大的成纤维细胞围绕着腺体。

2. 卵泡期(第8~14天) 腔上皮细胞变为柱状,胞质嗜碱性增加;核深染位于细胞基部,核分裂象罕见。肌上皮呈多角形,胞质透亮。有少数胞质淡染的中间型基底细胞,可能是腔上皮和肌上皮的祖细胞。腺腔可辨认,但腔内无分泌物。基底膜明显。小叶内间质轻度疏松化。

3. 黄体期(第15~20天) 由柱状腔上皮围绕的腺腔清晰;少数腺腔内含少量分泌物。肌上皮细胞胞质由于糖原蓄积而更为透明;中间型基底细胞更为明显;基底膜变薄;间质进一步变疏松;上皮细胞增生率在经产妇的黄体期高于卵泡期,而在非经产妇则月经周期各期的差别不大。

4. 分泌期(第21~27天) 分泌活跃,分泌物致腺腔扩张;腔上皮与肌上皮胞质均透亮;无核分裂象;基底膜薄;小叶间质重度水肿;电镜见管腔上皮细胞中内质网增多,有一个增大的高尔基器,细胞器还呈现其他分泌活跃的变化。

5. 月经期(第28天~下1周期第2天) 腔上皮胞质稀少。腺腔有的保存,有的塌陷。基底细胞空泡化。核分裂象缺如。间质恢复致密性,小叶内水肿消失,常有淋巴细胞、巨噬细胞和浆细胞浸润。

(四) 妊娠期乳腺

妊娠时乳腺获得最大程度的发育。妊娠最初3个月的特征是导管树远端呈活跃的细胞增生,致导管增长和出现众多分支。出芽与小叶形成的程度超过处女乳腺所见。新形成的小导管数量迅速增多,使Ⅱ型小叶(lobule2,Lob2)演进为Ⅲ型小叶(lobule3,Lob3)。妊娠第3个月时,发育良好的Lob3数量超过原始小叶Lob1。但此时仍可见TEBs。妊娠乳腺结构存在相当程度的异质性。有的小叶单位处于静止状态,而其他小叶则增生活跃,形成多量更为分化的Lob3,甚至Ⅳ型小叶(lobule4,Lob4)。即使在同一小叶,腺泡的发育程度也不尽一致。在终端导管部位,当小叶迅速生长的同时,纤维脂肪间质相应减少,血管增多,伴有单核细胞浸润。妊娠最初3个月结束时,乳头增大,乳晕色素沉着明显,表浅皮肤静脉扩张明显,小叶腺体内可有少量初乳。在Lob3,腺泡数量可达Lob1的10倍。如果首次妊娠发生在30岁以前,则Lob3数量显著增加,这是所有经产妇直到40岁时乳腺的主要结构。

在妊娠中期,Lob3日益转变为Lob4,腺泡进一步扩大、增多。Ⅳ型小叶(Lob4)的发育特征为乳腺上皮分泌功能增强,小导管与分泌腺泡充分发育,组成Lob4每个腺泡的上皮,由于分裂活跃而数量增多、胞质增多而体积增大。由于自导管发出的小叶中央分支密集,以致导管终末或小叶内终末导管不能识别。终末导管向腺泡逐步过渡,二者均具早期分泌功能,因此,在组织学上难以区分。导管肌上皮仍然可见,但大多因上皮膨大而变得模糊。纤维脂肪间质继续相对减少。乳腺导管树的确定性结构基本在妊娠前半期建成;妊娠后半期主要是分泌功能继续加强;分支还在继续,但芽的形成不再明显。此时乳腺已分化的结构、真正分泌单位或腺泡的形成日益显著;新腺泡增生大为减少;上皮胞质因充满脂滴而空泡化;腺腔扩张,内有分泌物或初乳蓄积(图17-4)。

(五) 哺乳期乳腺

哺乳期乳腺并无较大的形态学改变。腺泡腔扩张,充满混有脂质的颗粒性微嗜碱性物质。腺小叶变大,但各个腺小叶大小不一,提示其泌乳功能强弱不同。随着乳房规律性地排乳,乳汁继续被合成并释入乳腺腺泡与导管系统。乳汁在导管系统内通常贮积48小时,若超过48小时,之后则致合成与分泌减少。

哺乳停止后,乳汁在导管腺泡和泌乳上皮胞质内的蓄存对于乳汁进一步合成起抑制作用。乳腺复旧时,90%的腺上皮凋亡,退变的腺体被脂肪细胞取代。

(六) 绝经期乳腺

绝经后乳腺的显著结构改变是小叶和细胞数量减少,主要是上皮萎缩凋亡的结果。静止乳腺的双层上皮重新形成。在腺上皮消失的同时,间叶变化的趋势是基底膜增厚和小叶内间质胶原化。

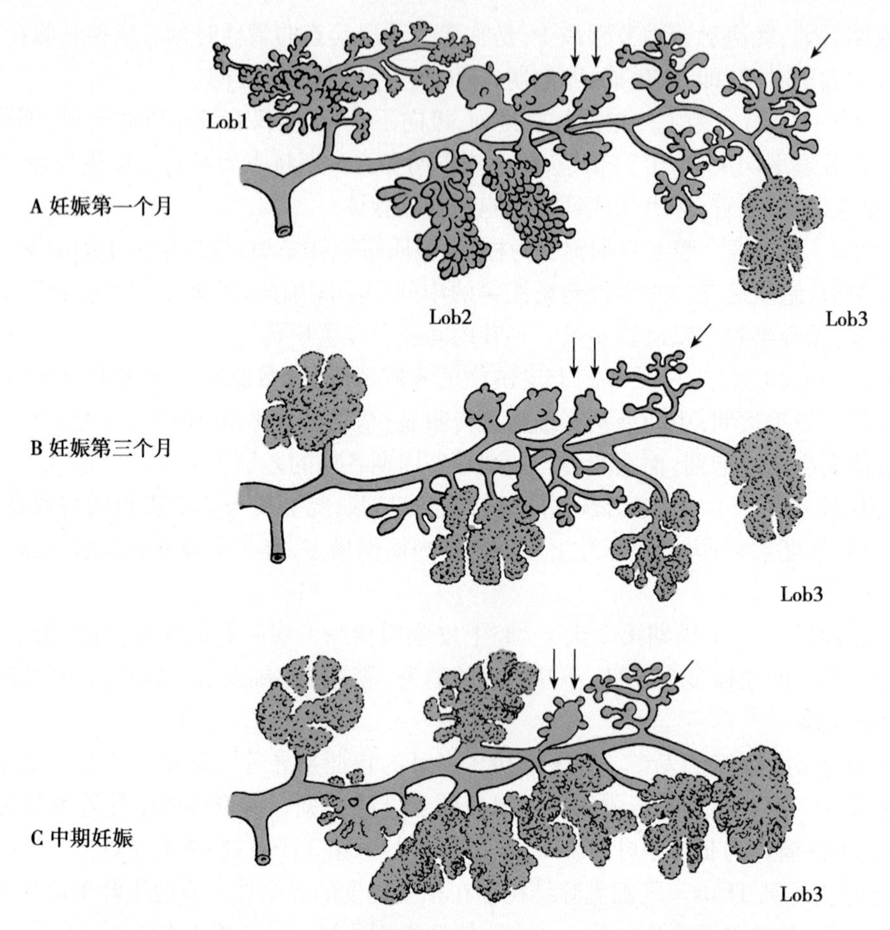

图 17-4 人类妊娠过程乳腺实质变化人类妊娠过程乳腺实质变化图解

单箭头:示腺泡牙;双箭头:示终末牙;lob_1:Ⅰ型小叶;lob_2:Ⅱ型小叶;lob_3:Ⅲ型小叶

二、乳腺组织结构

女性乳腺在诸多激素与分子调控下,青春期、妊娠期、哺乳期和绝经期等呈现明显的形态结构变化。男性青春期后的乳腺在正常情况下基本上不发生形态结构改变。

(一) 乳腺的外表结构

乳腺基部在垂直向介于第 2 或第 3 肋至第 6 或第 7 肋水平之间,在水平向介于胸骨侧缘与腋中线之间。整个乳房绝大部分位于胸大肌和前锯肌前面。乳房外上突出部沿胸大肌下外侧缘延伸至腋窝,形成所谓的 Spence 腋尾。

临床上对乳腺进行体表观察时,可通过乳头画一假设的十字线,将乳房分为内上、内下、外上与外下 4 个象限,乳头与乳晕则划为乳头区。临床医生可依此顺序全面检查乳房,并记录病变位置。乳头与乳晕是位于乳房中央的一个直径 2cm ~ 3cm、色素沉着较多的环形区。乳头为乳晕正中的杵状突起,在成年女性,高约 1cm。乳头和乳晕表面为角化的复层鳞状上皮,即表皮。表皮深面的真皮乳头高而不规则,深嵌于表皮基底面的凹陷中。乳头结缔组织内有 15 ~ 25 条直径为 2mm ~ 4mm 的输乳管,起端与乳腺腺叶导管连接,终端于乳头顶部的开口称输乳孔,直径 0.4mm ~ 0.7mm。乳晕深部的输乳管扩大,形成直径为 5mm ~ 8mm 的输乳窦。

(二) 乳腺的组织结构

成人乳腺包括皮肤、皮下组织与乳腺组织三种结构。乳腺组织位于皮下浅筋膜的深浅两层间隙之中,由实质与间质组成。有时在显微镜下可观察到腺体延伸穿越筋膜边界。乳腺实质是由一系列分支而管径递减的管道系统构成,其中输乳管分出的腺叶导管系统构成腺叶。输乳管共有 15 ~ 25 条,亦即每个乳腺共有 15 ~ 25 个腺叶。每个腺叶导管又再分出小叶导管,为 20 ~ 40 个。小叶导管继续分支,依次为小叶外导管、小叶内导管、终端小导管与腺泡。每个乳腺小叶含 10 ~ 100 个腺泡,为一个复管泡状腺,或称终端导管-腺泡单位(terminal catheter-acini unit,TCAU)。

全部乳腺小叶间散在分布有交织成网的粗大纤维束,称 Cooper 韧带。它们自乳腺垂直地插入真皮与胸深筋膜,对乳房起支撑和悬吊作用。这些韧带可因乳腺癌组织的侵袭而缩短,导致乳房皮肤呈所谓的橘皮样外观。

(三) 乳腺的血管

1. 动脉 乳腺的血液供应有三个来源,即胸廓内动脉穿支、腋动脉分支和肋间动脉穿支。这些动脉血管的分布存在个体差异,在同一个体也多非呈双侧对称。

胸廓内动脉的第 1、第 2、第 3 和第 4 肋间穿支分别在各自肋间近胸骨缘处穿出肋间。各穿支相继发出至肋间肌与胸大肌的分支后,其终支称乳房内动脉,为乳房内侧部分供血。腋动脉与乳房血液循环相关的分支有多条,胸肩峰动脉分布于乳房外上部,胸外侧动脉供应乳房外侧部,腋动脉或肱动脉也可直接向乳房外侧分出动脉小支。肋间动脉为乳房外下区供血。乳房血液约 60% 来自胸廓内动脉穿支,30% 来自胸外侧动脉,其他如胸肩峰动脉、胸廓最上动脉与肋间动脉穿支均只占少量。有两条动脉虽不向乳房供血,但在乳癌根治术中却具重要性。一条是胸背动脉,其位置较深,出血难以控制。另一条血管是胸外侧动脉,该血管受损,术后将致胸大肌萎缩。

2. 静脉 乳腺静脉分浅深两种。乳腺浅静脉位于皮下浅筋膜浅层的深面,可透过乳腺皮肤而显现;乳腺深静脉大致与动脉伴行,将腺实质血液引流至乳腺周围部,再分别注入胸廓内静脉穿支、腋静脉属支和肋间后静脉穿支。

(四) 乳腺的神经支配

乳房皮肤接受躯体感觉神经与交感神经支配;乳腺实质无神经支配,仅受激素调控。乳房皮肤的躯体感觉神经有三个来源:包括肋间神经外侧支、肋间神经前支,及其节后纤维。通过第 2 至第 6 肋间神经的皮支影响与神经伴行血管中的血流、皮肤汗腺的分泌和平滑肌收缩。

(五) 乳腺的淋巴回流

1. 乳腺的淋巴管 乳腺有丰富而广泛的呈多向性树枝状分布的淋巴管。乳腺皮肤、腺组织内间质、小叶间隔及导管周围的淋巴管均相互吻合沟通。乳腺的淋巴管道起始于毛细淋巴管,后者自其盲端收集组织间隙中的淋巴液。大量的毛细淋巴管互相吻合,汇集为小淋巴管。小淋巴管再逐步汇合,管径渐增形成较大的淋巴管,经平行于较大静脉支的淋巴管进入区域淋巴结。乳腺淋巴流环绕乳腺小叶实质与乳腺导管周围。乳腺真皮的微小淋巴管无瓣膜。除病理情况外,乳腺淋巴呈典型的搏动式单向流。搏动是淋巴管呈波形收缩所致。

乳腺淋巴管道有相互联系的三组,其中主要的一组淋巴管道起始于乳腺小叶间隙,沿输乳管分布;第二组为乳晕下淋巴丛,主要引流乳腺中部腺组织及其表面皮肤中的淋巴;第三组为乳腺深面淋巴丛,它与其深面的深筋膜细小淋巴管沟通。

2. 淋巴结 一般认为收集乳腺淋巴流的淋巴结有三组。

(1) 腋淋巴结:接受 75% 或更多的乳腺淋巴流。

(2) 乳腺内侧淋巴结:有 25% 或少于此量的乳腺淋巴返流入该淋巴结。

(3) 肋间后淋巴结。

第二节 乳腺干细胞

正常乳腺腺体系统和造血系统一样,也存在干/祖细胞。目前,对乳腺上皮干细胞的识别、分离及其生长与分化已进行了日益广泛深入的研究。

一、乳腺干细胞的存在与起源

妇女进入青春期乳腺充分发育后，在每一次月经周期以及妊娠、哺乳与断乳过程，乳腺会发生周期性增生和(或)凋亡。因此推论，乳腺中应该存在使其功能保持完整性的自我更新的细胞群，即乳腺干细胞/祖细胞。

成人乳腺实质主要由两种分化上皮细胞构成，即内衬导管和腺泡的呈立方形或柱状的腔细胞与位于腔细胞和基底膜之间的肌上皮细胞。正如在其他器官一样，两种分化上皮应该是源于同一种干细胞。

在乳腺上皮中，有时可发现具有未分化形态的细胞，包括基底透明细胞和细胞角蛋白 19 阴性($CK19^-$)细胞。在乳腺导管发育过程中，位于终末导管终端芽(TEBs)尖端的"帽细胞(cap cell)"属于干细胞。帽细胞具活跃的核分裂，其表型介于腔细胞和肌上皮之间，二者的标记如波形蛋白(vimentin)、SMA与黏蛋白1(MUC1)呈明显低表达。它们如果迁移入 TEB 的腔细胞群中，发育成腔细胞；如果向侧面迁移至腔细胞与纤维基质之间，则变为肌上皮细胞。鉴于其分裂活性与不同的表型发展，有些学者因而设想，帽细胞是一种多潜能乳腺干细胞/祖细胞。但是，TEBs 只是一种过渡性结构，当导管延伸至脂肪垫后，TEBs 及其帽细胞即随之消失。成人乳腺的整个上皮群体均保持再生能力，因而帽细胞可能不是唯一的多能性乳腺上皮细胞。

小鼠乳腺分离出的上皮，经有限稀释培养，获得细胞克隆。将克隆(祖)细胞移植入已清除了腺组织的受体小鼠乳腺脂肪垫，结果产生含导管、腺泡和肌上皮的枝条。在后来的移植实验发现，在小鼠乳腺整个发育过程中，自其任何一部分取样进行有限稀释培养均可分离出具有完全发育能力的细胞，且不受其年龄与所处的发育阶段所限。经过评估，这些可以克隆化的祖细胞占乳腺上皮细胞的二千分之一到千分之一。目前认为成年小鼠乳腺中存在具分化多潜能性和自我更新能力的乳腺上皮干细胞群体。

二、乳腺干细胞的鉴定

现有对乳腺干/祖细胞的分选与鉴定方法包括超微分析、表型标记、激素受体表达与 SP 细胞分离等。列为正常乳腺干细胞免疫表型标记的有 Sca1、CK5/6、CK19、Musashi、$ESA^+/MUCT^-$、$EMA^+/CALL^-$、Bmi1、$CD49f^{high}$、$CD29^{high}$、$CD44^+CD24^{-/low}$、OCT4 及 ALDH1 等。

(一) 超微结构分析

利用电子显微镜分析鼠类乳腺细胞。样品来源包括小鼠乳腺移植物、妊娠和哺乳小鼠乳腺，大鼠由未经产至妊娠、哺乳与绝经各个发育过程中的各期乳腺。界定多潜能干细胞的基本特点为细胞分裂能力(出现有丝分裂染色体)、有丝分裂静止相、不对称有丝分裂、对称有丝分裂及未分化细胞的超微结构。啮齿类乳腺上皮有五种形态类型，即原始性小亮细胞(small light cell，SLC)，大亮细胞(large light cell，LLC)[包括未分化大亮细胞(undifferentiated large light cell，ULLC)与分化大亮细胞(differentiated large light cell，DLLC)，大暗细胞(large dark cell，LDC)，具典型细胞学分化的腔细胞(cavity cell)，还有肌上皮细胞(myoepithelial cell)。

ULLC 具有分裂能力，可能是Ⅱ级祖细胞。SLC(约 8μm)不与管腔接触，无极向，形如阿米巴样；核小，核质苍白，具有异染色质；胞质苍白，细胞器少，细胞数量很少，缺乏特异功能的结构，具非对称有丝分裂的证据。SLC 有分化的形态学证据，在 SLC 中可见十分原始的细胞向 ULLC 过渡的特征；还有的 SLC 含肌丝与半桥粒，此二者是肌上皮特化的细胞器。

根据这些观察结果推测小亮细胞是干细胞和Ⅰ级祖细胞，它们约占上皮细胞总数的 3%。

(二) 干细胞抗原-1(stem cell antigen-1，Sca1-1)

Sca1-1 也称为淋巴细胞-6a(lymphocyte-6a，Ly-6a)，是一种磷脂酰肌醇-锚定膜蛋白，为 Ly-6 家族成员之一，在小鼠骨髓和肌干细胞表达，具有 T 细胞激活或细胞粘连功能。小鼠乳腺中也存在 $Sca1^+$细胞。标记实验显示在缓慢分裂的静息细胞群中 Sca1 含量丰富。利用一种将 Sca1-绿色荧光蛋白(green fluorescence protein，GFP）敲入的实验手段，显示 Sca1-GFP 细胞中不存在分化标记孕酮受体（progesterone receptor，PR）或花生凝集素（peanut agglutinin）。在有限稀释重建实验中，将荧光激活细胞分选（fluorescent activated cell sorter，FACS）法分离的 $Sca1\text{-}GFP^{+}$ 细胞或磁珠分选法分离的 $Sca1^{+}$ 细胞植入已清除腺组织的小鼠乳房脂肪垫后，可产生乳腺支条。一千个富含 Sca1 的小鼠原代培养细胞能在宿主小鼠重建出乳腺，而 $Sca1\text{-}GFP^{-}$ 细胞则于移植后缺乏乳腺生长活性。

（三）细胞角蛋白 5/6（CK5/6）

细胞角蛋白分为两个主要亚群，即碱性的Ⅰ型（编号 1-9）和酸性的Ⅱ型（编号 10～20）。乳腺高分化的腔上皮细胞表达 CK8/18/19。在小鼠乳腺上皮的新生上皮中，有 CK14 和 CK6 两种细胞角蛋白表达。CK6 表达在活体内限于腺叶周边小管的少数腔上皮细胞，但在活跃生长的终端则呈高度表达。CK14 表达见于基底部的梭形细胞，相当于肌上皮所在的位置。成熟非经产小鼠乳腺表达 CK6 和 CK14。在妊娠早期，新形成的分泌腺泡细胞中可找到许多 CK6/CK14 阳性的腔上皮。继后，CK6 和 CK14 阳性腔上皮细胞随小叶生长停止而减少。在小鼠乳腺上皮恶性前增生时，CK6 和 CK14 表达增加。在乳腺胚胎发育过程中，乳腺原基也表达 CK6。人乳腺上皮除 CK8/18/19 阳性的腺管上皮与 SMA 阳性的肌上皮外，尚有一种仅表达 CK5，而 CK8/18/19 与 SMA 均阴性的细胞。后者可经过 CK5/CK8/18/19 或 CK5/SMA 阳性的中间阶段演变成腺上皮或肌上皮。所以认为 CK5 阳性细胞是可以分别向腺上皮与肌上皮分化的祖细胞，即委任干细胞（committed stem cells）。也有研究发现 CK6 和 CD14 具有与 CK5 相同的情况，三者均于乳腺定向干/祖细胞和乳腺中间型细胞中表达，说明三者在乳腺发育和分化中起一定作用。

（四）RNA 结合蛋白 Musashi-1

Musashi 是一种进化上保守的 RNA 结合蛋白家族。Musashi-1 在神经系统表达强烈，其原始结构和表达模式存在于线虫（*C. elegans*）、果蝇（*Drosophila*）、海鞘（*Ciona intestinalis*）及全部脊椎动物的不同种属中。Musashi-1 不仅是神经前体细胞，也是乳腺干细胞的标记物。Wnt 与 Notch 信号通路对于乳腺干细胞自我更新的调控具有重要作用。已有研究证实，哺乳动物 Musashi-1 通过抑制 m-Numb mRNA 翻译而激活 Notch 信号。β-catenin-Tcf/Lef 复合体在 Wnt 信号传导中起重要的枢纽作用。Musashi-1 基因的 5′上游区含有许多转录因子 Tcf 结合感应系列。Wnt 信号和 Sox 家族转录因子可能诱发 Musashi-1 表达；Musashi-1 再通过抑制 m-Numb mRNA 的翻译和引发几个信号系统之间的交谈（cross-talk）而激活 Notch 信号，以发挥其增强干细胞自我更新与保持的功能。

（五）CD49f、CD29、CD44 与 CD24

整合素（integrins）家族是一类细胞表面糖蛋白受体，其配体为各种黏附因子。细胞表面整合素与黏附因子表达水平可作为识别乳腺上皮干/祖细胞的标记，包括整合素成员 CD49f（α6-integrins）和 CD29（β1-integrins）及黏附因子 CD44 和 CD24。从小鼠乳腺分离纯化的 $CD49f^{high}CD24^{med}Lin^{-}$ 或 $CD29^{high}CD24^{+}Lin^{-}$ 细胞系的单细胞移植可形成完全的乳腺组织。证明这些 $CD49f^{high}CD24^{med}$ 或 $CD29^{high}CD24^{+}$ 细胞具干细胞性质。CD49f 与 CD29 高表达提示其位于腺管的基底层。此外还发现一种 $CD49f^{high}CD29^{high}CD24^{+}$ 祖细胞及 $CD49f^{low}CD29^{low}CD24^{high}$ 的腔限定性祖细胞。

$CD44^{+}CD24^{-/low}Lin^{-}$ 是从人乳腺分离出具干细胞特性的细胞。从 SNP 阵列和 FISH 分析及干细胞与分化细胞多种标记表达来看，$CD44^{+}$ 更较具干性，而 $CD24^{+}$ 则为较分化性。$CD44^{+}$ 正常乳腺细胞与 $CD44^{+}$ 乳癌细胞的相似性高于同一正常乳腺组织内 $CD44^{+}$ 细胞和 $CD24^{+}$ 细胞的相似性，这也说明 $CD44^{+}$ 细胞为较原始性。

（六）激素受体

应用细胞特异性表面标记显示，纯化的小鼠乳腺干细胞（如 $CD29^{high}CD24^{+}$ 细胞）其雌激素受体（estrogen receptor，ER），孕激素受体（progestrone receptor，PR）两种激素受体与 HER2 均为阴性。小鼠乳腺腔上皮细胞中的 40% 表达 ER，干细胞则位于 ER 阴性细胞的基底层。

在乳腺干/祖细胞群中，ER 阴性的干细胞最具有原始性，将其单个细胞移植于乳腺腺体清理后脂肪垫能重建全部乳腺。阴性表达 ER 的干细胞可产生阴性表达 ER 的暂时扩增性细胞与阳性表达 ER 的祖细胞。阳性表达 ER 的短暂性干/祖细胞在体外培养，增生成集落；在活体，增生成上皮片。这些干/祖细胞亚群在活体内构成一个连续系列。它们的增生与分化最终在成体产生出功能齐全的乳腺，其细胞的激素受体表达方式不同。

（七）Hoechst 染料排出

DNA 结合染料 Hoechst33342 排出作为一种独特的方法被用于从多种组织中鉴别可能的干细胞。这些组织包括骨髓、心、肺、肌肉、眼、胰等。具有排出 Hoechst33342 能力的细胞称为侧群（side population，SP）细胞。实验方法首先是将组织样品分离成单个细胞悬液，克隆培养；继之，取培养物单独加入 Hoechst33342，或 Hoechst3349 与 verapamil。孵育后，再加入 propidium iodide。用流式细胞仪测定两种不同荧光着色的细胞；死亡细胞呈 propidium iodide 荧光着色，Hoechst33342 荧光阳性的细胞即为 SP 细胞。小鼠乳腺全部上皮细胞群中有 2%～3% 的 SP 细胞。verapamil 处理使 SP 细胞比率减少 4 倍。75% SP 细胞为 Sca1 阳性。活体脉冲追踪试验显示保存 BrdU 标记的新细胞在 SP 较非 SP 高出四倍之多。把有限稀释的新鲜分离小鼠乳腺 SP 细胞 2000～5000 个移植入清除腺体的乳房脂肪垫。5～8 周后检查，发现 37 个脂垫中有 4 个形成含肌上皮的小叶腺泡结构，1 个发育成导管与小叶腺泡；而 25 个非 SP 细胞移植物有 6 个产生乳腺。

（八）乙醛脱氢酶 1（aldehyde dehydrogenase 1，ALDH1）

ALDH1 是 ALDHs 基因家族成员之一，是人乳腺干细胞和乳腺癌干细胞的重要标志物。干细胞和祖细胞的醛脱氢酶活性很高，将不带电荷的 ALDH-底物（BAAA，BodipyTM-aminoacetaldehyde）通过扩散进入活细胞，BAAA 被细胞内的 ALDH 转化为带负电荷的反应产物（BAAA，BodipyTM-aminoacetate），该产物滞留在细胞内，ALDH 高表达的细胞呈现明亮的荧光，在流式细胞仪的绿色通道（520～540nm）被检出，从而进行鉴定和分选。ALDH1 高表达的乳腺上皮细胞具有干细胞特性，能形成乳腺球（mammosphere），并能自我更新。

三、乳腺干细胞特性与再生

乳腺干细胞具有一般干细胞的特征，同时也具有自身的表型特点，其与组织再生也有着密切的关系。

（一）乳腺干细胞特性

乳腺上皮干细胞具有长寿性、自我更新性、细胞分裂不对称性及克隆性。

1. 长寿性　人乳腺上皮体外培养于补充垂体抽提液的无血清培养基中的趋化因子受体 CD184 细胞、低钙浓度 0.06mmol/L 培养基中的巨噬细胞趋化因子 10（macrophage chemotatic factor，MCF10）细胞和 MCF12 细胞、无血清培养基中的 4-羟基-17-甲基睾酮[4-hydroxy-17（α）-methyltes tosterone，HMT]3522 细胞均可传代 50 代以上。

2. 自我更新性　乳腺干细胞由于数量少、寿命长及子代祖细胞的扩增，使其自我更新的体外观察实验存在困难。在小鼠可用移植传代方法观察乳腺干细胞的自我更新。对人类乳腺干细胞自我更新能力的观察，首先是由 Dontu 等于 2003 年应用所谓非黏着性乳腺球试验才得以开展。乳腺干细胞的自我更新性与乳腺组织再生密切相关（见下文）。

3. 细胞分裂不对称性　干细胞经不对称细胞分裂，产生了一个干细胞子代与另一个向系特异性细胞分化的子代。如将 ^{3}H-thymidine 标记的乳腺干细胞移植于裸鼠，经雌激素作用，移植细胞进行一或二次分裂，产生标记有 ^{3}H-thymidine 的两种细胞，即 Ki67 阴性、p27 阳性的静止性细胞与 Ki67 阳性的过渡性扩增细胞。

4. 克隆性　单个乳腺干细胞经短期克隆培养，可以分别产生具有腔上皮、肌上皮分化与干/祖细胞样的克隆。

（二）乳腺干细胞与乳腺组织再生的关系

乳腺干细胞的自我更新和增殖分化等特性，在乳腺发生发育、不同时期的变化以及衰退和再生中起着重要的作用。

1. 乳腺干细胞植入诱发“乳腺球”再生　将自小鼠乳腺上皮分离的细胞移植入清除了腺体成分的小

鼠乳房脂肪垫，移植细胞增生并分化成腺管与腺泡结构，从而最终确定了分离移植细胞是小鼠乳腺干细胞。以此方法应用于人类乳腺干细胞，需要克服异体移植的障碍。当正常人类乳腺上皮细胞被植入小鼠经人类化的间质后，能进行正常的形态发育和功能分化。通过这个新模型，可以观察人类乳腺不同上皮细胞亚群在一种生理相关的种属特异性微环境中自我更新和分化的能力。因此为人类乳腺祖细胞的研究提供了一个有希望的新领域。目前在人类乳腺领域的研究，人们所做的努力主要是试图优化人类乳腺上皮细胞（human mammary epithelial cell，HMECs）体外克隆生长分化的条件。在此战略思想指导下，产生了一些识别 HMECs 祖细胞亚群，包括具有自我更新能力的多向分化潜能 HMECs 的方法（图 17-5）。

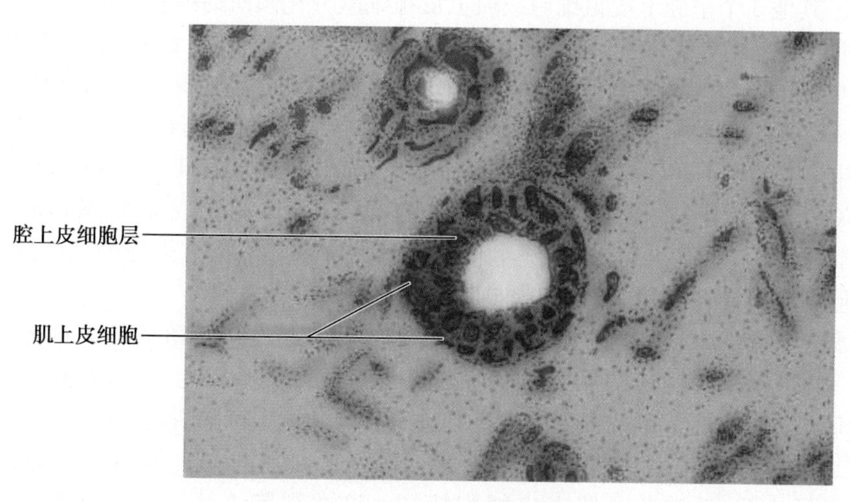

图 17-5 HMEC 单细胞活体移植

HMEC（人乳腺上皮细胞）单细胞浮悬液移植于 NOD/SCID 雌小鼠肾被膜下的人类乳腺成纤维细胞所含胶原液中，并给予外源性雌激素及孕酮。活体培养 4 周后，观察到成层上皮细胞构成腔上皮细胞层及肌上皮细胞

从大鼠胚胎室管膜下区域分离出的神经细胞能在悬浮培养中增生，克隆性产生球状集落，称之为神经球；其中 20% 的细胞体外增生，对 EGF 和 bFGF 刺激发生反应，具有干细胞特征，能自我更新及沿多系分化。两年后，同一实验室证实，从成年动物分离的神经干/祖细胞同样具有体外繁殖成神经球的能力。2003 年，Dontu 等应用类似培养神经球的方法开辟了一条体外研究人乳腺干/祖细胞的途径。他们自乳房复原成形术切除的乳腺组织中分离人类乳腺上皮细胞，将其置于含 EGF 和/或 bFGF 的无血清培养基内非黏附性底物上培养。在这些条件下，绝大部分细胞发生失巢凋亡（anoikis）。anoikis 是指非转化细胞在缺乏底物锚基，细胞-细胞外基质通讯断绝时发生的凋亡（apoptosis）。anoikis 是分化细胞的特征，但干细胞能在锚基非依赖条件下生存。每 1000 个分离的细胞中有大约 4 个细胞能生存并增生，形成多细胞球体。由于这种多细胞球体与神经细胞培养所产生的神经球相似，而称其为乳腺球（mammary gland ball）。

乳腺球中富含 $CD49f^+$、$CK5^+$ 和 $CD10^+$ 的未分化细胞，也有很少数表达腔上皮和肌上皮标记 ESA 和 CK14 的细胞。由乳腺球分离的单个细胞置于有促进分化的胶原底物的血清上培养，能增生分化成仅表达导管或肌上皮特异性标记或两种细胞系标记的集落。原代乳腺球所含双系祖细胞数 8 倍于新鲜培养的人类乳腺细胞。次代和较晚传代乳腺球实际上 100% 由双潜能分化祖细胞组成。大部分双潜能祖细胞能形成人乳腺三个细胞系，即肌上皮、导管上皮和腺泡上皮细胞的集落。在重建 3D 培养系统的基质胶（matrigel），乳腺球所含细胞能克隆出与导管和腺泡相似的复杂分支结构。当在培养基中加入催乳素后，乳腺球形成功能性腺泡细胞，向腔内分泌 β-酪蛋白。逆病毒标签证明乳腺球是克隆来源的。此外，经过多次传代，其细胞仍然保持未分化状态和多向分化能力。

2. SP 细胞植入诱发乳腺组织再生　用流式细胞技术等从乳腺上皮细胞中分离出 SP 和非 SP 两个细胞群，其中仅 SP 细胞能在悬浮培养中形成乳腺球及在胶原底物上产生多系集落；当植入于 NOD/SCID 小鼠被清除腺组织的乳房脂垫后，乳腺球可产生有限的乳腺上皮枝条，具有人类乳腺导管腺泡结构的形态和细胞特征。在缺乏人类成纤维细胞条件下产生这种枝条至少需 500 个移植乳腺球（10 000 ~ 25 000 个细胞)。乳腺球如与人类乳腺成纤维细胞结合,则能改善移植生长的效果。

应用流式细胞技术和 $HPV^{E6/E7}$ 永生化技术,从人类乳腺分离出分别表达干细胞标记 $MUC1^-/ESA^{+(E6/E7)}$ 和系限制性标记 $MUC1^+/ESA^{+(E6/E7)}$ 的两个细胞系;前者为永生化克隆,可产生自身原有特性及呈腔上皮与肌上皮表型的后代。在 3DlrECM 上,前者形成 TDLU 样结构,后者形成腺泡样球。利用体外非黏着性乳腺球形成、细胞系 $HPV16^{E6/E7}$ 转导、荧光激活细胞分选法(FACS)分析和克隆化,结合免疫化学、RT-PCR 与 RS-PCR 等技术获取人类乳腺上皮的 4 个细胞系。其中具有干细胞标记 $SSEA4^{hi}/CD5^+/CK6a^+/CK15^+/Bcl\text{-}2^+$ 的细胞呈 $CK19^+/CK14^+$ 与 $Lin^-CD49f^+EpCAM^{hi}$,位于导管干细胞带,具有克隆性生长与自我更新能力。其他 3 个呈腔上皮祖细胞或肌上皮祖细胞分化倾向的细胞系位于干细胞邻近的远侧。

3. 乳腺干/祖细胞分化等级体系(hierarchical system)与乳腺再生　乳腺干细胞的特性,通过一系列单个细胞具有自我更新的能力与等级分化的关系进而重建乳腺结构的实验得到进一步证实。

从乳腺成形术切除的乳腺组织取样,经酶解过滤,获取存活单个细胞浮悬液,将克隆密度(<500 个细胞/cm^3)培养于补充生长因子,以放射后小鼠成纤维细胞为饲养层(NIH3T3 细胞)的无血清培养基内。1 周内约 1% HMECs 形成多于 4 个细胞的集落,然后在有利于乳腺集落形成细胞(Ma-CFCs)增生和分化的条件下把细胞平铺,培养 6~10 天后,产生一个不同集落的谱系。依据占优势的细胞成分将集落分为三类,即纯粹腔细胞、纯粹肌上皮细胞、含腔细胞与肌上皮细胞的混合表型。

纯粹腔细胞集落(CFC-Lu)以边界清楚的细胞紧密排列为特征。集落的绝大部分细胞表达 MUC1、CK8/18、EpCAM 和 CK19;不表达 CK14、CD44v6 和组织血型抗原(BGA2)。在培养基中加入 1μg/ml 羊催乳素和 50% Matrigel,具腔细胞表型的细胞可被诱导进一步分化为生产酪蛋白的细胞。

纯粹肌上皮细胞集落(CFC-Me)含分散排列的特征性长形细胞。在培养基中的表皮生长因子(EGF)刺激下,分散细胞可迁移,反映其具肌上皮细胞特征。这类细胞表达 CK14、BGA2、CK44v6、CD49f 和 CD10,但不表达 MUC1、EpCAM 和 CK19,而一般无 EMA 表达。EMA 表达与肌上皮生长状态相关。

混合型集落(CFC-LuMe)其特征为含有与纯粹腔细胞集落中所见相似的细胞中轴(紧密排列,表达 MUC1、EpCAM 和 CK19;缺少 CK14 和 BGA2 反应),其外周绕以类似纯粹肌上皮细胞集落的具有高度折光性、迁移性的长形细胞(表达 CK14、BGA2 和 CD44v6,但无 MUC1、EpCAM 和 CK19 反应)。许多邻近中轴的 $CK14^+$ 长形细胞也表达 CK18,它们可能是一种形态上的中间型细胞。

在 Ma-CFC 检测出的集落形成细胞大部分不是乳腺干细胞,而是由其下游的混合型集落形成细胞 CFC-LuMe 及 CFC-LuMe 来源的 CFC-Lu 和 CFC-Me。当再次传代时,CFC-Lu 专门产生有限数量的下一代 CFC-Lu;CFC-Me 同样如此。但 CFC-LuMe 不可能再次产生可检出量的 CFC-LuMe,提示体外条件下 CFC-LuMe 不甚健全。将纯化人类 CFC-Lu 和 CFC-LuMe 培养于三维基质中,证明所形成的集落在大体形态上分别类似腺泡与导管。因此,CFC-Lu 代表了腺泡祖细胞,而 CFC-LuMe 代表导管祖细胞。经常观察到在混合型集落,表达腔细胞特征的细胞被表达肌上皮细胞特征的细胞围绕,这种排列恰似活体移植所见。

根据以上研究结果,设计了一个乳腺干/祖细胞分化等级体系图解模式:

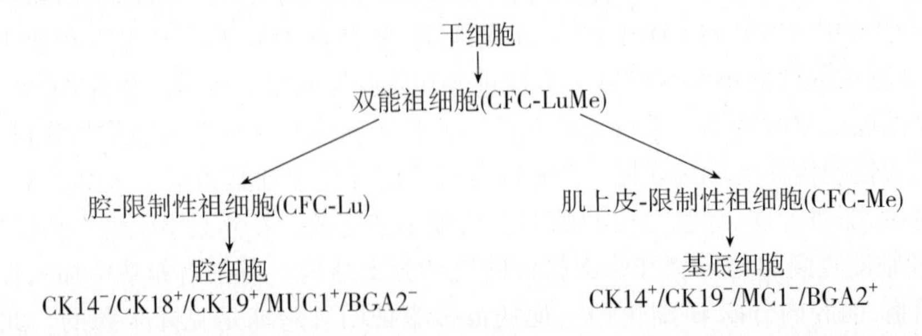

小鼠乳腺干细胞的单个细胞移植后,可以增生分化,形成整个乳腺组织。可以从新鲜小鼠乳腺组织分离的细胞制备物中清除造血细胞和内皮细胞,按细胞表面标记 CD24(热稳定抗原)和 CD29(β_1-整合素)或 CD49f(α_6-整合素)的表达情况划分亚群。$Lin^-CD29^{hi}CD24^+$ 和同时表达 CD24 与 CD49f 的 MRUs(mammary repopulating units)及 Ma-CFCs(mammary colony-forming cells)中均富含乳腺干细胞(mammary stem cell, MaSC)。

在成年雌鼠和断奶后雌鼠其腺体清除后的乳腺脂肪垫内注射乳腺细胞后，再生的乳腺组织经酶消化制备的单个细胞悬液中均可常规检查出 MRUs 生长物，其组织学正常，含 CK18 表达的腔上皮和 SMA 阳性肌上皮。体外检查单个乳腺生成细胞悬液显示含有多量 Ma-CFCs，证明 MRUs 和 Ma-CFCs 之间的亲子关系。将具有 GFP 和蓝色荧光蛋白（cyan fluorescent protein，CFP）与来源于 MRU 的少量细胞混合，注入受体小鼠后生成的移植物所含细胞为 GFP^{+} 或 CFP^{+} MaCFCs，而无混合型细胞集落，证明单个细胞能产生完全的乳腺生长物。Ma-CFC 与 MRUs 同样表达 CD24 和 CD49f。但二者的不同点是 MRUs 表达 $CD24^{med}CD49f^{high}$，而 90% 的 MaCFCs 是在 $CD24^{high}CD49^{flow}$ 群体中发现的，这个细胞群中不能检出 MRUs。免疫染色显示高度富于 MRU 的部分中，有些细胞表达基部细胞的两个标记（23% 呈 SMA 阳性，27% 呈 CK14 阳性），另一些细胞具有腔上皮标记（18% 呈 CK18 阳性），未见同时表达基部与腔上皮标记的细胞。近半数细胞无标记。CK6 阳性细胞在富于 Ma-CFC 的细胞群中达 49%，而在富于 MRU 的细胞群中仅为 0% ~2%。CK6 是设想的祖细胞标记。移植高度纯化的单个 MRUs 至少需 10 代呈对称性自我更新的细胞分裂。

利用荧光激活细胞分拣法（FACS）分离 Lin（系）阴性细胞，将其移植于受体小鼠乳腺经清理的脂肪垫。按 CD24 和 CD29 表达情况，Lin^{-}细胞可分为四个不同亚群，在 FACS 分离和移植的 Lin 阴性的各细胞亚群中，MRUs 在 $Lin^{-}CD29^{hi}CD24^{+}$ 亚群增长近 8 倍，而在其他三个亚群未见明显增多。把克隆生长的 $Lin^{-}CD29^{hi}CD24^{+}$ 连续传代三轮，证明了该细胞亚群的自我更新能力。$Lin^{-}CD29^{hi}CD24^{+}$ 亚群中富于长期标记保存细胞，与静止或不对称细胞分裂细胞的出现一致。上皮细胞培养试验显示 4 个亚群中仅两个 $Lin^{-}CD24^{+}$ 亚群（$CD29^{hi}CD24^{+}$ 与 $CD29^{low}CD24^{+}$）产生明显的集落，其中 $CD29^{hi}$ 的集落频率高出 2 ~3 倍并形成较大集落。将来自 Rosa-26 小鼠的 $Lin^{-}CD29^{hi}CD24^{+}$ 细胞再次悬浮培养，以每个注射量中含一个细胞的浓度移植。在 102 次移植中有 6 个产生由腔上皮与肌上皮构成的导管结构。小鼠妊娠时，导管功能分化充分，在腺泡和导管腔内发现脂滴和乳汁蛋白。把野生型小鼠和 Rosa-26 小鼠的 $Lin^{-}CD29^{hi}CD24^{+}$ 细胞混合移植后，95/97 的受体小鼠产生纯粹野生型和纯粹 Rosa-26 的 $LacZ^{+}$ 生长物，提示乳腺生成并不需要各个 MaSC 之间的联合活动。

四、乳腺干细胞微环境及其调控

最早提出造血干细胞可能受控于其所处的微环境或微龛（microniche）（图 17-6）。干细胞的微环境或微龛是由保持干细胞干性特征的局部细胞之外所有信号构成。已有研究发现干细胞微龛存在于果蝇与哺乳动物的睾丸、果蝇的卵巢、哺乳动物皮肤的毛球、肠黏膜隐窝以及造血干细胞和神经干细胞所在的微环境。例如毛囊干细胞的微龛包括毛球基质、基底膜与毛乳头。毛乳头是刺激毛球内干细胞活性的信号来

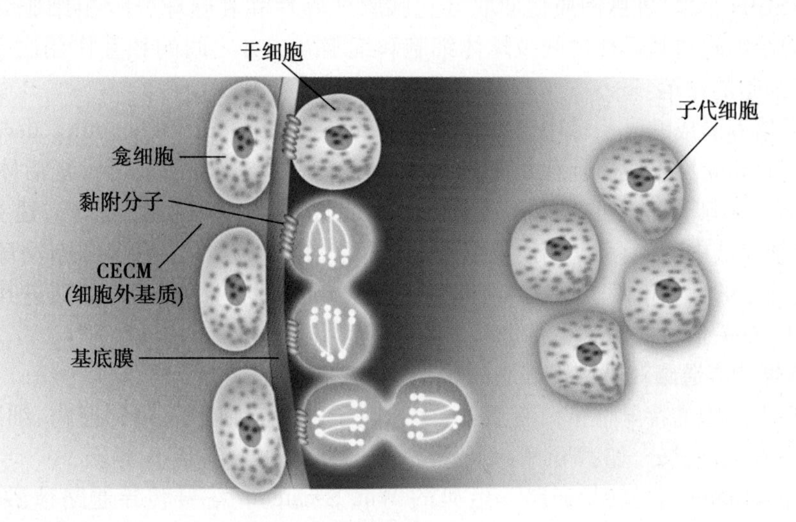

图 17-6 微龛的结构

位于基底膜外侧的龛细胞发出信号给干细胞，阻断其分化并调控其分裂。干细胞由局部因子（ECM）决定其为对称性分裂（图右示）或非对称分裂

源。唯有毛乳头的存在,毛囊才能发育、生存或行使功能。

(一) 微环境对乳腺干细胞的调控机制

微环境或微龛对于干细胞的调控有以下三种机制:

1. 分泌因子　微龛包括围绕干细胞的一些基质细胞、细胞外基质和可溶性分泌因子如生长因子、细胞因子、蛋白酶和激素,同时也包括来自间叶组织的细胞。血管内皮的血管床及基质也参与了微环境的形成。目前,已在造血系统、神经系统、表皮、性腺和消化道等组织发现了微龛结构。在正常生理状态下,微龛通过接触抑制等机制控制微龛中的细胞数量,防止干细胞过度增殖。一旦干细胞迁出微龛,就会发生进一步分化。微龛为干细胞的生存提供了一个庇护所,使干细胞免受分化刺激、凋亡刺激及其他刺激的影响,维持干细胞的正常功能。

2. 完整膜蛋白介导的细胞-细胞相互作用　虽然分泌因子能跨越许多细胞发挥作用,但有些控制干细胞命运的因子需要通过细胞与细胞的直接接触以传递信号。

3. 整合素和细胞外基质　例如表皮干细胞的保养需要 β_1 整合素的高表达。β_1 整合素控制干细胞命运的因子需要通过细胞与细胞的直接接触以传递信号。MAP 激酶信号调控角质蛋白和其他类型细胞分化。整合素将细胞保持在组织的正确位置,其表达丧失或改变的后果是细胞通过分化或凋亡而离开干细胞微龛。整合素能直接激活生长因子受体。细胞外基质蛋白能调节 β_1 整合素的表达和活化。基底膜的局部改变在建立和维持上皮干细胞的分布上发挥作用。细胞外基质能有力地调节适用于干细胞微龛的分泌因子在局部的浓度。

在发育过程和对环境因子反应时,微龛可自行调节其数量。正常情况下,小鼠出生后毛囊数量不增加,但在多种组织,微龛与个体从幼年至成年的生长同步增多。例如,成年肠管的隐窝远较新生儿为多。实验结果显示,某些信号可诱发微龛新生。例如 Wnt 信号上调时,成年皮肤可形成新的毛囊。在果蝇卵巢,过量 Hedgehog 信号可使体壁干细胞微龛体积扩大,并产生新的微龛。微龛也随条件改变而修正其调控性质,以使干细胞活性与机体对特殊分化类型细胞的需要保持一致。

细胞-细胞相互作用对上皮细胞生存具有关键性作用,发挥这种作用的一个重要成分是 E-cadherin。E-cadherin 黏着作用丧失可使上皮细胞发生失巢凋亡(anoikis)。然而,电镜下所见,乳腺小亮细胞(干细胞/很早期祖细胞)却缺乏极向与相邻细胞间的膜接触。E-cadherin 表达水平在体外乳腺球细胞仅为分化细胞的 1/3,而 E-cadherin 抑制剂 snail 与 slug 在后者下调 2 ~3 倍。悬浮培养的非黏着性乳腺球内干/祖细胞之所以在分散条件下可免于失巢凋亡是由于其能合成和沉积细胞外基质,从而建立起进行细胞通讯和维持生存的体外干细胞微龛。另一方面,微龛中的干细胞由于缺乏 E-cadherin 表达,β-catenin 游离于胞质,有利于 Wnt/β-catenin 途径信号转导。

在 NOD/SCID 小鼠,乳腺间质促使取自乳腺腺体碎片和乳腺球(干/祖细胞)的人乳腺上皮生长与分化。乳腺球创始细胞与其后代之间及球体细胞和细胞外成分之间的相互作用决定分裂细胞类型(更新或分化)及后代细胞的命运。

体外悬浮培养形成的乳腺球中含有基质分子 tenascin、decorin 和 laminin。decorin 和 tenascin 存在于胚胎性乳腺,而 laminin 见于成体乳腺基底膜。这提示体外的乳腺球形成可重复活体内胚胎性和早期乳腺发育的某些变化。乳腺干细胞可能还有早期祖细胞能合成与沉积细胞外基质,建立活体外的微龛,以支持干/祖细胞在悬浮液中的生存和分化。间质-上皮相互作用涉及活体内干细胞发育性微龛的产生。可以推测,微龛基质发出的信号能使乳腺祖细胞表达整合素的某些特异类型,从而促进其生存。通过这些细胞的生长因子受体,有关信号对细胞生存也起重要作用。

(二) 信号转导通路对乳腺干细胞的调控

调控乳腺干细胞的特异性蛋白有激素、生长因子、受体、细胞周期调控物、细胞-细胞调控分子和各个信号转导通路的多种成分,如:Wnt/β-catenin、Notch、Hedgehog、TGF-β 等。

1. Wnt/β-catenin 信号转导通路　经典的 Wnt/β-catenin 信号转导通路被激活,可致某些瘤基因(如 Myc)的活性增强,使干细胞不对称分裂的子代细胞黏着性减弱。一旦干细胞迁出微龛,它们可能活跃地分裂出保留其亲代 DNA 模板链的早期祖细胞,而后,委任祖细胞后代不再保留模板 DNA 链,并继续扩增。

Wnt 信号丧失伴有乳腺发育缺陷,提示缺乏固有的 Wnt 信号可损害乳腺干细胞群。应用目前的报告基因小鼠模型，在青春期或成年雌鼠并未检出特异性经典 Wnt 信号活性。Wnt 信号在妊娠早期促进导管侧分支，妊娠晚期小叶腺泡祖细胞的增生与生存必需 Wnt 信号。检查 2～3 个月月龄 MMTV-Wnt1 和 MMTV-ΔNB-catenin 小鼠乳腺的 SP，其乳腺呈增生性改变。较之野生型小鼠 SP 比率分别增加了 3 倍与 9 倍。当 MMTV-Wnt-1 或 MMTV-ΔN-catenin 小鼠与 syndecan-1 裸小鼠杂交后，乳腺增生反应减弱，SP 细胞至少减少 50%，提示生长因子对 SP 百分率有直接效应。乳腺腺泡祖细胞的 β-catenin 信号抑制后，可阻断乳腺发育和妊娠诱导的乳腺增生。

2. Notch 信号转导通路　Notch 信号转导通路靠促进正常乳腺干细胞自我更新以使干细胞群体得以维持。利用非黏附性乳腺球体外培养系统以观察 Notch 信号在决定乳腺细胞命运中的作用。结果显示经外源性配体激活后，Notch 信号可促进乳腺干细胞自我更新及早期祖细胞增生。在加入经 Notch 活化的 DSL 肽后，第二代乳腺球的形成可多达 10 倍。Notch 信号也可作用于多能性祖细胞，助长肌上皮系定向分化(commitment)和增生。此信号转导途径还促进三维 Matrigel 培养中的乳腺小管分支形态发生。这些效应可被 Notch 阻断抗体或阻断 Notch 信号的 gamma 分泌酶抑制剂完全抑制。

因此，Notch 信号对乳腺干/祖细胞具有调节作用。它可调控正常乳腺的小导管分支及分叶形态的发育，而 Notch 信号失控可阻止乳腺上皮细胞的终期分化。但不同的研究所得结果不尽一致。从利用小鼠乳腺细胞系与转基因小鼠作为研究模型可以发现，Notch 4 信号促进上皮细胞增生，抑制小导管增生与腺泡形成；而对体外培养的乳腺球，Notch 信号促进乳腺干/祖细胞增生，且在一定条件下可出现小导管分支结构。

正常乳腺的 SP 细胞表达 Musashi1(Msi1)。Msil 抑制 Numb 的产生。由于 Numb 可阻断 Notch 信号途径，故 Numb 受抑制的结果是 Notch 途径信号被激活，从而发挥其使干细胞自我更新的效用。此外，Notch 4 的结构性活化形式过表达，在体外可抑制正常乳腺上皮分化；在活体使转基因小鼠不能形成正常乳腺。

3. Hedgehog 信号转导通路　Hedgehog 信号介导乳腺发生发育过程中的上皮-间叶相互作用，对乳腺干细胞维持与自我更新、乳腺上皮增生、导管生长及腺泡发生等方面具有重要作用。利用体外培养和异体移植显示乳腺球的人类乳腺干/祖细胞高度表达 Hedgehog 信号途径成分 Ptch1、Gli1 和 Gli2。Ihh、PtchmRNA、SmomRNA、Gli1mRNA、Gli2mRNA 在悬浮培养的乳腺球干/祖细胞表达高于在胶原底物上生长的分化细胞的表达，分别为 9 倍、4 倍、3 倍、25 倍和 6 倍。Bmi-1mRNA 在干/祖细胞表达也高于分化细胞 3.5 倍。Polycomb 基因 Bmi-1 可能是 Hedgehog 信号途径的下游基因。当细胞被诱导分化时，这些基因下调。信号途径受抑时，上述效应减弱。

4. ER 信号转导通路　乳腺干细胞为 ERα 阴性，它的增生需要 ERα 阳性细胞(所谓"感觉细胞")的旁分泌刺激。EGFα 是 ERα 信号下游的重要信号。青春期小鼠乳腺导管呈指数扩展。其时雌激素诱导"感觉细胞"合成分泌 amphiregulin(EGF 家族成员)，后者被激活后，作用于 EGFR 阳性的间叶细胞。可能这些细胞释出增生信号或分泌 TGF-β 抑制物以解除 TGF-β 对增生的抑制作用，从而激发微龛内干细胞分裂，使导管延长。孕酮在性成熟后取代雌激素，也是以旁分泌方式刺激受体阳性和阴性的乳腺腔上皮增生。介导旁分泌效应的是 RNAKL(receptor activator for nuclear factor KB ligand)和 Wnt。孕酮刺激乳腺导管侧分支形成。

5. TGF-β 信号转导通路　利用小鼠乳腺进行研究显示，TGF-β 在调节乳腺干细胞动力学、维持其未分化状态和建立特有的乳腺结构方面具有关键作用。靶细胞可决定所诱发 TGF-β 反应的类型。在体内和体外实验中，TGF-β 是乳腺上皮细胞增生强有力的抑制剂，而对间叶源细胞则有明显刺激作用。TGF-β3 是存在于终末芽帽细胞(干细胞)和上皮细胞内的唯一异构体，TGF-β1 则存在于非生长导管周围的基质中。在时空表达类型上，异构体的某种特异性使 TGF-β 在乳腺导管树建立后能抑制侧支芽发生。

第三节　乳腺干细胞与再生医学

与骨髓间充质干细胞等相比，关于乳腺干细胞与再生医学的研究还比较少。

干细胞具有自我更新和多向分化的能力，是再生医学和组织工程的重要组成部分。乳腺再生医学与乳腺干细胞有着十分密切的关系。乳腺干细胞的主要功能是产生乳腺组织生长发育过程中的多种细胞。哺乳动物的乳腺，可以在受孕和产后重复再生和退化，它是动物出生后唯一可以多次重复再生的器官。乳腺中存在的一类乳腺干细胞祖系(lineage)是哺乳动物乳腺在多次受孕中泌乳和退化中乳腺再生的根本保障。不同发育时期的动物乳腺中都存在一定数量的乳腺干细胞，保证了乳腺再生和发育特征。

一、乳腺正常组织学特征与再生

乳腺由外胚层分化而来，由皮肤大汗腺衍化而来的复管泡状腺，其基本结构为15～25个乳腺叶及其相应的乳腺导管系统。

一般乳腺每一腺叶含20～40个乳腺小叶。乳腺小叶是乳腺的基本单位，由末梢小导管和腺泡构成；小叶周围由纤维结缔组织包绕，含有脂肪组织、血管和淋巴管及神经等。乳腺于青春期受卵巢激素的影响而开始发育。乳腺小叶的数目和大小，因个体年龄、发育和功能状态而不同。成熟期乳腺发育良好，妊娠期和授乳期乳腺有泌乳活动而进一步发育，小叶的大小及数目均增加；绝经后和老年期，由于体内雌激素如孕激素水平下降，乳腺小叶和上皮细胞数目逐渐减少或萎缩退化。

绝经后乳腺的显著结构改变主要是上皮萎缩凋亡的结果。在腺上皮消失的同时，间叶变化的趋势是基底膜增厚和小叶内间质胶原化。绝经后乳腺并非所有腺小叶均呈一致性改变，与萎缩腺体相邻有相对不受累的腺体。肌上皮一般不萎缩，即使在后期，也经常存在。大多数腺塌陷、皱缩，可发生囊性变与输乳管扩张。妇女65岁以后小叶逐渐丧失，遗留埋于纤维胶原间质中的小导管与腺体脂肪组织穿插在纤维间隔中；脂肪和间质的相对比例可有很大差异；淋巴管也减少。退变的最终结果是乳腺体积减小和由原来富于小叶结构丰满隆起的外形变成一个扁平下垂的器官。

由此可见，正常人体乳腺上皮增生或再生，至少影响因素之一是其体内雌激素和孕激素的水平。丰乳的某些药物或食品也都与此类激素有关，此类药物对人类的危害很大，可能诱发乳腺癌及多种生殖系统肿瘤和疾病。

乳腺上皮细胞的损伤，可以是完全再生(complete regeneration)，即由损伤周围的同种细胞进行修复；也可以是不完全性再生(incomplete regeneration)，即由纤维结缔组织来修复，称为纤维性修复(fibrous repair)。

乳腺上皮细胞再生可以是生理性再生，也可以是病理性再生。乳腺属于成人激素依赖性器官和组织，随着生理过程的变化，组织和细胞不断老化，乳腺上皮细胞可以发生凋亡(apoptosis)，由新生的同种细胞不断补充，以保持原有细胞结构和功能，即生理性再生；也可以在各种病理状态下(外伤、炎症或肿瘤性疾病)，组织和上皮细胞损伤后的再生，即病理性再生。

乳腺上皮再生来自于具有自我更新和分化潜能的乳腺干/祖细胞，再生的结果可能从正常增生到不同程度的非典型增生，甚至癌变，所以要引起临床注意。

二、乳腺干细胞与乳腺再生

乳腺干细胞在不同发育时期乳腺及妊娠和授乳期乳腺的正常生长、分化、增殖和再生过程中起着重要的作用。再生医学的核心问题是获得所谓的“多能细胞”即胚胎性干细胞和成体干细胞。移植乳腺干细胞可以促进乳腺再生。

(一) 乳腺干细胞与动物乳腺再生

哺乳动物的乳腺在动物出生后可以多次再生和退化，乳腺中的干细胞维持和保证了乳腺发育的这种特征。利用以上特性再生与重建乳腺已在小鼠中获得了成功。从新鲜小鼠乳腺组织分离的单个乳腺干细胞活体移植后，通过细胞增生、分化，结果形成了整个乳腺组织，并且在小鼠妊娠时能够分泌乳汁蛋白脂滴；此外也依赖于适宜的微环境(即乳腺干细胞微龛)，当把来自乳腺的腺体上皮细胞进行移植时，乳腺也能再生，表明乳腺干细胞微龛也能促进乳腺的再生。小鼠乳腺的任何部分都可以移植到清除了腺体的脂肪垫上再生为功能完整的乳腺。

（二）乳腺干细胞与人类乳腺再生

目前，移植乳腺干细胞诱发人类乳腺再生的研究取得了一定进展。但仍有很多需要进一步解决的问题。

1. 特异性的乳腺干细胞标记物 至今，利用不同的分选乳腺干细胞的方法已得到一些乳腺干细胞的标记物，如前所述 $Lin^{-}CD29^{high}CD24^{+}$、ALDH、Sca1、Musashi-1 等，但特异性的乳腺干细胞标记物仍在探索中，最近有研究表明很多其他因素亦能影响乳腺的形成及再生。

（1）prominin-1：prominin-1（proml）是一种跨膜蛋白，被认为是多种组织的干细胞标记物。通过敲除模型来研究 proml 在乳腺内的作用发现，proml 完全缺失并不会影响乳腺上皮细胞的再生能力，但却减少乳腺导管分支的形成，催乳素受体和基质金属蛋白酶 3 表达的降低。

（2）GATA-3：GATA 是一类转录因子，其家族包括 GATA1～6 等 6 个成员，GATA-3 对乳腺的形态形成也起重要的作用。将 GATA-3 引入富含乳腺干细胞的细胞群中，可以诱导细胞向腺泡细胞方向分化。

（3）胰岛素样生长因子（insulin like growth factors，IGFs）：为乳腺发育时上皮细胞分化的必要因素，主要包括 IGF-Ⅰ和 IGF-Ⅱ，它们是酪氨酸激酶受体 IGF-IR 的共同配体，可调控乳腺上皮祖细胞的扩张和干细胞的自我更新，在体外乳腺球体的培养中，富含乳腺干细胞信号，对乳腺小球的生长有促进作用。

（4）β_1结合蛋白：乳腺干细胞存在于乳腺上皮细胞的基底部，并高表达整合蛋白。β_1结合蛋白介导的基底乳腺上皮细胞和细胞外基质相互作用对维持乳腺干细胞的功能及乳腺的形态形成具有重要作用。基底细胞的 β_1结合蛋白缺失会影响乳腺上皮细胞的再生潜能并影响乳腺的发育。

（5）CD10：CD10 也称为膜金属肽链内切酶、中性肽链内切酶、肾胰岛素残基溶酶和急性淋巴细胞性白血病的共同抗原，是锌依赖金属内切蛋白酶，其作用是分裂信号肽。外层细胞表达锌依赖金属蛋白酶 CD10，CD10 调节乳腺发育时的导管树状结构的生长。CD10 蛋白酶的活性和 β_1整合蛋白的黏附功能都被用来阻止乳腺祖细胞的分化。$CD10^{+}$细胞优先表达肌上皮细胞标记物（deltaNp63、SMA 和 Notch4）。

2. 特异性的乳腺干细胞微龛 乳腺干细胞诱发乳腺再生，需要适宜的微龛即微环境（microenvironment）。干细胞微环境是由信号细胞、特异性细胞外基质和干细胞自身组成。不同组织的微环境具有特异性，乳腺微环境在不同时期可以支持乳腺干细胞的自我更新分裂，促进乳腺导管、乳腺小叶的形成，但也可能阻止乳腺干细胞的分化。乳腺和其他树状的器官组织都是通过分支的形成而发展成为独特的形态结构，在这个过程中上皮细胞形成分叉并侵入周边的间质。在体内，分支的形成过程是受间质-上皮细胞的交互作用影响的。

3. 乳腺干细胞的异位再生 乳腺干细胞在乳腺再生医学中毫无疑问有着重要的作用和发展应用前景，但仍存在很多问题需要探讨。

人类乳腺干细胞的移植，不论是动物，还是人体的干细胞植入均存在异体移植和异位再生的障碍，以及伦理、道德问题。例如：植入后的细胞凋亡，组织细胞的相容性和排斥性，干细胞的基因组等的“重编程”，载体生物材料的问题以及乳腺再造、重塑和癌变等问题。

三、乳腺干细胞与乳腺再生及癌变

据估计，人类正常生命期中约发生 10^{16}次细胞分裂。一个寿命 80 岁的人，在其 80 年内平均每秒钟发生约 4000 万次细胞分裂。核分裂时可发生遗传密码突变，也为突变的复制提供机会。细胞恶变是由于单个细胞遗传和表遗传转化及克隆与选择所致，涉及染色质结构中 DNA 链一系列突变和失常的积累，而非一次性改变的结果。由此可见，致癌性突变一般不能发生于分化细胞，因分化细胞的生命周期短，不断被再生细胞取代，不可能传递祖代细胞积累的突变；反之，具有不断分裂活动的细胞才可能通过不断自我复制把积累的突变传代，终而产生恶性转化克隆。

1815 年，Cohnhein 设想在胚胎发育过程中，干细胞错位可能是成年期肿瘤的起源，这是首次提出癌干细胞来源于正常干细胞的学说。有重要证据支持癌起源于正常干细胞：①干细胞广泛存在于机体各种可发生肿瘤的组织。②干细胞和癌干细胞具有相似的端粒酶活性和抗凋亡途径，以及较强的膜转运蛋白活性；干细胞的长寿性使其易于获得癌性转化所需的突变，而且通过自我更新把突变传递和积累起来。③癌干细胞具有与正常干细胞相似的基本特性，如自我更新能力。④应用瘤组织进行移植，即使在具有同样免疫系统的同基因小鼠也需要大量瘤细胞，提示其中仅少数具干细胞性质的瘤细胞才可以致瘤。⑤干细胞和癌干细胞均具有无附着依赖性和转移能力。

1984 年，Hammond 等将从乳腺成形手术获取的正常人乳腺上皮细胞置于加垂体抽提液的无血清条件培养基中，获得迅速克隆及连续传代生长达 50 代的长寿细胞，即所谓 184 细胞。一般说来，无血清培养基很适宜于胚胎性和躯体干细胞扩增生长，故认为 184 细胞可能是一种乳腺干细胞。永生化的 184 细胞被引入突变型 Ki-ras 或 ErbB2 瘤基因后，可发生恶性转化。1986 年，Soule 等用 0. 06mmol/L 钙浓度取代通常的 1. 05mmol/L 钙浓度培养基培养人类乳腺上皮细胞也可传 50 代，并将单个细胞克隆化。这表明原代培养中所含干细胞样性质的细胞在低浓度钙培养时可不发生老化与分化。Soule 等从良性纤维囊性乳腺疾病中分离出两个永生化细胞系 MCF-10 和 MCF-12。MCF 细胞与 184 细胞一样不表达 CK19。C-Ha-ras 转染后，MCF-10A 细胞可在裸鼠形成肿瘤性病变，包含有腔上皮内层和 actin 阳性肌上皮外层的组织结构，说明 MCF 细胞系中存在多潜能的干细胞样祖细胞。由此可见，该细胞系在裸鼠形成的肿瘤结节是具有干细胞性质细胞的产物。184 细胞来源的转化细胞和 MCF 演进产生的肿瘤并不代表最常见的人类乳腺癌，但同一肿瘤内存在着从鳞癌到腺癌的广泛差异的组织像，支持其起源细胞是干细胞或获得干细胞特征的祖细胞。

2003 年，Russo 等用 70mM E_2处理 MCF-10 细胞（$ER\alpha^-$，$ER\beta^+$和 PR^-），每周 2 次。2 周后，细胞表达转化表型，例如在琼脂甲基纤维素形成集落，在胶原基质生长时丧失导管生成能力。将 E_2处理过的细胞传代 9 次后播种于 Boyden 小室，收集那些穿越膜的细胞，扩增后，命名为 B_2、B_3、B_4、B_5、C_2、C_3、C_4、C_5，将 B_2、C_3、C_4、C_5细胞注入重度联合免疫缺陷（SCID）小鼠，其中 C_3、C_5细胞分别在 2/12 只和 9/10 只受注射的小鼠成瘤。移植瘤为分化不良的腺癌。癌细胞呈 $ER\alpha^-$和 PR^-，表达高分子量碱性角蛋白、E-钙黏蛋白、细胞角蛋白 5. 2（CAM5. 2）和波形蛋白（Vimentin）。C_5 细胞过表达 5 倍以上的端锚聚合酶（tankyrase）、claudin1、同源异性盒 C_{10}（homeobox C_{10}）和 Notch3 基因。从 C_5来源的 9 个肿瘤中 4 个获得 4 个肿瘤细胞系，将其注射入 SCID 小鼠，全部形成肿瘤。上述实验结果表明具有干细胞特性的 MCF-10 乳腺上皮细胞在 17β-雌二醇作用下转化为乳癌。其中有的细胞系含癌细胞，移植后可再形成肿瘤。

细胞系 184、MCF-10A 和 MCF-10 恶性转化需外源性因素的作用，另一个人类乳腺上皮细胞系 HMF-3522 则在其演进过程中可“自发性”地恶性转化。HMT-3522 细胞系是 Briand 等从纤维囊性乳腺病变组织分离，无血清培养基培养的乳腺上皮细胞系。将 HMT-3522 先在组织培养塑料器皿中传 34 代，然后于十分稳定的条件下继续传代培养 70 代，再从培养基中撤除表皮生长因子，引发自主性生长，又传代培养 118 代，选择出 EGF 非依赖性亚细胞系。大约再经过 120 次传代，在第 238 代时，移植于裸鼠，再从移植瘤分离出恶性亚系 T4-2。HMT-3522 在演进过程中显示出形态学上沿腔上皮和肌上皮双向分化。HMT-3522 细胞和 184 细胞及 MCF-10A 细胞一样，均为雌激素受体阴性和 CK19 阴性。这种演变强烈地提示非恶性来源而向癌转化的人类乳腺某些上皮成分具双向分化性与无限生命期特性，这是正常干细胞和癌干细胞的标志。

四、乳腺再生医学与临床应用

再生医学是在医疗和医学研究中产生的一个新的交叉学科领域，以修复、再造或替代等方式，重塑受损或有缺陷的组织或器官及其功能。乳腺干细胞在临床乳腺再生、乳腺组织工程和转化医学中起着重要的作用，具有广阔的临床应用前景。理论上，使用人乳腺干细胞可以再生乳腺，可用于乳房切除术后的再造乳房手术或隆胸手术。

1. 乳房重建的条件和目标　乳房切除术后，乳房再造率平均为 27%。因为患者的年龄、经济状况、有无并发症或其他疾病、地理位置以及整形外科医生的情况等要符合乳房再造的条件。整形外科医生的任务是努力重建乳房丘，可以是自体组织，也可以是合成组织的植入。重建目标包括保持两乳房球之间的对称，柔软的一致性，触觉的保留以及疤痕最小化。乳房的大小和外形在女性极其多变，并受激素的影响，如青春期时、怀孕时、更年期，以及重力的影响。

2. 乳房重建的类型和特点　一般来说，乳房重建有两个类型。第一类是自体乳房重建，它是将源自人体其他部位的组织移植到胸壁，进而通过手术创建乳房。第二种类型是植入重建，通过将合成组织植入胸壁肌下来模仿自然乳房。

在植入重建中，通常是由一个肿瘤外科医生进行乳房切除术，随后立即由整形外科医生进行植入重建。在完成乳房切除术的基础上，整形外科医生通过评估剩下的皮肤等组织的生存能力，以决定立即进行永久植入的位置，或者在胸肌下放置组织扩张器的位置。由于辅助治疗和胸部辐射会增加植入重建并发症的发生率，许多外科医生和患者会选择接受自体乳房重建。自体乳房重建是通过自体组织创造表现更自然的乳房。自体乳房重建，一般来说，因为有自己的内在血液供应，同时缺少容易引起感染的外来因素，它更经得起时间考验，更能抵抗感染和辐射。

在自体乳房重建领域，在高皮瓣重建和改善肌肉损失方面的技术仍需继续改进。再生医学，对自由皮瓣/微血管生理方面的持续研究仍需坚持，以使显微外科更加可靠。观察与细胞信号相关的围绕着植入物的成纤维细胞的增殖仍需继续研究。

小　　结

乳腺组织的发生与发育，自出生前的胚胎期至出生后的青春期前，男女两性基本相同。女性出生后乳腺的主要变化始于青春期。成年乳腺在月经周期中的显微镜下形态分为五个时相，即：增生期，卵泡期，黄体期，分泌期与月经期。

乳腺干细胞具有长寿性、自我更新性、细胞分裂不对称性、克隆等特性。乳腺干细胞植入诱发“乳腺球”再生；P 细胞植入诱发乳腺组织再生；乳腺干/祖细胞分化等级体系（hierarchical system）与乳腺再生有关。微环境对乳腺干细胞的调控机制包括分泌因子；完整膜蛋白介导的细胞-细胞相互作用；整合素和细胞外基质的作用。Wnt/β-catenin、Notch、Hedgehog、TGF-β 等信号转导通路参与乳腺干细胞的调控。

乳腺属于成人激素依赖性器官和组织，乳腺上皮细胞再生可以是生理性再生，也可以是病理性再生。正常人体乳腺上皮增生或再生，至少影响因素之一是其体内雌激素和孕激素的水平。丰乳的某些药物或食品与此类激素有关，此类药物对人类的危害很大，可能诱发乳腺癌及多种生殖系统肿瘤和疾病。

移植乳腺干细胞在动物获得重建乳腺。人类乳腺干细胞的移植，不论是动物，还是人体的干细胞植入均存在异体移植的障碍，以及伦理、道德问题。理论上，使用人乳腺干细胞可以再生乳腺，可用于乳房切除术后的再造乳房手术或隆胸手术。

（李连宏）

第十八章　羊膜和羊水来源干细胞与再生医学

羊膜(amniotic membrane,AM)是子宫内包被胎儿的一层薄膜。羊膜干细胞(amniotic stem cell,ASC)包括羊膜上皮干细胞(amniotic epithelial stem cell,AESC)和羊膜间充质干细胞(amniotic mesenchymal stem cell,AMSC)。

羊水(amniotic fluid,AF)是胎儿的尿液和周围的羊膜液,以及母体血浆通过胎盘的超滤液进入羊膜腔中液体。羊水干细胞(amniotic fluid stem cell,AFSC)可以由羊水穿刺时的羊水标本获得。2007 年 Atala 从子宫内的羊水中提取出干细胞,并发现细胞内含有大量与胚胎干细胞相同的成分,可以培养成多种人体组织,如脑、肝脏和骨骼等。2009 年上海交通大学医学院健康科学研究所金颖利用孕妇产前诊断的羊水细胞高效快速地建立了 iPS 细胞系。其重新编程所需时间仅为 6 天,创造了人类 iPS 细胞生成时间最短的“世界纪录”,为今后利用人 iPS 细胞治疗疾病奠定了基础。

人羊膜组织具有以下优势:来源丰富,容易获得,免疫原性低,抗炎效果显著,获取时也不会损伤人胚胎;提取羊水无损母亲健康,避免有关胚胎干细胞的伦理争论;羊膜和羊水均已分离具有不同细胞类型和分化潜能细胞。因此,羊膜和羊水来源的干细胞也被认为是再生医学领域很有应用前景的一种生物材料和新的细胞来源。

本章将介绍羊膜干细胞和羊水干细胞的分离培养和鉴定,多向分化潜能,在细胞治疗方面的用途,以及羊膜组织、羊膜干细胞和羊水干细胞在再生医学领域中做出的贡献。

第一节　羊膜的发育及组织结构

一、羊膜的发育

人羊膜是来源于胎儿的胚胎早期产物。在早期着床后发育过程中,一个重要的里程碑事件是原肠胚形成。原肠胚形成开始于约胚胎 15 天的胚胎后区。具有多潜能的外胚层细胞进一步演变为胚胎的三个初始胚层(外胚层、中胚层、内胚层)、生殖细胞及卵黄囊、羊膜、尿膜的胚外中胚层。后者形成了脐带及成熟绒膜尿囊胎盘中迷路层的间质部分。胎膜的最终位置决定于约胚胎 21 天发生的折叠或扭转过程,及其对围绕着胚胎的羊膜和卵黄囊的牵拉。羊膜腔也挤压人胎盘的颅端和尾端,因此,在头端和尾端的褶皱中纵向折叠增加。羊膜腔也挤压卵黄膜与内脏的连接处,形成狭窄的卵黄肠管。

羊膜、绒毛膜和底蜕膜共同构成胎盘,羊膜与绒毛膜紧密相连。羊膜和绒毛膜都来源于羊膜囊。羊膜囊是一个坚韧、薄和透明的双层膜,承载着发育中的胚胎和胎儿,直到胎儿出生前不久。羊膜囊内填充着羊水是胎儿生存的场所,同时,对胎儿有保护作用。羊膜是内膜,容纳羊水和胎儿。绒毛膜是外膜,包绕羊膜形成胎盘的一部分。位于外层的绒毛膜包括滋养层绒毛膜和间质的组织;位于内层的羊膜由外胚层衍生的上皮均一地形成,基底膜是人组织中最厚的一层,并且是富含胶原的间充质层,间充质层可以再分为致密层(构成羊膜的纤维骨架)、成纤维细胞层和海绵层等。

二、羊膜的组织结构和功能

1. 组织学 羊膜由羊膜上皮、基底膜和基质组成,羊膜是胎盘的最内层,构成胎盘的胎儿部分,是人体中最厚的基底膜。羊膜薄、有弹性、半透明、无色。正常羊膜厚度为0.02mm~0.5mm,表面没有血管、肌肉、神经及淋巴管。

(1) 光学显微镜观察:HE染色人羊膜由内向外可见五层组织结构(图18-1)。

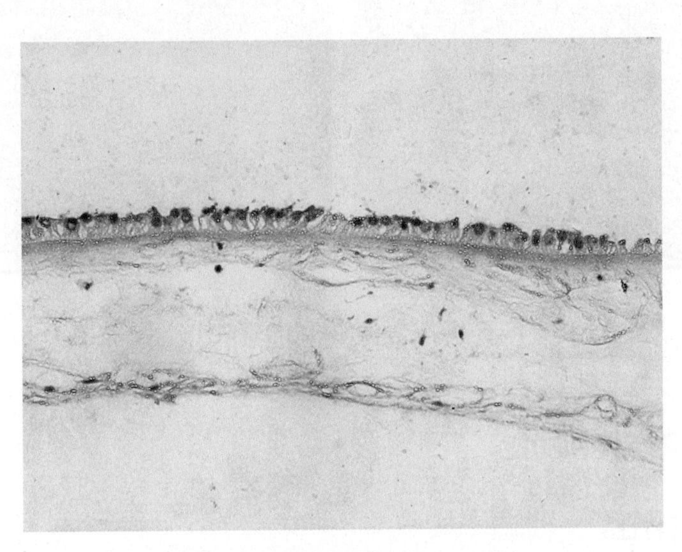

图18-1 羊膜组织HE染色(200×)

1) 上皮层(epithelial layer):大部分为单层立方上皮,有合成、分泌和沉积基底膜和细胞外基质成分的能力,该层细胞在细菌细胞壁的脂多糖和肽聚糖的刺激下,可产生获得免疫和天然免疫过程中的重要桥梁物质,即β-防御素。

2) 基底膜(basement membrane):由狭窄的无细胞网状纤维构成,厚度不一,含Ⅳ型胶原、纤维网层粘连蛋白和硫肝糖蛋白等成分,具有屏障作用,限制羊膜的通透性,对促进组织愈合有一定作用,同时,含有色素上皮衍生因子(pigment epithelium 2 derived factor,PEDF)可抑制新生血管的形成,促进角膜损伤的修复。

3) 致密层(compact layer):薄而致密,无细胞,由90%的网织纤维构成,厚度不一,羊膜的张力主要取决于该层。

4) 成纤维细胞层(fibroblast layer):此层构成羊膜的主要厚度,由疏松成纤维细胞和网状纤维构成。

5) 海绵层(spongy layer):由波浪状网织纤维构成,具有一定的伸展性。由于该层的存在,可使羊膜与绒毛膜之间有相对活动性,当子宫下段形成时,不致发生羊膜破裂。

(2) 透射和扫描电镜观察:

1) 上皮细胞层:hAESC为五边形或六边形;上皮细胞高1~20μm,细胞游离缘富含微绒毛,长短相近,排列整齐,均呈指状突起,长0.5~0.8μm,直径20~40nm,微绒毛表面为细胞膜结构,相互延续且不中断;上皮细胞胞质内富含脂滴、溶酶体和滑面内质网;胞质及染色质均匀无浓缩;细胞侧面可见少数桥粒连接。

2) 基底膜:无细胞结构,厚薄不均,薄处缺乏网织板,在透射电镜下观察,可分为3层结构。

a. 透明板:紧贴上皮细胞基底面,为电子密度极低的薄层,厚30~50nm。

b. 致密板:又称基板,占整个基底膜厚度的80%以上,为电子密度高的均质层,厚0.1~0.2μm。

c. 网织板:厚薄不均,位于致密板下方,由密度中等的网状纤维和低密度的基质组成,厚5~30μm。

3）致密层：位于基底膜的下方，厚20～400μm，主要由胶原纤维、网状纤维和基质组成，其中胶原纤维和网状纤维相互交织排列成网状，网孔间隙0.5～15μm（图18-2）。

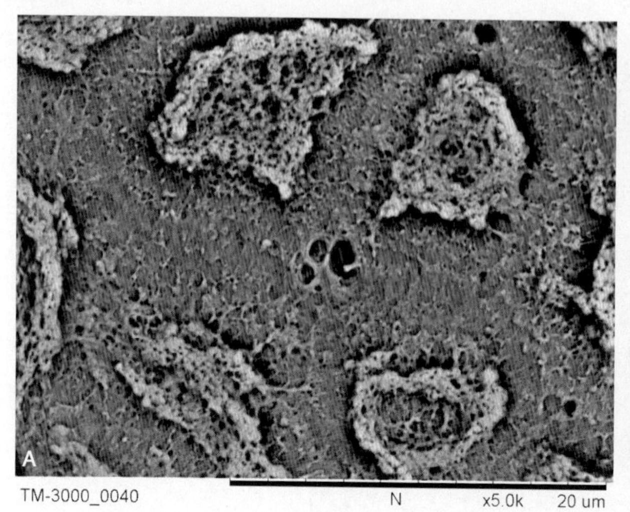

图18-2 羊膜的扫描电镜照片
A. 上皮面；B. 致密层面

三、羊膜的生物学特性和功能

（一）羊膜的生理学特性

1. 羊膜的强度和韧性 胎膜（含绒毛膜和羊膜）的抗拉力为393mmHg，最大值是900mmHg；羊膜每单位宽度的张力在0.05～0.45kg/cm之间，平均为0.166kg/cm。

2. 羊膜的渗透性 人类胎盘组织的胎膜（羊膜和绒毛膜）是部分半透膜性质，在电位梯度的基础上，水分及溶质大容积流动，而不是单纯扩散。其允许小分子物质通过，如尿素、葡萄糖和氯化钠等。hAESC在调控离子运输方面也发挥着重要作用。在羊膜外层有许多小足突，除通过微绒毛与足突部位的饮液作用在蜕膜和羊水间进行一些物质交换之外，母体血浆也可经羊膜渗入羊水中。

3. 羊膜的羊水交换作用 在正常情况下，羊膜和绒毛膜所形成的羊膜囊承担着羊水交换作用，母体与羊水之交换可达400ml/h左右，羊水即每3小时可更换一次。

4. 羊膜的分子筛结构 羊膜具有特殊生物分子筛结构。一方面，羊膜具有一定的柔韧性，可以作为生物支架或生物敷料；另一方面，羊膜能阻止细菌等微生物穿过，防止创面感染和减少创面的水分挥发，并保持一定的生物通透性。基底膜和致密层这两层结构占羊膜的90%以上，致密层构成羊膜的主体结构。电镜观察可见，在一维空间内众多纤维交织成网状而且形成无数网孔结构，提示其三维空间内则是由胶原纤维和网状纤维相互缠绕组成的一个立体交叉的纤维交织成网架，在胶原蛋白分子上嵌有蛋白多糖和糖蛋白，其生理功能类似于生物支架和生物分子筛。

（二）羊膜的生理功能

1. 调节母体-胎儿间体液平衡 羊膜将发育中的胚胎包裹在羊水中，从而避免水分脱失，在调节母体-胎儿间体液平衡中发挥重要作用。

2. 参与先天免疫防御反应 羊膜分泌多种生长因子，如人β-防御素（people beta defense，HBD）、弹性蛋白酶抑制剂（elafin）和分泌型白细胞蛋白酶抑制剂（secretory leukocyte protease inhibitors，SLPI）等参与羊膜腔内先天免疫防御反应。

HBD广泛表达于黏膜表面，是脊椎动物天然抗菌物质的主要成员。rlafin和SLPI属于丝氨酸抗蛋白酶，能够拮抗人中性粒细胞释放的弹性蛋白酶，通过阻止炎性细胞过多地释放蛋白水解酶来发挥预防组织损伤的作用。另外，羊膜组织移植物能够合成和分泌多种补体蛋白，提示羊膜可能是羊水中补体蛋白的来源。

3. 分泌多种细胞因子 如血小板源性生长因子(PDGF)、表皮生长因子(EGF)、角质细胞生长因子(KGF)、血管内皮生长因子(VEGF)、肝细胞生长因子(HGF)、成纤维细胞生长因子(fibroblast growth factor,FGF)、血管生成因子(angiogenic factor,AF)、转化生长因子-β1,2,3(TGF-β1,2,3)、基质金属蛋白酶(matrix metalloproteinases,MMPs)、基质金属蛋白酶抑制剂(tissue inhibitor of metalloproteinase,TIMP)、Ⅳ和Ⅴ型胶原蛋白(collagens)、整合素(integrin)、层粘连蛋白(LN)、纤维连接蛋白(FN)、波形蛋白、神经微丝蛋白(neurofilament protein)和微管相关蛋白(microtubule-associated protein)。合成神经生长因子,如脑源性神经生长因子(BDNF)、神经营养因子等,可释放乙酰胆碱(acetyl choline, ACH)、儿茶酚胺(catecholamine)等神经递质。蛋白酶的抑制因子,如α_1-抗胰蛋白酶、α_2-巨球蛋白、α_2-抗糜蛋白酶等,这些因子通过抑制相应的蛋白酶而发挥抗炎作用。

四、羊膜的免疫学特性

1. 羊膜组织具有低免疫源性 人羊膜上皮干细胞不表达人类白细胞抗原(human leukocyte antigen, HLA)A、B、C 和 HLA-DR,提示 hAESC 移植不引发免疫排斥反应。有学者观察了羊膜组织对人外周血 T 细胞活化的影响,发现羊膜组织不能刺激人外周血 T 细胞活化及 $CD8^+$ T 细胞亚群表面分子 CD69 产生活化表达,从免疫细胞生物学水平证实了羊膜组织具有低免疫源性。羊膜的低免疫原性在眼表重建中亦得到证实。兔眼结膜部分切除后,用羊膜移植于眼表角膜边缘后第 3 周时,在人羊膜上形成完整的结膜上皮,PAS 阳性;在第 12 周时,羊膜植片降解吸收,结膜缺损区修复的上皮细胞正常,在愈合过程中,未见明显免疫炎性反应。此外,兔角膜内和前房植入羊膜,亦未见炎性细胞浸润。

2. 羊膜对 T 淋巴细胞反应有明显的抑制作用 用细胞内荧光标记的 C57BL/6 鼠的淋巴结细胞和 DBA/2 的脾细胞一起分别培养于有羊膜的基质和对照组基质中,再用荧光激活细胞分拣法(FACS)测定 DBA/2 的 T 淋巴细胞的反应率,发现反应羊膜组 $CD4^+$的数量明显减少,ELISA 测得 IL-2、IL-6、IL-10 和 IFN 的表达明显受抑。结果表明,羊膜对 T 淋巴细胞反应有明显的抑制作用,具体机制还不清楚,但对同种异体羊膜移植的成功有重要的作用。研究表明,将羊膜作为异体组织植入志愿者上肢皮下时,在手术后 14 ~ 17 天未见排斥反应发生,在 20 ~ 30 天时,羊膜植片透明度降低,在羊膜植片的外周有少量的炎性细胞浸润。羊膜移植在动物腹膜腔间可以防止腹膜的粘连形成,羊膜逐渐降解,几乎不引起宿主反应。

3. 羊膜低免疫原性的机制

(1) 不表达 HLA2A、HLA2B 和 DR 抗原 1995 年 Houlihan 等首次用 RNA 探针进行原位杂交,证明人羊膜和滋养层细胞中有 HLA2E 和 HLA2G 的 mRNA 片段;用免疫化学法证明羊膜和滋养层细胞膜上有 HLA2E 和 HLA2G 的蛋白分子表达。HLA2E 和 HLA2G 是主要组织相容性复合体(major histocompatibility complex,MHC)Ⅰ类基因的 DNA 序列中基因序列高度保守的两个等位基因。近年的研究表明 HLA2G 可与杀伤免疫球蛋白样受体家族 2DL4(killer cell Ig like receptor2DL4,KIR2DL4)、免疫球蛋白样受体 2(immunoglobulin 2 like transcript 2,ILT2)和 ILT4 结合,抑制自然杀伤细胞(natural killer cell,NK)和自然杀伤 T 细胞(natural killer T cell,NKT)的溶解靶细胞作用。而且分泌型 HLA2G 的 α3 区可与 $CD8^+$ T 细胞结合,使活化的细胞毒性 T 淋巴细胞(cytotoxic T lymphocyte,CTL)表达 Fas 配体,诱导 CTL 细胞凋亡。同时,HLA2G 可促进 HLA2E 表达水平上调,增强对 NK 细胞活性的抑制。以上研究表明,HLA2G 和 HLA2E 是重要的负向免疫调节因子,对维持羊膜的低免疫原性起重要作用。

但是,也有研究报道证实,羊膜上皮层有少量细胞表达 HLA2DR 阳性;羊膜成纤维细胞发现有 HLA2 Ⅱ类抗原的表达。因此,羊膜供体表达 HLA2E(R)是否会导致免疫原性增加,有待进一步研究。

(2) 促进多形核白细胞的凋亡 多形核白细胞(polymorphonuclear leukocytes,PMN)是参与炎性反应的主要炎性细胞。新鲜羊膜可以分泌表皮生长因子、碱性成纤维细胞生长因子、IL21Ra、IL210 和基质金属蛋白酶抑制剂等活性因子促进多形核白细胞的凋亡;羊膜上皮可以合成并释放溶酶体以帮助清除凋亡的

PMN,从而减轻免疫炎性反应,影响其功能的变化,从而减轻炎症和阻止基质的溶解。

(3) 羊膜含有丰富的色素上皮衍生因子(Pigment epithelium-derived factor,PEDF) 有研究表明,PEDF 抑制人脐静脉内皮细胞和视网膜微血管内皮细胞增殖。提示羊膜移植产生的 PEDF 可抑制新血管生成,改善局部的炎性反应微环境。

第二节 羊水的生物学特性

一、羊水的生物学

羊水中已分离出来源于三个胚层和胚胎外组织的胚盘和胎儿细胞。这些细胞在羊水中的产生与特定孕龄的发育过程在子宫中的展现密切相关。羊水的细胞谱随孕龄的变化而变化。

二、羊水的来源

羊水妊娠早期和中期羊水来源有所不同。

1. 妊娠早期羊水来源 在妊娠的早期,羊水来源于钠离子和氯离子主动的跨羊膜和胎儿皮肤运输,该过程伴随水的被动运输。主要是母体血清经胎膜进入羊膜腔的透析液。这种透析也可经脐带华通胶(Wharton's jelly)和胎盘表面羊膜进行,但量极少。当胚胎血循环形成后,水分和小分子物质还可经尚未角化的胎儿皮肤漏出。此时羊水成分除蛋白质含量及钠浓度偏低外与母体血清及其他部位组织间液成分极相似。

2. 妊娠中期羊水来源 羊水主要来源于胎儿尿液、呼吸道分泌、胎儿吞咽及胃肠道的分泌。在妊娠中期以后,大部分羊水来源于胎儿尿液,是羊水的重要来源。妊娠 11 ~14 周时,胎儿肾脏已有排泄功能,于妊娠 14 周发现胎儿膀胱内有尿液,胎儿尿液排至羊膜腔中,使羊水的渗透压逐渐降低,肌酐、尿素、尿酸值逐渐增高。此时期,胎儿皮肤的表皮细胞逐渐角化不再是羊水的来源。胎儿通过吞咽羊水使羊水量趋于平衡。羊水的另一个来源是呼吸道分泌。胎儿肺可吸收羊水,但其量甚微,对羊水量变化无大的影响。胎儿的吞咽及胃肠道的分泌,尽管体积不大,但也是羊水的组成部分。

三、羊水的吸收

羊水的吸收主要在胎膜、胎儿消化道、脐带和胎儿角化前皮肤等部位进行。

1. 胎膜 胎膜在羊水的产生和吸收方面起重要作用,是羊水量调控的重要途径。羊水的吸收约 50% 由胎膜来完成,尤其是与子宫蜕膜接近的部分,其吸收功能远超过覆盖胎盘的羊膜。水通道蛋白(aquaporin,AQP)、血管内皮生长因子(vascular endothelial growth factor,VEGF)和催乳激素(prolactin,PRL)及精氨酸血管加压素(arginine vasopressin,AVP)等内分泌激素参与调节羊膜水通透性。

2. 胎儿消化道 妊娠足月胎儿每日吞咽羊水约 500ml,经消化道进入胎儿血循环,形成尿液再排至羊膜腔中,故消化道也是吸收羊水的重要途径之一。胎儿自发吞咽速度是成人饮水行为的 6 倍,这种高速度的吞咽行为对调控羊水量起重要作用。一氧化氮、抗胆碱能药硫酸阿托品和血管紧张素Ⅱ(angiotensin Ⅱ,AngⅡ)等参与调节胎儿吞咽。

3. 脐带 脐带可吸收羊水 40 ~50ml/h。

4. 胎儿角化前皮肤 胎儿角化前皮肤也有吸收羊水功能,但量很少。

综上,羊水膜内吸收途径是羊水调控的主要途径。胎儿吞咽及胎儿尿液分泌,以及胎儿肺脏分泌都是胎儿为满足自身需要而进行的自我调控。

四、母体、胎儿和羊水间的液体平衡

羊水在羊膜腔不断进行液体交换，以保持羊水量的相对恒定。母体与胎儿间的液体交换，主要通过胎盘进行，约 3600ml/h。羊水与母体间的交换，主要通过胎膜进行，约 400ml/h。羊水与胎儿间的液体交换，主要通过胎儿消化道、呼吸道、泌尿道以及角化前皮肤等进行，交换量较少。

五、羊水量、细胞数量和性状及成分

1. 羊水量　在正常情况下，不同妊娠时期羊水体积不同。妊娠 8 周时羊水量 5ml ~ 10ml；妊娠 10 周时羊水量约 30ml；妊娠 16 周羊水量为 115ml ~ 300ml；妊娠 19 周羊水量为 188ml ~ 355ml；妊娠 20 周时羊水量约达 400ml；妊娠 38 周时羊水量约 1000ml。此后羊水量逐渐减少。妊娠足月时羊水量约 800ml。过期妊娠时，羊水量明显减少，可少至 300ml 以下。

2. 羊水中细胞数　在妊娠 4 ~ 6 月中，羊水中的细胞数从 10 个/微升到 1000 个/微升不等。羊水所含细胞的具体数量和比例取决于胎龄及胎儿是否有先天性异常等因素。在正常情况下，羊水中可检测到来源于羊膜、胎儿皮肤、泌尿生殖道、呼吸道和消化道的多种细胞。但在病理情况下，羊水体积及羊水细胞数量有很大变化。当胎儿有先天性无脑、脊柱裂及腹裂等发育异常时，胎儿组织与羊水非正常接触，羊水中的细胞数可达 50 000 个/微升以上。而在畸形胎儿的羊水中，可检测到神经元细胞等多种细胞类型。此外，神经细胞和巨噬细胞等也可以在羊水中发现。

3. 羊水性状及成分　妊娠足月时羊水相对密度（比重）为 1. 007 ~ 1. 025，呈中性或弱碱性，pH 约为 7. 20，内含水分 98% ~99%，1% ~2% 为无机盐及有机物质。妊娠早期羊水为无色澄清液体。妊娠足月羊水略混浊，不透明，羊水内常悬有小片状物，包括胎脂、胎儿脱落上皮细胞、毳毛、毛发、少量白细胞、白蛋白、尿酸盐等。羊水中含大量激素（包括雌三醇、孕酮、皮质醇、前列腺素、人胎盘生乳素、人绒毛膜促性腺激素、雄烯二酮、睾酮等）和酶（如溶菌酶、乳酸脱氢酶等）。羊水中酶的含比母血清酶的含量中明显增高。

六、羊水的功能

羊水主要有以下五个方面的功能。

1. 保护胎儿在羊水中自由活动，不致受到挤压，防止胎体畸形及胎肢粘连。
2. 保持羊膜腔内恒温。
3. 适量羊水避免子宫肌壁或胎儿对脐带直接压迫所致的胎儿窘迫。
4. 有利于胎儿体液平衡，若胎儿体内水分过多可采取胎儿排尿方式排至羊水中。
5. 保护母体妊娠期减少因胎动所致的不适感；临产后，前面的羊水囊扩张子宫颈口及阴道；破膜后羊水冲洗阴道减少感染机会。

七、羊水中的细胞分类

产前诊断是通过筛查羊水和细胞，对胎儿的遗传和发育疾病进行诊断的方法。由于在羊水中可以找到胎儿各个胚层的细胞，因此，在很多年前，采集人羊水已经应用于产前诊断。

羊水标本是人类产前性别鉴别遗传病诊断的细胞来源。在早期，这些细胞也作为人类细胞资源用于生物学研究。体外培养的羊水细胞中发现多种形态的细胞。

根据细胞形态、生化特性、生长特性等特点，将羊水中能贴壁和形成集落的细胞分为三种不同的类型。

1. 上皮样细胞　通常在羊水培养初期出现，形态和上皮细胞类似。但在培养过程中，细胞数量表现出明显的下降趋势，而且，不耐受胰酶消化，传代后数量很快减少，故在培养过程中生长期最短。这种细胞主要为胎儿皮肤、呼吸道、消化道和泌尿生殖道上皮的脱落细胞。

2. 羊水特异细胞　此类细胞为羊水中特有的细胞，呈现多形性，少数为双核或多核，羊水标本中超过70%的细胞是羊水特异细胞，大约在培养后第7天出现该细胞的集落，增殖能力旺盛，是羊水培养过程中的主要细胞，可长期培养，采用这种细胞进行染色体分析。羊水特异细胞表达HLA-ABC，不表达HLA-DR，可以合成、分泌雌激素、绒毛膜促性腺激素及孕酮等激素，与羊膜细胞和滋养层细胞有共同特征，因此认为这种细胞来自羊膜和滋养层。该细胞可作为细胞水平对胎儿激素的合成、分泌和调控机制研究的细胞模型。

3. 成纤维样细胞　这类细胞形态和成纤维细胞类似，在羊水标本中数量较少。成纤维样细胞在培养后期才出现，由于其增殖能力很强，逐渐成为培养体系中的主体。该细胞具有间质细胞特性，表达HLA-ABC，不表达HLA-DR，不产生激素。可能起源于间充质，主要来自纤维连接组织和胎儿皮肤的成纤维细胞。

另外，当胎儿具有神经管缺损（如无脑儿、脑膨出、脊柱裂）时，从羊水标本培养出的细胞除以上三种细胞外，还有一些贴壁很快的细胞。这些细胞一般在3天内贴壁，最短的在24小时内贴壁。细胞形态和免疫组化特点与从正常胎儿脑及脊髓组织中培养出的神经细胞相同，证明这些细胞来自非正常暴露的胎儿神经组织。

第三节　羊膜干细胞

羊膜主要含有来自不同胚层的两种具有干细胞特征的细胞。包括来源于中胚层人羊膜间充质干细胞（human amniotic mesenchymal stem cell，hAMSC）和来自于外胚层的人羊膜上皮干细胞（human amniotic epithelial stem cell，hAESC）。这两种细胞都有相似的免疫表型和多向分化潜能。因此，人羊膜细胞被认为是在细胞治疗和再生医学中治疗损伤和病变组织修复的一种优质种子细胞。

一、羊膜细胞的分离和培养

将羊膜从绒毛膜上钝性分离，用不同浓度的胰酶、中性蛋白酶或其他消化酶进行不同时间的消化将hAESC从基底膜上消化下来；然后用胶原酶和（或）胶原酶联合DNA酶对hAMSC进行消化分离。

二、羊膜间充质干细胞

1. hAMSC的形态　hAMSC为成纤维样细胞，培养3～4周后细胞形态与骨髓来源间充质干细胞相似，可在体外至少传代9代以上，而不引起细胞形态的改变。传代培养hAMSC第2代和第6代细胞的光镜下观察所见，见图18-3。

2. hAMSC的超微结构　扫描电子显微镜显示hAMSC呈梭形，表面有很多小泡样结构。透射电子显微镜显示hAMSC具有丰富的粗面内质网、高尔基体、小泡结构和线粒体（图18-4、图18-5）。

3. hAMSC的表面标记　应用免疫细胞化学法、流式细胞术和反转录聚合酶链反应（RT-PCR）检测hAMSC表面标记蛋白，发现了hAMSC表达间充质干细胞标记分子如CD13、CD29、CD44、CD49d、CD54、CD59、CD73、CD90、CD105、CD166等表面标志，此外，胎肝激酶-1（fetal-liver kinase-1）、细胞间黏附分子，以及整合素，如L-选择素、αMβ-2整合素和P-选择素等也在hAMSC表达。hAMSC不表达骨髓定向造血干细胞表达的CD14、CD31、CD34、CD45、CD106或CD117等标志物。hAMSC表达结蛋白和波形蛋白（图18-6）。

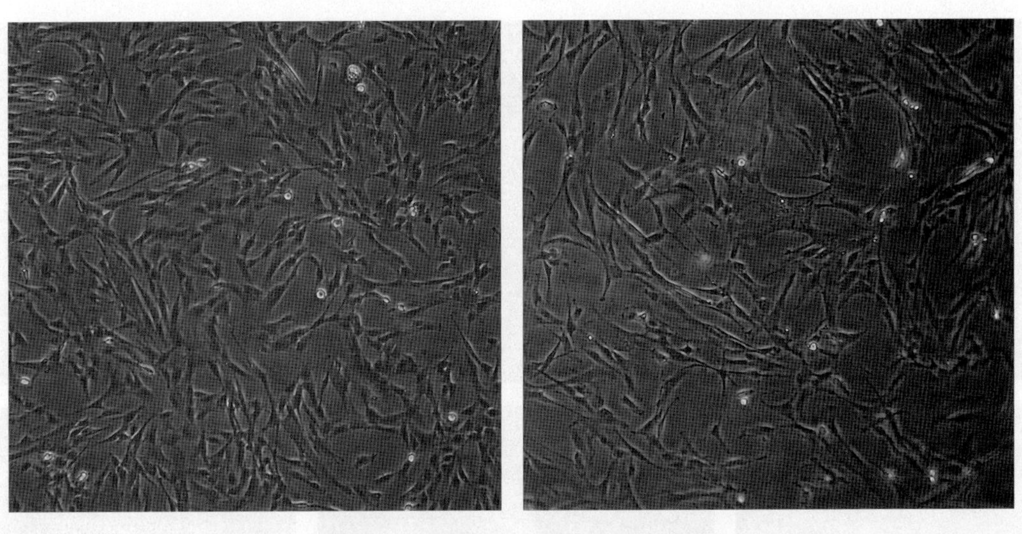

图 18-3 人羊膜间充质干细胞培养形态

在光镜下,传代培养的 hAMSC 形态细胞大小不一,呈梭形(P2,P6×100)

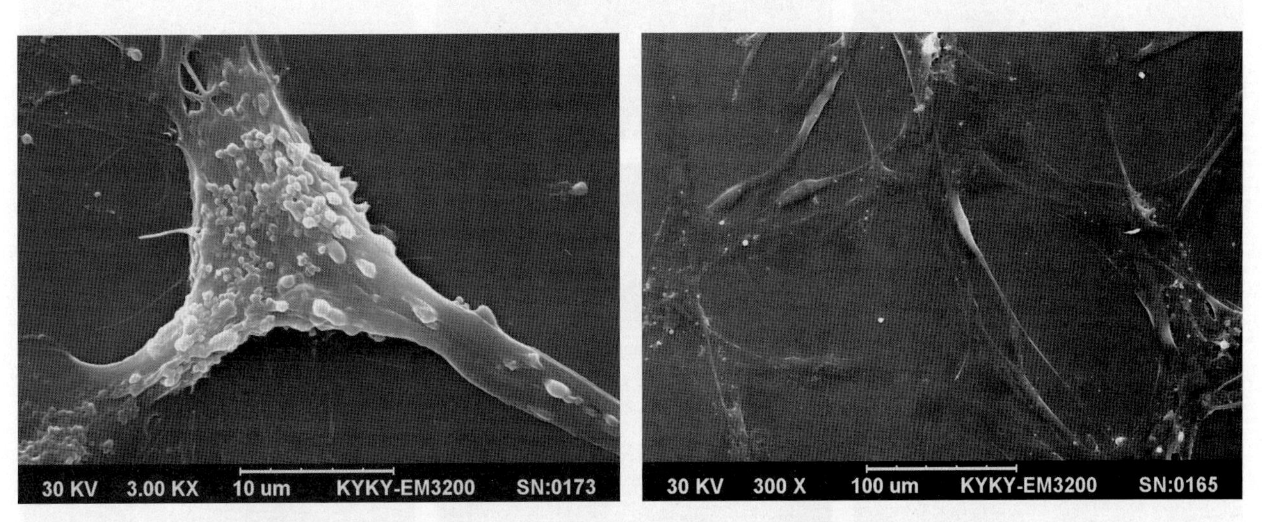

图 18-4 扫描电镜显示 hAMSC 贴壁状态下呈梭形,表面有很多小泡样结构

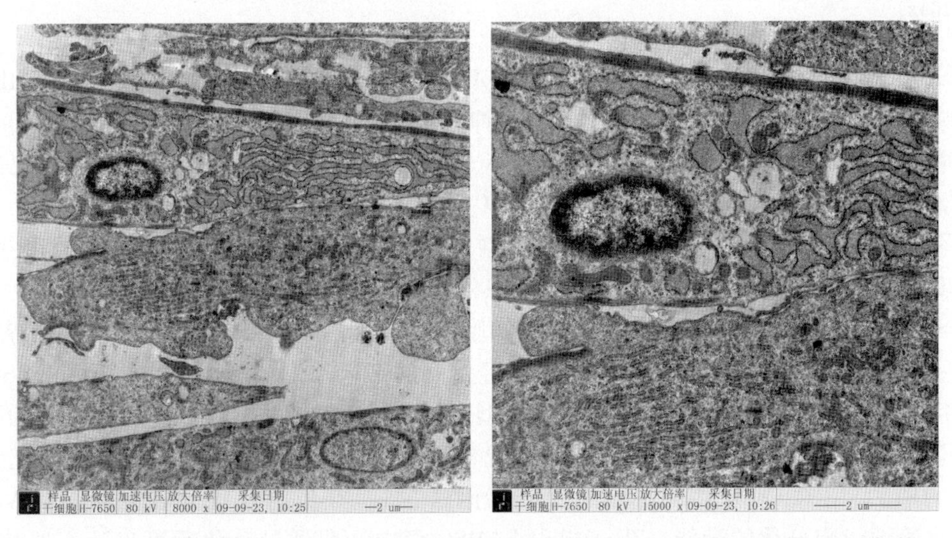

图 18-5 透射电镜显示,hAMSC 细胞内含丰富粗面内质网、高尔基体小泡结构和线粒体

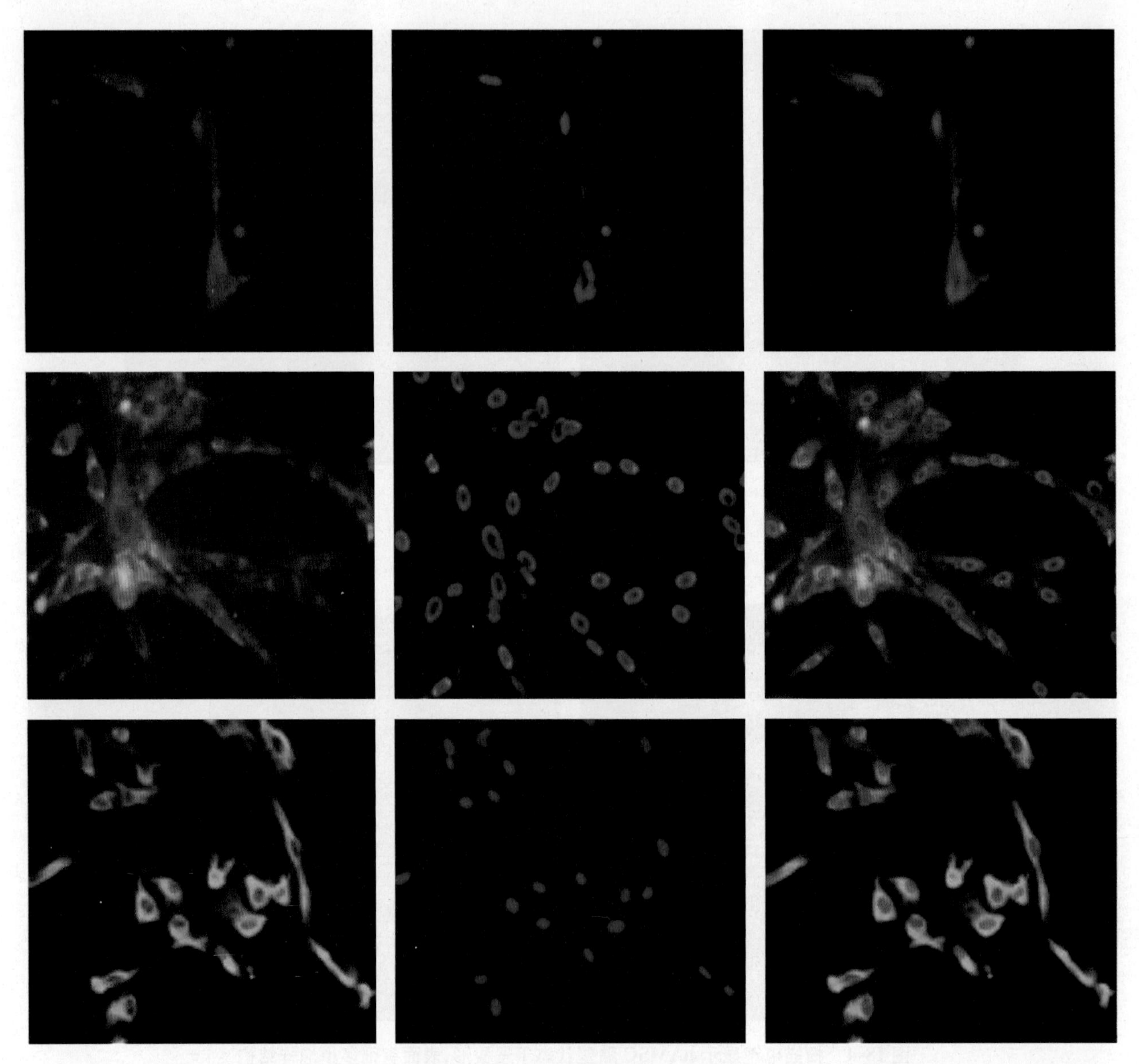

图 18-6 人羊膜间充质干细胞免疫荧光检测。hAMSC 细胞表面标志物 CD44 表达（+）、CD90 表达（+）、波形蛋白表达（+）（200x）

4. hAMSC 的免疫学特性　hAMSC 低表达 HLA-A、B 和 C，不表达 HLA-DR，弱阳性表达 HLA-G。提示间质细胞在临床移植中有很大优势。羊膜细胞能够抑制激活的外周血单核细胞（peripheral blood mononuclear cell，PBMCs）的增殖，而呈一定的剂量依赖性。hAMSC 和 hAESC 可显著地抑制混合淋巴细胞反应中 PBMCs 增殖，抑制效率分别为 34% 和 23%。当 PBMC 被植物血凝素激活后，hAMSC 和 hAEC 对 PBMC 的抑制程度分别为 33% 和 28%。羊膜细胞的免疫抑制作用，并不因传代培养而发生改变。但是，冰冻保存却使这种免疫抑制作用明显降低。此外，从羊膜组织分离到的细胞，抑制淋巴细胞反应。

5. hAMSC 的分化　在体外，hAMSC 可向成骨细胞、软骨和脂肪细胞分化（图 18-7）。在特殊神经诱导培养基培养后，hAMSC 表达神经标记分子可以向神经谱系的细胞分化。Tamagawa 提出，hAMSC 可分化为具有肝细胞特征的细胞，该实验中天然细胞表达典型肝细胞 mRNA，如白蛋白、角蛋白及甲胎蛋白和葡萄糖-6-磷酸酶鸟氨酸等；同时，体外向肝细胞诱导可观察到糖原储备。Portmann 提出羊膜间充质细胞有向肌细胞分化的能力，用 RT-PCR 检测显示有肌转录因子，如肌红蛋白及肌形成蛋白 mRNA 表达，提示 hAMSC 有向血管源细胞分化的潜能。Zhao 提出 hAMSC 经向心肌诱导分化后可表达心肌特殊基因，如 GATA4 和 MLC-2 等，将 hAMSC 移植入患有心肌梗死的小鼠心脏中后，hAMSC 可在梗死处存活两个月以上,并可分化为成心肌样细胞。另外,有人观察到第2代内的hAMSC在标准培养基中培养可自发地向肌成纤维细胞分化。

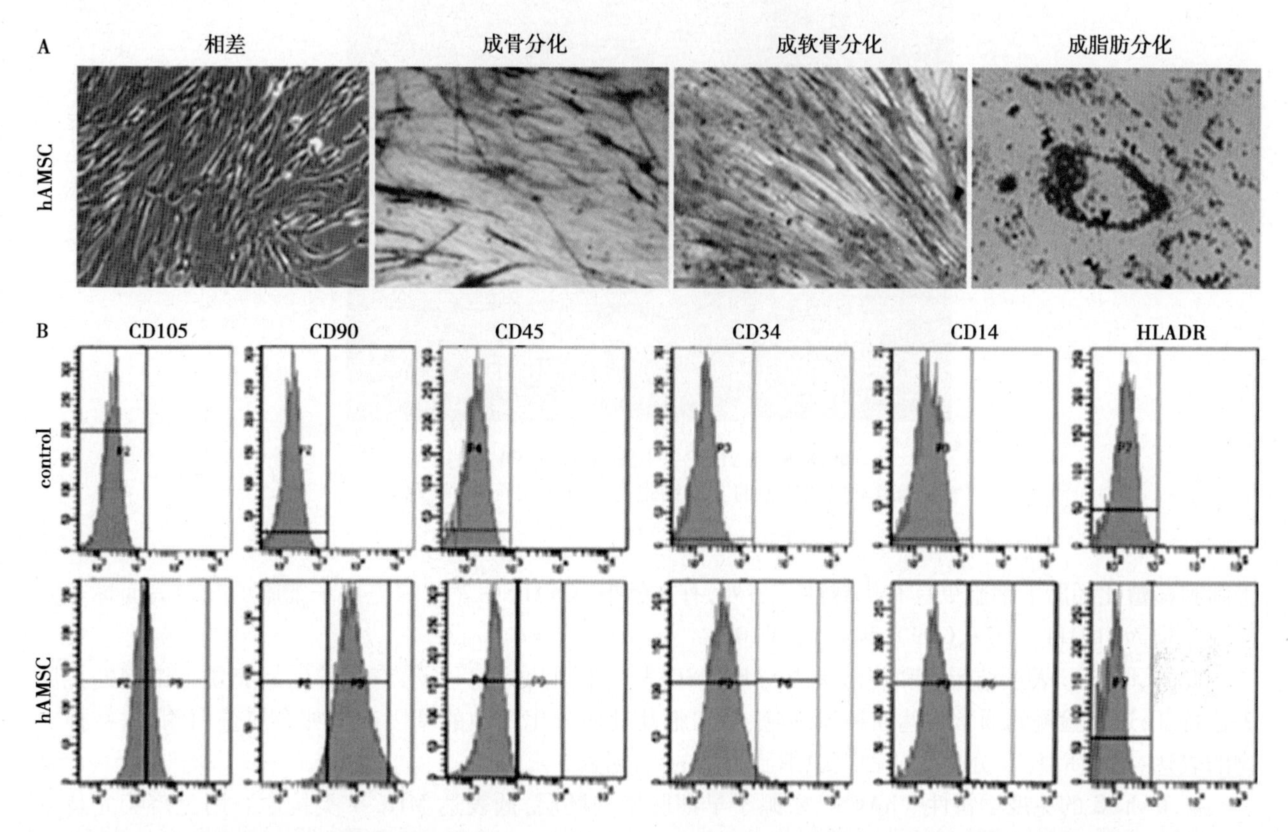

图18-7 人羊膜间充质干细胞光镜下呈梭形,漩涡样生长。在特定的骨、软骨、脂肪诱导分化培养基中可向成骨细胞、软骨和脂肪细胞分化(A)。通过流式细胞术检测人羊膜间充质干细胞高表达间充质干细胞相关的细胞表面标志物CD90、CD105,不表达CD45、CD34、CD14、HLADR(B)(100×)

三、羊膜上皮细胞

1. hAESC的形态 羊膜上皮为单层人羊膜上皮细胞。羊膜上皮面为高度褶皱,整张羊膜展开可达$2m^2$,约有2亿细胞。hAESC在妊娠前期是扁平的,而在后期大部分呈单层立方形;且位于胎盘胎儿面的呈柱状,有活跃的物质转运功能。hAESC体积较小,在体外容易扩增,且传代3代以内不会有形态学的变化,呈现典型的上皮细胞的立方形特征,呈铺路石样生长(图18-8)。这些细胞核多居中或稍偏,有1~2个核仁,细胞质含量丰富。

2. hAESC的超微结构 在透射电子显微镜下观察,hAESC呈立方体状,顶部有许多微绒毛,细胞侧壁存在大量的桥粒,基底部有细胞突起伸入基底膜形成足突样结构;细胞突起与基底膜之间通过半桥粒结构形成紧密连接,邻近的胞质存在波浪状纤维束。hAESC细胞核居中,形态较大,直径可达到细胞的50%左右。有1~2个核仁,大而不规则,核膜有切迹,提示细胞代谢旺盛,分裂活跃。细胞内含有丰富的胞饮小泡,胞质丰富,含有大量内质网和高尔基体;hAESC具有复杂的迷路型管道系统,是沟通羊膜腔和羊膜基质的通道,有益于进行物质交换。

3. hAESC的表面标记 hAESC源于外胚层成羊膜细胞,保持着早期外胚层细胞的多潜能特性。从正常分娩的胎盘羊膜中,新分离的hAESC具有干细胞某些表面抗原标志,如SSEA-3、SSEA-4、TRA-1-60、TRA-1-81、Sox2、FGF-4和Rex-1,部分hAESC表达c-kit和Thy-1。此外,hAESC还表达多潜能干细胞特定的转录因子Oct-4和Nanog;但hAESC不表达干细胞中的端粒酶基因,端粒酶可以保护染色体的末端,保证DNA不在复制过程中缩短,从而使细胞永生化。因此,hAESC不能无限增殖,具有非致瘤性。将其应用

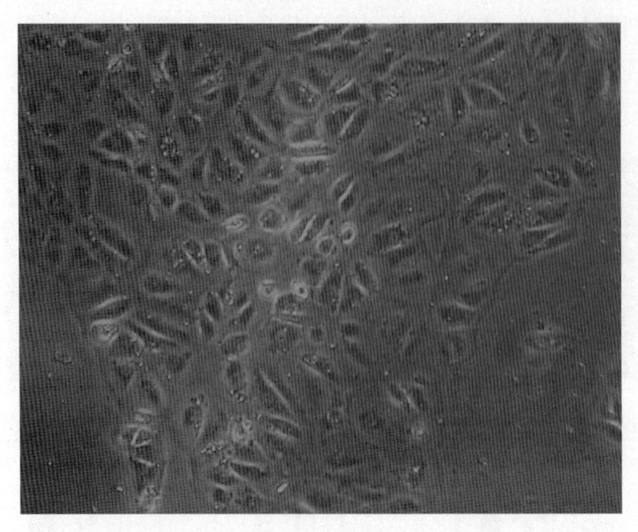

图 18-8 hAESC 原代培养形态(P0 cell)
在光镜下呈现典型的上皮细胞的立方形特征,呈铺路石样生长

于细胞移植比胚胎干细胞更具有优越性。另外,有文献报道 hAESC 表达间充质干细胞的几种表面标志和基因产物,如 CD44、CD73、CD90(Thy1)、CD105。

此外,hAESC 表达结蛋白和波形蛋白与 hAMSC 表达相同的标记分子,有培养的间充质干细胞的抗原表达特征;还能检测到通常表达在神经细胞、肺细胞及其他分化细胞的基因产物如金属蛋白酶,这些标志物的表达,提示 hAESC 分化成几种组织细胞类型的可能性。

4. hAESC 的免疫学特性　hAESC 来源于早期胚胎外胚层,低表达 MHC-1 类抗原。用免疫荧光技术证实,hAESC 不表达 HLA-ABC 和 HLA-DR 抗原及 β_2-微球蛋白。经敏感的体外放射生物学技术检测显示 hAESC 少量表达 MHC-Ⅰ类、MHC-Ⅱ类抗原。Sakuragawa 等也报道了 hAESC 不具有免疫原性,经流式细胞术分析揭示这些细胞表面不表达 MHC-Ⅱ类抗原,但是少量表达 MHC-Ⅰ类抗原;用免疫过氧化物酶染色也证实了 MHC-Ⅰ类抗原弱阳性,MHC-Ⅱ类抗原阴性,并且加入 γ-干扰素(100U/ml)诱导培养 3 天也不增加两者的表达。此外,hAESC 还可分泌抗炎因子,可以防止移植后炎性反应的发生。综上,hAESC 可以看作是免疫赦免细胞,移植后可减少免疫细胞来源,避免免疫排斥反应的发生。然而,将来源于增强型绿色荧光蛋白转基因 C57BL/6 小鼠、野生型 C57BL/6 小鼠的羊膜上皮移植至 BALB/c 小鼠、C57BL/6 小鼠或预先被供体抗原致敏的 BALB/c 小鼠的角膜、结膜或眼前房,研究者发现与正常受者相比较,预先致敏和再次接受 hAESC 移植的受者(在接受本次移植的 7 天前,另外一眼曾接受 hAESC 移植),羊膜存活时间明显缩短,移植 hAESC 后两周,预先致敏和再次接受 hAESC 移植的受者发生了迟发型超敏反应,而正常受者却未发生超敏反应。表明同种异体的 hAESC 仍然易受到免疫排斥反应攻击,并且,这种排斥反应在预先致敏者尤为明显。总之,羊膜和羊膜细胞免疫源性的研究仍不容忽视。

5. hAESC 的分化　hAESC 除向成骨细胞、软骨和脂肪细胞分化外,通过对细胞表型、mRNA 表达、免疫细胞化学和超微结构进行分析发现 hAESCs 在体外可以诱导分化为心肌、肌肉、骨、脂肪、胰腺、肝细胞、神经元和星形胶质细胞。

(1) hAESC 有神经前体细胞的特征:这些上皮细胞表达神经元和神经胶质的标志分子;细胞有向神经细胞分化的能力,可合成并分泌乙酰胆碱、儿茶酚胺、多巴胺,这表明上皮干细胞有治疗神经退行性疾病的潜能。研究表明,hAESCs 中存在有神经元前体细胞或干细胞,有合成释放生物活性物质和神经营养因子的功能。Akiva 报道来源于鼠羊膜的细胞表达 CD29 和 CD90 但是不表达 CD45 和 CD11b。在培养基内的羊膜细胞处于多分化状态,表达神经外胚层、中胚层和内胚层的标志蛋白,在神经诱导培养基中培养的羊膜细胞表现为神经细胞的形态并且神经特异性基因表达上调。培养的 hAESCs 合成和释放活化素(activin)和头蛋白(noggin)。研究表明,由 activin A 可以诱导初始反应基因(primary response gene) noggin

mRNA 的表达，提示 hAESC 内存在 activin 信号路径，人类羊膜组织中有可能包含有早期发育的神经元。在组织学、蛋白质和 mRNA 水平证实了少突胶质细胞特异性标记物髓磷脂碱性蛋白（myelin basic protein，MBP）、环核苷酸磷酸二酯酶（CNPase）、蛋白脂质蛋白（proteolipid protein，PLP）的表达。国内发现人羊膜组织中存在 nestin/GFAP 双阳性细胞，此外，还表达 Musashi-1、波形蛋白（vimentin）和多唾液酸神经细胞黏附分子（polysialic acid neural cell adhesion molecule，PSA-NCAM）等神经干细胞特异性标志蛋白；培养羊膜细胞中存在 vimentin 和 PSA-NCAM 阳性细胞，以及 nestin/GFAP 双阳性细胞。另外，从羊膜组织成功培养出的细胞，传代后在神经干细胞培养基中可以形成类似神经干细胞的球状结构。细胞表达 vimentin 和 nestin 两种神经干细胞的标志物，也表达神经元的标志物 NSE 和 β-微血管蛋白（β-tubulin）。

（2）hAESCs 可向肝细胞及分泌胰岛素细胞分化：肝细胞样细胞表达白蛋白，肝内移植 hAESCs 后，可在严重联合免疫缺陷小鼠肝实质内检测出白蛋白，后续研究发现，上皮细胞也表达与肝细胞相关的其他功能物质，如糖原储备，表达肝浓缩转录因子和一些新陈代谢促进因子。这些研究表明 hAESC 有修复损伤肝组织的潜能，向培养的 hAESCs 中，加入烟酰氨诱导可使细胞分泌胰岛素，将上述经诱导后表达胰岛素的细胞移植入患有糖尿病的严重联合免疫缺陷小鼠中，小鼠的血糖维持正常水平，表明 hAESCs 有治疗糖尿病的潜能，用 RT-PCR 分析显示，向胰岛分化之后 hAESC 表达 α、β 细胞标记分子，如转录因子 PDX-1 和 NKI2 等同时，成熟胰岛分泌的激素如胰岛素胰高血糖素等。

（3）hAESCs 向心肌细胞分化：用酸化的维生素 C 诱导 hAESCs 14 天后，RT-PCR 检测发现 hAESCs 表达诱导心房和心室肌球蛋白合成的特定基因和转录因子 GATA-4NKX25，用免疫组化分析肌动蛋白表达，其染色的结果与先前报道的从人上皮干细胞中提取的心肌细胞非常相似；hAESCs 可向其他中胚层谱系分化，如肌肉等。

另外，在体外实验中发现培养 hAESCs 上清液可以明显抑制中性粒细胞和巨噬细胞的化学趋向性，明显减少由分裂源刺激 T、B 细胞增殖，提示 hAESCs 可能通过分泌一种可溶性因子抑制先天免疫和获得性免疫。羊膜还能抑制纤维化和新生血管形成，羊膜中不但含有抗新生血管化蛋白，而且其无血管的基质可以减少血管化的肉芽组织。Ilancheran S 等发现 hAESCs 表达人类胚胎干细胞的相关蛋白，包括 POU 区域、class5、转录因子 1、Nanog 同源异形盒、SRY-box2 和 SSEA-4。

第四节 羊水干细胞

羊水干细胞可以由羊水穿刺时的羊水标本获得。2003 年，Prusa 等发现了羊水脱落细胞中一个能表达 Oct-4 的细胞亚群。Oct-4 是人类多能干细胞的标记物，在胚胎干细胞和胚胎生殖源性细胞中也有表达。进一步研究显示，羊水干细胞可以分化成三个胚层的所有细胞类型，并且这些细胞在体内不会形成肿瘤。Atala 等在人类和鼠的羊水中制备出了非胚胎源干细胞系，命名为羊水源性干细胞（amniotic fluid-derived stem cells，AFS）。实验证明，AFS 能产生三个胚层的所有细胞类型，而且经长期培养后，这些持续自我更新的细胞仍能保持正常的染色体数目。另外，未分化的 AFS 并不能产生多能干细胞中所有的蛋白质，AFS 并不具有形成畸胎瘤的能力。在体外条件下，AFS 能分化产生神经细胞、肝细胞、骨形成细胞等。AFS 源性人类神经细胞能够产生神经细胞所特有的蛋白质，整合、融入鼠脑后能存活两个月以上。实验室条件下培养出的 AFS 源性人肝细胞能分泌尿素，表达正常人类肝脏细胞蛋白质。AFS 源性人骨细胞能表达骨细胞所特有的蛋白质，当被植入小鼠的皮下时，能在小鼠体内形成骨架结构。目前还不知道 AFS 能分化产生多少种不同类型的分化细胞。

一、羊水干细胞的获取

羊膜穿刺术（amniocentesis）是最常用的侵袭性产前诊断技术。在上述方法进行时可抽取羊水样品进行胎儿染色体核型分析、染色体遗传病诊断和性别判定，也可用羊水细胞 DNA 做出基因病诊断、代谢病诊断。测定羊水中甲胎蛋白,还可诊断胎儿开放性神经管畸形等产前诊断。如果,在出生之前或出生时,从羊水和胎盘获取胚胎和胎儿干细胞没有伦理问题。

(一) 获得羊水的方法

1. 利用羊膜腔穿刺术获取羊水。在妊娠16~20周时进行。方法是在超声波探头的引导下,用穿刺针穿过腹壁、子宫肌层及羊膜进入羊膜腔,可抽取20~30ml羊水。

2. 剖宫产分娩时获取羊水。孕妇需要进行剖宫产分娩时,切开子宫肌层及羊膜进入羊膜腔后,即可采集到大量羊水。

孕期各个时期的羊水均可分离到羊水干细胞,但孕中期分离的成功率更高,且取材方便。羊水标本的采取均经过患者知情同意和医院伦理委员会批准。

(二) 羊水干细胞的分离和培养

与常规羊水培养行胎儿染色体核型分析一样,羊水干细胞培养多是利用羊水细胞贴壁的特点,将穿刺获取的羊水离心后接种于适当的培养基。α-MEM培养基、低糖DMEM培养基、F10培养基等都成功地培养出了羊水干细胞,培养基含10%~20%血清,添加碱性成纤维生长因子(4ng/ml)或表皮生长因子等。羊水细胞贴壁较慢,一般3~7天开始贴壁。原代得到的贴壁细胞较杂乱,经多次传代可得到的成纤维样细胞集落(图18-9)。

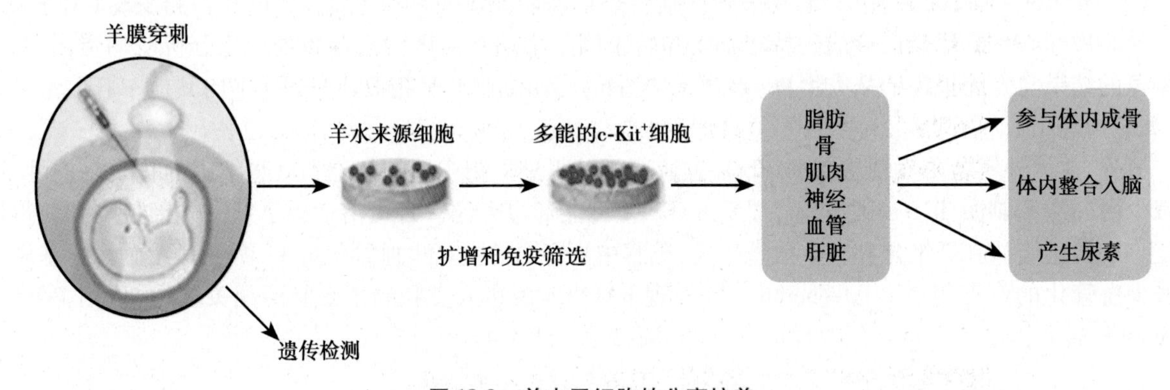

图18-9 羊水干细胞的分离培养

将羊水培养上清液未贴壁的细胞更换培养条件后,也可得到羊水干细胞,其优点是不影响产前诊断的正常进行。产前诊断常规使用Chang培养基,上清液培养时使用含20%血清的α-MEM培养基,并添加碱性成纤维生长因子。实验得到的羊水干细胞形态、表面标志及分化增殖潜力与上述方法相似。

二、羊水干细胞的细胞周期与细胞核型分析

流式细胞仪分析结果表明,分离的15代hAFS细胞有83%处于G0/G1期,2.99%处于G2/M期,14.01%处于S期。35代hAFS细胞53.66%处于G0/G1期,12.3%处于G2/M期,34.04%处于S期。表明hAFS细胞在多次传代后,仍具有较强的增殖能力。同时细胞核型正常。

三、羊水干细胞的鉴定

AFS细胞表达人胚胎阶段特异性表面标志SSEA4和胚胎干细胞标志Oct4。这两个标志都表明是胚胎干细胞典型的未分化状态。AFS细胞也同样表达了间充质干细胞和神经干细胞标志(CD29、CD44、CD73、CD90,和CD105),不表达SSEA1、SSEA3、CD4、CD8、CD34、CD133、C-MET、ABCG2、NCAM、BMP4、TRA1-60,或TRA1-81等。虽然,AFS细胞在体外构成胚胎的主体,且对所有三个胚层的细胞标志染色均为阳性,但是,这些细胞在移植到免疫缺陷的小鼠体内时却不形成畸胎瘤。总之,AFS细胞在生长上保持着像原始的混合祖细胞一样的单个细胞开始扩增特性和潜能。

四、羊水干细胞的分化

2003 年 Int' Anker 等从羊水中分离扩增干细胞并体外将其诱导为脂肪样细胞及成骨样细胞，此后成功诱导为神经元、软骨细胞、心肌细胞、内皮细胞、平滑肌细胞、肝细胞等。诱导体系与其他来源的间充质干细胞相似。hAFS 细胞显示了可以向三个胚层的不同组织和器官分化的多向分化潜能。表 18-1 显示了用化学物质诱导每个胚层分化模式。

表 18-1 在体外通过化学诱导 hAFS 的分化

	组织特异细胞型	培养环境
内胚层	肝脏（肝细胞）	HGF，胰岛素，制瘤素 M，地塞米松，FGF-4
外胚层	神经（神经细胞）	DMSO，BHA，NGF
中胚层	肌肉（肌肉细胞）	用 5-阿扎胞苷，马血清和鸡胚在基质培养皿中进行预处理
	血管（内皮细胞）	明胶培养皿上用 EBM 培养
	骨（骨细胞）	地塞米松，β-甘油磷酸酯，抗坏血酸-2-磷酸
	脂肪（脂细胞）	IBMX，胰岛素，吲哚美辛
	软骨（软骨细胞）	地塞米松，抗坏血酸-2-磷酸，丙酮酸，脯氨酸，TGF-β1

1. AFS 向内胚层组织和器官分化　为了诱导肝脏特异性分化，AFS 细胞的细胞培养基中含有肝细胞生长因子、胰岛素、抑瘤素 M、地塞米松、成纤维细胞生长因子-4，这些使 AFS 细胞分化成肝细胞，就是分化为最基本的肝内实质细胞类型，通过表达白蛋白、转录因子 HNF4α、c-Met 受体、多药耐药膜转运蛋白和 α 甲胎蛋白来证明。虽然，确定的培养环境组成尚未确定，通过在小鼠胚胎肺中培养人的 AFS 细胞揭示了肺特异性分化的潜能，在小鼠的胚胎肺中注入 AFS 细胞可以整合到上皮细胞中，也可以表达早期人类分化标记——甲状腺转录因子 1。

2. AFS 向外胚层组织和器官分化　AFS 细胞可以在含有二甲基亚砜（dimethyl sulfoxide，DMSO）、二丁基羟基茴香醚（butylated hydroxyanisole，BHA）的培养基中和含有神经生长因子的环境下被诱导分化成神经元。在 AFS 细胞的培养分化期间，在它形成圆锥形的终末伸展状态后，它的形态有大、扁平、小、双极等的多种改变。这些神经元诱导的细胞显示了有神经特异性蛋白质的表达，包括神经上皮和神经元的标记以及一些胶质细胞的标记。

3. AFS 向中胚层组织和器官分化　将 AFS 细胞用 5-氮胞苷处理，然后放在含有马血清和鸡胚提取物的用基质胶包被的培养皿中可以诱导向肌源性分化。这些分化的细胞构成了肌管并且表达肌球蛋白和结蛋白，然而，这些标记在原始的祖细胞群体中并不表达。在培养环境中加入 3-异丁基-1-甲基黄嘌呤（3-1-methyl isobutyl-xanthine，IBMX）、胰岛素（insulin）和吲哚美辛（indometacin）时，可以诱导向脂肪细胞分化，可见细胞内堆积含有脂质丰富的细胞。

AFS 细胞可以在内皮基本基质的表面涂有明胶的培养皿中诱导分化为内皮细胞。内皮的基本基质中，含 EGF、VEGF、FGF-2、胰岛素样生长因子-1（insulin-like growth factor-1，IGF-1）、氢化可的松、肝素和抗坏血酸。可诱导分别表达人类特异性内皮细胞表面标志（P1H12）、第 8 因子和激酶插入域受体以及形态学特性，如鹅卵石样和平面或立体培养基质的毛细血管样结构。

将 AFS 细胞放在含有地塞米松、β-甘油和抗坏血酸-2-磷酸中可以诱导向成骨细胞分化，可通过钙离子沉淀法和分化细胞碱性磷酸酶检测得到证明。

使 AFS 细胞聚集并将其放在海藻盐水凝胶中，在培养基中加入地塞米松、β-甘油和抗坏血酸-2-磷酸、丙酮酸钠、脯氨酸和 TGF-β1 可以使 AFS 细胞向软骨细胞分化。证实分化细胞可产生 sGAG 和Ⅱ型胶原。

五、羊水干细胞与其他干细胞的比较

表 18-2 显示了胚胎干细胞(ES)、诱导多能干细胞(iPS 细胞)、hAFS 细胞和间充质干细胞(MSC)等的主要特点。ES 细胞和 iPS 细胞都难以有效地分化并且当细胞注入体内时有可能形成畸胎瘤。MSC 在体外相对难以扩增,因此,hAFS 和许多其他干细胞相比,有一些优势。首先,即使在没有饲养层细胞的条件下,hAFS 细胞和其他干细胞相比有一个短暂的倍增时间(36 小时),它们可以很容易地在特定培养条件下分化成许多细胞类型。此外,90% 的 hAFS 表达转录因子 Oct4。Oct4 在胚胎干细胞中与维持未分化和多潜能状态有着紧密联系,hAFS 细胞虽然不及 ES 细胞和 iPS 细胞具有可塑性,hAFS 细胞的再生和再分化也都没有被广泛报道,故需要进一步研究来评估这些潜能和用途。

表 18-2　ES 细胞、iPS 细胞、HAFS 和 MSC 的主要特性

	ES 细胞	iPS 细胞	hAFS	MSC
来源	早期胚胎	身体的细胞	羊水	骨髓和其他人体组织
饲养细胞	必需	必需	非必需	非必需
标志	SSEA3/4, OCT-3/4	SSEA3/4, OCT-3/4	SSEA4, OCT-4, c-kit	CD44, CD73, CD90
可塑性	多能性	多能性	广泛多潜能	多潜能
是否形成畸胎瘤	是	是	否	否
倍增(小时)	31 ~ 57	48	36	不定
在体外的寿命	长	长	长	短
是否有伦理问题	是	否	否	否
是否进行临床试验	否	否	否	是

试验观察证明 HAFS 细胞具有临床应用的可行性。由于其不能在体内诱导形成畸胎瘤,并且在理论上没有 ES 细胞和其他干细胞的伦理问题,最重要的是在儿科领域,如果在产前诊断出先天结构性缺陷,hAFS 细胞可以在妊娠的剩余月份用侵袭性采样分离获取 hAFS 细胞并且在体外培养,hAFS 细胞可在体外培养扩增后建造组织结构以用来重建出生后的结构性缺陷。

第五节　羊膜组织与再生医学

羊膜是一种易得的生物材料,也易于加工、处理、保存和运输,并且在贮存相当长的时间后其适用性仍然不会受到损害。同时,羊膜也是一种理想的生物修复材料,具有支持上皮细胞生长、延长其生命、维持其克隆的作用。hAESC 和间质细胞的分离纯化技术日渐成熟,为今后大规模的应用奠定了基础。更为重要的是,羊膜来源丰富、取材方便、易于分离,羊膜组织在胎儿娩出后即完成使命,成为“废弃物”,对其研究不会涉及伦理道德问题。它的这些独特的生物学特性使其必然成为现代临床医学中密切关注的领域,并具进一步深入研究的价值及更广泛的开发前景。

一、羊膜临床应用历史与发展

羊膜作为一种生物材料应用于临床已有百余年的历史,近年来,随着医学的发展和对羊膜认识的进一步深入,羊膜的临床应用领域越来越广泛。

1910 年 Davis 首次报道了用胎膜作为手术替代材料来进行皮肤移植。1913 年 Stern 和 Sabella 分别报道了用羊膜来治疗皮肤烧伤和皮肤溃疡,羊膜贴附在伤口上,患者疼痛明显减轻,伤处的皮肤创面上皮化明显加快。但是,由于机制不清,所以这些令人鼓舞的研究结果,并未引起医学界的重视。

1935 年和 1937 年 Brindeau 和 Burger 分别报道了用羊膜作为移植片来形成人工阴道并获得成功,手术后 9 个月的阴道刮片显示,阴道已经成功上皮化,并且与羊膜的上皮表型不同,提示阴道重建后的上皮来源于阴道的入口,羊膜起到基底膜的作用。自此以后,利用羊膜进行手术的研究日益增多,相继有学者报道采用羊膜修复烧伤皮肤、腿部的慢性溃疡、人工阴道及膀胱,或者用于修复脐膨出和预防腹部、头部和盆腔手术后的粘连。1940 年 De Rotth 首次将羊膜应用于眼部修复结膜缺损。

1946 年和 1949 年 Sorsby 连续报道了用羊膜作为敷料来治疗眼部急性烧伤。然而,由于 de Rotth 使用的羊膜含有抗原性很强的绒毛膜,移植片发生排斥溶解,导致手术失败,因此羊膜的应用研究搁置了很长时间。直到 1995 年 Kim 和 Tseng 报道了用经过改良方法处理和保存的羊膜重建眼表获得成功,羊膜才又成为眼科的一个研究和应用热点。

1997 年,Ma 等开始从分子生物学角度对羊膜移植的可行性进行了研究,从分子水平阐述了羊膜的生物学特性。Akle 曾在异种皮下种植羊膜,术后 7 周未出现明显免疫应答反应;通过转染猿猴病毒 T 抗原(SV40)使 hAESC 出现高分化潜能,应用流式细胞术和免疫组化方法分析转染前和转染后的细胞两者均未能表达明显的 MHC-Ⅱ类抗原,从而认为羊膜缺乏免疫原性。

二、羊膜组织与再生

羊膜能产生各种生长因子如 EGF、TGF-β、HGF、bFGF 及 IL-10。这些细胞因子可能通过单独或网状途径加速嗜中性粒细胞的程序性死亡,然后,影响胶原酶的产生及其相关功能,从而减轻炎症。

1. 羊膜可促进多种细胞黏附和生长　羊膜的基质成分主要包括胶原和层粘连蛋白。层粘连蛋白是细胞外基质的非胶原糖蛋白,与Ⅳ型胶原结合构成羊膜结构中基底膜的骨架成分,膜基底膜厚有利于细胞的黏附;富含胶原蛋白、糖蛋白、蛋白多糖和整合素等多种成分,表达多种生长因子 mRNA 和相关蛋白,为黏附细胞的生长提供足够的营养物质;厚的基底膜可促进上皮细胞的黏附、移行,并抑制其凋亡。羊膜上皮层可合成并释放多种生长因子,对多种细胞的生长都有促进作用,如 KGF 通过旁分泌可促进上皮细胞(如纤维细胞)增殖;碱性成纤维细胞生长因子可通过调节成纤维细胞的增殖分化进而促进创伤修复。

2. 羊膜可抑制炎症、抑制纤维化及瘢痕组织形成、防止肌腱粘连　研究发现羊膜可通过抑制炎性因子的活性,使白细胞介素-1α 和白细胞介素-1β 的表达量降低,进而抑制炎症反应。同时,羊膜中含有的Ⅶ型胶原、金属蛋白酶组织抑制剂等都可以直接或间接地作用于损伤部位,抑制炎症的发生。瘢痕形成和纤维化是病理损伤后伤口愈合过程中的共同结果,是一个复杂的过程。羊膜可通过抑制上皮细胞诱导的肌成纤维细胞分化,进而起到抑制纤维化的作用;瘢痕组织是过度纤维化的表现,羊膜抑制瘢痕组织形成的机制主要与以下两个方面有关。一方面,羊膜无血管基质可以防止纤维瘢痕组织的形成;另一方面,TGF-β 是瘢痕形成过程中最重要的调节因子,其表达量的变化与瘢痕的形成呈现正相关。RT-PCR 结果显示,人羊膜表达 TGF-β 随培养时间的延长其表达量是逐渐减少的,说明羊膜可通过抑制 TGF-β 相关蛋白的表达进而抑制瘢痕的过度形成。

3. 羊膜可防止肌腱粘连　羊膜防止肌腱粘连方面已有报道。Mei 等对 30 只肉鸡 60 根肌腱进行人为切断,吻合后将羊膜植入肌腱周围,定期观察发现修复中肌腱与周围组织未发生粘连,术后 3 ~4 周羊膜消退吸收周围出现裂隙,之后用羊膜治疗 22 例外伤性肌腱断裂进行临床验证,结果显示 22 例患者均未发生肌腱粘连。由此可见,应用羊膜防止肌腱粘连效果令人满意,证明羊膜有很好的防止肌腱粘连的作用。

4. 羊膜促进周围神经的再生　Mohammad 等用羊膜制成神经导管修复大鼠坐骨神经缺损(近 1mm),结果发现,有神经组织长入并穿过羊膜导管,提示羊膜含有重要的嗜神经组织因子。Mligiliche 等将脱细胞羊膜制成管状用以修复神经缺损,发现修复结果与管径大小有关,适合的管径的羊膜可促进周围神经的再生。

三、羊膜的再生

羊膜是胎膜的组成部分之一。人类胎膜是不受神经支配的,羊膜中也没有血液循环。而皮肤和其他器官中典型的创伤愈合应答反应包括炎症、瘢痕形成,因此组织再生在胎膜中是不太可能发生的。但是,在未足月胎膜早破(preterm pre-mature rupture of the membranes,PPROM)研究中发现有7.7%～9.7%的胎膜破损能够自然闭合,妊娠可能继续,其围生儿预后较好。这提示胎膜是否存在再生现象,值得进一步研究。

未足月胎膜早破是指妊娠未满37周胎膜在临产前发生破裂。PPROM的主要危害是早产、脐带脱垂、宫内感染及胎儿窘迫等。在所有妊娠中PPROM发生率为2%～3%,早产30%～40%由PPROM引发,PPROM孕妇中有60%～80%的孕妇在胎膜破裂7天内分娩,其中,潜伏期为6.6天。通过羊膜、绒毛膜体外实验证明,羊膜破口暴露的纤维组织可激发血小板的聚集、黏附和活化,在缺损处局部形成栓子,堵塞破口。电镜下可观察到局部形成的血小板栓子。提示可能为羊膜干细胞释放细胞因子发挥旁分泌作用的结果。虽然,破口处羊膜也会通过滑动、收缩和在子宫肌层与子宫蜕膜层形成瘢痕进行功能性封闭,但不能达到胎膜解剖学的封闭。由PPROM造成的羊膜腔开放和羊水持续渗漏,及其引发的早产是导致新生儿发病率与死亡率升高的重要原因。据报道新生儿存活率只有94%,其余妊娠则面临肺发育不全、骨骼畸形和母体感染等危险,在存活的婴儿中,其发育迟缓的危险性高达22%～53%。目前,治疗PPROM的传统疗法,包括期待疗法与终止妊娠,虽在一定程度上改善了围产儿的预后,但未能从根本上解决这一问题。因此,进一步探讨PPROM的封闭疗法极为重要。

1. 胎膜破裂的体外实验模型　羊膜腔封闭的动物实验多使用兔孕中期模型。于孕22～23天(足月为30～32天)行子宫羊膜切开术或胎儿镜手术,术后用不同材料和方法封闭羊膜,比较各种材料及方法的疗效。具体方法是使用30ml的注射器,去掉乳头端,用橡皮筋将未足月胎膜固定于注射器上,羊膜面朝内,注射器内装有20ml羊水,统一用9号注射针头垂直刺破胎膜,见羊水流出,通过注入压缩空气到注射器羊水表面,使羊水压力维持在130～260mmH_2O。每组制造标准的胎膜破口后,见羊水流出约1ml,将封闭材料通过双腔三通管末端混合后一次性注入破口处。记录每组羊水渗漏干净或停止渗漏的时间,时间越长表示胎膜破口的封闭效果越好。再用显微镜对破口局部形态学进行观察,比较各封闭材料与破口处胎膜连接的紧密性与完整性。

2. 体外实验中胎膜的愈合能力　Quintero等发现羊膜分化细胞株FL(ATCC,CCL-62)有修复单细胞层中间微小缺损的能力。表皮生长因子和胰岛素样生长因子-1可刺激羊膜细胞株WISH(ATCC,CLL-25)增殖修复的能力。羊膜细胞的修复能力和孕周相关,远离足月的羊膜细胞具有更高的增殖率和修复中央缺损的能力。Devlieger等在体外全层培养人胎膜组织块,在组织块中央建立损伤模型,发现组织块有局限性增殖,且组织块在体外培养12天仍能存活,但在中央缺损处却没有观察到胎膜组织愈合迹象。

3. 动物模型中胎膜的愈合能力　在研究胎膜创伤愈合应答反应的动物模型中,鼠胎膜用细针刺破后,伤口挛缩,破孔明显减小,组织学上的改变包括膜融合、粘连和血块形成。但破裂5天后胎膜完整性没有恢复,局部细胞也没有增殖。Gratac等完成了19例恒河猴胎儿镜检查后,胎膜缺损处的显微镜检查发现胎膜的愈合能力非常有限,恒河猴胎儿镜检查6周后,在胎儿镜进针处胎膜的缺损,仍持续存在。

4. 胎膜修补　胎膜破口如果能够愈合或封闭,则可能恢复羊膜腔的内环境,从而延长孕周,同时使羊水量逐渐恢复正常,减少羊水过少导致的胎儿肺和骨骼发育不全。在处理医源性胎膜破裂上,已经有一些成功的个案报道。

1979年,Genz等首次报道了两例PPROM孕妇采用纤维蛋白封闭剂治疗的病例。从此以后,各国研究者相继报道了各种封闭剂在胎膜早破破口修复中的应用。羊膜腔封闭材料主要有纤维蛋白胶、羊膜补片、胶原栓剂、明胶海绵和生物基质补片等。然而,由于自发性胎膜破裂前存在胎膜基质的降解和亚临床感染，自发性胎膜破裂后的胎膜修补成功的报道较少。为了让胎膜修补尽快用于临床，还需要进一步研究最佳封闭及修复胎膜破口的生物材料、胎膜修补能否实现功能和解剖学两方面的修复、胎膜修补的最佳时间及介入方法和胎膜修补对母儿的利弊观察等。

5. 封闭方法 分为经宫颈注射、经羊膜腔注射和内窥镜下注射。此外，根据注射部位不同还可分为直接注射与破裂部位注射等。

四、羊膜的应用

临床应用的覆盖创面的生物敷料必须具备四个方面的特点：①敷料既可覆盖创面又可以主动参与创面修复过程；②应用过程舒适，不增加患者痛苦，无不良反应；③使用方便，不增加医务人员的额外工作量；④价格低廉，可以在临床大量推广应用。

近年来，羊膜作为生物敷料在临床应用越来越广泛，应用范围主要包括烧伤、机械性损伤、黏膜损伤及碱灼伤等创面的覆盖、减轻疼痛、抗菌消炎、促进愈合等。羊膜的临床应用范围日益扩大，但是应用最多的还是眼科手术后创面的治疗。羊膜组织因其独特的结构在重建健康眼表、防止角膜结膜化、血管化、感染及睑球粘连等方面具有独特的作用。

1. 重建眼表 结膜损伤是常见的眼表疾病。以往大多采用口唇黏膜作为结膜替代物，取材繁琐，术后外观欠佳，给患者增加了一定的痛苦。而采用羊膜替代结膜重建眼表，手术程序相对简单，残存的结膜细胞能很快在羊膜上爬行生长，术后外观及功能均较为满意。羊膜自身的一些特点决定了它比较适用于眼表重建。

2. 睑球粘连 睑球粘连见于各种原因引起的大面积结膜损害，如化学烧伤、热灼伤、机械性损伤、重型渗出性多形性红斑综合征（Stevens-Johnson syndrome）、复发性胬肉等。Solomon 等将羊膜移植用于睑球粘连 17 只眼的结膜穹隆重建，其中，有 12 只眼，获得了成功，睑球粘连完全解除；有两只眼，获得部分穹隆重建，睑球粘连得到改善；有 3 只眼睑球粘连复发。提示羊膜移植是解决睑球粘连的有效方法。

3. 角膜溃疡 对于顽固性、药物治疗无效的上皮细胞缺失的患者，羊膜移植提供了一种可选择的新方法。无论是单层羊膜覆盖浅的溃疡还是多层羊膜移植治疗较深的溃疡，都取得了比较满意的临床疗效，大多数患者获得了有效的术后视力，相比较于角膜移植其优势明显。同时，手术后羊膜凭借较好的透明性可以使患者获得较好的远视力。

4. 视网膜移植 Yoshita 等使用分散酶处理过的羊膜为基底膜培养人视网膜色素上皮（RPE）细胞获得成功。用这种方法培养的 RPE 细胞的 RPE65、酪氨酸相关蛋白-2 等的基因表达上调。此外，血管内皮生长因子、色素上皮衍生因子明显增高。这项研究初步表明羊膜作为培养 RPE 细胞的基质可能有利于 RPE 细胞的分化及上皮表型表达。并且这项研究使羊膜在眼科的应用有了新的发展方向，为视网膜移植提供了新的研究方向与发展空间。

5. 硬脊膜损伤 Zhu 等对 60 只兔子行 L5 水平椎板切除术，分别在硬膜外覆盖羊膜、几丁糖膜，空白对照组不做任何覆盖。空白对照组暴露的硬膜发生广泛粘连，硬膜外腔几乎消失；羊膜组和几丁糖膜组硬膜外瘢痕稀少，硬膜表面光滑，硬膜外形成潜在腔隙，维持了硬膜外的有效空间。不同时间段三组间粘连度评价以羊膜组最低，几丁糖膜组次之，空白组最高，比较均有显著性差异（$P<0.05$，$P<0.01$）。在硬膜和骶棘肌间放置合适的材料，可预防硬膜外粘连。羊膜能预防硬膜外瘢痕向椎管内延伸。

6. 糖尿病难愈性皮肤溃疡 有学者选择 120 例糖尿病难愈性创面观察羊膜在组织修复中的作用，观察组创面应用人胎羊膜覆盖治疗，对照组采用常规治疗，分别于第 3、7、14 天观察创面上皮匍行后的面积及肉芽成熟程度。在治疗第 7、14 天时，观察组上皮匍行速度及肉芽组织生长均明显优于对照组（$P<0.05$，$P<0.01$），说明羊膜组织在促进创面修复中有积极的作用。

7. 烧伤 有研究者采用同体对照，比较牛羊膜和作为对照的凡士林油纱敷料在烧伤创面的临床应用效果。结果羊膜组换药时患者疼痛轻微，对照组疼痛较明显。羊膜组创面愈合时间在各类创面中均低于对照组，差异有显著性意义，并且创面感染率在深Ⅱ度和残余创面也明显低于对照组，差异有显著性意义，说明牛羊膜可以促进烧伤创面愈合,降低创面感染率。

8. 口腔疾病　口腔外科医生经常面临着一个窘境,没有足够的自体口腔黏膜上皮组织来覆盖口腔组织缺损,如各种感染、损伤和肿瘤等引起组织缺损。传统方法是制造第二个创口进行自体黏膜移植。但该过程属于侵入性有创性操作,修复自身损伤的同时又制造了新的创面,增加了患者的痛苦。近年来,羊膜在烧伤及皮肤科的成功应用,为口腔组织缺损的修复提供了一个新的方法。羊膜在口腔科的应用主要包括以下几个方面:①口腔糜烂面的覆盖。②修复及重建牙周软组织缺损。Rinastiti 等在兔子上颌前磨牙与切牙之间除去直径约 4mm 的牙龈组织之后给予 5 层羊膜移植缝合固定,与不做处理的对照组进行对比,10 天后组织学观察发现羊膜组的成纤维细胞数目、成血管数目及胶原纤维的密度均高于对照组,这说明羊膜对较硬组织(如牙周软组织)缺损的修复有促进作用。③下颌前庭成形术中修补前庭黏膜缺损,改善手术造成前庭沟变浅。④修补腭部软组织缺损,腭部软组织缺损修补的关键在于有效地抑制硬腭裸露骨面瘢痕组织的收缩,羊膜厚的基底膜可有效地防止过度纤维化,抑制瘢痕组织的增生,故羊膜在一定范围内可用于腭部软组织缺损的修补。这与 Song 等人用羊膜负载的羊膜复合组织片修复硬腭裸露软组织缺损的实验结果相一致。

9. 骨科疾病　人胚半月板纤维软骨细胞扩增后与羊膜进行复合培养,发现纤维软骨细胞于羊膜上牢固黏附,3 天开始增殖,两周时已有大量细胞生长于羊膜上,说明羊膜可作为半月板工程细胞支架材料。

10. 阴道和宫颈成形　以羊膜作为移植物用于 5 例完全性阴道和宫颈不发育的女性的宫颈和阴道成形术中,实验结果也显示在所有病例中上皮形成良好,且宫颈及阴道重建成功。提示羊膜能作为一种同种异体移植物用于宫颈再造术效果良好。此外,还有对 6 例先天性无阴道患者进行羊膜移植阴道成形术的报道。

研究发现羊膜覆盖创面两天后即可与创面形成羊膜痂起到屏障的作用保护创面,减轻或者消除患者因暴露的浅表神经受到刺激而引起的疼痛;同时,羊膜中含有的活性成分对损伤周围神经纤维的再生有一定的促进作用;羊膜中的次级溶酶体可刺激创面周围肥大细胞产生组胺,改善局部缺血的症状,原来苍白的创面色泽变红润,创面周围水肿减轻或消失;液态镶嵌结构的 hAESC 的细胞层孔径为 0.5μm ~ 4.0μm,一方面,可以允许水分和小分子物质通过,具有一定的透水透气性,在防止水分和电解质的过度丢失的同时可以使创面保持一定的湿度适合上皮细胞的生长,促进创面愈合;另一方面可以阻止细菌的侵入,减少创面的感染;羊膜柔软与创面贴服良好无刺激,贴敷过程中无脱落便无需换药,这大大减少了换药给患者带来的痛苦和医务人员的工作量;羊膜来源丰富,价格低廉,可在临床广泛应用。

第六节　羊膜干细胞与再生医学

人羊膜细胞源于大量被遗弃的胎盘,是再生医学中没有争议的细胞来源。今后的研究可探讨有效的实验方法,使人羊膜细胞向不同的细胞类型分化,用于临床移植。人羊膜细胞的应用将在生命科学领域引起一场新的变革,虽然此技术真正进入临床应用之前还有一段曲折的路要走,但毋庸置疑的是人羊膜细胞应用前景相当广阔。

一、羊膜间充质干细胞与再生医学

hAMSC 在再生医学应用中具有很高的应用价值,近年来已有不少学者应用 hAMSC 作为替代细胞来治疗各种疾病。研究者通过临床前的实验来探索验证对于 hAMSC 在临床治疗领域应用中的设想。目前,研究者已将 hAMSC 移植于骨损伤、糖尿病、肌营养不良、帕金森综合征、神经性疾病、骨髓损伤等疾病的动物模型体内,研究 hAMSC 的疗效及作用机制,为 hAMSC 的临床应用打下基础。

1. 外周神经损伤　国外有学者报道应用 hAMSC 移植治疗 SD 大鼠坐骨神经损伤,步态分析结果显示移植治疗组明显优于对照组,移植治疗组的肌肉复合动作电位的波幅百分比为 43%,对照组为 29%,动作电位传导潜伏期分别为1.7毫秒和2.5毫秒，表明移植组治疗效果优于对照组。

2. 心脏疾病 有研究发现hAMSC表达心肌特异性转录因子GATA4，心肌特异性基因如MLC-2a、MLC-2v、cTnI、cTnT和一过性电流外向性钾离子通道Kv4.3，经bFGF或苯丙酸诺龙A刺激后，hAMSC表达心肌细胞特异性标记Nkx2.5和心房利钠肽以及α肌球蛋白重链。将hAMSC移植入心肌梗死的鼠心脏后，hAMSC在瘢痕组织中存活至少两个月并且能分化成心肌细胞。

3. 中枢神经损伤 通过不同途径移植hAMSC治疗脑损伤大鼠，比较脑损伤大鼠行为学的改善，为脑损伤治疗选择有效的移植途径。人羊膜间充质干细胞移植对脑损伤大鼠行为学和空间学习记忆能力的影响，以及神经生长因子、纤维蛋白胶在人羊膜间充质干细胞移植中的作用。采用"无创途径"，即静脉移植hAMSC治疗阿尔茨海默病动物模型，结果显示，明显改善动物的认知功能，并且进一步对小鼠的体重、血细胞数目、肝肾功能指标、肿瘤标志物等进行检测，对hAMSC移植的安全性进行了综合评估，发现小鼠的肝肾功能未有明显损伤，且移植后无致瘤现象发生，安全可行。

4. 皮肤创面 Pang实验室应用磁纳米颗粒标记的hAMSC皮内移植于小鼠全皮层创伤修复模型，与PBS对照组相比较，hAMSC移植组创面愈合加速。HE染色可见，hAMSC移植组肉芽组织生长旺盛，成纤维细胞、毛细血管含量丰富，胶原沉积增多(图18-10)。

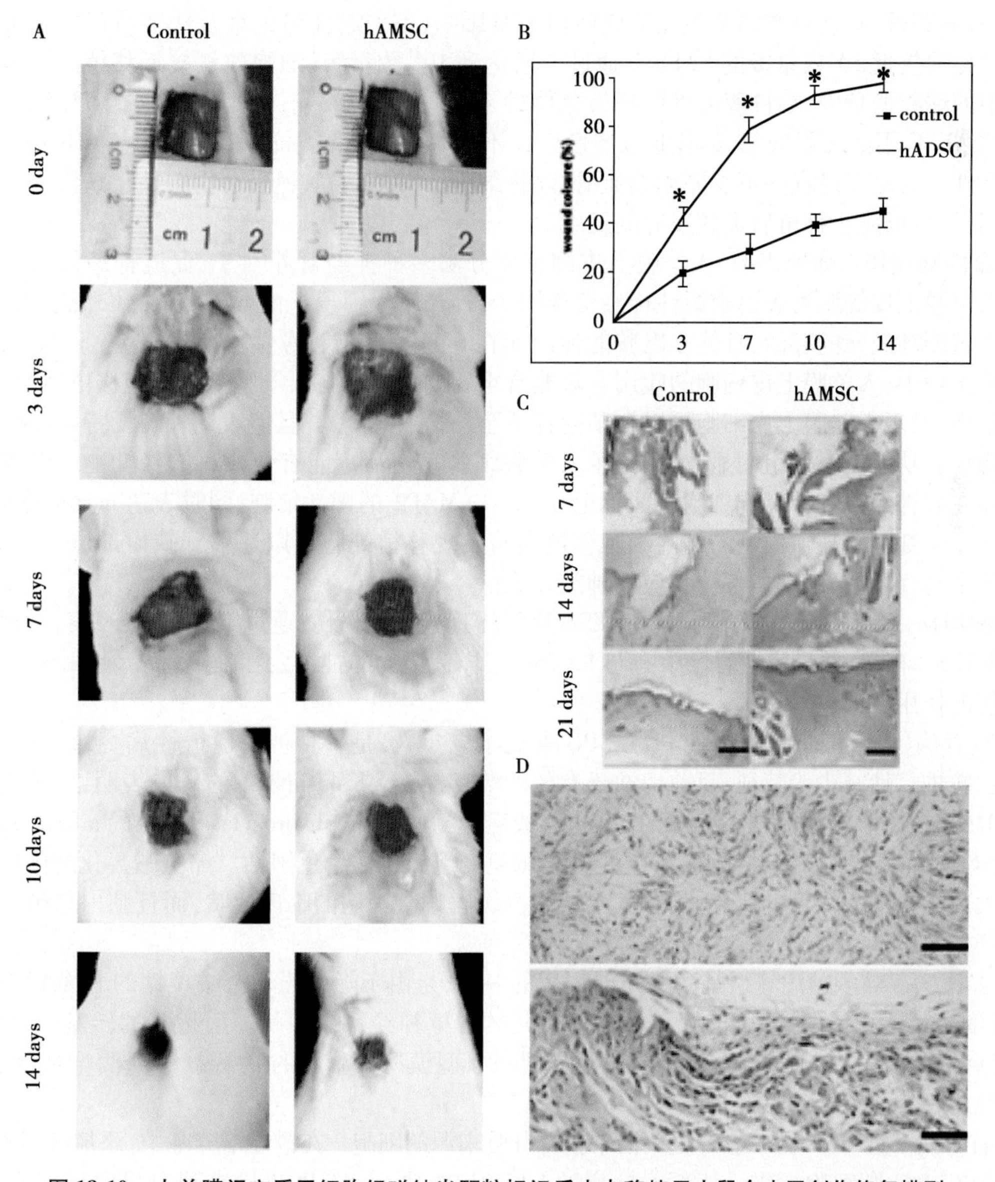

图18-10 人羊膜间充质干细胞经磁纳米颗粒标记后皮内移植于小鼠全皮层创伤修复模型

5. hAMSC 移植治疗Ⅰ型糖尿病　研究发现 hAMSC 可以明显降低糖尿病大鼠的血糖，减轻糖尿病症状，并且，通过体内定位跟踪 hAMSC 发现干细胞可以归巢于胰腺损伤部位，进行胰岛修复。

另外，将 hAMSC 接种于由猪明胶制备的微载体上，于旋转培养瓶中进行增殖培养，并向骨细胞诱导分化发现，hAMSC 不仅具有很高的活性，还被成功诱导分化为骨组织细胞，再经灌注培养后，微载体就会聚集成厘米级的骨形态组织。

hAMSC 能够高水平表达血管生成的相关基因，如 VEGF-A、血管生成素-1（angiogenin-1，Ang-1）、HGF 和 FGF-2。同时，hAMSC 体外培养可向血管内皮细胞分化，形成血管样组织；体内实验显示 hAMSC 移植能够增加小鼠下肢缺血部位的血液灌注量及局部毛细血管密度，表明 hAMSC 在血管发生中具有促进作用。hAMSC 还可分化为肝细胞样细胞或肝上皮样细胞，羊膜片移植于小鼠体内后分泌白蛋白，免疫荧光染色结果显示 hAMSC 肝内移植后 1、2 及 3 周表达，肝细胞相关标志物 CK19、CK18 及白蛋白升高，表明 hAMSC 在损伤肝原位可向肝细胞分化。

二、羊膜上皮干细胞与再生医学

hAESC 作为一种备选的良好的组织工程种子细胞具有以下独特的优势：①取材于分娩后废弃的胎盘，来源丰富、容易获得，不会对产妇及胎儿造成任何不良影响，不引起任何伦理及法律争议。②每个废弃胎盘羊膜中可提取接近 10^9 数量级的 hAESC，通过扩增达到 10^{11} 数量级，细胞数量接近移植的要求。③不表达干细胞中的端粒酶基因，端粒酶可以保护染色体的末端，保证 DNA 不在复制过程中缩短从而使细胞永生化，因此 hAESC 不能无限增殖，具有非致瘤性。④不表达 MHC-Ⅱ类抗原，少量表达 MHC-Ⅰ类抗原，不具有免疫原性。⑤培养过程中不需要动物血清、动物细胞的支持培养，免受动物源性疾病因的污染。⑥可分泌抗炎因子，可以防止移植后炎性反应的发生。

1. 缺血性脑损伤　研究表明，人羊膜上皮细胞可分泌多种神经营养因子，促进神经元的存活及其轴突生长。人羊膜上皮细胞可表达脑源性神经营养因子、神经营养因子-3 的 mRNA，在体外能改善无血清培养基中多巴胺能神经元的存活，且使多巴胺能神经元在 6-羟基多巴胺毒性作用时，保持形态完整。因此，在神经系统疾病中，人羊膜上皮细胞的应用有着非常重要的意义。将人羊膜上皮细胞移植到 SD 大鼠脑损伤模型的脑内，发现人羊膜上皮细胞可以在脑内存活至移植后 4 周，并且能表达神经元特异性抗原 MAP2，移植的动物后肢功能较对照组明显改善，提示人羊膜细胞移植治疗能有效改善神经功能。培养的羊膜上皮细胞中存在有神经元和神经干细胞表面标记 nestin 和 MAP2 的阳性细胞，同时表达 nestin 的 mRNA。纯化后的神经元干细胞脑缺血模型的脑内细胞移植实验发现移植细胞可以迁移到缺血部位，并显示了选择性神经元死亡与存活，与脑缺血部位相应的神经元成活。

2. 脊髓损伤　利用体外培养标记的 hAESC 移植治疗猴脊髓损伤，通过 15～60 天观察，发现移植部位有成活的 hAESC 存在，并且宿主脊髓中有与 hAESC 同样标记物的神经元和轴突，提示 hAESC 具有修复神经系统损伤的作用。

3. 帕金森病（Parkinsoncs disease，PD）　PD 常见于老年人，是一种神经退行性病变，以脑的苍白球及黑质的多巴胺进行性减少为特征，目前尚缺乏有效的治疗措施。Kakishita 等的研究表明，羊膜细胞能够合成并产生 DA。分子水平研究证实，hAESC 有酪氨酸羟化酶（tyrosine hydroxylase，TH）的 mRNA 和蛋白质表达。在培养 hAESC 中，约 10% 的细胞酪氨酸羟化酶免疫组织化学染色阳性。酪氨酸羟化酶阳性细胞体内移植治疗大鼠帕金森病模型的实验表明，其不仅可以缓解帕金森病的临床症状，而且脑内移植细胞可以存活并具有产生 DA 的功能。

4. 黏多糖病　黏多糖病Ⅶ型是溶酶体储积病的一种，是由于降解葡萄糖胺聚糖的 β-葡糖苷酸酶缺乏所致，传统的酶替代疗法、骨髓移植等不能改善患儿的中枢神经系统症状。用封装的转基因 hAESC 移植治疗黏多糖病Ⅶ型，发现在移植后 7 天 C3H 黏多糖病Ⅶ型模型鼠脑内的 β-葡糖苷酸酶增加，说明 hAESC 可以有效地用于黏多糖病Ⅶ型的治疗。

5. 肝脏疾病　近年来，由于供者短缺很难获得肝脏来源的细胞。在诱导培养基中，添加胰岛素和地塞米松证明 hAESC 表达肝细胞标志。从新鲜分离的 hAESC 中，通过 RT-PCR 检测到白蛋白、α1AT、CK18、GS、CPS-I、PEPCK、CYP2D6 和 CYP3A4。在体外培养中，加入肝细胞生长因子、成纤维细胞生长因子 2、肝素钠和致瘤素,检测到 hAESC 表达 AFP、TTR、TAT 和 CYP2C9,但是不表达 OTC、葡萄糖-6-磷酸酯酶或 TDO,这些结果显示,hAESC 表达肝细胞相关基因的亚型。此外,还发现 hAESC 具有产生白蛋白和储存糖原的功能。将新分离的 hAESC 培养 7 天后,加入地塞米松和胰岛素,可加速向肝细胞分化并表达特定的肝细胞基因、白蛋白和 α1-抗胰蛋白酶,当 hAESC 在含有地塞米松和 EGF 的培养基中进行培养时,这些基因的表达会增加。结果显示 hAESC 有望成为肝细胞替代疗法中的新型的细胞来源,应用于肝脏疾病的治疗。

第七节 羊水细胞在再生医学中的应用

从羊水中分离的多能干细胞在再生医学领域中有着巨大的潜力。其全能性、高增殖率、多分化潜能和注射到体内时不形成畸胎瘤这些特征,使它们成为细胞来源的重要候补。此外,这些细胞的使用没有伦理问题,这就比其他干细胞(像胚胎干细胞和 iPS 细胞)有优势。最近,用 hAFS 结合的人工组织来治疗取得的让人兴奋的结果,鼓励它们在更先进、更广泛的再生医学领域使用(表 18-3)。

表 18-3 羊水干细胞对再生医学的各种应用

	细胞类型	支架	动物模型和结果	发表文献
肌肉	大鼠 AFS 细胞	可降解支架	低温损伤大鼠膀胱壁,预防低温损伤诱导的平滑肌细胞肥大	(De Coppi,et al, 2007b)
神经	神经元诱导的人 AFS 细胞	可降解支架	Twitcher 小鼠,与小鼠体内神经细胞整合	(De Coppi,et al, 2007a)
	大鼠 AFS 细胞	可降解支架	鸡胚胎 2.5 周广泛的胸廓挤压伤,减少出血和增加存活率	(Prasongchean,et al, 2011)
肾脏	人 AFS 细胞	可降解支架	甘油诱导横纹肌溶解症和急性肾小管坏死的小鼠,急性肾小管坏死改善和受损的小管和细胞凋亡数减少	(Perin,et al, 2010)
肺	人 AFS 细胞	可降解支架	高氧和萘损伤的小鼠,AFS 细胞可以应对不同肺损伤	(Carraro,et al, 2008)
心脏	大鼠 AFS 细胞	可降解支架	大鼠心脏梗死缺血/再灌注损伤,改善射血分数	(Bollini,et al, 2011)
	人 AFS 细胞和人 AFS 细胞衍生的细胞结构	可降解支架	免疫抑制大鼠心脏梗死,改善射血分数	(Yeh, et al, 2010b, Yeh, et al, 2010a, Lee,et al, 2011)
心脏瓣膜	人 AFS 细胞	人造聚合物支架	通过生物反应器调节,在体外形成新组织	(Weber,et al, 2011)
膈	羊 AFS 细胞	胶原水凝胶	部分膈肌更换的新生羔羊,机械和功能的结果	(Fuchs,et al, 2004)
骨	人 AFSC	藻酸盐/胶原	皮下植入到免疫缺陷小鼠,异位成骨	(De Coppi,et al, 2007a)
	rhBMP-7 诱导人 AFS 细胞向成骨分化	PLLA 纳米纤维	皮下植入裸鼠,异位成骨	(Sun,et al, 2010)
	兔 AFS 细胞	PLLA 纳米纤维	全层胸骨缺陷,出生后胸壁重建	(Steigman,et al, 2009)
	人 AFS 细胞	多孔 PCL	皮下植入无胸腺大鼠,异位成骨	(Peister,et al, 2009)
软骨	人 AFS 细胞	片状或藻酸盐水凝胶	在体外形成软骨	(Kolambkar,et al,2007 Kunisaki,et al, 2007)
血管发生	人 AFS 细胞的条件培养基	可降解支架	小鼠后肢缺血,通过干细胞分泌因子介导的宿主干细胞的招募调节组织修复	(Teodelinda,et al, 2011)

1. 肌肉　在急性坏死损伤性膀胱癌的模型中,hAFS 的移植可以用来治疗创伤所致的逼尿肌收缩力的损坏。hAFS 移植到冰冻的受伤的膀胱中可以在逼尿肌上形成一系列小的平滑肌束并且产生有限的血管,一些 hAFS 进行细胞融合。然而,hAFS 的移植在这个机制中的主要影响似乎是通过一个未知的旁分泌机制,防治冷冻损伤所致的残存的平滑肌细胞的过度肥大。

2. 神经　Atala 等已在神经元分化的基质中培养出 hAFS,并将它们移植到模型鼠的侧脑室和 Twitcher 小鼠的脑室。Twitcher 小鼠所代表的神经退行性疾病模型中少突胶质细胞的逐渐丧失导致了大量的脱髓鞘现象和神经元的损失。Twitcher 小鼠体内缺乏溶酶体酶、半乳糖苷酶,并进行广泛的神经退行性变和神经系统的退化,这些都起始于少突胶质细胞的功能障碍,与在克拉贝球状细胞性脑白质营养不良遗传病中所见到的相似。试验中 hAFS 可以没有痕迹地转移到控制小鼠和 Twitcher 小鼠的脑中,并且在形态学上与周围的细胞不能区别。此外,它们在植入后至少存活了 2 个月。还发现有 70% 的 hAFS 整合到了受损伤的 Twitcher 小鼠的脑中,仅有 30% 的 hAFS 细胞整合到了正常 Twitcher 小鼠的脑中,提示了在中枢神经系统的创伤和疾病中这项新的治疗方法的可行性。最近的一项研究调查了从 GFP 转基因大鼠中分离的 c-kit$^+$hAFS 向神经元分化的能力,并且评估了在禽类胚胎损伤时它们的影响能力。当 hAFS 移植到有大面积胸廓压碎的 2. 5 周的鸡胚中时,可以广泛减少出血并增加存活率。这种效应是由旁分泌机制介导而不是由 hAFS 完全分化为神经细胞所致。

3. 肾脏　在 2007 年 Perin 等证明了将 hAFS 细胞注射到体外的胚胎肾微环境时,hAFS 可以被诱导分化成肾脏细胞。hAFS 细胞从男性胎儿的羊水中获得,并用 LacZ 或 GFP 标记,使 hAFS 细胞可以在整个实验中示踪。这些标记细胞被显微注射到小鼠的胚胎(E12. 5 ~ 18 天)肾中并且使它们保持在一个特殊的系统中在体外共培养 10 天。使用这种技术,表明在整个的实验期间,标记的 hAFS 细胞仍然是可行的,重要的是,它们可以为各种前肾结构的发育做贡献,包括肾囊泡和 C 或 S 形肾体。采用 RT-PCR 方法可以证明,移植的 hAFS 可以表达早期肾脏标记,如 ZO-1、胶质细胞源性神经营养因子和封闭蛋白。此外,在后续的实验中,Perin 等也用了一个急性肾小管坏死的肾损伤模型,这个模型是由甘油诱导的横纹肌溶解所诱导产生的。在这项研究中,注入的 hAFS 提供了保护作用,改善了由血尿素氮(BUN)下降所反映的急性肾小管坏死(acute tubular necrosis,ATN)水平和肌酐(creatinine,Cr)水平,此外也降低了受损肾小管的数量和凋亡细胞的数量。hAFS 细胞也表现出了一定的免疫调节作用。总之,上述资料提示 hAFS 细胞有能力分化成构成肾脏的许多不同类型的细胞,而且对于肾脏组织重建来说是一个具有无限潜能、没有伦理争议的细胞来源。

4. 肺　hAFS 细胞可以整合到小鼠的肺中并且在肺损伤后可以分化成肺特定谱系的细胞。当 hAFS 细胞在体外显微注射到小鼠胚胎肺的微环境中后,hAFS 可以融合到上皮内,并且表达人类早期分化标记甲状腺转录因子 1(thyroid transcription factor-1,TTF-1)。将成年裸鼠暴露在高氧的环境下,尾静脉注射的 hAFS 定位于远端肺并且表达 TTF1 和Ⅱ型肺泡标记表面活性蛋白 C。萘损伤之后,在给予 hAFS 时,对克拉拉细胞特定的损坏导致了 hAFS 在细支气管和气管位置的融合和分化,并表达特定的克拉拉细胞 10kDa 蛋白质。这些结果表明,hAFS 细胞的一定水平的可塑性允许它们在肺损伤中以不同的方法分化成不同类型的细胞,这些是通过表达特定的肺泡支气管上皮细胞系标记实现的,并且由肺损伤的类型和肺的接受者决定。

5. 心脏　hAFS 细胞作为一种替代细胞来源,对其进行测试,以确定在注射到大鼠心肌梗死模型后,它们是否能分化成心肌细胞的类型。在体外,当 hAFS 细胞与成年大鼠心肌细胞共培养时,转染进大鼠的 hAFS 细胞可以表达 GFP,证明了它们可以显著地向心肌细胞分化。然而,在心肌梗死后的心脏损伤部位探测到了不表达 GFP 的 hAFS 细胞,尽管最小地改善了梗死心脏的射血分数。这项研究表明,大鼠体内的 hAFS 可以向心肌表型分化并且改善心脏功能,即使它们的潜能被异体移植的极低生存率所限制。Yeh 等报道了有趣的方法,他们在体外培养了许多来源于 hAFS 细胞的结构并且在心肌梗死的动物模型中进行测试。在甲基纤维素水凝胶系统上培养 hAFS,且准备了球形的细胞集合和细胞层碎片,然后,将它们移植到心脏梗死的部分。在肌内注射后,细胞结构减少,同时细胞数减少,并且产生了丰富的细胞外基质,包括与分裂 hAFS 细胞相比的一些血管源性和保护心脏的因子。这些结果表明 hAFS 细胞结构可以有效地增强功能性心肌再生。

6. 心脏瓣膜 利用组织工程和再生医学的概念,许多团队已经证明了用一些细胞来源和生物相容性的支架建造心脏瓣膜的可行性。特别是,为了治疗先天性心脏疾病,产前收集的细胞可以用来在出生前建立工程瓣叶。将hAFS细胞分离并接种到生物可降解的支架上,来重建新生儿的瓣膜组织。这些组织也包括可以显示出稳定的机械强度并且与自然组织类似的有活性的内皮细胞。这项研究表明,用产前收集的自体的AFS细胞在体外建造心脏瓣膜组织,而后用来做出生后的组织工程移植是有可能的。

7. 膈肌组织 膈肌的组织工程移植对儿童先天性膈疝(congenital diaphragmatic hernia,CDH)是一种有效的长期解决方法。由于无细胞的生物假体不能提供可靠的结果,而且往往会导致并发症,如疝气、感染复发、胸壁和脊柱畸形、小肠梗阻和限制性肺疾病。分离绵羊AFS细胞并将其接种到无细胞的水凝胶组织上用来重建肌腱结构。移植到新生羔羊的部分膈肌缺损处的接种了AFS细胞的组织,与无细胞的生物组织相比,有更好的机械和功能。结果表明接种了AFS细胞的生物组织可能是重建膈肌组织的首选方法。

8. 骨骼 从组织工程的角度来看,最广泛的hAFS的研究是在骨再生领域。在体hAFS接种支架的皮下移植证实了异位骨形成。将成骨分化的hAFS包埋在海藻酸钠/胶原支架上并植入免疫缺陷小鼠的皮下。在植入18周后,用微CT在受体小鼠中观察到了高矿化组织和骨状物质块。这些骨状物质块较鼠的股骨密度大,表明hAFS可用于骨移植并进行骨缺损修复。

9. 软骨 hAFS在海藻酸钠水凝胶中做聚集扩增培养,为了诱导向软骨细胞分化,200 000个细胞被接种在含有软骨形成基质的15ml离心管中,软骨形成基质中包含ITS(胰岛素,转铁蛋白,亚硒酸钠)、地塞米松、L-脯氨酸和抗坏血酸-2-磷酸。在添加生长因子,如TGF-β_1、TGF-β_3、BMP-2和IGF-1后,将离心管离心使细胞聚集。细胞接种3周后,补加TGF-β可以增加sGAG和Ⅱ型胶原的产量,补加TGF-β_1比补加TGF-β_3有更好的效果。加入IGF-1比单独加入TGF-β_1产生更多的sGAG/DNA。与骨髓源性的MSC相比,hAFS细胞在补加TGF-β_1,3周后产生较少的软骨基质。研究表明,hAFS细胞有潜能分化为软骨细胞谱系,从而确立了用这些细胞在软骨组织工程应用的可能。

10. 血管发生 hAFS细胞释放的生物因子作为组织再生间接支撑的重要性。最近,Teodelinda等表明培养hAFS的条件培养基包括促进血管生成的可溶性因子,如单核细胞趋化蛋白-1(MCP-1)、白细胞介素-8(IL-8)、基质衍生因子-1(SDF-1)和血管内皮生长因子(VEGF)。当注射到小鼠的后肢缺血模型中,这个条件培养基可防止毛细血管的丢失和肌肉组织坏死,而后诱发新小动脉的生成和原有侧支动脉的重塑。该研究证实,干细胞分泌的因子可以招募内源性的干细胞和祖细胞并高效诱导组织修复。

羊水干细胞的优势之一是可以利用胎儿的自体细胞体外构建组织或器官,在孕中期获取羊水干细胞进行充分的体外扩增,使构建的组织或器官在胎儿出生后不久,甚至在出生前就能得以使用,来修补或纠正胎儿的某些先天性缺失,如先天性膈肌或心瓣膜发育不全等。Schmidt等的研究让我们看到了这种希望,他们利用羊水干细胞体外构建人工心脏瓣膜,具有内皮化及开闭的功能,可以满足生理功能的需要。

虽然,对hAFS细胞的特征和应用还要做更多的研究,但是,初步的成果已经让我们感到兴奋,并且在再生医学领域的研究将一定会有更快的发展。

此外,hAFS细胞可以冷冻保存以方便未来自己使用。与胚胎干细胞相比,hAFS和它有许多相似之处:它们均可向三个胚层分化,有共同的的标记和保持端粒的长度不变。然而,在这些细胞在转化为临床应用之前,一些实验还必须要进行,如细胞类型需要进一步鉴定。虽然,应用hAFS细胞和生物支架已经建立了少数组织工程和器官,像骨骼、软骨、心脏瓣膜和肌肉,但是,有几个问题必须解决,以实现在移植过程中取得成功的结果,包括在组织或特定器官中生物相容性材料(支架等)的选择,hAFS细胞锚定在支架上的方法,细胞存活、增殖和分化的合适微环境的供给。在体内注射hAFS或移植入接种hAFS细胞的组织工程的实验中,hAFS细胞可以高效整合到受体系统内,证明细胞的结构与功能并突出了这些细胞的真实的临床潜力。用更为复杂和突出的方法来证明这些细胞的确切的潜能以及完整的表征是有益的,可以帮助我们用这些细胞确定现实的目标和应用。此外,hAFS细胞容易培养、增殖和分化,这些特点也为其他的应用提供了很大的希望,包括发育途径和药物筛选的研究。

小 结

人羊膜组织,因来源丰富,容易获得,免疫原性低,抗炎效果显著,获取时也不会损伤人胚胎等优势特征;提取羊水无损母亲健康,避免有关胚胎干细胞的伦理争论,羊膜和羊水均已分离具有不同细胞类型和分化潜能细胞,为再生医学领域做出了杰出贡献。

羊膜来源干细胞包括人羊膜间充质干细胞(hAMSC)和人羊膜上皮细胞(hAESC)具有获取简单、几乎不受伦理学限制、来源丰富、免疫原性低、增殖能力强及向3个胚层来源的组织细胞分化的潜能等优势,成为细胞移植的新来源。

hAFS细胞具有多潜能性,可以向三个不同胚层的细胞分化,也可以表达胚胎干细胞和成体干细胞的所有细胞表面标志。这些细胞在经过体外250次倍增之后,仍然保持端粒原有的长度和正常核型。羊水干细胞易扩增及可多向分化的能力,使它们有可能成为未来再生医学领域重要的种子细胞来源。与胚胎干细胞和骨髓或脂肪来源的间充质干细胞相比较羊水干细胞具有独特的优势。

近年来,国内外研究者将羊膜来源的干细胞作为替代细胞移植来治疗各种疾病,并且取得了较好的研究成果,因此,羊膜和羊水来源的干细胞也被认为是再生医学领域很有应用前景的新的细胞来源。

(庞希宁　施萍)

参考文献

1. 斯托克姆 DL. 再生生物学与再生医学. 庞希宁,付小兵,译. 北京: 科学出版社,2013.
2. 付小兵,王正国,吴祖泽. 再生医学原理与实践. 上海: 上海科学技术出版社,2008.
3. 付小兵,程飚. 创伤修复和组织再生几个重要领域研究的进展与展望. 中华创伤杂志,2005,21(1): 40-44.
4. L anza Robert. 干细胞手册. 北京: 科学出版社,2006.
5. 卫小春. 关节软骨. 北京: 科学出版社,2007.
6. 王建安. 间充质干细胞在心血管疾病中的应用. 杭州: 浙江大学出版社,2008.
7. 付小兵,盛志勇,王正国. 进一步重视从发育和比较生物学来研究创伤后的组织修复与再生. 解放军医学杂志,2002,27(5): 377-379.
8. 付小兵. 利用成体干细胞可塑性潜能重建受创皮肤解剖和生理功能研究的现状与展望. 中华实验外科杂志,2003,20(11): 965-966.
9. 李连宏,王喜梅,谢丰培,等. 乳腺干细胞调控与癌变. 北京: 人民卫生出版社,2009.
10. 张殿宝,施萍,庞希宁. 上皮间充质转化(EMT)与创伤修复研究进展[EB/OL]. 北京:中国科技论文在线[2011-12-13]. http://www. paper. edu. cn/releasepaper/content/.
11. 郭振荣. 烧伤学临床新视野:烧伤休克感染营养修复与整复. 北京: 清华大学出版社,2005.
12. 王佃亮,乐卫东. 细胞移植治疗. 北京: 人民军医出版社,2012.
13. 庞希宁. 细胞重编程:调节关键基因获得需要细胞. 中国医学科学院学报,2011,33(6): 689-695.
14. 付小兵,王德文. 现代创伤修复学. 北京: 人民军医出版社,1999.
15. 胡蕴玉. 现代骨科基础与临床. 北京: 人民卫生出版社,2006.
16. 裴雪涛. 再生医学:理论与技术. 北京: 科学出版社,2010.
17. 邹仲之,李继承. 组织学与胚胎学. 第7版. 北京: 人民卫生出版社,2008.
18. Baylis O, Figueiredo F, Henein C, et al. 13 years of cultured limbal epithelial cell therapy: a review of the outcomes. J Cell Biochem, 2011, 112(4): 993-1002.
19. Zhu J, Wu X, Zhang HL. Adult neural stem cell therapy: expansion in vitro, tracking in vivo and clinical transplantation. Curr Drug Targets, 2005, 6(1): 97-110.
20. Ming G. L, Song H. Adult neurogenesis in the mammalian brain: significant answers and significant questions. Neuron, 2011, 70(4): 687-702.
21. Díaz-Flores L Jr, Madrid JF, Gutiérrez R, et al. Adult stem and transit-amplifying cell location. Histol Histopathol, 2006, 21(9): 995-1027.
22. Hombach-Klonisch S, Panigrahi S, Rashedi I, et al. Adult stem cells and their trans-differentiation potential--perspectives and therapeutic applications. J Mol Med, 2008, 86(12): 1301-1314.
23. Westenbroek RE, Anderson NL, Byers MR. Altered localization of Cav1. 2 (L-type) calcium channels in nerve fibers, Schwann cells, odontoblasts, and fibroblasts of tooth pulp after tooth injury. J Neurosci Res, 2004, 75(3): 371-383.

24. Boutet SC, Cheung TH, Quach NL, LiuL, et al. Alternative polyadenylation mediates microRNA regulation of muscle stem cell function. Cell Stem Cell, 2012, 10(3): 327-336.
25. Fukumoto S, Kiba T, Hall B, Iehara N, et al. Ameloblastin is a cell adhesion molecule required for maintaining the differentiation state of ameloblasts. J Cell Biol, 2004, 167(5): 973-983.
26. Trelford JD, Trelford-Sauder M. The amnion in surgery, past and present. Am J Obstet Gynecol, 1979, 134 (7): 833-845.
27. Miki T, Strom SC. Amnion-derived pluripotent/multipotent stem cells. Stem Cell Rev, 2006, 2(2): 133-142.
28. Dua HS, Gomes JA, King AJ, et al. The amniotic membrane in ophthalmology. Surv Ophthalmol, 2004, 49 (1): 51-77.
29. Christensen RN, Tassava RA. Apical epithelial cap morphology and fibronectin gene expression in regenerating axolotl limbs. Dev Dyn, 2000, 217(2): 216-224.
30. Caussinus E, Hirth F. Asymmetric stem cell division in development and cancer. Prog Mol Subcell Biol, 2007, 45: 205-225.
31. Fujiwara H, Ferreira M, Donati G, et al. The basement membrane of hair follicle stem cells is a muscle cell niche. Cell, 2011, 144(4): 577-589.
32. Huang Z, Sargeant TD, Hulvat JF, et al. Bioactive nanofibers instruct cells to proliferate and differentiate during enamel regeneration. J Bone Miner Res, 2008, 23(12): 1995-2006.
33. Yoshimura Y. Bioethical aspects of regenerative and reproductive medicine. Hum Cell, 2006, 19(2): 83-86.
34. LaBarge MA, Blau HM. Biological progression from adult bone marrow to mononucleate muscle stem cell to multinucleate muscle fiber in response to injury. Cell, 2002, 111(4): 589-601.
35. Tian L, George SC. Biomaterials to prevascularize engineered tissues. J Cardiovasc Transl Res, 2011, 4(5): 685-698.
36. Garrett RW, Emerson SG. Bone and blood vessels: the hard and the soft of hematopoietic stem cell niches. Cell Stem Cell, 2009, 4(6): 503-506.
37. Del Fattore A, Teti A, Rucci N. Bone cells and the mechanisms of bone remodelling. Front Biosci, 2012, 4: 2302-2321.
38. van Ramshorst J, Rodrigo SF, Schalij MJ, et al. Bone marrow cell injection for chronic myocardial ischemia: the past and the future. J Cardiovasc Transl Res, 2011, 4(2): 182-191.
39. Kale S, Karihaloo A, Clark PR, et al. Bone marrow stem cells contribute to repair of the ischemically injured renal tubule. J Clin Invest, 2003, 112(1): 42-49.
40. Dezawa M, Ishikawa H, Itokazu Y, et al. Bone marrow stromal cells generate muscle cells and repair muscle degeneration. Science, 2005, 309(5732): 314-317.
41. Lapidot T, Kollet O. The brain-bone-blood triad: traffic lights for stem-cell homing and mobilization. Hematology Am Soc Hematol Educ Program, 2010: 1-6.
42. Keilhoff G, Pratsch F, Wolf G, et al. Bridging extra large defects of peripheral nerves: possibilities and limitations of alternative biological grafts from acellular muscle and Schwann cells. Tissue Eng, 2005, 11(7-8): 1004-1014.
43. Tropea K. A, Leder E, Aslam M, et al. Bronchioalveolar stem cells increase after mesenchymal stromal cell treatment in a mouse model of bronchopulmonary dysplasia. Am J Physiol Lung Cell Mol Physiol, 2012, 302 (9): 10.
44. Stoltz JF, Bensoussan D, Decot V, et al. Cell and tissue engineering and clinical applications: an overview. Biomed Mater Eng, 2006, 16(4 Suppl): S3-S18.
45. Dib N, Khawaja H, Varner S, et al. Cell therapy for cardiovascular disease: a comparison of methods of delivery. J Cardiovasc Transl Res, 2011, 4(2): 177-181.

46. Raggatt LJ, Partridge NC. Cellular and molecular mechanisms of bone remodeling. J Biol Chem, 2010, 285(33): 25103-25108.

47. Tapscott SJ. The circuitry of a master switch: Myod and the regulation of skeletal muscle gene transcription. Development, 2005, 132(12): 2685-2695.

48. Li L, Clevers H. Coexistence of quiescent and active adult stem cells in mammals. Science, 2010, 327(5965): 542-545.

49. Martinez-Cerdeno V, Cunningham CL, Camacho J, et al. Comparative analysis of the subventricular zone in rat, ferret and macaque: evidence for an outer subventricular zone in rodents. PLoS One, 2012, 7(1): 17.

50. Wang YZ, Plane JM, Jiang P, et al. Concise review: Quiescent and active states of endogenous adult neural stem cells: identification and characterization. Stem Cells, 2011, 29(6): 907-912.

51. Mimeault M, Batra SK. Concise review: recent advances on the significance of stem cells in tissue regeneration and cancer therapies. Stem Cells, 2006, 24(11): 2319-2345.

52. Partridge TA, Morgan JE, Coulton GR, et al. Conversion of mdx myofibres from dystrophin-negative to-positive by injection of normal myoblasts. Nature, 1989, 337(6203): 176-179.

53. Speck NA, Gilliland DG. Core-binding factors in haematopoiesis and leukaemia. Nat Rev Cancer, 2002, 2(7): 502-513.

54. Golonzhka O, Metzger D, Bornert JM, et al. Ctip2/Bcl11b controls ameloblast formation during mammalian odontogenesis. Proc Natl Acad Sci USA, 2009, 106(11): 4278-4283.

55. Guo W, Gong K, Shi H, et al. Dental follicle cells and treated dentin matrix scaffold for tissue engineering the tooth root. Biomaterials, 2012, 33(5): 1291-1302.

56. Wu J, Jin F, Tang L, et al. Dentin non-collagenous proteins (dNCPs) can stimulate dental follicle cells to differentiate into cementoblast lineages. Biol Cell, 2008, 100(5): 291-302.

57. Lui JH, Hansen DV, Kriegstein AR. Development and evolution of the human neocortex. Cell, 2011, 146(1): 18-36.

58. Duan X, Kang E, Liu CY, et al. Development of neural stem cell in the adult brain. Curr Opin Neurobiol, 2008, 18(1): 108-115.

59. Gilbert Scott F. Developmental Biology. 7th ed. Sunderland: Sinauer Associates Inc, 2003.

60. Egli D, Rosains J, Birkhoff G, et al. Developmental reprogramming after chromosome transfer into mitotic mouse zygotes. Nature, 2007, 447(7145): 679 685.

61. Yao S, Pan F, Prpic V, et al. Differentiation of stem cells in the dental follicle. J Dent Res, 2008, 87(8): 767-771.

62. Tonge DA, Leclere PG. Directed axonal growth towards axolotl limb blastemas in vitro. Neuroscience, 2000, 100(1): 201-211.

63. Abzhanov A, Tzahor E, Lassar AB, et al. Dissimilar regulation of cell differentiation in mesencephalic (cranial) and sacral (trunk) neural crest cells in vitro. Development, 2003, 130(19): 4567-4579.

64. Mascre G, Dekoninck S, Drogat B, et al. Distinct contribution of stem and progenitor cells to epidermal maintenance. Nature, 2012, 489(7415): 257-262.

65. Wolbank S, Peterbauer A, Fahrner M, et al. Dose-dependent immunomodulatory effect of human stem cells from amniotic membrane: a comparison with human mesenchymal stem cells from adipose tissue. Tissue Eng, 2007, 13(6): 1173-1183.

66. Li G, Simpson AH, Kenwright J, et al. Effect of lengthening rate on angiogenesis during distraction osteogenesis. J Orthop Res, 1999, 17(3): 362-367.

67. Sharma Y, Maria A, Kaur P. Effectiveness of human amnion as a graft material in lower anterior ridge vestibuloplasty: a clinical study. J Maxillofac Oral Surg, 2011, 10(4): 283-287.

68. Mohsin S, Siddiqi S, Collins B, et al. Empowering adult stem cells for myocardial regeneration. Circ Res, 2011, 109(12): 1415-1428.
69. Hu JC, Hu Y, Smith CE, et al. Enamel defects and ameloblast-specific expression in Enam knock-out/lacz knock-in mice. J Biol Chem, 2008, 283(16): 10858-10871.
70. Ding L, Saunders TL, Enikolopov G, et al. Endothelial and perivascular cells maintain haematopoietic stem cells. Nature, 2012, 481(7382): 457-462.
71. Levenberg S, Rouwkema J, Macdonald M, et al. Engineering vascularized skeletal muscle tissue. Nat Biotechnol, 2005, 23(7): 879-884.
72. Nguyen NY, Maxwell MJ, Ooms LM, et al. An ENU-induced mouse mutant of SHIP1 reveals a critical role of the stem cell isoform for suppression of macrophage activation. Blood, 2011, 117(20): 5362-5371.
73. Andl T, Ahn K, Kairo A, et al. Epithelial Bmpr1a regulates differentiation and proliferation in postnatal hair follicles and is essential for tooth development. Development, 2004, 131(10): 2257-2268.
74. Kajstura J, Rota M, Hall SR, et al. Evidence for human lung stem cells. N Engl J Med, 2011, 364(19): 1795-1806.
75. Jin K, Wang X, Xie L, et al. Evidence for stroke-induced neurogenesis in the human brain. Proc Natl Acad Sci U S A, 2006, 103(35): 13198-13202.
76. McQualter JL, Yuen K, Williams B, et al. Evidence of an epithelial stem/progenitor cell hierarchy in the adult mouse lung. Proc Natl Acad Sci U S A, 2010, 107(4): 1414-1419.
77. Yazawa M, Kishi K, Nakajima H, et al. Expression of bone morphogenetic proteins during mandibular distraction osteogenesis in rabbits. J Oral Maxillofac Surg, 2003, 61(5): 587-592.
78. Zheng L, Papagerakis S, Schnell SD, et al. Expression of clock proteins in developing tooth. Gene Expr Patterns, 2011, 11(3-4): 202-206.
79. Yokoo T, Fukui A, Matsumoto K, et al. Generation of a transplantable erythropoietin-producer derived from human mesenchymal stem cells. Transplantation, 2008, 85(11): 1654-1658.
80. Kanatsu-Shinohara M, Inoue K, Lee J, et al. Generation of pluripotent stem cells from neonatal mouse testis. Cell, 2004, 119(7): 1001-1012.
81. Ikeda H, Osakada F, Watanabe K, et al. Generation of Rx+/Pax6+ neural retinal precursors from embryonic stem cells. Proc Natl Acad Sci U S A, 2005, 102(32): 11331-11336.
82. Fontana L, Vinciguerra M, Longo VD. Growth factors, nutrient signaling, and cardiovascular aging. Circ Res, 2012, 110(8): 1139-1150.
83. Wu SM, Hochedlinger K. Harnessing the potential of induced pluripotent stem cells for regenerative medicine. Nat Cell Biol, 2011, 13(5): 497-505.
84. Seidel K, Ahn CP, Lyons D, et al. Hedgehog signaling regulates the generation of ameloblast progenitors in the continuously growing mouse incisor. Development, 2010, 137(22): 3753-3761.
85. Mazo IB, Massberg S, von Andrian UH. Hematopoietic stem and progenitor cell trafficking. Trends Immunol, 2011, 32(10): 493-503.
86. Park D, Sykes DB, Scadden DT. The hematopoietic stem cell niche. Front Biosci, 2012, 17: 30-39.
87. Copelan EA. Hematopoietic stem-cell transplantation. N Engl J Med, 2006, 354(17): 1813-1826.
88. Venugopalan SR, Li X, Amen MA, et al. Hierarchical interactions of homeodomain and forkhead transcription factors in regulating odontogenic gene expression. J Biol Chem, 2011, 286(24): 21372-21383.
89. Rinastiti M, Harijadi, Santoso AL, et al. Histological evaluation of rabbit gingival wound healing transplanted with human amniotic membrane. Int J Oral Maxillofac Surg, 2006, 35(3): 247-251.
90. Gluckman E. History of cord blood transplantation. Bone Marrow Transplant, 2009, 44(10): 621-626.
91. Kim CH. Homeostatic and pathogenic extramedullary hematopoiesis. J Blood Med, 2010, 1: 13-19.

92. Lund RD, Wang S, Klimanskaya I, et al. Human embryonic stem cell-derived cells rescue visual function in dystrophic RCS rats. Cloning Stem Cells, 2006, 8(3): 189-199.

93. Liechty KW, MacKenzie TC, Shaaban AF, et al. Human mesenchymal stem cells engraft and demonstrate site-specific differentiation after in utero transplantation in sheep. Nat Med, 2000, 6(11): 1282-1286.

94. Robin C, Bollerot K, Mendes S, et al. Human placenta is a potent hematopoietic niche containing hematopoietic stem and progenitor cells throughout development. Cell Stem Cell, 2009, 5(4): 385-395.

95. Zhu Z, Huangfu D. Human pluripotent stem cells: an emerging model in developmental biology. Development, 2013, 140(4): 705-717.

96. Li R, Guo W, Yang B, Guo L, et al. Human treated dentin matrix as a natural scaffold for complete human dentin tissue regeneration. Biomaterials, 2011, 32(20): 4525-4538.

97. Wang C, Liu F, Liu YY, et al. Identification and characterization of neuroblasts in the subventricular zone and rostral migratory stream of the adult human brain. Cell Res, 2011, 21(11): 1534-1550.

98. Lu C. P, Polak L, Rocha AS, et al. Identification of stem cell populations in sweat glands and ducts reveals roles in homeostasis and wound repair. Cell, 2012, 150(1): 136-150.

99. Trottier V, Marceau-Fortier G, Germain L, et al. IFATS collection: Using human adipose-derived stem/stromal cells for the production of new skin substitutes. Stem Cells, 2008, 26(10): 2713-2723.

100. Sakuragawa N, Tohyama J, Yamamoto H. Immunostaining of human amniotic epithelial cells: possible use as a transgene carrier in gene therapy for inborn errors of metabolism. Cell Transplant, 1995, 4(3): 343-346.

101. Kakishita K, Nakao N, Sakuragawa N, et al. Implantation of human amniotic epithelial cells prevents the degeneration of nigral dopamine neurons in rats with 6-hydroxydopamine lesions. Brain Res, 2003, 980(1): 48-56.

102. Aquino JB, Hjerling-Leffler J, Koltzenburg M, et al. In vitro and in vivo differentiation of boundary cap neural crest stem cells into mature Schwann cells. Exp Neurol, 2006, 198(2): 438-449.

103. Sato T, Katagiri K, Gohbara A, et al. In vitro production of functional sperm in cultured neonatal mouse testes. Nature, 2011, 471(7339): 504-507.

104. Suzuki T, Lee CH, Chen M, et al. Induced migration of dental pulp stem cells for in vivo pulp regeneration. J Dent Res, 2011, 90(8): 1013-1018.

105. Yu J, Vodyanik MA, Smuga-Otto K, et al. Induced pluripotent stem cell lines derived from human somatic cells. Science, 2007, 318(5858): 1917-1920.

106. Shigemura N, Sawa Y, Mizuno S, et al. Induction of compensatory lung growth in pulmonary emphysema improves surgical outcomes in rats. Am J Respir Crit Care Med, 2005, 171(11): 1237-1245.

107. Takahashi K, Yamanaka S. Induction of pluripotent stem cells from mouse embryonic and adult fibroblast cultures by defined factors. Cell, 2006, 126(4): 663-676.

108. Raymond K, Faraldo MM, Deugnier MA, et al. Integrins in mammary development. Semin Cell Dev Biol, 2012, 23(5): 599-605.

109. Zon LI. Intrinsic and extrinsic control of haematopoietic stem-cell self-renewal. Nature, 2008, 453(7193): 306-313.

110. Alison M. R, Poulsom R, Forbes S, et al. An introduction to stem cells. J Pathol, 2002, 197(4): 419-423.

111. Seo BM, Miura M, Gronthos S, et al. Investigation of multipotent postnatal stem cells from human periodontal ligament. Lancet, 2004, 364(9429): 149-155.

112. Sagrinati C, Netti GS, Mazzinghi B, et al. Isolation and characterization of multipotent progenitor cells from the Bowman's capsule of adult human kidneys. J Am Soc Nephrol, 2006, 17(9): 2443-2456.

113. Hegab AE, Kubo H, Fujino N, et al. Isolation and characterization of murine multipotent lung stem cells. Stem Cells Dev, 2010, 19(4): 523-536.

114. Kossack N, Meneses J, Shefi S, et al. Isolation and characterization of pluripotent human spermatogonial stem cell-derived cells. Stem Cells, 2009, 27(1): 138-149.
115. Stemple DL, Anderson DJ. Isolation of a stem cell for neurons and glia from the mammalian neural crest. Cell, 1992, 71(6): 973-985.
116. Bussolati B, Bruno S, Grange C, et al. Isolation of renal progenitor cells from adult human kidney. Am J Pathol, 2005, 166(2): 545-555.
117. Mikkola HK, Orkin SH. The journey of developing hematopoietic stem cells. Development, 2006, 133(19): 3733-3744.
118. Ulrich K, Stern M, Goddard ME, et al. Keratinocyte growth factor therapy in murine oleic acid-induced acute lung injury. Am J Physiol Lung Cell Mol Physiol, 2005, 288(6): 28.
119. Osei-Bempong C, Figueiredo FC, Lako M. The limbal epithelium of the eye--a review of limbal stem cell biology, disease and treatment. Bioessays, 2013, 35(3): 211-219.
120. Rama P, Matuska S, Paganoni G, et al. Limbal stem-cell therapy and long-term corneal regeneration. N Engl J Med, 2010, 363(2): 147-155.
121. Wang Y, Harris DC. Macrophages in renal disease. J Am Soc Nephrol, 2011, 22(1): 21-27.
122. Cheung TH, Quach NL, Charville GW, et al. Maintenance of muscle stem-cell quiescence by microRNA-489. Nature, 2012, 482(7386): 524-528.
123. Gage F. H. Mammalian neural stem cells. Science, 2000, 287(5457): 1433-1438.
124. Ercan C, van Diest PJ, Vooijs M. Mammary development and breast cancer: the role of stem cells. Curr Mol Med, 2011, 11(4): 270-285.
125. Zhao C, Deng W, Gage FH. Mechanisms and functional implications of adult neurogenesis. Cell, 2008, 132(4): 645-660.
126. Deschaseaux F, Sensebe L, Heymann D. Mechanisms of bone repair and regeneration. Trends Mol Med, 2009, 15(9): 417-429.
127. Nagasawa T. Microenvironmental niches in the bone marrow required for B-cell development. Nat Rev Immunol, 2006, 6(2): 107-116.
128. Vigneau C, Polgar K, Striker G, et al. Mouse embryonic stem cell-derived embryoid bodies generate progenitors that integrate long term into renal proximal tubules in vivo. J Am Soc Nephrol, 2007, 18(6): 1709-1720.
129. Chambers I, Silva J, Colby D, et al. Nanog safeguards pluripotency and mediates germline development. Nature, 2007, 450(7173): 1230-1234.
130. Dupin E, Calloni G, Real C, et al. Neural crest progenitors and stem cells. C R Biol, 2007, 330(6-7): 521-529.
131. Dupin E, Sommer L. Neural crest progenitors and stem cells: from early development to adulthood. Dev Biol, 2012, 366(1): 83-95.
132. Crane JF, Trainor PA. Neural crest stem and progenitor cells. Annu Rev Cell Dev Biol, 2006, 22: 267-286.
133. Achilleos A, Trainor PA. Neural crest stem cells: discovery, properties and potential for therapy. Cell Res, 2012, 22(2): 288-304.
134. Shi Y, Sun G, Zhao C, et al. Neural stem cell self-renewal. Crit Rev Oncol Hematol, 2008, 65(1): 43-53.
135. De Feo D, Merlini A, Laterza C, et al. Neural stem cell transplantation in central nervous system disorders: from cell replacement to neuroprotection. Curr Opin Neurol, 2012, 25(3): 322-333.
136. Qu Q, Shi Y. Neural stem cells in the developing and adult brains. J Cell Physiol, 2009, 221(1): 5-9.
137. Bergstrom T, Forsberg-Nilsson K. Neural stem cells: brain building blocks and beyond. Ups J Med Sci, 2012, 117(2): 132-142.

138. Breunig JJ, Haydar TF, Rakic P. Neural stem cells: historical perspective and future prospects. Neuron, 2011, 70(4): 614-625.

139. Yao J, Mu Y, Gage FH. Neural stem cells: mechanisms and modeling. Protein Cell, 2012, 3(4): 251-261.

140. Hansen DV, Lui JH, Parker PR, et al. Neurogenic radial glia in the outer subventricular zone of human neocortex. Nature, 2010, 464(7288): 554-561.

141. Yamazaki S, Ema H, Karlsson G, et al. Nonmyelinating Schwann cells maintain hematopoietic stem cell hibernation in the bone marrow niche. Cell, 2011, 147(5): 1146-1158.

142. Clarke B. Normal bone anatomy and physiology. Clin J Am Soc Nephrol, 2008, 3(3): 04151206.

143. Xu K, Moghal N, Egan SE. Notch signaling in lung development and disease. Adv Exp Med Biol, 2012, 727: 89-98.

144. Hegab AE, Ha VL, Gilbert JL, et al. Novel stem/progenitor cell population from murine tracheal submucosal gland ducts with multipotent regenerative potential. Stem Cells, 2011, 29(8): 1283-1293.

145. Woodward WA, Chen MS, Behbod F, et al. On mammary stem cells. J Cell Sci, 2005, 118(Pt 16): 3585-3594.

146. Johnson J, Bagley J, Skaznik-Wikiel M, et al. Oocyte generation in adult mammalian ovaries by putative germ cells in bone marrow and peripheral blood. Cell, 2005, 122(2): 303-315.

147. Lorenzo J, Horowitz M, Choi Y. Osteoimmunology: interactions of the bone and immune system. Endocr Rev, 2008, 29(4): 403-440.

148. Ventura JJ, Tenbaum S, Perdiguero E, et al. p38alpha MAP kinase is essential in lung stem and progenitor cell proliferation and differentiation. Nat Genet, 2007, 39(6): 750-758.

149. Desgraz R, Herrera PL. Pancreatic neurogenin 3-expressing cells are unipotent islet precursors. Development, 2009, 136(21): 3567-3574.

150. Kassar-Duchossoy L, Giacone E, Gayraud-Morel B, et al. Pax3/Pax7 mark a novel population of primitive myogenic cells during development. Genes Dev, 2005, 19(12): 1426-1431.

151. Relaix F, Rocancourt D, Mansouri A, et al. A Pax3/Pax7-dependent population of skeletal muscle progenitor cells. Nature, 2005, 435(7044): 948-953.

152. McKinnell IW, Ishibashi J, Le Grand F, et al. Pax7 activates myogenic genes by recruitment of a histone methyltransferase complex. Nat Cell Biol, 2008, 10(1): 77-84.

153. Seale P, Sabourin LA, Girgis-Gabardo A, et al. Pax7 is required for the specification of myogenic satellite cells. Cell, 2000, 102(6): 777-786.

154. Guan K, Nayernia K, Maier LS, et al. Pluripotency of spermatogonial stem cells from adult mouse testis. Nature, 2006, 440(7088): 1199-1203.

155. Golestaneh N, Kokkinaki M, Pant D, et al. Pluripotent stem cells derived from adult human testes. Stem Cells Dev, 2009, 18(8): 1115-1126.

156. Zhang ZY, Teoh SH, Hui JH, et al. The potential of human fetal mesenchymal stem cells for off-the-shelf bone tissue engineering application. Biomaterials, 2012, 33(9): 2656-2672.

157. Atala Anthony, Lanza Robert, Thomson James A, et al. Principles of regenerative medicine. 2nd ed. Salt Lake City: Academic Press, 2011.

158. Fang TC, Alison MR, Cook HT, et al. Proliferation of bone marrow-derived cells contributes to regeneration after folic acid-induced acute tubular injury. J Am Soc Nephrol, 2005, 16(6): 1723-1732.

159. Niknejad H, Peirovi H, Jorjani M, et al. Properties of the amniotic membrane for potential use in tissue engineering. Eur Cell Mater, 2008, 15: 88-99.

160. Zheng B, Cao B, Crisan M, et al. Prospective identification of myogenic endothelial cells in human skeletal muscle. Nat Biotechnol, 2007, 25(9): 1025-1034.

161. Jiang F. X, Mehta M, Morahan G. Quantification of insulin gene expression during development of pancreatic islet cells. Pancreas, 2010, 39(2): 201-208.
162. Li G, Dickson GR, Marsh DR, et al. Rapid new bone tissue remodeling during distraction osteogenesis is associated with apoptosis. J Orthop Res, 2003, 21(1): 28-35.
163. Caterson EJ, Caterson SA. Regeneration in medicine: a plastic surgeons "tail" of disease, stem cells, and a possible future. Birth Defects Res C Embryo Today, 2008, 84(4): 322-334.
164. Harty M, Neff AW, King MW, et al. Regeneration or scarring: an immunologic perspective. Dev Dyn, 2003, 226(2): 268-279.
165. Simmer JP, Papagerakis P, Smith CE, et al. Regulation of dental enamel shape and hardness. J Dent Res, 2010, 89(10): 1024-1038.
166. Seandel M, Rafii S. Reproductive biology: In vitro sperm maturation. Nature, 2011, 471(7339): 453-455.
167. Park IH, Zhao R, West JA, et al. Reprogramming of human somatic cells to pluripotency with defined factors. Nature, 2008, 451(7175): 141-146.
168. Duffield JS, Park KM, Hsiao LL, et al. Restoration of tubular epithelial cells during repair of the postischemic kidney occurs independently of bone marrow-derived stem cells. J Clin Invest, 2005, 115(7): 1743-1755.
169. Kesting MR, Wolff KD, Hohlweg-Majert B, et al. The role of allogenic amniotic membrane in burn treatment. J Burn Care Res, 2008, 29(6): 907-916.
170. Arakaki M, Ishikawa M, Nakamura T, et al. Role of epithelial-stem cell interactions during dental cell differentiation. J Biol Chem, 2012, 287(13): 10590-10601.
171. Granero-Molto F, Weis JA, Longobardi L, et al. Role of mesenchymal stem cells in regenerative medicine: application to bone and cartilage repair. Expert Opin Biol Ther, 2008, 8(3): 255-268.
172. Parsa S, Kuremoto K, Seidel K, et al. Signaling by FGFR2b controls the regenerative capacity of adult mouse incisors. Development, 2010, 137(22): 3743-3752.
173. Yeh LK, Chen WL, Li W, et al. Soluble lumican glycoprotein purified from human amniotic membrane promotes corneal epithelial wound healing. Invest Ophthalmol Vis Sci, 2005, 46(2): 479-486.
174. Amit M. Sources and derivation of human embryonic stem cells. Methods Mol Biol, 2013, 997: 3-11.
175. Dick JE. Stem cell concepts renew cancer research. Blood, 2008, 112(13): 4793-4807.
176. Menzel-Severing J, Kruse FE, Schlotzer-Schrehardt U. Stem cell-based therapy for corneal epithelial reconstruction: present and future. Can J Ophthalmol, 2013, 48(1): 13-21.
177. Gardner RL. Stem cells and regenerative medicine: principles, prospects and problems. C R Biol, 2007, 330(6-7): 465-473.
178. Binello E, Germano IM. Stem cells as therapeutic vehicles for the treatment of high-grade gliomas. Neuro Oncol, 2012, 14(3): 256-265.
179. Ilancheran S, Michalska A, Peh G, et al. Stem cells derived from human fetal membranes display multilineage differentiation potential. Biol Reprod, 2007, 77(3): 577-588.
180. Bussolati B, Camussi G. Stem cells in acute kidney injury. Contrib Nephrol, 2007, 156: 250-258.
181. Le Douarin NM, Calloni GW, Dupin E. The stem cells of the neural crest. Cell Cycle, 2008, 7(8): 1013-1019.
182. Rando TA. Stem cells, ageing and the quest for immortality. Nature, 2006, 441(7097): 1080-1086.
183. Rossi DJ, Jamieson CH, Weissman IL. Stems cells and the pathways to aging and cancer. Cell, 2008, 132(4): 681-696.
184. Rocheteau P, Gayraud-Morel B, Siegl-Cachedenier I, et al. A subpopulation of adult skeletal muscle stem cells retains all template DNA strands after cell division. Cell, 2012, 148(1-2): 112-125.
185. Guan Y, Cui L, Qu Z, et al. Subretinal transplantation of rat MSCs and erythropoietin gene modified rat

MSCs for protecting and rescuing degenerative retina in rats. Curr Mol Med,2013,13(9): 1419-1431.

186. Mayack SR, Shadrach JL, Kim FS, et al. Systemic signals regulate ageing and rejuvenation of blood stem cell niches. Nature, 2010, 463(7280): 495-500.

187. Sharpless NE, DePinho RA. Telomeres, stem cells, senescence, and cancer. J Clin Invest, 2004, 113(2): 160-168.

188. Brack AS, Conboy IM, Conboy MJ, et al. A temporal switch from notch to Wnt signaling in muscle stem cells is necessary for normal adult myogenesis. Cell Stem Cell, 2008, 2(1): 50-59.

189. Hu J, Zou S, Li J, Chen Y, et al. Temporospatial expression of vascular endothelial growth factor and basic fibroblast growth factor during mandibular distraction osteogenesis. J Craniomaxillofac Surg, 2003, 31(4): 238-243.

190. Ilizarov GA. The tension-stress effect on the genesis and growth of tissues. Part I. The influence of stability of fixation and soft-tissue preservation. Clin Orthop Relat Res, 1989, 238: 249-281.

191. Ilizarov GA. The tension-stress effect on the genesis and growth of tissues: Part II. The influence of the rate and frequency of distraction. Clin Orthop Relat Res, 1989, 239: 263-285.

192. Osakada F, Ikeda H, Mandai M, et al. Toward the generation of rod and cone photoreceptors from mouse, monkey and human embryonic stem cells. Nat Biotechnol, 2008, 26(2): 215-224.

193. Ptaszek LM, Mansour M, Ruskin JN, et al. Towards regenerative therapy for cardiac disease. Lancet, 2012, 379(9819): 933-942.

194. Zhu JH, Zhou LF, XingWu FG. Tracking Neural Stem Cells in Patients with Brain Trauma. New England Journal of Medicine, 2006, 355(22): 2376-2378.

195. Fietz SA, Lachmann R, Brandl H, et al. Transcriptomes of germinal zones of human and mouse fetal neocortex suggest a role of extracellular matrix in progenitor self-renewal. Proc Natl Acad Sci U S A, 2012, 109(29): 11836-11841.

196. Iijima K, Igawa Y, Imamura T, et al. Transplantation of preserved human amniotic membrane for bladder augmentation in rats. Tissue Eng, 2007, 13(3): 513-524.

197. Bajada S, Mazakova I, Richardson JB, et al. Updates on stem cells and their applications in regenerative medicine. J Tissue Eng Regen Med, 2008, 2(4): 169-183.

198. Togel F, Weiss K, Yang Y, et al. Vasculotropic, paracrine actions of infused mesenchymal stem cells are important to the recovery from acute kidney injury. Am J Physiol Renal Physiol, 2007, 292(5): 9.

199. Friedman A. Wound healing: from basic science to clinical practice and beyond. J Drugs Dermatol, 2011, 10(4): 427-433.

中英文名词对照索引

A

B

C

J

K

L

M

S

T

V

W

Y